한국방송통신전파진흥원(www.cq.or.kr)의 출제 기준에 따른

통신기기 기능사

개정판
최신기출문제수록

필기

통신기기문제연구회 엮음

Craftsman Communication Apparatus

과목별 자세한 이론과 기출문제의 세세한 해설

도서출판 엔플북스

PREFACE

머·리·말

　21세기 정보화 산업사회의 기본을 이루는 통신의 발전은 정보화 사회의 실현이 더욱더 가깝게 다가오고 있으며, 통신의 발전 기술에 따라 많은 정보통신 문화서비스의 제공으로 공공의 복리 증진을 위하여 많은 발전이 이루어지고 있으며, 미래에는 사람으로서 상상할 수 있는 그 이상의 발전이 이루어지게 될 것입니다.

　컴퓨터 기술과 전기통신기술이 결합하면서 새로운 정보통신기술은 사회 각 분야에 급격한 변화를 초래하고 있습니다. 우리나라의 경우에도 인적자원을 바탕으로 정보산업의 육성을 위하여 광통신, 전자기술 등 정보통신 기술분야에서 기능적 업무를 수행할 수 있는 숙련기능공 양성이 필요하여 이 자격증을 시행하게 되었습니다.

　이 자격증을 취득하게 된다면, 통신기기 제조업체, 정보통신설비 제작업체 및 공공기관, 설비공사 및 설치를 담당하는 업체, 광통신 회사, 데이터통신공사 등의 회사 취업에 도움이 될 것입니다.

　이 책은 한국산업인력공단의 국가기술자격 시험출제 기준안 개편에 따라 본서의 내용을 정리하였습니다. 기존에 나왔던 통신기기와 관련된 도서의 내용은 이런 점이 반영이 안 되어 필기부분에서 많은 이론적 기초를 쌓기가 힘이 들었을 것입니다. 이 책으로 학습을 하다보면 약간의 미력한 부분이 있을 수도 있습니다. 그 부분에 대해선 도서출판 엔플북스의 카페를 이용하여 자료를 공유하고 오답에 대해 독자들과 상의하여 조금 더 완벽한 도서를 만들기 위해 노력하고자 합니다. 이 책을 갖고 공부하는 독자들의 격려와 질책을 바라며, 수정과 보완을 통해 완벽한 수험서가 되도록 노력하겠습니다.

이 책은 수험생들의 국가기술자격 취득을 위하여 아래와 같은 부분에 역점을 두었습니다.

1. 이론 전반에 관해 체계적으로 요약·정리하여 이론을 좀 더 쉽게 이해하도록 체계적으로 편집하였습니다.
2. 최단 시일 내에 수험 준비에 만전을 기할 수 있도록 각 단원별 요점을 정리하여 실전에 대비할 수 있도록 역점을 두었습니다.
3. 최신 과년도 출제문제를 편집 추록하여 실전에 철저히 대비하도록 하였습니다.

이 책을 이용하여 통신기기기능사 국가기술 자격 취득의 영예와 21세기 통신분야의 기능인으로서 활동할 수 있게 되기를 기원합니다.

이 책을 출판할 수 있도록 도움을 준 내 가족과 도서출판 엔플북스 대표 김주성, 그리고 편집 및 제작을 담당하신 분들에게 감사의 마음을 전합니다.

저자 올림

출·제·기·준

직무분야	정보통신(21) -통신(213)	자격 종목	통신기기기능사	적용기간	2023.01.01. ~2024.12.31
○직무내용 : 정보통신기기(단말기기, 전송기기, 교환기기 등)에 관한 제작, 설치, 시험, 운용 및 유지보수 등의 업무를 수행하는 직무					
필기검정방법	객관식	문제수	60	시험시간	1시간

필 기 과목명	출제 문제수	주요항목	세 부 항 목	세 세 항 목
전기전자개론, 전자계산기일반, 통신기기일반, 통신기기설비기준	60	1. 직류회로	1. 전기회로의 기초	1. 전압 2. 전류 3. 저항 4. 옴의 법칙 5. 키르히호프의 법칙 등
			2. 전력과 열작용	1. 전력량과 전력 2. 열작용
			3. 축전지 및 전지의 접속	1. 축전지의 원리 2. 전지의 접속
		2. 교류회로	1. 교류회로 기초	1. 교류의 표시 2. 파형, 주기, 주파수, 위상
			2. R.L.C 기본회로	1. R ,L, C 특성 2. R, L, C직병렬회로
		3. 자기현상	1. 자석에 의한 자기현상	1. 자석에 의한 자기현상
			2. 전류에 의한 자기현상	1. 전류에 의한 자기현상
		4. 반도체	1. 반도체의 개요	1. 반도체의 종류 2. 반도체의 성질 3. 반도체의 재료 4. 전자의 개념

필 기 과목명	출제 문제수	주요항목	세 부 항 목	세 세 항 목
전기전자개론, 전자계산기일반, 통신기기일반, 통신기기설비기준		4. 반도체	2. 반도체소자	1. 다이오드 2. TR 3. FET 4. 특수반도체소자
			3. 집적회로	1. 집적회로의 개념 2. 집적회로의 종류
		5. 전원회로	1. 전원회로의 기초	1. 정류회로 2. 평활회로 3. 정전압전회로
		6. 증폭회로	1. 소신호 증폭회로	1. 증폭회로의 개요 2. 증폭회로의 동작 3. 증폭회로의 특성
			2. 궤환증폭회로	1. 궤환증폭회로의 개요 2. 부궤환증폭기의 특징 3. 궤환증폭회로의 종류
			3. 연산증폭회로	1. 연산증폭회로의 구성 2. 연산증폭회로의 특성 3. 연산증폭회로의 종류 4. 연산증폭회로의 응용.
			4. 전력증폭회로	1. 전력증폭회로의 개요 2. 전력증폭회로의 종류
			5. FET증폭회로	1. FET증폭회로의 특성 2. FET증폭회로의 원리 3. FET증폭회로의 종류

필 기 과목명	출제 문제수	주요항목	세부항목	세세항목
전기전자개론, 전자계산기일반, 통신기기일반, 통신기기설비기준		7. 발진회로	1. 발진의 기초	1. 발진의 개념 2. 발진의 조건
			2. 발진회로의 종류 및 원리	1. LC발진회로 2. RC발진회로 3. 수정발진회로 4. PLL발진회로 5. 발진의 안정조건 6. 파형발생기
		8. 변·복조 회로	1. 변복조의 기초	1. 변복조의 개념 2. 변복조의 종류
			2. 아날로그변복조회로	1. 진폭변복조회로 2. 주파수 변복조회로
			3. 디지털변복조회로	1. 디지털변복조방식의 개념 2. 디지털변복조회로의 종류 및 원리
			4. 펄스변복조회로	1. 펄스변조의 개요 2. 펄스변조회로 3. 펄스복조회로
		9. 디지털 회로	1. 펄스회로	1. 펄스의 기초 2. 과도응답 3. 시정수
			2. 플립플롭회로	1. 플립플롭회로의 원리 2. 플립플롭회로의 종류 및 특성

필 기 과목명	출제 문제수	주요항목	세부항목	세세항목
전기전자개론, 전자계산기일반, 통신기기일반, 통신기기설비기준		10. 컴퓨터의 개요	1. 컴퓨터의 개념	1. 컴퓨터의 정의 2. 컴퓨터의 기능 3. 컴퓨터의 특징
			2. 컴퓨터의 발달 과정	1. 컴퓨터의 역사 2. 컴퓨터의 세대별 구분
			3. 컴퓨터의 분류 및 응용	1. 데이터 취급형태에 의한 분류 2. 용도에 의한 분류 3. 처리능력에 의한 분류
		11. 컴퓨터의 구성	1. 중앙처리장치	1. 중앙처리장치의 구성 2. 제어장치 3. 연산장치 4. 명령과 주소지정방식
			2. 기억장치	1. 기억장치의 기능 2. 기억장치의 종류 3. 기억장치의 계층
			3. 입·출력장치	1. 입출력장치의 개요 2. 입출력장치의 종류 3. 입출력제어방식 4. 입출력채널의 개념 및 종류 5. 인터럽트의 개념과 체제
		12. 자료의 표현	1. 수의 변환과 연산	1. 수의 표현 2. 수의 변환 3. 수의 연산
			2. 자료의 구성과 표현방식	1. 자료의 구성 2. 자료 구조 3. 자료의 표현방식

필 기 과목명	출제 문제수	주요항목	세부항목	세세항목
전기전자개론, 전자계산기일반, 통신기기일반, 통신기기설비기준		13. 논리회로	1. 기본논리회로	1. 불 대수 2. 기본논리게이트 3. 불함수
			2. 응용논리회로	1. 조합논리회로 2. 순서논리회로 3. 디지털IC논리회로
		14. 기본 프로그래밍	1. 프로그램	1. 프로그램의 개념 2. 프로그램의 설계와 구현
			2. 순서도	1. 순서도의 개념 2. 순서도의 작성방법 3. 순서도의 기호 4. 순서도의 종류
			3. 프로그래밍언어	1. 프로그래밍언어의 개념 2. 프로그래밍언어의 절차 3. 프로그래밍언어의 구분 및 특징
		15. 운영체제와 기본 소프트웨어	1. 운영체제(O.S)	1. 운영체제의 개념 2. 운영체제의 목적 3. 운영체제의 구성 4. 운영체제의 기법 등
			2. 소프트웨어 패키지의 기본	1. 워드프로세서 2. 엑셀 3. 파워포인트 4. 기타 소프트웨어 패키지의 기본

필기 과목명	출제 문제수	주요항목	세부항목	세세항목
전기전자개론, 전자계산기일반, 통신기기일반, 통신기기설비기준		16. 통신기초 이론	1. 통신의 기초 2. 통신신호와 파형	1. 통신의 정의와 분류 2. 통신의 원리 1. 통신신호 2. 통신파형
		17. 단말기기	1. 정보통신단말기기 2. 스마트기기	1. 음성단말기 2. 영상단말기 3. 데이터단말기 1. IoT 기기 2. 실감형 단말기 3. 기타 기기

		18. 교환기기	1. 교환기의 구성과
			   기능
			2. 교환기 운용
			
			3. 교환방식과 신호
			   방식
				1. 교환기의 구성
				2. 교환기의 기능
				1. 교환기의 소프트웨어
				2. 교환기의 하드웨어
				1. 교환방식
				2. 신호방식

		19. 전송기술	1. 전송의 기초이론 2. 전송방식과 데이터 의 부호화	1. 전송의 기초이론 2. 통신프로토콜 3. TCP/IP 1. 전송방식 2. 데이터의 부호화
		20. 정보통신망	1. 정보통신망의 기초 2. 정보통신망의 종류 와 특성	1. 정보통신망의 기초 1. 정보통신망의 종류 2. 정보통신망의 구성 3. 인터넷 연동

필기 과목명	출제 문제수	주요항목	세부항목	세세항목
전기전자개론, 전자계산기일반, 통신기기일반, 통신기기설비기준		21. 통신측정	1. 측정장비의 종류 및 특성 2. 통신기기의 기본 측정	1. 측정장비의 종류 2. 측정장비의 특성 1. 측정기초이론 2. 기본측정
		22. 방송통신설비의 관장과 경영	1. 방송통신 용어의 정의 2. 통신의 관장, 통신기술의 진흥과 시책 3 통신사업 및 역무의 종류와 경영	1. 방송통신 용어의 정의 1. 통신의 관장과 경영 2. 통신기술의 진흥과 시책 1. 통신사업의 종류와 경영 2. 통신역무의 종류와 경영 3. 방송통신발전기본법에 관한 기본사항 4. 전기통신사업법에 관한 기본사항
		23. 통신기기의 기술기준 및 시설기준	1. 방송통신설비의 기술기준 중 통신기기에 관한 사항	1. 방송통신설비의 기술기준 중 통신기기에 관한 기본사항 2. 방송통신기자재등의 적합성평가에 관한 기본사항 3. 접지설비·구내통신설비·선로설비 및 통신공동구 등에 대한 기술기준에 관한 기본사항 4. 지능형 홈 네트워크 설치 및 기술기준에 관한 기본사항
		24. 통신기기의 보전 및 안전기준	1. 방송통신설비의 건설 및 보전, 통신기기의 유지보수 및 안전에 관한 사항	1. 전기통신설비의 건설과 보전 중 일반적인 사항 2. 통신기기의 유지보수 및 안전에 관한 사항

CONTENTS
목 · 차

제1장 전기 · 전자공학 1

제1절 직류회로 / 2
1. 전압 ··· 2
2. 전류 ··· 2
3. 저항 ··· 5

제2절 전력과 열작용 / 10
1. 전력 ··· 10
2. 열작용 ··· 10

제3절 축전지 및 전지의 접속 / 11

제4절 교류회로 / 13
1. 교류회로의 해석(파형, 주기, 주파수, 위상) ································· 13
2. RLC 기본 회로 ··· 17

제5절 자기 현상 / 28
1. 자석에 의한 자기 현상 ·· 28
2. 전류에 의한 자기현상 ··· 30

제6절 반도체(Semiconductor) / 34
1. 전자의 개념 ·· 34
2. PN 접합 이론 ··· 36
3. 트랜지스터(Transistor) ·· 39
4. FET(전계 효과 트랜지스터 : Field Effect Transistor) ············· 42
5. IC(Integrated Circuit : 집적 회로) ·· 47
6. 특수 반도체 ·· 48

제7절 증폭회로 / 52

1. 소신호 증폭회로 ··· 52
2. 궤환 증폭회로(Feedback Amplifier Circuits) ····················· 55
3. 연산증폭기(Operational Amplifier : OP AMP) ················· 58
4. 연산증폭기 회로 ··· 61
5. 전력증폭기(Power Amplifier) ·· 66

제8절 발진회로(Oscillator) / 72

1. 발진 조건 ·· 72
2. 발진회로의 종류와 기본회로 ·· 73
3. 발진 안정 조건 ·· 81

제9절 변·복조회로 / 82

1. 변조(modulation) ·· 82
2. 진폭 변·복조 ··· 82
3. 주파수 변조와 복조 ·· 85
4. 디지털 변·복조회로 ·· 87
5. 펄스 변·복조 ··· 92

제10절 디지털회로(Digital Circuit) / 96

1. 펄스회로(Pulse Circuit) ·· 96
2. 플립플롭(Flip-Flop) ·· 103

제2장 전자계산기 일반   105

제1절 전자계산기 일반 / 106

1. 컴퓨터의 기본적 내부 구조 ·· 106
2. 중앙처리장치의 구성 ··· 111
3. 기억장치 ·· 113

  4. 입·출력장치 ··· 116
  5. 전자계산기의 논리회로 ··· 121
  6. 전자계산기 구성망 ·· 132

제2절 자료의 표현과 연산 / 141
  1. 자료의 구조 ··· 141
  2. 자료의 표현 형식 ·· 143
  3. 수학적 연산 ··· 146
  4. 논리적 연산(비수치적 연산) ······································ 150

제3절 소프트웨어의 개념과 종류 / 152
  1. 프로그래밍 개념 ·· 152
  2. 순서도 작성법 ·· 157
  3. 프로그래밍 언어 ·· 161

제4절 마이크로프로세서의 구조와 기능 / 172
  1. 마이크로컴퓨터의 구조와 특징 ·································· 172
  2. 중앙처리장치의 내부 구성 ··· 176
  3. 마이크로프로세서의 특징 ··· 178

제5절 명령 형식 / 180

제6절 DATA 형식 / 182

제7절 주소 지정 방식(addressing mode) / 184

제8절 서브루틴(subroutine)과 스택(stack) / 186

제9절 운영체제와 기본 소프트웨어 / 188
  1. 운영체제(O.S) ·· 188
  2. 소프트웨어 패키지의 기본 ·· 191

제3장 통신기기 일반 201

제1절 통신기초 이론 / 202
1. 통신의 기초 ··· 202
2. 통신신호와 파형 ·· 205

제2절 단말기기 / 207
1. 전화기 ··· 207
2. 정보통신 단말기기 ·· 211
3. 영상 단말기 ··· 217
4. 데이터 단말기 ·· 219

제3절 스마트 기기 / 222
1. IoT(Internet of Things) ································· 222
2. 실감형 단말기 ·· 225
3. 기타 기기 ··· 231

제4절 교환기기 / 232
1. 교환기의 구성과 기능 ······································· 232
2. 교환기 운용 ··· 236
3. 교환방식과 신호방식 ··· 241

제5절 트래픽 이론 / 243
1. 호 ··· 243
2. 통신속도와 통신용량 ··· 247

제6절 전송기술 / 249
1. 전송의 기초이론 ·· 249
2. 전송방식과 데이터의 부호화 ···························· 258

제7절 정보통신망 / 262
   1. 정보통신망의 기초 ··· 262
   2. 정보통신망의 종류와 특성 ·· 265

제8절 통신 측정 / 270
   1. 측정 장비의 종류 및 특성 ·· 270
   2. 통신기기의 기본측정 ·· 278

제4장 통신기기 설비기준   301

제1절 방송통신설비의 관장과 경영 / 302
   1. 방송통신 용어의 정의 ·· 302
   2. 통신의 관장, 통신기술의 진흥과 시책 ···································· 310
   3. 통신사업 및 역무의 종류와 경영 ·· 314
   4. 전기통신사업 ··· 343
   5. 전기통신설비 ··· 383

제2절 통신기기의 기술 기준 및 시설기준 / 404
   1. 방송통신설비의 기술기준 중 통신기기에 관한 사항 ·············· 404
   2. 방송통신기자재 등의 적합성평가에 관한 기본사항 ··············· 404
   3. 접지설비·구내통신설비·선로설비 및 통신공동구 등에 대한 기술기준
      에 관한 기본사항 ··· 426

제3절 구내용 이동통신설비 / 454

제4절 지능형 홈 네트워크 설비 설치 및 기술기준 / 458

제5절 통신기기의 보전 및 안전기준 / 466
    1. 방송통신설비의 건설과 보전 ································ 466
    2. 통신기기의 유지보수 및 안전에 관한 사항 ···························· 476

부 록   과년도 출제문제   2

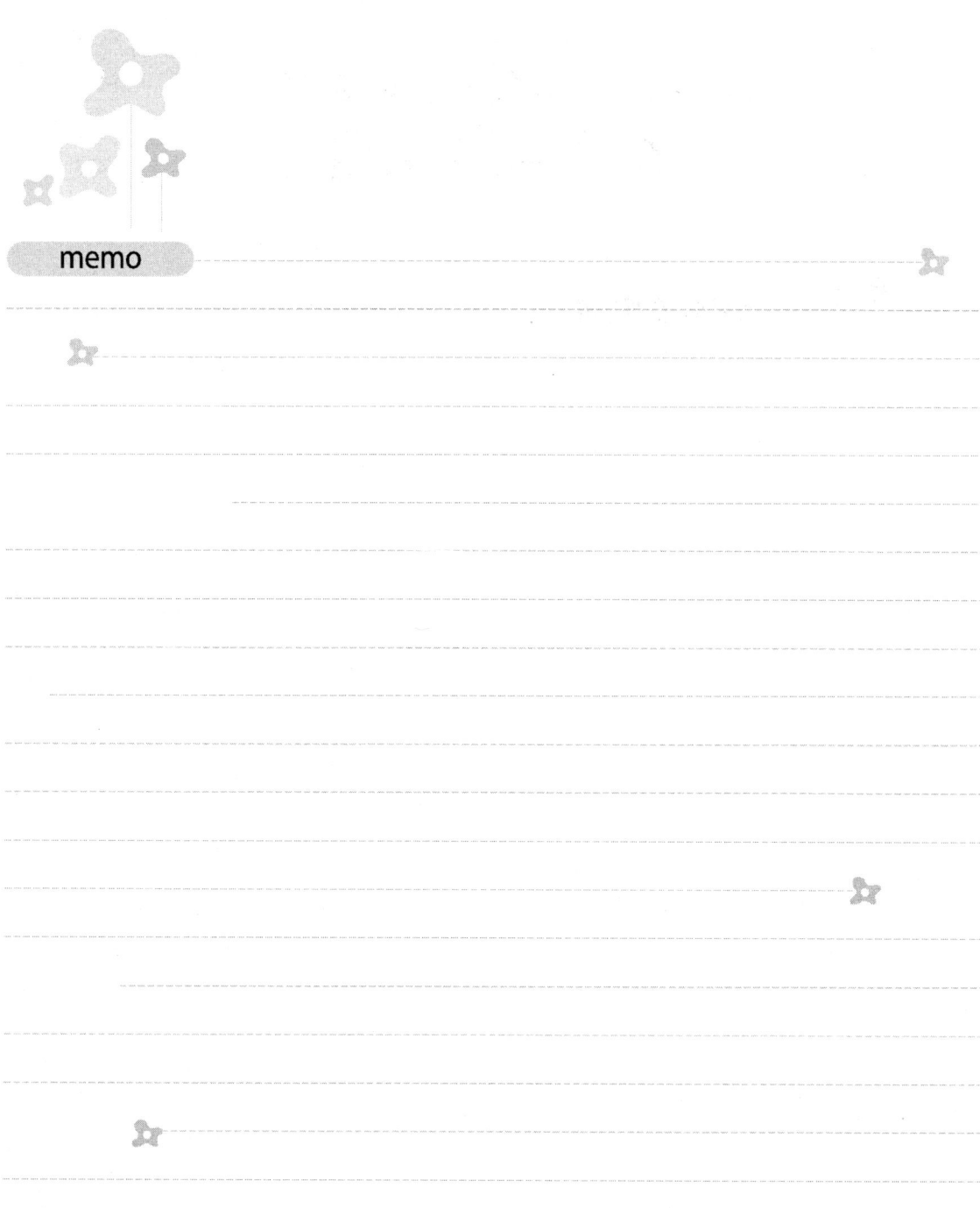

전기 · 전자공학 01

Chapter 01 전기 · 전자공학

제1절 직류회로

1 전압

[1] 전기회로의 구성

① 전기회로 : 전원과 부하 및 전류가 흐르는 통로인 도선
② 전원 : 기전력을 가지고 있어 전류를 흘리는 원동력이 되는 것
③ 부하 : 전원에서 전기를 공급받아 어떤 일을 하는 기기나 기구

[2] 전기회로의 전압

① 전압 : 회로 내에 전류가 흐르기 위해서 필요한 전기적인 압력
② 기전력 : 전류를 연속해서 흘리기 위해 전압을 연속적으로 만들어 주는 힘
③ 전위 : 전기통로의 임의의 점에서 전압의 값
④ 전위차 : 전기통로에서 임의의 두 점간의 전위의 차
⑤ 접지 : 회로의 일부분을 대지에 도선으로 접속하여 영 전위가 되도록 하는 것

2 전류

[1] 전기회로의 전류

① 전류 : 전자의 이동(흐름). 기호는 I, 단위는 [A]

② 전류의 세기 : 단위 시간당 이동한 전기의 양

$$Q = It\,[C], \quad I = \frac{Q}{t}[A]$$

[2] 키르히호프의 법칙

(1) 키르히호프의 제1법칙

① 키르히호프의 제1법칙(전류법칙) : 회로의 한 접속점에서 접속점에 흘러들어 오는 유입전류(I_i)의 합과 흘러나가는 유출전류(I_o)의 합은 같다. 즉 유입전류와 유출전류의 합은 0이다.

$$\Sigma I_i = \Sigma I_o \quad (I_i : 유입전류,\ I_o : 유출전류)$$
$$I_1 + I_4 = I_2 + I_3 + I_5$$
$$\Sigma I = 0$$
$$I_1 - I_2 - I_3 + I_4 - I_5 = 0$$

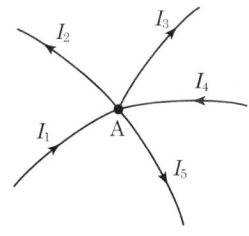

[키르히호프의 제1법칙]

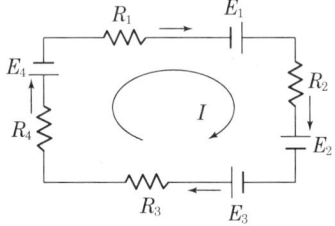

[키르히호프의 제2법칙]

(2) 키르히호프의 제2법칙

① 키르히호프의 제2법칙(전압법칙) : 회로망 중의 임의의 폐회로 내에서의 전압강하의 합은 그 회로의 기전력의 합과 같다.

$$\Sigma E = \Sigma IR$$
$$E_1 - E_2 + E_3 - E_4 = IR_1 - IR_2 + IR_3 - IR_4$$
$$= I(R_1 - R_2 + R_3 - R_4)$$

[3] 회로망 정리

(1) 중첩의 원리(principle of superposition)

① 중첩의 원리 : 여러 개의 전압 전원 또는 전류 전원이 포함된 선형 회로망에 있어서 회로 내의 임의의 점의 전류 또는 임의의 두 점 사이의 전압은 각각의 전원이 개별적으로 작용할 때 그 점을 흐르는 전류 또는 그 2점 사이의 전압을 합한 것과 같다. (2개 이상의 기전력을 포함한 회로망 중의 어떤 점의 전위 또는 전류는 각 기전력이 각각 단독으로 존재한다고 할 때, 그 점 위의 전위 또는 전류의 합과 같다.)

② 전압원과 전류원 : 전원이 작동하지 않도록 할 때, 전압원은 단락 회로, 전류원은 개방 회로로 대치

③ 중첩의 원리 적용 : R, L, C 등 선형 소자에만 적용

(2) 테브냉의 정리(Thevenin's theorem)

① 테브냉의 정리 : 전압 또는 전류 전원과 임피던스를 포함하는 2단자 회로망은 단일 전압원과 임피던스가 직렬로 연결된 회로로 대치할 수 있다. 전압원의 기전력은 회로단자를 개방할 때 나타나는 기전력이며, 직렬 임피던스는 회로 내의 모든 전압원은 단락하고 전류원을 개방할 때 두 단자 사이의 임피던스이다.
(2개의 독립된 회로망을 접속하였을 때 전원회로를 하나의 전압원과 직렬저항으로 대치한다.)

② R_{TH} : 전압원을 단락하고 출력단에서 구한 합성저항

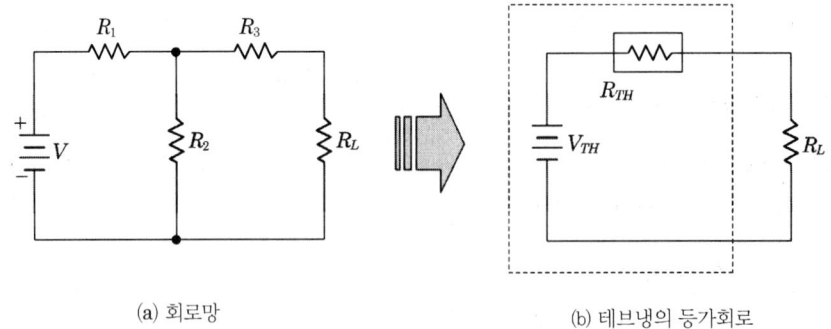

(a) 회로망　　　　　　　　(b) 테브냉의 등가회로

[테브냉의 정리]

(3) 노튼의 정리(Norton's theorem)

① 노튼의 정리 : 2개의 독립된 회로망을 접속하였을 때 전원회로를 하나의 전류원과 병렬저항으로 대치한다.

전압원 또는 전류원과 임피던스가 포함된 임의의 2단자 회로망은 한 개의 전류 전원과 어드미턴스(또는 임피던스)가 병렬로 연결된 등가회로로 고칠 수 있다. 이때 전류 전원의 크기는 2단자를 단락할 때 흐르는 전류이고, 병렬 어드미턴스(또는 임피던스)는 회로 내의 전압 전원은 단락하고, 전류 전원은 개방한 다음 구한 합성 어드미턴스(또는 임피던스)이다.

② R_N : 전류원을 개방하고 출력단에서 구한 합성저항

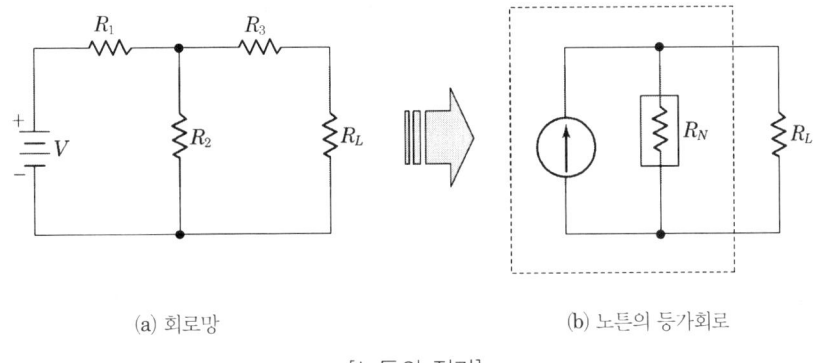

(a) 회로망　　　　　　　　(b) 노튼의 등가회로

[노튼의 정리]

3　저항

[1] 저항

① 저항 : 전기회로에 전류가 흐를 때 전류의 흐름을 방해하는 작용을 말한다.

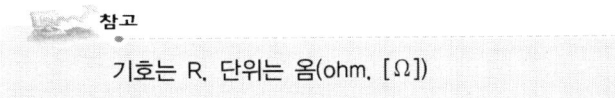

기호는 R, 단위는 옴(ohm, [Ω])

② 1[Ω] : 도체의 양단에 1[V]의 전압을 가할 때, 1[A]의 전류가 흐르는 경우의 저항값

[2] 옴의 법칙(Ohm's law)

① 옴의 법칙 : 전기회로에 흐르는 전류는 전압에 비례하고, 저항에 반비례한다.

$$I = \frac{V}{R}[\text{A}], \quad V = IR\,[\text{V}], \quad R = \frac{V}{I}[\Omega]$$

② 컨덕턴스 : 저항의 역수로서 전류의 흐르는 정도를 나타내는 것이다.

$$G = \frac{1}{R}[\mho]$$

> **참고**
> 기호는 G, 단위는 모($\mho$: mho), S(siemens), Ω^{-1}

[3] 전압 강하

전압 강하 : 저항에 전류가 흐를 때 저항 양단에 생기는 전위차

[4] 저항의 접속

(1) 직렬 접속

① 직렬 접속 : 각각의 저항을 일렬로 접속하는 것

② 직렬회로의 합성 저항($R[\Omega]$인 저항 n개의 직렬합성저항 R)

$$R = nR = R_1 + R_2 + R_3 + \cdots + R_n\,[\Omega]$$

③ 직렬회로의 전압 분배

$$V_1 = IR_1\,[\text{V}], \quad V_2 = IR_2\,[\text{V}], \quad V_3 = IR_3\,[\text{V}]$$
$$V = V_1 + V_2 + V_3 = IR_1 + IR_2 + IR_3 = I(R_1 + R_2 + R_3)\,[\text{V}]$$

(2) 병렬 접속

① 병렬 접속 : 2개 이상의 저항을 병렬로 접속하는 접속법

② 병렬회로의 합성 저항($R[\Omega]$인 저항 n개의 병렬합성저항 R)

$$R = \cfrac{1}{\left(\cfrac{1}{R_1} + \cfrac{1}{R_2} + \cfrac{1}{R_3} + \cdots + \cfrac{1}{R_n}\right)}\,[\Omega]$$

③ 병렬회로의 전류 분배

$$I_1 = \frac{V}{R_1}\,[A],\ I_2 = \frac{V}{R_2}\,[A],\ I_3 = \frac{V}{R_3}\,[A]$$

$$I = I_1 + I_2 + I_3 = \frac{V}{R_1} + \frac{V}{R_2} + \frac{V}{R_3} = V\left(\frac{1}{R_1} + \frac{1}{R_2} + \frac{1}{R_3}\right)\,[A]$$

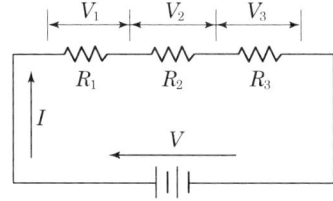

[저항의 직렬접속]

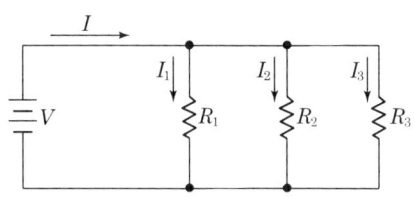

[저항의 병렬접속]

(3) 직·병렬 접속

① 직·병렬 접속 : 직렬접속과 병렬접속을 조합한 것

② 직·병렬회로의 합성저항

$$R = R_1 + \left(\cfrac{1}{\cfrac{1}{R_2} + \cfrac{1}{R_3}}\right) = R_1 + \cfrac{R_2 R_3}{R_2 + R_3}\,[\Omega]$$

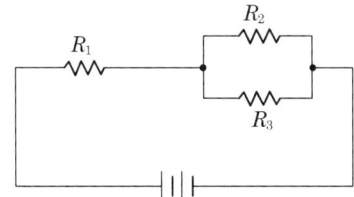

[저항의 직·병렬접속]

[5] 고유 저항

(1) 고유 저항

① 고유 저항은 각 변의 길이가 1[m], 부피가 1[m³]인 정육면체의 맞선 두 면 사이의 도체저항을 말한다.

>
> 기호는 ρ(rho), 단위는 [$\Omega \cdot $m]이다.

② 도체의 저항은 도체의 종류에 따라 다르며, 도체의 길이에 비례하고, 단면적(굵기)에 반비례한다.

③ 길이가 l[m], 단면적 S[m²]의 도체 저항 R은 $R = \rho \dfrac{l}{S}[\Omega]$

④ 전도율(conductivity)이란 도체에 전기가 잘 통하는 정도를 말한다. 기호는 σ(sigma), 단위는 [A/V·m], [℧/m]

$$\sigma = \frac{1}{\sigma} = \frac{1}{\dfrac{RA}{l}} = \frac{l}{RA}[\text{A/V} \cdot \text{m}]$$

(2) 저항의 온도 계수

① 금속도체의 저항은 온도 상승과 함께 보통 직선적으로 증가하지만, 반도체는 반대로 급격한 저항 감소를 보인다.

② 0[℃]에서 어떤 물질의 저항을 $R_0[\Omega]$, t[℃]에서의 저항을 $R_t[\Omega]$이라 할 때

$$R_t = R_0(1 + \alpha_0 t)[\Omega]$$

>
> α_0는 물체에 따라 정해지는 상수로서, 0[℃]에서의 저항의 온도계수이다.

③ t_1[℃]에서의 저항을 $R_1[\Omega]$, 온도계수를 α_1이라 하고, t_2[℃]에서의 저항을 R_2라

하면 $R_2 = R_1(1 + \alpha_1(t_2 - t_1))[\Omega]$

④ 전해액, 반도체, 절연체 등은 부(-)의 온도계수를 갖는다.

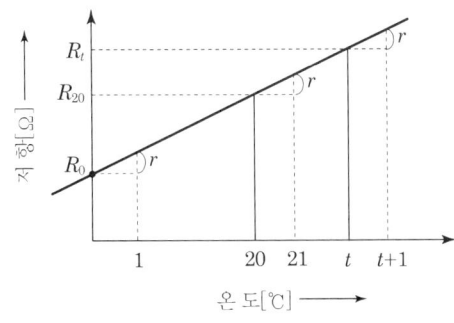

[금속의 온도계수 특성]

제2절 ▶ 전력과 열작용

1 전력

[1] 전력

① 전력 : 단위 시간(1초) 동안에 전기가 하는 일의 양. 기호는 P, 단위는 [W]를 사용하나 대전력이 요구되는 전동기나 기계엔진 등에는 마력(horse power : HP)을 사용

$1[\text{HP}] = 746[\text{W}]$

② 1[W] : 1[V]의 전압을 가하여 1[A]의 전류가 흘러 1[sec] 동안에 1[J]의 일을 하는 전력을 1[W]라 한다.

③ 전력 P는 $P = VI = I^2R = \dfrac{V^2}{R}[\text{W}]$

[2] 전력량

① 전력량 : 일정 시간 동안 전기가 하는 일의 양. 즉 일정 시간 동안 공급되는 전기에너지. 기호는 W, 단위는 [J]을 사용하나, 일반적으로 시간 단위로는 와트시[Wh] 또는 [kWh]를 사용

② 전력량 W는 $W = Pt = VIt\ [\text{Wh}]$

2 열작용

[1] 줄의 법칙(Joule's law)

① 도체에 일정 기간 동안 전류를 흘리면 도체에는 열이 발생되는데, 이때 발생하는 열량은 도선의 저항과 전류의 제곱 및 흐른 시간에 비례한다.

$1[\text{J}] = 0.24\ [\text{cal}]$

② 열량 H는

$$H = Pt = I^2Rt [\text{J}] ≒ 0.24I^2Rt [\text{cal}]$$

[2] 열전현상

① 제베크 효과(Seebeck effect)
  ㉠ 열전쌍(thermocouple) : 서로 다른 금속을 조합하여 열기전력을 얻는 장치
  ㉡ 두 종류의 금속을 접합하여 두 접합점에 온도차를 주면 열기전력이 발생하는데 이를 제베크 효과라 하며, 열기전력은 두 금속의 접합부의 온도차에 비례한다.

② 펠티에 효과(Peltier effect)
  서로 다른 두 금속(안티몬과 비스무트)을 접속하고 전류를 흘리면, 전류의 방향에 따라 접합면에서 발열하거나 흡열하는 현상을 말한다.

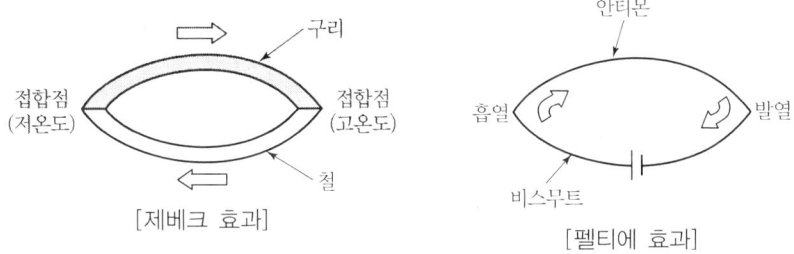

[제베크 효과]   [펠티에 효과]

제3절 축전지 및 전지의 접속

[1] 전지

① 전지 : 화학 에너지(물리적인 에너지)를 전기 에너지로 변환하는 장치
  ㉠ 1차 전지 : 일반 건전지로서 한 번 방전하면 다시 사용할 수 없는 전지로서 탄소 막대를 (+)극, 아연통을 (-)극으로 하여 그 사이에 이산화망간(MnO_2)과 염화암모늄(NH_4Cl) 등을 넣는다.
  ㉡ 2차 전지 : 자동차 등에 쓰이는 축전지를 말하며, 충전하여 몇 번이고 계속 사용

할 수 있는 전지로서 납 축전지가 가장 많이 사용된다. 납 축전지는 (+)극에 이산화납(PbO_2), (−)극에는 납(Pb)을 전극으로 하여 전해액으로는 묽은 황산(H_2SO_4)을 이용한다.

② 납 축전지의 충전과 방전의 화학반응식

$$PbO_2 + 2H_2SO_4 + Pb \rightleftarrows PbSO_4 + 2H_2O + PbSO_4$$

[2] 전지의 접속

① 전지의 직렬접속

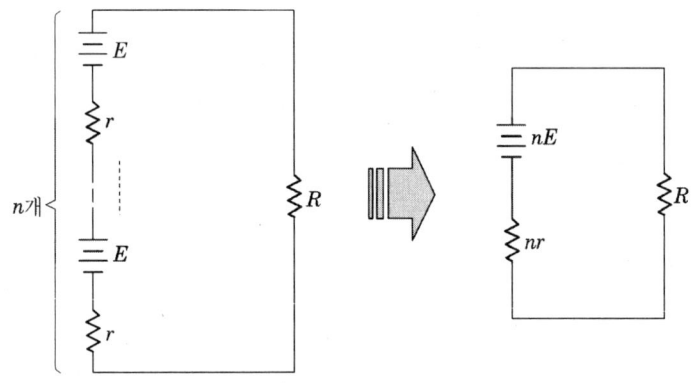

[전지의 직렬접속]

$$I(R+nr) = nE \qquad I = \frac{nE}{R+nr}$$

② 전지의 병렬접속

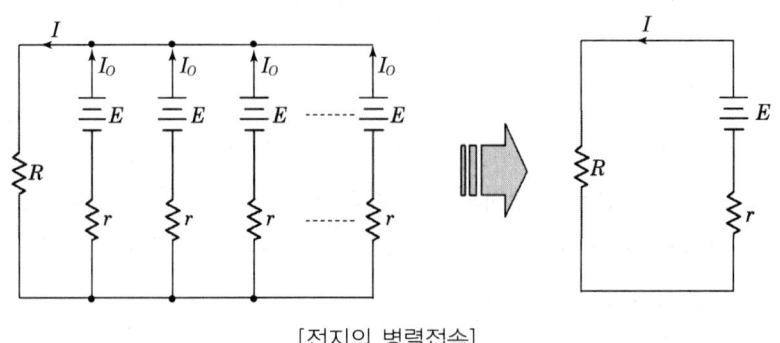

[전지의 병렬접속]

$$E = I_o r + IR = I\left(\frac{r}{n} + R\right) [\text{A}]$$

$$I = \frac{E}{\frac{r}{n} + R} = \frac{nE}{r + nR} [\text{A}]$$

제4절 교류회로

1 교류회로의 해석(파형, 주기, 주파수, 위상)

[1] 사인파의 교류

① 교류는 크기와 방향이 시간의 흐름에 따라 변하며 사인파 교류가 기본파형이고, 실제 사용되는 교류에 많이 쓰인다.

② 순시값 $v = V_m \sin\theta [\text{V}] = V_m \sin\omega t [\text{V}]$

    v : 코일에 발생하는 전압[V]

    θ : 자기 중심축과 코일이 이루는 각도 $\theta = \omega t$ [rad]

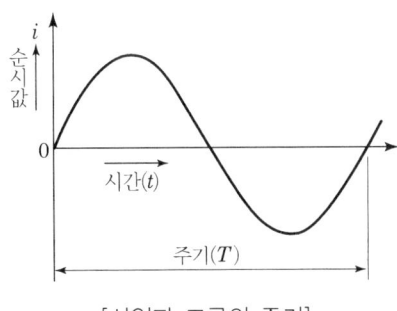

[사인파 교류의 주기]

③ 실효값(effective value)은 교류와 같은 일을 하는 직류의 값으로 표현한다. 사인파 전류에서 최댓값(I_m[A])의 약 0.707배이다.

$$I^2R = \frac{I_m}{2}R, \ I = \frac{I_m}{\sqrt{2}} ≒ 0.707\,I_m\,[\mathrm{A}], \ v = V_m\sin\omega t = \sqrt{2}\,V\sin\omega t\,[\mathrm{V}]$$

④ 평균값은 1주기 동안의 평균으로 사인파의 경우 대칭으로 1주기의 평균은 0이다.

⑤ 사인파의 $\frac{1}{2}$ 주기의 평균으로 평균값을 구한다.(한 주기의 평균은 0이므로)

$$\text{평균값} \quad V_a = \frac{2}{\pi}V_m ≒ 0.637\,V_m\,[\mathrm{V}]$$

⑥ 사인파 교류의 실효값은 평균값의 1.11배이다.

⑦ 최댓값 : 순시값 중에서 가장 큰 값(V_m, I_m)

⑧ 피크-피크값(peak-to-peak value) : 양(+)의 최댓값과 음(-)의 최댓값 사이의 값(V_{pp}, I_{pp})

[2] 주파수, 주기, 위상차

① 주파수(frequency) : 1초 동안 발생하는 진동의 수(사이클)를 뜻하며, 단위로는 헤르츠[Hz]를 사용한다.

$$f = \frac{1}{T}\,[\mathrm{Hz}] \quad T : \text{주기[sec]}$$

② 주기(period) : 1[Hz] 진동하는 동안 걸리는 시간을 주기라 한다.

$$T = \frac{1}{f}\,[\sec]$$

③ 위상각(θ) : $v = V_m\sin(\omega t + \theta)\,[\mathrm{V}]$에서 θ를 위상 또는 위상각이라 한다.

④ 위상차(ϕ) : 앞선 위상(ϕ_1)에서 뒤진 위상(ϕ_2)의 상대적인 위치의 차이이다.

⑤ 각속도(ω) : 1초 동안에 회전한 각도로 $\omega = 2\pi f\,[\mathrm{rad/sec}]$

[3] 최댓값, 평균값, 실효값의 관계

① 평균값(V_a, I_a) : 교류의 (+) 또는 (-)의 반주기 순시값의 평균값

$$V_a = \frac{2}{\pi} V_m ≒ 0.637 V_m$$

② 실효값(V, I) : 저항에 직류를 가했을 때와 교류를 가했을 때의 전력량이 같았을 때

$$실효값 = \sqrt{\frac{1}{T} \int_0^T (순시값)^2 dt}, \quad V = \frac{V_m}{\sqrt{2}} ≒ 0.707 V_m$$

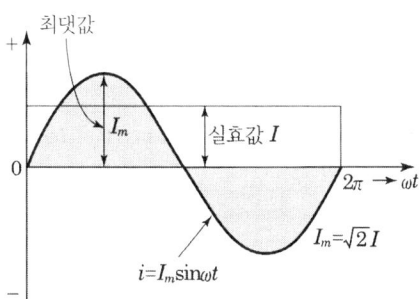

[사인파 교류의 실효값과 최댓값]

[4] 파형률과 파고율

① 파형률 $= \dfrac{실효값}{평균값} = \dfrac{0.707 V_m}{0.637 V_m} ≒ 1.11$

② 파고율 $= \dfrac{최댓값}{실효값} = \dfrac{V_m}{0.707 V_m} ≒ 1.414$

[5] 역률(power factor)

① 교류 전력에서의 유효 전력(소비 전력) : $P = VI \cos\theta = I^2 R$ [W]

② 교류전력에서의 무효 전력 : $P_r = VI \cos\theta = I^2 X$ [Var]

③ 교류전력에서의 피상 전력 : $P_a = VI = I^2 Z = \sqrt{P^2 + P_r^2}$ [VA]

④ 역률(유효 역률) : $\cos\theta = \dfrac{P}{VI} = \dfrac{소비전력}{피상전력}$

⑤ 무효율(무효 역률) : $\sin\theta = \dfrac{P_r}{VI} = \sqrt{1 - \cos^2\theta} = \dfrac{무효전력}{피상전력}$

[6] 벡터 기호법에 의한 계산

① 벡터는 방향과 크기를 가진 값으로 화살표로 표시한다. 화살표와 기준선 사이의 각도가 벡터의 방향이고 화살표의 길이는 벡터의 크기이다.

② 복소수 $\dot{A} = a + jb$ 식에서 a는 실수부, b는 허수부, 절댓값 $A = \sqrt{a^2 + b^2}$ 이다.

③ 허수의 단위는 $\sqrt{-1}$ (j는 벡터 연산자 90°)이고, $j^2 = -1$이다.

$$\dot{A} = a + jb = A(\cos\theta + j\sin\theta) = A\angle\theta$$

편각 $\theta = \tan^{-1}\dfrac{b}{a}$ ($A\cos\theta = a,\ A\sin\theta = b$)

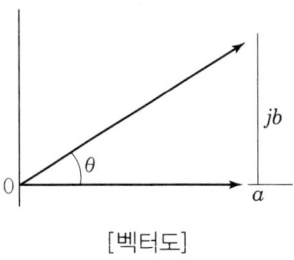

[벡터도]

④ 극좌표 표시

$a = A\cos\theta,\ b = A\sin\theta$ 이므로

$$\dot{A} = a + jb = A\cos\theta + jA\sin\theta = A(\cos\theta + j\sin\theta) = A\angle\theta$$

⑤ 지수, 함수 표시

$\varepsilon j\theta = \cos\theta + j\sin\theta$

$\dot{A} = A\varepsilon^{j\theta}$ (단, ε : 자연로그의 밑수로서 $\varepsilon \fallingdotseq 2.71828$이다.)

⑥ 3상 교류 : 각 기전력의 크기가 같고, 서로 $\dfrac{2}{3}\pi$[rad](120°)만큼씩 위상차가 있는 교류를 대칭 3상 교류라 하며, 3상 교류의 각 순시값의 합은 0이다.

2 RLC 기본 회로

[1] RLC 회로

(1) 저항회로

① 저항만을 갖는 회로에 실효값이 V[V]인 사인파 교류전압을 가할 때, 전류는

$$v = \sqrt{2}\sin\omega t \text{ [V]}$$

$$i = \frac{v}{R} = \frac{\sqrt{2}\sin\omega t}{R} = \sqrt{2}I\sin\omega t \text{ [A]}$$

[저항회로와 벡터도]

② 전압과 전류의 위상은 동위상이다.
③ 전압과 전류의 관계는 사인파 교류에서의 실효값은 옴의 법칙이 성립되므로

$$I = \frac{V}{R} \text{ [A]}, \quad V = IR \text{ [V]}$$

(2) 인덕턴스 회로

① 인덕턴스(코일 : L)만을 갖는 회로에 $i = I_m\sin\omega t$ [A]의 교류 전류가 흐를 때 인덕턴스 양단의 전압은

$$v = L\frac{di}{dt} = L\frac{d}{dt}(I_m\sin\omega t) = LI_m\frac{d\sin\omega t}{dt} = \omega L I_m\cos\omega t$$

$$= I_m\omega L\sin\left(\omega t + \frac{\pi}{2}\right) = V_m\sin\left(\omega t + \frac{\pi}{2}\right) \text{[V]}$$

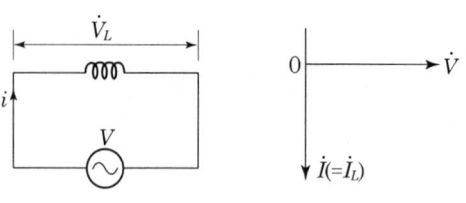

[인덕턴스 회로와 벡터도]

② 전압은 전류보다 $\frac{\pi}{2}$ [rad] (= 90°)만큼 위상이 앞선다.

③ 전압과 전류의 관계 : $\dot{V} = \omega L \dot{I}$ [V], $\dot{I} = \frac{\dot{V}}{\omega L}$ [A]

④ 유도 리액턴스(X_L : inductive reactance)

순수한 저항(R)과 코일의 교류에 대한 저항(ωL : 전류가 전압보다 위상이 90° 뒤지는 현상)을 구별하여 ωL을 말하며, 단위로는 [Ω]을 사용한다.

$$X_L = \omega L = 2\pi f L \ [\Omega]$$

 참고

유도 리액턴스는 인덕턴스(L)와 주파수(f)에 정비례한다.

(3) 정전용량회로

① 정전용량이 C[F]인 회로에 $v = V_m \sin \omega t$ [V]의 정현파 전압을 인가할 때, 흐르는 전류를 i [A], 콘덴서에 축적되는 전하를 q라 하면

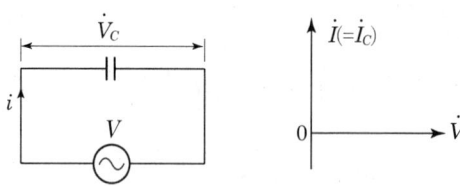

[정정용량회로와 벡터도]

$$i = \frac{dq}{dt} = \frac{d(CV)}{dt} = \frac{d(CV_m \sin\omega t)}{dt} = CV_m \frac{d}{dt}\sin\omega t = \omega CV_m \cos\omega t$$
$$= \omega CV_m \sin\left(\omega t + \frac{\pi}{2}\right) = I_m \sin\left(\omega t + \frac{\pi}{2}\right) [\text{A}]$$

② 전류는 전압보다 $\frac{\pi}{2}$[rad] (=90°)만큼 위상이 앞선다.

③ 전압과 전류의 관계 : $\dot{I} = \omega C \dot{V}$[A], $\dot{V} = \frac{1}{\omega C} \dot{I}$[V]

④ 용량 리액턴스(X_C : capacitive reactance)

$\frac{1}{\omega C}$(전류의 위상이 전압보다 90° 앞선다)을 말하며, 단위는 [Ω]을 사용한다.

$$X_C = \frac{1}{\omega C} = \frac{1}{2}\pi f C [\Omega]$$

참고

용량 리액턴스는 정전용량(C)과 주파수(f)에 반비례한다.

(4) R, L, C 회로에서의 전압과 전류의 관계 요약

회로 방식	회로도	식	위상	벡터도
저항 회로	V_R	$v = V_m \sin\omega t$ $i = I_m \sin\omega t$	전압(V)과 전류(I)는 동상	$i(=iR) \to \dot{V}$
유도 회로	$\dot{V}_L$	$i = I_m \sin\omega t$ $v = V_m \sin\left(\omega t + \frac{\pi}{2}\right)$	전압(V)은 전류(I)보다 $\frac{\pi}{2}$[rad] 앞선다.	$\dot{V}$ ↓ $i(=\dot{i}_L)$
정전 용량 회로	$\dot{V}_C$	$v = V_m \sin\omega t$ $i = I_m \sin\left(\omega t + \frac{\pi}{2}\right)$	전압(V)은 전류(I)보다 $\frac{\pi}{2}$[rad] 뒤진다.	$i(=\dot{i}_C)$ ↑ $\to \dot{V}$

[2] RLC 직렬회로

(1) RL 직렬회로

① 저항 $R[\Omega]$과 $L[H]$를 직렬로 연결하고 $i = I_m \sin\omega t$ 의 전류가 흐를 때, 전류(I)에 의하여 저항(R)과 인덕턴스(L)에 생기는 전압강하를 $\dot{V}_R$, $\dot{V}_L$이라 하면

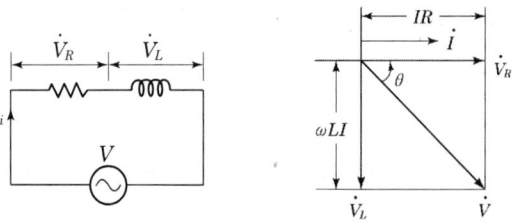

[RL직렬회로와 벡터도]

$$\dot{V}_R = \dot{I}R \qquad \dot{V}_L = j\omega L \dot{I}$$

② 전전압 $\dot{V}$ 는 $\dot{V} = \dot{V}_R + \dot{V}_L = \dot{I}(R + j\omega L\dot{I}) = IZ$

③ 임피던스는 Z, 단위는 옴$[\Omega]$이다.

$$\tan\theta = \frac{j\omega LI}{IR} = \frac{j\omega L}{R}$$

$$\therefore \theta = \frac{1}{\tan}\frac{\omega L}{R} = \tan^{-1}\frac{\omega L}{R} = \tan^{-1}\frac{2\pi f L}{R}$$

(2) RC 직렬회로

① 저항 $R[\Omega]$과 정전용량 $C[F]$의 콘덴서가 직렬로 연결된 회로에 $i = I_m \sin\omega t$ [A]의 교류 전류가 흐를 때, 전류 I에 의하여 저항(R)과 콘덴서(C)에서의 전압 강하를 $\dot{V}_R$, $\dot{V}_C$라 하면

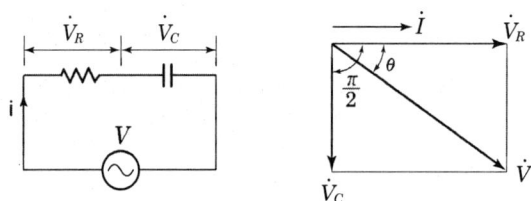

[RC 직렬회로와 벡터도]

$$\dot{V}_R = IR \qquad \dot{V}_C = -j\frac{1}{\omega C}\dot{I}$$

② 전전압 $\dot{V}$ 는 $\dot{V} = \dot{V}_R + \dot{V}_C = \dot{I}\left(R - j\frac{1}{\omega C}\right)$

③ 임피던스는 Z로, 단위는 옴[Ω]이다.

$$\dot{Z} = \frac{\dot{V}}{\dot{I}} = R - j\frac{1}{\omega C}$$

$$\tan\theta \frac{\dot{V}_C}{\dot{V}_R} = \frac{\frac{1}{\omega C}\dot{I}}{\dot{I}R} = \frac{1}{R\omega C}$$

$$\therefore \theta = \frac{1}{\tan}\frac{1}{R\omega C} = \tan^{-1}\frac{1}{R\omega C} = \tan^{-1}\frac{1}{2\pi fRC}$$

(3) RLC 직렬회로

① RLC 직렬회로에 $i = I_m\sin\omega t$ [A]의 전류가 흐를 때, 각 소자 양단의 전압강하를 $\dot{V}_R$, $\dot{V}_L$, $\dot{V}_C$ 라 하면

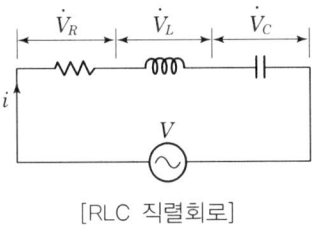

[RLC 직렬회로]

② 전전압 $\dot{V}$ 는

$$\dot{V} = \dot{V}_R + (\dot{V}_L - \dot{V}_C) = \dot{I}R + j\left(\omega L - \frac{1}{\omega C}\right)\dot{I}$$
$$= \dot{I}\left\{R + j\left(\omega L - \frac{1}{\omega C}\right)\right\}$$

③ 임피던스는 Z로, 단위는 옴[Ω]이다.

$$\dot{Z} = \frac{\dot{V}}{\dot{I}} = R + j\left(\omega L - \frac{1}{\omega C}\right)$$

$$\therefore \tan\theta = \frac{\dot{V}_L - \dot{V}_C}{\dot{V}_R} = \frac{I\left(\omega L - \frac{1}{\omega C}\right)}{\dot{I}R} = \frac{\omega L - \frac{1}{\omega C}}{R}$$

$$\theta = \frac{1}{\tan}\frac{\omega L - \frac{1}{\omega C}}{R} = \tan^{-1}\frac{\omega L - \frac{1}{\omega C}}{R}$$

$$\dot{I} = \left(\frac{1}{R} - j\frac{1}{\omega L}\right)\dot{V} = \frac{\dot{V}}{\frac{1}{\frac{1}{R} - j\frac{1}{\omega L}}}$$

여기서 $\dot{Y}$를 어드미턴스라 한다.

$$\therefore \frac{1}{Z} = \frac{1}{R} - j\frac{1}{\omega L}$$

$\frac{1}{R} = g$, $\frac{1}{\omega L} = b$라 하면 $\dot{Y} = g - jb$

g를 컨덕턴스(저항의 역수), b를 서셉턴스(리액턴스의 역수)라 한다.

④ 전압(V)과 위상차(θ)는

$$\dot{Y} = \frac{1}{Z} = \frac{1}{\frac{1}{R} - j\frac{1}{\omega L}}$$

㉠ $X_L > X_C$일 때, 즉 유도성으로 동작될 때

　$X_L > X_C$일 때는 유도성 회로가 되어 전류는 전압보다 θ만큼 뒤진다.

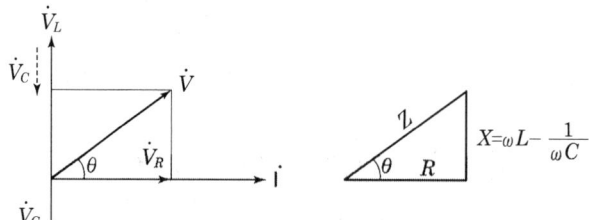

[유도성 RLC 직렬회로의 벡터도]

㉡ $X_L < X_C$일 때, 즉 용량성으로 동작될 때

　$X_L < X_C$일 때는 용량성 회로가 되어 전류는 전압보다 θ만큼 앞선다.

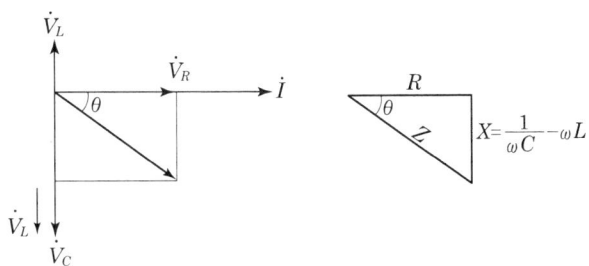

[용량성 RLC 직렬회로의 벡터도]

ⓒ $X_L = X_C$ 일 때, 즉 직렬 공진회로로 동작될 때

$X_L = X_C$ 일 때는 직렬 공진회로가 되어 전압과 전류의 위상이 동상이다.

[3] RL, RC, RLC 직렬회로에서의 임피던스, 전압 및 위상의 관계

회로 방식	회로도	임피던스	전압	위상	벡터도
RL 직렬 회로		$\dot{Z} = \sqrt{R^2 + X_L^2}$	$V = V_m \sin(\omega t + \theta)$	$\theta = \tan^{-1}\dfrac{X_L}{R}$ [rad] 즉 전류보다 전압의 위상이 θ[rad] 만큼 앞선다.	
RC 직렬 회로		$\dot{Z} = \sqrt{R^2 + X_C^2}$	$V = V_m \sin(\omega t - \theta)$	$\theta = \tan^{-1}\dfrac{X_C}{R} = \tan^{-1}\dfrac{1}{\omega RC}$[rad] 즉 전류보다 전압의 위상이 θ[rad] 만큼 뒤진다.	
RLC 직렬 회로		$\dot{Z} = \sqrt{R^2 + X^2}$	$V = V_m \sin(\omega t + \theta)$	$\theta = \tan^{-1}\dfrac{X}{R} = \tan^{-1}\dfrac{X_L - X_C}{R}$ $= \tan^{-1}\dfrac{\omega L - \dfrac{1}{\omega C}}{R}$[rad] $X_L > X_C$ 일 때는 유도성 회로가 되어 전류는 전압보다 θ 만큼 뒤진다. $X_L < X_C$ 일 때는 용량성 회로가 되어 전류는 전압보다 θ 만큼 앞선다.	유도성 회로 용량성 회로

[4] RLC 병렬회로

(1) RL 병렬회로

① 저항(R)과 인덕턴스(L)가 병렬로 연결된 회로에 전압(V)을 가했을 때, 각 소자에 흐르는 전류를 각각 I_R, I_L이라 하면

$$I_R = \frac{V}{R}$$

$$I_L = \frac{V}{jX_L} = \frac{V}{j\omega L} = -j\frac{V}{\omega L}$$

$$\therefore I = I_R + I_L = \left(\frac{1}{R} - j\frac{1}{\omega L}\right)V [\text{A}]$$

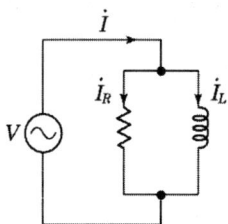 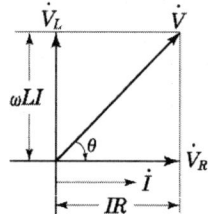

[RL 병렬회로와 벡터도]

② 전류(I)와 위상차(θ)는

$$|I| = I = \sqrt{\left(\frac{1}{R}\right)^2 + \left(\frac{1}{\omega L}\right)^2} \, V [\text{A}]$$

$$\theta = \tan^{-1}\frac{-\frac{1}{\omega L}}{\frac{1}{R}} = \tan^{-1}\frac{R}{\omega L} [\text{rad}]$$

③ 전 전류(I)는 전압(V)의 $\sqrt{\left(\frac{1}{R}\right)^2 + \left(\frac{1}{\omega L}\right)^2}$ 배와 같고, 위상은 전압보다 $\tan^{-1}\frac{R}{\omega L}$ (즉, $=\theta$)만큼 뒤진다.

④ 합성 임피던스를 Z라 하며, 단위는 [Ω]이다.

$$Z = \frac{1}{\sqrt{\left(\frac{1}{R}\right)^2 + \left(\frac{1}{\omega L}\right)^2}} [\Omega]$$

(2) RC 병렬회로

① 저항(R)과 콘덴서(C)가 병렬 연결된 회로에 전압(V)을 가했을 때, 각 소자에 흐르는 전류를 I_R, I_C라 하면

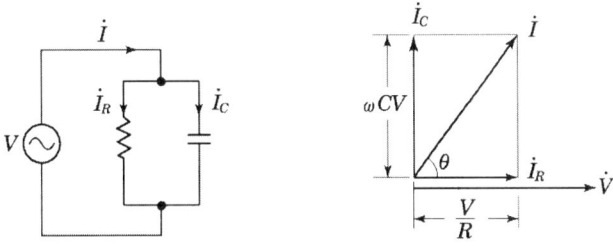

[RC 병렬회로와 벡터도]

$$\dot{I}_R = \frac{\dot{V}}{R}$$

$$\dot{I}_C = \frac{\dot{V}}{-jX_C} = j\omega C \dot{V}$$

$$\dot{I} = \dot{I}_R + \dot{I}_C = \frac{\dot{V}}{R} + j\omega C \dot{V} = \dot{V}\left(\frac{1}{R} + j\omega C\right) [A]$$

② 전 전류($\dot{I}$)와 위상차(θ)는

$$|\dot{I}| = \dot{I} = \dot{V}\sqrt{\left(\frac{1}{R}\right)^2 + (\omega C)^2} [A]$$

$$\theta = \tan^{-1}\frac{\omega C}{\frac{1}{R}} = \tan^{-1}\omega RC [rad]$$

③ 합성 임피던스를 Z라 하며, 단위는 $[\Omega]$이다.

$$\dot{Z} = \frac{1}{\sqrt{\left(\frac{1}{R}\right)^2 + \left(\frac{1}{\omega C}\right)^2}} [\Omega]$$

> **참고**
> 전류는 전압보다 위상이 앞선다.

(3) RLC 병렬회로

① R, L, C 소자를 병렬 연결한 회로에 교류전압(V)을 가했을 때, 각 소자에 흐르는 전류는

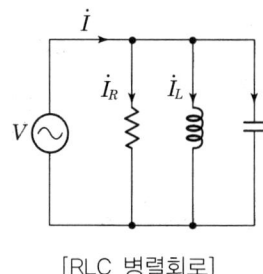

[RLC 병렬회로]

$$\dot{I}_R = \frac{\dot{V}}{R}$$

$$\dot{I}_L = \frac{\dot{V}}{-j\omega X_C} = -j\omega C \dot{V}$$

$$\dot{I}_C = \frac{\dot{V}}{-jX_C} = \frac{\dot{V}}{-j\frac{1}{\omega C}} = -j\omega C \dot{V}$$

전 전류 $\dot{I}$ 는

$$\dot{I} = \dot{I}_R + \dot{I}_L + \dot{I}_C$$

$$= \frac{\dot{V}}{R} - j\frac{\dot{V}}{\omega L} + j\omega C \dot{V} = \left\{\frac{1}{R} + j\left(\omega C - \frac{1}{\omega L}\right)\right\} [A]$$

$$\therefore \dot{I} = \sqrt{I_R^2 + I_X^2} = \sqrt{I_R^2 + (I_C - I_L)^2}$$

$$= V\sqrt{\left(\frac{1}{R}\right)^2 + \left(\omega C - \frac{1}{\omega L}\right)^2} [A]$$

② 임피던스 $\dot{Z}$ 는 $\dot{Z} = \dfrac{1}{\dfrac{1}{R} + j\left(\omega C - \dfrac{1}{\omega L}\right)} = \dfrac{1}{\dfrac{1}{R} + j\left(\dfrac{1}{X_C} - \dfrac{1}{X_L}\right)}$

$\therefore Z = \dfrac{1}{\sqrt{\left(\dfrac{1}{R}\right)^2 + \left(\omega C - \dfrac{1}{\omega L}\right)^2}}\,[\Omega]$

③ 위상차 θ 는 $\theta = \tan^{-1}\left(\omega C - \dfrac{1}{\omega L}\right)R\,[\text{rad}]$

④ 리액턴스(reactance) X는 전류(I)에 반비례한다.
  ㉠ $X_L < X_C$인 경우($I_L < I_C$인 경우)
    $\dot{I}$ 는 $\dot{V}$ 보다 θ 만큼 뒤진다.

    $\dot{I} = \dot{I}_L - \dot{I}_C = \dfrac{\dot{V}}{X_L} - \dfrac{\dot{V}}{X_C} = \dot{V}\left(\dfrac{1}{X_L} - \dfrac{1}{X_C}\right)[\text{A}]$

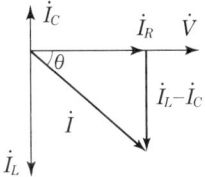

[RLC 병렬회로의 용량성 벡터도]

  ㉡ $X_L > X_C$인 경우($I_L > I_C$인 경우) $\dot{I}$ 는 $\dot{V}$ 보다 θ 만큼 앞선다.

    $\dot{I} = \dot{I}_C - \dot{I}_L = \dfrac{\dot{V}}{X_C} - \dfrac{\dot{V}}{X_L} = \dot{V}\left(\dfrac{1}{X_C} - \dfrac{1}{X_L}\right)[\text{A}]$

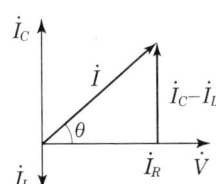

[RLC 병렬회로의 유도성 벡터도]

  ㉢ $X_L = X_C$인 경우($I_L = I_C$인 경우) $\dot{I}$ 와 $\dot{V}$ 는 동상으로 병렬공진이 된다.

$$\dot{I} = \dot{I}_C - \dot{I}_L = 0[A], \ 즉, \ I_C = I_L$$

(4) RL, RC, RLC 병렬회로의 어드미턴스, 전류 및 위상관계 요약

회로방식	회로도	어드미턴스	전류	위상	벡터도
RL 병렬회로		$\dot{Y} = \sqrt{G^2 + B^2}$ $= \dfrac{\sqrt{R^2 + (\omega L)^2}}{\omega RL}$	$\dot{I} = \sqrt{\left(\dfrac{1}{R}\right)^2 + \left(\dfrac{1}{\omega L}\right)^2} V$	$\theta = \tan^{-1} \dfrac{\dfrac{1}{\omega L}}{\dfrac{1}{R}}$ $= \tan^{-1} \dfrac{R}{\omega L}[\text{rad}]$	
RC 병렬회로		$\dot{Y} = \sqrt{\left(\dfrac{1}{R}\right)^2 + \left(\dfrac{1}{X_C}\right)^2}$	$\dot{I} = \sqrt{\left(\dfrac{1}{R}\right)^2 + (\omega C)^2} \, V$	$\theta = \tan^{-1} \dfrac{\omega C}{\dfrac{1}{R}}$ $= \tan^{-1} \omega RC[\text{rad}]$	
RLC 병렬회로		$\dot{Y} = \sqrt{\left(\dfrac{1}{R}\right)^2 + \left(\omega C - \dfrac{1}{\omega L}\right)^2}$	$\dot{I} = \sqrt{\left(\dfrac{1}{R}\right)^2 + \left(\omega C - \dfrac{1}{\omega L}\right)^2} V$	$X_L < X_C$ 인 경우, 용량성 회로로 전압보다 전류가 θ [rad] 만큼 뒤진다.	
				$X_L < X_C$ 인 경우, 유도성 회로로 전압보다 전류가 θ [rad] 만큼 앞선다.	

제5절 자기 현상

1 자석에 의한 자기 현상

[1] 자석에 의한 자기 현상

① 자기력(magnetic force) : 같은 자극끼리는 서로 밀고, 다른 자극끼리는 서로 끌어당기는 성질

② 자기장(magnetic field) : 자기력이 미치는 공간

③ 자극의 세기는 그 자극이 가지는 자기량의 대소에 따라 결정된다.
단위는 웨버(weber) [Wb]

④ 1[Wb]는 자기량이 같은 두 개의 자극을 1[m]의 거리에 놓았을 경우, 두 자극 사이에 작용하는 힘이 6.33×10^4[N]일 때의 각 자극의 세기

[2] 쿨롱의 법칙(Coulomb's law)

① 두 자극 사이에 작용하는 힘은 그 거리의 제곱에 반비례하고, 두 자극의 세기의 곱에 비례하며, 힘의 방향은 두 자극을 잇는 직선상에 위치한다.

② m_1[Wb], m_2[Wb]의 세기를 가진 두 개의 자극을 진공 중에서 r[m]의 거리에 놓았을 때 서로 작용하는 자기력 F는

$$F = \frac{1}{4\pi\mu_0} \cdot \frac{m_1 m_2}{r^2} = 6.33 \times 10^4 \frac{m_1 m_2}{r^2} [N]$$

μ_0는 진공의 투자율(magnetic permeability)로서 $\mu_0 = 4\pi \times 10^{-7}$ [H/m]

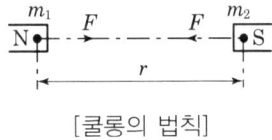

[쿨롱의 법칙]

[3] 자기유도

① 자기유도(magnetic induction) : 물체가 자화되어 자기를 띠는 현상

② 강자성체 : 가해 준 자기장과 같은 방향으로 강하게 자화되는 물질

  예 철, 니켈, 코발트, 망간, 퍼멀로이, 페라이트 등

③ 반자성체 : 가해 준 자기장과 반대 방향으로 자화되는 물질

  예 은, 구리, 안티몬, 비스무트, 수소, 질소, 물, 아연, 납, 게르마늄 등

④ 상자성체 : 가해 준 자기장과 같은 방향으로 약하게 자화되는 물질

  예 알루미늄, 산소, 공기, 주석, 백금 등

[4] 자기장의 세기

① 자기장(또는 자계) : 자기력이 미치는 공간

② 자기장 안의 임의의 점에 1[Wb]의 자극에 작용하는 자기력이 1[N]이 되는 것을 1[AT/m]라 한다.

③ 진공 중에 있는 m[Wb]의 자극에서 r[m]의 거리에 있는 점의 자기장의 세기 H는

$$H = \frac{1}{4\pi\mu_0} \cdot \frac{m}{r^2} = 6.33 \times 10^4 \frac{m}{r^2} [\text{AT/m}]$$

④ 자기장의 세기가 H[AT/m]인 자기장 중에 m[Wb]의 자극을 놓았을 때 자기력 F는
$F = mH$[N]

2 전류에 의한 자기현상

[1] 직선 전류에 의한 자기장

① 직선 도선에 전류가 흐르면 그 주위에 자기장이 생기고, 자력선은 도선을 중심으로 원을 그리는 방향으로 발생한다.

② 직선 도선에 I[A]의 전류가 흐를 때 도선에서 r[m] 떨어진 점 P에서 자기장의 세기 H는 $H = \dfrac{I}{2\pi r}$[AT/m]

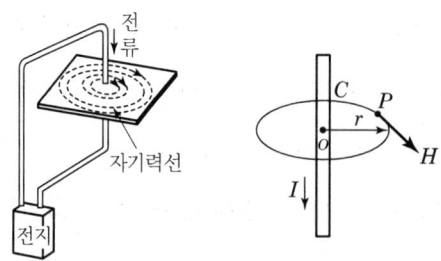

[직선 전류에 의한 자기장]

[2] 원형 코일에 의한 자기장

① 도선을 원형으로 감은 코일에 전류를 흘리면 도선을 쇄교하는 자기력선은 코일의 내부에서 서로 합해지므로 강한 자기장이 발생한다.

② 코일의 감은 횟수가 많을수록 강한 자기장이 만들어진다.

③ 반지름 r[m], 감은 횟수가 1회인 코일에 전류를 흘릴 때, 코일 중심에서의 자기장의 세기 H는 $H = \dfrac{I}{2r}$[AT/m]

④ 코일의 감은 횟수가 N회이면 코일 중심에서의 자기장의 세기 H는
$H = \dfrac{NI}{2r}$[AT/m]

[3] 전자력과 전자유도

(1) 자기장 속에서 전류가 받는 힘

전자력(electromagnetic force) : 자기장과 전류 사이에 작용하는 힘

(2) 플레밍의 왼손법칙(Fleming's left hend rule)

자기장 안에 놓여 있는 도선에 전류가 흐를 때 도선이 받는 전자력의 방향은 왼손의 세 손가락을 서로 직각 방향으로 펼치고, 집게손가락은 자기장의 방향, 가운뎃손가락은 전류의 방향으로 하면 엄지손가락의 방향이 전자력의 방향이다.

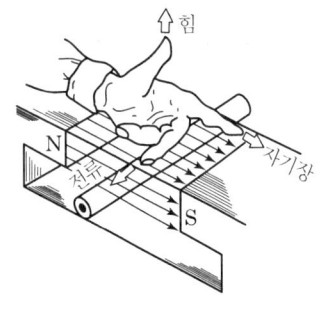

[플레밍의 왼손법칙]

(3) 전자력의 크기

① 자속밀도(magnetic field density) : 직각으로 단위 면적을 통과하는 자속의 수

② 자속 밀도가 B인 자기장 내에서 자기장과 직각으로 도체를 놓고 전류 I[A]를 흘리면 길이 l[m]의 도체가 받는 힘 F는 $F = IBl$[N]

③ 자기장과 도선이 θ의 각을 이룰 경우의 힘 F는 $F = IBl\sin\theta$[N]

[4] 전자 유도

(1) 패러데이의 법칙(Faraday's law)

① 전자유도 : 코일을 지나는 자속이 시간에 따라 변화하면 코일에 기전력이 유도되는 현상

② 전자유도에 의하여 회로에 유기되는 기전력은 이 회로와 쇄교하는 자속의 증감에 비례한다.

(2) 렌츠의 법칙(Lenz's law)

유도기전력과 유도 전류의 방향은 자속의 증감을 방해하는 방향이다.

(3) 플레밍의 오른손법칙(Fleming's right hand rule)

자기장 안에서 도체가 운동하여 자속을 끊었을 때 기전력의 방향을 아는 데 편리한 법칙으로, 오른손의 세 손가락을 서로 직각이 되도록 펼치고, 집게손가락은 자속의 방향, 엄지손가락은 도체의 운동 방향이 되도록 하면 가운뎃손가락의 방향이 도체에 생기는 유도 기전력의 방향이다.

(4) 유도기전력의 크기

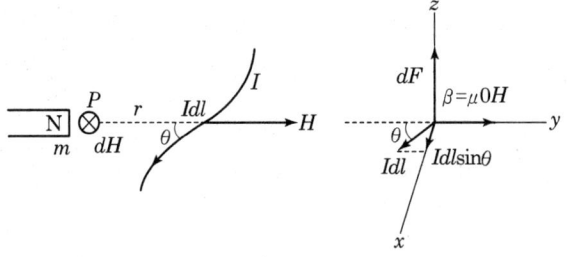

[유도기전력의 크기]

① 코일에 유도되는 기전력은 단위 시간에 쇄교하는 자속 수에 비례한다.

② N회의 코일마다 Δt[sec] 동안에 Δ[Wb] 만큼의 자속이 증가하였다면 유도 기전력의 크기 e는 $e = -N\dfrac{\Delta\phi}{\Delta t}$[V]

참고

(−)의 부호는 유도기전력 e 의 방향과 자속 ϕ의 방향이 서로 반대임을 뜻함

(5) 발전기의 원리

① 전기자 코일을 축으로 하여 자기장과 직각으로 놓고 반시계 방향으로 돌리면 전기자 코일에 기전력이 유도된다.

② 전기자 코일을 같은 속도로 회전시키면 연속적으로 동일한 기전력을 얻는 것이 발전기의 원리이다.

(6) 변압기의 원리

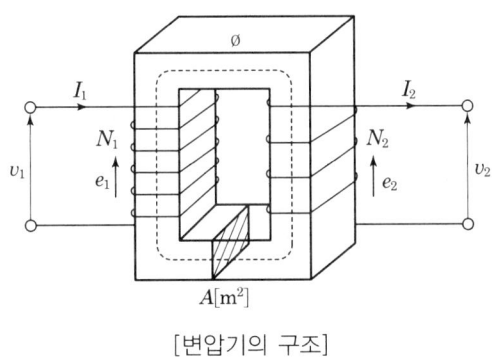

[변압기의 구조]

① 전기에너지를 자기적 에너지로 변환한 후에 자기적 에너지를 전기에너지로 변환하는 장치

② 유도 전압과 전류의 크기는 1차 코일과 2차 코일의 권선 수에 따라 변화

$$\frac{e_1}{e_2} = \frac{I_2}{I_1} = \frac{N_1}{N_2} = a \quad (N_1 : 1차측의 \ 권선 \ 수, \ N_2 : 2차측의 \ 권선 \ 수)$$

참고

a는 권선 수의 비 또는 전압비

제6절 반도체(Semiconductor)

1 전자의 개념

[1] 원자와 전자

모든 물질은 매우 작은 분자(molecule)로 이루어져 있으며, 분자는 여러 종류의 원자(atom)의 집합으로, 구성하는 원자의 종류와 결합 형태의 종류에 따라 그 물질의 고유한 성질을 갖는다.

① 양자(proton) : 원자의 구조의 중심 부분에서 (+) 전기를 갖는 것
   양자의 전기량 : 1.602×10^{-19} [C]
   양자의 질량 : 1.673×10^{-27} [kg](전자 질량의 1,840배)

② 중성자(neutron) : 원자의 구조의 중심 부분에서 전기를 갖지 않는 것

③ 원자핵(atomic nucleus) : 양자와 중성자 모두를 말한다.

④ 전자(electron) : 원자핵의 주위를 돌고 있는 (-) 전기를 갖는 것

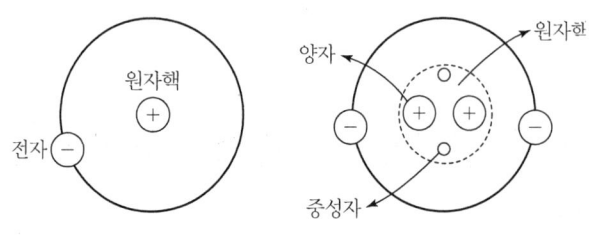

[양자와 전자]

[2] 자유전자

① 전기적으로 안정된 원자에 외부에너지(빛이나 열 등)를 가하면 멀리 떨어진 궤도에 있는 전자는 원자핵의 구속력에서 벗어나 자유로이 움직일 수 있는데 이를 자유전자라 한다.

② 온도가 상승하면 물질 중의 자유전자의 운동이 활발해진다.

전자의 전기량 : $-1.602189 \times 10^{-19}$[C]

전자의 질량 : 9.109534×10^{-31}[kg]

[3] 전기의 발생

① 물질은 정상 상태에서는 양자의 수와 전자의 수가 서로 같으므로 전기적으로 중성 상태에 있다.

② 대전 : 자유전자의 들어오고 나감에 의해 음전기 또는 양전기를 갖게 되는 현상

③ 전기량 : 대전된 물질이 갖는 전기의 양으로 단위는 쿨롬(coulomb : C)을 사용

$$1[C] = \frac{1}{1.602 \times 10^{-19}} ≒ 0.624 \times 10^{19} \text{[개]}$$

[4] 반도체의 종류

반 도 체		
진성 반도체	불순물 반도체	
	N형 반도체	P형 반도체

① 진성 반도체 : 불순물이 첨가되지 않은 순수한 반도체로 실리콘(Si), 게르마늄(Ge)이 이에 속한다.

② 불순물 반도체 : 진성 반도체의 전기 전도성을 향상시키기 위하여 불순물을 첨가한 반도체로 N형과 P형의 반도체가 있다.

㉠ N형 반도체 : 4개의 전자를 갖는 진성 반도체에 원자가 5가인 불순물 원자(비소[As], 인[P], 안티몬[Sb])를 혼입하면 공유 결합을 이루고 1개의 전자가 남는다. 이를 과잉전자 또는 도너(donor)라 한다.

참고

다수 반송자 : 전자, 소수 반송자 : 정공

ⓒ P형 반도체 : 4개의 전자를 갖는 진성 반도체에 원자가 3가인 불순물 원자(인듐
[In], 붕소[B], 알루미늄[Al], 갈륨[Ga])의 억셉터(Accepter)를 혼입하면 1개의
전자가 부족하게 되며, 이는 1개의 정공이 남는 상태이다.

> **참고**
>
> 다수 반송자 : 정공, 소수 반송자 : 전자

2 PN 접합 이론

[1] PN 접합

P형 반도체와 N형 반도체를 접합하고 전압을 가하면 N형 반도체의 전자는 P형 반도체 쪽으로, P형 반도체의 정공은 N형 반도체 쪽으로 이동하게 되어 N형 반도체의 에너지 준위는 P형 반도체 에너지 준위 eV만큼 높아지므로, 에너지 장벽이 낮아져 N형 반도체의 전자는 이를 뛰어넘어 확산한다.

P형에 -전압을 N형에 +전압을 가하면 페르미 준위는 P형 반도체보다 N형 반도체가 eV만큼 낮아져, 에너지 장벽은 더욱 높아져 캐리어 이동은 거의 없어 전류가 흐르지 않게 된다.

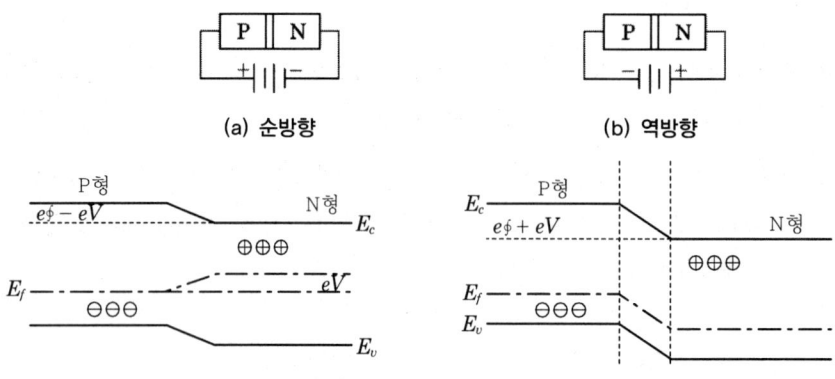

[PN 접합의 에너지 준위]

[2] 다이오드(Diode)

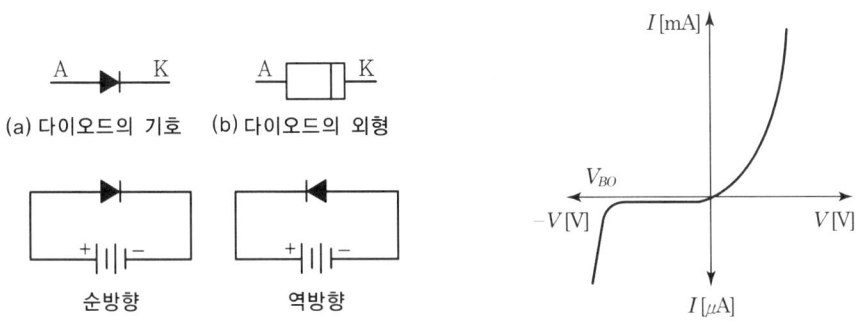

[다이오드의 기호와 외형 및 전류 곡선]

① 다이오드는 전압을 가하는 방법에 따라 어느 한 방향(순방향)으로는 전류가 많이 흐르고, 반대방향(역방향)으로는 전류가 흐르지 않는다.

② 항복전압(breakdown voltage) : 역방향 전압을 점점 크게 가하면 급격히 전류가 흐르는데 이때의 전압을 항복전압이라 한다.

③ 다이오드의 용도는 정류, 검파, 발진, 증폭, 전압안정용 등이다.

④ 다이오드의 분류
  ㉠ 검파 다이오드(점 접촉형 다이오드) : N형 게르마늄(Ge)의 작은 조각에 텅스텐 선 또는 백금합선의 탐침을 점 접촉시켜 만든 소자로서, 고주파를 차단하고 저주파를 통과시키는 검파용에 주로 사용된다.

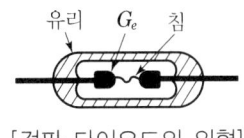

[검파 다이오드의 외형]

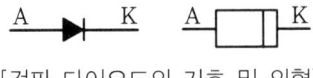

[검파 다이오드의 기호 및 외형]

  ㉡ 정류 다이오드 : 전류가 한 방향(순방향)으로 흐르는 성질을 이용하여, 교류

(AC)를 직류(DC)로 바꾸는 정류의 용도로 사용된다.
ⓒ 제너 다이오드(정전압 다이오드) : 전압이 어떤 값에 도달했을 때 캐리어가 급증하여 역방향으로 큰 전류가 흐르는 효과를 이용하여, 전압을 일정하게 유지하기 위한 전압제어소자로 정전압회로에 이용된다.

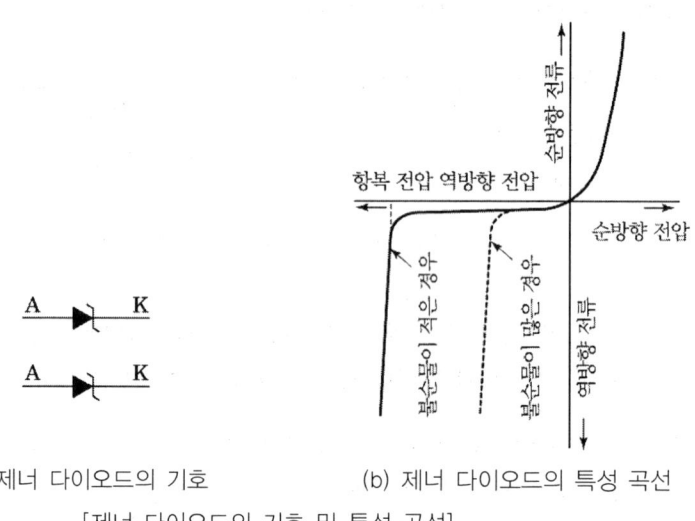

(a) 제너 다이오드의 기호   (b) 제너 다이오드의 특성 곡선
[제너 다이오드의 기호 및 특성 곡선]

ⓔ 터널 다이오드(에사키 다이오드) : 불순물의 농도를 매우 크게 하여 전압이 낮은 범위에서는 전류가 증가하고, 어떤 전압 이상이 되면 전류가 감소하는 부성저항 특성을 갖도록 한 소자로서, 마이크로파대의 발진이나 전자계산기 등의 고속 스위칭 회로에 사용된다.

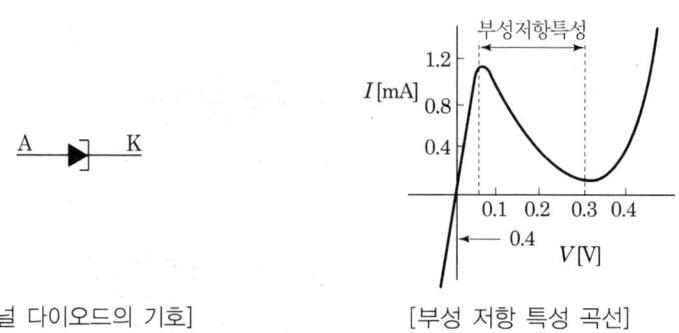

[터널 다이오드의 기호]   [부성 저항 특성 곡선]

ⓜ 가변용량 다이오드(바리캡) : PN 접합 다이오드에 역방향 전압을 걸면 전자와 정공은 각기 접합부에서 멀어지고, 접합부에는 전자와 정공의 작은 절연영역

(즉 공핍층)을 경계로 하는 정전용량이 생성되며, 이 정전용량을 이용하는 소자로, 가해지는 전압에 따라 정전용량이 변하는 다이오드이다. 가변용량 다이오드는 자동주파수제어(AFC)회로나 TV 수상기의 무접점 튜너의 동조회로 등에 사용된다.

ⓗ 발광 다이오드(Light Emitting Diode : LED) : 순방향 전압이 인가되면 PN 접합의 N형 반도체 내의 전자가 PN 접합층으로 이동하고 P형 반도체 내의 정공이 PN 접합층으로 이동하여 전자와 정공이 재결합을 하면서 빛을 발산하도록 하는 소자이며, LED의 빛은 결정과 반도체 불순물에 따라 결정되고 적색, 녹색, 황색, 백색이 이용되고 있다.

ⓢ 포토 다이오드(Photo Diode) : 규소의 PN 접합을 이용하여 빛의 입사를 광전류로 검출하는 소자로서, 빛을 강하게 하면 저항값이 감소하고 전류는 증가하며, 빛이 약하면 저항값이 증가하고 전류는 감소하는 동작을 하는 소자로, 계수회로 등에 사용한다.

[가변용량 다이오드의 기호]   [발광 다이오드의 기호]   [포토 다이오드의 기호]

3 트랜지스터(Transistor)

[1] 트랜지스터의 구조

① 트랜지스터는 3층으로 된 반도체 소자로 npn형과 pnp형으로 구분한다.

② 2층의 n형 층과 1층의 p형 층으로 구성된 것을 npn형이라 하고, 2층의 p형 층과 1층의 n형 층으로 구성된 것을 pnp형이라 한다.

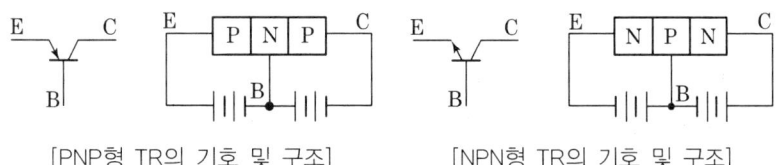

[PNP형 TR의 기호 및 구조]   [NPN형 TR의 기호 및 구조]

[2] 트랜지스터의 동작

① npn형 트랜지스터의 동작
  ㉠ 이미터(E)와 베이스(B) 사이의 순방향 전압 V_{be}에 의해 이미터(E)의 전자가 베이스(B)로 이동한다.
  ㉡ 컬렉터(C)와 베이스(B) 사이의 역방향 전압 V_{cb}에 의해 이미터(E)에서 베이스(B) 쪽으로 이동하던 전자의 대부분이 컬렉터(C) 쪽의 높은 전압에 끌려서 전류가 흐르게 된다.

② pnp형 트랜지스터의 동작
  ㉠ 이미터(E)와 베이스(B) 사이의 순방향 전압 V_{be}에 의해 이미터(E)의 정공이 베이스(B)로 이동한다.
  ㉡ 컬렉터(C)와 베이스(B) 사이의 역방향 전압 V_{ce}에 의해 이미터(E)에서 베이스(B) 쪽으로 이동하던 정공의 대부분이 컬렉터(C) 쪽의 높은 전압에 끌려서 전류가 흐르게 된다.

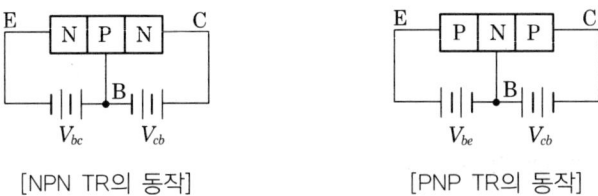

[NPN TR의 동작]　　　　　　　　[PNP TR의 동작]

③ 트랜지스터 동작의 전원관계

	이미터(E)-베이스(B)	이미터(E)-컬렉터(C)
npn형	역방향 전원	순방향 전원
pnp형		

④ 트랜지스터의 전류 증폭률
  ㉠ 트랜지스터에서의 전류관계(키르히호프의 법칙에 의해) : $I_e = I_c + I_b$
  ㉡ 이미터(E)와 컬렉터(C) 사이의 전류 증폭률(베이스 접지 전류 증폭률)

$$\alpha = \left| \frac{\Delta I_c}{\Delta I_E} RIGHT \right| \, (V_{cb} \text{ 일정})$$

ⓒ 베이스(B)와 컬렉터(C) 사이의 전류 증폭률(이미터 접지 전류 증폭률)

$$\beta = \left| \frac{\Delta I_c}{\Delta I_B} \right| \, (V_{CE} \text{ 일정})$$

ⓔ α와 β 사이의 관계 : $\alpha = \dfrac{\beta}{1+\beta}$, $\beta = \dfrac{\alpha}{1-\alpha}$

ⓜ $0 \leq \alpha \leq 1$로서 α의 값이 되도록 1에 가까운 것이 이상적이다. 실제 α의 값은 0.98~0.997 정도이고, β는 20~100 정도이다.

⑤ 트랜지스터의 등가회로

㉠ h 파라미터(parameter)

ⓐ $h_i = \dfrac{v_1}{i_1} \mid (v_o = 0)$ 출력 단자를 단락했을 때의 입력 임피던스

ⓑ $h_r = \dfrac{v_1}{v_o} \mid (i_i = 0) h_i = \dfrac{i_o}{i_i} \mid (v_o = 0)$ 입력 단자를 개방했을 때의 전압 되먹임률, 출력 단자를 단락했을 때의 전류증폭률

ⓒ $h_i = \dfrac{i_o}{v_o} \mid (i_i = 0)$ 입력 단자를 개방했을 때의 출력 어드미턴스

⑥ 접지 방식에 따른 증폭회로의 종류와 특징

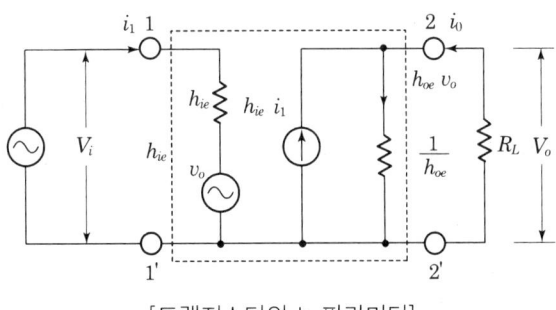

[트랜지스터의 h 파라미터]

㉠ 증폭회로의 종류와 특성

	베이스 접지	이미터 접지	컬렉터 접지
회로			
입력 저항	수[Ω]~수십[Ω]	수백[Ω]~수십[kΩ]	수십[kΩ] 이상
출력 저항	수십[kΩ] 이상	수[kΩ]~수십[kΩ]	수[Ω]~수십[Ω]
입·출력 위상	동위상	위상반전	동위상
전압증폭도	높다	높다	낮다
전류증폭도	≒1	높다	높다
전력증폭도	낮다	높다	낮다
용도	전압증폭용	전압증폭용	임피던스변환용

㉡ 이미터 폴로어
ⓐ 컬렉터 접지 방식으로 전압 증폭이 필요 없고 큰 전류 이득이 필요한 회로에 사용된다.
ⓑ 입력 임피던스가 매우 높고 출력 임피던스는 매우 낮으므로 저항 변환을 위한 버퍼단(buffer stage)으로 사용된다.
ⓒ 전압 이득은 1 또는 그 이하이다.

4 FET(전계 효과 트랜지스터 : Field Effect Transistor)

게이트에 역전압을 걸어주어 출력인 드레인 전류를 제어하는 전압제어 소자로서, 다수 캐리어인 자유전자나 정공 중 어느 하나에 의해서 전류의 흐름이 결정되므로 극성이 1개만 존재하는 단극성 트랜지스터(unipolar transistor)이다.
5극 진공관과 같은 특성을 지니며, 입력 임피던스가 매우 높다.

[1] FET의 분류

제조방법에 따른 분류	접합형 전계효과 트랜지스터 (Junction-FET)		n채널 J-FET
			p채널 J-FET
	금속산화물 전계효과 트랜지스터 (metal oxide semiconductor FET)	증가형 (enhancement)	n채널 증가형 MOS-FET
			p채널 증가형 MOS-FET
		공핍형 (depletion)	n채널 공핍형 MOS-FET
			p채널 공핍형 MOS-FET

[2] FET의 특징

① 전자나 정공 중 하나의 반송자에 의해서만 동작하는 단극성 소자이다.

② 전압제어소자로 다수 캐리어에 의해 동작하며, 게이트의 역전압에 의해 드레인 전류가 제어된다.

③ 트랜지스터(BJT)에 비하여 입력임피던스가 높아 전압 증폭기로 사용한다.

④ 전력소비가 적고, 소형화에 유리하여 대규모 IC에 적합하다.

[3] 접합형 전계효과 트랜지스터(J-FET)

다수캐리어는 채널을 통하여 흐르며, 이 전류는 게이트에 인가되는 전압에 의해 제어된다.

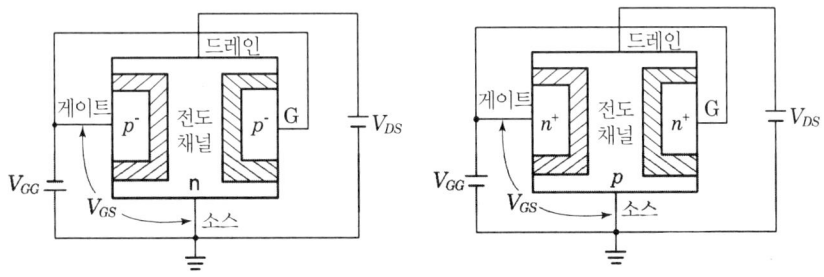

[접합형 FET의 구조]

(a) P채널 JFET의 기호   (b) N채널 JFET의 기호

[접합형 FET의 기호]

[4] 금속산화물 전계효과 트랜지스터(MOS-FET)

① 증가형 금속산화물 전계효과 트랜지스터(Enhancement MOS FET) : 게이트 전압이 0일 때 전도채널이 없음

(a) P채널 EMOS FET의 기호   (b) N채널 EMOS FET의 기호

[EMOS FET의 기호]

㉠ N채널 EMOS FET의 구조 및 특성

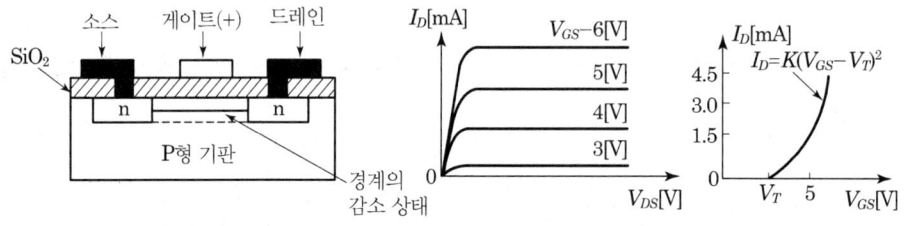

(a) N채널 EMOS FET의 구조   (b) N채널 EMOS FET의 특성곡선

[N채널 EMOS FET의 구조 및 특성 곡선]

㉡ N채널 EMOS FET의 동작
 ⓐ 게이트의 역전압이 0[V]이면 전도채널이 없다.
 ⓑ 게이트에 +전압을 가하면 P형 기판에 −전하에 의해 전도채널이 형성된다.
 ⓒ 드레인에서 소스로 전도채널을 따라 전류가 흐른다.

ⓒ P채널 EMOS FET의 구조 및 특성

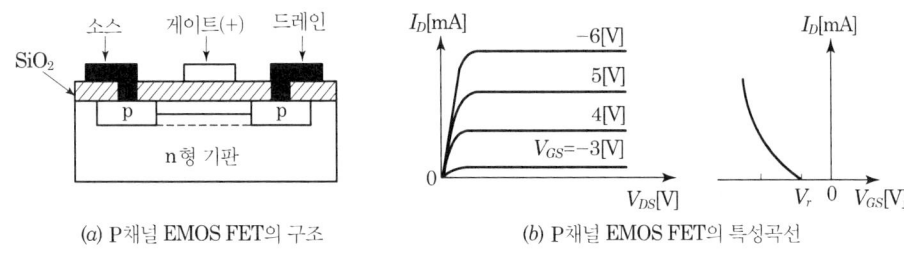

(a) P채널 EMOS FET의 구조　　　　(b) P채널 EMOS FET의 특성곡선

[P채널 EMOS FET의 구조 및 특성 곡선]

ⓔ P채널 EMOS FET의 동작

　ⓐ 게이트의 역전압이 0[V]이면 전도채널이 없다.

　ⓑ 게이트에 - 전압을 가하면 N형 기판에 + 전하에 의해 전도채널이 형성된다.

　ⓒ 드레인에서 소스로 전도채널을 따라 전류가 흐른다.

② 공핍형 금속 산화물 전계효과 트랜지스터(Depletion MOS FET) : 게이트 전압이 0일 때 전도채널이 있다.

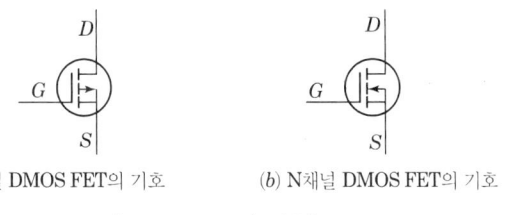

(a) P채널 DMOS FET의 기호　　　(b) N채널 DMOS FET의 기호

[DMOS FET의 기호]

㉠ N채널 DMOS FET의 구조 및 특성

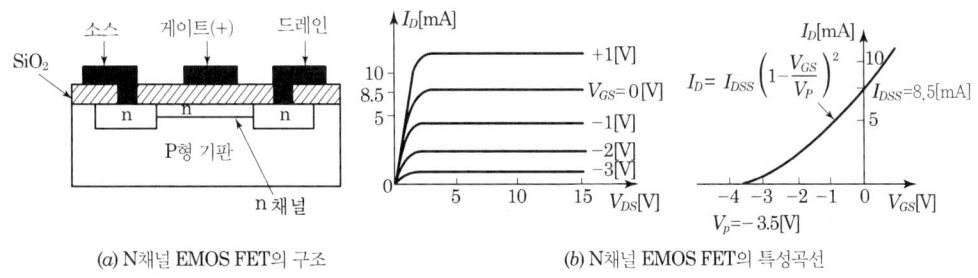

(a) N채널 EMOS FET의 구조　　　　(b) N채널 EMOS FET의 특성곡선

[N채널 DMOS FET의 구조 및 특성 곡선]

ⓛ N채널 DMOS FET의 동작
  ⓐ 게이트 전압이 0[V]일 때 전도채널이 형성되어 있다.
  ⓑ V_{GS}(게이트-소스전압)가 0[V]일 때 V_{DS}(드레인-소스전압)가 증가하면 전자가 채널을 통해 흐른다.
  ⓒ 전류를 줄이기 위해서는 게이트 전압을 −로 증가시켜야 한다.
ⓒ P채널 DMOS FET의 구조 및 특성

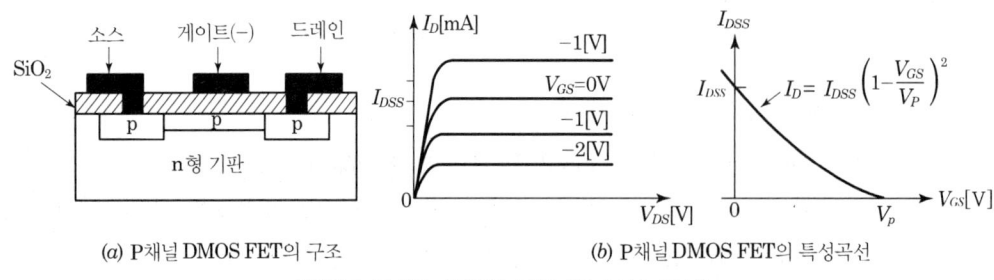

(a) P채널 DMOS FET의 구조   (b) P채널 DMOS FET의 특성곡선

[P채널 DMOS FET의 구조 및 특성 곡선]

ⓔ P채널 DMOS FET의 동작
  ⓐ 게이트 전압이 0[V]일 때 전도채널이 형성되어 있다.
  ⓑ V_{GS}(게이트-소스전압)가 0[V]일 때 V_{DS}(드레인-소스전압)가 증가하면 정공이 채널을 통해 흐른다.
  ⓒ 전류를 줄이기 위해서는 게이트 전압을 +로 증가시켜야 한다.

③ FET의 전달 컨덕턴스 : 드레인 전류의 변화량에 대한 게이트 전압의 비

$$g_m = \frac{\Delta I_D}{\Delta V_{GS}} \ [\mho]$$

④ 증폭정수 : 드레인과 소스 사이의 전압 변화량에 대한 게이트와 소스 사이의 전압 변화량의 비

$$\mu = \frac{\Delta V_{DS}}{\Delta V_{GS}}$$

⑤ 드레인 저항(rd) : $rd = \frac{\Delta V_{DS}}{\Delta I_D}$

⑥ 세 정수(컨덕턴스, 증폭정수, 드레인 저항)와의 관계 : $\mu = g_m \cdot rd$

5 IC(Integrated Circuit : 집적회로)

[1] 집적회로(IC)의 분류

IC(집적회로)	반도체 IC	바이폴러 IC
		MOS IC
	하이브리드 IC	하이브리드 박막 IC
		하이브리드 후막 IC
	박막 IC	

① 반도체 집적회로(IC : Intergrated Circuit) : 실리콘 단결정 기판 속에 여러 개의 능동 및 수동 소자를 만들고, 이들을 금속막으로 결선하여 구성시킨 IC를 말한다. 모놀리식(monolithic) 집적회로라고도 한다.

② 하이브리드 집적회로(IC) : 반도체 제조 기술과 박막 IC 제조 기술을 혼용하여 구성한 IC를 말한다.

③ 박막 집적회로(IC) : 회로를 구성하는 능동 및 수동 소자를 박막 기술로 구성한 IC를 말한다.

④ 집적도에 의한 IC의 분류
  ㉠ SSI(Small Scale Integration) : 반도체를 100개 정도의 집적도를 갖도록 한 소규모 집적회로
  ㉡ MSI(Medium Scale Integration) : 반도체를 300~500개 정도의 집적도를 갖도록 한 중규모 집적회로
  ㉢ LSI(Large Scale Integration) : 반도체를 1000개 이상의 집적도를 갖도록 한 대규모 집적회로
  ㉣ VLSI(Very Large Scale Integration) : 반도체를 수십~수백만개의 집적도를 갖도록 한 초대규모 집적회로

⑤ 집적회로(IC)를 만들기 위한 조건
  ㉠ L 및 C가 거의 필요 없고, 저항값이 작은 회로

ⓒ 전력 출력이 작아도 되는 회로
ⓒ 신뢰성이 중요시되어 소형 경량을 필요로 하는 회로

⑥ 집적회로(IC)의 장점
 ㉠ 대량생산이 가능하여, 저렴하다.
 ㉡ 크기가 작다.
 ㉢ 신뢰도가 높다.
 ㉣ 향상된 성능을 가질 수 있다.
 ㉤ 접합된 장치를 만들 수 있다.

6 특수 반도체

[1] 사이리스터

전력 제어용으로 사용되는 소자로, 하나의 스위칭 작용을 하도록 PN 접합을 여러 개 결합하고 있다.

① 실리콘 제어 정류기(SCR : Silicon controlled rectifier)

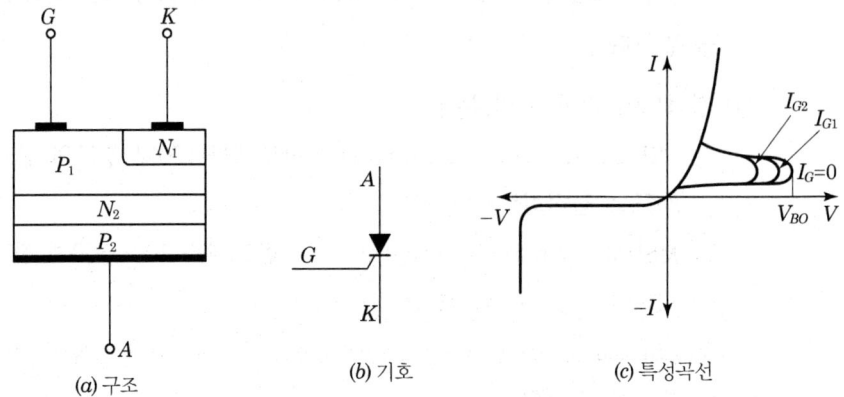

[SCR의 구조와 기호 및 특성 곡선]

SCR은 역저지 3극 사이리스터의 단방향 전력제어 소자로서, 다이오드와 같이 역 바이어스 때는 차단상태가 되며, 순방향 바이어스가 애노드(A)와 캐소드(K) 양단에 걸렸을 때 게이트에 전류가 흘러야만 도통된다.

게이트에 전류를 흐르게 해서 ON 상태가 되면 게이트 전류를 0으로 하여도 도통 상태가 유지되며, 차단상태로 변환하려면 애노드(A) 전압을 유지전압 이하 또는 역방향으로 전압을 가해야 한다. SCR은 전류제어 능력을 갖는 소자로, 모터의 속도제어, 전력제어 등에 사용된다.

② 다이액(DIAC)

3극의 다이오드 교류 스위치로서, 과전압 보호회로에 사용되기도 하며 트라이액 등의 트리거 소자로 이용된다. 트리거 펄스 전압은 약 6~10[V] 정도가 된다.

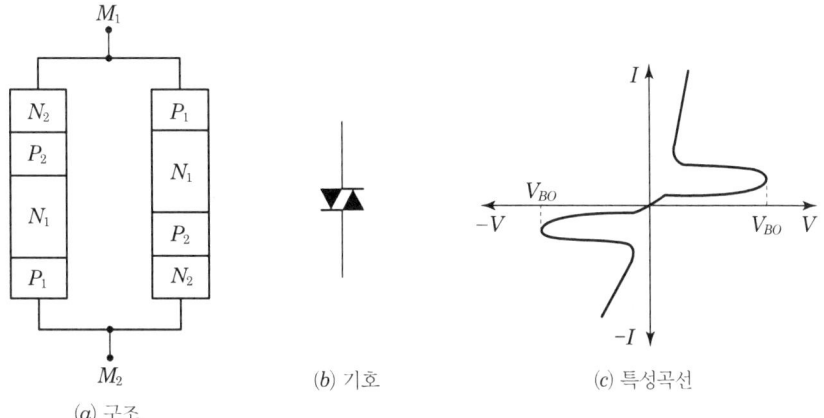

[다이액(DIAC)의 구조와 기호 및 특성 곡선]

③ 트라이액(TRAIC)

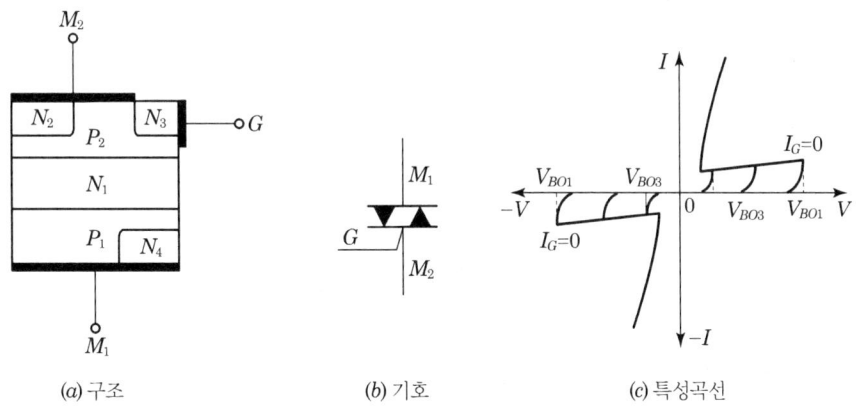

[트라이액(TRIAC)의 구조와 기호 및 특성 곡선]

2개의 SCR을 역병렬로 접속한 형태의 3단자 교류 스위치로서 양방향 전력제어에 다이액과 함께 사용한다. SCR은 단방향 제어를 하는 데 반하여, 트라이액은 양방향 제어를 하는 소자로 전력제어와 모터제어 등에 사용한다.

[2] 단접합 트랜지스터(UJT : Unijunction Transistor)

접합부가 1개뿐인 트랜지스터로 2개의 베이스와 1개의 이미터로 구성되고, PN 접합부가 순방향 전압이 되어야 동작하며, 부성저항 특성을 이용하여 펄스를 발생하는 회로에 사용된다. 온도가 변하면 PN 접합부의 순방향 전압의 크기가 변동하므로 B_2(베이스2)에 안정저항을 연결하여야 한다.

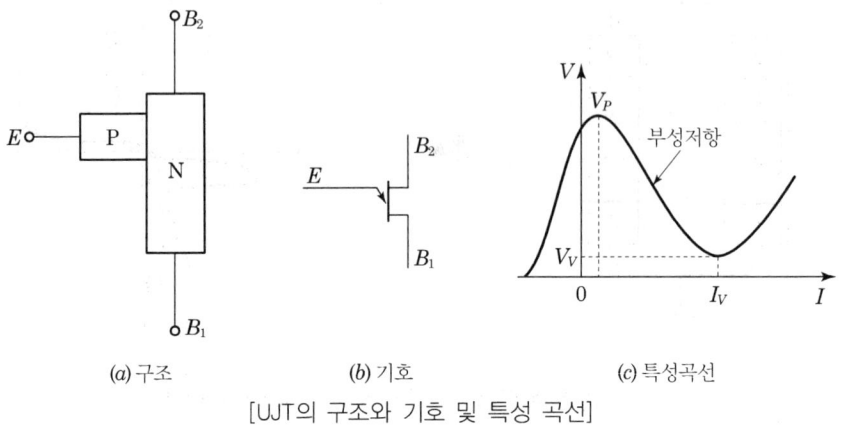

[UJT의 구조와 기호 및 특성 곡선]

[3] 서미스터(thermistor)

부(-)의 온도계수를 갖고 있으며 저항값이 변하는 소자로서, 온도 변화의 보상, 자동제어, 온도계 등에 많이 사용된다.

[서미스터의 기호]

[4] 배리스터(varistor)

탄화규소(SiC)를 주원료로 한 분말에 탄소 등을 혼합 소결한 구조의 반도체로서, 전압에 의해 저항값이 비직선적으로 변화한다. 온도에 의한 저항값의 변화는 서미스터보다는 작지만 과부하에 강하다.

일정한 전압 이상에서 갑자기 전류가 증가하고 저항은 감소되므로 계전기 등의 불꽃, 잡음의 흡수 조정, 전화 교환기나 전화기, 피뢰기, 네온 등의 보호장치로 사용된다.

[5] 광전 변환 소자

① 포토 트랜지스터(photo transistor) : 트랜지스터와 같지만 이미터와 컬렉터의 2단자만이 있고, 베이스는 없는 구조로, 이미터와 컬렉터 사이에 전원을 가하고 베이스에 빛을 비추면 그 빛의 세기에 따라 전류가 흐르는 소자이다.

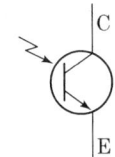

[포토 TR의 기호]

② 태양전지(solar cell) : N형 실리콘에 P형 불순물(비소)을 얇게 확산시킨 소자로서, 태양전지의 PN 접합면에 빛을 비추면 그 에너지에 의하여 전자와 정공의 영역이 생기고, 전자는 N형 영역에, 정공은 P형 영역에 모이기 때문에 N형이 −로 P형이 +로 되는 기전력이 발생된다.

태양전지는 광의 검출기, 인공위성의 전원, 무인 중계소나 등대 등의 전원으로 사용된다.

③ CDS(황화카드뮴) : 광전도 물질에 빛을 비추면, 그 빛의 양에 따라 물질의 전기저항이 변화하는 특성을 이용한 소자로서, CDS는 카메라의 노출계, 가로등의 자동 점멸기, 가정용 기기, 산업용 기기 등에 사용된다.

[CDS의 기호]

제7절 증폭회로

1 소신호 증폭회로

[1] 고정 바이어스

① 동작점이 온도에 따라 변동되고 안정도가 나쁜 결점이 있고, 회로의 구성은 간단하지만 현재는 거의 사용되지 않는다.

② 컬렉터 전류 : $I_c = \beta I_b + (1+\beta)I$

③ 베이스 전류

$$I_b = \frac{V_{cc} - V_{be}}{R_b} \ (단, \ V_{be} \simeq 0.3V(\geq), \ 0.7V(Si))$$

④ 안정 계수 : $S = \dfrac{\Delta I_c}{\Delta I_{co}} = (1+\beta)$

⑤ 안정 계수(S) : 바이어스 회로의 안정화 정도로 S가 작을수록 안정도가 좋다.

[고정 바이어스]

[2] 전류 궤환 바이어스

① 온도 변화에 따른 안정을 기하기 위해 R_e에 의한 전류 궤환(되먹임)이 되도록 한 것으로 증폭기 동작이 안정하여 널리 쓰인다.

② 회로의 안정 계수 :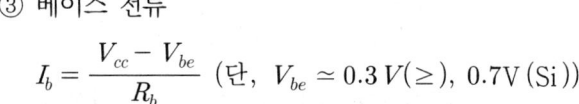

$$S = \frac{(1+\beta)(\frac{R_1 R_2}{R_1+R_2} + R_e)}{\frac{R_1 R_2}{R_1+R_2} + (1+\beta)R_e} = (1+\beta)\frac{1-\alpha}{1+\beta+\alpha}$$

③ α가 작아지면 S가 거의 β에 관계없이 되며, R_e가 클수록, $\dfrac{R_1 R_2}{R_1+R_2}$가 작을수록 동작점은 안정된다.

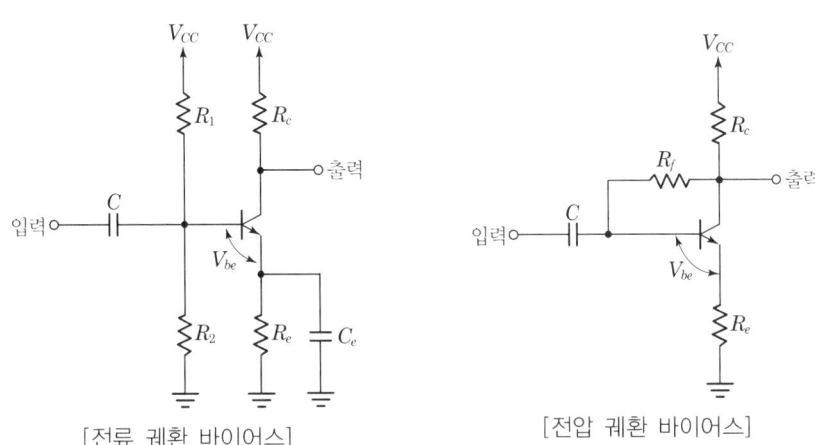

[전류 궤환 바이어스]　　　　　[전압 궤환 바이어스]

[3] 전압 궤환 바이어스

① 컬렉터-베이스 바이어스라고도 하며 온도 상승으로 인한 컬렉터의 전류증가를 상쇄시키기 위하여 컬렉터와 베이스 사이에 R_f를 접속하여 전압 궤환(되먹임)이 되도록 하였다.

② $V_{cc} = (I_c + I_b)R_c + R_f I_b + V_{be} + R_e(I_c + I_b)$

$$S = \frac{\Delta I_c}{\Delta I_{co}} = \frac{(1+\beta)(R_c + R_f + R_e)}{R_f + (1+\beta)R_c + (1+\beta)R_e}$$

[4] 진폭 일그러짐

① 트랜지스터에서 입력 전압의 과대, 동작점의 부적당에 의해 동작 범위가 특성 곡선의 비직선 부분을 포함하기 때문에 발생하는 일그러짐이다.

② 일그러짐률 $K = \dfrac{\sqrt{V_2^2 + V_3^2 + \cdots\cdots}}{V_1} \times 100 [\%]$

(V_1 : 기본파의 실효값, V_2, V_3 : 제2, 제3의 고조파의 실효값)

[5] 주파수 일그러짐

주파수에 따른 증폭도가 달라 발생되는 일그러짐으로 증폭 회로 내에 포함된 L, C 소자의 리액턴스가 주파수에 따라 달라진다.

[6] 위상 일그러짐

입력 전압에 포함된 다른 주파수 사이의 위상 관계가 출력에서 다르게 나타나서 발생하는 일그러짐이다.

[7] 잡음 특성

① 내부 잡음
  ㉠ 진공관 잡음 : 산탄 잡음과 플리커 잡음이 있다.
  ㉡ 트랜지스터 잡음 : 진공관 잡음보다 크며, 주파수가 높아지면 감소하는 경향이 있다.
  ㉢ 열 잡음 : 증폭회로를 구성하는 저항체 내부의 자유전자의 열 진동에 의한 잡음

② 잡음 전압의 실효값

$$e = 2\sqrt{KTBR} \text{ [V]}$$

  K : 볼츠만 상수(1.38×10^{23}[j/°K]), T : 절대 온도[°K]($273+t$[℃])
  B : 주파수 대역폭[Hz], R : 저항[Ω]

③ 잡음 지수(F)

$$F = \frac{\text{입력에서의 신호전압}(S_i)\text{과 잡음전압}(N_i)\text{의 비}}{\text{출력에서의 신호전압}(S_o)\text{과 잡음전압}(N_o)\text{의 비}} = \frac{S_i/N_i}{S_o/N_o}$$

[8] 증폭도

① 트랜지스터 증폭회로의 증폭도는 출력 신호에 대한 입력신호의 비로 [dB]로 표시하며, 이를 대수화한 것이 이득이다.

$$G = 20\log_{10}A \text{ [dB]}$$

② 증폭도 : $A_p = \dfrac{\text{출력신호전력}(P_o)}{\text{입력신호전력}(P_i)}$

  다단 직렬증폭기의 종합 증폭도 : $A_o = A_1 \cdot A_2 \cdot A_3 \ldots A_n$[배]

③ 이득 : $G = 10\log_{10}A_p$[dB], A_p : 전력증폭도

$$G = 20\log_{10}A_v [\text{dB}], \ A_v : \text{전압증폭도}$$

$$G = 20\log_{10}A_i [\text{dB}], \ A_i : \text{전류증폭도}$$

다단 직렬증폭기의 종합 이득 : $G_o = G_1 + G_2 + G_3 + \cdots + G_n [\text{dB}]$

④ 증폭기 효율 : $\eta = \dfrac{\text{교류출력}(P_o)}{\text{교류입력}(P_i)} \times 100 [\%]$

증폭기의 효율	A급	50[%]
	B급	78.5[%] 이하
	AB급	78.5[%] 이상
	C급	78.5[%] 이상

2 궤환 증폭회로(Feedback Amplifier Circuits)

[1] 궤환증폭기의 동작 원리

(1) 궤환 증폭기의 블록도

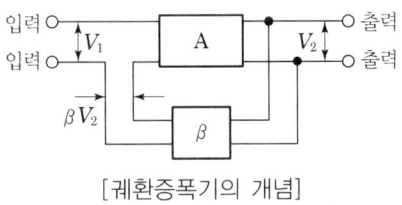

[궤환증폭기의 개념]

① 되먹임(궤환) 증폭도 : $A_f = \dfrac{V_2}{V_1} = \dfrac{A}{1 - A\beta}$

  A : 되먹임이 없을 때의 증폭도, β : 되먹임(궤환) 계수

② β가 양수이면 $A_f > A$로 정궤환(동위상), 음수이면 $A_f < A$가 되어 부궤환(역위상)

③ $|1 - A\beta| > 1$일 때 $A_f < A$: 부궤환(역위상)

  $|1 - A\beta| < 1$일 때 $A_f > A$: 정궤환(동위상)

  $|A\beta| = 1$일 때 $A_f = \infty$: 발진한다.

④ 증폭도와 내부 잡음, 파형 일그러짐이 감소한다.

⑤ 주파수 특성이 개선되며, 대역폭이 넓어진다.

⑥ 회로 동작이 안정되며, 임피던스가 변화한다.

(2) 정궤환(Positive Feedback) 증폭기

궤환되는 신호가 입력신호와 같은 위상을 갖는 궤환회로

① 정궤환 회로의 증폭도 : $A_V = \dfrac{V_o}{V_i} = \dfrac{A}{1 - A\beta}$

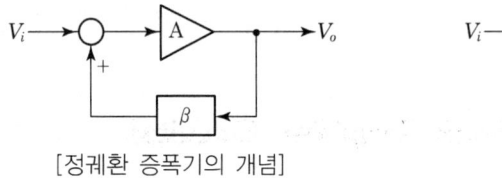

[정궤환 증폭기의 개념]   [부궤환 증폭기의 개념]

(3) 부궤환(Negative Feedback) 증폭기

궤환되는 신호가 입력신호와 반대인 위상을 갖는 회로

① 부궤환 회로의 증폭도 : $A_V = \dfrac{V_o}{V_i} = \dfrac{A}{1 + A\beta}$

② 부궤환 증폭기의 특성

　㉠ 증폭기의 이득이 감소한다.

　㉡ 주파수 특성이 개선(주파수 대역폭의 증가)된다.

　㉢ 비선형 일그러짐이 감소한다. 특히 출력단의 잡음이 감소한다.

　㉣ 입력 임피던스는 증가하고, 출력 임피던스는 감소한다.

　㉤ 부하의 변동이나 전원 전압의 변동에도 증폭도가 안정된다.

(4) 궤환증폭기의 종류

① 전압 직렬 궤환회로 : $\beta = \dfrac{V_f}{V_o} = \dfrac{-V_o}{V_o} = -1$

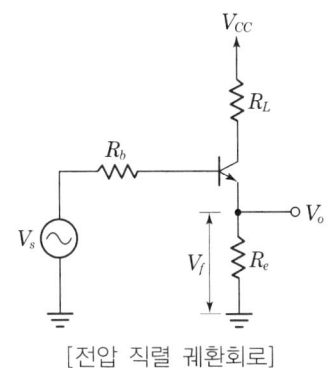
[전압 직렬 궤환회로]

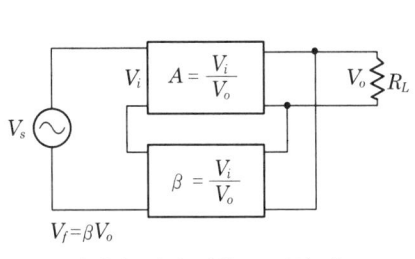
[전압 직렬 궤환 등가회로]

② 전류 직렬 궤환회로 : $\beta = \dfrac{V_f}{I_o} = \dfrac{-I_o \cdot R_e}{I_o} = -R_e$

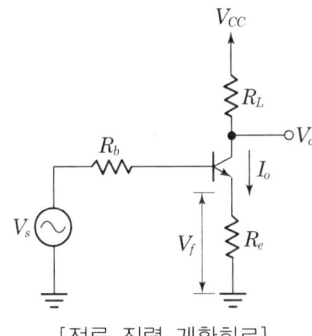
[전류 직렬 궤환회로]

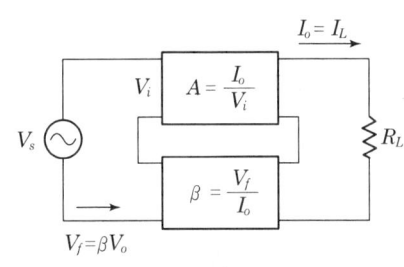
[전류 직렬 궤환 등가회로]

③ 전압 병렬 궤환회로 : $\beta = \dfrac{I_f}{V_o} = -\dfrac{\frac{V_o}{R_f}}{V_o} = -\dfrac{1}{R_f}$

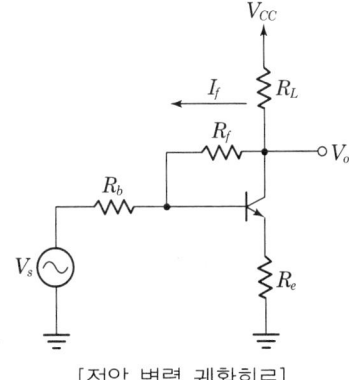
[전압 병렬 궤환회로]

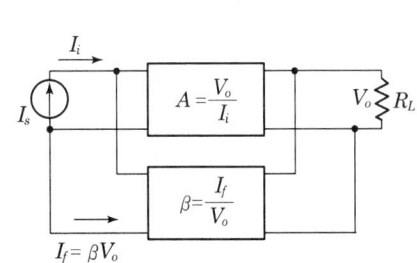
[전압 병렬 궤환 등가회로]

④ 전류 병렬 궤환회로 : $\beta = \dfrac{I_f}{I_o} = \dfrac{R_e}{R_f - R_e} = -\dfrac{R_e}{R_f}$

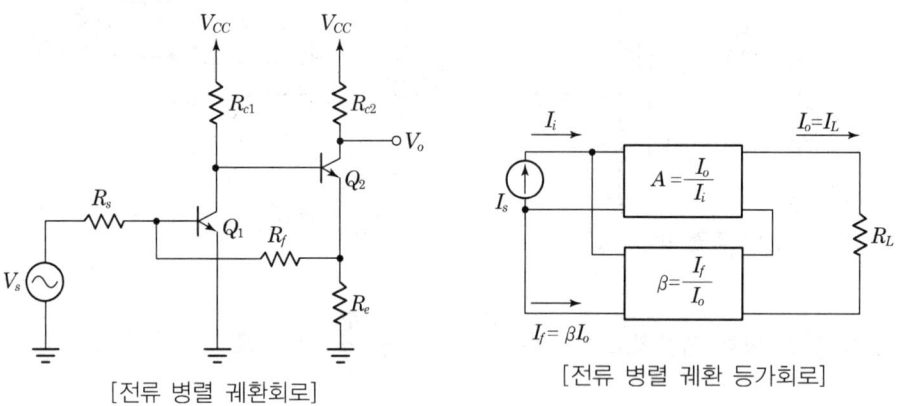

[전류 병렬 궤환회로]   [전류 병렬 궤환 등가회로]

3 연산증폭기(Operational Amplifier : OP AMP)

[1] 차동증폭기

(1) 차동증폭기 회로 및 기호

차동증폭기는 연산증폭기의 입력단에 사용되며 두 신호의 차를 증폭한다.

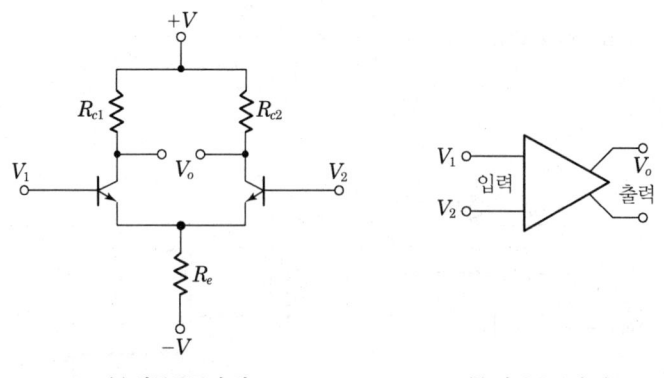

(a) 차동증폭기 회로   (b) 차동증폭기 기호

[차동증폭기 회로 및 기호]

(2) 동상신호 제거비(Common Mode Rejection Ratio : CMRR)

차동 증폭기의 출력 전압식은 다음과 같다.

$$V_d = V_1 - V_2$$

$$V_c = \frac{1}{2}V_1 + V_2$$

$$V_0 = A_d(V_1 - V_2)$$

여기서 A_d : 차신호 성분에 대한 이득, A_c : 공통신호 성분에 대한 이득

$$CMRR = \rho = \left| \frac{A_d \,(차동이득)}{A_c \,(동상이득)} \right|$$

이상적인 차동증폭기의 조건은 CMRR이 클수록 좋다. 즉 차동이득(A_d)은 크면 클수록, 동상이득(A_c)은 작을수록 좋다.

[2] 연산증폭기의 개요

(1) 연산증폭기 기호

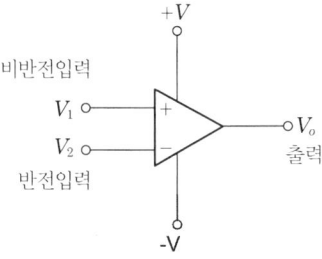

[연산증폭기의 기호]

(2) 연산증폭기의 특성

① 이상적인 연산증폭기의 특성은 다음과 같다.
  ㉠ 전압이득이 무한대(∞)
  ㉡ 입력임피던스가 무한대(∞)
  ㉢ 출력임피던스가 영(0)
  ㉣ 통과 주파수 대역폭이 무한대(∞)

② 연산증폭기의 응용분야

아날로그 계산기, 아날로그 소신호 증폭, 전력증폭 등

(3) 연산증폭기의 특성을 나타내는 파라미터

① 입력 오프셋(offset) 전압

이상적인 연산증폭기는 두 입력전압이 모두 0[V]일 때, 출력전압은 0[V]이다. 그러나 실제의 연산증폭기는 입력이 0[V]일 때, 수[mV] 정도의 출력이 나타난다. 입력 오프셋 전압이란 차동 출력을 0[V]로 만들기 위해 두 입력 단자 사이에 요구되는 차동 직류전압을 말한다.

$$V_{io} = V_{B1} + V_{B2}$$

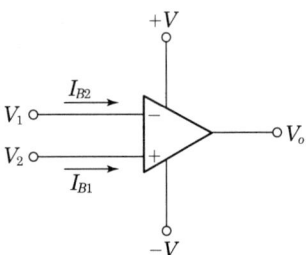

[연산증폭기의 오프셋 전압]

② 입력 오프셋 전류 : 입력 바이어스 전류간의 차

$$I_{io} = I_{B1} - I_{B2}$$

③ 입력 바이어스(Bias) 전류 : $V_o = 0[V]$일 때, 두 입력전류의 평균값

$$I_B = \frac{(I_{B1} + I_{B2})}{2}$$

④ 동상제거비(CMRR) : 동상신호를 제거하는 척도를 말하며 연산증폭기 성능척도의 중요한 요소이다.

$$CMRR = \rho = \left| \frac{A_d (차동이득)}{A_c (동상이득)} \right|$$

> 참고
> 이상적인 연산증폭기의 CMRR은 무한대(∞)값을 갖는다.

⑤ 슬루 레이트(Slew Rate)

연산증폭기의 입력에 계단파 신호를 인가하였을 때, 출력전압이 시간에 따라 변화하는 속도를 슬루 레이트라 한다.

$$SR = \frac{\text{전압의 변화량}}{\text{시간의 변화량}} = \frac{\Delta V}{\Delta t} \ [\text{V}/\mu\text{sec}]$$

⑥ 입력 임피던스 : 반전 입력단자와 비반전 입력단자 사이의 저항

⑦ 출력 임피던스 : 출력단자와 접지 사이의 저항성분(R_L은 출력 임피던스)

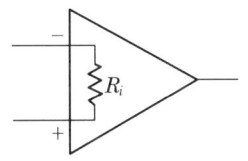
[OP AMP의 입력 임피던스]

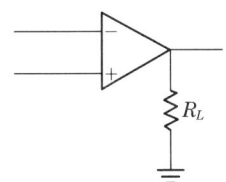
[OP AMP의 출력 임피던스]

4 연산증폭기회로

[1] 반전증폭기(Inverting Amp)

① 연산증폭기에 흘러 들어가는 전류 I_1은 모두 저항 R_2로 흐른다. 즉, 연산증폭기의 반전 또는 비반전 단자 내부로 유입되는 전류는 0[A]이다. ($I_1 = I_2$)

② 반전단자 입력의 전압 V^+와 비반전 단자 입력의 전압 V^-는 같다. $V^+ = V^-$

$$I_1 = I_2, \quad I_1 = \frac{V_i}{R_1}, \quad I_2 = -\frac{V_o}{R_2}$$

전압 이득은 $A_V = \dfrac{V_o}{V_i} = -\dfrac{R_2}{R_1}$

입력신호 파형에 대한 출력신호의 위상관계는 역위상이 된다.

[2] 비반전 증폭기(Noninverting Amp)

가상접지 개념에 의해 반전단자의 전압 $V^- = V_i$이므로

$$I_1 = I_2, \quad I_1 = \dfrac{V_i}{R_1}, \quad I_2 = \dfrac{V_o - V_i}{R_2}$$

전압 이득은 $A_V = \dfrac{V_o}{V_i} = \left(1 + \dfrac{R_1}{R_2}\right)$

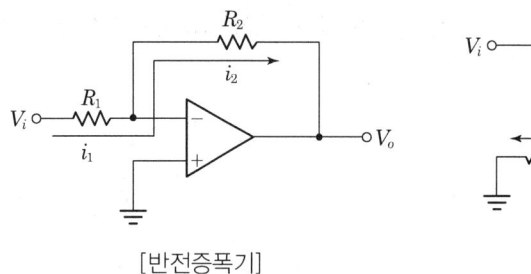
[반전증폭기]

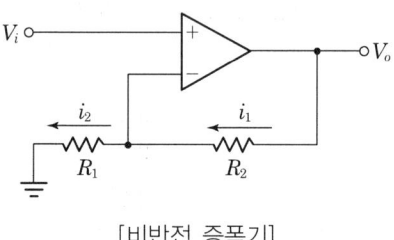
[비반전 증폭기]

[3] 전압 폴로어(Voltage Follower)

전압 폴로어의 특징은 높은 입력 임피던스와 낮은 출력임피던스를 갖는다. 완충증폭기(Buffer Amp.)에 응용

$$V_i = V_o$$

전압 이득은 $A_V = \dfrac{V_o}{V_i} = 1$

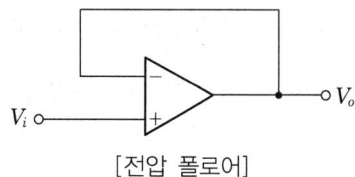
[전압 폴로어]

[4] 가산기(Adder)

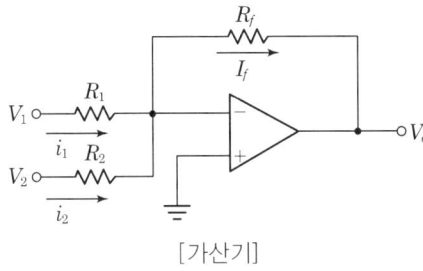

[가산기]

$$I_1 = \frac{V_1}{R_1}, \quad I_2 = \frac{V_2}{R_2}$$

출력 전압(V_o)은 $V_o = -\left(\dfrac{R_f}{R_1} \cdot V_1 + \dfrac{R_f}{R_2} \cdot V_2\right)$

이때 $R_1 = R_2 = R_f$ 라면 $V_o = -(V_1 + V_2)$

[5] 차동증폭기

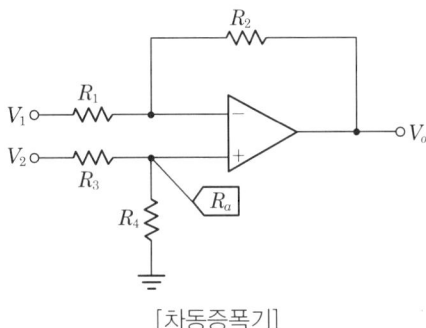

[차동증폭기]

입력전원이 두 개인 경우 전체 출력전압은 중첩의 원리에 의해 계산하기로 한다.

V_1 입력에 의한 출력전압은 반전증폭기로 동작하므로 $V_{o1} = -\dfrac{R_2}{R_1} \cdot V_1$

V_2 입력에 의한 출력전압은 비반전 증폭기로 동작하므로 $V_a = \dfrac{R_4}{R_3 + R_4} \cdot V_2$

$$V_{o2} = \left(1 + \frac{R_2}{R_1}\right)V_a = \left(1 + \frac{R_2}{R_1}\right)\left(\frac{R_4}{R_3 + R_4}\right) \cdot V_2$$

전체 출력전압은(중첩의 원리에 의해)

$$V_o = V_{o1} + V_{o2} = -\frac{R_2}{R_1} \cdot V_1 + \left(1 + \frac{R_2}{R_1}\right)\left(\frac{R_4}{R_3 + R_4}\right) \cdot V_2$$

만약 $R_1 = R_2 = R_3 = R_4$ 라면 $V_o = (V_2 - V_1)$ 이 된다.

[6] 미분기(Differentiator)

출력전압은 입력전압의 미분값으로 나타나며 이득은 $-RC$ 이다

콘덴서 C 에 흐르는 전류는 $i = C\dfrac{dV_i}{dt}$

출력전압(V_o)은 $V_o = -iR = -RC\dfrac{dV_i}{dt}$

[7] 적분기(Integrator)

회로에서 저항에 흐르는 전류는 $i = \dfrac{V_i}{R}$

출력전압(V_o)은 $V_o = -\dfrac{1}{C}\int i\, dt = -\dfrac{1}{RC}\int V_i\, dt$

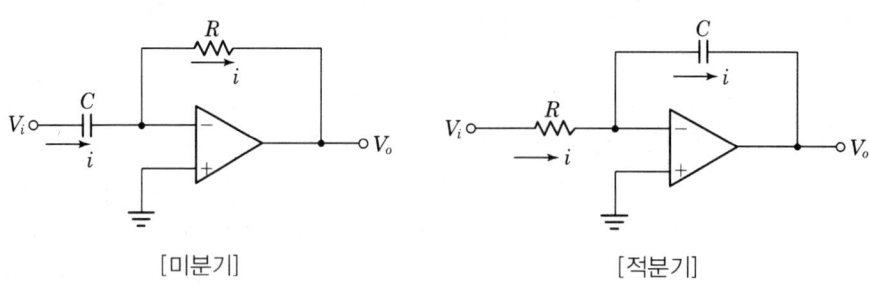

[미분기]　　　　　　　　[적분기]

[8] 전류-전압 변환기

입력전류를 출력전압에 비례하도록 변환하는 회로

출력전압은 $V_o = -iR_f$

[9] 전압-전류 변환기

입력전압에 따라 출력전류가 변환되는 회로

$I_1 = \dfrac{V_i}{R_1}$ 이고, $I_1 = I_L$ 이므로 $I_L = I_1 = \dfrac{V_i}{R_1}$

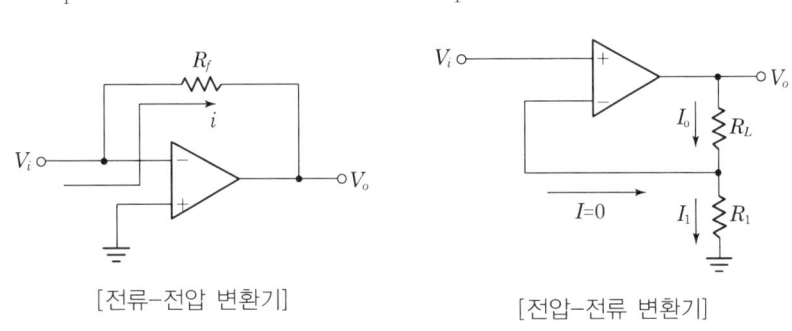

[전류-전압 변환기]　　　　[전압-전류 변환기]

[10] 출력 제한회로

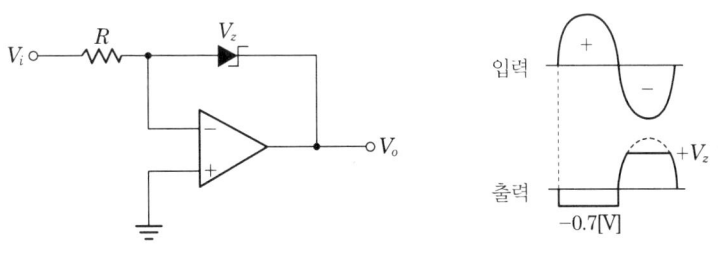

[출력 제한회로와 동작 파형]

입력전압의 어느 기준 레벨 이상의 전압을 제한시키는 회로로 제한값은 제너 전압에 의해 결정된다.

양의 입력신호에 대해 제너 다이오드는 순방향으로 도통되어 0.7[V]로 바이어스 된다. 음의 입력신호에 대해 역방향 제너전압 V_z 만큼 바이어스 된다.

[11] 이중 제한 비교기

다음은 이중 제한 비교기 회로이다.

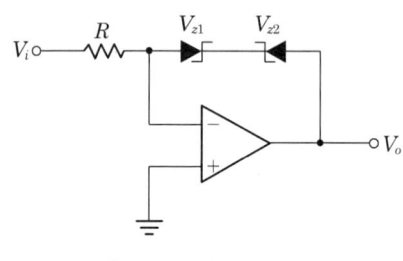

[이중 제한 비교기]

5 전력증폭기(Power Amplifier)

[1] 전력증폭기의 분류 및 비교

구 분	A급	B급	AB급	C급
동작점 위치	중앙	차단점	A급과 B급 사이	차단점 이하
유 통 각	360°	180°	180° 이상	180° 이하
왜곡정도	거의 없다	반파 정도 왜곡	반파 이하의 왜곡	많다
최대효율	50%	78.5%	78.5% 이상	100%
용 도	저주파증폭기, 완충증폭기	고주파전력증폭기, 푸시풀증폭기	고주파전력증폭기	무선주파 및 주파수체배기

[2] 직결합 A급 전력증폭기

바이어스점(Q)을 부하선상의 중앙에 설정하여 입력 정현파의 전 주기에 걸쳐 컬렉터 전류가 흐르도록 하는 바이어스 설정 방법이다.

입력직류 전원에 대해 전달된 전력의 25[%]만이 교류부하에서 소모된다.

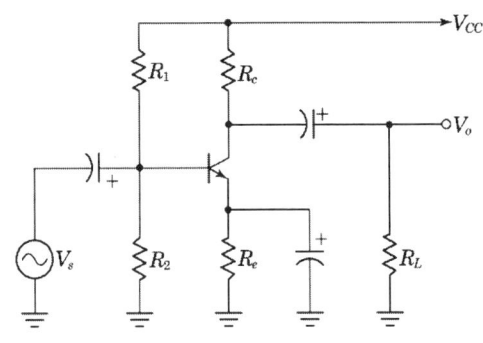
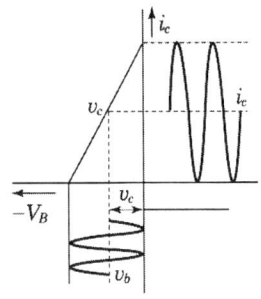

[A급 증폭기의 동작 곡선]

① 최대 입력 직류전력 :

$$P_i = V_{CC} \cdot I_{CQ} = V_{CC} \cdot \frac{V_{CQ}}{R_L} = V_{CC} \cdot \frac{\left(\frac{V_{CC}}{2}\right)}{R_L} = \frac{V_{CC}^2}{2R_L}[\text{W}]$$

② 최대 출력 교류전력 : $P_o = \frac{V_s^2}{R_L} = \left(\frac{V_{CC}}{2\sqrt{s}}\right)^2 \cdot \frac{1}{R_L} = \frac{V_{CC}^2}{8R_L}[\text{W}]$

③ 효율 : $\eta = \dfrac{P_o(\text{출력전력})}{P_i(\text{입력전력})} = 25[\%]$

[3] 트랜스 결합 A급 증폭기

① 부하(R_L)의 교류저항(임피던스) : $R_C = \left(\dfrac{n_1}{n_2}\right)^2 \cdot R_L$

② 직류 최대 입력전력 : $P_i = V_{CC} \cdot I_{CQ} = \dfrac{V_{CC}^2}{R_C}$

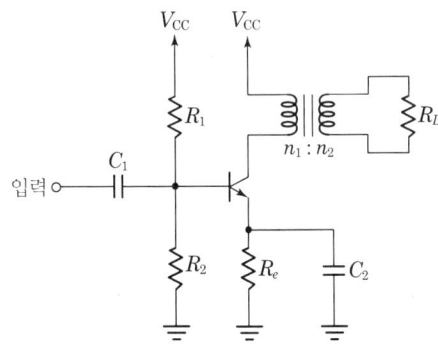

[트랜스 결합 A급 증폭기]

③ 직류 최대 출력전력 : $P_o = \dfrac{V_{CC}^2}{2R_C}$

④ 효율 : $\eta = \dfrac{P_o \,(\text{출력전력})}{P_i \,(\text{입력전력})} = 50[\%]$

> **참고**
>
> A급 전력증폭기의 특징
> ① 회로가 비교적 간단하다.
> ② B급 푸시풀 회로와 같이 온도의 영향을 적게 받는다.
> ③ 수[W] 이하의 소전력 증폭기에 사용한다.
> ④ B급 증폭기의 드라이브단으로 많이 사용된다.

[4] B급 푸시풀 전력증폭기

B급 및 AB급은 싱글로 사용할 수는 없고, 푸시풀 증폭으로 대출력을 요하는 전력 증폭회로에 사용된다.

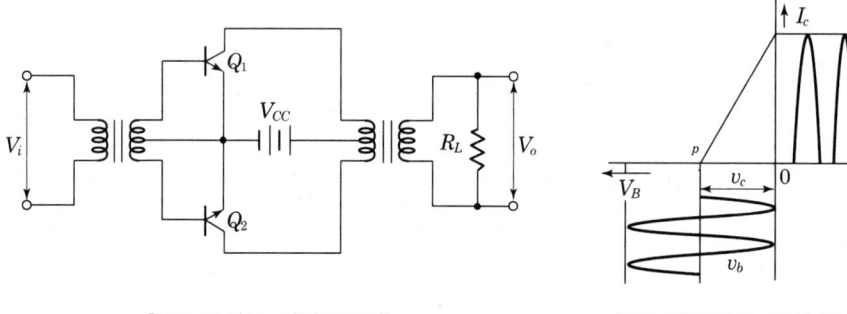

[B급 푸시풀 전력증폭기]　　　[B급 증폭기의 특성 곡선]

(1) 동작 원리

정의 반주기 동안 TR Q_1이 ON되어 반주기(+)의 파형이 나타나고, 부(−)의 반주기 동안 TR Q_2가 ON되어 반주기(−)의 파형이 나타나게 되어 출력은 완전한 정현파가 나타나게 된다.

(2) 효율

① 부하에서 소모되는 교류전력

$$P_L = V_L \cdot I_L = \frac{V_{CEQ}}{\sqrt{2}} \cdot \frac{I_C}{\sqrt{2}} = \frac{V_{CEQ} \cdot I_C}{2} = \frac{V_{CC} \cdot I_C}{4} [W]$$

② 전원에서 공급되는 직류전력

$$P_{DC} = V_{CC} \cdot I_{CC} = V_{CC} \cdot \frac{I_C}{\pi} = \frac{V_{CC} \cdot I_C}{\pi} [W]$$

③ 효율 : $\eta = \dfrac{교류출력}{직류입력전력} = \dfrac{P_o}{P_{DC}} = 78.5\,[\%]$

(3) 크로스오버(Crossover) 왜곡

차단점 근처의 입력 특성이 비선형으로 되어 출력 파형의 일그러짐 현상

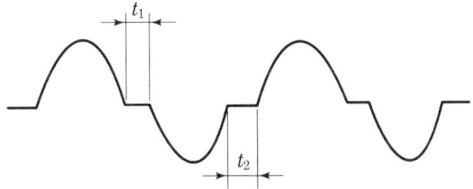

[크로스오버 왜곡(찌그러짐)]

(4) B급 푸시풀 증폭회로의 특징

① B급 동작이므로 직류 바이어스 전류가 매우 작아도 된다.

② 입력이 없을 때의 컬렉터 손실이 작으며 큰 출력을 낼 수 있다.

③ 짝수(우수차) 고조파 성분은 서로 상쇄되어 일그러짐이 없는 출력단에 적합하다.

④ B급 증폭기의 특징인 크로스오버 왜곡이 있다.

[5] AB급 증폭기

AB급 증폭기는 A급과 B급 사이에 동작점을 취한 것으로, 입력 파형과 출력 파형이 비례하지 않으므로 저주파 전력 증폭에 B급과 함께 사용된다.

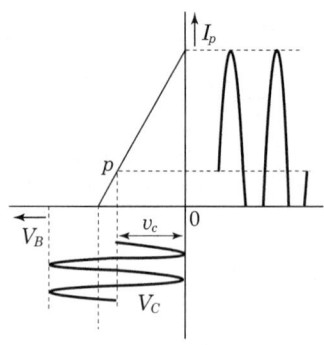

[AB급 증폭기의 특성 곡선]

[6] C급 증폭기

C급 증폭기는 B급 증폭기보다 동작점을 음(-)으로 잡아 출력 전류는 반주기 미만의 사이에서만 흐르도록 한 것으로, B급과 함께 부하에 동조 회로를 접속하여 그 공진성을 이용해 출력 파형도 입력 파형과 같은 정현파를 얻을 수 있어 고주파 전력 증폭에 쓰인다.

(1) 동조된 C급 증폭기

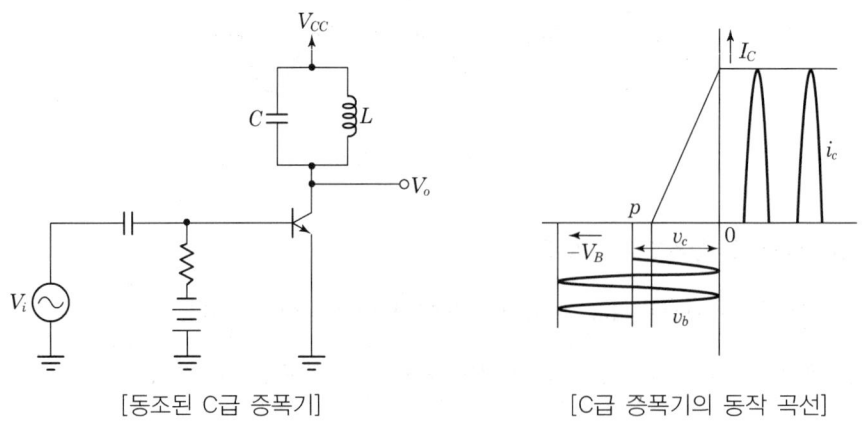

[동조된 C급 증폭기]   [C급 증폭기의 동작 곡선]

컬렉터 단자의 L과 C는 공진회로(탱크회로)를 형성

① 공진 주파수는 $f = \dfrac{1}{2\pi\sqrt{LC}}[\text{Hz}]$

② 출력 전력은 $P_o = \dfrac{\left(\dfrac{V_{CC}}{\sqrt{2}}\right)^2}{R_C} = \dfrac{0.5 \cdot V_{CC}^2}{R_C}[\text{W}]$

R_C : 컬렉터 탱크회로의 등가병렬 저항

증폭기에 공급되는 총전력은 $P_T = P_o + P_{D(avg)}$ [W]

$P_{D(avg)}$는 증폭기에서 손실되는 평균전력을 의미

③ 효율 : $\eta = \dfrac{P_o}{P_o + P_{D(avg)}}$

$P_o \gg P_{D(avg)}$이면 효율은 100[%]에 근접한다.

[7] OTL(Output Transformer-Less) 회로

전력증폭기에서 변성기에 의한 주파수 특성 저하를 방지하기 위하여 출력 트랜스를 사용하지 않고 부하를 직접회로에 결합하는 방식

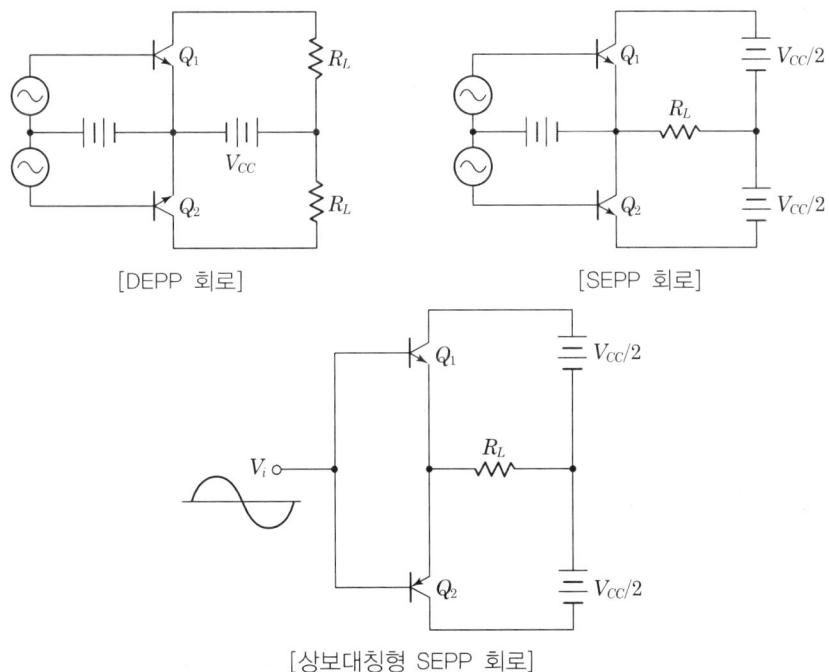

[DEPP 회로]   [SEPP 회로]

[상보대칭형 SEPP 회로]

(1) DEPP(Double-Ended Push-pull) 회로

트랜지스터(TR)가 부하에 대해서는 직렬로 연결되고, 전원에 대해서는 병렬로 연결된다.

(2) SEPP(Single-Ended Push-Pull) 회로

트랜지스터(TR)가 부하에 대해서는 병렬로 연결되고, 전원에 대해서는 직렬로 연결된다.

(3) 상보대칭형 SEPP 회로

특성이 같은 NPN 및 PNP TR을 상보대칭으로 하여 입력을 병렬로 접속한 회로

제8절 발진회로(Oscillator)

1 발진 조건

[1] 발진회로 개요

궤환(Feedback)회로에서 β가 양수이면 정궤환(+), 음수이면 부궤환(−)이 된다.

$$A_{vf} = \frac{V_o}{V_i} = \frac{A}{1 - A \cdot \beta}$$

여기서 $A\beta=1$이면 A_{vf}가 무한대가 되어 발진한다. 이러한 발진조건을 바크하우젠(Barkhausen) 발진조건이라 한다.

즉 $|1-A\beta| > 1$일 때는 부궤환(증폭회로에 적용)

$|1-A\beta| \leq 1$일 때는 정궤환(발진회로에 적용)

[2] 발진회로의 기본 형태

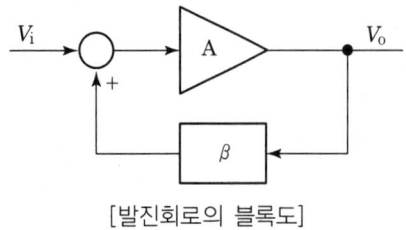

[발진회로의 블록도]

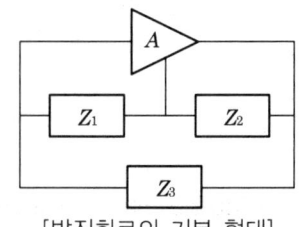

[발진회로의 기본 형태]

발진회로로 동작하는 것은 두 경우뿐이다.

① $Z_1 < 0$(용량성), $Z_2 < 0$(용량성), $Z_3 > 0$(유도성)

② $Z_1 > 0$(유도성), $Z_2 > 0$(유도성), $Z_3 < 0$(용량성)

2 발진회로의 종류와 기본 회로

발진회로는 크게 정현파 발진기와 비정현파 발진기로 나눈다.

[1] 정현파 발진기의 종류

① LC 발진회로
  ㉠ 하틀리(Hartley) 발진회로
  ㉡ 콜피츠(Colpitts) 발진회로
  ㉢ 동조형 반결합 회로(컬렉터 동조, 이미터 동조, 베이스 동조)

② RC 발진회로
  ㉠ 이상형(Phase shift) 발진회로
  ㉡ 빈 브리지(Wien bridge) 발진회로

③ 수정발진회로
  ㉠ 피어스(Pierce) B-E 발진회로
  ㉡ 피어스 B-C 발진회로
  ㉢ 무조정 발진회로

④ 부성 저항 발진회로
  ㉠ 터널 다이오드 발진회로
  ㉡ 단일접합 트랜지스터 발진회로

[2] 비정현파 발진기의 종류

① 멀티바이브레이터
② 블로킹 발진기

③ 톱날파 발진기

[3] LC 발진회로

① 하틀리 발진회로

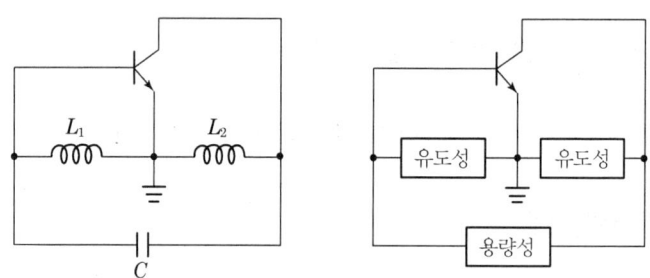

[하틀리 발진회로]

㉠ 발진주파수 : $f = \dfrac{1}{2\pi\sqrt{(L_1 + L_2 + 2M)C}}$ [Hz]

② 콜피츠 발진회로

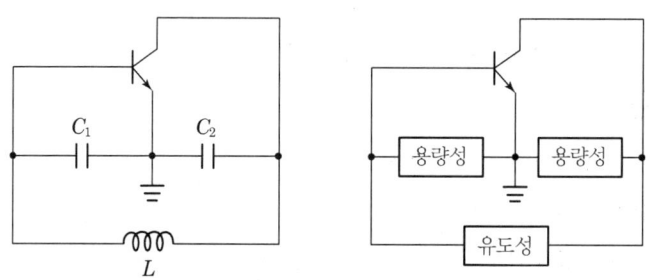

[콜피츠 발진회로]

㉠ 발진주파수 : $f = \dfrac{1}{2\pi\sqrt{L\left(\dfrac{C_1 \cdot C_2}{C_1 + C_2}\right)}}$ [Hz]

③ 컬렉터 동조형 발진회로

TR의 컬렉터 부분에 LC 동조회로를 결합하여 구성한 발진회로

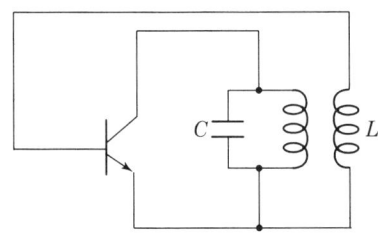

[컬렉터 동조형 발진회로]

㉠ 발진주파수 : $f = \dfrac{1}{2\pi\sqrt{LC}}[\text{Hz}]$

[4] RC 발진회로

① 이상형(Phase shift) 병렬 R형 발진기

㉠ 발진주파수 : $f = \dfrac{1}{2\pi RC\sqrt{6}}[\text{Hz}]$

㉡ 발진을 위한 최소 전류증폭률

$\beta \geq 29$, 즉 증폭도가 29 이상이 되어야 발진한다.

② 이상형(Phase shift) 병렬 C형 발진기

㉠ 발진주파수 : $f = \dfrac{\sqrt{6}}{2\pi RC}[\text{Hz}]$

㉡ 발진을 위한 최소 전류증폭률

$\beta \geq 29$, 즉 증폭도가 29 이상이 되어야 발진한다.

③ 빈 브리지(Wien bridge)형 발진기

㉠ 발진주파수 : $f = \dfrac{1}{2\pi\sqrt{C_1 C_2 R_1 R_2}}[\text{Hz}]$

만약 $C_1 = C_2 = C$, $R_1 = R_2 = R$이라면 발진주파수는

$f = \dfrac{1}{2\pi RC}[\text{Hz}]$

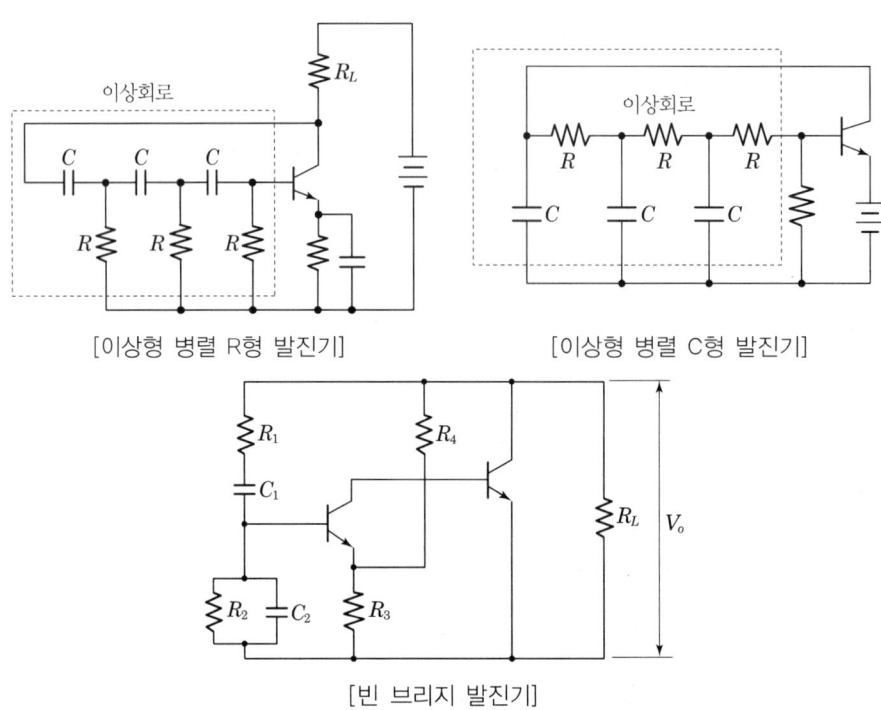

[이상형 병렬 R형 발진기]   [이상형 병렬 C형 발진기]

[빈 브리지 발진기]

[5] 수정 발진회로

① 수정발진자의 구조

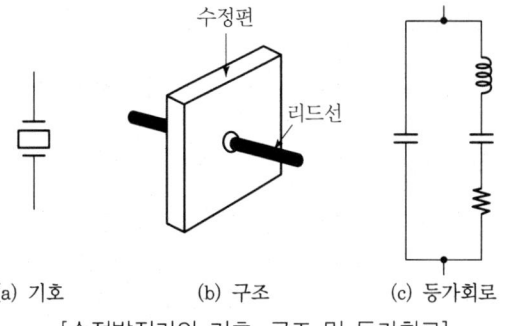

(a) 기호   (b) 구조   (c) 등가회로
[수정발진기의 기호, 구조 및 등가회로]

㉠ 압전 효과 : 수정편에 압력을 가하면 수정편의 양면에 전하가 발생하며, 장력을 가하면 반대의 전하가 발생하는 압전효과(Piezo effect)가 나타난다.

㉡ 직렬 공진주파수 : $f_s = \dfrac{1}{2\pi\sqrt{L_0 C_0}}$ [Hz]

ⓒ 병렬 공진주파수 : $f_p = \dfrac{1}{2\pi\sqrt{L_0 \cdot \left(\dfrac{C_0 C_1}{C_0 + C_1}\right)}}$ [Hz]

② 수정 발진회로의 종류

㉠ 피어스(Pierce) B-E 수정 발진회로

TR의 베이스와 이미터에 수정진동자를 삽입한 회로

㉡ 피어스(Pierce) B-C형 수정 발진회로

TR의 베이스와 컬렉터에 수정진동자를 삽입한 회로

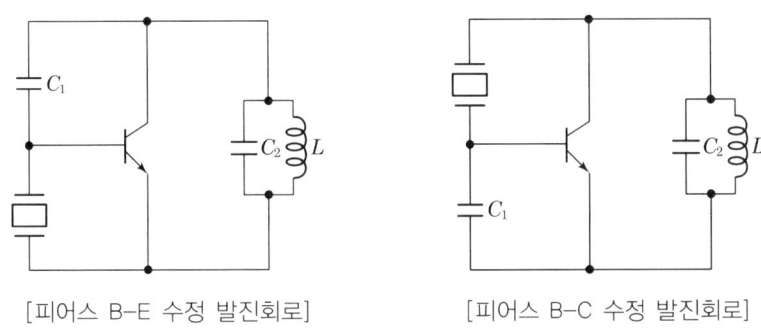

[피어스 B-E 수정 발진회로]　　　[피어스 B-C 수정 발진회로]

[6] PLL 발진회로

① Phase-Locked Loop(위상 동기(位相同期) 루프)는 전압제어발진기의 출력 신호를 주파수 분주기를 통하여 분주한 다음 위상검출기에서 기준 주파수와 비교하여 두 신호가 동일한 주파수가 되도록 전압제어 발진기의 조정전압을 조절한다.

② VCO에서 나온 출력은 루프의 여러 단계를 거치면서 VCO를 동작시키기에 적당한 형태로 변환되며, 전압제어 발진기는 입력 제어전압(루프필터 출력)에 비례하는 주파수를 출력한다.

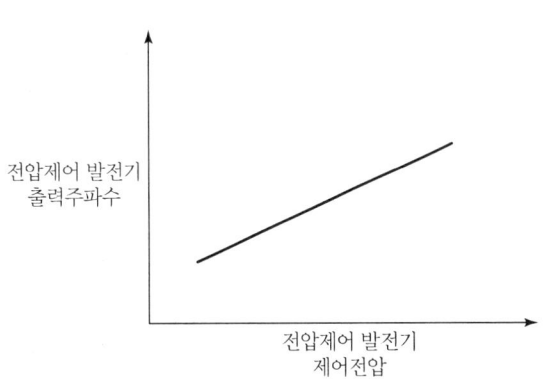

(1) PLL의 구조

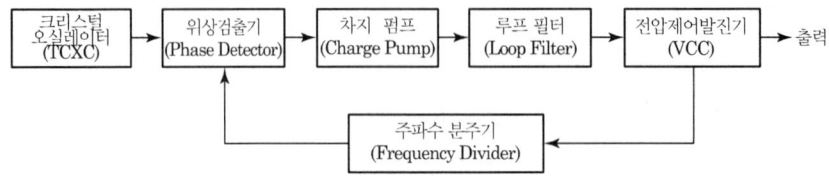

① 크리스털 오실레이터(TCXO : Temperature Compensated X-tal Oscillator)
온도변화에 대하여 안정적인 주파수를 얻을 수 있는 크리스털 오실레이터로서 발진 주파수를 기준주파수로 하여 출력주파수와 비교한다.

② 위상검출기(Phase Detector : Phase Frequency Detector)
크리스털 오실레이터(TCXO)의 기준주파수와 주파수 분주기를 통해 들어온 출력주파수를 비교하여 그 차이에 해당하는 펄스열을 내보낸다.

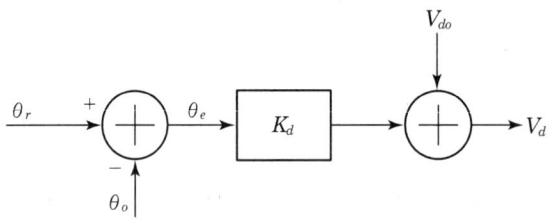

$$\theta_e = \theta_d - \theta_{do} \qquad v_d = K_d \theta_e - V_{do}$$

θ_e : 위상오차

θ_d : 기준 신호의 위상과 발진기 출력신호의 위상차

θ_{do} : V_{do} (기준신호가 없을 경우의 출력)에 대응하는 위상

• $v_d = V_{do}$: 위상오차가 없을 때

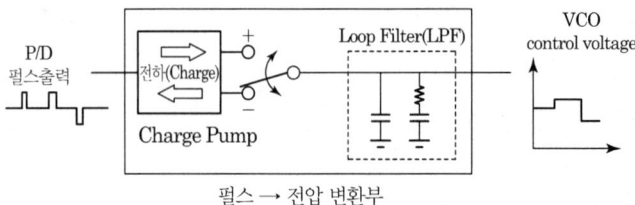

③ 차지 펌프(C/P)

위상검출기(P/D)에서 나온 펄스폭에 비례하는 전류를 펄스 부호에 따라 밀거나 댕겨준다. 펄스를 전류로 변환해주는 과정에서 전류이득(Icp)이 존재하고, 이 양은 lock time을 비롯한 PLL의 성능에도 큰 영향을 준다.

④ 루프 필터(LPF)

저역통과여파기(LPF) 구조로 루프 동작 중에 발생하는 불필요한 주파수들을 차단하고, 커패시터를 이용하여 축적된 전하량 변화를 통해 VCO 조절단자의 전압을 가변하는 역할을 한다.

⑤ VCO(Voltage Controlled Oscillator) : 입력신호의 전압에 비례하는 주파수를 출력

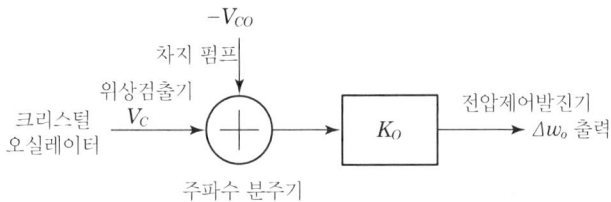

$$K_o = \frac{d\omega_0}{d\omega_c} \qquad \Delta\omega_0 = K_o(v_c - V_{co})$$

⑥ 주파수 분주기(Frequency Divider)

VCO의 출력주파수를 가져와서 비교시켜야 하는데, 주파수가 너무 높아서 비교하기 힘드니까 적절한 비율로 나누어 비교하기 좋은 주파수로 만든다. 디지털 카운터 같은 구조로 되어 있으며, 이 분주비를 복잡하게 살짝 비틀어서 PLL 구조의 출력 주파수 가변을 할 수 있게 하는 역할도 한다.

분주기가 없을 경우 lock 상태의 출력 주파수와 기준 주파수가 동일하고, 기준 주파수보다 크고 해상도 높은 주파수 출력을 구현하기 위하여 주파수 분주기, 프리스케일러, Swallow Counter 등을 사용한다.

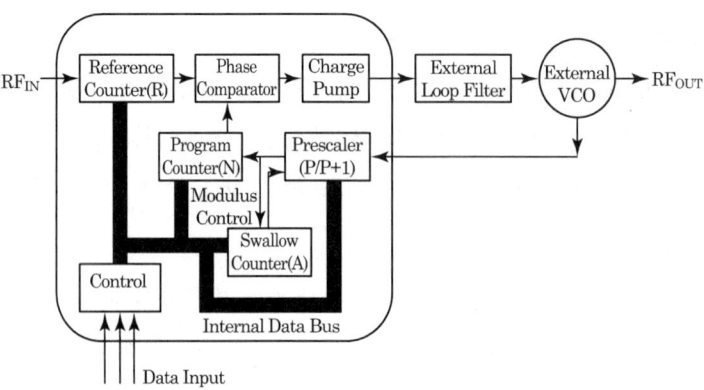

(2) PLL의 위상 잡음

위상 잡음(Phase Noise)은 중심 주파수에서의 power와 일정 offset 주파수에서 1[Hz]의 band폭을 가진 부분에서의 power의 차이로서, PLL 잡음은 기준 발진기, 위상 검출기, 주파수 분주기, 루프 필터, 전원, 열잡음 등의 복합 잡음원이다.

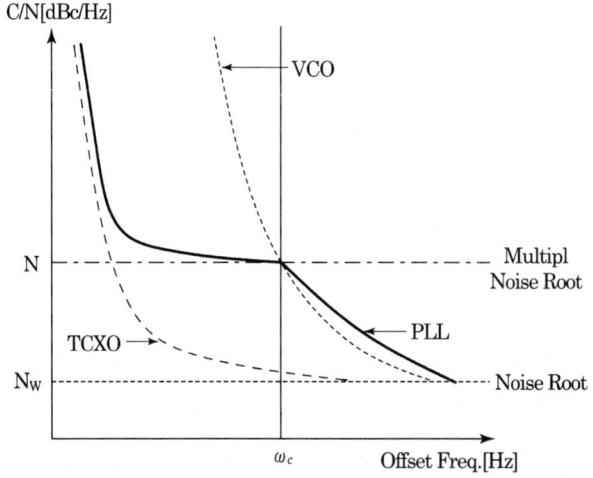

(3) PLL 위상 전송 기능(Phase Transfer Functions)

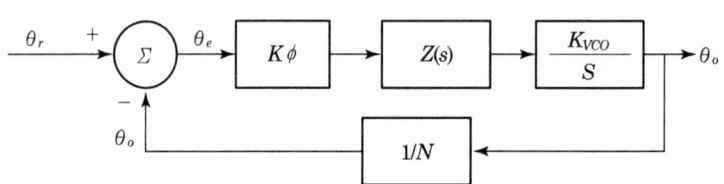

Forward loop gain = $G_{(s)} = \dfrac{\theta_o}{\theta_e} = \dfrac{K_\Phi Z_{(s)} K_{vco}}{s}$

Reverse loop gain = $H_{(s)} = \dfrac{\theta_i}{\theta_o} = \dfrac{1}{N}$

Open loop gain = $H_{(s)} G_{(s)} = \dfrac{\theta_i}{\theta_e} = \dfrac{K_\Phi Z_{(s)} K_{vco}}{Ns}$

Closde loop gain = $\dfrac{\theta_o}{\theta_r} = \dfrac{G_{(s)}}{1 + H_{(s)} G_{(s)}}$

3 발진 안정 조건

발진기의 안정 조건 중에서도 특별히 중요한 것은 주파수의 안정도가 높아야 한다.

[1] 발진 주파수 변동의 원인과 대책

① 주위 온도의 변화
  ㉠ 수정진동자, 트랜지스터 등의 부품은 온도계수가 작은 것을 사용한다.
  ㉡ 온도의 변화에 민감한 부품은 수정진동자와 함께 항온조에 넣는다.

② 부하의 변동
  ㉠ 다음 단과의 사이에 완충 증폭기(buffer amp)를 추가한다.
  ㉡ 다음 단과의 결합은 가능한 한 소결합으로 결합한다.

③ 전원 전압의 변동
  정전압 회로를 사용하여 안정전원을 유지한다.

④ 습도에 의한 영향
  방습을 위하여 타 회로와 차단하여, 습기와 멀리한다.

[2] 수정발진기의 특징

① 수정진동자의 Q(Quality factor)가 높기 때문에 주파수 안정도가 높다.

② 수정편에 항온조 등을 이용하므로 주위 온도의 영향이 적다.

③ 발진 주파수를 변경 시 수정 자체를 바꿔야 하는 불편이 있다.

④ 초단파 이상의 발진은 곤란하다.

⑤ 수정발진주파수 변동의 원인을 제거하는 조건하에서 동작시켜야 한다.

제9절 변·복조회로

1 변조(modulation)

송신에서 신호의 전송을 위해 고주파에 저주파 신호를 포함시키는 과정이며, 변조된 반송파(carrier wave)를 피변조파(modulated wave)라 한다.

[1] 변조 방식의 분류

① 진폭 변조(Amplitude Modulation : AM) : 방송파의 진폭을 신호파에 따라서 변화시키는 변조방법

② 주파수 변조(Frequency Modulation : FM) : 신호파에 따라서 반송파의 진폭은 일정한 상태에서 주파수만을 변조시키는 방법

③ 위상 변조(Phase Modulation) : 반송파의 각속도를 신호파에 따라서 변화시키는 변조방법

④ 펄스 변조(Pulse Modulation : PM) : 펄스파가 신호파에 의해 변화되는 변조방법

2 진폭 변·복조

[1] 진폭변조

① 진폭 변조 : 반송파의 진폭을 신호파의 진폭에 따라 변화하게 하는 방법
② 변조도 : 신호파의 진폭과 반송파의 진폭의 비

$$m_a = \frac{I_{sm}}{I_{cm}} = \frac{\text{신호파의 진폭}}{\text{반송파의 진폭}}$$

> 참고
>
> $m=1$인 때 100[%] 변조, $m>1$이면 과변조

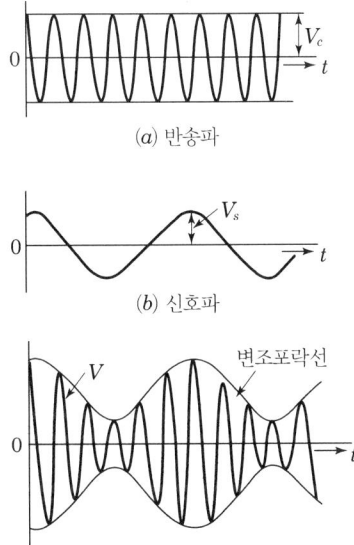

[진폭변조의 원리]

③ 피변조파의 전력

$$P = \frac{1}{2}I_c m^2 R + \frac{1}{8}m^2 I_c m^2 R = P_C + P_L + P_U + P_C\left(1 + \frac{m^2}{2}\right)[\text{W}]$$

> 참고
>
> $m=1$(100[%] 변조)일 때 반송파의 점유 전력은 전 전력의 $\frac{2}{3}$이며, 나머지 $\frac{1}{3}$의 전력이 상·하 양측파가 점유하는 전력이 된다.

구 분	진 폭	각 속 도	주 파 수
반송파	V_c	ω_c	f_c
상측파대	$\dfrac{m_a V_c}{2}$	$\omega_c + \omega_s$	$f_c + f_s$
하측파대	$\dfrac{m_a V_c}{2}$	$\omega_c - \omega_s$	$f_c - f_s$

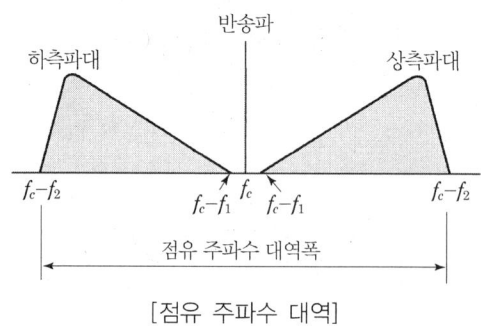

[점유 주파수 대역]

④ 링(ring) 변조회로 : 피변조파에 포함된 반송파를 제거하고 양측파대만을 빼내는 평형 변조의 일종으로, 출력에 한쪽 측파대만을 선택하는 필터를 부착시켜 단측파대(SSB) 통신에 이용된다.

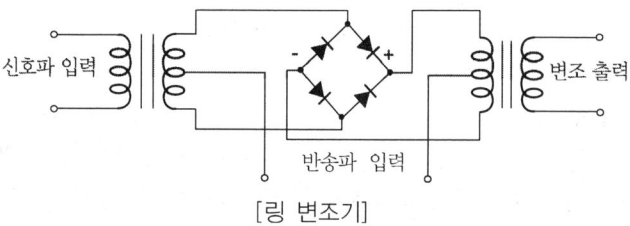

[링 변조기]

[2] 진폭 복조회로

① 직선 복조회로 : 다이오드의 전압 전류 특성의 직선 부분이 이용되도록 입력 전압을 충분히 크게 하여 복조하는 방식

② 제곱 복조회로 : 비직선 소자의 제곱 특성을 이용한 방식으로 진폭이 작은 진폭 변조파의 복조에 사용된다.

3 주파수 변조와 복조

[1] 주파수 변조의 원리

① 주파수 변조 : 반송파의 주파수 변화를 신호파의 진폭에 비례시키는 변조 방식

② 최대 주파수 편이 : 반송 주파수 f_c를 중심으로 변조에 의한 최대 주파수 변화분
  ㉠ FM 방송 $\Delta f_c = \pm 75 [\text{kHz}]$
  ㉡ TV 음성 $\Delta f_c = \pm 25 [\text{kHz}]$
  ㉢ 일반 통신 $\Delta f_c = \pm 15 [\text{kHz}]$

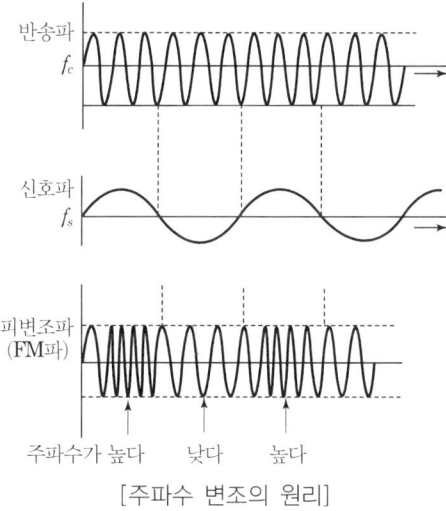

[주파수 변조의 원리]

③ 주파수 변조 지수

최대 주파수 편이 Δf_c와 신호 주파수 f_s의 비

$$m_f = \frac{\Delta f_c (\text{최대주파수편이})}{f_s (\text{신호 주파수})}$$

④ 실용적 주파수 대역폭

$$B = 2f_s(m_f + 1) = 2(\Delta f_c + f_s)$$

[2] 주파수 복조회로

① 포스터 실리(Foster-Seeley) 판별회로

입력 진폭 변화에 의한 복조 감도가 변화되므로, 반드시 진폭 변화를 억제하는 진폭 제한회로를 삽입해야 한다.

② 비검파(ratio detector) 회로

포스터 실리 회로의 일부를 개량한 것으로 복조감도는 1/2로 낮으나, 큰 용량의 C_6 및 R_1, R_2가 진폭 제한 작용을 하므로 별도의 진폭 제한회로가 필요하지 않다.

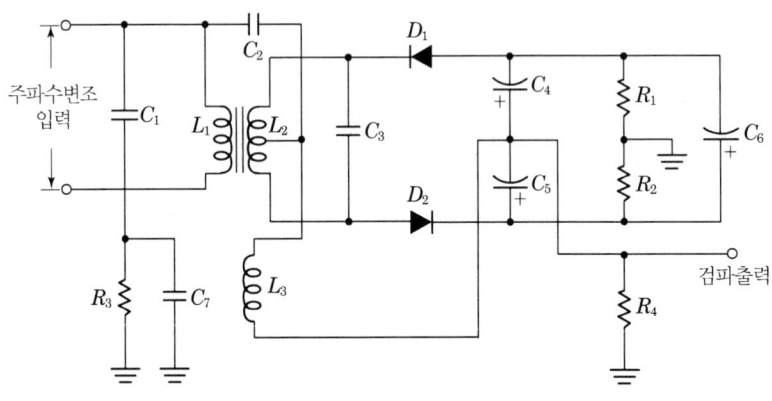

[비검파(ratio detector) 회로]

[FM 검파 특성]

4 디지털 변·복조회로

[1] 디지털 통신의 장점

① 채널의 효율적 이용 : 다수의 음성, 데이터 신호가 하나의 회선을 통해 동시에 전송 가능하다.
② Integration의 용이성
③ 우수한 품질 : 디지털 신호의 특성상 장거리 전송에서도 우수한 품질을 유지한다.
④ 보안성 : 신호가 디지털로 Encrypt되므로 Decoding이 쉽지 않다.
⑤ 저전력, 소형 단말기 : 디지털 변조 기술로 저출력 송신이 가능하며 단말기의 크기와 가격을 줄일 수 있다.
⑥ 성장 가능성 : Speech Coder 기술의 발달로 채널을 효율적으로 사용할 수 있게 된다.

[2] 디지털 변·복조의 개념

아날로그 전송매체에 디지털 신호를 전송하기 위하여 디지털 신호를 아날로그 신호로 변환하는 것을 말하며, 디지털 신호를 변조하지 않고 디지털 형태 그대로 보내는 기저대역 전송도 있다.

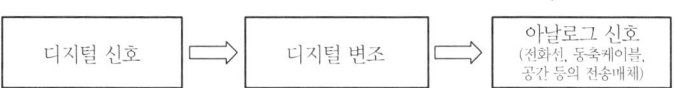

① 아날로그 신호의 디지털 신호 변환(변조) 과정(PCM 방식)

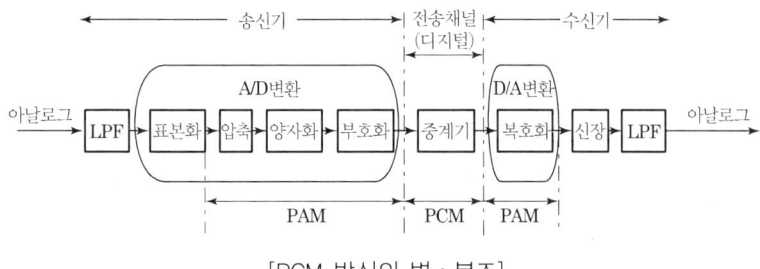

[PCM 방식의 변·복조]

펄스부호변조(PCM) 방식은 아날로그 형태의 정보(신호)를 디지털 형태의 정보(신호)로 변경하는 방식으로, 변조회로의 기본 구성은 표본화, 양자화, 부호화의 부분으로 구성된다.

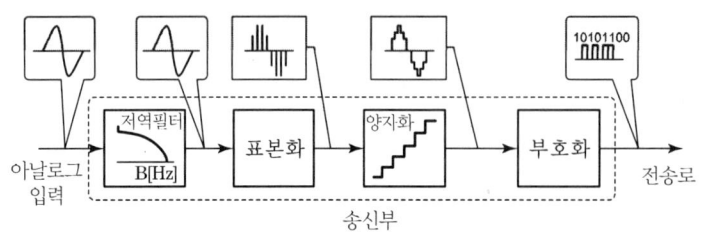

[PCM 방식의 변조]

㉠ 표본화

음성신호와 같은 연속 파형을 일정한 간격으로 나누어 이 값만 취하고 나머지는 삭제하는 것, 즉 PAM 변조하는 과정을 표본화라 한다.

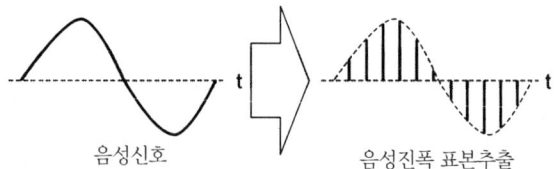

㉡ 양자화

표본화한 값을 갖는 PAM 신호를 디지털 신호로 변화하기 위하여 PAM파를 각각의 대푯값으로 표현하는 것을 말한다.

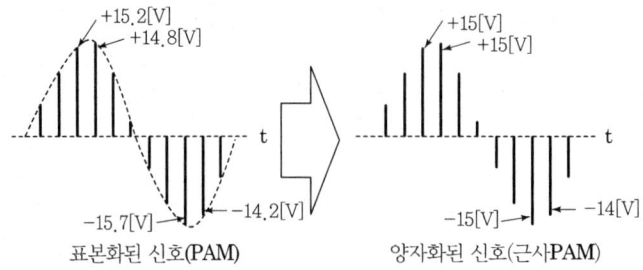

㉢ 부호화

양자화된 샘플을 양자화 레벨의 수 n에 따라 2^n 비트로 부호화한다.

[3] PCM의 장점

① 잡음에 강하다.
② 고밀도화(LSI)에 적합하다.
③ 분기와 삽입이 용이하다.
④ 가공 처리가 용이하다.
⑤ 정비 주기가 길다.
⑥ 보안성의 확보가 쉽다.

[4] PCM의 단점

① 채널당 소요 대역폭이 증가된다.
② 양자화 잡음이 발생한다.
③ 동기가 유지되어야 한다.
④ 지리적으로 분산된 신호의 다중화가 어렵다.
⑤ A/D, D/A 변환 과정이 증가된다.
⑥ 기존의 아날로그 네트워크와 접합 시 비용이 높아진다.

[5] 디지털 변조방식의 특성

① 오류 확률
변조방식에 따라 전송과정에서 오류가 발생할 확률로 같은 진수의 경우에는 ASK보다는 FSK가, FSK보다는 DPSK가, DPSK보다는 QAM의 오류 확률이 낮다. 같은 변조방식을 사용하는 경우에는 진수가 증가할수록 오류 발생이 증가한다.

M진 오류 확률 = 2진 오류 확률 × $\log_2 M$

	진폭편이변조 (ASK)	주파수편이변조 (FSK)	DPSK	위상편이변조 (PSK)	진교위상변조 (QAM)
	2진 ASK	2진 FSK	2진 DPSK	2진 PSK (8PSK)	
			4진 DPSK	4진 PSK (QPSK)	4진 QAM
			8진 DPSK	8진 PSK	8진 QAM
				16진 PSK	16진 QAM
	M진 ASK	M진 FSK		M진 PSK	M진 QAM

감소 ↑ 오류확률 ↓ 증가

증가 ← 오류확률 → 감소

[각 변조방식에 따른 오류확률의 증가와 감소]

② 비트율 : 시스템의 비트 흐름의 빈도 수

③ 부호율

비트율을 각 부호전송 시 전송할 수 있는 비트의 수로 나눈 값으로 통신채널용 신호대역폭은 부호율에 따라 달라진다.

$$부호율 = \frac{비트율}{각\ 부호가\ 전송될\ 때\ 전송되는\ 비트\ 수}$$

[6] 디지털 변·복조회로의 종류 및 원리

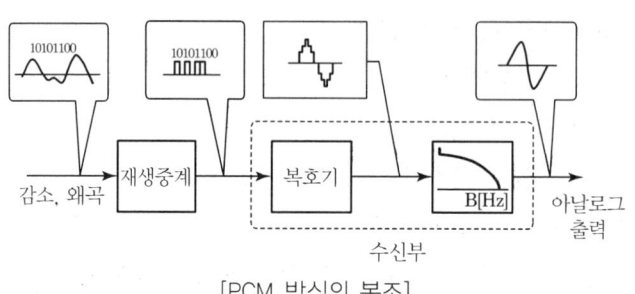

[PCM 방식의 복조]

(1) 디지털 2진 변조와 다원 변조

① 2진 변조

하나의 데이터 비트를 전송하기 위하여 이산적인 상태의 진폭, 주파수, 위상 등을 데이터 비트(1,0)를 사용하는 방식으로 2진 ASK, 2진 FSK, 2진 PSK 등이 있다.

㉠ ASK(진폭편이변조 : Amplitude shift keying) : 디지털 부호에 대응하여 사인 반송파의 주파수나 위상을 그대로 두고 진폭만 변화시키는 변조방식

㉡ FSK(주파수편이변조 : Frequency shift keying) : 디지털 부호에 대응하여 사인반송파의 진폭과 위상을 그대로 두고 주파수만 변화시키는 변조 방식

㉢ PSK(위상편이변조 : Phase shift keying) : 진폭과 주파수가 모두 일정한 반송파를 이용하여 그 위상을 2진 전송 부호에 대응시켜 변화시키는 방식

㉣ APK(진폭위상변조 : Amplitude Phase keying) : ASK와 PSK의 조합으로 QAM이라고도 한다.

(2) 다원 변조(Multi-Level Modulation)

다수의 비트를 동시에 전송하기 위해 많은 이산적 상태를 사용하는 변조로 다수 레벨의 파형이 만들어지며, QPSK, 8PSK 등이 있다.

[7] 기저대역 전송과 반송대역 전송

(1) 기저대역 전송

디지털 파형을 특별히 변조시키지 않고 디지털 형태로 전송하는 펄스파형으로 PCM 방식이 해당된다.

(2) 기저대역 전송의 조건

① 전송부호 형태에 직류성분이 포함되지 않을 것
② 시간 정보가 정확히 포함될 것
③ 저주파 및 고주파 성분이 제한될 것
④ 전송로상에서 발생한 에러의 검출 및 교정이 가능할 것

(3) 기저대역 전송의 종류

① 2원 전송방식 : 변조되기 이전의 디지털 신호 파형을 2진 펄스 모양 그대로 전송하는 방식
② 다원전송방식 : 전송로 특성에 맞게 2진 부호를 변형시킨 펄스파형으로 전송하는 방식
③ 다원전송방식의 특징
  ㉠ 다수의 비트를 이용하여 한 개의 비트를 표시하는 방식
  ㉡ 주파수 대역의 효율적 이용
  ㉢ 전송 용량이 높아 고속 정보전송에 사용
  ㉣ 정보의 전송속도(R_b : 전송속도, M : 다원레벨 수, B : 대역 폭)

  $$R_b = 2B\log_2 M$$

  ㉤ 다원 레벨 수가 높을수록 전송속도가 증가한다.

(4) 반송대역 전송(Bandpass Transmission)

디지털 신호에 따라 반송파의 진폭, 주파수, 위상의 어느 하나 또는 조합을 전송하는

방식으로, ASK, FSK, PSK, QAM 등의 방식이 있다.

5 펄스 변·복조

[1] 펄스 변조

펄스 변조는 표본화 신호(펄스파)를 신호파에 따라 조작하는 변조 방식을 말하며, 연속 레벨 변조와 불연속 레벨로 구분 분류한다.

펄스 변조	연속 레벨 변조	펄스 진폭변조(PAM)
		펄스폭 변조(PWM)
		펄스 위상변조(PPM)
		펄스 주파수변조(PFM)
	불연속 레벨 변조	펄스 수 변조(PNM)
		펄스 부호변조(PCM)
		델타 변조(ΔM)

① 펄스 진폭 변조(PAM : Pulse Amplifier Modulation) : 신호 레벨(높낮이)에 따라 펄스의 진폭을 변화시킨다.

② 펄스 폭 변조(PWM : Pulse Width Modulation) : 신호 레벨(높낮이)에 따라 펄스의 폭을 변화시킨다.

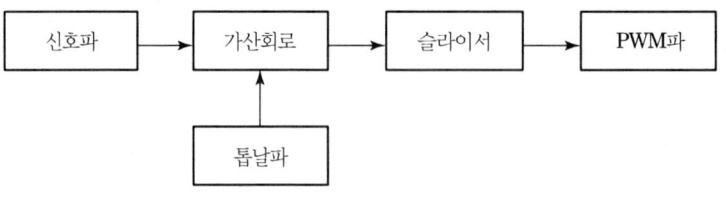

[펄스 폭 변조회로의 구성]

③ 펄스 위상 변조(PPM : Pulse Phase Modulation) : 신호 레벨(높낮이)에 따라 펄스의 위상을 변화시키는 방법으로, 신호 레벨이 크면 펄스의 주기가 짧아지고 주파수가 높아진다.

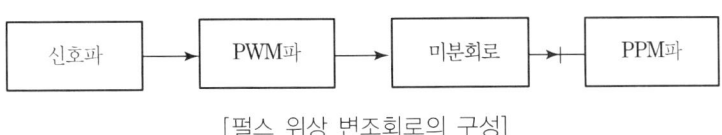
[펄스 위상 변조회로의 구성]

④ 펄스 주파수 변조(PFM : Pulse Frequency Modulation) : 신호 레벨(높낮이)에 따라 펄스의 주파수가 변화되는 방법으로, 신호 레벨이 크면 펄스의 주기가 짧아지고 주파수가 높아진다.

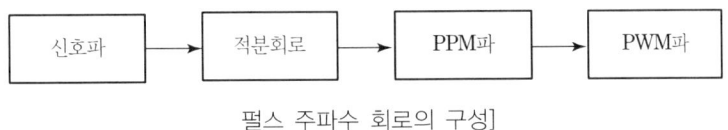
[펄스 주파수 회로의 구성]

⑤ 펄스 수 변조(PNM : Pulse Number Modulation) : 신호 레벨(높낮이)에 따라 펄스 수를 변화시키는 방법으로, 신호 레벨이 크면 펄스의 수가 많아진다.

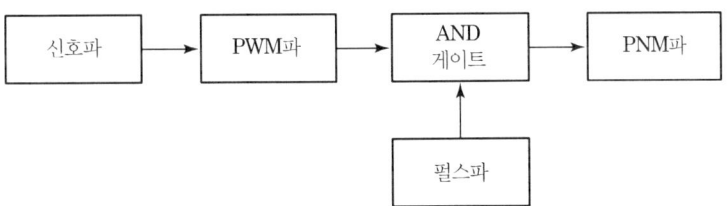
[펄스 수 변조회로의 구성]

⑥ 펄스 부호 변조(PCM : Pulse Coded Modulation) : 신호 레벨(높낮이)에 따라 펄스 열의 유·무를 변화시키는 방법으로, 각 샘플별로 신호 레벨을 일정 비트를 갖는 2진 부호로 바꾸어 부호화한다.

[PCM의 구성]

⑦ 델타 변조(ΔM : Delta Modulation) : 신호 레벨(높낮이)을 일정한 계단파에 근사화시켜서, 레벨이 커져 갈 때는 양의 펄스로, 작아져 갈 때는 음의 펄스로 바꾼다.

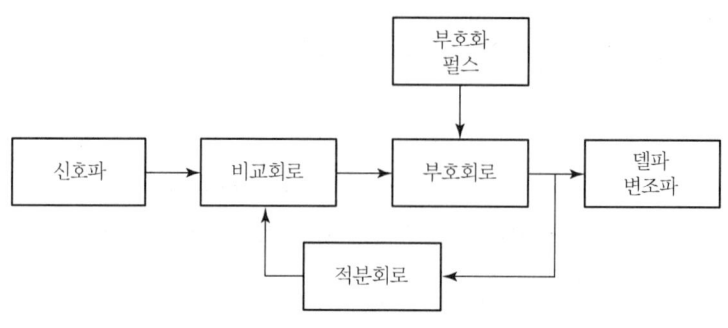

[델파(delta) 변조(ΔM)의 구성]

[2] 펄스 복조회로

① 펄스 진폭 변조파(PAM)의 복조 : PAM파는 적분회로(저역필터)를 이용하여 복조하며, 직류분을 함유한 신호파는 콘덴서를 이용하여 직류분을 제거한다.

② 펄스 폭 변조파(PWM)의 복조 : PWM의 복조도 적분회로를 이용하며, 펄스 폭이 넓으면 충전 시간이 길어 콘덴서의 단자 전압이 높아지고, 펄스 폭이 좁아지면 충전 시간이 짧고 방전이 길어 단자 전압이 낮아지는 원리를 이용하여 신호파를 얻어 낼 수 있다.

③ 펄스 위상 변조파(PPM)의 복조회로 : PPM파를 PAM파로 변환하여 PAM 복조회로를 이용하여 복조를 한다. PPM파를 톱날파와 합성하여 일정한 레벨로 자르면 PAM파가 만들어지고, 이를 적분회로를 이용하면 복조가 이루어진다.

④ 펄스 주파수 변조(PFM)파의 복조회로 : PPM 복조와 같은 방법으로 신호파를 꺼낼 수 있다.

⑤ 펄스 수 변조(PNM)파의 복조회로 : 펄스 수가 많으면 콘덴서의 충전 전압이 높아지고, 펄스 수가 적으면 충전전압이 낮아지는 PAM파와 같은 적분회로로서 신호파를 꺼낼 수 있다.

⑥ 델타 변조(ΔM)파의 복조회로 : 델타 변조회로에 적분회로를 통하면 출력은 단계적으로 되므로, 저역 필터를 접속하여 고주파 성분을 제거하여 신호파를 얻을 수 있다.

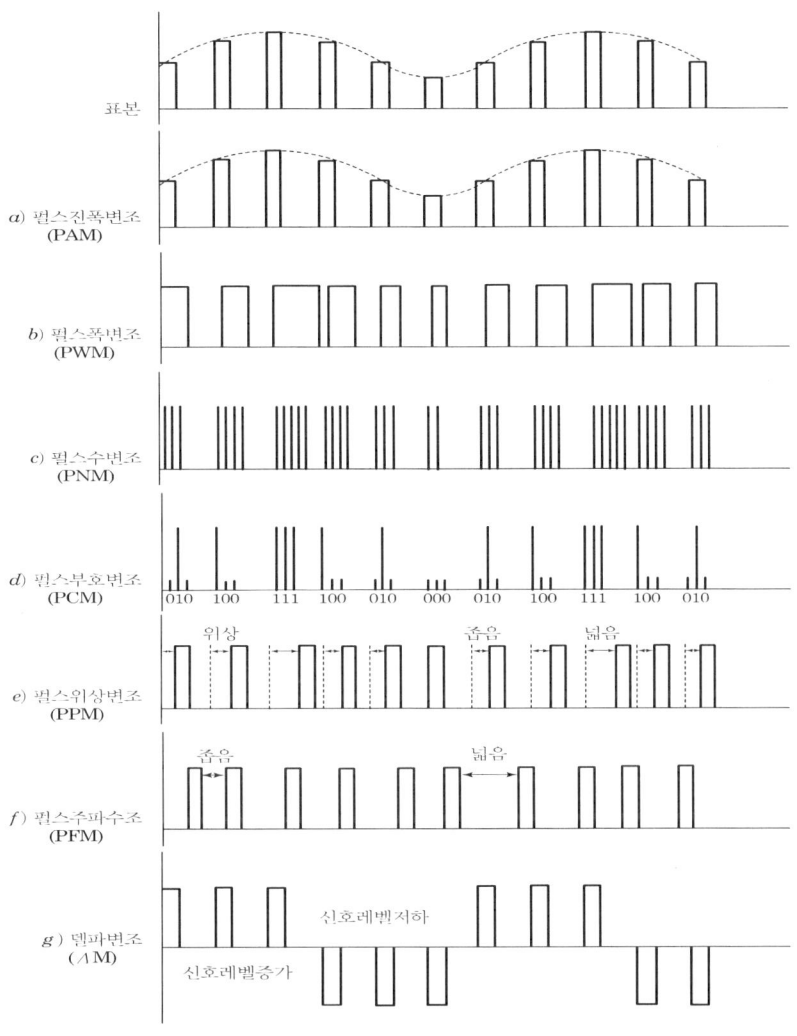

[펄스변조방식의 종류]

제10절 디지털회로(Digital Circuit)

1 펄스회로(Pulse Circuit)

짧은 시간에 전압 또는 전류의 진폭이 불연속적으로 변화하는 파형을 펄스(pulse)라 한다.

[1] 펄스 파형의 구성

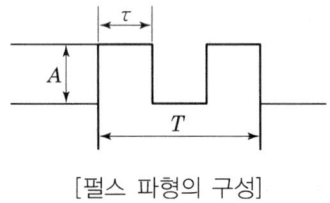

[펄스 파형의 구성]

$$f(\text{주파수 : frequenc}) = \frac{1}{T}[\text{Hz}]$$

A : 진폭(Amplitude), T : 주기(Period), τ : 펄스 폭(Pulse Width)

주파수는 1초 동안 진동한 진동(펄스)의 수를 말한다.

$$\text{듀티 사이클}(D) = \frac{\tau}{T}$$

[2] 펄스 파형의 성질(응답 특성)

① 상승 시간(t_r, rise time) : 진폭 전압(V)의 10[%]에서 90[%]까지 상승하는 데 걸리는 시간

② 지연 시간(t_d, delay time) : 상승 시각으로부터 진폭의 10[%]까지 이르는 실제의 펄스 시간

③ 하강 시간(t_r, fall time) : 펄스가 이상적 펄스의 진폭 전압(V)의 90[%]에서 10[%]까지 내려가는 데 걸리는 시간

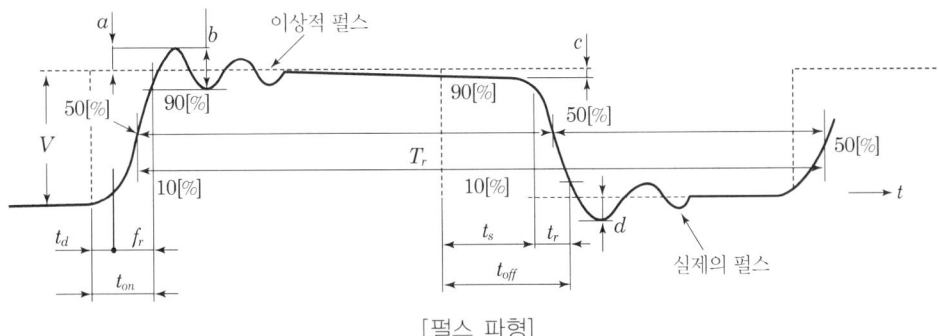

[펄스 파형]

④ 축적 시간(t_s, storage time) : 하강 시간에서 실제의 펄스가 전압(V)의 90[%]가 되기까지의 시간

⑤ 펄스 폭(τ_w, pulse width) : 펄스의 파형이 상승 및 하강의 진폭 전압(V)의 50[%]가 되는 구간의 시간

⑥ 오버슈트(overshoot) : 상승 파형에서 이상적 펄스파의 진폭 전압(V)보다 높은 부분의 높이 a를 말하며, 이 양은 $\left(\dfrac{a}{V}\right) \times 100[\%]$로 나타낸다.

⑦ 언더슈트(undershoot) : 하강 파형에서 이상적 펄스파의 기준 레벨보다 아래 부분의 높이 d를 말하며 이 양은 $\left(\dfrac{d}{V}\right) \times 100[\%]$로 나타낸다.

⑧ 턴온 시간(t_{on}, turn-on time) : 이상적 펄스의 상승 시각에서 전압(V)의 90[%]까지 상승하는 시간

　　턴온 시간(t_{on})=지연 시간(t_d)+상승 시간(t_r)

⑨ 턴오프 시간(t_{off}, turn-off time) : 이상적 펄스의 하강 시각에서 전압(V)의 10[%]까지 하강하는 시간

　　턴오프 시간(t_{off})=축적 시간(t_s)+하강 시간(t_f)

⑩ 새그(S, sag) : 내려가는 부분의 정도로서 낮은 주파수 성분이나 직류분이 잘 통하지 않기 때문에 생기는 것이다.

　　새그 $S = \dfrac{c}{V} \times 100[\%]$

⑪ 링깅(b, ringing) : 펄스의 상승 부분에서 진동의 정도를 말하며, 높은 주파수 성분에 공진하기 때문에 생기는 것이다.

⑫ 시상수

$t = \tau = RC$에서 C의 전압 v_c는

$$v_c = V(1 - \frac{1}{\varepsilon}) ≒ V(1 - 0.368) ≒ 0.632[\text{V}]$$

전원 전압의 약 63.2[%]에 도달하는 데 걸리는 시간 $\tau = RC[\text{sec}]$가 시상수이다. 방전의 경우는 전원 전압의 약 36.8[%]로 된다.

상승 시간 : $t_r = t_2 - t_1 = (2.3 - 0.1)RC = 2.2RC[\text{sec}]$

[3] 미분회로

구형파(직사각형파)로부터 폭이 좁은 트리거(trigger) 펄스를 얻는 데 쓰인다.

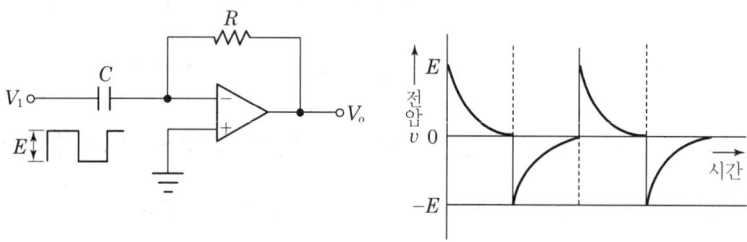

[미분회로와 출력 파형]

[4] 적분회로

시간에 비례하는 전압(또는 전류) 파형, 즉 톱니파 신호를 발생하거나 신호를 지연시키는 회로에 쓰인다.

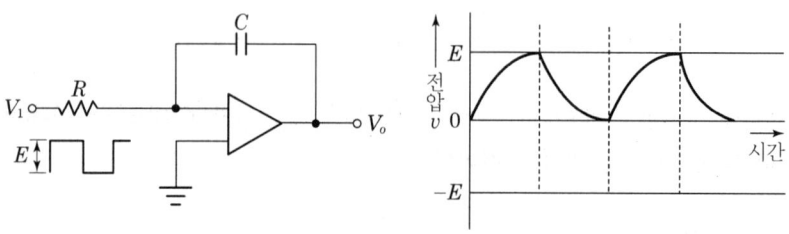

[적분회로와 출력 파형]

[5] 펄스응용회로의 기본

① 클램핑 회로 : 입력 신호의 (+) 또는 (−)의 피크를 어느 기준 레벨로 바꾸어 고정시키는 회로를 클램핑 회로, 또는 클램퍼(clamper)라 한다. 이 회로가 직류분을 재생하는 목적에 쓰일 때에는 직류분 재생회로라고도 한다.

② 클리핑 회로 : 입력 파형 중에서 어떤 일정 진폭 이상 또는 이하를 잘라낸 출력 파형을 얻는 회로를 클리퍼(clipper)라 하고, 이 작용을 클리핑이라 한다.

③ 피크 클리퍼(peak clipper) : 정(+) 방향으로 어떤 레벨이 되지 않도록 하기 위하여 입력 파형의 윗부분을 잘라내어 버리는 회로

④ 베이스 클리퍼(base clipper) : 부(−) 방향으로 어떤 레벨 이하가 되지 않도록 하기 위하여 입력 파형의 아래 부분을 잘라내어 버리는 회로

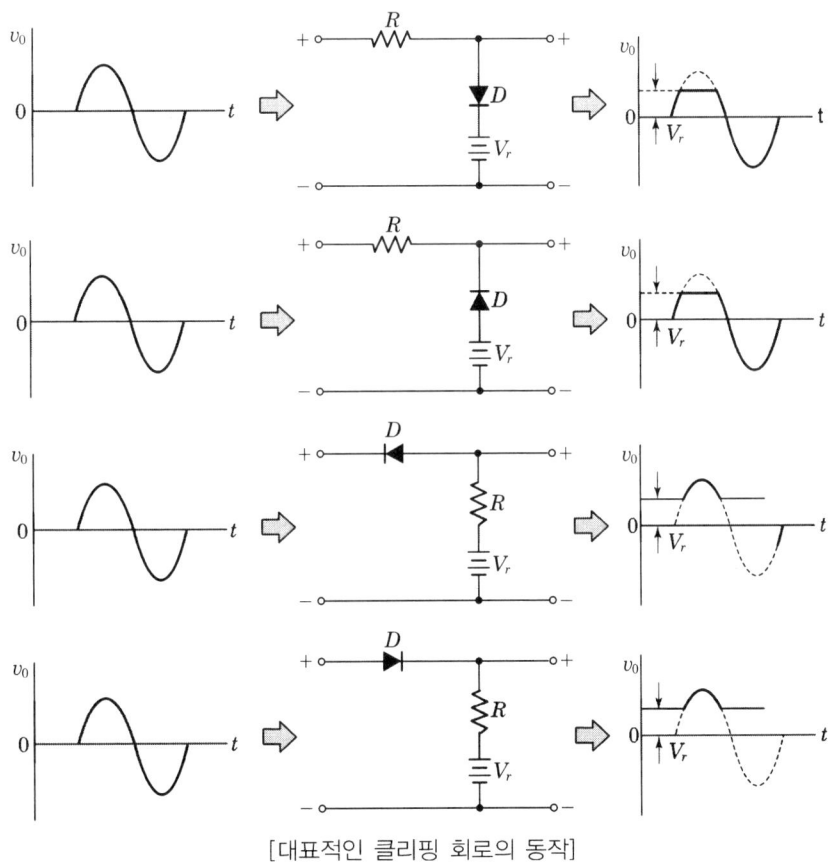

[대표적인 클리핑 회로의 동작]

⑤ 리미터(limiter) 회로 : 진폭을 제한하는 진폭 제한회로로서 피크 클리퍼와 베이스 클리퍼를 결합하여 입력 파형의 위아래를 잘라 버린 회로

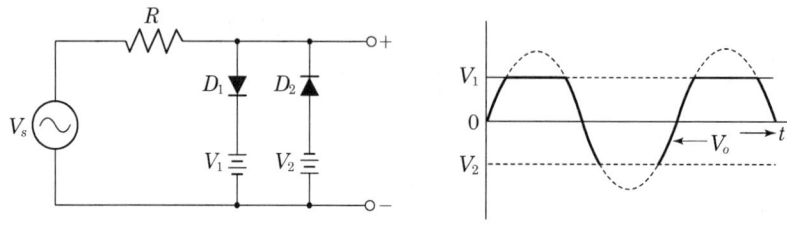

[리미터 회로와 출력 파형]

⑥ 슬라이서(slicer) : 클리핑 레벨의 위 레벨과 아래 레벨 사이의 간격을 좁게 하여 입력 파형의 어느 부분을 잘라내는 회로

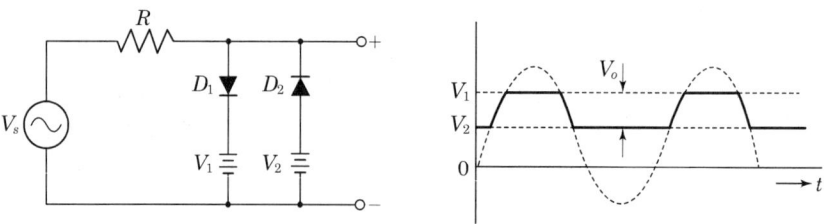

[슬라이서 회로와 출력 파형]

⑦ 비안정 멀티바이브레이터(astable multivibrator)
  ㉠ 멀티바이브레이터는 2단 비동조 증폭 회로에 100[%] 정궤환을 걸어준 구형파 발진기이다.
  ㉡ Q_1이 ON일 때 Q_2는 OFF이고, Q_1이 OFF일 때 Q_2는 ON이 되는 2개의 비안정 상태(일시적 안정 상태)가 있어, 이것이 일정한 주기로 되풀이된다.
  ㉢ 2개의 AC 결합 상태로 되어 있다.
  ㉣ 주기(T)와 주파수(f)는
   주기 : $T ≒ 0.7(C_1 R_{b2} + C_2 R_{b1})$ [sec]
   주파수 : $f = \dfrac{1}{T_r} = \dfrac{1}{0.7(C_1 R_{b2} + C_2 R_{b1})}$ [Hz]

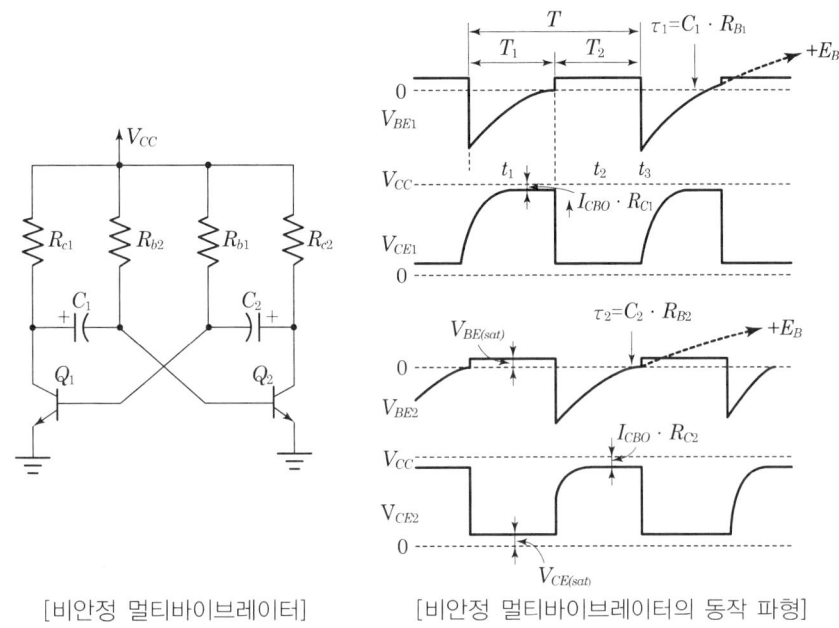

[비안정 멀티바이브레이터]   [비안정 멀티바이브레이터의 동작 파형]

⑧ 단안정 멀티바이브레이터(monostable multivibrator)

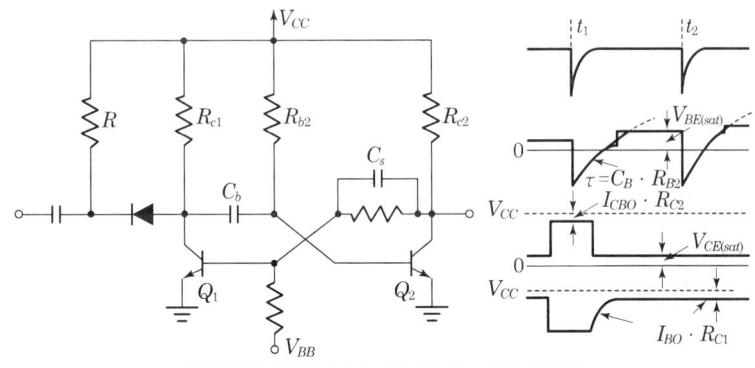

[단안정 멀티바이브레이터와 동작 파형]

㉠ 하나의 안정 상태와 하나의 준안정 상태를 가지며, 외부로부터 부(−)의 트리거 펄스를 가하면 안정 상태에서 준안정 상태로 되었다가 어느 일정 시간 경과 후 다시 안정 상태로 돌아오는 동작을 한다.

㉡ 반복 주기 : $T ≒ 0.7 R_{b2} C_b$ [sec]

㉢ 콘덴서 C_s의 역할 : C_s는 가속(speed-up) 콘덴서로서 스위칭 속도를 빠르게

하며, 동작을 정확하게 하는 동작을 한다.

　ⓔ AC 결합과 DC 결합 상태로 되어 있다.

⑨ 쌍안정 멀티바이브레이터(bistable multivibrator)

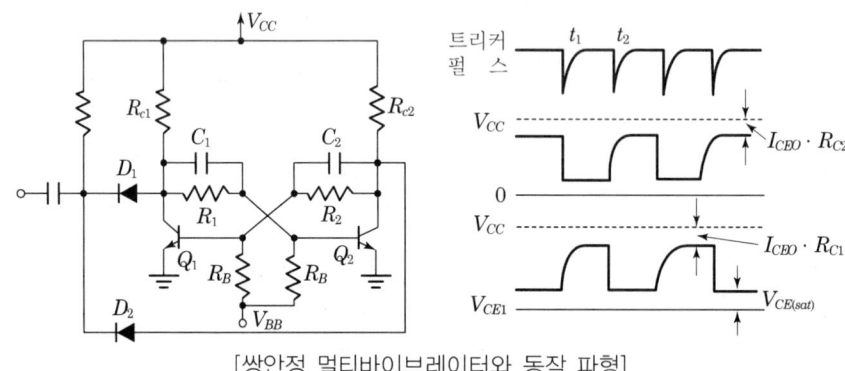

[쌍안정 멀티바이브레이터와 동작 파형]

　㉠ 처음 어느 한쪽의 트랜지스터가 ON이면 다른 쪽의 트랜지스터는 OFF의 안정 상태로 되었다가, 트리거 펄스를 가하면 다른 안정 상태로 반전되는 동작을 한다.

　㉡ 입력 트리거 펄스 2개마다 1개의 출력 펄스를 얻어낼 수 있으므로, 분주회로나 계산기, 계수 기억회로, 2진 계수회로 등에 사용된다.

　㉢ 가속(speed-up) 콘덴서는 2개이고, 2개의 DC 결합으로 되어 있다.

⑩ 블로킹(blocking) 발진회로

　㉠ 1개의 트랜지스터와 변압기에 의해 정궤환 회로를 구성하여 펄스를 발생하는 회로이다.

　㉡ 발진회로의 펄스폭은 변압기의 1차 코일의 인덕턴스에 의해 주로 결정되며, 특징으로는 펄스의 상승, 하강이 예민하고, 폭이 좁은 펄스를 얻을 수 있으며, 큰 전류를 쉽게 발생시킬 수 있다.

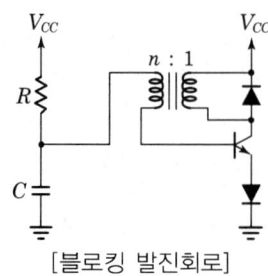

[블로킹 발진회로]

⑪ 부트스트랩(boot-strap) 회로(톱니파 발생회로)

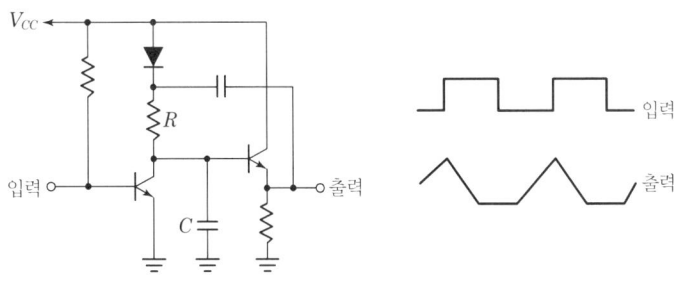

[부트스트랩 회로와 입·출력 파형]

㉠ 그림과 같은 회로를 구성하여 그림의 구형파 입력 신호 전압을 가하면 베이스가 (+)로 되어 OFF가 되고, 베이스가 0 전위가 되면 ON이 된다.

㉡ C는 TR이 OFF일 때 R을 통하여 전원으로부터 충전되며, TR이 ON이 될 때 전하를 방전하여 그림과 같은 톱니파의 파형을 얻을 수 있다.

2 플립플롭(Flip-Flop)

[1] RS 플립플롭

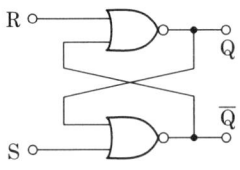

[RS 플립플롭의 회로]

R	S	Q_{n+1}
0	0	Q_n
0	1	1
1	0	0
1	1	부정

[RS F/F의 진리치표]

[2] T 플립플롭

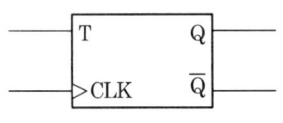

[T F/F의 도형]

CLK	T	Q_{n+1}
0	0	Q_n
0	1	Q_n
1	0	0
1	1	$\overline{Q}_n$(toggle)

[T F/F의 진리치표]

[3] D 플립플롭

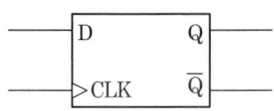

[D F/F의 도형]

CLK	D	Q_{n+1}
0	0	Q_n
0	1	Q_n
1	0	0
1	1	1

[D F/F의 진리치표]

[4] JK 플립플롭(MS-JK 플립플롭)

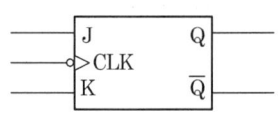

[JK F/F의 도형]

J	K	Q_{n+1}
0	0	Q_n(불변)
0	1	0
1	0	1
1	1	$\overline{Q}_n$(toggle)

[JK F/F의 진리치표]

전자계산기일반 02

Chapter 02 전자계산기 일반

제1절 전자계산기 일반

1 컴퓨터의 기본적 내부 구조

[1] 컴퓨터의 개요

(1) 전자계산기(EDPS : Electronic Data Processing System)

주어진 데이터(Data)를 전기적으로 처리하는 시스템을 지칭하며, 프로그램(Program)이라는 정해진 순서에 의해 산술 및 논리 연산, 비교, 판단, 기억 등을 수행함으로써 원하는 결과를 출력해내는 시스템을 말한다.

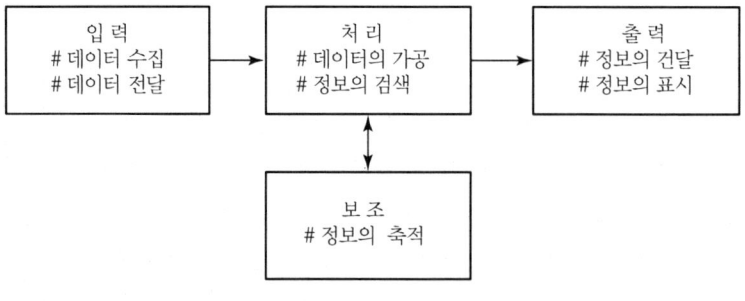

[전자계산기의 정보 흐름]

(2) 전자계산기의 특성

① 자동성 : 주어진 프로그램의 조건에 따라 자동으로 데이터를 처리해 준다.
② 기억성 : 메모리에 대량의 데이터를 기억한다.

③ 신속성 : 데이터의 처리가 빠르다
④ 범용성 : 다른 컴퓨터와도 쉽게 호환(인터페이스가 용이)된다.
⑤ 정확성 : 데이터의 처리가 정확하여 신뢰도가 높다.
⑥ 동시성 : 다수 사용자가 동시에 사용 가능하다.

(3) 전자계산기 발달

① 전자계산기의 역사
  ㉠ 주판
  ㉡ 파스칼의 계산기 : 덧셈, 뺄셈
  ㉢ 라이프니츠 계산기 : 덧셈, 뺄셈, 곱셈, 나눗셈
  ㉣ 베비지 계산기 : 차분기관, 해석기관
  ㉤ MARK-I : 에이켄, 전기 기계식 계산기
  ㉥ ENIAC : 세계 최초의 전자계산기
  ㉦ EDSAC : 최초의 프로그램 내장방식 도입

  참고

  프로그램 내장 방식 : 컴퓨터에 기억장치를 갖추고 프로그램과 데이터를 기억시켜 둔 후 계산의 순서를 부호화하여 순서적으로 꺼내어 해독하고 실행하는 원리. 폰 노이만이 제창함

  ㉧ EDVAC : 프로그램 내장방식, 2진수 개념 도입
  ㉨ UNIVAC-I : 세계 최초의 상용 전자계산기

② 전자계산기의 세대별 구분

전자계산기의 세대별 비교

세대 내용	제1세대 (1951년-1959년)	제2세대 (1959년-1963년)	제3세대 (1963년-1975년)	제4세대 (1975년 이후)
기억소자	진공관(tube)	트랜지스터(TR)	집적회로(IC)	집적회로 (LSI, VLSI)
주기억장치	자기드럼	자기코어	집적회로(IC)	집적회로 (LSI, VLSI)

세대 내용	제1세대 (1951년-1959년)	제2세대 (1959년-1963년)	제3세대 (1963년-1975년)	제4세대 (1975년 이후)
처리속도	$ms(10^{-3})$	$\mu s(10^{-6})$	$ns(10^{-9})$	$ps(10^{-12})$
특 징	• 하드웨어 중심 • 전력소모가 크다. • 신뢰성이 낮다. • 대형화 • 과학 및 통계 처리 중심	• 소프트웨어 중심 • OS(운영체제) 개발 • 전력소모 감소 • 신뢰도 향상 • 소형화 • 온라인 방식 도입	• 기억용량의 증가 • 시분할 처리 • 다중처리 방식 • MIS 도입 • 마이크로프로세서의 개발 • OCR, OMR, MICR을 사용	• 전문가 시스템 • 인공지능 • 종합정보 통신망 • 마이크로컴퓨터
사용언어	저급 언어(기계어, 어셈블리어)	고급 언어 탄생 (FORTRAN, COBOL, ALGOL 등)	고급 언어(LISP, PASCAL, BASIC, PL/1 등)	문제 지향적 언어

[2] 컴퓨터의 분류

(1) 데이터 처리 방식에 따른 분류

① 디지털(Digital) 컴퓨터 : 숫자나 수치적으로 코드화된 데이터들을 대상으로 사칙 연산이나 논리 연산을 하여 결과를 나타내는 컴퓨터

② 아날로그(Analog) 컴퓨터 : 길이나 각도, 온도, 전압 등과 같은 연속적인 물리량을 이용하여 자료를 처리하는 컴퓨터

③ 하이브리드(Hybrid) 컴퓨터 : 디지털 컴퓨터와 아날로그 컴퓨터의 장점을 혼합하여, 특수 목적용 컴퓨터로 사용된다.

[디지털 컴퓨터와 아날로그 컴퓨터의 비교]

구분 \ 분류	디지털 컴퓨터	아날로그 컴퓨터
입 력	이산 데이터(문자, 숫자)	물리적인 데이터(전압, 전류, 온도 등)
출 력	숫자, 문자	곡선, 그래프
연산형식	사칙연산, 논리연산 등	미·적분연산
회 로	논리회로	증폭회로

구분 \ 분류	디지털 컴퓨터	아날로그 컴퓨터
처리대상	이산 데이터	연속 데이터
연산속도	고속이다	저속이다
기억기능	있다	없다
정밀도	높다	낮다
프로그램	필요	불필요
가격	고가	저가

(2) 사용 목적에 따른 분류

① 특수용 컴퓨터 : 자동제어, 항공 기술, 항해 기술
② 범용 컴퓨터 : 사무 처리용, 과학 기술용, 교육용
③ 개인용 컴퓨터 : 간단한 구조, 저가, 사무 자동화

(3) 처리 능력에 따른 분류

① 슈퍼 컴퓨터 : 대용량의 컴퓨터로 자원탐사, 에너지 관리, 핵분열, 암호해독 등에 사용
② 대형 컴퓨터 : 용량이 큰 컴퓨터로 대기업, 은행 등에서 사용
③ 소형 컴퓨터 : 일반 사무용 컴퓨터
④ 마이크로컴퓨터 : 마이크로프로세서를 사용하여 만든 컴퓨터로 개인용 컴퓨터

참고

슈퍼컴퓨터 - 대형 컴퓨터 - 중형 컴퓨터 - 미니컴퓨터 - 워크스테이션 - 마이크로컴퓨터

[3] 컴퓨터의 기본 구조

전자계산기 (하드웨어)	중앙처리장치	주변장치
	제어장치, 연산장치, 주기억장치	입력장치, 출력장치, 보조기억장치

중앙처리장치(CPU)	넓은 의미	좁은 의미
	제어장치, 연산장치, 주기억장치	제어장치, 연산장치

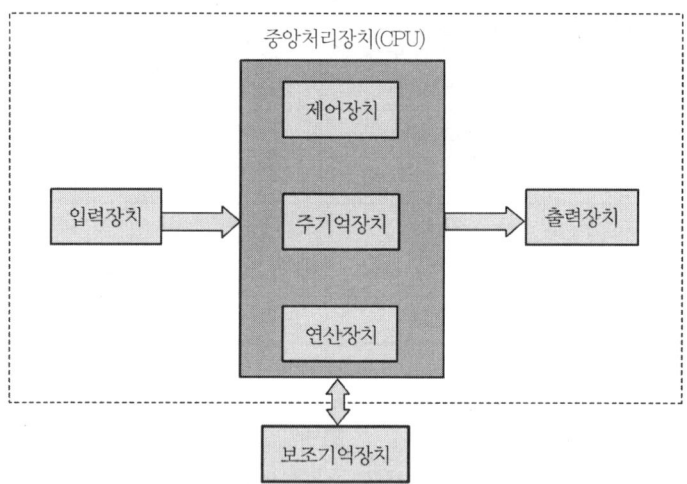

[컴퓨터의 구성도]

① 입력장치(Input Unit)

프로그램이나 데이터를 외부장치로부터 전자계산기(컴퓨터)로 읽어들여 주기억장치에 기억시키는 장치이다.(키보드, 마우스, 스캐너, 카드 리더, OCR, OMR, MICR, 천공카드, 종이 테이프, 자기테이프, 자기디스크, 광학문자 판독기 등)

② 중앙처리장치(CPU : Central Process Unit)

제어장치와 연산장치, 주기억장치를 총괄하여 중앙처리장치(CPU)라고 하며, 인간의 두뇌에 해당하는 역할을 수행하는 장치로 각종 프로그램을 해독한 내용에 따라 명령(연산)을 수행하고 컴퓨터 내의 각 장치들을 삭제, 지시, 감독하는 기능을 수행한다.

③ 출력장치(Output Unit)

컴퓨터에 의해 처리된 정보의 결과를 사용자가 이해할 수 있는 형태로 변환하여 외부로 출력하는 기능을 갖는 장치를 말한다.(모니터, 프린터, 플로터, 카드천공기, 테이프천공기, 마이크로필름 출력장치 등)

2. 중앙처리장치의 구성

[1] 중앙처리장치(CPU : Central Process Unit)

제어장치와 연산장치, 주기억장치를 총괄하여 중앙처리장치(CPU)라고 하며, 인간의 두뇌에 해당하는 역할을 수행하는 장치로 각종 프로그램을 해독한 내용에 따라 명령(연산)을 수행하고 컴퓨터 내의 각 장치들을 삭제, 지시, 감독하는 기능을 수행한다.

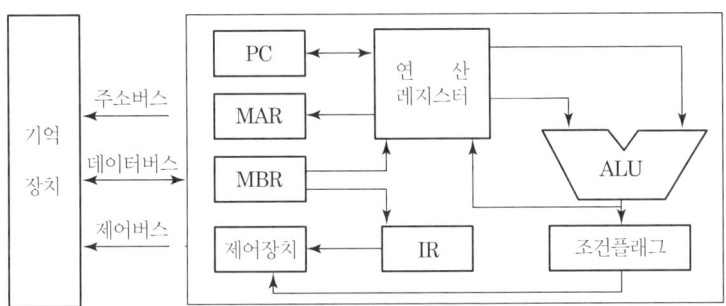

[중앙처리장치의 구성]

(1) 제어장치(Control Unit)

주기억장치에 기억되어 있는 프로그램을 하나씩 꺼내어 명령을 해독하고 그에 따라 필요한 장치에 신호를 보내어 동작시켜 그 결과를 검사, 제어하는 역할로서 연산장치, 입력장치, 출력장치를 동작하게 한다.(어드레스 레지스터, 명령해독기, 기억 레지스터, 명령계수기)

(2) 연산장치(ALU : Arithmetic Logical Unit)

주기억장치로부터 보내져 온 데이터에 대하여 대소의 판별, 산술연산 및 비교, 논리적 판단을 실시하는 장치로서 연산의 결과는 주기억장치에 기억된다.(데이터 레지스터, 누산기, 가산기, 상태 레지스터)

① 프로그램 카운터(program counter : PC)

16비트의 길이를 가지고 있으며 CPU가 다음에 처리해야 할 명령이나 데이터의 메모리 주소를 지시한다.

② 메모리 어드레스 레지스터(memory address register : MAR)
어드레스를 가진 기억장치를 중앙처리장치가 이용할 때 원하는 정보의 어드레스를 넣어 두는 레지스터이다.

③ 메모리 버퍼 레지스터(memory buffer register : MBR)
기억장치로부터 불러낸 정보나 또는 저장할 정보를 넣어 두는 레지스터이다.

④ 산술 논리 연산장치(ALU)
CPU가 해야 할 처리를 실제적으로 수행하는 장치로 가산기를 주축으로 구성되어 있다.

⑤ 상태 레지스터(status register)
ALU에서 산술 연산 또는 논리 연산의 결과로 발생된 특정한 상태를 표시해 주는 레지스터로서, 플래그 레지스터 또는 상태 코드 레지스터라고도 부른다.

⑥ 명령 레지스터(instruction register : IR)
메모리에서 인출된 내용 중 명령어를 해석하기 위해 명령어만 보관하는 레지스터이다.

⑦ 스택 포인터(stack pointer : SP)
레지스터의 내용이나 프로그램 카운터의 내용을 일시 기억시키는 곳을 스택이라 하며 이 영역의 최상위 번지를 지정하는 것을 스택 포인터라 한다.

⑧ 누산기(accumulator : ACC)
ALU에서 처리한 결과를 저장하며, 또한 처리하고자 하는 데이터를 일시적으로 기억하는 레지스터이다.

⑨ 범용 레지스터(general purpose register)
CPU에 필요한 데이터를 일시적으로 기억시키는 데 사용되는 레지스터이다.

⑩ 동작 레지스터(working register)
CPU가 일을 처리하기 위해 CPU만이 사용 가능한 레지스터이다.

(3) 주기억장치(Main Memory Unit)

수행되고 있는 프로그램과 이의 수행에 필요한 데이터를 기억하는 장치로, 데이터를 저장하고 인출하는 데 드는 시간이 빨라야 하며, 보조기억장치보다 기억용량 대비 비용이 비싸다. ROM(read only memory)과 RAM(random access memory)이 주기억장치에 속한다.

3 기억장치

[1] 주기억장치

실행되고 있는 프로그램과 이의 실행에 필요한 데이터를 기억하고 있는 장치

(1) ROM(Read Only Memory)

읽어내기 전용으로, 사용자가 기억된 내용을 바꾸어 넣을 수 없는 기억소자로서 전원을 차단하여도 기억 내용을 보존한다.

① Mask ROM : 제조과정에서 프로그램 등을 기억시킨 것으로 전용 자동제어에 사용한다.

② PROM : 사용자가 프로그램 등을 1회에 한하여 써넣을 수 있는 기억소자이다.

③ EPROM : 사용자가 프로그램 등을 여러 번 지우고 써넣을 수 있는 기억소자로서, 자외선이나 특정전압 전류로써 내용을 지우고 다시 기록할 수 있다.

④ EEPROM(Electrical Erasable Programmable ROM) : 기록 내용을 전기신호에 의하여 삭제할 수 있으며, 롬 라이터로 새로운 내용을 써넣을 수도 있는 기억소자이다.

(2) RAM(Random Access Memory)

기억내용을 임의로 읽거나 변경할 수 있는 기억소자로서 전원을 차단하면 기억내용이 사라지므로 휘발성 기억소자라 한다.

① SRAM(Static Random Memory : 정적 RAM) : 전원공급을 계속하는 한 저장된 내용을 기억하는 메모리로서 플립플롭으로 구성된다.

② DRAM(Dynamic Random Access Memory : 동적 RAM) 전원공급이 계속되더라도 주기적으로 재기억(reflesh)을 해야 기억되는 메모리로서 반도체의 극간 정전 용량에 의해 메모리가 구성된다.

[2] 보조기억장치

보조기억장치	순차접근 기억장치	자기테이프, 카세트테이프, 카트리지 테이프 등
	직접접근 기억장치	자기디스크, 하드디스크, 플로피디스크, CD-ROM 등

(1) 순차접근 기억장치

기록 매체의 앞부분에서부터 뒤쪽으로 차례차례 접근하여 찾으려는 위치까지 접근해 가는 장치로서, 데이터가 기억된 위치에 따라 접근되는 시간이 달라지게 된다.

① 자기 테이프(magnetic tape)

순차적 접근 기억장치 중에서 가장 많이 사용되는 매체로, 간편하며 용량이 크기 때문에 데이터나 프로그램을 장기간 보관시키는 데에 많이 사용된다.

BPI(bit per inch)	자기 테이프에 데이터를 기록하는 밀도
BOT(beginning of tape)	자기 테이프의 시작점
EOT(end of tape)	자기 테이프의 끝나는 점
IBG(Inter Block Gap)	자기 테이프의 블록간의 공간

| BOT | Block | IBG | Block | IBG | Block | IBG | Block | IBG | Block | EOT |

[자기 테이프의 구조]

② 카세트 테이프(cassette tape)

카세트는 녹음기에 사용하는 카세트 테이프를 직접 사용하고, 데이터를 기록하거나 테이프에 기록된 것을 읽을 때에도 녹음기를 직접 연결하여 사용한다.

③ 카트리지 테이프

자기 테이프를 소형으로 만들어 카세트 테이프와 같이 고정된 집에 넣어서 만든 것으로, 소형으로 간편하면서도 기억 용량이 크므로 주기억장치나 다른 기억장치에 기억된 내용을 보관할 때 많이 사용한다.

(2) 직접 접근 기억장치

물리적인 위치에 영향을 받지 않으므로 순차적 접근 장치보다 빨리 데이터를 처리한다.

① 자기 디스크(magnetic disk)

시스템 프로그램을 기억시키는 대표적인 보조기억장치로서 여러 장을 하나의 축에 고정시켜 함께 회전하도록 하는 디스크 팩으로 사용하며, 디스크 팩에 있는 데이터를 읽거나 기록하는 헤드는 하나의 축에 고정되어서 같이 움직이는데 이것을 액세스 암이라 한다.

디스크 팩에서 데이터의 처리 순서는 항상 실린더 단위로 이루어진다.

② 하드 디스크(hard disk)

개인용 컴퓨터와 같이 소형인 컴퓨터 본체 내에 부착하여 사용할 수 있으므로 소형 컴퓨터에서는 대표적인 직접 접근 기억장치로 기억 용량은 비교적 크고 간편하지만, 디스크 팩을 교환할 수 없어 해당 디스크의 기억 용량 범위에서만 사용해야 한다.

③ 플로피 디스크(floppy disk)

개인용 컴퓨터의 가장 대표적인 보조기억장치로 적은 비용과 휴대가 간편하여 널리 사용된다.

④ CD-ROM(compact disk read only memory)

알루미늄이나 동판으로 만든 원판에 레이저 광선을 사용하여 데이터를 기록하거나 기억된 내용을 읽어내는 것으로, 알루미늄 디스크에 레이저 광선으로 구멍을 뚫어서 비트를 기록하고, 그것을 레이저 광선이 구멍을 통과하는 것을 읽으면 변질되지 않으면서 고밀도로 사용할 수 있다.

⑤ 자기 드럼(magnetic drum)

드럼이 한 바퀴 회전하는 동안에 원하는 데이터를 찾을 수 있는 속도가 매우 빠른 기억장치로 제1세대 컴퓨터의 주기억장치로 사용하였으나, 기억 용량이 적은 것이 단점이다.

(3) 메모리의 구조

① 캐시 기억장치(cache Memory)

프로그램 실행 속도를 중앙처리장치의 속도에 가깝도록 하기 위하여 개발된 고속 버퍼 기억장치로서, 주기억장치보다 속도가 빠르고, 중앙처리장치 내에 위치하고 있으므로 레지스터 기능과 유사하다.

② 가상 기억장치(virtual memory)

제한된 주기억장치의 용량을 초과하여 사용하기 위하여 보조기억장치의 기억공간을 사용자의 주기억장치가 확장된 것과 같이 사용하는 방법이다.

③ 연관 기억장치(associative Memory)

검색된 자료의 내용 일부를 이용하여 자료에 직접 접근할 수 있는 기억장치이다.

4 입·출력장치

[1] 입·출력장치

(1) 입력장치

① 화면이용 입력장치 - 키보드, 마우스, 라이트 펜, 터치 스크린 등

㉠ 키보드(Keyboard) : 문자 숫자, 특수문자 등의 키를 눌러 컴퓨터에 데이터를 입력하는 가장 대표적인 장치로 자판의 배치는 영문표준자판과 한글 2벌식으로 구성되어 있으며, 103키와 106키의 키보드로 구분하나 요즈음 대부분의 제품은 PS/2용 106키 키보드와 인체 공학적으로 손목을 보호하기 위한 구조로 내추럴 키보드도 선보이고 있다.

㉡ 마우스(Mouse) : GUI(Graphic user interface) 환경에서 사용되는 응용 프로그램에서의 기본 입력장치로 화면상의 커서나 문서나 그림의 일부 또는 전부를 복사 및 이동시킬 때 사용하는 장치로 연결 방식에 따라 시리얼 마우스와 PS/2 마우스로 나뉘어지며, 최근에는 PS/2 마우스가 주로 사용되고 있다.

㉢ 라이트 펜(Light Pen) : 펜에 달린 센서에 의해 좌표의 선을 그리거나, 점을 찍거나 그림을 그리는 등의 컴퓨터를 이용한 그래픽 작업에 주로 이용하는 입력장치로서 컴퓨터 스크린과 직접 대화할 수 있도록 하는 방법을 제공하며 스크린 상의 그래픽을 수정하기가 쉽고 메뉴 선택이 용이하다.

㉣ 터치 스크린(touch screen) : 터치 스크린은 사람이 만지는 데 따라 반응하는 컴퓨터 디스플레이 화면으로서, 화면에 나타난 그림이나 글자에 사용자가 손가락으로 접촉(touch)함으로써 데이터를 입력받도록 하는 특수한 입력장치이다. 정보 제공기구, 컴퓨터 기반의 교육훈련 장치, 마우스나 키보드를 조작하기 어려워하는 사람들을 돕기 위해 설계된 시스템 등에 주로 사용된다.

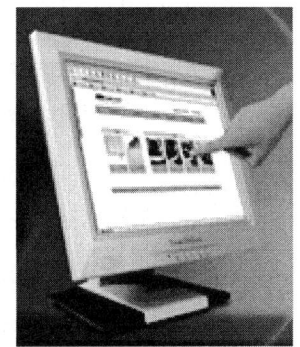

[터치 스크린]

② 광학적 입력장치 – 카드 판독기, OMR, OCR, 디지타이저, 바코드 판독기 등
　㉠ 카드 판독기(Card Reader) : 카드 천공기로 천공된 카드는 입력시킬 카드를 쌓아 놓는 곳(호퍼 : hopper)에서 판독기를 거쳐 판독이 끝난 카드가 보내지는 곳(스태커 : staker)에 모여지면서 천공된 숫자나 문자를 판독하는 장치이다.
　㉡ 광학 마크 판독기(OMR : Optical Mark Reader) : 특수한 재료가 포함된 잉크나 연필로 표시한 데이터를 광학적으로 판독하는 장치이다.
　㉢ 광학 문자 판독기(OCR : Optical Character Reader) : 특정한 모양의 글자를 종이에 인쇄하여, 그 인쇄된 글자를 광학적으로 판독하는 장치이다. 즉, 특정한 모습으로 인쇄된 용지에 광선을 비춰 반사되는 빛의 강약으로 문자나 마크를 읽어들이는 장치이다.
　㉣ 디지타이저(Digitizer) : 그림, 도표, 설계도면 등의 작업에 주로 사용되는 장치로 아날로그 형태의 2차원상의 좌표 데이터를 디지털 형태의 평면상의 임의의 점을 좌표 데이터로 변환하여 주는 입력장치이다.
　㉤ 바코드 판독기(Bar Code Reader) : 슈퍼마켓이나 서적 등 일반 상점에서 흔히 볼 수 있는 입력장치로 POS 단말기(Point Of Sales Terminal)를 사용하며, 상품에 인쇄된 바코드를 광학적으로 읽어들여, 신뢰성 높은 자료의 입력을 가능하게 하며 바코드 하부의 숫자는 사람이 읽을 수 있게 인쇄된 것이고, 바코드 판독기는 상부 선들의 패턴을 인식하여 구분한다.

③ 자기 입력장치 – 자기 디스크, 자기 테이프, 자기 잉크 문자 판독기 등
　㉠ 자기 디스크(Magnetic disk) : 레코드판과 같이 얇고 둥근 플라스틱 원판에 자성 물질을 입혀 만들었으며, 자료를 기록하고 판독하는 장치이다. 자기 디스크는 처리 속도가 빠르고, 기억 용량도 크며, 순차 또는 직접 처리가 가능하므로, 은행의 온라인 업무 등과 같은 자료 처리 업무에 없어서는 안 될 매우 중요한 보조기억장치이다.
　㉡ 자기 테이프(Magnetic tape) : 얇고 좁은 플라스틱 테이프 표면에 자성체를 도포하여, 정보를 저장할 수 있게 한 매체로서 방대한 양의 데이터를 수록할 수 있고, 보관이 편리하며 가격이 저렴하나, 액세스 시간이 길고, 자료의 추가, 삭제, 변경이 어려운 단점이 있다.
　㉢ 자기 잉크 문자 판독기(MICR : Magnetic Ink Character) : 자성을 띤 특수한

잉크로 기록된 숫자나 기호를 판독하는 장치로 위조나 변조가 어렵고 정밀하게 판독할 수 있으므로 은행의 수표 등에 사용한다.

④ A/D 컨버터 : 연속적으로 변화하는 아날로그 데이터량을 일정시간 간격으로 이산적인 디지털 데이터량으로 변화시키는 장치를 말한다.

(2) 출력장치

① 카드 천공장치 : 천공 카드를 입출력 매체나 기억 매체로 하여 데이터의 분류·조회·계산·표 작성 등 일련의 처리를 조직적으로 수행하는 방식의 출력장치로 사용하였으나 현재는 거의 사용되지 않는다.

② 프린터 : 사용자가 작업 중인 내용이나 작업의 결과를 리본, 잉크, 레이저, 열 등을 이용하여 컴퓨터에서 처리된 그래픽 및 문자 등의 데이터를 종이와 같은 물리적인 매체 등에 인쇄하는 장치이다.

③ 음극선관(CRT : Cathode Ray Tube) : 대표적인 출력장치인 CRT의 구조와 원리를 살펴보면 전자빔의 작용에 의해 문자, 영상, 도형 등을 광학적 상으로 변환하여 표시하는 진공관으로 적색(R), 녹색(G), 청색(B)으로 발광하는 발광체가 모자이크형으로 규칙적으로 배열된 형광면과 3개의 전자빔을 발생하는 전자총으로 구성된 새도우 마스크 형태의 브라운관을 일컬으며, 가장 널리 사용되고 있는 표시장치로서 표시품질과 가격성능비가 우수하다는 장점을 가지고 있어 일반용의 화상표시장치로 널리 사용되고 있다.

④ 플로터 : 설계분야에서 제일 많이 사용되는 출력장치로 중요한 설계도면이나 그래프 등의 데이터를 출력하고자 하는 용지의 크기에 제한받지 않고 처리 결과를 그래프나 도형으로 출력하는 장치이다. 매우 정밀한 해상도의 출력이 가능하여, 광고업계, 설계 사무실 및 CAD 분야 등에서 많이 사용되고 있다.

⑤ D/A 컨버터 : 디지털 신호를 아날로그 신호로 바꾸는 일을 맡고 있는 기기이다.

(3) 입·출력 병용장치

① 콘솔(consol) : 모니터(영상표시장치 : CRT)와 키보드로 이루어져 있으며, 대형 컴퓨터에서 업무의 시작이나 일의 일시 중단 및 컴퓨터의 모든 상황을 조정 통제하는 제어 터미널을 말한다.

② 단말장치(terminal) : 디지털 데이터 전송시스템의 끝부분에서 데이터를 보내거나 받는 역할을 하는 장치로 인간과 가장 친숙하게 통신을 하는 장치이다.

[2] 입·출력 인터페이스

(1) 인터페이스

데이터 처리 시스템이나 시스템의 부분들 사이의 공통부분으로 코드, 형식, 속도 등을 변환하는 기능

(2) 입·출력 인터페이스

중앙처리장치 또는 기억장치와 같은 내부 저장장치와 외부 입·출력장치간의 데이터를 전송하기 위한 회로로 구성되어 있다.

(3) 중앙처리장치 또는 기억장치와 입·출력장치의 인터페이스에서의 차이점
   ① 동작속도 : 버퍼(레지스터), 플래그로 해결
   ② 정보단위 : 결합/분해 레지스터로 보완
   ③ 동작의 자율성 : 기억장치 1개이고 입·출력장치는 여러 대로 문제를 동시처리
   ④ 오류의 발생 : 패리티 비트로 해결

[3] 데이터 전송 방식

입·출력장치와 중앙처리장치 및 기억장치간의 데이터를 전송하기 위한 인터페이스 방식

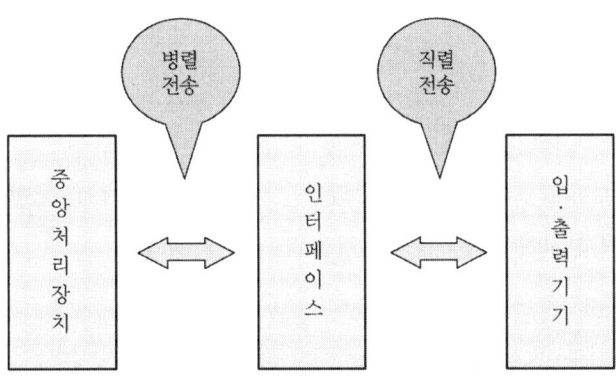

[데이터의 전송 형태]

(1) 핸드 셰이킹 제어 방법

① 데이터 전송 : 송신장치에서 DV(data valid) 신호를 보냄으로써 전송을 시작하고 수신장치가 데이터를 받은 다음 DA(data accepted) 신호를 보냄으로써 전송이 완료된다.

② 데이터 수신 : 수신장치가 RD(ready for data) 신호를 보냄으로써 송신장치는 RD 신호를 받고 데이터를 전송한다.

(2) 비동기 직렬 전송(Asynchronous Serial Transmission)

| 시작 비트 | 데이터 비트 | 패리티 비트 | 정지 비트 |

(3) 선입선출(FIFO)

가장 먼저 들어온 데이터를 가장 먼저 보내는 기억장치로 큐(Queue)나 데큐(Deque) 기억방식에서 사용한다.

[4] 입·출력 제어방식

(1) 중앙처리장치에 의한 입·출력

중앙처리장치가 입·출력 과정을 명령하여 수행하게 한다.

① 프로그램 방식 : 프로그램에 입·출력장치의 인터페이스를 감시하는 형태

② 인터럽트 처리방식 : 프로그램 방식의 비효율성을 개선한 것으로 중앙처리장치가 입·출력을 개시시키고 더 이상 간섭 않고 인터럽트 서브루틴에 의해 자동 이동하는 방식

(2) 직접기억장치 접근에 의한 입·출력

데이터 전송이 중앙처리장치를 통해서만 이루어지는 단점을 보완한 것으로 기억장치와 입·출력장치에 직접 데이터 이동

 참고

직접기억장치(DMA : Direct Memory Access) : 데이터의 입·출력 전송이 중앙처리장치(CPU)를 거치지 않고 직접 기억장치와 입·출력장치 사이에서 이루어진다.

(3) 입·출력 처리기에 의한 입·출력

>  **참고**
>
> 입·출력 처리기(IOP : Input Output Processor) : 입·출력장치와 직접 데이터의 전송을 담당하는 처리기로 입·출력 수행에 대한 완전한 제어를 가하는 입·출력 명령어를 수행하는 처리기이다.

5 전자계산기의 논리회로

[1] 소규모 집적회로(SSI : Small Scale Integrated Circuit)

하나의 칩 위에 1~12개의 논리회로를 가진 집적회로로 소수의 AND, NAND, OR, NOR, NOT, Exclusive-OR, 플립플롭 등의 기본 논리소자를 한 개의 칩에 내장시킨 것을 말한다.

(1) 불 대수(Boolean algebra)

0 또는 1의 값을 갖는 변수와 논리적인 동작을 행하는 대수로, 논리적인 성질을 수학적으로 해석하기 위해 사용한다.

① 기본 정리
  ㉠ $X + 0 = X,\ X \cdot 0 = 0$
  ㉡ $X + 1 = 1,\ X \cdot 1 = X$
  ㉢ $X + X = X,\ X \cdot X = X$
  ㉣ $X + \overline{X} = 1,\ X \cdot \overline{X} = 0$
  ㉤ $\overline{\overline{X}} = X$

② 불 대수의 법칙
  ㉠ $X + Y = Y + X,\ X \cdot Y = Y \cdot X$ (교환법칙)
  ㉡ $X + (Y + Z) = (X + Y) + Z$
     $X \cdot (Y \cdot Z) = (X \cdot Y) \cdot Z$ (결합법칙)

    ㉢ $X \cdot (Y+Z) = X \cdot Y + X \cdot Z$
    $X + Y \cdot Z = (X+Y)(X+Z)$ (배분법칙)

③ 드모르간(De Morgan)의 법칙

$\overline{(X+Y)} = \overline{X} \cdot \overline{Y}$

$\overline{(X \cdot Y)} = \overline{X} + \overline{Y}$

④ 불 대수의 응용

㉠ $A + A \cdot B = A$

$\therefore A + A \cdot B = A \cdot 1 + A \cdot B$
$= A(1+B)$
$= A$

㉡ $A \cdot (A+B) = A$

$\therefore A \cdot (A+B) = AA + AB$
$= A + AB$
$= A \cdot 1 + A \cdot B$
$= A(1+B)$
$= A$

㉢ $A + \overline{A} \cdot B = A + B$

$\therefore A + \overline{A} \cdot B = (A+\overline{A})(A+B)$
$= 1(A+B)$
$= A+B$

㉣ $A \cdot (\overline{A} + A \cdot B) = AB$

$\therefore A \cdot (\overline{A} + A \cdot B) = A \cdot (\overline{A}+A) \cdot (\overline{A}+B)$
$= A(\overline{A}+B)$
$= A\overline{A} + AB$
$= AB$

(2) 카르노 맵에 의한 논리식의 간략화

주어진 논리식을 간략화하기 위해서는 불 대수의 간략화를 이용하지만 변수가 많은 항을 간략화하는 방법으로는 카르노 맵을 이용하는 것이 효율적이다.

카르노 맵은 사각형의 맵 안에 주어진 항의 수를 1로 표시하고, 인접한 칸의 1을 묶어 간략화하는 방법을 말하며, 간략화하는 방법은 다음과 같다.

• 카르노 맵 안에 주어진 논리식의 항을 1로 표시한다.
• 인접한 칸의 1을 2^n(1, 2, 4, 8)개로 묶는다.

- 완전 중복되지 않는 범위에서 1의 수를 중복하여 묶는다.
- 인접되지 않는 1은 더 이상 간략화할 수 없다.
- 간략화된 항은 논리합으로 처리하면 간략화된 결과를 얻는다.

① 2변수의 간략화
  ㉠ 주어진 논리식의 항에 1로 채운다.
  ㉡ 인접한 1을 묶는다.
  ㉢ 주어진 항의 0과 1을 삭제하면 간략화된다.

  예 $AB + \overline{A}B$ 를 간략화하면
  $$AB + \overline{A}B = B(A + \overline{A})$$
  $$= B \cdot 1$$
  $$= B$$

B \ A	$0(\overline{A})$	$1(A)$
$0(\overline{B})$		
$1(B)$	1	1

[2변수의 간략화]

② 3변수의 간략화 $\overline{A}B\overline{C} + AB\overline{C} + \overline{A}BC + ABC + A\overline{B}C$

  예 $\overline{A}B\overline{C} + AB\overline{C} + \overline{A}BC + ABC + A\overline{B}C$ 를 간략화하면
  $$\overline{A}B\overline{C} + AB\overline{C} + \overline{A}BC + ABC + A\overline{B}C$$
  $$= B\overline{C}(\overline{A} + A) + BC(\overline{A} + A) + AC(B + \overline{B})$$
  $$= B\overline{C} + BC + AC$$
  $$= B(\overline{C} + C) + AC$$
  $$= B + AC$$

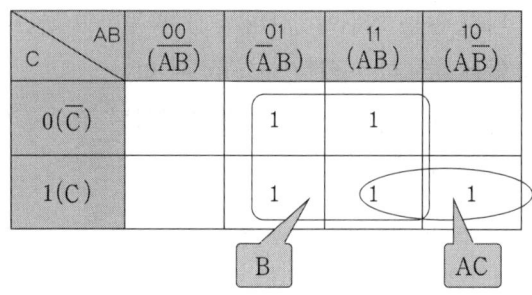

[3변수의 간략화]

③ 4변수의 간략화

예) $\overline{A}B\overline{CD}+AB\overline{CD}+\overline{A}\overline{B}CD+AB\overline{C}D+\overline{A}BCD$
$+ABCD+\overline{A}\overline{B}C\overline{D}+\overline{A}BC\overline{D}+ABC\overline{D}+A\overline{B}C\overline{D}$ 를 간략화하면

$= B(\overline{A}\overline{C}D+A\overline{C}D+\overline{A}CD+ACD+\overline{A}C\overline{D}+AC\overline{D})+C\overline{D}$
$\quad(\overline{A}\overline{B}+\overline{A}B+AB+A\overline{B})$

$= B\overline{A}\overline{C}(D+\overline{D})+A\overline{C}(D+\overline{D})+\overline{A}C(D+\overline{D})+AC(D+\overline{D})+C\overline{D}(\overline{A}(B+\overline{B})+A(B+\overline{B}))$

$= B(\overline{A}\overline{C}+A\overline{C}+\overline{A}C+AC)+C\overline{D}(\overline{A}+A)$

$= B(\overline{C}(\overline{A}+A)+C(\overline{A}+A))+C\overline{D}$

$= B(\overline{C}+C)+C\overline{D}$

$= B+C\overline{D}$

CD \ AB	00 ($\overline{AB}$)	01 ($\overline{A}B$)	11 (AB)	10 ($A\overline{B}$)	
00 ($\overline{CD}$)		1	1		
01 ($\overline{C}D$)		1	1		B
11 (CD)		1	1		
10 ($C\overline{D}$)	1	1	1	1	$C\overline{D}$

[4변수의 간략화]

(3) 논리 게이트의 종류

① OR(논리합) : F = A + B

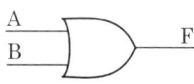

A	B	F
0	0	0
0	1	1
1	0	1
1	1	1

[OR 게이트의 도형]   [AND 게이트의 진리치표]

② AND(논리곱) : F = A · B

A	B	F
0	0	0
0	1	0
1	0	0
1	1	1

[AND 게이트의 도형]   [AND 게이트의 진리치표]

③ NOT(논리부정) : F = $\overline{F}$

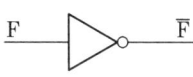

F	$\overline{F}$
0	1
1	0

[NOT 게이트의 도형]   [NOT 게이트의 진리치표]

④ NOR(부정 논리합) : F = $\overline{A+B}$

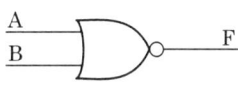

A	B	F
0	0	1
0	1	0
1	0	0
1	1	0

[NOR 게이트의 도형]   [NOR 게이트의 진리치표]

⑤ NAND(부정 논리)곱 : $F = \overline{A \cdot B}$

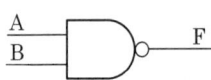

[NAND 게이트의 도형]

A	B	F
0	0	1
0	1	1
1	0	1
1	1	0

[NAND 게이트의 진리치표]

⑥ EXCLUSIVE-OR(배타적 논리합) : $F = A \oplus B = A\overline{B} + \overline{A}B$

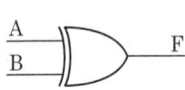

[EX-OR 게이트의 도형]

A	B	F
0	0	0
0	1	1
1	0	1
1	1	0

[EX-OR 게이트의 진리치표]

(4) 플립플롭(Flip-Flop)

① RS 플립플롭

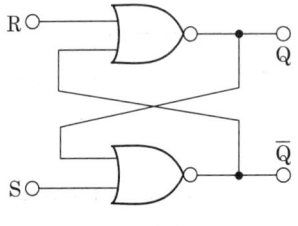

[RS 플립플롭의 회로]

R	S	Q_{n+1}
0	0	Q_n
0	1	1
1	0	0
1	1	불확정

[RS F/F의 진리치표]

② T 플립플롭

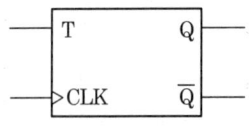

[T F/F의 도형]

CLK	T	Q_{n+1}
0	0	Q_n
0	1	Q_n
1	0	0
1	1	$\overline{Q}_n$(toggle)

[T F/F의 진리치표]

③ D 플립플롭

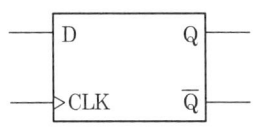

CLK	D	Q_{n+1}
0	0	Q_n
0	1	Q_n
1	0	0
1	1	1

[D F/F의 도형] [D F/F의 진리치표]

④ JK 플립플롭(MS-JK 플립플롭)

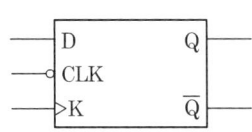

J	K	Q_{n+1}
0	0	Q_n(불변)
0	1	0
1	0	1
1	1	$\overline{Q}_n$(toggle)

[JK F/F의 도형] [JK F/F의 진리치표]

(5) 중규모(Middle Scale Integration)와 대규모 집적회로(Large Scale Integrated circuit)

① 중규모 집적회로(MSI : Middle Scale Integrated circuit)

하나의 칩 위에 10~100개의 등가 게이트회로를 가진 집적회로로, 디코더, 인코더, 카운터, 레지스터, 멀티플렉서, 디멀티플렉서, 소형 기억장치 등의 복잡한 논리 기능에 사용된다.

㉠ 가산기(Adder)와 감산기(Subtracter)

ⓐ 반가산기(HA : Half Adder) : 두 개의 2진수를 더하여 합계 S(Sum)와 자리올림수 C(Carry)를 구하는 논리회로

$S = A \oplus B = A\overline{B} + \overline{A}B$, $C = A \cdot B$

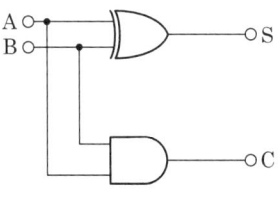

A	B	S	C
0	0	0	0
0	1	1	0
1	0	1	0
1	1	0	1

[반가산기 회로도] [반가산기의 진리치표]

ⓑ 전가산기(FA : Full Adder) : 두 개의 2진수와 전단으로부터의 자리올림수 C(Carry)를 더하여 합계 S(Sum)와 자리올림수 C(Carry)를 구하는 논리회로

$$C_o = \overline{A}BC_i + A\overline{B}C_i + AB\overline{C_i} + ABC_i$$
$$= \overline{A}BC_i + A\overline{B}C_i + AB$$

$$S = \overline{A}\overline{B}C_i + \overline{A}B\overline{C_i} + A\overline{B}\overline{C_i} + ABC$$
$$= C \oplus (A \oplus B)$$

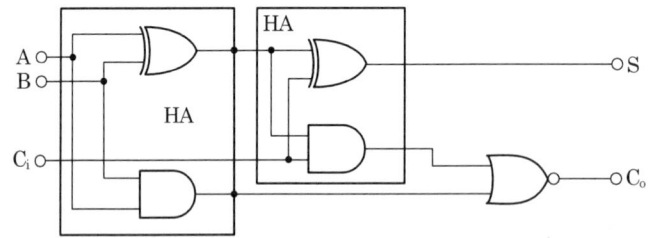

[전가산기의 회로도]

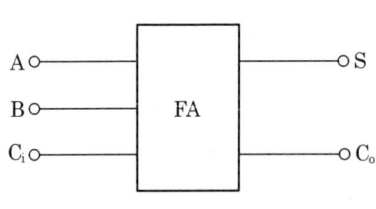

[전가산기의 블록도]

A	B	C_i	C_o	S
0	0	0	0	0
0	0	1	0	1
0	1	0	0	1
0	1	1	1	0
1	0	0	0	1
1	0	1	1	0
1	1	0	1	0
1	1	1	1	1

[전가산기의 진리치표]

ⓒ 반감산기(HS : Half Subtracter) : 두 개의 2진수를 감산하여 자리내림수 B(Borrow)와 차 D(Difference)를 나타내는 논리회로

$$D(차) = A \oplus B = A\overline{B} + \overline{A}B, \quad B(자리내림수) = \overline{A}B$$

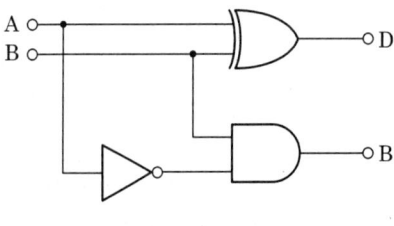

[반감산기의 회로도]

A	B	B(자리내림수)	D(차)
0	0	0	0
0	1	1	1
1	0	0	1
1	1	0	0

[반감산기의 진리치표]

ⓓ 전감산기(FS : Full Subtracter) : 두 개의 2진수와 전단으로부터의 자리내림수 B(Borrow)를 감산하여 자리내림수 B와 차 D(Difference)를 나타내는 논리회로

$$D = \overline{A}\,\overline{B_i}\,C + \overline{A}B_i\overline{C} + A\overline{B_i}\,\overline{C} + AB_iC$$

$$\begin{aligned}B_o &= \overline{A}\,\overline{B_i}\,C + \overline{A}B_i\overline{C} + \overline{A}B_iC + AB_iC \\ &= \overline{A}B_i + \overline{A}C + B_iC\end{aligned}$$

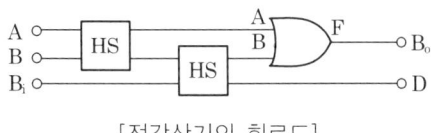

[전감산기의 회로도]

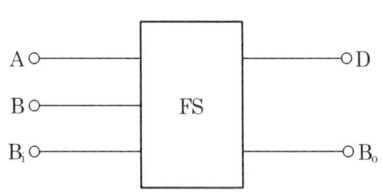

[전감산기의 블록도]

A	B	Bi	Bo	D
0	0	0	0	0
0	0	1	1	1
0	1	0	1	1
0	1	1	1	0
1	0	0	0	1
1	0	1	0	0
1	1	0	0	0
1	1	1	1	1

[전감산기의 진리치표]

ⓒ 디코더(Decoder : 복호기)

n비트의 2진 코드를 최대 2^n개의 서로 다른 정보로 바꾸어 주는 논리 조합회로로 출력은 AND 게이트로 구성된다. 즉, 2진 코드를 그에 해당하는 10진수로 변환하여 해독하는 회로이다.

ⓒ 인코더(Encoder : 부호기)

2^n개 이하의 입력신호를 2진 코드로 바꾸어 주는 조합 논리회로로 출력은 OR 게이트로 구성된다. 즉, 입력신호를 2진수로 바꾸어 부호화하는 회로이다.

ⓒ 카운터(Counter)

입력 신호에 따라 미리 정해진 순서대로 출력의 상태가 변하는 순서 논리회로로서, 펄스의 트리거(trigger) 방법에 따라 동기형 카운터와 비동기형 카운터로 분류된다.

ⓐ 동기형 카운터(synchronous counter) : 모든 플립플롭의 클록이 병렬로 연

결되어 한 번의 클록 펄스에 대하여 모든 플립플롭이 동시에 동작(트리거)되는 카운터를 말하며, 비동기형 카운터보다 동작속도가 빠르므로 고속회로에 이용한다.

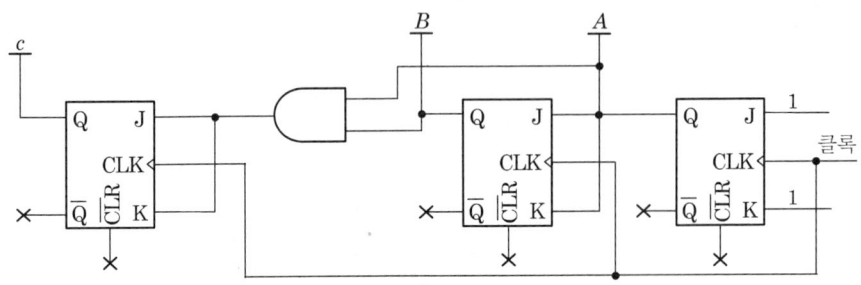

[동기형 8진 카운터 회로]

ⓑ 비동기형 카운터(asynchronous counter) : 모든 플립플롭이 전단의 출력 변화를 클록으로 이용하는 카운터로서, 동작지연이 발생하므로 동기형보다 느리나 회로의 구성이 간단하다.

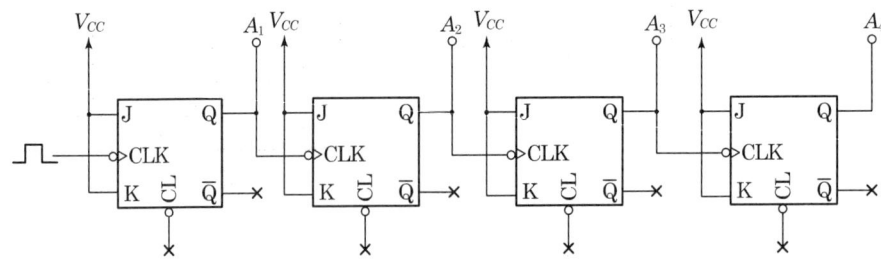

[비동기형 16진 카운터]

ⓜ 레지스터(Resiser)

중앙처리장치가 적은 양의 데이터나 처리 과정에 필요한 데이터를 일시적으로 저장하기 위해 사용되는 고속의 기억회로이며, 명령 레지스터, 주소 레지스터, 색인 레지스터 등 보통 플립플롭으로 구성한다.

ⓗ 멀티플렉서(Multiplexer : MUX)

여러 개의 입력선 중에서 하나의 입력선을 선택하여, 입력선의 데이터를 출력하는 조합 논리회로이며, 입력선을 선택하여 출력으로 연결시키기 위한 n개의 선택선을 갖게 되며, 멀티플렉서의 크기가 입력선의 개수로 정해지는 $(2^n \times 1)$의 장치로 나타낸다.

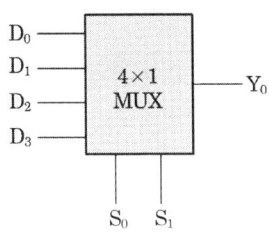

[4×1 멀티플렉서]   [4×1 멀티플렉서의 진리치표]

ⓢ 디멀티플렉서(Demultiplexer : DEMUX)

하나의 입력선으로 데이터를 입력받아 다수의 출력선 중에서 선택된 출력선으로 데이터를 출력하는 조합 논리회로로 멀티플렉서의 반대의 동작을 한다. 입력을 출력으로 연결시키기 위한 선택선을 갖게 되며, 디멀티플렉서의 크기가 출력선의 개수로 정해지는 (1×2^n)의 장치로 나타낸다.

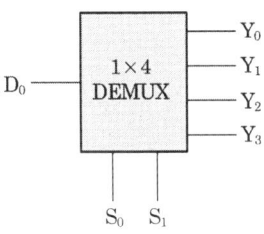

[1×4 디멀티플렉서]   [1×4 디멀티플렉서의 진리치표]

② 대규모 집적회로(LSI : Large Scale Integrated circuit)

하나의 칩에 부품수가 1,000개 이상 되는 집적회로를 대규모 집적회로(LSI)라 하고, 10,000개 이상의 부품을 집적화한 것을 초대규모 집적회로(VLSI)라고 하며, 시프트 레지스터, PLA, RAM, ROM, 마이크로프로세서 등이 이에 속한다.

㉠ 시프트 레지스터(Shift Resister)

기억되어 있는 데이터를 좌, 우로 순차 이동할 수 있는 시프트 회로로, 시프트 명령에 의하여 지정된 비트만큼 시프트되거나, 승제 연산에 의하여 자동으로 시프트되든지 하는 집적회로이다.

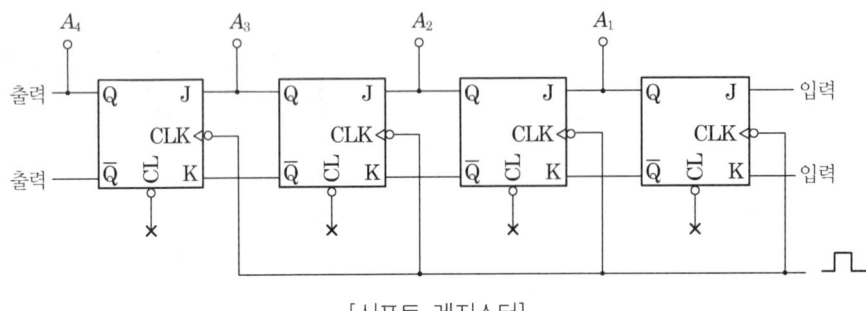

[시프트 레지스터]

  ⓛ PLA(Programmable Logic Array)

   프로그램 가능한 논리 배열로 복잡한 논리함수 실현을 위해 만든 집적회로로 많은 데이터 입력을 다룰 수 있어 경제적이다.

  ⓒ RAM(Random Access Memory)

   읽고, 쓰기를 함께 할 수 있는 메모리로서, 동적 RAM과 정적 RAM으로 구분되며 전원이 끊기면 기억된 데이터는 소멸된다.

  ⓔ ROM(Read Only Memory)

   읽기 전용의 데이터를 기억하는 메모리로서, 전원이 끊겨도 데이터는 지워지지 않도록 프로그램이 기억된 집적회로이다.

  ⓜ 마이크로프로세서(Microprocessor)

   제어 및 연산, 산술 및 논리회로를 하나의 집적회로로 구성한 것으로 일반적으로 시스템의 중앙처리장치(CPU)를 말한다.

6 전자계산기 구성망

[1] 전산기망의 구성

 (1) 전산기망의 분류

  ① 응용 형태에 따른 분류

   ㉠ 특수 목적 통신망 : 단일 목적에 사용되며 비행기 좌석예약, 은행 온라인 업무, 철도 승차권 발매

   ㉡ 일반 목적 통신망 : 여러 개 조직체에 의해 사용되는 컴퓨터 집합체의 상호연결

ⓒ 자원공유형 통신망 : 컴퓨터 집합의 자원을 부분적 또는 전체적으로 공동사용할 수 있는 초대형 통신망이다.

② 구성 형태에 따른 분류
　ⓐ 중앙집중형 통신망 : 성형
　ⓑ 분산형 통신망 : 트리형, 링형, 그물형

(2) 전산기망의 기본 유형

① 성형 통신망(Star network) : 중앙집중 통신망으로서 중앙에 중앙 컴퓨터가 있고 이를 중심으로 터미널이 연결된 네트워크 형태이다.
　ⓐ 컴퓨터와 터미널 간에 별도의 통신선로 필요
　ⓑ 통신 경로가 길다.
　ⓒ 전산기 구성망의 가장 기본(온라인 시스템의 전형적인 방법)
　ⓓ 모든 제어는 중앙집중형이다.

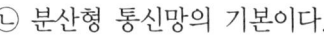

[성형 통신망]

② 트리형 통신망(Tree network) : 중앙에 컴퓨터가 위치하고, 통신신호는 각 지역으로 가까운 터미널까지 시설되고, 이웃하는 터미널은 다시 가까운 터미널까지 연결된 네트워크 형태이다.
　ⓐ 성형보다 통신회선이 많이 필요하지 않다.
　ⓑ 분산형 통신망의 기본이다.
　ⓒ 통신선로의 총 경로는 가장 짧다.

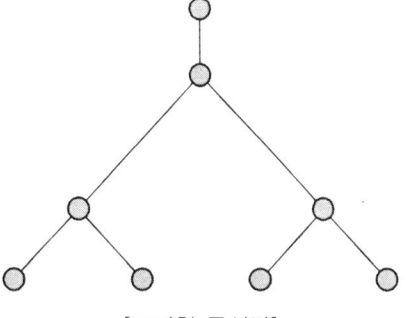

[트리형 통신망]

③ 환형(링형) 통신망(Ring network) : 컴퓨터 및 단말기들이 수평으로 서로 이웃하는 것끼리만 연결된 네트워크 형태이다.
　ⓐ 양방향 데이터 전송이 가능
　ⓑ 통신선로의 총 길이는 성형보다 짧고 트리형보다

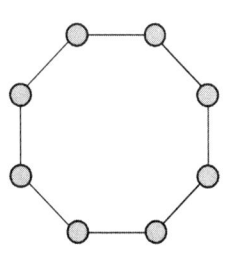

[환형 통신망]

길다.
ⓒ 통신회선 장애 시 융통성이 있다.
ⓔ LAN 등과 같이 국부적인 통신에 주로 사용한다.

④ 그물형 통신망(mash network) : 컴퓨터 및 단말기들이 중계에 의하지 않고 직통 회선으로 직접 연결되는 네트워크 형태이다.

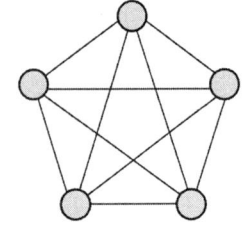

[그물형 통신망]

㉠ 통신의 신뢰도가 높다.
ⓒ 완전히 분산된 형태의 통신망
ⓒ 통신선로의 총 길이가 가장 길다.
ⓔ 통신회선의 장애 시에도 데이터 전송 가능

⑤ 버스형 통신망(Bus network) : 하나의 통신회선상에 여러 대의 터미널을 설치하여, 중앙 컴퓨터와 터미널 간의 데이터 통신은 물론, 터미널과 터미널 간의 데이터 통신이 가능하도록 연결하는 네트워크 형태이다.

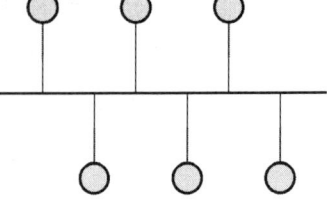

[버스형 통신망]

㉠ LAN을 구성할 때 많이 사용한다.
ⓒ 단일 터미널의 장애가 전체 통신망에 영향을 미치지 않는다.
ⓒ 다수의 터미널 접속이 가능하다.

(3) 데이터의 교환방식

컴퓨터와 컴퓨터, 컴퓨터와 단말기 사이의 통신 데이터를 발생지에서 목적지까지 중계하는 방식

① 직접교환방식 : 가입자가 직접 상대를 호출하여 데이터를 전송하는 방식으로 전송회선을 완전히 확보한 다음 전송한다.
㉠ 일반 공중전화, 텔렉스, DDD 방식
ⓒ 짧은 시간에 정보량이 집중될 때 유리
ⓒ 경제적인 통신회선 구성

② 축적교환방식 : 직접교환방식에 데이터를 축적하는 기능을 추가한 교환방식
㉠ 전문교환 : 기억장치에 데이터를 기억시켜 하나의 단위로서 일괄적으로 중계하

는 방식으로 전송 시간이 일정하지 않다.
　　ⓒ 패킷교환 : 기억장치에 데이터를 기억시켰다가 일정한 길이로 구분하여 각 부분을 독립적으로 중계하는 방식으로 수신측에서는 원래의 데이터 형태로 재결합한다.

[2] 데이터 통신 시스템

(1) 데이터 통신 시스템의 구성

데이터의 이동을 담당하는 데이터 전송계와 정보의 가공, 처리, 보관 등의 기능을 수행하는 데이터 처리계로 구분한다.

① 단말기(terminal)
　　㉠ 데이터의 입력과 출력을 담당하는 기능
　　ⓒ 단말 입력장치 : 데이터를 전송하기에 적합한 형태로 전환
　　ⓒ 단말 출력장치 : 전송된 데이터를 출력하는 장치

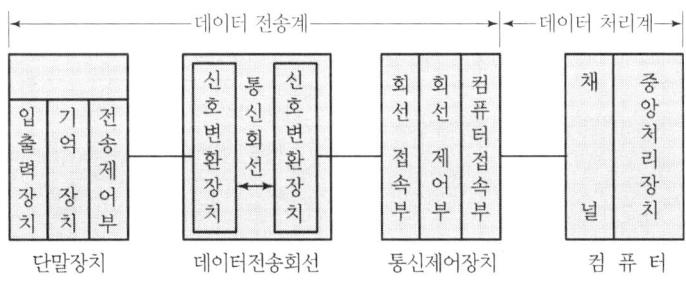

[데이터 통신 시스템의 구성]

② 데이터 전송회선 : 전송로측과 단말 입·출력장치측으로 데이터를 전송한다. 부호화된 정보의 타이밍 유지, 에러 검출, 정정하는 전송제어장치와 다중화 장치, 모뎀으로 구성되어 있다.

③ 통신제어장치 : 수신 시에는 데이터 전송장치로부터 온 데이터를 CPU에서 처리하기 편리한 형식으로 변환하고 송신 시에는 CPU에서 처리된 정보를 데이터 전송장치에서 전송하는 데 적합한 형식으로 변환

④ 중앙처리장치(CPU) : 단말기에서 전송되어 온 데이터를 처리하며, 데이터의 축적,

검색, 변경, 처리 및 시스템 전체 제어

⑤ 통신회선 : 데이터를 전송하는 통로. 전화선, 동축케이블, 마이크로웨이브, 광케이블

⑥ 신호변환장치 : 데이터 전송장비로서 아날로그 전송 선로를 이용하는 경우는 변·복조기(모뎀)이며, 디지털 전송선로를 이용하는 경우는 DSU(Digital Service Unit)이다.

(2) 데이터 전송방식

① 전송방식에 따른 분류

　㉠ 직렬전송방식 : 한 글자를 이루는 각 비트들이 한 개의 전송선을 통해 순서적으로 전송되는 방식으로 터미널에서 다시 병렬로 변환해야 하므로 전체 비용이 증가한다.

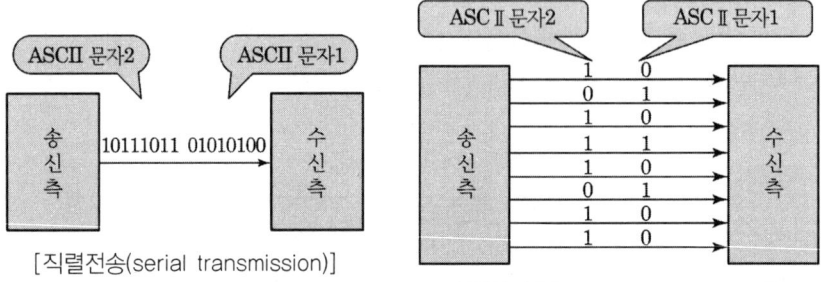

[직렬전송(serial transmission)]

[병렬전송(parallel transmission)]

　㉡ 병렬전송방식 : 한 글자를 이루는 각 비트들이 여러 개의 전송로를 통해 동시에 전송되는 방식으로 데이터의 전송거리가 짧은 경우 사용되며 전송속도가 빠르고 터미널 구성이 간단하다.

② 동기에 따른 분류

　㉠ 동기식 전송방식(synchronous transmission) : 데이터의 전 블록을 한꺼번에 전송하는 데 사용되며, 일반적으로 모든 비트의 시간적 길이가 같으며, 한 글자의 마지막 비트와 다음 글자의 시작 비트 사이의 시간 간격은 아주 없거나 한 글자 전송시간의 배수에 해당하는 길이이다.

　㉡ 비동기식 전송방식(asynchronous transmission) : 한 글자씩 전송되고 글자와 글자 사이에 특별한 시간적 관계가 없는 경우에 사용된다.

③ 데이터 통신회선에 따른 분류

㉠ 단방향 통신(simplex transmission) : 한 방향으로만 전송이 가능하도록 한 방식으로 라디오나 TV 같이 일방적으로 데이터를 전송하는 방식이다.

㉡ 반이중 통신(half-duplex transmission) : 양쪽 방향으로 신호전송이 가능하나 동시에는 불가능한 방식으로, 팩시밀리나 무전기와 같이 송·수신 데이터를 교대로 전송하는 방식이다.

㉢ 전이중 통신(full-duplex transmission) : 양쪽 방향으로 동시에 전송이 가능한 방식으로 전화와 같이 송·수신 데이터를 동시에 전송이 가능한 방식을 말한다.

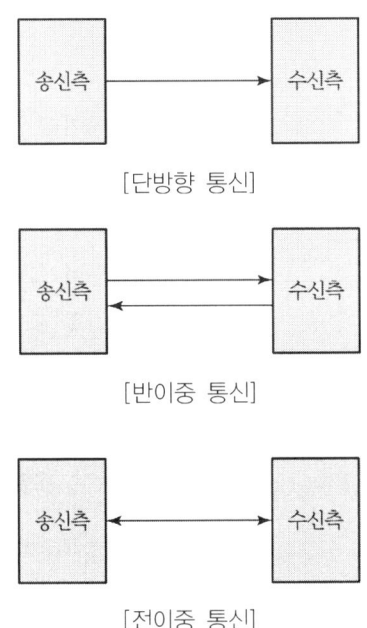

[단방향 통신]

[반이중 통신]

[전이중 통신]

[3] 프로토콜과 회선제어 절차

(1) 프로토콜(protocol)

두 컴퓨터 간, 컴퓨터와 터미널 간에 데이터를 전송할 수 있도록 규정된 법칙 또는 규칙을 한다.

① 문자방식 : 특수문자(SOH, STX, EXT, EOT…)를 사용하여 데이터 전송의 처음과 끝, 실제 데이터의 처음과 끝을 나타내도록 하여 전송하는 방식

② 바이트 방식 : 처음을 나타내는 특수문자, 데이터를 구성하는 문자 개수, 데이터 수신상태를 나타내는 제어정보와 블록 체크를 포함시켜 전송하는 방식

③ 비트 방식 : 특수한 플래그 문자를 데이터의 처음과 끝부분에 삽입시켜 비트 데이터를 구성하여 전송하는 방식

(2) 회선제어 절차

① 제1단계 : 회선 접속

㉠ 일반 교환망을 통해 상대방과의 회로 연결
㉡ 상대방이 호출되면 모뎀(또는 DSU) 등은 데이터 전송이 가능한 상태로 동작되도록 하는 단계

② 제2단계 : 데이터 링크 확립
㉠ 상대방 호출
㉡ 상대방 확인
㉢ 송수신 준비 상태 확인
㉣ 송수신 입장 확인
㉤ 상대방 입·출력 기기 지정

③ 제3단계 : 데이터의 전송. 데이터는 전송로에서 발생하는 에러를 검출, 교정하는 제어를 받으며 전송된다.

④ 제4단계 : 링크(link)의 종료
㉠ 전송 완료되면 그 사실을 수신측에 알려준다.
㉡ EOT(end of transmission) 문자를 보내고 스테이션 간의 논리적 연결을 절단시키며 송신 DTE는 RST를 OFF로 내린다.

⑤ 제5단계 : 회로절단. 일반 교환망에서 호출을 잡는다.

[4] 근거리 통신

근거리 통신망(LAN) : 공중망을 이용하지 않는 전산망으로 좁은 지역 내에 설치되어 운용하는 네트워크를 말한다.

(1) LAN의 특징

① 광대역 전송매체의 사용으로 고속통신이 가능하다.
② 비교적 가까운 거리이거나 단일 조직체 내에서 사용한다.
③ 광대역 전송매체를 근거리에 사용하므로 에러가 적다.
④ 고신뢰성 및 완전한 연결성을 갖는다.
⑤ 디지털, 비디오, 음성 등의 전송신호의 다양성을 갖는다.
⑥ 음성, 화상, 데이터 등의 종합적 처리 능력을 갖는다.
⑦ 데이터 처리기기의 확장성 및 재배치가 뛰어나다.

(2) 근거리 통신망의 구성형태

① 성형(star) : 모든 스테이션이 중앙의 제어장치에 각각 접속되어 있는 형태
㉠ 처리능력, 신뢰성을 중앙제어장치에 의존
㉡ 제어장치의 지능화가 요구된다.
㉢ 통신망이 능동적이고 기능의 추가가 쉽다.

② 링형(루프형 : loop) : 중계기를 통하여 스테이션 접속한 형태
㉠ 구조가 간단하다.
㉡ 이중 역순환 기능, 우회기능이 필수적으로 요구된다.
㉢ 분산제어, 집중제어의 방식도 가능하다.

③ 버스형(분기형 : branch) : 버스선에 있는 송수신기를 통하여 스테이션 접속하는 형태
㉠ 분산제어형에서 중앙제어장치 불필요
㉡ 거리상 제한 있다.
㉢ 다수 스테이션 접속이 가능
㉣ 장애 발생 시 전체망에 영향을 미치지 않는다.

(3) 근거리 통신망의 데이터 처리 방식

① 접근 방식에 따른 분류

회선망 구성 형태	접 근 방 식
성 형	중앙 제어 방식
루프형	토큰 링크 방식
	슬롯 링크 방식
	버퍼/레지스터 삽입방식
분기형	CSMA 방식
	CSMA/CD방식
	토큰 버스 방식

② 전송 제어 방식에 따른 분류

충돌형	임의선택방식, CSMA 방식, CSMA/CD 방식	
비충돌형	토큰 패싱 방식	토큰 링크 방식
		토큰 버스 방식
	시분할 다중방식	고정 할당 방식
		요구 할당 방식
		임의 선택 방식
	주파수 다중 방식	

㉠ 임의 선택 방식 : 각 노드가 통신회선의 상태와는 무관하게 데이터의 송신을 개시하는 방식

㉡ CSMA(Carrier Sense Multiple Access) 방식 : 각 노드는 송신 개시하기 전에 통신회선이 사용 중인지 조사하여 송신하는 방식

㉢ CSMA/CD(Carrier Sense Multiple Access/Carrier Detection) 방식 : 데이터 충돌을 검출하는 기능이 있으며 충돌 시점에서 송신을 정지하는 방식

㉣ 토큰 패싱(Token Passing) 방식 : 제어신호(토큰)를 각 노드 사이에 순차적으로 이동하면서 수행하는 방식. 루프형에서 토큰 링크, 분리형에서 토큰 버스라 부른다.

㉤ 시분할 다중 방식 : 하나의 통신 회선을 시간적으로 분할하여 여러 개의 통신회선을 형성하는 방식

㉥ 주파수 다중 방식 : 주파수를 일정대역 단위로 분할하여 사용하는 방식

(4) 데이터 처리

① 배치 처리(Batch Processing) : 데이터를 일정 기간, 일정량을 저장하였다가 한꺼번에 처리하는 방식

② 시분할 처리 : 시간을 분할하여 여러 이용자의 자료를 병행 처리하는 방식

③ 실시간 처리 : 데이터 발생 즉시 처리하는 방식

④ 온라인 실시간 처리 : 데이터 발생 즉시 처리하여 결과까지 완료하는 시스템

⑤ 오프라인 시스템 : 전송된 데이터를 일단 카드, 자기테이프에 기록한 다음 일괄 처리하는 방식

⑥ 지연시간처리 : 어느 정도 시간을 지연시킨 후 처리하는 방식

⑦ 멀티플렉싱
  ㉠ 다중 프로그램 : 하나의 컴퓨터에서 2개 이상의 프로그램을 실행하는 방식
  ㉡ 멀티스태킹 : 하나 이상의 프로그램을 동시에 처리할 수 있는 체계
  ㉢ 다중처리 : 여러 개의 CPU에 의해서 동시에 여러 개 프로그램을 실행하는 방식

제2절 자료의 표현과 연산

1 자료의 구조

[1] 자료의 종류

(1) 자료

컴퓨터에서 취급하는 정보 및 데이터를 의미하며 모든 자료는 2진 코드로 표현한다.

(2) 자료의 구성

① 비트(Bit) : 0과 1로 표현되는 데이터(정보)의 최소 단위이다.
② 바이트(Byte) : 8bit로 구성되며 1개의 문자나 수를 기억하는 데이터 단위
③ 워드(Word) : 몇 개의 데이터가 모인 데이터 단위
  ㉠ 하프 워드(Half Word) : 2바이트로 구성
  ㉡ 풀 워드(Full Word) : 4바이트로 구성
  ㉢ 더블 워드(Double Word) : 8바이트로 구성
④ 필드(Field) : 특정문자의 의미를 나타내는 논리적 데이터의 최소 단위
⑤ 레코드(Record) : 필드의 집합(하나의 작업처리 단위)
  ㉠ 논리 레코드 : 데이터 처리의 기본 단위
  ㉡ 물리 레코드 : 보조기억장치와의 입출력을 위한 데이터 처리 단위로, 하나 이상의 논리 레코드가 모여 물리 레코드를 이룬다.
⑥ 파일(File) : 레코드의 집합
⑦ 데이터베이스(Database) : 파일들의 집합

정보의 단위 비교
비트 < 바이트 < 워드 < 필드 < 레코드 < 파일 < 데이터베이스

(3) 코드

① 코드(code) : 자료를 사용 목적에 따라 분류, 배열하기 위하여 숫자, 문자, 기호로 표시한 것

② 코드의 종류

　㉠ 순서 코드 : 자료를 가나다순, 발생순, 크기순으로 정렬하여 순차적으로 일련번호를 부여하는 가장 보편적인 방식

　㉡ 블록 코드 : 순서 코드를 보완하기 위하여 전체 데이터를 공통 특성별로 블록화한 다음 각 블록 내에서 다시 일련번호를 부여하는 방식

　㉢ 그룹 코드 : 각각의 숫자에 의미를 부여하여 대상 항목을 정해진 기준에 따라 대분류, 중분류, 소분류로 나누고 각 그룹 내에서는 일련번호를 붙여 코드화하는 방법(주민등록번호)

　㉣ 표의 숫자 코드 : 특성, 형식, 기능 등을 그대로 숫자화하여 사용하는 방법

　㉤ 10진 코드 : 코드화 대상을 10진법에 따라 0~9까지 분할하고, 다시 각각에 대하여 종류별로 0~9까지 재차 분류하며, 필요하면 계속하여 10진 분류를 반복해 나가는 방법으로 코드가 길어지는 단점이 있다.

　㉥ 연상 기호 코드 : 코드화하려는 데이터의 명칭과 관계 있는 문자, 숫자 등을 조합하여 만든 기호

　㉦ 문자 코드 : 제도적이나 관습적으로 사용되고 있는 문자를 코드화한 것(도량형 단위, 지명 등)

(4) 자료의 구조

자료	선형 리스트	스택(Stack)
		큐(Queue)
		데큐(Deque)
	비선형 리스트	트리(Tree)
		그래프(Graph)

① 선형 리스트 : 데이터 구조 중 가장 간단한 형태로 데이터가 연속하여 순서적인 선형으로 구성
  ㉠ 스택(stack) : 기억장치에 데이터를 일시적으로 겹쳐 쌓아 두었다가 필요시에 꺼내서 사용할 수 있게 주기억장치나 레지스터의 일부를 할당하여 사용하는 임시기억장치로, 데이터는 위(top)라고 불리는 한쪽 끝에서만 새로운 항목이 삽입(push)될 수 있고 삭제(pop)되는 후입선출(LIFO : last in first out)의 자료구조이다.
  ㉡ 큐(queue) : 뒷부분(rear)에 해당되는 한쪽 끝에서는 항목이 삽입되고 다른 한쪽 끝(front)에서는 삭제가 가능하도록 제한된 구조로, 먼저 입력된 데이터가 먼저 삭제되는 선입선출(FIFO : first-in first-out)의 자료구조이다.
  ㉢ 데큐(deque) : 선형 리스트의 가장 일반적인 형태로 스택과 큐의 동작을 복합한 방식으로 수행되는 자료구조이다.
② 비선형 리스트
  ㉠ 트리(tree) : 계층적으로 구성된 데이터의 논리적 구조를 표시하고, 항목들이 가지(branch)로 연관되어서 데이터를 구성하는 자료구조이다.
  ㉡ 그래프(graph) : 원으로 표시되는 정점과 정점을 잇는 선분으로 표시되는 간선으로 구성되며, 정점과 정점을 연결해 놓은 것을 말한다.
    ⓐ 방향성 그래프(directed graph) : 방향간선(directed edge : 간선 사이에 진행방향이 정해져 있는 간선)으로만 이루어진 그래프
    ⓑ 무방향성 그래프(undirected graph) : 무방향간선(undirected edge : 간선 사이에 진행방향이 정해져 있지 않는 간선)으로만 이루어진 그래프
    ⓒ 혼합 그래프(mixed graph) : 방향간선과 무방향간선 모두를 포함하고 있는 그래프

2 자료의 표현 형식

[1] 자료의 외부적 표현(비수치 표현)

(1) 숫자의 코드화(Numeric Code)

① 2진화 10진수(BCD : Binary Coded Decimal) : 10진수 1자리의 수를 2진수로 변환하여 4비트로 표시하는 것으로, 각 비트는 고유한 값 8, 4, 2, 1의 고정값을 갖는다. 그래서 8421코드라고도 한다.

② 3초과 코드(Excess-3Code) : BCD 코드에 $3(11_{(2)})$을 더하여 만든 코드로, 자기 보수 코드(self complement code)라고도 한다. 3초과 코드는 비트마다 일정한 값을 갖지 않으며, 연산동작이 쉽게 이루어지는 특징이 있는 코드이다.

③ 그레이 코드(Gray Code) : 1비트의 변화를 주어 아날로그 데이터를 디지털 데이터로 변환하는 데 사용하는 코드로, 연산에는 부적합한 코드로 A/D 변환기, 입·출력장치의 인터페이스 코드로 널리 사용된다.

예 $1001_{(2)}$를 그레이 코드로 변환하면

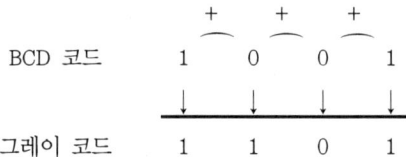

예 그레이 코드 1101을 2진수로 변환하면

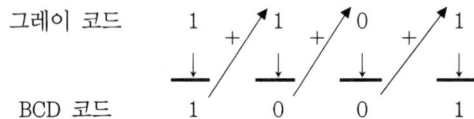

(2) 영·숫자 코드(Alphanumeric Code)

① ASCII 코드(American Standard Code for Information Interchange Code) : 문자를 표시하기 위한 7비트 코드로서 영어 대문자, 소문자로 구별할 수 있으며, 가장 왼쪽의 한 비트는 코드의 오류 검출용 패리티 비트를 부가하여 8비트로 표시하고 데이터 통신에서 표준 코드로 사용하며 개인용 컴퓨터에 사용한다. $2^7=128$개의 문자까지 표시가 가능하다.

D	C	B	A	8	4	2	1
패리티 비트 (1비트)	존 비트(3비트)			숫자 비트(4비트)			

② EBCDIC 코드(Extended Binary Code Decimal Interchange Code, 확장형 2진화 10진 코드) : 문자를 표시하기 위한 8비트 코드로서 영어 대, 소문자로 구별할 수 있으며, 중대형 IBM 컴퓨터에 사용하고, $2^8=256$개의 문자까지 표현이 가능하다.

D	C	B	A	8	4	2	1
존 비트(4비트)				숫자 비트(4비트)			

(3) 에러 검출 및 정정 코드

① 패리티 체크(Parity Check) : 디지털 데이터의 전송 시 전송 선로 및 외부적인 요인에 의한 에러가 생길 때 이를 검출하기 위하여 패리티 비트를 사용하는데, 주어진 데이터에 1비트를 추가하여 만든다.

㉠ 우수 패리티 체크(even parity check, 짝수 패리티) : 패리티 비트를 포함하여 하나의 데이터 안의 1의 비트 수가 짝수가 되도록 하며, 패리티 비트가 0인 경우에는 데이터 내의 1의 수가 짝수이고, 패리티 비트가 1인 경우에는 데이터 내의 1의 수가 홀수개이다. 위의 조건에 위배된 데이터는 에러가 발생한 것으로 인식되나, 짝수개 비트의 에러가 발생하면 검출할 수 없는 단점이 있다.

㉡ 기수 패리티 체크(odd parity check, 홀수 패리티) : 패리티 비트를 포함하여 하나의 데이터 안의 1의 비트 수가 홀수가 되도록 하며, 패리티 비트가 0인 경우에는 데이터 내의 1의 수가 홀수이고, 패리티 비트가 1인 경우에는 데이터 내의 1의 수가 짝수개이다. 위의 조건에 위배된 데이터는 에러가 발생한 것으로 인식되나, 짝수개 비트의 에러가 발생하면 검출할 수 없는 단점이 있다.

② 해밍 코드(Hamming Code) : 1비트의 오류를 자동적으로 정정해 주는 코드로, 1비트의 단일 오류를 정정하기 위해서는 3비트의 여유 비트가 필요하고, 2개 이상의 중복 오류를 수정하려면 더 많은 여유 비트가 필요하다.

③ 순환 잉여 검사 코드(CRC : Cyclic Redundancy check Code) : 블록 또는 프레임마다 여유 부호를 붙여 전송하면, 전송 내용의 정확 여부를 확인하여 정정하도록 하는 코드이다.

[2] **자료의 내부적 표현(수치의 표현)**

(1) 고정 소수점 데이터 형식

전자계산기 내부에서 정수를 나타내는 데이터 형식으로 2바이트 정수형과 4바이트 정수형이 있다.

부호 비트와 정수 비트로 구성된다. 그리고 정수부가 양수(+)이면 0으로, 음수(-)이면 1로 표시한다.

(2) 부동 소수점 데이터 형식

전자계산기 내부에서 실수를 나타내는 데이터 형식으로 4바이트 실수형, 8바이트 실수형이 있다.

부호 비트	지수부	가수부

부호 비트는 실수가 양수(+)이면 0, 음수(-)이면 1로 표시하고, 지수부는 2진수로, 가수부는 10진 유효숫자를 2진수로 변환하여 표시한다.

3 수학적 연산

[1] 분류

(1) 데이터 성질에 따른 분류

① 수치적 연산(수학적 연산) : 산술적인 계산에서 주로 사용되는 것으로 고정소수점 연산방식, 부동소수점 연산방식에 따른 수치들의 사칙연산을 하는 회로

② 비수치적 연산(논리적 연산) : 문장의 표현, 문헌의 정보 검색, 고급 프로그램 언어 번역 등 문자처리에서 주로 사용되는 것으로 MOVE, AND, OR 회로, 보수기, 시프터, 로테이터 등이 있다.

(2) 연산의 진행 방식에 따른 분류

① 동기식 : 각 동작을 클록 펄스에 동기시켜 정해진 시간마다 동작을 진행시키는 방식

② 비동기식 : 앞선 동작이 완료됨과 동시에 다음 동작을 진행시키는 방식

(3) 데이터 전송방식에 따른 분류

① 직렬식 : 2진수가 한 자리씩 직렬로 전송되어 한 비트씩 연산이 이루어진다.

② 병렬식 : 2진수 전부가 동시에 전송되어 연산이 이루어진다.

[2] 수학적 연산(수치적 연산)

① 기수 : 수의 체계에서 사용하는 모든 종류의 계수는 2자리수의 기준이 되는 수
② 10진수 : 사용하는 부호가 0~9까지 10가지이므로 기수는 10이다.
③ 2진수 : 사용하는 부호가 0과 1의 2가지이므로 기수는 2이다.
④ 8진수 : 사용하는 부호가 0~7까지 8가지이므로 기수는 8이다.
⑤ 16진수 : 사용하는 부호가 0~10, A~F까지 16가지이므로 기수는 16이다.

[진수의 비교]

10진수	2진수	8진수	16진수	10진수	2진수	8진수	16진수
0	0000	0	0	8	1000	10	8
1	0001	1	1	9	1001	11	9
2	0010	2	2	10	1010	12	A
3	0011	3	3	11	1011	13	B
4	0100	4	4	12	1100	14	C
5	0101	5	5	13	1101	15	D
6	0110	6	6	14	1110	16	E
7	0111	7	7	15	1111	17	F

㉠ 진수 변환
  ⓐ 10진수를 2진수로 변환

   예) 10진수 41을 2진수로 변환하면

   $$\begin{array}{r} 2\underline{\smash{)}41} \rightarrow 1 \\ 2\underline{\smash{)}20} \rightarrow 0 \\ 2\underline{\smash{)}10} \rightarrow 0 \\ 2\underline{\smash{)}5} \rightarrow 1 \\ 2\underline{\smash{)}2} \rightarrow 0 \\ 1 \end{array}$$

   $(41)_{10} = (101001)_2$

   항상 맨 마지막(최상위 비트)은 1이 되어야 한다.

ⓑ $(0.1875)_{10}$를 2진수로 변환하면

```
    0.1875      0.3750      0.7500      0.5000
 ×       2   ×       2   ×       2   ×       2
    0.3750      0.7500      1.5000      1.0000
      ↓           ↓           ↓           ↓
      0           0           1           1
```

$(0.1875)_{10} = (0.0011)_2$이 된다.

> **참고**
>
> 소수점의 자리를 2로 곱하여 소수점의 자리가 0이 될 때까지 곱하면 된다.

ⓒ 2진수를 10진수로 변환하면

　　예 $101001_{(2)}$을 10진수로 변환하면

　　　$1 \times 2^5 + 0 \times 2^4 + 1 \times 2^3 + 0 \times 2^2 + 0 \times 2^1 + 1 \times 2^0 = 32 + 8 + 1 = 41_{(10)}$

ⓓ 10진수를 8진수로 변환

　　예 $(49)_{10}$를 8진수로 변환하면

```
   8 | 49
   8 |  6 → 1   ↑
         0 → 6
```

　　　　　　$(49)_{10} = (61)_8$

　　예 $(0.21875)_{10}$를 8진수로 변환하면

```
    0.21875      0.75
 ×        8   ×     8
    1.75000      6.00
       ↓          ↓
       1          6
```

$(0.21875)_{10} = (0.16)_8$이 된다.

ⓔ 10진수를 16진수로 변환

> 예 $(248)_{10}$을 16진수로 변환하면
>
> $$16 \underline{|248} \rightarrow 8$$
> $$15 \rightarrow F$$
>
> 15는 16진수에서 F이므로 $(248)_{10} = (F8)_{16}$이 된다.

ⓕ 2진수를 8진수와 16진수로 변환

- 8진수로 변환

  2진수 3비트를 8진수의 1비트로 변환하면 된다.

  > 예 $(100110.110101)_2$를 8진수로 변환하면
  >
  > $$\underline{1\ 0\ 0}\ \ \underline{1\ 1\ 0}\ .\ \underline{1\ 1\ 0}\ \ \underline{1\ 0\ 1}$$
  > $$\ \ \ 4\ \ \ \ \ \ \ \ 6\ \ .\ \ \ 6\ \ \ \ \ \ \ 5$$
  >
  > $(100110.110101)_2 = (46.65)_8$이 된다.

- 16진수로 변환

  2진수 4비트를 16진수의 1비트로 변환하면 된다.

  > 예 $(00111110.10100001)_2$를 16진수로 변환하면
  >
  > $$\underline{0\ 0\ 1\ 1}\ \ \underline{1\ 1\ 1\ 0}\ .\ \underline{1\ 0\ 1\ 0}\ \ \underline{0\ 0\ 0\ 1}$$
  > $$\ \ \ \ 3\ \ \ \ \ \ \ \ \ \ E\ \ .\ \ \ \ A\ \ \ \ \ \ \ \ \ 1$$
  >
  > $(00111110.10100001)_2 = (3E.A1)$이 된다.

⑥ 2진수의 덧셈

0+0=0	1+0=1
0+1=1	1+1=10(자리올림)

⑦ 2진수의 뺄셈

0-0=0	1-0=1
1-1=0	10-1=1(자리빌림)

⑧ 2진수의 곱셈

0×0=0	1×0=0
0×1=0	1×1=1

⑨ 2진수의 나눗셈

0÷0=0	1÷0=∞
0÷1=불능	1÷1=1

4 논리적 연산(비수치적 연산)

[1] 논리적 연산

① MOVE : 데이터의 이동

단항 연산자로서 연산 입력 데이터를 그대로 출력하므로, 레지스터에 기억된 데이터를 다른 레지스터로 옮길 때 사용하는 연산이다.

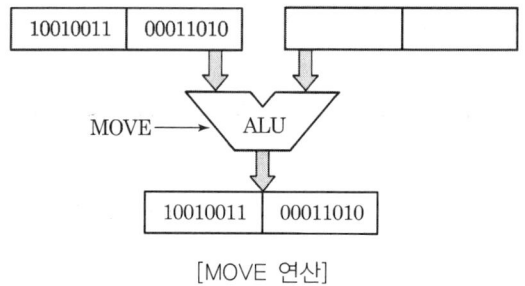

[MOVE 연산]

② complement : 보수형태 연산

전자계산기에서는 나눗셈을 할 수 없으므로, 보수를 이용한 가산을 통하여 나눗셈을 할 수 있도록 하는 연산이다.

㉠ 1의 보수

어떤 수의 1의 보수는 주어진 2진수를 모두 부정을 취하면 된다. 즉, 1은 0으로, 0은 1로 바꾸면 된다.

1001의 1의 보수는 01100이 된다.

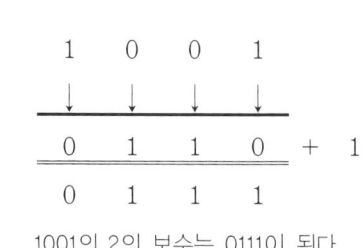

1001의 2의 보수는 01111이 된다.

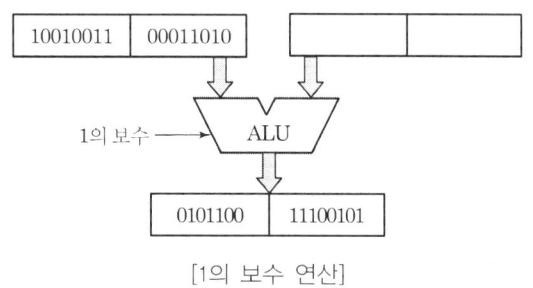

[1의 보수 연산]

ⓒ 2의 보수

2의 보수는 주어진 2진수를 모두 부정을 취하여 1의 보수로 바꾼다. 1의 보수에 1을 더하면 2의 보수가 된다. 즉, 2의 보수는 1의 보수보다 1이 크다.

③ AND(논리곱) : 비트, 문자 삭제

데이터 중 일부의 불필요 비트 및 문자를 삭제하고, 나머지 비트를 데이터로 사용하기 위해 사용되는 연산이다.

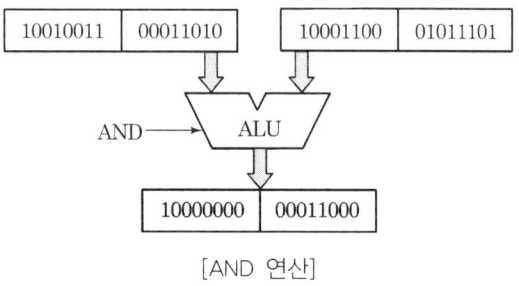

[AND 연산]

④ OR(논리합) : 비트, 문자 삽입

2개의 데이터를 논리합하여 비트나 문자의 삽입에 사용하는 연산이다.

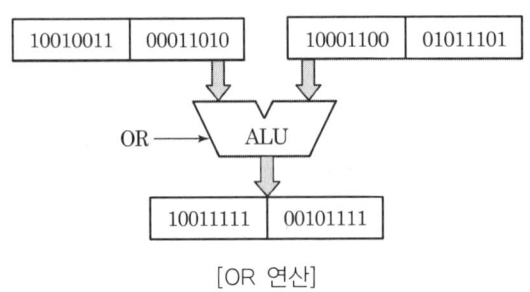

[OR 연산]

⑤ 시프트(Shift) : 데이터의 모든 비트를 좌측 또는 우측으로 자리를 이동
  ㉠ 우 시프트(Right Shift) : 오른쪽 끝의 비트(LSB : Least Significant Bit)의 데이터는 밀려서 나가고, 왼쪽 끝의 비트(MSB : Most Significant Bit)에 새로운 데이터가 들어온다.
  ㉡ 좌 시프트(Left Shift) : 왼쪽 끝의 비트(MSB : Most Significant Bit)의 데이터는 밀려서 나가고, 오른쪽 끝의 비트(LSB : Least Significant Bit)에 새로운 데이터가 들어온다.

⑥ 로테이트(Rotate) : 데이터의 위치 변환에 사용되는 것으로, 한쪽 끝에서 밀려서 나가는 데이터가 반대편의 데이터로 들어오는 것을 말한다.

제3절 소프트웨어의 개념과 종류

1 프로그래밍 개념

[1] 프로그래밍 개념

① 프로그램(program)
어떤 일을 수행하기 위하여 기본적인 동작으로 세분하여 이들의 순서를 정해 놓는 것을 말하는데, 컴퓨터가 어떤 일을 수행하도록 지시하기 위한 명령들을 말하며, 이는 데이터와는 별도로 작성되고, 미리 작성된 프로그램을 컴퓨터에 입력시켜 그 프로그램에 데이터가 입력되고 처리되도록 한다.

② 프로그래밍(programming) : 프로그램을 작성하기 위한 일련의 작업을 말한다.

[2] 프로그램 작성 절차

> ① 문제분석 → ② 시스템설계(입·출력 설계) → ③ 순서도 작성 → ④ 프로그램 코딩 및 입력 → ⑤ 디버깅 → ⑥ 실행 → ⑦ 문서화

① 문제분석 : 프로그램을 작성할 때 발생되는 제안 문제를 분석

② 시스템 설계 : 시스템 분석 단계에서 얻어진 데이터와 정해진 방법에 따라 입·출력, 각종 파일의 형식, 시스템의 개발을 위한 전체 과정의 설계, 데이터베이스의 설계, 운영을 위한 관리도를 설계한다.

③ 순서도 작성 : 프로그램의 설계도와 같으므로 모든 사람이 알기 쉽도록 작성하며, 모든 논리적 검토가 이루어져야 한다.

④ 프로그램 코딩 및 입력 : 순서도에 나타난 논리에 따라 프로그래밍 언어를 사용하여 원시 프로그램을 작성하고, 컴퓨터가 읽을 수 있는 기억 매체에 기록한다. 이때 프로그램 코딩은 정해진 논리에 대하여 각 언어별로 정해진 문법에 맞도록 하여야 한다.

⑤ 디버깅(debugging) : 원시 프로그램을 기계어로 번역해서 문법오류(syntax error)를 검사하여 오류를 수정하고, 논리적 오류를 검사하기 위하여 테스트 런(test run)을 통하여 모의 데이터를 입력해서 결과를 검사하여 오류를 올바르게 수정한다.

⑥ 실행 : 문법적 오류와 논리적 오류가 없는 프로그램이 완료되면 실제의 데이터를 이용하여 동작시켜, 결과를 이용한다.

⑦ 문서화 : 작성된 프로그램은 분석 단계에서부터 작성된 데이터와 코드표, 각종 설계도, 순서도와 원시 프로그램 등의 관련된 내용을 문서로 작성하여 보관토록 한다. 문서화가 이루어지면 시스템의 유지 보수와 관리가 용이하고 담당자가 바뀌어도 업무의 파악이 용이하여, 업무의 연속성이 유지된다.

[3] 프로그래밍 언어의 개념

컴퓨터를 이용하여 특정한 작업을 수행하는 각종 프로그램을 작성하기 위한 프로그램을 프로그래밍 언어라 하며, 컴퓨터 중심의 저급 언어와 인간 중심의 고급 언어로 구분한다.

(1) 저급 언어(Low Level Language)

사용자가 이해하고 사용하기에는 불편하지만 컴퓨터가 처리하기 용이한 컴퓨터 중심의 언어이다.

① 기계어(Machine Language) : 컴퓨터가 직접 이해할 수 있는 2진 코드(0과 1)로 기종마다 다르고, 프로그램의 작성 및 수정, 해독이 매우 어려워 거의 사용되지 않으나, 컴퓨터에서의 수행 속도는 가장 빠른 장점을 지닌다.

② 어셈블리어(Assembly Language) : 사람이 기억하고 이해하기 쉬운 연상코드(문자, 숫자, 특수 문자 등으로 기호화 : 니모닉)를 사용함으로써 프로그램의 작성이 기계어보다 용이하고, 프로그램의 수정이 편리하다는 장점이 있으나, 어셈블러(assembler)에 의한 번역 과정이 필요하므로 처리 속도가 느리고 컴퓨터마다 어셈블러가 다르므로 호환성이 적다.

(2) 고급 언어(High Level Language)

자연어에 가까워 그 의미를 쉽게 이해할 수 있는 사용자 중심의 언어로, 기종에 관계없이 공통적으로 사용할 수 있는 언어로, 기계어로 변환하기 위한 컴파일러가 필요하다.

① 베이직(BASIC : Beginner's All-purpose Symbolic Instruction Code) : 1965년 개발된 언어로, 언어구조가 쉽고 간단해서 초보자들이 배우기 쉬운 대화형의 인터프리터 중심의 언어이다. 그러나 기존의 프로그래밍 언어와 달리 미래의 바람직한 언어 개념에 관련시킬 만할 주요 개념을 거의 찾아볼 수 없는 단점이 있으나, 현재는 운영체제의 발전과 더불어 가장 쉬운 윈도우즈용 프로그램 개발도구로 비쥬얼 베이직(Visual Basic)이 각광받고 있다.

② FORTRAN(Formula Translation) : 고급 언어 중 가장 먼저(1957년) 개발된 과학 기술용 프로그램 언어로, 과학자・공학자 및 수학을 하는 사람들의 편리성을 위하

여 설계되어, 복잡한 수학계산에 연산자를 사용하여 쉽게 나타낼 수 있는 언어로, 과학기술 분야에 널리 사용되었다.

③ COBOL(Common Business Oriented Language) : 1960년 개발된 언어로 인사, 자재, 판매, 회계, 생산관리 등에 주로 사용되는 상업용 사무처리를 위하여 일상에서 사용하는 영어와 같은 표현으로 기술하도록 설계된 프로그래밍 언어로, 기계와 독립적으로 설계되어, 메이커와 기종이 상이하더라도 큰 변화없이 프로그램의 작성 및 실행을 할 수 있도록 한 사무처리용 언어이다.

④ PASCAL : 1971년 개발된 언어로 구조화 프로그래밍 개념에 따라 개발된 언어로서, 여러 가지 다양한 자료의 정의 방법 등을 포함한 풍부한 자료형들을 갖춘 언어로서, 일반성에 배제되지 않는 한 단순성과 효율성, 그리고 신뢰성을 가지도록 설계되었다. 이 언어는 쉽게 프로그래밍 언어를 가르치기 위한 교육용으로 많이 사용되었다. 특히 구조화 프로그래밍을 가능하게 하는 언어로 교육용 언어로 많이 쓰였다.

⑤ C언어 : 1974년 개발된 언어로 UNIX 시스템을 구축하기 위한 시스템 프로그래밍 언어로서 수식이나 제어 및 데이터 구조를 가장 간편하게 제공하고 있다. C언어는 원래 시스템 프로그램으로 개발되었으나 기종에 관계없이 수치 해석, 텍스트 처리, 데이터베이스 처리를 위한 프로그램에도 많이 활용되고 있으며, UNIX 운영체제를 위해 개발한 시스템 프로그램 언어로 저급 언어와 고급 언어의 특징을 모두 갖춘 언어이다.

⑥ LIPS(List Processing) : 1960년에 개발이 시작된 언어로, 리스트(list) 및 원자(atom)라고 부르는 두 종류의 개체를 중심으로 데이터가 다루어지는데 실제 자료(데이터)와 프로그램이 동일한 형태로 표현되는 새로운 개념을 도입하였다. 기본 자료 구조로 연결 리스트(Linked list)를 사용하며, 이 리스트에 대한 일반적인 연산이 가능하다. 게임 이론, 정리 증명, 로봇 문제 및 자연어 처리 등의 인공지능과 관련된 분야에 사용되는 언어이다.

⑦ PL/1(Programming Language One) : FORTRAN, COBOL, ALGOL 등의 장점을 포함하려고 시도한 범용언어로서, APL 배열을 기본 요소로 하여 배열 자체의 연산을 지원하며 어떤 기계에도 종속되지 않는 매크로 언어를 가진 인터프리터형 언어이다.

⑧ ALGOL 60(Algorithmic Language 60) : 최초의 블록 중심 언어로 수치 자료와 동질의 배열을 강조한 과학 계산용 언어로서, COBOL과 같은 인사, 자재, 판매, 회계, 생산관리 등에 주로 사용되는 상업용 자료처리에 영어 문장 형태로 프로그램을 작성하므로 프로그램 작성이 간편한 장점을 지닌 언어이다.

⑨ C++ : 1980년대 초에 C언어를 기반으로 개발된 언어로 C++는 컴퓨터 프로그래밍의 객체지향 프로그래밍을 지원하기 위해 C언어에 객체지향 프로그래밍에 편리한 기능을 추가하여 사용의 편리성을 향상시킨 언어이다.

⑩ 자바(JAVA) : 썬마이크로시스템사에서 개발한 새로운 객체지향 프로그래밍 언어로, 메모리 관리를 언어 차원에서 관리함으로써 보다 안정적인 프로그램을 작성할 수 있고, 선행처리 및 링크과정을 제거하여 개발속도와 편의성을 향상시켜 네트워크 분산환경에서 이식성이 높고, 인터프리터 방식으로 동작하는 사용자와의 대화성이 높은 프로그래밍 언어이다.

[4] 프로그래밍 언어의 번역과 번역기

(1) 프로그램 언어의 번역 과정

① 원시 프로그램(Source Program) : 사용자가 각종 프로그램 언어로 작성한 프로그램
② 목적 프로그램(Object Program) : 번역기에 의해 기계어로 번역된 상태의 프로그램
③ 로드 모듈(Load Module) : Linkage Editor에 의해 실행 가능한 상태로 된 모듈

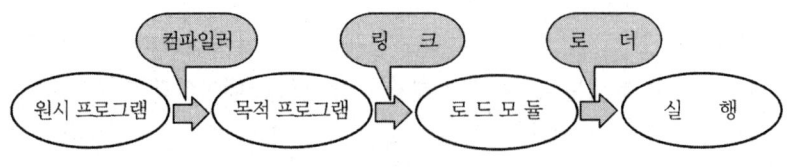

[프로그래밍 언어의 번역과정]

(2) 번역기의 종류

① 어셈블러(Assembler) : 어셈블리 언어로 작성된 원시 프로그램을 기계어로 번역하는 프로그램이다.

② 컴파일러(Compiler) : 전체 프로그램을 한 번에 처리하여 목적 프로그램을 생성하

는 번역기로, 기억 장소를 차지하지만 실행 속도가 빠르다. 한번 번역해 두면 목적 프로그램이 생성되므로 재차 실행 시에 다시 번역할 필요가 없다. 컴파일러를 사용하는 언어는 ALGOL, PASCAL, FORTRAN, COBOL, C 등이 있다.

③ 인터프리터(Interpreter) : 작성된 원시 프로그램을 한 줄씩 읽어 번역 및 실행하는 작업을 반복하는 프로그램이다. 목적 프로그램이 남지 않으며, 일괄 처리가 아니므로 대화형이라 한다. 실행속도가 느리지만 기억 장소를 적게 차지한다. 인터프리터를 사용하는 언어는 BASIC, LISP, 자바(JAVA), PL/1 등이 있다.

④ 링커(Linker) : 기계어로 번역된 목적 프로그램을 실행 프로그램 라이브러리를 이용하여 실행 가능한 형태의 로드 모듈로 번역하는 번역기

⑤ 로더(Loader) : 로드 모듈을 수행하기 위해 메모리에 적재시켜 주는 기능을 수행

⑥ 크로스 컴파일러(Cross Compiler) : 원시 프로그램을 다른 컴퓨터의 기계어로 번역하는 프로그램

⑦ 전처리기(Preprocessor) : 원시 프로그램을 번역하기 전에 미리 언어의 기능을 확장한 원시 프로그램을 생성시켜 주는 시스템 프로그램

2 순서도 작성법

[1] 알고리즘과 순서도

(1) 알고리즘

어떤 문제를 해결하기 위하여 수행할 작업을 기본적인 단계로 세분하여 정하고, 이들 단계를 조합하여 정의된 조건의 실행에 의해 결론에 도달하는 순서를 말한다.

(2) 순서도

처리방법, 작업의 흐름, 순서 등을 정해진 기호를 사용하여 그림으로 나타내는 방법을 말한다.

(3) 순서도 작성 시 고려사항

① 처리되는 과정은 모두 표현한다.

② 간단하고 명료하게 표현한다.
③ 전체의 흐름을 명확히 알 수 있도록 작성한다.
④ 과정이 길거나 복잡하면 나누어 작성하고, 연결자로 연결한다.
⑤ 통일된 기호를 사용한다.

[2] 순서도 기호

순서도의 분류	기본 기호(basic symbol)
	프로그래밍 관계기호(symbols related to programming)
	시스템 관계기호(symbols related to system)

① 기본 기호(basic symbol)
　순서도의 가장 기본적인 동작을 표현하는 기호로 데이터의 일반적인 처리와 입·출력 행위, 흐름선, 연결자, 주해, 페이지 연결자 등으로 구성된다.

기 호	이 름	사용하는 곳
□	처 리	지정된 작동, 각종 연산, 값이나 기억 장소의 변화, 데이터의 이동 등의 모든 처리를 나타냄
⌐⌐⌐⌐	주 해	이미 표현된 기호를 보다 구체적으로 설명하며, 점선은 해당 기호까지 연결한다.
▱	입·출력	일반적인 입력과 출력의 처리를 나타냄
↔↕	화살표	흐름의 진행 방향을 표시
○	연결자	흐름이 다른 곳으로의 연결과 다른 곳에서의 연결을 나타내며, 화살표와 기호 내에 쓰여진 이름이 동일한 경우에만 연결관계를 나타냄
⌂	페이지 연결자	흐름이 다른 페이지로 연결됨과 다른 페이지에서의 연결되는 입력을 나타내며, 기호 내에 쓰여진 이름이 동일한 경우에만 연결관계를 나타냄
+×	흐름선	상호 논리적인 관계가 없음을 나타냄
↓↓↑	흐름선	오른쪽에서 왼쪽으로, 아래에서 위로 화살표를 하여야 하고, 처리의 흐름을 나타내며 선이 연결되는 순서대로 진행된다.
┼→┼←	흐름선	여러 개의 흐름이 한 곳으로 모여 하나가 됨을 나타냄

② 프로그래밍 관계 기호(symbols related to programming)

프로그램의 논리표현을 위한 기호로서, 기본 기호와 함께 사용하여 프로그램 전체의 논리를 표현할 수 있도록 하며, 준비, 의사결정, 정의된 처리, 단자 등으로 구성된다.

기 호	이 름	사용하는 곳
	준 비	기억장소의 할당, 초기값 설정, 설정된 스위치의 변화, 인덱스 레지스터의 변화, 순환 처리를 위한 준비 등의 표현
	의사 결정	변수의 조건에 따라서 변경될 수 있는 흐름을 나타내는 데 사용하는 판단기능
	정의된 처리	흐름도의 특수한 집합에서 수행할 그룹의 운용기호
	터미널/단자	프로그램 순서도의 시작과 끝의 표현
	병렬 형태	2개 이상의 동작이 동시에 이루어질 때의 표현

③ 시스템 관계 기호(symbols related to system)

시스템의 분석 및 설계 시에 데이터가 어느 매체에서 처리되어 어느 매체로 변환하여 이동하는지를 나타내기 위한 기호로, 기본 기호를 함께 사용하여 순서도를 작성한다. 기호는 데이터에 변화를 가하는 기호와 어떤 작업을 나타내는 기호, 매체를 나타내는 기호들로 구성된다.

기 호	이 름	사용하는 곳
	펀치 카드	펀치 카드 매체를 통한 입·출력을 나타냄
	카드 뭉치	펀치 카드가 모여 있음을 표시
	카드 파일	펀치카드에 레코드가 모여서 파일을 구성하고 있음을 표시
	서 류	각종 원시 데이터가 기록된 서류나 종이 매체에 출력되는 결과 및 문서화된 각종 서류를 표시
	자기 테이프	자기 테이프 매체를 통한 입·출력을 나타냄
	종이 테이프	종이 테이프 매체를 통한 입·출력을 나타냄
	키 작업	자판을 통한 키 펀칭이나 검사 등의 작동을 표시

기 호	이 름	사용하는 곳
	온라인 기억장치	온라인 상태의 각종 보조기억장치 매체를 통한 입·출력을 나타냄
	자기 드럼	자기 드럼 매체를 통한 입·출력을 나타냄
	자기 코어	자기코어 매체를 통한 입·출력을 나타냄
	디스켓	디스켓 매체를 통한 입·출력을 나타냄
	카세트테이프	카세트테이프를 통한 입·출력을 나타냄
	오프라인 기억장치	오프라인 상태의 기억 매체에 레코드들이 기록됨을 나타냄
	병합	정렬된 2개 이상의 파일을 합쳐서 하나의 파일을 생성
	대합	2개 이상의 파일을 합쳐서 다른 2개 이상의 파일을 생성
	정렬	조건에 관계없이 배열된 데이터를 조건에 따라 순서대로 배열하는 작업
	추출	파일에서 필요한 부분만 분리하여 새로운 파일을 생성
	화면 표시	온라인 상태에서 CRT, 콘솔 등에 메시지나 결과를 출력
	수동입력	온라인으로 연결된 자판 스위치 등을 통하여 각종 정보를 수동으로 입력
	수동조작	오프라인 상태에서 데이터 처리 작업을 수동으로 조작
	보조 조작	오프라인 상태에서 직접 중앙처리장치의 통제를 받지 않는 장치에서 행해지는 작업을 나타냄
	통신 연결	전화선이나 무선 등의 각종 통신회선과 연결을 나타냄

[3] 순서도의 종류

① 시스템 순서도(system flowchart)
주로 시스템 분석가가 시스템 설계나 분석을 할 때에 작성되며, 자료의 흐름을 중심으로 시스템 전체의 작업 내용을 총괄적으로 나타낸 순서도로서, 각 부분별 처리는 처리 단계와 순서 및 입·출력 매체의 종류 등만을 표시한다.

② 프로그램 순서도
시스템 전체의 작업 중에서 전산 처리를 하는 부분을 중심으로 자료 처리에 필요한 모든 조작의 순서를 나타낸 순서도
  ㉠ 개략 순서도(general flowchart) : 프로그램 전체의 내용을 개괄적으로 표시하는 순서도로서, 전체적인 처리 방법과 순서를 큰 부분으로 나누어, 하나의 순서도로 일괄하여 나타내는 것이 좋다.
  ㉡ 상세 순서도(detail flowchart) : 개략 순서도의 처리 단계마다 전자계산기가 수행할 수 있도록 모든 조작과 자료의 이동 순서를 하나도 빠짐없이 표시하고, 코딩하면 바로 프로그램이 작성될 수 있을 정도로 가장 세밀하게 그려진 순서도이다.

3 프로그래밍 언어

[1] BASIC(Beginner's All-purpose Symbolic Instruction Code)

1965년 개발된 언어로, 언어구조가 쉽고 간단해서 초보자들이 배우기 쉬운 대화형의 인터프리터 중심의 언어이다. 그러나 기존의 프로그래밍 언어와 달리 미래의 바람직한 언어 개념에 관련시킬 만할 주요 개념을 거의 찾아볼 수 없는 단점이 있으나, 현재는 운영체제의 발전과 더불어 가장 쉬운 윈도우용 프로그램 개발도구로 비쥬얼 베이직(Visual Basic)이 각광받고 있다.

(1) Basic의 특징
① 문법의 규칙이 간단하여, 초보자가 배우기 용이하다.
② 프로그램의 작성이 용이하다.
③ 인터프리터 언어이므로 프로그램을 즉시 시험하기 때문에 작업시간이 단축된다.

④ 문장 앞에 행 번호를 부여하여야 하며, 행 번호순으로 실행된다.
⑤ 수치 계산이나 행렬 계산이 간단하다.

(2) 연산자

① 산술 연산자

	연산 순위	연산자	연산 의미
산술 연산자	1	^	거듭제곱
	2	-	음수(부호)
	3	*	곱셈
	3	/	나눗셈
	4	+	덧셈
	4	-	뺄셈

② 관계 연산자

	연산자	연산 의미	관계식
관계 연산자	>	크다	X > Y
	<	작다	X < Y
	>=	크거나 같다	X >= Y
	<=	작거나 같다	X <= Y
	=	같다	X = Y
	<> 또는 ><	다르다	X <> Y

③ 논리 연산자

	연산 순위	연산자	연산 의미
논리 연산자	1	NOT	부정
	2	AND	두 식 모두 참일 경우
	3	OR	둘 중 하나만 참일 경우
	4	XOR	서로 다른 경우에만 참인 경우
	5	IMP	
	6	EQV	

④ 산술 연산의 실행

　㉠ 괄호 → -(음수) → 거듭제곱 → 곱셈, 나눗셈 → 덧셈, 뺄셈 순으로 산술 연산을 한다.

　㉡ NOT → AND → OR → XOR → IMP → EQV 순으로 논리 연산을 한다.

　㉢ [ ]와 { } → ( )로 바꾸어 사용한다.

　㉣ 같은 우선순위일 때는 좌측에서 우측으로 실행된다.

(3) 명령문

명　령	내　용
DIM	배열의 선언문
FOR~NEXT	FOR문 안의 내용을 FOR문에서 지정한 횟수만큼 반복 수행한다.
GO SUB~RETURN	GO SUB문에 의해 부프로그램으로 분기하여 실행하다가 RETURN문을 만나면 주프로그램으로 복귀한다.
IF~THEN~ELSE	IF문 다음의 조건식이 맞으면 THEN 이후의 문장을 수행하고, 아니면 다음 문장을 수행한다.
INPUT	키보드를 통해 데이터를 입력한다.
ON~GO TO	ON 다음의 변수값에 따라 GO TO문 다음의 번호로 분기
ON~GO SUB	ON 다음의 변수값에 따라 GO SUB문 다음의 번호로 분기하여 실행하다가 RETURN문에 의해 복귀한다.
READ~DATA	READ문에 의해 DATA문의 자료를 입력받는다.
RESTORE	READ~DATA문으로 데이터를 반복해서 읽고자 할 경우에 사용한다.

[2] FORTRAN(Formula Translation)

고급 언어 중 가장 먼저(1957년) 개발된 과학 기술용 프로그램 언어로, 과학자·공학자 및 수학을 하는 사람들의 편리성을 위하여 설계되어, 복잡한 수학계산에 연산자를 사용하여 쉽게 나타낼 수 있는 언어로, 과학기술 분야에 널리 사용되었다.

(1) 연산자

① 산술 연산자

산술연산자	연산자	연산 의미
	+	덧셈
	-	뺄셈
	*	곱셈
	/	나눗셈
	**	거듭제곱

② 관계 연산자

관계연산자	연산자	연산 의미
	GT	Greater Than (~보다 크다)
	LT	Less Than (~보다 작다)
	EQ	EQual to (~과 같다)
	GE	Greater than or Equal to (~보다 크거나 같다)
	LE	Less Than or Equal to (~보다 작거나 같다)
	NE	Not Equal to (~과 서로 다르다)

③ 논리 연산자

논리 연산자	연산자	연산 의미
	AND	조건식이 모두 참이어야 결과가 참이 됨(논리곱)
	OR	조건식이 하나 이상 참이면 결과가 참이 됨(논리합)
	NOT	조건식을 부정하는 결과가 된다.(논리부정)

(2) 명령문

명 령	내 용
COMMON	비실행문으로 2개 이상의 프로그램 사이에서 공동영역을 지정한다.
DIMENSION	비실행문으로 배열을 선언한다.
DO~CONTINUE	일정한 수를 증감시키면서 그 값이 원하는 범위의 값이 될 때까지 DO~CONTINUE 범위 안에 있는 문장들을 반복 수행하는 실행문

명 령	내 용
EQUIVALENCE	한 프로그램 내에서 공동영역을 지정하는 비실행문
FORMAT	비실행문으로 READ문이나 WRITE문과 함께 사용되는 명령으로 입·출력되는 자료의 크기나 형태를 지정한다.
GO TO	무조건 분기명령의 실행문
IF	조건문으로 크기(대소)를 비교, 판단하는 실행문
READ	READ문에서 지정한 입력장치로부터 자료를 입력받아 해당변수에 기억시키는 실행문
WRITE	컴퓨터 내에서 처리된 결과를 출력장치를 통하여 인쇄하고자 할 경우에 사용하는 실행문

[3] COBOL(Common Business Oriented Language)

1960년 개발된 언어로 인사, 자재, 판매, 회계, 생산관리 등에 주로 사용되는 상업용 사무처리를 위하여 일상에서 사용하는 영어와 같은 표현으로 기술하도록 설계된 프로그래밍 언어로, 기계와 독립적으로 설계되어, 메이커와 기종이 상이하더라도 큰 변화 없이 프로그램의 작성 및 실행을 할 수 있도록 한 사무처리용 언어이다.

(1) COBOL PROGRAM의 체계

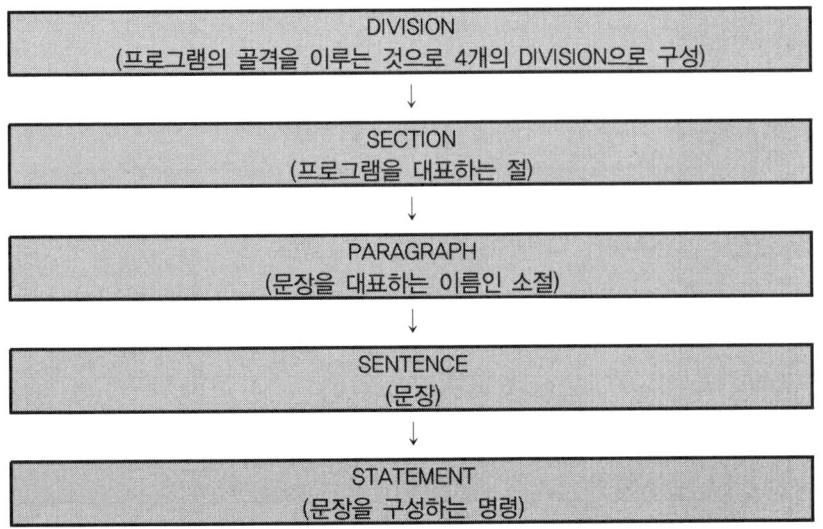

① INENTIFICATION DIVISION(표제부분)

PROGRAM의 설명부로 7개의 PARAGRAPH와 그에 따른 STATEMENT가 있으며, 프로그램의 명칭, 작성자, 작성일, 설치 장소, 기타 사항 등을 표시하는 DIVISION. 4개의 DIVISION 중 가장 선두에 위치

② ENVIRONMENT DIVISION(환경부분)

2개의 SECTION과 PARAGRAPH로 구성되어 있으며 사용하는 컴퓨터 및 입출력되는 정보와 입출력장치와의 연결사항을 기술함

③ DATA DIVISION(자료부분)

4개의 SECTION으로 구성되어 있으며 데이터의 크기, 형태, 내용 등에 대하여 상세히 기술함

④ PROCEDURE DIVISION(절차부분)

컴퓨터가 실행, 처리해야 할 데이터의 처리순서를 기술하는 부분으로, 실제 컴퓨터에 의해 작업이 실행된다. 좁은 의미의 프로그램이라고 할 수 있다.

(2) 픽처(PICTURE)

DATA DIVISION에서 자료가 기억되는 기억장소의 크기, 성격을 표시

기억형 기호	9	0~9 사이의 숫자를 지정
	A	A~Z 사이의 문자를 지정
	X	혼합형으로 COBOL에서 사용되는 모든 문자를 지정
편집형 기호	Z, ,, $, CR, DB, *, +, -, / 등	

(3) 표의 상수(FIGURATIVE CONSTANT)

지정상수	의 미
ALL "상수"	기억장소에 특정 문자로 채우려고 할 때 사용한다.
HIGH-VALUE, HIGH-VALUES	최대치를 나타낸다.
LOW-VALUE, LOW-VALUES	최소치를 나타낸다.
QUOTE, QUOTES	" "(따옴표)
SPACE, SPACES	공백을 나타낸다.
ZERO, ZEROS, ZEROES	숫자(0)을 나타낸다.

(4) 명령문

명 령	내 용
ACCEPT	적은 양의 데이터를 콘솔을 통해 직접 입력한다.
ADD	덧셈
CLOSE	열려 있는 파일을 닫아 준다.
COMPUTE	복합 연산 명령 사용
DISPLAY	데이터를 출력한다.
DIVIDE	나눗셈
EXAMINE	항목에 기억되어 있는 문자의 수를 세거나 특정 문자를 다른 문자로 바꾸거나 찾고자 하는 문자가 어느 위치에 있는가를 살펴 값을 기억한다.
GO TO	제어의 분기
MOVE	기억장소의 내용이나 값을 다른 기억장치로 이동한다.
MULTIPLY	곱셈
OPEN	입출력 파일을 사용하기 전에 열어준다.
PERFORM	반복문
READ	명령에 의해 연 입력파일을 주기억장치로 읽어 들인다.
SUBTRACT	뺄셈
WRITE	OPEN 명령에 의해 열린 입력파일을 주기억장치로 읽어 들인다.

[4] C언어

1974년 개발된 언어로 UNIX 시스템을 구축하기 위한 시스템 프로그래밍 언어로서 수식이나 제어 및 데이터 구조를 가장 간편하게 제공하고 있다. C언어는 원래 시스템 프로그램으로 개발되었으나 기종에 관계없이 수치 해석, 텍스트 처리, 데이터베이스 처리를 위한 프로그램에도 많이 활용되고 있으며, UNIX 운영체제를 위해 개발한 시스템 프로그램 언어로 저급 언어와 고급 언어의 특징을 모두 갖춘 언어이다.

(1) C언어의 특징

① 저급 언어인 어셈블리어의 기능과 고급 언어의 특징이 결합된 중급 언어의 특징을 갖는다.

② 표현이 간략하고, 구조화 프로그램에서 요구되는 기본적인 제어구조를 제공한다.
③ 이식성이 높은 언어로 특정한 하드웨어에 국한되지 않고, 융통성이 풍부하다.
④ 많은 데이터형과 연산자를 갖는다.
⑤ 영문 소문자를 기본으로 설계
⑥ 컴파일하여 작성된 로드 모듈(load module)은 운영체제에서 곧 명령어로 실행될 수 있다.
⑦ 자료의 주소를 자유롭게 조절할 수 있다.

(2) C언어의 체계

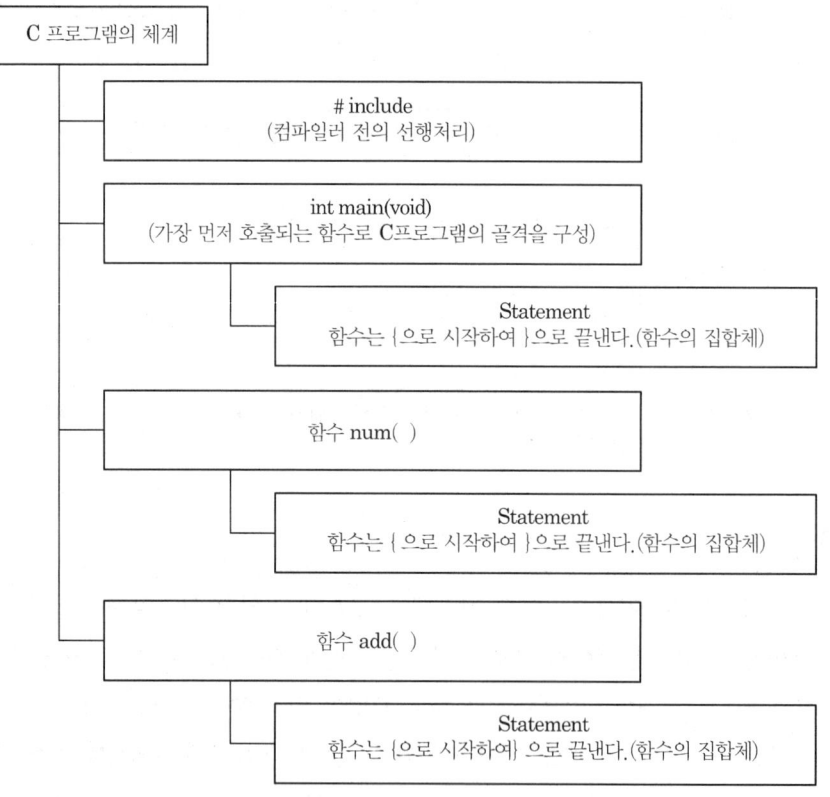

① #include
프리프로세서 부분으로 컴파일러가 되기 전에 컴퓨터가 작업을 수행하는 부분으로, include 파일들은 많은 프로그램에서 공통으로 사용되는 정보를 공유할 수 있

도록 컴파일 전에 stdio.h의 내용과 연결시켜준다.

② int main(void)

C언어에 대한 프로그램은 main( ) 함수를 기준으로 처음 실행되며, 컴파일러는 main( ) 함수를 기준으로 컴파일하고 main( ) 함수를 이루는 형태는 리턴되는 값의 형 main(함수 내부로 전달되는 정보)으로 구성된다.

③ 변수 num

항상 함수는 중괄호를 열고 함수가 차지하는 메모리의 어느 영역에 num이라는 변수를 할당하게 되며, int는 데이터형을 나타내고 그 할당된 메모리의 공간에 2라는 수를 넣는다.

④ 함수 printf

printf 함수는 선행처리기에 의해 stdio.h의 설명에 따라 소괄호 속의 문자를 출력하며, %d는 괄호 뒷부분의 num 값이 어디에 위치하며 어떤 형태로 출력할 것인지를 컴퓨터에 알려주고, 출력으로 인해 호출된 main( ) 함수가 호출시킨 컴퓨터로 리턴되는 값이 없으므로 0으로 되돌려 주고 중괄호를 닫는다.

⑤ statement

세미콜론(;)은 한 문장이 종결되었음을 나타내며, 컴파일러는 한 문장씩 수행하고, 괄호 속에 들어 있는 문자들은 main( ) 함수로 전달되는 정보로 함수전달인자라 하며, \n(개행문자)은 행을 바꾸라는 명령어이다.

(3) 연산자

① 산술 연산자

종 류	연산자(기호)	연산의 의미	관계식
산술 연산자	*	곱셈	X*Y
	/	나눗셈	X/Y
	%	나머지 계산	X%Y
	+	덧셈	X+Y
	-	뺄셈	X-Y

② 관계 연산자

종 류	연산자(기호)	연산의 의미	관계식
관계 연산자	>	~보다 크다.	a>b
	>=	~보다 크거나 같다.	a>=b
	<	~보다 작다.	a<b
	<=	~보다 작거나 같다.	a<=b
	==	같다.	a==b
	!=	다르다.	a!=b

③ 논리 연산자

종류	기호	연산의 의미
논리 연산자	! (단항)	부정(NOT)
	&& (이항)	그리고(AND)
	|| (이항)	또는(OR)

④ 증가·감소 연산자

		기 호	내 용
증가 연산자	++	++a	a값에 먼저 1 증가시킨 후 계산
		a++	a값을 먼저 계산한 후 1 증가
		기 호	내 용
감소 연산자	--	--a	a값에 먼저 1 감소시킨 후 계산
		a--	a값을 먼저 계산한 후 1 감소

⑤ 3항 연산자

3항 연산자	((조건식)? a:b);	a : 조건식이 참일 때 수행할 내용
		b : 조건식이 거짓일 때 수행할 내용

(4) 입출력 함수

종 류	의 미
getchar( )	한 문자 입력한다.
gets( )	문자열 입력한다.
printf( )	표준 출력함수이다.
putchar( )	한 문자 출력함수로, 출력 후 개행하지 않음
puts( )	문자열 출력함수로, 출력 후 자동개행
scanf( )	표준입력함수로 키보드를 통해 입력한다. 숫자 또는 단일 문자 변수에 값을 읽어들이려면 변수 앞에 '&'를 붙임

(5) 명령어

명 령	내 용
break	for, while, do~while, switch문과 같은 반복문이나 조건문 수행 중 범위를 완전히 벗어나고자 할 경우 사용한다.
continue	반복문에서 continue문을 만나면 continue문 이후 문장을 무시하고, 반복 조건식으로 제어권을 이동한다.
do~while	일단은 한 번 수행한 후 조건식이 만족하는 동안 while문 안의 내용을 반복 수행한다.
for	조건식이 만족하지 않을 때까지 for문 안의 내용을 반복한다.
goto	무조건 분기
if~else	if문의 조건식이 맞으면 if문 다음 문장을 수행하고, 틀리면 else 다음 문장을 수행한다.
switch~case	각각의 조건(case)에 따른 처리를 하고자 할 경우 사용한다.
while	조건식이 만족하는 동안 while문 안의 내용을 반복 수행한다. (조건이 만족하지 않으면 한 번도 수행하지 않을 수도 있음)

제4절 마이크로프로세서의 구조와 기능

1 마이크로컴퓨터의 구조와 특징

[1] 마이크로프로세서의 기본 구조

마이크로컴퓨터는 중앙처리장치(CPU), 기억장치, 입·출력장치의 3가지 기본 장치로 구성된 작은 규모의 컴퓨터 시스템이며 중앙처리장치(CPU)만을 의미하는 것은 마이크로프로세서이다.

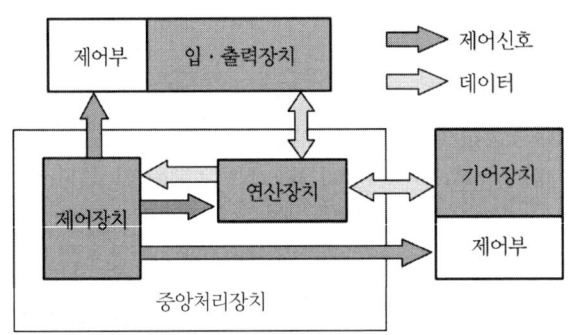

[마이크로프로세서의 구조]

(1) 중앙처리장치(CPU : Central Process Unit)

산술 논리 연산 기능과 제어 기능을 가지고 있다.

① 연산 기능 : 덧셈과 뺄셈 같은 산술 연산과 AND, OR, NOT과 같은 논리 연산이 있다.

② 제어 기능 : 중앙처리장치, 입·출력장치 그리고 기억장치 사이의 자료 및 제어 신호의 교환이 이루어지도록 하며, 명령이 수행되도록 한다.

(2) 기억장치

메모리	RAM (Random Access Memory)	DRAM(Dynamic RAM)
		SRAM(Static RAM)
	ROM (Read Only Memory)	EPROM(Erasable Programmable ROM)
		EEPROM(Electrically EPROM)
		PROM(Programmable ROM)
		Mask ROM

마이크로컴퓨터의 주기억장치는 RAM과 ROM을 사용하며, 주기억장치는 마이크로프로세서와 직접 데이터를 주고받기 때문에 동작속도가 매우 빠른 메모리를 사용하며, 프로그램의 처리 대상이 되는 데이터 및 데이터의 처리 결과를 일시적으로 기억시킨다.

① 기억장치의 종류
  ㉠ ROM(Read Only Memory)
    제조과정에서 프로그램을 입력하여 기억시킬 수 있으나, 읽기(Read)만 가능하고, 사용자가 프로그램의 내용을 변경할 수 있는 반도체 메모리 전원이 꺼져도 기억된 내용이 소거되지 않는 비휘발성 메모리로, 프로그램의 내용을 변화시키지 않고 사용하는 전용 시스템에 유용하게 사용된다.
    ⓐ EPROM(Erasable Programmable ROM) : 자외선을 이용하여 기억내용을 소거하고, 몇 번이고 소거와 기록이 가능한 ROM이다.
    ⓑ EEPROM(Electrically EPROM) : 저장된 데이터를 전기적으로 전압을 걸어서 소거하고, 쓰기(기억)가 가능한 ROM이다.
    ⓒ PROM(Programmable ROM) : 전기적인 신호(펄스)를 이용하여 데이터를 저장하는 장치로, 데이터가 기록된 후에는 읽기 전용으로 변하는 ROM이다.
    ⓓ 마스크 ROM(Mask ROM) : 제조 시에 프로그램이나 데이터를 영구적으로 기록한 것으로, 데이터는 변경이 불가능하여 대량생산에 유리하며, PROM과 같은 동작을 하는 ROM이다.
  ㉡ RAM(Random Access Memory)
    빠른 동작 속도로 컴퓨터의 주기억장치로 사용되는 메모리로, 읽기(Read)와 쓰기(Write)가 가능하며, 메모리 내의 위치에 관계없이 읽기와 쓰기에 걸리는 시

간(access time)이 같다.

ⓐ DRAM(Dynamic RAM) : 커패시터(capacitor)를 기본 기억소자로 구성되며, 충전된 전하의 자연 방전에 따른 주기적인 재충전(refresh)이 필요하다. 소비전력이 낮고, 집적도가 높아 가격이 저렴하여 주기억장치로 널리 사용된다.

ⓑ SRAM(Static RAM) : 플립플롭(flip-flop)을 기본 기억소자로 구성되며, 전원이 공급되는 동안에는 기억된 정보는 소실되지 않는 반도체 메모리이다.

ⓒ DRAM과 SRAM의 비교

구 분	DRAM	SRAM
리프레시(재충전)	주기적 필요	불필요
속 도	느리다	빠르다
회로구조	커패시터로 단순	플립플롭으로 복잡
칩의 크기	작다	크다
가 격	저렴하다	비싸다
용 도	일반 메모리	캐시 메모리

ⓓ 메모리의 용량 계산

전체 메모리의 용량=총 주소 수×데이터선의 수

주소선이 A개이고, 데이터선이 D개인 메모리의 용량은?

$$메모리\ 용량 = 2^A \times D$$

(3) 입·출력장치

① 입력장치 : 10진수나 문자 및 기호 등을 컴퓨터가 이해할 수 있는 2진 코드로 변환한다.

② 출력장치 : 컴퓨터로부터 출력되는 2진 코드를 사람이 이해할 수 있는 문자나 10진 숫자로 변환한다.

(4) 컴퓨터의 동작

컴퓨터의 동작은 메모리를 주체로 한 시분할 동작이며 메모리에서 명령을 읽어오는 페치 사이클(Fetch cycle)과 그 명령을 수행하는 엑스큐트 사이클(Execute cycle)의 반복으로 수행된다.

① 페치 사이클(Fetch cycle) : CPU가 명령을 수행하기 위하여 주기억장치에서 명령을 꺼내는 단계로서, 계산에 의한 주소를 가진 경우의 유효 주소를 계산하고, 다음의 인스트럭션을 가져온다.

② 엑스큐트 사이클(Execute cycle) : 명령을 해석하여 해독된 명령어에 의해 처리할 자료를 읽어들여 수행하고 그 결과를 저장하는 시간으로 실제의 연산을 수행하는 단계이다.

③ 머신 사이클(Machine cycle) : 하나의 기계적인 작동을 수행하는 단계이다.

④ 인스트럭션 사이클(Instruction cycle) : 기억장치에서 명령을 읽어들여 해독하고, 제어 계수기가 1씩 증가하는 데 걸리는 시간으로 한 개의 명령을 수행하는 시간을 말한다.

(5) 버스의 종류

CPU와 기억장치, 입·출력 인터페이스 간에 제어신호나 데이터를 주고받는 전송로를 말하며, 버스는 주소 버스, 제어 버스, 데이터 버스의 세 종류로 이루어진다.

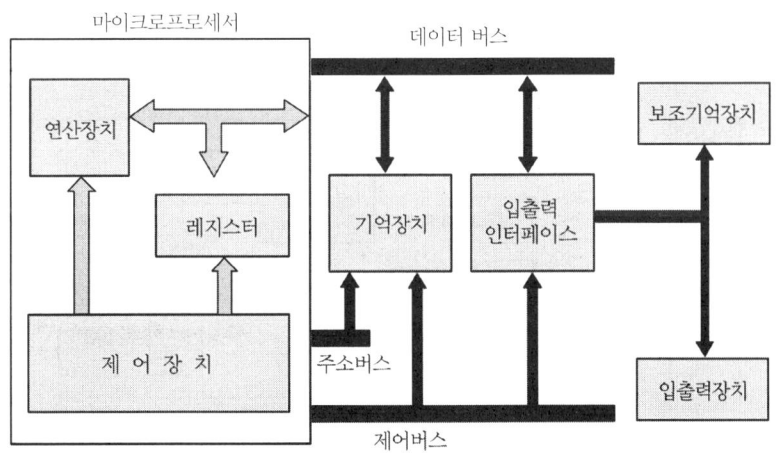

[버스의 종류]

① 주소 버스(address bus) : CPU가 메모리 중의 기억 장소를 지정하는 신호의 전송 통로로서, 주소 버스 수에 따라 시스템의 전체 메모리 공간이 결정된다.

주소 버스는 CPU에서 메모리나 입·출력장치 쪽의 단일 방향으로 정보를 보내는 단방향 버스로 주소 버스에서 발생하는 각 주소는 하나의 메모리 위치나 입·출력 장치 하나하나와 일 대 일 대응한다.

② 데이터 버스(data bus) : 입·출력시키는 데이터 및 기억장치에 써넣고 읽어내는 데이터의 전송 통로로서, 데이터 버스 수는 CPU가 동시에 처리할 수 있는 데이터의 양을 나타내며, CPU가 몇 비트인가를 결정하는 기준이 된다.

데이터 버스는 CPU로 들어오는 데이터나 CPU에서 나가는 데이터가 양방향으로 전송되는 양방향 버스이다.

③ 제어 버스(control bus) : 중앙처리장치와의 데이터 교환을 제어하는 신호의 전송 통로로서, CPU가 현재 무엇을 원하는지를 메모리나 입·출력장치에 알려주거나, 역으로 CPU가 어떤 동작을 하도록 주변장치가 요청할 때 사용하는 신호이다. 제어 버스는 단일 방향으로 동작하는 단방향 버스이다.

2 중앙처리장치의 내부 구성

중앙처리장치의 내부는 레지스터와 산술논리연산장치로 되어 있고 기억장치와의 사이에 어드레스, 데이터, 제어 신호가 연결되어 있다.

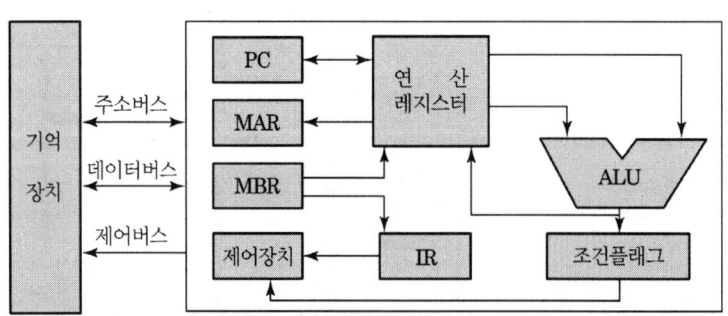

[중앙처리장치의 구성]

(1) 프로그램 카운터(program counter : PC)

16비트의 길이를 가지고 있으며 CPU가 다음에 처리해야 할 명령이나 데이터의 메모리상의 번지를 지시한다.

(2) 메모리 어드레스 레지스터(memory address register : MAR)

어드레스를 가진 기억장치를 중앙처리장치가 이용할 때 원하는 정보의 어드레스를 넣어 두는 레지스터이다.

(3) 메모리 버퍼 레지스터(memory buffer register : MBR)

기억장치로부터 불러낸 정보나 또는 저장할 정보를 넣어 두는 레지스터이다.

(4) 산술논리연산장치(ALU)

CPU가 해야 할 처리를 실제적으로 수행하는 장치로 가산기를 주축으로 구성되어 있다.

(5) 상태 레지스터(status register)

ALU에서 산술 연산 또는 논리 연산의 결과로 발생된 특정한 상태를 표시해 주며 플래그 레지스터 또는 상태 코드 레지스터라고도 부른다.

① Z(zero) 비트 : 연산 결과 값이 0이면 Z비트는 1 상태, 그렇지 않으면 0이 된다.

② C(carry) 비트 : 2진 연산 중 최상위 비트에서 자리올림(carry)이나 빌려옴(borrow)이 발생하였을 때 1로 set된다.

③ S(sign) 비트 : 2진수에서 연산 결과가 양이면 최상위 비트가 0으로, 음이면 1로 set된다.

④ P(parity) 비트 : 데이터 전송 시 발생하는 오차 등을 검출하기 위한 목적으로 사용되며 짝수 패리티(even parity) 처리의 CPU인 경우 1의 개수가 홀수이면 1로 set되고 짝수이면 0으로 reset된다.

⑤ AC(auxiliary carry) 비트 : BCD 연산에서 3번 비트에서 4번 비트로 캐리가 발생할 경우 AC 비트로 1로 set되고 그 외는 0으로 reset된다.

(6) 명령 레지스터(instruction register : IR)

메모리에서 인출된 내용 중 명령어를 해석하기 위해 명령어만 보관하는 레지스터이다.

(7) 스택 포인터(stack pointer : SP)

레지스터의 내용이나 프로그램 카운터의 내용을 일시 기억시키는 곳을 스택이라 하며 이 영역의 선두 번지를 지정하는 것을 스택 포인터라 한다.

(8) 누산기(accumulator : ACC)

ALU에서 처리한 결과를 항상 저장하며 또한 처리하고자 하는 데이터를 일시적으로 기억하는 레지스터이다.

(9) 범용 레지스터(general purpose register)

CPU에 필요한 데이터를 일시적으로 기억시키는 데 사용되는 레지스터이다.

(10) 동작 레지스터(working register)

CPU가 일을 처리하기 위해 CPU만이 사용 가능한 레지스터이다.

3 마이크로프로세서의 특징

마이크로프로세서는 MPU(microprocessing unit)라고도 불리며, 컴퓨터의 CPU 기능을 가지는 것으로 1개의 LSI로 되어 있다.

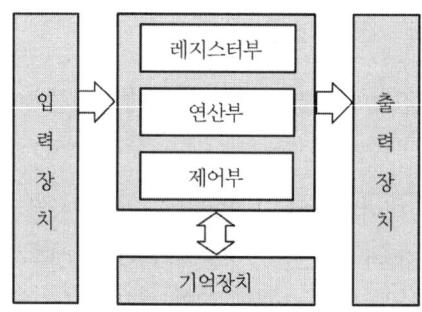

[마이크로프로세서의 기본 구성]

(1) 마이크로프로세서의 데이터 처리부

① 연산장치(arithmetic logic unit : ALU)
4칙 연산과 시프트, 비교 및 판단 등을 수행하며, 누산기(Accumulator), 가산기(Adder), 카운터(Counter), 레지스터(Resister)로 구성

② 시스템 레지스터(누산기, 프로그램 계수기 등)

③ 범용 레지스터 : CPU에 필요한 데이터를 일시적으로 기억하는 레지스터

(2) 기억장치의 어드레스

HL 레지스터, 스택 포인터(stack pointer), 프로그램 카운터(program counter), 범용 레지스터, 또는 오퍼랜드로서 어드레스 지정이 된다.

(3) 8080계 마이크로프로세서의 특징(8080, 8085, Z-80, F8)

① 사용자 범용 레지스터를 갖추고 있다.
② 연산의 기본은 누산기와 레지스터 간에 수행된다.
③ 기억장치에 대한 어드레스 명령과 입·출력 기기를 제어하기 위한 입·출력 명령이 구분되어 있다.

(4) 6800계 마이크로프로세서의 특징(6800, 6809, 6502, PPS-4, PPS-8)

① 사용자 범용 레지스터를 가지고 있지 않다.
② 연산의 기본은 누산기와 기억장치간에 수행된다.
③ 기억장치에 대한 어드레스 명령과 입·출력 기기를 제어하기 위한 입·출력장치에 대한 액세스를 행한다.
④ 8bit 마이크로프로세서이다.

(5) 8086 마이크로 프로세서

① 29,000여개의 트랜지스터를 포함하고 있으며 16bit로 이루어진 마이크로프로세서이다.
② 8080계열보다 정보의 처리 속도 등이 많이 향상되었다.
③ 다중 프로그램이 가능하다.
④ 16bit 마이크로프로세서이다.

(6) 8080 IOP 마이크로프로세서

① 8086 마이크로프로세서가 중앙처리장치(CPU)로 쓰이는 마이크로컴퓨터에서 IOP 기능을 갖도록 설계된 것이다.
② 50개의 명령 set를 가지고 있다.
③ 8086은 CPU 기능을 담당하고 8089는 IOP 기능을 담당한다.

(7) 마이크로프로세서의 응용분야

① 사무자동화 기기의 제어분야
  ㉠ 복사기 및 문서작성용 기기의 제어
  ㉡ 회계 및 인사관리용의 사무자동화 기기의 제어

② 가정용 제품 및 기기의 제어분야
  ㉠ 선풍기, 음향 기기, 세탁기, 에어컨, TV 등의 제어
  ㉡ 보일러, 홈 오토메이션 기기의 제어

③ 산업용 기기의 제어분야
  ㉠ 컴퓨터 이용 설계(CAD : computer aided design)
  ㉡ 컴퓨터 이용 생산(CAM : computer aided manufacture)
  ㉢ 컴퓨터 수치 제어(CNC : computer numerical control) 공작기계 : CNC 공작기계, 머시닝센터, NC 선반, NC 밀링
  ㉣ 공장자동화(FA : Factory Automation)
  ㉤ 교통신호 제어 및 차량제어 등

제5절 명령 형식

명령어(instruction)는 컴퓨터가 이해할 수 있는 2진수 체계로 된 기계어(machine language)로서 주기억장치에 저장된다.

(1) 프로그램

프로그램은 각각 특정한 동작을 지정하는 명령으로 구성되며 보통 연산자(Op code)와 하나 이상의 오퍼랜드(operand)로 구성된다.

① Op code(operation code) : 연산자, 명령의 형식, 자료의 종류를 지정한다.
② 오퍼랜드(operand) : 자료, 자료의 주소, 주소를 구하는 데 필요한 정보, 명령의 순서를 지정한다.

(2) 명령 집합

　① 조작 명령 : 데이터의 변형, 중앙처리장치 내의 데이터 이동 등을 다루는 명령
　② 순서 제어 명령 : 명령의 수행 순서를 제어하는 명령
　③ 외부 명령 : 중앙처리장치의 외부장치와 데이터를 교환하는 명령

(3) 인스트럭션(instruction)의 종류

　① 3-주소 형식(3-address instruction)

　　여러 개의 범용 레지스터를 가진 컴퓨터에서 사용할 수 있는 형식

OP코드	주소1	주소2	주소3

　　㉮ 수행 시간이 길어서 특수한 목적 이외에는 사용하지 않는다.
　　㉯ 연산 수행 후 피연산자가 변하지 않고 보존되는 장점이 있다.

　② 2-주소 형식(2-address instruction)

　　두 개의 주소 중에 한 곳에 연산 결과를 기록하므로, 연산 결과를 기억시킬 곳의 주소를 인스트럭션 내에 표시할 필요가 없는 형식으로 계산 결과를 시험하고자 할 때 CPU 내에서 직접 시험이 가능하여 시간을 절약할 수 있다.

OP코드	주소1	주소2

　③ 1-주소 형식(1-address instruction)

　　AC에 기억되어 있는 자료를 모든 인스트럭션에서 사용하며, 연산 결과를 항상 AC에 기억하도록 하면 연산 결과의 주소를 지정해 줄 필요가 없으므로 인스트럭션에서는 하나의 입력자료의 주소만을 지정해주면 되는 형식

OP코드	주소1

　④ 0-주소 형식(0-address instruction)

　　인스트럭션에 나타난 연산자의 수행에 있어서 피연산자들의 출처와 연산의 결과를 기억시킬 장소가 고정되어 있거나 특수한 그 주소들을 항상 알 수 있으면 인스트럭션 내에서는 피연산자의 주소를 지정할 필요가 없으며 연산자만을 나타내 주면 되는데 이러한 형식의 인스트럭션을 0 주소 방식이라 한다.

　　연산을 위하여 스택을 갖고 있으며, 모든 연산은 스택에 있는 피연산자를 이용하여

수행하고 그 결과를 스택에 보존한다.

OP코드

제6절 DATA 형식

인스트럭션(instruction : 명령)은 연산자(operation code : OP code)와 주소(address)로 이루어져 있다.

OP code	address(Operand)

(1) 함수 연산 기능(functional operation)

논리적 연산과 산술적 연산, 그리고 그 외의 많은 함수 연산자들은 응용 분야를 불문하고 사용하기가 편리하다.

(2) 전달 기능(transfer operation)

CPU와 기억장치 사이의 정보 교환을 행하는 것으로, 기억장치에서 중앙처리장치로 정보를 옮겨오는 것을 load, 또는 fetch라고 하며 그 반대로 중앙처리장치의 정보를 기억장치에 기억시키는 것을 store라고 한다.

기 능	인스트럭션	의 미
함수 연산	ADD X	(AC) ← (AC)+M(X)
	AND X	(AC) ← (AC)×M(X)
	CPA	(AC) ← (AC)
	CPC	(C) ← (C), C는 올림수
	CLA	(AC) ← 0
	CLC	(C) ← 0
	ROL	C와 AC를 1비트 좌측으로 회전
	ROR	C와 AC를 1비트 우측으로 회전

기 능	인스트럭션	의 미
전 달	LSA X STA X	(AC) ← (X) M(X) ← (AC)
제 어	JMP X SMA SZA SZC	PC ← (X) (AC)<0이면 PC ← PC+2 (AC)=0이면 PC ← PC+2 (C)=0이면 PC ← PC+2
입·출력	INP X OUT X	입력장치 X에서 1바이트를 읽어서 AC에 기억된 자료의 1바이트를 출력장치 X에 보냄

(3) 제어 기능(control operation)

프로그램의 인스트럭션의 수행 순서를 결정하며, 제어 인스트럭션에 의해서 프로그램의 수행 순서를 정한다.

(4) 입·출력 기능(I/O operation)

프로그램으로 입력이 가능한 기능이 있어야 하며, 기억된 계산 결과를 프로그래머에 알리기 위해서 출력장치를 이용한다.

마이크로컴퓨터 시스템과 주변장치와의 데이터 전달 방법은 여러 가지가 있으나, 대개 다음과 같은 세 가지 방법으로 집약될 수 있다.

① 프로그램 입·출력 : 프로그램 입·출력(programmed I/O)은 마이크로컴퓨터와 주변장치들 사이의 데이터 전달이 전적으로 마이크로컴퓨터, 더 정확히 말하면 중앙처리장치에 의해서 실행되는 프로그램이 제어하는 경우를 말한다. 그러므로 외부장치가 데이터를 기억장치에 넣거나 꺼내어 갈 때까지 마이크로컴퓨터가 기다리도록 하는 방법을 사용한다.

② 인터럽트 입·출력 : 이 방법은 현재 마이크로컴퓨터가 어떤 일의 처리에 무관하게 외부장치의 요구에 응하도록 하여 하던 일을 미루고 외부장치와의 데이터를 전달하는 방법이다.

③ 직접 메모리 접근 : 이 방법은 데이터 전달에 있어서 중앙처리장치의 간섭을 받지 않고 메모리와 외부장치가 데이터를 전달하는 방법이다.

(5) 직렬 입·출력 프로토콜(serial I/O protocol)

직렬 방식의 데이터 통신 프로토콜은 크게 나누면 동기식과 비동기식이 있다.

① 동기식
  ㉠ 데이터가 클록 신호에 정확히 맞아야 한다.
  ㉡ 전화선을 이용한 동기식 데이터 전송은 송신장치와 수신장치의 교신에 있어서 명령을 보내고 응답을 받을 수 있어야 데이터를 틀림없이 보낼 수 있게 되고, 또한 데이터를 받을 준비를 할 수 있게 된다.
  ㉢ 이렇게 하기 위해서 상호 확인이 필요한데, 이런 교신 방법을 핸드셰이킹 프로토콜(handshaking protocol)이라 한다.

② 비동기식
  ㉠ 전송장치는 전송할 문자가 있을 때에만 정보를 보내면 된다.
  ㉡ 비동기식으로 전달되는 모든 데이터는 그 자신이 동기 정보를 가지고 있어야 한다.
  ㉢ 비동기 데이터는 1비트의 시작 비트와 2비트로 된 정지 비트로 구분된다.

제7절 주소지정방식(addressing mode)

명령문은 비트들의 모임으로 볼 수 있고, 명령어는 컴퓨터가 수행할 일을 지정하는 오퍼레이션 코드와 이 일을 수행하는 데 필요한 정보를 지정하는 피연산자로 나눌 수 있다. 주소 지정 방법(addressing mode)은 피연산자를 표시하는 방법이며, 프로세서마다 또는 컴퓨터마다 다양하다.

(1) 내포(암시) 주소지정방식(implied addressing mode)

오퍼랜드를 사용하지 않는 방식으로 명령어 자체 내에 오퍼랜드가 포함되어 있는 방식이다.

(2) 레지스터 간접 주소지정방식(register indirect addressing mode)

오퍼랜드로 레지스터를 지정하고 다시 그 레지스터값이 실제 데이터가 기억된 기억

장소의 주소를 지정한다.

(3) 레지스터 주소지정방식(register addressing mode)

오퍼랜드가 CPU 내에 있는 레지스터가 되는 주소 방식이다.

(4) 즉각 주소지정방식(immediate addressing mode)

명령문 속에 데이터가 존재하는 주소지정방식이다.

(5) 직접 주소지정방식(direct addressing mode)

명령어의 오퍼랜드에 실제 데이터가 들어 있는 주소를 직접 갖고 있는 방식이다.

(6) 페이지 주소지정방식(page addressing mode)

전체 메모리 용량을 일정한 단위, 즉 페이지별로 구분하는 것으로 기억장치를 일정 크기에 페이지로 나누어서 명령 속에 페이지 내에서의 주소를 지정하는 방식이다.

(7) 상대 주소지정방식(relative addressing mode)

상태 레지스터 등의 내용을 점검하여 조건에 따라 프로그램의 처리를 변경하고자 하는 명령에만 사용되는 주소지정방식이다.

(8) 인덱스 주소지정방식(indexed addressing mode)

인덱스 레지스터에 데이터가 스토어되어 있는 어드레스를 로드해 놓고 각 명령에서 이 어드레스 방식을 사용하면 인덱스 레지스터에 로드되어 있는 어드레스가 대상이 되는 주소지정방식이다.

(9) 간접 주소지정방식(indirect addressing mode)

오퍼랜드가 존재하는 기억장치 주소를 내용으로 가지고 있는 기억 장소의 주소를 명령 속에 포함시켜 지정하는 주소지정방식이다.

제8절 ▶ 서브루틴(subroutine)과 스택(stack)

(1) 서브루틴(subroutine)

어떤 특정한 작업을 수행하도록 자체가 일련의 명령들로 구성되어 있는 프로그램을 말하며, 프로그램이 수행되는 도중 주프로그램의 여러 위치에서 서브프로그램을 부를 수 있고 서브루틴이 호출될 때마다 매번 그 시작 위치로 분기가 일어나며, 서브루틴이 수행된 후에는 주프로그램으로 분기가 일어난다.

① 메인 프로그램 메모리가 감소된다.
② 프로그램을 쓰는 잔손이 줄어 효율적이다.

(2) 스택(stack)

메인 프로그램의 수행 중 서브루틴으로의 점프나 인터럽트 발생으로 인한 인터럽트 서비스 루틴으로의 점프 시 레지스터 내용이나 메인 프로그램으로의 복귀 등을 보관하는 메모리로서 기억장치에 접근할 때마다 자동적으로 주소가 증가 또는 감소되도록 한 기억장치의 일부분이다.

① 스택 포인터(stack pointer) : 스택에 대한 주소를 갖는 레지스터를 말하며, 그 값은 항상 스택 맨 위의 항목을 가리킨다.
② 후입선출(LIFO : Last In First Out) : 마지막에 삽입된 데이터가 먼저 출력되는 메모리 구조를 말한다.
③ 푸시(push) : 스택의 연산 중에서 삽입 연산으로, 스택의 맨 위에 새 데이터를 밀어 넣는 연산을 말한다.
④ 팝(pop) : 스택에서의 삭제 연산으로, 스택의 맨 위의 데이터를 뽑아서 내보내는 연산을 말한다.
⑤ 스택의 응용분야
  서브루틴 호출(subroutine call), 순환(recursive), 인터럽트(interrupt), 수식의 계산(evaluation of expression) 등에 사용

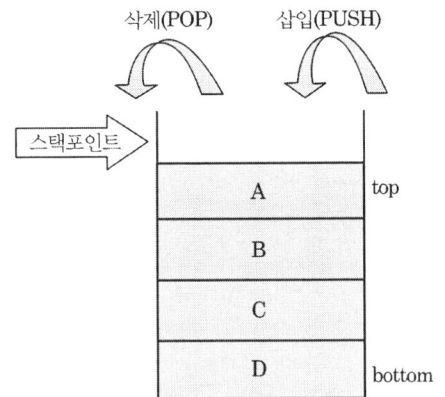

[스택(STACK)의 구조]

(3) 큐(Queue)

메모리에 먼저 삽입된 데이터가 먼저 삭제되는 자료구조로서, 한쪽 끝에서 삽입이 이루어지고, 다른 한쪽 끝에서 삭제가 이루어진다.

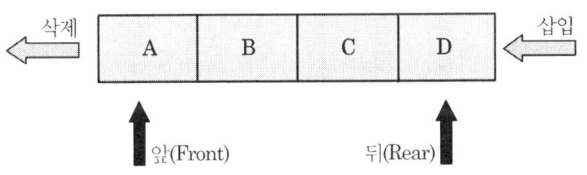

[큐(queue)의 구조]

① 선입선출(FIFO : First In First Out) : 먼저 삽입된 데이터가 먼저 삭제되는 메모리 구조
② front(앞) : 큐에서 삭제가 일어나는 한쪽 끝
③ rear(뒤) : 큐에서 삽입이 일어나는 한쪽 끝
④ 큐의 응용분야 : 컴퓨터에서의 작업 스케줄링(job scheduling)

제9절 운영체제와 기본 소프트웨어

1 운영체제(OS)

[1] 운영체제

(1) 운영체제의 개념

컴퓨터시스템은 크게 하드웨어(hardware)와 운영체제(operating system), 응용 프로그램(application program)으로 구성되며, 운영체제는 컴퓨터가 응용 프로그램을 불러들여 처리할 수 있도록 해 주는 프로그램의 집합체로서 사용자는 운영체제를 수행시켜 모든 작업을 컴퓨터에서 처리하도록 운영체제가 담당하며, 운영체제가 관리하는 자원에는 주기억장치, 처리기(cpu, processor), 주변장치(입·출력장치, 보조기억장치) 등이 있다.

(2) 운영체제의 목적

① 처리 능력(through-put)의 향상 : 일정 시간 내에 시스템이 처리한 일의 양으로 시스템의 각 자원을 최대한 활용하는 것을 의미한다.

② 변환 시간(turn-around time)의 최소화 : 변환 시간의 단축으로 이 시간은 일의 처리를 컴퓨터에 명령하고 나서 결과가 나올 때까지의 시간이다.

③ 사용 가능도(availability) : 컴퓨터 시스템을 사용하고자 할 때 어느 정도 빨리 이용할 수 있느냐 하는 것을 뜻한다. 또 시스템 자체에 이상이 발생했을 경우 그 즉시 회복하여 사용할 수 있어야 한다.

④ 신뢰도(reliability) 향상 : 신뢰성의 향상으로 컴퓨터 시스템 자체가 착오를 일으키지 않아야 한다.

(3) 운영체제의 구성

운영체제는 컴퓨터 시스템의 자원 관리 계층에 따라 제어(control) 프로그램과 처리(processing) 프로그램의 두 가지로 구성된다.

① 제어 프로그램은 주기억장치에 상주하고 있는 핵심 프로그램
   ㉠ 감시 프로그램(Supervisor program)
   ㉡ 데이터 관리 프로그램(Data management program)
   ㉢ 작업 제어 프로그램(Job control program)
② 처리 프로그램은 보조기억장치에 있으면서 필요시 주기억장치로 적재되어 사용되는 모든 프로그램이다.
   ㉠ 언어 번역 프로그램(Language translator program)
   ㉡ 서비스 프로그램(Service program)
   ㉢ 문제 프로그램(Problem program) - 응용 프로그램(Application program)

(4) 운영체제의 기법

① 멀티 프로그래밍(multi programming)
   ㉠ 실제로는 프로그램을 하나씩 실행하는 것이지만 CPU 속도가 빠르기 때문에 여러 개의 프로그램을 실행하는 것처럼 느낀다.
   ㉡ 입·출력장치와 CPU 사용 시간을 최대화하며, 실제로 수행 중인 프로그램은 하나, 나머지 프로그램들은 입·출력을 수행하거나 대기상태에 있다.

② 멀티 프로세싱(multi processing) : 두 개 이상의 CPU가 한 개의 시스템을 구성하여, 한 개의 프로그램을 여러 개의 CPU가 나누어서 처리하므로 처리속도가 빠르다.

③ 분산 처리(Distribute processing) : 통신으로 연결된 여러 개의 컴퓨터 시스템에서 여러 개의 작업이 처리되는 방식으로 다중처리(Multiprocessing)에서는 1개의 작업에 대해 여러 개의 CPU가 동작을 했지만, 분산 처리에서는 여러 개의 작업이 처리된다는 것이 다른 점으로, 자원의 공유와 연산 속도와 신뢰성이 향상되는 장점이 있는 반면에 보안 문제와 설계가 복잡한 단점이 있다.

④ 일괄처리(Batch Processing) : 사건을 일정 시간 또는 일정량 모아서 한꺼번에 처리하는 방식으로 작업과 작업 사이의 유효시간(idle time)이 없어진다.

⑤ 실시간 처리(Real Time Processing) : 사건이 발생 즉시 처리하는 방식으로 시스템에 장애가 발생할 경우는 입력 데이터의 재생성이 불가능하므로 백업장치가 요구된다.

⑥ 버퍼링(Buffering) : 주기억장치의 일부를 큐 방식(FIFO)으로 동작하는 버퍼를 이용하여 하나의 프로그램에서 CPU 연산과 I/O 연산을 중첩시켜 처리할 수 있게 하는 방식이다.

⑦ 스풀링(Spooling) : 보조기억장치를 이용하여 여러 개의 프로그램에 대하여 입력과 CPU 작업을 중첩시켜 처리할 수 있게 하는 방식이다.

(5) 운영체제의 종류

MS-DOS, Windows, OS/2, 유닉스, 리눅스, 맥OS 등이 있다.

① MS-DOS : 윈도즈 전 시대를 풍미했던 텍스트 모드의 운영체제. 안정되고 다양한 응용 프로그램으로 인해 아직도 많은 사용자들이 이용하고 있다. 윈도즈 3.1과 윈도즈 95/98의 기반으로 그 중요성은 아직도 남아 있다고 볼 수 있다.

② Window 3.1 : DOS와 윈도즈 95를 잇는 과도기에 생겨난 그래픽 환경의 운영체제이다.

③ Window 95 : 세계 제일 거대 소프트웨어 제작 업체인 '마이크로소프트'사가 95년에 발표한 그래픽 환경의 운영체제

④ Window 98 : 98년 8월에 발표된 것으로 윈도즈 95의 차기 버전. 윈도즈 95보다 안정성이 강화되었고 실행 속도가 향상되었다.

⑤ Windows XP : 윈도즈 운영체제의 서버와 클라이언트의 통합 형태로 개발된 운영체제이다.

⑥ Window NT : 둘 이상의 CPU를 사용할 수 있고, 시스템 안정과 보안이 장점인 32비트 운영체제이다.

⑦ 유닉스(UNIX) : 1969년에 AT&T의 벨 연구소에서 개발한 운영체제. 처음에는 중형 컴퓨터에 사용하도록 고안되었으나 여러 가지 유틸리티가 공개되면서 일반 사용자들에게까지 확산되었다. 다중 사용자가 다중 작업을 처리할 수 있고, 프로그램 개발이 용이한 운영체제이다.

⑧ 리눅스(LINUX) : 최초 개발자인 스웨덴의 '리누스 토발즈'(Linus B. Tovalds)의 이름을 딴 유닉스와 비슷한 운영체제로, 유닉스가 유료로 판매하는 데 반대하는 GNU 그룹에 의해 만들어져 계속해서 무료로 공개되는 운영체제이다.

⑨ OS/2 : IBM에서 개발한 다중 작업이 가능한 그래픽 환경의 운영체제. MS-DOS의 몇 가지 치명적인 한계를 극복한 32비트 운영체제로 메모리 제어방식과 주변장치 입·출력 제어에서 탁월한 성능을 발휘한다.

⑩ 맥 OS : 그래픽과 전자출판 분야에서 뛰어난 성능을 보이는 매킨토시용 운영체제이다.

2 소프트웨어 패키지의 기본

[1] 워드 프로세서

워드 프로세서(Word Processor : WP)는 문서의 작성에 관련된 일련의 작업, 즉 입력, 저장, 수정, 편집, 출력을 할 수 있는 장치나 소프트웨어. 전용기와 PC용 워드 프로세서로 구분할 수 있다.

(1) 워드 프로세서 전용기

① 문서 편집을 위해 사용되는 기계. 내부에는 마이크로프로세서와 기억장치 등을 장착하여 간단하게 문서작업을 수행할 수 있다.

② 특징
  ㉠ 소형이라 휴대가 간편하며, 전원을 넣으면 바로 시작하므로 편리하다.
  ㉡ 프린터의 내장으로 바로 출력할 수 있으며, LCD 화면을 사용하므로 소비전력이 적다.
  ㉢ 워드 프로세싱 이외의 작업은 할 수 없으며, 인쇄 속도가 느리다.
  ㉣ LCD 화면을 사용하기 때문에 처리 속도가 늦고, 화면을 보는 각도에 따라 선명도가 떨어진다.

(2) PC용 워드 프로세서

① 컴퓨터 시스템에서 사용자들이 문서를 쉽게 작성하고 편집할 수 있도록 도와주는 응용 프로그램들을 총칭하여 부르는 이름으로 아래아 한글, 훈민정음, MS Word 등이 있다.

② 특징
  ㉠ LCD 또는 CRT 화면을 사용하므로 처리 속도가 빠르고 가격이 저렴하다.
  ㉡ 프린터 등의 주변장치가 있어야 인쇄물을 볼 수 있다.
  ㉢ 기본적으로 컴퓨터 운영체제에 대해 기본적인 사용법을 알아야 한다.

(3) 워드 프로세서의 형태별 분류

① 독립형(Stand Alone) : 중앙처리장치와 입·출력장치가 하나로 되어 있는 형태로, 설치와 사용방법은 간단하지만 문서 작성만 할 수 있으며, 다른 사무기기와 연결할 수 없다. 타자기와 같이 한 번에 한 사람만 사용 가능하며, 워드 전용기가 대표적이다.

② 논리 공유형(Shared Logic) : 하나의 CPU에 여러 개의 단말기를 이용하여 작업하는 형태로, 여러 사람이 동시에 문서 작성이 가능하며 운영체제와 입·출력장치의 의존도가 크므로 기종간의 호환성이 결여되어 있다.

③ 하이브리드(Hybrid)형 : 일반적인 범용 컴퓨터의 기능을 수행하며, 여러 사람이 동시에 사용할 수도 있고 혼자서도 사용 가능한 형태로 다른 사무기기와 연동하여 사용이 가능하다.

④ 컴퓨터(Computer) : 자료(문자·숫자·소리·사진)를 처리하는 시스템이다.

⑤ 사무자동화(Office Automation : OA) : 생산성 향상과 비용 절감, 사무의 합리화, 정보의 효율화, 정보의 시스템화, 사무 작업의 기계화의 특징을 갖는다.

[2] 엑셀

엑셀은 미국 MS사의 IBM PC 및 매킨토시 컴퓨터용 스프레드시트 프로그램으로 많은 스프레드시트를 연결하고 통합하여 다양한 도형과 차트 등의 설명 자료를 작성하는 기능을 제공한다.

(1) 엑셀(Excel)의 특징

① 3차원 구조의 워크시트(Work Sheet)를 갖는다.
② 윈도즈의 특징인 WYSIWYG(What You See Is What You Get) 형태
③ 마우스 중심의 편리한 작업을 갖는다.

④ 편리한 수식 계산 및 다양한 차트를 지원한다.
⑤ 다양한 개체 삽입 기능(그림, 클립아트 등)
⑥ 독자적인 Application 작성 기능(Visual Basic, 매크로)
⑦ 인터넷 데이터베이스 연결 기능

(2) 엑셀(Excel)의 화면 구성

엑셀의 화면은 일반 워드 프로그램과는 다른 구성 요소로 되어 있으며, 편집 용지가 나타나는 것이 아니라 행과 열로 구분된 셀로 이루어진 화면이 나타난다.

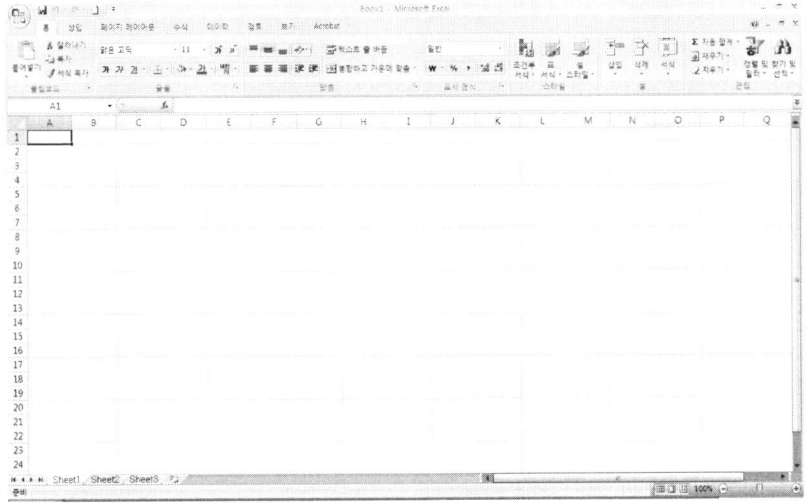

① 메뉴 표시줄 : 화면의 맨 윗줄에는 파일, 편집, 보기, 삽입, 서식, 도구, 데이터, 창, 도움말 등의 메뉴가 나열되어 있다.

② 도구 모음 : 엑셀에는 좀 더 빠르고 쉽게 작업을 수행할 수 있도록 도구 모음이 준비되어 있으며, 엑셀을 처음 실행할 때 표준 도구 모음과 서식 도구 모음이 메뉴 표시줄 아래에 나타난다.
　㉠ 표준 도구 모음 : 엑셀에서 자주 사용하는 메뉴만을 아이콘으로 만들어 놓은 것이다.
　㉡ 서식 도구 모음 : 글꼴, 표시형식 서식에 사용되는 메뉴를 아이콘을 만들어 놓은 것이다.
　㉢ 이름상자 : 선택된 셀의 주소가 나타나거나, 사용 가능한 이름이 나타난다.

ⓔ 수식 입력 줄 : 셀 포인터가 위치한 셀의 내용을 표시한다.

③ 워크시트 : 행과 열로 이루어진 시트를 말한다. 대부분의 작업이 이루어지는 곳으로 문자나 문장을 입력하고, 이곳을 통해 입력된 문서내용을 확인하고 수정, 삽입, 삭제 등의 편집 작업을 수행한다. 그리고 행과 열이 교차하면서 만들어진 각각의 사각형을 셀이라고 한다. 각 셀은 고유 주소가 있는 데, 예를 들어 B열과 5행이 교차하는 셀의 주소는 B5이다. 마우스 포인터를 마우스로 움직여 원하는 위치를 선택할 수 있다. 시트 사이를 이동하려면 화면 맨 밑의 상태 라인의 이동 탭 단추를 클릭한다.

　ⓐ 행 머리글 : 행 번호가 나타나며, 65,536개의 행으로 구성
　ⓑ 열 머리글 : 열 번호가 나타나며, IV열까지 256개의 열로 구성
　ⓒ 시트 탭 : 데이터가 들어있는 각 시트의 이름이 표시되는 곳
　ⓓ 수평 이동 줄 : 화면 상에서 시트를 좌우로 이동
　ⓔ 수직 이동 줄 : 화면 상에서 시트를 위 아래로 이동

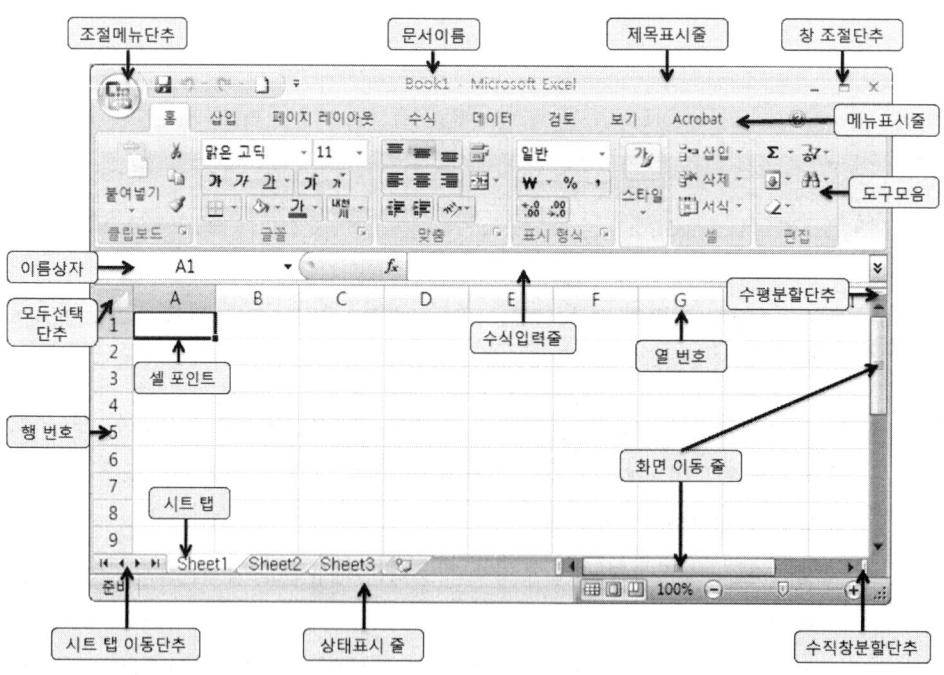

④ 상태라인

　　상태라인에는 현재 작업 중인 상황, 특수 키들이 눌러져 있는 상태 등을 표시한다.

(3) 데이터의 종류

데이터의 종류는 크게 6가지로 구분한다.

① 수치 데이터 : 수치 연산의 대상이 되는 자료
  ㉠ 숫자 0~9에 + - ( ) , / $ % . E e와 같은 특수문자만을 포함할 수 있다.
  ㉡ 분수를 표시하려면 "0 2/3"과 같이 반드시 앞에 "0"을 먼저 입력해야 한다. 그렇지 않으면 날짜로 인식하여 "02월 03일"로 표시된다.
  ㉢ 셀의 오른쪽에 정렬되어 표시된다.

② 문자 데이터 : 수치연산의 대상에서 제외되는 자료
  ㉠ 영문자, 한글, 한자, 숫자, 특수문자를 사용할 수 있다.
  ㉡ 한 개의 셀에는 최대 32,767자(영문기준)까지 입력이 가능하다.
  ㉢ 셀 안에 입력된 문자 중 숫자, 수식, 시간, 논리값, 오류값 등으로 인식할 수 없는 모든 데이터들은 문자열로 취급한다.
  ㉣ Alt+Enter를 이용하여 한 셀 내에 여러 줄을 삽입할 수 있다.

③ 수식 데이터 : 수치 데이터를 대상으로 연산을 수행하는 자료로서 산술, 비교, 문자열, 참조 등의 4가지 연산자가 있다. 연산자의 우선 순위는 참조, 산술(음수 → % → ^ → *와 / → +와 -), 문자열, 비교연산자 순이며, 순위가 같은 연산자인 경우 왼쪽부터 차례대로 연산하면 된다.
  ㉠ 산술 연산자(사칙연산과 같은 기본적인 연산 수행)

연산자	이름	설 명
+	더하기	두 수의 덧셈 실행
-	빼기	두 수의 뺄셈 실행
*	곱하기	두 수의 곱셈 실행
/	나누기	두 수의 나눗셈 실행
%	백분율	숫자 뒤에서 백분율 표시
^	지수	숫자에 대한 지수 표시

ⓛ 비교 연산자(두 개의 값을 비교하여 참/거짓의 논리연산 수행)

연산자	이름	설 명
=	같다.	두 데이터가 서로 같다.
〉	크다.	왼쪽의 데이터가 크다.
〈	작다.	왼쪽의 데이터가 작다.
〉=	크거나 같다.	왼쪽의 데이터가 크거나 같다.
〈=	작거나 같다.	왼쪽의 데이터가 작거나 같다.
〈〉	같지 않다.	두 데이터가 서로 다르다.

ⓒ 문자 연산자(문자열 결합 연산 수행)

연산자	이름	설 명
&	앰퍼샌드	- 다수의 문자열을 연결하여 하나의 문자열을 생성한다. - 머리글과 바닥글에 사용한다.

ⓔ 참조 연산자(수식이나 함수에 필요한 연산 대상 셀 참조 연산 수행)

연산자	이름	설 명
:	콜론(범위)	두 영역 사이의 모든 부분을 참조
,	콤마(합집합)	모든 지정된 영역만을 참조
공백	교집합	두 영역 사이에서 공통되는 부분만을 참조

④ 날짜/시간 데이터 : 날짜와 시간을 표시하는 자료
  ㉠ 날짜와 시간은 숫자로 취급되어 수식 연산에 사용할 수 있으며, 수식에 사용하기 위해서는 문자열처럼 따옴표(" ")로 묶어야 한다.
  ㉡ 대소문자의 구별이 없으며 am과 pm의 지정이 없으면 24시간제를 기준으로 표시한다.
  ㉢ AM은 a나 A로, PM은 p나 P로 사용 가능하며, 대신 시간과는 공백을 한 칸 둔다.
  ㉣ 날짜 입력 시는 하이픈(-)이나 슬래시(/)를 사용한다.
  ㉤ 현재시간 입력은 Ctrl+:(콜론), 현재 날짜 입력은 Ctrl+;(세미콜론)으로 쉽게 표시할 수 있다.

⑤ 논리 데이터 : True와 False와 같은 참/거짓을 판별하는 자료

⑥ 메모 데이터 : 셀에 참고용으로 지정하는 자료로서 Shift+F2를 이용해 손쉽게 셀에 간단한 메모를 입력할 수 있다.

(4) 엑셀 내장 함수

① 사용자의 편의를 위하여 자주 사용되는 함수를 기본적으로 내장하여 사용자가 필요할 때마다 불러서 사용할 수 있다.

② 엑셀 함수를 기능별로 분류하면 재무, 날짜/시간, 수학/삼각, 통계, 찾기/참조 영역, 데이터베이스, 텍스트, 논리값, 정보로 나눈다.

순서	함수	함수의 용도
1	ABS(x)	x의 절대값을 나타낸다.
2	INT(x)	x의 정수값을 나타낸다.
3	MOD(a,b)	a를 b로 나누었을 때의 나머지를 계산한다.
4	POWER(a,n)	a의 n제곱을 계산한다.
5	SQRT(a)	a의 양의 제곱근을 계산한다.
6	SUM(A1, A2, …)	A1, A2, …의 평균을 계산한다.
7	GCD(A1, A2, …)	A1, A2, …의 최대공약수를 계산한다.
8	LCM(A1, A2, …)	A1, A2, …의 최소공배수를 계산한다.
9	AVERAGE(A1, A2, …)	A1, A2, …의 평균을 계산한다.
10	SIN(x), COS(x), TAN(x)	삼각함수의 값을 계산한다.

[3] 파워포인트

(1) 파워포인트의 개요

파워포인트는 회사의 목표와 실적을 설명하거나 우리의 아이디어를 더 호소력 있게 발표할 수 있도록 하는 프로그램으로 표 그리기 도구와 차트 및 동영상 파일, 음악 클립들을 사용하여 보다 효과적이고 전문적인 프레젠테이션을 만들 수 있다.

(2) 파워포인트의 화면 구성

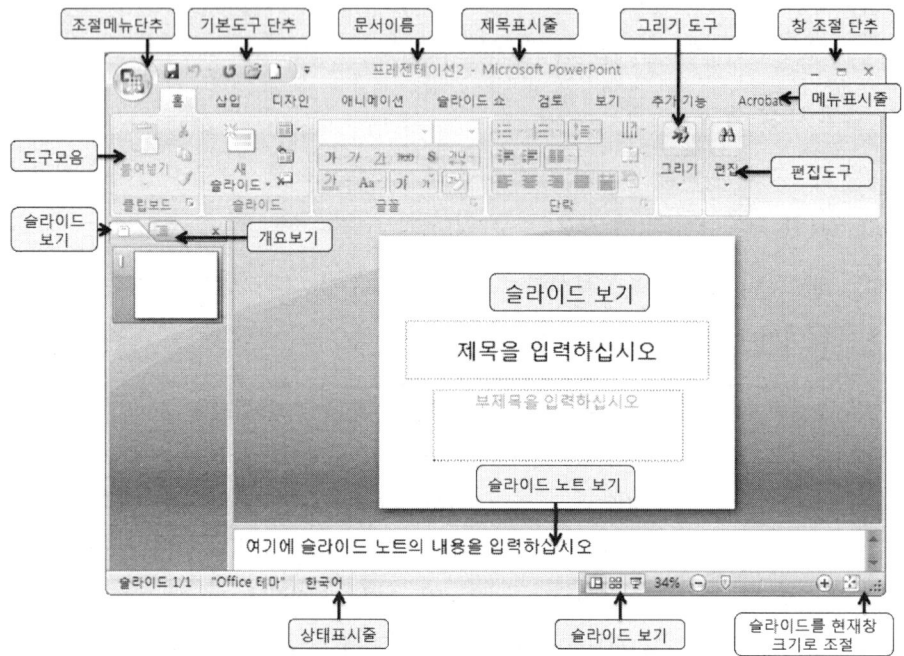

① 제목 표시줄 : 파워포인트 프로그램명과 파일명을 표시해 준다. 파워포인트의 기본 파일명으로 [프레젠테이션1]이라 표시되고, 사용자가 문서를 저장하게 되면 지정된 파일명이 나타난다.

② 메뉴 표시줄 : 파워포인트에서 사용할 수 있는 명령을 기능에 따라 분류하여 표시한다. 메뉴 선택시 [Alt]를 누르거나 선택하고자 하는 메뉴에 마우스를 클릭해도 된다.

③ 각종 도구 모음 : 파워포인트의 기능을 단추로 만들어 메뉴를 사용하지 않고도 사용할 수 있게 화면에 표시한다.

④ 보기 아이콘
  ㉠ 기본 보기 : 파워포인트 한 화면에 개요 보기, 슬라이드 보기, 슬라이드 노트 보기를 동시에 보여주는 화면이다. 세 가지 보기를 한 화면에 보여줌으로써 사용자가 다른 보기 상태로 이동하는 시간을 단축할 수 있으며 편집 시에도 손쉽게 수정할 수 있다.

ⓒ 개요 보기 : 슬라이드의 흐름에 따라 주제가 어떻게 전개되는지 한 눈에 알 수 있으며 [개요 보기] 도구를 사용해서 내용을 편집한다.
ⓒ 슬라이드 보기 : 각 슬라이드에 문자열과 그림 개체를 넣을 수 있다. [슬라이드 보기] 단추를 눌러 슬라이드 보기로 바꾸면 부분적으로 확대하여 세밀한 작업을 할 수도 있다.

[4] 기타 소프트웨어 패키지의 기본

MS Office는 사무실의 업무 효율을 최대한 높일 수 있도록 빌게이츠의 마이크로 소프트사가 만든 통합 프로그램이다.

① 엑셀(excel) : 단순한 표 계산부터 회계, 재무관리를 위한 프로그램
② 워드(word) : 문서의 작성과 편집을 위한 프로그램
③ 엑세스(access) : 대량의 정보를 정리하여 그 정보를 검색하고 추출하는 데이터베이스 프로그램
④ 파워포인트(power point) : 프레젠테이션을 위한 프로그램
⑤ 아웃룩(outlook) : 전자우편 기능과 개인정보 관리 프로그램이 통합된 프로그램

통신기기 일반 03

Chapter 03 통신기기 일반

제1절 통신기초 이론

1 통신의 기초

[1] 통신의 정의와 분류

(1) 통신의 정의

통신이란 어느 한 시점에서 다른 한 시점으로, 또는 어느 한 위치에서 다른 위치로 정보(음성, 영상, 데이터 등)의 전달을 위한 전기적 수단으로 통신의 주체는 사람 또는 사물(컴퓨터, 장치)이 되고, 정보의 전달을 위해서는 통신로가 구축되어야 하며 통신을 하기 위한 규약에 의해 통신이 이루어진다.

① 통신시스템의 구성 요소
송신기, 수신기, 전송 매체(채널)로 구성된다.
㉠ 송신기 : 전송 신호를 전송 매체에 적합한 형태로 변환(변조)
㉡ 수신기 : 전송 매체를 통해서 전송된 신호를 수신자가 이해할 수 있는 형태로 변환(복조)
㉢ 전송 매체(채널) : 송신기와 수신기를 연결하는 유·무선 매체

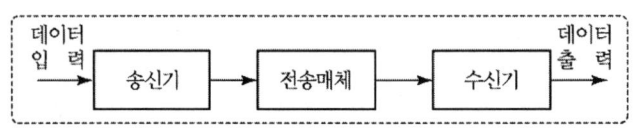

[통신시스템의 구성]

(2) 통신의 분류

① 전기통신

유선, 무선, 광선 및 기타의 전자적 방식에 의하여 모든 종류의 부호, 문언, 음향 또는 영상을 송수신하는 통신방식이다.

㉠ 전기통신의 특징

ⓐ Analog 통신 방식의 기술을 이용한다.

ⓑ 전기통신의 기반은 선로를 이용하는 유선통신과 무선통신이다.

ⓒ 정보의 형태는 음성정보 300~3,400[Hz]의 주파수를 사용한다.

ⓓ 정보의 흐름은 양방향 1 : 1 통신 방식이다.

㉡ 전기통신에 이용되는 단말기

ⓐ 전화기

ⓑ 텔렉스

ⓒ 팩시밀리(Facsimile)

② 정보통신

정보의 수집, 가공, 저장, 검색, 송신, 수신 및 그 활용과 이에 관련되는 기기, 기술, 역무, 기타 정보화를 촉진하기 위한 일련의 활동과 수단을 말한다.

㉠ 정보통신의 특징

ⓐ 고속도 통신에 적합하다(초당 1,000~20,000자 정도)

ⓑ 에러제어(Error Control) 방식을 사용하므로 신뢰성이 높다(소자 오율 : 10^{-7} ~10^{-6} 정도, 회선 오율 : 10^{-4}~10^{-6} 정도)

ⓒ 다치전송(多値傳送)이나 광대역 전송이 가능하다.

ⓓ 시간, 거리에 구애받지 않고 고품질의 통신을 할 수 있다.

ⓔ 경제성이 높고, 응용범위가 대단히 넓다.

ⓕ 대형 컴퓨터와 대용량 파일의 공동 이용이 가능하다.

㉡ 정보통신의 기능

ⓐ 통신회선의 효율적 사용이 가능하다.

ⓑ 정보처리기기와 통신망의 용이한 접속 기능이 있다.

ⓒ 통신망에서 발생하는 에러 발견 및 교정을 할 수 있다.

ⓓ 전송 중인 데이터의 분실 발견 및 방지기능이 있다.

ⓔ 통신망의 운영, 관리 기능이 있다.
ⓕ 목적지 주소의 정확한 인식 기능이 있다.
ⓖ 0과 1로 전송되는 데이터의 의미, 단위(문자, 패킷)의 시작과 끝의 감지 능력이 있다.
ⓗ 정보처리기기 사이의 처리 속도 차이에서 오는 데이터의 흐름 조절 기능이 있다.
ⓘ 데이터의 도청 방지를 위한 암호화 기능이 있다.

ⓒ 정보통신에 이용되는 단말기
ⓐ personal computer
ⓑ 복합단말기

③ 무선 데이터 통신

무선 데이터 통신은 이동 중인 사람이 무선 송수신이 가능한 무선장치를 이용하여 데이터베이스의 조회 및 새로운 정보입력 등 데이터를 매개로 한 통신을 무선으로 행하는 시스템이다.

㉠ 무선 데이터 통신의 특징
ⓐ 문자, 숫자 등 데이터의 전송이 가능하다.
ⓑ 각종 지시 및 검색사항을 보다 신속하고 정확하게 전달한다.
ⓒ 수신된 메시지의 저장이 가능하며 전송내용의 재확인이 가능하다.
ⓓ 쌍방향 통신이 가능하다.

④ 영상 통신

㉠ CATV : 고감도의 안테나로 수신한 양질의 방송, TV 신호 등을 동축케이블 및 광섬유케이블 등의 광대역 전송로를 이용하여 각 가정의 수신기에 분배하는 통신 서비스이다.

㉡ 영상회의(화상회의) : 영상회의 서비스는 서로 멀리 떨어져 있는 지점의 회의실 상호간을 동일한 회의실에 있는 것과 같은 형태로 쌍방간의 영상화면을 보며 대화방식으로 회의를 할 수 있는 통신방식이다.

㉢ 화상전화 : 전화에 카메라와 TV 화면을 부착하여 동시에 상대방의 음성과 모습을 보면서 통화를 할 수 있으며 정지 화상전화는 상대방의 모습을 5~6초마다 한 번씩 정지된 사진으로 볼 수 있다.

ⓔ 팩시밀리(Facsimile) : 종이 위에 있는 문자나 그림 등의 정지화상을 화소(주사선)로 분해, 이것을 전기적 신호로 바꾸어 전화선이나 사설 통신망을 통해 전송하면 수신지점에서 이를 다시 재현하여 원화와 같은 모양의 기록화상을 얻는 통신 방식이다.

2 통신신호와 파형

[1] 통신신호

종래의 전화는 음의 대소와 고저의 변화를 전기적인 변화로 바꾸어 연속적인 파형으로 전달하는 데 비해 디지털(Digital) 신호는 아날로그와 같이 연속적인 정보의 사용은 불가능하기 때문에 디지털 신호로 변환하여 전달한다.

① 결정신호와 랜덤신호
　ⓐ 결정신호 : 시간의 특성함수로 항상 표현 가능한 신호
　ⓑ 랜덤신호
　　ⓐ 특정시간의 함수값이 항상 변하므로 시간의 특정 함수로 표현이 불가능한 신호
　　ⓑ 확률적으로 모델링하여 통계적 성질만 표현할 수 있는 신호

② 주기신호와 비주기신호
　ⓐ 주기신호 : 일정한 시간(t)마다 신호가 반복되는 신호
　ⓑ 비주기신호 : 같은 형태의 신호가 반복되지 않는 신호

③ 연속신호와 이산신호
　ⓐ 연속신호 : 정의역을 연속 시간 변수로 표현
　ⓑ 이산(discrete)신호
　　ⓐ 일정한 간격으로 나누어진 시간에서 크기를 정의
　　ⓑ 크기는 연속, 시간은 이산인 신호

④ 아날로그(analog) 신호와 디지털(digital) 신호
　ⓐ 아날로그 신호 : 전기의 강약에 따라 연속적으로 변화하는 전압 및 전류와 같은 것으로 크기와 시간이 연속인 신호

ⓛ 디지털(digital) 신호 : 시간을 잘게 분할하여 각각 그 시간에서 진폭의 상태를 숫자로 표시하는 것으로 크기와 시간이 이산인 신호

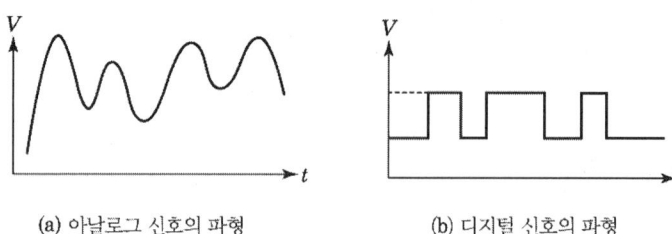

(a) 아날로그 신호의 파형   (b) 디지털 신호의 파형

⑤ 에너지신호와 전력신호
　ⓐ 에너지신호 : 에너지가 유한한 신호
　ⓑ 전력신호 : 전력이 유한한 신호로 에너지가 무한한 신호

[2] 통신파형

① 사인파(sign wave)
　ⓐ 사인파는 교류로 평균값은 제곱평균값(root mean square value : RMS)으로 표시

$$\frac{A_m}{\sqrt{2}\,V} \approx 0.707 A_m \,[V]$$

　ⓑ $f(t) = A_m \cos(\omega_o t + \theta)$ (A_m : 진폭, $\omega_o = 2\pi f$: 각 주파수, θ : 위상(rad))

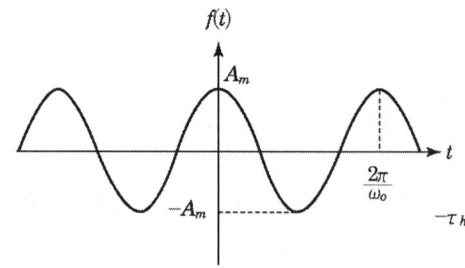

② 펄스파(pulse wave)
　단일 펄스 신호가 주기적으로 반복되는 신호

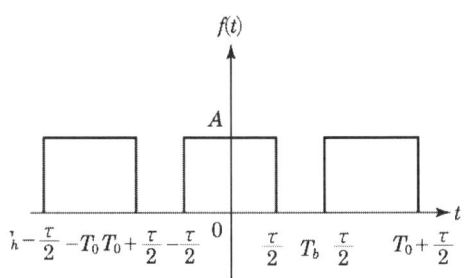

③ 단일 펄스
   ㉠ 펄스전압의 크기가 A, 펄스폭이 τ초, 펄스위치가 $t=0$을 중심으로 좌우로 각각 $\dfrac{\tau}{2s}$ 만큼 존재하는 신호
   ㉡ $f(t) = \text{Arect}\left(\dfrac{1}{\tau}\right)$

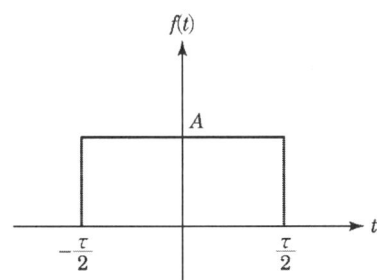

제2절 정보통신 단말기기

1. 정보통신 단말기기

[1] 정보단말기의 기능

단말기(Terminal)는 데이터 통신 시스템이 외부로부터 정보를 전기적 신호로 변환하

여 통신계로 보내고 또한 통신계로부터 전기적 신호를 받아 이용자에게 출력하는 장치이다.

① 분산 처리 시스템과 조작 및 운영이 용이하고 신뢰성이 있어야 한다.
② 다양한 입출력 기능이 저가격인 터미널에서도 사용할 수 있게 되었다.
③ 간단한 장치를 이용, 센터를 호출하여 간단한 예약 업무와 조회, 데이터 입력을 행하는 시스템이 보급되고 있다.
④ 정보량에 대응하는 처리 능력을 보유하고 있어야 한다.

[2] 단말기의 구조

① 입출력 기능
　㉠ 간접 입출력 기능 : 종이테이프, 카드 등의 데이터 매체를 통하여 입출력하는 기능
　㉡ 직접 입출력 기능 : 인간이 인식할 수 있는 문자, 도형, 음성 등의 형태로 간접적으로 입출력하는 기능
② 전송 제어 기능 : 전송 제어 절차에 따라 정확한 데이터 송신을 행하기 위한 기능
　㉠ 입출력 제어 기능 : 입력되는 신호를 검출하여 데이터를 입력하거나 출력 기능을 동작시키는 기능
　㉡ 에러 제어 기능 : 쌍방 통신 장비 간에 약속된 부호를 검출하여 에러를 검출하는 기능
　㉢ 송수신 제어 기능 : 데이터의 송수신되는 기능을 담당

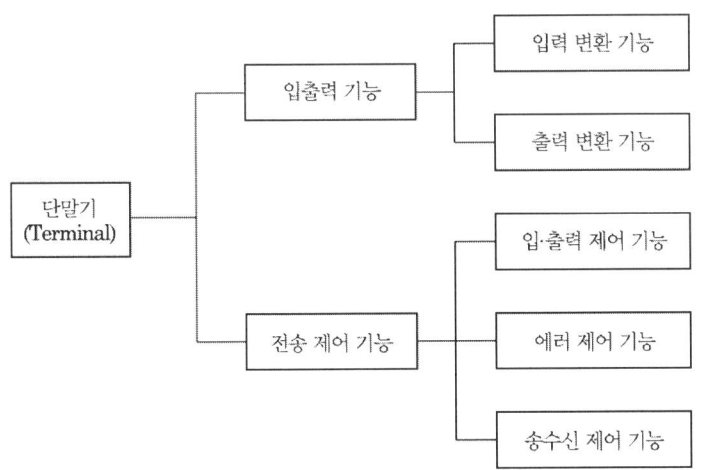

[3] 단말기의 구성

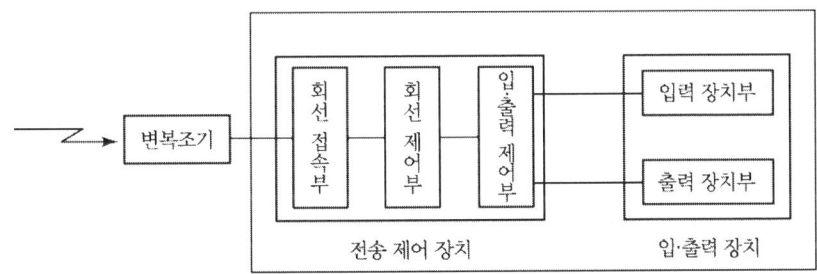

① 입력 장치부 : 인간이 취급하는 데이터를 컴퓨터에서 처리 가능한 전기적 신호로 변환하는 장치
② 출력 장치부 : 컴퓨터에서 처리 결과를 인간이 인식할 수 있는 형태로 하여 출력하는 장치
③ 회선 접속부 : 터미널과 데이터를 컴퓨터에서 처리 가능한 전기적 신호로 변환하는 장치
④ 회선 제어부 : 회선 접속부를 통하여 들어온 데이터의 직·병렬 변환, 즉 문자의 조립과 분해, 에러 제어를 포함하여 전송 제어 캐릭터 버퍼는 저속의 간단한 입·출력장치에 대해 사용된다.

[4] 단말기의 분류

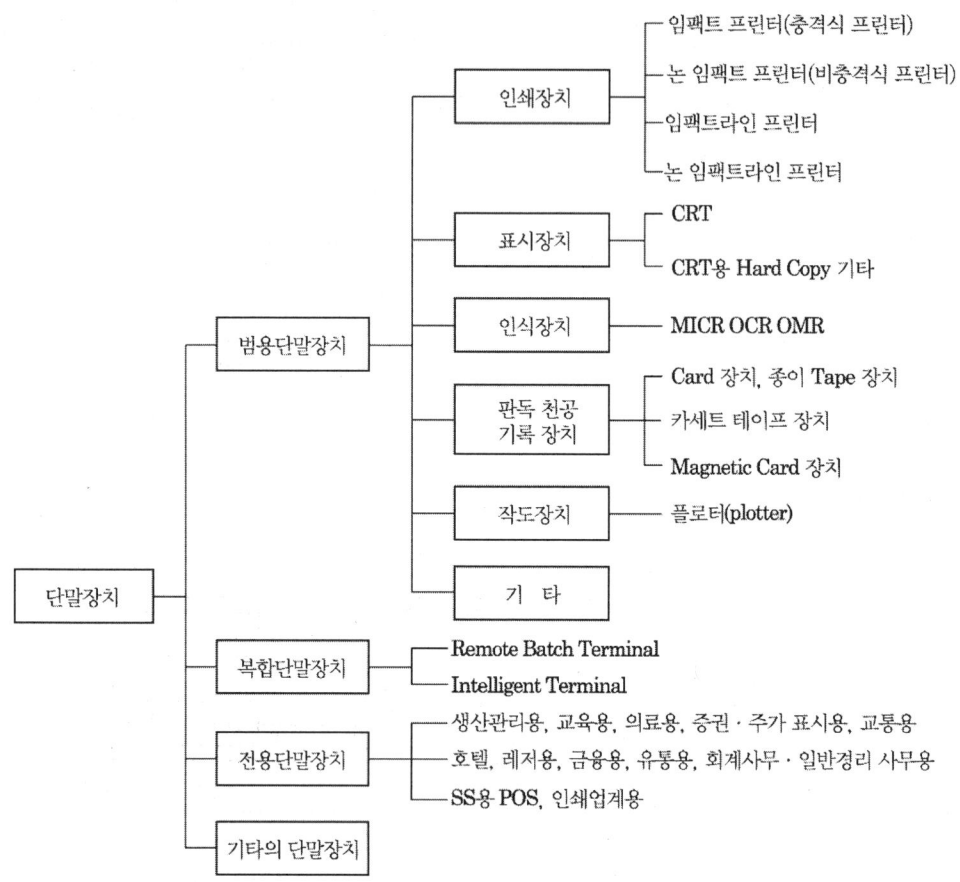

① 충격식 프린터(impact printer) : 물리적인 충격(impact)에 따라 인식하는 방식의 프린터로 활자를 해머(hammer)로 치는 방식

② 비충격식 프린터(non-impact printer) : 물리적 충격에 의하지 않고 전자적 또는 화학적으로 문자를 인쇄하는 프린터로 부드럽게 글자가 나타나는 방식

③ 라인 프린터(line printer) : 한 줄씩 종합하여 한 번에 인쇄하는 것으로서 보통 컴퓨터의 주변 기기로 널리 사용되고 있는 인쇄장치

④ 시리얼 프린터(serial printer) : 한 문자씩 좌에서 우로 순차적으로 인쇄해 가는 타이프라이터 방식의 프린터이며 라인 프린터에 비해 인쇄 속도는 느리나 통신 회선을 경유하는 데이터 통신 시스템의 단말장치로서는 가장 많이 이용되고 있으며 키보드 프린터의 대부분은 시리얼 프린터이다.

⑤ 충격식 시리얼 프린터(impact serial printer) : 일반적으로 키보드 프린터는 거의 이러한 종류이다.
⑥ 비충격식 라인 프린터(non-impact line printer) : 레이저 빔(laser beam) 방식, 정전 기록 방식 등의 기술이 개발되어 고속의 인쇄장치로 사용되었다.
⑦ 비충격식 시리얼 프린터(non-impact serial printer) : 현재는 소리가 나지 않는 논 임팩트 시리얼 프린터의 보급이 확대되고 있으며 감열방식과 잉크 제트방식 등이 있다.
⑧ CRT : 음극선관(Cathode Ray Tube)의 약어로서 CRT용 hard copy에 이용된다.
⑨ 자기 기록장치 : 신용 카드 등의 뒷면 또는 끝에 띠 모양의 자성체를 발라두어 그곳에 데이터를 기록하거나 기록되어 있는 데이터를 읽는 장치
⑩ 전용 단말장치 : 적용 업무에 따라 그것에 필요한 기능만 가지며 또한 사용 조건에 맞는 사양에 따라 제조되는 단말장치
⑪ 복합 단말장치 : 전송제어장치로서 미니 또는 마이크로컴퓨터 등에 사용하고 종류가 다른 복수의 입출력장치를 자유로이 선택하여 접속할 수 있는 단말장치
⑫ 입력 전용 단말장치 : 출력 기능이나 변환 기능 등을 가지고 있지 않은 입력 전용의 단말장치(예 : OCR, OMR, MICR, 종이테이프 판독 장치)
⑬ 출력 전용 단말장치 : 상대 단말로부터 데이터나 메시지 등을 수신하는 기능만 가지고 있는 단말장치
⑭ 직접 입출력 단말장치 : 사용자가 직접 키를 두드리거나 표시된 도형을 직접 눈으로 볼 수 있는 것으로서 키보드 CRT가 대표적 예이다.
⑮ 간접 입출력 단말장치 : 종이테이프 또는 종이 카드 등을 매체로 입출력이 가능한 단말장치로서 종이테이프 판독 장치, 종이테이프 천공 장치 등이 대표적 예이다.

2 음성단말기

[1] 전화기

멀리 떨어져 있는 두 사람이 서로 의사를 교환하고자 하는 수단을 제공해 주는 장치로서 전기적 진동을 이용하여 소리 진동인 음성 에너지를 상호 변환시켜 정보를 전달하는 단말장치를 전화기라 한다.

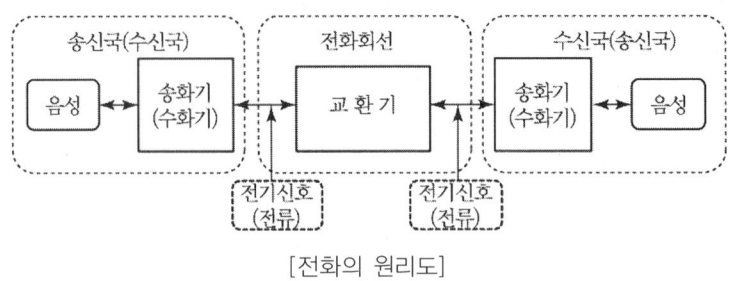

[전화의 원리도]

[2] 전화 단말기기의 전송과정

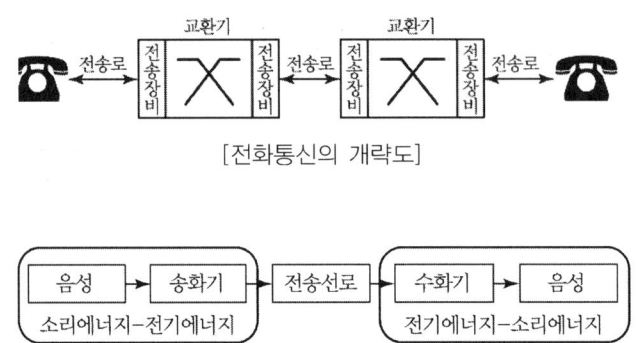

[전화통신의 개략도]

[3] 전화단말기의 구성

통화장치	송화기, 수화기, 유도선륜, 축전기
신호장치	자석발전기, 자석전령
호출장치	다이얼, 푸시 버튼(Push Button)
신호전환장치	훅 스위치(Hook SW)

(1) 송화기(Transmitter)

송화기의 진동판은 얇은 금속판으로 송화기에 대고 말을 하면 진동판의 진동의 강약에 따라 탄소입자의 저항이 크거나 작게 되어 전류가 변화하게 되어 음성의 크기와 높낮이에 따른 진동이 전기 에너지로 변환되어 통신로를 통하여 상대방에 도달한다. 즉, 소리 에너지를 전기적 에너지로 변환하는 장치이다.

(2) 수화기(Receiver)

회로에 흐르는 전기적 에너지를 음성에너지로 변환하는 장치로, 송화기의 반대작용으로 스피커에 해당하는 부분에서 전기 신호를 음성 신호로 변환한다. 수화기 내부는 영구자석과 코일로 구성되며, 코일에 전기가 흐르지 않을 때는 진동판은 자석에 붙어 있다가 음성 전류가 흐르면 전류의 세기에 따라 코일의 자계 변화에 따라 진동판이 진동하면서 음성을 재생한다.

(3) 전화 단말기(Telephone)의 종류

① 다이얼 방식에 따른 구분

㉠ DP(dial in pulse)방식 : DP(다이얼 인 펄스 : dial in pulse)방식은 신호의 전달 속도에 따라 10[PPS](1초간에 10펄스를 발생)와 20[PPS](1초간에 20펄스를 발생)의 두 종류가 있으며, 우리나라는 20[PPS]를 사용하고 있다.

㉡ PB(Push Button)방식 : PB방식 다이얼 신호는 7개 종류의 주파수 중 2개 주파수의 조합으로 만들어진다. 즉 음성대역 내의 높은 3개 주파수(1209, 1336, 1447[Hz])와 낮은 4개 주파수(697, 770, 852, 941[Hz]) 중 각각으로부터 하나의 주파수를 선정, 이를 조합해서 0에서 9까지의 숫자와 *와 #의 기능 부호로 전화를 거는 것이다. 이 방식은 다이얼 조작이 편리하고 단축 다이얼 등 새로운 서비스를 받을 수 있다.

	고군주파수[Hz]		
저군주파수[Hz]	1209	1336	1447
697	1	2	3
770	4	5	6
852	7	8	9
941	*	0	#

[PB 전화방식]

DP 방식은 다이얼 숫자에 따라서 신호의 길이가 다르지만, PB 방식은 임펄스 폭은 일정하고 신호의 주파수만 다르다. 따라서 다이얼 송출 시간이 짧다.

② 전류 방식에 따른 구분

㉠ 자석식(Magnetic System) : 가입자별로 전화기에 필요한 통화용 전원을 자석

발전기에서 공급하는 전화기

ⓒ 공전식(Common Battery System) : 필요한 전원을 자석발전기가 아닌 전화국의 축전지(직류 24[V])에서 공급되는 공동전원을 이용하는 전화기

ⓒ 자동식(Automatic System) : 대부분은 공전식과 같고 다이얼 부분만 다르며, 통화용 전원으로 전화국의 축전지(직류 48~52[V])를 사용

[4] VoIP(Voice over Internet Protocol) 단말기

인터넷 프로토콜을 이용한 음성통화 서비스(VoIP, Voice over Internet Protocol)라고 부르는 이 서비스는 IP 주소를 사용하는 네트워크를 통해 음성을 디지털 패킷(데이터 전송의 최소 단위)으로 변환하고 전송하는 기술이다. 다른 말로 인터넷 전화라 하며, 인터넷망을 이용해 음성 전화를 주고받는 것으로, 음성과 데이터를 하나의 망으로 전송함으로써 망 효율을 높일 수 있고 인터넷과 연계된 다양한 지능망 서비스도 제공할 수 있다.

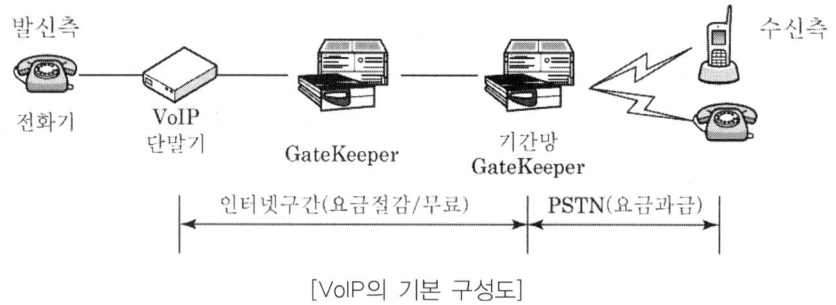

[VoIP의 기본 구성도]

인터넷을 통한 음성통화는 90년대 중반 보칼텍(Vocaltec)이라는 이스라엘 회사가 처음 선보였으며, PC to PC, PC to Phone, Phone to Phone 방식으로 발전해왔다. 우리나라에서 시내전화사업자가 인터넷전화(VoIP) 기술을 통해 서비스를 하려면 인터넷전화 식별번호 '070'을 사용하며, 2005년 8월 22일부터 인터넷 전화가 상용화되었다.

(1) 유선전화와 VoIP의 차이점

① 기존 유선전화의 경우 회선 교환방식인 PSTN(public switched telephone network)을 이용하며, 발신자와 수신자 사이의 회선을 독점 사용하는 방법으로(1대 1 통

신), 아무 말을 하지 않는다고 할지라도 전화를 끊을 때까지는 해당 회선 사용을 보장받기 때문에 일정 수준의 통화 품질은 보장하지만 망 증설 비용이 높고 시외전화나 국제전화 시 많은 요금이 부과된다. 또한 전송 속도가 느려 음성 이외의 데이터 전송에는 적합하지 않다.

② VoIP는 그물망 형태의 기존 인터넷을 이용하므로(다 대 다 통신), 사용자간 회선을 독점 보장해주지 않아 트래픽이 많아지면 속도가 느려지거나 통화 품질이 떨어질 수 있다. 하지만 기존에 인터넷망이 설치되어 있다면 회선 구축비용이 크게 들지 않고 통화 요금도 매우 저렴하다. 또한 영상통화, 메시지 등 다른 멀티미디어 데이터를 전송하기에도 적합하다. 최근에는 스마트폰 등을 통한 모바일 인터넷이 발전하면서 VoIP는 m-VoIP(모바일 인터넷전화)로 진화했다. m-VoIP는 와이파이(Wi-Fi, 무선 랜), 3G망과 같은 무선 모바일 인터넷을 이용해 휴대폰으로 인터넷 전화를 할 수 있는 기술이다.

(2) VoIP의 연결 원리

VoIP의 연결 원리는 일반적인 인터넷 사용법과 비슷하다. 인터넷 통신은 URL(인터넷 주소)을 사용하지만 VoIP는 전화번호를 사용한다는 게 다를 뿐이다. 인터넷 통신에서 URL을 입력하면 DNS 서버를 통해 상대방의 IP 주소를 획득하는 것처럼, VoIP에서는 전화번호를 입력하면 소프트 스위치(Soft switch)라는 시스템을 통해 상대방의 IP 주소를 획득한 후 통화로 연결된다. 기존의 인터넷망을 그대로 활용하기 때문에 같은 VoIP 사용자 간에는 통신비용이 발생하지 않는다.

(3) VoIP의 유형

① PC to PC : PC에서 전화를 걸고 PC에서 전화를 받는 방식으로 별도의 마이크/스피커 장치가 필요할 뿐 아니라 양쪽 PC에 동일한 VoIP 프로그램(메신저 등)을 설치해야 한다. 더욱이 양쪽 PC가 모두 on 상태에서 사용자들끼리 접속 시간을 맞춰야 한다. 초창기에는 PC끼리만 통화가 가능했기 때문에 전화번호가 필요하지 않았고, 대신 ID나 IP 주소를 이용한다.

② PC to Phone : 유료 서비스인 '다이얼패드'를 통해 유명해졌고, 기본적으로 PC to PC 방식이 가능하고 유선전화와 휴대폰에도 전화를 걸 수 있는 기능이 추가됐지만 초창기에는 통화 품질이 좋지 않아 큰 호응을 얻지 못했다.

③ IP Phone to Phone / IP Phone to IP Phone : 가장 대중화된 VoIP로, 인터넷전화기로 유선전화기에 연결하거나, 인터넷전화기와 인터넷전화기를 연결하는 방식으로 PC에 설치한 소프트웨어가 아닌 별도의 인터넷전화 단말기로 통화하기 때문에 일반 유선전화와 같은 방식으로 이용할 수 있다. 또한 인터넷으로 전화를 거는 것뿐 아니라 받는 것도 가능해졌다.

(4) VoIP의 장점

① 일단 장비가 구축이 되면 통신요금이 일반전화에 비해 30~60% 저렴하다.

② 여러 가지 부가서비스를 활용할 수 있다.

(5) VoIP의 단점

① 통신장비의 구축(인터넷 망)에 비용이 많이 든다.

② 인터넷 사정이 나쁘면 통신의 품질이 떨어진다.

③ 통신 보안에 취약하다.

3 영상 단말기

[1] 영상 단말기기

그래픽 단말기는 그림, 도형, 도표 등을 자유자재로 화면에 입력 또는 출력을 할 수 있는 장치를 말하며, 주로 CAD/CAM 시스템이 있다. 일반적으로는 키보드와 테이프, 디스크 그리고 OCR, 라이트 펜, 마우스, 스캐너, 디지타이저 등의 특수 입력기기로 구성된 입력부분과 이를 출력할 수 있는 화면(CRT)과 프린터, 플로터 등으로 구성된 출력부분으로 되어 있다.

(1) 그래픽 단말기의 화면 출력 방식의 종류

① 스토리지 튜브(storage tube) 방식
② 레지스터 리프레시(register refresh) 방식
③ 랜덤 스캔(random scan) 방식

[2] 태블릿(Tablet) 단말장치

문자나 도형 등을 입력하기 위해 평판 모양으로 구성된 입력 영역을 지시펜 등으로 지시함으로써 그 위치 정보를 입력하는 장치이다.

[3] 디지타이저(Digitizer)

평판상에 그려진 문자, 그림, 도표, 도형 그리고 설계도면을 디지털적으로 검출하여 이를 컴퓨터에 입력시키는 장치로 입력의 형태에 따라 능동형과 수동형으로 나누어지며, 능동형의 경우 라이트 펜(light pen)을 사용하여 CRT에 직접 그림을 그릴 때 입력되는 펜의 위치를 받아들이는 형식과, 도면(설계)상에서 각 점에 해당되는 숫자, 영상을 X-Y로 혹은 문자를 읽어 이에 해당되는 비트 형태로 바꾸는 형식이 있다.

[4] COM(Computer Output Microfilm)

(1) 개요

① COM은 마이크로필름을 제작하는 장치이다.
② 컴퓨터의 출력을 마이크로필름에 기록하는 것으로 CRT상의 문자나 도형을 카메라

로 촬영하는 방법이다.

③ 입력 매체→컴퓨터→출력 매체→COM으로 처리하는 컴퓨터 매체와 마이크로필름을 결합하는 장치나 기술이다.

(2) COM의 구성

① 저장 및 처리부
② 카메라부
③ CRT부

(3) COM의 기능상의 구성

① 입력(input) 부분 : 자료를 받아들이는 장치
② 논리(logic) 부분 : 자료를 분석, 처리하는 장치
③ 전환(conversion) 부분 : 디지털화된 입력 자료를 그림, 도형 등으로 전환시키는 장치

[5] 영상표시단말기(VDT, Visual Display Terminal)

영상표시단말기는 컴퓨터와 연결되는 단말장치, 즉 음극선관화면(Cathode Ray Tube, CRT), 액정표시화면(Liquid Crystal Display, LCD), 가스 플라스마(Gas plasma) 화면 등을 총칭하며, 영상표시단말기(VDT)는 문자뿐 아니라 그림 등도 보여준다. 영상표시단말기(VDT)는 벡터 방식의 터미널과 래스터 방식의 터미널로 나누어진다.

① 벡터 그래픽스(Vector graphics)는 컴퓨터 과학에서 그림을 보여줄 때 수학 방정식을 기반으로 하는 점, 직선, 곡선, 다각형과 같은 물체를 사용한다.

② 래스터 그래픽스(Raster graphics) 이미지, 곧 비트맵은 일반적으로 직사각형 격자의 화소, 색의 점을 모니터, 종이 등의 매체에 표시하는 자료구조이다. 래스터 이미지는 다양한 포맷의 그림 파일로 저장할 수 있다.

(1) 음극선관화면(Cathode Ray Tube, CRT)

음극선관(cathode-ray tube, CRT)은 하나 이상의 전자총과 인광 화면을 포함하는 진공관으로, 영상을 표시하는데 사용된다.

(2) 액정표시화면(Liquid Crystal Display, LCD)

액정 디스플레이 또는 액정 표시장치, 줄여서 LCD(liquid crystal display)는 디스플레이 장치의 하나이며, 평판 디스플레이(FPD)의 한 종류이다. LCD는 광학적으로 수동형(Passive)으로, 스스로 발광하지 않기 때문에 전력을 거의 소비하지 않으나 백라이트가 없는 LCD를 주로 사용하는 휴대용 계산기의 경우, 작은 태양광 패널이나 저용량 배터리만으로도 긴 수명을 갖는다. 스스로 빛을 내지 않기 때문에 대부분의 LCD의 경우 후면에 백라이트를 두고, 전면에 액정을 두어 액정이 전기신호에 따라 빛을 차단하거나 통과시키는 방식으로 빛을 낸다.

(3) 가스 플라스마(Gas plasma Display) 화면

플라스마 디스플레이(plasma display) 또는 플라스마 디스플레이 패널(PDP, Plasma Display Panel)은 플라스마의 전기방전을 이용한 화상 표시장치이고 평판 디스플레이(FPD)의 한 종류이다.

플라스마 디스플레이는 저가형 LCD와의 경쟁 및 더 값비싼 고대비 OLED 평면 패널 디스플레이에 밀려 시장에서 사용이 제한적이다.

4 데이터 단말기

컴퓨터에 외부로부터 정보를 넣거나, 처리된 결과를 외부로 꺼내기 위해 사용되는 기기를 일반적으로 단말장치라고 한다.

데이터 단말장치(Data terminal equipment)는 사용자의 정보를 신호로 변환하거나 수신한 신호를 재변환하는 종단 장비(end instrument)이다. 또한 DTE는 Tail Circuit라고 불리기도 한다. DTE 장비는 데이터 회로 종단 장비(DCE)와 통신한다.

[1] 데이터 단말장치의 구성

토폴로지에 DTE를 단순히 추가하는 경우에는 상호접속 케이블의 양 끝은 두개의 다른 종류의 기기들(허브, DCE)이 고려된다. 동일 종류의 장비와 상호 접속할 경우에는 Ethernet을 위한 Crossover 케이블, RS-232를 위한 null 모뎀이 필요하다.

① DTE는 데이터 송수신장치(Data Source and Sink)로 작동하고 데이터 통신 제어 기능이 링크 프로토콜에 따라 수행되는 것을 제공하는 데이터 단말(Data Station)의 기능 단위이다.

② 일반적으로, DTE 장비는 터미널(또는 터미널을 에뮬레이팅한 컴퓨터)이고, DCE는 모뎀이다.

[2] 범용 단말기

(1) 타이프라이터(typewriter) 단말기

건반을 조작할 때, 건반에 대응하는 문자를 인자하는 기계. 건반을 누르는 힘을 이용하여 인자 기구를 구동하는 수동식과 건반조작에 대응하는 문자선택과 인자동작을 전동기 또는 전자석에 의해서 구동하는 전동식이 있다.

(2) 디스플레이 단말기

컴퓨터에서 사용자에게 그래픽 형태로 정보를 표시하기 위하여 사용되는 콘솔장치. 모니터와 같은 화면 표시장치와 키보드와 같은 입력장치로 구성되어 있다.

(3) 리모트 배치(remote batch) 단말기

컴퓨터의 단말기를 고속통신회선을 통해 원거리 지역에 설치함으로써 사용자가 대형 컴퓨터를 목전에서 사용하는 것과 같이 처리할 수 있는 것을 말한다.

[3] 전용 단말기

(1) 은행용 단말기

집이나 사무실에서 인터넷 전화를 이용해 금융 거래를 할 수 있는 서비스. 문자 기능을 제공하는 화면에서 계좌 이체, 거래 내역, 잔액 조회 등의 은행 거래가 가능하다. 영상 기능을 갖춘 단말기에 비해 상대적으로 기기 비용이 저렴하다. 특히 현금 입출금을 제외한 은행의 현금 자동 입출기(ATM) 서비스를 집에서 그대로 이용할 수 있도록 한 것이 특징이며, 공인 인증서나 보안 카드 없이 국내 은행 현금 IC 카드를 소지한 고객은 누구나 간편하게 이용할 수 있다.

(2) POS(point of sale, 판매시점 정보관리) 단말기

POS를 담당하는 기기. 보통 '포스기'라고 말한다.

① 기기 유형
  ㉠ PC를 기반으로 한 POS
    ⓐ PC에 카드 리더(MSR), 바코드 리더, 영수증 프린터 등을 장착하고 POS 프로그램을 설치하여 사용하는 방식
      - 규모가 좀 있는 개인 상점에서 많이 사용한다.
    ⓑ PC와 신용카드 단말기를 연결하고 POS 프로그램을 설치하여 사용하는 방식
      - 소규모 업장에서 사용한다.

② 모바일 기기 기반 POS
  휴대폰이나 태블릿에 무선 영수증 프린터, 무선 카드 단말기 등을 연결한 뒤 어플리케이션을 설치하여 이용하는 방식
    - 카운터에 두고 사용하는 POS 기기보다 기능은 적은 편이지만 대체로 크기가 작아서 휴대가 필요한 배달 업장 등에서 많이 사용한다.

(3) 공업용 단말기

통신회선 1회선에 대해 1조의 입출력장치를 가진 단말을 스탠드얼론(stand-alone)형, 복수조의 입출력장치를 가진 단말을 클러스터(cluster)형이라 한다.

컴퓨터 시스템의 발전에 따라 인간과 컴퓨터의 대화적 처리가 보급됨으로써 디스플레이 단말 등의 대화처리 단말이 많이 사용되고 있으며, 팩시밀리나 전화기가 직접 컴퓨터에 연결되어 데이터 단말기로 사용되고 있다.

제3절 스마트 기기

기존에 가지고 있는 정보 기기의 기능 이외에 언제 어디서나 무선 통신으로 네트워크(주로 인터넷) 접속이 쉽고, 휴대하기 간편하며, 기존 컴퓨터의 틀에 얽매이지 않은 정보(음성이나 화상 통신 등)를 활용할 수 있는 정보기기이다.

1 IoT(Internet of Things) 기기

인간과 사물, 서비스 세 가지 분산된 환경 요소에 대해 인간의 명시적 개입없이 상호 협력적으로 센싱, 네트워킹, 정보처리 등 지능적 관계를 형성하는 사물 공간 연결망이다.

[1] 사물 인터넷(IoT, Internet of Things)의 개요

① 1999년 MIT Auto-Id 센터장이었던 캐빈 애시톤(Kevin Ashton)이 최초로 제안하였다.
② M2M, 유비쿼터스(Ubiquitous), NFC 등의 기존 기술 개념들과는 거리가 있다.
③ 사물 통신은 기본 전제에 지능(intelligence)을 더하고 각각의 사물망을 인터넷과 같은 거대한 망에 연결하여 하나의 틀로 묶어 제공하는 서비스에 대한 기술을 통칭한다.
④ 적용 분야에 따라 웨어러블, 스마트홈, 스마트시티, 스마트팩토리 등으로 나눈다.
⑤ 환경, 도시, 물류, 농업, 공장, 자동차, 빌딩 등 앞으로 다양한 산업 영역에서 사물 인터넷 기술이 활용된다.

[2] 사물 인터넷(IoT)의 특성

① 이종성 : IoT는 다양한 종류의 장치(센서, 액추에이터 등)들이 서로 다른 사물의 데이터는 서로 다른 형태를 가진다.
② 정보보안과 대용량 : IoT 기술의 발달로 CCTV 영상, 사용자 건강 정보 등 다양한 영역에서 민감 정보가 생성되고 있으며, 데이터의 양도 비약적으로 증가한다.

③ 자원 제약성 : CPU, 배터리, 메모리 등 자원제약성을 가진 IoT 디바이스들은 최소 자원으로 필요성을 만족해야 하기 때문에 경량화가 필수적이다.

④ 이동성 : IoT는 높은 이동성(Mobility)으로 네트워크 토폴리지(Topology)가 동적이지만, IoT 기기의 대역폭의 영향으로 연결성은 그리 좋지 않다.

⑤ 시공간 : 일반적으로 생성된 위치 및 시간 정보를 포함한다.

⑥ 연속성 : 각 사물이 지속적인 데이터를 생성한다.

[3] 사물 인터넷과 사물 통신(M2M)의 차이점

[IoT 포괄개념 비교]

① IoT 구성 요소의 연결고리에는 일반적으로 '사람, 사물, 서비스'의 3가지 종류가 존재하며 수평적으로 연결된다.

② IoT에서 '사람'은 인터넷과 연결된 기기를 사용하는 모든 사람을 대상으로 한다.

③ M2M에서 '사람'은 특정 권한이 있는 사람(공장의 시스템 관리자, 쇼핑몰에 설치된 키오스크를 사용하는 사람)을 지칭한다.

④ M2M에서 관리자는 사물보다 높은 위치에 존재하여 사물들이 생성한 정보를 이용하거나 사물들을 제어하기 위한 명령을 지시한다.

⑤ IoT에서는 사람, 사물, 서비스 등 모든 구성 요소가 수평적으로 데이터를 생성과 이용하는 주체가 되기도 한다는 점이 M2M과의 차이점이다.

[4] IoT의 기술 요소

IoT의 주요 기술로는 센싱 기술, 유무선 통신/네트워킹 인프라 기술, IoT 서비스 인터페이스 기술이 있다.

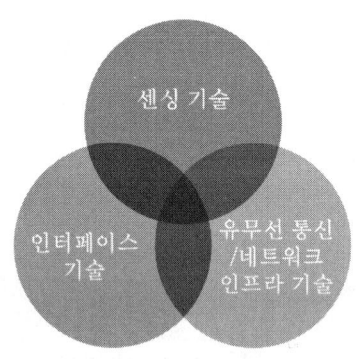

[IoT의 기술 요소]

① 센싱 기술

온도/습도/열/가스/조도/초음파 센서 등에서부터 원격감지, SAR, 레이더, 위치, 모션, 영상 센서 등 유형 사물과 주위 환경으로부터 정보를 얻을 수 있는 물리적 센서를 포함

② 유무선 통신 및 네트워크 인프라 기술

기존의 WPAN, WiFi, 3G/4G/LTE, Bluetooth, Ethernet, BcN, 위성통신, 시리얼통신, Microware, PLC 등 인간과 사물, 서비스를 연결시킬 수 있는 모든 유·무선 네트워크

③ IoT 서비스 인터페이스 기술

IoT의 주요 3대 구성 요소(인간·사물·서비스)를 특정 기능을 수행하는 응용 서비스와 연동하는 역할을 한다.

온톨로지 기술을 통해 다양한 서비스를 제공할 수 있는 인터페이스 역할을 수행할 수 있어야 한다.

※ Ontology : 인간이 보고 듣고 느끼고 생각하는 것에 대해 컴퓨터에서 처리할 수 있는 형태로 표현한 모델

2 실감형 단말기

실제로 체험하는 느낌이 나는 유형을 '실감형'이라 하며, 가상현실(virtual reality, VR)은 컴퓨터 등을 사용한 인공적인 기술로 만들어낸 실제와 유사하지만 실제가 아닌 어떤 특정한 환경이나 상황 혹은 그 기술 자체를 의미하고, 이때 만들어진 가상의(상상의) 환경이나 상황 등은 사용자의 오감을 자극하며 실제와 유사한 공간적, 시간적 체험을 하게 함으로써 현실과 상상의 경계를 자유롭게 드나들게 한다.

① 비디오 콘텐츠 : 실사 기반의 시각 정보를 이용하여 소비자에게 다양한 관점에서의 영상정보를 제공하기 위한 기술이다.

② MR/VR : 시간과 공간의 측면에서 현재 또는 실제가 아닌 가상의 객체와 장면을 콘텐츠로 제공하는 가상현실(VR, Virtual Reality) 기술과, 현실과 가상을 적절하게 혼합하여 제공하는 혼합현실(MR, Mixed Reality) 기술이다.

③ 오감 미디어 콘텐츠 : 소비자에게 가시적인 형태로 제공되는 정보의 실감성을 향상시키기 위한 시청각 외에 촉각, 후각 등 다양한 추가적인 감각을 자극하는 형태의 콘텐츠 제공기술을 말한다.

④ 홀로그래픽 콘텐츠 : 광학기술을 기반으로 소비자에게 모든 시점에서 접근이 가능한 3차원 가시정보 제공 기술을 말한다.

⑤ 콘텐츠 중심 사물 인터넷 : 분산되어 있는 다수의 실감 영상 및 소리 소스로부터 영상 및 오디오 정보를 취득하고 이를 지능적으로 처리하여 실감 미디어로 재현함으로써 부가가치가 향상된 미디어 서비스를 제공하는 기술을 말한다.

⑥ 웹 기반 콘텐츠 플랫폼 : 별도의 어플리케이션 설치 없이 웹 브라우저 내에서 다양한 형태의 실감형 콘텐츠를 사용하기 위한 기술과 콘텐츠 내에서 발생하는 다양한 인터랙션 데이터와 외부장치 연동을 웹 기반으로 제공하는 기술이다.

⑦ 게임 : 일상에서 사용하는 스마트 디바이스와 웨어러블 디바이스들을 기반으로 소비자 간의 경쟁 또는 협업과 재미를 추구하고, 교육, 환경, 공공, 의료 등과 같은 부가적인 기능성을 제공하는 기술을 말한다.

⑧ 디지털 가상화 : 다수의 센서와 구동기들을 이용하여, 현실세계를 반영하고 동기화되는 가상세계의 구축과 운용의 기반을 제공하는 기술을 말한다.

[1] 가상현실의 분류

① 제시 방식에 따른 분류
  ㉠ 가상현실은 컴퓨터 등이 만들어낸 가상의 세계를 사용자에게 제시하는 것
  ㉡ 현실의 세계를 사용자에게 제시하는 것

② 시스템 환경에 따른 분류
  ㉠ 몰입형 가상현실 : HMD(Head Mounted Display), 데이터 장갑(data glove), 데이터 옷(data suit) 등의 특수 장비를 통해 인간이 실제로 보고 만지는 것 같은 감각적 효과를 느끼게 해 생생한 환경에 몰입하도록 하는 시스템
  ㉡ 원거리 로보틱스 : 로봇을 이용하여 먼 거리에 있는 공간에 사용자가 현존하는 효과를 주는 시스템
  ㉢ 데스크톱 가상현실 : 일반 컴퓨터 모니터에 간단한 입체안경, 조이스틱 등만 첨가하여 책상 위에서 쉽게 만날 수 있는 가상현실 시스템
  ㉣ 삼인칭 가상현실 : 오락용으로 많이 쓰이는 방법으로 비디오카메라로 촬영된 자신의 모습을 컴퓨터가 만들어내는 가상공간에 나타나게 하여 자신이 가상공간에 직접 존재하는 것처럼 느끼게 하는 시스템

[2] 아즈마(Ronald Azuma)의 정의에 따른 증강현실 시스템

① 현실(Real-world elements)의 이미지와 가상의 이미지를 결합한 것
② 실시간으로 인터랙션(interaction)이 가능한 것
③ 3차원의 공간 안에 놓인 것

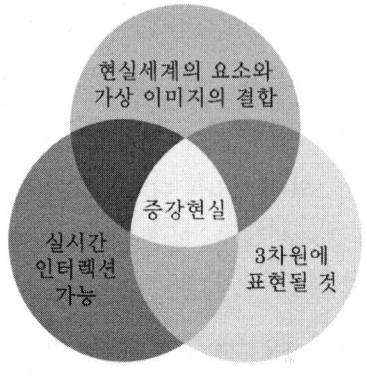

[아즈마(Ronald Azuma)의 정의]

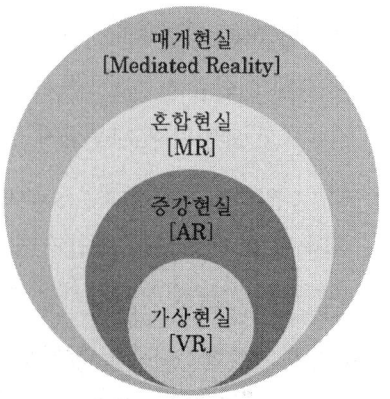

[출처 : 삼성전자 뉴스 룸 2017/06/21]

[3] 가상현실(Virtual Reality ; VR)

현실 환경으로부터 제공되는 시각 정보를 완전히 배제하고 3차원 컴퓨터 그래픽을 통해 구축된 새로운 가상의 세상에서의 몰입감있는 실감 체험을 가능하게 한다.

HMD(Head Mounted Display) 장치를 통해 인공적인 시각 및 청각 정보가 제공되며, 장착된 센서를 활용하여 가상 환경에서의 인간/컴퓨터 상호작용을 수행함으로써 보다 더 실감있는 사용자 경험을 가능하게 한다.

① 가상현실 기기의 원리
   ㉠ 2대의 카메라로 촬영한다.
   ㉡ 움직임 측정 센서를 이용하여 사용자의 움직임에 맞는 영상을 보여준다.
   ㉢ 뇌는 좌, 우 눈에서 2개의 영상정보가 들어오면 이를 조합하여 입체로 인식한다.

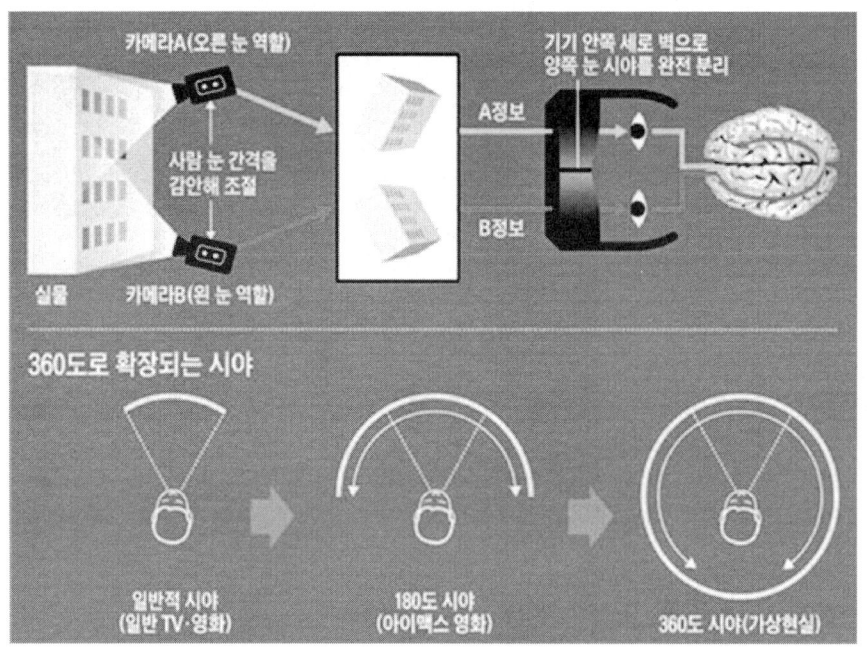

[출처 : http://premium.chosun.com/site/data/html_dir/]

② 가상현실 적용 분야
- ㉠ 게임분야
- ㉡ 오락분야
- ㉢ 통신분야
- ㉣ 스포츠분야
- ㉤ 건축분야
- ㉥ 교육분야 등

[4] **증강현실**(Augmented Reality ; AR)

가상현실 기법을 기반으로 생성한 콘텐츠에 현실적 요소가 추가돼 상호작용이 되도록 하는 기술이다.

① 증강현실(Augmented Reality ; AR)의 특징
- ㉠ 사용자가 보고 있는 실사 영상에 3차원 가상 영상이다.
- ㉡ 중첩함으로써 현실과 가상의 구분이 모호하다.
- ㉢ 가상현실이 현실과 접목되면서 변형된 형태 중 하나이다.
- ㉣ 인간과 컴퓨터의 상호작용을 만드는 콘텐츠가 주로 이룬다.
- ㉤ VR보다 나은 현실감과 부가 정보를 제공한다.

② 증강현실의 한계
　　㉠ 적응성 : 금방 익숙해져 몰입감이 없으며, 지속적 필요도 낮다.
　　㉡ 인간 기능의 둔화 : 뇌 기능과 행동이 둔화된다.
　　㉢ 후유증 : 감각 단절 현상, 시각 장애, 시각 차단, 어지러움이 발생한다.
③ 증강현실을 구현하기 위한 요소 기술
　　㉠ 디스플레이 기술
　　　- HMD(head mounted display, 머리에 착용하는 디스플레이)
　　　- 핸드 헬드(hand held)형 디스플레이

[출처 : 삼성전자 홈페이지(Samsung HMD Odyssey)]

　　㉡ 마커 인식 기술 : 카메라 영상 속에서 위치를 파악하여 그 부분에 가상 객체를 겹쳐 넣어서 증강현실을 만든다.
　　㉢ 영상 합성 기술 : 가상 물체를 입체적인 3차원 공간에 실시간으로 정확한 위치에 이질감없이 정합시키는 기술
④ 증강현실 적용 분야
　　㉠ 오락분야　　　　　　　㉡ 상거래분야
　　㉢ 공간정보 분야　　　　　㉣ 의료분야
　　㉤ 산업분야　　　　　　　㉥ 군사분야 등

[5] 혼합현실(Mixed Reality ; MR)

현실 세계와 가상의 정보들을 융합한 진화된 가상의 세계를 만드는 기술이다. 이를 위해 현실정보를 기반으로 필요한 가상의 정보만을 융합하여 상호작용하는 증강현실의 장점과 큰 몰입감을 전해줄 수 있는 가상현실의 장점을 결합한다.

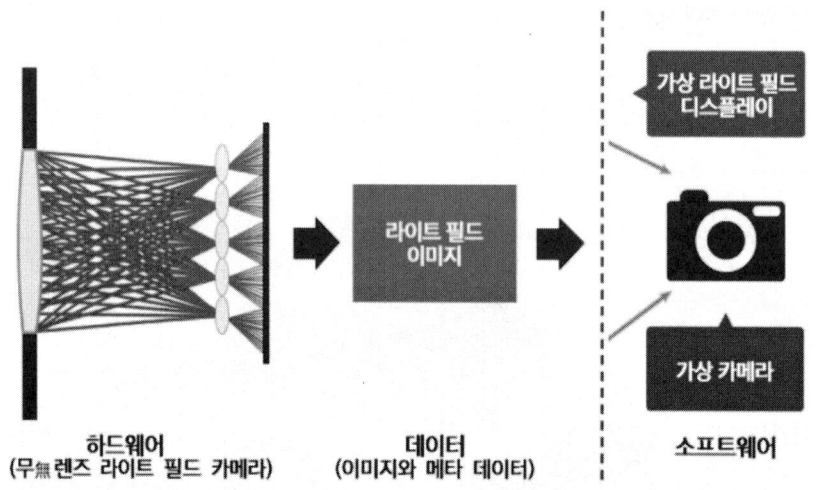

[혼합현실 영상제작에 활용되는 '라이트 필드 촬영 기법'의 원리]
[출처 : 삼성전자 뉴스 룸 2017/06/21]

① 증강현실의 특징
- ㉠ 현실과 가상의 결합 : 현실 기반의 가상정보 결합이다.
- ㉡ 실시간 상호작용 : 현실과 가상정보의 위치 및 내용이 유기적으로 정합되어 제시된다.
- ㉢ 가상 콘텐츠 3D 구현으로 상호작용이 가능하도록 실시간으로 처리된다.

② 혼합현실 기술 분야
- ㉠ 몰입형 디스플레이 기술분야
- ㉡ 인터랙션 기술분야
- ㉢ 콘텐츠 제작 기술분야
- ㉣ MR 시스템 기술분야
- ㉤ MR 모션 플랫폼 기술분야

            ㉥ 네트워크 기술분야

[6] 혼합 및 가상현실 장치

　　① 혼합 및 가상현실의 추적(모션 캡처, 트래킹 시스템)의 장치 : 와이어드 글러브, 게임 트랙, 구글 글래스, 마이크로소프트 홀로렌즈, 플레이 스테이션 무브, 립 모션, 키넥트, 레이저 히드라 등
　　② 몰입형 장치
　　　　㉠ 개인 : 데이드림, 구글 카드보드, HTC 바이브, 오큘러스 리프트, 삼성 기어 VR, 플레이 스테이션 VR, OSVR(Open Source Virtual Reality) 등
　　　　㉡ 방 : 알로스피어(AlloSphere), Cave, TreadPort 등
　　　　㉢ 역사 : 센소라마(Sensorama), 닌텐도 버추얼 보이(Virtual Boy), 패미컴 3D 시스템, 다모클레스의 검, 세가 VR, 버추얼리티 등

3 기타 기기

[1] 스마트폰(smartphone)

휴대폰에 컴퓨터 지원기능을 추가한 지능형 휴대폰
휴대폰 기능에 충실하면서도 PDA 기능, 인터넷 기능, 리모콘 기능 등이 일부 추가되며, 수기방식의 입력장치와 터치 스크린 등 보다 사용에 편리한 인터페이스를 갖춘다.

[2] 스마트 TV(smart TV)

TV와 휴대폰, PC등 3개 스크린을 자유자재로 넘나들면서 데이터의 끊김 없이 동영상을 볼 수 있는 TV로 콘텐츠를 인터넷에서 실시간으로 다운받아 볼 수 있고, 뉴스・날씨・이메일 등을 바로 확인할 수 있는 커뮤니케이션 센터의 역할을 한다.

[3] 스마트 밴드(smart band)

손목에 착용하는 모바일 기기로 각종 신체 활동량 등을 측정하는 스마트 기기

[4] 스마트 안경(smartglasses)

헤드 마운트 디스플레이의 일종으로 실세계에 정보를 부가하여 보여주는 안경 형태의 착용 컴퓨터

[5] 스마트 시계(smartwatch)

스마트 기기의 일종으로 일반 시계보다 향상된 기능(모바일 OS 기반, 앱 구동 가능, 블루투스, 카메라, GPS, 만보계 등)들을 장착한 손목시계

[6] 스마트 카드(smart card)

대용량의 정보를 담을 수 있는 전자식 신용카드로 신용카드, 교통카드, 의료보험증 등의 용도로 사용

[7] 스마트 스피커(smart speaker)

지능형 개인 비서와 (유선 또는 무선) 스피커

제4절 교환기기

1 교환기의 구성과 기능

[1] 교환기의 구성

교환기의 구성은 크게 제어부와 스위치부로 나누어지는데 제어부는 프로세서가 탑재되어 있어 교환동작에 필요한 프로그램 등을 통하여 스위치부 제어, 각종 서비스 제어, 유지보수 등을 담당하게 된다. 통화로부는 실제 교환 동작을 담당한다.

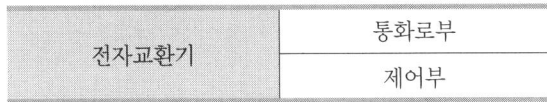

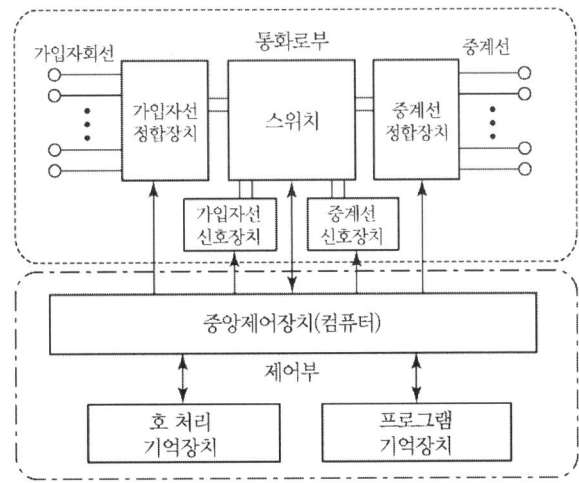

① 통화회로망(SN : Switching Network) : 모든 입선은 X-bar 스위치, 리드 릴레이 및 반도체 스위치(solid-state switch) 등으로 구성된다.
  ㉠ 통화로의 교환 접속 가능
  ㉡ 신호음, 호출음 송출호의 형성 가능
  ㉢ 보(baud)의 수신 및 송신 형성 가능

② 중앙제어장치(CC : Central Control) : 한 단계씩 프로그램의 지시를 분석하여 수행하며 중앙제어장치에서 출력된 제어정보로 희망하는 스위치를 개폐하여 가입자 회선 상호간, 가입자 회선과 중계선 상호간, 중계선 상호간을 접속하여 통화로를 구성한다.
  ㉠ 통화 회로망 제어
  ㉡ 입출력 시스템 제어

③ 주사장치(SCN : Scanner) : 가입자 회선 및 중계선에 흐르는 전류 상태를 시분할 적으로 주사하여 그 결과를 중앙처리장치에 전달한다.

④ 신호분배장치(SD : Signal Distributor) : 통화로를 구성하기 위해 중앙제어장치에

서 지시한 명령을 가입자 회선, 중계선과 통화로망의 각 부분에 분배한다.

⑤ 호처리 기억장치(CS : Call Store) : 가입자 회선, 중계선과 통화로망 각 부분의 상태(공선, 화중 상태)와 호처리 과정에서 관련되는 데이터를 일시적으로 저장하는 데 사용된다.

⑥ 프로그램 기억장치(PS : Program Store) : 가입자 번호, 수용 관계, 회선 루트 관계의 번역에 사용되거나 교환기 동작을 규정하기 위한 프로그램을 저장하는 데 사용한다.

[2] 교환기의 기능

(1) PaBX(Private Automatic Branch eXchange)의 정의

국선과 구내전화기 또는 구내전화기 상호간의 회선을 교환 접속할 수 있는 접속장치로서 국선 중계대, 신호기 및 교환기능의 일부를 부여하기 위하여 별도로 부가하는 부속 설비를 포함한 장치이다.

(2) 사설교환기 분류와 특징

① 회선용량에 따른 분류
  ㉠ 키 폰 시스템(Key Phone system) : 회선 사용수가 비교적 적은 곳에서 사용하기에 적합
  ㉡ 대용량 사설 교환기 시스템(PBX system) : 회선 사용수가 많은 곳에서 사용되고, 회선용량이 15,000회선(최대증설 시) 가량이며 어떤 제품은 시스템 연동을 통하여 1,000,000회선까지 사용 가능한 것도 있다.

② 제어 및 교환방식에 따른 분류
  ㉠ 아날로그 대용량 사설 교환기(Analog PBX) : 현재는 사용치 않는 사설교환기
  ㉡ 디지털 대용량 사설 교환기(Digital PBX) : 2005년부터 많이 사용되던 사설교환기로서 TDM 기반에 회선교환방식으로서 음성만을 스위칭하였다.
  ㉢ 인터넷 프로토콜 대용량 사설 교환기(IP-PBX) : 2003년 이후로 국내에 선을 보이기 시작한 IP-PBX(IP Telephony system)는 IP(Internet Protocol) 네트워크 기반의 패킷교환방식을 사용

③ 대용량 교환기의 특징
　㉠ 다양한 멀티미디어를 처리
　㉡ 설치장소(위치)의 제한을 극복
　㉢ 다양한 형태의 단말기와 메시지를 서비스
　㉣ 사용자들의 업무효율과 생산성을 극대화

(3) 교환기의 기능

① 사용 가능한 단말기 : 일반전화기, 디지털 전화기, IP 전화기, 소프트폰(Soft Phone -PC, 노트북, PDA) 수용, 무선단말기(Wireless LAN IP Phone), 중계대(Attendant Console-디지털 전화기 형태와 PC를 이용하는 소프트폰 형태), ISDN 전화기, ISDN용 PC, G3·G4 FAX, 화상전화기 등

② 수용 가능한 Trunk(국선, 중계선, 전용선) : C/O(T/D), R/D, L/D, E/M(2W, 4W), T1, E1, PRI, IP Trunk

③ 지원 가능한 신호방식(Signaling) : Dial Pulse, DTMF, Ring/Down, Loop/Dial, E/M, R2MFC, BRI, PRI(Q-signaling), No.7, voIP

④ 시스템 운용 관리 : GUI 방식 또는 TEXT COMMAND 방식으로 운용상태, 운전관리 및 자동진단 등을 수행

⑤ 번호계획 : 최대 7~8자리의 번호계획을 지원

⑥ 테넌트(Tenant) 운용 : 테넌트 기능은 1개의 교환기 시스템으로 여러 대의 교환기가 있는 효과를 얻을 수 있다.

⑦ VMS 서비스 : 보드 형태의 VMS/ Module 실장 또는 외장형 VMS 장비와 결합하여 음성 메일과 자동 중계대 서비스를 지원한다.

⑧ ACD 서비스 : 텔레마케팅 서비스의 기본인 ACD 시스템은 ACD 그룹으로 착신되는 호를 상담원에게 공평하게 분배하는 ACD 기능 외에도, ACD 시스템 운영에 유용한 호 응답 처리의 통계 정보를 제공하는 ACD 통계 시스템인 ACD Call Manager와 콜 센터 등의 각종 호스트 컴퓨터와 결합하여 연동할 수 있는 CTI 기능을 제공한다.

⑨ CTI 서비스 : 콜 센터를 중심으로 시작된 통신 시스템과 컴퓨터 간의 결합을 통한

각종 업무의 자동화 또는 효율화하는 복합서비스

⑩ Hotel 서비스 : 호텔 또는 병원 등과 같은 특수한 사용자를 위하여, 일반 교환기능은 물론, Check in/Check out, Wake up, Collect Call, 객실관리 및 과금 등과 같은 호텔 자체의 특성에 따른 서비스를 제공하여, 보다 효율적인 업무를 수행할 수 있도록 도와준다.

⑪ 기타 여러 가지 기능들 : DID · DOD 수용, 내부 및 외부 착신전환, Pick up 기능(당겨받기, 대리응답), 보류기능, 회의통화, CID 서비스, 다양한 형태 그룹서비스(Pick up 그룹, 착신서비스 그룹, ACD 그룹), 각종 톤소스 제공기능, 과금(요금계산)기능, 음성사서함 기능, LCR(최소 · 최적 경로 선택 기능), 페이징 기능 등의 약 700여 가지 서비스 기능을 제공한다.

2 교환기 운용

[1] 교환기의 소프트웨어

교환기 소프트웨어는 호 처리를 위해서 실시간성이 매우 중요하고, 서비스의 영속성을 위해서는 시스템의 안정화 조건을 동시에 만족해야 한다.

(1) 교환기 소프트웨어가 가져야 할 주요특성

① 실시간 처리(real time processing)
② 다중 프로그래밍(multi-programming)
③ 중단 없는 서비스(permanency of service)
④ 변경과 확장이 용이한 소프트웨어 구조

(2) 전자교환기 소프트웨어의 구성

교환기의 동작을 위해 필요한 모든 프로그램의 집합으로 호 처리의 실행이 대부분을 차지하지만 가입자를 위한 서비스 품질의 유지와 가입자와 시스템의 변경을 위한 운영과 보전을 담당하는 프로그램이 많은 양을 차지한다.

[교환 소프트웨어의 구성]

교환기 소프트웨어	시스템 프로그램		주기억장치에 위치
	응용 프로그램	호 처리 프로그램	주기억장치에 위치
		운용 프로그램	일부만 주기억장치에 위치
		보전 프로그램	일부만 주기억장치에 위치

[2] 교환기의 하드웨어

(1) 통화로부

통화로부는 실제로 교환동작이 이루어지는 부분으로 크게 스위치부와 회선 정합부로 나눌 수 있다.

① 스위치부 : 전화 호출자와 전화 피호출자, 전화 호출자와 중계선, 중계선과 중계선을 연결하여 통화로를 구성하며 실제의 교환동작을 담당
② 시간 스위치 : 디지털 교환기에 사용되는 시간 스위치는 다중화된 시분할 PCM 하이웨이상의 타임슬롯(TS)을 서로 교환함으로써 회선교환 동작을 수행
③ 공간 스위치 : Time Switch를 이용한 입력 TS와 출력 TS 사이의 TS 변환기능은 모든 TS에 대한 완전한 교환동작을 가능하게 한다.

(2) 회선정합부

회선정합부는 전화단말과 연결된 전송로 또는 타교환기와 연결된 전송로와 통화로 부를 연결해주는 것으로서 실제 교환기 하드웨어 중 가장 많은 부분을 차지하며, 회선정합부는 가입자선 정합장치와 가입자선 집선 장치에 의해 구성된다.

(3) 가입자 정합회로부

전화단말과 연결되고 디지털 통화로의 전단에 배치되어 정합기능을 담당한다.

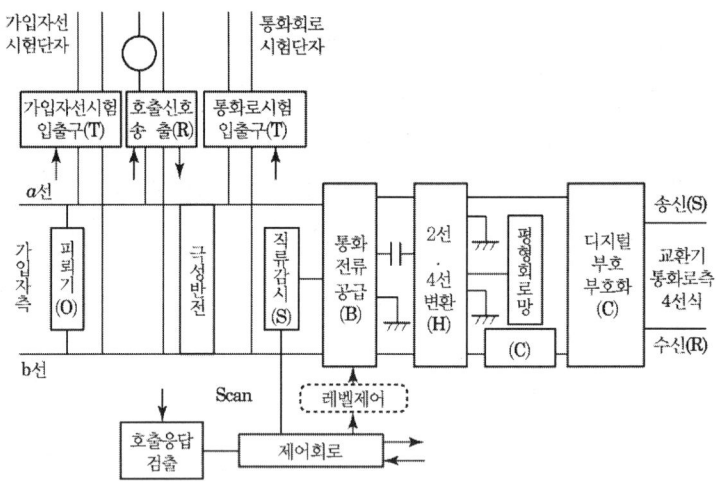

B : Battery feeding to the subset microphone(통화전류 공급)
O : Over voltage protection(과전압으로부터의 교환기 보호)
R : Ringing signal generation for the subset bell(호출신호 공급)
S : Supervision of the subscriber loop(가입자의 hook/off 감시)
C : Coding & decoding(아날로그와 디지털 음성신호의 상호변환)
H : Hybrid(2선-4선 전송방식 상호변환)
T : Test access to the subscriber loop(시험장치 연결)

[가입자 정합회로 블록도]

(4) 중계선 정합회로부

교환기와 교환기 사이에 구성된 국선(전송망, 중계망)망을 교환기에 접속시키는 부분으로서 중계선을 수용하는 중계선 정합회로와 통신망에서의 망 동기를 위한 동기회로로 구성되어 있다.

디지털 교환기는 모든 아날로그의 음성정보를 디지털 형태로 변경하여 시스템 내부의 스위칭회로부에서 교환(스위칭)한다. 때문에 교환기는 아날로그 음성신호를 디지털신호로 변경하는 코딩(PCM)방법인 A-low 또는 U-low 중에서 한 가지를 선택하여 사용한다.

시스템에서 사용되는 코딩형태가 A-low일 때 E1 중계선을 수용하여 사용한다면 교환기와 전송망의 정합이 간단하게 이루어지지만 T1 중계선을 수용한다면 교환기와 중계선(전송망)은 서로 코딩형식이 틀리므로 상호간 정합을 위해 많은 기능들이 사용된다.

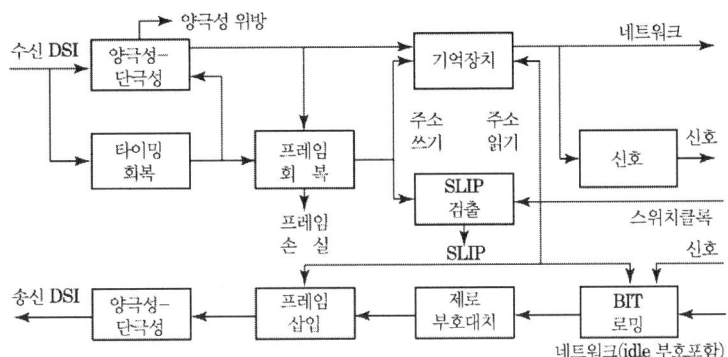

G(Generation of frame code) : 프레임 코드 발생
A(Alignment of frame) : 프레임 배열
Z(Zero string suppression) : 제로코드 억압
P(Polar conversion) : 극성 변화
A(Alarm processing) : 경보 처리
C(Clock recovery) : 클록 재생
H(Hunt during reframe) : 프레임 동기 탐색
O(Office signaling) : 신호처리

[디지털 중계 정합회로 구성]

(5) 제어부 : 스위칭 소자의 동작을 제어해서 통회회선을 연결하는 기능

제어부는 크게 주제어부와 부제어부로 나누어지며 주제어부는 복잡한 기능과 교환기능 수행에 필요한 전반적인 제어를 하고 부제어부는 간단하고 자주 반복되는 제어작동을 수행한다.

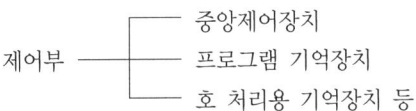

① 중앙제어장치 : 교환기에서 요구되는 복잡한 정보와 판단과 처리를 호 처리 기억장치의 정보를 이용하여 프로그램 기억장치 내의 프로그램 순서에 따라 처리하여 통화로망의 통신선을 상호 접속
② 프로그램 기억장치 : 교환기의 동작을 규정하는 프로그램과 가입자 전화번호, 국번호와 중계선에 관련된 내용을 저장
③ 호 처리용 기억장치 : 가입자 회선, 중계선 및 통화로부의 각 부의 현재 사용 유무

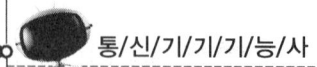

를 알 수 있는 데이터를 저장

[제어부의 역할](일반적인 교환기 내용이며 기종에 따라 주/부제어부의 내용이 다를 수 있음)

주 제어부	호처리(Call processing) : 각종 회선의 서비스 등급 결정, 통화로 설정/복구 요구, 트래픽 데이터 측정, 입출력 신호 제어, 과금 시작
	DB(data base) : 라우팅 관련 데이터 번역, 국번호, 기타 교환기 운용에 필요한 프로그램 내장
	유지보수(maintenance) : 에러검출 및 경보메시지 송출, 각종 시험/진단 수행, 과부하 조절
	관리(administration) : DB 관리, 교환기와 운용자간의 콘솔관리, 메모리관리, 과금 처리
	스위치 제어(switch control) : 회선교환 관리, 중앙 스위치 그룹의 상태 관리, 망경로 검색, 통화로 설정/복구
부 제어부	hook-off 검출, 집선 제어, 번호수신, 각종 신호음 송출 및 수신

[3] 전자교환기의 특수 서비스

① 단축 다이얼(Abbreviated Dialing Speed Calling) : 자주 거는 전화번호를 2숫자로 단축시켜 언제라도 쉽고 빠르게 다이얼 할 수 있게 하는 서비스

② 착신 통화 전화(Call Transfer, Call Forwarding) : 자신의 전화번호로 걸려오는 모든 착신 신호를 다른 특정한 전화번호로 전환시키는 기능

③ 부재 중 안내(Absentee Service) : 일정기간 동안 전화를 받을 수 없을 때 전화를 건 사람에게 전화를 받을 수 없다는 사실을 교환기에 장치되어 있는 녹음 안내 장치를 사용하여 안내하는 기능이다. 녹음 안내 장치는 안내 음성의 첫 구절부터 송출되도록 설계 시 고려되어야 한다. 이것을 실현하는 방법으로 통화로에 녹음안내장치가 연결되면 첫 구절을 표시하는 신호(예 : BOT)가 검출될 때까지 호출음(Ring Back Tone)이 송출되도록 하는 방법을 사용할 수 있다.

④ 통화 중 대기(Call Waiting) : 통화 중에 다른 전화가 걸려오면 통화 중인 상대방을 잠시 기다리게 해놓고 걸려온 제 3의 전화를 받을 수 있는 기능으로 동시에 두 사람 사이에만 통화가 가능하다.

⑤ 3인 통화(3 Way Calling) : 세 사람이 동시에 통화할 수 있는 기능으로 전화 회의를 할 수 있다. 아날로그 교환기에서는 2개의 통화로를 연결시키므로 가능하나 디지털 교환기에서는 복잡한 과정을 거쳐야 한다.

⑥ 지정 시간 통보(Wake-up Service) : 미리 지정한 시간(24시간 이내)이 되면 전화 벨이 울려 지정 시간이 되었음을 알려주는 기능

3 교환방식과 신호방식

[1] 교환방식

(1) 전자교환기의 분류

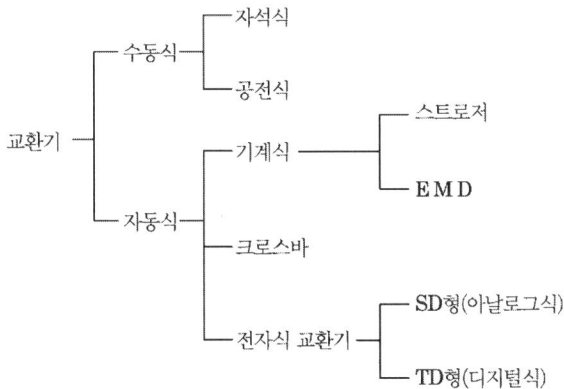

(2) 국내교환기 개발

① 1986년에 1만 회선 용량의 농어촌, 중소 도시형 TDX-1 디지털 교환기의 개발
② 1986~1989년까지 3년에 걸친 노력으로 2만 회선 이상의 TDX-1B 시스템의 개발
③ 1987~1991년까지 TDX-10 교환기의 개발
④ 1992년부터는 고속 동화상 서비스까지도 제공할 수 있는 ATM 교환기 개발의 시작

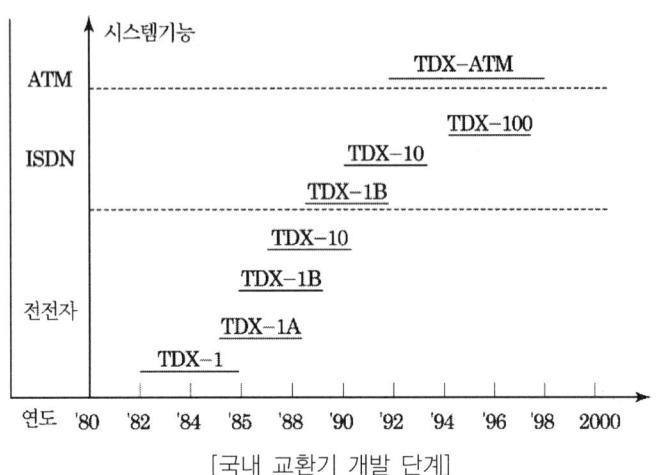

[국내 교환기 개발 단계]

[2] 신호방식

(1) 전송 방식에 따른 분류

항목	분류	공간 분할 방식	시간 분할 방식
사용 소자	통화로부	기계접점	전자접점
	제어부	전자소자	전자소자
통화로의 다중화		불가능	가능
점유 면적		크다	작다
통화 전류		음성전류	PAM, PCM화
타 회로와의 정합		정합 용이	부가설비(컨버터 등) 필요
경제성		대용량국에 용이	소용량국에 유리
기 종		M-10CN, No. 1A ESS	No. 4, AXE-10, TDX-1ESS

① 공간 분할 방식(SDS : Space Division System) : 전화 통화 중 발착 두 가입자가 하나의 회선과 한 통화로를 구성할 수 있는 교환 방식(예 : M10CN, No. 1A ESS 등)

② 시분할 방식(TDS : Time Division System) : 하나의 선로를 시각적으로 분할하여 다수의 통화로(channel)를 만들어 다중 전송을 하는 방식으로 전전자 교환 방식이라고 한다.

③ 주파수 분할 방식(FDS : Frequency Division system) : 하나의 통화로에 다수의 반송파를 할당하여 통화하는 방식이며 스위칭 통화로에 서로 다른 반송파를 할당하여 동시에 다수의 통화로를 구성하는 방식이다.

(2) 공동제어방식의 분류

① 포선 논리 제어 방식(WLC : wired logic control system) : 입력 조건에 따라 릴레이와 그 접점 및 기타 부품을 결선하는 것에 의하여 회선로 기능을 실현하도록 하는 방식(X-bar 교환기에 적용)
② 축적 프로그램 제어 방식(SPC : stored program control system) : 교환 처리의 순서와 처리 내용을 미리 프로그램을 짜서 기억장치에 기억시켜 놓고, 호를 처리할 때 기억장치로부터 차례로 읽어내어 처리하는 방식(대부분의 전자 교환기에 사용)

제5절 트래픽 이론

통신의 흐름(통화의 양, Traffic Volume)을 의미하며, 일반적으로 트래픽량으로서의 밀도를 트래픽이라 한다.

1 호

가입자가 통화를 목적으로 통신회선을 점유하는 것

[1] 호의 분류

① 호 제어 기능
  호 보류(Call Holding), 호 전달(Call Transfer), 호 전환(Call Forwarding), 호 대기(Call Waiting)
② 중계선 기준
  ㉠ 발생 호 : 특정 중계선군에 가해지는 호
  ㉡ 점유 호 : 특정 중계선군에 가해져 유휴회선을 찾아 점유하는 호
  ㉢ 초과 호(Overflow Call)

③ 교환시스템 기준
- ㉠ 발신 호 : 자국에서 발생된 호
    - ⓐ 자국 호 : 자국 내의 다른 가입자에게 착신되는 호
    - ⓑ 타국 호 : 타국으로 나가는 호
- ㉡ 입중계 호
    - ⓐ 착신 호 : 타국에서 발생되어 자국으로 들어오는 호
    - ⓑ 중계 호 : 타국에서 들어와 중계선을 통해 타국으로 나가기 위해 중계되는 호
- ㉢ 자국착신 호 : 자국 가입자에게 착신되는 호(자국 호+입중계 착신호)
    - ⓐ 출중계 호 : 타국으로 나가는 호(타국 호+중계 호)

④ 호의 성공여부
- ㉠ 발생 호
- ㉡ 완료 호
- ㉢ 불완료 호(Time Out, 결번, 포기 호, 내부폭주, 외부폭주, 통화중, 무응답, 시설고장)
- ㉣ 손실 호(넘침 호)
- ㉤ 재시도 호(통화중 등 통화실패 시 재시도한 호수) 0.6[%]
- ㉥ 연속 호

[2] 호의 처리과정으로 본 분류

① 인가 호(Offerd Call)
② 대기 호(Delay Call)
③ 초과 호(Overflow Call)
④ 손실 호(Lost Call)
⑤ 성공 호, 운반 호(Carried Call)

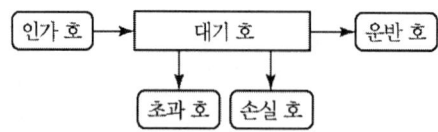

[3] 호 처리 용량(BHCA : Busy Hour Call Attempts)

① 최번시(Busy Hour)의 호(呼)의 시도 수
② 교환기 내 제어계에서의 호 처리 용량 계산 및 능력을 나타내는 데 이용

[4] 트래픽(Traffic)

(1) 트래픽 흐름(Traffic Flow)

① 트래픽은 시간이 지날수록 커지므로, 일정 시간 단위로 환산하여 트래픽량을 계산한다.
② 정해진 시간(기본단위 : 1시간) 동안 발생된 호의 수와 그 호들의 평균 점유시간의 곱

$$A = C \times T$$

A : 트래픽 흐름, C : 1시간 동안 발생된 호 수, T : 평균 점유시간

③ 단위시간당 동시에 발생되는 호들의 평균수효를 나타낼 경우에는 트래픽 강도(Traffic Intensity)라고 한다.

(2) 트래픽 밀도(Traffic Density)의 단위

① 무차원의 양으로 얼랑(Erlang) 또는 CCS를 사용

1 Erlang = 36 CCS(Centum Call Seconds)

② 1얼랑(Erlang)에 의한 트래픽 정의
  ㉠ 1시간 동안 동시에 진행 중인 호의 평균수효
  ㉡ 호의 점유시간 동안 발생된 호의 평균수효
  ㉢ 시간단위로 표시된, 모든 호를 운반하는 데 걸리는 총 시간

(3) 트래픽의 종류

① 부과 트래픽/발생 트래픽(Offered Traffic) : 가입자 관점에서 전화망에 부과시킨 트래픽
② 운반 트래픽/실측 트래픽(Carried Traffic) : 전화망에서 운반된 트래픽
③ 손실 트래픽(Lost Traffic) = 부과 트래픽 − 운반 트래픽

발생된 트래픽에서 운반된 트래픽을 뺀 나머지 트래픽

④ 초과 트래픽(Overflow Traffic) : 설비 부족으로 손실 또는 우회되는 트래픽
⑤ 일차 시도 트래픽(First Attempt Traffic)=부과 트래픽−재시도

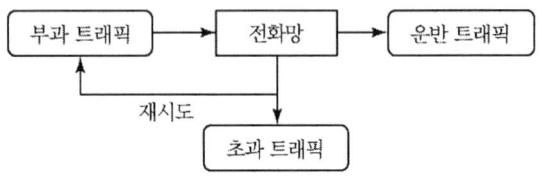

[일차 시도 트래픽(First Attempt Traffic)]

⑥ 일차 루트 트래픽(First Route Traffic)
⑦ 예측 트래픽

(4) 최번시 트래픽 결정방식

① TCBH(Time-Consistent Busy Hour) : 트래픽 측정기간에 4연속 15분 간격으로 트래픽을 측정하여 평균적으로 트래픽이 가장 많이 발생하는 1시간을 최번시로 하며, 15분 간격의 트래픽 측정이 불가능한 경우에는 1시간 간격으로 측정할 수 있다.
② ADPH(Average of Daily Peak Hour) : 일별 최번시 트래픽의 평균을 측정하기 위해 연속적으로 측정된 일별 최대치를 선택하여 평균한 값으로 최대 트래픽에 대한 최번시는 고정되지 않고 매일 달라질 수 있다.

[5] 통화량

(1) 통화 완료율(Call Completion Rate)

① 전체 호 수에서 통화 완료된 호의 수를 백분율로 나타낸 것

② 통화 완료율 $= \dfrac{완료호수}{전체호수} \times 100 [\%]$

(2) 통화 완료율을 높이는 방법

① 충분한 시설 확보
② 가입자 통화중, 가입자 부재 등에 대비한 통화중 대기, 대표번호, 착신전환서비스,

부재중 안내 서비스 등 특수서비스 제도 활용

(3) 통화 차단 : 시도 호가 접속 및 전송경로 문제 등으로 차단되는 확률

(4) 통화 단절률 : 호 설정 후 통화권역이나 간섭신호 문제 등으로 단절되는 확률

2 통신속도와 통신용량

[1] 통신속도

(1) 변조 속도

통신 회선에서 1초에 변조할 수 있는 횟수로 단위는 보(baud)를 사용

① 보(baud) : 전신이나 전화 통신회선에서 변조속도를 나타내는 단위, 또는 컴퓨터 시스템에서 정보의 변조속도를 나타내는 단위
  ㉠ 정보통신에서는 초당 전송되는 신호의 수
  ㉡ 이진 신호인 경우에는 전송되는 초당 비트수(bit per second, bps)
  ㉢ 한 신호가 2비트나 4비트를 나타내는 전송방식도 있으므로 초당 비트수와 꼭 같지는 않다.

② 보율(baud rate) : 정보 전송을 위한 변조속도를 나타내는 비율

③ 보드 코드(Baudot code) : 전신통신을 위한 5비트 코드로 제1국제 전신 코드(International Telegraph Code No. 1)라고도 하며 1950년대까지 널리 사용되었다.
  ㉠ 5비트로 나타낼 수 있는 최대 개수는 32이므로 영문자 26자, 아라비아 숫자 10자와 10여 자의 특수문자를 모두 나타낼 수 없다.
  ㉡ 코드들 중 몇 개를 문자 시프트(letter shift), 숫자 시프트(figure shift) 등의 제어기호로 사용하여 문자와 숫자, 특수문자를 나타낸다.

(2) 데이터 신호 속도 : 1초에 전송할 수 있는 비트 수로 단위는 bps(bit per second)를 사용

(3) 데이터 전송 속도

① 단위 시간에 전송되는 데이터량을 표시하는 단위

② 전송 속도 단위에 사용되는 시간은 초, 분, 시를 사용하고, 데이터 단위는 비트, 니블(Nibble), 바이트(Byte) 등을 사용

[2] 통신용량

(1) 샤논(Shannon)의 정리

샤논의 정리는 "전송 채널의 단위시간당 전송할 수 있는 Bit 수"를 구하는 공식으로 단위는 [BPS], [Bit/sec]이다.

$$채널용량(C) = 대역폭 \times \log_2\left(1 + \frac{신호전력}{잡음전력}\right)$$

$$C = B \log_2\left(1 + \frac{S}{N}\right) \text{ [BPS]}$$

(단, C : 채널용량, B : 채널의 대역폭, S/N : 신호대 잡음비)

(2) Nyquist의 공식

잡음이 없는 채널을 가정하고 지연 왜곡에 의한 최대 용량을 산출한 공식으로 단위는 BPS이다.

$$C = 2B \log_2 M \text{[BPS]}$$

(단, C : 채널의 용량, B : 채널의 대역폭, M : 진수)

(3) 채널의 전송용량을 증가시키기 위한 방법

① 채널의 대역폭(B)을 증가시킨다.
② 신호 세력을 높인다.
③ 잡음 세력을 줄인다.

제6절 전송기술

1 전송의 기초이론

[1] 전송의 기초이론

① 단향통신방식(simplex communication) : 송신기와 수신기가 정해진 통신방식으로 데이터가 한쪽 방향으로만 전송되는 방식으로 단방향 통신의 원격제어시스템, 공중파의 TV 방송과 라디오방송이 대표적이다.

그림 3-9 단향통신

㉠ 송·수신측이 미리 고정되어 있는 통신 방식이다.
㉡ 통신 채널을 통하여 한쪽 방향으로만 데이터를 전송한다.
㉢ TV나 라디오 방송에서 사용한다.
㉣ 수신된 데이터의 에러 발생 여부를 송신측이 알 수 없다.

② 반이중방식 통신(half duplex) : 송·수신 기능을 한 개의 시스템에서 동시에 수행할 수 없고, 송·수신을 별도로 하는 방식으로 무전기와 컴퓨터통신시스템에서 널리 사용한다.

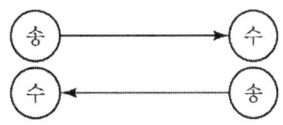

[반이중방식 통신]

㉠ 양방향 통신이 가능하지만 어느 한쪽이 송신하는 경우 상대편은 수신만이 가능한 통신 방식이다.
㉡ 송·수신측이 고정되어 있지 않다.
㉢ 양측에서 동시에 데이터를 전송하게 되면 충돌이 발생하기 때문에 데이터를 전

송하기 전에 전송 매체의 사용 가능 여부를 확인해야 된다.

ⓔ 무전기나 모뎀을 이용한 통신에서 사용한다.

③ 전이중방식 통신(full deplex) : 가장 효율이 높은 방식으로 두 개의 시스템이 동시에 데이터를 송·수신할 수 있는 방식이다. 일반적으로 송·수신 회선이 별도의 4선식으로 구성된다.

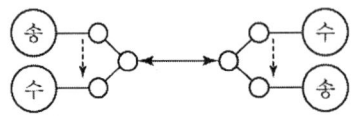

[전이중방식 통신]

㉠ 동시에 양방향으로 데이터 전송이 가능한 통신 방식이다.

㉡ 하나의 전송 매체를 두 개의 채널로 사용하거나 전송 방향에 따라 별도의 전송 매체를 사용한다.

[2] 통신 프로토콜

(1) 프로토콜(Protocol)의 개요

① 둘 이상의 서로 다른 노드(컴퓨터 단말기)가 갖고 있는 파일, 데이터베이스 등의 공용자원을 액세스하기 위해 여러 가지 제어 정보 및 통신 처리를 위한 약속

② 하나의 통신 시스템에서 원격지에 있는 다른 통신 시스템과 전송 매체를 통하여 수행할 수 있도록 해주는 일련의 절차나 규범의 집합

(2) 프로토콜의 종류

① SNA(System Network Architecture) : IBM에서 제안한 것으로 비표준이다.

② DNA(Digital Network Architecture) : DEC에서 제안한 것으로 비표준이다.

③ TCP/IP(Transmission Control Protocol/Internet Protocol) : 미국방성에서 제안한 것으로 비표준이나 표준처럼 사용된다.

④ OSI(Open System Interconnection) : 국제표준화기구(ISO)에서 제안한 것이다.

(3) 프로토콜의 구성요소

프로토콜에는 전송하고자 하는 데이터의 일정 형식과 두 엔티티의 연결을 위한 여러

가지 기능(Semantics), 흐름 제어(Flow Control)를 위한 절차 등이 필요한데 이들 요소로는 구문(Syntax), 의미(Semantics), 타이밍(Timing) 등이 있다.

① 구문(Syntax) : 데이터 형식(Fromat), 부호화(Coding), 신호 레벨(Signal Level) 등을 포함한다.
② 의미(Semantics) : 효과적이고 정확한 정보 전송을 위한 두 엔티티의 협조사항과 에러 관리를 위한 제어 정보를 포함한다.
③ 타이밍(Timing) : 두 엔티티의 통신 속도 조정, 메시지의 순서 제어 등을 포함한다.

(4) 프로토콜의 특성

① 직접/간접(Direct/Indirect)
　㉠ 직접 방식 : 2개의 엔티티 사이에 직접 정보를 교환하는 방식(점 대 점 연결, 멀티포인트 연결)
　㉡ 간접 방식 : 교환망이나 다른 네트워크를 통해서 간접적으로 정보를 교환

② 단일체/구조적(Monolithic/Structured)
　㉠ 단일체 : 엔티티 사이의 통신 작업이 하나의 프로토콜에서 처리
　㉡ 구조적 : 통신 작업은 워낙 복잡하기 때문에 프로토콜층을 이루는 구조를 사용

③ 대칭/비대칭(Symmetric/Asymmetric)
　㉠ 대칭 : 상호 대응되는 엔티티들 사이에 통신이 이루어짐
　㉡ 비대칭 : 주로 주 스테이션만이 통신을 개시할 수 있는 권한이 부여됨

④ 표준/비표준(Standard/Nonstandard)
　㉠ 표준 : 컴퓨터 모델에 관계없이 프로토콜을 공유
　㉡ 비표준 : 특정한 통신 상황의 특정한 컴퓨터 모델에서 사용

(5) 프로토콜의 기능

① 단편화(Segmentation)와 재조립(Reassembly)
　㉠ 단편화 : 주어진 데이터를 일정한 크기의 작은 데이터 블록으로 나누어 전송하는 것
　㉡ 재조립 : 수신층에서 분리된 데이터를 응용 계층에 적합한 데이터로 재구성해서 원래의 데이터로 복원하는 것

② 캡슐화(Encapsulation)
　㉠ 제어정보의 내용
　　ⓐ 주소 : 발신자와 수신자의 주소 정보
　　ⓑ 에러검출 코드 : 전송 중에 발생하는 에러를 확인할 수 있는 정보
　　ⓒ 프로토콜 제어 : 프로토콜 기능을 구현하기 위한 별도의 제어 정보

③ 연결 제어(Connection Control)
　㉠ 비연결 데이터 전송(Connectionless Data Transfer) : 사전에 논리적인 연결 없이 바로 데이터를 전송하는 방식(예 : 데이터그램 방식)
　㉡ 연결 지향 데이터 전송(Connection-oriented Data Transfer) : 송·수신지간에 사전 논리적 연결 절차를 거친 후에 데이터를 전송하는 방식

④ 흐름 제어(Flow Control) : 수신하는 엔티티에서 발송지에서 오는 데이터의 양과 속도를 제한하는 기능이다.

⑤ 순서 바로잡기(Ordered Delivery) : 전송된 데이터들이 순서대로 되어 있는지를 확인하는 작업으로 연결 지향형 데이터 전송에서만 의미가 있다.

⑥ 에러 제어(Error Control) : 데이터나 제어 정보의 에러를 대비하는 방법으로 데이터의 순서를 검사하여 에러를 찾고, PUD를 재전송하며, 일정 시간 동안 수신지에서 보낸 확인 신호가 도착 하지 않으면 재전송한다.

⑦ 동기화(Synchronization) : 2개의 엔티티는 명확히 정의된 상태에 있어야 초기의 시작, 중간에 필요한 체크 포인트, 통신종료 등을 수행할 수 있으며, 동기화는 두 개의 엔티티가 같은 상태를 유지하는 것이다.

⑧ 주소 부여(Addressing) : 통신하는 두 엔티티간에 서로를 인식하기 위해서 주소를 사용하며, 네트워크에서 구별하는 방법은 이름, 주소, 경로(Route) 등에 의해서 이루어진다.

⑨ 다중화(Multiplexing)
　㉠ 여러 개의 단말장치들이 하나의 통신 회선을 통하여 데이터를 전송하고, 수신측에서도 여러 개의 단말장치들의 신호로 분리하여 입출력할 수 있게 하는 장치
　㉡ 여러 개의 상위 레벨 연결이 하나의 하위 레벨 연결을 공유할 때 사용하는 상향 다중화(Upward Multiplexing) 방식이 있다.

⑩ 전송 서비스(Transmission Service)
  ㉠ 사용이 용이토록 하는 별도의 서비스
  ㉡ 우선순위(Priority) : 메시지 단위로 우선순위를 부여하여 순위가 높은 메시지를 먼저 전송하도록 하는 방법
  ㉢ 서비스 등급(Grade of Service) : 특정 데이터는 최소 또는 최대 지연 시간을 요청하는 경우가 있는데, 이에 따라 등급을 정하는 서비스
  ㉣ 보안성(Security) : 액세스를 제한하는 서비스

(6) 프로토콜 전송 방식

종류	특징
문자방식	• 특수문자(SOH, STX, ETX, EOT, ENG, ACK 등)를 사용해서 데이터의 처음과 끝을 나타내는 방식 • 대표적 프로토콜 : BSC(Binary Synchronous Communication)프로토콜
바이트 방식	• 데이터의 헤더(Header)에 전송 데이터의 문자 개수, 메시지 수신 상태 등의 제어 정보를 포함하는 방식 • 대표적 프로토콜 : DDCM(Digital's Data Communication)
비트 방식	• 특수한 플래그 문자를 메시지의 처음과 끝에 포함시켜 전송하는 방식 • SDLC(Synchronous Data Link Control), HDLC(High-level Data Link Control)

[3] OSI(Open System Interconnection) 7레벨 계층

(1) OSI의 목적

① 서로 다른 기종간의 원활한 통신 수행을 위해 시스템 연결에 사용되는 통신 구조의 표준을 개발하기 위한 공통적인 방법 제시

② 기존 표준과의 관계 및 향후 개발되는 표준과의 관계를 명확히 하기 위해서 1977년 국제표준화기구(ISO : International Standards Organization)에서 제정

(2) 기본 요소

① 개방형 시스템(Open System) : 응용 프로세스간에 통신할 수 있도록 지원
② 응용 프로세스(Application Process) : 응용 프로그램과 같이 서로 실제 정보를 교환하고, 처리를 수행하는 주체
③ 접속(Connection) : 응용 엔티티간에 연결할 수 있도록 구성하는 논리적 통신 회선
④ 물리매체(Physical Media) : 물리적인 전송매체

(3) OSI의 7계층 구조

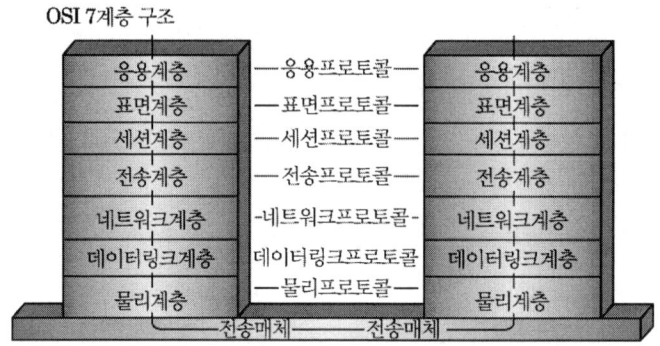

① OSI 7레벨 계층 참조 모델의 계층 순서(하위 레벨에서 상위 레벨 순)
물리계층 → 데이터 링크 계층 → 네트워크 계층 → 전송 계층(트랜스포트 계층) → 세션 계층 → 표현 계층(프레젠테이션 계층) → 응용 계층

② 각 계층의 기능
  ㉠ 물리 계층(Physical Layer)
    ⓐ 장치(Device)간의 물리적인 접속과 비트 정보를 다른 시스템으로 전송하는 데 필요한 규칙을 정의하며, 비트 단위의 정보를 장치들 사이의 전송 매체로 전자기적 신호나 광 신호로 전달하는 역할을 수행한다.
    ⓑ 물리 계층의 주요 특성
      • 기계적 특성은 시스템과 주변장치 사이의 연결을 위한 사항을 정의한다.
      • 전기적 특성은 신호의 전위 규격과 전위 변화의 타이밍에 관한 사항으로 데이터 전송 속도와 통신 거리를 결정한다.
      • 기능적 특성은 각 신호에 의미를 부여함으로써, 수행되는 기능을 정의한다.
      • 절차적 특성은 기능적 특성에 의하여 데이터를 교환하기 위한 절차를 규정한다.
  ㉡ 데이터 링크 계층(Data Link layer)
    ⓐ 물리적 링크의 신뢰도를 높여주고 링크를 확립, 유지, 단절하는 수단을 제공하여 인접한 두 시스템을 연결하는 전송 링크에서 패킷을 안전하게 전송하는 것이 목적이다.
    ⓑ 패킷에 헤더(Header)와 꼬리(Trailer)를 추가하여 프레임(Frame)을 생성한다.

ⓒ 데이터 링크 계층의 기능
- 링크의 양단간(End-to-End)에 데이터 이송
- 링크의 확립과 단절
- 링크의 에러 검출
- 링크의 공유
- 투명한 데이터의 흐름
- 링크의 오류 회복과 통지

ⓒ 네트워크 계층(Network Layer)
ⓐ 상위 계층에게 연결하는 데 필요한 데이터 전송과 교환 기능을 제공하며, 네트워크를 통하여 데이터 패킷의 전송과 경로 제어와 유통 제어를 수행한다.
ⓑ 네트워크 계층의 기능
- 전송 경로 선택(Routing)
- 흐름 제어(Flow Control)
- 에러 제어(Error Control)

ⓔ 전송 계층(Transport Layer)
ⓐ 상위 계층에서 확립된 응용 프로그램간의 논리적 연결과 데이터 전송을 직접 담당하는 하위 계층을 연결하는 역할을 수행하며, 종단간(End-to-End)에 신뢰성 있고 투명한 데이터 전송을 제공한다.
ⓑ 전송 계층의 기능
- 종단과 종단의 메시지 전송
- 접속 관리
- 흐름 제어
- 데이터 분리

ⓜ 세션 계층(Session Layer)
ⓐ 사용자 지향적인 연결 서비스 제공을 목적으로 응용 프로그램간의 논리적 연결(Logical Connection)을 확립, 관리와 응용들 사이의 연결을 확립, 유지, 단절시키는 수단을 제공한다.
ⓑ 전송 계층은 통신 당사자 사이에 연결을 생성, 유지하는 책임이 있지만 세션 계층은 기본적인 연결 서비스에 부가 가치를 덧붙임으로써 사용자 접속장치를 제공한다.

ⓒ 세션 계층의 기능
- 전이중(Duplex), 반이중(Half-Duplex)의 대화 형태 논리를 사용한다.
- 응용 프로그램이 요구하는 작업들을 하나로 묶어서 일괄처리(그룹화 : Grouping)한다.
- 데이터의 중간 중간에 체크 포인트(Check Point)를 삽입하여 전송에러가 발생한 에러 복구를 쉽게 처리한다.

ⓗ 표현 계층(Presentation Layer)
ⓐ 응용 엔티티간에 사용되는 구문(Syntax)을 정의하고, 사용되는 표현을 선택하거나 교정하는 역할과 보안을 위한 암호화와 해독(Encryption/Decryption), 효율적인 전송을 위한 데이터 압축 등의 기능을 수행한다.
ⓑ 세션 계층의 기능
- 암호화와 해독
- 내용 압축
- 형식 변환 등

ⓢ 응용 계층(Application Layer)
네트워크를 통한 응용 프로그램간의 정보 교환을 담당하며, 사용자가 직접 접하는 응용 프로그램으로 OSI 환경을 이용할 수 있는 서비스를 제공한다.

[4] TCP/IP(Transmission Control Protocol/Internet Protocol)

① TCP/IP란 네트워크 전송 프로토콜로, 서로 다른 운영체제를 쓰는 컴퓨터 간에도 데이터를 전송할 수 있어 인터넷에서 정보전송을 위한 표준 프로토콜로 쓰이고 있다.

② TCP는 전송 데이터를 일정 단위로 나누고 포장하는 것에 관한 규약이고, IP는 직접 데이터를 주고받는 것에 관한 규약이다.

③ 인터넷에 물려 있는 모든 컴퓨터는 인터넷 표준 위원회에서 제정한 규약을 따르고 있는데, 인터넷 표준 프로토콜이 TCP/IP이다.

④ TCP/IP는 1960년대 말 미국방성(DARPA)의 연구에서 시작되어 인터넷 프로토콜 중 가장 중요한 역할을 하는 TCP와 IP의 합성어로 인터넷 동작의 중심이 되는 통신규약으로 데이터의 흐름 관리, 데이터의 정확성 확인(TCP 역할), 패킷을 목적지까지 전송하는 역할(IP 역할)을 담당한다.

⑤ 보통 IP는 데이터를 한 장소에서 다른 장소로 정확하게 옮겨주는 역할을 하며, TCP는 전체 데이터가 잘 전송될 수 있도록 데이터의 흐름을 조절하고 성공적으로 상대편 컴퓨터에 도착할 수 있도록 보장해주는 역할을 한다.

⑥ TCP/IP는 개방형 프로토콜의 표준으로 특정 하드웨어나 OS에 독립적으로 사용하는 것이 가능하다. 또 인터넷에서 서로 다른 시스템을 가진 컴퓨터들을 서로 연결하고, 데이터를 전송하는데 사용하는 통신 프로토콜로 근거리 및 원거리 모두에 사용된다.

⑦ TCP/IP는 응용계층, 트랜스포트계층, 인터넷계층, 네트워크 인터페이스계층의 4개의 계층으로 구성된다.

  ㉠ 응용계층은 사용자 응용 프로그램으로부터 요청을 받아서 이를 적절한 메시지로 변환하고 하위계층으로 전달하는 기능을 담당한다.

  ㉡ 트랜스포트계층은 IP에 의해 전달되는 패킷의 오류를 검사하고 재전송을 요구하는 등의 제어를 담당하는 계층으로 TCP, UDP 두 종류의 프로토콜이 사용된다.

  ㉢ 인터넷계층은 전송 계층에서 받은 패킷을 목적지까지 효율적으로 전달하는 것만 고려한다. 즉, 데이터그램이 가지고 있는 주소를 판독하고 네트워크에서 주소에 맞는 네트워크를 탐색, 해당 호스트가 받을 수 있도록 데이터그램에 전송한다.

  ㉣ 네트워크 인터페이스계층은 특정 프로토콜을 규정하지 않고, 모든 표준과 기술적인 프로토콜을 지원하는 계층으로서 프레임을 물리적인 회선에 올리거나 내려받는 역할을 담당한다.

OSI 7-계층	TCP/IP
응용 계층	응용 계층
표현 계층	
세션 계층	
트랜스포트 계층	트랜스포트 계층
네트웍 계층	인터넷 계층
링크 계층	네트웍 액세스 계층
물리 계층	

⑧ TCP/IP는 OSI 참조모델과 비교할 때 다양한 서비스 기능을 가진 응용 프로그램 계층이 존재하고, 전송계층/네트워크 계층과 호환하는 계층이 존재한다는 공통점을 가지는 반면, TCP/IP 프로토콜의 응용 계층은 OSI 참조모델의 표현계층과 세션계층을 포함하며, TCP/IP 프로토콜은 물리 계층과 데이터 링크 계층을 하나로 취급한다는 점에서 차이가 있다.

2 전송방식과 데이터의 부호화

[1] 전송방식

(1) 직렬(Serial) 전송과 병렬(Parallel) 전송

① 직렬 전송 : 동일한 전송선을 통해서 한 비트씩 전송하는 방식으로, 대부분의 데이터 전송에서 사용한다.
  ㉠ 장·단점
    ⓐ 전송 에러가 적다.
    ⓑ 원거리 전송에 적합하다.
    ⓒ 통신회선 설치 비용이 저렴하다.
    ⓓ 전송 속도가 느리다.

② 병렬 전송 : 송신하고자 하는 비트 블록 각각에 대응되는 전송선이 따로 있어서 비트 블록을 한 번에 전송한다.
  ㉠ 장·단점
    ⓐ 단위 시간에 다량의 데이터를 빠른 속도로 전송
    ⓑ 전송 길이가 길어지면 에러 발생 가능성이 높고, 통신회선 설치 비용이 커짐

(2) 비동기 전송과 동기 전송

① 비동기 전송(Asynchronous Transmission)
  ㉠ 한 문자를 전송할 때마다 동기화시켜 전송하는 방식
  ㉡ 전송의 기본 단위 : 문자 단위의 비트 블록
  ㉢ 송·수신측의 동기화를 위해서 각 비트 블록의 앞뒤에 시작 비트(Start Bit)와

정지 비트(Stop Bit)를 덧붙여 전송
      ㉣ 일반적으로 패리티 비트(Parity Bit)를 추가해서 전송
      ㉤ 전송 속도 : 1,800[bps] 이하의 저속 전송
      ㉥ 비동기 전송방법
         ⓐ 송신측에서 유휴(idle) 상태를 나타내는 비트를 전송하다가 데이터 전송 시 시작 비트를 전송
         ⓑ 패리티 비트를 포함한 데이터를 전송
         ⓒ 전송이 완료되었음을 나타내는 정지 비트를 전송
         ⓓ 다시 유휴 상태로 전환
      ㉦ 장·단점
         ⓐ 동기화가 단순하고, 가격이 저렴한 장점이 있다.
         ⓑ 문자당 2~3비트를 추가로 전송해야 되므로 전송 효율이 떨어지는 단점이 있다.

← 전송방향

| 시작 비트 | 문자(8bit) | 정지 비트 | 유휴 비트 | 시작 비트 | 문자(8bit) | 정지 비트 |

- 8bit의 문자 하나를 전송할 때 시작 비트와 정지 비트를 포함한 10bit가 전송된다.
- 수신부에서는 시작 비트와 정지 비트 사이의 데이터(8bit)만을 인식한다.

   ② 동기 전송(Synchronous transmission)
      ㉠ 비동기 방식의 비효율성을 보완하기 위한 방법
      ㉡ 전송할 데이터를 여러 블록으로 나누어서 각 블록 단위로 전송하는 방식
      ㉢ 데이터와 제어 정보를 포함하는 큰 크기의 프레임을 전송
      ㉣ 동기화를 위해서 전송의 시작과 끝을 나타내는 제어 정보를 데이터의 앞뒤에 붙여서 프레임을 구성
      ㉤ 문자 중심 전송과 비트 중심 전송으로 분류
      ㉥ 전송 속도 : 2,000[bps] 이상의 고속 전송
      ㉦ 프레임 형태 : 데이터의 시작을 알리는 SYNC(Synchronous Idle) 문자에 이어서 제어 문자 DLE(Data Link Escape)와 STX(Start of Text)를 붙이고, 데이터의 끝을 표시하기 위해서 DLE와 ETX(End of Text)를 붙임

← 전송방향

| SYNC | 문자(8bit) | 문자(8bit) | 문자(8bit) | 문자(8bit) |

SYNC는 동기를 위한 제어문자이다.

　　ⓒ 장·단점
　　　ⓐ 전송 효율이 좋아 고속 데이터 전송에 적합하다.
　　　ⓑ 별도의 하드웨어장치가 필요하다.
　　ⓩ 비동기 전송과 동기 전송의 비교

	비동기 전송	동기 전송
전송 단위	문자	비트/문자 블록
에러 검출 방법	패리티 비트	CRC
오버헤드	문자당 고정된 크기	프레임당 고정된 크기
전송 효율	비효율적	효율적
장비 가격	저렴	고가

　③ 혼합형 동기식 전송
　　㉠ 비동기 전송과 동기 전송의 혼합
　　㉡ 비동기 전송과 같이 스타트 비트와 스톱 비트를 가지며, 동기 전송과 같이 송수신측이 동기 상태를 이룸
　　㉢ 비동기 전송보다 빠르고, 정확한 동기를 가짐

[2] 데이터의 부호화

　(1) 보드 코드(Baudot Code)

　　① 5개 비트로 구성
　　② ITU-T(CCIT)에서 제정한 표준 코드로 Alphabet No.2 0로 지정됨
　　③ 텔렉스 통신에서 주로 사용됨
　　④ 에러 검출 기능이 없어 불편함

　(2) BCD 코드(Binary Coded Decimal Code)

　　① 모든 코드의 기본(디지털에 사용되는 코드는 4비트로 구성 : 8421코드)
　　② 6bit로 구성되며 2^6가지(64가지)의 각기 다른 문자 표현이 가능

③ 6bit는 2bit의 Zone과 4bit의 자릿수(Digit)로 구성
④ 영문자 대문자와 소문자를 구별하지 못함

> **예** A 표현

1	1	0	0	0	1

└ zone bit ┘└── digit bit ──┘

(3) ASCII 코드(American Standard Code for Information Interchange Code)

① ISO(International Standards Organization)에서 개발되어 ANSI(American National Standards Institute)에 의해서 제정된 데이터 통신용 코드
② 개인용 컴퓨터 데이터 통신용이나 마이크로컴퓨터에서 사용
③ 7bit로 구성되며 2^7가지(128가지)의 문자 표현이 가능
④ 7bit는 3bit의 Zone과 4bit의 자릿수로 구성

> **예** A 표현(10진수로 65)

1	0	0	0	0	0	1

└── zone bit ──┘└── digit bit ──┘

(4) EBCDIC(Extended Binary Coded Decimal Interchange Code)

① 확장된 BCD(8421 코드) 코드로 범용 컴퓨터에 이용
② 8bit로 구성되며, 2^8가지(256가지)의 문자 표현이 가능
③ 8bit는 4bit의 Zone과 4bit의 자릿수로 구성
④ 16진수 2자리로 표현 가능

> **예** A 표현(16진수로 C1)

1	1	0	0	0	0	0	1

└────── zone ──────┘└────── digit ──────┘

⑤ Zone 4bit의 구성

1	2 bit	구성	3	4 bit	구성
0	0	undefined	0	0	A ~ I
0	1	특수문자	0	1	J ~ R
1	0	소문자	1	0	S ~ Z
1	1	대문자, 숫자	1	1	숫자

제7절 정보통신망

1 정보통신망의 기초

[1] 정보통신망의 기초

정보통신은 컴퓨터를 사용해서 지리적으로 분산되어 있는 위치 상호간의 자원을 공유하기 위해서 전기통신회선을 사용해서 문자, 영상, 음향 등의 정보를 송·수신하는 전기통신으로, 2진 부호로 표시된 정보를 통신회선을 통해 정보의 수집, 가공, 처리, 분배 등의 기능을 수행하는 장치와 장치의 통신으로 음성, 데이터, 이미지, 영상 등을 전송매체를 이용하여 한 곳에서 다른 곳으로 효율적으로 정보를 전달하거나 교환하는 과정을 말한다.

(1) 정보통신의 목적

① 데이터 전송 거리에 따른 시간 지연의 문제점 해결
② 데이터의 오류 없는 전송
③ 다량의 정보를 신속하게 전송
④ 컴퓨터 자원의 공유와 그에 따른 비용 절감

(2) 정보통신의 특징

① 고속전송과 부호통신 가능
② 거리와 시간의 극복 가능
③ 광대역 전송이 가능
④ 높은 시스템의 신뢰도
⑤ 고도의 에러 제어방식을 요구
⑥ 시간과 횟수의 제한 없이 동일 데이터의 반복 전송이 가능

(3) 통신의 구성 요소

① 송신기 : 전송 신호를 전송 매체에 적합한 형태로 변환하는 변조장치
② 수신기 : 전송 매체를 통해 전송된 신호를 수신자가 이해할 수 있는 형태로 변환하

는 복조장치

③ 전송 매체 : 송신기와 수신기를 연결하는 유·무선매체

(4) 정보통신의 발달 과정

① 전기통신
  ㉠ 전신 : 1837년 미국의 모스(Morse, F.B.)가 전신 부호를 발명
  ㉡ 전화 : 1876년 벨(Bell, A.G.)이 발명. 2년 후 에디슨(Edison, T)이 탄소 송화기를 개량하여 인류 최초의 전화기가 발명됨
  ㉢ 전자파 : 1888년 헤르츠(Hertz, H.)가 전자파를 발견
  ㉣ 무선 전신 시스템 : 1897년 마르코니(Marconi, G.)가 전자파를 이용하여 모스 부호를 무선으로 전송하는 무선 전신 시스템을 발명
  ㉤ 에디슨의 전화기
  ㉥ 라디오 방송 : 1920년 미국에서 KDKA 라디오 방송국이 개국. 1 : 1 통신(전신, 전화 등)이 1 : n의 통신으로 바뀌게 되어 방송(broadcast)이라는 용어가 등장
  ㉦ 텔레비전 방송 : 1936년 영국의 BBC방송국을 시작으로 1950년대에 이르러 미국을 중심으로 대중화되기 시작하였다.

② 우리나라의 전기통신
  ㉠ 1885년 9월 28일 : 한성(서울)과 제물포(인천) 간에 최초로 전신이 개통됨
  ㉡ 1882년 전화 도입
  ㉢ 1961년 이후에 전기 통신 분야의 급격한 성장을 이루게 됨

③ 위성통신
  ㉠ 위성통신의 시작 : 1957년 세계 최초의 인공위성인 소련의 스푸트닉호에 의해 위성통신의 시대가 시작됨
  ㉡ 세계 최초의 통신위성 : 1962년 미국의 텔스타 1호(유럽과 미국 사이에 텔레비전 방송 신호 전송)
  ㉢ 세계 최초의 정지 위성 : 신콤(syncom)

④ 정보통신
  ㉠ 컴퓨터 시스템 고유의 개념 위에 데이터 통신망을 구축하는 통신망 구조로 발전
  ㉡ SNA : 1974년 미국의 IBM사가 발표한 체계화된 통신망 구조

ⓒ 종합 정보 통신망(ISDN), 광대역 종합 정보 통신망(BISDN) : 음성, 데이터, 영상 등의 멀티미디어 서비스를 종합적으로 제공하는 고속 통신망
　⑤ 회선에 따른 통신
　　㉠ 음성용 전용회선 : 전화를 이용한 송·수신 방식으로 저속, 중속의 데이터 통신이 이루어짐
　　㉡ 기존 전화 교환망의 이용 : 전화 교환망의 이용으로 통신의 효율성이 높음
　　㉢ 광역회선의 이용 : 광역 전용회선을 이용하여 10[Kbps]의 전송속도로 통신
　　㉣ 디지털 회선 이용 : 음성을 디지털화하는 방식 사용
　　㉤ 데이터 전용 교환망 이용 : 회선/패킷 교환방식 사용
　　㉥ 종합정보통신망(ISDN : Integrated Service Digital Network) 이용 : 디지털 방식으로 데이터(음성, 문자, 음향, 화상정보 등)를 종합적으로 처리

[2] 정보통신의 이용

(1) 오프라인 시스템(Off-line System)

　① 단말장치와 컴퓨터가 통신회선으로 직접 연결되지 않고 중간에 사람이 개입하는 방식으로 통신회선을 사용하지 않기 때문에 통신제어장치가 필요 없다.
　② 일반적으로 일괄처리방법을 사용한다.
　③ 일괄 처리(Remote Batch Processing)
　　㉠ 발생한 작업을 일정량, 일정시간 동안 컴퓨터의 보조기억장치에 보관시킨 후 컴퓨터 유휴시간을 이용해 일괄적으로 처리하는 방식
　　㉡ 긴급하지 않은 과학기술 계산, 급여처리 등에 사용

(2) 온라인 시스템(On-line System)

　① 원격지의 단말장치로부터 통신회선을 거쳐서 컴퓨터와 통신하는 방식으로 통신 제어장치가 필요하다.
　② 단말장치, 통신 제어장치, 컴퓨터로 구성된다.
　③ 온라인 시스템의 이용 형태
　　㉠ 질의/응답(Inquiry and Response) : 단말장치로부터 입력된 데이터를 컴퓨터에서 즉시 처리하여 결과를 단말장치로 알려주는 방식
　　㉡ 메시지 교환(Message Switching) : 단말장치로부터 입력된 데이터를 다른 단

말장치로 출력하는 방식
ⓒ 데이터 수집/분배(Data Gathering Data distribution) : 단말장치의 데이터를 분할해서 여러 명의 사용자가 사용할 수 있도록 단말장치로 출력하는 방식
ⓔ 시분할 시스템(Time-Sharing System) : 대형 컴퓨터의 처리시간을 분할해서 여러 명의 사용자가 사용할 수 있도록 하는 방식

④ 실시간 처리(Real Time Processing)
요구에 즉시 응답할 수 있는 처리 방식으로 조회 및 문의 업무, 긴급한 작업, 좌석 예약, 은행 업무 등에서 사용한다.

2 정보통신망의 종류와 특성

[1] 정보통신망의 종류

① 전화망 : 전화기의 호출 요구에 따라 전화교환기가 상대방 전화기를 접속하여 음성의 통신을 위한 망
② 컴퓨터망 : 통신 회선으로 근거리 또는 원거리의 컴퓨터를 접속하여 컴퓨터가 갖고 있는 소프트웨어나 하드웨어를 공유하기 위한 망
③ 데이터 통신망 : 컴퓨터나 단말장치 사이에서 데이터를 송·수신하는 통신시스템을 이루는 망
④ 팩시밀리 통신망 : 망에서 팩시밀리 정보를 일시 축적 보관해 두는 기능이 있고, 수신 쪽의 팩시밀리 단말장치가 통화중이면 일정 시간 뒤 재호출하여 보내는 기능을 갖는 망
⑤ 데이터 통신망 : 불특정 다수의 단말장치가 호출로 상대방을 선택하여 데이터를 교환할 수 있는 데이터 통신 전용망
⑥ 비디오텍스 통신망 : 전화교환 회선에 비디오 수상기나 컴퓨터를 연결하고 호출하여 일기예보, 주식현황, 레저정보 등의 각종 데이터를 텔레비전 화면에 나타내는 양방향성의 시스템을 이루는 망
⑦ 근거리 통신망(LAN : Local Area Network) : 건물이나 구내 등의 근거리에 한정된 공간에 사무자동화(OA) 시스템을 구축하기 위한 망

> **참고**
> - 근거리 통신망(LAN : Local Area Network)의 효과
>   ① 하드웨어 및 주변장치를 공유
>   ② 프로그램 및 파일을 공유
>   ③ 효율적인 정보의 관리
>   ④ 데이터베이스 공유가 가능
>   ⑤ 통제관리가 용이
>   ⑥ 다양한 운영체제의 사용 가능

[2] 분기형태에 따른 통신망의 분류

(1) 성형 통신망(Star network)

중앙 집중 통신망으로서 중앙에 중앙컴퓨터가 있고 이를 중심으로 터미널이 연결된 네트워크 형태이다.

① 컴퓨터와 단말장치(터미널) 간에 별도의 통신선로가 필요하다.
② 통신경로가 길다.
③ 전산기 구성망의 가장 기본(온라인 시스템의 전형적인 방법)이다.
④ 모든 노드는 중앙에 있는 제어 노드와 점 대 점으로 직접 연결된 형태이다.
⑤ 중앙 컴퓨터가 모든 통신 제어를 담당하는 중앙 집중식이다.

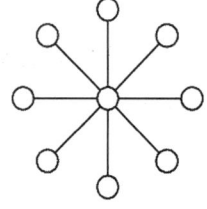

[성형 통신망]

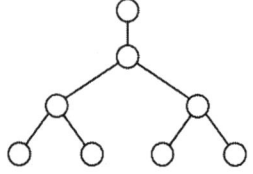

[트리형 통신망]

(2) 트리형 통신망(Tree network)

중앙에 컴퓨터가 위치하나 통신신호는 각 지역으로 가까운 터미널까지 시설되고 이웃하는 터미널은 다시 가까운 터미널까지 연결된 네트워크 형태이다.

① 성형보다 통신회선이 많이 필요하지 않다.
② 분산형 통신망(분산 처리 시스템)의 기본이다.

③ 데이터는 양방향으로 모든 노드에게 전송되고, 트리의 끝에 있는 단말 노드로 흡수되어 소멸된다.
④ 통신회선 수가 절약되고, 통신선로의 총 경로는 가장 짧다.

(3) 환형(링형) 통신망(Ring network)

컴퓨터 및 단말기들이 수평으로 서로 이웃하는 것끼리만 점 대 점으로 연결된 네트워크 형태이다.
① 데이터는 한 방향 또는 양방향 데이터 전송이 가능하다.
② 통신선로의 총 길이는 성형보다 짧고 트리형보다 길다.
③ 각 노드 사이의 연결을 최소화할 수 있다.
④ 통신회선 장애 시 융통성이 있다.
⑤ LAN 등과 같이 국부적인 통신에 주로 사용한다.

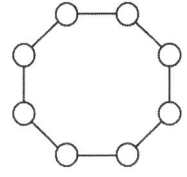 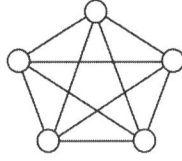 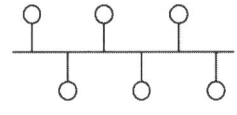

[환형 통신망]　　　　[그물형 통신망]　　　　[버스형 통신망]

(4) 그물형 통신망(mash network)

컴퓨터 및 단말기들이 중계에 의하지 않고 직통 회선으로 직접 연결되는 네트워크 형태이다.
① 완전히 분산된 형태의 통신망이다.
② 통신회선의 장애 시에도 데이터 전송이 가능하다.
③ 모든 단말기와 단말기들을 통신회선으로 연결시킨 형태로, 보통 공중 전화망과 공중 데이터 통신망에 이용한다.
④ 통신회선의 총 길이가 가장 길고, 분산 처리 시스템이 가능하다.
⑤ 통신회선의 장애 시 다른 경로를 통하여 데이터를 전송할 수 있어 신뢰도가 높다.
⑥ 광역 통신망에 적합하다.

(5) 버스형 통신망(Bus network)

하나의 통신회선상에 여러 대의 터미널을 설치하여, 중앙컴퓨터와 터미널 간의 데이터 통신은 물론 터미널과 터미널 간의 데이터 통신이 가능하도록 연결하는 네트워크 형태이다.

① LAN을 구성할 때 많이 사용하며, 다수의 터미널 접속이 가능하다.
② 단일 터미널의 장애가 전체 통신망에 영향을 미치지 않는다.
③ 하나의 전송 매체를 모든 노드가 공유해서 사용하는 멀티포인트 매체를 사용한다.
④ 데이터는 양방향으로 전송되며, 다른 모든 노드에서 수신 가능하다.
⑤ 데이터는 노드와 탭 간의 전이중 방식으로 버스를 통해서 전송한다.
⑥ 링형과 달리 각 노드가 데이터 확인 및 통신에 대한 책임을 갖는다.
⑦ 터미네이터(Terminator) : 버스의 양쪽 끝에 있는 장치로서, 전송되는 모든 신호를 버스에서 제거하는 역할을 담당한다.
⑧ 링형과 마찬가지로 발송지와 목적지 주소를 포함하고 있는 패킷을 사용한다.

(6) 데이터의 교환방식

컴퓨터와 컴퓨터, 컴퓨터와 단말기 사이의 통신 데이터를 발생지에서 목적지까지 중계하는 방식

① 직접교환방식 : 가입자가 직접 상대를 호출하여 데이터를 전송하는 방식으로 전송 회선을 완전히 확보한 다음 전송하는 방식이다.
　㉠ 일반 공중전화, 텔렉스, DDD방식에 사용한다.
　㉡ 짧은 시간에 정보량이 집중될 때 유리하다.
　㉢ 경제적인 통신회선이 구성된다.
② 축적교환방식 : 직접교환방식에 데이터를 축적하는 기능을 추가한 교환방식이다.
　㉠ 전문교환 : 기억장치에 데이터를 기억시켜 하나의 단위로서 일괄적으로 중계하는 방식으로 전송 시간이 일정하지 않다.
　㉡ 패킷교환 : 기억장치에 데이터를 기억시켰다가 일정한 길이로 구분하여 각 부분을 독립적으로 중계하는 방식으로 수신측에서는 원래의 데이터 형태로 재결합한다.

[3] 정보통신망의 특성

정보의 수집, 가공, 저장, 검색, 송신, 수신 및 그 활용과 이에 관련되는 기기, 기술, 역무, 기타 정보화를 촉진하기 위한 일련의 활동과 수단을 말한다.

(1) 정보통신의 특징

① 고속도 통신에 적합하다(초당 1,000~20,000자 정도).
② 에러제어(Error Control) 방식을 사용하므로 신뢰성이 높다(소자 오율 : 10^{-7}~10^{-6} 정도, 회선 오율 : 10^{-4}~10^{-6} 정도).
③ 다치전송(多値傳送)이나 광대역 전송이 가능하다.
④ 시간, 거리에 구애받지 않고 고품질의 통신을 할 수 있다.
⑤ 경제성이 높고, 응용범위가 대단히 넓다.
⑥ 대형 컴퓨터와 대용량 파일의 공동 이용이 가능하다.

(2) 정보통신의 기능

① 통신회선의 효율적 사용이 가능하다.
② 정보처리기기와 통신망의 용이한 접속 기능이 있다.
③ 통신망에서 발생하는 에러 발견 및 교정을 할 수 있다.
④ 전송 중인 데이터의 분실 발견 및 방지기능이 있다.
⑤ 통신망의 운영, 관리 기능이 있다.
⑥ 목적지 주소의 정확한 인식 기능이 있다.
⑦ 0과 1로 전송되는 데이터의 의미, 단위(문자, 패킷)의 시작과 끝의 감지 능력이 있다.
⑧ 정보처리기기 사이의 처리 속도 차이에서 오는 데이터의 흐름 조절 기능이 있다.
⑨ 데이터의 도청 방지를 위한 암호화 기능이 있다.

(3) 정보통신에 이용되는 단말기

① 퍼스널 컴퓨터
② 복합단말기

[4] 인터넷 연동(IX, Internet eXchange)

인터넷 연동(IX)은 서로 다른 인터넷 서비스 제공자(ISP : Internet Service Provider) 간에 트래픽을 원활하게 소통시키기 위한 인터넷 연동 서비스로 IX는 원래 ISP 간의 상호접속을 목적으로 설립된 NOC(네트워크 통합운영센터, Network Operations Center)에 각 공급자가 회선을 끌어와서 공동 이용함으로써, 회선 비용을 낮추면서 불필요한 트래픽 중계를 줄이기 위한 목적으로 설치되었다.

한국은 지역이 상대적으로 좁고 대부분의 지역에 네트워크 인프라가 설치돼 있기 때문에 통신 3사와 몇몇 기업만으로도 대다수 지역에서 빠른 인터넷 서비스를 제공할 수 있다. 한국에서 IX를 제공하는 업체는 KINX, 한국정보사회진흥원(KIX), KT-IX, 데이콤-IX 4곳이다.

(1) 인터넷 연동(IX)는 NOC(네트워크 통합운영센터, Network Operations Center)에 설치된 기기에 따라 대개 두 가지 종류로 나눈다.

① 레이어3 방식 : NOC 내에 한 대의 라우터를 설치하고 여기에 각 ISP가 도입한 라우터를 접속하는 방식

② 레이어2 방식 : 각 ISP의 라우터 사이를 스위칭 허브 등으로 접속하는 방식으로 레이어2 방식의 운영이 더 용이하다.

제8절 통신 측정

1 측정 장비의 종류 및 특성

[1] 측정 장비의 종류

(1) 계측기기

① 지시계기의 구성 요소

지시계기의 3대 요소	구동장치(driving device)
	제어장치(controlling device)
	제동장치(damping device)

㉠ 구동장치 : 가동 부분에 측정하려는 전기량에 비례하는 구동 토크(torque)를 발생시키는 장치

 참고
- 구동 토크를 발생시키는 방법
  ① 자장과 전류와의 사이에 작용하는 힘
  ② 두 전류 사이에 작용하는 힘
  ③ 충전된 두 물체 사이에 작용하는 힘
  ④ 자계 내에 있는 철편에 작용하는 힘
  ⑤ 회전 자장 및 이동자장 내에 있는 금속도체에 작용하는 힘
  ⑥ 줄(Joule)열에 의한 금속선의 팽창에 의한 힘
  ⑦ 전류에 의한 전기분해 작용

ⓒ 제어장치 : 가동부분의 변위나 회전에 맞서 원래의 영위치에 되돌려 보내려는 제어 토크를 발생하는 장치

 참고
- 제어장치의 종류
  ① 스프링 제어(대부분의 지시 계기에 사용)
  ② 중력 제어(현재는 거의 사용하지 않음)
  ③ 전기력 제어(비율계에 사용)
  ④ 자기적 제어(가동 자침형 검류계에 사용)
  ⑤ 맴돌이 전류 제어(적산 전력계에 사용)

ⓒ 제동장치 : 가동부분에 적당한 제동력(제동 토크)을 가하여 지침을 빨리 정지시키는 장치

 참고
- 제동장치의 종류
  ① 공기제동(지시 계기에 제일 많이 쓰이는 방법)
  ② 액체제동(기록 계기나 정전형 계기에 사용)
  ③ 맴돌이 전류 제동(적산 전력계나 가동 코일형 계기에 사용)

ⓔ 지침과 눈금
  ⓐ 지침(Pointer) : 알루미늄이나 두랄루민의 얇은 판 또는 가는 관을 사용한다.

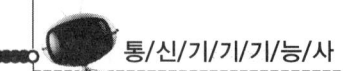

ⓑ 눈금(scale)의 종류

균등 눈금	가동 코일형 계기 등에 쓰이며, 전 눈금에 걸쳐 눈금 읽기의 정도가 동일하다.	사선 눈금	여섯 줄의 눈금선과 사선으로 한 눈금의 1/5까지 정확히 읽을 수 있다. 0.2급 계기에 쓰인다.
불균등 눈금	0 부근에서 눈금선이 좁아져 있어, 정격의 25[%] 이하 눈금에서 오차가 많다.	광각 눈금	270° 정도의 넓은 각도의 눈금으로 배전반용 계기에 쓰인다.
대수 눈금	측정 범위가 넓고, 절연 저항계, 통신 방면에 쓰인다.	연형 눈금	연형 계기의 눈금으로 공업계기에 쓰인다.

(2) 지시계기의 측정범위 확대

① 분류기(shunt) : 직류 전류계의 측정 범위를 확대시키기 위하여 전류계에 병렬로 접속하는 저항기

$$I_a = \frac{R_s}{R_s + r_a}I, \quad I = \frac{R_s + r_a}{R_s}I_a = \left(1 + \frac{r_a}{R_s}\right)I_a$$

$$\therefore \frac{I}{I_a} = 1 + \frac{r_s}{R_s} = n$$

$$R_s = \frac{r_a}{n-1} [\Omega]$$

여기서, r_a : 내부 저항[Ω] R_s : 분류기 저항[Ω]
  n : 배율 I : 측정하는 전류[A]
  I_a : 전류계에 흐르는 전류[A]

② 배율기(multiplier) : 전압계의 측정 범위를 확대하기 위해서 계기의 권선과 직렬로 접속하는 고저항의 저항기

$$V_V = r_V I = \frac{r_V V}{r_v + R_m} \text{ [V]}$$

$$V = \frac{r_v + R_m}{r_V} V_V = \left(1 + \frac{R_m}{r_V}\right) V_V \text{ [V]}$$

$$\therefore \frac{V}{V_V} = 1 + \frac{R_m}{r_V} = m$$

$$R_m = r_V(m-1) \text{ [}\Omega\text{]}$$

여기서, r_V : 내부 저항[Ω]　　　　R_m : 배율기 저항[Ω]
　　　　m : 배율　　　　　　　　V : 측정하는 전류[V]
　　　　V_V : 전류계에 흐르는 전류[V]

③ 분압기 : 정전 전압계의 전압 측정 범위를 확대하기 위한 것

　㉠ 저항 분압기

$$\frac{V}{V_V} = \frac{R_1 + R_2}{R_1} = 1 + \frac{R_2}{R_1} = n$$

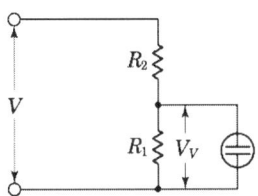

　　여기서, R_1, R_2 : 무유도성의 고저항[Ω]

　㉡ 용량 분압기 : 교류 전압의 측정에 사용한다.

$$\frac{V}{V_V} = \frac{C_V + C}{C} = 1 + \frac{C_V}{C} = n$$

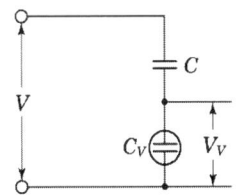

　　여기서, C_V : 계기의 용량[F]
　　　　　　C : 직렬용량[F]

④ 계기용 변류기(CT) : 교류 전류의 측정범위 확대에 사용하는 변성기로서 2차 표준은 5 [A]이다.

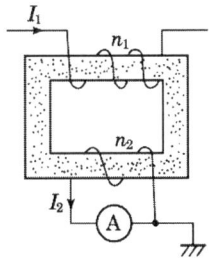 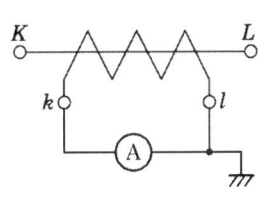

I_1, I_2 : 1차 및 2차 전류　　　　　n_1, n_2 : 1차 및 2차 권선수

$I_1 n_1 = I_2 n_2$

$$\therefore \frac{I_1}{I_2} = \frac{n_2}{n_1}$$

변류비 = $\frac{I_1}{I_2}$, 권선비 = $\frac{n_2}{n_1}$

⑤ 계기용 변압기(PT) : 교류 전압의 측정 범위 확대를 위한 변성기로서 2차 표준은 100[V] 또는 110[V]로 권선비가 정해진다.

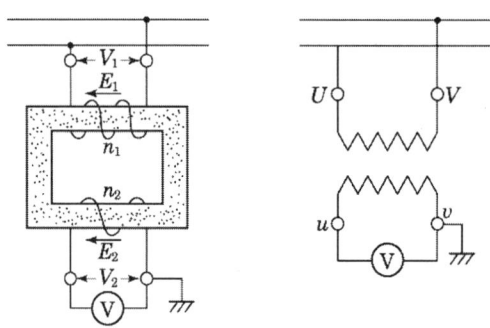

V_1, V_2 : 1차 및 2차의 단자 전압 [V]

E_1, E_2 : 1차 및 2차의 기전력 [V]

n_1, n_2 : 1차 및 2차 권선수

$$\frac{V_1}{V_2} = \frac{E_1}{E_2} = \frac{n_1}{n_2}$$

(3) 회로 시험기(multi-circuit tester)

① 정격 전류가 작은(수십[μA]~1[mA]) 가동 코일형 전류계에 여러 개의 분류기와 배율기를 전환 스위치로 전환하여 측정 범위를 연속적으로 확대해 나갈 수 있게 구성한 것으로, 교류 측정이 되도록 정류기와 저항을 측정할 수 있는 직독 저항계를 위한 내부 전지 등이 추가되어 있다.

② 측정 내용 : 직류전류, 직류전압, 교류전압, 저항

③ 인덕턴스 및 커패시턴스와 dB은 지정된 교류전원(보통 10[V] 범위)을 가하여 측정할 수 있다.

(4) 전자 전압계(진공관 전압계, VTVM)

① 구성

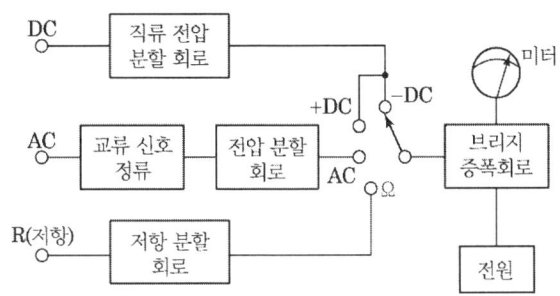

지시부의 계기는 가동 코일형 전류계를 사용한다.

② 특징

㉠ 회로 시험기로는 얻을 수 없는 우수한 고주파 특성(10[MHz] 이상)을 갖는다.

㉡ 입력 임피던스(1[MH] 이상)가 높아 측정 오차가 적다.

㉢ 눈금은 측정 전압의 파형이 사인파일 때의 실효값(rms)으로 매겨져 있다.

㉣ 기종에 따라 첨두값을 지시하는 것도 있다.

(5) 기록 계기(recording instrument) : 전압, 전류 및 주파수 등이 시간적으로 변화하는 상황을 기록용지에 자동적으로 측정, 기록하는 계기

① 직동식 기록계기

㉠ 펜(pen)식이라고도 하며 기록지와 펜 사이의 마찰이 커서 감도가 낮다.

㉡ 펜식 기록계기의 특징

ⓐ 구조가 간단하고 값이 저렴하다.

ⓑ 전력소모가 크다.

ⓒ 기록지와 펜 사이의 마찰 때문에 구동 토크는 지시계기의 10배 정도 커야 한다.

ⓓ 감도가 낮아서 지시계기 1.5급에 해당한다.

② 타점식 기록계기(intermittent recorder)

㉠ 타점식 기록계기의 특징

ⓐ 타점할 때를 제외하고는 지침에 특별한 마찰이 가해지지 않으므로 펜식보다 감도가 높다.

ⓑ 구조가 간단하고 값이 저렴하다.

ⓒ 감도가 낮아 지시계기 1.0급에 해당한다.
③ 자동평형식 기록계기(automatic balancing recorder)
  ㉠ 펜과 기록용지에서 생기는 마찰 오차를 피하기 위하여 고안된 것으로, 영위법에 의한 측정원리를 이용한 것이다.
  ㉡ 자동평형식 기록계기의 블록도

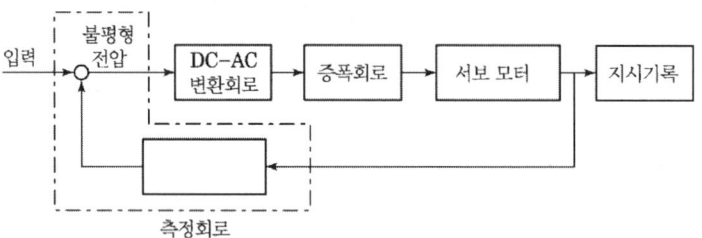

  ㉢ 브리지형 자동평형식 계기의 원리

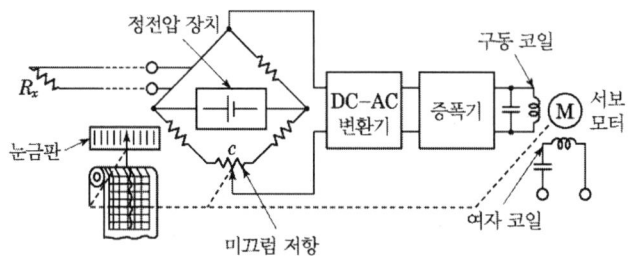

④ X-Y 기록계기
  ㉠ 2개의 전압입력 X, Y 사이의 함수관계 $Y=f(x)$의 도형을 모눈종이 위에 자동적으로 기록하는 계기이다.
  ㉡ X-Y 기록계기의 구성

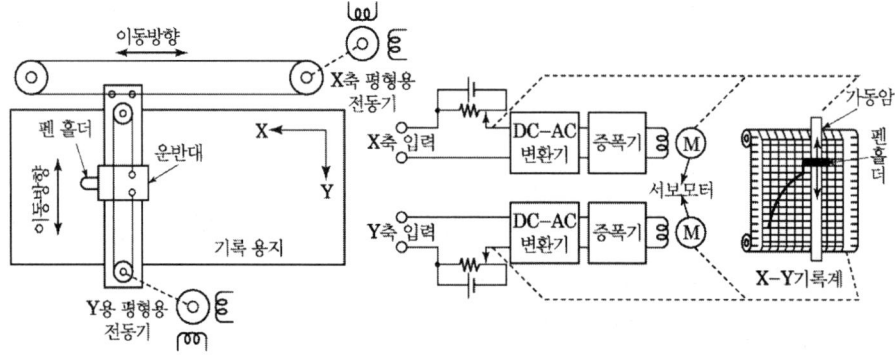

ⓒ X-Y 기록계기는 가동 기구의 관성이 크기 때문에 응답도가 낮아서, 변화가 심한 높은 주파수의 측정을 할 수 없는 결점이 있다.

(6) 그 밖의 계기

① 지침형 음량계(VU미터) : 가변 저항 감쇠기와 정류기 및 지시 계시로 구성되어 방송이나 녹음 등을 할 때 음량의 정도를 측정 감시하는 정류형 전압계이다.

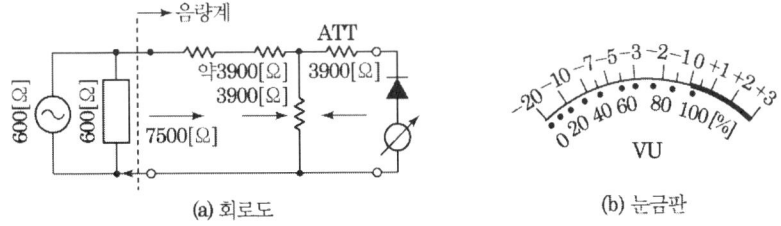

(a) 회로도 (b) 눈금판

ⓐ 600[Ω], 1[mW], 1000[Hz]의 교류 전압 1.228[V]를 가할 때 지침이 전 눈금의 71[%] 편이를 지시하도록 감쇠기를 조정하여 이때의 음량을 0[VU]라고 한다.

ⓑ 눈금은 0[VU]를 기준으로 하여 +3[VU]로부터 -20[VU]까지 매겨져 있다.

ⓒ 0[VU]는 +4[dBm]에 해당되고 전압으로는 1.228[V]이다.

② LED 레벨 미터 : 지침형 음량계 대신에 반도체의 발광 다이오드(LED)를 이용하는 것으로 일명 바 그래픽미터(bar graphic meter)라고도 한다.

[2] 측정장비의 특성

(1) 각종 지시계기의 용도와 특성

종류	약호 및 기호	동작 원리	주용도	특성	측정범위
가동 코일형	M	자석의 자속과 전류의 상호 작용	전류계 전압계 자속계 저항계	직류, 균등 눈금 감도가 높고, 정밀용	전류 : $5 \times 10^{-6} \sim 10^2$ [A] 전압 : $5 \times 10^{-2} \sim 6 \times 10^2$ [V]
전류력 계형	D	전류 사이의 전자 작용	전력계 전압계 전류계	교류, 직류 양용, 상용주파수에서 사용, 실효값 지시	전류 : $10^{-2} \sim 20$ [A] 전압 : $1 \sim 10^3$ [V]

종류	약호 및 기호	동작 원리	주용도	특성	측정범위
가동 철편형	S	자장 속의 연철편이 작용하는 전자력	전류계 전압계 저항계 회로계	교류, 견고하여 실용적, 상용 주파수에서 사용, 실효값 지시	전류 : $10^{-2} \sim 3 \times 10^2$ [A] 전압 : $10 \sim 10^3$ [V]
유도형	I	교번 자속과 이에 의한 맴돌이 전류의 상호 작용	전력계 전압계 전류계 회로계	교류형, 구동토크가 큼, 상용 주파수에 사용	전류 : $10^{-1} \sim 10^2$ [A] 전압 : $1 \sim 10^3$ [V]
정전형	E	충전한 금속판 사이의 정전 작용	전압계 저항계	교류, 직류 양용, 사용 주파수에 사용, 실효값 지시	전압 : $1 \sim 5 \times 10^5$ [V]
정류형	R	반도체의 정류 작용	전압계 전류계 저항계	교류용, 고주파에 사용, 평균값 지시	전류 : $5 \times 10^{-4} \sim 10^{-1}$ [A] 전압 : $3 \sim 10^3$ [V]
열전쌍형	T (직렬형) (절연형)	열전쌍에 생기는 열기전력	전압계 전류계 전력계	교류, 직류 양용 고주파에 사용 실효값 지시	전류 : $10^{-3} \sim 5$ [A] 전압 : $0.5 \sim 150$ [V]
진동편형	V	진동편의 공진작용	주파수계 회로계	교류용	
가동 코일형 비율계형	XM	두 코일의 전자 작용의 비	저항계 역률계	직류용	
가동 철편형 비율계형	XS	두 코일의 자기 작용의 비	주파수계 역률계	교류용	

2 통신기기의 기본 측정

[1] 측정기초 이론

(1) 전기 표준기

① 전기의 국제 단위 : 국제전기표준회의(International Electro technical Commission,

IEC)에서 MKS(A) 단위계를 채택

  ㉠ 1[A]의 정의 : 진공 중에 1[m]의 간격으로 놓여진 단면적이 무시할 정도로 작고, 길이가 무한히 긴 두 평행 직선 도체에 같은 세기의 전류를 흘릴 경우, 도체의 길이 1[m]당 2×10^{-7}[N]의 힘이 미칠 때의 전류
  ㉡ 1[V]의 정의 : 1[A]의 전류가 통하는 도체의 두 점 사이에서 소비되는 전력이 1[W]일 때의 두 점 사이의 전압
  ㉢ 1[Ω]의 정의 : 도체에 1[V]의 전압을 가할 경우, 도체에 흐르는 전류가 1[A]일 때 그 도체의 저항

② 전기표준기
  ㉠ 표준저항기 : 구리-망간-니켈(Cu-Mn-Ni)의 합금인 망가닌선을 사용하며, 저항값은 1[kΩ], 1[Ω], 0.1[Ω] 등의 종류가 있다.
  ㉡ 표준전지 : 중성 포화형 카드뮴 전지인 웨스턴 표준전지(weston standard cell)를 사용한다.

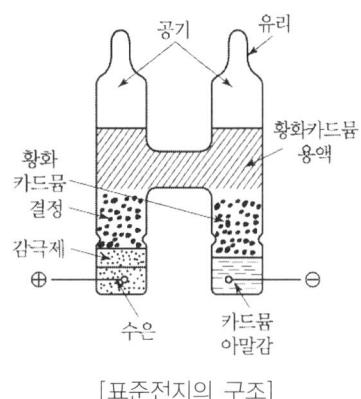

[표준전지의 구조]

(2) 측정의 방법과 오차

① 측정의 방법
  ㉠ 직접 측정 : 피측정량을 이것과 같은 종류의 기준량과 직접 비교하는 것
  ㉡ 간접 측정 : 어떤 양과 일정한 관계가 있는 독립된 양을 직접 측정한 다음, 계산에 의하여 그 양을 알아내는 것
  ㉢ 측정 방식
    ⓐ 편위법 : 피측정량을 지침의 지시 눈금으로 나타내는 방식
    ⓑ 영위법 : 피측정량과 미리 값이 알려진 표준량이 서로 평형을 이루도록 하여, 표준량의 값으로부터 피측정량의 값을 알아내는 방식
    ⓒ 치환법 : 알고 있는 양과 측정하려는 양을 치환하여 비교하는 방식

② 오차의 종류
  ㉠ 과오 : 측정자의 부주의로 인하여 발생하는 오차
  ㉡ 계통 오차 : 일정한 원인에 의하여 발생하는 오차

ⓒ 우연 오차 : 측정 조건의 변동이나 측정자
의 주의력 동요 등에 의한 오차

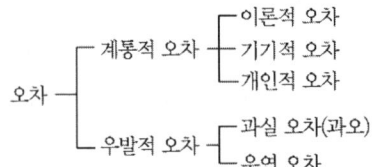

③ 오차, 오차율, 보정, 보정률
  ㉠ 측정 오차 : $\varepsilon = M - T$
  ㉡ 오차율 : $\alpha = \dfrac{\varepsilon}{T} \times 100[\%] = \dfrac{M_T}{T} \times 100[\%]$ (백분율 오차)
  ㉢ 보정 : $\alpha = T_M = -\varepsilon, \ T = M + \alpha$
  ㉣ 보정률 : $\alpha_0 = \dfrac{T_M}{M} \times 100[\%]$ (보정 백분율)
  (단, M : 측정값, T : 참값)

④ 허용 오차

계기의 종류	계기의 계급	허용오차	사용목적
전류계, 전압계 전력계 및 무효 전력계	0.2급 0.5급 1.0급 1.5급 2.5급	±0.2[%] ±0.5[%] ±1.0[%] ±1.5[%] ±2.5[%]	일반 계기의 교정용 부표준기 정밀측정용 휴대용 계기 일반 측정 계기 배전반용 계기 패널용 기록 계기
위상계, 역률계 및 무효율계		위상각 ±3° 위상각 ±4°	휴대용 계기 배전반용 계기
주파수계		위상각 ±1° 위상각 ±5°	진동편형 지침형

(3) 측정값의 처리

직접 측정에 의하여 동일한 피측정량을 같은 방법으로 여러 회 측정하였을 경우에는 그 산술 평균을 취하여 측정값으로 삼는다.

① 유효 숫자의 표시 : 측정값을 나타내는 값으로 의미 있는 숫자를 유효 숫자라 하며, 오차를 포함하는 끝자리까지가 유효 숫자의 자릿수가 된다.

  예 $0.0324[\Omega]$은 $3.24 \times 10^{-2}[\Omega]$로 나타내고, 3, 2, 4가 유효 숫자이며, 자릿수는 3이다.

② 감도 및 정도 : 측정기의 지시로 알아낼 수 있는 최소의 측정량을 감도(sensitivity)라 하고, 측정값을 얼마만큼 미세하게 식별할 수 있는가의 양을 정도라 한다.

[2] 기본 측정

(1) 직류, 교류 측정

① 전압 측정

㉠ 전압 측정에 사용하는 측정기

전압범위	직 류	교 류
미소전압	가동 코일형 검류계 검류계 증폭기 전자식 직류 증폭기	진동 검류계 정류형 검류계 전자식 교류 증폭기
보통전압	지시계기(주로 가동 코일형) 직류 전위차계(정밀 측정용) 디지털 전압계	지시계기(주로 가동철편형) 교류 전위차계(전압벡터 측정용) 직·교류 비교기(정밀 측정용)
고전압	지시계기(분압기 사용) 정전 전압계	지시계기(계기용 변압기 사용) 정전 전압계
잡음전압	레벨미터(level meter)	

㉡ 전위차계에 의한 전압 측정

ⓐ 직류 전위차계는 측정할 미지의 직류 전압을 표준 전지의 기전력과 비교하는 영위법을 이용하는 것으로 측정의 확도가 높고, 또한 평형 상태에서 표준 전지나 피측정 전원의 전류가 흐르지 않는 이점이 있다.

ⓑ 직류 전위차계의 원리

$V_S = IR_S$

$V_X = IR_X$

$\dfrac{V_X}{V_S} = \dfrac{IR_X}{IR_S} = \dfrac{R_X}{R_S}$

$\therefore V_X = \dfrac{R_X}{R_S} \cdot V_S$

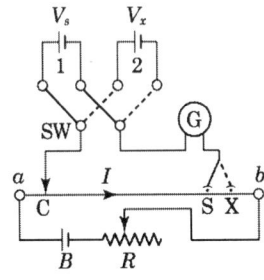

여기서, V_S : 표준 전압 [V] V_X : 미지전압 [V]
R_S : C-S간의 저항 [Ω] R_X : C-X간의 저항 [Ω]

② 전류 측정

㉠ 전류 측정에 사용하는 측정기

전류범위	직류	교류
미소전류	미소 전압 측정과 같음 자기 증폭기	미소 전압 측정과 같음
보통전류	지시계기(주로 가동 코일형) 직류 전위차계(표준 저항기 사용)	지시계기(주로 가동코일형) 직·교류 비교기
대전류	지시계기(분류기 사용) 직류 변류기	지시계기(계기용 변류기 사용)

ⓒ 선로 전류의 측정

$(I+i_1)R = V_1,\ (I+i_2)R = V_2$

$\dfrac{I+i_1}{I+i_2} = \dfrac{V_1}{V_2}$

$\therefore I = \dfrac{i_2 V_1 - i_1 V_2}{V_2 - V_1}\ [\text{A}]$

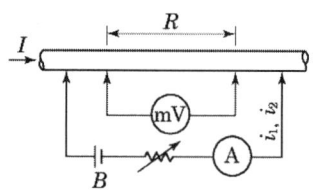

ⓒ 충격 전류의 측정

ⓐ 충격 전류를 측정할 때 문제가 되는 것은 파고값과 파형이므로, 파형을 정확히 알려면 시정수가 작은 특수한 분류기에 충격 전류를 흘려주고, 여기에 생기는 전압 전하를 오실로스코프로 측정한다.

ⓑ 간단한 장치로 파고값만을 알고 싶을 때에는 자장편을 이용하는 방법으로 측정한다.

ⓔ 고주파 전류의 측정

고주파 전류는 주로 열전형 전류계로 측정하는데, 측정할 수 있는 주파수의 범위는 휴대용이 5[MHz] 정도이고, 기기 장치용은 100[MHz] 정도까지이다.

ⓐ 열전형 전류계의 접속 : 계기의 대지 부유 용량을 통하여 흐르는 전류가 열전쌍의 열선에 흐르지 못하도록 접속한다.

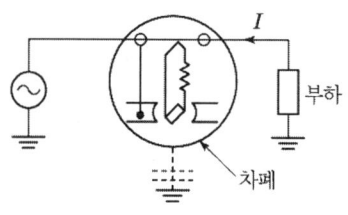

[열전형 전류계의 접속법]

ⓑ 열전형 계기의 오차

• 표피 오차 : 고주파로 인한 열선 저항의 표피 효과(skin effect)에 의한 오차

- 전위 오차 : 전류계가 높은 전위점에 삽입되는 경우에 계기의 표유 용량을 통해서 고주파 전류가 분로되어 발생하는 오차
- 공진 오차 : 도입선의 인덕턴스와 커패시턴스에 의한 직렬 공진 오차

③ 전력 측정

> **참고**
> - 전력
> 직류 전력 $P = VI$[W],   단상 유효 전력 $P = VI\cos\phi$[W]
> 단상 무효 전력 $Q = VI\sin\phi$[var]
> 피상 전력 $K = VI$[VA]

㉠ 직류 전력 측정

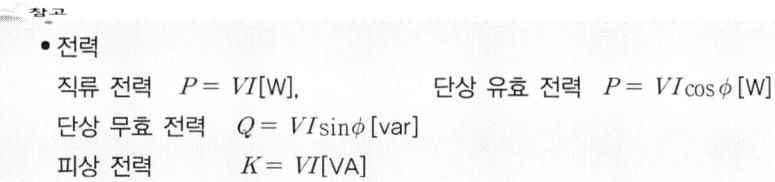

$$P = VI - \frac{V^2}{r_V}[\text{W}]$$

$$P = VI - r_a I^2 [\text{W}]$$

여기서, r_V : 전압계의 내부 저항[Ω], r_a : 전류계의 내부저항[Ω]

㉡ 교류 전력 측정

ⓐ 상용 주파수(60[Hz])의 교류 전력 측정에는 주로 전류력계형 전력계를 사용하고, 배전반용에는 유도형도 쓰인다.

ⓑ n선식의 전력 : 블론델(Blondel)의 정리에 의하여 $(n-1)$개의 전력계로 측정한다.

ⓒ 고주파 전력의 측정에는 열전형 전력계나 전자식 전력계 등이 사용된다.

ⓓ 단상 교류전력의 측정

- 3전압계법 : $P = V_1 I \cos\phi = \dfrac{V_1 V_2 \cos\phi}{R} = \dfrac{1}{2R}(V_3^2 - V_1^2 - V_2^2)$ [W]

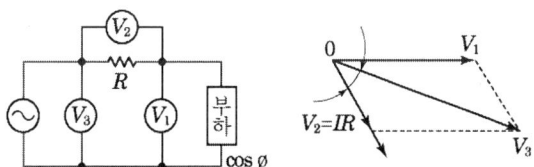

• 3전류계법 : $P = VI_1\cos\phi = I_2RI_1\cos\phi = \dfrac{R}{2}(I_3^2 - I_1^2 - I_2^2)$ [W]

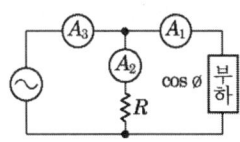 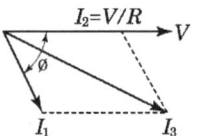

ⓔ 3상 전력의 측정

• 1전력계법

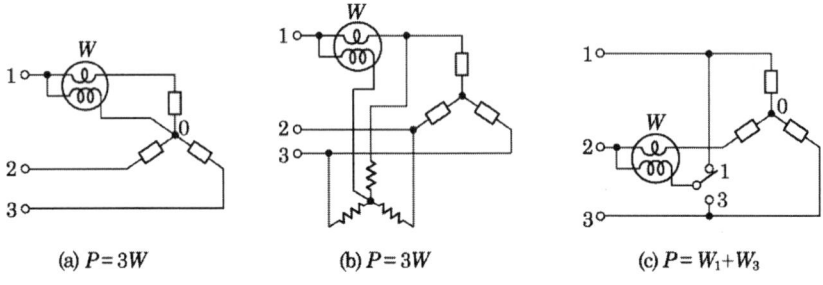

(a) $P = 3W$ (b) $P = 3W$ (c) $P = W_1 + W_3$

• 2전력계법 : $P = W_1 + W_2 = 3VI\cos\phi$ [W]

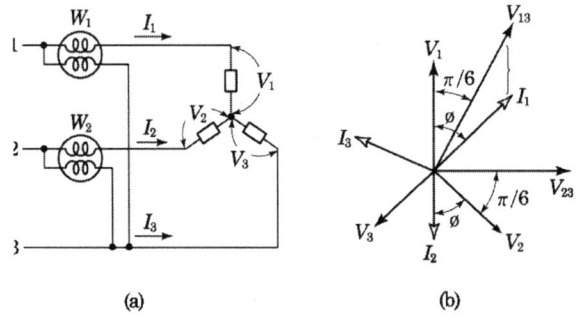

(a)   (b)

• 3전력계법

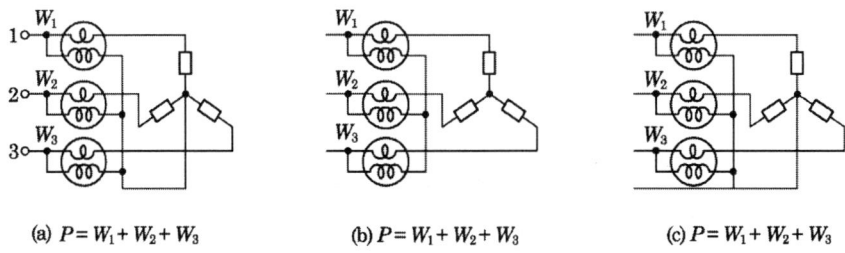

(a) $P = W_1 + W_2 + W_3$ (b) $P = W_1 + W_2 + W_3$ (c) $P = W_1 + W_2 + W_3$

(2) 저항, 인덕턴스 및 정전 용량 측정

① 저항 측정

전기저항의 분류	저저항 : 1[Ω] 이하
	중저항 : 1[Ω]~1[MΩ]
	고저항 : 1[MΩ] 이상

㉠ 저저항의 측정

ⓐ 전압 강하법 : $X = \dfrac{V}{I}[\Omega]$

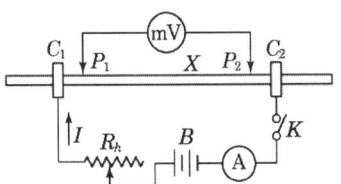

ⓑ 전위차계법 : $X = \dfrac{V_X}{V_S}R_S[\Omega]$

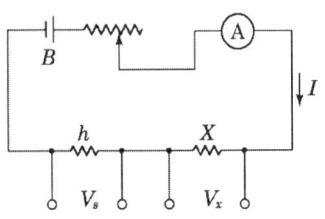

R_S : 표준저항

X : 피측정 저항[Ω]

R_S의 전압강하 $V_S = IR_S[V]$

X의 전압 강하 $V_X = IX[V]$

ⓒ 휘트스톤 브리지(Wheatstone Bridge)법
 : 스위치 K를 1로 했을 때의 평형 조건

$\dfrac{R_S}{X+S} = \dfrac{A}{B_1}$

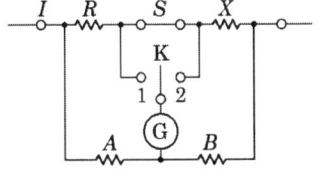

스위치 K를 2로 했을 때의 평형 조건 $\dfrac{R_S+S}{X} = \dfrac{A}{B_2}$

$\therefore X = R_S\dfrac{B_2A + B_1B_2}{A^2 + B_2A}[\Omega]$

ⓓ 켈빈 더블 브리지(Kelvin Double Bridge)법

$\dfrac{M}{N} = \dfrac{m}{n} = \dfrac{R}{X}$

$\therefore X = \dfrac{N}{M}R = \dfrac{n}{m}R[\Omega]$

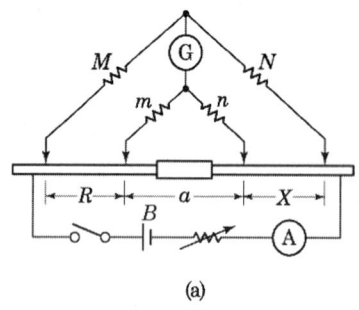 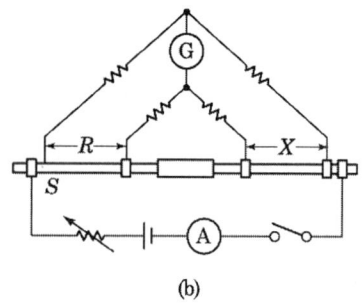

(a)   (b)

  ⓛ 중저항의 측정

    ⓐ 전압 강하법

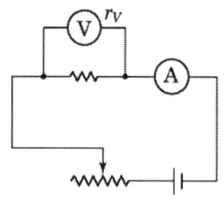 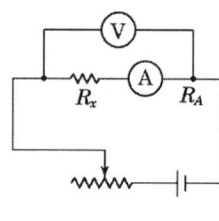 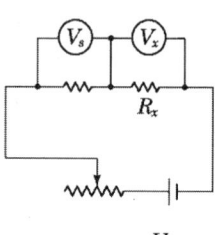

(a) $R_x = V/(I - \dfrac{V}{r_V})$ (b) $P_x = \dfrac{V}{I} - R_A$ (c) $R_x = R_s \dfrac{V_x}{V_s}$

    ⓑ 휘트스톤 브리지법

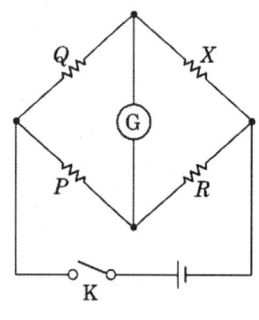 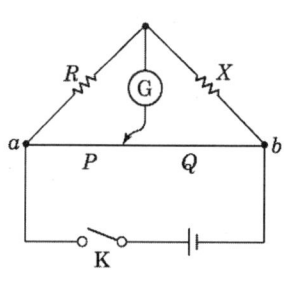

(a) 휘트스톤 브리지   (b) 미끄럼 브리지

$$X = \dfrac{Q}{P} R \,[\Omega]$$

  ⓒ 고저항의 측정

    ⓐ 측정할 저항체에 고전압을 걸어서 측정한다.

ⓑ 직편법과 전압계법 및 콘덴서의 충·방전을 이용하는 방법 등이 있다.
ⓔ 전지의 내부 저항 측정

ⓐ 전압계법

$$I = \frac{V_2}{R} \text{[A]와 } r = \frac{V_1 - V_2}{I} \text{[Ω]에서}$$

$$\therefore r = \frac{V_1 - V_2}{V_2} R \text{[Ω]}$$

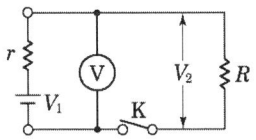

ⓑ 콜라우슈 브리지(Kohlrausch Bridge)법 : 전지 1개의 내부저항 r_e는

$$r_e = \frac{l_1}{2l_2} R \text{[Ω]}$$

ⓜ 전해액의 저항 측정

콜라우슈 브리지를 사용한다.

$$R_X = \frac{l_1}{l_2} R \text{[Ω]}$$

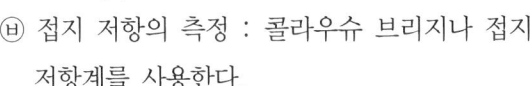

저항률 $\rho_X = \dfrac{R_X}{C}$ [Ωm]

여기서, C : 측정에서 사용한 U자형 용기의 상수

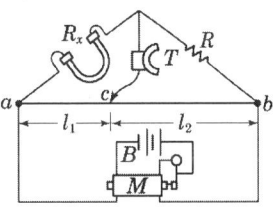

ⓗ 접지 저항의 측정 : 콜라우슈 브리지나 접지 저항계를 사용한다.

② 인덕턴스, 정전용량 측정

㉠ 교류 브리지법

ⓐ 원리 : 평형조건은 $\dot{Z_1}\dot{Z_4}$이므로, $\dot{Z_1}, \dot{Z_2}, \dot{Z_3}$이 기지량이고 $\dot{Z_4}$가 미지량이면

$$\dot{Z_4} = \frac{\dot{Z_2}}{\dot{Z_1}} \dot{Z_3}$$

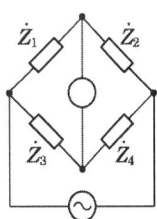

㉡ 맥스웰 브리지(Maxwell Bridge) : 미지 인덕턴스 측정용

ⓐ 표준 인덕턴스와의 비교 측정

$$\frac{L_X}{L_S} = \frac{R_X}{R_S} = \frac{P}{Q} \text{에서}$$

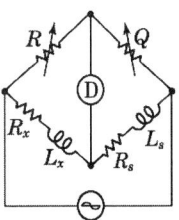

$$\therefore L_X = \frac{P}{Q} L_S \,[\mathrm{H}]$$

ⓑ 정전 용량을 표준으로 하는 측정

$$R_X = \frac{PQ}{S}\,[\Omega]$$

$$L_X = PQC\,[\mathrm{H}]$$

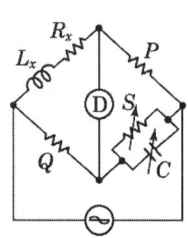

ⓒ 헤비사이드 브리지(Heaviside Bridge) : 가변 상호 유도기 M을 표준으로 인덕턴스를 측정

$$R_X = (R - R_0)\frac{Q}{S}\,[\Omega]$$

$$L - X = (M - M_0)\left(1 + \frac{Q}{S}\right)\,[\mathrm{H}]$$

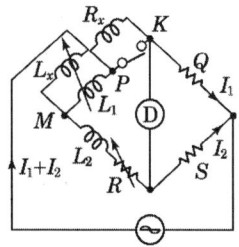

ⓓ 상호 인덕턴스의 측정

  ⓐ 맥스웰 브리지법

$$L_a = L_1 + L_2 + 2M$$
$$L_b = L_1 + L_2 - 2M$$
$$L_a - L_b = 4M$$
$$\therefore M = \frac{1}{4}(L_a - L_b)\,[\mathrm{H}]$$

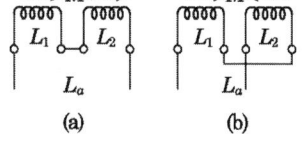

  ⓑ 캠벨(Campbell)법

평형을 잡으면 $M_X = M_S$이므로 M_S의 다이얼 눈금에서 M_X를 알 수 있다.

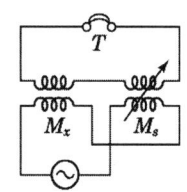

ⓔ 정전 용량의 측정 : 셰링 브리지(Schering Bridge)를 주로 사용

$$C_X = \frac{P}{Q}C_S$$

$$r_X = \frac{C}{C_S}Q$$

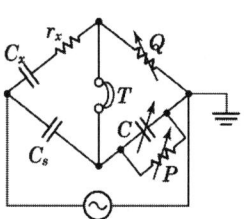

③ Q미터에 의한 측정

Q는 코일이나 콘덴서를 공진 회로에 사용했을 때 그 성능의 양부를 나타내는 양으로 다음 식으로 정의된다.

$$Q = \frac{리액턴스분}{저항분}$$

$$Q = \frac{\omega L}{R}$$

여기서, L : 인덕턴스 R : 권선저항
C : 분포 용량 실효 인덕턴스 $L_e \fallingdotseq L(1+\omega^2 LC)$
실효 저항 $R_e \fallingdotseq R(1+\omega^2 LC)$

㉠ Q미터(Q-meter)의 원리 : 공진법을 이용한 것으로 Q의 측정 이외에도 인덕턴스, 정전 용량, 코일의 실효 저항과 분포 용량 등의 측정이 가능하다.

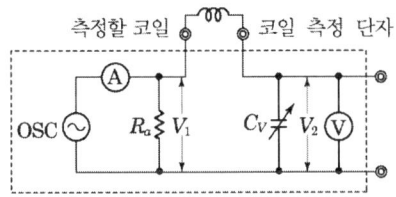

여기서, OSC : 가변 주파수 발진기 V : 전자 전압계
C_V : 표준 가변 콘덴서 A : 고주파 전류계
R_a : 결합 저항

㉡ 코일의 Q 측정 : C_V를 조정하여 전압계 V의 지시가 최댓값 V_2에 이르면 그 점에서 코일과 C_V는 공진하게 되므로

$$V_1 = IR_e$$

$$V_2 = I\frac{1}{\omega C_V} = I\omega L_e = V_3 에서$$

측정 코일의 실효 Q_e는 다음과 같이 된다.

$$Q_e = \frac{\omega L_e}{R_e} = \frac{V_2}{I} \cdot \frac{I}{V_1} = \frac{V_2}{V_1}$$

(3) 주파수 및 파형 측정

① 상용 주파수의 측정

㉠ 진동편형 주파수계

㉡ 가동철편형 주파수계

㉢ 전류력계형 주파수계

② 가청 주파수의 측정

㉠ 주파수 브리지 : 교류 브리지의 평형 조건으로부터 주파수를 측정

㉡ 헤테로다인 파장계 : 기지 주파수와 피측정 주파수와의 비트(beat)로 측정

㉢ 오실로스코프 : 리사주 도형(Lissajous's figure)을 이용하여 측정

• 공진 브리지

$$\omega L = \frac{1}{\omega C}, \quad \omega = 2\pi f$$

$PQ = RS$ 에서

$$f = \frac{1}{2\pi\sqrt{LC}} \text{ [Hz]}$$

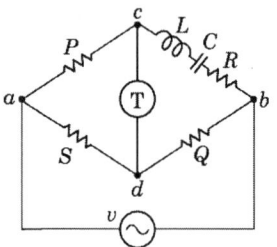

• 캠벨 브리지(Campbell Bridge)

$$\frac{1}{\omega C}I = \omega MI \text{ 에서}$$

$$f = \frac{1}{2\pi\sqrt{MC}} \text{ [Hz]}$$

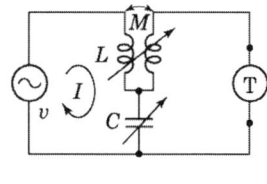

• 빈 브리지(Wien Bridge)

$$\frac{C_2}{C_1} = \frac{R_3}{R_4} - \frac{R_1}{R_2}$$

$$\omega C_2 R_1 R_2 R_4 = \frac{R_4}{\omega C_1}$$

$$f = \frac{1}{2\pi\sqrt{C_1 C_2 R_1 R_2}} \text{ [Hz]}$$

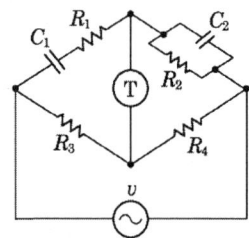

- 헤테로다인(heterodyne) 주파수계

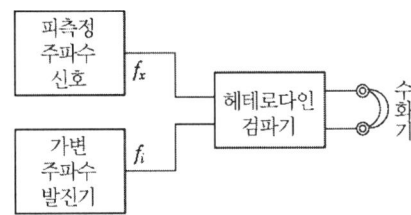

$f_X - f_i = 0$으로 될 때 수화기의 소리가 들리지 않게 되는($f_X = f_i$) 것을 이용한다.

③ 고주파수 측정

㉠ 흡수형 주파수계

ⓐ 직렬 공진 회로의 주파수 특성을 이용한 것으로 R, L, C 공진회로의 대략의 주파수 측정에 실용된다.

ⓑ 공진 회로의 Q가 크지 않을 때에는 공진점을 찾기가 어려우므로 정밀한 측정이 어렵다.

ⓒ 대체로 100[MHz] 이하의 고주파 측정에 사용된다.

㉡ 딥 미터(dip meter)

ⓐ 공진회로의 공진 주파수를 측정하는 데 사용하는 것으로 흡수형 주파수계와 비슷하게 동작한다.

ⓑ 송신기의 송신주파수, 수신기의 중간주파수 및 안테나의 동조 주파수를 측정하는 데 사용된다.

ⓒ 주파수 측정 범위는 300[MHz] 정도까지이며, 측정 오차는 1~2[%]이다.

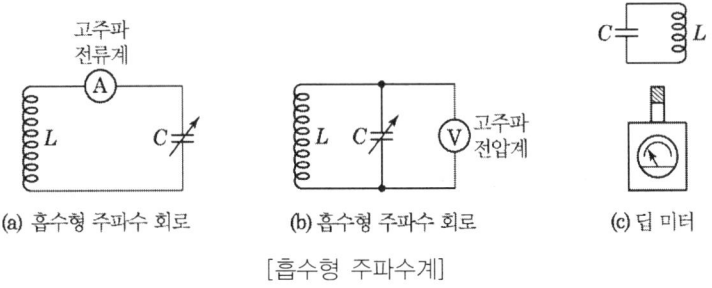

[흡수형 주파수계]

㉢ 동축 주파수계 : 동축선(coaxial line)의 공진 특성을 이용한 것으로, 2500[MHz] 정도까지의 초고주파 주파수를 측정하는 데 사용된다.

㉣ 공동 주파수계 : 마이크로파의 주파수를 비교적 정확하게 측정할 수 있다.

④ 오실로스코프 및 오실로그래프
  ㉠ 오실로스코프(oscilloscope) : 반복되는 전기적인 현상이나 파형 등을 브라운관으로 직시할 수 있도록 한 장치로서, 저주파로부터 수백[MHz]까지의 전자 현상의 관측이나 전기적 양의 측정, 통신기기의 조정, 주파수의 비교, 변조도의 측정 등에 사용된다.
  ㉡ 오실로그래프(oscillograph) : 전기적 현상을 기계적 진동으로 바꿔서 관찰하거나 기록을 행하는 장치로서, 1[kHz] 이하의 저주파에만 사용할 수 있다.
  ㉢ 오실로스코프의 구성
    ⓐ 수직축 증폭기 : 관측하려는 신호 전압을 증폭하여 그 출력을 수직 편향판에 가한다.
    ⓑ 수평축 증폭기 : 톱날파 발생기에서 발생한 톱날파 전압을 증폭하여 그 출력을 수평 편향판에 가한다.

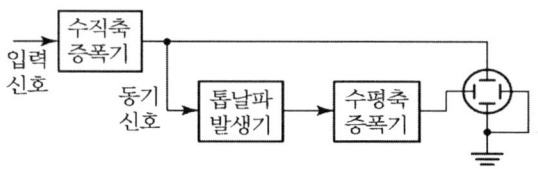

[오실로스코프의 기본 구성]

  ㉣ 리사주 도형의 관측
    수평 및 수직 편향판에 가해지는 사인파 전압 v_1, v_2 중 어느 한쪽의 주파수를 알고 있으면 리사주 도형(Lissajous figure)을 관찰하여 다른 쪽의 주파수 및 위상을 알아낼 수 있다.
    ⓐ 리사주 도형에 의한 주파수 측정 : 도형에 외접하는 사각형을 그려서, 리사주 도형이 이 사각형의 세로선과 만나는 횟수(사각형과 접하는 경우는 만나는 횟수를 2로 셈한다)를 N_x라 하고, 가로선과 만나는 횟수를 N_y라 하면 f_x와 f_y의 비는

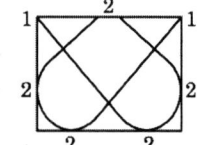

$$f_x : f_y = N_x : N_y \text{ (수평·수직의 비)}$$
    ⓑ 실제의 주파수 측정

- 수직축 단자에 피측정 주파수 f_y의 사인파를 가한다.
- 수평축 단자에 미지 주파수 f_x를 가한다.
- 관측이 쉽도록 진폭 조정을 하고, f_x를 변화시켜 리사주 도형이 정지하도록 한다.
- 주파수비를 측정하여 그때의 f_x를 읽고 미지 주파수 f_y를 구한다.

$$f_y = \frac{N_y}{N_x} f_x \,[\text{Hz}]$$

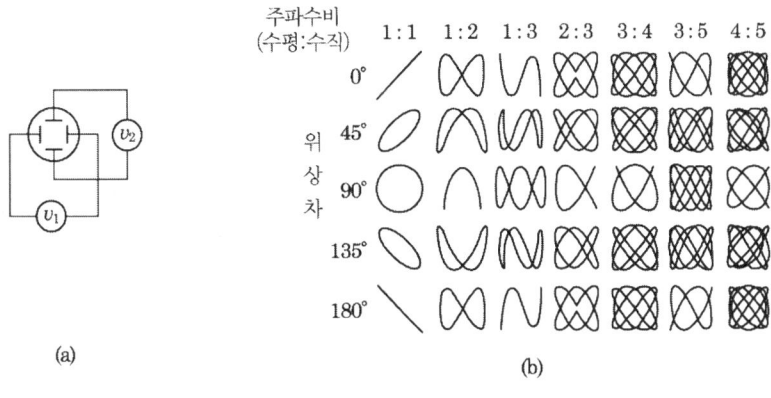

[리사주 도형의 관측]

ⓒ 위상 측정 : $\theta = \sin^{-1} \frac{b}{a}$

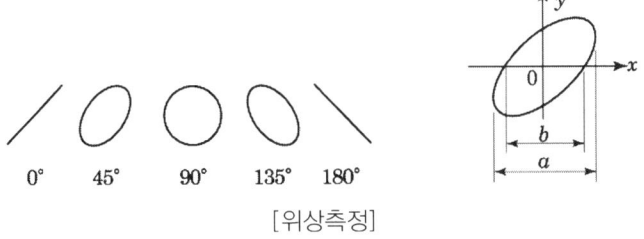

[위상측정]

ⓓ 전자 오실로그래프
  ⓐ 주파수 1[kHz] 정도 이하의 저주파 현상을 관측, 기록하는 데 사용된다.
  ⓑ 진동자, 광학계 및 기록부의 세 부분으로 구성된다.

(4) 측정용 발진기

① 표준 신호발생기(Standard Signal Generator, SSG)

㉠ 표준 신호발생기의 필요 조건

ⓐ 주파수가 정확하고 파형이 양호할 것

ⓑ 변조특성이 좋으며 지시변조도가 정확할 것

ⓒ 출력 전압이 가변되고 정확한 값을 알 수 있을 것

ⓓ 누설전류가 적고 장기간 사용할 수 있을 것

ⓔ 불필요한 출력을 내지 않을 것

ⓕ 출력 임피던스가 일정할 것

㉡ 구성

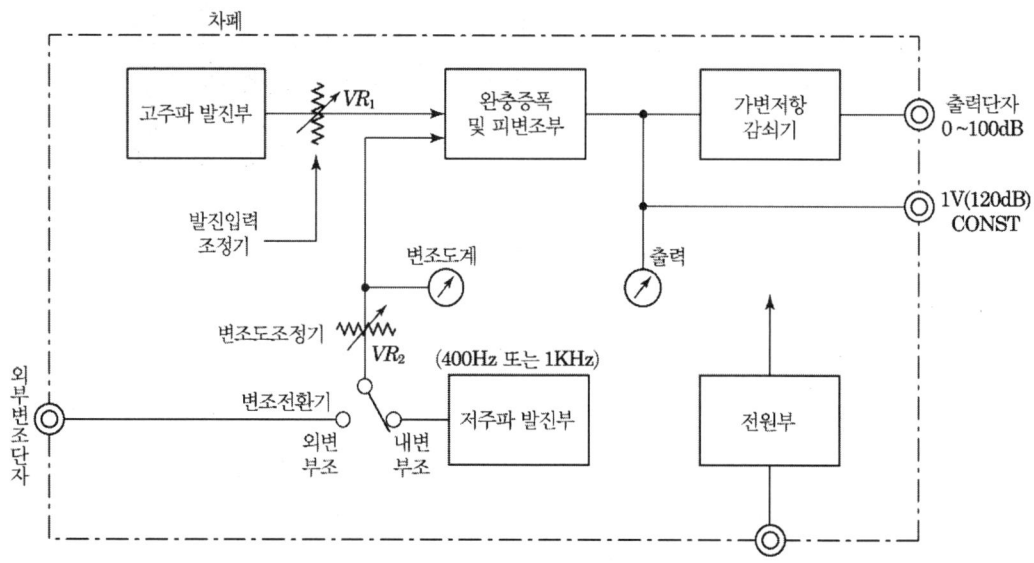

㉢ 출력 표시와 실제 출력 전압

ⓐ 출력단을 개방했을 때 $1[\mu V]$의 전압을 $0[dB]$로 한 데시벨 눈금으로 표시된다.

ⓑ 실제의 출력 전압 $\dot{E}_l = \dfrac{\dot{Z}_l}{\dot{Z}_o + \dot{Z}_b} \dot{E}_o \ [V]$

여기서, $\dot{Z}_o$: 출력 임피던스 $[\Omega]$ $\dot{Z}_l$: 부하 임피던스 $[\Omega]$

$\dot{E}_o$: 공칭 출력 전압 $[V]$

② 저주파 발진기(Audio oscillator)
- ㉠ 비트 발진기 : 고주파인 1000[kHz]의 고정 주파수 발진기와, 100~120[kHz] 정도의 가변 주파수 발진기를 조합시켜, 두 주파수의 차이에 해당하는 0~20[kHz] 정도의 가청 주파수를 여파 증폭하여 사용한다.
- ㉡ RC 발진기 : 저항 R, 콘덴서 C와 증폭단으로 구성되어 주파수 안정도가 아주 좋으며, 특히 낮은 주파수에서도 출력 파형이 좋고 취급이 간편하여 저주파 발진기로 가장 널리 쓰인다.
- ㉢ 음차 발진기 : 음차의 진동수로 그 주파수가 결정되며, 주파수 안정도와 파형이 좋기 때문에 저주파대의 기본 발진기로 사용된다.

③ 소인 발진기(Sweep Generator) : 오실로스코프와 조합하여 각종 무선 주파 회로의 주파수 특성을 직시하기 위해 사용하는 것으로, 수신기의 중간주파 특성, FM 수신기의 주파수 변별기 또는 광대역 증폭기 등의 조정에 많이 사용된다.

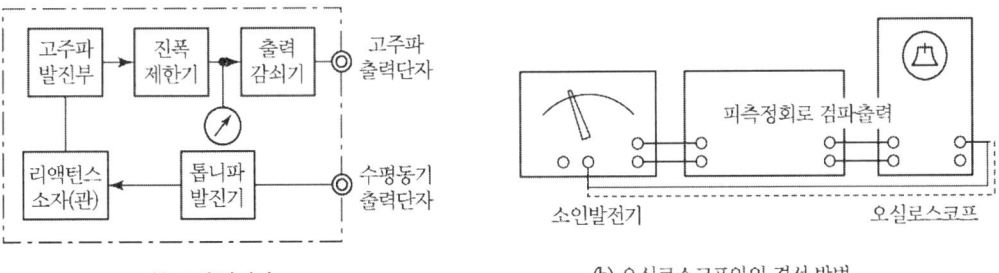

(a) 소인 발진기   (b) 오실로스코프와의 결선 방법

④ 패턴 발생기(pattern generator) : 패턴 발생기는 TV의 색동기 회로, 색복조, 매트릭스, 컬러 킬러 회로의 조정 등에 컬러 바(bar)를 발생하는 장치와, 컨버전스나 래스터(raster)의 직선성을 조정하기 위한 크로스 해치(창 무늬)나 도트(흰 점)의 패턴을 발생하는 장치를 조합한 TV 전용 측정기이다.

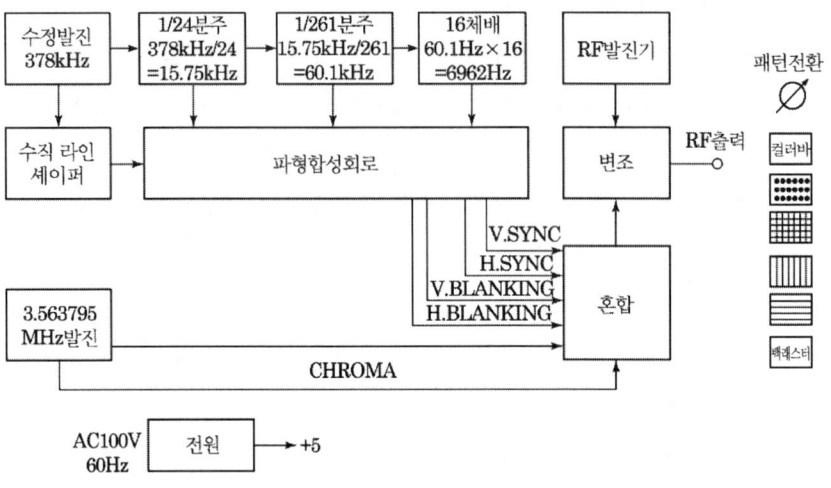

[컬러 패턴 제너레이터]

(5) 통신 측정

① 수신기에 관한 측정

㉠ 감도 측정

ⓐ 감도(sensitivity)는 수신기의 규정 출력에 있어서의 S/N비를 최대 허용값으로 억제하였을 때의 수신기의 입력 전압으로 표시한다.

ⓑ 감도 측정회로의 구성

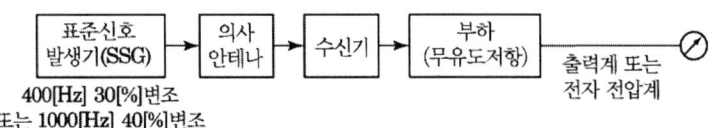

㉡ 잡음 지수의 측정

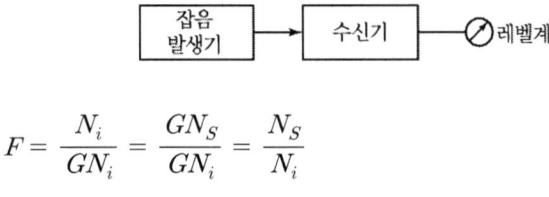

$$F = \frac{N_i}{GN_i} = \frac{GN_S}{GN_i} = \frac{N_S}{N_i}$$

여기서, N_i : 잡음 입력전력　　　　G : 수신기의 이득
N_o : 잡음 발생기에 의해 증가된 잡음 입력 전력

ⓒ 선택도의 측정

1 신호법에 의한 수신기의 선택도 측정회로 구성

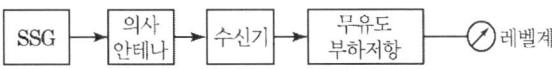

ⓓ 종합 주파수 특성 측정(충실도의 측정)

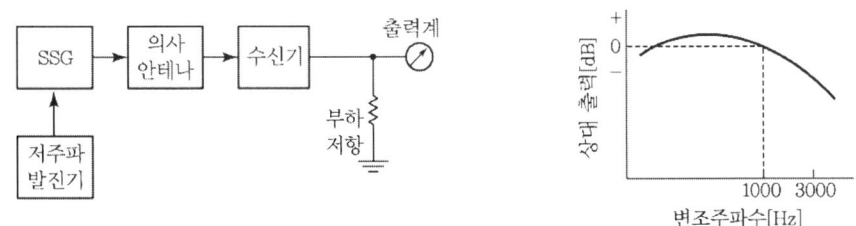

[변조 주파수와 상대출력과의 관계]

② 송신기에 관한 측정

㉠ 송신기의 출력 측정

ⓐ 안테나의 실효저항을 이용한 측정

$P = I_a^2 R_a$ [W]

여기서, I_a : 안테나 전류계의 지시 [A], R_a : 안테나의 실효저항 [Ω]

ⓑ 의사 안테나(dummy antenna)에 의한 측정

$P = I_A^2 R_A$ [W]

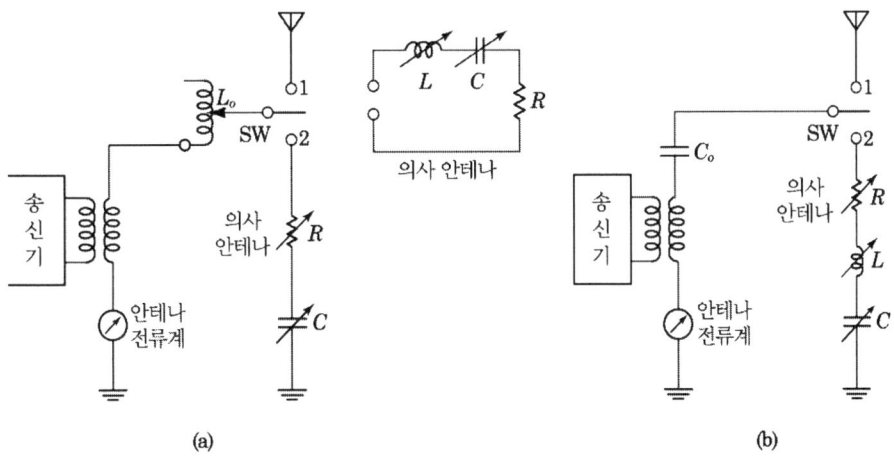

ⓒ 전구 부하에 의한 출력 측정

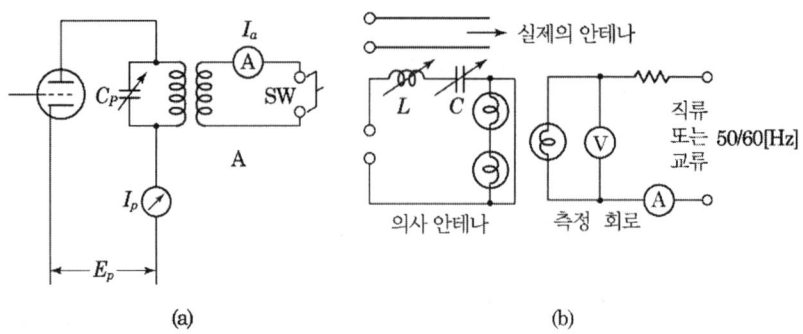

[텅스텐 전구에 의한 송신기의 출력 측정회로]

$$P = nEI \text{[W]}$$

여기서, E : 전압계 V의 지시　　　I : 전류계 A의 지시
n : 직렬접속된 전구의 수

ⓛ 변조 특성의 측정

$$\text{변조도 } m = \frac{C}{A-C} = \frac{C}{B+C} = \frac{2C}{A+B} = \frac{A-B}{A+B}$$

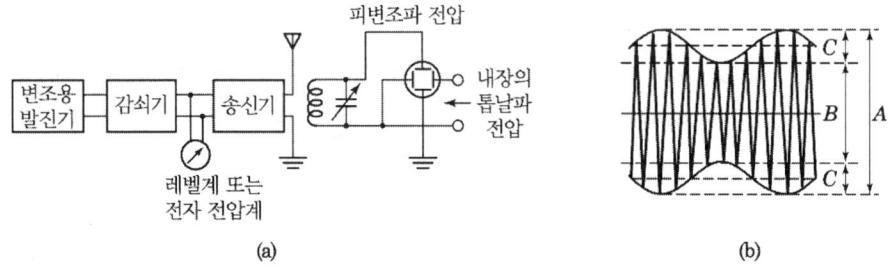

[오실로스코프에 의한 피진폭 변조 파형의 관측회로]

③ 안테나에 관한 측정

㉠ 안테나의 고유 주파수 측정

$$f_o = \frac{1}{2\pi\sqrt{L_e C_e}} \text{ [Hz]}$$

여기서, L_e : 실효 인덕턴스, C_e : 실효 용량, 고유 파장 $\lambda_0 = \dfrac{C}{f_o}$ [m]

ⓛ 실효 저항의 측정

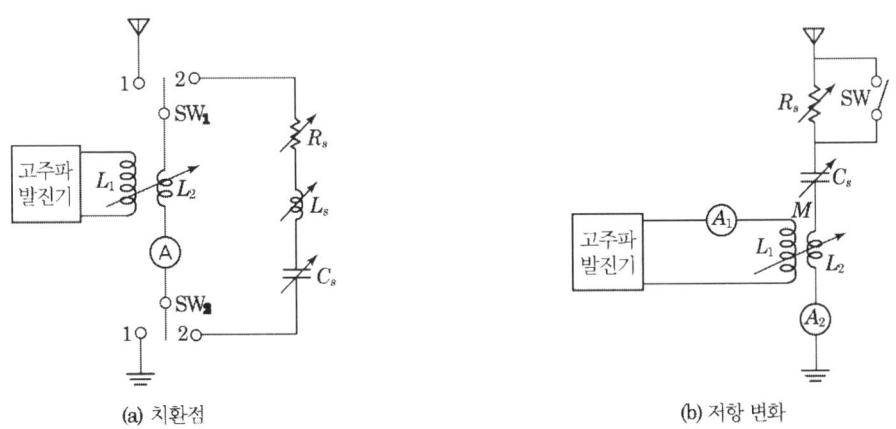

(a) 치환점   (b) 저항 변화

ⓒ 전장 강도의 측정

    ⓐ 전장 강도의 단위 : [μV/m] 또는 [dBμ]가 사용된다.

    ⓑ 전장 강도 측정기의 구성

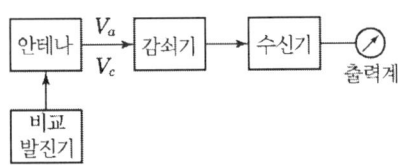

$$E_o = 20\log_{10}E \text{ [dB]}$$

$$E = 10E_o \text{ [V/m]}$$

④ 레벨계(level meter)와 필터(filter)

  ㉠ 레벨계

    ⓐ 레벨계는 가청 주파수로부터 반송 주파의 출력 전압을 측정하는 것으로, [dBm] 눈금을 가진 정류형 전압계 또는 진공관 전압계이다.

    ⓑ 1[mW]를 0[dB]로 하여 눈금을 정하며, 측정 범위는 보통 ±30[dBm]이다.

  ㉡ 필터(여파기)

    ⓐ 필터는 어느 특정한 주파수만을 통과시키거나 차단할 때 사용되는 것으로 보통 코일 L과 콘덴서 C로 구성되어 있다.

ⓑ 사용 주파수에 의한 분류
- 측음형(음성 주파수용)
- 측반형(반송 주파용 4~100[kHz])
- 측광형(100[kHz] 이상)

통신기기 설비기준 04

- 방송통신발전 기본법 시행령(2025년 02월 14일 시행)
- 방송통신설비의 기술기준에 관한 규정(2024년 07월 19일 시행)
- 전기통신사업법(2024년 07월 31일 시행)
- 정보통신공사업법(2024년 07월 19일 시행)
- 방송통신기자재 등의 적합성평가에 관한 기본사항(2024년 07월 24일 시행)
- 접지설비, 구내통신설비, 선로설비 및 통신공동구 등에 대한 기술기준
  (2024년 07월 19일 고지)
- 지능형 홈네트워크 설치 설치 및 기술기준(2022년 7월 01일 시행)

위 법의 시행에 의해 기존 출제되었던 법규관련 문제에 변화가 있을 수 있습니다. 본 수험서에 있는 2022년 이전에 출제된 통신기기설비기준에 있는 문제는 수험생들의 설비기준에 대한 경향파악에 도움을 드리기 위해 남겨놓기는 했지만, 4장 부분을 검토하여 정답을 체크하시길 부탁드립니다. 수험생들의 많은 양해를 구합니다.

Chapter 04 통신기기 설비기준

제1절 ▶ 방송통신설비의 관장과 경영

1 방송통신 용어의 정의

[1] 방송통신 용어의 정의

(1) 방송통신기본법에 의한 정의

① "방송통신"이란 유선·무선·광선(光線) 또는 그 밖의 전자적 방식에 의하여 방송통신콘텐츠를 송신(공중에게 송신하는 것을 포함한다)하거나 수신하는 것과 이에 수반하는 일련의 활동 등을 말하며, 다음 각 목의 것을 포함한다.
  가. 방송법 제2조에 따른 방송
  나. 인터넷 멀티미디어 방송사업법 제2조에 따른 인터넷 멀티미디어 방송
  다. 전기통신기본법 제2조에 따른 전기통신

② "방송통신콘텐츠"란 유선·무선·광선 또는 그 밖의 전자적 방식에 의하여 송신되거나 수신되는 부호·문자·음성·음향 및 영상을 말한다.

③ "방송통신설비"란 방송통신을 하기 위한 기계·기구·선로(線路) 또는 그 밖에 방송통신에 필요한 설비를 말한다.

④ "방송통신기자재"란 방송통신설비에 사용하는 장치·기기·부품 또는 선조(線條) 등을 말한다.

⑤ "방송통신서비스"란 방송통신설비를 이용하여 직접 방송통신을 하거나 타인이 방

송통신을 할 수 있도록 하는 것 또는 이를 위하여 방송통신설비를 타인에게 제공하는 것을 말한다.

⑥ "방송통신사업자"란 관련 법령에 따라 과학기술정보통신부장관 또는 방송통신위원회에 신고·등록·승인·허가 및 이에 준하는 절차를 거쳐 방송통신서비스를 제공하는 자를 말한다.

[2] 방송통신사업법에 의한 정의

① "방송통신사업자"라 함은 관련법령에 따라 과학기술정보통신부장관에 신고·등록·승인·허가 및 이에 준하는 절차를 거쳐 방송통신서비스를 제공하는 자를 말한다.

② "이용자"라 함은 방송통신서비스를 제공받기 위하여 방송통신사업자와 방송통신서비스의 이용에 관한 계약을 체결한 자를 말한다.

③ "보편적 역무"라 함은 모든 이용자가 언제 어디서나 적정한 요금으로 제공받을 수 있는 기본적인 방송통신서비스를 말한다.

[3] 국가정보화 기본법에 의한 정의

① "정보"란 특정 목적을 위하여 광(光) 또는 전자적 방식으로 처리되어 부호, 문자, 음성, 음향 및 영상 등으로 표현된 모든 종류의 자료 또는 지식을 말한다.

② "정보화"란 정보를 생산·유통 또는 활용하여 사회 각 분야의 활동을 가능하게 하거나 그러한 활동의 효율화를 도모하는 것을 말한다.

③ "국가정보화"란 국가기관, 지방자치단체 및 공공기관이 정보화를 추진하거나 사회 각 분야의 활동이 효율적으로 수행될 수 있도록 정보화를 통하여 지원하는 것을 말한다.

④ "지식정보사회"란 정보화를 통하여 지식과 정보가 행정, 경제, 문화, 산업 등 모든 분야에서 가치를 창출하고 발전을 이끌어가는 사회를 말한다.

⑤ "정보통신"이란 정보의 수집·가공·저장·검색·송신·수신 및 그 활용, 이에 관련되는 기기(器機)·기술·서비스 및 그 밖에 정보화를 촉진하기 위한 일련의 활동과 수단을 말한다.

⑥ "정보보호"란 정보의 수집, 가공, 저장, 검색, 송신, 수신 중 발생할 수 있는 정보의

훼손, 변조, 유출 등을 방지하기 위한 관리적·기술적 수단(정보보호시스템)을 마련하는 것을 말한다.

⑦ "지식정보자원"이란 국가적으로 보존 및 이용 가치가 있는 자료로서 학술, 문화, 과학기술, 행정 등에 관한 디지털화된 자료나 디지털화의 필요성이 인정되는 자료를 말한다.

⑧ "정보문화"란 정보기술의 활용 과정에서 형성된 사회구성원들의 행동방식, 가치관, 규범 등의 생활양식을 말한다.

⑨ "정보격차"란 사회적, 경제적, 지역적 또는 신체적 여건으로 인하여 정보통신서비스에 접근하거나 정보통신서비스를 이용할 수 있는 기회에 차이가 생기는 것을 말한다.

⑩ "공공기관"이란 다음 각 목의 기관을 말한다.
    가. 공공기관의 운영에 관한 법률에 따른 공공기관
    나. 지방공기업법에 따른 지방공사 및 지방공단
    다. 특별법에 따라 설립된 특수법인
    라. 초·중등교육법, 고등교육법 및 그 밖의 다른 법률에 따라 설치된 각급 학교
    마. 그 밖에 대통령령으로 정하는 법인·기관 및 단체

⑪ "정보통신망"이란 전기통신기본법에 따른 방송통신설비를 이용하거나 방송통신설비와 컴퓨터 및 컴퓨터의 이용기술을 활용하여 정보를 수집, 가공, 저장, 검색, 송신 또는 수신하는 정보통신체제를 말한다.

⑫ "정보통신기반"이란 정보통신망과 이에 접속하여 이용되는 정보통신기기, 소프트웨어 및 데이터베이스 등을 말한다.

⑬ "초고속정보통신망"이란 실시간으로 동영상 정보를 주고 받을 수 있는 고속·대용량의 정보통신망을 말한다.

⑭ "광대역통합정보통신망"이란 통신·방송·인터넷이 융합된 멀티미디어 서비스를 언제 어디서나 고속·대용량으로 이용할 수 있는 정보통신망을 말한다.

⑮ "광대역통합정보통신기반"이란 광대역통합정보통신망과 이에 접속되어 이용되는 정보통신기기·소프트웨어 및 데이터베이스 등을 말한다.

⑯ "광대역통합연구개발망"이란 광대역통합정보통신망과 관련한 기술 및 서비스를 시험·검증하고 연구개발을 지원하기 위한 정보통신망을 말한다.

[4] 정보통신공사업법에 의한 정의

① "정보통신설비"란 유선, 무선, 광선, 그 밖의 전자적 방식으로 부호·문자·음향 또는 영상 등의 정보를 저장·제어·처리하거나 송수신하기 위한 기계·기구(器具)·선로(線路) 및 그 밖에 필요한 설비를 말한다.

② "정보통신공사"란 정보통신설비의 설치 및 유지·보수에 관한 공사와 이에 따르는 부대공사(附帶工事)로서 대통령령으로 정하는 공사를 말한다.

③ "정보통신공사업"이란 도급이나 그 밖에 명칭이 무엇이든 이 법을 적용받는 정보통신공사를 업(業)으로 하는 것을 말한다.

④ "정보통신공사업자"란 정보통신공사업의 등록을 하고 공사업을 경영하는 자를 말한다.

⑤ "용역"이란 다른 사람의 위탁을 받아 공사에 관한 조사, 설계, 감리, 사업관리 및 유지관리 등의 역무를 하는 것을 말한다.

⑥ "용역업"이란 용역을 영업으로 하는 것을 말한다.

⑦ "용역업자"란 다음 각 목의 어느 하나에 해당하는 자를 말한다.

　가. 엔지니어링 산업진흥법 제21조제1항에 따라 엔지니어링 사업자로 신고하거나 기술사법 제6조에 따라 기술사사무소의 개설자로 등록한 자로서 통신·전자·정보처리 등 대통령령으로 정하는 정보통신 관련 분야의 자격을 보유하고 용역업을 경영하는 자

　나. 건축사법 제23조제1항에 따라 건축사사무소의 개설 신고를 한 건축사. 다만, 건축법 제2조제1항제4호에 따른 전화 설비, 초고속 정보통신 설비, 지능형 홈네트워크 설비, 공동시청 안테나, 유선방송 수신시설에 관한 공사의 설계·감리 업무를 하는 경우로 한정한다.

⑧ "설계"란 공사(건축물의 건축 등은 제외)에 관한 계획서, 설계도면, 시방서(示方書), 공사비명세서, 기술계산서 및 이와 관련된 서류를 작성하는 행위를 말한다.

⑨ "감리"란 공사(건축물의 건축 등은 제외)에 대하여 발주자의 위탁을 받은 용역업자가 설계도서 및 관련 규정의 내용대로 시공되는지를 감독하고, 품질관리·시공관리 및 안전관리에 대한 지도 등에 관한 발주자의 권한을 대행하는 것을 말한다.

⑩ "감리원(監理員)"이란 공사(건축물의 건축 등은 제외)의 감리에 관한 기술 또는 기능을 가진 사람으로서 과학기술정보통신부장관의 인정을 받은 사람을 말한다.

⑪ "발주자"란 공사(용역을 포함)를 공사업자(용역업자를 포함)에게 도급하는 자를 말한다. 다만, 수급인(受給人)으로서 도급받은 공사를 하도급(下都給)하는 자는 제외한다.

⑫ "도급"이란 원도급(原都給), 하도급, 위탁, 그 밖에 명칭이 무엇이든 공사를 완공할 것을 약정하고, 발주자가 그 일의 결과에 대하여 대가를 지급할 것을 약정하는 계약을 말한다.

⑬ "하도급"이란 도급받은 공사의 일부에 대하여 수급인이 제3자와 체결하는 계약을 말한다.

⑭ "수급인"이란 발주자로부터 공사를 도급받은 공사업자를 말한다.

⑮ "하수급인"이란 수급인으로부터 공사를 하도급받은 공사업자를 말한다.

⑯ "정보통신기술자"란 국가기술자격법에 따라 정보통신 관련분야의 기술자격을 취득한 사람과 정보통신설비에 관한 기술 또는 기능을 가진 사람으로서 제39조에 따라 과학기술정보통신부장관의 인정을 받은 사람을 말한다.

[5] 방송통신설비의 기술기준에 관한 용어의 정의

① "사업용방송통신설비"란 방송통신서비스를 제공하기 위한 방송통신설비로서 다음 각 목의 설비를 말한다.
  - 가. 전기통신기본법 제7조에 따른 기간통신사업자·별정통신사업자 및 부가통신사업자(이하 "사업자"라 한다)가 설치·운용 또는 관리하는 방송통신설비
  - 나. 방송법 제2조제14호에 따른 전송망사업자가 설치·운용 또는 관리하는 방송통신설비(이하 "전송망사업용설비"라 한다)
  - 다. 인터넷 멀티미디어 방송사업법 제2조제5호가목에 따른 인터넷 멀티미디어 방송 제공사업자가 설치·운용 또는 관리하는 방송통신설비

② "이용자방송통신설비"란 방송통신서비스를 제공받기 위하여 이용자가 관리·사용하는 구내통신선로설비, 이동통신구내선로설비, 방송공동수신설비, 단말장치 및 전송설비 등을 말한다.

③ "국선"이란 사업자의 교환설비로부터 이용자방송통신설비의 최초 단자에 이르기까지의 사이에 구성되는 회선을 말한다.

④ "국선접속설비"란 사업자가 이용자에게 제공하는 국선을 수용하기 위하여 설치하

는 국선수용단자반 및 이상전압전류에 대한 보호장치 등을 말한다.

⑤ "방송통신망"이란 방송통신을 행하기 위하여 계통적·유기적으로 연결·구성된 방송통신설비의 집합체를 말한다.

⑥ "전력선통신"이란 전력공급선을 매체로 이용하여 행하는 통신을 말한다.

⑦ "강전류전선"이란 전기도체, 절연물로 싼 전기도체 또는 절연물로 싼 것의 위를 보호피막으로 보호한 전기도체 등으로서 300볼트 이상의 전력을 송전하거나 배전하는 전선을 말한다.

⑧ "교환설비"란 다수의 전기통신회선(이하 "회선"이라 한다)을 제어·접속하여 회선 상호 간의 방송통신을 가능하게 하는 교환기와 그 부대설비를 말한다.

⑨ "전송설비"란 교환설비·단말장치 등으로부터 수신된 방송통신콘텐츠를 변환·재생 또는 증폭하여 유선 또는 무선으로 송신하거나 수신하는 설비로서 전송단국장치·중계장치·다중화장치·분배장치 등과 그 부대설비를 말한다.

⑩ "선로설비"란 일정한 형태의 방송통신콘텐츠를 전송하기 위하여 사용하는 동선·광섬유 등의 전송매체로 제작된 선조·케이블 등과 이를 수용 또는 접속하기 위하여 제작된 전주·관로·통신터널·배관·맨홀(manhole)·핸드홀(손이 들어갈 수 있는 구멍)·배선반 등과 그 부대설비를 말한다.

⑪ "전력유도"란 철도의 건설 및 철도시설 유지관리에 관한 법률에 따른 고속철도나 도시철도법에 따른 도시철도 등 전기를 이용하는 철도시설(이하 "전철시설"이라 한다) 또는 전기공작물 등이 그 주위에 있는 방송통신설비에 정전유도나 전자유도 등으로 인한 전압이 발생되도록 하는 현상을 말한다.

⑫ "전원설비"란 수변전장치, 정류기, 축전지, 전원반, 예비용 발전기 및 배선 등 방송통신용 전원을 공급하기 위한 설비를 말한다.

⑬ "단말장치"란 방송통신망에 접속되는 단말기기 및 그 부속설비를 말한다.

⑭ "구내통신선로설비"란 국선접속설비를 제외한 구내 상호 간 및 구내·외간의 통신을 위하여 구내에 설치하는 케이블, 선조(線條), 이상전압전류에 대한 보호장치 및 전주와 이를 수용하는 관로, 통신터널, 배관, 배선반, 단자 등과 그 부대설비를 말한다.

⑮ "이동통신구내중계설비"란 구내에 사업자가 설치·관리하는 전기통신사업법 제69조의2제1항에 따른 구내용 이동통신설비(이하 "구내용 이동통신설비"라 한다)로서 중계장치, 급전선(給電線), 안테나와 그 부대시설을 말한다.

⑮의2. "이동통신구내선로설비"란 구내에 건축법 제2조제12호에 따른 건축주, 주택법 제2조제10호에 따른 사업주체 또는 도시철도법 제2조제7호에 따른 도시철도건설자(이하 "건축주등"이라 한다)가 설치·관리하는 구내용 이동통신설비로서 관로, 배관, 전원단자, 통신용접지설비와 그 부대시설을 말한다.

⑯ "주거용건축물"이란 다음 각 목의 건축물을 말한다.
    가. 건축법 시행령 별표 1 제1호의 단독주택
    나. 건축법 시행령 별표 1 제2호의 공동주택
    다. 다음의 요건을 모두 갖춘 건축법 시행령 별표 1 제14호나목2)의 오피스텔(이하 "준주택오피스텔"이라 한다)
        1) 전용면적이 120제곱미터 이하일 것
        2) 상하수도 시설이 갖추어진 전용 입식 부엌, 전용 수세식 화장실 및 목욕시설(전용 수세식 화장실에 목욕시설을 갖춘 경우를 포함)을 갖출 것

⑰ "업무용건축물"이란 건축법 시행령 별표 1 제14호에 따른 업무시설(준주택오피스텔은 제외)을 말한다.

⑱ "정보통신설비"란 유선·무선·광선이나 그 밖에 전자적 방식에 따라 부호·문자·음향 또는 영상 등의 정보를 저장·제어·처리하거나 송수신하기 위한 기계·기구·선로나 그 밖에 필요한 설비를 말한다.

⑲ "국선단자함"이란 국선과 구내간선케이블 또는 구내케이블을 종단하여 상호 연결하는 통신용 분배함을 말한다.

[6] 정보통신기기인증규칙에 의한 정의

① "인증"이라 함은 방송통신기본법의 규정에 의한 형식승인, 전파법의 규정에 의한 형식검정 또는 형식등록 및 전파법의 규정에 의한 전자파적합등록을 말한다.

② "정보통신기기"라 함은 방송통신기본법의 규정에 의한 방송통신기자재, 전파법의 규정에 의한 무선설비의 기기와 전파법의 규정에 의한 전자파장해기기 및 전자파로

부터 영향을 받는 기기를 말한다.

③ "인증표시"라 함은 다음 각 목의 표시를 말한다.

　　가. 방송통신기본법의 규정에 의한 형식승인표시

　　나. 전파법의 규정에 의한 형식검정 합격표시 또는 형식등록표시

　　다. 전파법의 규정에 의한 전자파적합등록표장

④ "방송통신망"이라 함은 방송통신을 행하기 위하여 계통적·유기적으로 연결·구성된 방송통신설비의 집합체를 말한다.

⑤ "기간통신망"이라 함은 기간통신사업자가 방송통신사업용으로 설치·운용하는 방송통신망을 말한다.

⑥ "전송망"이라 함은 방송법의 규정에 의한 전송망사업자가 설치·운용하는 방송통신망과 종합유선방송사업자가 자체적으로 설치·운용하는 전송선로설비를 말한다.

⑦ "분계점"이라 함은 방송통신설비가 타인의 방송통신설비에 접속되는 경우에 그 건설과 보전에 관한 책임한계를 명확히 하기 위하여 방송통신설비기술기준에 관한 규칙 또는 방송법의 규정에 의하여 설정된 지점을 말한다.

⑧ "위해"라 함은 방송통신망에 대한 손상, 방송통신망 요금부과기능의 오작동, 방송통신망의 운용자 또는 이용자에 대한 전기적 충격이나 방송통신망의 이용자에게 제공되는 방송통신서비스의 질적인 저하를 초래하는 것을 말한다.

⑨ "정보기기"라 함은 데이터 및 통신메세지의 입력·출력·저장·검색·전송 또는 제어 등의 주요기능과 정보전송용으로 작동되는 1개 이상의 터미널포트를 갖춘 기기로서 600볼트 이하의 공급전압을 가진 기기를 말한다.

⑩ "제조자"라 함은 방송통신기본법의 규정에 의한 제조자와 전파법의 규정에 의한 제작자(상표부착방식에 의하여 기기를 공급받는 자로서 해당 기기의 설계·제조 및 제작에 대한 책임을 진 자를 포함)를 말한다.

⑪ "사후관리"라 함은 방송통신기본법 및 전파법의 규정에 의하여 인증을 받은 정보통신기기의 인증에 관한 사항의 이행여부를 조사 또는 시험하는 것을 말한다.

⑫ "기본모델"이라 함은 정보통신기기 내부의 전기적인 회로·구조·성능이 동일하고 기능이 유사한 제품군 중 표본적으로 인증을 받는 기기를 말한다.

⑬ "파생모델"이라 함은 기본모델과 전기적인 회로·구조·성능이 동일하고 그 부가적인 기능만을 변경한 기기를 말한다.

2 통신의 관장과 경영, 통신기술의 진흥과 시책

[1] 통신의 관장과 경영

전기통신에 관한 사항은 전기통신기본법 또는 다른 법률에 특별히 영한 것을 제외하고는 과학기술정보통신부장관이 이를 관장한다.

[2] 통신기술의 진흥과 시책

(1) 방송통신의 발전을 위한 시책 수립

① 과학기술정보통신부장관 또는 방송통신위원회는 공공복리의 증진과 방송통신의 발전을 위하여 필요한 기본적이고 종합적인 정부의 시책을 강구하여야 한다.
② 과학기술정보통신부장관 또는 방송통신위원회는 경제적, 지리적, 신체적 차이 등에 따른 소수자 또는 사회적 약자가 방송통신에서 불이익을 받거나 소외되지 아니하도록 구체적인 지원 방안을 수립·시행하여야 한다.
③ 과학기술정보통신부장관 또는 방송통신위원회는 국민이 방송통신에 참여하고, 방송통신을 통하여 다양한 문화를 추구할 수 있도록 필요한 시책을 수립·시행하여야 한다.
④ 과학기술정보통신부장관 또는 방송통신위원회는 국민이 보편적이고 기본적인 방송통신서비스를 제공받을 수 있도록 필요한 시책을 수립·시행하여야 한다.
⑤ 과학기술정보통신부장관 또는 방송통신위원회는 방송통신을 통한 국민의 명예 훼손과 권리 침해를 방지하고 정보보호를 위하여 필요한 시책을 수립·시행하여야 한다.
⑥ 과학기술정보통신부장관 또는 방송통신위원회는 모든 국민이 방송통신서비스를 효율적이고 안전하게 이용할 수 있도록 관련 서비스의 품질 평가, 교육 및 홍보 활동 등에 관한 시책을 수립·시행하여야 한다.

(2) 방송통신기본계획의 수립

① 과학기술정보통신부장관과 방송통신위원회는 방송통신을 통한 국민의 복리 향상과 방송통신의 원활한 발전을 위하여 방송통신기본계획(이하 "기본계획"이라 한다)

을 수립하고 이를 공고하여야 한다.

② 기본계획에는 다음 각 호의 사항이 포함되어야 한다.

  ㉠ 방송통신서비스에 관한 사항

  ㉡ 방송통신콘텐츠에 관한 사항

  ㉢ 방송통신설비 및 방송통신에 이용되는 유·무선망에 관한 사항

  ㉣ 방송통신광고에 관한 사항

  ㉤ 방송통신기술의 진흥에 관한 사항

  ㉥ 방송통신의 보편적 서비스 제공 및 공공성 확보에 관한 사항

  ㉦ 방송통신의 남북협력 및 국제협력에 관한 사항

  ㉧ 기타 방송통신에 관한 기본적인 사항

③ 제2항제2호 및 제4호의 구체적 범위에 관하여는 과학기술정보통신부장관과 문화체육관광부장관 및 방송통신위원회의 협의를 거쳐 대통령령으로 정한다.

[3] 방송통신의 진흥

(1) 방송통신기술의 진흥 등

과학기술정보통신부장관은 방송통신기술의 진흥을 통한 방송통신서비스 발전을 위하여 다음 각 호의 시책을 수립·시행하여야 한다.

1. 방송통신과 관련된 기술수준의 조사, 기술의 연구개발, 개발기술의 평가 및 활용에 관한 사항
2. 방송통신 기술협력, 기술지도 및 기술이전에 관한 사항
3. 방송통신기술의 표준화 및 새로운 방송통신기술의 도입 등에 관한 사항
4. 방송통신 기술정보의 원활한 유통을 위한 사항
5. 방송통신기술의 국제협력에 관한 사항
6. 그 밖에 방송통신기술의 진흥에 관한 사항

(2) 방송통신에 관한 기술정보의 관리

① 과학기술정보통신부장관은 방송통신기술의 진흥을 위하여 방송통신에 관한 기술정보를 체계적이고 종합적으로 관리·보급하는 방안을 마련하여야 한다.

② 과학기술정보통신부장관은 방송통신의 원활한 발전을 위하여 방송통신에 관한 새

로운 기술을 예고할 수 있다.

(3) 연구기관 등의 지원

① 과학기술정보통신부장관과 방송통신위원회는 방송통신의 진흥을 위하여 방송통신을 연구하는 기관 및 단체에 대한 재정적 지원 등 필요한 시책을 수립·시행하여야 한다.

② 제1항에 따른 지원대상 기관 및 단체의 범위와 그 밖에 필요한 사항은 대통령령으로 정한다.

(4) 연구활동의 지원

① 과학기술정보통신부장관과 방송통신위원회는 방송통신기술의 연구·개발을 위하여 필요하면 방송통신기술에 관한 연구과제 선정 등 연구활동을 지원할 수 있다.

② 제1항에 따른 연구활동의 지원 등에 필요한 사항은 대통령령으로 정한다.

(5) 기술지도

① 과학기술정보통신부장관은 방송통신기자재의 방송통신 방식 및 규격 등을 생산단계에서부터 정확하게 적용하고 방송통신서비스의 품질을 확보하기 위하여 필요한 경우에는 방송통신기자재의 생산을 업(業)으로 하는 자 또는 정보통신공사업법에 따른 정보통신공사업자에게 기술의 표준화, 기술훈련, 기술정보의 제공 또는 국제기구와의 협력 등에 관하여 기술지도를 할 수 있다.

② 제1항에 따른 기술지도의 대상과 내용 및 그 밖에 필요한 사항은 대통령령으로 정한다.

(6) 방송통신 전문인력의 양성 등

과학기술정보통신부장관은 방송통신 발전에 필요한 방송통신 전문인력을 양성하기 위하여 다음 각 호의 계획을 수립·시행하여야 한다.

1. 방송통신기술 및 방송통신서비스와 관련된 전문인력(이하 이 조에서 "전문인력"이라 한다) 수요 실태 및 중·장기 수급 전망 파악
2. 전문인력 양성사업의 지원
3. 전문인력 양성기관의 지원
4. 전문인력 양성 교육프로그램의 개발 및 보급 지원

5. 방송통신기술 자격제도의 정착 및 전문인력 수급 지원

6. 각급 학교 및 그 밖의 교육기관에서 시행하는 방송통신기술 및 방송통신서비스 관련 교육의 지원

7. 일반 국민에 대한 방송통신기술 및 방송통신서비스 관련 교육의 확대

8. 그 밖에 전문인력 양성에 필요한 사항

(7) 남북 간 방송통신 교류·협력

① 정부는 남북 간 방송통신부문의 상호 교류 및 협력을 증진할 수 있도록 노력하여야 한다.

② 과학기술정보통신부장관 또는 방송통신위원회는 남북 간 방송통신부문의 상호 교류 및 협력 증진을 위하여 북한의 방송통신 정책·제도 및 현황에 관하여 조사·연구하여야 한다.

③ 과학기술정보통신부장관 또는 방송통신위원회는 대통령령으로 정하는 바에 따라 남북 간 상호 교류 및 협력 사업과 조사·연구 등을 위하여 필요한 경우 방송통신사업자 또는 관련 단체 등에 협조를 요청할 수 있다. 이 경우 과학기술정보통신부장관 또는 방송통신위원회는 대통령령으로 정하는 바에 따라 예산의 범위에서 필요한 경비의 전부 또는 일부를 지원할 수 있다.

④ 남북 간 방송통신 교류 및 협력을 추진하기 위하여 방송통신위원회에 남북방송통신교류 추진위원회를 둔다.

⑤ 제4항에 따른 남북방송통신교류 추진위원회의 구성과 운영에 필요한 사항은 대통령령으로 정한다.

(8) 방송통신 국제협력

① 과학기술정보통신부장관 또는 방송통신위원회는 방송통신 분야에 관한 국제적 동향을 파악하고 국제협력을 추진하여야 한다.

② 정부는 방송통신콘텐츠의 국제적 공동제작 및 유통, 방송통신 관련 기술·인력의 국제교류, 방송통신의 국제표준화 및 국제 공동연구개발 등의 사업을 지원할 수 있다.

③ 과학기술정보통신부장관 또는 방송통신위원회는 방송통신 분야와 관련된 민간부문에서의 국제협력사업을 지원할 수 있다.

3 통신사업 및 역무의 종류와 경영

[1] 통신사업의 종류와 경영

(1) 통신사업의 종류와 경영

① 방송통신사업자의 구분

㉠ 방송통신사업은 기간통신사업, 별정통신사업 및 부가통신사업으로 구분한다.

㉡ 기간통신사업은 방송통신회선설비를 설치하고, 이를 이용하여 공공의 이익과 국가산업에 미치는 영향, 역무의 안정적 제공의 필요성 등을 참작하여 전신·전화역무 등 대통령령이 정하는 종류와 내용의 방송통신서비스(기간통신역무)를 제공하는 사업으로 한다.

㉢ 별정통신사업은 다음 각 호의 1에 해당하는 사업으로 한다.

1. 영에 의한 기간통신사업의 허가를 받은 자의 방송통신회선설비 등을 이용하여 기간통신역무를 제공하는 사업
2. 대통령령이 정하는 구내에 방송통신설비를 설치하거나 이를 이용하여 그 구내에서 방송통신서비스를 제공하는 사업

㉣ 부가통신사업은 기간통신사업자로부터 방송통신회선설비를 임차하여 ㉡항의 영에 의한 기간통신역무 외의 방송통신서비스(부가통신역무)를 제공하는 사업으로 한다.

(2) 기간통신사업

① 기간통신사업자의 허가

㉠ 기간통신사업을 경영하고자 하는 자는 과학기술정보통신부장관의 허가를 받아야 한다.

㉡ 과학기술정보통신부장관이 영에 의한 허가를 함에 있어서는 다음 각 호의 사항을 종합적으로 심사하여야 한다.

1. 기간통신역무 제공계획의 타당성
2. 방송통신설비의 규모의 적정성
3. 재정 및 기술적 능력

4. 제공하고자 하는 기간통신역무와 관련된 기술개발 실적

5. 기간통신역무와 관련된 기술개발계획

6. 방송통신발전을 위한 기술개발 지원계획

7. 기타 사업수행에 필요한 사항

ⓒ 과학기술정보통신부장관은 심사사항별 세부심사기준과 허가의 시기 및 허가신청요령을 정하여 고시한다.

ⓔ 과학기술정보통신부장관은 기간통신사업을 허가하는 경우에는 공정경쟁 촉진, 이용자 보호, 서비스 품질 개선, 정보통신자원의 효율적 활용 등에 필요한 조건을 붙일 수 있다.

ⓜ 영에 의한 허가의 대상자는 법인에 한한다.

ⓗ 영에 의한 허가의 절차 기타 필요한 사항은 대통령령으로 정한다.

② 허가의 결격사유

다음 각 호의 1에 해당하는 자는 기간통신사업의 허가를 받을 수 없다.

1. 국가 또는 지방자치단체

2. 외국정부 또는 외국법인

3. 외국정부 또는 외국인이 영에 의한 주식소유 제한을 초과하여 주식을 소유하고 있는 법인

③ 외국정부 또는 외국인의 주식소유 제한

㉠ 기간통신사업자의 주식(의결권을 가진 주식의 등가물 및 출자지분을 포함)은 외국정부 또는 외국인 모두가 합하여 그 발행주식 총수의 100분의 49를 초과하여 소유하지 못한다.

㉡ 외국정부 또는 외국인이 최대주주인 법인으로서 발행주식 총수의 100분의 15 이상을 그 외국정부 또는 외국인이 소유하고 있는 법인은 외국인으로 본다.

㉢ 기간통신사업자의 발행주식 총수의 100분의 1 미만을 소유한 법인은 ㉡항의 요건을 갖춘 경우에도 외국인으로 보지 아니한다.

④ 임원의 결격사유

㉠ 다음 각 호의 1에 해당하는 자는 기간통신사업자의 임원이 될 수 없다.

1. 미성년자·금치산자 또는 한정치산자

2. 파산선고를 받은 자로서 복권되지 아니한 자

3. 방송통신기본법, 전파법 또는 정보통신망 이용촉진 및 정보보호 등에 관한 법률을 위반하여 금고 이상의 실형을 선고받고 그 집행이 종료(집행이 종료된 것으로 보는 경우를 포함)되거나 집행이 면제된 날부터 3년이 경과되지 아니한 자

4. 방송통신기본법, 전파법 또는 정보통신망 이용촉진 및 정보보호 등에 관한 법률을 위반하여 금고 이상의 형의 집행유예를 선고받고 그 유예기간 중에 있는 자

5. 방송통신기본법, 전파법 또는 정보통신망 이용촉진 및 정보보호 등에 관한 법률을 위반하여 벌금형을 선고받고 3년이 경과되지 아니한 자

6. 허가의 취소처분, 등록의 취소처분 또는 사업의 폐지명령을 받은 후 3년이 경과되지 아니한 자. 이 경우 법인인 때에는 허가취소, 등록취소 또는 사업폐지명령의 원인이 된 행위를 한 자와 그 대표자를 말한다.

ⓒ 임원이 각 호의 1에 해당하게 되거나 선임 당시 그에 해당하는 자임이 판명된 때에는 당연히 퇴직된다.

ⓒ 퇴직된 임원이 퇴직 전에 관여한 행위는 그 효력을 잃지 아니한다.

⑤ 기간통신사업자의 주식취득 등에 관한 공익성 심사
  ㉠ 다음 각 호의 1에 해당하는 것이 국가안전보장, 공공의 안녕·질서의 유지 등 대통령이 정하는 공공의 이익을 저해하는지 여부를 심사(공익성 심사)하기 위하여 과학기술정보통신부장관에 공익성심사위원회를 둔다.
    1. 본인이 자본시장과 금융투자업에 관한 법률에 따른 특수 관계인과 합하여 기간통신사업자의 발행주식 총수의 100분의 15 이상을 소유하게 되는 경우
    2. 기간통신사업자의 최대주주가 변경되는 경우
    3. 기간통신사업자 또는 기간통신사업자의 주주가 외국정부 또는 외국인과 당해 기간통신사업자의 임원의 임면, 영업의 양도·양수 등 대통령령이 정하는 중요 경영사항에 대한 계약을 체결하는 경우
    4. 그 밖에 기간통신사업자의 경영권을 사실상 가지고 있는 주주의 변경이 있는 경우로서 대통령령이 정하는 경우
  ㉡ 기간통신사업자 또는 기간통신사업자의 주주는 각 호의 1에 해당하게 된 경우에는 그 사실이 발생한 때부터 7일 이내에 그 사실을 과학기술정보통신부장관에 신고하여야 한다.

ⓒ 기간통신사업자 또는 기간통신사업자의 주주는 각 호의 1에 해당하게 될 경우에는 그 전에 과학기술정보통신부장관에 심사를 요청할 수 있다.

ⓔ ⓛ항의 영에 의한 신고를 받거나 ⓒ항의 영에 의한 심사요청을 받은 경우에 과학기술정보통신부장관은 위원회에 이를 회부하여야 한다.

ⓜ ⓘ항의 영에 의하여 심사한 결과에 따라 과학기술정보통신부장관은 각 호의 경우가 공공의 이익을 저해할 위험이 있다고 판단되는 경우에는 계약내용의 변경 및 그 실행의 중지, 의결권 행사의 정지 또는 당해 주식의 매각을 명할 수 있다.

ⓗ ⓛ항 또는 ⓒ항의 영에 의한 신고 또는 심사하여야 할 기간통신사업자의 범위와 신고 및 심사의 절차 그 밖에 필요한 사항은 대통령령으로 정한다.

⑥ 공익성심사위원회의 구성 및 운영 등

ⓘ 대통령령으로 정하는 관계 중앙행정기관이란 다음 각 호의 기관을 말한다.
  1. 기획재정부
  2. 외교부
  3. 법무부
  4. 국방부
  5. 안전행정부
  6. 산업통상자원부

ⓛ 위원의 임기는 2년으로 하며, 연임할 수 있다. 다만, 공무원인 위원의 임기는 그 직위의 재직기간으로 한다.

ⓒ 공익성심사위원회의 위원장은 공익성심사위원회를 대표하며, 공익성심사위원회의 업무를 총괄한다.

ⓔ 위원장이 부득이한 사유로 직무를 수행할 수 없을 때에는 위원장이 미리 지명하는 위원이 그 직무를 대행한다.

ⓜ 위원장은 공익성심사위원회의 회의를 소집하고 그 의장이 된다.

ⓗ 공익성심사위원회의 회의는 재적위원 과반수의 출석으로 개의하고 출석위원 과반수의 찬성으로 의결한다.

ⓢ 공익성심사위원회의 사무를 처리하기 위하여 공익성심사위원회에 간사 1명을 두며, 간사는 과학기술정보통신부 소속 공무원 중에서 위원장이 지명한다.

ⓞ ⓒ항부터 ⓢ항까지에서 규정한 사항 외에 공익성심사위원회의 운영에 필요한 사항은 공익성심사위원회의 의결을 거쳐 위원장이 정한다.

⑦ 사업의 개시의무
  ㉠ 기간통신사업자는 과학기술정보통신부장관이 정하는 기간 내에 방송통신설비를 설치하고 사업을 개시하여야 한다.
  ㉡ 과학기술정보통신부장관은 천재·지변 기타 부득이한 사유로 인하여 기간 내에 사업을 개시할 수 없는 때에는 기간통신사업자의 신청에 의하여 그 기간을 1회에 한하여 연장할 수 있다.

(2) 별정통신사업 및 부가통신사업

① 별정통신사업자의 등록
  ㉠ 별정통신사업을 경영하고자 하는 자는 대통령령이 정하는 바에 따라 다음 각 호의 사항을 갖추어 과학기술정보통신부장관에 등록(정보통신망에 의한 등록을 포함)하여야 한다.
    1. 재정 및 기술적 능력
    2. 이용자보호계획
    3. 사업계획서 등 기타 대통령령이 정하는 사항
  ㉡ 과학기술정보통신부장관은 별정통신사업의 등록을 받는 경우에는 공정경쟁 촉진, 이용자 보호, 서비스 품질 개선, 정보통신자원의 효율적 활용 등에 필요한 조건을 붙일 수 있다.
  ㉢ 별정통신사업 등록의 대상자는 법인에 한한다.
  ㉣ 등록의 절차, 요건 기타 필요한 사항은 대통령령으로 정한다.

② 부가통신사업자의 신고
  부가통신사업을 경영하고자 하는 자는 대통령령이 정하는 요건 및 절차에 따라 과학기술정보통신부장관에 신고(정보통신망에 의한 신고를 포함)하여야 한다. 다만, 기간통신사업자가 부가통신사업을 경영하고자 하는 경우 또는 운영하는 방송통신설비의 규모 등 대통령령이 정하는 기준에 해당하는 소규모 부가통신사업의 경우에는 그러하지 아니하다.

③ 등록 또는 신고사항의 변경
  별정통신사업의 등록을 한 자 또는 부가통신사업의 신고를 한 자는 그 등록 또는 신고한 사항 중 대통령령이 정하는 사항을 변경하고자 하는 때에는 대통령령이 정

하는 바에 따라 미리 과학기술정보통신부장관에 변경등록 또는 변경신고(정보통신망에 의한 변경등록 또는 변경신고를 포함)를 하여야 한다.

④ 사업의 양도 등의 신고

㉠ 별정통신사업 또는 부가통신사업의 양도·양수 신고를 하려는 자는 양도·양수 계약을 체결한 후 30일 이내에 양도·양수 신고서(전자문서로 된 신고서를 포함)에 다음 각 호의 서류(전자문서를 포함)를 첨부하여 과학기술정보통신부장관에게 제출하여야 한다.

1. 양도·양수 계약서 사본
2. 별정통신사업 사업계획서, 부가통신사업신고서의 서류
3. 등록증 또는 신고증명서

㉡ 별정통신사업자 또는 부가통신사업자인 법인의 합병을 신고하려는 자는 합병계약을 체결한 후 30일 이내에 합병신고서(전자문서로 된 신고서 포함)에 다음 각 호의 서류(전자문서를 포함)를 첨부하여 과학기술정보통신부장관에게 제출하여야 한다.

1. 합병계약서 사본
2. 별정통신사업 사업계획서, 부가통신사업신고서의 서류
3. 등록증 또는 신고증명서

㉢ 부가통신사업의 상속을 신고하려는 자는 상속의 원인이 발생한 날부터 30일 이내에 상속신고서(전자문서로 된 신고서 포함)에 상속인임을 증명하는 서류(전자문서 포함)를 첨부하여 과학기술정보통신부장관에게 제출하여야 한다.

㉣ ㉠항부터 ㉢항까지의 규정에 따라 신고를 받은 과학기술정보통신부장관은 전자정부법에 따른 행정정보의 공동이용을 통하여 양수인 또는 합병 당사자의 법인 등기사항증명서와 기술인력의 국가기술자격증 또는 상속인의 가족관계기록사항에 관한 증명서를 확인하여야 한다. 다만, 신고인이 확인에 동의하지 아니하는 경우에는 해당 서류를 첨부하게 하여야 한다.

㉤ 과학기술정보통신부장관은 별정통신사업 또는 부가통신사업의 양도·양수 또는 합병의 신고를 받았을 때에는 별정통신사업자 등록증, 부가통신사업 신고증명서 또는 특수한 유형의 부가통신사업자 등록증을 발급하여야 한다.

⑤ 사업의 휴지·폐지
  ㉠ 별정통신사업 또는 부가통신사업의 휴지·폐지를 신고하려는 자는 별정통신사업 또는 부가통신사업의 휴지·폐지 신고서(전자문서로 된 신고서를 포함)에 이용자에게 휴지·폐지의 사실을 통보하였음을 증명하는 서류(전자문서를 포함)를 첨부하여 그 휴지 또는 폐지 예정일 15일 전까지 과학기술정보통신부장관에게 제출하여야 한다. 다만, 전자정부법에 따른 행정정보의 공동이용을 통하여 첨부서류에 대한 정보를 확인할 수 있는 경우에는 그 확인으로 첨부서류를 갈음할 수 있다.
  ㉡ 별정통신사업자 또는 부가통신사업자인 법인의 해산을 선고하려는 자는 법인해산 신고서(전자문서로 된 신고서를 포함)를 지체 없이 과학기술정보통신부장관에게 제출하여야 한다.

⑥ 사업의 승계
  별정통신사업 또는 부가통신사업의 양도·양수, 별정통신사업자 또는 부가통신사업자인 법인의 합병 또는 부가통신사업의 상속이 있는 때에는 사업을 양수한 자, 합병 후 존속하는 법인, 합병에 의하여 설립된 법인 또는 상속인은 종전의 별정통신사업자 또는 부가통신사업자의 지위를 승계한다.

⑦ 사업의 등록취소 및 폐지명령
  ㉠ 과학기술정보통신부장관은 별정통신사업자가 다음 각 호의 어느 하나에 해당하는 때에는 등록을 취소하거나 1년 이내의 기간을 정하여 사업의 정지를 명할 수 있다. 다만, 다음 항의 제1호에 해당하는 때에는 등록을 취소하여야 한다.
    1. 사위 기타 부정한 방법으로 등록을 한 때
    2. 등록한 날부터 1년 이내에 사업을 개시하지 아니하거나 1년 이상 계속하여 휴업한 때
    3. 규정에 의한 조건을 이행하지 아니한 때
    4. 시정명령을 정당한 사유 없이 이행하지 아니한 때
  ㉡ 과학기술정보통신부장관은 부가통신사업자가 다음 각 호의 어느 하나에 해당하는 때에는 사업의 폐지를 명하거나 1년 이내의 기간을 정하여 사업의 정지를 명할 수 있다. 다만, 제1호에 해당하는 때에는 사업의 폐지를 명하여야 한다.
    1. 사위 기타 부정한 방법으로 신고를 한 때

2. 신고한 날부터 1년 이내에 사업을 개시하지 아니하거나 1년 이상 휴업한 때
3. 시정명령을 정당한 사유 없이 이행하지 아니한 때

ⓒ ㉠항 또는 ㉡항의 영에 의한 처분의 기준 및 절차 기타 필요한 사항은 대통령령으로 정한다.

[2] 통신역무의 종류와 경영

(1) 역무제공 의무 등

① 전기통신사업자는 정당한 사유 없이 전기통신역무의 제공을 거부하여서는 아니 된다.

② 전기통신사업자는 그 업무를 처리할 때 공평하고 신속하며 정확하게 하여야 한다.

③ 전기통신역무의 요금은 전기통신사업이 원활하게 발전할 수 있고 이용자가 편리하고 다양한 전기통신역무를 공평하고 저렴하게 제공받을 수 있도록 합리적으로 결정되어야 한다.

(2) 보편적 역무의 제공 등

① 모든 전기통신사업자는 보편적 역무를 제공하거나 그 제공에 따른 손실을 보전할 의무가 있다.

② 과학기술정보통신부장관은 제①항에도 불구하고 다음 각 호의 어느 하나에 해당하는 전기통신사업자에 대하여는 그 의무를 면제할 수 있다.

1. 전기통신역무의 특성상 제1항에 따른 의무부여가 적절하지 아니하다고 인정되는 전기통신사업자로서 대통령령이 정하는 전기통신사업자
2. 전기통신역무의 매출액이 전체 전기통신사업자의 전기통신역무 총매출액의 100분의 1의 범위에서 대통령령으로 정하는 금액 이하인 전기통신사업자

③ 보편적 역무의 구체적 내용은 다음 각 호의 사항을 고려하여 대통령령으로 정한다.

1. 정보통신기술의 발전 정도
2. 전기통신역무의 보급 정도
3. 공공의 이익과 안전
4. 사회복지 증진
5. 정보화 촉진

④ 과학기술정보통신부장관은 보편적 역무를 효율적이고 안정적으로 제공하기 위하여 보편적 역무의 사업규모·품질 및 요금수준과 전기통신사업자의 기술적 능력 등을 고려하여 대통령령이 정하는 기준과 절차에 따라 보편적 역무를 제공하는 전기통신사업자를 지정할 수 있다.

⑤ 과학기술정보통신부장관은 보편적 역무의 제공에 따른 손실에 대하여 대통령령이 정하는 방법과 절차에 따라 전기통신사업자에게 그 매출액을 기준으로 분담시킬 수 있다.

[3] 방송통신발전기본법에 관한 일반사항(방송통신발전기본법)

(1) 방송통신발전기본법의 목적

이 법은 방송과 통신이 융합되는 새로운 커뮤니케이션 환경에 대응하여 방송통신의 공익성·공공성을 보장하고, 방송통신의 진흥 및 방송통신의 기술기준·재난관리 등에 관한 사항을 정함으로써 공공복리의 증진과 방송통신 발전에 이바지함을 목적으로 한다.

(2) 방송통신의 발전 및 공공복리의 증진

① 방송통신의 발전을 위한 시책 수립
  ㉠ 과학기술정보통신부장관 또는 방송통신위원회는 공공복리의 증진과 방송통신의 발전을 위하여 필요한 기본적이고 종합적인 국가의 시책을 마련하여야 한다.
  ㉡ 과학기술정보통신부장관 또는 방송통신위원회는 경제적, 지리적, 신체적 차이 등에 따른 소수자 또는 사회적 약자가 방송통신에서 불이익을 받거나 소외되지 아니하도록 구체적인 지원 방안을 수립·시행하여야 한다.
  ㉢ 과학기술정보통신부장관 또는 방송통신위원회는 국민이 방송통신에 참여하고, 방송통신을 통하여 다양한 문화를 추구할 수 있도록 필요한 시책을 수립·시행하여야 한다.
  ㉣ 과학기술정보통신부장관 또는 방송통신위원회는 국민이 보편적이고 기본적인 방송통신서비스를 제공받을 수 있도록 필요한 시책을 수립·시행하여야 한다.
  ㉤ 과학기술정보통신부장관 또는 방송통신위원회는 방송통신을 통한 국민의 명예훼손과 권리 침해를 방지하고 정보보호를 위하여 필요한 시책을 수립·시행하여야 한다.

ⓑ 과학기술정보통신부장관 또는 방송통신위원회는 모든 국민이 방송통신서비스를 효율적이고 안전하게 이용할 수 있도록 관련 서비스의 품질 평가, 교육 및 홍보 활동 등에 관한 시책을 수립·시행하여야 한다.

② 방송통신기본계획의 수립
  ㉠ 과학기술정보통신부장관 또는 방송통신위원회는 방송통신을 통한 국민의 복리 향상과 방송통신의 원활한 발전을 위하여 방송통신기본계획(이하 "기본계획"이라 한다)을 수립하고 이를 공고하여야 한다.
  ㉡ 기본계획에는 다음 각 호의 사항이 포함되어야 한다.
    1. 방송통신서비스에 관한 사항
    2. 방송통신콘텐츠에 관한 사항
    3. 방송통신설비 및 방송통신에 이용되는 유·무선 망에 관한 사항
    4. 방송통신광고에 관한 사항
    5. 방송통신기술의 진흥에 관한 사항
    6. 방송통신의 보편적 서비스 제공 및 공공성 확보에 관한 사항
    7. 방송통신의 남북협력 및 국제협력에 관한 사항
    8. 그 밖에 방송통신에 관한 기본적인 사항
  ㉢ ㉡항제2호 및 제4호의 구체적 범위에 관하여는 과학기술정보통신부장관과 문화체육관광부장관 및 방송통신위원회의 협의를 거쳐 대통령령으로 정한다.

③ 전담기관의 지정
  ㉠ 과학기술정보통신부장관 또는 방송통신위원회는 기본계획의 효율적인 추진·집행을 위하여 필요한 때에는 해당 업무를 전담할 기관(이하 "전담기관"이라 한다)을 분야별로 지정할 수 있으며 이에 소요되는 비용을 지원할 수 있다.
  ㉡ 전담기관의 지정대상과 지정절차 등에 관한 구체적 사항은 대통령령으로 정한다.

③ 공정한 경쟁환경 조성
  ㉠ 과학기술정보통신부장관 또는 방송통신위원회는 방송통신시장의 효율적이고 공정한 경쟁환경 조성을 위하여 노력하여야 한다.
  ㉡ 과학기술정보통신부장관 또는 방송통신위원회는 방송통신시장의 효율적인 경쟁체제 구축과 공정한 경쟁환경 조성을 위한 경쟁정책을 수립하기 위하여 방송통신시장의 경쟁 상황에 대한 평가를 실시할 수 있다.

ⓒ ⓛ항에 따른 경쟁 상황 평가를 위한 구체적인 기준과 절차 및 방법 등에 관하여 필요한 사항은 대통령령으로 정한다.

④ 방송통신컨텐츠의 제작·유통 등 지원
  ㉠ 정부는 방송통신콘텐츠가 다양한 방송통신 매체를 통하여 유통·활용 또는 수출될 수 있도록 지원할 수 있다.
  ㉡ 정부는 방송통신콘텐츠의 제작 지원, 유통구조 개선 및 건전한 이용 유도 등에 관한 사항이 포함된 방송통신콘텐츠 진흥계획을 수립·시행하여야 한다.

⑤ 방송통신에 이용되는 유·무선 망의 고도화
   과학기술정보통신부장관은 국민이 원하는 다양한 방송통신서비스가 차질 없이 안정적으로 제공될 수 있도록 방송통신에 이용되는 유·무선 망의 고도화(高度化)를 위하여 노력하여야 하며, 이를 위하여 필요한 시책을 수립·시행하여야 한다.

⑥ 방송통신기반시설 조성·지원
  ㉠ 과학기술정보통신부장관은 방송제작단지 등 방송통신에 필요한 물리적·기술적 기반시설(이하 "방송통신기반시설"이라 한다)을 방송통신사업자가 공동으로 조성하는 때에는 필요한 지원을 할 수 있다.
  ㉡ 정부는 제1항에 따라 조성된 방송통신기반시설이 다른 산업의 기반시설과 연계 운영되도록 할 수 있다.

⑦ 한국정보통신진흥협회
  ㉠ 정보통신서비스 제공자 및 정보통신망과 관련된 사업을 경영하는 자는 정보통신의 발전을 위하여 대통령령으로 정하는 바에 따라 과학기술정보통신부장관의 인가를 받아 한국정보통신진흥협회(이하 "진흥협회"라 한다)를 설립할 수 있다.
  ㉡ 진흥협회는 법인으로 한다.
  ㉢ 진흥협회에 관하여 이 법에서 정한 것 외에는 민법 중 사단법인에 관한 규정을 준용한다.
  ㉣ 정부는 진흥협회의 사업수행을 위하여 필요하면 예산의 범위에서 보조금을 지급할 수 있다.
  ㉤ 진흥협회의 사업 및 감독 등에 필요한 사항은 대통령령으로 정한다.

(3) 방송통신의 진흥

　① 방송통신기술의 진흥 등

　　과학기술정보통신부장관은 방송통신기술의 진흥을 통한 방송통신서비스 발전을 위하여 다음 각 호의 시책을 수립·시행하여야 한다.

　　　1. 방송통신과 관련된 기술수준의 조사, 기술의 연구개발, 개발기술의 평가 및 활용에 관한 사항
　　　2. 방송통신 기술협력, 기술지도 및 기술이전에 관한 사항
　　　3. 방송통신기술의 표준화 및 새로운 방송통신기술의 도입 등에 관한 사항
　　　4. 방송통신 기술정보의 원활한 유통을 위한 사항
　　　5. 방송통신기술의 국제협력에 관한 사항
　　　6. 그 밖에 방송통신기술의 진흥에 관한 사항

　② 방송통신에 관한 기술정보의 관리

　　　㉠ 과학기술정보통신부장관은 방송통신기술의 진흥을 위하여 방송통신에 관한 기술정보를 체계적이고 종합적으로 관리·보급하는 방안을 마련하여야 한다.
　　　㉡ 과학기술정보통신부장관은 방송통신의 원활한 발전을 위하여 방송통신에 관한 새로운 기술을 예고할 수 있다.

　③ 연구기관 등의 지원

　　　㉠ 과학기술정보통신부장관과 방송통신위원회는 방송통신의 진흥을 위하여 방송통신을 연구하는 기관 및 단체에 대한 재정적 지원 등 필요한 시책을 수립·시행하여야 한다.
　　　㉡ ㉠항에 따른 지원대상 기관 및 단체의 범위와 그 밖에 필요한 사항은 대통령령으로 정한다.

　④ 연구활동의 지원

　　　㉠ 과학기술정보통신부장관과 방송통신위원회는 방송통신기술의 연구·개발을 위하여 필요하면 방송통신기술에 관한 연구과제 선정 등 연구활동을 지원할 수 있다.
　　　㉡ ㉠항에 따른 연구활동의 지원 등에 필요한 사항은 대통령령으로 정한다.

　⑤ 기술지도

㉠ 과학기술정보통신부장관은 방송통신기자재의 방송통신 방식 및 규격 등을 생산단계에서부터 정확하게 적용하고 방송통신서비스의 품질을 확보하기 위하여 필요한 경우에는 방송통신기자재의 생산을 업(業)으로 하는 자 또는 정보통신공사업법에 따른 정보통신공사업자에게 기술의 표준화, 기술훈련, 기술정보의 제공 또는 국제기구와의 협력 등에 관하여 기술지도를 할 수 있다.

㉡ ㉠항에 따른 기술지도의 대상과 내용 및 그 밖에 필요한 사항은 대통령령으로 정한다.

⑥ 방송통신 전문인력의 양성 등

과학기술정보통신부장관은 방송통신 발전에 필요한 방송통신 전문인력을 양성하기 위하여 다음 각 호의 계획을 수립·시행하여야 한다.

1. 방송통신기술 및 방송통신서비스와 관련된 전문인력(이하 이 조에서 "전문인력"이라 한다) 수요 실태 및 중·장기 수급 전망 파악
2. 전문인력 양성사업의 지원
3. 전문인력 양성기관의 지원
4. 전문인력 양성 교육프로그램의 개발 및 보급 지원
5. 방송통신기술 자격제도의 정착 및 전문인력 수급 지원
6. 각급 학교 및 그 밖의 교육기관에서 시행하는 방송통신기술 및 방송통신서비스 관련 교육의 지원
7. 일반국민에 대한 방송통신기술 및 방송통신서비스 관련 교육의 확대
8. 그 밖에 전문인력 양성에 필요한 사항

⑦ 남북 간 방송통신 교류·협력

㉠ 정부는 남북 간 방송통신부문의 상호 교류 및 협력을 증진할 수 있도록 노력하여야 한다.

㉡ 과학기술정보통신부장관 또는 방송통신위원회는 남북 간 방송통신부문의 상호 교류 및 협력 증진을 위하여 북한의 방송통신 정책·제도 및 현황에 관하여 조사·연구하여야 한다.

㉢ 과학기술정보통신부장관 또는 방송통신위원회는 대통령령으로 정하는 바에 따라 남북 간 상호 교류 및 협력 사업과 조사·연구 등을 위하여 필요한 경우 방송통신사업자 또는 관련 단체 등에 협조를 요청할 수 있다. 이 경우 과학기술정보

통신부장관 또는 방송통신위원회는 대통령령으로 정하는 바에 따라 예산의 범위에서 필요한 경비의 전부 또는 일부를 지원할 수 있다.
ⓡ 남북 간 방송통신 교류 및 협력을 추진하기 위하여 방송통신위원회에 남북방송통신교류 추진위원회를 둔다.
ⓜ ⓡ항에 따른 남북방송통신교류 추진위원회의 구성과 운영에 필요한 사항은 대통령령으로 정한다.

⑧ 방송통신 국제협력
ⓖ 과학기술정보통신부장관 또는 방송통신위원회는 방송통신 분야에 관한 국제적 동향을 파악하고 국제협력을 추진하여야 한다.
ⓛ 정부는 방송통신콘텐츠의 국제적 공동제작 및 유통, 방송통신 관련 기술·인력의 국제교류, 방송통신의 국제표준화 및 국제 공동연구개발 등의 사업을 지원할 수 있다.
ⓒ 과학기술정보통신부장관 또는 방송통신위원회는 방송통신 분야와 관련된 민간부문에서의 국제협력사업을 지원할 수 있다.

(4) 방송통신발전기금

① 방송통신발전기금의 설치
과학기술정보통신부장관과 방송통신위원회는 방송통신의 진흥을 지원하기 위하여 방송통신발전기금(이하 "기금"이라 한다)을 설치한다.

② 기금의 조성
ⓖ 기금은 다음 각 호의 재원으로 조성한다.
  1. 정부의 출연금 또는 융자금
  2. 전파법 제7조제2항에 따른 징수금, 같은 법 제11조제1항(같은 법 제16조제4항에 따라 준용되는 경우를 포함한다)에 따른 주파수할당 대가 및 같은 법 제11조제5항에 따른 보증금, 같은 법 제17조제2항에 따라 산정된 금액
  3. 제2항부터 제4항까지의 규정에 따른 분담금
  4. 방송사업자의 출연금
  5. 기금 운용에 따른 수익금
  6. 그 밖에 대통령령으로 정하는 수입금
ⓛ 방송통신위원회는 방송법에 따른 지상파방송사업자 및 종합편성 또는 보도에

관한 전문편성을 행하는 방송채널사용사업자로부터 전년도 방송광고 매출액에 그 100분의 6의 범위에서 방송통신위원회가 정하여 고시하는 징수율을 곱하여 산정한 분담금을 징수할 수 있다.

ⓒ 과학기술정보통신부장관은 방송법에 따른 종합유선방송사업자, 위성방송사업자 및 인터넷 멀티미디어 방송사업법에 따른 인터넷 멀티미디어 방송 제공사업자로부터 전년도 방송서비스 매출액에 그 100분의 6의 범위에서 과학기술정보통신부장관이 정하여 고시하는 징수율을 곱하여 산정한 분담금을 징수할 수 있다.

ⓔ 과학기술정보통신부장관은 상품 소개와 판매에 관한 전문편성을 하는 방송채널사용사업자로부터 전년도 결산상 영업이익에 그 100분의 15의 범위에서 과학기술정보통신부장관이 정하여 고시하는 징수율을 곱하여 산정한 분담금을 징수할 수 있다.

ⓜ 과학기술정보통신부장관과 방송통신위원회는 대통령령으로 정하는 바에 따라 사업 규모나 부담 능력이 일정한 기준에 미치지 못한 자에 대하여는 ㉠항제3호의 분담금을 면제하거나 경감할 수 있으며, 방송통신의 공공성·수익성과 방송통신사업자의 재정상태 등에 따라 방송통신사업자별로 그 징수율을 차등 책정할 수 있다.

ⓗ 과학기술정보통신부장관과 방송통신위원회는 ㉠항제3호에 따른 분담금의 부과금액이 대통령령으로 정하는 기준을 초과하는 경우에는 대통령령으로 정하는 바에 따라 그 금액을 분할하여 내게 할 수 있다.

ⓢ 과학기술정보통신부장관과 방송통신위원회는 ⓛ항부터 ⓔ항까지의 규정에 따라 분담금을 납부하여야 할 자가 납부기한까지 이를 납부하지 아니한 때에는 체납된 금액의 100분의 3을 초과하지 아니하는 범위에서 대통령령으로 정하는 바에 따라 가산금을 부과할 수 있다.

ⓞ 과학기술정보통신부장관과 방송통신위원회는 ㉠항제3호의 분담금 및 ⓢ항에 따른 가산금을 납부하여야 할 자가 납부기한까지 이를 납부하지 아니한 때에는 국세 체납처분의 예에 따라 징수한다.

ⓩ ⓛ항부터 ⓞ항까지의 규정에 따른 분담금의 산정 및 징수 등에 필요한 사항은 대통령령으로 정한다.

③ 분담금에 대한 이의신청

㉠ ②의㉡항부터 ㉤항까지에 따라 분담금을 부과받은 자가 부과된 분담금에 대하여 이의가 있는 경우에는 부과받은 날부터 60일 이내에 과학기술정보통신부장관 또는 방송통신위원회에 이의를 신청할 수 있다.

㉡ 과학기술정보통신부장관 또는 방송통신위원회는 제1항에 따른 이의신청을 받았을 때에는 그 신청을 받은 날부터 30일 이내에 이를 심의하여 그 결과를 신청인에게 서면으로 알려야 한다.

㉢ ②의㉡항부터 ㉤항까지에 따른 분담금 부과에 이의가 있는 자는 제1항에 따른 이의신청 여부와 관계없이 행정심판법에 따른 행정심판을 청구하거나 행정소송법에 따른 행정소송을 제기할 수 있다.

④ 기금의 용도

㉠ 기금은 다음 각 호의 어느 하나에 해당하는 사업에 사용된다.

1. 방송통신에 관한 연구개발 사업
2. 방송통신 관련 표준의 개발, 제정 및 보급 사업
3. 방송통신 관련 인력 양성 사업
4. 방송통신서비스 활성화 및 기반 조성을 위한 사업
5. 공익·공공을 목적으로 운영되는 방송통신 지원

5의2. 방송광고판매대행 등에 관한 법률 제22조에 따른 네트워크 지역지상파방송사업자와 중소지상파방송사업자의 공익적 프로그램의 제작 지원

6. 방송통신콘텐츠 제작·유통 및 부가서비스 개발 등 지원
7. 시청자가 직접 제작한 방송프로그램 및 미디어 교육 지원
8. 시청자와 이용자의 피해구제 및 권익증진 사업
9. 방송통신광고 발전을 위한 지원

9의2. 방송광고판매대행 등에 관한 법률 제23조제7항에 따른 방송광고균형발전위원회 운영 비용 지원

10. 방송통신 소외계층의 방송통신 접근을 위한 지원
11. 방송통신 관련 국제 교류·협력 및 남북 교류·협력 지원
12. 해외 한국어 방송 지원
13. 전파법 제7조제1항에 따른 손실보상금
14. 전파법 제7조제5항에 따라 반환하는 주파수할당 대가
15. 지역방송발전지원 특별법 제7조의 지역방송발전지원계획의 수행을 위한

지원

16. 그 밖에 방송통신 발전에 필요하다고 인정되는 사업

ⓒ 과학기술정보통신부장관과 방송통신위원회는 기금의 일부를 방송통신의 공공성 제고와 방송통신 진흥 및 시청자 복지를 위하여 융자 및 투자재원으로 활용할 수 있다.

ⓒ 과학기술정보통신부장관과 방송통신위원회는 기금을 사용하는 자가 그 기금을 지원받은 목적 외로 사용한 경우에는 목적 외로 지출된 기금을 환수할 수 있다.

ⓔ 과학기술정보통신부장관과 방송통신위원회는 ⓒ항에 따른 환수 처분을 받은 자가 환수금을 기한 내에 납부하지 아니하면 기한을 정하여 독촉을 하고, 그 지정된 기간에도 납부하지 아니하면 국세 체납처분의 예에 따라 징수할 수 있다.

⑤ 기금의 관리·운용

㉠ 기금은 과학기술정보통신부장관과 방송통신위원회가 관리·운용한다.

㉡ 기금의 공정하고 효율적인 관리·운용을 위하여 방송통신발전기금운용심의회를 둔다.

㉢ 방송통신발전기금운용심의회의 위원은 10명 이내로 하며, 방송통신위원회와 협의를 거쳐 과학기술정보통신부장관이 임명한다.

㉣ 방송통신발전기금운용심의회의 구성과 운영에 관하여 필요한 사항은 대통령령으로 정한다.

㉤ <u>㉠항에 따라 기금을 관리·운용하는 경우 환경·사회·지배구조 등의 요소를 고려할 수 있다.</u>

㉥ 과학기술정보통신부장관과 방송통신위원회는 대통령령으로 정하는 바에 따라 기금의 징수·운용·관리에 관한 사무의 일부를 방송통신 업무와 관련된 기관 또는 단체에 위탁할 수 있다.

㉦ 기금의 운용 및 관리에 필요한 구체적인 사항은 대통령령으로 정한다.

(5) 방송통신 기술기준 등

① 기술기준

㉠ 방송통신설비를 설치·운영하는 자는 그 설비를 대통령령으로 정하는 기술기준에 적합하게 하여야 한다.

㉡ 방송통신사업자는 과학기술정보통신부장관이 정하여 고시하는 방송통신설비를

설치하거나 설치한 설비를 확장한 경우에는 방송통신서비스를 제공하기 전에 그 방송통신설비가 제1항에 따른 기술기준에 적합한지를 시험하고 그 결과를 기록·관리하여야 한다. 다만, 방송통신설비를 임차하여 방송통신서비스를 제공하는 등 대통령령으로 정하는 방송통신사업자의 경우에는 그러하지 아니하다.

ⓒ 방송통신설비의 설치 및 보전은 설계도서에 따라 하여야 한다.

ⓔ ⓒ항에 따른 설계도서의 작성에 필요한 사항은 대통령령으로 정한다.

ⓜ 과학기술정보통신부장관은 방송통신설비가 기술기준에 적합하게 설치·운영되는지를 확인하기 위하여 다음 각 호의 어느 하나에 해당하는 경우에는 소속 공무원으로 하여금 방송통신설비를 설치·운영하는 자의 설비를 조사하거나 시험하게 할 수 있다.

1. 방송통신설비 관련 시책을 수립하기 위한 경우
2. 국가비상사태에 대비하기 위한 경우
3. 재해·재난 예방을 위한 경우 및 재해·재난이 발생한 경우
4. 방송통신설비의 이상으로 광범위한 방송통신 장애가 발생할 우려가 있는 경우

ⓗ ⓜ항에 따른 조사 또는 시험을 하는 경우에는 조사 또는 시험 7일 전까지 그 일시, 이유 및 내용 등 조사·시험계획을 방송통신설비를 설치·운용하는 자에게 알려야 한다. 다만, 긴급한 경우이거나 사전에 통지를 하는 경우 증거인멸 등으로 조사·시험 목적을 달성할 수 없다고 인정하는 경우에는 그러하지 아니하다.

ⓢ ⓗ항에 따른 조사 또는 시험을 하는 공무원은 그 권한을 표시하는 증표를 지니고 이를 관계인에게 보여주어야 하며, 출입 시 성명, 출입시간, 출입목적 등이 표시된 문서를 관계인에게 주어야 한다.

ⓞ ㉠항에 따라 방송통신설비를 설치·운영하는 자는 불법복제 검출시스템에 의하여 복제가 의심되는 것으로 검출된 이동전화(전기통신사업법 제5조제2항에 따른 기간통신역무 중 주파수를 할당받아 제공하는 역무를 이용하기 위한 통신단말장치를 말한다)를 과학기술정보통신부장관에게 신고하여야 한다.

㉛ 과학기술정보통신부장관은 자원 낭비의 방지와 소비자 편익 등을 위하여 필요한 경우 모바일·스마트기기 등 방송통신기자재의 충전 및 데이터 전송 방식에

관한 기술기준을 정하여 고시할 수 있다.
⑩ 방송통신기자재를 생산하는 자는 ㈂항에 따른 기술기준을 준수하여 방송통신기자재를 생산하여야 한다.

② 기술기준의 적용 예외
방송법 또는 전파법에 별도의 기술기준이나 이에 준하는 사항이 규정되어 있는 방송통신설비에 대하여는 제28조를 적용하지 아니한다.

③ 관리규정
방송통신설비 등을 직접 설치·보유하고 방송통신서비스를 제공하는 방송통신사업자 중 대통령령으로 정하는 자는 방송통신서비스를 안정적으로 제공하기 위하여 대통령령으로 정하는 바에 따라 방송통신설비의 관리 규정을 정하고 그 규정에 따라 방송통신설비를 관리하여야 한다.

④ 기술기준 위반에 대한 시정명령
㉠ 과학기술정보통신부장관은 설치된 방송통신설비가 제28조에 따른 기술기준에 적합하지 아니하게 된 경우에는 이의 시정이나 그 밖에 필요한 조치를 명할 수 있다.
㉡ 과학기술정보통신부장관은 제28조제10항을 위반하여 기술기준에 적합하지 않은 방송통신기자재를 생산한 자에게 그 시정이나 그 밖에 필요한 조치를 명할 수 있다.

⑤ 새로운 방송통신 방식 등의 채택
㉠ 과학기술정보통신부장관은 방송통신의 원활한 발전을 위하여 새로운 방송통신 방식 등을 채택할 수 있다.
㉡ 과학기술정보통신부장관은 ㉠항에 따라 새로운 방송통신 방식 등을 채택한 때에는 이를 고시하여야 한다.

⑥ 표준화의 추진
㉠ 과학기술정보통신부장관은 방송통신의 건전한 발전과 시청자 및 이용자의 편의를 도모하기 위하여 방송통신의 표준화를 추진하고 방송통신사업자 또는 방송통신기자재 생산업자에게 그에 따를 것을 권고할 수 있다. 다만, 산업표준화법에 따른 한국산업표준이 제정되어 있는 사항에 대하여는 그 표준에 따른다.
㉡ 과학기술정보통신부장관은 방송통신의 표준을 채택한 때에는 이를 고시하여야 한다.

ⓒ ㉠항에 따른 방송통신의 표준화 추진에 필요한 사항은 대통령령으로 정한다.

⑦ 한국정보통신기술협회
  ㉠ 정보통신의 표준 제정, 보급 및 정보통신 기술 지원 등 표준화에 관한 업무를 효율적으로 추진하기 위하여 과학기술정보통신부장관의 인가를 받아 한국정보통신기술협회(이하 "기술협회"라 한다)를 설립할 수 있다.
  ㉡ 기술협회는 법인으로 한다.
  ㉢ 정부는 정보통신의 표준화에 관한 업무를 추진하기 위하여 필요한 경우 예산의 범위에서 기술협회에 출연할 수 있다.
  ㉣ 과학기술정보통신부장관은 기술협회의 운영이 이 법 또는 정관에서 정한 사항에 위배되는 경우에는 정관 또는 사업계획의 변경이나 임원의 개임(改任)을 요구할 수 있다.
  ㉤ 기술협회에 관하여 이 법에서 정한 것을 제외하고는 민법 중 재단법인에 관한 규정을 준용한다.

(6) 방송통신재난의 관리
  ① 방송통신재난관리기본계획의 수립
    ㉠ 과학기술정보통신부장관과 방송통신위원회는 다음 각 호의 방송통신사업자(이하 "주요방송통신사업자"라 한다)의 방송통신서비스에 관하여 재난 및 안전관리기본법에 따른 재난이나 자연재해대책법에 따른 재해 및 그 밖에 물리적·기능적 결함 등(이하 "방송통신재난"이라 한다)의 발생을 예방하고, 방송통신재난을 신속히 수습·복구하기 위한 방송통신재난관리기본계획을 수립·시행하여야 한다.
      1. 전기통신사업법 제6조에 따라 기간통신사업의 등록을 한 자로서 대통령령으로 정하는 요건에 해당하는 자
      2. 방송법 제2조제3호가목에 따른 지상파방송사업자(방송법 제2조제1호가목에 따른 텔레비전방송을 하는 지상파방송사업자로 한정하되, 지역방송발전지원 특별법 제2조제1항제2호에 따른 지역방송사업자는 제외한다)
      3. 방송법 제2조제3호라목에 따른 방송채널사용사업자(종합편성 또는 보도에 관한 전문편성을 행하는 방송채널사용사업자에 한정한다)
      4. <u>전기통신사업법 제22조제1항에 따라 부가통신사업의 신고를 한 자로서 이용</u>

자 수 또는 트래픽 양 등이 대통령령으로 정하는 기준에 해당하는 자
5. 정보통신망 이용촉진 및 정보보호 등에 관한 법률 제46조제1항에 따른 집적정보통신시설 사업자 등으로서 시설 규모, 매출액 등이 대통령령으로 정하는 기준에 해당하는 자

ⓒ 방송통신재난관리기본계획에는 다음 각 호의 사항이 포함되어야 한다.
1. 방송통신재난이 발생할 위험이 높거나 방송통신재난의 예방을 위하여 계속적으로 관리할 필요가 있는 방송통신설비와 그 설치 지역 등의 지정 및 관리에 관한 사항
2. 국민의 생명과 재산 보호를 위한 신속한 재난방송 실시에 관한 사항
3. 방송통신재난에 대비하기 위하여 필요한 다음 각 목에 관한 사항
    가. 우회 방송통신 경로의 확보
    나. 방송통신설비의 연계 운용을 위한 정보체계의 구성
    다. 피해복구 물자의 확보
    라. 서버, 저장장치, 네트워크, 전력공급장치 등의 분산 및 다중화 등 물리적·기술적 보호조치
    마. 그 밖에 방송통신재난의 관리에 필요하다고 인정되는 사항

② 방송통신재난관리기본계획의 수립절차
ⓐ 과학기술정보통신부장관과 방송통신위원회는 방송통신재난관리기본계획의 수립지침을 작성하여 주요방송통신사업자에게 통보하여야 한다.
ⓑ 주요방송통신사업자는 ⓐ항에 따른 수립지침에 따라 방송통신재난관리계획을 수립하여 과학기술정보통신부장관과 방송통신위원회에 제출하여야 한다. 이 경우 방송통신재난관리계획은 재난 및 안전관리기본법 제23조제3항에 따른 세부집행계획으로 본다.
ⓒ 과학기술정보통신부장관과 방송통신위원회는 주요방송통신사업자가 ⓐ항에 따른 수립지침에 따르지 아니하고 방송통신재난관리계획을 수립한 경우 보완을 명할 수 있다.
ⓓ 과학기술정보통신부장관과 방송통신위원회는 ⓑ항에 따라 주요방송통신사업자가 제출한 방송통신재난관리계획을 종합하여 방송통신재난관리기본계획을 수립하여야 한다.
ⓔ 과학기술정보통신부장관과 방송통신위원회는 ⓓ항에 따라 수립한 방송통신재

난관리기본계획 중 주요방송통신사업자와 관련된 사항을 해당 주요방송통신사업자에게 통보하여야 한다.
ⓑ 방송통신재난관리기본계획의 수립에 필요한 세부사항은 대통령령으로 정한다.
ⓢ 방송통신재난관리기본계획의 변경에 관하여는 ㉠항부터 ㉥항까지의 규정을 준용한다.

③ 방송통신재난관리계획의 이행
㉠ 주요방송통신사업자는 제36조제2항에 따른 방송통신재난관리계획을 이행하여야 한다.
㉡ 과학기술정보통신부장관과 방송통신위원회는 ㉠항에 따른 이행 여부를 지도·점검할 수 있으며, 점검결과 보완이 필요한 사항에 대해서는 주요방송통신사업자에게 시정을 명할 수 있다.
㉢ ㉡항에 따른 지도·점검의 주기 및 방법 등에 관하여 필요한 사항은 대통령령으로 정한다.

④ 방송통신설비의 통합 운용
㉠ 과학기술정보통신부장관과 방송통신위원회는 방송통신재난이 발생하거나 발생할 것이 명백한 경우에 해당 지역의 방송통신 소통과 긴급 복구를 위하여 방송통신사업자로 하여금 그 사업자의 방송통신설비와 다른 방송통신사업자의 방송통신설비 또는 방송통신사업용으로 사용되지 아니한 방송통신설비(이하 "자가방송통신설비"라 한다)를 보유한 자의 방송통신설비를 통합 운용하게 할 수 있다.
㉡ 자가방송통신설비를 보유한 자의 방송통신설비를 통합 운용하기 위하여 사용된 비용은 정부가 부담한다. 다만, 자가방송통신설비가 방송통신서비스에 제공되는 경우에는 그 설비를 제공받는 방송통신사업자가 그 비용을 부담한다.
㉢ ㉠항에 따른 방송통신설비의 통합 운용에 필요한 사항은 대통령령으로 정한다.

⑤ 재난 시 무선통신시설의 공동이용 등
㉠ 이동통신서비스(이동통신단말장치 유통구조 개선에 관한 법률 제2조제1호에 따른 이동통신서비스를 말한다. 이하 같다)를 제공하는 주요통신사업자는 이동통신서비스 이용자가 방송통신재난이 발생한 경우에도 이동통신서비스를 제공받을 수 있도록 다른 이동통신사업자와의 협정 체결, 시스템 구축 등 무선통신시설의 공동이용을 위하여 필요한 조치를 취하여야 한다.

ⓒ 과학기술정보통신부장관은 다음 각 호의 요건에 모두 해당하는 경우 이동통신사업자가 다른 이동통신사업자에게 무선통신시설의 공동이용을 허용하도록 명할 수 있다.
  1. 재난 및 안전관리 기본법 제38조에 따라 경계 이상의 방송통신재난 경보가 발령된 경우
  2. 방송통신재난으로 이동통신서비스의 장애가 발생한 이동통신사업자가 과학기술정보통신부장관에게 요청하는 경우
ⓒ ⓒ항에 따른 무선통신시설의 공동이용 대가는 무선통신시설의 공동이용을 허용한 이동통신사업자가 전기통신사업법 제38조에 따라 다른 전기통신사업자(전기통신사업법 제2조제8호의 전기통신사업자를 말한다)와 협정을 체결한 해당 연도의 도매제공 대가를 기준으로 하는 것을 원칙으로 한다. 다만, 무선통신시설의 공동이용 대가와 관련하여 이동통신사업자 간 별도의 협정이 있을 경우 이에 따른다.
ⓔ ㉠항부터 ㉢항까지에서 규정한 사항 외에 무선통신시설의 공동이용의 범위, 절차 및 방법 등에 관하여 필요한 사항은 과학기술정보통신부장관이 정하여 고시한다.

⑥ 방송통신재난의 보고
㉠ 주요방송통신사업자는 그 소관 방송통신서비스에 관하여 방송통신재난이 발생하였을 때에는 그 현황, 원인, 응급조치 내용 및 복구대책 등을 지체 없이 과학기술정보통신부장관에게 보고하여야 한다.
㉡ 제35조제1항제2호 및 제3호에 따른 주요방송통신사업자는 그 소관 방송통신서비스에 관하여 방송통신재난이 발생하였을 때에는 그 현황, 원인, 응급조치 내용 및 복구대책 등을 지체 없이 방송통신위원회에도 보고하여야 한다.

⑦ 방송통신재난 대책본부
㉠ 과학기술정보통신부장관은 방송통신재난의 피해가 광범위하여 정부 차원의 종합적인 대처가 필요한 경우에 방송통신재난 대책본부(이하 "대책본부"라 한다)를 설치·운영할 수 있다.
㉡ 대책본부의 장은 과학기술정보통신부장관이 된다.
㉢ 대책본부의 구성·운영 등에 필요한 사항은 대통령령으로 정한다.

ⓔ 주요방송통신사업자는 대통령령으로 정하는 바에 따라 방송통신재난의 피해복구 진행 상황 등을 대책본부에 보고하여야 한다.

⑧ 방송통신재난관리책임자의 지정 등
  ㉠ 주요방송통신사업자는 제36조에 따른 방송통신재난관리계획의 수립·변경, 제36조의2에 따른 방송통신재난관리계획의 이행, 제37조에 따른 방송통신재난의 대비 및 제38조·제39조제4항에 따른 보고 업무를 담당하도록 하기 위하여 방송통신재난관리책임자를 지정하여야 한다.
  ㉡ 전년도 전기통신역무(전기통신사업법 제2조제6호에 따른 전기통신역무를 말한다) 매출액 등이 대통령령으로 정하는 기준 이상인 주요통신사업자는 통신재난관리 전담부서 또는 전담인력을 운용하여야 한다.
  ㉢ ㉠항 및 ㉡항에서 규정한 사항 외에 방송통신재난관리책임자의 자격요건, 지정절차 등과 전담부서 또는 전담인력의 운용에 관하여 필요한 사항은 대통령령으로 정한다.

⑨ 재난방송 등
  ㉠ 다음 각 호의 어느 하나에 해당하는 사업자는 자연재해대책법 제2조에 따른 재해, 재난 및 안전관리 기본법 제3조에 따른 재난 또는 민방위기본법 제2조에 따른 민방위사태가 발생하거나 발생할 우려가 있는 경우에는 그 발생을 예방하거나 대피·구조·복구 등에 필요한 정보를 제공하여 그 피해를 줄일 수 있는 재난방송 또는 민방위경보방송(이하 "재난방송 등"이라 한다)을 하여야 한다. 다만, 제2호, 제3호 및 제5호에 해당하는 방송사업자는 자막의 형태로 재난방송 등을 송출할 수 있다.
    1. 방송법 제2조제3호가목에 따른 지상파방송사업자
    2. 방송법 제2조제3호나목에 따른 종합유선방송사업자
    3. 방송법 제2조제3호다목에 따른 위성방송사업자
    4. 방송법 제2조제3호라목에 따른 방송채널사용사업자(종합편성 또는 보도에 관한 전문편성을 행하는 방송채널사용사업자에 한정)
    5. 인터넷 멀티미디어 방송사업법 제2조제5호가목에 따른 인터넷 멀티미디어 방송 제공사업자
  ㉡ 과학기술정보통신부장관 및 방송통신위원회는 재난방송 등이 다음 각 호의 어

느 하나에 해당하는 시기까지 이루어지지 아니하는 경우 또는 그 밖에 재해, 재난 또는 민방위사태 발생의 예방·대피·구조·복구 등을 위하여 필요하다고 인정하는 경우에는 대통령령으로 정하는 바에 따라 제1항 각 호에 따른 방송사업자 중 전부 또는 일부에 대하여 지체 없이 재난방송 등을 하도록 요청할 수 있다. 이 경우 방송사업자는 특별한 사유가 없으면 이에 따라야 한다.

1. 재난 및 안전관리 기본법 제36조에 따른 재난사태의 선포
2. 재난 및 안전관리 기본법 제38조에 따른 재난 예보·경보의 발령
3. 민방위기본법 제33조에 따른 민방위 경보의 발령(민방위 훈련을 실시하는 경우는 제외)

ⓒ ㉠항 각 호에 따른 방송사업자는 재난방송 등을 하는 경우 다음 각 호의 사항을 준수하여야 한다.

1. 재난상황에 대한 정보를 정확하고 신속하게 제공할 것
2. 재난지역 거주자와 이재민 등에게 대피·구조·복구 등에 필요한 정보를 제공할 것
3. 피해자와 그 가족의 명예를 훼손하거나 사생활을 침해하지 아니할 것
4. 피해자 또는 그 가족에 대하여 질문과 답변, 회견 등(이하 "인터뷰"라 한다)을 강요하지 아니할 것
5. 피해자 또는 그 가족 중 미성년자에게 인터뷰를 하는 경우에는 법정대리인의 동의를 받을 것
6. 재난방송 등의 내용이 사실과 다를 경우 지체 없이 정정방송을 할 것

㉣ 방송통신위원회의 설치 및 운영에 관한 법률 제18조에 따른 방송통신심의위원회는 제1항 각 호에 따른 방송사업자가 실시하는 재난방송 등을 모니터링하고 그 결과를 과학기술정보통신부장관 및 방송통신위원회에 통보하여야 한다.

㉤ ㉠항 각 호에 따른 방송사업자는 재난방송 등의 송출 특성 등을 고려하여 제3항의 준수사항을 포함하는 재난방송 등 매뉴얼을 작성하여 비치하여야 한다.

㉥ ㉠항 각 호에 따른 방송사업자는 프로그램 제작자, 기술인력, 기자 및 아나운서 등 재난방송 등의 관계자를 대상으로 ㉤항에 따른 재난방송 등 매뉴얼에 관한 교육을 실시하여야 한다.

㉦ ㉠항부터 ㉥항까지에서 규정한 사항 외에 재난방송 등의 실시 및 운영 등에 필요한 구체적인 사항은 대통령령으로 정한다.

⑩ 재난방송 등의 주관방송사
  ㉠ 과학기술정보통신부장관 및 방송통신위원회는 방송법 제43조에 따른 한국방송공사를 재난방송 등의 주관방송사로 지정한다.
  ㉡ ㉠항에 따른 주관방송사는 재난상황에 관한 업무를 소관하는 중앙행정기관의 장 또는 지방자치단체의 장 등에게 재난상황과 관련된 정보를 신속하게 제공하도록 요청할 수 있다.
  ㉢ ㉠항에 따른 주관방송사는 다음 각 호의 조치를 취하여야 한다.
    1. 재난방송 등을 위한 인적·물적·기술적 기반 마련
    2. 노약자, 심신장애인 및 외국인 등 재난 취약계층을 고려한 재난 정보전달시스템의 구축
    3. 정기적인 재난방송 등의 모의훈련 실시
  ㉣ ㉡항 및 ㉢항에서 규정한 사항 외에 재난방송 등의 효과적인 실시를 위하여 필요한 주관방송사의 역할에 대하여는 대통령령으로 정한다.

⑪ 재난방송 등 수신시설의 설치
  ㉠ 도로법 제2조제1호에 따른 도로, 도시철도법 제2조제3호에 따른 도시철도시설 및 철도의 건설 및 철도시설 유지관리에 관한 법률 제2조제6호에 따른 철도시설(마목부터 사목까지의 시설은 제외)의 소유자·점유자·관리자는 터널 또는 지하공간 등 방송수신 장애지역에 제40조제1항에 따른 재난방송 등 및 민방위기본법 제33조에 따른 민방위 경보의 원활한 수신을 위하여 필요한 다음 각 호의 방송통신설비를 설치하여야 한다. 이 경우 국가는 예산의 범위에서 설치에 필요한 비용의 전부 또는 일부를 보조할 수 있다.
    1. 방송법 제2조제1호나목에 따른 라디오방송의 수신에 필요한 중계설비
    2. 방송법 제2조제1호라목에 따른 이동멀티미디어방송의 수신에 필요한 중계설비
  ㉡ 방송통신위원회는 정기적으로 ㉠항에 따른 방송통신설비의 설치 여부 및 수신상태에 대한 조사를 실시하고 그 결과를 공표하여야 한다.

⑩ 과징금
  ㉠ 과학기술정보통신부장관과 방송통신위원회는 제36조의2제2항에 따른 시정명령에 따르지 아니한 주요방송통신사업자에게 대통령령으로 정하는 매출액의

100분의 3 이하에 해당하는 금액을 과징금으로 부과할 수 있다. 이 경우 주요 방송통신사업자가 매출액 산정 자료의 제출을 거부하거나 거짓 자료를 제출하면 해당 방송통신사업자 및 동종 유사 서비스 제공 사업자의 재무제표 등 회계 자료와 가입자 수 및 이용요금 등 영업 현황 자료에 근거하여 매출액을 추정할 수 있다.

ⓒ 과학기술정보통신부장관과 방송통신위원회는 제1항에 따른 과징금을 부과하는 경우에는 다음 각 호의 사항을 고려하여야 한다.
 1. 위반행위의 내용 및 정도
 2. 위반행위의 기간 및 횟수
 3. 위반행위로 인하여 취득한 이익 또는 비용절감의 규모
 4. 위반행위를 한 주요방송통신사업자의 방송통신서비스 매출액

ⓒ 과학기술정보통신부장관 또는 방송통신위원회는 ㉠항에 따른 과징금을 내야 할 자가 납부기한까지 과징금을 내지 아니하면 납부기한의 다음 날부터 과징금을 낸 날의 전날까지의 기간에 대하여 체납된 과징금의 연 100분의 6에 해당하는 가산금을 징수한다. 이 경우 가산금을 징수하는 기간은 60개월을 초과하지 못한다.

㉣ 과학기술정보통신부장관 또는 방송통신위원회는 ㉠항에 따른 과징금을 내야 할 자가 납부기한까지 과징금을 내지 아니하면 기간을 정하여 독촉하고, 그 지정된 기간에 과징금 및 ㉢항에 따른 가산금을 내지 아니하면 국세 체납처분의 예에 따라 징수한다.

㉤ 법원 판결 등의 사유로 ㉠항에 따라 부과된 과징금을 환급하는 경우에는 과징금을 낸 날부터 환급하는 날까지의 기간에 대하여 금융회사 등의 예금이자율 등을 고려하여 대통령령으로 정하는 이자율에 따라 계산한 환급가산금을 지급하여야 한다.

㉥ ㉤항에도 불구하고 법원의 판결에 의하여 과징금 부과처분이 취소되어 그 판결 이유에 따라 새로운 과징금을 부과하는 경우에는 당초 납부한 과징금에서 새로 부과하기로 결정한 과징금을 공제한 나머지 금액에 대해서만 환급가산금을 계산하여 지급한다.

㉦ ㉠항부터 ㉥항까지에서 규정한 사항 외에 과징금의 부과 및 징수 등에 필요한 사항은 대통령령으로 정한다.

(7) 보칙

　① 통계의 작성·관리

　　과학기술정보통신부장관 또는 방송통신위원회는 방송통신 발전 관련 시책을 효율적으로 수립하기 위하여 통계청장과 협의하여 방송통신에 관한 통계를 작성·관리하여야 한다.

　② 자료 제출

　　과학기술정보통신부장관 또는 방송통신위원회는 이 법에서 정한 각종 시책의 수립 및 시행을 위하여 필요하면 대통령령으로 정하는 바에 따라 방송통신사업자에게 통계 등 관련 자료의 제출을 요청할 수 있다. 다만, 방송통신사업자는 영업비밀의 보호 등 정당한 사유가 있는 경우에는 자료의 제출을 거부할 수 있다.

　③ 보고·검사

　　㉠ 과학기술정보통신부장관은 다음 각 호의 어느 하나에 해당하는 경우에는 방송통신설비를 설치한 자에게 그 설비에 관한 보고를 하게 하거나 소속 공무원으로 하여금 그 사무소, 영업소, 공장 또는 사업장에 출입하여 설비 상황, 설비 관련 장부 또는 서류 등을 검사하게 할 수 있다.

　　　1. 방송통신설비 설치·운용의 적정 여부를 확인하기 위하여 필요한 경우
　　　2. 국가비상사태·재해 및 재난 시의 원활한 방송통신 확보를 위하여 필요한 경우
　　　3. 통신시설의 등급 지정 및 관리상태의 적정성 확인을 위하여 필요한 경우

　　㉡ 과학기술정보통신부장관은 이 법을 위반하여 방송통신설비를 설치한 자가 있으면 그 설비의 제거 또는 그 밖에 필요한 조치를 명할 수 있다.

　　㉢ ㉠항에 따른 검사를 하는 경우에는 검사 7일 전까지 검사일시·이유·내용 등 검사계획을 방송통신설비를 설치한 자에게 알려야 한다. 다만, 긴급한 경우이거나 사전에 통지하는 경우 증거인멸 등으로 검사목적을 달성할 수 없다고 인정하는 경우에는 그러하지 아니하다.

　　㉣ ㉠항에 따라 검사를 하는 공무원은 그 권한을 표시하는 증표를 지니고 이를 관계인에게 보여주어야 하며, 출입 시 성명, 출입시간, 출입목적 등이 표시된 문서를 관계인에게 주어야 한다.

　④ 권한의 위임·위탁

　　㉠ 이 법에 따른 과학기술정보통신부장관 또는 방송통신위원회의 권한은 그 일부

를 대통령령으로 정하는 바에 따라 소속 기관의 장이나 전담기관 또는 그 밖에 대통령령으로 정하는 기관 또는 단체에 위임·위탁할 수 있다.

ⓒ 과학기술정보통신부장관은 제33조에 따른 방송통신 표준화에 관한 업무를 대통령령으로 정하는 바에 따라 기술협회에 위탁할 수 있다.

ⓒ 과학기술정보통신부장관 또는 방송통신위원회는 제41조에 따른 통계의 작성·관리 업무를 대통령령으로 정하는 바에 따라 진흥협회에 위탁할 수 있다

⑤ 벌칙 적용 시의 공무원 의제

다음 각 호의 어느 하나에 해당하는 사람은 형법 제129조부터 제132조까지의 규정을 적용할 때에는 공무원으로 본다.

1. 제15조에 따른 한국정보통신진흥협회의 임직원
2. 제34조에 따른 한국정보통신기술협회의 임직원
3. 제44조제1항에 따라 수탁업무를 취급하는 사람

(8) 벌칙

① 벌칙

제43조제2항에 따른 방송통신설비의 제거명령을 위반한 자는 1년 이하의 징역 또는 1천만원 이하의 벌금에 처한다.

② 양벌규정

법인의 대표자나 법인 또는 개인의 대리인, 사용인, 그 밖의 종업원이 그 법인 또는 개인의 업무에 관하여 제46조의 위반행위를 하면 그 행위자를 벌하는 외에 그 법인 또는 개인에게도 해당 조문의 벌금형을 과(科)한다. 다만, 법인 또는 개인이 그 위반행위를 방지하기 위하여 해당 업무에 관하여 상당한 주의와 감독을 게을리 하지 아니한 경우에는 그러하지 아니하다.

③ 과태료

㉠ 다음 각 호의 어느 하나에 해당하는 자에게는 3천만원 이하의 과태료를 부과한다.

1. 제35조의3제1항에 따른 근거자료를 제출하지 아니하거나 거짓으로 제출한 자
2. 제35조의3제3항의 기준에 따라 통신시설을 관리하지 아니한 자
3. 제36조제3항에 따른 보완명령에 따르지 아니한 자

4. 제37조의2제2항에 따른 명령에 특별한 사유 없이 따르지 아니한 자
5. 제39조의2제2항을 위반하여 통신재난관리 전담부서 또는 전담인력을 운용하지 아니한 자
6. 제40조제2항을 위반하여 특별한 사유 없이 재난방송 등을 하지 아니한 자

ⓛ 다음 각 호의 어느 하나에 해당하는 자에게는 1천만원 이하의 과태료를 부과한다.
1. 제28조제2항에 따른 시험을 하지 아니하거나 그 결과를 기록·관리하지 아니한 자
2. 제28조제5항에 따른 조사·시험을 거부 또는 기피하거나 이에 지장을 주는 행위를 한 자
3. 제30조에 따른 관리 규정을 정하지 아니하고 방송통신설비를 관리한 자
4. 제31조제1항 및 제2항에 따른 명령을 위반한 자
5. 제36조제2항에 따른 방송통신재난관리계획을 제출하지 아니하거나 거짓으로 자료를 제출한 자
6. 제38조에 따른 방송통신재난의 보고를 하지 아니하거나 거짓으로 보고한 자
7. 제39조제4항에 따른 피해복구 진행 상황 등의 보고를 하지 아니하거나 거짓으로 보고한 자
7의2. 제39조의2제1항을 위반하여 방송통신재난관리책임자를 지정하지 아니한 자
8. 제43조제1항에 따른 보고를 하지 아니하거나 거짓으로 보고한 자
9. 제43조제1항에 따른 검사를 거부·방해 또는 기피한 자

ⓒ ㉠항과 ⓛ항에 따른 과태료는 대통령령으로 정하는 바에 따라 과학기술정보통신부장관 또는 방송통신위원회가 부과·징수한다.

4 전기통신사업

[1] 총칙

(1) 목적

이 법은 전기통신사업의 적절한 운영과 전기통신의 효율적 관리를 통하여 전기통신사

업의 건전한 발전과 이용자의 편의를 도모함으로써 공공복리의 증진에 이바지함을 목적으로 한다.

(2) 용어의 정의

1. "전기통신"이란 유선·무선·광선 또는 그 밖의 전자적 방식으로 부호·문언·음향 또는 영상을 송신하거나 수신하는 것을 말한다.
2. "전기통신설비"란 전기통신을 하기 위한 기계·기구·선로 또는 그 밖에 전기통신에 필요한 설비를 말한다.
3. "전기통신회선설비"란 전기통신설비 중 전기통신을 행하기 위한 송신·수신 장소 간의 통신로 구성 설비로서 전송설비·선로설비 및 이것과 일체로 설치되는 교환설비와 이들의 부속설비를 말한다.
4. "사업용 전기통신설비"란 전기통신사업에 제공하기 위한 전기통신설비를 말한다.
5. "자가전기통신설비"란 사업용 전기통신설비 외의 것으로서 특정인이 자신의 전기통신에 이용하기 위하여 설치한 전기통신설비를 말한다.
6. "전기통신역무"란 전기통신설비를 이용하여 타인의 통신을 매개하거나 전기통신설비를 타인의 통신용으로 제공하는 것을 말한다.
7. "전기통신사업"이란 전기통신역무를 제공하는 사업을 말한다.
8. "전기통신사업자"란 이 법에 따라 등록 또는 신고(신고가 면제된 경우를 포함)를 하고 전기통신역무를 제공하는 자를 말한다.
9. "이용자"란 전기통신역무를 제공받기 위하여 전기통신사업자와 전기통신역무의 이용에 관한 계약을 체결한 자를 말한다.
10. "보편적 역무"란 모든 이용자가 언제 어디서나 적절한 요금으로 제공받을 수 있는 기본적인 전기통신역무를 말한다.
11. "기간통신역무"란 전화·인터넷접속 등과 같이 음성·데이터·영상 등을 그 내용이나 형태의 변경 없이 송신 또는 수신하게 하는 전기통신역무 및 음성·데이터·영상 등의 송신 또는 수신이 가능하도록 전기통신회선설비를 임대하는 전기통신역무를 말한다. 다만, 과학기술정보통신부장관이 정하여 고시하는 전기통신서비스(제6호의 전기통신역무의 세부적인 개별 서비스를 말한다. 이하 같다)는 제외한다.

12. "부가통신역무"란 기간통신역무 외의 전기통신역무를 말한다.

12의2. "온라인 동영상 서비스"란 정보통신망을 통하여 영화 및 비디오물의 진흥에 관한 법률 제2조제12호에 따른 비디오물 등 동영상 콘텐츠를 제공하는 부가통신역무를 말한다.

13. "앱 마켓사업자"란 부가통신역무를 제공하는 사업 중 모바일콘텐츠 등을 등록·판매하고 이용자가 모바일콘텐츠 등을 구매할 수 있도록 거래를 중개하는 사업을 하는 자를 말한다.

14. "특수한 유형의 부가통신역무"란 다음 각 목의 어느 하나에 해당하는 업무를 말한다.
    가. 저작권법 제104조에 따른 특수한 유형의 온라인서비스제공자의 부가통신역무
    나. 문자메시지 발송시스템을 전기통신사업자의 전기통신설비에 직접 또는 간접적으로 연결하여 문자메시지를 발송하는 부가통신역무

15. "전기통신번호"란 전기통신역무를 제공하거나 이용할 수 있도록 통신망, 전기통신서비스, 지역 또는 이용자 등을 구분하여 식별할 수 있는 번호를 말한다.

16. "와이파이"란 무선 접속 장치가 설치된 곳에서 전파 등을 이용하여 일정 거리 안에서 인터넷을 사용할 수 있는 근거리 통신망을 말한다.

17. "사물인터넷"이란 지능정보화 기본법 제2조제8호에 따른 정보통신망을 통하여 사물에 관한 정보를 전자적 방식으로 수집·가공·저장·검색·송신·수신 및 활용하거나 사물을 관리 또는 제어하는 등의 방식으로 사물과 사람을 상호 연결하는 것을 말한다.

(3) 역무의 제공 의무 등

① 전기통신사업자는 정당한 사유 없이 전기통신역무의 제공을 거부하여서는 아니 된다.

② 전기통신사업자는 그 업무를 처리할 때 공평하고 신속하며 정확하게 하여야 한다.

③ 전기통신역무의 요금은 전기통신사업이 원활하게 발전할 수 있고 이용자가 편리하고 다양한 전기통신역무를 공평하고 저렴하게 제공받을 수 있도록 합리적으로 결정되어야 한다.

(4) 보편적 역무의 제공 등

① 모든 전기통신사업자는 보편적 역무를 제공하거나 그 제공에 따른 손실을 보전(補塡)할 의무가 있다.

② 과학기술정보통신부장관은 ①항에도 불구하고 다음 각 호의 어느 하나에 해당하는 전기통신사업자에 대하여는 그 의무를 면제할 수 있다.
  1. 전기통신역무의 특성상 ①항에 따른 의무 부여가 적절하지 아니하다고 인정되는 전기통신사업자로서 대통령령으로 정하는 전기통신사업자
  2. 전기통신역무의 매출액이 전체 전기통신사업자의 전기통신역무 총매출액의 100분의 1의 범위에서 대통령령으로 정하는 금액 이하인 전기통신사업자

③ 보편적 역무의 구체적 내용은 다음 각 호의 사항을 고려하여 대통령령으로 정한다.
  1. 정보통신기술의 발전 정도
  2. 전기통신역무의 보급 정도
  3. 공공의 이익과 안전
  4. 사회복지 증진
  5. 정보화 촉진

④ 과학기술정보통신부장관은 보편적 역무를 효율적이고 안정적으로 제공하기 위하여 보편적 역무의 사업규모·품질 및 요금수준과 전기통신사업자의 기술적 능력 등을 고려하여 대통령령으로 정하는 기준과 절차에 따라 보편적 역무를 제공하는 전기통신사업자를 지정할 수 있다.

⑤ 과학기술정보통신부장관은 보편적 역무의 제공에 따른 손실에 대하여 대통령령으로 정하는 방법과 절차에 따라 전기통신사업자에게 그 매출액을 기준으로 분담시킬 수 있다.

⑥ 과학기술정보통신부장관은 보편적 역무와 관련된 정보를 효율적으로 관리하고 활용할 수 있는 전자정보시스템(이하 "전자정보시스템"이라 한다)을 구축·운영할 수 있다.

⑦ 과학기술정보통신부장관은 전자정보시스템의 구축·운영 업무를 대통령령으로 정하는 기관에 위탁할 수 있다.

⑧ 전자정보시스템의 구축·운영 및 정보처리 등에 관하여 필요한 사항은 대통령령으로 정한다.

(5) 장애인 통신중계서비스

① 장애인차별금지 및 권리구제 등에 관한 법률 제21조제4항에 따라 통신설비를 이용한 중계서비스(이하 "통신중계서비스"라 한다)를 제공하여야 하는 자는 통신중계서비스를 직접 제공하거나 과학기술정보통신부장관이 지정하는 운영기관 등에 위탁하여 제공할 수 있다.

② 통신중계서비스를 제공하여야 하는 자는 통신중계서비스 제공계획을 회계연도마다 회계연도 개시 후 1개월 이내에 과학기술정보통신부장관에게 제출하여야 한다.

③ 통신중계서비스에 종사하는 사람 또는 종사하였던 사람은 직무상 알게 된 타인의 비밀을 누설하여서는 아니 된다.

④ 과학기술정보통신부장관은 다음 각 호의 어느 하나에 해당하는 자에게 재정 및 기술 등 필요한 지원을 제공할 수 있다.
 1. 통신중계서비스를 직접 제공하거나 위탁하여 제공하는 기간통신사업자
 2. 통신중계서비스를 위탁받아 제공하는 자

⑤ 제1항에 따른 운영기관의 지정에 관한 기준, 절차 및 방법 등에 관한 구체적인 사항은 과학기술정보통신부장관이 정하여 고시한다.

(6) 전기통신사업의 구분 등

① 전기통신사업은 기간통신사업 및 부가통신사업으로 구분한다.

② 기간통신사업은 전기통신회선설비를 설치하거나 이용하여 기간통신역무를 제공하는 사업으로 한다.

③ 부가통신사업은 부가통신역무를 제공하는 사업으로 한다.

[2] 기간통신사업

(1) 기간통신사업의 등록 등

① 기간통신사업을 경영하려는 자는 대통령령으로 정하는 바에 따라 다음 각 호의 사항을 갖추어 과학기술정보통신부장관에게 등록(정보통신망에 의한 등록을 포함한다)하여야 한다. 다만, 자신의 상품 또는 용역을 제공하면서 대통령령으로 정하는

바에 따라 부수적으로 기간통신역무를 이용하고 그 요금을 청구하는 자(이용요금을 상품 또는 용역의 대가에 포함시키는 경우도 같다)는 기간통신사업을 신고하여야 하며, 신고한 자가 다른 기간통신역무를 제공하고자 하는 경우에는 본문에 따라 등록하여야 한다.

1. 재정 및 기술적 능력
2. 이용자 보호계획
3. 그 밖에 사업계획서 등 대통령령으로 정하는 사항

② 과학기술정보통신부장관은 제1항에 따라 기간통신사업의 등록을 받는 경우에는 공정경쟁 촉진, 이용자 보호, 서비스 품질 개선, 정보통신자원의 효율적 활용 등에 필요한 조건을 붙일 수 있다. 이 경우 그 조건을 관보와 인터넷 홈페이지에 공고하여야 한다.

③ ①항에 따른 등록은 법인만 할 수 있다.

④ ①항 또는 ②항에 따른 등록의 요건, 절차, 그 밖에 필요한 사항은 대통령령으로 정한다.

(2) 등록의 결격사유 등

① 전기통신회선설비의 종류와 설치 영역 등이 대통령령으로 정하는 기준에 해당하는 기간통신사업을 경영하려는 자가 다음 각 호의 어느 하나에 해당하는 경우에는 제6조제1항에 따른 기간통신사업의 등록을 할 수 없다.

1. 국가 또는 지방자치단체
2. 외국정부 또는 외국법인
3. 외국정부 또는 외국인이 제8조제1항에 따른 주식소유 제한을 초과하여 주식을 소유하고 있는 법인

② ①항제1호에도 불구하고 지방자치단체가 공익 목적의 비영리사업으로서 다음 각 호의 어느 하나에 해당하는 사업을 하려는 경우에는 과학기술정보통신부장관에게 기간통신사업의 등록을 할 수 있다. 이 경우 등록 기준 및 절차는 제6조제1항을 준용하되, 같은 항 제1호에 따른 재정 능력은 해당 사업의 수행에 필요한 경비의 조달 계획으로 갈음할 수 있다.

1. 공공와이파이(국가와 지방자치단체가 공공장소 또는 그 밖에 대통령령으로 정

하는 장소에서 공개적으로 제공하는 와이파이를 말한다) 사업

2. 지방자치법 제13조에 따른 지방자치단체의 사무를 처리하기 위한 사물인터넷 사업

③ 과학기술정보통신부장관은 ②항에 따른 기간통신사업 등록을 하려는 경우에는 해당 지방자치단체에 대통령령으로 정하는 바에 따라 사업의 적합성 등에 관한 외부 전문기관의 평가를 거치도록 요청할 수 있다. 이 경우 해당 지방자치단체는 특별한 사유가 없으면 그 요청에 따라야 한다.

(3) 외국정부 또는 외국인의 주식소유 제한

① 전기통신회선설비의 종류와 설치 영역 등이 대통령령으로 정하는 기준에 해당하는 기간통신사업자(제6조제1항에 따라 등록을 하거나 같은 항 단서에 따라 신고한 자를 말한다. 이하 같다)의 주식(상법 제344조의3제1항에 따른 의결권 없는 종류 주식은 제외하고, 주식예탁증서 등 의결권을 가진 주식의 등가물 및 출자지분은 포함한다. 이하 같다)은 외국정부 또는 외국인 모두가 합하여 그 발행주식 총수의 100분의 49를 초과하여 소유하지 못한다.

② ①항에도 불구하고 대한민국이 외국과 양자 간 또는 다자 간으로 체결하여 발효된 자유무역협정 중 과학기술정보통신부장관이 정하여 고시하는 자유무역협정의 상대국 외국정부 또는 외국인(금융회사의 지배구조에 관한 법률 제2조제6호가목에 따른 특수관계인을 포함한다. 이하 같다)이 최대주주(금융회사의 지배구조에 관한 법률 제2조제6호가목에 따른 최대주주를 말한다. 이 경우 "금융회사"는 "법인"으로 본다. 이하 같다)이고, 그 최대주주가 발행주식 총수의 100분의 15 이상을 소유하고 있는 법인은 제10조제1항제4호의 경우에 따른 공익성심사를 받을 때까지 제1항에 따른 기간통신사업자가 발행한 주식의 100분의 49를 초과하여 소유할 수 있으나 초과 소유한 주식에 대하여 의결권을 행사할 수 없다.

③ 외국정부 또는 외국인이 최대주주이고, 그 최대주주가 발행주식 총수의 100분의 15 이상을 소유하고 있는 법인(이하 "외국인의제법인"이라 한다)은 외국인으로 본다.

④ 다음 각 호의 어느 하나에 해당하는 법인은 ③항의 요건을 갖춘 경우에도 외국인으로 보지 아니한다. 다만, 제10조제1항제3호 및 제86조제3항의 외국인은 예외로 한다.

1. ①항에 따른 기간통신사업자의 발행주식 총수의 100분의 1 미만을 소유한 법인

2. 제10조제1항제4호의 경우에 따른 공익성심사 결과 과학기술정보통신부장관이 공공의 이익을 해칠 위험이 없다고 판단한 법인

⑤ ④항에도 불구하고 같은 항 제2호에 해당하는 법인(경제협력개발기구에 관한 협약의 회원국의 외국정부 또는 외국인이 최대주주인 경우로 한정한다)이 다음 각 호의 어느 하나에 해당하는 기간통신사업자의 발행주식을 소유하거나 소유하게 된 경우에는 외국인으로 본다.

1. 2021년 1월 1일 현재 제10조제6항제1호부터 제3호까지의 규정 중 어느 하나에 해당하는 기간통신사업자
2. 상법 제342조의2에 따른 자회사로서 제1호의 기간통신사업자의 권리·의무를 승계한 기간통신사업자
3. 그 밖에 기간통신사업의 양수 및 법인의 합병 등을 통하여 제1호 또는 제2호의 기간통신사업자의 권리·의무를 승계한 자로서 과학기술정보통신부장관이 정하여 고시하는 기간통신사업자

(4) 임원의 결격사유

① 다음 각 호의 어느 하나에 해당하는 사람은 제8조제1항에 따른 기간통신사업자의 임원이 될 수 없다.

1. 미성년자·피성년후견인
2. 파산선고를 받고 복권되지 아니한 사람
3. 이 법, 전기통신기본법, 전파법 또는 정보통신망 이용촉진 및 정보보호 등에 관한 법률(직접 전기통신사업과 관련되지 아니한 사항은 제외한다. 이하 "이 법 등"이라 한다)을 위반하여 금고 이상의 실형을 선고받고 그 집행이 끝나거나(집행이 끝난 것으로 보는 경우를 포함) 집행이 면제된 날부터 3년이 지나지 아니한 사람
4. 이 법 등을 위반하여 금고 이상의 형의 집행유예를 선고받고 그 유예기간 중에 있는 사람
5. 이 법 등을 위반하여 벌금형을 선고받고 1년이 지나지 아니한 사람
6. 제20조제1항에 따른 등록의 전부 또는 일부의 취소처분, 제27조제1항에 따른 사업의 전부 또는 일부의 폐업명령을 받은 후 3년이 지나지 아니한 자. 이 경우 취소처분이나 폐업명령을 받은 자가 법인이면 등록취소 또는 사업폐업명령의 원인이 된 행위를 한 자와 그 대표자를 말한다.

② 임원이 ①항 각 호의 어느 하나에 해당하게 되거나 선임 당시 그에 해당하는 사람임이 밝혀진 경우에는 당연히 퇴직한다.

③ ②항에 따라 퇴직한 임원이 퇴직 전에 관여한 행위는 그 효력을 잃지 아니한다.

(5) 기간통신사업자의 주식 취득 등에 관한 공익성심사

① 다음 각 호의 어느 하나에 해당하는 경우가 국가안전보장, 공공의 안녕, 질서의 유지 등 대통령령으로 정하는 공공의 이익을 해치는지의 여부를 심사(이하 "공익성심사"라 한다)하기 위하여 과학기술정보통신부에 공익성심사위원회(이하 "위원회"라 한다)를 둔다.

1. 본인이 금융회사의 지배구조에 관한 법률 제2조제6호가목에 따른 특수관계인(이하 "특수관계인"이라 한다)과 합하여 기간통신사업자의 발행주식 총수의 100분의 15 이상을 소유하게 되는 경우
2. 기간통신사업자의 최대주주가 변경되는 경우
3. 기간통신사업자 또는 기간통신사업자의 주주가 외국정부 또는 외국인과 해당 기간통신사업자의 임원의 임면, 영업의 양도·양수 등 대통령령으로 정하는 중요 경영 사항에 대한 협정을 체결하는 경우
4. 대한민국이 외국과 양자 간 또는 다자 간으로 체결하여 발효된 자유무역협정 중 과학기술정보통신부장관이 정하여 고시하는 자유무역협정의 상대국 또는 경제협력개발기구에 관한 협약의 회원국의 외국인의제법인이 제8조제1항에 따른 기간통신사업자의 발행주식 총수의 100분의 49를 초과하여 소유하게 되는 경우
5. 그 밖에 기간통신사업자의 경영권을 사실상 가지고 있는 자가 변경되는 경우로서 대통령령으로 정하는 경우

② 기간통신사업자 또는 기간통신사업자의 주주는 제1항 각 호의 어느 하나에 해당하게 되면 그 사실이 발생한 날부터 30일 이내에 과학기술정보통신부장관에게 신고하여야 한다.

③ 기간통신사업자(기간통신사업의 등록을 하려는 자를 포함. 이하 이 조에서 같다) 또는 기간통신사업자의 주주는 ①항 각 호의 어느 하나에 해당하게 될 경우에는 해당 사실이 발생하기 전에 과학기술정보통신부장관에게 공익성심사를 요청할 수 있다.

④ 과학기술정보통신부장관은 ②항에 따른 신고 및 ③항에 따른 심사 요청을 받으면 이를 위원회에 회부하여야 한다.

⑤ 과학기술정보통신부장관은 공익성심사의 결과에 따라 ①항 각 호의 경우가 공공의 이익을 해칠 위험이 있다고 판단되면 협정 내용의 변경 및 그 실행의 중지, 의결권 행사의 정지 또는 해당 주식의 매각을 명할 수 있다.

⑥ ②항 또는 ③항에 따라 신고를 하여야 하거나 공익성심사를 요청할 수 있는 기간통신사업자의 범위는 다음 각 호와 같다.
  1. 제92조제2항제3호에 따른 중요 통신을 운영·관리하고 있는 기간통신사업자
  2. 전파법 제20조의2제3항에 따른 <u>무선국 중 위성방송업무 외의 우주무선통신업무를 하는 무선국이 개설된 인공위성을 소유하고 있는 기간통신사업자</u>
  3. 과학기술정보통신부장관이 제35조제2항제1호·제3호, 제39조제3항, 제41조제3항 및 제42조제3항에 해당하는 기간통신사업자로 지정·고시한 기간통신사업자
  4. 전파법에 따라 할당받은 주파수를 사용하여 전기통신역무를 제공하는 제8조제1항에 따른 기간통신사업자. 다만, 전년도 전기통신역무 매출액이 시장상황, 시장점유율 등을 고려하여 대통령령으로 정하는 금액 미만인 기간통신사업자는 제외한다.
  5. 전년도 전기통신역무 매출액이 300억원 이상인 기간통신사업자 중 그 매출액이 과학기술정보통신부장관이 시장상황, 시장점유율 등을 고려하여 고시하는 금액을 초과하는 제8조제1항에 따른 기간통신사업자
  6. 대한민국이 외국과 양자 간 또는 다자 간으로 체결하여 발효된 자유무역협정 중 과학기술정보통신부장관이 정하여 고시하는 자유무역협정의 상대국 또는 <u>경제협력개발기구에 관한 협약의 회원국의 외국인의제법인</u>이 제8조제1항에 따른 기간통신사업자의 발행주식 총수의 100분의 49를 초과하여 소유하게 되는 경우 해당 기간통신사업자

⑦ ②항 또는 ③항에 따른 신고 및 공익성심사의 절차, 그밖에 필요한 사항은 대통령령으로 정한다.

(6) 위원회의 구성 및 운영 등

① 위원회는 위원장 1명을 포함한 5명 이상 15명 이하의 위원으로 구성한다.

② 위원회의 위원장은 과학기술정보통신부차관 중 과학기술정보통신부장관이 지명하는 자가 되고, 위원은 대통령령으로 정하는 관계 중앙행정기관의 3급 공무원 또는 고위공무원단에 속하는 일반직공무원과 다음 각 호의 사람 중에서 위원장이 위촉하는 사람이 된다.

1. 정보통신에 관한 학식과 경험이 풍부한 사람
2. 국가의 안전보장이나 공공의 안녕, 질서 유지와 관련하여 정부가 출연한 연구기관에서 추천한 사람
3. 비영리민간단체 지원법 제2조에 따른 비영리민간단체에서 추천한 사람
4. 그밖에 위원장이 필요하다고 인정하는 사람

③ 위원회는 공익성심사를 위하여 필요한 조사를 하거나 자료의 제공을 당사자 또는 참고인에게 요청할 수 있다. 이 경우 해당 당사자 또는 참고인은 정당한 사유가 없으면 이에 따라야 한다.

④ 위원회는 필요하다고 인정하면 당사자나 참고인을 위원회에 출석하게 하여 그 의견을 들을 수 있다. 이 경우 해당 당사자 또는 참고인은 정당한 사유가 없으면 위원회에 출석하여야 한다.

⑤ 위원회의 조직·운영 등에 필요한 사항은 대통령령으로 정한다.

(7) 이행강제금

① 과학기술정보통신부장관은 제10조제5항, 제12조제2항 또는 제18조제8항에 따른 명령(이하 이 조에서 "시정명령"이라 한다)을 받은 후 시정명령에서 정한 기간에 이를 이행하지 아니하는 자에 대하여 이행강제금을 부과할 수 있다. 이 경우 하루당 부과할 수 있는 이행강제금은 그 소유한 주식 매입가액의 1천분의 3 이내로 하되, 주식 소유와 관련되지 아니한 사항인 경우에는 1억원 이내의 금액으로 한다.

② 제1항에 따른 이행강제금의 부과대상 기간은 시정명령에서 정한 이행기간의 종료일 다음 날부터 시정명령을 이행하는 날까지로 한다. 이 경우 이행강제금의 부과는 특별한 사유가 있는 경우를 제외하고는 시정명령에서 정한 이행기간의 종료일 다음 날부터 30일 이내에 하여야 한다.

③ 이행강제금의 가산금에 관하여는 제53조제5항 및 제7항을 준용한다.

④ 이행강제금의 부과·납부·환급 등에 필요한 사항은 대통령령으로 정한다.

(8) 사업의 양수 및 법인의 합병 등

① 다음 각 호의 어느 하나에 해당하는 자는 대통령령으로 정하는 바에 따라 과학기술정보통신부장관의 인가를 받아야 한다. 다만, 제1호의 기간통신사업의 전년도 매출액이 대통령령으로 정하는 금액 미만인 경우, 제2호부터 제6호까지의 기간통신사업자의 전년도 전기통신역무 매출액이 대통령령으로 정하는 금액 미만인 경우 또는 제3호에도 불구하고 대통령령으로 정하는 주요한 전기통신회선설비를 제외한 전기통신회선설비를 매각하는 경우에는 대통령령으로 정하는 바에 따라 과학기술정보통신부장관에게 신고하는 것으로 한다.

1. 기간통신사업의 전부 또는 일부를 양수하려는 자
2. 기간통신사업자인 법인을 합병, 분할(분할로 기간통신사업이 이전되는 경우로 한정한다. 이하 이 조 및 제96조제3호에서 같다) 또는 분할합병(분할된 기간통신사업자인 법인을 합병하는 경우로 한정한다. 이하 이 조 및 제96조제3호에서 같다)하려는 자
3. 등록한 기간통신역무의 제공에 필요한 전기통신회선설비를 매각하려는 기간통신사업자
4. 특수관계인과 합하여 기간통신사업자의 발행주식 총수의 100분의 15 이상을 소유하려는 자 또는 기간통신사업자의 최대주주가 되려는 자
5. 기간통신사업자의 경영권을 실질적으로 지배하려는 목적으로 주식을 취득하려는 경우 또는 협정을 체결하려는 경우로서 대통령령으로 정하는 경우에 해당하는 자
6. 등록하여 제공하던 기간통신역무의 일부를 제공하기 위하여 법인을 설립하려는 기간통신사업자

② 과학기술정보통신부장관은 ①항에 따른 인가를 하려면 다음 각 호의 사항을 종합적으로 심사하여야 한다. 다만, 기간통신사업의 양수 및 기간통신사업자인 법인의 합병 등이 기간통신사업의 경쟁에 미치는 영향이 경미한 경우에는 심사의 일부를 생략할 수 있다.

1. 재정 및 기술적 능력과 사업 운용 능력의 적정성
2. 주파수 및 전기통신번호 등 정보통신자원 관리의 적정성

3. 기간통신사업의 경쟁에 미치는 영향

4. 이용자 보호

5. 전기통신설비 및 통신망의 활용, 연구 개발의 효율성, 통신산업의 국제 경쟁력 등 공익에 미치는 영향

③ ②항에 따른 심사 사항별 세부 심사기준 및 심사절차 등에 관하여 필요한 사항은 과학기술정보통신부장관이 정하여 고시한다.

④ 다음 각 호의 어느 하나에 해당하는 자는 해당 기간통신사업의 등록과 관련된 지위를 승계한다.

1. 제1항제1호에 따라 인가를 받거나 신고하여 기간통신사업을 양수한 법인
2. 제1항제2호에 따라 인가를 받거나 신고하여 합병, 분할 또는 분할합병한 경우 다음 각 목의 법인
   가. 합병 후 존속하는 법인이나 합병으로 설립된 법인
   나. 분할로 설립된 법인
   다. 분할합병 후 존속하는 법인이나 분할합병으로 설립된 법인
3. ①항제6호에 따라 인가를 받거나 신고하여 기간통신역무의 일부를 제공하기 위하여 설립된 법인

⑤ 과학기술정보통신부장관은 ①항에 따라 인가를 하는 경우에는 제6조제2항에 따른 조건을 붙일 수 있다.

⑥ 과학기술정보통신부장관은 ①항에 따른 인가를 하려면 공정거래위원회와의 협의를 거쳐야 한다.

⑦ ①항에 따른 인가의 결격사유에 관하여는 제7조를 준용한다.

⑧ 과학기술정보통신부장관은 ①제4호 또는 제5호에 해당하는 자가 ①항의 인가를 받지 아니한 때에는 의결권 행사의 정지나 해당 주식의 매각을 명할 수 있고, ⑤항에 따라 부여된 조건을 이행하지 아니한 때에는 기간을 정하여 조건의 이행을 명할 수 있다.

⑨ ①항에 따라 인가를 받으려는 자는 인가를 받기 전에 다음 각 호의 행위를 하여서는 아니 된다.

1. 통신망 통합

2. 임원의 임명행위

3. 영업의 양수, 법인의 합병·분할·분할합병이나 설비 매각 협정의 이행행위

4. 회사 설립에 관한 후속조치

⑩ ①항 각 호의 어느 하나에 해당하는 자가 공익성심사의 대상인 경우에는 ①항에 따른 인가를 신청할 때 공익성심사 요청 서류를 함께 제출할 수 있다.

⑪ ②항 단서에 따른 기간통신사업의 경쟁에 미치는 영향이 경미한 경우 및 심사 생략의 절차에 필요한 사항은 대통령령으로 정한다.

(9) 사업의 휴업·폐업

① 기간통신사업자는 그가 경영하고 있는 기간통신사업의 전부 또는 일부를 휴업하거나 폐업하려면 대통령령으로 정하는 바에 따라 그 휴업 또는 폐업 예정일 60일 전까지 이용자에게 알리고, 그 휴업 또는 폐업에 대한 과학기술정보통신부장관의 승인을 받아야 한다. 다만, 전년도 전기통신역무 매출액이 대통령령으로 정하는 금액 미만인 기간통신사업자의 경우 대통령령으로 정하는 바에 따라 과학기술정보통신부장관에게 신고(정보통신망에 의한 신고를 포함)하여야 한다.

② 과학기술정보통신부장관은 기간통신사업의 휴업·폐업으로 인하여 별도의 이용자 보호가 필요하다고 판단하면 해당 기간통신사업자에게 가입 전환의 대행 및 비용 부담, 가입 해지 등 이용자 보호에 필요한 조치를 명할 수 있다.

③ 과학기술정보통신부장관은 ①항에 따른 승인 신청을 받은 경우 다음 각 호의 어느 하나에 해당하는 경우를 제외하고는 그 승인을 하여야 한다.

1. 휴업·폐업하려는 사업의 내용 및 사업구역의 도면 등 대통령령으로 정하는 구비서류에 흠이 있는 경우

2. 이용자에 대한 휴업·폐업 계획의 통보가 적정하지 못하다고 인정되는 경우

3. 이용자 보호조치계획 및 그 시행이 미흡하여 휴업·폐업에 따라 현저한 이용자 피해 발생이 예상되는 경우

4. 전시·교전 또는 이에 준하는 국가비상상황에 대응하거나 중대한 재난을 방지 또는 수습하기 위하여 해당 기간통신사업의 유지가 긴급하게 필요하다고 인정되는 경우

(10) 등록의 취소 등

① 과학기술정보통신부장관은 기간통신사업자가 다음 각 호의 어느 하나에 해당하면 그 등록의 전부 또는 일부를 취소하거나 1년 이내의 기간을 정하여 사업의 전부 또는 일부의 정지를 명할 수 있다. 다만, 제1호에 해당하는 경우에는 그 등록의 전부 또는 일부를 취소하여야 한다.
1. 속임수나 그 밖의 부정한 방법으로 등록을 한 경우
2. 제6조제2항과 제18조제5항에 따른 조건을 이행하지 아니한 경우
3. 제12조제2항에 따른 명령을 이행하지 아니한 경우
4. 제15조제1항에 따른 기간(같은 조 제2항에 따른 기간의 연장을 받은 경우에는 연장된 기간을 말한다)에 사업을 시작하지 아니한 경우
4의2. 제19조제1항에 따른 승인을 받지 아니하고 대통령령으로 정하는 기간 이상 계속하여 기간통신역무를 제공하지 아니한 경우
5. 제28조제1항에 따라 신고한 이용약관을 지키지 아니한 경우
6. 제92조제1항에 따른 시정명령을 정당한 사유 없이 이행하지 아니한 경우

② ①항에 따른 처분의 기준, 절차, 그 밖에 필요한 사항은 대통령령으로 정한다.

③ ①항에 따라 등록의 전부 또는 일부를 취소하거나 사업의 전부 또는 일부의 정지를 명하는 경우 제19조제2항에 따른 이용자 보호에 필요한 조치를 명할 수 있다.

[3] 부가통신사업

(1) 부가통신사업의 신고 등

① 부가통신사업을 경영하려는 자는 대통령령으로 정하는 요건 및 절차에 따라 과학기술정보통신부장관에게 신고(정보통신망에 의한 신고를 포함)하여야 한다.

② ①항에도 불구하고 특수한 유형의 부가통신사업을 경영하려는 자는 다음 각 호의 사항을 갖추어 과학기술정보통신부장관에게 등록(정보통신망에 의한 등록을 포함)하여야 한다.
1. 제22조의3제1항 및 저작권법 제104조의 이행을 위한 기술적 조치 실시 계획 (제2조제14호가목에 해당하는 자에 한정)
1의2. 송신인의 전화번호가 변작 등 거짓으로 표시되는 것을 방지하기 위한 기술

적 조치 실시 계획(제2조제14호나목에 해당하는 자에 한정)
2. 업무수행에 필요한 인력 및 물적 시설
3. 재무건전성
4. 그밖에 사업계획서 등 대통령령으로 정하는 사항

③ 과학기술정보통신부장관은 ②항에 따라 부가통신사업의 등록을 받는 경우에는 같은 항 제1호 또는 제1호의2에 따른 계획을 이행하기 위하여 필요한 조건을 붙일 수 있다.

④ ①항에도 불구하고 다음 각 호의 어느 하나에 해당하는 자는 부가통신사업을 신고한 것으로 본다.
1. 자본금 등이 대통령령으로 정하는 기준에 해당하는 소규모 부가통신사업을 경영하려는 자
2. 부가통신사업을 경영하려는 기간통신사업자

⑤ ①항에 따라 부가통신사업을 신고한 자 및 ②항에 따라 부가통신사업을 등록한 자는 신고 또는 등록한 날부터 1년 이내에 사업을 시작하여야 한다.

⑥ ①항에 따른 신고 및 ②항에 따른 등록의 요건, 절차, 그 밖에 필요한 사항은 대통령령으로 정한다.

(2) 등록 결격사유

제27조제1항에 따라 등록이 취소된 날부터 3년이 지나지 아니한 개인 또는 법인이나 그 취소 당시 그 법인의 대주주(대통령령으로 정하는 출자자를 말한다)이었던 자는 제22조제2항에 따른 등록을 할 수 없다.

(3) 특수유형부가통신사업자의 기술적 조치 등

① 제22조제2항에 따라 특수한 유형의 부가통신사업을 등록한 자(이하 "특수유형부가통신사업자"라 한다) 중 제2조제14호가목에 해당하는 자는 다음 각 호의 기술적 조치를 하여야 한다.
1. 정보통신망 이용촉진 및 정보보호 등에 관한 법률 제42조, 제42조의2 및 제45조의 이행을 위한 기술적 조치
2. 정보통신망 이용촉진 및 정보보호 등에 관한 법률 제44조의7제1항제1호에 따른 불법정보의 유통 방지를 위하여 대통령령으로 정하는 기술적 조치

② 누구든지 정당한 권한 없이 고의 또는 과실로 ①항에 따른 기술적 조치를 제거·변경하거나 우회하는 등의 방법으로 무력화하여서는 아니 된다. 다만, 다음 각 호의 어느 하나에 해당하는 경우에는 그러하지 아니하다.
  1. 중앙행정기관 또는 지방자치단체가 법령에 따른 정당한 업무집행을 위하여 필요한 경우
  2. 수사기관, 정보통신망 이용촉진 및 정보보호 등에 관한 법률에 따른 정보보호 최고책임자 및 한국인터넷진흥원 등이 해킹 등 정보통신망 침해사고 발생에 대응하기 위하여 필요한 경우

③ 특수유형부가통신사업자(제2조제14호가목에 해당하는 자에 한정)는 ①항에 따른 기술적 조치의 운영·관리 실태를 시스템에 자동으로 기록되도록 하고, 이를 대통령령으로 정하는 기간 동안 보관하여야 한다.

④ 과학기술정보통신부장관 또는 방송통신위원회는 각각 소관 업무에 따라 소속 공무원으로 하여금 ①항에 따른 기술적 조치의 운영·관리 실태를 점검하게 하거나, 특수유형부가통신사업자에게 ③항에 따른 기록 등 필요한 자료의 제출을 명할 수 있다. 이 경우 점검 절차와 방법은 제51조를 준용한다.

⑤ 누구든지 정당한 권한 없이 ③항의 기록을 훼손하거나 위조 또는 변조하여서는 아니 된다.

⑥ 특수유형부가통신사업자(제2조제14호가목에 해당하는 자에 한정)는 ①항에 따른 기술적 조치 또는 제22조의5제2항에 따른 기술적·관리적 조치를 제3자에게 위탁하는 경우에는 그 수탁자의 주식 또는 지분을 소유할 수 없다.

(4) 요금신고가 필요한 부가통신서비스

① 전기통신사업자가 제2조제14호나목의 부가통신서비스를 제공하는 경우에는 과학기술정보통신부장관에게 해당 서비스의 요금을 신고(변경신고를 포함한다. 이하 이 조에서 같다)하여야 한다. 다만, 해당 부가통신서비스 매출액이 시장상황, 시장점유율 등을 고려하여 과학기술정보통신부장관이 정하여 고시하는 금액 미만인 전기통신사업자는 제외한다.

② 전기통신사업자는 ①항에 따라 신고한 내용을 공개하여야 한다.

③ ①항에 따른 신고 및 ②항에 따른 공개의 절차와 방법은 대통령령으로 정한다.

(5) 부가통신사업자의 불법촬영물 등 유통방지

① 제22조제1항에 따라 부가통신사업을 신고한 자(제22조제4항 각 호의 어느 하나에 해당하는 자를 포함) 및 특수유형부가통신사업자 중 제2조제14호가목에 해당하는 자(이하 "조치의무사업자"라 한다)는 자신이 운영·관리하는 정보통신망을 통하여 일반에게 공개되어 유통되는 정보 중 다음 각 호의 정보(이하 "불법촬영물 등"이라 한다)가 유통되는 사정을 신고, 삭제요청 또는 대통령령으로 정하는 기관·단체의 요청 등을 통하여 인식한 경우에는 지체 없이 해당 정보의 삭제·접속차단 등 유통방지에 필요한 조치를 취하여야 한다.

1. 성폭력범죄의 처벌 등에 관한 특례법 제14조에 따른 촬영물 또는 복제물(복제물의 복제물을 포함)
2. 성폭력범죄의 처벌 등에 관한 특례법 제14조의2에 따른 편집물·합성물·가공물 또는 복제물(복제물의 복제물을 포함)
3. 아동·청소년의 성보호에 관한 법률 제2조제5호에 따른 아동·청소년성착취물

② 전기통신역무의 종류, 사업규모 등을 고려하여 대통령령으로 정하는 조치의무사업자는 불법촬영물 등의 유통을 방지하기 위하여 대통령령으로 정하는 기술적·관리적 조치를 하여야 한다.

③ 누구든지 정당한 권한 없이 고의 또는 과실로 ②항에 따른 기술적 조치를 제거·변경하거나 우회하는 등의 방법으로 무력화하여서는 아니 된다. 다만, 다음 각 호의 어느 하나에 해당하는 경우에는 그러하지 아니하다.

1. 중앙행정기관 또는 지방자치단체가 법령에 따른 정당한 업무집행을 위하여 필요한 경우
2. 수사기관, 정보통신망 이용촉진 및 정보보호 등에 관한 법률 제45조의3에 따른 정보보호 최고책임자 및 같은 법 제52조에 따른 한국인터넷진흥원 등이 해킹 등 정보통신망 침해사고 발생에 대응하기 위하여 필요한 경우

④ ②항에 따라 기술적·관리적 조치를 하여야 하는 조치의무사업자는 ②항에 따른 기술적 조치의 운영·관리 실태를 시스템에 자동으로 기록되도록 하고, 이를 대통령령으로 정하는 기간 동안 보관하여야 한다.

⑤ 방송통신위원회는 소속 공무원으로 하여금 ①항 또는 ②항에 따른 조치의 운영·관리 실태를 점검하게 하거나, 조치의무사업자에게 필요한 자료의 제출을 명할 수 있다. 이 경우 점검 절차와 방법은 제51조를 준용한다.

⑥ 누구든지 정당한 권한 없이 ④항의 기록을 훼손하거나 위조 또는 변조하여서는 아니 된다.

(6) 유통방지 조치 등 미이행에 대한 과징금의 부과

① 방송통신위원회는 제22조의5제1항에 따른 불법촬영물 등의 삭제·접속차단 등 유통방지에 필요한 조치를 의도적으로 취하지 아니한 자에게 대통령령으로 정하는 매출액의 100분의 3 이하에 해당하는 금액을 과징금으로 부과할 수 있다.

② 방송통신위원회는 조치의무사업자가 매출액 산정 자료의 제출을 거부하거나 거짓 자료를 제출하면 해당 조치의무사업자 및 동종 유사 역무제공사업자의 재무제표 등 회계 자료와 가입자 수 및 이용요금 등 영업 현황 자료에 근거하여 매출액을 추정할 수 있다. 다만, 매출액이 없거나 매출액을 산정하기 곤란한 경우로서 대통령령으로 정하는 경우에는 10억원 이하의 과징금을 부과할 수 있다.

③ ①항 및 ②항에 따른 과징금의 구체적인 부과기준은 대통령령으로 정한다.

④ ①항 및 ②항에 따른 과징금의 가산금, 독촉·징수 및 환급가산금에 관하여는 제53조제5항부터 제9항까지의 규정을 준용한다.

⑤ 방송통신위원회가 ①항 및 ②항에 따라 과징금을 부과한 경우에는 방송통신위원회의 설치 및 운영에 관한 법률 제18조에 따른 방송통신심의위원회에 그 사실을 통보한다.

(7) 부가통신사업자의 서비스 안정성 확보 등

① 이용자 수, 트래픽 양 등이 대통령령으로 정하는 기준에 해당하는 부가통신사업자(제22조제1항에 따라 부가통신사업을 신고한 자, 같은 조 제2항에 따라 부가통신사업을 등록한 자 또는 같은 조 제4항에 따라 부가통신사업을 신고한 것으로 보는 자를 말한다. 이하 같다)는 이용자에게 편리하고 안정적인 전기통신서비스를 제공하기 위하여 서비스 안정수단의 확보, 이용자 요구사항 처리 등 대통령령으로 정하는 필요한 조치를 취하여야 한다.

② 과학기술정보통신부장관은 부가통신사업자가 ①항에 따른 기준에 해당하는지 여부를 확인하기 위하여 부가통신사업자 또는 관련 전기통신사업자에게 이용자 수, 트래픽 양 등의 현황을 요청할 수 있다.

③ ①항에 따른 부가통신사업자는 ①항에 따른 조치의 이행 현황 및 계획에 관한 자료를 작성하여 과학기술정보통신부장관에게 매년 1월 말까지 제출하여야 한다.

④ 과학기술정보통신부장관은 전기통신서비스 전송 속도가 저하되는 등 전기통신서비스 제공에 장애가 발생하거나 전기통신서비스 제공이 중단되어 ①항에 따른 부가통신사업자가 제공하는 전기통신서비스의 안정성 확보에 저해가 되었다고 판단되는 경우 ①항에 따른 조치의 이행 현황을 확인하기 위하여 ①항에 따른 부가통신사업자에게 관련 자료의 제출을 요청할 수 있다. 이 경우 요청을 받은 부가통신사업자는 정당한 사유가 없으면 그 요청에 따라야 한다.

⑤ ③항 및 ④항에 따라 제출받은 자료의 보호 및 폐기에 관하여는 정보통신망 이용촉진 및 정보보호 등에 관한 법률 제64조의2를 준용한다.

(8) 국내대리인의 지정

① 국내에 주소 또는 영업소가 없는 부가통신사업자로서 제22조의7에서 정한 기준에 해당하는 자는 다음 각 호의 사항을 대리하는 자(이하 "국내대리인"이라 한다)를 서면으로 지정하여야 한다.
  1. 제22조의7제1항에 따른 이용자 요구사항 처리를 위한 국내 연락 수단의 확보
  2. 제22조의7제3항 및 제4항에 따른 자료 제출
  3. 제32조제1항에 따른 이용자 보호 업무
  4. 제32조제2항 후단에 따른 자료제출명령의 이행

② 국내대리인은 국내에 주소 또는 영업소가 있는 자로 한다. 이 경우 ①항에 따라 국내대리인을 지정하여야 하는 부가통신사업자는 다음 각 호의 어느 하나에 해당하는 법인이 존재하는 경우에는 해당 법인 중에서 선택한 자를 국내대리인으로 지정하여야 한다.
  1. ①항에 따라 국내대리인을 지정하여야 하는 부가통신사업자가 설립한 국내법인
  2. ①항에 따라 국내대리인을 지정하여야 하는 부가통신사업자가 임원 구성, 사업 운영 등에 대하여 지배적인 영향력을 행사하는 국내법인

③ 국내대리인이 ①항 각 호와 관련하여 이 법을 위반한 경우에는 해당 국내대리인을 지정한 부가통신사업자가 그 행위를 한 것으로 본다.

④ <u>국내대리인은 ①항에 따른 부가통신사업자와 유효한 연락수단을 확보하여야 한다.</u>

(9) 앱 마켓사업자의 의무 및 실태조사

① 앱 마켓사업자는 모바일콘텐츠 등의 결제 및 환불에 관한 사항을 이용약관에 명시하는 등 대통령령으로 정하는 바에 따라 이용자의 피해를 예방하고 이용자의 권익을 보호하여야 한다.

② 과학기술정보통신부장관 또는 방송통신위원회는 모바일콘텐츠 등의 거래를 중개하는 공간(이하 "앱 마켓"이라 한다)에 모바일콘텐츠 등을 등록·판매하기 위하여 제공하는 자(이하 "모바일콘텐츠 등 제공사업자"라 한다)의 보호 등을 위하여 필요한 경우 대통령령으로 정하는 바에 따라 앱 마켓사업자의 앱 마켓 운영에 관한 실태조사를 실시할 수 있다.

(10) <u>한국수어·폐쇄자막·화면해설 등의 제공</u>

① <u>온라인 동영상 서비스를 제공하는 부가통신사업자가 해당 서비스의 제공을 위하여 영상 콘텐츠를 자체 제작하는 경우 장애인의 원활한 이용을 돕기 위하여 한국수어·폐쇄자막·화면해설 등을 제공할 수 있도록 노력하여야 한다.</u>

② <u>정부는 예산의 범위에서 온라인 동영상 서비스를 제공하는 부가통신사업자가 ①항의 한국수어·폐쇄자막·화면해설 등을 제공하는 데 필요한 경비를 지원할 수 있다.</u>

(11) 등록 또는 신고 사항의 변경

제22조제1항에 따라 부가통신사업을 신고한 자 또는 같은 조 제2항에 따라 부가통신사업을 등록한 자는 그 등록 또는 신고한 사항 중 대통령령으로 정하는 사항을 변경하려면 대통령령으로 정하는 바에 따라 과학기술정보통신부장관에게 변경등록 또는 변경신고(정보통신망에 의한 변경등록 또는 변경신고를 포함)를 하여야 한다.

(12) 사업의 양도·양수 등

부가통신사업의 전부 또는 일부의 양도·양수가 있거나 부가통신사업자인 법인의 합병·상속이 있으면 다음 각 호의 자는 대통령령으로 정하는 요건과 절차에 따라 과학기술정보통신부장관에게 신고(정보통신망에 의한 신고를 포함)하여야 한다. 다만, 부가통신사업의 전부 또는 일부의 양도·양수 또는 부가통신사업자인 법인의 합병·상속으로 제22조제4항에 따라 부가통신사업을 신고한 것으로 보는 자에 해당하게 된 경우는 제외한다.

    1. 해당 사업을 양수한 자
    2. 합병 후 존속하는 법인이나 합병으로 설립된 법인
    3. 해당 사업의 상속인

(13) 사업의 승계

제24조에 따라 부가통신사업의 양도·양수가 있거나 부가통신사업자인 법인의 합병 또는 부가통신사업자의 상속이 있으면 다음 각 호의 자는 종전의 부가통신사업자의 지위를 승계한다.

    1. 사업을 양수한 자
    2. 합병 후 존속하는 법인이나 합병으로 설립된 법인
    3. 해당 사업의 상속인

(14) 사업의 휴업·폐업 등

① 부가통신사업자가 그 사업의 전부 또는 일부를 휴업하거나 폐업하려면 대통령령으로 정하는 바에 따라 그 휴업 또는 폐업 예정일 30일 전까지 그 내용을 해당 전기통신서비스의 이용자에게 알리고 과학기술정보통신부장관에게 신고(정보통신망에 의한 신고를 포함)하여야 한다. 이 경우 1년 이상 계속하여 사업을 휴업하여서는 아니 된다.

② 부가통신사업자인 법인이 합병 외의 사유로 해산한 경우에는 그 청산인(해산이 파산에 의한 경우에는 파산관재인을 말한다)은 지체 없이 과학기술정보통신부장관에게 신고(정보통신망에 의한 신고를 포함)하여야 한다.

(15) 사업의 등록취소 및 폐업명령 등

① 과학기술정보통신부장관은 부가통신사업자가 다음 각 호의 어느 하나에 해당하면 사업의 전부 또는 일부의 폐업(특수유형부가통신사업자는 등록의 전부 또는 일부의 취소를 말한다)을 명하거나 1년 이내의 기간을 정하여 사업의 전부 또는 일부의 정지를 명할 수 있다. 다만, 제1호에 해당하는 경우에는 사업의 전부 또는 일부의 폐업을 명하여야 한다.

1. 속임수나 그 밖의 부정한 방법으로 신고 또는 등록을 한 경우
2. 제22조제3항에 따른 조건을 이행하지 아니한 경우
3. 제22조제5항을 위반하여 신고 또는 등록한 날부터 1년 이내에 사업을 시작하지 아니하거나 제26조제1항 후단을 위반하여 1년 이상 계속하여 사업을 휴업한 경우

3의2. 제22조의3제1항에 따른 기술적 조치를 하지 아니하여 방송통신위원회가 요청한 경우

3의3. 제22조의3제6항을 위반하여 주식 또는 지분을 소유하여 방송통신위원회가 요청한 경우

3의4. 제22조의5제1항에 따라 불법촬영물 등의 삭제·접속차단 등 유통방지에 필요한 조치를 하지 아니하여 방송통신위원회가 요청한 경우

3의5. 제22조의5제2항에 따른 기술적·관리적 조치를 하지 아니하여 방송통신위원회가 요청한 경우

4. 제92조제1항에 따른 시정명령을 정당한 사유 없이 이행하지 아니한 경우
5. 정보통신망 이용촉진 및 정보보호 등에 관한 법률 제64조제4항에 따른 시정조치의 명령을 정당한 사유 없이 이행하지 아니한 경우
6. 저작권법 제142조제1항 및 제2항제3호에 따라 3회 이상 과태료 처분을 받은 자가 다시 과태료 처분대상이 된 경우로서 같은 법 제112조에 따른 한국저작권위원회의 심의를 거쳐 문화체육관광부장관이 요청한 경우

② 제1항에 따른 처분의 기준, 절차 및 그밖에 필요한 사항은 대통령령으로 정한다.

[4] 전기통신업무

(1) 이용약관의 신고 등

① 전년도 전기통신역무 매출액이 대통령령으로 정하는 금액 이상인 기간통신사업자는 그가 제공하려는 전기통신서비스에 관하여 그 서비스별로 요금 및 이용조건(이하 "이용약관"이라 한다)을 정하여 과학기술정보통신부장관에게 신고(변경신고를 포함한다. 이하 이 조에서 같다)하여야 한다.

② 과학기술정보통신부장관은 ①항에 따른 신고를 접수한 날의 다음 날까지 신고확인증을 발급하여야 한다. 다만, 다음 각 호의 어느 하나에 해당하는 경우에는 각 호에서 정한 날의 다음 날까지 신고확인증을 발급하여야 한다.

1. ③항에 따라 보완을 요구한 경우 : 보완이 완료된 날
2. 신고가 접수된 이용약관이 제34조제4항에 따라 지정·고시된 기간통신사업자의 해당 전기통신서비스에 관한 이용약관인 경우 : 신고를 반려하지 아니하기로 결정한 날

③ 과학기술정보통신부장관은 대통령령으로 정하는 이용약관의 포함사항 및 ⑤항에 따라 제출한 자료의 누락 등으로 ①항에 따른 신고에 보완이 필요하다고 인정하는 경우는 신고를 접수한 날부터 7일 이내의 기간을 정하여 보완을 요구하여야 한다.

④ ①항에도 불구하고 과학기술정보통신부장관은 신고가 접수된 이용약관이 제34조제4항에 따라 지정·고시된 기간통신사업자의 해당 전기통신서비스에 관한 이용약관인 경우로서 다음 각 호의 어느 하나에 해당한다고 판단하는 경우에는 신고를 접수한 날(③항에 따라 보완요구를 한 경우에는 보완이 완료된 날을 말한다)부터 15일 이내에 해당 신고를 반려할 수 있다. 다만, 이미 신고된 이용약관에 포함된 서비스별 요금을 인하하거나 대통령령으로 정하는 경미한 사항을 변경하는 내용인 경우에는 그러하지 아니하다.

1. 전기통신서비스의 요금 및 이용조건 등에 따라 특정 이용자를 부당하게 차별하여 취급하는 등 이용자의 이익을 해칠 우려가 크다고 인정되는 경우
2. 제38조제1항에 따라 다른 전기통신사업자에게 도매 제공하는 대가에 비하여 불공정한 요금으로 전기통신서비스를 제공하는 등 공정한 경쟁을 해칠 우려가 크다고 인정되는 경우
3. <u>정당한 사유 없이 손해배상책임을 제한하는 경우. 이 경우 과학기술정보통신부장관은 방송통신위원회의 의견을 들어야 한다.</u>

⑤ ①항에 따라 전기통신서비스에 관한 이용약관을 신고하려는 자는 가입비, 기본료, 사용료, 부가서비스료, 실비 등을 포함한 전기통신서비스의 요금 산정 근거 자료(변경할 경우에는 신·구내용 대비표를 포함)를 과학기술정보통신부장관에게 제출하여야 한다.

⑥ ①항부터 ⑤항까지에서 규정한 사항 외에 신고의 절차 및 반려의 세부기준 등에 관하여 필요한 사항은 대통령령으로 정한다.

(2) 요금의 감면

기간통신사업자는 국가안전보장, 재난구조, 사회복지 등 공익을 위하여 필요하면 대통령령으로 정하는 바에 따라 전기통신서비스의 요금을 감면할 수 있다. 다만, 전년도 전기통신역무 매출액이 대통령령으로 정하는 금액 미만인 기간통신사업자는 그러하지 아니하다.

(3) 타인 사용의 제한

누구든지 전기통신사업자가 제공하는 전기통신역무를 이용하여 타인의 통신을 매개하거나 이를 타인의 통신용으로 제공하여서는 아니 된다. 다만, 다음 각 호의 경우에는 그러하지 아니하다.

1. 국가비상사태에서 재해의 예방·구조, 교통·통신 및 전력공급의 확보, 질서 유지를 위하여 필요한 경우
2. 전기통신사업 외의 사업을 경영할 때 고객에게 부수적으로 전기통신서비스를 이용하도록 제공하는 경우
3. 전기통신역무를 이용할 수 있는 단말장치 등 전기통신설비를 개발·판매하기 위하여 시험적으로 사용하도록 하는 경우
4. 이용자가 제3자에게 반복적이지 아니한 정도로 사용하도록 하는 경우
5. 그 밖에 공공의 이익을 위하여 필요하거나 전기통신사업자의 사업 경영에 지장을 주지 아니하는 경우로서 대통령령으로 정하는 경우

(4) 전송·선로설비 등의 사용

① 방송법에 따른 종합유선방송사업자·전송망사업자 또는 중계유선방송사업자는 대통령령으로 정하는 방법에 따라 보유하고 있는 전송·선로설비 또는 유선방송설비를 기간통신사업자에게 제공할 수 있다.

② 방송법에 따른 종합유선방송사업자·전송망사업자 또는 중계유선방송사업자가 보유하고 있는 전송·선로설비 또는 유선방송설비를 이용하여 부가통신역무를 제공하려면 제22조제1항에 따라 과학기술정보통신부장관에게 신고하여야 한다.

③ ①항에 따른 전송·선로설비 또는 유선방송설비의 제공에 관하여는 제35조부터 제37조까지, 제39조부터 제55조까지의 규정을 준용한다.

④ ②항에 따른 역무의 제공에 관하여는 방송통신발전 기본법 제28조제2항부터 제7항까지의 규정을 준용한다.

(5) 이용자 보호

① 전기통신사업자는 전기통신역무에 관하여 이용자 피해를 예방하기 위하여 노력하여야 하며, 이용자로부터 제기되는 정당한 의견이나 불만을 즉시 처리하여야 한다. 이 경우 즉시 처리하기 곤란한 경우에는 이용자에게 그 사유와 처리일정을 알려야 한다.

② 방송통신위원회는 ①항에 따른 이용자 보호 업무에 대하여 평가한 후 그 결과를 공개할 수 있다. 이 경우 방송통신위원회는 전기통신사업자에게 평가에 필요한 자료를 제출하도록 명할 수 있다.

③ 전기통신역무의 종류, 사업규모, 이용자 보호 등을 고려하여 대통령령으로 정하는 전기통신사업자는 이용자와 전기통신역무의 이용에 관한 계약을 체결(체결된 계약 내용을 변경하는 것을 포함)하는 경우 대통령령으로 정하는 바에 따라 해당 계약서 사본을 이용자에게 서면 또는 정보통신망을 통하여 송부하여야 한다.

④ 기간통신역무를 제공하는 전기통신사업자가 이용요금을 이용자 등으로부터 미리 받고 그 이후에 전기통신서비스를 제공하는 사업(이하 "선불통화서비스"라 한다)을 하려면 경우에는 그 서비스를 제공할 수 없게 됨으로써 이용자 등이 입게 되는 손해를 배상할 수 있도록 서비스를 제공하기 전에 미리 받으려는 이용요금 총액의 범위에서 대통령령으로 정하는 기준에 따라 산정된 금액에 대하여 과학기술정보통신부장관이 지정하는 자를 피보험자로 하는 보증보험에 가입하여야 한다. 다만, 해당 전기통신사업자의 재정적 능력과 이용요금 등을 고려하여 대통령령으로 정하는 경우에는 보증보험에 가입하지 아니할 수 있다.

⑤ 선불통화서비스를 하려는 전기통신사업자(④항 단서에 해당하는 전기통신사업자는 제외)는 다음 각 호의 기준을 따라야 한다.

　1. 보증보험으로 보장되는 선불통화 이용요금 총액을 넘어 선불통화서비스 이용권을 발행하지 아니할 것
　2. 보증보험의 보험기간 내에서 선불통화서비스를 제공할 것

⑥ ④항에 따라 피보험자로 지정받은 자는 이용요금을 미리 낸 후 서비스를 제공받지

못한 이용자 등에게 ④항에 따른 보증보험에 따라 지급받은 보험금을 지급하여야 한다.

⑦ ②항부터 ⑥항까지에 따른 이용자 보호 업무의 평가 대상·기준·절차, 평가 결과 활용, 계약서 사본 송부 절차, 보증보험의 가입·갱신 및 보험금의 지급절차 등에 관하여 필요한 사항은 대통령령으로 정한다.

(6) 요금한도 초과 등의 고지

① 전파법에 따라 할당받은 주파수를 사용하는 전기통신사업자는 다음 각 호의 어느 하나에 해당하는 경우에 그 사실을 이용자에게 알려야 한다.
1. 이용자가 처음 약정한 전기통신서비스별 요금한도를 초과한 경우
2. 국제전화 등 국제전기통신서비스의 이용에 따른 요금이 부과될 경우

② ①항에 따른 고지의 대상·방법 등에 필요한 사항은 과학기술정보통신부장관이 정하여 고시한다.

(7) 전기통신역무 제공의 제한

① 과학기술정보통신부장관은 관계 행정기관의 장으로부터 다음 각 호의 어느 하나에 해당하는 요청이 있는 경우 1년 이상 3년 이내의 기간을 정하여 전기통신사업자에게 해당 전기통신번호(연결되어 있는 착신회선의 전기통신번호를 포함)에 대한 전기통신역무 제공의 중지를 명할 수 있다.
1. 대부업 등의 등록 및 금융이용자 보호에 관한 법률 제9조의6에 따른 전기통신역무 제공의 중지 요청
2. 전기통신금융사기 피해 방지 및 피해금 환급에 관한 특별법 제13조의3에 따른 전기통신역무 제공의 중지 요청
3. 전자금융거래법 제6조의2에 따른 전기통신역무 제공의 중지 요청
4. <u>정보통신망 이용촉진 및 정보보호 등에 관한 법률 제49조의3에 따른 전기통신역무 제공의 중지 요청</u>
5. <u>제32조의4제1항의 위반에 따른 전기통신역무 제공의 중지 요청(수사기관의 장이 제32조의4제1항의 위반사실을 확인하여 과학기술정보통신부장관에게 해당 전기통신번호에 대한 전기통신역무의 중지를 요청한 경우로 한정)</u>

② ①항에 따른 과학기술정보통신부장관의 명령을 받은 전기통신사업자는 전기통신

역무를 중지하기 전에 해당 전기통신역무 이용자에게 전기통신역무 제공의 중지를 요청한 행정기관, 사유 및 이의신청 절차를 통지하여야 한다.

③ ②항에 따른 이의신청 절차의 통지 방법 등에 필요한 사항은 대통령령으로 정한다.

(8) 이동통신단말장치 부정이용 방지 등

① 누구든지 다음 각 호의 어느 하나에 해당하는 행위를 하여서는 아니 된다.

1. 자금을 제공 또는 융통하여 주는 조건으로 다른 사람 명의로 전기통신역무의 제공에 관한 계약을 체결하는 이동통신단말장치(전파법에 따라 할당받은 주파수를 사용하는 기간통신역무를 이용하기 위하여 필요한 단말장치를 말한다. 이하 같다)를 개통하여 그 이동통신단말장치에 제공되는 전기통신역무를 이용하거나 해당 자금의 회수에 이용하는 행위

2. 자금을 제공 또는 융통하여 주는 조건으로 이동통신단말장치 이용에 필요한 전기통신역무 제공에 관한 계약을 권유·알선·중개하거나 광고하는 행위

3. <u>형법 제247조(도박장소 등 개설), 제347조(사기) 및 제347조의2(컴퓨터 등 사용사기)의 죄에 해당하는 행위, 성매매알선 등 행위의 처벌에 관한 법률 제2조 제1항제2호 및 제3호에 따른 성매매알선 등 행위 및 성매매 목적의 인신매매에 이용할 목적으로 다른 사람 명의의 이동통신단말장치를 개통하여 그 이동통신단말장치에 제공되는 전기통신역무를 이용하는 행위</u>

② 전기통신역무의 종류, 사업규모, 이용자 보호 등을 고려하여 대통령령으로 정하는 전기통신사업자는 전기통신역무 제공에 관한 계약을 체결하는 경우(전기통신사업자를 대리하거나 위탁받아 전기통신역무의 제공을 계약하는 대리점과 위탁점을 통한 계약 체결을 포함) 계약 상대방의 동의를 받아 제32조의5제1항에 따른 부정가입방지시스템 등을 이용하여 본인 여부를 확인하여야 하고, 본인이 아니거나 본인 여부 확인을 거부하는 경우 계약의 체결을 거부할 수 있다. 전기통신역무 제공의 양도, 그 밖에 이용자의 지위승계 등으로 인하여 이용자 본인의 변경이 있는 경우 해당 변경에 따라 전기통신역무를 제공받으려는 자에 대하여도 또한 같다.

③ 제2항에 따라 본인 확인을 하는 경우 전기통신사업자는 계약 상대방에게 주민등록증(<u>모바일 주민등록증을 포함</u>), 운전면허증 등 본인임을 확인할 수 있는 증서 및 서류의 제시를 요구할 수 있다.

④ 제2항에 따른 본인 확인방법, 제3항에 따른 본인임을 확인할 수 있는 증서 및 서류의 종류 등에 필요한 사항은 대통령령으로 정한다.

(9) 부정가입방지시스템 구축

① 과학기술정보통신부장관은 부정한 방법을 통한 전기통신역무 제공계약 체결을 방지하기 위하여 가입자 본인 확인에 필요한 시스템(이하 "부정가입방지시스템"이라 한다)을 구축하여야 하고, 제32조의4제2항에 따른 전기통신사업자가 해당 시스템을 이용할 수 있도록 하여야 한다.

② 과학기술정보통신부장관은 부정가입방지시스템의 구축·운영을 위하여 본인(법정대리인을 포함) 확인에 필요한 다음 각 호의 정보를 보유한 국가기관·공공기관의 장에게 전자정부법 제36조제1항에 따른 행정정보의 공동이용을 통하여 제32조의4 제3항에 따라 제시한 증서 등의 진위 여부에 대한 확인을 요청할 수 있다. 이 경우 요청 받은 국가기관·공공기관의 장은 정당한 사유가 없으면 이에 따라야 한다.
1. 개인의 주민등록 및 가족관계에 관한 정보
2. 법인의 등기 및 사업자등록에 관한 정보
3. 외국인과 재외국민의 등록·거소신고 및 출입국에 관한 정보
4. 그 밖에 제32조의4제3항에 따라 제시한 증서 및 서류에 관한 정보

③ 과학기술정보통신부장관은 부정가입방지시스템의 구축·운영 등의 업무를 대통령령으로 정하는 바에 따라 방송통신발전 기본법 제15조에 따른 한국정보통신진흥협회(이하 "한국정보통신진흥협회"라 한다)에 위탁할 수 있다.

(10) 명의도용방지서비스의 제공 등

① 전기통신역무의 종류, 사업규모, 이용자 보호 등을 고려하여 대통령령으로 정하는 전기통신사업자는 명의도용으로 인한 피해를 방지하기 위하여 다음 각 호에 따른 서비스의 전부 또는 일부를 이용자에게 제공하여야 한다.
  1. 이용자의 동의를 받아 이용자의 명의로 전기통신역무의 이용계약이 체결된 사실을 문자메시지 또는 등기우편물로 해당 이용자에게 알려주는 서비스(이하 이 조에서 "명의도용방지서비스"라 한다). 이 경우 본인 명의로 개통된 이동통신단말장치가 없거나 이동통신단말장치 분실신고를 한 이용자 등 문자메시지를 수신할 수 없는 이용자에 대하여는 주민등록법 제7조에 따른 주민등록표상의 주소지

로 등기우편물을 발송하는 방법으로 명의도용방지서비스를 제공하여야 한다.
2. 이용자가 본인의 명의로 가입된 전기통신역무가 있는지 여부를 조회할 수 있는 서비스(이하 이 조에서 "가입사실현황조회서비스"라 한다)
3. 다른 사람이 이용자 본인의 명의로 전기통신역무 이용계약을 체결하는 것을 사전에 제한할 수 있는 서비스(이하 이 조에서 "가입제한서비스"라 한다)

② ①항에 따른 서비스를 제공하는 전기통신사업자는 이용자와 전기통신역무의 이용계약을 체결하는 경우 이용자에게 명의도용방지서비스, 가입사실현황조회서비스 및 가입제한서비스에 관하여 명확하게 알리고, 인터넷 홈페이지에 게시하여야 한다.

③ 과학기술정보통신부장관은 명의도용방지서비스, 가입사실현황조회서비스 및 가입제한서비스의 제공을 지원하기 위하여 한국정보통신진흥협회를 전담기관으로 지정할 수 있다.

④ ③항의 전담기관은 명의도용방지서비스의 제공을 지원하기 위하여 행정안전부장관에게 주민등록법 제30조제1항에 따른 주민등록전산정보자료의 제공을 요청할 수 있다. 이 경우 요청을 받은 행정안전부장관은 특별한 사유가 없으면 그 요청에 따라야 한다.

⑤ ④항에 따라 주민등록전산정보자료를 요청하는 경우에는 과학기술정보통신부장관의 심사를 받아야 한다.

⑥ ⑤항에 따라 과학기술정보통신부장관의 심사를 받은 경우에는 주민등록법 제30조제1항에 따른 관계 중앙행정기관의 장의 심사를 거친 것으로 본다. 이 경우 주민등록전산정보자료 처리 절차 등에 관한 사항은 주민등록법에 따르고, 사용료 또는 수수료는 면제한다.

⑦ 명의도용방지서비스, 가입사실현황조회서비스 및 가입제한서비스의 제공 방법, 절차, 그 밖에 필요한 사항은 과학기술정보통신부장관이 정하여 고시한다.

(11) 청소년유해매체물 등의 차단

① 전파법에 따라 할당받은 주파수를 사용하는 전기통신사업자는 청소년 보호법에 따른 청소년과 전기통신서비스 제공에 관한 계약을 체결하는 경우 청소년 보호법 제2조제3호에 따른 청소년유해매체물 및 정보통신망 이용촉진 및 정보보호 등에 관한 법률 제44조의7제1항제1호에 따른 음란정보에 대한 차단수단을 제공하여야

한다.

② 방송통신위원회는 ①항에 따른 차단수단의 제공 실태를 점검할 수 있다.

③ ①항에 따른 차단수단 제공 방법 및 절차 등에 필요한 사항은 대통령령으로 정한다.

(12) 착신전환서비스

① 전기통신사업자는 이용자의 전기통신번호로 수신된 전화 등을 이용자가 미리 설정한 전기통신번호로 연결하여 주는 전기통신역무(이하 "착신전환서비스"라 한다)를 제공할 수 있다.

② ①항에 따른 착신전환서비스를 제공하는 전기통신사업자는 착신전환서비스의 내용 및 가입·설정 절차 등을 과학기술정보통신부장관에게 신고하여야 한다.

③ ①항에 따른 착신전환서비스를 제공하는 전기통신사업자는 ②항에서 신고한 바와 다르게 착신전환서비스를 제공하여서는 아니 된다.

④ ①항에 따른 착신전환서비스를 제공하는 전기통신사업자는 이용자의 신청 없이 임의로 착신전환서비스를 설정하여서는 아니 된다.

(13) 경제상의 이익 제공

① 기간통신사업자는 이용자에게 전기통신서비스 이용에 따라 적립되는 경제상의 이익을 제공하는 때에는 경제상의 이익의 사용범위, 유효기간, 이용방법 등을 과학기술정보통신부장관에게 신고하여야 한다.

② 기간통신사업자는 이용자가 ①항에 따른 경제상의 이익을 사용할 수 있도록 이용자에게 경제상의 이익의 적립 현황 등을 알려야 한다.

③ ②항에 따른 고지의 내용·방법 등에 관한 사항은 대통령령으로 정한다.

(14) 손해배상

① 전기통신사업자는 다음 각 호의 경우에는 이용자에게 배상을 하여야 한다. 다만, 그 손해가 불가항력으로 인하여 발생한 경우 또는 그 손해의 발생이 이용자의 고의나 과실로 인한 경우에는 그 배상책임이 경감되거나 면제된다.

   1. 전기통신역무의 제공이 중단되는 등 전기통신역무의 제공과 관련하여 이용자에게 손해를 입힌 경우

2. 제32조제1항에 따른 의견이나 불만의 원인이 되는 사유의 발생 및 이의 처리 지연과 관련하여 이용자에게 손해를 입힌 경우

② 전기통신사업자는 전기통신역무의 제공이 중단된 경우 대통령령으로 정하는 바에 따라 이용자에게 전기통신역무의 제공이 중단된 사실과 손해배상의 기준·절차 등을 알려야 한다.

[5] 전기통신사업의 경쟁 촉진 등

(1) 경쟁의 촉진

① 과학기술정보통신부장관은 전기통신사업의 효율적인 경쟁체제를 구축하고 공정한 경쟁환경을 조성하기 위하여 노력하여야 한다.

② 과학기술정보통신부장관은 ①항에 따라 전기통신사업의 효율적인 경쟁체제의 구축과 공정한 경쟁환경의 조성을 위한 경쟁정책을 수립하기 위하여 매년 기간통신사업에 대한 경쟁상황 평가를 실시하여야 한다.

③ ②항에 따른 경쟁상황 평가를 위한 구체적인 평가기준, 절차, 방법 등에 관하여 필요한 사항은 대통령령으로 정한다.

④ 과학기술정보통신부장관은 ②항에 따른 경쟁상황 평가의 결과에 따라 전기통신서비스의 요금, 이용조건 및 전기통신설비의 이용 대가 등을 이용자와 다른 전기통신사업자에 대하여 독립적으로 결정·유지할 수 있다고 인정되는 기간통신사업자를 전기통신서비스별로 지정하여 고시할 수 있다.

(2) 부가통신사업 실태조사

① 과학기술정보통신부장관은 부가통신사업의 현황 파악을 위하여 실태조사를 실시할 수 있다.

② 과학기술정보통신부장관은 ①항에 따른 실태조사를 위하여 부가통신사업자에게 필요한 자료의 제출을 요청할 수 있다. 이 경우 요청을 받은 자는 정당한 사유가 없으면 그 요청에 따라야 한다.

③ ①항에 따른 실태조사를 위한 조사 대상, 조사 내용 등에 관하여 필요한 사항은 대통령령으로 정한다.

(3) 설비 등의 제공

① 기간통신사업자 또는 도로, 철도, 지하철도, 상·하수도, 전기설비, 전기통신회선설비 등을 건설·운용·관리하는 기관(이하 "시설관리기관"이라 한다)은 다른 전기통신사업자가 관로(管路)·공동구(共同溝)·전주(電柱)·케이블이나 국사(局舍) 등의 설비(전기통신설비를 포함. 이하 같다) 또는 시설(이하 "설비 등"이라 한다)의 제공을 요청하면 협정을 체결하여 설비 등을 제공할 수 있다.

② 다음 각 호의 어느 하나에 해당하는 기간통신사업자 또는 시설관리기관은 ①항에도 불구하고 협정을 체결하여 설비 등을 제공하여야 한다. 다만, 시설관리기관의 사용계획 등이 있는 경우에는 그러하지 아니하다.

1. 다른 전기통신사업자가 전기통신역무를 제공하는 데에 필수적인 설비를 보유한 기간통신사업자
2. 관로·공동구·전주 등의 설비 등을 보유한 다음 각 목의 시설관리기관
    가. 한국도로공사법에 따라 설립된 한국도로공사
    나. 한국수자원공사법에 따라 설립된 한국수자원공사
    다. 한국전력공사법에 따라 설립된 한국전력공사
    라. 국가철도공단법에 따라 설립된 국가철도공단
    마. 지방공기업법에 따른 지방공기업
    바. 지방자치법에 따른 지방자치단체
    사. 도로법에 따른 지방국토관리청
3. 기간통신역무의 사업규모 및 시장점유율 등이 대통령령으로 정하는 기준에 해당하는 기간통신사업자 및 시설관리기관

③ 과학기술정보통신부장관은 ①항 및 ②항에 따른 설비 등의 범위와 설비 등의 제공의 조건·절차·방법 및 대가의 산정 등에 관한 기준을 정하여 고시한다. 이 경우 ②항에 따라 제공하여야 하는 설비 등의 범위는 같은 항 각 호의 어느 하나에 해당하는 기간통신사업자 및 시설관리기관의 설비 등의 수요를 고려하여 정해야 한다.

④ 설비 등을 제공받고자 하는 전기통신사업자는 사전에 ①항에 따른 협정을 체결하여야 하고, 전기통신역무를 제공하기 위하여 필요한 범위에서 그 설비의 효율성을 높이는 장치를 붙일 수 있다. 이 경우 대통령령으로 정하는 바에 따라 사전에 해당

설비 등을 제공하는 기간통신사업자 또는 시설관리기관에 그 사실을 통보하여야 하고, 협정이 해지되거나 이용기간이 종료된 경우에는 그 장치를 제거하여야 한다.

⑤ 과학기술정보통신부장관은 설비 등의 효율적 활용과 관리를 위하여 설비 등의 제공 및 이용 실태에 관하여 현장조사를 할 수 있다. 이 경우 현장조사의 절차와 방법은 제51조제3항부터 제6항까지를 준용한다.

⑥ 과학기술정보통신부장관은 ①항 및 ②항에 따른 설비 등의 제공을 위하여 전문기관을 지정할 수 있다.

⑦ ⑥항에 따른 전문기관의 지정 및 그 업무 처리방법 등에 필요한 사항은 과학기술정보통신부장관이 정하여 고시한다.

(4) 공중케이블 정비의무

① 전기통신사업자와 시설관리기관은 생활안전 및 도시미관의 보호를 위하여 전주에 설치되는 케이블(이하 이 조에서 "공중케이블"이라 한다)을 정비하여야 한다.

② 과학기술정보통신부장관은 ①항에 따른 정비가 체계적으로 추진될 수 있도록 다음 각 호의 사항이 포함된 공중케이블 정비계획(이하 이 조에서 "정비계획"이라 한다)을 매년 수립하여야 한다. 이 경우 관계 부처 및 관련 전기통신사업자 등으로 구성된 공중케이블정비협의회의 심의를 거쳐야 한다.
  1. 정비계획의 기본방향 및 목표
  2. 공중케이블의 설치·철거 및 재활용 기준
  3. 공중케이블 정비 추진상황 점검 및 평가
  4. 그 밖에 공중케이블 정비에 필요한 사항

③ 전기통신사업자와 시설관리기관은 정비계획에 따라야 하며, 정비계획의 시행에 소요되는 비용은 대통령령으로 정하는 바에 따라 해당 설비 등을 제공·이용하는 자가 공동으로 분담한다.

④ ②항에 따른 공중케이블정비협의회의 구성·운영 등에 필요한 사항은 대통령령으로 정한다.

(5) 가입자선로의 공동활용

① 기간통신사업자는 이용자와 직접 연결되어 있는 교환설비에서부터 이용자까지의

구간에 설치한 선로(이하 이 조에서 "가입자선로"라 한다)에 대하여 과학기술정보통신부장관이 정하여 고시하는 다른 전기통신사업자가 공동활용에 관한 요청을 하면 이를 허용하여야 한다.

② 과학기술정보통신부장관은 ①항에 따른 가입자선로 공동활용의 범위와 조건·절차·방법 및 대가의 산정 등에 관한 기준을 정하여 고시한다.

(6) 무선통신시설의 공동이용

① 기간통신사업자는 다른 기간통신사업자가 무선통신시설의 공동이용(이하 "공동이용"이라 한다)을 요청하면 협정을 체결하여 이를 허용할 수 있다. 이 경우 과학기술정보통신부장관이 정하여 고시하는 기간통신사업자 간의 공동이용의 대가는 공정하고 타당한 방법으로 산정하여 정산하여야 한다.

② 전기통신사업의 효율성을 높이고 이용자를 보호하기 위하여 과학기술정보통신부장관이 정하여 고시하는 기간통신사업자는 과학기술정보통신부장관이 정하여 고시하는 기간통신사업자가 공동이용을 요청하면 ①항에도 불구하고 협정을 체결하여 이를 허용하여야 한다.

③ ①항 후단에 따른 공동이용 대가의 산정기준·절차 및 지급방법 등과 ②항에 따른 공동이용의 범위와 조건·절차·방법 및 대가의 산정 등에 관한 기준은 과학기술정보통신부장관이 정하여 고시한다.

(7) 전기통신서비스의 도매제공

① 기간통신사업자는 다른 전기통신사업자가 요청하면 협정을 체결하여 자신이 제공하는 전기통신서비스를 다른 전기통신사업자가 이용자에게 제공(이하 "재판매"라 한다)할 수 있도록 다른 전기통신사업자에게 자신의 전기통신서비스를 제공하거나 전기통신서비스의 제공에 필요한 전기통신설비의 전부 또는 일부를 이용하도록 허용(이하 "도매제공"이라 한다)할 수 있다.

② 기간통신사업자는 다른 전기통신사업자가 도매제공을 요청한 날부터 60일 이내에 협정을 체결하고, 기간통신사업자와 도매제공에 관한 협정을 체결한 다른 전기통신사업자는 협정 체결 후 30일 이내에 대통령령으로 정하는 바에 따라 과학기술정보통신부장관에게 신고하여야 한다. 협정을 변경하거나 폐지한 때에도 또한 같다.

③ ②항에 따른 협정은 제38조의2제3항에 따라 과학기술정보통신부장관이 고시한 기준에 적합하여야 한다.

(8) 도매제공의무서비스의 지정 등(전체 본조신설)

① 과학기술정보통신부장관은 전기통신사업의 경쟁 촉진을 위하여 전기통신서비스를 재판매하려는 다른 전기통신사업자의 요청이 있는 경우 협정을 체결하여 도매제공을 하여야 하는 기간통신사업자(이하 "도매제공의무사업자"라 한다)의 전기통신서비스(이하 "도매제공의무서비스"라 한다)를 지정하여 고시할 수 있다. 이 경우 도매제공의무사업자의 도매제공의무서비스는 사업규모 및 시장점유율 등이 대통령령으로 정하는 기준에 해당하는 기간통신사업자의 전기통신서비스 중에서 지정한다.

② 과학기술정보통신부장관은 매년 통신시장의 경쟁상황을 평가한 후 전기통신사업의 경쟁이 활성화되어 전기통신서비스의 도매제공 목적이 달성되었다고 판단되는 경우 또는 지정기준에 미달되는 경우에는 도매제공의무사업자의 도매제공의무서비스 지정을 해제할 수 있다.

③ 과학기술정보통신부장관은 도매제공의무사업자가 도매제공의무서비스의 도매제공에 관한 협정을 체결할 때에 따라야 할 도매제공의 조건·절차·방법 및 대가 산정에 관한 기준을 정하여 고시한다. 이 경우 도매제공 대가는 제34조에 따른 경쟁상황 평가에 기반하여 통신시장의 공정경쟁 촉진과 이용자 편익 증진을 위하여 도매제공의무서비스의 제공비용, 소매요금, 도매제공량 등을 고려하여 산정하는 것을 원칙으로 한다.

④ 제38조제5항 및 제6항에도 불구하고 과학기술정보통신부장관은 같은 조 제5항에 따라 신고가 접수된 협정이 도매제공의무서비스의 도매제공에 관한 협정인 경우로서 다음 각 호의 어느 하나에 해당한다고 판단하는 경우에는 신고를 접수한 날부터 15일 이내에 해당 신고를 반려할 수 있으며, 도매제공의무사업자에게 그 해당하는 내용에 대한 시정을 명할 수 있다.

1. 신고가 접수된 협정에 따른 도매제공 대가가 소매요금, 회피가능비용(기간통신사업자가 이용자에게 직접 서비스를 제공하지 아니할 때 회피할 수 있는 관련비용을 말한다) 및 도매제공량 등에 비추어 동일한 협정 상대방과 체결하여 이미 신고된 협정에 따른 도매제공 대가에 비하여 부당하게 높아지는 경우

2. 그밖에 도매제공의 범위와 조건·절차 및 방법 등에 관하여 불합리하거나 차별적인 조건 또는 제한을 부당하게 부과하는 행위로서 대통령령으로 정하는 경우

(9) 상호접속

① 전기통신사업자는 다른 전기통신사업자가 전기통신설비의 상호접속을 요청하면 협정을 체결하여 상호접속을 허용할 수 있다.

② 과학기술정보통신부장관은 ①항에 따른 전기통신설비 상호접속의 범위와 조건·절차·방법 및 대가의 산정 등에 관한 기준을 정하여 고시한다.

③ ①항과 ②항에도 불구하고 다음 각 호의 어느 하나에 해당하는 기간통신사업자는 ①항에 따른 요청을 받으면 협정을 체결하여 상호접속을 허용하여야 한다.

1. 다른 전기통신사업자가 전기통신역무를 제공하는 데에 필수적인 설비를 보유한 기간통신사업자
2. 기간통신역무의 사업규모 및 시장점유율 등이 대통령령으로 정하는 기준에 해당하는 기간통신사업자

(10) 상호접속의 대가

① 상호접속의 이용대가는 공정하고 타당한 방법으로 산정하여 상호정산하여야 하며 구체적인 산정기준 및 절차와 지급방법은 제39조제2항의 기준에 따른다.

② 전기통신사업자는 상호접속의 방법, 접속통화의 품질 또는 상호접속에 필요한 정보의 제공 등에서 자신의 책임이 아닌 사유로 불이익을 받은 경우에는 제39조제2항의 기준에 따라 상호접속의 이용 대가를 줄여 상호정산할 수 있다.

(11) 전기통신설비의 공동사용 등

① 기간통신사업자는 다른 전기통신사업자가 전기통신설비의 상호접속에 필요한 설비를 설치하거나 운영하기 위하여 그 기간통신사업자의 관로·케이블·전주 또는 국사 등의 전기통신설비나 시설에 대한 출입 또는 공동사용을 요청하면 협정을 체결하여 전기통신설비나 시설에 대한 출입 또는 공동사용을 허용할 수 있다.

② 과학기술정보통신부장관은 ①항에 따른 전기통신설비 또는 시설에 대한 출입 또는 공동사용의 범위와 조건·절차·방법 및 대가의 산정 등에 관한 기준을 정하여 고시한다.

③ ①항에도 불구하고 다음 각 호의 어느 하나에 해당하는 기간통신사업자는 ①항에 따른 요청을 받으면 협정을 체결하여 ①항에 따른 전기통신설비나 시설에 대한 출입 또는 공동사용을 허용하여야 한다.
   1. 다른 전기통신사업자가 전기통신역무를 제공하는 데에 필수적인 설비를 보유한 기간통신사업자
   2. 기간통신역무의 사업규모 및 시장점유율 등이 대통령령으로 정하는 기준에 해당하는 기간통신사업자

(12) 정보의 제공

① 기간통신사업자는 다른 전기통신사업자로부터 설비 등의 제공·도매제공·상호접속 또는 공동사용 등이나 요금의 부과·징수 및 전기통신번호 안내를 위하여 필요한 기술적 정보 또는 이용자의 인적사항에 관한 정보의 제공을 요청받으면 협정을 체결하여 요청받은 정보를 제공할 수 있다.

② 과학기술정보통신부장관은 ①항에 따른 정보 제공의 범위와 조건·절차·방법 및 대가의 산정 등에 관한 기준을 정하여 고시한다.

③ ①항에도 불구하고 다음 각 호의 어느 하나에 해당하는 기간통신사업자는 ①항에 따른 요청을 받으면 협정을 체결하여 요청받은 정보를 제공하여야 한다.
   1. 다른 전기통신사업자가 전기통신역무를 제공하는 데에 필수적인 설비를 보유한 기간통신사업자
   2. 기간통신역무의 사업규모 및 시장점유율 등이 대통령령으로 정하는 기준에 해당하는 기간통신사업자

④ ③항에 따른 기간통신사업자는 그 전기통신설비에 다른 전기통신사업자나 이용자가 단말기기나 그 밖의 전기통신설비를 접속하여 사용하는 데에 필요한 기술적 기준, 이용 및 공급 기준, 그 밖에 공정한 경쟁환경을 조성하기 위하여 필요한 기준을 정하여 과학기술정보통신부장관의 승인을 받아 공시하여야 한다.

⑤ 전파법에 따라 할당받은 주파수를 사용하여 전기통신역무를 제공하는 기간통신사업자는 이용자가 해당 기간통신사업자를 거치지 아니하고 구입하는 통신단말장치(전파법에 따라 할당받은 주파수를 사용하여 전기통신역무를 이용할 수 있는 단말장치를 말한다. 이하 같다)의 제조, 수입, 유통 또는 판매를 위하여 필요한 범위에

서 제조업자, 수입업자 또는 유통업자의 요청이 있을 경우 전기통신서비스 규격에 관한 정보를 제공하여야 한다.

⑥ ⑤항에 따른 정보 제공의 범위 및 방법 등에 필요한 사항은 대통령령으로 정한다.

(13) 정보의 목적 외 사용 금지

전기통신사업자는 제42조제1항 및 제3항에 따라 제공받은 기술적 정보를 제공받은 목적으로만 사용하여야 하며, 다른 용도에 부당하게 사용하거나 제3자에게 제공하여서는 아니 된다.

(14) 방송통신위원회의 재정

① 전기통신사업자 상호 간에 발생한 전기통신사업과 관련한 분쟁 중 당사자 간 협의가 이루어지지 아니하거나 협의를 할 수 없는 경우 전기통신사업자는 방송통신위원회에 재정(裁定)을 신청할 수 있다.

② 방송통신위원회는 ①항에 따른 재정신청을 받은 때에는 그 사실을 다른 당사자에게 통지하고 기간을 정하여 의견을 진술할 기회를 주어야 한다. 다만, 당사자가 정당한 사유 없이 이에 응하지 아니하는 때에는 그러하지 아니하다.

③ 방송통신위원회는 재정신청을 접수한 날부터 90일 이내에 재정을 하여야 한다. 다만, 부득이한 사정으로 그 기간 내에 재정을 할 수 없는 경우에는 한 번만 90일의 범위에서 방송통신위원회의 의결로 그 기간을 연장할 수 있다.

④ 방송통신위원회는 ③항의 단서에 따라 처리기간을 연장한 경우에는 기간연장의 사유와 기한을 명시하여 당사자에게 통지하여야 한다.

⑤ 방송통신위원회는 재정절차의 진행 중에 한쪽 당사자가 소를 제기한 경우에는 재정절차를 중지하고 그 사실을 다른 당사자에게 통보하여야 한다. 재정신청 전에 이미 소가 제기된 사실이 확인된 경우에도 같다.

⑥ 방송통신위원회는 ①항에 따른 재정신청에 대하여 재정을 한 경우에는 지체 없이 재정문서를 당사자에게 송달하여야 한다.

⑦ 방송통신위원회의 재정문서의 정본(正本)이 당사자에게 송달된 날부터 60일 이내에 해당 재정의 대상인 사업자 간 분쟁을 원인으로 하는 소송이 제기되지 아니하거나 소송이 취하된 경우 또는 양쪽 당사자가 방송통신위원회에 재정의 내용에 대하

여 분명한 동의의 의사를 표시한 경우에는 당사자 간에 그 재정의 내용과 동일한 합의가 성립된 것으로 본다.

(15) 통신분쟁조정위원회 설치 및 구성

① 방송통신위원회는 전기통신사업자와 이용자 사이에 발생한 다음 각 호의 어느 하나에 해당하는 분쟁을 효율적으로 조정하기 위하여 통신분쟁조정위원회(이하 "분쟁조정위원회"라 한다)를 둘 수 있다.

1. 제33조에 따른 손해배상과 관련된 분쟁
2. 이용약관(제28조제1항 및 제2항에 따라 신고하거나 인가받은 이용약관에 한정되지 아니한다)과 다르게 전기통신서비스를 제공하여 발생한 분쟁
3. 전기통신서비스 이용계약의 체결, 이용, 해지 과정에서 발생한 분쟁
4. 전기통신서비스 품질과 관련된 분쟁
5. 전기통신사업자가 이용자에게 이용요금, 약정 조건, 요금할인 등의 중요한 사항을 설명 또는 고지하지 아니하거나 거짓으로 설명 또는 고지하는 행위와 관련된 분쟁
6. 앱 마켓에서의 이용요금 결제, 결제 취소 또는 환급에 관한 분쟁
7. 그 밖에 대통령령으로 정하는 전기통신역무에 관한 분쟁

② 분쟁조정위원회는 방송통신위원회 위원장이 지명하는 위원장 1명을 포함하여 30명 이하의 위원으로 구성하되, 이 중 5명은 상임위원으로 한다.

③ 분쟁조정위원회 위원은 다음 각 호의 어느 하나에 해당하는 사람 중에서 방송통신위원회 위원장이 방송통신위원회의 동의를 받아 성별을 고려하여 위촉한다.

1. 대학이나 공인된 연구기관에서 부교수 이상 또는 이에 상당하는 직에 재직하고 있거나 재직하였던 사람
2. 판사·검사 또는 변호사로 5년 이상 재직한 사람
3. 공인회계사로 5년 이상 재직한 사람
4. 4급 이상의 공무원 또는 이에 상당하는 공공기관의 직에 있거나 있었던 사람으로서 전기통신과 관련된 업무에 실무경험이 있는 사람
5. 그 밖에 전기통신에 관한 지식과 경험이 풍부한 사람

④ 분쟁조정위원회 위원의 임기는 2년으로 하되, 한 차례만 연임할 수 있다.

⑤ 방송통신위원회는 분쟁조정위원회의 업무를 지원하기 위하여 필요한 경우에는 방송통신위원회 소속으로 사무국을 둘 수 있다.

⑥ 그 밖에 분쟁조정위원회 및 ⑤항에 따른 사무국의 구성과 운영 등에 필요한 사항은 대통령령으로 정한다.

5 전기통신설비

[1] 사업용 전기통신설비

(1) 전기통신설비의 유지·보수

전기통신사업자는 그가 제공하는 전기통신역무의 안정적인 공급을 위하여 해당 전기통신설비를 대통령령으로 정하는 기술기준에 적합하도록 유지·보수하여야 한다.

(2) 전기통신설비 설치의 신고 및 승인

① 기간통신사업자는 중요한 전기통신설비를 설치하거나 변경하려는 경우에는 대통령령으로 정하는 바에 따라 미리 과학기술정보통신부장관에게 신고하여야 한다. 다만, 새로운 전기통신기술방식에 의하여 최초로 설치되는 전기통신설비에 대하여는 대통령령으로 정하는 바에 따라 과학기술정보통신부장관의 승인을 받아야 한다.

② ①항에 따른 중요한 전기통신설비의 범위는 과학기술정보통신부장관이 정하여 고시한다.

(3) 전기통신설비의 공동구축

① 기간통신사업자는 다른 기간통신사업자와 협의하여 전기통신설비를 공동으로 구축하여 사용할 수 있다.

② 사업규모 등이 대통령령으로 정하는 기준에 해당하는 기간통신사업자는 ①항에 따른 전기통신설비의 공동구축 협의를 위하여 협의회를 구성·운영하여야 한다.

③ 과학기술정보통신부장관은 ②항에 따른 협의회의 구성, 운영 절차 및 협의 대상설비·대상지역의 범위 등에 관한 기준을 정하여 고시한다.

④ 과학기술정보통신부장관은 ①항에 따른 전기통신설비의 공동구축을 효율적으로

추진하기 위하여 필요한 경우에는 해당 업무를 전담할 기관을 지정할 수 있다.

⑤ ④항에 따른 전담기관의 지정 및 그 업무 처리방법 등에 필요한 사항은 과학기술정보통신부장관이 정하여 고시한다.

⑥ 과학기술정보통신부장관은 다음 각 호의 어느 하나에 해당하는 경우에는 대통령령으로 정하는 바에 따라 ①항 및 ②항에 따른 기간통신사업자에게 전기통신설비의 공동구축을 권고할 수 있다.

1. ①항에 따른 협의가 성립되지 아니한 경우로서 해당 기간통신사업자가 요청한 경우
2. 공공의 이익을 증진하기 위하여 필요하다고 인정하는 경우

⑦ 기간통신사업자는 전기통신설비의 공동구축을 위하여 국가, 지방자치단체, 공공기관의 운영에 관한 법률에 따른 공공기관(이하 이 조에서 "공공기관"이라 한다) 또는 다른 기간통신사업자 소유의 토지 또는 건축물 등의 사용이 필요한 경우로서 이에 관한 협의가 성립되지 아니하는 경우에는 과학기술정보통신부장관에게 해당 토지 또는 건축물 등의 사용에 관한 협조를 요청할 수 있다.

⑧ 과학기술정보통신부장관은 ⑦항에 따른 협조 요청을 받은 경우에는 국가기관·지방자치단체 또는 공공기관의 장이나 다른 기간통신사업자에게 제7항에 따라 협조를 요청한 기간통신사업자와 해당 토지 또는 건축물 등의 사용에 관한 협의에 응할 것을 요청할 수 있다. 이 경우 국가기관·지방자치단체 또는 공공기관의 장이나 다른 기간통신사업자는 정당한 사유가 없으면 기간통신사업자와의 협의에 응하여야 한다.

[2] 자가전기통신설비

(1) 자가전기통신설비의 설치

① 자가전기통신설비를 설치하려는 자는 대통령령으로 정하는 바에 따라 주된 설비가 설치되어 있는 사무소 소재지를 관할하는 특별시장·광역시장·특별자치시장·도지사·특별자치도지사(이하 "시·도지사"라 한다)에게 신고하여야 하며, 신고 사항 중 대통령령으로 정하는 중요한 사항을 변경하려는 경우에도 변경신고를 하여야 한다. 다만, 시·도지사가 자가전기통신설비를 설치하려는 경우에는 과학기술정보통신부장관에게 신고하여야 하며, 신고 사항 중 대통령령으로 정하는 중요한

사항을 변경하려는 경우에는 변경신고를 하여야 한다.

② ①항에도 불구하고 무선방식의 자가전기통신설비 및 군용전기통신설비 등에 관하여 다른 법률에 특별한 규정이 있는 경우에는 그 법률에 따른다.

③ ①항에 따라 자가전기통신설비의 설치에 관한 신고 또는 변경신고를 한 자는 그 설치공사 또는 변경공사를 완료한 때에는 그 사용 전에 대통령령으로 정하는 바에 따라 다음 각 호의 구분에 따른 사람의 확인을 받아야 한다.
1. ①항 본문에 따라 신고(변경신고 포함)를 시·도지사에게 한 경우 : 시·도지사
2. ①항 단서에 따라 신고(변경신고 포함)를 과학기술정보통신부장관에게 한 경우 : 과학기술정보통신부장관

④ ①항에도 불구하고 대통령령으로 정하는 자가전기통신설비는 신고 없이 설치할 수 있다.

(2) 목적 외 사용의 제한

① 자가전기통신설비를 설치한 자는 그 설비를 이용하여 타인의 통신을 매개하거나 설치한 목적에 어긋나게 운용하거나 제64조제1항에 따라 신고 또는 변경신고한 사항과 다르게 운용하여서는 아니 된다. 다만, 다른 법률에 특별한 규정이 있거나 그 설치 목적에 어긋나지 아니하는 범위에서 다음 각 호의 어느 하나에 해당하는 용도에 사용하는 경우에는 그러하지 아니하다.
1. 경찰 또는 재해구조 업무에 종사하는 자로 하여금 치안 유지 또는 긴급한 재해 구조를 위하여 사용하게 하는 경우
2. 자가전기통신설비의 설치자와 업무상 특수한 관계에 있는 자 간에 사용하는 경우로서 과학기술정보통신부장관이 고시하는 경우

② 자가전기통신설비를 설치한 자는 대통령령으로 정하는 바에 따라 관로·선조 등의 전기통신설비를 기간통신사업자에게 제공할 수 있다.

③ ②항에 따른 설비의 제공에 관하여는 제35조·제44조(같은 조 제6항은 제외)·제45조부터 제47조까지의 규정을 준용한다.

④ 과학기술정보통신부장관은 자가전기통신설비를 설치한 자가 ①항을 위반한 경우에는 1년 이내의 기간을 정하여 그 사용의 정지를 명할 수 있다. 이 경우 과학기술정보통신부장관은 사용정지를 명한 사실을 해당 소재지를 관할하는 시·도지사에

게 통지하여야 한다.

⑤ 과학기술정보통신부장관은 대통령령으로 정하는 바에 따라 자가전기통신설비에 관한 점검을 실시할 수 있다.

(3) 비상 시의 통신의 확보

① 과학기술정보통신부장관은 전시·사변·천재지변이나 그 밖에 이에 준하는 국가 비상사태가 발생하거나 발생할 우려가 있는 경우에는 자가전기통신설비를 설치한 자에게 전기통신업무나 그 밖에 중요한 통신업무를 취급하게 하거나 해당 설비를 다른 전기통신설비에 접속할 것을 명할 수 있다. 이 경우 제28조부터 제32조까지 및 제33조부터 제55조까지의 규정을 준용한다.

② 과학기술정보통신부장관은 ①항의 경우에 필요하다고 인정하는 경우에는 기간통신사업자로 하여금 그 업무를 취급하게 할 수 있다.

③ ①항의 경우에 그 업무의 취급 또는 설비의 접속에 소요되는 비용은 정부가 부담한다. 다만, 자가전기통신설비가 전기통신역무에 제공되는 경우에는 해당 설비를 제공받는 기간통신사업자가 그 비용을 부담한다.

(4) 자가전기통신설비 설치자에 대한 시정명령 등

① 과학기술정보통신부장관 또는 시·도지사는 자가전기통신설비를 설치한 자가 자가전기통신설비의 설치, 변경 및 운용(제65조제1항을 위반하여 운용한 경우를 제외)과 관련하여 이 법 또는 이 법에 따른 명령을 위반하였을 때에는 일정한 기간을 정하여 그 시정을 명할 수 있다.

② 과학기술정보통신부장관 또는 시·도지사는 자가전기통신설비를 설치한 자가 다음 각 호의 어느 하나에 해당하는 경우에는 1년 이내의 기간을 정하여 그 사용의 정지를 명할 수 있다.
  1. ①항에 따른 시정명령을 이행하지 아니한 경우
  2. 제64조제3항을 위반하여 확인을 받지 아니하고 자가전기통신설비를 사용한 경우

③ 과학기술정보통신부장관 또는 시·도지사는 자가전기통신설비가 타인의 전기통신에 장해가 되거나 타인의 전기통신설비에 위해를 줄 우려가 있다고 인정되는 경우

에는 그 설비를 설치한 자에게 해당 설비의 사용정지 또는 개조·수리나 그 밖에 필요한 조치를 명할 수 있다.

[3] 전기통신설비의 공동구축 등

(1) 공동구 또는 관로 등의 설치 등

① 다음 각 호의 어느 하나에 해당하는 시설 등을 설치하거나 조성하는 자(이하 "시설설치자"라 한다)는 전기통신설비를 수용할 수 있는 공동구 또는 관로 등의 설치에 관한 기간통신사업자의 의견을 들어 그 내용을 반영하여야 한다. 다만, 기간통신사업자의 의견을 반영하기 어려운 특별한 사정이 있는 경우에는 그러하지 아니하다.
1. 도로법 제2조제1호에 따른 도로
2. 철도사업법 제2조제1호에 따른 철도
3. 도시철도법 제2조제2호에 따른 도시철도
4. 산업입지 및 개발에 관한 법률 제2조제5호에 따른 산업단지
5. 자유무역지역의 지정 및 운영에 관한 법률 제2조제1호에 따른 자유무역지역
6. 공항시설법 제2조제4호에 따른 공항구역
7. 항만법 제2조제4호에 따른 항만구역
8. 그 밖에 대통령령으로 정하는 시설 또는 부지

② 기간통신사업자가 ①항에 따라 공동구 또는 관로 등의 설치에 관하여 제시하는 의견은 대통령령으로 정하는 관로 설치기준에 적합하여야 한다.

③ ①항에 따라 설치된 공동구 또는 관로 등의 제공에 관하여는 제35조, 제44조(같은 조 제6항은 제외) 및 제45조부터 제47조까지의 규정을 준용한다.

④ 시설설치자가 ①항에 따른 기간통신사업자의 의견을 반영할 수 없는 경우에는 기간통신사업자의 의견을 받은 날부터 30일 이내에 그 사유를 해당 기간통신사업자에게 통보하여야 한다.

⑤ 시설설치자가 ①항에 따른 기간통신사업자의 의견을 반영하지 아니한 경우 해당 기간통신사업자는 과학기술정보통신부장관에게 조정을 요청할 수 있다.

⑥ 과학기술정보통신부장관은 ⑤항에 따른 조정 요청을 받아 조정을 할 경우 관계 중앙행정기관의 장과 미리 협의하여야 한다.

⑦ ⑤항 및 ⑥항에 따른 조정에 필요한 사항은 대통령령으로 정한다.

(2) 구내용 전기통신선로설비 등의 설치

① 건축법 제2조제1항제2호에 따른 건축물에는 구내용 전기통신선로설비 등을 갖추어야 하며, 전기통신회선설비와의 접속을 위한 일정 면적을 확보하여야 한다.

② ①항에 따른 건축물의 범위, 전기통신선로설비 등의 설치기준 및 전기통신회선설비와의 접속을 위한 면적 확보 등에 관한 사항은 대통령령으로 정한다.

(3) 구내용 이동통신설비의 설치

① 다음 각 호의 시설에는 구내용 이동통신설비(전파법에 따라 할당받은 주파수를 사용하는 기간통신역무를 이용하기 위하여 필요한 전기통신설비를 의미)를 설치하여야 한다.

1. 건축법 제2조제1항제2호에 따른 건축물 중 연면적의 합계가 1000제곱미터 이상의 범위에서 대통령령으로 정하는 건축물
2. 주택법 제2조제12호에 따른 주택단지 중 500세대 이상의 범위에서 대통령령으로 정하는 주택단지에 건설된 주택 및 시설
3. 도시철도법 제2조제3호에 따른 도시철도시설

② <u>①항제1호에 따른 시설 중 대통령령으로 정하는 시설에 대하여 기간통신사업자는 화재, 재난 등이 발생한 경우에도 구내용 이동통신설비가 안정적으로 운용될 수 있도록 건축주의 비상전원단자에 연결하여야 하며, 건축주는 정당한 사유가 없는 한 협조하여야 한다.</u>

③ ①항 및 제②항에 따라 설치하여야 하는 구내용 이동통신설비의 종류, 설치기준 및 절차에 관한 사항은 대통령령으로 정한다.

[4] 전기통신설비의 설치 및 보전

(1) 토지 등의 사용

① 기간통신사업자는 전기통신업무에 제공되는 선로 및 안테나와 그 부속설비(이하 "선로 등"이라 한다)를 설치하기 위하여 필요하면 타인의 토지 또는 이에 정착한 건물·인공구조물과 수면·수저(水底)(이하 "토지 등"이라 한다)를 사용할 수 있다.

이 경우 기간통신사업자는 미리 그 토지 등의 소유자나 점유자와 협의하여야 한다.

② 기간통신사업자는 ①항에 따른 협의가 성립되지 아니하거나 협의를 할 수 없으면 공익사업을 위한 토지 등의 취득 및 보상에 관한 법률에서 정하는 바에 따라 타인의 토지 등을 사용할 수 있다.

(2) 토지 등의 일시 사용

① 기간통신사업자는 선로 등에 관한 측량, 전기통신설비의 설치공사 또는 보전공사를 하기 위하여 필요한 경우에는 현재의 사용을 뚜렷하게 방해하지 아니하는 범위에서 사유 또는 국유·공유의 전기통신설비 및 토지 등을 일시 사용할 수 있다.

② 누구든지 ①항에 따른 선로 등의 측량, 전기통신설비의 설치공사 또는 보전공사와 이를 위한 전기통신설비 및 토지 등의 일시 사용을 정당한 사유 없이 방해하여서는 아니 된다.

③ 기간통신사업자는 ①항에 따라 사유 또는 국유·공유 재산을 일시 사용하려면 미리 점유자에게 사용목적과 사용기간을 알려야 한다. 다만, 미리 알리는 것이 곤란한 경우에는 사용을 할 때 또는 사용 후 지체 없이 알리고, 점유자의 주소나 거소를 알 수 없어 사용목적과 사용기간을 알릴 수 없는 경우에는 이를 공고하여야 한다.

④ ①항에 따른 토지 등의 일시 사용기간은 6개월을 초과할 수 없다.

⑤ ①항에 따라 사유 또는 국유·공유의 전기통신설비나 토지 등을 일시 사용하는 사람은 그 권한을 표시하는 증표를 지니고 이를 관계인에게 보여주어야 한다.

(3) 토지 등에의 출입

① 기간통신사업자의 전기통신설비를 설치·보전하기 위한 측량·조사 등을 위하여 필요하면 타인의 토지 등에 출입할 수 있다. 다만, 출입하려는 곳이 주거용 건물인 경우에는 거주자의 승낙을 받아야 한다.

② 누구든지 제1항에 따른 전기통신설비의 설치와 보전을 위한 측량·조사 등과 이를 위하여 토지 등에 출입하는 것을 정당한 사유 없이 방해하여서는 아니 된다.

③ ①항에 따라 측량이나 조사 등에 종사하는 사람이 사유 또는 국유·공유의 토지 등에 출입하는 경우 그 통지 및 증표 제시에 관하여는 제73조제3항 및 제5항을 준용한다.

(4) 장해물 등의 제거 요구

① 기간통신사업자는 선로 등의 설치 또는 전기통신설비에 장해를 주거나 줄 우려가 있는 가스관·수도관·하수도관·전등선·전력선 또는 자가전기통신설비(이하 "장해물 등"이라 한다)의 소유자나 점유자에게 그 장해물 등의 이전·개조·수리 또는 그 밖의 조치를 요구할 수 있다.

② 기간통신사업자는 식물이 선로 등의 설치·유지 또는 전기통신에 장해를 주거나 줄 우려가 있으면 그 소유자나 점유자에게 식물의 제거를 요구할 수 있다.

③ 기간통신사업자는 식물의 소유자나 점유자가 ②항에 따른 요구에 따르지 아니하거나 그 밖의 부득이한 사유가 있는 경우에는 과학기술정보통신부장관의 허가를 받아 그 식물을 벌채하거나 이식할 수 있다. 이 경우 해당 식물의 소유자나 점유자에게 지체 없이 그 사실을 알려야 한다.

④ 기간통신사업자의 전기통신설비에 장해를 주거나 줄 우려가 있는 장해물 등의 소유자나 점유자는 그 장해물 등을 신설·증설·개선·철거 또는 변경할 필요가 있으면 미리 기간통신사업자와 협의하여야 한다.

(5) 원상회복의 의무

기간통신사업자는 제72조 및 제73조에 따른 토지 등의 사용이 끝나거나 사용하고 있는 토지 등을 전기통신업무에 제공할 필요가 없게 되면 그 토지 등을 원상으로 회복하여야 하며, 원상으로 회복하지 못하는 경우에는 그 소유자나 점유자가 입은 손실에 대하여 정당한 보상을 하여야 한다.

(6) 손실보상

기간통신사업자는 제73조제1항·제74조제1항 또는 제75조의 경우에 타인에게 손실을 끼친 경우에는 손실을 입은 자에게 정당한 보상을 하여야 한다.

(7) 토지 등의 손실보상의 절차

① 기간통신사업자는 다음 각 호의 어느 하나에 해당하는 사유로 제76조 또는 제77조에 따른 손실보상을 할 때에는 그 손실을 입은 자와 협의하여야 한다.
  1. 제73조제1항에 따른 토지 등의 일시 사용
  2. 제74조제1항에 따른 토지 등에의 출입

3. 제75조에 따른 장해물 등의 이전·개조·수리 또는 식물의 제거 등

4. 제76조에 따른 원상회복의 불가능

② ①항에 따른 협의가 성립되지 아니하거나 협의를 할 수 없는 경우에는 공익사업을 위한 토지 등의 취득 및 보상에 관한 법률에 따른 관할 토지수용위원회에 재결(裁決)을 신청하여야 한다.

③ 이 법에서 규정한 것 외에 ①항의 토지 등의 손실보상 등에 관한 기준·방법 및 절차와 ②항의 재결신청 등에 관하여는 공익사업을 위한 토지 등의 취득 및 보상에 관한 법률을 준용한다.

(8) 전기통신설비의 보호

① 누구든지 전기통신설비를 파손하여서는 아니 되며, 전기통신설비에 물건을 접촉하거나 그 밖의 방법으로 그 기능에 장해를 주어 전기통신의 소통을 방해하는 행위를 하여서는 아니 된다.

② 누구든지 전기통신설비에 물건을 던지거나 이에 동물·배 또는 뗏목 따위를 매는 등의 방법으로 전기통신설비를 망가뜨리거나 전기통신설비의 측량표를 훼손하여서는 아니 된다.

③ 기간통신사업자는 해저(海底)에 설치한 통신용 케이블과 그 부속설비(이하 "해저케이블"이라 한다)를 보호하기 위하여 필요하면 해저케이블 경계구역의 지정을 과학기술정보통신부장관에게 신청할 수 있다.

④ 과학기술정보통신부장관은 ③항에 따른 신청을 받으면 지정 필요성 등을 검토하고, 관계 중앙행정기관의 장과의 협의를 거쳐 해저케이블 경계구역을 지정·고시할 수 있다.

⑤ 해저케이블 경계구역의 지정 신청, 지정·고시의 방법과 절차, 경계구역 표시의 방법 등에 관한 사항은 대통령령으로 정한다.

(9) 설비의 이전 등

① 기간통신사업자의 전기통신설비가 설치되어 있는 토지 등이나 이에 인접한 토지 등의 이용목적이나 이용방법이 변경되어 그 설비가 토지 등의 이용에 방해가 되는 경우에는 그 토지 등의 소유자나 점유자는 기간통신사업자에게 전기통신설비의 이

전이나 그 밖에 방해 제거에 필요한 조치를 요구할 수 있다.

② 기간통신사업자는 ①항에 따른 요구를 받은 경우 해당 조치를 하는 것이 업무의 수행상 또는 기술상 곤란한 경우가 아니면 필요한 조치를 하여야 한다.

③ ②항의 조치에 필요한 비용은 해당 설비의 설치 이후에 그 설비의 이전이나 그 밖에 방해 제거에 필요한 조치의 원인을 제공한 자가 부담한다. 다만, 기간통신사업자는 그 비용을 부담하는 자가 해당 토지 등의 소유자나 점유자인 경우로 다음 각 호의 어느 하나에 해당하는 경우에는 해당 설비를 설치할 때 보상금액, 설비기간 등을 고려하여 그 토지 등의 소유자나 점유자가 부담하는 비용을 감면할 수 있다.

1. 기간통신사업자가 해당 전기통신설비의 이전이나 그 밖에 방해요소를 없애기 위한 계획을 수립하여 시행하는 경우
2. 해당 전기통신설비의 이전이나 그 밖에 방해요소 제거가 다른 전기통신설비에 유익하게 되는 경우
3. 국가나 지방자치단체가 전기통신설비의 이전이나 그 밖에 방해요소 제거를 요구하는 경우
4. 사유지 내의 전기통신설비가 해당 토지 등을 이용하는 데에 크게 지장을 주어 이전하는 경우

(10) 검사 · 보고 등

① 과학기술정보통신부장관은 전기통신에 관한 정책의 수립을 위하여 필요한 경우 등 대통령령으로 정하는 경우에는 전기통신설비를 설치한 자의 설비상황·장부 또는 서류 등을 검사하거나 전기통신설비를 설치한 자에 대하여 설비에 관한 보고를 하게 할 수 있다.

② 과학기술정보통신부장관은 이 법을 위반하여 전기통신설비를 설치한 자가 있는 경우에는 해당 설비의 제거 또는 그 밖에 필요한 조치를 명할 수 있다.

[5] 보칙

(1) 통신비밀의 보호

① 누구든지 전기통신사업자가 취급 중에 있는 통신의 비밀을 침해하거나 누설하여서는 아니 된다.

② 전기통신업무에 종사하는 사람 또는 종사하였던 사람은 그 재직 중에 통신에 관하여 알게 된 타인의 비밀을 누설하여서는 아니 된다.

③ 전기통신사업자는 법원, 검사 또는 수사관서의 장(군 수사기관의 장, 국세청장 및 지방국세청장을 포함. 이하 같다), 정보수사기관의 장이 재판, 수사(조세범 처벌법 제10조제1항·제3항·제4항의 범죄 중 전화, 인터넷 등을 이용한 범칙사건의 조사를 포함), 형의 집행 또는 국가안전보장에 대한 위해를 방지하기 위한 정보수집을 위하여 다음 각 호의 자료(이하 "통신이용자정보"라 한다)의 열람 또는 제출(이하 "통신이용자정보 제공"이라 한다)을 요청하면 그 요청에 따를 수 있다.

1. 이용자의 성명
2. 이용자의 주민등록번호
3. 이용자의 주소
4. 이용자의 전화번호
5. 이용자의 아이디(컴퓨터시스템이나 통신망의 정당한 이용자임을 알아보기 위한 이용자 식별부호를 말한다)
6. 이용자의 가입일 또는 해지일

④ ③항에 따른 통신이용자정보 제공 요청은 요청사유, 해당 이용자와의 연관성, 필요한 통신이용자정보의 범위를 기재한 서면(이하 "정보제공요청서"라 한다)으로 하여야 한다. 다만, 서면으로 요청할 수 없는 긴급한 사유가 있을 때에는 서면에 의하지 아니하는 방법으로 요청할 수 있으며, 그 사유가 없어지면 지체 없이 전기통신사업자에게 정보제공요청서를 제출하여야 한다.

⑤ 전기통신사업자는 ③항과 ④항의 절차에 따라 통신이용자정보 제공을 한 경우에는 해당 통신이용자정보 제공 사실 등 필요한 사항을 기재한 대통령령으로 정하는 대장과 정보제공요청서 등 관련 자료를 갖추어 두어야 한다.

⑥ 전기통신사업자는 대통령령으로 정하는 방법에 따라 통신이용자정보 제공을 한 현황 등을 연 2회 과학기술정보통신부장관에게 보고하여야 하며, 과학기술정보통신부장관은 전기통신사업자가 보고한 내용의 사실 여부 및 ⑤항에 따른 관련 자료의 관리 상태를 점검할 수 있다.

⑦ 전기통신사업자는 ③항에 따라 통신이용자정보 제공을 요청한 자가 소속된 중앙행정기관의 장에게 ⑤항에 따른 대장에 기재된 내용을 대통령령으로 정하는 방법에 따라 알려야 한다. 다만, 통신이용자정보 제공을 요청한 자가 법원인 경우에는 법

원행정처장에게 알려야 한다.

⑧ 전기통신사업자는 이용자의 통신비밀에 관한 업무를 담당하는 전담기구를 설치·운영하여야 하며, 그 전담기구의 기능 및 구성 등에 관한 사항은 대통령령으로 정한다.

⑨ 정보제공요청서에 대한 결재권자의 범위 등에 관하여 필요한 사항은 대통령령으로 정한다.

(2) 통신이용자정보 제공을 받은 사실의 통지

① 제83조제3항에 따라 통신이용자정보 제공을 받은 검사, 수사관서의 장, 정보수사기관의 장(이하 "수사기관 등"이라 한다)은 그 통신이용자정보 제공을 받은 날(②항에 따라 통지를 유예한 경우에는 ③항에 따른 통지유예기간이 끝난 날을 말한다)부터 30일 이내에 다음 각 호의 사항을 통신이용자정보 제공의 대상이 된 당사자에게 서면 또는 문자메시지, 메신저 등 전자적 방법으로 통지하여야 한다.
 1. 통신이용자정보 조회의 주요 내용 및 사용 목적
 2. 통신이용자정보 제공을 받은 자
 3. 통신이용자정보 제공을 받은 날짜

② 수사기관 등은 ①항에도 불구하고 다음 각 호의 어느 하나에 해당하는 사유가 있는 경우에는 통지를 유예할 수 있다.
 1. 국가 및 공공의 안전보장을 위태롭게 할 우려가 있는 경우
 2. 피해자 또는 그 밖의 사건관계인의 생명이나 신체의 안전을 위협할 우려가 있는 경우
 3. 증거인멸, 도주, 증인 위협 등 공정한 사법절차의 진행을 방해할 우려가 있는 경우
 4. 피의자, 피해자 또는 그 밖의 사건관계인의 명예나 사생활을 침해할 우려가 있는 경우
 5. 질문·조사 등의 행정절차의 진행을 방해하거나 과도하게 지연시킬 우려가 있는 경우

③ ②항에 따른 통지유예의 기간은 다음 각 호의 구분에 따른다.
 1. ②항제1호 및 제2호의 사유가 있는 경우 : 해당 사유가 해소될 때까지의 기간

2. ②항제3호부터 제5호까지의 사유가 있는 경우 : 두 차례에 한정하여 매 1회 3개월의 범위에서 정한 기간

④ 정보수사기관의 장은 국가안전보장에 대한 위해를 방지하기 위한 정보수집을 위하여 통신이용자정보 제공을 받은 경우로서 통신이용자정보 제공의 대상이 된 당사자가 다음 각 호의 어느 하나에 해당하는 경우에는 ①항에도 불구하고 통지를 하지 아니할 수 있다.

1. 대한민국에 적대하는 국가, 반국가활동의 혐의가 있는 외국의 기관·단체와 외국인 또는 이와 연계된 내국인
2. 대한민국의 통치권이 사실상 미치지 아니하는 한반도 내의 집단이나 외국에 소재하는 그 산하 단체의 구성원 또는 이와 연계된 내국인

⑤ 수사기관 등은 ①항에 따른 통신이용자정보 제공을 받은 사실의 통지를 위하여 필요한 경우에는 다음 각 호의 구분에 따라 해당 사항에 대한 확인을 요청할 수 있다. 요청을 받은 전기통신사업자는 특별한 사유가 없으면 그 요청에 따라야 한다.

1. 제83조제3항에 따라 통신이용자정보 제공을 한 전기통신사업자에 대한 요청의 경우 : 해당 당사자의 통신이용자정보에 변경이 있는지 여부
2. 그 외의 전기통신사업자에 대한 요청의 경우 : 그 당사자가 해당 전기통신사업의 이용자인지 여부

⑥ 수사기관 등은 ①항에 따른 통신이용자정보 제공을 받은 사실의 통지를 위하여 필요한 경우에는 행정안전부장관에게 주민등록법 제30조제1항에 따라 주민등록전산정보자료의 제공을 요청할 수 있다. 이 경우 요청을 받은 행정안전부장관은 특별한 사유가 없으면 그 요청에 따라야 한다.

⑦ ⑥항에 따른 주민등록전산정보자료 제공에 관한 사용료는 주민등록법 제30조제6항에도 불구하고 면제한다.

⑧ ①항에 따른 통신이용자정보 제공을 받은 사실의 통지 절차, ②항 및 ③항에 따른 통지유예 절차 등에 관하여 필요한 사항은 대통령령으로 정한다.

(3) 청문

과학기술정보통신부장관은 다음 각 호의 어느 하나에 해당하는 처분을 하려면 청문을 하여야 한다.

1. 제20조제1항에 따른 기간통신사업자에 대한 등록의 전부 또는 일부의 취소
2. 제27조제1항에 따른 부가통신사업의 전부 또는 일부의 폐업
3. 제87조제3항에 따른 승인의 취소

(4) 권한 등의 위임 및 위탁

① 과학기술정보통신부장관의 권한 중 다음 각 호의 권한은 방송통신위원회에 위탁한다.
1. 제52조제5항에 따른 전기통신사업자에 대한 사업의 일부 정지 명령
2. 제52조의2에 따른 이행강제금의 부과·징수
3. 제90조제1항에 따른 과징금의 부과(제52조제5항에 따른 사업의 일부 정지를 갈음하여 과징금을 부과하는 경우로 한정한다)

② 이 법에 따른 과학기술정보통신부장관의 권한(①항에 따라 방송통신위원회에 위탁하는 권한은 제외) 또는 방송통신위원회의 권한은 그 일부를 대통령령으로 정하는 바에 따라 각각 소속 기관의 장에게 위임할 수 있다.

③ 제83조의4에 따른 수사기관 등의 업무는 그 일부를 대통령령으로 정하는 바에 따라 과학기술정보통신부장관에게 위탁할 수 있다.

[6] 벌칙

(1) 벌칙

다음 각 호의 어느 하나에 해당하는 자는 5년 이하의 징역 또는 2억원 이하의 벌금에 처한다.

1. 전기통신설비를 파손하거나 전기통신설비에 물건을 접촉하거나 그 밖의 방법으로 그 기능에 장해를 주어 전기통신의 소통을 방해한 자
2. 재직 중에 통신에 관하여 알게 된 타인의 비밀을 누설한 자
3. 통신자료제공을 한 자 및 그 제공을 받은 자

(2) 벌칙

다음 각 호의 어느 하나에 해당하는 자는 3년 이하의 징역 또는 1억5천만원 이하의 벌금에 처한다.

1. 정당한 사유 없이 전기통신역무의 제공을 거부한 자

2. 등록을 하지 아니하고 기간통신사업을 경영한 자

2의2. 등록을 하지 아니하고 부가통신사업을 경영한 자

3. 등록의 일부 취소를 위반하여 기간통신사업을 경영한 자

4. 명령을 이행하지 아니한 자

4의2. 사업의 일부 정지 명령을 위반한 자

5. 선로 등의 측량, 전기통신설비의 설치공사 또는 보전공사를 방해한 자

6. 전기통신사업자가 취급 중에 있는 통신의 비밀을 침해하거나 누설한 자

7. 업무상 알게 된 타인의 정보를 누설하거나 업무 목적 외의 용도로 이용한 자

(3) 벌칙

다음 각 호의 어느 하나에 해당하는 자는 3년 이하의 징역 또는 1억원 이하의 벌금에 처한다.

1. 재직 중에 알게 된 타인의 비밀을 누설한 사람

1의2. 불법촬영물 등의 삭제·접속차단 등 유통방지에 필요한 조치를 취하지 아니한 자. 다만, 불법촬영물 등을 인식한 경우 지체 없이 해당 정보의 삭제·접속차단 등 유통방지에 필요한 조치를 취하기 위하여 상당한 주의를 게을리하지 아니하였거나 해당 정보의 삭제·접속차단 등 유통방지에 필요한 조치가 기술적으로 현저히 곤란한 경우에는 그러하지 아니하다.

1의3. 기술적·관리적 조치를 하지 아니한 자. 다만, 기술적·관리적 조치를 하기 위하여 상당한 주의를 게을리하지 아니하였거나 기술적·관리적 조치가 기술적으로 현저히 곤란한 경우에는 그러하지 아니하다.

2. 자금을 제공 또는 융통하여 주는 조건으로 다른 사람 명의의 이동통신단말장치를 개통하여 그 이동통신단말장치에 제공되는 전기통신역무를 이용하거나 해당 자금의 회수에 이용하는 행위를 한 자

3. 자금을 제공 또는 융통하여 주는 조건으로 이동통신단말장치 이용에 필요한 전기통신역무 제공에 관한 계약을 권유·알선·중개하거나 광고하는 행위를 한 자

3의2. 형법 제247조(도박장소 등 개설), 제347조(사기) 및 제347조의2(컴퓨터 등 사용사기)의 죄에 해당하는 행위, 성매매알선 등 행위의 처벌에 관한 법률에 따른 성매매알선 등 행위 및 성매매 목적의 인신매매에 이용할 목적으로 다른 사람 명의의 이동통신단말장치를 개통하여 그 이동통신단말장치에 제공되는 전기통신역무를 이용하는 행위를 한 자

4. 다른 사람을 속여 재산상 이익을 취하거나 폭언·협박·희롱 등의 위해를 입힐 목

적으로 전화(문자메시지를 포함)를 하면서 송신인의 전화번호를 변작하는 등 거짓으로 표시한 자

5. 영리를 목적으로 송신인의 전화번호를 변작하는 등 거짓으로 표시하는 서비스를 제공한 자

(4) 벌칙

다음 각 호의 어느 하나에 해당하는 자는 2년 이하의 징역 또는 1억원 이하의 벌금에 처한다.

1. 승인을 받지 아니한 자
2. 사업의 양수 및 법인의 합병 등 ①항 각 호 외의 부분 본문에 따른 인가를 받지 아니하거나 사업의 휴업 폐업의 ①항에 따른 승인을 받지 아니한 자
3. 사업의 양수 및 법인의 합병 등 ⑨항을 위반하여 인가를 받기 전에 통신망 통합, 임원의 임명행위, 영업의 양수, 합병이나 설비 매각 협정의 이행행위 또는 회사 설립에 관한 후속조치를 한 자
4. 이용자 보호조치명령을 위반한 자
5. 신고를 하지 아니하고 부가통신사업을 경영한 자
6. 누구든지 정당한 권한 없이 고의 또는 과실로 기술적 조치를 제거·변경하거나 우회하는 등의 방법으로 무력화한 자

6의2. 누구든지 정당한 권한 없이 고의 또는 과실로 기술적 조치를 제거·변경하거나 우회하는 등의 방법으로 무력화한 자

7. 사업정지처분을 위반한 자
8. 사업폐업명령을 위반한 자
9. 보증보험에 가입하지 아니한 자

9의2. 보증보험으로 보장되는 선불통화 이용요금 총액을 넘어 선불통화서비스 이용권을 발행한 자

9의3. 보증보험의 보험기간을 넘어 선불통화서비스를 제공한 자

10. 제공받은 기술적 정보를 제공받아 용도를 위반하여 정보를 사용하거나 제공한 자

10의2. 분실 또는 도난 등의 사유로 전기통신사업자에게 신고된 통신단말장치의 사용 차단을 방해할 목적으로 통신단말장치의 고유식별번호를 훼손하거나 위조 또는 변조하는 자

11. 업무의 제한 또는 정지 명령을 이행하지 아니한 자

12. 승인·변경승인 또는 폐지승인을 받지 아니한 자

(5) 벌칙

다음 각 호의 어느 하나에 해당하는 자는 1년 이하의 징역 또는 5천만원 이하의 벌금에 처한다.

1. 공익성심사 결과 해당 주식의 매각 명령을 이행하지 아니한 자, 주식을 취득한 주주 그 주주가 있는 기간통신사업자 또는 외국인의제법인의 주주에 대한 해당 사항의 시정, 또는 과학기술정보통신부장관의 의결권 행사의 정지나 해당 주식의 매각에 따른 명령을 이행하지 아니한 자
2. 사업의 양수 및 법인의 합병 등에서 각 호 외의 부분 단서에 따른 신고를 하지 아니한 자
3. 등록 사항의 변경에 따른 변경등록을 하지 아니한 자
4. 사업의 양도·양수 등에 따른 신고를 하지 아니한 자
5. 사업의 등록취소 및 폐업명령 등에 따른 사업정지처분을 위반한 자
6. 전기통신서비스에 관하여 그 서비스별 요금 및 이용조건에 따른 신고 또는 변경신고를 하지 아니하고 전기통신서비스를 제공한 자
7. 타인 사용의 제한의 각 호 외의 부분 본문을 위반하여 전기통신사업자가 제공하는 전기통신역무를 이용하여 타인의 통신을 매개하거나 이를 타인의 통신용으로 제공한 자

(6) 벌칙

다음 각 호의 어느 하나에 해당하는 자는 1년 이하의 징역 또는 1천만원 이하의 벌금에 처한다.

1. 해당 서비스의 요금 신고를 하지 아니하거나 신고한 내용과 다르게 전기통신서비스를 제공한 자
2. 중요한 전기통신설비를 설치하거나 변경한 자 또는 같은 항 단서에 따른 승인을 받지 아니하고 전기통신설비를 설치한 자
3. 자가전기통신설비를 설치하려는 경우 과학기술정보통신부장관에게 신고하여야 하는데 신고 또는 변경신고를 하지 아니하고 자가전기통신설비를 설치한 자
4. 자가전기통신설비를 이용하여 타인의 통신을 매개하거나 설치한 목적에 어긋나게 이를 운용한 자
5. 전기통신업무나 그 밖에 중요한 통신업무를 취급하게 하거나 해당 설비를 다른 전

기통신설비에 접속하도록 하는 명령을 위반한 자

6. 자가전기통신설비의 사용정지명령 또는 자가전기통신설비의 사용정지 또는 개조·수리의 명령을 위반한 자
7. 전기통신설비의 제거명령 또는 그 밖에 필요한 조치의 명령을 위반한 자

(7) 벌칙

공정한 경쟁 또는 이용자의 이익을 해치거나 해칠 우려가 있는 금지행위(제50조제1항제5호의 행위 중 이용약관과 다르게 전기통신서비스를 제공하는 행위 및 같은 항 제5호의2의 행위는 제외)를 한 자는 3억원 이하의 벌금에 처한다.

(8) 벌칙

전기통신설비에 물건을 던지거나 이에 동물·배 또는 뗏목 따위를 매는 등의 방법으로 전기통신설비를 망가뜨리거나 전기통신설비의 측량표를 훼손한 자는 100만원 이하의 벌금 또는 과료(科料)에 처한다.

(9) 과태료

① 다음 각 호의 어느 하나에 해당하는 자에게는 5천만원 이하의 과태료를 부과한다.
1. 정보통신망 이용촉진 및 정보보호 등에 관한 법률을 위반하여 기술적 조치를 하지 아니한 자
2. 특수유형부가통신사업자는 기술적·관리적 조치 위탁 시 그 수탁자의 주식 또는 지분을 소유할 수 없는데 수탁자의 주식 또는 지분을 소유한 자
3. 불법촬영물 등의 유통 방지를 위반하여 기술적·관리적 조치를 하지 아니한 자
4. 신고나 인지에 대한 위반 행위의 조사를 거부·방해 또는 기피한 자
5. 대·중소기업 상생협력 촉진에 관한 법률 제2조제2호에 따른 대기업 또는 대기업 계열사(독점규제 및 공정거래에 관한 법률 제2조제3호에 따른 계열회사를 말한다. 이하 같다)인 전기통신사업자이거나 그 전기통신사업자에 속하여 업무를 위탁받아 취급하는 자(전기통신사업자로부터 위탁받은 업무가 제50조와 관련된 경우 그 업무를 취급하는 자로 한정한다. 이하 같다)로서 제51조제5항에 따른 자료나 물건의 제출명령 또는 제출된 자료나 물건의 일시 보관을 거부 또는 기피하거나 이에 지장을 주는 행위를 한 자
6. 거짓으로 표시된 전화번호로 인한 이용자의 피해 예방에 따른 조치를 하지 아니

한 자

7. 대·중소기업 상생협력 촉진에 관한 법률 제2조제2호에 따른 대기업 또는 대기업 계열사인 전기통신사업자이거나 그 전기통신사업자에 속하여 업무를 위탁받아 취급하는 자로서 제92조제1항제1호(제51조를 위반하거나 같은 조에 따른 명령을 위반한 경우만 해당한다)에 따른 시정명령을 이행하지 아니한 자

② 다음 각 호의 어느 하나에 해당하는 자에게는 3천만원 이하의 과태료를 부과한다.
 1. 전기통신번호를 매매한 자
 2. 사유(私有)의 전기통신설비 또는 토지 등의 일시 사용을 정당한 사유 없이 방해한 자
 3. 토지 등에의 출입을 정당한 사유 없이 방해한 자
 4. 장해물 등의 이전·개조·수리나 그 밖의 조치 및 식물의 제거 요구를 정당한 사유 없이 거부한 자
 5. 제92조제1항제1호(제32조의4제2항을 위반한 경우만 해당)에 따른 시정명령을 이행하지 아니한 자

③ 다음 각 호의 어느 하나에 해당하는 자에게는 2천만원 이하의 과태료를 부과한다.
 1. 기술적 조치의 운영·관리 실태를 기록·관리하지 아니한 자
 1의2. 기술적 조치의 운영·관리 실태를 시스템에 자동으로 기록되도록 하고, 정해진 기간 동안 보관하지 아니한 자
 1의3. 국내 주소 또는 영업소가 없는 부가통신사업자로서 국내대리인을 지정하지 아니하거나 국내 주소 또는 영업소가 있는 부가통신사업자로 해당 법인 중 선택한 자를 국내대리인으로 지정하는 것을 위반한 자
 2. 관계 행정기관의 장의 전기통신역무 제공의 중지 명령을 위반하거나 같은 조 제2항(전기통신역무 제공의 중지를 요청한 행정기관, 사유 및 이의신청 절차의 통지)을 위반하여 이의신청 절차를 통지하지 아니한 자
 3. 기간통신사업자를 당사자로 하는 협정을 위반하여 협정 체결에 대한 인가신청을 하지 아니한 자

④ 다음 각 호의 어느 하나에 해당하는 자에게는 1천500만원 이하의 과태료를 부과한다.
 1. 기간통신사업자 및 시설관리공단은 다른 전기통신사업자와의 협정 체결 시 30

일 이내에 과학기술정보통신부장관에게 신고를 해야 하는데 협정 체결에 대한 신고를 하지 아니한 자

2. 전기통신사업자는 외국정부 또는 외국인과 국제전기통신서비스의 취급에 따른 요금 정산에 관한 협정을 체결한 때에는 과학기술정보통신부장관에게 신고하여야 하는데 신고를 하지 아니한 자

⑤ 다음 각 호의 어느 하나에 해당하는 자에게는 1천만원 이하의 과태료를 부과한다. 다만 제8호 또는 제17호에 해당하는 자가 제1항제5호 또는 제6호에 해당하는 자인 경우는 제외한다.

1. 기간통신사업자 또는 기간통신사업자의 발행주식에 대한 변경 신고를 아니하거나 공익성심사를 위한 자료의 제공 요청이나 출석명령에 따르지 아니한 자

2. 기간통신사업의 휴지 또는 폐지 예정일 60일 전까지 이용자에게 알리지 아니한 자

2의2. 방송통신위원회의 자료 제출 명령을 따르지 아니하거나 거짓으로 자료를 제출한 자

2의3. 부가통신사업자의 조치 이행 현황 및 계획에 관한 자료 제출을 하지 아니하거나 거짓으로 자료 제출을 한 자

2의4. 부가통신사업자의 전기통신서비스의 안정성 저해에 대한 자료의 제출 요청에 정당한 사유 없이 따르지 아니하거나 거짓으로 자료 제출을 한 자

3. 사업의 휴업·폐업 등에 따른 신고를 하지 아니한 자

4. 전기통신역무에 관한 이용자 보호에 관한 의무(이용자 피해 예방 노력은 제외)를 위반한 자

4의2. 이용자 보호 업무에 대한 평가 후 결과에 대한 자료 제출 명령을 이행하지 아니한 자

4의3. 전기통신사업자의 전기통신역무의 이용에 관한 계약서 사본을 송부하지 아니한 자

4의4. 할당받는 주파수를 사용하며 요금한도 초과 등의 고지를 하지 아니한 자

4의5. 착신전환서비스를 위반하여 신고하지 아니하거나 신고한 내용과 다르게 전기통신역무를 제공한 자

4의6. 기간통신사업자가 이용자에게 경제상의 이익의 적립 현황 등을 알리지 아니한 자

4의7. 기간통신사업자의 전기통신역무 등의 안정성에 관한 보고서를 공개하지 아

니한 자

5. 전기통신사업자가 이용자에게 전기통신역무의 제공이 중단된 사실과 손해배상의 기준·절차 등을 알리지 아니한 자
6. 기간통신사업자는 전기통신설비에 다른 전기통신사업자나 이용자가 단말기기나 그 밖의 전기통신설비를 접속하여 사용하는 데에 필요한 기술적 기준, 이용 및 공급 기준, 그 밖에 공정한 경쟁환경을 조성하기 위하여 필요한 기준을 공시하지 아니한 자

6의2. 기간통신사업자는 구입하는 통신단말장치에 대한 제조업자, 수입업자 또는 유통업자의 전기통신서비스 규격에 관한 정보 요청 시 제공하지 아니한 자

7. 전기통신사업자의 전기통신번호자원 관리계획의 수립·시행에 따라 고시한 사항을 지키지 아니한 자

7의2. 전기통신번호를 매매한 정보통신서비스 제공자에 대한 과학기술정보통신부장관의 폐쇄 또는 게시제한 명령을 이행하지 아니한 자

8. 조사를 하는 소속 공무원은 전기통신사업자 또는 전기통신사업자의 업무를 위탁받아 취급하는 자에 대하여 필요한 자료나 물건의 제출을 명할 수 있는 데, 자료나 물건의 제출명령 또는 제출된 자료나 물건의 일시 보관을 거부 또는 기피하거나 이에 지장을 주는 행위를 한 자
9. 전기통신사업자가 전기통신역무의 품질 평가 등에 필요한 자료 제출 명령을 이행하지 아니한 자
10. 자가전기통신설비의 설치에 관한 신고 또는 변경신고를 확인을 받지 아니하고 자가전기통신설비를 사용한 자
11. 전기통신설비를 설치한 자의 설비상황·장부 또는 서류 등의 검사를 거부·방해 또는 기피한 자
12. 전기통신설비를 설치한 자에 대하여 설비에 관한 보고를 하지 아니하거나 거짓으로 보고한 자
13. 전기통신사업자는 통신이용자정보 제공을 한 경우 해당 통신이용자정보 제공 대장과 정보제공요청서 등의 관련 자료를 갖추어 두어야 하는데 자료를 갖추어 두지 아니하거나 거짓으로 기재하여 갖추어 둔 자
14. 전기통신사업자는 통신이용자정보 제공을 요청한 자가 소속된 중앙행정기관의 장에게 통신자료제공 사실 등을 알려야 하는 데, 이 기재된 대장의 내용을

　　　　알리지 아니한 자
15. 과학기술정보통신부장관의 조치 이행 여부에 대한 자료의 열람·제출 및 검사 요구에 따르지 아니하거나 거짓으로 자료제출을 한 자
16. 과학기술정보통신부장관에게 전기통신사업자가 통계의 보고 또는 자료 제출을 하지 아니하거나 거짓으로 보고 또는 자료 제출을 한 자
17. 과학기술정보통신부장관 또는 방송통신위원회의 시정명령 등을 이행하지 아니한 자

⑥ 제1항제6호 및 제2항부터 제5항까지의 규정에 따른 과태료는 대통령령으로 정하는 바에 따라 과학기술정보통신부장관이 부과·징수한다. 다만, 제1항, 제3항제1호, 제5항제2호의2·제4호의2·제8호에 따른 과태료는 방송통신위원회가 부과·징수하고, 제5항제10호에 따른 과태료는 시·도지사가 부과·징수하며, 같은 항 제17호에 따른 과태료는 과학기술정보통신부장관 또는 방송통신위원회가 각각 소관 업무에 따라 부과·징수한다.

제2절 통신기기의 기술 기준 및 시설기준

1 방송통신설비의 기술기준 중 통신기기에 관한 사항

[1] 방송통신설비의 기술기준 등 (방송통신발전기본법)

통신기기설비기준 중 [3] 방송통신발전기본법에 관한 일반사항 중 (5) 방송통신기술기준 등의 항목을 다시 보면 됩니다.

2 방송통신기자재 등의 적합성평가에 관한 기본사항

[1] 방송통신기자재 등의 적합성평가에 관한 고시

이 고시는 전파법 제58조의2에서 4, 제58조의11, 제58조의 13, 제71조의2 및 전파법

시행령 제77조의2부터 제77조의8, 제77조의 14제117조의2에서 정하는 바에 따라 방송통신기자재 등(이하 "기자재"라 한다)의 적합성평가 대상기자재 및 적합성평가 세부절차 등에 관하여 필요한 사항을 규정함을 목적으로 한다.

[2] 용어의 정의

1. 이 고시에서 사용하는 용어의 뜻은 다음 각 호와 같다.

    ① "제조자"라 함은 기자재를 설계하여 직접 제작하거나 상표부착방식에 따라 기자재를 공급받는 자로서 해당 기자재의 설계·제작에 대한 책임을 지는 자를 말한다.

    ①의 2. "제조국가"라 함은 기자재가 최종적으로 만들어지는 국가를 말한다.

    ② "사후관리"라 함은 적합성평가를 받은 기자재가 적합성평가 기준대로 제조·수입 또는 판매되고 있는지 법 제71조의2에 따라 조사 또는 시험하는 것을 말한다.

    ③ "기본모델"이란 전기적인 회로·구조·성능이 동일하고 기능이 유사한 제품군 중 표본이 되는 기자재를 말한다.

    ④ "파생모델"이란 기본모델과 전기적인 회로·구조·기능이 유사한 제품군으로 기본모델과 동일한 적합성평가번호를 사용하는 기자재를 말한다.

    ⑤ "무선 송·수신용 부품"이란 차폐된 함체 또는 칩에 내장된 무선주파수의 발진, 변조 또는 복조, 증폭부 등과 안테나(안테나 단자 포함)로 구성된 것으로 시스템에 하나의 부품으로 내장되거나 장착될 수 있고 소비자가 최종으로 사용할 수 없는 물품을 말한다.

    ⑥ "동일기자재"라 함은 기자재명칭·모델명·제조자·제조국가·전기적 회로·부품·구조·성능·외관 등이 법 제58조의2에 따라 적합인증 또는 적합등록을 받은 기자재와 동일한 것을 말한다.

    ⑦ "기자재의 고유번호"라 함은 적합인증(등록) 신청 시 부여되는 기자재의 인증(등록)번호와 자기적합확인 시 자기적합확인을 한 자가 부여하는 기자재의 관리번호 등 적합성평가 번호를 말한다.

[3] 적합성평가 대상기자재의 분류 등

별표 1에서 규정한 적합성평가 대상기자재는 다음 각 호와 같다.

1. 영 제77조의2제1항 각 호에 따른 적합인증 대상기자재

2. 영 제77조의3제1항에 따른 적합등록 대상기자재

3. 영 제77조의3제2항에 따른 자기적합확인 대상기자재

※ 별표 자료 https://cafe.daum.net/enplebooks에서 통신기기기능사 필기 방에 올려놓도록 하겠습니다. 참고 바랍니다.

[4] 적합성평가 대상기자재 분류위원회 구성 등

① 국립전파연구원장(이하 '원장'이라 한다)은 제3조의 적합성평가 대상기자재 분류, 대상기자재별 적합성평가 적용방법 등을 합리적이고 효율적으로 정하기 위하여 적합성평가 대상기자재 분류위원회(이하 '분류위원회'라 한다)를 구성·운영할 수 있다.

② 분류위원회는 기술·법률·행정전문가 등 5인 이상 15인 이내로 하며, 위원장은 해당분야의 전문가 중 원장이 위촉한 자로 한다. 간사는 국립전파연구원 소속 공무원으로 한다.

③ ②항에 따른 분류위원회 위원은 다음 각 호의 자격을 갖춘 자를 원장이 위촉한다.
 1. 적합성평가 시험기관 등 관련분야에서 10년 이상 재직한 자
 2. 방송통신기자재 관련분야에서 5년 이상 재직한 자
 3. 방송통신 분야에서 공무원으로 10년 이상 재직한 자
 4. 변호사 자격을 취득하고 관련분야에서 5년 이상 활동한 자
 5. 기타 적합성평가 대상기자재 분류에 필요하다고 인정되는 분야에서 5년 이상 활동하거나 전문성이 있다고 인정된 자

④ 분류위원회 위원의 임기는 1년으로 하되, 연임할 수 있다.

⑤ ①항부터 ④항까지에 따른 세부절차 및 운영에 관한 사항은 원장이 정하는 바에 따른다.

[5] 적합성평가기준의 적용

1. 적합성평가 대상기자재는 다음 각 호의 적합성평가기준에 적합하여야 한다.
 ① 공통 적용기준 : 법 제47조의3제1항에 따른 전자파적합성(EMC) 기준

② 개별 적용기준
  ㉠ 무선분야(방송분야 포함) : 법 제37조, 제45조, 제47조의2 또는 방송법 제79조에 따른 세부 기술기준
  ㉡ 유선분야 : 방송통신발전 기본법 제28조, 인터넷 멀티미디어 방송사업법 제14조의 2 또는 전기통신사업법 제61조·제68조·제69조에 따른 세부 기술기준
  ㉢ 전자파 인체보호분야 : 법 제47조의2에 따른 전자파흡수율 측정기준 또는 전자파강도 측정기준
③ 그 밖에 다른 법률에서 기자재와 관련하여 과학기술정보통신부가 정하도록 한 기술기준이나 표준

2. 적합성평가 대상기자재별로 적용되는 적합성평가기준 적용에 관한 사항은 적합인증 대상기자재, 지정시험기관 적합등록 대상기자재에서부터 자기시험 적합등록 대상기자재에 표시된 바를 따른다.

3. 원장은 제1항 및 제2항에 따른 적합성평가기준 적용에 대한 시험 및 확인방법 등에 관한 세부 사항을 정하여 공고할 수 있다.

[6] 적합인증의 신청 등

1. 제3조제1항에 따른 대상기자재에 대하여 적합등록을 신청하고자 하는 자는 다음 각 호의 신청서와 첨부서류(전자문서를 포함한다)를 작성하여 원장에게 제출하여야 한다.
① 별지 제1호 서식의 적합등록신청서
② 사용자설명서(한글본) : 제품개요, 사양, 구성 및 조작방법 등이 포함되어야 한다.
③ 다음 각 목 중 어느 하나의 시험성적서
  ㉠ 지정시험기관의 장이 발행하는 시험성적서
  ㉡ 원장이 발행하는 시험성적서
  ㉢ 국가 간 상호 인정협정을 체결한 국가의 시험기관 중 원장이 인정한 시험기관의 장이 발행한 시험성적서
④ 외관도 : 제품의 전면·후면 및 타 기기와의 연결부분과 적합성평가 표시사항의 식별이 가능한 사진을 제출하여야 한다.

⑤ 부품 배치도 또는 사진 : 부품의 번호, 사양 등의 식별이 가능하여야 한다.
⑥ 회로도
  ㉠ 적합성평가를 받은 '무선 송·수신용 부품'을 기자재의 구성품으로 사용하는 경우에는 해당 부분을 생략할 수 있다.
  ㉡ 적합성평가기준 적용분야가 유선분야에 해당하는 기자재인 경우에는 전원 및 기간통신망과 직접 접속되는 부분의 회로도를 제출한다.
⑦ 대리인 지정서 : 대리인의 지정에 따른 제4호 서식의 대리인 지정(위임)서

2. 1항에 따라 다수의 공급업체로부터 명칭·형식기호·기능(성능) 등 기구적·전기적 특성이 동일한 부품을 선택적으로 사용하고자 하는 기자재인 경우에는 부품의 목록과 다음 각 호에 따른 전기적 특성의 동일성을 증명할 수 있는 관련 자료를 제출하여야 한다.
   ① 저항 등 회로소자인 경우 기존 회로소자와의 전기적 특성 비교표
   ② 부품이 시스템의 구성품인 경우 시험성적서

3. 1항에 따른 적합인증 신청과 동시에 파생모델을 추가하는 경우에는 파생모델에 대한 그 목록과 전기적인 회로·구조 및 부가적인 기능에 관한 자료를 제출하여야 한다.

4. 최초로 적합인증을 신청하는 경우에는 제2호서식의 '적합성평가 식별부호 신청서'를 작성하여야 하며, 전자정부법에 따른 행정정보의 공동이용을 통하여 담당 공무원이 확인하는 것에 동의하는 경우에는 구비서류의 제출을 생략할 수 있다.(최초의 적합등록 및 잠정인증 신청자의 경우에도 이 규정을 준용한다)

5. 제1항제1호에 따른 별지 제1호서식의 기기부호는 별표 1과 같고 형식기호 표시방법은 별표 7과 같다.

6. 제1항의 규정에도 불구하고 적합인증을 신청하는 자(제2조제1항제1호에서 정의한 제조자가 아닌 자에 한함)가 다음 각 호의 어느 하나에 해당하는 경우에는 제7항 각 호의 사항을 준수하는 조건으로 제1항제6호의 회로도 제출을 생략할 수 있다.
   ① 병행수입에 있어서의 불공정 거래행위의 유형고시 제2조에 따른 병행수입을 행하는 수입자가 적합인증을 신청한 경우
   ② 그 밖에 사유로 수입자가 회로도를 확보할 수 없어 제출이 어렵다고 원장이 인정하는 경우

7. 제6항에 따라 적합인증을 신청하는 자가 회로도를 제출하지 않는 경우 준수하여야 할 사항은 다음 각 호와 같다. 다만, 적합인증을 받은 후에 해당 제품에 대한 회로도를 제출한 경우에는 그러지 아니한다.
   ① 적합성평가를 받은 날을 기준으로 매 2년이 경과한 날로부터 30일 이내에 지정시험기관으로부터 해당제품이 다음 각 목에서 규정한 적합성평가기준에 적합한지 여부를 시험 또는 확인한 성적서를 제출하여야 한다.
      가. 주파수허용편차
      나. 안테나전력 또는 전계강도
      다. 스퓨리어스발사강도
      라. 점유주파수대역폭
      마. 전자파장해방지(EMI) 시험
      바. 부품 또는 구성품의 변경 여부 확인내역
8. 제7항의 단서에 따른 회로도 또는 같은 항 제1호에 따른 성적서의 제출은 제18조제1항의 변경신고 절차를 준용한다.

[7] 적합인증의 심사 등

1. 원장은 제5조의 적합인증 신청을 받은 때에는 다음 각 호의 사항을 심사하여야 한다.
   ① 제5조제1항 각 호 서류의 적정성
   ② 제4조에 따른 적합성평가기준 적용의 적절성
   ③ 시험성적서의 유효성
2. 제1항제3호에 따른 시험성적서의 유효성에 대한 추가 확인이 필요한 경우에는 신청자에게 해당 기자재의 제출을 요구하거나 시험기관을 방문하여 적합성평가기준의 적합성 여부 등 시험성적서의 유효성에 관한 사항을 확인할 수 있다.

[8] 적합인증서의 교부

원장은 적합인증의 심사에 따른 심사결과가 적합한 경우에는 별지 제3호 서식의 적합인증서를 신청인에게 교부(전자적 방식을 포함)하고, 다음 각 호의 사항을 관보에 공고하여야 한다.

① 인증받은 자의 상호 또는 성명 　② 기자재의 명칭·모델명
③ 인증번호 　　　　　　　　　　④ 제조자 및 제조국가
⑤ 등록연월일

[9] 적합등록필증의 교부 등

원장은 제8조제1항에 따라 적합등록 신청이 있는 때에는 별지 제7호서식의 적합등록필증(전자적 방식을 포함)을 신청인에게 교부하고, 다음 각 호의 사항을 관보에 공고하여야 한다.

① 등록받은 자의 상호 또는 성명 　② 기자재의 명칭·모델명
③ 등록번호 　　　　　　　　　　④ 제조자 및 제조국가
⑤ 등록연월일

[10] 적합등록을 한 자가 보관하여야 할 서류

1. 적합등록필증의 교부에 따라 적합등록을 한 자는 다음 각 호의 서류를 작성(전자적 방식을 포함)하여 비치하여야 한다.
   ① 방송통신기자재 등의 적합등록 신청서 및 적합성평가기준에 부합함을 증명하는 확인서, 대리인 지정(위임)서 서류
   ② 사용자설명서 : 제품개요, 사양, 구성 및 조작방법 등이 포함되어야 하며, 전자파 적합성 기준 및 자기시험 적합등록에 따른 대상기자재 중 전자파 적합성 기준을 적용한 기자재는 별표 4의 사용자 안내문을 포함하여야 한다.
   ③ 다음 각 목 중 어느 하나의 시험성적서
      ㉠ 지정시험기관의 장이 발행하는 시험성적서
      ㉡ 원장이 발행하는 시험성적서
      ㉢ 국가 간 상호 인정협정을 체결한 국가의 시험기관 중 원장이 인정한 시험기관의 장이 발행한 시험성적서
      ㉣ 적합등록기자재의 구성품 확인서
      ㉤ 국제전기기기인증기구(IECEE) CB Scheme에 따른 CB인증서(다만, 제3조 제2항에 따른 별표 1의 제11호 가목 2) ①, 나목, 다목 1), 바목 2~6까지, 사목 1) ①, ②, ④, 사목 5) 중 전기충전기, 아목 2)에 해당하는 기자재로서

지정시험기관의 장이 국내 적합성평가기준에 적합함을 확인하고 발행한 시험성적서가 있는 경우에 한함)

④ 외관도 : 제품의 전면·후면 및 타 기기와의 연결부분과 적합성평가표시 사항의 식별이 가능한 사진을 제출하여야 한다.

⑤ 부품 배치도 또는 사진 : 부품의 번호, 사양 등의 식별이 가능하여야 한다.

⑥ 회로도 : 다만, 지정시험기관 적합등록 및 자기시험 적합등록에 따른 대상기자재 중 적합성평가의 공통기준을 적용한 기자재의 경우에는 회로도 전체를 생략할 수 있다. 또한 적합성평가를 받은 '무선 송·수신용 부품'과 '슬롯형 착탈식 유선팩스 전용모듈'을 기자재의 구성품으로 사용하는 경우에는 해당 부분을 생략할 수 있다.(단, 별표1의 제7호, 제8호, 제10호에 해당하는 적합등록 대상기자재는 제5조제1항제6호 나목에 따른 회로도를 보관한다.)

⑦ 파생모델을 등록하는 경우 그 목록과 전기적인 회로·구조·성능 및 부가적인 기능에 관한 서류

⑧ 적합성평가 사항의 변경사실을 증명하는 서류

2. 원장은 사후관리 수행을 위하여 필요한 경우 제1항 각 호의 관련 서류의 제출을 요구할 수 있다. 이 경우 서류제출을 요구받은 적합등록자는 15일 이내에 해당 서류를 원장에게 제출하여야 한다.

3. 제1항에 따른 적합등록자가 비치하여야 할 서류 중 회로도를 비치하지 못하는 경우에는 제5조제6항 및 제7항의 규정을 준용한다.

[11] 잠정인증의 신청

1. 잠정인증을 신청하고자 하는 자는 다음 각 호에 따른 신청서와 첨부서류(전자문서를 포함)를 작성하여 원장에게 제출하여야 한다.
   ① 별지 제8호서식의 잠정인증신청서
   ② 기술설명서(한글본)
      가. 해당 분야 국제 및 국내표준 또는 규격
      나. 국제 및 국내표준 또는 규격이 없는 경우 기술개요 및 기술적 방식 등 기술사양서
      다. 법 제58조의2제9항 각 호의 어느 하나에 해당함을 입증하는 서류

라. 선행 기술조사 내용(해당하는 경우에 한함)

③ 자체 시험결과 설명서 : 스스로 수행한 시험방법 및 절차와 그 결과에 대한 설명 (시험결과는 원장 또는 지정시험기관의 장이 확인한 것이어야 함)

④ 사용자설명서(한글본) : 제품개요, 사양, 구성 및 조작방법 등이 포함되어야 한다.

⑤ 외관도 : 제품의 전면·후면 및 타 기기와의 연결부분과 적합성평가 표시사항의 식별이 가능한 사진을 제출하여야 한다.

⑥ 회로도 : 신청 기자재 전체의 회로도를 제출하여야 한다.

⑦ 부품 배치도 또는 사진 : 부품의 번호, 사양 등의 식별이 가능하여야 한다.

⑧ 대리인 지정서 : 제30조에 따른 별지 제4호서식의 대리인 지정(위임)서

2. 제1항제1호에 따른 별지 제8호서식의 기기부호는 별표 1과 같고 형식기호 표시방법은 별표 7과 같다.

[12] 잠정인증의 심사 등

1. 원장은 제13조에 따른 잠정인증 신청을 받은 때에는 서류심사와 제품심사를 하여야 한다. 이 경우 잠정인증심사위원회를 구성하여 심사하여야 한다. 다만, 잠정인증을 받은 기자재와 동일한 기자재에 대해서는 잠정인증심사위원회 구성 및 심사를 생략할 수 있다.

2. 서류심사는 다음 각 호의 사항을 심사하여야 한다.
   ① 제13조에 따라 제출된 서류의 적정성
   ② 해당 기자재가 법 제58조의2제7항에 해당되는지의 여부
   ③ 법 제9조에 따른 주파수분배의 적합성 여부
   ④ 사용지역과 신청자의 신청 유효기간의 적정성 여부

3. 제품심사는 다음 각 호의 기준 중에서 적합성평가기준을 정하여 심사할 수 있다.
   ① 국제표준기구(ITU, ISO/IEC 등)의 표준
   ② 한국방송통신표준 및 한국산업표준
   ③ 방송통신 관련 표준
   ④ 기타 해당 제품에 대하여 국제적으로 통용되는 규격
   ⑤ 국제적으로 신기술인 경우 신청자가 제안하는 기준

[13] 잠정인증서의 교부 등

원장은 제14조에 따른 심사결과 잠정인증을 허용한 때에는 별지 제9호서식의 잠정인증서를 신청인에게 교부(전자적 방식을 포함)하고, 다음 각 호의 사항을 관보에 공고하여야 한다.

① 인증받은 자의 상호 또는 성명 ② 기자재의 명칭·모델명
③ 인증번호 ④ 제조자 및 제조국가
⑤ 유효기간 ⑥ 기타 허용 조건

[14] 잠정인증심사위원회의 구성 등

1. 잠정인증심사위원회(이하 '위원회'라 한다)는 위원장 1인과 간사 1인을 포함하여 15인 이내로 하며, 위원장은 해당분야의 전문가 중 원장이 위촉한 자로 한다. 간사는 국립전파연구원 소속 공무원으로 한다.

2. 제1항에 따른 위원회 위원은 다음 각 호의 자 중에서 위원장의 추천을 받아 원장이 위촉한다.
   ① 4년제 대학에서 5년 이상 연구경력이 있는 전임강사 이상인 자
   ② 국·공립 또는 관련분야 연구소에서 5년 이상의 경력이 있는 자
   ③ 제조업체에서 10년 이상 해당 기술분야에 근무한 자와 관련단체 전문가
   ④ 특허업무 및 품질보증시스템 평가 전문가
   ⑤ 관련 공무원
   ⑥ 기타 위와 동등 이상의 자격이 있다고 인정되는 자

3. 위원회는 다음 각 호의 사항을 심의한다.
   ① 법 제58조의2제9항 각 호에 관한 사항
   ② 제14조제3항에 따라 제품심사에 적용할 적합성평가 기준에 관한 사항
   ③ 지역 및 유효기간 등 잠정인증에 대한 조건에 관한 사항
   ④ 신청기기에 대한 잠정인증 허용 여부

4. 위원장 및 위원이 회의에 출석한 때에는 예산의 범위 안에서 수당과 여비를 지급할 수 있다. 다만, 공무원인 위원이 그 소관 업무와 관련하여 회의에 출석하는 경우에

는 그러하지 아니하다.

5. 위원장 및 위원은 잠정인증 신청에 대한 심사와 관련하여 알게 된 모든 정보에 대하여 외부에 공표하거나 누설하여서는 아니 된다.

6. 제1항부터 제5항까지에 따른 세부절차 및 운영에 관한 사항은 원장이 정하는 바에 따른다.

[15] 변경사항의 범위 등

1. 영 제77조의4에 따른 적합성평가기준과 관련된 변경사항은 다음 각 호의 어느 하나와 같다. 이 경우 제4조에 따른 적합성평가기준은 변경사항과 관련된 해당 적용기준만을 적용할 수 있다.
   ① 회로의 변경(인쇄회로 포함)이나, 구성품의 대치, 추가로 인한 변경, 부품소자의 제거, 대치, 추가로 인한 변경 또는 선택적으로 사용할 수 있도록 하는 변경의 경우
   ② 하드웨어 변경 없이 소프트웨어를 이용하여 새로운 기능 등을 구현 또는 추가함으로써 제4조 적합성평가기준의 시험항목이 변경되는 경우(다만, 컴퓨터·스마트폰·스마트 TV 등과 같이 일반 사용자가 다양한 소프트웨어를 직접 설치하여 운용할 수 있도록 제조된 범용 정보기기는 변경사항에서 제외한다.)
   ③ 적합성평가를 받은 기자재가 전파법 제11조 및 제12조에 따른 주파수 할당에 따라 하드웨어 변경 없이 사용주파수 또는 기술방식이 달라지는 경우

2. 적합성평가기준과 관련되지 아니한 변경사항으로서 적합성평가를 받은 기자재의 유지·관리에 관한 적합성평가의 변경사항은 다음 각 호와 같다.
   ① 파생모델명을 변경하는 경우
   ② 제조자 또는 제조국가를 변경하는 경우
   ③ 적합성평가를 받은 자가 다음 각 목에 따라 상호·성명·주소를 변경하는 경우
      가. 상속 또는 법인(법인 내 사업부서 포함)을 양도·합병·분할하는 경우
      나. 개인사업자가 법인(개인사업자가 법인의 대표자와 동일한 경우)으로 전환하는 경우
      다. 법인 또는 개인사업자에게 양도·양수하는 경우
      라. 기타 상호명·성명·주소를 단순 변경하는 경우

3. 제1항에도 불구하고 다음 각 호에 해당하는 경우에는 적합성평가기준과 관련되지 아니한 변경사항으로 볼 수 있다.

　① 하드웨어 변경 없이 소프트웨어를 이용하여 사용 중인 기능을 차단하거나 또는 삭제하는 경우

　② 제4조제1항제1호의 공통 적용기준과 관련한 변경사항으로서 다음 각 목에 해당하는 경우

　　가. 저항(Resistor), 인덕터(Inductor), 커패시터(Capacitor)를 동일한 종류의 부품소자로 대치(단, 부품소자의 전기적 크기나 용량에 관계없이 대치할 수 있다.)

　　나. 다이오드(발광 다이오드 포함)를 동일한 종류의 다이오드로 대치

　　다. 전기적 회로는 동일하고 전력용량(Wattage)을 축소

　　라. 적합성평가를 받은 제품의 구성품을 제거

　　마. 컴퓨터 내장 구성품[별표 1 제11호 바목 1) ②] 중 적합성평가를 받은 동등한 기능의 구성품으로 대치

　　바. 별표 1 제11호 카목 1) 또는 2)에 해당하는 기자재의 구성품을 적합성평가를 받은 동등한 기능의 구성품으로 대치하거나 해당 기자재에 적합성평가를 받은 구성품을 추가

　③ 제4조제1항제2호의 무선분야 적용기준과 관련한 변경사항으로서 다음 각 목에 해당하는 경우

　　가. 무선 송·수신용 부품(또는 무선기능의 완성품)을 적합성평가 받은 동등한 기능의 다른 무선 송·수신용 부품(또는 무선기능의 완성품)으로 대치

　　나. 무선 송·수신용 부품(또는 무선기능의 완성품)을 제거

[16] 적합성평가 면제의 세부범위 등

영 제77조의7제1항 별표 6의2 제1호 카목에 따른 전파환경 및 방송통신환경에 미치는 영향 등을 고려하여 적합성평가의 전부가 면제되는 기자재의 범위와 수량은 다음 각 호와 같다.

　① 외국에 납품할 목적으로 주문제작하는 선박에 설치하기 위해 수입되는 기자재와 외국으로부터 도입, 임대, 용선 계약한 선박 또는 항공기에 설치된 기자재 등과 또

는 이를 대치하기 위한 동일기종의 기자재 : 과학기술정보통신부장관이 인정하는 수량

② 판매를 목적으로 하지 아니하고 본인 자신이 사용하기 위하여 제작 또는 조립하거나 반입하는 아마추어무선국용 무선설비 : 과학기술정보통신부장관이 인정하는 수량

③ 적합성평가를 받은 컴퓨터 내장구성품[별표 1 제11호 바목 1) ②]으로 조립한 컴퓨터(다만, 별표 6의 소비자 안내문을 표시한 것에 한한다) : 수량제한 없음

④ 별표 1 제11호 나목, 다목, 라목, 바목, 사목의 기자재 중 USB 또는 건전지(충전지 포함) 전원으로 동작하는 것으로서, 별표 6의 소비자 안내문을 표시하고 과학실습용(코딩 교육 목적 등)으로 사용되는 조립용품 세트(다만, 무선 송·수신용 부품이 포함된 경우에는 해당 부품이 적합성평가를 받은 경우에 한한다) : 수량제한 없음

⑤ 산업용 기자재(접근 통제가 이루어지는 제한된 공간에서 사용될 목적으로 제조되거나 수입되며, 유통기록 관리가 가능한 전파법 제58조의2에 따른 적합등록 기자재 및 자기적합확인 기자재 또는 적합등록 절차를 따를 수 있는 무선 기자재에 한한다) : 과학기술정보통신부장관이 인정하는 수량

    가. 접근 통제가 이루어지는 제한된 공간은 입출입 기록관리가 가능하며, 허락된 인원만 입장이 가능하도록 제한한 공간일 것

    나. 유통기록 관리는 면제 받은 기자재의 면제승인번호, 제품명, 모델명, 제조번호, 제조·수입현황, 판매·납품 현황 등의 기록과 증빙자료가 면제 받은 이후에도 추적 가능할 것

[17] 적합성평가의 면제절차

1. 적합성평가를 면제받고자 하는 자는 다음 각 호의 서류를 작성하여 원장에게 제출하여야 한다.

   ① 별지 제12호서식의 적합성평가 면제 확인(신청)서(전자문서를 포함한다)

   ② 면제사실을 증명하는 서류 : 시험연구계획서, 사유서, 수출계약서, 납품계약서 등 면제사유를 증명하는 서류

   ③ 수입물품의 품명 및 수량의 확인이 가능한 서류 : 수입계약서, 물품매도확약서, 화물송장(인보이스) 등

2. 원장은 제1항에 따른 적합성평가 면제신청이 있는 경우 다음 각 호의 사항을 확인하여야 한다.
   ① 영 제77조의7제1항 및 제20조에 따른 면제범위에 해당하는지 여부
   ② 제1항제2호 서류가 면제신청 내용과 부합하는지 여부
   ③ 제1항제3호 서류가 면제신청 기자재 내역과 일치하는지 여부

3. 원장은 제2항에 따라 적합성평가 면제대상에 해당된다고 인정되는 경우에는 별지 제12호서식의 적합성평가 면제 확인(신청)서를 발급하여야 한다.

4. 제1항의 규정에도 불구하고 다음 각 호에 해당하는 기자재는 제1항 내지 제3항의 적합성평가 면제절차를 생략할 수 있다.
   ① 영 제77조의7제1항 별표 6의2 제1호 중에서 판매를 목적으로 하지 않고 개인이 사용하기 위하여 반입하는 기자재
   ② 영 제77조의7제1항 별표 6의2 제2호 중에서 국내에서 제조하여 외국에 전량 수출할 목적의 기자재
   ③ 영 제77조의7제1항 별표 6의2 제4호에 해당하는 기자재
   ④ 제20조제3호 및 제4호에 해당하는 기자재
   ⑤ 영 제77조의7제1항 별표 6의2에 따른 면제 대상 기자재 중 관세법 제97조제1항에 따라 재수출을 조건으로 재수출면세를 승인 받은 기자재

5. 제1항의 규정에도 불구하고 영 제77조의7제1항 별표 6의2 제1호 중에서 적합성평가를 받은 기자재의 유지·보수를 위해 제조 또는 수입되는 동일한 구성품 또는 부품은 최초에 예상 수입물량을 기재하여 적합성평가 면제를 신청할 수 있다.

6. 원장은 제3항에 따라 적합성평가 면제확인을 받은 기자재에 대하여 면제요건에 부합하게 사용되고 있는지를 사후관리 할 수 있다.

[18] 적합성평가 절차 및 서류의 간소화 등

1. 다음 각 호의 어느 하나에 해당하는 기자재의 경우 각 호의 구성품에 한해 적합성평가 당시 적용된 시험성적서 및 첨부서류의 제출을 생략할 수 있다. 다만, 제3호를 제외한 적합성평가 기준에 영향을 줄 수 있는 전자파 적합성 기준, 전자파 흡수율 및 전자파 강도 등에 대한 시험성적서는 제출하여야 한다.

① 적합성평가를 받은 '무선 송·수신용 부품'을 장착한 기자재
② 적합성평가를 받은 '슬롯형 착탈식 유선팩스 전용모듈'을 장착한 기자재
③ 적합성평가를 받은 '완구(어린이용 장난감)용 모터'를 장착한 완구제품(다만, 별도의 능동회로가 포함된 경우에는 제외한다)

2. 영 제77조의4의 적합성평가 기준과 관련된 사항의 변경으로 적합성평가 절차를 준용하여 적합성평가를 받는 경우에는 다음 각 호의 사항을 생략할 수 있다.
    ① 적합인증의 경우 : 적합인증서의 교부
    ② 적합등록의 경우 : 적합등록필증의 교부

3. 제2조제1항제8호의 동일기자재에 대하여 적합인증 또는 적합등록을 신청하고자 하는 자는 다음 각 호의 신청서와 첨부서류(전자문서를 포함)를 작성하여 원장에게 제출할 수 있다.
    ① 별지 제19호서식의 동일기자재 적합성평가 신청서
    ② 별지 제20호서식의 동일기자재 적합성평가 신청 동의서 : 적합성평가를 받은 자로부터 동의를 받은 서류
    ③ 적합인증서 또는 적합등록필증 사본 1부
    ④ 적합성평가 신청기자재 및 적합성평가를 받은 기자재의 외관사진 : 제품의 전면·후면 및 타 기기와의 연결부분과 적합성평가 표시사항의 식별이 가능한 사진
    ⑤ 적합성평가 신청기자재 및 적합성평가를 받은 기자재의 부품배치도 또는 사진 : 부품의 번호, 사양 등의 식별이 가능해야 함
    ⑥ 대리인 지정서 : 제30조에 따른 별지 제4호서식의 대리인 지정(위임)서

4. 원장은 제3항에 따라 동일기자재의 적합인증 또는 적합등록 신청을 받은 때에는 제3항 각 호의 서류에 대한 적정성만을 심사할 수 있다.

[19] 사후관리 등

1. 법 제71조의2에 따라 원장은 적합성평가를 받은 기자재에 대하여 적합성평가를 받은 자로부터 당해 기자재를 제출받거나 또는 유통 중인 기자재를 구입하여 사후관리를 할 수 있다. 다만, 다음 각 호에 해당하는 경우에는 사후관리를 생략할 수 있다.
    ① 영 제77조의12제1항제4호에 따라 시험기관에서 표본검사를 실시한 기자재로

서 해당 기자재가 적합성평가 기준에 만족함을 원장에게 보고한 경우
　　② 적합성평가를 받은 자가 해당 기자재에 대하여 지정시험기관에서 시험을 실시하는 등 자체 품질관리 결과를 제출한 경우

2. 원장은 제1항에 따른 사후관리 결과 적합성평가 기준에 부적합한 기자재에 대하여 시정명령 등 행정조치를 명하는 경우에는 서면으로 그 이유 및 기간을 명시하여야 한다.

3. 제2항에 따라 시정명령 등을 받은 자는 조치 후 지체 없이 그 결과를 서면으로 원장에게 제출하여야 한다.

4. 원장은 적합성평가를 받은 자에게 사후관리 대상기자재의 제출을 요구할 경우에는 다음 각 호의 요구사항을 서면으로 통보하여야 하며 이 경우 반입수량은 3대 이하로 한다.
　　① 요구 목적　　　　② 기자재 명칭
　　③ 모델명　　　　　④ 적합성평가(인증, 등록) 번호
　　⑤ 수량　　　　　　⑥ 제출기한
　　⑦ 제출장소

5. 제1항에 따라 제출받거나 구매한 기자재는 다음 각 호와 같이 처리한다.
　　① 제출받은 기자재는 사후관리 결과 통보 시 반환한다.
　　② 구매한 기자재는 물품관리법에 따라 처리한다.

6. 제1항에 따른 사후관리 조사·조치 시 제시할 증표는 별지 제16호서식과 같다.

[20] 수입기자재의 조사·시험 방법 등

1. 원장은 영 제117조의2에 따라 적합성평가 기준 준수 여부를 확인하기 위한 시험을 실시할 경우에는 제24조제2항부터 제6항까지의 규정을 준용한다.

2. 원장은 제1항에 따라 조사한 내용과 결과를 5년간 보관하여야 한다.

[21] 사후관리 시험 등

1. 원장은 제23조에 따라 제출받은 기자재에 대하여 해당 기자재가 법 제58조의2에 따라 적합성평가를 받을 당시의 적합성평가 기준에 적합한지 여부를 확인하기 위

하여 시험을 실시할 수 있다.

2. 적합성평가를 받은 자가 시험에 참여하기를 희망하는 때에는 입회하게 할 수 있다.

3. 원장은 예산의 범위 내에서 제1항에 따른 시험의 전부 또는 일부를 지정시험기관에 위탁할 수 있다.

4. 적합성평가를 받은 자는 원장에게 사후관리 결과(적합성평가 기준 부적합에 한함)를 통보받은 날로부터 14일 이내에 해당 기자재의 다른 제품에 대한 추가 시험요구 등 이의를 제기할 수 있다. 이 경우 추가시험에 소요되는 제반 비용(시료구매 및 시험수수료 등)은 이의를 제기한 자가 부담한다.

5. 제4항에 따른 부적합 판단기준은 제4조제1항제1호를 적용한 기자재의 경우 제4조제3항에 따른 전자파 장해방지 시험방법의 제품군별 시험규격에서 정한 통계적 방법을 적용하여 판단한다. 다만, 유선 및 무선통신 기자재의 경우에는 멀티미디어기기의 전자파 장해방지 시험방법에서 정한 통계적 방법을 준용할 수 있다.

6. 제4항에 따라 이의 제기된 제품의 시험을 지정시험기관이 수행할 수 있으며, 이 경우 담당 공무원이 참관하는 가운데 시험을 실시하여야 한다.

[22] 적합성평가의 표시 등

1. 영 제77조의5제2항에 따른 적합성평가의 표시기준 및 방법은 다음 페이지에 올려진 내용(별표 5)의 방법과 같다.

[23] 적합성평가의 해지

1. 적합성평가를 받은 자가 기자재의 제조·판매 또는 수입 중단 등으로 적합성평가를 해지하고자 하는 경우에는 다음 각 호의 신청서와 첨부서류(전자문서를 포함)를 작성하여 원장에게 제출하여야 한다.
    ① 별지 제17호서식의 적합성평가 해지 신청서
    ② 적합인증서 또는 적합등록필증

2. 원장은 제1항에 따른 적합성평가의 해지 신청을 받은 때에는 그 사실을 관보에 공고하여야 한다.

3. 자기적합확인을 한 자가 자기적합확인한 사실을 해지하고자 하는 경우에는 국립전파연구원의 인터넷 홈페이지에 공개한 사실을 철회하여 해지할 수 있다.

[24] 인증서의 재발급

원장은 제7조 및 제9조 또는 제13조에 따라 적합인증서(또는 적합등록필증 및 잠정인증서)를 교부받은 자가 인증서를 분실하거나 손상되어 별지 제18호서식을 작성하여 재발급을 신청한 경우에는 인증서를 재발급할 수 있다.

방송통신기자재 등의 적합성평가 표시기준 및 방법(별표 5)

1. 적합성평가 표시기준

가. 적합인증 또는 적합등록을 받은 자는 영 제77조의5제1항에 따른 다음의 사항을 기자재 또는 포장에 표시하여야 한다.

1) 국가통합인증마크의 기본도안 모형

 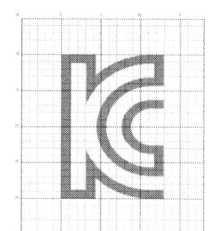

2) 기자재의 모델명
3) 기자재의 인증번호 또는 등록번호

R	-	X	S	-	A	B	C	D	-	X	X	~	X	X
①		②	③		④					⑤				
방송통신 기기식별		기본인증 정보식별			신 청 자 정보식별					제품식별				

①란은 전파법에 따른 방송통신기자재 등의 적합성평가(Radio)를 의미
②란은 기본 인증정보로서 'C', 적합등록은 'R', 잠정인증은 'I'로 표기
③란은 동일기자재에 대한 적합인증 또는 적합등록의 경우에만 'S'를 표기
④란은 제5조제4항에 따라 원장이 부여한 '신청자 식별부호'(3자리 또는 4자리)
⑤란은 신청자의 '기자재 식별부호(영문, 숫자, 하이픈(-), 언더바(_) 혼용 가능)'로, 14자리 이내에서 신청자가 정할 수 있음

4) 적합성평가를 받은 자의 상호 또는 성명
5) 기자재 명칭(또는 제품명칭)
6) 기자재의 제조시기(예 : 제조 연월, 제조 연월 조합으로 이루어진 로트번호, 제조 연월 조합이 포함되어 제조업자가 제조 연월을 입증할 수 있는 표시 등)

※ 소비자가 본문 중 제조시기를 알 수 있는 정보를 보고 제조 연월을 알 수 없다면 제조 연월을 별도로 표시하거나 제조 연월을 입증할 수 있는 정보를 사용자설명서, 포장, 인터넷 홈페이지 등을 통해 제공하여야 한다.

7) 기자재의 제조자 및 제조국가

※ 다수의 제조국가로 적합성평가를 받은 경우에는 해당 기자재가 최종적으로 만들어지는 국가만 표기한다.

나) 자기적합확인을 한 자는 영 제77조의5제1항에 따라 다음의 1)부터 3)까지의 사항을 기자재 또는 포장에 표시하여야 하며, 영 제77조의5제2항에 따른 다음의 4) 및 5)의 사항은 사용자설명서 또는 자기적합확인 선언서(별지 제21호서식) 제공 등의 방법으로 표시하여야 한다.

1) 제1호가목 1)의 국가통합인증마크
2) 기자재의 모델명
3) 기자재의 관리번호

A	B	C	D	-	X	X	~	X	X
①					②				
신 청 자 정보식별					제품식별				

①란은 제5조제4항에 따라 원장이 부여한 '신청자 식별부호'(3자리 또는 4자리)
②란은 신청자의 '기자재 식별부호(영문, 숫자, 하이픈(-), 언더바(_) 혼용 가능)'로, 14자리 이내에서 신청자가 정할 수 있음

4) 제1호가목 4)부터 7)까지의 표시사항
5) 국립전파연구원의 인터넷 홈페이지 주소(http://www.rra.go.kr/selform/관리번호)

다) 다음의 경우에는 기자재 또는 포장에 일부만 표시하거나 표시 전부를 생략하고 나머지 적합성평가 표시사항을 사용자설명서(전자적 방식을 포함)로 제공할 수 있다.

1) 기자재의 표면에 표시할 수 있는 최대 단면적이 400mm² 이하인 소형 기자재는 국가통합인증마크 또는 기자재의 고유번호만 기자재 또는 포장에 표시할 수 있다.
2) 적합성평가 신청 시 기재한 모델명과 제품의 판매·홍보 시에 사용하는 모델명이 동일한 경우에는 국가통합인증마크와 모델명만 기자재 또는 포장에 표시할 수 있다.
3) 체내 이식형 심장박동기 등과 같이 기자재의 표면 또는 포장에 표시하기가 곤란한 경우에는 기자재 또는 포장에 표시하지 아니할 수 있다.

2. 표시방법

가) 제1호가목 및 나목에 따른 적합성평가 표시는 해당 기자재의 표면 또는 포장에 알아보기 쉽도록 인쇄하거나 각인하는 등의 방법으로 매 기기마다 견고하게 부착하여 표시하여야 한다.

나) 판매·대여를 목적으로 인터넷에 게시하는 경우에 적합성평가 표시는 해당 기자재가 게시된 페이지의 상단 또는 기자재 가격이 표시된 아래 부분에 표시하여야 하며, 기자재의 고유번호는 문자(TEXT) 형태로 표시하여야 하고, 기자재의 고유번호의 진위여부를 확인하기 위해 다음의 URL(http://www.rra.go.kr/conform/인증(등록)번호 또는 http://www.rra.go.kr/selform/관리번호)를 링크할 수 있다.

2. 표시방법 계속

다) 수입자의 경우에는 구매자가 직접 기자재의 표면에 적합성평가 표시를 부착할 수 있도록 스티커 등을 제공하는 경우 기자재 또는 포장에는 적합성평가 표시를 생략할 수 있다.

라) 적합성평가 표시를 받은 무선 송·수신용 부품, 슬롯형 착탈식 유선팩스 전용모듈, 완구용 모터를 완제품의 구성품으로 사용할 경우에는 기자재의 고유번호와 함께 구성품의 적합성평가 고유번호도 표시하여야 한다.

마) 기자재의 고유번호가 하나 이상일 경우에는 기본도안 하나에 각각의 고유번호만 나열하여 표시할 수 있다.

3. 전자적 표시(e-labelling) 방법 및 절차

가) 적용범위

1) 적합성평가 표시(자기적합확인 표시)를 기자재의 표면 또는 포장에 물리적인 방법으로 표시하는 대신 펌웨어, 소프트웨어, QR코드 등을 이용한 전자적 표시(e-labelling) 방법을 선택적으로 사용할 수 있도록 허용하기 위함이다.

2) 전자적 표시(e-labelling)는 다음 두 가지 방법을 적용할 수 있다.

㉮ 디스플레이 방식 : 디스플레이가 내장된 제품(프로젝터 등과 같이 자체 디스플레이 제품 포함)에 한해 디스플레이를 통해 적합성평가 표시(자기적합확인 표시)를 할 수 있는 방법으로 사용자가 디스플레이를 임의로 제거할 수 없는 경우에 한하여 적용할 수 있다.

㉯ QR코드 방식 : 기자재의 표면 또는 포장에 표시된 QR코드를 통해 적합성평가 표시(자기적합확인 표시)를 확인할 수 있는 방법으로 QR코드 내에 직접 적합성평가 정보를 수록하는 정보수록 방식과 적합성평가를 받은 자의 홈페이지 URL 링크를 통해 적합성평가 정보를 표시하는 링크방식을 선택적으로 적용할 수 있다.

3) 전자적 표시(e-labelling) 정보는 식별이 가능하도록 표기하여야 한다.

나) 전자적 표시(e-labelling)에 표기하여야 할 정보

1) 영 제77조의5제1항에 따른 적합성평가 표시 및 제2항에 따른 자기적합확인 표시

2) 인증받은 무선 송·수신용 부품의 인증(등록)번호[표시방법의 예 : 인증받은 무선모듈(또는 RF MODULE) : 인증(등록)번호]

3) 제2호 나목의 ˝기자재의 고유번호 진위여부 확인 URL˝ (링크방식의 QR코드에 한함)

4) 추가적으로 표시할 수 있는 사항 : 제2호 나목의 ˝기자재의 고유번호 진위여부 확인 URL˝ (정보수록방식의 QR코드에 한함), [별표4]의 사용자 안내문, 전파법 제47조의2에 따른 전자파흡수율 등급, 사용자 설명서 등

다) 전자적 표시(e-labelling)에 사용하는 제품의 요구조건

　1) 공통 요구조건

　　㉮ 사용자가 특별한 접근암호나 인가절차 없이 제3호나목의 정보에 접근할 수 있어야 하며, 어떠한 경우에도 장치의 메뉴에서 3단계 이하의 단계를 거쳐 접근할 수 있어야 한다.

　　㉯ 전자적 표시(e-labelling) 정보는 제3자(일반사용자)에게 부여된 권한(예 : 어플리케이션 설치, 메뉴접근 등)의 통상적 활동과정에서 변경 또는 제거될 수 없는 방식으로 보호되어야 하며 적합성평가를 받은 자는 이를 보증하여야 한다.

　2) 디스플레이 방식의 요구조건

　　㉮ 사용자에게 전자적 표시(e-labelling)를 사용한 제품임을 포장재 또는 사용자설명서에 명시하여야 한다.

　　㉯ 사용자가 별도의 장치 또는 부대용품(예 : 가입자식별모듈(SIM) 등)을 사용하지 않고 전자적으로 저장된 제3호 나목의 정보에 접근할 수 있어야 한다.

　　㉰ 사용자가 정보에 접근할 수 있는 방법에 관한 특정한 안내문을 반드시 제공하여야 한다. 이러한 안내문은 사용자설명서(전자적 방식 포함), 작동설명서, 포장재 삽입물 또는 기타 이와 유사한 방식으로 제공할 수 있다.

　3) QR코드 방식의 요구조건

　　㉮ 링크방식을 통해 적합성평가 표시(자기적합확인 표시)를 하는 경우 적합성평가를 받은 자의 홈페이지는 적합성평가를 받은 자의 책임하에 운영 및 관리되어야 하며, 적합성평가 표시 정보의 지속적인 서비스제공이 보장되어야 한다.

　　㉯ QR코드 표시방법은 다음과 같다.

　　　㉠ 국가통합마크 및 기자재의 고유번호를 QR코드의 내부 또는 QR코드 테두리의 밖엥 인접하여 상하좌우 중 적절한 위치에 눈에 잘 보이도록 표시하여야 한다.

　　　㉡ QR코드를 신속하게 인식하는데 지장이 없는 범위 내에서 제품의 디자인에 따라 기본도안의 크기와 색깔을 적절히 변경하여 사용할 수 있다.

2. 국내에서 제조하는 제품의 적합성평가 표시는 출고 전에 하고, 수입제품의 적합성평가 표시는 통관 전에 하여야 한다.

[25] 처리기간

1. 원장은 적합성평가를 신청 받은 때에는 다음 각 호에서 정한 기일 이내에 이를 처리하여야 한다.

　① 즉시 처리

가. 제5조에 따른 적합성평가 식별부호 신청

　　　나. 제8조에 따른 적합등록의 신청

　　　다. 제18조제1항에 따른 적합등록 변경신고(제17조제1항 및 제17조제2항제1호
　　　　　와 제2호에 해당하는 경우)

　　　라. 제27조에 따른 적합성평가의 해지

　　　마. 제28조에 따른 인증서의 재발급

　　　바. 제31조에 따른 수입 기자재의 통관 확인

　　② 1일 이내 처리 : 제21조에 따른 적합성평가의 면제 확인

　　③ 5일 이내 처리

　　　가. 제5조에 따른 적합인증 신청

　　　나. 제18조제1항에 따른 적합인증 변경신고

　　　다. 제18조제1항에 따른 적합등록 변경신고(제17조제2항제3호에 해당하는 경우)

　　　라. 제22조제3항에 따른 동일기자재의 적합인증 또는 적합등록 신청

　　④ 30일 이내 처리 : 제13조에 따른 잠정인증 신청

2. 제1항제3호가목의 처리기간을 적용함에 있어 제6조제2항에 따른 시험성적서의 유효성 확인을 위하여 소요되는 기간은 처리기간에 산입하지 아니하며, 제1항제4호의 처리기간을 적용함에 있어 전문적인 기술검토 등 특별한 추가절차를 거치기 위하여 1회에 한하여 15일의 기한을 연장할 수 있다. 이 경우 원장은 신청인에게 그 사유 및 예상소요기간 등을 서면으로 사전 통보하여야 한다.

3 접지설비 · 구내통신설비 · 선로설비 및 통신공동구 등에 대한 기술기준에 관한 기본사항

[1] 총칙

(1) 목적

이 고시는 방송통신설비의 기술기준에 관한 규정(이하 "규정"이라 한다)에서 규정된 방송통신설비의 보호기 및 접지설비, 건축물 구내에 설치하는 통신설비, 사업자가 설치하는 선로설비 및 통신공동구 등에 대한 세부기술기준을 정함으로써 이의 원활한

설치·운영 또는 관리에 기여함을 목적으로 한다.

(2) 적용범위

① 이 고시는 다음 각 호의 설비에 대하여 적용한다.
1. 규정 제7조 규정에 의한 방송통신설비의 보호기 및 접지설비
2. 규정 제8조 규정에 의한 전송설비 및 선로설비
3. 규정 제10조 규정에 의한 전원설비
4. 규정 제17조·제17조의 2 및 주택건설기준 등에 관한 규정 제32조·32조의2·제42조의 규정에 의한 건축물에 설치하는 구내통신선로설비·구내용 이동통신설비 및 방송공동수신설비·홈네트워크설비
5. 전기통신사업법 제69조의2의 규정에 의한 도시철도시설에 설치하는 구내통신선로설비·구내용 이동통신설비
6. 규정 제25조 규정에 의한 통신공동구·관로·맨홀 등의 설비

(3) 용어의 정의

① 이 고시에서 사용하는 용어의 정의는 다음과 같다.
1. 삭제
2. "통신선"이라 함은 절연물로 피복한 전기도체 또는 절연물로 피복한 위를 보호피복으로 보호한 전기도체 및 광섬유 등으로써 통신용으로 사용하는 선을 말한다.
3. "이격거리"라 함은 통신선과 타물체(통신선을 포함)가 기상조건에 의한 위치의 변화에 의하여 가장 접근한 경우의 거리를 말한다.
4. "강전류절연전선"이라 함은 절연물만으로 피복되어 있는 강전류전선을 말한다.
5. "강전류케이블"이라 함은 절연물 및 보호물로 피복되어 있는 강전류전선을 말한다.
6. "강풍지역"이라 함은 벌판, 도서 또는 해안에 인접한 지역 등으로서 바람의 영향을 많이 받는 곳을 말한다.
7. "회선"이라 함은 전기통신의 전송이 이루어지는 유형 또는 무형의 계통적 전기통신로를 말하며, 그 용도에 따라 국선 및 구내선 등으로 구분한다.
8. "기타건축물"이라 함은 업무용 건축물 및 주거용 건축물을 제외한 건축물을 말한다.
9. "이용자"라 함은 구내통신설비를 소유하거나 사용하는 자를 말한다.

10. "사업자"라 함은 방송통신서비스를 제공하는 방송통신사업자를 말한다.
11. "구내간선케이블"이라 함은 구내에 두 개 이상의 건물이 있는 경우 국선단자함에서 각 건물의 동단자함 또는 동단자함에서 동단자함까지의 건물 간 구간을 연결하는 통신케이블을 말한다.
11의2. "건물"은 지상부가 외형적으로 분리된 경우를 말하며, 2개 이상 건물의 지하층 또는 지상층 일부가 주차장이나 통로 등으로 연결된 경우에도 각각의 건물로 본다. 다만, 국선단자함이 설치되는 공간(집중구내통신실 등)은 별도 건물로 적용할 수 있다.
12. "건물간선케이블"이라 함은 동일 건물 내의 국선단자함이나 동단자함에서 층단자함까지 또는 층단자함에서 층단자함까지의 구간을 연결하는 통신케이블을 말한다.
13. "수평배선케이블"이라 함은 층단자함에서 통신인출구까지를 연결하는 통신케이블을 말한다.
14. "동단자함"이라 함은 구내간선케이블 및 건물간선케이블을 종단하여 상호 연결하는 통신용 분배함을 말한다.
15. "층단자함"이라 함은 건물간선케이블 및 수평배선케이블을 종단하여 상호 연결하는 통신용 분배함을 말한다.
16. "세대단자함"이라 함은 세대 내에 인입되는 통신선로, 방송공동수신설비 또는 홈네트워크설비 등의 배선을 효율적으로 분배·접속하기 위하여 이용자의 주거전용면적에 포함되는 실내공간에 설치되는 분배함을 말한다.
17. "세대 내 성형배선"(이하 "성형배선"이라 한다)이라 함은 세대단자함 또는 이와 동등한 기능이 있는 단자함에서 각 인출구로 직접 배선되는 방식을 말한다.
18. "급전선"이라 함은 전파에너지를 전송하기 위하여 송신장치나 수신장치와 안테나 사이를 연결하는 선을 말한다.
19. "중계장치"라 함은 선로의 도달이 어려운 지역을 해소하기 위해 사용하는 증폭장치 등을 말한다.
20. "홈네트워크 주장치(홈게이트웨이, 월패드, 홈서버 등을 포함)"라 함은 세대 내에서 사용되는 홈네트워크 기기들을 유·무선 네트워크 기반으로 연결하고 홈네트워크 서비스를 제공하는 기기를 말한다.
21. "저압"이란 직류에서는 1500볼트 이하의 전압을 말하고, 교류에서는 1000볼

트 이하의 전압을 말한다.

23. "고압"이란 직류에서는 1500볼트를 초과하고 7천볼트 이하인 전압을 말하고, 교류에서는 1000볼트를 초과하고 7천볼트 이하인 전압을 말한다.

24. "특고압"이란 7천볼트를 초과하는 전압을 말한다.

② 제1항에서 사용하는 용어의 정의를 제외하고는 규정에서 정하는 바에 의한다.

[2] 보호기 성능 및 접지설비 설치방법

(1) 보호기 성능

① 보호기의 기본회로도는 아래와 같으며, 보호기의 성능은 제2항 내지 제4항의 조건을 만족하여야 한다.

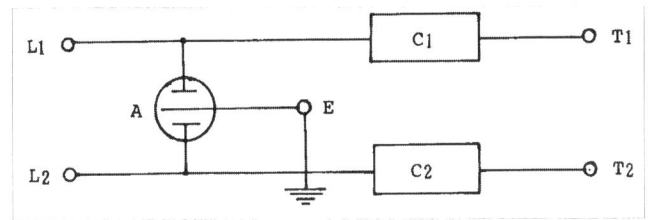

(주) L1, L2 : 외선측 단자　　T1, T2 : 내선측 단자
　　 E : 접지선 단자　　　　　A : 과전압방전소자
　　 C1, C2 : 과전류제한소자

② 보호기의 과전압 성능은 다음 각 호와 같아야 한다.

1. 보호기는 직류 100[V/sec]의 상승전압을 L1-E, L2-E간에 인가할 때 184[V] 이상 280[V] 이하에서 접지를 통하여 방전이 개시되어야 한다.
2. 보호기는 100[V/μs]의 상승전압을 L1-E, L2-E간에 인가할 때 180[V] 이상 600[V] 이하에서 접지를 통하여 방전되어야 한다.
3. 보호기는 1000[V/μs]의 상승전압을 L1-E, L2-E간에 인가할 때 180[V] 이상 700[V] 이하에서 접지를 통하여 방전되어야 한다.

③ 보호기의 과전류 성능은 다음 각 호와 같아야 한다.

1. 보호기는 L1-T1, L2-T2간에 교류 110[V] 250[mA]를 인가할 때 1분 이내, 교류 110[V] 1[A]를 인가할 때 2초 이내에 동작하여 부동작 전류 이하로 전류

를 제한하고, 과전류가 제거되면 자기 복구되어야 한다.
   2. 보호기는 L1-T1, L2-T2간에 직류 150[mA]를 3시간 인가할 때 과전류 제한소자는 동작하지 않아야 한다.

④ 보호기의 발화방지 성능은 다음 각 호와 같아야 한다.
   1. 보호기는 L1-E, L2-E간에 60[Hz], 5[A]를 15분간 인가할 때 과전압 방전소자의 발화 방지장치가 동작하여 보호기의 발화 및 변형이 없어야 한다.
   2. 보호기는 과전압 방전소자가 삽입되지 않은 상태에서 L1-T1, L2-T2간에 교류 220[V], 3[A]을 15분간 인가할 때 과전류 제한소자가 손상되지 않아야 하며, 보호기의 발화 및 변형이 없어야 한다.

(2) 접지저항 등

① 교환설비·전송설비 및 통신케이블과 금속으로 된 단자함(구내통신단자함, 옥외분배함 등)·장치함 및 지지물 등이 사람이나 방송통신설비에 피해를 줄 우려가 있을 때에는 접지단자를 설치하여 접지하여야 한다.

② 통신관련시설의 접지저항은 10[Ω] 이하를 기준으로 한다. 다만, 다음 각 호의 경우는 100[Ω] 이하로 할 수 있다.
   1. 선로설비 중 선조·케이블에 대하여 일정 간격으로 시설하는 접지(단, 차폐케이블은 제외)
   2. 국선 수용 회선이 100회선 이하인 주배선반
   3. 보호기를 설치하지 않는 구내통신단자함
   4. 구내통신선로설비에 있어서 전송 또는 제어신호용 케이블의 쉴드 접지
   5. 철탑 이외 전주 등에 시설하는 이동통신용 중계기
   6. 암반 지역 또는 산악지역에서의 암반 지층을 포함하는 경우 등 특수 지형에의 시설이 불가피한 경우로서 기준 저항값 10[Ω]을 얻기 곤란한 경우
   7. 기타 설비 및 장치의 특성에 따라 시설 및 인명 안전에 영향을 미치지 않는 경우

③ 통신회선 이용자의 건축물, 전주 또는 맨홀 등의 시설에 설치된 통신설비로서 통신용 접지시공이 곤란한 경우에는 그 시설물의 접지를 이용할 수 있으며, 이 경우 접지저항은 해당 시설물의 접지기준에 따른다. 다만, 전파법시행령 제25조의 규정에 의하여 신고하지 아니하고 시설할 수 있는 소출력중계기 또는 무선국의 경우, 설치

된 시설물의 접지를 이용할 수 없을 시 접지하지 아니할 수 있다.

④ 접지선은 접지저항값이 10[Ω] 이하인 경우에는 2.6[mm] 이상, 접지저항값이 100[Ω] 이하인 경우에는 지름 1.6[mm] 이상의 PVC 피복 동선 또는 그 이상의 절연효과가 있는 전선을 사용하고 접지극은 부식이나 토양오염 방지를 고려한 도전성 재료를 사용한다. 단, 외부에 노출되지 않는 접지선의 경우에는 피복을 아니할 수 있다.

⑤ 접지체는 가스, 산 등에 의한 부식의 우려가 없는 곳에 매설하여야 하며, 접지체 상단이 지표로부터 수직 깊이 75[cm] 이상되도록 매설하되 동결심도보다 깊도록 하여야 한다.

⑥ 사업용 방송통신설비와 전기통신사업법 제64조의 규정에 의한 자가전기통신설비 설치자는 접지저항을 정해진 기준치를 유지하도록 관리하여야 한다.

⑦ 다음 각 호에 해당하는 방송통신관련 설비의 경우에는 접지를 아니할 수 있다.
   1. 전도성이 없는 인장선을 사용하는 광섬유케이블의 경우
   2. 금속성 함체이나 광섬유 접속 등과 같이 내부에 전기적 접속이 없는 경우

[3] 선로설비 설치방법

(1) 사용 가능한 통신선의 종류

방송통신설비에 사용하는 통신선은 절연전선 또는 케이블이어야 한다. 다만, 절연전선이나 케이블을 사용하기가 곤란한 경우에 있어서 타인이 설치한 방송통신설비에 방해를 줄 염려가 없고 인체 또는 물건에 손상을 줄 염려가 없는 경우에는 예외로 할 수 있다.

(2) 가공통신선의 지지물과 가공강전류전선간의 이격거리

① 가공통신선의 지지물은 가공강전류전선 사이에 끼우거나 통과하여서는 아니된다. 다만, 인체 또는 물건에 손상을 줄 우려가 없을 경우에는 예외로 할 수 있다.

② 가공통신선의 지지물과 가공강전류전선간의 이격거리는 다음 각 호와 같다.
   1. 가공강전류전선의 사용전압이 저압 또는 고압일 경우의 이격거리

가공강전류전선의 사용전압 및 종별		이격거리
저압		30[cm] 이상
고압	강전류케이블	30[cm] 이상
	기타 강전류전선	60[cm] 이상

2. 가공강전류전선의 사용전압이 특고압일 경우의 이격거리

가공강전류전선의 사용전압 및 종별		이격거리
35,000[V] 이하의 것	강전류케이블	50[cm] 이상
	특고압 강전류절연전선	1[m] 이상
	기타 강전류전선	2[m] 이상
35,000[V]를 초과하고 60,000[V] 이하의 것		2[m] 이상
60,000[V]를 초과하는 것		2[m]에 사용전압이 60,000[V]를 초과하는 10,000[V]마다 12[cm]를 더한 값 이상

(3) 전주의 안전계수

① 전주의 안전계수는 다음 표와 같다. 다만, 철근콘크리트주 및 철주는 표 제1호, 제2호, 제3호의 경우 1.0 이상으로 하고, 제4호의 경우 1.5 이상으로 할 수 있다.

전주의 구별	안전계수
1. 도로상 또는 도로로부터 전주 높이의 1.2배에 상당하는 거리 내의 장소에 설치하는 전주	1.2
2. 다음에 해당하는 가공통신선을 가설하는 전주 가. 구조물로부터 그 전주의 높이에 해당하는 거리 내에 접근하는 가공통신선 나. 타인의 가공통신선 또는 가공강전류전선과 교차되거나 그 전주의 높이에 상당하는 거리 내에 접근하는 가공통신선 다. 철도 또는 궤도로부터 그 전주의 높이에 상당하는 거리 내에 접근하거나 도로, 철도 또는 궤도를 횡단하는 가공통신선	1.2
3. 가공통신선과 저압 또는 고압의 가공강전류전선을 공가하는 전주	1.5
4. 가공통신선과 특고압의 가공강전류전선을 공가하는 전주	2.0

② 전주에 지선 또는 지주를 설치하는 경우에는 그 전체의 안전계수를 전주의 안전계수로 보고 제1항의 규정을 적용한다.

③ 전주의 안전계수는 그 전주에 개설하는 시설물의 인장하중, 제9조의 규정에 의한 풍압하중 및 그 시설장소에서 통상 예상되는 기상의 변화 등 기타 외부 환경의 영향이 가하여진 것으로 하여 이를 계산한다.

(4) 풍압하중

① 옥외통신설비에 대한 기본풍압하중은 아래의 표와 같다.

풍압을 받는 시설물			시설물의 수직투영면적 $1[m^2]$에 대한 풍압
전주류		목주 또는 철근콘크리트주	80[kg]
	철주	원통주	80[kg]
		삼각주 또는 사각주	190[kg]
		각주(강관에 의하여 구성된 것에 한한다.)	150[kg]
		기타의 것	240[kg]
무선 시설류	철탑	강관에 의하여 구성된 것	170[kg]
		기타의 것	290[kg]
	철탑에 부착 시설되는 안테나류		200[kg]
	마이크로웨이브안테나		200[kg]
기타	통신선 또는 보조선		100[kg]
	완철류 또는 함류		160[kg]

주) 설계풍속 40[m/s]를 적용한 것임

② 강풍지역 외 시가지에서는 전주 및 기타 시설류에 대하여 제1항에 의한 풍압하중의 1/2배를 적용할 수 있다.

③ 강풍지역에서는 과거 기상자료를 바탕으로 하여 제1항의 풍압하중 이상을 적용한다.

④ 무선시설류는 제1항에 의한 풍압하중의 2배 이상을 적용한다. 다만, 건물 옥상에 시설하는 철탑의 경우 제1항의 풍압하중을 적용하고 철탑 붕괴 시 인명 및 재산 피해를 방지할 수 있도록 지선설치 등의 보강조치를 하여야 한다.

⑤ 다설지역에서는 제1항의 풍압하중 또는 통신선 또는 보조선에 비중 0.9의 빙설을 6[mm]의 두께로 부착한 경우에 상기 제1항 규정에 의한 풍압하중의 1/2배를 적용한 하중 중 큰 것을 적용한다.

⑥ 통신선 및 보조선을 고정하는 클램프 등의 자재는 통신선에 대한 제1항의 풍압하중 인가 시 설계 장력을 유지할 수 있어야 한다. 단, 이 기준 이외의 다른 기준에 의한 전주류에 설치되는 통신선의 경우에는 해당 기준에 의한 풍압하중을 적용한다.

(5) 가공통신선 지지물의 등주방지

가공통신선의 지지물에는 취급자가 오르내리는데 사용하는 발디딤쇠 등을 지표상으로부터 1.8[m] 이상의 높이에 부착하여야 한다. 다만, 다음과 같은 경우에는 예외로 할 수 있다.
1. 발디딤쇠 등이 지지물의 내부로 들어가는 구조인 경우
2. 지지물 주위에 취급자 이외의 자가 들어갈 수 없도록 시설하는 경우
3. 지지물을 사람이 쉽게 접근할 수 없는 장소에 설치한 경우

(6) 가공통신선의 높이

① 설치장소 여건에 따른 가공통신선의 높이는 다음 각 호와 같다.
1. 도로상에 설치되는 경우에는 노면으로부터 4.5[m] 이상으로 한다. 다만, 교통에 지장을 줄 우려가 없고 시공상 불가피할 경우 보도와 차도의 구별이 있는 도로의 보도상에서는 3[m] 이상으로 한다.
2. 철도 또는 궤도를 횡단하는 경우에는 그 철도 또는 궤조면으로부터 6.5[m] 이상으로 한다. 다만, 차량의 통행에 지장을 줄 우려가 없는 경우에는 그러하지 아니하다.
3. 7,000[V]를 초과하는 전압의 가공강전류전선용 전주에 가설되는 경우에는 노면으로부터 5[m] 이상으로 한다.
4. 제1호 내지 제3호 및 제2항 이외의 기타 지역은 지표상으로부터 4.5[m] 이상으로 한다. 다만, 교통에 지장을 줄 염려가 없고 시공상 불가피한 경우에는 지표상으로부터 3[m] 이상으로 할 수 있다.

② 가공선로설비가 하천 등을 횡단하는 경우에는 선박 등의 운행에 지장을 줄 우려가 없는 높이로 설치하여야 하며, 헬리콥터 등의 안전운항에 지장이 없도록 안전표지(항공표지 등)가 설치되어야 한다.

(7) 전주의 안전계수와 가공통신선의 지지물에 대한 예외

비상사태하에 있어서 재해의 예방과 구조, 교통, 통신, 전력의 공급과 확보 또는 질서의 유지에 필요한 통신을 행하기 위하여 설치하는 선로에 관하여는 절연전선 또는 케이블을 사용하는 것에 한하여 그 설치한 날로부터 1월 내에는 제8조의 규정을 적용하지 아니한다.

(8) 보호망

① 가공통신선이 가공강전류전선과 교차하거나 가공강전류전선과의 수평거리가 그 가공통신선 또는 가공강전류전선의 지지물 중 높은 것에 해당하는 거리 이하로 접

근할 경우에 설치하는 보호망의 종류 및 구성은 다음과 같다.

1. 제1종 보호망
    가. 특별보안접지공사(접지저항이 10[Ω] 이하가 되도록 하는 접지공사를 말한다. 이하 같다)를 한 금속선을 망상으로 할 것
    나. 보호망의 바깥둘레를 구성하는 금속선은 지름 3.5[mm] 이상의 동복강선 또는 지름 5[mm]의 경동선이나 이와 동등 이상의 강도의 것을 사용하고, 기타의 부분을 구성하는 금속선은 지름 3.5[mm] 이상의 동복강선 또는 지름 4[mm]의 경동선이나 이와 동등 이상의 강도의 것을 사용할 것
    다. 병행하는 금속선 상호 간의 거리는 각각 1.5[m] 이하로 할 것
2. 제2종 보호망
    가. 보안접지공사(접지저항이 100[Ω] 이하가 되도록 하는 접지공사를 말한다. 이하 같다)를 한 금속선을 망상으로 할 것
    나. 세로선은 지름 3.5[mm] 이상의 동복강선 또는 지름 4[mm]의 경동선이나 이와 동등 이상의 강도를 가진 것을 사용할 것
    다. 가로선은 지름 2.6[mm]의 경동선이나 이와 동등 이상의 강도를 가진 것을 사용할 것
    라. 병행하는 금속선 상호 간의 거리는 각각 1.5[m] 이하로 할 것

② 제1항의 규정에 의한 보호망의 설치는 다음과 같이 한다.

1. 보호망과 가공통신선 및 가공강류전선간의 수직이격거리는 각각 60[cm] 이상으로 한다. 다만, 제2종 보호망에 있어서 공사상 부득이한 경우에는 그 수직거리를 30[cm] 이상으로 할 수 있다.
2. 보호망이 가공통신선 및 가공강류전선의 밖으로 펼쳐지는 폭은 보호망과 가공통신선간의 수직거리의 1/2에 상당하는 길이(그 길이가 30[cm] 미만이 되는 경우는 30[cm]) 이상으로 한다.
3. 제2종 보호망은 제1종 보호망으로 대체할 수 있으나 제1종 보호망은 제2종 보호망으로 대체할 수 없다.

(9) 보호선

① 가공통신선이 가공강류전선과 교차하거나 가공강류전선과의 수평거리가 그 가공통신선 또는 가공강류전선의 지지물 중 높은 것에 해당하는 거리 이하로 접

근할 경우에 설치하는 보호선의 종류 및 구성은 다음과 같다.
1. 제1종 보호선
   가. 지름 3.5[mm] 이상의 동복강선 또는 지름 5[mm]의 경동선이나 이와 동등 이상의 강도를 가진 것을 2조 이상으로 구성하고, 보안접지공사를 할 것
   나. 보호선의 금속선 상호 간의 간격은 75[cm] 이하로 할 것
2. 제2종 보호선
   가. 지름 3.5[mm] 이상의 동복강선 또는 지름 4[mm]의 경동선이나 이와 동등 이상의 강도를 가진 것을 2조 이상으로 구성하고, 보안접지공사를 할 것

② ①항의 규정에 의한 보호선의 설치는 다음 각 호와 같이 하여야 한다.
1. 가공통신선과 45°를 넘는 각도로 교차하여야 한다.
2. 보호선과 가공통신선간의 수직이격거리는 60[cm] 이상으로 한다.
3. 보호선이 가공통신선의 밖으로 펼쳐지는 길이는 보호선과 가공통신선간 수직거리의 1/2에 상당하는 길이(그 길이가 30[cm] 미만일 경우에는 30[cm]) 이상으로 한다.
4. 제2종 보호선은 제1종 보호선으로 대체할 수 있으나, 제1종 보호선은 제2종 보호선으로 대체할 수 없다.

(10) 가공통신선과 저압 또는 고압의 가공강전류전선과의 접근 또는 교차

① 가공통신선이 저압 또는 고압의 가공강전류전선과 교차하거나 가공강전류전선과의 수평거리가 그 가공통신선 또는 가공강전류전선의 지지물 중 높은 것에 해당하는 거리 이하로 접근할 경우의 이격거리는 다음 표와 같다. 다만, 가공통신선은 가공강전류전선 아래에 설치하여야 한다.

가공강전류전선의 사용전압 및 종별		이격거리
저압	고압 강전류절연전선, 특고압 강전류절연전선 또는 케이블	30[cm] 이상(강전류전선 설치자의 승낙을 얻었을 경우에는 15[cm] 이상)
	강전류절연전선	60[cm] 이상(강전류전선 설치자의 승낙을 얻었을 경우에는 30[cm] 이상
고압	강전류케이블	40[cm] 이상
	고압 강전류절연전선, 특고압 강전류절연전선	80[cm] 이상

② 가공통신선이 저압 또는 고압의 가공강전류전선과의 수평거리가 그 가공통신선 또는 가공강전류전선의 지지물 중 높은 것에 해당하는 거리 이하로 접근할 경우, 다

음과 같은 규정에 의해 가공통신선을 가공강전류전선 위에 설치할 수 있다.
1. 공사상 부득이 하고, 가공통신선의 지지물이 다음의 규정에 의해 설치될 경우
   가. 가공통신선과 가공강전류전선간의 이격거리가 제1항의 규정에 의할 경우
   나. 목주의 경우에는 말구경이 12[cm] 이상이며 안전계수가 1.3 이상일 경우
   다. 가공통신선이 5° 이하의 수평각도를 이루는 직선부분을 지지하는 지지물간의 거리차가 크거나 5° 이상의 수평각도를 이루는 개소 또는 전주의 안전계수가 1.2 미만인 경우, 이를 보강할 수 있는 지선 또는 지주를 설치할 경우
2. 가공통신선과 가공강전류전선간의 수평거리가 2.5[m] 이상이고, 가공통신선 지지물이 넘어지거나 무너졌을 때에 가공강전류전선과 접촉할 우려가 없는 경우

(11) **가공통신선과 특고압의 가공강전류전선과의 접근**

① 가공통신선이 특고압의 가공강전류전선과의 수평거리가 그 가공통신선 또는 가공강전류전선의 지지물 중 높은 것에 해당하는 거리 이하로 접근할 경우에 다음과 같은 규정에 의해 가공통신선을 가공강전류전선 아래에 설치하여야 한다.
1. 가공통신선과 가공강전류전선과의 수평거리가 3[m] 이상인 경우의 이격거리는 제7조제2항제2호의 규정에 의하여 설치하여야 한다.
2. 가공통신선과 가공강전류전선과의 수평거리가 3[m] 미만인 경우에는 다음의 규정에 의하여 설치하여야 한다.
   가. 가공통신선과 가공강전류전선과의 이격거리는 제7조제2항제2호의 규정에 의하여야 한다.
   나. 가공통신선과 가공강전류전선과의 수평이격거리는 2[m] 이상으로 한다. 다만, 다음의 규정에 의할 경우에는 예외로 할 수 있다.
      (1) 가공통신선이 지름 5[mm]의 경동선이나 이와 동등 이상의 강도를 가진 절연전선 또는 케이블일 경우
      (2) 가공통신선을 지름 4[mm]의 아연도금 철선이나 이와 동등 이상의 강도의 것으로 조가하여 설치한 경우
      (3) 가공통신선이 15[m] 이하의 인입선일 경우
      (4) 가공통신선과 가공강전류전선과의 수직거리가 6[m] 이상인 경우
      (5) 가공통신선과 가공강전류전선 사이에 제2종 보호선을 설치하는 경우. 다만, 가공강전류전선이 제2종 특별보안공사(전기사업법 제67조 규정에

의하여 고시된 기술기준에 의한다. 이하 같다)를 하지 않은 경우에 제1종 보호망을 설치하는 경우

(6) 가공강전류전선이 특고압 강전류절연전선 또는 강전류케이블이며, 그 사용전압이 35,000[V] 이하인 경우

3. 가공통신선과 가공강전류전선과의 수평거리가 3[m] 미만이 되는 길이가 연속하여 50[m] 이하로 설치되어야 한다.
4. 가공강전류전선의 전주와 전주 사이에서 가공통신선과 가공강전류전선과의 수평거리가 3[m] 미만으로 되는 부분의 길이의 합계가 50[m] 이하로 설치하여야 한다.
5. 제3호, 제4호 규정에도 불구하고 다음과 같은 경우에는 50[m]를 초과하여 설치할 수 있다.

    가. 가공강전류전선의 전압이 35,000[V] 이하이고 제2종 특별보안공사에 의해 설치된 경우

    나. 가공강전류전선의 전압이 35,000[V]를 초과하고 제1종 특별보안공사(전기사업법 제67조 규정에 의하여 고시된 기술기준에 의한다. 이하 같다)에 의해 설치된 경우

6. 제2호의 제2종 보호선 또는 제1종 보호망과 특고압의 가공강전류전선과의 수직이격거리는 제7조제2항제2호의 규정에 의한다.

② 가공통신선과 가공강전류전선간의 수평거리가 3[m] 이상이고, 가공통신선의 지지물이 넘어지거나 무너졌을 때에 가공강전류전선과 접촉할 우려가 없거나 다음과 같은 규정에 의할 경우에는 가공통신선을 위에 설치할 수 있다.

1. 가공통신선과 가공강전류전선의 이격거리를 제7조제2항제2호에 의할 경우
2. 가공통신선과 그 지지물이 다음과 같은 규정에 의해 설치되는 경우. 다만, 가공강전류전선이 케이블이고, 그 사용전압이 35,000[V] 이하인 경우에는 포함되지 아니한다.

    가. 가공통신선이 케이블 또는 지름 5[mm]의 연동선이나 이와 동등 이상의 강도를 가진 절연전선인 경우

    나. 목주는 말구경이 12[cm] 이상이며 안전계수가 1.5 이상인 경우

    다. 가공강전류전선과 접근하는 반대쪽에 지선을 설치한 경우

    라. 가공통신선이 5° 이하의 수평각도를 이루는 직선부분을 지지는 지지물간의

거리차가 크거나, 5° 이상의 수평각도를 이루는 개소 또는 전주의 안전계수가 1.5 미만인 경우에는 이를 보강할 수 있는 지선 또는 지주를 설치하는 경우

(12) 가공통신선과 특고압의 가공강전류전선과의 교차

① 가공통신선이 특고압의 가공강전류전선과 교차하는 경우에는 다음의 규정에 의해 가공강전류전선의 아래에 설치하여야 한다.

1. 가공통신선과 가공강전류전선의 이격거리는 제7조제2항제2호의 규정에 의한다.
2. 가공강전류전선에 제2종 특별보안공사가 되어 있는 경우에는 가공통신선과 가공강전류전선 사이에 제2종 보호선을 설치하여야 한다. 다만, 다음과 같은 경우에는 제2종 보호선을 설치하지 아니하여도 된다.
    가. 가공통신선(2 이상의 통신선이 수직으로 있는 경우에는 맨 위의 것)이 케이블이거나 3.5[mm]의 동복강선, 지름 5[mm]의 경동선이거나 이와 동등 이상의 강도를 가진 것으로 조가하는 것일 경우
    나. 가공통신선이 전주로부터 15[m] 이하의 인입선일 경우
    다. 가공통신선과 가공강전류전선과의 수직거리가 6[m] 이상일 경우
    라. 가공통신선과 가공강전류전선 사이에 제1종 보호망을 설치할 경우
    마. 가공강전류전선이 강전류케이블 또는 특고압 강전류절연전선이며, 그 사용전압이 35,000[V] 이하인 것일 경우
3. 가공강전류전선에 제2종 특별보안공사가 되어 있지 않은 경우에는 가공통신선과 가공강전류전선 사이에 제2종 보호망을 설치하여야 한다.
4. 가공통신선 중 가공강전류전선과의 수평거리가 3[m] 미만으로 설치되는 부분의 길이가 연속하여 50[m] 이하로 설치되어야 한다. 다만, 다음과 같은 경우에는 예외로 할 수 있다.
    가. 가공강전류전선의 전압이 35,000[V] 이하이고, 제2종 특별보안공사가 되어 있는 경우
    나. 가공강전류전선의 전압이 35,000[V]를 초과하고, 제1종 특별보안공사가 되어 있는 경우

② ①제1호 내지 제2호 및 다음과 같은 규정에 의할 때는 가공통신선은 가공강전류전선의 위에 설치할 수 있다.

1. 가공강전류전선이 강전류케이블이고, 그 사용전압이 35,000[V] 이하인 경우
2. 가공강전류전선에 견고한 방호장치를 하며, 그 금속에 보안접지공사를 하고, 그 사용전압이 35,000[V] 이하인 경우

(13) 가공통신선과 전차선과의 접근 또는 교차

① 가공통신선이 저압 또는 고압의 가공직류전차선 또는 이와 전기적으로 접속하는 조가용선(이하 "전차선 등"이라고 한다)과의 수평거리가 그 가공통신선 또는 전차선 등의 지지물 중 높은 것에 해당하는 거리 이하로 접근 또는 교차할 경우에는 다음의 규정에 의하여야 한다.

1. 가공통신선과 전차선 등과의 수평이격거리는 전차선이 저압일 경우는 60[cm] 이상, 고압일 경우에는 1.2[m] 이상으로 한다. 다만, 전차선 등의 설치자의 승낙을 얻는 경우에는 예외로 할 수 있다.
2. 가공통신선이 고압의 전차선 등과 45° 이하의 수평각도로 교차하거나 고압의 전차선 등과의 수평거리가 2.5[m] 이하인 경우에는 가공통신선과 전차선 등 사이에 제2종 보호망을 설치하여야 한다. 다만, 다음과 같은 경우에는 제2종 보호망을 설치하지 아니하여도 된다.
   가. 가공통신선과 고압의 전차선 등과의 수평거리가 1.2[m] 이상이고, 수직거리가 그 수평거리의 1.5배 이하인 경우
   나. 가공통신선과 전차선 등과의 수직거리가 6[m] 이상이고, 가공통신선이 케이블 또는 지름 5[mm]의 경동선이나 이와 동등 이상의 강도를 가진 절연전선인 경우
3. 가공통신선이 전차선 등과 45°를 초과하는 수평각도로 교차하는 경우에는 그 사이에 제1종 보호선을 설치하여야 한다. 다만, 전차선 등의 설치자의 승낙을 얻는 경우에는 예외로 할 수 있다.
4. 전차선 등과 보호선 또는 보호망과의 수직이격거리는 60[cm] 이상으로 한다. 다만, 전차선 등의 관리책임자의 승낙을 얻었을 때에는 30[cm]까지 할 수 있다.

② 가공통신선과 교류전차선의 수평거리가 그 가공통신선과 교류전차선의 지지물 중 높은 것에 해당하는 거리 이하로 접근할 경우에는 다음의 규정에 의하여야 한다.

1. 가공통신선과 교류전차선이 접근하는 경우에 수평거리는 3[m] 이상으로 하여야 하며, 가공통신선 또는 교류전차선의 절단이나 이들의 지지물이 넘어지거나

무너졌을 때에는 접촉되지 않도록 설치하여야 한다.
2. 가공통신선과 교류전차선이 교차하는 경우에는 다음과 같이 설치하여야 한다.
   가. 가공통신선 또는 그 지지물과 교류전차선과의 이격거리는 2[m] 이상일 것
   나. 가공통신선은 케이블을 사용하고, 단면적이 38[mm^2] 이상의 아연도금강연선으로서 인장하중이 3,000[kg] 이상인 것을 설치할 것
3. 목주는 말구경이 12[cm] 이상으로서 안전계수가 2.0 이상이여야 한다.
4. 전주(철탑은 제외)에는 통신선방향으로 교차하는 측의 반대측 및 통신선과 직각의 방향으로 그 양측에 지선을 설치한다.
5. 가공통신선이 5° 이하의 수평각도를 이루는 직선부분을 지지하는 지지물간의 거리차가 크거나, 5° 이상의 수평각도를 이루는 개소 또는 전주의 안전계수가 1.5 미만인 경우에는 이를 보강할 수 있는 지선 또는 지주를 설치하는 경우

(14) 가공강전류전선과 동일의 지지물에 가설하는 가공통신선

① 가공통신선을 저압 또는 고압의 가공강전류전선과 2 이상 동일의 지지물에 연속하여 가설할 경우에는 다음과 같이 하여야 한다.
   1. 가공통신선을 가공강전류전선 아래에 설치하여야 하고, 가공강전류전선의 완철과는 별도의 완철류에 설치하여야 한다. 다만, 가공강전류전선이 저압으로서 고압 강전류절연전선, 특고압 강전류절연전선, 강전류케이블이거나 가공통신선의 도체가 가공강전류전선에 내장 또는 외접하여 설치하는 광섬유인 때는 예외로 할 수 있다.
   2. 가공통신선과 가공강전류전선의 이격거리는 다음 표와 같다.

가공강전류전선의 사용전압 및 종별		이격거리
저압	고압 강전류절연전선, 특고압 강전류절연전선 또는 강전류케이블	30[cm] 이상
	강전류절연전선	75[cm] 이상(설치자의 승낙을 얻었을 경우에는 60[cm] 이상)
고압	강전류케이블	50[cm] 이상(설치자의 승낙을 얻었을 경우에는 30[cm] 이상)
	기타 강전류전선	1.5[m] 이상(설치자의 승낙을 얻었을 경우에는 1[m] 이상)

② 가공통신선을 저압 또는 고압의 가공강전류전선과 1의 동일의 지지물에 한하여 가설하는 경우의 이격거리는 제15조제1항의 규정에 의하여야 한다. 다만, 가공강전

류전선 설치자의 승낙을 얻고, 그 사용전압이 고압으로서 케이블인 경우에는 30[cm] 이상, 고압강전류절연전선 또는 고압강전류절연전선인 경우에는 60[cm] 이상으로 할 수 있다.

③ 가공통신선을 저압 또는 고압 강전류전선과 동일의 지지물에 설치하는 경우, 가공통신선의 수직배선(지지물의 길이방향으로 설치되는 통신선, 강전류전선 및 그 부속물을 말한다. 이하 같다)은 가공강전류전선의 수직배선과 지지물을 사이에 두고 설치하여야 한다. 다만, 가공통신선의 수직배선이 가공강전류전선의 수직배선으로부터 1[m] 이상 떨어져 있거나 가공통신선의 수직배선이 케이블이고 가공강전류전선의 수직배선이 강전류케이블인 경우에 그들이 직접 혼촉할 염려가 없도록 지지물에 견고하게 설치할 때에는 지지물과 같은 방향으로 설치할 수 있다.

④ 가공통신선[전력보안용(전기사업법 제67조 규정에 의하여 고시된 기술기준을 준용한다) 및 전기철도의 전용부지 내에 설치하는 전기철도인 것은 제외한다. 이하 이항에서는 같다]은 특고압 가공강전류전선과 동일의 지지물에 설치하여서는 아니 된다. 다만, 다음 각 호의 1에 해당하는 경우에는 그러하지 아니할 수 있다.

   1. 다음의 조건을 모두 만족하는 것일 것
      가. 가공강전류전선의 사용전압이 35,000[V] 이하일 것
      나. 가공강전류전선은 케이블 또는 단면적이 55[mm^2]의 경동연선이나 이와 동등 이상의 강도를 가진 연선을 사용할 것
      다. 가공강전류전선 아래에 별도의 완철류에 설치할 것
      라. 가공통신선과 가공강전류전선과의 이격거리는 2[m] 이상으로 할 것
   2. 가공통신선의 도체가 가공강전류전선에 내장 또는 외접하여 설치하는 광섬유일 것

(15) 강전류전선에 중첩하는 전기통신회선의 보안

강전류전선에 중첩하는 전기통신회선은 아래와 같은 보안장치이거나 이와 동등한 보안기능을 가지는 장치로 한다.

전력선 접속 보안장치

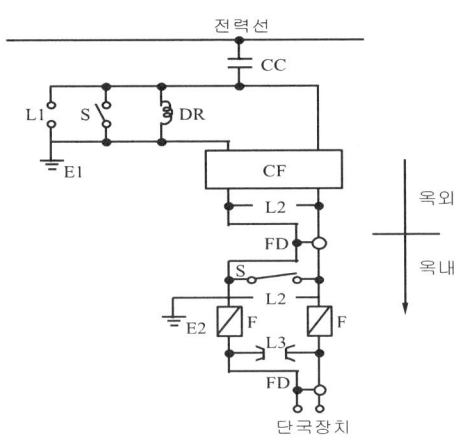

주) CC : 결합콘덴서(결합안테나를 포함한다)
CF : 결합필터
L_1 : 동작개시전압이 교류 2,000[V] 이상 3,000[V] 이하로 조정된 구상방전캡
L_2 : 동작개시전압이 교류 1,300[V] 이상 1,600[V] 이하로 조정된 구상방전캡
L_3 : 교류 300[V] 이하에서 동작하는 피뢰기
F : 정격전류 10[A] 이하의 포장 퓨즈
S : 접지용 개폐기
DR : 전류용량 2[A] 이상의 배류 코일
FD : 동축케이블
E_1 및 E_2 : 각각 단독의 접지

(16) 지중통신선

① 지중통신선을 지중강전류전선으로부터 30[cm](지중강전류전선이 특고압일 경우에는 60[cm]) 이내의 거리에 설치하는 경우에는 지중통신선과 지중강전류전선간에는 설치장소에서 발생할 수 있는 화염에 견딜 수 있는 격벽을 설치하여야 한다. 다만, 전기용품 및 생활용품 안전관리법에 의한 전기용품안전기준 중 수직트레이 불꽃시험에 적합한 보호피복을 사용하고 상호 접촉되지 아니하도록 설치하는 경우로서 지중강전류전선 설치자의 승낙을 얻은 경우에는 예외로 할 수 있다.

② 지중통신선의 금속체의 피복 또는 관로는 지중강전류전선의 금속체의 피복 또는 관로와 전기적 접촉이 있어서는 아니된다. 다만, 전기철도 또는 전기궤도의 귀선으로부터 누출되는 직류전선에 의한 부식 또는 강전류 설비로부터 방송통신설비에

유입되는 위험전류를 방지하거나 제한하기 위하여 퓨즈·개폐기 또는 이와 유사한 보안장치를 통하여 접속하는 경우에는 예외로 할 수 있다.

(17) 해저통신선

해저통신선은 해저 강전류전선으로부터 500[m] 이내의 거리에 접근하여 설치하여서는 아니 된다. 다만, 인체 또는 물건에 대한 위해방지설비를 하는 경우에는 예외로 할 수 있다.

(18) 옥내통신선 이격거리

① 옥내통신선은 300[V] 초과 전선과의 이격거리는 15[cm] 이상, 300[V] 이하 전선과의 이격거리는 6[cm] 이상(애자사용 전기공사 시 전선과 이격거리는 10[cm] 이상)으로 하고 도시가스배관과는 접촉되지 않도록 한다.

② ①항의 규정에도 불구하고 전선과 통신선 간 신호간섭 및 화재전이의 우려가 없는 경우로서 다음 각 호의 어느 하나에 해당하는 경우에는 그러하지 아니할 수 있다.
　1. 옥내통신선이 절연선 또는 케이블이거나 광섬유케이블(전도성 인장선이 없는 것)일 경우(전선 또는 전선관과 접촉이 되지 아니하여야 함)
　2. 전선이 케이블(캡타이어 케이블을 포함한다)일 경우(옥내통신선과 접촉되지 아니하여야 함)
　3. 57[V](30[W]) 이하의 직류 전원을 공급하는 경우
　4. 전선(300[V] 이하로서 케이블이 아닌 경우)과 옥내통신선 간에 절연성의 격벽을 설치할 때 또는 전선을 전선관(절연성·난연성 및 내수성을 갖춘 것)에 수용하여 설치한 경우
　5. 통신선과 전선을 별도의 배관에 수용하여 설치하는 경우

③ 옥내통신선과 전선을 동일의 관·덕트·트레이·함 또는 인출구(이하 "관 등"이라 한다)에 수용할 경우에는 그 관 등의 내부에 옥내통신선과 전선을 분리하기 위하여 견고한 격벽(난연성을 갖춘 것)을 설치하여야 하고, 그 관 등의 금속제의 부분에는 제5조 규정에 준하여 접지를 한다.

(19) 지하관로 공수

① 사업자가 설치하는 지하관로의 공수는 "수용케이블조수+예비관공수"로 적용한다.

② ①항의 규정에 의한 수용케이블조수는 "계획케이블조수×환경배율"로 적용한다.
1. 계획케이블 조수

종류	조수산출(단위 : 조)	비고
시내케이블	1. 종국용량 1,000회선 이하 국소=1 2. 종국용량 10,000회선 미만 국소 　=종국용량×피더케이블 공급배율÷1,200 3. 종국용량 10,000회선 이상 국소 　가. 특별시, 광역시, 인구과밀지역 　　=종국용량×피더케이블 공급배율÷2,700 　나. 인구과밀지역을 제외한 중소도시 　　=종국용량×피더케이블 공급배율÷2,400 　다. 군 이하 지역 　　=종국용량×피더케이블 공급배율÷1,500	1. 종국용량은 15년 후의 예상수요수로 한다. 2. 신규서비스계획 또는 선로유지보수 등에 필요한 관로의 수요 발생은 계획케이블조수 산출 시에 추가 반영한다. 3. 피더케이블 공급배율은 일반적으로 1.43을 적용한다.
중계 및 시외 케이블과 기타 수요	장기계획에 의해 적용	

2. 환경배율

적용구간	배율
사유지, 수요변동이 적은 외딴섬, 벽지 등	1
일반도로, 보도구간	1.3
고속도로, 유료도로, 고급 보도블럭도로 및 철근으로 보강 또는 동상방지된 도로로서 재굴착이 극히 어려운 도로	2
교량첨가, 터널, 궤도횡단, 간선도로횡단, 지하철, 지하상가, 지하에 설치하는 주차장 및 공동구로 지정된 구간으로서 영구시설물 등 때문에 장래 증설이 극히 어려운 구간	2

③ ①항의 규정에 의한 예비관 공수는 다음 표와 같이 산출한다.

수용 케이블 조수	예비관 공수
1 이상 10 이하	1
11 이상 20 이하	2
21 이상	3

(20) 지하관로의 관경

사업자가 설치하는 지하관로의 관경은 다음과 같이 사용한다. 다만, 지하관로를 사용하지 않고 직접 매설할 수 있는 광섬유케이블 보호관의 관로 관경은 예외로 할 수 있다.

용도	지하관로 적용관경
주관로, 배선관로	100[mm] 이상
인상분선관로(인수공과 전주 간)	36[mm] 내지 80[mm]

[4] 구내통신설비 설치방법

(1) 국선의 인입

① 국선인입을 위한 관로, 맨홀, 수공(hand hole) 및 전주 등 구내통신선로설비는 사업자의 맨홀, 수공 또는 인입주로부터 건축물의 최초 접속점까지의 인입거리가 가능한 최단거리가 되도록 설치하여야 한다.

② 국선을 지하로 인입하는 경우에는 배관, 맨홀 및 수공 등을 별표2제1호에 준하여 설치하여야 한다. 다만, 다음 각 호의 하나에 해당하는 경우에는 구내의 맨홀 또는 수공을 설치하지 아니하고 별표2제2호에 준하여 설치할 수 있다.
  1. 인입선로의 길이가 246[m] 미만이고 인입선로상에서 분기되지 않는 경우
  2. 5회선 미만의 국선을 인입하는 경우

③ 건축주가 5회선 미만의 국선을 지하로 인입시키기 위해 사업자가 이용하는 인입맨홀·수공 또는 인입주까지 지하배관을 설치하는 경우에는 별표2의1 표준도에 준하여 설치하여야 한다.

④ 국선을 가공으로 인입하는 경우에는 별표3의 표준도에 준하여 설치하며, 사업자는 국선을 인입배관으로 인입하고 이용자가 서비스 이용계약을 해지한 후 30일 이내에 인입선로를 철거하여야 한다.

⑤ 규정 제24조제5항 단서에서 과학기술정보통신부장관이 정하여 고시하는 바에 따른 건축물이란 방송통신설비의 안전성·신뢰성 및 통신규약에 대한 기술기준 별표1 제1장제1절제2호에 따라 다른 지리적 경로에 의한 복수 전송로를 갖는 건축물을 말한다.

⑥ 종합유선방송설비의 인입을 위한 배관의 공수는 1공 이상으로 하며, 인입관로상 맨홀 및 수공 등은 구내통신선로설비의 맨홀 및 수공 등과 공용으로 사용할 수 있다.

(2) 국선의 인입배관

국선의 인입배관은 국선의 수용 및 교체, 증설이 용이하게 시공될 수 있는 구조로서 다음 각 호와 같이 설치되어야 한다.

1. 배관의 내경은 선로외경(다조인 경우에는 그 전체의 외경)의 2배 이상이 되어야 하며, 주거용 건축물 중 공동주택 및 규정 제3조제1항제16호에 따른 준주택 오피스텔(이하 "준주택오피스텔"이라 한다)의 인입배관의 내경은 다음 각 목의 기준을 만족하여야 한다.
   가. 20세대 이상 : 최소 54[mm] 이상
   나. 20세대 미만 : 최소 36[mm] 이상
2. 국선 인입배관의 공수는 주거용 및 기타 건축물의 경우에는 1공 이상의 예비공을 포함하여 2공 이상, 업무용 건축물의 경우에는 2공 이상의 예비공을 포함하여 3공 이상으로 설치하여야 한다. 다만, 통신구 또는 트레이 등의 설비를 설치할 경우에는 향후 증설을 고려하여 여유공간을 확보한다.

(3) 구내배관 등

① 구내에 설치되는 건물의 옥내·외에는 선로를 용이하게 설치하거나 철거할 수 있도록 한국산업표준규격의 배관, 덕트 또는 트레이 등의 시설을 설치하여야 하고 주택에 홈네트워크 설비를 설치하는 경우 세대단자함과 홈네트워크 주장치 간에는 홈네트워크용 배관을 1공 이상 설치하여야 한다. 다만 제5항제2호의 규정보다 통신용 배관에 여유가 있는 경우에는 공동으로 사용할 수 있으며 통신소통에 지장이 없도록 하여야 한다.

② 구내간선계 및 건물간선계의 배관 공수는 동등 이상 내경을 가진 예비공 1공 이상을 포함하여 2공 이상을 설치하여야 한다. 다만, 트레이 및 덕트 등을 설치할 경우에는 향후 증설을 고려하여 여유 공간을 확보한다.

③ 수평배선계의 배관은 성형구조 또는 성형배선이 가능한 구조이어야 한다.

④ 업무용 건축물로서 구내선이 7.5[m]를 넘는 실내(고정된 벽 등으로 반영구적으로 구분된 장소)에는 다음 각 호와 같이 바닥덕트 또는 배관을 설치하여야 한다.

1. 바닥덕트 또는 배관은 실내의 용도와 규모를 고려하여 성형 또는 망형(그물형) 등으로 설치하여야 한다.

2. 바닥덕트 또는 배관의 매구간 교차점 또는 완곡부에는 각 1개씩의 실내접속함을 설치하여야 하며 실내접속함의 간격은 7.5[m] 이내가 되도록 하여야 한다. 다만, 직선관로로서 선로작업에 지장이 없는 경우에는 간격을 12.5[m] 이내로 할 수 있다.

3. 접속함 및 인출구는 상면에 돌출되거나 침수되지 않도록 설치하여야 한다.

⑤ 구내에 설치되는 옥내·외 배관의 요건은 다음 각 호와 같다.

1. 배관은 외부의 압력 또는 충격 등으로부터 선로를 보호할 수 있는 기계적 강도를 가진 내부식성 금속관 또는 한국산업표준 KS C 8454(지하에 매설되는 배관의 경우에는 KS C 8455) 동등규격 이상의 합성수지제 전선관을 사용하여야 한다.

2. 배관의 내경은 배관에 수용되는 케이블 단면적의 총합계가 배관 단면적의 32% 이하가 되도록 하여야 한다.

3. 배관의 굴곡은 가능한 한 완만하게 처리하여야 하되, 곡률반경은 배관내경의 6배 이상으로 한다. 이 경우 엘보우(구부러진 관) 등 부가장치를 사용하여서는 아니 된다.

4. 배관의 1구간에 있어서 굴곡개소는 3개소 이내이어야 하며, 1개소의 굴곡 각도는 90° 이내로 하며 3개소의 합계는 180° 이내이어야 한다.

⑥ 옥내에 설치하는 덕트의 요건은 다음 각 호와 같다.

1. 덕트는 선로를 용이하게 수용할 수 있는 구조와 유지·보수를 위한 충분한 공간을 갖추어야 하며, 수직으로 설치된 덕트의 주변에는 선로의 포설, 유지 및 보수의 작업을 용이하게 할 수 있는 디딤대 등을 설치하여야 한다.

2. 덕트의 내부에는 선로의 포설에 필요한 선로 받침대를 60[cm] 내지 150[cm]의 간격으로 설치하여야 한다. 다만, 선로용 배관을 따로 설치하는 경우에는 그러하지 아니하다.

3. 덕트의 내부에는 유지·보수 작업용 조명 또는 전기콘센트가 설치되어야 한다. 다만, 바닥 덕트의 경우에는 그러하지 아니하다.

(4) 국선수용 및 국선단자함 등

① 구내로 인입된 국선은 구내선과의 분계점에 설치된 주단자함 또는 주배선반(이하 "국선단자함"이라 한다)에 수용하여야 한다.

② 국선단자함은 다음 각 호와 같이 구분하여 설치하여야 한다. 다만, 구내교환기를 설치하는 경우에는 주배선반에 수용하여야 한다.
   1. 광섬유케이블 또는 300회선 미만의 동케이블을 수용하는 경우 : 주단자함 또는 주배선반
   2. 300회선 이상의 동케이블을 수용하는 경우 : 주배선반

③ 국선단자함은 다음 각 호와 같이 설치 및 관리를 하여야 한다.
   1. 이용자는 국선단자함 및 구내케이블을 수용하기 위한 단자를 설치하고 운영·관리를 하여야 한다.
   2. 사업자는 국선을 수용하기 위한 단자 및 보호기를 국선단자함에 설치하여야 한다. 다만, 국선이 광케이블인 경우는 보호기를 설치하지 아니할 수 있다.
   3. 사업자는 보호기를 설치하는 경우 국선단자함에서 보호기를 통하여 국선과 이용자 구내케이블간의 회선접속을 하여야 하며, 이용자가 회선접속 정보를 요구할 경우에는 관련 정보를 제공하여야 한다.

④ 국선단자함은 다음 각 호의 요건을 갖추어야 하며 세부사항은 별표4와 같다.
   1. 국선단자함은 국선수용 단자, 단자반 및 보호기를 설치할 수 있는 충분한 공간 및 구조를 갖추어야 하며 관로의 분계점과 가장 가까운 곳에 설치하여야 한다.
   2. 국선단자함은 실내에 설치하고 다음 각 목의 장소에 설치하여서는 아니되며, 선로를 수용할 단자함의 하부는 바닥으로부터 30[cm] 이상에 시설되어야 한다.
      가. 세면실, 화장실, 보일러실, 발전기계실
      나. 분진·유해가스 및 부식증기를 접하는 장소
      다. 소화 호수시설을 갖춘 벽장 내
   3. 다수의 이용자가 공용하는 국선단자함은 계단, 복도, 구내통신실 등 공용부분에 설치하여야 한다. 다만, 실내에 공용부분이 없는 경우에는 제2호의 규정에도 불구하고 국선단자함은 실외의 공용부분에 설치할 수 있으며 벼락, 침수, 강우, 분진으로부터 보호되고 습도, 온도 조절을 고려한 환기 기능을 갖추어야 한다.

⑤ 공동주택, 준주택오피스텔 및 업무용 건축물을 제외한 연면적 합계 5천제곱미터 미만의 건축물에는 종합유성방송 신호의 분배를 위한 증폭기와 분배기, 보호기 등을 국선단자함에 설치할 수 있다. 다만, 집중구내통신실을 설치한 경우에는 그러하지 아니하다.

⑥ ⑤항에 따른 국선단자함은 ①항부터 ④항 및 다음 각 호의 기준에 맞도록 설치해야 한다.
  1. 국선단자함 내부에는 절연보조장치와 통풍구 등을 설치할 것
  2. 용도별 회선설비와의 접속 및 선로설비의 수용을 원활하게 수행할 수 있도록 격벽을 설치하고 충분한 공간을 확보할 것
  3. 용도별 설비의 설치 시 타 설비에 피해를 주지 않아야 하며, 설비 상호 간 기능에 장해를 주지 아니할 것

(5) 중간단자함 및 세대단자함 등

① 선로를 용이하게 수용하기 위한 접속함(선로 간을 직접 연결하기 위한 함) 또는 중간단자함(국선단자함과 세대단자함의 사이에 설치하는 단자함) 등은 국선단자함으로부터 세대단자함까지의 구간 중에서 다음 각 호의 하나에 해당하는 장소에 설치되어야 한다.
  1. 제28조제5항제4호의 규정에 부적합한 배관의 굴곡점
  2. 선로의 분기 및 접속을 위하여 필요한 곳

② 주거용 건축물 중 공동주택 및 준주택오피스텔의 경우에는 세대별로 배선의 인입 및 분기가 용이하도록 세대단자함을 설치하여야 한다. 단, 세대 내에서 분기가 없는 기숙사 및 주택법시행령 제10조제1항제1호에서 규정하는 원룸형 주택의 모든 요건을 갖춘 주택, 준주택오피스텔은 제외한다.

③ 제1항 및 제2항의 규정에 의한 중간단자함 및 세대단자함, 제31조제2항에 따른 실단자함의 요건은 다음과 같다.

[중간단자함 또는 세대단자함 등의 요건]

구 분		중간단자함, 세대단자함, 실단자함	
		꼬임케이블	광섬유케이블
케이블의 전기적 특성	절연저항	50MΩ 이상	-
	접속저항	0.01Ω 이하	-
단자함의 구성 요건	보호 및 지지물	함체 또는 지지대	
	단자 또는 접속어댑터	배선 케이블 등급과 동등 이상의 성능	삽입손실 0.5dB 이하 (주5)
	회선표시물	각인 또는 표시판	
	개폐장치	문 (주6)	
	보호장치	접지기능 (주7)	접지 기능
	전원시설	AV 전원 단자 (주8)	AC 전원 단자

주) 1. 절연저항 측정조건 : 상온 및 상습상태에서 보호지지물과 접속자간 및 접속자 상호 간
   2. 접속저항 측정조건 : 정상배선 연결 시 접속자와 배선 간
   3. 함체의 크기는 필요한 용량을 충분히 수용할 수 있고 작업에 지장이 없을 것
   4. 보호장치의 접지기능은 함체가 금속으로 된 경우에 한한다.
   5. 삽입손실은 단자함 내의 광섬유케이블 접속에 대한 손실임
   6. 중간단자함은 잠금장치를 구비할 것
   7. 세대단자함의 보호장치는 홈네트워크설비를 설치하는 경우에 한한다.
   8. 중간단자함과 세대단자함의 전원시설은 홈네트워크설비를 설치하는 경우에 한한다.

(6) 회선종단장치

① 주거용 건축물의 통신용 인출구는 모듈러잭이나 동축커넥터 또는 광인출구 등으로 종단하여야 한다.

② 업무용 및 기타건축물의 경우에는 각 실별(고정된 벽 등으로 반영구적으로 구분된 장소) 단위로 ①항의 통신용 인출구 또는 통신용 단자함으로 종단하여야 한다.

③ 인출구의 효율적인 사용을 위하여 통신용 선로, 방송공동수신설비, 홈네트워크설비 등을 하나의 인출구로 종단할 경우에는 선로상호 간 누화로 인한 통신소통에 지장이 없도록 하여야 한다.

(7) 구내 통신선의 배선

① 구내 통신선은 다음 각 호와 같은 선로로 설치하여야 한다.
  1. 구내간선케이블, 건물간선케이블 및 수평배선케이블은 100[MHz] 이상의 전송대역을 갖는 꼬임케이블, 광섬유케이블, 동축케이블을 사용하여야 한다. 이 경우 사업용방송통신설비와의 접속을 위한 광섬유케이블은 단일모드 광섬유케이블을 사용하여야 한다.
  2. 구내간선케이블은 옥외용 케이블을 사용해야 한다. 다만, 공동구, 지하주차장 등 외부 환경에 영향이 적은 지하에 설치되는 경우에는 옥내용 케이블을 사용할 수 있다.

② ①항에도 불구하고 국선단자함에서 동단자함까지 단일모드 광섬유케이블 12코어 이상을 설치한 경우 구내간선케이블은 16[MHz] 이상의 전송대역을 갖는 꼬임케이블을 설치할 수 있으며, 건물간선케이블 및 수평배선케이블과 상호 접속될 수 있어야 한다.

(8) 구내배선 요건

① 주거용 건축물에 설치하는 구내배선은 다음 각 호의 기준에 적합하게 설치하여야 한다.

1. 한 개의 공동주택 및 준주택오피스텔인 경우에는 별표 11의 제1호 표준도에 준하여야 한다.
2. 두 개 이상의 공동주택 및 준주택오피스텔이 하나의 단지를 형성할 때는 별표 11의제2호 표준도에 준하여야 하며, 국선단자함이 설치된 공동주택 및 준주택오피스텔에서 각 공동주택 및 준주택오피스텔 별로 구내간선케이블을 설치하여 동단자함에 배선하여야 한다.
3. 세대단자함에서 각 인출구까지는 성형배선 방식으로 하여야 한다.
4. 국선단자함에서 세대 내 인출구까지 꼬임케이블을 배선할 경우에 구내배선설비의 링크 성능은 해당케이블의 전송대역 이상의 전송특성이 유지되도록 하여야 한다. 다만, 동단자함이 설치된 경우에는 링크성능 구간은 동단자함에서 세대 내 인출구까지로 한다.
5. 홈네트워크설비를 설치하는 경우에는 홈네트워크 주장치와 홈네트워크 기기 간에 꼬임케이블, 신호전송용 케이블 등을 사용하여 통신소통에 지장이 없도록 하여야 한다.
6. 제30조제1항의 각 호에 해당하지 아니하여 국선단자함 또는 동단자함에서 세대단자함 또는 세대 내 인출구까지 직접 배선하는 경우는 수평배선계의 케이블을 설치한 것으로 본다.

② 업무용 및 기타건축물에 설치하는 구내배선은 다음 각 호의 기준에 적합하게 설치하여야 한다.

1. 한 개의 건축물인 경우에는 별표 12의 제1호 표준도에 준하여야 한다.
2. 하나의 부지에 두 개 이상의 건축물이 있는 경우에는 별표 12의 제2호 표준도에 준하여야 하며, 국선단자함이 설치된 건축물에서 각 건축물별로 구내간선케이블을 설치하여 동단자함에 배선하여야 한다.
3. 층단자함에서 각 인출구까지는 성형배선 방식으로 하여야 한다.
4. 국선단자함에서 인출구까지 꼬임케이블을 배선할 경우에 구내배선설비의 링크 성능은 해당 케이블의 전송대역 이상의 전송특성이 유지되도록 하여야 한다. 다

만, 동단자함이 설치된 경우에는 링크성능 구간은 동단자함에서 인출구까지로 한다.

5. 제30조제1항의 각 호에 해당하지 아니하여 국선단자함 또는 동단자함에서 인출구까지 직접 배선하는 경우는 수평배선계의 케이블을 설치한 것으로 본다.

③ 구내배선의 링크 성능 기준은 별표 6과 같다.

④ 통신용 선로, 방송공동수신설비, 홈네트워크설비 등을 동일 배관에 함께 수용할 경우에는 선로상호 간 누화로 인하여 통신소통에 지장이 없도록 하여야 한다.

⑤ 구내배선에 사용하는 접속자재는 배선케이블 등급과 동등 이상의 제품을 사용하여야 한다.

(9) 폐쇄회로텔레비전장치의 설치

공동주택 및 준주택오피스텔의 구내에 폐쇄회로텔레비전 장치를 설치하는 경우에는 배관은 제28호제5항, 구내선의 배선은 제23조 및 제32조의 규정을 준용하여 설치하여야 한다.

(10) 예비전원 설치

사업용 방송통신설비 외의 방송통신설비에 대한 예비전원설비의 설치 기준은 다음 각 호와 같다.

1. 국선 수용 용량이 10회선 이상인 구내교환설비의 경우에는 상용전원이 정지된 경우 최대부하전류를 공급할 수 있는 축전지 또는 발전기 등의 예비전원설비를 갖추어야 한다. 다만 정전이 되어도 국선으로부터의 호출에 대하여 응답이 가능한 경우에는 예외로 한다.

2. 재난 및 안전관리기본법 제3조제5호 및 제7호의 규정에 의한 재난관리책임기관과 긴급구조기관의 장이 설치 또는 운용하는 국선수용용량 10회선 이상인 교환설비 및 광전송설비의 경우에는 상용전원이 정지된 경우 최대부하전류를 3시간 이상 공급할 수 있는 축전지 또는 발전기 등의 예비전원설비를 갖추어야 한다.

제3절 구내용 이동통신설비

[1] 급전선의 인입 배관 등 (접지설비·구내통신설비·선로설비 기술기준)

규정 제17조의2 및 제17조의3에 따른 대상 시설에 급전선 또는 광케이블을 인입하기 위한 배관 등은 별표7의 제1호부터 제3호의 표준도에 준하여 다음 각 호와 같이 설치하여야 한다.

1. 옥외 안테나(옥상 또는 지상에 설치하는 안테나를 말한다.)에서 기지국의 송수신장치 또는 중계장치(이하 "중계장치 등"이라 한다)까지 급전선 또는 광케이블을 설치하기 위한 시설은 배관, 덕트 또는 트레이로 설치한다.
2. 옥외 안테나에서 중계장치 등까지 설치하는 배관은 다음 각 목에 적합하여야 하며, 건물 내 통신배관실을 이용하여 설치하는 경우에는 그러하지 아니하다.
   가. 급전선을 수용하는 배관의 내경은 36[mm] 이상 또는 급전선 외경(다조인 경우에는 그 전체의 외경)의 2배 이상이 되어야 하며, 3공 이상을 설치하여야 한다.
   나. 광케이블을 수용하는 배관의 내경은 22[mm] 이상이어야 하며, 예비공 1공 이상을 포함하여 2공 이상을 설치하여야 한다.
3. 제1호 및 제2호의 규정에도 불구하고 도시철도시설에서 배관의 설치 구간은 관로의 분계점에 가까운 맨홀에서 중계장치 등까지로 한다.
4. 배관 및 덕트는 제28조제4항제1호, 제5항 및 제6항의 규정을 준용하여 설치해야 하며, 중계장치 등에서 옥내 안테나까지 배관 등을 설치하고자 하는 경우에도 이와 같다. 다만, 구내통신선로설비의 배관이 제28조제5항제2호의 요건을 만족하고 상호 소통에 지장이 없는 경우에는 공동으로 사용할 수 있다.
5. 중계장치 등에서 옥내 안테나(또는 종단장치)까지의 급전선은 화재예방, 소방시설 설치·유지 및 안전관리에 관한 법률 제2조제1항제1호의 소방시설 중 무선통신보조설비와 상호 기능에 지장이 없는 경우 공용할 수 있다.

[2] 접속함

급전선 또는 광케이블의 포설 및 철거가 용이하도록 다음 각 호의 하나에 해당하는 경우에는 별표7의 제4호에 적합한 접속함을 설치하여야 한다.
1. 배관의 길이가 40[m]를 초과할 경우
2. 제28조제5항제4호의 규정에 부적합한 배관의 굴곡점

[3] 접지시설

접지시설은 제5조의 규정 및 별표7의 제1호부터 제3호의 표준도에 준하여 다음 각 호에 적합하게 하여야 한다.
1. 접지단자는 중계장치 등이 설치되는 각 층에 중계장치 등으로부터 최단거리에 설치하여야 한다.
2. 전파법 제11조에 따라 대가에 의한 주파수를 할당받는 기간통신사업자(이하 본 절에서 "기간통신사업자"라 한다)는 접지단자로부터 중계장치 등까지 접지선을 설치하여야 한다.

[4] 전원시설

① 중계장치 등의 상용전원은 용량이 4[kW] 이상으로서 교류 220[V] 전원단자가 3개 이상이어야 하며, 별표7의 제1호부터 제3호의 표준도에 준하여 다음 각 호에 적합하게 하여야 한다.
1. 전원단자는 중계장치 등이 설치되는 각 층에 중계장치 등으로부터 최단거리에 설치하여야 한다.
2. 기간통신사업자는 전원단자로부터 중계장치 등까지 전원선을 설치하여야 한다.

② 전기통신사업법 제69조의2제2항에 따른 비상전원단자에 연결하는 전원선은 KS C IEC 60332 시리즈 규격 중 전원선의 설치방법에 부합된 해당 시험조건(이하 "전원선 시험조건"이라 한다.)에 적합한 난연성 이상을 갖춘 것을 사용하여야 한다. 다만, 전원선 시험조건에 적합한 난연성 이상을 규정하는 다른 규격이 있는 경우 이 규격에 적합한 전원선도 사용할 수 있다.

[5] 장소 확보

① 규정 제17조의2 및 제17조의3에 따른 대상 시설에는 송수신용 안테나, 중계장치 등의 설치 또는 운영을 위하여 다음 각 호의 기준에 적합한 장소를 확보하여야 한다.

1. 옥외 안테나의 설치를 위하여 전파의 송수신이 가장 양호한 곳으로서 각각 4[m^2] 이상의 면적을 갖는 1개소 이상의 설치장소. 다만, 분계점에 가까운 맨홀에서 중계장치 등까지 광케이블을 통해 신호를 전달하는 경우에는 그러하지 아니하다.
2. 중계장치 등의 설치를 위하여 분진이나 유해가스로부터 격리된 각각 2[m^2] 이상의 면적(높이 2[m] 이상)을 갖는 1개소 이상의 설치장소
3. 설치장소는 옥외안테나 또는 중계장치 등의 설치 및 유지·보수를 위한 작업 등에 지장이 없어야 한다.

② 기간통신사업자는 제1항에 따라 확보된 장소에 송수신용 안테나 또는 중계장치 등을 별표7의 제1호부터 제3호의 표준도에 준하여 설치하여야 한다.

③ 규정 제24조의2제2항에 의한 협의대표는 건축허가 또는 사업계획승인이 지연되지 않도록 건축주 등의 요청 후 10일(공휴일 및 토요일 제외) 이내에 이동통신구내중계설비의 설치장소 및 설치방법, 설치시기 등의 협의를 완료하여야 하며, 이동통신구내중계설비의 설치 및 철거 시에는 건축주 등과 협의하여 원활한 설비 운용이 될 수 있도록 하여야 한다.

[6] 통신공동구·관로 및 맨홀 등의 설치방법

(1) 통신공동구의 설치기준

① 통신공동구는 통신케이블의 수용에 필요한 공간과 통신케이블의 설치 및 유지·보수 등의 작업 시 필요한 공간을 충분히 확보할 수 있는 구조로 설계하여야 한다.

② 통신공동구를 설치하는 때에는 조명·배수·소방·환기 및 접지시설 등 통신케이블의 유지·관리에 필요한 부대설비를 설치하여야 한다.

③ 통신공동구와 관로가 접속되는 지점에는 통신케이블의 분기를 위한 분기구를 설치하여야 하며, 한 지점에서 여러 개의 관로로 분기될 경우에는 작업이 용이하도록 분기구간에는 일정거리 이상의 간격을 유지하여야 한다.

(2) 관로 등의 매설기준

① 관로에 사용하는 관은 외부하중과 토압에 견딜 수 있는 충분한 강도와 내구성을 가져야 한다.

② 지면에서 관로상단까지의 거리는 다음 각 호의 기준에 의한다. 다만, 시설관리기관과 협의하여 관로보호조치를 하는 경우에는 다음 각 호의 기준에 의하지 아니할 수 있다.
   1. 도로법 제2조에 의한 도로 등에 설치하는 경우에는 도로법 시행령 별표 2 제1호 마목의 기준에 따른다.
   2. 철도·고속도로 횡단구간 등 특수한 구간의 경우에는 1.5[m] 이상으로 한다.
③ 관로 상단부와 지면 사이에는 관로보호용 경고테이프를 관로 매설경로에 따라 매설하여야 한다.
④ 관로는 가스 등 다른 매설물과 50[cm] 이상 떨어져 매설하여야 한다. 다만, 부득이한 사유로 인하여 50[cm] 이상의 간격을 유지할 수 없는 경우에는 보호벽의 설치 등 관로를 보호하기 위한 조치를 하여야 한다.
⑤ 맨홀 또는 수공 간에 매설하는 관로는 케이블 견인에 지장을 주지 아니하는 곡률을 유지하는 등 직선성을 유지하여야 한다.

(3) 맨홀 또는 수공의 설치기준

① 맨홀 또는 수공은 케이블의 설치 및 유지·보수 등의 작업 시 필요한 공간을 확보할 수 있는 구조로 설계하여야 한다.
② 맨홀 또는 수공은 케이블의 설치 및 유지·보수 등을 위한 차량출입과 작업이 용이한 위치에 설치하여야 한다.
③ 맨홀 또는 수공에는 주변 실수요자용 통신케이블을 분기할 수 있는 인입 관로 및 접지시설 등을 설치하여야 한다.
④ 맨홀 또는 수공 간의 거리는 246[m] 이내로 하여야 한다. 다만, 교량·터널 등 특수구간의 경우와 광케이블 등 특수한 통신케이블만 수용하는 경우에는 그러하지 아니할 수 있다.

제4절 지능형 홈 네트워크 설비 설치 및 기술기준

[1] 총칙

(1) 목적

이 기준은 주택법(이하 "법"이라 한다) 제2조제13호와 주택건설기준 등에 관한 규정(이하 "주택건설기준"이라 한다) 제32조의2에 따른 지능형 홈네트워크(이하 "홈네트워크"라 한다) 설비의 설치 및 기술적 사항에 관하여 위임된 사항과 그 시행에 관하여 필요한 사항을 규정함을 목적으로 한다.

(2) 적용범위

이 기준은 법 및 주택건설기준에 따라 홈네트워크 설비를 설치하고자 하는 경우에 적용한다.

(3) 용어의 정의

이 기준에서 사용하는 용어의 뜻은 다음과 같다.

1. "홈네트워크 설비"란 주택의 성능과 주거의 질 향상을 위하여 세대 또는 주택단지 내 지능형 정보통신 및 가전기기 등의 상호 연계를 통하여 통합된 주거서비스를 제공하는 설비로 홈네트워크망, 홈네트워크장비, 홈네트워크사용기기로 구분한다.
2. "홈네트워크망"이란 홈네트워크장비 및 홈네트워크사용기기를 연결하는 것을 말하며 다음 각 목으로 구분한다.
   가. 단지망 : 집중구내통신실에서 세대까지를 연결하는 망
   나. 세대망 : 전유부분(각 세대 내)을 연결하는 망
3. "홈네트워크장비"란 홈네트워크망을 통해 접속하는 장치를 말하며 다음 각 목으로 구분한다.
   가. 홈게이트웨이 : 전유부분에 설치되어 세대 내에서 사용되는 홈네트워크사용기기들을 유무선 네트워크로 연결하고 세대망과 단지망 혹은 통신사의 기간망을 상호 접속하는 장치
   나. 세대단말기 : 세대 및 공용부의 다양한 설비의 기능 및 성능을 제어하고 확인할 수 있는 기기로 사용자인터페이스를 제공하는 장치

다. 단지네트워크장비 : 세대 내 홈게이트웨이와 단지서버 간의 통신 및 보안을 수행하는 장비로서, 백본(back-bone), 방화벽(Fire Wall), 워크그룹스위치 등 단지망을 구성하는 장비

라. 단지서버 : 홈네트워크 설비를 총괄적으로 관리하며, 이로부터 발생하는 각종 데이터의 저장·관리·서비스를 제공하는 장비

4. "홈네트워크사용기기"란 홈네트워크망에 접속하여 사용하는 다음과 같은 장비를 말한다.

가. 원격제어기기 : 주택내부 및 외부에서 가스, 조명, 전기 및 난방, 출입 등을 원격으로 제어할 수 있는 기기

나. 원격검침시스템 : 주택내부 및 외부에서 전력, 가스, 난방, 온수, 수도 등의 사용량 정보를 원격으로 검침하는 시스템

다. 감지기 : 화재, 가스누설, 주거침입 등 세대 내의 상황을 감지하는데 필요한 기기

라. 전자출입시스템 : 비밀번호나 출입카드 등 전자매체를 활용하여 주동출입 및 지하주차장 출입을 관리하는 시스템

마. 차량출입시스템 : 단지에 출입하는 차량의 등록여부를 확인하고 출입을 관리하는 시스템

바. 무인택배시스템 : 물품배송자와 입주자 간 직접대면 없이 택배화물, 등기우편물 등 배달물품을 주고받을 수 있는 시스템

사. 그밖에 영상정보처리기기, 전자경비시스템 등 홈네트워크망에 접속하여 설치되는 시스템 또는 장비

5. "홈네트워크 설비 설치공간"이란 홈네트워크 설비가 위치하는 곳을 말하며, 다음 각 목으로 구분한다.

가. 세대단자함 : 세대 내에 인입되는 통신선로, 방송공동수신설비 또는 홈네트워크 설비 등의 배선을 효율적으로 분배·접속하기 위하여 이용자의 전유부분에 포함되어 실내공간에 설치되는 분배함

나. 통신배관실(TPS실) : 통신용 파이프 샤프트 및 통신단자함을 설치하기 위한 공간

다. 집중구내통신실(MDF실) : 국선·국선단자함 또는 국선배선반과 초고속통신망장비, 이동통신망장비 등 각종 구내통신선로설비 및 구내용 이동통신

설비를 설치하기 위한 공간

  라. 그 밖에 방재실, 단지서버실, 단지네트워크센터 등 단지 내 홈네트워크 설비를 설치하기 위한 공간

(4) 홈네트워크 필수 설비

① 공동주택이 다음 각 호의 설비를 모두 갖추는 경우에는 홈네트워크 설비를 갖춘 것으로 본다.

 1. 홈네트워크망

  가. 단지망   나. 세대망

 2. 홈네트워크장비

  가. 홈게이트웨이(단, 세대단말기가 홈게이트웨이 기능을 포함하는 경우는 세대단말기로 대체 가능)

  나. 세대단말기

  다. 단지네트워크장비

  라. 단지서버(제9조④항에 따른 클라우드컴퓨팅 서비스로 대체 가능)

② 홈네트워크 필수 설비는 상시 전원에 의한 동작이 가능하고, 정전 시 예비전원이 공급될 수 있도록 하여야 한다. 단, 세대단말기 중 이동형 기기(무선망을 이용할 수 있는 휴대용 기기)는 제외한다.

[2] 홈네트워크 설비의 설치기준

(1) 홈네트워크망

홈네트워크망의 배관·배선 등은 방송통신설비의 기술기준에 관한 규정 및 접지설비·구내통신설비·선로설비 및 통신공동구 등에 대한 기술기준에 따라 설치하여야 한다.

(2) 홈게이트웨이

① 홈게이트웨이는 세대단자함에 설치하거나 세대단말기에 포함하여 설치할 수 있다.

② 홈게이트웨이는 이상전원 발생 시 제품을 보호할 수 있는 기능을 내장하여야 하며, 동작상태와 케이블의 연결상태를 쉽게 확인할 수 있는 구조로 설치하여야 한다.

(3) 세대단말기

　　세대 내의 홈네트워크사용기기들과 단지서버 간의 상호 연동이 가능한 기능을 갖추어 세대 및 공용부의 다양한 기기를 제어하고 확인할 수 있어야 한다.

(4) 단지네트워크장비

　　① 단지네트워크장비는 집중구내통신실 또는 통신배관실에 설치하여야 한다.

　　② 단지네트워크장비는 홈게이트웨이와 단지서버 간 통신 및 보안을 수행할 수 있도록 설치하여야 한다.

　　③ 단지네트워크장비는 외부인으로부터 직접적인 접촉이 되지 않도록 별도의 함체나 랙(rack)으로 설치하며, 함체나 랙에는 외부인의 조작을 막기 위한 잠금장치를 하여야 한다.

(5) 단지서버

　　① 단지서버는 집중구내통신실 또는 방재실에 설치할 수 있다. 다만 단지서버가 설치되는 공간에는 보안을 고려하여 영상정보처리기기 등을 설치하되 관리자가 확인할 수 있도록 하여야 한다.

　　② 단지서버는 외부인의 조작을 막기 위한 잠금장치를 하여야 한다.

　　③ 단지서버는 상온·상습인 곳에 설치하여야 한다.

　　④ ①항부터 ③항까지의 규정에도 불구하고 국토교통부장관과 사전에 협의하고, 국가균형발전 특별법 제22조에 따른 지역발전위원회에서 선정한 단지서버 설치 규제 특례 지역의 경우에는 클라우드컴퓨팅 발전 및 이용자 보호에 관한 법률 제2조제3호에 따른 클라우드컴퓨팅서비스를 이용하는 것으로 할 수 있으며, 다음 각 목의 사항이 발생하지 않도록 하여야 한다.

　　　가. 정보통신 보안 문제

　　　나. 통신망 이상발생에 따른 홈네트워크사용기기 운영 불안정 문제

(6) 홈네트워크사용기기

　　홈네트워크사용기기를 설치할 경우, 다음 각 호의 기준에 따라 설치하여야 한다.

　　1. 원격제어기기는 전원공급, 통신 등 이상상황에 대비하여 수동으로 조작할 수 있어

야 한다.
2. 원격검침시스템은 각 세대별 원격검침장치가 정전 등 운용시스템의 동작 불능 시에도 계량이 가능해야 하며 데이터값을 보존할 수 있도록 구성하여야 한다.
3. 감지기
    가. 가스감지기는 LNG인 경우에는 천장 쪽에, LPG인 경우에는 바닥 쪽에 설치하여야 한다.
    나. 동체감지기는 유효감지반경을 고려하여 설치하여야 한다.
    다. 감지기에서 수집된 상황정보는 단지서버에 전송하여야 한다.
4. 전자출입시스템
    가. 지상의 주동 현관 및 지하주차장과 주동을 연결하는 출입구에 설치하여야 한다.
    나. 화재발생 등 비상 시, 소방시스템과 연동되어 주동현관과 지하주차장의 출입문을 수동으로 여닫을 수 있게 하여야 한다.
    다. 강우를 고려하여 설계하거나 강우에 대비한 차단설비(날개벽, 차양 등)를 설치하여야 한다.
    라. 접지단자는 프레임 내부에 설치하여야 한다.
5. 차량출입시스템
    가. 차량출입시스템은 단지 주출입구에 설치하되 차량의 진·출입에 지장이 없도록 하여야 한다.
    나. 관리자와 통화할 수 있도록 영상정보처리기기와 인터폰 등을 설치하여야 한다.
6. 무인택배시스템
    가. 무인택배시스템은 휴대폰·이메일을 통한 문자서비스(SMS) 또는 세대단말기를 통한 알림서비스를 제공하는 제어부와 무인택배함으로 구성하여야 한다.
    나. 무인택배함의 설치 수량은 소형 주택의 경우 세대수의 약 10~15%, 중형 주택 이상은 세대수의 15~20% 정도로 설치할 것을 권장한다.
7. 영상정보처리기기
    가. 영상정보처리기기의 영상은 필요 시 거주자에게 제공될 수 있도록 관련 설비를 설치하여야 한다.
    나. 렌즈를 포함한 영상정보처리기기장비는 결로되거나 빗물이 스며들지 않도록

설치하여야 한다.

(7) 홈네트워크 설비 설치 공간

홈네트워크 설비가 다음 공간에 설치될 경우, 다음 각 호의 기준에 따라 설치하여야 한다.

1. 세대단자함
    가. 접지설비·구내통신설비·선로설비 및 통신공동구 등에 대한 기술기준 제30조에 따라 설치하여야 한다.
    나. 세대단자함은 별도의 구획된 장소나 노출된 장소로서 침수 및 결로 발생의 우려가 없는 장소에 설치하여야 한다.
    다. 세대단자함은 500[mm]×400[mm]×80[mm](깊이) 크기로 설치할 것을 권장한다.

2. 통신배관실
    가. 통신배관실은 유지관리를 용이하게 할 수 있도록 하여야 하며 통신배관을 위한 공간을 확보하여야 한다.
    나. 통신배관실 내의 트레이(tray) 또는 배관, 덕트 등의 설치용 개구부는 화재 시 층간 확대를 방지하도록 방화처리제를 사용하여야 한다.
    다. 통신배관실의 출입문은 폭 0.7미터, 높이 1.8미터 이상(문틀의 내측 치수)이어야 하며, 잠금장치를 설치하고, 관계자 외 출입통제 표시를 부착하여야 한다.
    라. 통신배관실은 외부의 청소 등에 의한 먼지, 물 등이 들어오지 않도록 50밀리미터 이상의 문턱을 설치하여야 한다. 다만 차수판 또는 차수막을 설치하는 때에는 그러하지 아니하다.

3. 집중구내통신실
    가. 집중구내통신실은 방송통신설비의 기술기준에 관한 규정 제19조에 따라 설치하되, 단지네트워크장비 또는 단지서버를 집중구내통신실에 수용하는 경우에는 설치 면적을 추가로 확보하여야 한다.
    나. 집중구내통신실은 독립적인 출입구와 보안을 위한 잠금장치를 설치하여야 한다.
    다. 집중구내통신실은 적정온도의 유지를 위한 냉방시설 또는 흡배기용 환풍기를 설치하여야 한다.

[3] 홈네트워크 설비의 기술기준 및 홈네트워크 보안

(1) 연동 및 호환성 등

① 홈게이트웨이는 단지서버와 상호 연동할 수 있어야 한다.

② 홈네트워크사용기기는 홈게이트웨이와 상호 연동할 수 있어야 하며, 각 기기 간 호환성을 고려하여 설치하여야 한다.

③ 홈네트워크 설비는 타 설비와 간섭이 없도록 설치하여야 하며, 유지보수가 용이하도록 설치하여야 한다.

(2) 기기인증 등

① 홈네트워크사용기기는 산업통상자원부와 과학기술정보통신부의 인증규정에 따른 기기인증을 받은 제품이거나 이와 동등한 성능의 적합성평가 또는 시험성적서를 받은 제품을 설치하여야 한다.

② 기기인증 관련 기술기준이 없는 기기의 경우 인증 및 시험을 위한 규격은 산업표준화법에 따른 한국산업표준(KS)을 우선 적용하며, 필요에 따라 정보통신단체표준 등과 같은 관련 단체 표준을 따른다.

(3) 유지·관리 등

① 홈네트워크 설비를 설치한 자는 홈네트워크 설비의 유지·관리 매뉴얼을 관리주체 및 입주자대표회의에 제공하여야 한다.

② 홈네트워크사용기기는 하자담보기간과 내구연한을 표기할 수 있다.

③ 홈네트워크사용기기의 예비부품은 5% 이상 5년간 확보할 것을 권장하며, 이 경우 제1항의 규정에 따른 내구연한을 고려하여야 한다.

(4) 홈네트워크 보안

① 홈단지서버와 세대별 홈게이트웨이 사이의 망은 전송되는 데이터의 노출, 탈취 등을 방지하기 위하여 물리적 방법으로 분리하거나, 소프트웨어를 이용한 가상사설통신망, 가상근거리통신망, 암호화기술 등을 활용하여 논리적 방법으로 분리하여 구성하여야 한다.

② 홈네트워크장비는 보안성 확보를 위하여 별표 1에 따른 보안요구사항을 충족하여야 한다. 다만, 정보통신망 이용촉진 및 정보보호 등에 관한 법률 제48조의6에 따라 정보보호인증을 받은 세대단말기는 별표1 보안요구사항을 충족한 것으로 인정한다.

③ 홈네트워크사용기기 및 세대단말기는 정보통신망 이용촉진 및 정보보호 등에 관한 법률 제48조의6에 따라 정보보호 인증을 받은 기기로 설치할 수 있다.

(5) 규제의 재검토

국토교통부장관은 행정규제기본법 제8조 및 훈령·예규 등의 발령 및 관리에 관한 규정(대통령훈령 제248호)에 따라 이 고시에 대하여 2017년 1월 1일을 기준으로 매 3년이 되는 시점(매 3년째의 12월 31일까지를 말한다)마다 그 타당성을 검토하여 개선 등의 조치를 하여야 한다.

※ 별표 1

구분	보안요구사항
1. 데이터 기밀성	이용자 식별정보, 인증정보, 개인정보 등에 대해 암호 알고리즘, 암호키 생성·관리 등 암호화 기술과 민감한 데이터의 접근제어 관리기술 적용으로 기밀성을 구현 ※ 데이터의 처리(생성, 읽기, 쓰기, 변경, 삭제, 저장 등)가 아닌 단순 전송 등을 담당하는 워크그룹 스위치 등은 적용 제외
2. 데이터 무결성	이용자 식별정보, 인증정보, 개인정보 등에 대해 해쉬함수, 전자서명 등 기술 적용으로 위·변조 여부 확인 및 방지 조치 ※ 데이터의 처리(생성, 읽기, 쓰기, 변경, 삭제, 저장 등)가 아닌 단순 전송 등을 담당하는 워크그룹 스위치 등은 적용 제외
3. 인증	사용자 확인을 위하여 전자서명, 아이디/비밀번호, 일회용 비밀번호(OTP) 등을 통해 신원확인 및 인증 기능을 구현
4. 접근통제	자산·사용자 식별, IP 관리, 단말인증 등 기술을 적용하여 사용자 유형 분류, 접근권한 부여·제한 기능 구현을 통해 인가된 사용자 이외에 비인가된 접근을 통제
5. 전송데이터 보안	승인된 홈네트워크장비 간에 전송되는 데이터가 유출 또는 탈취되거나 흐름의 전환 등이 발생하지 않도록 전송데이터 보안 기능을 구현

제5절 통신기기의 보전 및 안전기준

1. 방송통신설비의 건설과 보전(방송통신설비의 기술기준에 관한 규정)

[1] 방송통신설비의 건설과 보전 중 일반적인 사항

(1) 일반적 조건

① 분계점
  ㉠ 방송통신설비가 다른 사람의 방송통신설비와 접속되는 경우에는 그 건설과 보전에 관한 책임 등의 한계를 명확하게 하기 위하여 분계점이 설정되어야 한다.
  ㉡ 각 설비 간의 분계점은 다음 각 호와 같다.
    1. 사업용방송통신설비의 분계점은 사업자 상호 간의 합의에 의한다. 다만, 과학기술정보통신부장관이 분계점을 고시한 경우에는 이에 따른다.
    2. 사업용방송통신설비와 이용자방송통신설비의 분계점은 도로와 택지 또는 공동주택단지의 각 단지와의 경계점으로 한다. 다만, 국선과 구내선의 분계점은 사업용방송통신설비의 국선접속설비와 이용자방송통신설비가 최초로 접속되는 점으로 한다.

② 보호기 및 접지
  ㉠ 벼락 또는 강전류 전선과의 접촉 등으로 이상전류 또는 이상전압이 유입될 우려가 있는 방송통신설비에는 과전류 또는 과전압을 방전시키거나 이를 제한 또는 차단하는 보호기가 설치되어야 한다.
  ㉡ ㉠항에 따른 보호기와 금속으로 된 주배선반·지지물·단자함 등이 사람 또는 방송통신설비에 피해를 줄 우려가 있을 경우에는 접지되어야 한다.
  ㉢ ㉠항 및 ㉡항에 따른 방송통신설비의 보호기 성능 및 접지에 대한 세부기술기준은 과학기술정보통신부장관이 이를 정하여 고시한다.

③ 전송설비 및 선로설비의 보호
  ㉠ 전송설비 및 선로설비는 다른 사람이 설치한 설비나 사람·차량 또는 선박 등의 통행에 피해를 주거나 이로부터 피해를 받지 아니하도록 하여야 하며, 시공상

불가피한 경우에는 그 주위에 설비에 관한 안전표지를 설치하는 등의 보호대책을 마련하여야 한다.

ⓒ ⊙항에 따른 전송설비 및 선로설비 설치방법에 대한 세부기술기준은 과학기술정보통신부장관이 정하여 고시한다.

④ 전력유도의 방지

⊙ 전송설비 및 선로설비는 전력유도로 인한 피해가 없도록 건설·보전되어야 한다.

ⓒ 전력유도의 전압이 다음 각 호의 제한치를 초과하거나 초과할 우려가 있는 경우에는 전력유도 방지조치를 하여야 한다.

1. 이상시 유도위험전압 : 650볼트. 다만, 고장 시 전류제거시간이 0.1초 이상인 경우에는 430볼트로 한다.
2. 상시 유도위험종전압 : 60볼트
3. 기기 오동작 유도종전압 : 15볼트. 다만, 해당 방송통신설비의 통신선로가 왕복 2개의 선으로 구성되어 있는 경우에는 적용하지 아니하되, 통신선로의 2개의 선 중 1개의 선이 대지를 통하도록 구성되어 있는 경우(대지귀로방식)에는 적용한다.
4. 잡음전압 : 0.5밀리볼트. 다만, 전철시설로 인한 잡음전압이 0.5밀리볼트보다 크고 2.5밀리볼트보다 작은 경우에는 1분 동안에 0.5밀리볼트보다 크고 2.5밀리볼트보다 작은 잡음전압과 그 잡음전압이 지속되는 시간(초)을 곱한 전압의 총 합계가 30밀리볼트·초를 초과하지 아니하여야 한다.

ⓒ ⓒ항에 따른 전력유도전압의 구체적 산출방법에 대한 세부기술기준은 과학기술정보통신부장관이 정하여 고시한다.

⑤ 전원설비

⊙ 방송통신설비에 사용되는 전원설비는 그 방송통신설비가 최대로 사용되는 때의 전력을 안정적으로 공급할 수 있는 용량으로서 동작전압과 전류의 변동률을 정격전압 및 정격전류의 ±10퍼센트 이내로 유지할 수 있는 것이어야 한다.

ⓒ ⊙항에 따른 전원설비가 상용전원을 사용하는 사업용방송통신설비인 경우에는 상용전원이 정전된 경우 최대 부하전류를 공급할 수 있는 축전지 또는 발전기 등의 예비전원설비가 설치되어야 한다. 다만, 다음 각 호의 어느 하나에 해당되는 경우에는 그렇지 않다.

1. 상용전원의 정전 등에 따른 방송통신서비스 중단의 피해가 경미하고 예비전원설비를 설치하기 곤란한 경우
2. 전기통신사업법 제69조의2제2항에 따라 구내용 이동통신설비가 건축주의 비상전원단자에 연결된 경우
ⓒ 사업용방송통신설비 외의 방송통신설비에 대한 전원설비의 설치기준에 필요한 세부기술기준은 과학기술정보통신부장관이 정하여 고시한다.

⑥ 절연저항
선로설비의 회선 상호 간, 회선과 대지 간 및 회선의 심선 상호 간의 절연저항은 직류 500볼트 절연저항계로 측정하여 10메가옴 이상이어야 한다.

⑦ 누화
평형회선은 회선 상호 간 방송통신콘텐츠의 내용이 혼입되지 아니하도록 두 회선 사이의 근단누화 또는 원단누화의 감쇠량은 68데시벨 이상이어야 한다. 다만, 과학기술정보통신부장관이 별도로 세부기술기준을 고시한 경우에는 이에 따른다.

(2) 이용자방송통신설비

① 단말장치의 기술기준
㉠ 과학기술정보통신부장관은 방송통신설비의 운용자와 이용자의 안전 및 방송통신서비스의 품질 향상을 위하여 다음 각 호의 사항에 관한 단말장치의 기술기준을 정할 수 있다.
1. 방송통신망 및 방송통신망 운용자에 대한 위해방지에 관한 사항
2. 방송통신망의 오용 및 요금산정기기의 고장방지에 관한 사항
3. 방송통신망 또는 방송통신서비스에 대한 장애인의 용이한 접근에 관한 사항
4. 비상방송통신서비스를 위한 방송통신망의 접속에 관한 사항
5. 방송통신망과 단말장치 간 또는 단말장치와 단말장치 간의 상호작동에 관한 사항
6. 전송품질의 유지에 관한 사항
7. 전화역무 간의 상호운용에 관한 사항
8. 그밖에 방송통신망의 보호를 위하여 필요한 사항
㉡ 과학기술정보통신부장관은 ㉠항 각 호의 사항에 관한 단말장치의 세부 기술기준을 정한 때에는 이를 고시하여야 한다.

ⓒ 기간통신사업자는 ㉠항 각 호의 사항에 관하여 ㉡항에 따른 기술기준 외의 기술기준을 정할 수 있으며, 그 기준을 정한 경우에는 과학기술정보통신부장관의 승인을 받아 이를 공시하여야 한다.

② 구내용 이동통신설비의 설치대상
㉠ 전기통신사업법 제69조의2제1항제1호에서 "대통령령으로 정하는 건축물"이란 연면적의 합계가 1000제곱미터 이상인 건축물로서 다음 각 호의 어느 하나에 해당하는 건축물을 말한다.
1. 건축법 시행령 제2조제17호에 따른 다중이용 건축물(주택단지에 건설된 건축물은 제외)
2. 지하층이 있는 건축물로서 제1호에 해당하지 아니하는 건축물(공중이 이용하는 지하도·터널·지하상가 및 지하에 설치하는 주차장 등 지하건축물을 포함)

㉡ ㉠항에도 불구하고 다음 각 호의 어느 하나에 해당하는 건축물은 전기통신사업법 제69조의2제1항제1호에 따른 건축물에서 제외한다.
1. 제3항에 따른 주택단지에 건설된 주택 및 시설
2. 도시철도법 제2조제3호에 따른 도시철도시설
3. 국방·군사시설 사업에 관한 법률 제2조제1호에 따른 국방·군사시설
4. 통신수요가 예상되지 아니한다고 과학기술정보통신부장관이 인정하는 건축물

ⓒ 전기통신사업법 제69조의2제1항제2호에서 "대통령령으로 정하는 주택단지"란 500세대 이상의 공동주택이 있는 주택단지를 말한다.

㉣ 전기통신사업법 제69조의2제2항에서 "대통령령으로 정하는 시설"이란 제1항제1호에 해당하는 건축물(다른 법령에 따라 건축주가 축전지 또는 발전기 등의 예비전원설비를 설치해야 하는 건축물로 한정)을 말한다.

③ 설치방법
㉠ 구내통신선로설비 및 이동통신구내선로설비는 그 구성과 운영 및 사업용방송통신설비와의 접속이 쉽도록 설치하여야 한다.
㉡ 구내통신선로설비의 옥외회선은 지하로 인입(引入)하여야 한다.
ⓒ 구내통신선로설비를 구성하는 접지설비와 이동통신구내선로설비를 구성하는 접지설비는 공동으로 사용할 수 있도록 설치하여야 한다.

ⓔ 구내통신선로설비를 구성하는 배관시설과 이동통신구내선로설비를 구성하는 배관시설은 공동으로 사용할 수 있도록 설치하여야 하며, 설치된 후 배선의 교체 및 증설시공이 쉽게 이루어질 수 있는 구조로 설치하여야 한다.

ⓜ ㉠항부터 ㉣항까지의 규정에 따른 구내통신선로설비 및 이동통신구내선로설비의 구체적인 설치방법 등에 대한 세부기술기준은 과학기술정보통신부장관이 정하여 고시한다.

④ 구내통신실의 면적확보

전기통신사업법 제69조제2항에 따른 전기통신회선설비와의 접속을 위한 면적기준은 다음 각 호와 같다.

1. 업무용건축물에는 국선・국선단자함 또는 국선배선반과 초고속통신망장비, 이동통신망장비 등 각종 구내통신선로설비 및 구내용 이동통신설비를 설치하기 위한 공간으로서 다음 각 목의 구분에 따라 집중구내통신실과 층구내통신실을 확보하여야 한다.

   가. 집중구내통신실 : 별표 2에 따른 면적확보 기준을 충족할 것
   나. 층구내통신실 : 각 층별로 별표 2에 따른 면적확보 기준을 충족할 것

※ 별표 2 : 업무용 건축물의 구내통신실 면적확보 기준

건축물 규모	확보 대상	확보 면적
1. 6층 이상이고 연면적 5천제곱미터 이상인 업무용 건축물	가. 집중구내통신실	10.2제곱미터 이상으로 1개소 이상
	나. 층구내통신실	1) 각 층별 전용면적이 1천제곱미터 이상인 경우에는 각 층별로 10.2제곱미터 이상으로 1개소 이상 2) 각 층별 전용면적이 800제곱미터 이상인 경우에는 각 층별로 8.4제곱미터 이상으로 1개소 이상 3) 각 층별 전용면적이 500제곱미터 이상인 경우에는 각 층별로 6.6제곱미터 이상으로 1개소 이상 4) 각 층별 전용면적이 500제곱미터 미만인 경우에는 각 층별로 5.4제곱미터 이상으로 1개소 이상
2. 제1호 외의 업무용 건축물	집중구내통신실	건축물의 연면적이 500제곱미터 이상인 경우 10.2제곱미터 이상으로 1개소 이상. 다만, 500제곱미터 미만인 경우는 5.4제곱미터 이상으로 1개소 이상

비고)
1. 같은 층에 집중구내통신실과 층구내통신실을 확보하여야 하는 경우에는 집중구내통신실만

을 확보할 수 있다.
2. 층별 전용면적이 500제곱미터 미만인 경우로서 각 층별로 통신실을 확보하기가 곤란한 경우에는 하나의 층구내통신실에 2개층 이상의 통신설비를 통합하여 수용할 수 있다. 이 경우 층구내통신실 확보면적은 통합수용된 각 층의 전용면적을 합하여 위 표 제1호 중 층구내통신실의 확보면적란의 기준을 적용한다.
3. 같은 층에 층구내통신실을 2개소 이상으로 분리 설치하려는 경우에는 층구내통신실의 면적은 최소 5.4제곱미터 이사이어야 한다.
4. 집중구내통신실은 외부환경에 영향이 적은 지상에 확보되어야 한다. 다만, 부득이한 사유로 지상확보가 곤란한 경우에는 침수우려가 없고 습기가 차지 아니하는 지하층에 설치할 수 있다.
5. 집중구내통신실에는 조명시설과 통신장비전용의 전원설비를 갖추어야 한다.
6. 각 통신실의 면적은 벽이나 기둥 등을 제외한 면적으로 한다.
7. 집중구내통신실의 출입구에는 잠금장치를 설치하여야 한다.

2. 주거용건축물 중 공동주택 및 준주택오피스텔에는 별표 3에 따른 면적확보 기준을 충족하는 집중구내통신실을 확보하여야 한다.

※ 별표 3 : 공동주택 및 준주택오피스텔의 구내통신실 면적확보 기준

구분	확보 면적
1. 50세대 이상 500세대 이하 단지	10제곱미터 이상으로 1개소
2. 500세대 초과 1000세대 이하 단지	15제곱미터 이상으로 1개소
3. 1000세대 초과 1500세대 이하 단지	20제곱미터 이상으로 1개소
4. 1500세대 초과 단지	25제곱미터 이상으로 1개소

비고)
1. 집중구내통신실은 외부환경에 영향이 적은 지상에 확보되어야 한다. 다만, 부득이한 사유로 지상 확보가 곤란한 경우에는 침수우려가 없고 습기가 차지 아니하는 지하층에 설치할 수 있다.
2. 집중구내통신실에는 조명시설과 통신장비전용의 전원설비를 구비하여야 한다.
3. 각 통신실의 면적은 벽이나 기둥 등을 제외한 면적으로 한다.
4. 집중구내통신실의 출입구에는 잠금장치를 설치하여야 한다.

3. 하나의 건축물에 업무용건축물과 주거용건축물 중 공동주택 또는 준주택오피스텔이 복합된 건축물에는 각각 별표 2 및 별표 3에 따른 면적확보 기준을 충족하는 집중구내통신실을 용도별로 각각 분리된 공간에 확보해야 하며, 업무용건축물에 해당하는 부분에는 별표 2에 따른 면적확보 기준을 충족하는

층구내통신실을 확보해야 한다. 다만, 업무용건축물에 해당하는 부분의 연면적이 500제곱미터 미만인 건축물로서 다음 각 목의 요건을 모두 충족하는 경우에는 집중구내통신실을 용도별로 분리하지 않고 통합된 공간에 확보할 수 있다.

가. 집중구내통신실의 면적이 별표 2와 별표 3에 따른 면적확보 기준을 합산한 면적 이상일 것

나. 집중구내통신실이 해당 용도별 전기통신회선설비와의 접속기능을 원활히 수행할 수 있을 것

⑤ 회선 수

㉠ 구내통신선로설비에는 다음 각 호의 사항에 지장이 없도록 충분한 회선을 확보하여야 한다.

1. 구내로 인입되는 국선의 수용
2. 구내회선의 구성
3. 단말장치 등의 증설

㉡ 제1항의 규정에 따라 확보하여야 하는 최소 회선 수의 기준은 별표 4와 같다.

※ 별표 4 : 구내통신 회선 수 확보 기준

대상건축물	회선 수 확보 기준
1. 주거용 건축물	다음 각 목의 기준 중 어느 하나 이상을 충족할 것 가. 국선단자함에서 세대단자함 또는 인출구까지 단위세대당 1회선(4쌍 꼬임케이블 기준) 이상 또는 광섬유케이블 2코어 이상 나. 광다중화 기능을 갖는 국선단자함과 동단자함이 있는 경우에는 국선단자함에서 동단자함까지 <u>단일모드 광섬유케이블 12코어 이상</u>, 동단자함에서 세대단자함이나 인출구까지 단위세대당 1회선(4쌍 꼬임케이블 기준) 이상 또는 <u>단일모드 광섬유케이블 2코어</u> 이상
2. 업무용 건축물	다음 각 목의 기준 중 어느 하나 이상을 충족할 것 가. 국선단자함에서 실단자함 또는 인출구까지 업무구역(10제곱미터)당 1회선(4쌍 꼬임케이블 기준) 이상 또는 <u>단일모드 광섬유케이블</u> 2코어 이상 나. 광다중화 기능을 갖는 국선단자함과 동단자함이 있는 경우에는 국선단자함에서 동단자함까지 <u>단일모드 광섬유케이블 12코어</u> 이상, 동단자함에서 실단자함이나 인출구까지 업무구역(10제곱미터)당 1회선(4쌍 꼬임케이블 기준) 이상 또는 <u>단일모드 광섬유케이블 2코어</u> 이상

비고)
1. 위 표 제1호 및 제2호 외의 건축물은 건축물의 용도를 고려하여 위 표 제1호 또는 제2호에

따른 회선수 확보 기준을 신축적으로 적용할 수 있다.
2. 위 표에서 "세대단자함"이란 세대에 인입되는 통신선로 등의 배선을 효율적으로 분배·접속하기 위하여 이용자의 주거 용도로만 쓰이는 실내공간에 설치되는 분배함을 말한다.
2의2. 위 표에서 "단일모드 광섬유케이블"이란 빛의 전파 형태가 한 가지인 광섬유케이블을 말한다.
3. 위 표에서 "동단자함"이란 건물 상호 간을 연결하는 통신케이블과 건물 내 수직 구간을 연결하는 통신케이블을 종단하여 상호 연결하는 통신용 분배함을 말한다.
4. 위 표에서 "실단자함"이란 고정된 벽 등으로 반영구적으로 구분된 장소에 인입되는 통신선로 등의 배선을 효율적으로 분배·접속하기 위하여 이용자의 업무 용도로만 쓰이는 실내공간에 설치되는 분배함을 말한다.
5. 위 표 제1호나목 및 제2호나목에 따른 국선단자함에서 동단자함까지의 단일모드 광섬유케이블 12코어 이상 중 8코어 이상은 국선과 접속하기 위한 용도로 사용한다.

(3) 사업용방송통신설비 등

① 안전성 및 신뢰성 등

㉠ 사업자는 이용자가 안전하고 신뢰성 있는 방송통신서비스를 제공받을 수 있도록 다음 각 호의 사항을 구비하여 운용하여야 한다.

1. 방송통신설비를 수용하기 위한 건축물 또는 구조물의 안전 및 화재대책 등에 관한 사항
2. 방송통신설비를 이용 또는 운용하는 자의 안전 확보에 필요한 사항
3. 방송통신설비의 운용에 필요한 시험·감시 및 통제를 할 수 있는 기능에 관한 사항
4. 그밖에 방송통신설비의 안전성 및 신뢰성 확보를 위하여 필요한 사항

㉡ ㉠항에 따라 방송통신서비스에 사용되는 방송통신설비가 갖추어야 할 안전성 및 신뢰성에 대한 세부기술기준은 과학기술정보통신부장관이 정하여 고시한다.

② 국선접속설비 및 옥외회선 등의 설치 및 철거

㉠ 기간통신사업자는 해당 역무에 사용되는 방송통신설비가 벼락 또는 강전류전선과의 접촉 등으로 그에 접속된 이용자방송통신설비 등에 피해를 줄 우려가 있는 경우에는 이를 방지하기 위하여 국선접속설비 또는 그 주변에 제7조에 따른 보호기를 설치하여야 한다.

㉡ 기간통신사업자는 국선을 5회선 이상으로 인입하는 경우에는 케이블로 국선수용단자반에 접속·수용하여야 한다.

ⓒ 기간통신사업자는 국선 등 옥외회선을 지하로 인입하여야 한다. 다만, 같은 구내에 5회선 미만의 국선을 인입하는 경우에는 그러하지 아니하다.

ⓔ ⓒ항 단서에도 불구하고 기간통신사업자는 건축주 등이 제4조제2항제2호의 분계점과 사업자가 이용하는 인입맨홀·핸드홀 또는 인입주까지 지하인입배관을 설치한 경우에는 옥외회선을 지하로 인입하여야 한다.

ⓜ 기간통신사업자는 전기통신사업법 제35조의2제2항에 따른 공중케이블 정비계획에 따라 정비대상으로 선정된 지역의 건축물에 5회선 미만의 국선 등 옥외회선을 공중으로 인입하는 경우에는 건축물마다 하나의 인입경로로 옥외회선을 설치하여야 한다. 다만, 방송통신설비를 안전하게 설치, 운영 또는 관리하기 위한 건축물로서 과학기술정보통신부장관이 정하여 고시하는 바에 따른 건축물은 두 개의 인입경로로 옥외회선을 설치할 수 있다.

ⓗ 기간통신사업자는 전기통신사업법 제28조에 따른 이용약관에 따라 체결된 서비스 이용계약이 해지된 경우에는 과학기술정보통신부장관이 정하여 고시하는 기간 이내에 ⓒ항 단서에 따라 설치된 국선 등 옥외회선을 철거하여야 하며, 그 내역을 기록·관리하여야 한다. 다만, 서비스 이용계약이 일부만 해지된 경우에는 그러하지 아니하다.

ⓢ ㉠~ⓗ항까지에서 규정한 사항 외에 국선접속설비 및 옥외회선 등의 설치 및 철거에 필요한 세부기술기준은 과학기술정보통신부장관이 정하여 고시한다.

③ 이동통신구내중계설비의 설치 및 철거

㉠ 전파법에 따라 할당받은 주파수를 사용하여 전기통신역무를 제공하는 기간통신사업자와 건축주 등은 건축주 등이 다음 각 호의 어느 하나에 해당하는 서류를 제출하기 전까지 이동통신구내중계설비의 설치장소 및 설치방법 등을 협의하여야 한다.

1. 건축법 제11조제3항에 따른 허가신청서
2. 주택법 제15조제2항 또는 제3항에 따른 사업계획승인신청서
3. 도시철도법 제7조제1항에 따른 사업계획 승인신청서

㉡ ㉠에 따른 기간통신사업자는 해당 기간통신사업자 모두를 대표하여 건축주 등과 ㉠항에 따른 협의를 전담하는 자(이하 "협의대표"라 한다)를 선정하여 해당 기간통신사업자의 인터넷 홈페이지 등에 게시하여야 한다.

㉢ 협의대표는 주택법 제2조제10호에 따른 사업주체(이하 "사업주체"라 한다)와

㉢ ㉠항에 따른 협의를 하는 경우 미리 주택단지 내 전파음영을 고려한 이동통신구내중계설비의 설계결과를 사업주체에게 제시하여야 한다.

㉣ 사업주체는 ㉠항에 따른 협의 결과를 누구든지 쉽게 알 수 있도록 해당 주택의 청약 신청 접수일 5일 이전에 주택법 제60조에 따른 견본주택 또는 사이버견본주택이 전시되는 인터넷 홈페이지 등에 게시하는 등 필요한 조치를 하여야 한다.

㉤ ㉠항에 따른 기간통신사업자는 해당 건축물이 제17조의2에 따른 구내용 이동통신설비의 설치대상에서 제외되고 통신수요가 없는 경우에는 즉시 이동통신구내중계설비를 철거하여야 한다.

㉥ ㉠항부터 ㉤항까지에서 규정한 사항 외에 이동통신구내중계설비의 설치 및 철거에 필요한 세부기술기준은 과학기술정보통신부장관이 정하여 고시한다.

④ 통신공동구 등의 설치기준

㉠ 통신공동구·맨홀 등은 통신케이블의 수용과 설치 및 유지·보수 등에 필요한 공간과 부대시설을 갖추어야 하고, 관로는 차도의 경우 지면으로부터 1미터 이상의 깊이에 매설하여야 한다.

㉡ 통신공동구 또는 관로를 국토의 계획 및 이용에 관한 법률 제2조제7호에 따른 도시·군계획시설 또는 도로법 제2조에 따른 도로 등에 설치하는 경우 관련 법령에 그 설치기준이 규정된 경우에는 그 법령에서 정한 기준을 적용한다.

㉢ 통신공동구 또는 관로를 다른 법령에 따라 설치된 설비에 덧붙여 설치하는 경우에는 이 영에서 정한 기준에도 불구하고 다른 법령의 기준을 적용할 수 있다.

㉣ ㉠항에 따른 통신공동구, 관로, 맨홀 등의 설치에 대한 세부기술기준은 과학기술정보통신부장관이 이를 정하여 고시한다.

⑤ 전송망사업용설비 등

㉠ 전송망사업용설비와 수신자설비의 분계점에서 수신자에게 종합유선방송신호를 전송하기 위한 전송설비 및 선로설비에 대한 세부기술기준은 과학기술정보통신부장관이 정하여 고시한다.

㉡ 전송망사업용설비에는 전송되는 종합유선방송신호가 정상적으로 제공되고 있는지를 확인할 수 있도록 전송선로시설의 감시장치를 설치하여야 한다.

㉢ 전송망사업용설비에 관하여 이 영에서 정하는 것 외에는 전파에 관한 법령에서 정한 기준을 적용한다.

㉣ 방송법 제79조제3항에 따라 종합유선방송사업자 및 중계유선방송사업자가 자

체적으로 설치하는 전송설비 및 선로설비의 설치 및 철거 등에 관하여는 ㉠항부터 ㉢항까지(중계유선방송사업자의 경우에는 ㉢항만 해당) 및 제24조를 준용한다.

⑥ 통신규약

㉠ 사업자는 정보통신설비와 이에 연결되는 다른 정보통신설비 또는 이용자설비와의 사이에 정보의 상호전달을 위하여 사용하는 통신규약을 인터넷, 언론매체 또는 그 밖의 홍보매체를 활용하여 공개하여야 한다.

㉡ ㉠항에 따라 사업자가 공개하여야 할 통신규약의 종류와 범위에 대한 세부 기술기준은 과학기술정보통신부장관이 정하여 고시한다.

⑦ 준용규정

자가방송통신설비에 관하여는 제22조를 준용한다. 이 경우 "사업자"는 "자가방송통신설비설치자"로, "방송통신설비"는 "자가방송통신설비"로 본다.

2 통신기기의 유지보수 및 안전에 관한 사항

[1] 선로설비의 유지 보수 및 보전에 관한 기본적인 사항

(1) 보호기 성능 및 접지설비 설치방법

① 보호기 성능

㉠ 보호기의 기본회로도는 아래와 같으며, 보호기의 성능은 ㉡항 내지 ㉣항의 조건을 만족하여야 한다.

보호기의 기본회로도

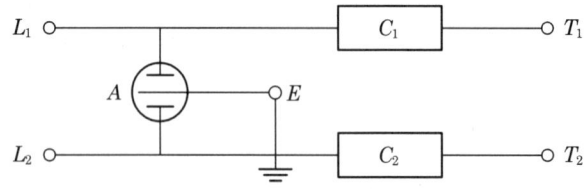

(주) L_1, L_2 : 외선측 단자 T_1, T_2 : 내선측 단자
    E : 접지선 단자 A : 과전압방전소자
    C_1, C_2 : 과전류제한소자

ⓛ 보호기의 과전압 성능은 다음 각 호와 같아야 한다.
1. 보호기는 직류 100[V/sec]의 상승전압을 L_1-E, L_2-E간에 인가할 때 184[V] 이상 280[V] 이하에서 접지를 통하여 방전이 개시되어야 한다.
2. 보호기는 100[V/μs]의 상승전압을 L_1-E, L_2-E간에 인가할 때 180[V] 이상 600[V] 이하에서 접지를 통하여 방전되어야 한다.
3. 보호기는 1000[V/μs]의 상승전압을 L_1-E, L_2-E간에 인가할 때 180[V] 이상 700[V] 이하에서 접지를 통하여 방전되어야 한다.

ⓒ 보호기의 과전류 성능은 다음 각 호와 같아야 한다.
1. 보호기는 L_1-T_1, L_2-T_2간에 교류 110[V] 250[mA]를 인가할 때 1분 이내, 교류 110[V] 1[A]를 인가할 때 2초 이내에 동작하여 부동작 전류 이하로 전류를 제한하고, 과전류가 제거되면 자기 복구되어야 한다.
2. 보호기는 L_1-T_1, L_2-T_2간에 직류 150[mA]를 3시간 인가할 때 과전류 제한소자는 동작하지 않아야 한다.

ⓔ 보호기의 발화방지 성능은 다음 각 호와 같아야 한다.
1. 보호기는 L_1-E, L_2-E간에 60[Hz], 5[A]를 15분간 인가할 때 과전압 방전소자의 발화방지 장치가 동작하여 보호기의 발화 및 변형이 없어야 한다.
2. 보호기는 과전압 방전소자가 삽입되지 않은 상태에서 L_1-T_1, L_2-T_2간에 교류 220[V], 3[A]를 15분간 인가할 때 과전류 제한소자가 손상되지 않아야 하며, 보호기의 발화 및 변형이 없어야 한다.

② 접지저항 등
㉠ 교환설비·전송설비 및 통신케이블과 금속으로 된 단자함(구내통신 단자함, 옥외분배함 등)·장치함 및 지지물 등이 사람이나 방송통신설비에 피해를 줄 우려가 있을 때에는 접지단자를 설치하여 접지하여야 한다.
㉡ 통신 관련시설의 접지저항은 10[Ω] 이하를 기준으로 한다. 다만, 다음 각 호의 경우는 100[Ω] 이하로 할 수 있다.
1. 선로설비 중 선조·케이블에 대하여 일정 간격으로 시설하는 접지(단, 차폐 케이블은 제외)
2. 국선 수용 회선이 100회선 이하인 주배선반
3. 보호기를 설치하지 않는 구내통신단자함
4. 구내통신선로설비에 있어서 전송 또는 제어신호용 케이블의 실드 접지

5. 철탑 이외 전주 등에 시설하는 이동통신용 중계기
6. 암반 지역 또는 산악지역에서의 암반 지층을 포함하는 경우 등 특수 지형에 의 시설이 불가피한 경우로서 기준 저항값 10[Ω]을 얻기 곤란한 경우
7. 기타 설비 및 장치의 특성에 따라 시설 및 인명 안전에 영향을 미치지 않는 경우

ⓒ 통신회선 이용자의 건축물, 전주 또는 맨홀 등의 시설에 설치된 통신설비로서 통신용 접지시공이 곤란한 경우에는 그 시설물의 접지를 이용할 수 있으며, 이 경우 접지저항은 해당 시설물의 접지기준에 따른다. 다만, 전파법시행령 제24조의 규정에 의하여 신고하지 아니하고 시설할 수 있는 소출력 중계기 또는 무선국의 경우, 설치된 시설물의 접지를 이용할 수 없을 시 접지하지 아니할 수 있다.

ⓔ 접지선은 접지저항값이 10[Ω] 이하인 경우에는 2.6[mm] 이상, 접지저항값이 100[Ω] 이하인 경우에는 지름 1.6[mm] 이상의 PVC 피복 동선 또는 그 이상의 절연효과가 있는 전선을 사용하고 접지극은 부식이나 토양오염 방지를 고려한 도전성 재료를 사용한다. 단, 외부에 노출되지 않는 접지선의 경우에는 피복을 아니할 수 있다.

ⓜ 접지체는 가스, 산 등에 의한 부식의 우려가 없는 곳에 매설하여야 하며, 접지체 상단이 지표로부터 수직 깊이 75[cm] 이상되도록 매설하되 동결심도보다 깊도록 하여야 한다.

ⓗ 사업용방송통신설비와 전기통신기본법 제64조의 규정에 의한 자가방송통신설비 설치자는 접지저항을 정해진 기준치를 유지하도록 관리하여야 한다.

ⓢ 다음 각 호에 해당하는 통신관련설비의 경우에는 접지를 아니할 수 있다.
1. 전도성이 없는 인장선을 사용하는 광섬유케이블의 경우
2. 금속성 함체이나 광섬유 접속 등과 같이 내부에 전기적 접속이 없는 경우

[2] 선로설비 설치의 유지보수 및 보전에 관한 기본적인 사항

① 선로설비의 유지보수 및 보전의 목적
 ㉠ 지속적으로 통신 품질을 유지하고
 ㉡ 경제적이고 효율적으로 기술의 발전을 수용하기 위하여
 ㉢ 건물 내의 다른 설비의 관리 시스템과도 함께 효율적으로 운용될 수 있도록 고려

② 관리자
　㉠ 표준이 적용되는 범위 내에서는 구내 선로를 관리하는 관리자 또는 이와 동등한 업무 수행자가 있어야 한다.
　㉡ 도면과 기록문서 등을 안전하게 보존하여야 하며 수리나 보수 시에 영향을 받는 도면이나 기록문서의 변경 사항을 갱신해 주어야 한다.

(1) 구내통신선로설비의 유지보수
　① 보수의 책임
　　㉠ 구내통신선로의 설비의 유지보수는 시설주가 하여야 한다.
　　㉡ 구내통신선로설비의 고장수리를 위하여 필요한 경우에는 예비시설 또는 예비선로를 설치하여 고장회선을 전환할 수 있는 조치를 하여야 한다.
　　㉢ 구내통신선로설비에 고장이 발생한 때에는 공중통신설비에 접속된 설비를 우선하여 수리하여야 한다.

　② 보전 수준
　　구내통신선로설비의 보전기준은 공중통신설비의 보전 수준 이상이어야 한다.

　③ 기록 관리
　　5회선 이상의 구내통신선로설비의 시설주는 다음 각 호의 도면 등을 비치하고 설비의 보수사항을 기록 관리하여야 한다.
　　1. 시설점검표 및 고장수리 기록표
　　2. 관로도
　　3. 선로도
　　4. 단자반 배선도
　　5. 선번장

　④ 시험점검
　　전신전화업무취급국에서 구내통신선로설비에 대하여 회전시험 등을 행할 경우에 시설주는 이에 필요한 조치를 하여야 한다.

　⑤ 시험기 등의 상비
　　구내통신선로설비의 시설주는 구내통신선로설비의 보수에 필요한 시험기, 공기구 및 보수용 자재를 상비하여야 한다. 다만, 구내통신선로설비의 유지보수를 타인에게 위탁하는 경우에는 그러하지 아니하다.

(2) 정보통신설비의 보전

① 통신설비의 유지보수

국제전기통신 서비스에 요구되는 특성을 유지함에 있어서 효과적으로 협력할 수 있도록 하기 위해서는 오랜 경험에 근거한 관련 ITU-T 권고를 적용하여야 한다.

② 유지보수상의 새로운 시스템에 대한 고찰

국제간의 운용 및 보수에 따른 호환성을 높이기 위한 새로운 시스템의 도입을 보증하려면 아래와 같은 지침이 필요하다.

㉠ 새로운 시스템 도입 시에는 그들의 가용도를 충분히 보증하도록 유지보수 기구 및 유지보수 설비 및 시험장치를 초기에 고려하여야 한다.

㉡ 총 비용 감소 및 유지보수의 효율성을 증진시키기 위해 새로운 시스템은 내부적으로 감시 및 고장위치 측정 기능을 가져야 한다. 이러한 기능은 외부 시험 장비의 수 및 유형을 최소로 줄이며 대부분의 외부 정기 시험들을 생략할 수 있다.

㉢ 새로운 시스템이 연구되는 경우에는 운용 및 유지보수의 요구 조건을 연구 초기에 고려하여야 한다.

㉣ 새로운 시스템의 도입 시 고장보고와 같은 현행 유지보수 절차가 부적절한 경우에는 그들이 적용될 수 있도록 다른 절차를 초기에 고려해야 한다. 다만, 새로운 절차들에 대하여 ITU-T가 허용한 기존의 유지보수 원칙들이 고려되어야 한다.

③ 정보통신설비의 유지관리계획

정보통신설비 관리자는 유지관리계획 작성 시 다음 각 호의 내용을 고려하여 계획을 수립한다.

㉠ 유지관리 계획

㉡ 정보통신설비 인수인계 계획

㉢ 정보통신설비의 기능 개선

㉣ 장애 복구 및 재발방지대책 수립

㉤ 소모품 및 계측기 관리

㉥ 예비품 확보

④ 정보통신설비의 점검 기준

정보통신설비의 점검 기준은 다음 각 호를 준용하여 유지관리를 하여야 한다.

㉠ 방송통신설비의 기술기준에 관한 규정
㉡ 접지설비 구내통신설비 선로설비 및 통신공동구에 대한 기술기준
㉢ 방송공동수신설비의 설치 기준에 관한 고시
㉣ 지능형 홈네트워크 설비 설치 및 기술기준

(3) 광통신시설의 유지보수

① 시설유지보수 권장 점검항목과 주기(시설별 세부내역)
㉠ 시설유지 보수에 따른 권장 점검항목과 주기는 다음과 같다.
㉡ 점검주기는 일, 월, 분기, 년 단위 등으로 구분한다.
㉢ 점검내용은 육안, 장비, 계측기, 청소 등을 실시한다.

② 관로시설
관로매설 표지판 포설루트 상태, 도로굴착여부, 시설훼손 및 사고여부, 교량 첨가, 하천시설 상태, 폭우, 해빙기, 지진 등의 상태에서 점검

③ 인·수공
㉠ 인·수공 외형부문 : 철개 파손여부, 도로높이와의 상태, 속뚜껑 및 시건장치 상태, 철개 방수상태
㉡ 인·수공 내 내부부문 : 인공사다리 및 각정의 상태, 케이블 및 받침대 상태, 번호 표찰상태, 접지상태(접지저항 측정), 지수블록 압축링 상태, 내관연결 및 엔드캡 상태, 접지백 그라이트 상태
㉢ 인·수공 환경부문 : 양수작업, 유해가스 유무, 내부청소

④ 관로(지하)케이블
케이블상태 및 여장정리, 명찰상태, 케이블 배열 정리 상태, 접속개소 유무 점검, 스파이럴 슬리브

⑤ 가공케이블
케이블높이 및 늘어짐 상태, 입상관, 전주자세 및 지지선, 전주번호, 콘크리트 균열여부, 전주 내 각종 불법부착물 제거, 케이블바인딩상태, 수목 및 간판 등과의 접촉상태, 케이블표찰 유무상태

⑥ 터널 케이블
케이블 및 랙, 명찰상태, 앵커 볼트 등 고정물(바인딩 등)상태, 벽고정 시 늘어짐

상태, 철도 등 횡단(위, 아래), 곡점 개소

⑦ 교량첨가시설

교량관로상태, 시설 고정, 부식상태, 이음개소 상태, 앵커 볼트 등 지지상태

⑧ 장비공통

장비접지상태, 전원상태점검(AC 입·출력 및 리플상태), 분배 및 저장함, 트레이, 랙, 덕트상태, 광 점퍼코드 등의 접속 보관상태(예비품 등), 타합선 시험점검(구성된 것 시험), 장비 경보발생 및 동작상태

⑨ 광전송(90Mbps의 DS 3급 이상 장비)

정류기 및 예비배터리 상태(충·방전 및 Cell상태), 광전송레벨시험(대국전송특성) 코어당, 시스템 대국기능시험(PC활용), 경보시험(시스템 내의 Self당)

⑩ 광단국(기지국 MUX : DS0, DS1)

광코어 인입상태, 유닛 동작 및 경보동작상태, 광코어 입·출력 레벨점검(코어당 2회), 예비시스템 절체시험

⑪ 광 중계장치

광 입·출력 레벨 측정, 광수신감도 측정, 광 자동이득 조정범위(AGC) 측정

⑫ 지하역사

장비실 온·습도, 접지, 청결상태, 각종 함 및 장비실의 방수 방습상태, 철물 조임 및 부식상태, 외부(쥐, 진동, 노숙 등)에 대한 안전상태

부 록(과년도출제문제)

- 방송통신발전 기본법 시행령(2025년 02월 14일 시행)
- 방송통신설비의 기술기준에 관한 규정(2024년 07월 19일 시행)
- 전기통신사업법(2024년 07월 31일 시행)
- 정보통신공사업법(2024년 07월 19일 시행)
- 방송통신기자재 등의 적합성평가에 관한 기본사항(2024년 07월 24일 시행)
- 접지설비, 구내통신설비, 선로설비 및 통신공동구 등에 대한 기술기준
  (2024년 07월 19일 고지)
- 지능형 홈네트워크 설치 설치 및 기술기준(2022년 7월 01일 시행)

위 법의 시행에 의해 기존 출제되었던 법규관련 문제에 변화가 있을 수 있습니다.
본 수험서에 있는 2022년 이전에 출제된 통신기기설비기준에 있는 문제는 수험생들의 설비기준에 대한 경향파악에 도움을 드리기 위해 남겨놓기는 했지만, 4장 부분을 검토하여 정답을 체크하시길 부탁드립니다. 수험생들의 많은 양해를 구합니다.

2010년 1월 31일 시행 과년도출제문제

01 자신보다 큰 원자가의 원자를 함유하여 과잉전자로 전기 전도를 하는 반도체는?
㉮ P형 반도체   ㉯ N형 반도체
㉰ 진성 반도체   ㉱ Ge형 반도체

해설 ① N형 반도체 : 과잉 전자(excess electron)에 의해서 전기 전도가 이루어지는 불순물 반도체
- 도너(donor) : N형 반도체를 만들기 위한 불순물 원소(Sb, As, P, Pb)
② P형 반도체 : 정공에 의해서 전기 전도가 이루어지는 불순물 반도체
- 억셉터(acceptor) : P형 반도체를 만들기 위한 불순물 원소(Ga, In, B, Al)

02 안정된 발진을 하기 위한 바크하우젠의 조건으로 가장 적합한 것은?(단, A는 증폭기의 증폭도, β는 궤환율이다.)
㉮ $|A\beta| > 1$ ㉯ $|A\beta| < 1$
㉰ $|A\beta| = 0$ ㉱ $|A\beta| = 1$

해설 바크하우젠(Barkhausen)의 자려 발진조건 $A\beta = 1$

03 실효값이 220[V]인 사인파 교류전압의 최댓값은?
㉮ 약 220[V]   ㉯ 약 280[V]
㉰ 약 310[V]   ㉱ 약 340[V]

해설 평균값 = 최댓값 $\times \frac{2}{\pi}$
최댓값 = 실효값 $\times \sqrt{2} = 220 \times \sqrt{2} = 310[V]$

04 어떤 도체에 5[V]의 전위차로 4[A]의 전류가 2분 동안 흐를 때 발생하는 열에너지는?
㉮ 1080[J]   ㉯ 1200[J]
㉰ 2400[J]   ㉱ 3600[J]

해설 $R = \frac{V}{I} = \frac{5}{4} = 1.25[\Omega]$
$P = I^2 Rt = 4^2 \times 1.25 \times 2 \times 60$
$= 16 \times 1.25 \times 120 = 2400[J]$

05 10[kHz]의 정현파로 100[MHz]의 반송파를 FM 변조했을 때 최대 주파수편이가 ± 100[kHz]이면 점유주파수 대역폭은?
㉮ 20[kHz]   ㉯ 110[kHz]
㉰ 220[kHz]   ㉱ 440[kHz]

해설 $B = 2(\Delta f_c + f_s) = 2(100 + 10)$
$= 220[kHz]$

06 BJT와 비교한 FET의 특성으로 적합하지 않은 것은?
㉮ 잡음특성이 양호하다.
㉯ 입력 임피던스가 높다.
㉰ 이득대역폭 적($G \cdot B$)이 작다.
㉱ 온도 변화에 따른 안정성이 나쁘다.

해설 ① BJT(Bipolar Junction Transistor)는 전자와 정공이 함께 전류를 제어하나 유니폴러는 바이폴러와 달리 다수캐리어 하나에 의해서만 전류가 흘러 BJT와 다르게 n채널형 p채널형으로 불린다.
② BJT는 베이스에 흐르는 전류로 컬렉터 이미터 간 전압을 제어하고 FET는 게이트에 걸리는 전압으로 드레인 → 소스로 흐르는 전류를 제어한다.

Answer 1.㉯ 2.㉱ 3.㉰ 4.㉰ 5.㉰ 6.㉱

07 20[A]의 전류를 흘렸을 때 전력이 100[W]인 저항에 10[A]의 전류를 흘리면 전력은 몇 [W]인가?
- ㉮ 10[W]
- ㉯ 25[W]
- ㉰ 50[W]
- ㉱ 100[W]

해설 $P = I^2R$, $R = \dfrac{P}{I^2} = \dfrac{100}{20^2} = 0.25[\Omega]$
$P' = I^2R = 10^2 \times 0.25 = 25[\text{W}]$

08 다음 중 디지털 변조방식에 속하는 것은?
- ㉮ FM
- ㉯ DSB
- ㉰ PSK
- ㉱ SSB

해설 디지털 변조 방식
① 진폭 편이 변조(ASK : Amplitude Shift Keying) : 디지털 신호가 1이면 출력을 송신, 0이면 off
② 주파수 편이 변조(FSK : Frequency Shift Keying) : 디지털 신호가 1이면 f_1 주파수로, 0이면 f_2 주파수로 주파수를 바꿈
③ 위상 편이 변조(Phase Shift Keying) : 디지털 신호의 0, 1에 따라 2종류의 위상을 갖는 변조 방식이다.

09 도체 내에서 전류가 흐르도록 전위차를 만들어주는 힘은?
- ㉮ 기전력
- ㉯ 자기력
- ㉰ 흡인력
- ㉱ 전자기력

해설 평행한 두 도선에 흐르는 전류가 같은 방향이면 흡인력이 작용하고, 평행한 두 도선에 흐르는 전류가 반대 방향이면 반발력이 작용한다.

10 어떤 증폭기의 전압증폭도가 100일 때 이 증폭기의 전압이득은 몇 [dB]인가?
- ㉮ 10[dB]
- ㉯ 20[dB]
- ㉰ 40[dB]
- ㉱ 60[dB]

해설 $A_v = 20\log_{10} 100 = 20\log_{10} 10^2$
$= 20 \times 2 = 40[\text{dB}]$

11 부궤환 증폭기의 일반적인 특징에 속하지 않는 것은?
- ㉮ 왜곡이 감소한다.
- ㉯ 이득이 증가한다.
- ㉰ 잡음이 감소한다.
- ㉱ 주파수 대역폭이 넓어진다.

해설 부궤환 증폭기의 특성
① 증폭기의 이득이 감소한다.
② 비선형 일그러짐이 감소한다. 특히 출력단의 잡음이 감소한다.
③ 주파수 특성이 개선된다.
④ 입력 임피던스가 증가하고, 출력 임피던스는 감소한다.
⑤ 부하의 변동이나 전원 전압의 변동에도 증폭도가 안정된다.

12 6[μF]와 4[μF] 콘덴서 2개를 직렬로 연결하면, 합성용량은 몇 [μF]인가?
- ㉮ 1.2[μF]
- ㉯ 2.4[μF]
- ㉰ 3.6[μF]
- ㉱ 4.8[μF]

해설 $C_t = \dfrac{6 \times 4}{6 + 4} = \dfrac{24}{10} = 2.4[\mu\text{F}]$

13 100[Ω]의 저항 4개를 접속하여 얻을 수 있는 합성저항 중 가장 작은 값은?
- ㉮ 400[Ω]
- ㉯ 200[Ω]
- ㉰ 50[Ω]
- ㉱ 25[Ω]

해설 저항의 직렬접속은 최대 저항값을 얻을 수 있고, 병렬접속은 최소 저항값을 얻을 수 있다.
그러므로 $\dfrac{R}{n} = \dfrac{100}{4} = 25[\Omega]$

Answer 7. ㉯ 8. ㉰ 9. ㉮ 10. ㉰ 11. ㉯ 12. ㉯ 13. ㉱

14 어떤 트랜지스터의 베이스 접지 전류증폭률 α가 0.98일 때, 이미터 접지 전류증폭률 β는?

㉮ 24　　㉯ 49
㉰ 98　　㉱ 100

해설* $\beta = \dfrac{\alpha}{1-\alpha} = \dfrac{0.98}{1-0.98} = \dfrac{0.98}{0.02} = 49$

15 이상적인 연산증폭기의 특징으로 적합하지 않은 것은?

㉮ 입력 임피던스가 무한대이다.
㉯ 출력 임피던스가 0이다.
㉰ 주파수 대역폭이 0이다.
㉱ 오픈 루프 전압이득이 무한대이다.

해설* 이상적인 연산 증폭기의 특성
① 전압 이득 A_v가 무한대이다($A_v = \infty$).
② 입력 저항 R_i이 무한대이다($R_i = \infty$).
③ 출력 저항 R_o가 0이다($R_o = 0$).
④ 대역폭이 무한대이고($BW = \infty$) 지연응답 (response delay)=0이다.
⑤ 오프셋(offset)이 0이다.
⑥ 특성의 변동, 잡음이 없다.
연산 증폭기는 정확도를 높이기 위하여 큰 증폭도와 높은 안정도가 필요하다.

16 어떤 시스템의 개발을 위하여 프로그램을 작성하려고 한다. 시스템에 적합한 프로그램 개발 단계의 순서로 옳은 것은?

㉮ ① 시스템 조사→② 설계→③ 분석→
　④ 구현→⑤ 실행→⑥ 유지보수
㉯ ① 시스템 조사→② 분석→③ 설계→
　④ 실행→⑤ 구현→⑥ 유지보수
㉰ ① 시스템 조사→② 분석→③ 설계→
　④ 구현→⑤ 실행→⑥ 유지보수
㉱ ① 시스템 조사→② 분석→③ 구현→

　④ 설계→⑤ 실행→⑥ 유지보수

해설* 시스템의 개발을 위한 프로그램의 개발 단계는 시스템의 조사 후 분석, 시스템의 설계, 시스템의 구현 후 실행, 시스템의 유지보수로 이루어진다.

17 다음 중 입·출력 기능을 동시에 할 수 있는 장치는?

㉮ 스캐너　　㉯ MICR
㉰ OCR　　㉱ 터치스크린

해설* ① 입력 장치 : 카드 판독기, 테이프 판독기, 광학 판독기, 광학 문자 판독기, 자기 잉크 문자 판독기, 키보드 등
② 출력 장치 : 라인 프린터, 카드 천공기, 디스플레이 장치, 영상 표시 장치 등
③ 입·출력장치 : 터치스크린, 콘솔, 영상표시장치 터미널 입·출력 타이프라이터 등

18 그레이 코드(Gray Code) 0101을 2진수로 옳게 변환한 것은?

㉮ 0110　　㉯ 0111
㉰ 1000　　㉱ 1001

해설*

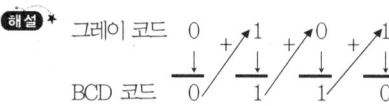

19 컴퓨터에서 10진수의 일반적인 코드 표시로 가장 옳은 것은?

㉮ 해밍 코드(Hamming Code)
㉯ 2진화 10진(BCD) 코드
㉰ 3-초과 코드(Excess-3 Code)
㉱ 그레이 코드(Gray Code)

해설* 2진화 10진수(BCD : Binary Coded Decimal)는 10진수 1자리의 수를 2진수로 변환하여 4비트로 표시하는 것으로, 각 비트는 고유한 값 8, 4,

2, 1의 고정값을 갖는다. 그래서 8421코드라
고도 한다.

20 해상도에 대한 설명으로 틀린 것은?
㉮ 해상도를 나타내는 숫자가 클수록 화면의 선명도가 떨어진다.
㉯ 정보를 그래픽으로 출력하는 장치에서 출력되는 정보의 정밀도를 의미한다.
㉰ 해상도가 800×600이라는 것은 가로축 800개, 세로축 600개의 픽셀로 이루어졌다는 것을 의미한다.
㉱ 해상도가 600DPI라는 것은 가로, 세로 1인치당 각각 600개의 점(dot)으로 이루어졌다는 것을 의미한다.

해설 ✻ 해상도를 나타내는 숫자가 클수록 화면의 선명도가 좋아진다.

21 불 대수의 관계식으로 잘못된 것은?
㉮ A+A·B=A　　㉯ A+1=1
㉰ A·0=0　　　㉱ A·1=1

해설 ✻ A·1=A

22 다음 진리표가 나타내는 게이트는?(단, a, b는 입력이고, f는 출력이다.)

a	b	f
0	0	1
0	1	0
1	0	0
1	1	1

㉮ AND　　　㉯ OR
㉰ NOR　　　㉱ EX-NOR

해설 ✻ $f = AB + \overline{AB} = A \odot B$의 논리식을 갖는 EX-NOR 게이트의 진리표이다. 즉 일치회로이다.

23 다음 설명에 해당되는 것은?

"입력 펄스에 따라서 레지스터의 상태가 미리 정해진 순서대로 변화하는 레지스터이다."

㉮ 플립플롭(flip-flop)
㉯ 디멀티플렉서(demultiplexer)
㉰ 카운터(counter)
㉱ 멀티플렉서(multiplexer)

해설 ✻ ① 플립플롭(Flip Flop) : 안정 상태를 유지하며 외부의 트리거 펄스 입력이 두 개 공급될 때마다 하나의 구형파를 출력하는 회로
② 멀티플렉서(Multiplexer) : n개의 입력신호 중 선택 제어의 조건에 따라 1개의 입력만 선택하여 출력하는 조합논리회로
③ 디멀티플렉서(Demultiplexer) : 하나의 입력선으로부터 데이터를 입력받아 2n개의 출력선 중에서 n비트의 선택 신호에 의해서 선택된 하나의 출력선으로 데이터를 분배하는 조합논리회로

24 C 언어의 기본 데이터형으로 잘못 연결된 것은?
㉮ 문자형 : Text
㉯ 표준 정수 : Int
㉰ 긴 정수 : Long
㉱ 배정도 부동 소수점 : Double

해설 ✻ 문자형은 char이다.

25 요구분석, 시스템설계, 시스템 구현 등의 시스템 개발과정에서 개발자 간의 의사소통을 원활하게 이루어지게 하기 위하여 표준화한 모델링 언어는?
㉮ JAVA　　　㉯ ALGOL
㉰ C#　　　　㉱ UML

해설 ✻ 객체 관련 표준화기구인 OMG에서 1997년 11

Answer 20. ㉮ 21. ㉱ 22. ㉱ 23. ㉰ 24. ㉮ 25. ㉱

월 객체 모델링 기술(OMT : object modeling technique), OOSE 방법론 등을 연합하여 만든 통합 모델링 언어로 객체 지향적 분석·설계 방법론의 표준 지정을 목표로 하고 있다.

26 전화기에서 음성신호를 전기적인 신호로 변환하는 것은?

㉮ 송화기　　　　㉯ 수화기
㉰ 훅 스위치　　　㉱ 유도 코일

해설 ① 송화기(Transmitter) : 송화기의 진동판은 얇은 금속판으로 송화기에 대고 말을 하면 진동판의 진동의 강약에 따라 탄소입자의 저항이 크거나 작게 되어 전류가 변화하게 되어 음성의 크기와 높낮이에 따른 진동이 전기 에너지로 변환되어 통신로를 통하여 상대방에 도달한다. 즉, 소리에너지를 전기적 에너지로 변환하는 장치이다.
② 수화기(Receiver) : 회로에 흐르는 전기적 에너지를 음성에너지로 변환하는 장치로, 송화기의 반대작용으로 스피커에 해당하는 부분에서 전기 신호를 음성 신호로 변환한다. 수화기 내에는 영구자석과 코일로 구성되며, 코일에 전기가 흐르지 않을 때는 진동판은 자석에 붙어 있다가 음성 전류가 흐르면 전류의 세기에 따라 코일의 자계 변화에 따라 진동판이 진동하면서 음성을 재생한다.

27 통신(변조) 속도가 1200[baud]일 때 2진 주파수 편이변조방식을 사용하는 경우의 데이터 신호 속도는?

㉮ 1200[bps]　　　㉯ 2400[bps]
㉰ 3600[bps]　　　㉱ 4800[bps]

해설 ① 주파수 편이 변조(Frequency Shift Keying : FSK)는 일정 진폭의 정현파의 주파수를 두 가지로 정하여 데이터가 1 혹은 0으로 변함에 따라 두 개의 주파수 중 할당된 주파수를 상대측에 보내는 변조 방식이다. 진폭 편이 방식(ASK)보다 에러에 강하고, 회로도 비교적 간단하기 때문에 데이터 전송에서 많이 사용되며, 복조 시 반송파가 필요하다. 또한, 구성이 용이하고 비교적 원거리 전송에 강하여, PSTN에서 많이 이용된다. 주로 FSK는 비교적 저속(비동기식으로 200[BPS] 이하)의 데이터 전송에 많이 이용된다.
② 통신속도
　㉠ 변조속도 : 1초 동안 몇 개의 신호변화가 있었는가를 나타내는 것(단위 : baud)
　㉡ 신호속도
　　• 1초 동안 전송 가능한 비트의 수(단위 : bps(bit/sec))
　　• 데이터 신호속도(bps) = 변조 속도(baud) × 변조시 상태 변화 수
　　• 변조속도(abud) = 데이터 신호 속도(bps) / 변조 시 상태 변화 수
　㉢ 전송속도 : 단위 시간에 동기문자, 상태 신호 등 합한 속도(단위 : bps(bit/sec))
　㉣ 베어러 속도 : 데이터 신호에 동기문자, 상태 신호 등을 합한 속도(단위 : bps(bit/sec))
③ 2위상 : 1회의 변조로 1비트를 사용. 0과 1에 따라 반송파의 위상을 0° 또는 180°로 변환시키는 방식
④ 4위상 : 1회의 변조로 2비트를 사용(Dibit), 2배 빠름
⑤ 8위상 : 1회의 변조로 3비트를 사용(Tribit)
⑥ 16위상 : 1회의 변조로 4비트를 사용(Quardbit)

28 프로토콜의 기능에 속하지 않는 것은?

㉮ 단순화
㉯ 흐름제어
㉰ 주소지정
㉱ 정보의 분할 및 조립

해설 **프로토콜의 기능**
① 단편화(Segmentation)와 재조립(Reassembly)
② 캡슐화(Encapsulation)
③ 연결 제어(Connection Control)
④ 흐름 제어(Flow Control)

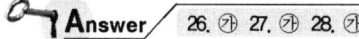

⑤ 순서 바로잡기(Ordered Delivery)
⑥ 에러 제어(Error Control)
⑦ 동기화(Synchronization)
⑧ 주소부여(Addressing)
⑨ 다중화(Multiplexing)
⑩ 전송 서비스(Transmission Service)

29 ATM의 주요 특징에 대한 설명으로 틀린 것은?

㉮ 전송망의 사용 효율을 증대시킨다.
㉯ 흐름제어와 에러제어는 단말기 간에 처리한다.
㉰ 라우팅을 소프트웨어적으로 처리하여 고속성을 실현할 수 있다.
㉱ 정보를 일정 길이의 셀로 나누어 처리함으로써 서비스 추가에 유연성을 가진다.

해설 * ATM(비동기 전달모드 : Asynchronous Transfer Mode)의 특징
① 고정 크기의 셀을 발생시켜 전송하는 셀 기반 프로토콜로서 임의의 속도에 능동적으로 대처할 수 있다.
② 통신망과 단말 간에 기본 기능을 분산시키고 가능한 한 간단한 프로토콜을 사용함으로써 프로토콜 처리에 소요되는 오버헤드를 최소화하여 정보전송의 효율을 향상시킬 수 있다.
③ 통신망에서 제공되는 프로토콜 처리 및 교환은 소프트웨어를 개입시키지 않고 하드웨어로 처리함으로써 정보 전송을 고속화할 수 있다.
④ 저속으로부터 고속에 이르는 광범위한 전송 속도를 지원할 수 있다.
⑤ 교환 가상 회로(Switched Virtual Circuit : SVC)나 영구 가상 회로(Permanent Virtual Circuit : PVC)를 모두 제공하고, 음성을 비롯하여 고해상도 영상까지 수용할 수 있으며 고속 WAN 통신망을 위한 다양한 인터페이스를 제공할 수 있다.

30 TDX-10A 전자교환기에 대한 설명으로 적합하지 않은 것은?

㉮ 음성과 비음성 서비스를 제공한다.
㉯ 스위치의 구조는 T-S-T이다.
㉰ 신호방식은 No.7 신호방식을 사용한다.
㉱ 제어방식은 집중제어방식을 사용한다.

해설 * TDX-10은 국내에서 개발한 대형 디지털 전자 교환기로 1990년 공중전화교환망의 시내 가입자용으로 사용되었으며, TDX-10의 특징으로는 분산제어방식, DBMS 운용, 모듈화, 원격 교환장치(RASM, remote access switching module) 채택, 가입자 모듈과 스위치 모듈 사이에 광케이블을 이용, 범용 프로그래밍 언어의 사용 등이 있다.

31 참값 100[mA]인 DC 전류를 측정하였더니 102[mA]였다. 이 측정기의 백분율 오차는?

㉮ 0.5[%] ㉯ 1.2[%]
㉰ 1.5[%] ㉱ 0.2[%]

해설 * 오차백분율 $= \dfrac{T-M}{M} \times 100$

$= \dfrac{100-102}{102} \times 100$

$= \dfrac{-2}{102} \times 100 ≒ 0.2[\%]$

32 전자교환기 소프트웨어가 가져야 할 주요 특성으로 적합하지 않은 것은?

㉮ 실시간 처리가 가능해야 한다.
㉯ 중단 없는 서비스가 필요하다.
㉰ 다중 프로그래밍이 이루어져야 한다.
㉱ 변경이 어려운 소프트웨어 구조를 가져야 한다.

해설 * 교환기 소프트웨어가 가져야 할 주요특성
① 실시간 처리(real time processing)

Answer 29. ㉯ 30. ㉱ 31. ㉱ 32. ㉱

② 다중 프로그래밍(multi-programming)
③ 중단 없는 서비스(permanency of service)
④ 변경과 확장이 용이한 소프트웨어 구조

33 어떤 회선의 호량이 18[HCS]일 때 이것은 몇 [Erl]인가?
㉮ 0.25[Erl] ㉯ 0.5[Erl]
㉰ 0.75[Erl] ㉱ 1[Erl]

해설 ★ 전신, 전화 등의 통신 시설에서 통신의 흐름, 개개의 호 보류 시간에 관계없이 발생한 호의 수를 호 수라고 하고, 호 수와 평균 보류 시간의 곱을 트래픽량, 단위 시간당 트래픽량을 호량 또는 트래픽 밀도라고 한다. 트래픽량의 단위를 얼랑(ERL)이라고 한다. 1얼랑은 1회선이 전송할 수 있는 최대 호량, 즉 단위 시간 내에 1회선이 쉴 새 없이 점유될 때의 트래픽이다. 또 1/36얼랑을 100초호(秒呼)라고 한다. 1얼랑 =36HCS이므로 15HCS는 1/2얼랑이다. 즉 0.5[Erl]이다.

34 정보통신망의 주 구성요소가 아닌 것은?
㉮ 단말장치
㉯ 데이터 전송 회선
㉰ 정보처리 시스템
㉱ 메모리 장치

해설 ★ 정보통신망의 구성요소
① 단말장치 : 정보처리 담당, 데이터의 입·출력, 컴퓨터와의 통신
② 데이터 전송회선 : 단말장치에서 변환된 전기신호를 상대측에 전송, 전송매체, 각종 통신장치(변복조장치, 다중화, 송수신장치)
③ 정보처리 시스템 : 전송되어 온 데이터의 처리(중앙처리장치), 저장(기억장치), 입·출력장치, 기능-스위칭, 라우팅, 통신서비스, 망 관리

35 다음 ( ) 안에 들어갈 내용으로 가장 적합한 것은?

"ATM 셀은 48바이트의 정보와 ( )바이트의 헤드로 구성된다."

㉮ 1 ㉯ 5
㉰ 8 ㉱ 16

해설 ★ ATM(비동기 전달모드 : Asynchronous Transfer Mode) 층의 프로토콜
53바이트의 셀을 처리하는 계층이 ATM 층으로, ATM 셀은 48바이트의 정보와 5바이트의 헤드로 구성된다.

36 변조를 행하는 이유로 적합하지 않은 것은?
㉮ 효율적인 전송매체 개발을 위하여
㉯ 통신장비의 한계를 극복하기 위하여
㉰ 신호를 다중화하여 전송하기 위하여
㉱ 잡음과 간섭의 영향을 줄이기 위하여

해설 ★ 변조(modulation)는 고주파의 교류 신호를 저주파의 교류 신호에 따라 변화시키는 일. 신호의 전송을 위해 반송파라고 하는 비교적 높은 주파수에 비교적 낮은 가청주파수를 포함시키는 과정으로 변조를 하는 이유
① 주파수 다중화(채널 효율이 좋아짐) : 동시에 여러 개의 신호를 보내면 특정한 사람이 수신가능
② 안테나의 실용성 : 안테나의 길이를 짧게 하기 위해(주파수가 높으면 파장이 줄어들어 안테나의 길이가 줄어듦)
③ 협대역폭 : 대역폭이 중심 주파수와 비교해서 좁을 것, 신호의 간섭을 적게 하기 위해
④ 공통 처리 등

37 전자교환기의 구성은 통화로부와 제어부로 나누어진다. 다음 중 제어부를 구성하는 것이 아닌 것은?
㉮ 가입자 회선
㉯ 중앙제어장치

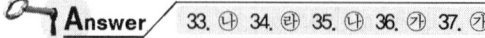
Answer 33. ㉯ 34. ㉱ 35. ㉯ 36. ㉮ 37. ㉮

㉲ 프로그램 기억장치
㉳ 호 처리 기억장치

해설

제어부 ─┬─ 중앙제어장치
　　　　├─ 프로그램기억장치
　　　　└─ 호 처리용 기억장치

① 중앙제어장치 : 교환기에서 요구되는 복잡한 정보와 판단과 처리를 호 처리 기억장치의 정보를 이용하여 프로그램 기억장치 내의 프로그램 순서에 따라 처리하여 통화로망의 통신선을 상호 접속
② 프로그램 기억장치 : 교환기의 동작을 규정하는 프로그램과 가입자 전화번호, 국 번호와 중계선에 관련된 내용을 저장
③ 호 처리용 기억장치 : 가입자 회선, 중계선 및 통화로부의 각 부의 현재 사용 유무를 알 수 있는 데이터를 저장

38 트래픽 이론에 대한 설명으로 적합하지 않은 것은?

㉮ 1일 중 호가 가장 많이 발생하는 1시간을 최번시라 한다.
㉯ 최번시의 호수와 1일 총 호수와의 비를 최번시 집중률이라 한다.
㉰ 통신시설을 이용하려는 가입자의 100[%]의 만족한 통화를 위한 연구이다.
㉱ 통신망 내에서 적정 서비스 품질을 유지하기 위한 통신설비의 수를 산출하는 이론이다.

해설 * 트래픽 이론
① 1일 중 호가 가장 많이 발생하는 1시간을 최번시라 한다.
② 최번시의 호수와 1일 총 호수와의 비를 최번시 집중률이라 한다.
③ 통신망 내에서 적정 서비스 품질을 유지하기 위한 통신설비의 수를 산출하는 이론이다.

39 전자교환기의 용량을 나타내는 요소로 적합하지 않은 것은?

㉮ 연결 단자 수
㉯ 통화로망 용량
㉰ 호 처리 용량
㉱ 제어부의 메모리 용량

해설 * 전자교환기의 용량을 나타내는 요소로는 연결 단자 수, 통화로망 용량, 호 처리 용량 등이다.

40 병렬 전송방식과 비교한 직렬 전송방식의 특징에 속하지 않는 것은?

㉮ 전송 속도가 느리다.
㉯ 전송로 비용이 저렴하다.
㉰ 직병렬 변환회로가 필요 없다.
㉱ 주로 원거리 전송에 사용된다.

해설 * ① 직렬(Serial) 전송 : 동일한 전송선을 통해서 한 비트씩 전송하는 방식으로, 대부분의 데이터 전송에서 사용한다.
• 장·단점
 - 전송 에러가 적다.
 - 원거리 전송에 적합하다.
 - 통신 회선 설치비용이 저렴하다.
 - 전송 속도가 느리다.
② 병렬(Parallel) 전송 : 송신하고자 하는 비트 블록 각각에 대응되는 전송선이 따로 있어서 비트 블록을 한 번에 전송
• 장·단점
 - 단위 시간에 다량의 데이터를 빠른 속도로 전송
 - 전송 길이가 길어지면 에러 발생 가능성이 높고, 통신 회선 설치비용이 커짐

41 전화기에서 송·수신 신호를 분리하고 측음 방지회로에 사용되는 것은?

㉮ 퓨즈　　　　㉯ 피뢰기
㉰ 유도선륜　　㉱ 탄소저항

Answer 38. ㉰　39. ㉱　40. ㉰　41. ㉰

해설 ★ **전화단말기의 구성**

통화 장치	송화기, 수화기, 유도선륜, 축전기
신호 장치	자석발전기, 자석전령
호출 장치	다이얼, 푸시 버튼(Push Button)
신호 전환 장치	훅 스위치(Hook SW)

42 오실로스코프로 측정할 수 없는 것은?
㉮ 전압 ㉯ 주파수
㉰ 위상차 ㉱ 코일의 Q

해설 ★ 오실로스코프로는 전압, 전류, 파형, 위상 및 주파수, 변조도, 시간 간격, 펄스의 상승시간 등의 제 현상을 측정할 수 있다.

43 지시계기의 구비 조건으로 적합하지 않은 것은?
㉮ 절연내력이 높을 것
㉯ 온도, 습도 등에 민감할 것
㉰ 튼튼하고 취급이 편리할 것
㉱ 지시가 측정값의 변화에 신속히 응답할 것

해설 ★ **지시계기의 구비 조건**
① 정밀도가 높고 오차가 작을 것
② 응답도(responsibility)가 좋을 것
③ 절연내력이 높을 것
④ 튼튼하고 취급이 편리할 것 등

44 화상입력용 단말장치에 속하는 것은?
㉮ 마이크
㉯ 스피커
㉰ 스캐너
㉱ MFC 전화기

해설 ★ 마이크는 음성입력용, 스피커는 음성출력용, MFC 전화기는 음성 입·출력용 단말장치이다.

45 채널 대역폭이 1[kHz], S/N 비가 15일 때 채널 용량은?
㉮ 1200[bps]
㉯ 2400[bps]
㉰ 4000[bps]
㉱ 8000[bps]

해설 ★ 샤논(Shannon)의 정리에 의하면 "전송 채널의 단위시간당 전송할 수 있는 Bit 수"를 구하는 공식으로 단위는 [BPS], [Bit/sec]이다.

채널용량(C) = 대역폭 × $\log_2\left(1 + \dfrac{신호전력}{잡음전력}\right)$

$C = B\log_2\left(1 + \dfrac{S}{N}\right)$ [bps]

(단, C : 채널용량, B : 채널의 대역폭, S/N : 신호대 잡음비)

$C = 1000 \times \log_2(1+15)$
$= 1000 \times \log_2 16$
$= 1000 \times 4 = 4000$[bps]

46 전기통신사업법의 목적이 아닌 것은?
㉮ 전기통신을 효율적으로 관리함
㉯ 전기통신 이용자의 편의를 도모함
㉰ 전기통신사업의 운영을 적정하게 함
㉱ 전기통신사업의 건전한 발전을 기함

해설 ★ **전기통신사업법의 목적**
전기통신사업의 운영을 적정하게 하여 전기통신사업의 건전한 발전을 기하고 이용자의 편의를 도모함으로써 공공복리의 증진에 이바지함을 목적으로 한다.

47 기간통신사업자로부터 전기통신회선설비를 임차하여 기간통신역무 외의 전기통신역무를 제공하는 사업은?
㉮ 별정통신사업

Answer 42. ㉱ 43. ㉯ 44. ㉰ 45. ㉰ 46. ㉮ 47. ㉰

㈏ 임차통신사업
㈐ 부가통신사업
㈑ 자가통신사업

해설 ✽ 우리나라의 통신사업은 전기통신회선설비 설치 여부에 따라 기간통신사업자와 별정통신사업자·부가통신사업자로 나뉘며, 부가통신사업이란 기간통신사업자로부터 전기통신회선설비를 빌려서 기간통신역무 외의 전기통신역무를 제공하는 사업으로, 신고만으로 사업을 할 수 있다. PC통신, 전자우편, 전화정보사업(700 음성서비스사업)으로 이루어져 있다.

48 통신사업자의 교환설비로부터 이용자 전기통신설비의 최초단자에 이르기까지의 사이에 구성되는 회선을 말하는 것은?

㈎ 국선　　　　㈏ 회선
㈐ 정보통신망　㈑ 전기통신망

해설 ✽ **전기통신설비의 기술기준에 관한 규칙에 의한 정의**
"국선"이라 함은 사업자의 교환설비로부터 이용자전기통신설비의 최초 단자에 이르기까지의 사이에 구성되는 회선을 말한다.

49 정보통신공사업자만이 행할 수 있는 공사는?

㈎ 실험국의 무선설비 설치공사
㈏ 간이무선국의 무선설비 설치공사
㈐ 건축물에 설치되는 5회선 이하의 구내통신선로 설비
㈑ 허브의 증설을 수반하는 7회선의 LAN 선로의 증설공사

해설 ✽ **정보통신공사업법 시행령의 제4조(공사제한의 예외)** ① 법 제3조제2호에 따라 공사업자 외의 자가 시공할 수 있는 경미한 공사의 범위는 다음 각 호와 같다.
1. 간이무선국·아마추어국 및 실험국의 무선설비설치공사
2. 연면적 1천 제곱미터 이하의 건축물의 자가유선방송설비·구내방송설비 및 폐쇄회로텔레비전의 설비공사
3. 건축물에 설치되는 5회선 이하의 구내통신선로 설비공사
4. 라우터 또는 허브의 증설을 수반하지 아니하는 5회선 이하의 근거리통신망(LAN)선로의 증설공사
5. 다음 각 목의 공사로서「소프트웨어산업진흥법」제24조의2제2항에 따라 중소 소프트웨어사업자만 참여하는 공사(6회선 이상의 근거리통신망(LAN)선로설비공사는 제외한다)
　가. 서버·백업장비·주변기기 등 전산장비(이하 "전산장비"라 한다)의 설치공사 및 유지보수
　나. 전산장비의 대·개체공사
　다. 주전산장치의 성능향상을 위한 주변기기의 설치공사
　라. 연면적 1천 제곱미터 이하의 건축물에 설치되는 공사로서 구내통신선로설비·방송설비·경비보안설비와 연계되지 아니하는 정보시스템 구축공사
　마. 하드웨어구입비를 제외한 전체사업비 중 소프트웨어관련비(소프트웨어개발비·소프트웨어유지보수비·데이터베이스구축비 등)의 비중이 80퍼센트 이상인 정보시스템 구축공사
6. 군 및 경찰의 긴급작전을 위한 공사로서 방송통신위원회가 관계 중앙행정기관의 장과 협의하여 정하는 공사
7. 다음 각 목의 공사로서 방송통신위원회가 정하여 고시하는 공사
　가. 정보통신설비의 단말기, 차량용 전화 등의 설치 또는 증설공사
　나. 무선통신설비의 이전·변경·증설 또는 대체 등의 공사
　다. 자기의 정보통신설비의 유지·보수공사
8. 제1호부터 제4호까지, 제7호 가목 및 나목의 공사와 유사한 기술수준의 공사로서 방송통신위원회가 정하여 고시하는 공사

48. ㈎　49. ㈑

② 법 제3조제3호에서 "대통령령으로 정하는 바에 의하여 도급받거나 시공하는 경우"란 다음 각 호의 자가 단독으로 또는 공사업자와 공동으로 공사를 도급받거나 시공하는 경우를 말한다.
1. 통신구설비공사의 경우 「건설산업기본법」 제9조에 따라 토목공사업 또는 토목건축공사업의 등록을 한 자
2. 도로공사에 부수되어 그와 동시에 시공되는 정보통신 지하관로설비공사의 경우 해당 도로의 공사를 도급받아 시공하는 자

50 다음 ( ) 안에 들어갈 내용으로 가장 적합한 것은?

" ( )는(은) 전기통신의 원활한 발전과 정보사회의 촉진을 위하여 전기통신기본계획을 수립하여 이를 공고하여야 한다."

㉮ 국무총리
㉯ 행정안전부장관
㉰ 지식경제부장관
㉱ 방송통신위원회

해설 ★ 전기통신사업법의 제5조(전기통신기본계획의 수립) 방송통신위원회는 전기통신의 원활한 발전과 정보사회의 촉진을 위하여 전기통신기본 계획(이하 "기본계획"이라 한다)을 수립하여 이를 공고하여야 한다.
〈기본계획에 포함되는 사항〉
- 전기통신의 이용효율화에 관한 사항
- 전기통신의 질서유지에 관한 사항
- 전기통신사업에 관한 사항
- 전기통신설비에 관한 사항
- 전기통신기술(전기통신공사에 관한 기술을 포함)의 진흥에 관한 사항
- 기타 전기통신에 관한 기본적인 사항

51 전기통신사업의 경영자는?

㉮ 방송통신위원회
㉯ 전기통신사업자
㉰ 지식경제부장관
㉱ 한국정보통신기술협회

해설 ★ 전기통신사업법의 제2조(정의)
"전기통신사업자"라 함은 이 법에 의한 허가를 받거나 등록 또는 신고를 하고 전기통신역무를 제공하는 자를 말한다.

52 다음 ( ) 안에 들어갈 내용으로 가장 적합한 것은?

"강전류전선이란 전기도체, 절연물로 싼 전기도체 또는 절연물로 싼 것의 위를 보호피막으로 보호한 전기도체 등으로서 ( ) 이상의 전력을 송전하거나 배전하는 전선을 말한다."

㉮ 100볼트
㉯ 300볼트
㉰ 600볼트
㉱ 750볼트

해설 ★ 전기통신설비의 기술기준에 관한 규칙에 의한 정의
"강전류전선"이라 함은 전기도체, 절연물로 싼 전기도체 또는 절연물로 싼 것의 위를 보호피막으로 보호한 전기도체 등으로서 300볼트 이상의 전력을 송전하거나 배전하는 전선을 말한다.

53 방송통신위원회가 자가전기통신설비를 설치한 자로 하여금 중요한 통신 업무를 취급하게 할 수 있는 경우는?

㉮ 기간통신사업자가 요구 시
㉯ 군 작전 또는 민방위훈련 시
㉰ 전기통신설비가 부족 시
㉱ 전시 등 국가비상사태 발생 시

해설 ★ 전기통신기본법의 제22조(비상시의 통신의 확보)
① 방송통신위원회는 전시·사변·천재·지변 기타 이에 준하는 국가비상사태가 발생하거나 발생할 우려가 있는 경우에는 자가전기통신

Answer 50. ㉱ 51. ㉯ 52. ㉯ 53. ㉱

설비를 설치한 자로 하여금 전기통신업무 기타 중요한 통신 업무를 취급하게 하거나 당해 설비를 다른 전기통신설비에 접속할 것을 명할 수 있다. 이 경우에는 전기통신사업법의 전기통신업무에 관한 규정을 준용한다.
② 방송통신위원회는 제1항의 경우에 필요하다고 인정하는 경우에는 기간통신사업자로 하여금 그 업무를 취급하게 할 수 있다.
③ 제1항의 경우에 그 업무의 취급 또는 설비의 접속에 소요되는 비용은 정부가 이를 부담한다. 다만, 자가전기통신설비가 전기통신역무에 제공되는 경우에는 당해 설비를 제공받는 기간통신사업자가 이를 부담한다.

54 전기통신설비의 설치를 위한 기간통신사업자의 토지 일시 사용을 정당한 사유 없이 거부 방해한 자에 대한 벌칙은?
㉮ 1천만원 이하의 벌금
㉯ 2천만원 이하의 벌금
㉰ 3천만원 이하의 벌금
㉱ 5천만원 이하의 벌금

해설 ✽ 전기통신사업법의 제73조(벌칙)
다음 각 호의 어느 하나에 해당하는 자는 5천만원 이하의 벌금에 처한다.
- 제36조의4제1항·제2항 또는 제4항 내지 제6항의 규정을 위반한 자
- 제40조제1항의 규정에 의한 사유의 전기통신설비 또는 토지의 일시사용을 정당한 사유 없이 거부·방해한 자
- 제41조제1항의 규정에 의한 토지 등에의 출입을 정당한 사유 없이 거부·방해한 자
- 제42조제1항의 규정에 의한 장해물 등의 이전·개조·수리 기타의 조치 및 동조제2항의 규정에 의한 식물의 제거요구를 정당한 사유 없이 거부한 자
- 제54조의2제3항의 규정을 위반하여 다른 사람을 속여 재산상 이익을 취하거나 폭언·협박·희롱 등의 위해를 가할 목적으로 전화를 하면서 송신인의 전화번호를 변작하거나 허

위로 표시한 자
- 제54조의2제4항의 규정을 위반하여 영리를 목적으로 송신인의 전화번호를 변작하거나 허위로 표시하는 서비스를 제공한 자

55 기간통신사업의 허가를 받을 수 있는 자는?
㉮ 외국정부
㉯ 외국법인
㉰ 지방자치단체
㉱ 정부투자기관

해설 ✽ 전기통신사업법의 제7조(허가의 결격사유)
다음 각 호의 어느 하나에 해당하는 자는 제6조에 따른 기간통신사업의 허가를 받을 수 없다.
1. 국가 또는 지방자치단체
2. 외국정부 또는 외국법인
3. 외국정부 또는 외국인이 제8조제1항에 따른 주식소유 제한을 초과하여 주식을 소유하고 있는 법인

56 감리원이 아닌 자에게 감리를 하게 한 자에 대한 벌칙은?
㉮ 500만원 이하의 벌금
㉯ 2천만원 이하의 벌금
㉰ 1년 이하의 징역 또는 1천만원 이하의 벌금
㉱ 2년 이하의 징역 또는 3천만원 이하의 벌금

해설 ✽ 정보통신공사업법의 제75조(벌칙)
다음 각 호의 어느 하나에 해당하는 자는 1년 이하의 징역 또는 1천만원 이하의 벌금에 처한다.
1. 제8조제2항에 따른 감리원이 아닌 사람에게 감리를 하게 한 자
2. 제8조제6항을 위반하여 다른 사람에게 자기의 성명을 사용하여 감리업무를 수행하게 하거나 자격증을 빌려 준 사람 또는 다른 사람의 성명을 사용하여 감리업무를 하거나 다른 사람의 자격증을 빌려서 사용한 사람

Answer 54. ㉱ 55. ㉱ 56. ㉰

3. 제31조제1항 또는 제2항을 위반하여 하도급을 한 자
4. 제36조제1항에 따른 착공 전 확인을 받지 아니하고 공사를 시작하거나 사용 전 검사를 받지 아니하고 정보통신설비를 사용한 자
5. 제40조제2항을 위반하여 경력수첩을 빌려 준 사람 또는 다른 사람의 경력수첩을 빌려서 사용한 사람

57 다음 (　) 안에 들어갈 내용으로 가장 적합한 것은?

> "전기통신역무라 함은 (　)을(를) 이용하여 타인의 통신을 매개하거나 (　)을(를) 타인의 통신용으로 제공하는 것을 말한다."

㉮ 전기통신시설
㉯ 전기통신설비
㉰ 사업용 전기통신시설
㉱ 사업용 전기통신설비

해설 ★ 전기통신기본법에 의한 정의
"전기통신역무"라 함은 전기통신설비를 이용하여 타인의 통신을 매개하거나 전기통신설비를 타인의 통신용으로 제공하는 것을 말한다.

58 방송통신위원회가 전기통신 기본계획을 수립함에 있어 포함되지 않아도 되는 사항은?

㉮ 전기통신사업에 관한 사항
㉯ 전기통신설비에 관한 사항
㉰ 전기통신의 이용 효율화에 관한 사항
㉱ 자가전기통신설비 설치에 관한 사항

해설 ★ 전기통신사업법의 제5조(전기통신기본계획의 수립)
방송통신위원회는 전기통신의 원활한 발전과 정보사회의 촉진을 위하여 전기통신기본 계획 (이하 "기본계획"이라 한다)을 수립하여 이를 공고하여야 한다.
〈기본계획에 포함되는 사항〉

- 전기통신의 이용효율화에 관한 사항
- 전기통신의 질서유지에 관한 사항
- 전기통신사업에 관한 사항
- 전기통신설비에 관한 사항
- 전기통신기술(전기통신공사에 관한 기술을 포함)의 진흥에 관한 사항
- 기타 전기통신에 관한 기본적인 사항

59 정보통신공사의 발주자는 누구에게 공사의 감리를 발주하여야 하는가?

㉮ 공사업자
㉯ 통신사업자
㉰ 용역업자
㉱ 감리업자

해설 ★ 전기통신공사업법의 제8조(감리 등)
① 발주자는 용역업자에게 공사의 감리를 발주하여야 한다.
② 제1항에 따라 공사의 감리를 발주받은 용역업자는 감리원에게 그 공사에 대하여 감리를 하게 하여야 한다.
③ 감리원으로 인정받으려는 사람은 대통령령으로 정하는 바에 따라 방송통신위원회에 자격을 신청하여야 한다.
④ 방송통신위원회는 제3항에 따른 신청인이 대통령령으로 정하는 감리원의 자격에 해당하면 감리원으로 인정하여야 한다.
⑤ 방송통신위원회는 제3항에 따른 신청인을 감리원으로 인정하는 경우에는 감리원 자격증명서(이하 '자격증'이라 한다)를 그 감리원에게 발급하여야 한다.
⑥ 감리원은 자기의 성명을 사용하여 다른 사람에게 감리업무를 하게 하거나 자격증을 빌려 주어서는 아니 된다.
⑦ 제1항에 따른 감리 대상인 공사의 범위, 제2항에 따른 감리원의 업무범위·배치기준과 그 밖에 감리에 필요한 사항은 대통령령으로 정한다.

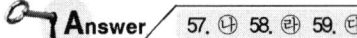
Answer 57. ㉯ 58. ㉱ 59. ㉰

60 정보통신공사업자가 정보통신공사업을 양도하고자 하는 경우 누구에게 신고를 하여야 하는가?

㉮ 시·도지사
㉯ 전파연구소장
㉰ 방송통신위원회
㉱ 정보통신공사협회장

해설 * 전기통신공사업법의 제17조(공사업의 양도 등)
① 공사업자는 다음 각 호의 어느 하나에 해당하면 대통령령으로 정하는 바에 따라 시·도지사에게 신고를 하여야 한다.
  1. 공사업을 양도하려는(공사업자인 법인이 분할 또는 분할합병되어 설립되거나 존속하는 법인에 공사업을 양도하는 경우를 포함한다. 이하 같다) 경우
  2. 공사업자인 법인 간에 합병하려는 경우 또는 공사업자인 법인과 공사업자가 아닌 법인이 합병하려는 경우
② 제1항에 따른 공사업 양도의 신고가 있을 때에는 공사업을 양수한 자는 공사업을 양도한 자의 공사업자로서의 지위를 승계하며, 법인의 합병신고가 있을 때에는 합병으로 설립되거나 존속하는 법인이 합병으로 소멸되는 법인의 공사업자로서의 지위를 승계한다.
③ 제1항에 따른 신고에 관하여는 제15조 및 제16조를 준용한다.

Answer 60. ㉮

2010년 3월 28일 시행 과년도출제문제

01 부궤환 증폭기의 일반적인 특징이 아닌 것은?
㉮ 잡음이 증가한다.
㉯ 이득이 감소한다.
㉰ 주파수 특성이 개선된다.
㉱ 주파수 대역폭이 넓어진다.

해설 * 부궤환 증폭기의 특성
① 증폭기의 이득이 감소한다.
② 비선형 일그러짐이 감소한다. 특히 출력단의 잡음이 감소한다.
③ 주파수 특성이 개선된다.
④ 입력의 임피던스가 증가하고, 출력 임피던스는 감소한다.
⑤ 부하의 변동이나 전원 전압의 변동에도 증폭도가 안정된다.

02 주기가 0.01[sec]인 교류신호의 주파수는?
㉮ 1,000[Hz]   ㉯ 500[Hz]
㉰ 100[Hz]   ㉱ 10[Hz]

해설 * $f = \dfrac{1}{T} = \dfrac{1}{0.01} = 100[\text{Hz}]$

03 반도체에 정공을 만들기 위한 불순물(억셉터)에 속하는 것은?
㉮ P   ㉯ Sb
㉰ Ga   ㉱ As

해설 * P형 반도체를 만드는 불순물(억셉터, acceptor)로는 인듐(In), 갈륨(Ga), 붕소(B) 등이 있으며 N형 반도체를 만드는 불순물(도너, donor)에는 안티몬(Sb), 비소(As), 인(P) 등이 있다.

04 사인파 교류 전류의 최댓값이 10[A]이면 반주기 평균값은?
㉮ $\dfrac{10}{\sqrt{2}}[\text{A}]$ ㉯ $\dfrac{10}{\pi}[\text{A}]$
㉰ $10\sqrt{2}[\text{A}]$ ㉱ $\dfrac{20}{\pi}[\text{A}]$

해설 * 평균값 $= \dfrac{2}{\pi} \times$ 최댓값이므로 평균값은 $\dfrac{20}{\pi}$이다.

05 LC 발진회로의 종류가 아닌 것은?
㉮ 콜피츠 발진회로
㉯ 하틀리 발진회로
㉰ 동조형 발진회로
㉱ 빈 브리지 발진회로

해설 * 정현파 발진회로는 LC 발진회로(동조형 반결합, Clapp, Hartley, Colpitts)와 수정발진회로(Pierce, 수정발진기) 및 RC발진회로(이상형 병렬, Wien-Bridge)로 구분되고, 멀티바이브레이터는 구형파 발진회로이다.

06 크기가 다른 두 개의 저항을 병렬로 연결할 경우에 대한 설명으로 옳은 것은?
㉮ 각 저항에 걸리는 전압은 같다.
㉯ 각 저항에 흐르는 전류는 같다.
㉰ 전체 저항은 두 저항의 합과 같다.
㉱ 전체 저항은 두 저항 중 작은 저항의 값과 같다.

해설 * ① 두 개의 저항을 병렬 접속하는 경우의 합성 저항은 각 저항값보다 작다.
② 저항이 병렬 연결된 두 저항의 양단에 전압이 인가되었을 때 각 저항에 인가되는 전압은 서로 같다.

Answer 1. ㉮ 2. ㉰ 3. ㉰ 4. ㉱ 5. ㉱ 6. ㉮

③ 직류 전원 회로에서 병렬 연결된 저항에 전류가 흐를 때 저항값이 작은 쪽이 큰 쪽보다 많은 전류가 흐른다.
④ 두 개의 저항이 직렬 연결된 직류회로에서 전류는 어느 저항값에서나 같다.

07 500[W]의 전력을 소비하는 전열기를 10시간 동안 연속하여 사용했을 때의 전력량은?
㉮ 1[kWh]   ㉯ 3[kWh]
㉰ 5[kWh]   ㉱ 10[kWh]

해설 * $Pt = 500 \times 10$
　　　　　$= 5,000[Wh] = 5[kWh]$

08 백열전구와 비교한 발광다이오드(LED)의 특징으로 틀린 것은?
㉮ 신뢰성이 높다.
㉯ 수명이 짧다.
㉰ 소형이며 견고하다.
㉱ 저전압으로 동작 가능하다.

해설 * 전통조명과 LED조명의 비교

	전통 조명	LED 조명
	온·오프제어	다색·다단계, 밝기 제어
	느린 응답속도	빠른 응답속도
	소형화 한계	소형화, 슬림화
장점	광전환 효율 낮음(백열등 5%, 형광등 40%)	광전환 효율 높음 (최고효율 90%)
	수은 사용(기체 광원)	무 수은(고체광원)
	발광대역 집중불가	발광대역 집중화
	짧은 수명(3,000~7,000시간)	수명이 길다.(5만~10만 시간)
단점	내열성능 우수	열에 취약
	가격 저렴하다.	가격이 비싸다.

09 이상적인 연산증폭기의 특징이 아닌 것은?
㉮ 입력임피던스가 무한대이다.
㉯ 출력임피던스가 무한대이다.
㉰ 오픈 루프 이득이 무한대이다.
㉱ 주파수 대역폭이 무한대이다.

해설 * 이상적인 연산 증폭기의 특성
① 전압 이득 A_v가 무한대이다($A_v = \infty$).
② 입력 저항 R_i이 무한대이다($R_i = \infty$).
③ 출력 저항 R_o가 0이다($R_o = 0$).
④ 대역폭이 무한대이고($BW = \infty$) 지연응답 (response delay) = 0이다.
⑤ 오프셋(offset)이 0이다.
⑥ 특성의 변동, 잡음이 없다.
연산 증폭기는 정확도를 높이기 위하여 큰 증폭도와 높은 안정도가 필요하다.

10 내부저항이 2[Ω]인 1.5[V]용 전지에 3[Ω] 저항을 연결했을 때 흐르는 전류는?
㉮ 0.1[A]   ㉯ 0.3[A]
㉰ 0.5[A]   ㉱ 0.75[A]

해설 * $R_t = r + R_L = 2 + 3 = 5[\Omega]$
　　　　　$I = \dfrac{V}{R} = \dfrac{1.5}{5} = 0.3[A]$

11 이미터 접지 증폭회로에서 베이스 전류가 30[μA]이고, 컬렉터 전류가 3[mA]이면 전류증폭률(h_{fe})은?
㉮ 3.03   ㉯ 60
㉰ 100   ㉱ 120

해설 * $h_{fe} = \dfrac{I_c}{I_b} = \dfrac{3 \times 10^{-3}}{30 \times 10^{-6}} = 100$

12 다음 회로에 200[V]를 인가할 때 저항 2[Ω]에 흐르는 전류 I_2는?

Answer 7. ㉰ 8. ㉯ 9. ㉯ 10. ㉯ 11. ㉰ 12. ㉰

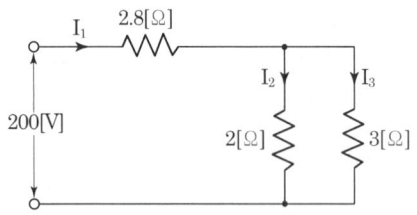

㉮ 10[A]　　㉯ 20[A]
㉰ 30[A]　　㉱ 50[A]

해설 ✱ $R_t = 2.8 + \left(\dfrac{2 \times 3}{2+3}\right) = 2.8 + 1.2 = 4[\Omega]$

$I = \dfrac{V}{R} = \dfrac{200}{4} = 50[A]$

$I_1 = \dfrac{3}{2+3} \times 50 = 0.6 \times 50 = 30[A]$

13 진성반도체에 대한 설명으로 가장 적합한 것은?

㉮ As를 함유한 n형 반도체
㉯ In을 함유한 p형 반도체
㉰ 불순물을 첨가하지 않은 순수한 반도체
㉱ 과잉 전자를 만드는 도너 불순물

해설 ✱ ① 진성 반도체(intrinsic semiconductor) : 불순물이 전혀 섞이지 않은 반도체
② 불순물 반도체(extrinsic semiconductor)
　㉠ N형 반도체 : 과잉 전자(excess electron)에 의해서 전기 전도가 이루어지는 불순물 반도체
　　- 도너(donor) : N형 반도체를 만들기 위한 불순물 원소(Sb, As, P, Pb)
　㉡ P형 반도체 : 정공에 의해서 전기 전도가 이루어지는 불순물 반도체
　　- 억셉터(acceptor) : P형 반도체를 만들기 위한 불순물 원소(Ga, In, B, Al)

14 이미터 폴로워 증폭기의 특징이 아닌 것은?

㉮ 출력임피던스는 낮다.
㉯ 입력임피던스는 매우 높다.
㉰ 전류이득은 대략 1이다.
㉱ 입력전압과 출력전압은 동상이다.

해설 ✱ 이미터 폴로워 증폭기는 입력과 출력 전압의 위상이 동위상이고, 입력 임피던스가 크고, 출력 임피던스가 낮아서 내부저항이 큰 전원과 낮은 값의 부하와의 정합에 적합하여 완충 증폭기로 많이 사용된다.

15 DSB 변조에서 반송파 전압의 진폭을 E_c, 신호파 전압의 진폭을 E_m 이라 할 때 변조도 m을 나타내는 식은?

㉮ $m = \dfrac{E_c}{E_m}$

㉯ $m = \dfrac{E_m}{E_c}$

㉰ $m = \dfrac{E_m}{E_m + E_c}$

㉱ $m = \dfrac{E_c}{E_m + E_c}$

해설 ✱ 변조율 $m = \dfrac{E_m}{E_c} \times 100[\%]$

16 순서도의 작성 시기로 가장 적당한 것은?

㉮ 자료 입력 후
㉯ 입출력 설계 후
㉰ 프로그램을 코딩한 후
㉱ 타당성 조사 후

해설 ✱ 입출력 설계 후에 순서도를 작성한다.

17 드 모르간의 정리에서 $\overline{A+B}$와 같은 논리식은?

㉮ $A \cdot B$　　㉯ $\overline{A} \cdot \overline{B}$
㉰ $\overline{A \cdot B}$　　㉱ $\overline{A} + \overline{B}$

Answer 13. ㉰　14. ㉱　15. ㉯　16. ㉯　17. ㉯

해설 ★ 드 모르간(De Morgan)의 법칙
$(\overline{X+Y}) = \overline{X} \cdot \overline{Y}$, $(\overline{X \cdot Y}) = \overline{X} + \overline{Y}$

18 2^n개의 입력선 중에서 하나가 선택되면 그에 따른 n개의 출력선으로 2진 정보가 출력되는 것은?
㉮ 디코더   ㉯ 인코더
㉰ 가산기   ㉱ 비교기

해설 ★ ① 디코더(Decoder : 복호기)는 n비트의 2진 코드를 최대 2n개의 서로 다른 정보로 바꾸어 주는 논리 조합 회로로 출력은 AND 게이트로 구성된다.
② 인코더(Encoder : 부호기)는 숫자나 문자 등의 10진수 입력을 2진부호로 변환하는 회로로 OR 게이트로 구성된다.
③ 멀티플렉서(multiplexer)는 2^n개의 입력 중에 선택 입력 n개를 이용하여 하나의 정보를 출력하는 조합회로이다. 즉, 여러 개의 입력선 중에서 하나의 입력선을 선택하여, 입력선의 데이터를 출력하는 조합 논리회로이다.

19 프로그래밍 언어 중 고급 언어에 대한 설명으로 틀린 것은?
㉮ 인간 중심 언어이다.
㉯ 하드웨어에 대한 관련 지식이 없어도 프로그래밍 작성이 용이하다.
㉰ 처리 속도가 저급언어보다 빠르다.
㉱ 절차지향언어, 객체지향언어, 비절차 언어 등이 있다.

해설 ★ 기계어는 변환과정 없이 계산기가 직접 처리할 수 있으므로 처리속도가 빠르다.

20 캐시기억장치(cache memory)가 위치하는 곳은?

㉮ 입력장치와 출력장치 사이
㉯ 주기억장치와 보조기억장치 사이
㉰ 중앙처리장치와 보조기억장치 사이
㉱ 중앙처리장치와 주기억장치 사이

해설 ★ 중앙처리장치와 주기억 장치 사이의 속도 차이를 해결하기 위하여 개발된 고속의 버퍼 기억 장치를 캐시기억장치라 한다.

21 사용자가 내용을 지우고 다시 프로그램할 수 있으며, 필요할 때마다 특수한 기술, 즉 전기적으로 내용을 지울 수 있는 방식을 취하는 ROM은?
㉮ Mask ROM   ㉯ PROM
㉰ EPROM   ㉱ EEPROM

해설 ★ ① Mask ROM(마스크 롬)은 제조과정에서 이미 내용을 미리 기억시켜 놓은 메모리로 사용자가 그 내용을 변경할 수 없는 롬이다.
② PROM(Programmable ROM : 피롬)은 아무 내용이 들어 있지 않은 빈 상태로 제조하여 공급되고 사용자가 PROM 라이터를 이용하여 내용을 써넣을 수 있다. 즉 PROM은 사용자에 의해 한번 수정될 수 있는 롬을 말한다. PROM은 PROM프로그래머라고 불리는 특별한 장치를 이용하여 사용자가 마이크로코드 프로그램을 맞추어 만들 수 있게 허용하는 방법이다. 그러나 한 번 들어간 내용은 변경하거나 삭제할 수 없다. PROM은 1회에 한해서 새로운 내용으로 변경할 수 있는 롬이다.
③ EPROM(Erasable PROM)은 필요할 때마다 기억된 내용을 지우고 다른 내용을 기록할 수 있는 롬으로 원래 비어 있는 상태로 제조되어 공급되며 롬 위에는 동그란 유리창이 있다. 데이터를 집어넣는 것은 PROM과 같으나, 자외선을 창에 쏘이면 내용이 지워지고 다시 써넣을 수 있다는 것이 다르다. 자외선을 쪼여서 지우며, 하드웨어에 적절하게 쉽게 재프로그래밍이 가능하므로 롬에서 마지막

Answer 18. ㉯ 19. ㉰ 20. ㉱ 21. ㉱

버그를 수정하는 데 특별히 유용하다. PROM 라이터가 없으면 롬의 데이터를 바꿀 수 없다. 따라서 EPROM은 컴퓨터 관련 제품을 개발하는 개발회사나 바이오스와 같이 나중에 변경이 필요할지 모르는 곳에 사용하는 것이 보통이다. EPROM은 그 내부에 기록되어 있는 내용을 어떻게 지우는지에 따라서 UVEPROM(Ultra Violate Erasable PROM)과 EEPROM(Electrically Erasable PROM)으로 구분한다.

④ EEPROM(Electrically Erasable PROM, Flash ROM)은 프로그래밍이 가능하며 읽을 수만 있는 메모리로 최근 각광받기 시작하는 롬이다. UVEPROM이 자외선을 쏴서 내용을 지우는 반면 EEPROM은 전기적으로만 지울 수 있는 PROM으로 칩의 한 핀에 전기적 신호를 가해줌으로써 내부 데이터가 지워지게 되어 있는 롬이다. 따라서 UVEPROM에 있는 동그란 유리창이 없으며, 데이터를 새로 추가하고 지우기 위한 롬 라이터와 롬 이레이저가 필요하지 않다. EEPROM은 하나의 장비를 사용해서 쓰고 지우기가 가능하며 내용을 지움에 있어서도 OW를 지원해서 속도가 빠르다. 그러나 EEPROM은 전기를 노출시킴으로써 한 번에 1바이트만 지울 수 있기 때문에 플래시 메모리와 비교하면 매우 비효율적이다. 일반적으로 UVEPROM에 비해 EEPROM이 훨씬 편리한 점이 많지만 가격이 월등히 비싸며, 쓰기/지우기 속도가 느리다.

22 무선 주파수를 이용하여 대상(물건, 사람 등)을 식별할 수 있는 기술은?

㉮ AP
㉯ 중계기
㉰ RFID
㉱ 블루투스

> **해설** * RFID(Radio Frequency Identification)
> ① IC칩과 무선을 통해 식품, 동물, 사물 등 다양한 개체의 정보를 관리할 수 있는 차세대 인식 기술
> ② RFID는 판독 및 해독 기능을 하는 판독기(Reader)와 정보를 제공하는 태그(Tag)로 구성되는데, 제품에 붙이는 태그에 생산, 유통, 보관, 소비의 전 과정에 대한 정보를 담고, 판독기로 하여금 안테나를 통해서 이 정보를 읽도록 한다. 또 인공위성이나 이동통신망과 연계하여 정보시스템과 통합하여 사용된다.

23 1969년 벨연구소에서 개발한 것으로, MOS 커패시터로 구성된 시프트 레지스터(shift register)이며, 인터페이스 회로가 간단하고, 주변회로를 동일 칩에 집적할 수 있고, 휘발성이라는 단점을 가진 것은?

㉮ 연관 기억장치
㉯ 캐시 기억장치
㉰ CCD 기억장치
㉱ 모듈러 기억장치

> **해설** * ① 캐시메모리(Cache Memory) : 주기억 장치(RAM)와 중앙처리장치(CPU) 사이에 위치하여 데이터를 임시로 저장해두는 장소. 상대적으로 느린 주기억 장치의 접근시간과 빠른 CPU와의 속도 차를 줄이기 위하여 주기억 장치의 정보를 일시적으로 저장
> ② 연관기억 장치(Associative Memory) : 기억장치에서 자료를 찾을 때 주소에 의해 접근하지 않고, 기억된 내용의 일부를 이용하여 Access할 수 있는 기억장치
> ③ 전하 결합 소자(CCD)를 이용한 반도체 기억장치 : 차례대로만 접근하여 판독할 수 있는 기억 장치이므로 디스크나 막 기억 장치(RAM)와 같은 다른 반도체 기억 장치에 비해 비용과 접근 시간면에서 불리하기 때문에, 임의 접근이 가능한 디스크나 RAM의 현저한 발전에 밀려나 대용량 기억 장치로서의 응용은 뒤떨어진다.

Answer 22. ㉰ 23. ㉰

24 2진 직렬가산기에 대한 설명 중 틀린 것은?

㉮ 더하는 수와 더해지는 수의 비트 쌍들이 직렬로 한 비트씩 전가산기에 전달된다.
㉯ 1개의 전가산기와 1개의 자리올림수 저장기가 필요하다.
㉰ 병렬 가산기에 비해 계산 시간이 빠르다.
㉱ 회로가 간단하다.

해설 ★ ① 2진 직렬 가산기는 전가산기 1개로써 각 비트의 입력신호를 차례로 합산해 나가는 방식으로 자리올림(C_0)은 1비트의 시간 지연 후 다음 비트의 가산 때에 자리올림수(C_i)로서 더해지게 된다.
② 2진 병렬 가산기(parallel adder)
㉠ 여러 개의 자릿수로 구성된 2진수를 더하는 경우 2개의 같은 자릿수끼리 동시에 더하고 여기서 생기는 자리올림수를 다음 단 전가산기에 연결하는 방식이다.
㉡ n비트 2진수의 덧셈을 하는 2진 병렬 가산기는 1개의 반가산기와 n-1개의 전가산기가 필요하다.
㉢ 계산 시간이 빠르나 더하는 비트 수만큼 전가산기가 필요하므로 회로가 복잡하다.

25 2진수 01011110을 16진수로 변환한 결과는?

㉮ 6B ㉯ 6C
㉰ 5D ㉱ 5E

해설 ★ 2진수를 16진수로 변환하기 위해서는 하위비트부터 4bit씩 끊어 8진수로 변환한다.

0101	1110
5	E(14)

즉, 2진수 01011110을 16진수로 변환하면 5E가 된다.

26 4상 PSK 신호의 변조속도가 2400[baud]일 때 데이터 신호 속도는?

㉮ 1200[bps] ㉯ 2400[bps]
㉰ 4800[bps] ㉱ 9600[bps]

해설 ★ ① PSK(Phase Shift Keying)는 디지털 신호에 따라 반송파의 위상을 변화시키는 변조방식으로 한 번에 변조시킬 수 있는 비트 수에 따라 2진, 4진, 8진, M진($M=2^n$) PSK가 있으며, PSK는 일정한 진폭을 가지므로 전송로에 의한 레벨변동에 강하고 심벌 에러도 우수하다.
② 동일한 주기 T를 기준으로 하면 BPSK(2PSK)보다 2배의 속도로 비트를 전송 가능하고, 같은 양의 정보를 전송하기 위해 대역폭은 BPSK(2PSK)의 1/2이 필요하다.
③ 데이터 전송의 단위인 bps와 baud
㉠ bps는 매초당 몇 개의 비트가 전송되는가를 나타내는 데이터 전송속도의 단위로서, 1초 동안 전송할 수 있는 비트 수로서 수치가 높을수록 빨리, 많은 양의 데이터를 전송
㉡ Baud는 매초당 몇 개의 신호변화(또는 상태변화)가 있었는지를 나타내는 신호속도의 단위로서 BPSK처럼 한 개의 비트가 한 개의 신호(0,1)로 사용될 경우는 bps와 baud가 동일하고, 두 개 이상 비트가 한 개의 신호단위인 경우 bps와 baud는 상이하다.
• QPSK(4진 PSK)처럼 두 개의 비트가 하나의 신호 단위로 이루어질 경우(00,01,10,11)는 baud는 bps의 절반이 된다.
• 8PSK처럼 3개의 비트가 하나의 신호단위일 경우(000~111)는 baud는 bps의 1/3이 된다.
• 16PSK처럼 4개의 비트가 하나의 신호단위일 경우(0000~1111)는 baud는 bps의 1/4이 된다.

27 호가 하나의 회선을 3600초 동안 사용했을 때의 호량은?

㉮ 1[HCS] ㉯ 1[Erl]

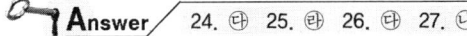

Answer 24. ㉰ 25. ㉱ 26. ㉰ 27. ㉯

㉰ 1[CCS]　　　　㉱ 1[BHCA]

해설 ✽ 1얼랑(Erlang)에 의한 트래픽 정의
① 1시간 동안 동시에 진행 중인 호의 평균수효
② 호의 점유시간동안 발생된 호의 평균수효
③ 시간단위로 표시된, 모든 호를 운반하는 데 걸리는 총 시간

28 최고 음성주파수가 3.4[kHz]인 신호의 표본화 주파수로 가장 적합한 것은?
㉮ 4[kHz]　　　　㉯ 6[kHz]
㉰ 8[kHz]　　　　㉱ 12[kHz]

해설 ✽ 표본화 주파수(율)
$f_s = 20 f_m$ - 주파수 영역에서 표현
(f_m : 아날로그 신호의 최고주파수)
$F_s \geq 2 F_m = 3.4 \times 2 = 6.8 [kHz]$

29 기저대역 시스템에서 코드 효율을 나타내는 것은?
㉮ $\dfrac{전체 펄스 수}{정보 펄스 수}$
㉯ $\dfrac{정보 펄스 수}{전체 펄스 수}$
㉰ $\dfrac{정보 비트 수}{전체 비트 수}$
㉱ $\dfrac{전체 비트 수}{정보 비트 수}$

해설 ✽ 기저대역 전송은 디지털 파형을 특별히 변조시키지 않고 디지털 형태로 전송하는 펄스파형으로 PCM 방식이 해당된다.
기저대역 시스템에서 코드효율 = $\dfrac{정보 비트 수}{전체 비트 수}$

30 신호전력이 50[mW]이고, 잡음전력이 0.5[mW]일 때, 신호대 잡음비는?
㉮ 5[dB]　　　　㉯ 10[dB]
㉰ 20[dB]　　　　㉱ 30[dB]

해설 ✽ $SN = 20 \log \dfrac{신호전압}{잡음전압} [dB]$
$SN = 20 \log \dfrac{50 \times 10^{-3}}{0.5 \times 10^{-3}} = 20 \log 100 = 20 [dB]$

31 전자교환기에서 중앙제어장치가 단위 시간당 처리할 수 있는 가입자 서비스 요청의 최대수를 나타내는 것은?
㉮ 연결단자 수
㉯ 메모리 용량
㉰ 통화로망 용량
㉱ 호 처리 용량

해설 ✽ 호 처리 용량(BHCA : Busy Hour Call Attempts)
① 최번시(Busy Hour)의 호(呼)의 시도 수
② 교환기 내 제어계에서의 호 처리 용량 계산 및 능력을 나타내는 데 이용

32 일반적으로 전자교환기 소프트웨어의 구성에서 가장 많은 비율을 차지하는 것은?
㉮ 운용 프로그램
㉯ 보전 프로그램
㉰ 시스템 프로그램
㉱ 호처리 프로그램

해설 ✽ 교환기의 동작을 위해 필요한 모든 프로그램의 집합으로 호 처리의 실행이 대부분을 차지하지만 가입자를 위한 서비스 품질의 유지와 가입자와 시스템의 변경을 위한 운영과 보전을 담당하는 프로그램이 많은 양을 차지한다.

33 ATM의 셀 구조로 가장 적합한 것은?
㉮ 5바이트 헤드와 48바이트 페이로드
㉯ 5바이트 헤드와 2048바이트 페이로드
㉰ 16바이트 헤드와 48바이트 페이로드
㉱ 16바이트 헤드와 2048바이트 페이로드

Answer 28. ㉰　29. ㉰　30. ㉰　31. ㉱　32. ㉯　33. ㉮

해설 * ATM(비동기 전달모드 : Asynchronous Transfer Mode)층의 프로토콜
53바이트의 셀을 처리하는 계층이 ATM층으로, ATM 셀은 48바이트의 정보와 5바이트의 헤드로 구성된다.

34 전자교환기 소프트웨어가 가져야 할 주요 특성에 속하지 않는 것은?
㉮ 실시간 처리가 가능해야 한다.
㉯ 다중 프로그래밍이 이루어져야 한다.
㉰ 중단 없는 서비스가 필요하다.
㉱ 변경이 어려운 소프트웨어 구조를 가져야 한다.

해설 * 교환기 소프트웨어가 가져야 할 주요특성
① 실시간 처리(real time processing)
② 다중 프로그래밍(multi-programming)
③ 중단 없는 서비스(permanency of service)
④ 변경과 확장이 용이한 소프트웨어 구조

35 통화로망의 용량 단위로 가장 적합한 것은?
㉮ [%]   ㉯ [얼랑]
㉰ [회선수]   ㉱ [BHCA]

해설 * 트래픽 밀도(Traffic Density)의 단위
① 무차원의 양으로 얼랑(Erlang) 또는 CCS를 사용
  1Erlang=36CCS(Centum Call Seconds)
② 1얼랑(Erlang)에 의한 트래픽 정의
  ㉠ 1시간 동안 동시에 진행 중인 호의 평균수효
  ㉡ 호의 점유시간동안 발생된 호의 평균수효
  ㉢ 시간단위로 표시된 모든 호를 운반하는데 걸리는 총 시간

36 측정기의 지시계기의 3대 요소에 속하지 않는 것은?
㉮ 구동장치   ㉯ 제어장치
㉰ 제동장치   ㉱ 표시장치

해설 * 지시계기의 3요소
① 구동장치 : 구동 토크를 발생시키는 장치
② 제어장치 : 제어 토크를 발생시키는 장치
③ 제동장치 : 제동 토크를 가해 지침의 진동을 멈추게 하는 장치

37 10명의 가입자가 서로 연결되기 위해서 필요한 회선수는?
㉮ 10회선   ㉯ 25회선
㉰ 45회선   ㉱ 90회선

해설 * 망형(Mesh, 격자망) 망은 중계기가 필요 없고, 고가이나 신뢰성이 높은 특징을 갖는다.
회선 $= \dfrac{n(n-1)}{2} = \dfrac{10(10-1)}{2} = \dfrac{90}{2} = 45$

38 통신시스템의 주 구성요소에 속하지 않는 것은?
㉮ 교환기
㉯ 전송장치
㉰ 단말장치
㉱ 네트워크 운영체제

해설 * 통신시스템은 송신기, 수신기, 전송매체(채널)로 구성된다.
① 송신기 : 전송 신호를 전송 매체에 적합한 형태로 변환(변조)
② 수신기 : 전송 매체를 통해서 전송된 신호를 수신자가 이해할 수 있는 형태로 변환(복조)
③ 전송 매체(채널) : 송신기와 수신기를 연결하는 유·무선매체

39 채널용량을 증가시키기 위한 방법으로 적합하지 않은 것은?
㉮ 대역폭을 넓힌다.
㉯ 신호 전력을 증가시킨다.

Answer 34.㉱ 35.㉯ 36.㉱ 37.㉰ 38.㉱ 39.㉱

㉰ 잡음 전력을 감소시킨다.
㉱ 다이버시티를 사용한다.

해설 * 채널의 전송용량을 증가시키기 위한 방법
① 채널의 대역폭(B)을 증가시킨다.
② 신호 세력을 높인다.
③ 잡음 세력을 줄인다.

40 국산 전전자교환기인 TDX-10A의 제어방식은?
㉮ 중앙 제어방식
㉯ 분산 제어방식
㉰ 원격 제어방식
㉱ 포선 제어방식

해설 * DX-10은 국내에서 개발한 대형 디지털 전자교환기로 1990년 공중전화교환망의 시내 가입자용으로 사용되었으며, TDX-10의 특징으로는 분산제어방식, DBMS 운용, 모듈화, 원격교환장치(RASM, remote access switching module) 채택, 가입자 모듈과 스위치 모듈 사이에 광케이블을 이용, 범용 프로그래밍 언어의 사용 등이 있다.

41 유선통신기기의 보호장치에 속하지 않는 것은?
㉮ 피뢰기   ㉯ 계전기
㉰ 퓨즈   ㉱ 열선륜

해설 * 계전기(Relay)란 정해진 전기량에 따라 스위치 역할을 하여 전기회로를 제어하는 전기기기이다.

42 변조를 하는 이유로 적합하지 않은 것은?
㉮ 신호를 다중화하여 전송하기 위하여
㉯ 충실도를 높이기 위하여
㉰ 잡음과 간섭의 영향을 줄이기 위하여
㉱ 통신장비의 한계를 극복하기 위하여

해설 * 변조(modulation)는 고주파의 교류 신호를 저주파의 교류 신호에 따라 변화시키는 일. 신호의 전송을 위해 반송파라고 하는 비교적 높은 주파수에 비교적 낮은 가청주파수를 포함시키는 과정으로 변조를 하는 이유
① 주파수 다중화(채널 효율이 좋아짐) : 동시에 여러 개의 신호를 보내면 특정한 사람이 수신가능
② 안테나의 실용성 : 안테나의 길이를 짧게 하기 위해(주파수가 높으면 파장이 줄어들어 안테나의 길이가 줄어듦)
③ 협대역폭 : 대역폭이 중심 주파수와 비교해서 좁을 것. 신호의 간섭을 적게 하기 위해
④ 공통 처리 등

43 한 사무실, 한 건물 등 비교적 가까운 지역 내에서 다수의 독립적인 PC와 주변장치가 전용의 통신회선을 통하여 연결된 소단위 정보 통신망은?
㉮ LAN   ㉯ VAN
㉰ MAN   ㉱ WAN

해설 * 근거리 통신망(LAN : Local Area Network) 건물이나 구내 등의 근거리에 한정된 공간에 사무자동화(OA)시스템을 구축하기 위한 망

44 QPSK에서 반송파 간의 위상차는?
㉮ 45도   ㉯ 90도
㉰ 180도   ㉱ 270도

해설 * QPSK에서 반송파 간의 위상차는 $\frac{2\pi}{M}$이며, $M=4$이므로 위상차는 $90°$가 된다.

45 전화기는 통화 장치와 신호 장치로 나뉘는데 다음 중 신호 장치에 해당하는 것은?
㉮ 수화기   ㉯ 송화기
㉰ 훅 스위치   ㉱ 측음 방지회로

Answer 40. ㉯ 41. ㉯ 42. ㉯ 43. ㉮ 44. ㉯ 45. ㉰

해설 * 전화단말기의 구성

통화 장치	송화기, 수화기, 유도선륜, 축전기
신호 장치	자석발전기, 자석전령
호출 장치	다이얼, 푸시 버튼(Push Button)
신호 전환 장치	훅 스위치(Hook SW)

46 전기통신을 행하기 위하여 계통적·유기적으로 연결 구성된 전기통신설비의 집합체로 정의되는 것은?

㉮ 정보통신망
㉯ 종합정보통신망
㉰ 전기통신망
㉱ 종합전기통신설비

해설 * 전기통신설비의 기술기준에 관한 규칙에 의한 정의
"전기통신망"이라 함은 전기통신을 행하기 위하여 계통적·유기적으로 연결·구성된 전기통신설비의 집합체를 말한다.

47 정보통신공사업을 영위할 수 있는 자는?

㉮ 전기통신기술사
㉯ 전기통신설비기사 자격을 취득한 자
㉰ 시·도지사에게 등록을 한 정보통신공사업자
㉱ KT(한국통신)로부터 위탁받은 정보통신공사업자

해설 * 정보통신공사업법의 제14조(공사업의 등록 등)
① 공사업을 경영하려는 자는 대통령령으로 정하는 바에 따라 특별시장·광역시장·도지사 또는 특별자치도지사(이하 "시·도지사"라 한다)에게 등록하여야 한다.
② 제1항에 따라 공사업을 등록한 자는 제15조에 따른 등록기준에 관한 사항을 3년 이내의 범위에서 대통령령으로 정하는 기간이 끝날 때마다 대통령령으로 정하는 바에 따라 시·도지사에게 신고하여야 한다.
③ 시·도지사는 제1항에 따른 등록을 받았을 때에는 등록증과 등록수첩을 발급한다.

48 정보통신공사와 감리를 함께 한 자에 대한 벌칙은?

㉮ 500만원 이하의 벌금
㉯ 1년 이하의 징역 또는 1천만원 이하의 벌금
㉰ 3년 이하의 징역 또는 2천만원 이하의 벌금
㉱ 5년 이하의 징역 또는 3천만원 이하의 벌금

해설 * 정보통신공사업법의 제12조(공사업자의 감리 제한) 공사업자와 용역업자가 동일인이거나 다음 각 호의 어느 하나의 관계에 해당되면 해당 공사에 관하여 공사와 감리를 함께 할 수 없다.
1. 대통령령으로 정하는 모회사(母會社)와 자회사(子會社)의 관계인 경우
2. 법인과 그 법인의 임직원의 관계인 경우
3. 민법 제777조에 따른 친족관계인 경우

정보통신공사업법의 제74조(벌칙)
다음 각 호의 어느 하나에 해당하는 자는 3년 이하의 징역 또는 2천만원 이하의 벌금에 처한다.
1. 제12조를 위반하여 공사와 감리를 함께 한 자
2. 제14조제1항에 따른 등록을 하지 아니하거나 부정한 방법으로 등록을 하고 공사업을 경영한 자
3. 제17조제1항에 따른 신고를 하지 아니하거나 부정한 방법으로 신고를 하고 공사업을 경영한 자
4. 제24조를 위반하여 타인에게 등록증이나 등록수첩을 빌려 준 자 또는 타인의 등록증이나 등록수첩을 빌려서 사용한 자
5. 제66조에 따른 영업정지처분을 받고 그 영업정지기간 중에 영업을 한 자

Answer 46. ㉰ 47. ㉰ 48. ㉰

49 방송통신위원회가 전기통신기본계획을 수립하여 공고하는 목적은?
㉮ 전기통신의 원활한 발전과 정보사회의 촉진을 위하여
㉯ 전기통신의 효율적 관리와 이용자의 편의 도모를 위하여
㉰ 전기통신사업의 적정운영과 발전촉진을 위하여
㉱ 전기통신기술의 표준화를 추진하기 위하여

해설 * 전기통신사업법의 제5조(전기통신기본계획의 수립)
방송통신위원회는 전기통신의 원활한 발전과 정보사회의 촉진을 위하여 전기통신기본 계획(이하 "기본계획"이라 한다)을 수립하여 이를 공고하여야 한다.
〈기본계획에 포함되는 사항〉
- 전기통신의 이용효율화에 관한 사항
- 전기통신의 질서유지에 관한 사항
- 전기통신사업에 관한 사항
- 전기통신설비에 관한 사항
- 전기통신기술(전기통신공사에 관한 기술을 포함)의 진흥에 관한 사항
- 기타 전기통신에 관한 기본적인 사항

50 전기통신설비가 다른 사람의 전기통신설비와 접속되는 경우에 그 건설과 보전에 관한 책임 등의 한계를 명확하게 하기 위하여 설정되어야 하는 것은?
㉮ 접속점   ㉯ 단자함
㉰ 분계점   ㉱ 절분점

해설 * 정보통신기기인증규칙에 의한 정의
"분계점"이라 함은 전기통신설비가 타인의 전기통신설비에 접속되는 경우에 그 건설과 보전에 관한 책임한계를 명확히 하기 위하여 전기통신설비 기술기준에 관한 규칙 또는 방송법의 규정에 의하여 설정된 지점을 말한다.

51 전기통신기본법의 목적으로 적합하지 않은 것은?
㉮ 전기통신에 관한 기본적인 사항을 정함
㉯ 전기통신을 효율적으로 관리하고 그 발전을 촉진함
㉰ 공공복리의 증진에 이바지함
㉱ 전기통신기술진흥에 관한 시행계획을 수립함

해설 * 전기통신기본법의 제1조(목적)
이 법은 전기통신에 관한 기본적인 사항을 정하여 전기통신을 효율적으로 관리하고 그 발전을 촉진함으로써 공공복리의 증진에 이바지함을 목적으로 한다.

52 다음 ( ) 안에 들어갈 내용으로 가장 적합한 것은?

"전화급 평형회선은 회선 상호간 전기통신신호의 내용이 혼입되지 아니하도록 두 회선 사이의 근단누화 또는 원단누화의 감쇠량은 ( ) 데시벨 이상이어야 한다."

㉮ 55   ㉯ 58
㉰ 65   ㉱ 68

해설 * 전기통신설비의 기술기준에 관한 규칙의 제13조(누화) 전화급 평형회선은 회선 상호간 전기통신신호의 내용이 혼입되지 아니하도록 두 회선 사이의 근단누화 또는 원단누화의 감쇠량은 68데시벨 이상이어야 한다. 다만, 전파연구소장이 별도로 세부기술기준을 고시한 경우에는 이에 의한다.

53 정보통신공사업자만이 할 수 있는 공사는?
㉮ 정보매체 설비공사
㉯ 실험국의 무선설비 설치공사

Answer 49. ㉮ 50. ㉰ 51. ㉱ 52. ㉱ 53. ㉮

㉰ 간이무선국의 무선설비 설치공사
㉱ 건축물에 설치되는 5회선 이하의 구내통신선로 설비공사

해설 * 정보통신공사업법 시행령의 제2조(공사의 범위)
① 정보통신공사업법(이하 "법"이라 한다) 제2조제2호에 따른 정보통신설비의 설치 및 유지·보수에 관한 공사와 이에 따른 부대공사는 다음 각 호와 같다.
1. 전기통신관계법령 및 전파관계법령에 따른 통신설비공사
2. 방송법 등 방송관계법령에 따른 방송설비공사
3. 정보통신관계법령에 따라 정보통신설비를 이용하여 정보를 제어·저장 및 처리하는 정보설비공사
4. 수전설비를 제외한 정보통신전용 전기시설 설비공사 등 그 밖의 설비공사
5. 제1호부터 제4호까지의 규정에 따른 공사의 부대공사
6. 제1호부터 제5호까지의 규정에 따른 공사의 유지·보수공사

54 위성통신설비공사의 하자담보책임기간은?
㉮ 5년　　㉯ 3년
㉰ 2년　　㉱ 1년

해설 * 정보통신공사업법 시행령의 제37조(공사의 하자담보책임)
법 제37조제1항에서 "공사의 종류별로 대통령령이 정하는 기간"이란 다음 각 호의 기간을 말한다.
1. 터널식 또는 개착식 등의 통신구공사 : 5년
2. 전기통신기본법 제2조제4호에 따른 사업용 전기통신설비 중 케이블 설치공사(구내에서 시공되는 공사는 제외한다), 관로공사, 철탑공사, 교환기설치공사, 전송설비공사, 위성통신설비공사 : 3년
3. 제1호 및 제2호의 공사 외의 공사 : 1년

55 기간통신역무의 종류에 해당하지 않는 것은?
㉮ 전송 역무
㉯ 전기통신회선설비임대 역무
㉰ 주파수를 할당받아 제공하는 역무
㉱ 통신구설비공사 역무

해설 * 전기통신기본법의 제2조(정의)
"기간통신역무"란 전화·인터넷접속 등과 같이 음성·데이터·영상 등을 그 내용이나 형태의 변경 없이 송신 또는 수신하게 하는 전기통신역무 및 음성·데이터·영상 등의 송신 또는 수신이 가능하도록 전기통신회선설비를 임대하는 전기통신역무를 말한다. 다만, 방송통신위원회가 정하여 고시하는 전기통신서비스(제6호의 전기통신역무의 세부적인 개별 서비스를 말한다. 이하 같다)는 제외한다.

56 다음 ( ) 안에 들어갈 내용으로 가장 적합한 것은?

"전기통신사업자는 그가 제공하는 전기통신역무의 안정적인 공급을 위하여 그의 전기통신설비를 대통령령이 정하는 ( )에 적합하도록 유지·보수하여야 한다."

㉮ 기술기준　　㉯ 설계도서
㉰ 표준규격　　㉱ 설비기준

해설 * 전기통신기본법의 제16조(전기통신설비의 유지·보수)
전기통신사업자는 그가 제공하는 전기통신역무의 안정적인 공급을 위하여 그의 전기통신설비를 대통령령이 정하는 기술기준에 적합하도록 유지·보수하여야 한다.

57 정보통신공사업등록의 결격 사유에 해당하지 않는 것은?
㉮ 금치산자 또는 한정치산자

Answer 54. ㉯　55. ㉱　56. ㉮　57. ㉯

㉯ 파산 선고를 받고 복권된 자
㉰ 정보통신공사업법의 규정에 의하여 등록이 취소된 후 2년을 경과하지 아니한 자
㉱ 정보통신공사업법의 규정을 위반하여 벌금형의 선고를 받고 2년을 경과하지 아니한 자

해설 ★ 정보통신공사업법의 제16조(등록의 결격사유)
다음 각 호의 어느 하나에 해당하는 자는 공사업의 등록을 할 수 없다.
1. 금치산자 또는 한정치산자
2. 파산선고를 받고 복권되지 아니한 사람
3. 이 법을 위반하여 금고 이상의 실형을 선고받고 그 집행이 끝나거나(집행이 끝난 것으로 보는 경우를 포함한다) 집행이 면제된 날부터 3년이 지나지 아니한 사람 또는 그 형의 집행유예를 선고받고 그 유예기간 중에 있는 사람
4. 이 법을 위반하여 벌금형을 선고받고 2년이 지나지 아니한 사람
5. 이 법에 따라 등록이 취소된 후 2년이 지나지 아니한 자
6. 국가보안법 또는 형법 제2편제1장 또는 제2장에 규정된 죄를 범하여 금고 이상의 실형을 선고받고 그 집행이 끝나거나(집행이 끝난 것으로 보는 경우를 포함한다) 그 집행이 면제된 날부터 3년이 지나지 아니한 사람 또는 그 형의 집행유예를 선고받고 그 유예기간 중에 있는 사람
7. 임원 중에 제1호부터 제6호까지의 어느 하나에 해당하는 사람이 있는 법인

58 다음 ( ) 안에 들어갈 내용으로 가장 적합한 것은?

"별정통신사업을 경영하고자 하는 자는 대통령령이 정하는 바에 따라 방송통신위원회에 ( ) 한다."

㉮ 등록하여야 ㉯ 인가받아야
㉰ 허가받아야 ㉱ 신고하여야

해설 ★ 전기통신사업법의 제21조(별정통신사업의 등록)
① 별정통신사업을 경영하려는 자는 대통령령으로 정하는 바에 따라 다음 각 호의 사항을 갖추어 방송통신위원회에 등록(정보통신망에 의한 등록을 포함한다)하여야 한다.
1. 재정 및 기술적 능력
2. 이용자 보호계획
3. 그 밖에 사업계획서 등 대통령령으로 정하는 사항
② 방송통신위원회는 제1항에 따라 별정통신사업의 등록을 받는 경우에는 공정경쟁 촉진, 이용자 보호, 서비스 품질 개선, 정보통신자원의 효율적 활용 등에 필요한 조건을 붙일 수 있다.
③ 제1항에 따른 별정통신사업의 등록은 법인만 할 수 있다.
④ 제1항에 따라 별정통신사업을 등록한 자(이하 "별정통신사업자"라 한다)는 등록한 날부터 1년 이내에 사업을 시작하여야 한다.
⑤ 제1항에 따른 등록의 요건, 절차, 그 밖에 필요한 사항은 대통령령으로 정한다.

59 다음 ( ) 안에 들어갈 내용으로 가장 적합한 것은?

"전기통신설비에 사용되는 전원설비는 그 전기통신설비가 최대로 사용되는 때의 전력을 안정적으로 공급할 수 있는 용량으로서 동작전압과 전류의 변동률을 정격전압 및 정격전류의 ( ) 퍼센트 이내로 유지할 수 있는 것이어야 한다."

㉮ ±1   ㉯ ±3
㉰ ±5   ㉱ ±10

해설 ★ 전기통신설비의 기술기준에 관한 규칙의 제10조 (전원설비)
전기통신설비에 사용되는 전원설비는 그 전기통신설비가 최대로 사용되는 때의 전력을 안정적으로 공급할 수 있는 용량으로서 동작전압과

Answer 58. ㉮ 59. ㉱

전류의 변동률을 정격전압 및 정격전류의 ±10 퍼센트 이내로 유지할 수 있는 것이어야 한다.

60 다음 ( ) 안에 들어갈 내용으로 가장 적합한 것은?

"정보통신공사 발주자는 ( )에게 공사의 감리를 발주하여야 한다."

㉮ 감리업자 ㉯ 공사업자
㉰ 용역업자 ㉱ 하도급업자

해설 * **정보통신공사업법의 제29조(공사의 도급)**
발주자는 공사를 공사업자에게 도급하여야 한다. 다만, 제3조 각 호의 어느 하나에 해당하는 경우에는 그러하지 아니하다.

정보통신공사업법의 제3조(공사의 제한)
공사(工事)는 정보통신공사업자(이하 "공사업자"라 한다)가 아니면 도급받거나 시공할 수 없다. 다만, 다음 각 호의 어느 하나에 해당하면 그러하지 아니하다.
1. 전기통신사업법 제5조에 따라 방송통신위원회의 허가를 받은 기간통신사업자가 허가받은 역무를 수행하기 위하여 공사를 시공하는 경우
2. 대통령령으로 정하는 경미한 공사를 도급받거나 시공하는 경우
3. 통신구(通信溝) 설비공사 또는 도로공사에 딸려서 그와 동시에 시공되는 정보통신 지하관로(地下管路)의 설비공사를 대통령령으로 정하는 바에 따라 도급받거나 시공하는 경우

Answer / 60. ㉰

2010년 10월 3일 시행 과년도출제문제

01 P형 반도체의 불순물 원소가 아닌 것은?
㉮ B ㉯ As
㉰ Ga ㉱ Al

해설 ＊ P형 반도체를 만드는 불순물(억셉터, acceptor)로는 인듐(In), 갈륨(Ga), 붕소(B) 등이 있으며 N형 반도체를 만드는 불순물(도너, donor)에는 안티몬(Sb), 비소(As), 인(P) 등이 있다.

02 멀티바이브레이터에 대한 설명으로 적합하지 않은 것은?
㉮ 구형파 형태의 출력을 발생한다.
㉯ 발진주파수가 전압변동에 민감하다.
㉰ 일반적으로 정궤환에 의한 발진회로이다.
㉱ 비안정, 단안정, 쌍안정회로로 구분된다.

해설 ＊ ① 플립플롭 회로는 입력 트리거(trigger) 펄스 2개마다 1개의 출력 펄스를 얻어낼 수 있으므로 전자계산기, 계수기 등의 디지털(digital) 기기들이 기억소자로 이용된다.
② 멀티바이브레이터는 2단의 비동조 증폭 100[%] 양되먹임(정궤환)을 걸어준 회로로서, 결합회로의 임피던스의 성질에 따라 비안정, 단안정, 쌍안정회로로 구분된다.

03 입력신호가 0.2[V]에서 2[V]로 증폭되었을 때, 전압증폭도는?
㉮ 10[dB] ㉯ 20[dB]
㉰ 30[dB] ㉱ 40[dB]

해설 ＊ $A_v = 20\log_{10}\dfrac{2}{0.2}$
$= 20\log_{10}10^1 = 20 \times 1 = 20[dB]$

04 이미터 접지 트랜지스터의 h 상수에 대한 설명으로 옳은 것은?
㉮ h_{fe} 는 전류 증폭률로 단위가 없다.
㉯ h_{oe} 는 입력 어드미턴스로 단위가 $[\Omega^{-1}]$이다.
㉰ h_{ie} 는 전압 이득으로 단위가 없다.
㉱ h_{re} 는 입력 임피던스로 단위가 $[\Omega]$이다.

해설 ＊ h상수
① h_{oe}(출력 어드미턴스) : $V_{CE}-I_C$ 특성곡선의 기울기, 즉 $\Delta I_C/\Delta V_{CE}$이고 단위는 $[\Omega^{-1}]$ 또는 [℧]로 된다.
② h_{fe}(전류 증폭률) : I_B-I_C 특성곡선의 기울기. 즉 $\Delta I_C/\Delta I_B$이고 단위는 없다.
③ h_{ie}(입력 임피던스) : $V_{BE}-I_B$ 특성곡선의 기울기, 즉 $\Delta V_{BE}/\Delta I_B$이고, 단위는 $[\Omega]$으로 된다.
④ h_{re}(전압 되먹임률) : $V_{CE}-V_{BE}$ 특성곡선의 기울기, 즉 $\Delta V_{BE}/\Delta V_{CE}$ 이고, 단위는 없다.

05 다음 중 RC 직렬회로의 임피던스 $Z[\Omega]$의 크기는?
㉮ $Z = \sqrt{R^2 + (\omega C)^2}$
㉯ $Z = 1/\sqrt{R^2 + (\omega C)^2}$
㉰ $Z = 1/\sqrt{R^2 + \left(\dfrac{1}{\omega C}\right)^2}$
㉱ $Z = \sqrt{R^2 + \left(\dfrac{1}{\omega C}\right)^2}$

해설 ＊ $Z = \sqrt{R^2 + X_c^2} = \sqrt{R^2 + \left(\dfrac{1}{\omega C}\right)^2}$

Answer 1.㉯ 2.㉯ 3.㉯ 4.㉮ 5.㉱

$$= \sqrt{R^2 + \frac{1}{\omega^2 C^2}} \; [\Omega]$$

06 신호주파수가 4[kHz], 최대 주파수편이가 20[kHz]일 때 FM 변조지수는?
㉮ 4 ㉯ 5
㉰ 16 ㉱ 20

해설 ※ $m_f = \frac{\Delta F_c}{F_s} = \frac{20}{4} = 5$

07 다음 중 그림과 같은 주기성 전류파형에서 반주기 동안 평균값[A]의 크기는?

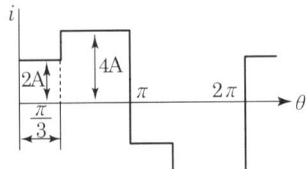

㉮ 2/3 ㉯ 5/3
㉰ 10/3 ㉱ 20/3

해설 ※ $I_A = \left(\frac{\pi}{3} \times 2\right) + \left(\frac{2\pi}{3} \times 4\right) = \frac{2}{3} + \frac{8}{3} = \frac{10}{3}$

08 1000[kHz]의 반송파를 10[kHz]의 신호파로 진폭변조 시, 상측파대의 주파수는?
㉮ 990[kHz] ㉯ 1000[kHz]
㉰ 1010[kHz] ㉱ 1110[kHz]

해설 ※ 상측파대 주파수 $F_c + F_s$[Hz], 하측파대 주파수 $F_c - F_s$[Hz]이다. 그러므로 1000+10=1010[kHz]이다.

09 다음 전력증폭기 중 저주파 충실도가 가장 좋은 방식은?
㉮ A급 ㉯ AB급
㉰ B급 ㉱ C급

해설 ※ A급 증폭기는 동작점을 V-I 특성의 직선 부분에 잡은 것으로, 입력 신호의 전주기에 걸쳐 출력 전류가 흐르므로 일그러짐이 매우 적어 저주파 증폭기에 사용한다.

10 FET에서 I_D(드레인 전류)가 거의 흐르지 않는 상태의 V_{GS}를 무엇이라고 하는가?
㉮ 소스 전압
㉯ 상호 전압
㉰ CUT OFF 전압
㉱ PINCH OFF 전압

해설 ※ 게이트의 역방향 바이어스 전압을 증가시켜 가면 공간 전하층의 폭이 넓어져 끝내는 채널(channel)이 완전히 막혀 버리는 상태에 이르게 된다. 이때를 채널이 pinch-off되었다고 하며, 이때의 게이트 전압을 pinch-off전압이라고 한다.

11 공진주파수가 6[kHz]의 병렬 공진회로에서 Q(Quality factor)가 60이라면, 이 회로의 대역폭은?
㉮ 100[Hz] ㉯ 150[Hz]
㉰ 200[Hz] ㉱ 250[Hz]

해설 ※ $Q = \frac{\text{공진 주파수}}{\text{주파수 대역}} = \frac{f_0}{f_2 - f_1}$ 에 의하여

$B(\text{대역폭}) = \frac{f_0}{Q} = \frac{6 \times 10^3}{60} = 100[Hz]$

12 이미터 접지 트랜지스터 증폭회로에서 I_B=100[μA], I_C=12[mA]일 때, 전류증폭률 β는?
㉮ 0.98 ㉯ 50
㉰ 100 ㉱ 120

해설 ※ $\beta = \frac{\Delta I_C}{\Delta I_B} = \frac{12 \times 10^{-3}}{100 \times 10^{-6}} = 0.12 \times 10^3 = 120$

Answer 6. ㉯ 7. ㉰ 8. ㉰ 9. ㉮ 10. ㉱ 11. ㉮ 12. ㉱

13 자기장 안에 놓인 도선에 전류가 흐를 때, 도선이 받는 힘의 방향을 알 수 있는 것은?
㉮ 플레밍의 왼손법칙
㉯ 펠티에 효과
㉰ 홀 효과
㉱ 앙페르의 오른나사법칙

해설 ① 펠티에 효과는 제베크 효과의 역현상으로 두 종류의 금속의 접합부에 전류를 흘리면 전류의 방향에 열의 발생, 또는 흡수현상이 생기는 것으로 전자 냉동기에 쓰인다.
② 앙페르의 오른나사의 법칙 : 도선에 전류가 흐르면 그 주위에 자장이 생기고, 전류의 방향과 자장의 방향은 각각 오른나사의 진행방향과 회전 방향에 일치한다.
③ 플레밍의 왼손 법칙 : 자장 안에 놓인 도선에 전류가 흐를 때 도선이 받는 힘의 방향을 알 수 있는 법칙
④ 홀 효과(Hall effect) : 자장 H안에 도체를 직각으로 놓고 이것에 전류 I를 흐르게 하면, 플레밍의 왼손 법칙에 의한 전자력으로 도체의 위와 아랫면 사이에 전위 V가 나타나는 현상

14 어떤 종속된 증폭기의 전압이득이 각각 $A_1=10$, $A_2=15$, $A_3=20$인 경우, 증폭기의 전체이득은?
㉮ 59.5[dB]   ㉯ 69.5[dB]
㉰ 79.5[dB]   ㉱ 89.5[dB]

해설 전체이득 = $10 \times 15 \times 20 = 3000$
$A_v = 20\log_{10}3000 ≒ 69.5[dB]$

15 6[F], 4[F] 두 콘덴서를 병렬로 접속하고 100[V]의 전압을 가하였을 때 전하량은?
㉮ 10[C]   ㉯ 400[C]
㉰ 600[C]   ㉱ 1000[C]

해설 $C_t = C_1 + C_2 = 6 + 4 = 10[F]$
$Q = CV[C] = 10 \times 100 = 1000[C]$

16 데이터 발생 즉시 처리하는 방법으로 은행 창구 업무처리 등에 유용한 시스템은?
㉮ 일괄 처리(batch processing) 방식
㉯ 실시간 처리(real time processing) 방식
㉰ 시분할 처리(time sharing processing) 방식
㉱ 오프라인 처리(off-line processing) 방식

해설 ① 일괄 처리(batch processing) 방식은 급여 계산 업무, 전기 및 수도 요금 계산 업무, 전화 요금 업무 등의 처리에 적합하다.
② 실시간 처리(real-time processing)는 데이터가 발생할 때마다 바로 즉시 입력하여 그 결과를 얻는 방법으로서, 은행의 예금 업무나 교통 관계의 좌석 예매 등에 편리하다.

17 데이터를 처리하기 위하여 주기억장치에 기억된 명령을 하나씩 가져와 해독한 후 그 내용에 따라 해당하는 장치에 지시를 하는 장치는?
㉮ 제어장치
㉯ 연산장치
㉰ 기억장치
㉱ 입출력장치

해설 중앙처리장치(CPU)는 주기억장치, 제어장치, 연산장치로 구성되며, 정보의 연산 및 기억, 처리기능의 제어 역할을 수행한다.

18 컴퓨터에서 사이클 타임 등에 사용되는 나노(nano)의 단위는?
㉮ 10^{-6} ㉯ 10^{-9}

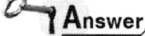
Answer   13. ㉮ 14. ㉯ 15. ㉱ 16. ㉯ 17. ㉮ 18. ㉯

㈐ 10^{-12}　　㈑ 10^{-15}

해설
10^{-3}	밀리(milli)	10^{-6}	마이크로(micro)
10^{-9}	나노(nano)	10^{-12}	피코(pico)
10^{-15}	펨토(femto)	10^{-18}	아토(atto)

19 다음 진리표가 나타내는 게이트로 적합한 것은?(단, A, B는 입력, Y는 출력)

A	B	Y
0	0	0
0	1	1
1	0	1
1	1	0

㈎ OR　　㈏ AND
㈐ NOR　　㈑ XOR

해설 * EX-OR은 배타적 논리회로이다. 즉 서로 입력이 상반될 때 결과가 1이 되는 논리회로이다.

20 중앙처리장치에서 명령이 순차적으로 수행되게 하기 위한 기능을 가진 레지스터는?
㈎ 명령 레지스터
㈏ 프로그램 카운터
㈐ 메모리 주소 레지스터
㈑ 메모리 버퍼 레지스터

해설 * 프로그램 카운터(program counter : PC)는 16비트의 길이를 가지고 있으며 CPU가 다음에 처리해야 할 명령이나 데이터의 메모리상의 번지를 지시한다.

21 순서도(Flow chart)의 종류에 대한 설명 중 옳은 것은?
㈎ 시스템 순서도는 프로그램에 대한 전체처리과정을 나타낸 것으로 프로그램의 내용에 대한 종합적인 검토와 프로그램의 작성을 위한 연관성을 제공한다.
㈏ 상세순서도는 프로그램의 처리단위에 대한 진행순서를 기술하고 프로그램의 논리적 오류를 확인할 수 있도록 작성한다.
㈐ 기초순서도는 프로그램에 대한 문서화(Documentation)를 하는 자료이다.
㈑ 상세순서도는 사용하는 자료의 특성이나 입출력 장치의 구성 등을 나타내며 처리시간 등을 산출하는 기준자료로 활용한다.

해설 * ① 순서도: 처리하고자 하는 문제를 분석하여 그 처리 순서를 단계화시켜 단계 상호간의 관계를 일정한 기호를 사용하여 순서적으로 나타낸 도표이다.
② 순서도의 종류
㉠ 시스템 순서도 : 컴퓨터 장치와 프로그램과의 관계를 처리과정에 따라 그림으로 나타낸 순서도이다.
㉡ 프로그램 순서도 : 실제로 처리할 내용의 동작순서를 상세하게 나타낸 것으로 개략순서도와 상세순서도가 있다.
㉢ 개략순서도 : 프로그램의 전체적인 처리방법과 순서를 나타낸 순서도이다
㉣ 상세순서도 : 개략순서도를 기초로 각 처리단계를 세분화, 구체적으로 나타낸 순서도이다

22 디버깅(debugging)의 설명으로 옳은 것은?
㈎ 프로그램 중 잘못된 부분을 수정하는 것을 의미한다.
㈏ 프로그램을 번역하는 것을 의미한다.
㈐ 프로그램의 진행과정을 의미한다.
㈑ 프로그램의 작성과정을 의미한다.

해설 * 원시 프로그램 중에서 잘못 작성된 부분을 찾아

Answer 19. ㈑ 20. ㈏ 21. ㈎ 22. ㈎

수정하는 것을 디버깅(debugging)이라 한다.

23 주기억장치 안의 프로그램양이 많아질 때, 사용하지 않은 프로그램을 보조기억장치 안의 특별한 영역으로 옮겨서, 그 보조기억장치 부분을 주기억장치처럼 사용할 수 있는 것은?

㉮ 채널
㉯ 캐시 기억장치
㉰ 연관 기억장치
㉱ 가상 기억장치

해설 ★ ① 캐시메모리(Cache Memory) : 주기억 장치(RAM)와 중앙처리장치(CPU) 사이에 위치하여 데이터를 임시로 저장해두는 장소. 상대적으로 느린 주기억 장치의 접근시간과 빠른 CPU와의 속도 차를 줄이기 위하여 주기억 장치의 정보를 일시적으로 저장
② 연관기억 장치(Associative Memory) : 기억장치에서 자료를 찾을 때 주소에 의해 접근하지 않고, 기억된 내용의 일부를 이용하여 Access할 수 있는 기억장치
③ 가상 메모리(Virtual Memory) : 보조 기억장치(하드디스크)를 마치 주기억 장치인 것처럼 사용하여 실제 주기억 장치의 적은 용량을 확대하여 사용하는 방법

24 하드웨어와 사용자 사이에서 내부 및 외부 인터페이스를 제공하며, 컴퓨터를 처음 시동시켜 첫 작업(job)을 수행할 수 있는 상태로 만들어 주는 것은?

㉮ 통신 프로그램
㉯ 응용 프로그램
㉰ 자료관리 프로그램
㉱ 운영체제

해설 ★ 운영체제(OS : Operating System)란 하드웨어와 소프트웨어, 하드웨어와 사용자 간의 인터페이스 역할을 수행하고, 컴퓨터의 각종 자원을 운영, 관리하여 주며 사용자에게 최대한의 편의를 제공하는 소프트웨어 시스템이다.
운영체제(OS : Operating System)의 기능
① 자원을 효율적으로 관리하고, 응용 프로그램의 실행 제어
② 작업의 연속적인 처리를 위한 스케줄 관리
③ 사용자와 컴퓨터 간 인터페이스 제공
④ 메모리 상태와 운영 관리
⑤ 하드웨어 주변장치 관리
⑥ 프로그램이나 데이터 저장, 액세스 제어에 필요한 파일 관리
⑦ 프로그램 수행을 제어하는 프로세서 관리

25 8진수 273.5를 10진수로 알맞게 변환한 것은?

㉮ 157.5
㉯ 167.625
㉰ 177.5
㉱ 187.625

해설 ★ $(273.5)_8 = 2 \times 8^2 + 7 \times 8^1 + 3 \times 8^0 + 5 \times 8^{-1}$
$= 128 + 56 + 3 + 0.625$
$= (187.625)_{10}$

26 인터넷 전화의 특징에 대한 설명으로 틀린 것은?

㉮ 유선전화에 비해서 비용이 절감된다.
㉯ 음성과 데이터를 하나의 회선으로 이용할 수 있다.
㉰ 디지털 방식으로 유선전화보다 매우 음질이 양호하다.
㉱ 인터넷과 연결되어 다양한 서비스를 이용할 수 있다.

해설 ★ ① 전화망은 회선 교환 방식을 취하여 지연 대기가 낮고 음성의 질이 높은 장점이 있으나, 망의 이용효율이 낮고 특히, 비용이 비싸다는 단점이 있다.
② 반면에 인터넷망은 패킷 교환 방식을 취하여 비용이 저렴하고 최신 통신 기술들을 용

Answer 23. ㉱ 24. ㉱ 25. ㉱ 26. ㉰

이하게 채택할 수 있는 장점이 있으나, 음성의 질이 낮다.

27 다음 중 PCM 과정으로 적합한 것은?

㉮ 표본화 → 양자화 → 부호화 → 복호화
㉯ 표본화 → 양자화 → 복호화 → 부호화
㉰ 양자화 → 표본화 → 복호화 → 부호화
㉱ 양자화 → 부호화 → 표본화 → 복호화

해설 ✽ 펄스부호변조(PCM) 방식은 아날로그 형태의 정보(신호)를 디지털 형태의 정보(신호)로 변경하는 방식으로, 변조회로의 기본구성은 표본화, 양자화, 부호화의 부분으로 구성된다.
① 표본화 : 음성신호와 같은 연속 파형을 일정한 간격으로 나누어 이 값만 취하고 나머지는 삭제하는 것
② 양자화 : 표본화한 값을 갖는 PAM 신호를 디지털 신호로 변화하기 위하여 PAM파를 각각의 대푯값으로 표현하는 것
③ 부호화 : 양자화된 샘플을 양자화 레벨의 수 n에 따라 2n 비트로 부호화

28 최번시 1시간에 발생한 호수가 60호이고, 평균 보류시간이 2분일 경우 호량[Erl]은?

㉮ 12   ㉯ 6
㉰ 2   ㉱ 1

해설 ✽ 통화로 수량(erl) = 통화수×평균보류시간(시간)
통화로 수량 단위에는 얼랑(erl)과 HCS가 있다.
분당 호량 수 = $\frac{60}{60}$ = 1이므로
2분일 경우의 호량 수는 1×2=2

29 다음 중 데이터 교환방식이 아닌 것은?

㉮ 회선 교환 방식
㉯ 패킷 교환 방식
㉰ 메시지 교환 방식
㉱ 망 교환 방식

해설 ✽ **데이터의 교환방식의 종류**
① 직접교환방식 : 가입자가 직접 상대를 호출하여 데이터를 전송하는 방식으로 전송회선을 완전히 확보한 다음 전송하는 방식이다.
② 축적교환방식 : 직접교환방식에 데이터를 축적하는 기능을 추가한 교환방식이다.
  ㉠ 전문교환 : 기억장치에 데이터를 기억시켜 하나의 단위로서 일괄적으로 중계하는 방식으로 전송 시간이 일정하지 않다.
  ㉡ 패킷교환 : 기억장치에 데이터를 기억시켰다가 일정한 길이로 구분하여 각 부분을 독립적으로 중계하는 방식으로 수신측에서는 원래의 데이터 형태로 재결합한다.

30 다음 중 CATV에 대한 설명으로 틀린 것은?

㉮ 기존 아날로그 TV 방송에 비해 채널이 많다.
㉯ 난시청 지역을 해소하기 위한 대책으로 고안되었다.
㉰ 기본적인 망 구성은 주로 링형을 사용한다.
㉱ 광케이블의 등장으로 컴퓨터와 연결하여 다양한 서비스를 제공할 수 있다.

해설 ✽ **CATV의 특징**
① 공중파 방송의 난시청 해소
② 채널수 증가, 쌍방향 미디어, 다양한 프로그램 제공
③ 선명한 화면으로 품질 향상
④ 지역 정보화에 기여
⑤ 전문화된 방송 등

31 다음 중 전화기의 수화기에 영구자석을 사용하는 이유는?

㉮ 전송 원음을 충실히 재생시키기 위해서
㉯ 진동판의 자유 진동수를 크게 하기 위해서

Answer 27. ㉮ 28. ㉰ 29. ㉱ 30. ㉰ 31. ㉮

㉰ 통화 전류를 증대하기 위해서
㉱ 측음을 방지하기 위해서

해설 ✽ 전화기에서 전송 원음을 충실히 재생시키기 위해서 수화기에 영구자석을 사용한다.

32 다음 중 과도현상의 관측, 파형의 분석, 신호의 일그러짐 등을 측정할 수 있는 계측기로 적합한 것은?

㉮ LCR 미터
㉯ 디지털 테스터
㉰ 레벨미터
㉱ 오실로스코프

해설 ✽ 오실로스코프(oscilloscope)는 반복되는 전기적인 현상이나 파형 등을 브라운관으로 직시할 수 있도록 한 장치로서, 저주파로부터 수백[MHz]까지의 전자 현상의 관측이나 전기적 양의 측정, 통신 기기의 조정, 주파수의 비교, 변조도의 측정 등에 사용된다.

33 10개의 전화국을 망형으로 국간 중계 회선을 구성할 때 최소로 필요한 경로 수는?

㉮ 28
㉯ 45
㉰ 90
㉱ 180

해설 ✽ 망형(Mesh, 격자망) 망은 중계기가 필요 없고, 고가이나 신뢰성이 높은 특징을 갖는다.
회선 $= \dfrac{n(n-1)}{2} = \dfrac{10(10-1)}{2} = \dfrac{90}{2} = 45$

34 ATM(비동기 전달모드)의 셀 구조에서 헤더의 크기는?

㉮ 5바이트
㉯ 8바이트
㉰ 48바이트
㉱ 2048바이트

해설 ✽ **ATM(비동기 전달모드 : Asynchronous Transfer Mode)층의 프로토콜**
53바이트의 셀을 처리하는 계층이 ATM층으로, ATM 셀은 48바이트의 정보와 5바이트의 헤드로 구성된다.

35 전자교환기에서 중앙제어장치가 단위 시간당 처리할 수 있는 최대 호의 수를 나타내는 것은?

㉮ 얼랑
㉯ CCS
㉰ Byte
㉱ BHCA

해설 ✽ **호 처리 용량(BHCA : Busy Hour Call Attempts)**
① 최번시(Busy Hour)의 호(呼)의 시도 수
② 교환기 내 제어계에서의 호 처리 용량 계산 및 능력을 나타내는 데 이용

36 다음 중 디지털 변조방식이 아닌 것은?

㉮ PM
㉯ ASK
㉰ FSK
㉱ QAM

해설 ✽ 디지털 2진 변조는 하나의 데이터 비트를 전송하기 위하여 이산적인 상태의 진폭, 주파수, 위상 등을 데이터 비트(1,0)를 사용하는 방식으로 2진 ASK, 2진 FSK, 2진 PSK 등이 있다.
① ASK(진폭편이변조 : Amplitude Shift Keying) : 디지털 부호에 대응하여 사인 반송파의 주파수나 위상을 그대로 두고 진폭만 변화시키는 변조방식
② FSK(주파수편이변조 : Frequency Shift Keying) : 디지털 부호에 대응하여 사인반송파의 진폭과 위상을 그대로 두고 주파수만 변화시키는 변조 방식
③ PSK(위상편이변조 : Phase Shift Keying) : 진폭과 주파수가 모두 일정한 반송파를 이용하여 그 위상을 2진 전송 부호에 대응시켜 변화시키는 방식
④ APK(진폭위상변조 : Amplitude Phase Keying) : ASK와 PSK의 조합으로 QAM이라고도 한다.

Answer 32. ㉱ 33. ㉯ 34. ㉮ 35. ㉱ 36. ㉮

37 다음 중 PCM 방식의 일반적인 특징이 아닌 것은?

㉮ 누화에 비교적 강하다.
㉯ 양자화 잡음이 발생한다.
㉰ 점유 주파수 대역폭이 좁다.
㉱ 디지털 전송에 알맞다.

해설 * PCM(펄스 부호 변조)
음성이나 영상 신호와 같은 아날로그 신호를 디지털 부호(1,0)로 변환하여 전송하는 방식
① PCM의 장점
　㉠ 잡음에 강하다.
　㉡ 고밀도화(LSI)에 적합하다.
　㉢ 분기와 삽입이 용이하다.
　㉣ 가공 처리가 용이하다.
　㉤ 정비 주기가 길다.
　㉥ 보안성의 확보가 쉽다.
② PCM의 단점
　㉠ 채널당 소요 대역폭이 증가된다.
　㉡ 양자화 잡음이 발생한다.
　㉢ 동기가 유지되어야 한다.
　㉣ 지리적으로 분산된 신호의 다중화가 어렵다.
　㉤ A/D, D/A 변환 과정이 증가된다.
　㉥ 기존의 아날로그 네트워크와 접합 시 비용이 높아진다.

38 패킷 교환방식에 대한 설명으로 적합한 것은?

㉮ Store and forward 방식을 이용한다.
㉯ 메시지를 패킷 형태로 분할하지 않고 전송한다.
㉰ 실시간 전송이 요구되는 미디어의 전송에 적합하다.
㉱ 패킷 교환에는 가상회선방식만 있다.

해설 * 데이터 교환 방식의 종류
① 회선교환 방식 : 송수신 단말장치 간에 데이터를 전송할 때마다 물리적인 통신경로를 설정하는 방식으로 음성전화망(PSTN)이 대표적이며, 통화로 동작 방법에 따라 공간 분할/주파수 분할/시분할 방식이 있다.
② 메시지 교환 방식 : Store and Forward 방식으로 데이터 흐름의 논리적 단위인 메시지를 교환하는 방식으로 연결 설정이 불필요한 비동기식 교환방식으로 각 스테이션에서 파일형태로 저장 후, 다음 스테이션으로 보내주는 형태이다.
③ 데이터 그램 (패킷 교환) 방식 : 물리적/논리적 연결 설정과정이 없이 각각의 패킷을 독립적으로 취급하여 전송하는 방식으로 패킷들의 도착순서가 목적지에서 각기 다를 수 있으므로 재조립 과정이 필요하다.
④ 가상회선(패킷 교환) 방식 : 패킷이 전송되기 전에 송수신 단말기에 논리적인 통신경로를 먼저 설정하고 패킷을 그 경로에 따라 보내는 방식으로 많은 사용자 단말들이 하나의 통신 설비를 공유하고, 여러 개의 논리 채널로 통신하는 방식이다.

39 음성신호의 최고주파수를 f_m이라고 할 때, 최소 표본화 주파수는?

㉮ $1f_m$　　㉯ $2f_m$
㉰ $3f_m$　　㉱ $4f_m$

해설 * ① 표본화 주파수
　　$f_s = 2f_m$ – 주파수 영역에서 표현
　　(f_m : 아날로그 신호의 최고주파수)
② 표본화 간격=$1/(2f_m)$ – 시간 영역에서 표현

40 유선전화기 또는 국내 교환기의 보안장치에 속하지 않는 것은?

㉮ 퓨즈　　㉯ 열선륜
㉰ 부스터　　㉱ 피뢰기

해설 * 부스터(booster) : 전원에 직류발전기를 직렬로 접속하여 계자전류를 가감하는 방법(승압기), 전원이 전지인 경우는 예비 전지를 직렬로

Answer 37. ㉰　38. ㉮　39. ㉯　40. ㉰

삽입하는 방법 등이 있다. 교류전기 철도에서는 귀전선의 중간에 변압기를 삽입하여 이 작용을 하게 한다.

41 복수 주파수의 조합을 부호화해서 전달하는 선택 신호방식은?

㉮ PWM 방식
㉯ MFC 방식
㉰ 임펄스 방식
㉱ 다이얼 펄스 방식

해설 ★ ① MFC(Multi Frequency Code Signaling) 전화기 : 0~9의 숫자 버튼과 특수버튼(*, #)이 내장되어 버튼을 누르면 고군주파수(High Frequency)와 저군 주파수(Low Frequency) 중에서 각각 1개를 조합하여 신호를 발생시켜 선택신호로서 송출된다.
② PB방식 다이얼 신호는 7개 종류의 주파수 중 2개 주파수의 조합으로 만들어진다. 즉 음성대역 내의 높은 3개 주파수(1209, 1336, 1447[Hz])와 낮은 4개 주파수(697, 770, 852, 941[Hz]) 중 각각으로부터 하나의 주파수를 선정, 이를 조합해서 0에서 9까지의 숫자와 *와 #의 기능 부호로 전화를 거는 것이다. 이 방식은 다이얼 조작이 편리하고 단축 다이얼 등 새로운 서비스를 받을 수 있다.

42 참값을 T, 측정값을 M이라고 할 때 보정률(%)은?

㉮ $\dfrac{T-M}{T} \times 100$
㉯ $\dfrac{M-T}{M} \times 100$
㉰ $\dfrac{M-T}{T} \times 100$
㉱ $\dfrac{T-M}{M} \times 100$

해설 ★ 보정률
$\alpha_o = \dfrac{T-M}{M} \times 100 [\%]$ (보정 백분율)
(단, M : 측정값, T : 참값)

43 디지털 신호방식으로 공중데이터망을 사용하는 팩시밀리는?

㉮ G1팩시밀리
㉯ G2팩시밀리
㉰ G3팩시밀리
㉱ G4팩시밀리

해설 ★ 팩시밀리의 개요

팩시밀리는 송신측의 문자, 그림, 도형정보 등을 수신측에 동일하게 재현할 수 있는 시스템으로 송신문서를 주사에 의해 화소로 분해하여 전기적 신호로 바꾸어서 전송하고 수신측에서 문서를 재생하는 통신방식
ITU-T에서는 팩시밀리를 4가지로 분류하고 있으며 PSTN을 이용한 G3가 가장 많이 사용되고 있다.
① G1 : 전송 시 대역을 압축하지 않고 FM 변조 사용하여 A4 용지에 4~6분에 전송하여 아날로그 방식 전송방식을 이용하나 현재 거의 사용되지 않고 있다.
② G2 : 아날로그 신호방식으로 잔류측파대(VSB) 방식을 사용하며 대역 압축을 이용하여 고속화시키고 A4용지를 2~3분에 전송한다.
③ G3 : MH(Modified Huffman)과 MR(Modified Read) 방식으로 데이터를 압축하고 디지털 변조방식(QPSK, QAM)에 의한 대역 압축·고속전송으로 A4 용지를 1분에 전송하는 디지털 팩시밀리로 가장 많이 쓰이고 있다.
④ G4 : 디지털 신호 방식으로 ISDN을 사용하며 MMR 방식의 사용으로 데이터의 압축률은 G3보다 개선된다. 전송에러 발생 시 자동재전송으로 에러를 방지하고 A4용지를 3~5초 내에 전송이 가능한 디지털망 접속용 디지털 팩시밀리며 통신기능에 따라 Class1, Class2, Class3로 구분된다.
㉠ Class 1 : 팩시밀리 단말기와의 통신 기종
㉡ Class 2 : Class 1의 기능에 텔레텍스와 혼합형 단말기의 문서를 수신할 수 있는 기능이 추가됨
㉢ Class 3 : Class 2의 기능에 텔레텍스와 혼합형 단말기와의 송신 기능이 추가됨

Answer 41. ㉯ 42. ㉱ 43. ㉱

44 다음 중 프로토콜의 구성요소가 아닌 것은?

㉮ 형식   ㉯ 의미
㉰ 타이밍   ㉱ 캡슐화

해설 ★ 프로토콜의 구성요소
프로토콜에는 전송하고자 하는 데이터의 일정 형식과 두 엔티티의 연결을 위한 여러가지 기능(Semantics), 흐름 제어(Flow Control)를 위한 절차 등이 필요한데 이들 요소로는 구문(Syntax), 의미(Semantics), 타이밍(Timing) 등이 있다.
① 구문(Syntax) : 데이터 형식(Fromat), 부호화(Coding), 신호 레벨(Signal Level) 등을 포함한다.
② 의미(Semantics) : 효과적이고, 정확한 정보 전송을 위한 두 엔티티의 협조사항과 에러 관리를 위한 제어 정보를 포함한다.
③ 타이밍(Timing) : 두 엔티티의 통신 속도 조정, 메시지의 순서 제어 등을 포함한다.

45 채널 대역폭이 10[kHz]이고 S/N비가 7일 때 채널용량[kbps]은?

㉮ 10   ㉯ 20
㉰ 30   ㉱ 40

해설 ★ 샤논(Shannon)의 정리에 의하면 "전송 채널의 단위시간당 전송할 수 있는 Bit 수"를 구하는 공식으로 단위는 [BPS], [Bit/sec]이다.

채널용량(C) = 대역폭 $\times \log_2\left(1 + \dfrac{신호전력}{잡음전력}\right)$

$C = B\log_2\left(1 + \dfrac{S}{N}\right)$ [bps]

(단, C : 채널용량, B : 채널의 대역폭, S/N : 신호대 잡음비)

$C = 10000 \times \log_2(1+7)$
$= 10000 \times \log_2 8$
$= 10000 \times 3$
$= 30000 [bps] = 30 [kbps]$

46 기간통신사업자가 제공하는 전기통신서비스에 관한 요금과 이용 조건은?

㉮ 요금약관
㉯ 이용약관
㉰ 서비스약관
㉱ 통신역무약관

해설 ★ 전기통신사업법의 제28조(이용약관의 신고 등)
기간통신사업자는 그가 제공하려는 전기통신서비스에 관하여 그 서비스별로 요금 및 이용 조건(이하 '이용약관' 이라 한다)을 정하여 방송통신위원회에 신고(변경신고를 포함한다. 이하 이 조에서 같다)하여야 한다.

47 다음 중 특별고압에 대한 정의로 옳은 것은?

㉮ 직류 5000볼트 이하의 전압
㉯ 교류 6000볼트 이하의 전압
㉰ 7000볼트 이하의 전압
㉱ 7000볼트를 초과하는 전압

해설 ★ 전기통신설비의 기술기준에 관한 규칙에 의한 정의
"특별고압"이란 7,000볼트를 초과하는 전압을 말한다.

48 다음 중 관로의 매설 기준이 틀린 것은?

㉮ 차도 : 1[m] 이상
㉯ 보도 및 자전거 도로 : 0.6[m] 이상
㉰ 철도 및 고속도로의 횡단구간 등 특수한 구간 : 1.5[m] 이상
㉱ 관로 : 가스관 등 다른 매설물과 이격거리 1[m] 이상

해설 ★ 전기통신설비의 기술기준에 관한 규칙 제37조의3 (관로의 매설기준)
① 관로에 사용하는 관은 외부하중과 토압에 견딜 수 있는 충분한 강도와 내구성을 가져야 하며, 관 내부에는 통신케이블의 견인 시 손상 및 지장을 줄 수 있는 돌기가 있어서는 아니 된다.

Answer 44. ㉱ 45. ㉰ 46. ㉯ 47. ㉱ 48. ㉰

② 지면에서 관로 상단까지의 거리는 다음 각 호의 기준에 의한다. 다만, 시설관리기관과 협의하여 관로보호조치를 하는 경우에는 다음 각 호의 기준에 의하지 아니할 수 있다.
  가. 차도 : 1.0미터 이상
  나. 보도 및 자전거도로 : 0.6미터 이상
  다. 철도·고속도로의 횡단구간 등 특수한 구간 : 1.5미터 이상
③ 관로 상단과 지면 사이에는 관로보호용 경고테이프를 관로매설 경로에 따라 매설하여야 한다.
④ 관로는 가스관 등 다른 매설물과 50센티미터 이상 떨어져 매설하여야 한다. 다만, 부득이한 사유로 인하여 50센티미터 이상의 간격을 유지할 수 없는 경우에는 보호벽의 설치 등 관로를 보호하기 위한 조치를 하여야 한다.
⑤ 맨홀 또는 핸드홀 간에 매설하는 관로는 케이블 견인에 지장을 주지 아니하는 곡률을 유지하는 등 직선성을 유지하여야 한다.

49 정보통신공사를 설계한 용역업자는 그가 작성 또는 제공한 실시설계도서를 해당 공사가 준공된 후 몇 년간 보관하여야 하는가?

㉮ 1   ㉯ 3
㉰ 5   ㉱ 7

해설 * 정보통신공사업법 시행령의 제7조(설계도서의 보관의무)
법 제7조제3항에 따라 공사의 설계도서는 다음 각 호의 기준에 따라 보관하여야 한다.
1. 공사의 목적물의 소유자는 공사에 대한 실시·준공설계도서를 공사의 목적물이 폐지될 때까지 보관할 것. 다만, 소유자가 보관하기 어려운 사유가 있을 때에는 관리주체가 보관하여야 하며, 시설교체 등으로 실시·준공설계도서가 변경된 경우에는 변경된 후의 실시·준공설계도서를 보관하여야 한다.
2. 공사를 설계한 용역업자는 그가 작성 또는 제공한 실시설계도서를 해당 공사가 준공된 후 5년간 보관할 것

3. 공사를 감리한 용역업자는 그가 감리한 공사의 준공설계도서를 하자담보책임기간이 종료될 때까지 보관할 것

50 다음 중 "공사를 공사업자에게 도급하는 자를 말한다."로 정의되는 것은?

㉮ 시공자   ㉯ 발주자
㉰ 계약자   ㉱ 기술자

해설 * 정보통신공사업법에 의한 정의
"발주자"란 공사(용역을 포함한다. 이하 이 조에서 같다)를 공사업자(용역업자를 포함한다. 이하 이 조에서 같다)에게 도급하는 자를 말한다. 다만, 수급인(受給人)으로서 도급받은 공사를 하도급(下都給)하는 자는 제외한다.

51 다음 중 전기통신사업법에 따른 보편적 역무의 내용이 아닌 것은?

㉮ 유선전화 서비스
㉯ 긴급통신용 전화 서비스
㉰ 장애인·저소득층 등에 대한 요금감면 전화 서비스
㉱ 군 복무자에 대한 요금감면 서비스

해설 * 전기통신사업법 시행령의 제2조(보편적 역무의 내용)
전기통신사업법(이하 "법"이라 한다) 제4조제3항에 따른 보편적 역무의 내용은 다음 각 호와 같다.
1. 유선전화 서비스
2. 긴급통신용 전화 서비스
3. 장애인·저소득층 등에 대한 요금감면 전화 서비스

52 부가통신사업을 경영하고자 하는 자는 누구(기구)에게 신고를 하여야 하는가?

㉮ 지식경제부장관
㉯ 교육과학기술부장관

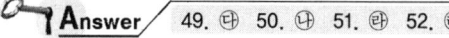

Answer 49. ㉰ 50. ㉯ 51. ㉱ 52. ㉱

㉰ 한국통신
㉱ 방송통신위원회

해설 * 전기통신사업법의 제22조(부가통신사업의 신고 등)
① 부가통신사업을 경영하려는 자는 대통령령으로 정하는 요건 및 절차에 따라 방송통신위원회에 신고(정보통신망에 의한 신고를 포함한다)하여야 한다. 이 경우 자본금 등이 대통령령으로 정하는 기준에 해당하는 소규모 부가통신사업의 경우에는 부가통신사업을 신고한 것으로 본다.
② 기간통신사업자가 부가통신사업을 경영하려는 경우에는 부가통신사업을 신고한 것으로 본다.
③ 제1항 전단에 따라 부가통신사업을 신고한 자는 신고한 날부터 1년 이내에 사업을 시작하여야 한다.

53 다음 중 "다수의 전기통신회선을 제어·접속하여 회선 상호간의 전기통신을 가능하게 하는 교환기와 그 부대설비"로 정의되는 것은?
㉠ 교환설비
㉡ 전송설비
㉢ 선로설비
㉣ 전원설비

해설 * 전기통신설비의 기술기준에 관한 규칙에 의한 정의
"교환설비"라 함은 다수의 전기통신회선(이하 "회선"이라 한다)을 제어·접속하여 회선 상호간의 전기통신을 가능하게 하는 교환기와 그 부대설비를 말한다.

54 다음 중 "전기통신역무"의 정의로 옳은 것은?
㉠ 전기통신설비를 이용하여 타인의 통신을 매개하거나 전기통신설비를 타인의 통신용으로 제공하는 것
㉡ 전기통신을 하기 위한 장치, 기기, 부품, 선조 등을 설치하거나 시설하는 것
㉢ 전기통신사업에 제공하기 위한 전기통신설비를 생산하거나 제공하는 업무
㉣ 특정인이 자신의 전기통신에 이용하기 위하여 설치한 전기통신설비

해설 * 전기통신기본법에 의한 정의
"전기통신역무"라 함은 전기통신설비를 이용하여 타인의 통신을 매개하거나 전기통신설비를 타인의 통신용으로 제공하는 것을 말한다.

55 다음 중 방송통신위원회가 수립하여 공고하는 전기통신 기본계획에 포함되지 않는 것은?
㉠ 전기통신설비에 관한 사항
㉡ 전기통신의 질서유지에 관한 사항
㉢ 전기통신사업의 관장에 관한 사항
㉣ 전기통신의 이용효율화에 관한 사항

해설 * 전기통신사업법의 제5조(전기통신기본계획의 수립)
방송통신위원회는 전기통신의 원활한 발전과 정보사회의 촉진을 위하여 전기통신기본 계획(이하 "기본계획"이라 한다)을 수립하여 이를 공고하여야 한다.
〈기본계획에 포함되는 사항〉
- 전기통신의 이용효율화에 관한 사항
- 전기통신의 질서유지에 관한 사항
- 전기통신사업에 관한 사항
- 전기통신설비에 관한 사항
- 전기통신기술(전기통신공사에 관한 기술을 포함)의 진흥에 관한 사항
- 기타 전기통신에 관한 기본적인 사항

56 다음 중 정보통신공사업에서 감리원의 업무범위에 속하지 않는 것은?
㉠ 공사계획 및 공정표의 검토
㉡ 공사입찰에 대한 타당성 검토

Answer 53. ㉠ 54. ㉠ 55. ㉢ 56. ㉡

㉰ 준공도서의 검토 및 준공확인
㉱ 설계변경에 관한 사항의 검토 및 확인

해설 * 정보통신공사업법 시행령의 제12조(감리원의 업무범위)
법 제8조제7항에 따른 감리원의 업무범위는 다음 각 호와 같다.
1. 공사계획 및 공정표의 검토
2. 공사업자가 작성한 시공 상세도면의 검토·확인
3. 설계도서와 시공도면의 내용이 현장조건에 적합한지 여부와 시공가능성 등에 관한 사전검토
4. 공사가 설계도서 및 관련규정에 적합하게 행하여지고 있는지에 대한 확인
5. 공사 진척부분에 대한 조사 및 검사
6. 사용자재의 규격 및 적합성에 관한 검토·확인
7. 재해예방대책 및 안전관리의 확인
8. 설계변경에 관한 사항의 검토·확인
9. 하도급에 대한 타당성 검토
10. 준공도서의 검토 및 준공확인

57 다음 중 "통신사업자의 교환설비로부터 이용자 전기통신설비의 최초 단자에 이르기까지의 사이에 구성되는 회선"으로 정의되는 것은?
㉮ 국선
㉯ 선로설비
㉰ 전송설비
㉱ 교환설비

해설 * 전기통신설비의 기술기준에 관한 규칙에 의한 정의
"국선"이라 함은 사업자의 교환설비로부터 이용자전기통신설비의 최초 단자에 이르기까지의 사이에 구성되는 회선을 말한다.

58 기간통신사업의 허가 시 심사 사항이 아닌 것은?
㉮ 기간통신역무 제공계획의 이행에 필요한 기술적 능력
㉯ 기간통신역무 제공계획의 이행에 필요한 재정적 능력
㉰ 국가·지방자치단체 또는 정부투자기관의 참여 여부
㉱ 이용자 보호계획의 적정성

해설 * 전기통신사업법의 제6조(기간통신사업의 허가 등)
① 기간통신사업을 경영하려는 자는 방송통신위원회의 허가를 받아야 한다.
② 방송통신위원회는 제1항에 따른 허가를 할 때에는 다음 각 호의 사항을 종합적으로 심사하여야 한다.
 1. 기간통신역무 제공계획의 이행에 필요한 재정적 능력
 2. 기간통신역무 제공계획의 이행에 필요한 기술적 능력
 3. 이용자 보호계획의 적정성
 4. 그 밖에 기간통신역무의 안정적 제공에 필요한 능력에 관한 사항으로서 대통령령으로 정하는 사항
③ 방송통신위원회는 제2항에 따른 심사 사항별 세부 심사기준과 허가의 시기 및 허가신청 요령을 정하여 고시한다.
④ 방송통신위원회는 제1항에 따라 기간통신사업을 허가하는 경우에는 공정경쟁 촉진, 이용자 보호, 서비스 품질 개선, 정보통신자원의 효율적 활용 등에 필요한 조건을 붙일 수 있다. 이 경우 그 조건을 관보와 인터넷 홈페이지에 공고하여야 한다.
⑤ 제1항에 따른 허가는 법인만 받을 수 있다.
⑥ 제1항에 따른 허가의 절차나 그 밖에 필요한 사항은 대통령령으로 정한다.

59 다음 중 전기통신업무의 전부 또는 일부를 제한하거나 정지할 수 있는 경우가 아닌

Answer 57. ㉮ 58. ㉰ 59. ㉱

것은?
㉮ 천재지변
㉯ 국가비상사태 발생 시
㉰ 전시
㉱ 적십자사 구호사업 지원 시

해설 * 전기통신사업법의 제85조(업무의 제한 및 정지)

방송통신위원회는 전시·사변·천재지변 또는 이에 준하는 국가비상사태가 발생하거나 발생할 우려가 있는 경우와 그 밖의 부득이한 사유가 있는 경우에 중요 통신을 확보하기 위하여 필요하면 대통령령으로 정하는 바에 따라 전기통신사업자에게 전기통신업무의 전부 또는 일부를 제한하거나 정지할 것을 명할 수 있다.

전기통신사업법 시행령의 제55조(업무의 제한 및 정지)

① 방송통신위원회는 법 제85조에 따라 전기통신사업자에게 전기통신업무의 전부 또는 일부의 제한 또는 정지를 명하는 경우에는 그 제한 또는 정지의 범위 및 정도에 따라 다음 각 호의 업무를 수행하기 위한 통화의 순으로 소통하게 할 수 있다.
  1. 제1순위
    가. 국가안보
    나. 군사 및 치안
    다. 민방위경보 전달
    라. 전파관리
  2. 제2순위
    가. 재해구호
    나. 전기통신·항행안전·기상·소방·전기·가스·수도·수송 및 언론
    다. 가목 및 나목 외의 국가 및 지방자치단체의 업무
    라. 주한 외국공관 및 국제연합기관의 업무
  3. 제3순위
    가. 자원관리대상업체 및 방위산업체의 업무
    나. 정부투자기관 및 의료기관의 업무
  4. 제4순위 : 제1호부터 제3호까지 업무 외의 것

② 제1항에 있어서 제한 또는 정지되는 전기통신업무는 중요통신을 확보하기 위하여 필요한 최소한의 것이어야 한다.
③ 전기통신사업자는 제1항에 따라 전기통신업무의 전부 또는 일부를 제한 또는 정지한 때에는 지체 없이 그 내용을 방송통신위원회에 보고하여야 한다.

60 보편적 역무의 구체적 내용을 정할 시 고려 사항이 아닌 것은?
㉮ 전기통신의 질서유지 정도
㉯ 공공의 이익과 안전
㉰ 전기통신역무의 보급 정도
㉱ 전기통신기술의 발전 정도

해설 * 전기통신사업법의 제4조(보편적 역무의 제공 등)

보편적 역무의 구체적 내용은 다음 각 호의 사항을 고려하여 대통령령으로 정한다.
1. 정보통신기술의 발전 정도
2. 전기통신역무의 보급 정도
3. 공공의 이익과 안전
4. 사회복지 증진
5. 정보화 촉진

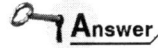

60. ㉮

2011년 2월 13일 시행 과년도출제문제

01 $V = 10\sin\left(100\pi t + \dfrac{\pi}{6}\right)$ 인 파형의 주기는?

㉮ 0.01[sec] ㉯ 0.02[sec]
㉰ 0.03[sec] ㉱ 0.04[sec]

해설 ✽ $\omega = 2\pi f,\ f = \dfrac{\omega}{2\pi} = \dfrac{100\pi}{2\pi} = 50[Hz]$

$T = \dfrac{1}{f} = \dfrac{1}{50} = 0.02[sec]$

02 그림과 같은 회로에서 $V_{CC}=5[V]$, $V_{BE}=0.6[V]$, $R_C=3[k\Omega]$, $I_B=0.22[mA]$일 때, 저항 R_B는?

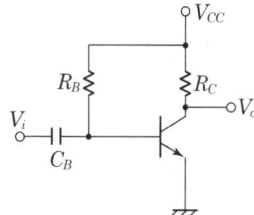

㉮ 10[kΩ] ㉯ 20[kΩ]
㉰ 30[kΩ] ㉱ 40[kΩ]

해설 ✽ $I_B = \dfrac{V_{CC} - V_{BE}}{R_B}$ 의 식에 의해

$R_B = \dfrac{V_{CC} - V_{BE}}{I_B} = \dfrac{5 - 0.6}{0.22 \times 10^{-3}}$

$= \dfrac{4.4 \times 10^3}{0.22} = 20 \times 10^3 = 20[k\Omega]$

03 JK 플립플롭을 이용한 비동기식 계수기의 오동작에 대한 설명으로 적합한 것은?

㉮ 오동작과 클록 주파수와는 관련 없다.
㉯ 클록 주파수가 높을수록 오동작 가능성이 크다.
㉰ 클록 주파수가 낮을수록 오동작 가능성이 크다.
㉱ 직렬로 연결된 플립플롭의 수가 많을수록 오동작의 가능성이 적다.

해설 ✽ JK F/F의 문제점은 출력이 보수(반전)가 된 다음에도 클록 펄스가 남아 있게 되면 다시 보수(반전)을 취하는 연속적인 변화가 일어나는 레이스 현상이 발생하므로 클록 주파수가 높을수록 오동작이 일어날 가능성이 높아진다.

04 다음 회로에서 V=40[V]일 때, 전류(I)는?

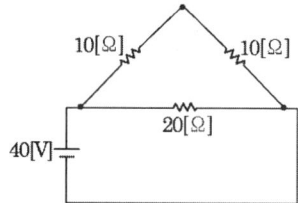

㉮ 2[A] ㉯ 4[A]
㉰ 6[A] ㉱ 8[A]

해설 ✽ $I = \dfrac{V}{R},\ R_t = \dfrac{20}{2} = 10[\Omega]$

$I = \dfrac{40}{10} = 4[A]$

05 동일한 종류의 건전지 2개를 직렬로 연결하여 사용할 때, 1개를 사용하는 경우와 비교하면, 전압과 내부저항은 어떤 차이가 있는가?

㉮ 전압과 내부저항 모두 증가한다.
㉯ 전압은 증가하고 내부저항은 감소한다.
㉰ 전압은 동일하고 내부저항은 감소한다.

Answer 1. ㉯ 2. ㉯ 3. ㉯ 4. ㉯ 5. ㉮

㉣ 전압은 동일하고 내부저항은 증가한다.

해설 ✦ 동일한 직렬접속 전지의 합성전압은 nV[V]가 되고, 전지의 합성 내부저항은 nr[Ω]이 되므로 전압과 내부저항 모두가 증가한다.

06 차동증폭기에서 차동이득(A_d)이 1000, 동상이득(A_c)이 1일 때, 동상신호제거비(CMRR)는?

㉮ 10[dB] ㉯ 40[dB]
㉰ 60[dB] ㉱ 80[dB]

해설 ✦ CMRR = $\dfrac{\text{차동이득}}{\text{동위상이득}} = \dfrac{1000}{1} = 1000$
$G = 20\log_{10}1000 = 60[\text{dB}]$

07 그림과 같은 콘덴서의 직렬접속에서 V_1에 걸리는 전압은?

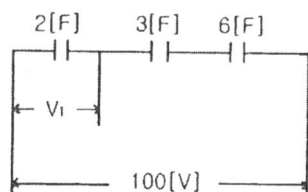

㉮ 100[V] ㉯ 80[V]
㉰ 50[V] ㉱ 25[V]

해설 ✦ 각 콘덴서에 분배되는 전압은 정전용량에 반비례하여 분배되므로
$V_1 : V_2 : V_3 = \dfrac{1}{2} : \dfrac{1}{3} : \dfrac{1}{6}$
∴ $V_1 = \dfrac{1}{2} \times 100 = 50[V]$

08 회로에서 FET의 증폭률을 A라고 할 때, 발진조건과 발진주파수 f[Hz]는?

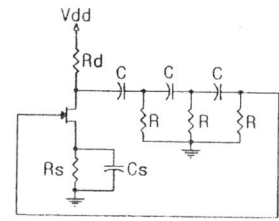

㉮ A > 1, $f = \dfrac{1}{2\pi RC\sqrt{3}}$

㉯ A > 1, $f = \dfrac{1}{2\pi RC\sqrt{6}}$

㉰ A > 29, $f = \dfrac{1}{2\pi RC\sqrt{3}}$

㉱ A > 29, $f = \dfrac{1}{2\pi RC\sqrt{6}}$

해설 ✦ 이상형(Phase shift) 병렬 R형 발진기에서 증폭도는 29 이상이어야 발진을 하며, 발진 주파수(f)는 $f = \dfrac{1}{2\pi RC\sqrt{6}}$ [Hz]가 된다.

09 그림과 같은 진폭변조에서 피변조파의 출력은?(단, 반송파 출력은 10[kW]이다.)

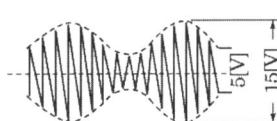

㉮ 10.15[kW] ㉯ 11.25[kW]
㉰ 22.15[kW] ㉱ 30.25[kW]

해설 ✦ 변조도 $m = \dfrac{a-b}{a+b}$의 식에 의해
$m = \dfrac{15-5}{15+5} = \dfrac{10}{20} = 50[\%]$
$P_m = P_c\left(1 + \dfrac{m^2}{2}\right)$의 식에 의해
$P_m = 10\left(1 + \dfrac{0.5^2}{2}\right) = 11.25[\text{kW}]$

Answer 6. ㉰ 7. ㉰ 8. ㉱ 9. ㉯

10 증폭기에서 입출력 간의 전압 위상이 옳은 것은?

㉮ CE증폭기-동위상, CC증폭기-동위상
㉯ CE증폭기-동위상, CC증폭기-역위상
㉰ CE증폭기-역위상, CC증폭기-동위상
㉱ CE증폭기-역위상, CC증폭기-역위상

해설 ✽ 이미터 접지 증폭회로에서의 입·출력 전압의 위상은 역위상이 되고, 컬렉터 접지 증폭회로에서의 입·출력 전압의 위상차는 동위상이 된다.

11 5[Ω] 저항 10개를 직렬로 접속했을 때의 저항값은 병렬로 접속했을 때의 몇 배인가?

㉮ 10   ㉯ 50
㉰ 100   ㉱ 150

해설 ✽ 직렬접속은 nR, 병렬접속은 $\frac{R}{n}$이 된다. 그러므로 직렬접속은 $5\times10=50[\Omega]$, 병렬접속은 $\frac{5}{10}=0.5[\Omega]$이 되어 100배가 된다.

12 JFET의 전달특성 곡선에서 드레인 전류(I_{DS})를 나타내는 관계식은?(단, V_{GS} : 게이트와 소스 간의 전압, I_{DSS} : $V_{GS}=0$일 때의 포화 드레인 전류, V_P : 핀치오프 전압)

㉮ $I_{DSS}\left(1+\dfrac{V_{GS}}{V_P}\right)$

㉯ $I_{DSS}\left(1-\dfrac{V_{GS}}{V_P}\right)$

㉰ $I_{DSS}\left(1+\dfrac{V_{GS}}{V_P}\right)^2$

㉱ $I_{DSS}\left(1-\dfrac{V_{GS}}{V_P}\right)^2$

해설 ✽ V_{GS}는 I_D를 제어하고, 핀치오프 전압은 I_D가 일정하게 되었을 때의 V_{DS}의 값이고 차단전압 $V_{GS(off)}$는 I_D가 0일 때의 V_{GS}값이다. JFET의 전달특성곡선에서 드레인 전류(I_D)를 나타내는 관계식은
$I_{DSS}\left(1-\dfrac{V_{GS}}{V_P}\right)^2$이다.

13 디지털 변조에 대한 설명으로 틀린 것은?

㉮ ASK는 부호화 데이터의 1과 0에 따라 진폭이 변화하는 방식이다.
㉯ FSK는 부호화 데이터의 1과 0에 따라 주파수가 변화하는 방식이다.
㉰ PSK는 부호화 데이터의 1과 0에 따라 위상이 변화하는 방식이다.
㉱ QAM는 부호화 데이터의 1과 0에 따라 코드가 변화하는 방식이다.

해설 ✽ 디지털 변조 방식
① 진폭 편이 변조(ASK : Amplitude Shift Keying) : 디지털 신호가 1이면 출력을 송신, 0이면 off
② 주파수 편이 변조(FSK : Frequency Shift Keying) : 디지털 신호가 1이면 f_1 주파수로, 0이면 f_2 주파수로 주파수를 바꿈
③ 위상 편이 변조(Phase Shift Keying) : 디지털 신호의 0, 1에 따라 2종류의 위상을 갖는 변조 방식이다.
④ QAM(Quadrature Amplitude Modulation) : 디지털 신호를 일정량만큼 분류하여 반송파 신호와 위상을 변화시키면서 변조시키는 방법이다.

14 펄스 변조 방식 중 변조신호에 따라 펄스의 폭을 변화시키는 방식은?

㉮ PCM   ㉯ PWM
㉰ PAM   ㉱ PNM

Answer   10. ㉰   11. ㉰   12. ㉱   13. ㉱   14. ㉯

해설 * PCM : 펄스 부호 변조
PAM : 펄스 진폭 변조
PNM : 펄스 수 변조
PWM : 펄스 폭 변조

15 다음 중 트랜지스터의 동작영역에 해당하지 않는 것은?
㉮ 포화영역 ㉯ 활성영역
㉰ 차단영역 ㉱ 역포화영역

해설 * 트랜지스터(BJT)의 동작영역에서 증폭기로 사용하기 위해서는 활성영역에서 동작하여야 하고, 논리회로에 사용하기 위해서는 포화영역과 차단영역을 사용한다.

16 서브루틴(subroutine)에 대한 설명으로 적합하지 않은 것은?
㉮ 컴퓨터의 동작상태를 관찰하고 통제하며, 제어하는 목적으로 작성되는 프로그램이다.
㉯ 자주 사용하는 일련의 프로그램이나 인터럽트 발생 시의 처리프로그램은 서브루틴으로 구성한다.
㉰ 서브프로그램(subprogram)이라고도 하며, 일반적으로 I/O 프로그램은 서브프로그램으로 구성한다.
㉱ 주프로그램이 서브루틴을 호출하고, 서브루틴 수행 시에는 주프로그램이 중단된다.

해설 * 서브루틴(subroutine)은 어떤 프로그램이 실행될 때 부르거나 반복해서 사용되도록 만들어진 일련의 코드들을 지칭하는 용어로, 이를 이용하면 프로그램을 더 짧으면서도 읽고 쓰기 쉽게 만들 수 있으며, 하나의 루틴이 다수의 프로그램에서 사용될 수 있어서 재작성하지 않도록 해준다. 프로그램 로직의 주요 부분에서는 필요할 경우 공통 루틴으로 분기할 수 있으며, 해당 루틴의 작업이 완료되면 분기된 명령어의 다음 명령어로 복귀한다.

17 컴퓨터의 기본 출력장치로 사용되는 모니터에 관한 설명 중 맞는 것은?
㉮ 해상도는 가로와 세로에 배열되어 있는 화소(pixel)의 수를 곱하기 형태로 표시한다.
㉯ 해상도 1024×768에서 768은 가로에 대한 점의 수를 나타낸다.
㉰ 모니터의 크기가 클수록 해상도가 높다.
㉱ 동일한 해상도에서는 크기가 큰 모니터로 갈수록 더 선명하고, 작은 모니터일수록 선명도가 떨어진다.

18 전 세계의 모든 언어와 문자를 2바이트로 완전 코드화하여 코드체계의 단일화 및 호환성을 목적으로 하고 있는 세계 통합 코드는?
㉮ 아스키 코드
㉯ BCD 코드
㉰ 그레이 코드
㉱ 유니 코드

19 프로그램 작성 단계에서 어떤 데이터를 어떻게 입력하여, 처리 결과를 어떻게 출력할 것인지를 결정하는 단계는?
㉮ 순서도 작성 단계
㉯ 문제 분석 단계
㉰ 프로그램 번역 단계
㉱ 입출력 설계 단계

Answer 15. ㉱ 16. ㉮ 17. ㉮ 18. ㉱ 19. ㉱

20 프로그램을 읽고 해석하여 각 장치에 필요한 명령을 지시하는 장치는?
㉮ 입출력장치   ㉯ 기억장치
㉰ 연산장치   ㉱ 제어장치

해설 ✻ 기억된 프로그램의 명령을 하나씩 읽고, 해독하여 각 장치에 필요한 지시를 하는 것이 제어장치이다.

21 CD-ROM에 대한 설명으로 틀린 것은?
㉮ CD-ROM 드라이브는 적외선의 빛을 CD에 비추어서 반사된 빛의 유무로 데이터를 읽는다.
㉯ CD-ROM의 배속과 DVD의 배속이 같을 경우 데이터의 전송속도는 같다.
㉰ CD-ROM의 데이터 기록은 CD의 안쪽에서 바깥쪽 방향으로 기록한다.
㉱ CD-ROM의 데이터는 CD 반사층에 요철 형태(염료층을 태워 만듦)로 기록된다.

해설 ✻ CD-ROM(Compact Disk-Read Only Memory) : 하드디스크와 달리 자성 물질을 이용한 저장 매체가 아니라 레이저를 이용하여 디스크 표면에 굴곡을 만들고 이를 이용해서 0과 1의 신호를 저장하며, 한 장에 약 650~700MB 정도의 데이터를 저장할 수 있는 용량으로 책 27만 쪽 또는 75분 분량의 음악이나 비디오를 저장할 수 있으며, 일반문서, 데이터, 오디오, 그래픽스, 비디오, 디지털 사진 이미지와 함께 저장할 수 있는 멀티미디어 분야에서 널리 사용되고 있으나 사용자가 직접 저장할 수 없으며, 공장에서 찍어낸 CD만 재생할 수 있는 단점이 있다.

22 다음 회로의 점선 사각형 박스 안의 스위치를 논리소자로 대치하려고 한다. 가장 적합한 소자는?

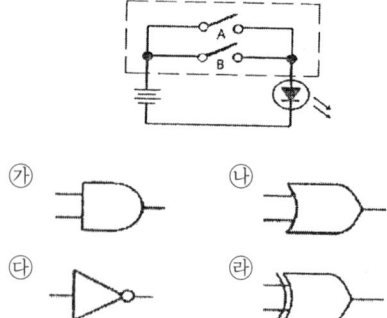

해설 ✻ 스위치 A 또는 B 어느 하나만 동작되어도 램프가 점등되는 OR 동작의 회로이다. 그러므로 ㉯의 논리기호와 같다.

23 운영체제의 목적이 아닌 것은?
㉮ 처리 능력을 증대시킨다.
㉯ 응답 시간의 단축을 구현한다.
㉰ 프로그램의 작성시간을 길게 한다.
㉱ 시스템의 이용도를 향상시킬 수 있다.

해설 ✻ 운영체제(OS : Operating System)의 기능
① 자원을 효율적으로 관리하고, 응용 프로그램의 실행 제어
② 작업의 연속적인 처리를 위한 스케줄 관리
③ 사용자와 컴퓨터 간 인터페이스 제공
④ 메모리 상태와 운영 관리
⑤ 하드웨어 주변장치 관리
⑥ 프로그램이나 데이터 저장, 액세스 제어에 필요한 파일 관리
⑦ 프로그램 수행을 제어하는 프로세서 관리
운영체제의 성능평가요소에는 신뢰도, 응답시간, 처리능력, 이용가능도 등이 있다.

24 1994년 미국표준협회 표준으로 채택된 것으로 528MB 이상 디스크 접근이 가능한 컴퓨터와 디스크 구동 장치 간의 표준 인터페이스는?
㉮ IDE(Integrated Drive Electronics)

Answer 20. ㉱ 21. ㉯ 22. ㉯ 23. ㉰ 24. ㉯

방식
㉯ EIDE(Enhanced Integrated Drive Electronics) 방식
㉰ SCSI(Small Computer System Interface) 방식
㉱ CD-I(Compact Disk-Interactive) 방식

25 보고서 작성이나 발표 자료용으로 사용되고 있는 프레젠테이션 소프트웨어는?
㉮ 워드(word)
㉯ 엑셀(excel)
㉰ 액세스(access)
㉱ 파워포인트(power point)

26 MFC 전화기의 버튼 "1"을 눌렀을 때, 송출되는 주파수는?
㉮ 697[Hz], 1209[Hz]
㉯ 770[Hz], 1336[Hz]
㉰ 852[Hz], 1633[Hz]
㉱ 941[Hz], 1477[Hz]

해설 ✽ ① MFC(Multi Frequency Code Signaling) 전화기 : 0~9의 숫자 버튼과 특수버튼(*, #)이 내장되어 버튼을 누르면 고군주파수(High Frequency)와 저군 주파수(Low Frequency) 중에서 각각 1개를 조합하여 신호를 발생시켜 선택신호로서 송출된다.
② PB방식 다이얼 신호는 7개 종류의 주파수 중 2개 주파수의 조합으로 만들어진다. 즉 음성대역 내의 높은 3개 주파수(1209, 1336, 1447[Hz])와 낮은 4개 주파수(697, 770, 852, 941[Hz]) 중 각각으로부터 하나의 주파수를 선정, 이를 조합해서 0에서 9까지의 숫자와 *와 #의 기능 부호로 전화를 거는 것이다. 이 방식은 다이얼 조작이 편리하고 단축 다이얼 등 새로운 서비스를 받을 수 있다.

27 다음 중 ATM 셀의 구성으로 적합한 것은?
㉮ 5바이트 헤더+48바이트 정보필드
㉯ 48바이트 헤더+5바이트 정보필드
㉰ 16바이트 헤더+2048바이트 정보필드
㉱ 16바이트 헤더+4096바이트 정보필드

해설 ✽ ATM(비동기 전달모드 : Asynchronous Transfer Mode)층의 프로토콜은 53바이트의 셀을 처리하는 계층이 ATM층으로, ATM 셀은 48바이트의 정보와 5바이트의 헤더로 구성된다.

28 펄스폭이 40[ms]이고, 주기(T)가 120[ms]인 펄스의 충격계수는?
㉮ 약 13[%]   ㉯ 약 22[%]
㉰ 약 33[%]   ㉱ 약 54[%]

29 OSI 참조모델에서 종점 간(end to end)에 신뢰성 있고 투명한 데이터 전송을 제공하는 계층은?
㉮ 응용 계층   ㉯ 세션 계층
㉰ 전송 계층   ㉱ 물리 계층

30 송수신측이 동일한 타이밍 간격으로 동작되기 위해서 동기신호와 정보 데이터를 한 묶음으로 만들어 전송하는 방식은?
㉮ 동기식   ㉯ 비동기식
㉰ 혼합식   ㉱ 열거식

31 다음 중 시분할 방식에 대한 설명으로 틀린 것은?
㉮ 시분할 방식에는 비트 삽입방식과 문자 삽입방식이 있다.
㉯ 비트 삽입방식은 동기식 데이터 다중화에 이용된다.

Answer 25. ㉱ 26. ㉮ 27. ㉮ 28. ㉰ 29. ㉰ 30. ㉮ 31. ㉱

㉰ 한 전송로의 데이터 전송시간을 time slot으로 나누어 각 채널에 할당한다.
㉱ 시분할 방식은 채널 간 간섭을 막기 위해 보호밴드가 필요하다.

32 실제로 보낼 데이터가 있는 단말 장치에만 동적으로 각 채널에 타임 슬롯을 할당하는 방식은?
㉮ 주파수 분할 다중화기
㉯ 공간 분할 다중화기
㉰ 동기식 시분할 다중화기
㉱ 비동기식 시분할 다중화기

33 다음 중 2진 데이터를 전송 가능한 디지털 신호로 변환하여 디지털 전송이 가능한 것은?
㉮ FEP   ㉯ DSU
㉰ CCU   ㉱ MODEM

34 다음 용어 중 단위 시간당 통화량에 해당되는 것은?
㉮ 재호   ㉯ 호량
㉰ 완료호   ㉱ 연속호

해설 * 가입자가 통화를 목적으로 통신회선을 점유하는 것을 "호"라고 하며, 단위 시간당 통화량을 "호량"이라 한다.

35 다음 중 파형의 관측이나 분석에 주로 사용되는 것은?
㉮ 전류계
㉯ 전압계
㉰ 주파수계수기
㉱ 오실로스코프

36 다음 중 공통선 신호방식인 No.7 신호방식의 신호전송속도는?
㉮ 24[kbps]   ㉯ 56[kbps]
㉰ 64[kbps]   ㉱ 128[kbps]

37 화상통신의 절차가 바르게 나열된 것은?
㉮ 송신화상→광전변환→전송→전광변환→수신화상
㉯ 송신화상→전광변환→전송→광전변환→수신화상
㉰ 광전변환→송신화상→수신화상→시각정보→전광변환
㉱ 시각정보→전광변환→송신화상→수신화상→광전변환

38 이동통신에 적용되는 대역확산 통신방식은?
㉮ CSMA   ㉯ 블루투스
㉰ CDMA   ㉱ ADSL

39 정보전송을 패킷단위로 규격화하여 전송하는 교환방식은?
㉮ 회선 교환방식
㉯ 축적 교환방식
㉰ 패킷 교환방식
㉱ 메시지 교환방식

해설 * 데이터 교환 방식의 종류
① 회선교환 방식 : 송수신 단말장치 간에 데이터를 전송할 때마다 물리적인 통신경로를 설정하는 방식으로 음성전화망(PSTN)이 대표적이며, 통화로 동작 방법에 따라 공간분할/주파수 분할/시분할 방식이 있다.
② 메시지 교한 방식 : Store and Forward 방식으로 데이터 흐름의 논리적 단위인 메

Answer 32. ㉱ 33. ㉯ 34. ㉯ 35. ㉱ 36. ㉰ 37. ㉮ 38. ㉰ 39. ㉰

시지를 교환하는 방식으로 연결 설정이 불필요한 비동기식 교환방식으로 각 스테이션에서 파일형태로 저장 후, 다음 스테이션으로 보내주는 형태이다.
③ 데이터그램(패킷 교환) 방식 : 물리적/논리적 연결 설정과정이 없이 각각의 패킷을 독립적으로 취급하여 전송하는 방식으로 패킷들의 도착순서가 목적지에서 각기 다를 수 있으므로 재조립 과정이 필요하다.
④ 가상회선(패킷 교환) 방식 : 패킷이 전송되기 전에 송수신 단말기에 논리적인 통신경로를 먼저 설정하고 패킷을 그 경로에 따라 보내는 방식으로 많은 사용자 단말들이 하나의 통신 설비를 공유하고, 여러 개의 논리채널로 통신하는 방식이다.

40 PCM 통신방식에서 양자화 잡음을 감소시키기 위한 대책이 아닌 것은?
㉮ 양자화 계단 폭을 작게 한다.
㉯ 다중화 밀도를 증가시킨다.
㉰ 비선형 양자화를 한다.
㉱ 압신기를 사용한다.

41 채널의 통신용량을 늘리는 방법으로 적합하지 않은 것은?
㉮ 신호세력을 높임
㉯ 잡음세력을 감소시킴
㉰ 채널의 대역폭을 증가시킴
㉱ 데이터 비트수를 감소시킴

해설 ✱ 채널의 전송용량을 증가시키기 위한 방법
① 채널의 대역폭(B)을 증가시킨다.
② 신호 세력을 높인다.
③ 잡음 세력을 줄인다.

42 다음 교환기 중 시분할 전(全)전자 교환기가 아닌 것은?
㉮ No.5 ESS   ㉯ TDX-10
㉰ AXE-10   ㉱ M-10CN

43 다음 중 입력신호 성분을 최대로 하고 동시에 잡음을 억제하여 펄스 유무를 정확히 판별하도록 하는 기능을 가진 필터는?
㉮ 노치 필터
㉯ 신호보강 필터
㉰ 고역통과 필터
㉱ 정합 필터

44 통신망 토폴로지(Topology)에서 모든 노드가 점대점으로 서로 연결된 형태로 신뢰성이 높은 것은?
㉮ 망형   ㉯ 스타형
㉰ 링형   ㉱ 트리형

45 10명의 전화가입자 상호간에 각각 회선으로 연결하려면 최소로 필요한 전송선로의 수는?
㉮ 45   ㉯ 50
㉰ 90   ㉱ 100

해설 ✱ 망형(Mesh, 격자망) 망은 중계기가 필요 없고, 고가이나 신뢰성이 높은 특징을 갖는다.
$$회선 = \frac{n(n-1)}{2} = \frac{10(10-1)}{2} = \frac{90}{2} = 45$$

46 기간통신사업자가 전기통신서비스에 관한 이용약관을 정할 경우, 이에 대한 절차로 적합한 것은?
㉮ 방송통신위원회의 허가를 받아야 한다.
㉯ 방송통신위원회에 신고를 하여야 한다.
㉰ 한국통신사장의 허가를 받아야 한다.
㉱ 기간통신사업자의 내규에 따라 임의대

Answer 40. ㉯ 41. ㉱ 42. ㉱ 43. ㉱ 44. ㉮ 45. ㉮ 46. ㉯

로 한다.

47 정보통신공사업을 영위하고자 하는 자는 누구에게 등록을 하여야 하는가?
㉮ 방송통신위원회
㉯ 정보통신공사협회장
㉰ 시·도지사
㉱ 교육과학기술부장관

48 다음 (　) 안에 들어갈 내용으로 적합한 것은?

> "통신사업자가 정보통신설비와 이에 연결되는 다른 정보통신설비 또는 이용자설비와의 사이에 정보의 상호전달을 위하여 (　)을 인터넷, 언론매체 또는 그 밖의 홍보매체를 활용하여 공개하여야 한다."

㉮ 표준규격　　㉯ 기술기준
㉰ 이용약관　　㉱ 통신규약

49 전기통신사업법의 궁극적인 목적은?
㉮ 국가경제 발전의 활성화
㉯ 공공복리의 증진에 이바지
㉰ 전기통신기술의 표준화
㉱ 전기통신의 효율적 관리

> **해설** ✽ 전기통신기본법의 목적 : 전기통신에 관한 기본적인 사항을 정하여 전기통신을 효율적으로 관리하고 그 발전을 촉진함으로써 공공복리의 증진에 이바지함을 목적으로 한다.

50 다음 내용에 대한 용어의 정의로 옳은 것은?

> "방송통신망에 접속되는 단말기기 및 그 부속설비를 말한다."

㉮ 단말장치
㉯ 전송설비
㉰ 교환설비
㉱ 전기통신설비

51 전기통신기본계획을 수립하는 목적은?
㉮ 전기통신의 원활한 발전과 정보사회의 촉진을 위하여
㉯ 전기통신기술을 경영하는 사업자 및 단체의 육성을 위하여
㉰ 전기통신에 관한 기술정보를 체계적 종합적으로 관리 보급하기 위하여
㉱ 전기통신기자재 및 전기통신방식의 규격화를 위하여

52 정보통신공사업의 등록을 할 수 있는 자는?
㉮ 파산선고를 받고 복권되지 아니한 자
㉯ 정보통신공사업법에 따라 등록이 취소된 후 3년이 경과된 자
㉰ 한정치산자
㉱ 금치산자

53 방송통신설비가 다른 사람의 방송통신설비와 접속되는 경우에는 그 건설과 보전에 관한 책임 등의 한계를 명확하게 하기 위하여 설정되어야 하는 것은?
㉮ 통신규약　　㉯ 이용약관
㉰ 기술규격　　㉱ 분계점

Answer 47. ㉰　48. ㉱　49. ㉯　50. ㉮　51. ㉮　52. ㉯　53. ㉱

54 방송통신위원회가 수립하는 전기통신기본계획에 포함되어야 할 사항이 아닌 것은?
㉮ 전기통신의 이용효율화에 관한 사항
㉯ 전기통신의 질서유지에 관한 사항
㉰ 전기통신설비에 관한 사항
㉱ 전기통신교육에 관한 사항

55 별정통신사업을 경영하고자 할 때의 절차는?
㉮ 방송통신위원회의 허가를 받아야 한다.
㉯ 한국통신사장과 협정을 맺어야 한다.
㉰ 기간통신사업자에게 신고하여야 한다.
㉱ 방송통신위원회에 등록하여야 한다.

56 방송통신망에 대한 정의로 적합한 것은?
㉮ 방송통신을 행하기 위하여 계통적·유기적으로 연결 구성된 방송통신설비의 집합체를 말한다.
㉯ 다수의 방송통신회선을 제어, 접속하여 회선 상호간의 통신을 가능하게 하는 교환기와 부대설비를 말한다.
㉰ 전기통신망에 접속되는 단말기기 및 그 부속설비를 말한다.
㉱ 전기통신 역무를 제공받기 위하여 이용자가 사용하는 구내 통신선로설비, 단말장치 및 전송설비를 말한다.

57 다음 ( ) 안에 들어갈 내용으로 적합한 것은?

"선로설비의 회선 상호간, 회선과 대지 간 및 회선의 심선 상호간의 절연저항은 직류 500볼트 절연저항계로 측정하여 ( )메가옴 이상이어야 한다."

㉮ 1　　㉯ 5
㉰ 10　㉱ 20

58 다음 중 전기통신사업의 구분으로 옳은 것은?
㉮ 공중통신사업, 자가통신사업, 특정통신사업
㉯ 국가통신사업, 기간통신사업, 개인통신사업
㉰ 기간통신사업, 별정통신사업, 부가통신사업
㉱ 일반통신사업, 별정통신사업, 특수통신사업

59 정보통신공사업자 이외의 자가 시공할 수 없는 공사는?
㉮ 실험국의 무선설비 설치공사
㉯ 간이무선국의 무선설비 설치공사
㉰ 건축물에 설치되는 5회선 이하의 구내통신선로 설비공사
㉱ 허브의 증설을 수반하는 10회선 이상의 근거리통신망선로의 증설공사

60 발주자로부터 공사를 도급받은 공사업자를 말하는 것은?
㉮ 도급인　　㉯ 수급인
㉰ 하도급인　㉱ 하수급인

Answer 54.㉱ 55.㉱ 56.㉮ 57.㉰ 58.㉰ 59.㉱ 60.㉯

2011년 10월 9일 시행 과년도출제문제

01 펄스의 상승 시간에 대한 설명으로 옳은 것은?

㉮ 이상적인 펄스 파형의 상승하는 부분이 기준 레벨보다 높은 부분
㉯ 진폭의 10[%]되는 부분에서 90[%]되는 부분까지 올라가는데 소요되는 시간
㉰ 진폭의 90[%]되는 부분에서 10[%]되는 부분까지 내려가는데 소요되는 시간
㉱ 이상적 펄스 파형이 상승하는 부분부터 실제 펄스 파형의 진폭이 10[%]되는 부분

해설 ① 상승 시간(t_r : rise time) : 실제의 펄스가 이상적 펄스의 진폭(V)의 10[%]에서 90[%]까지 상승하는 데 걸리는 시간
② 지연 시간(t_d : delay time) : 이상적 펄스의 상승 시각으로부터 진폭의 10[%]까지 이르는 실제의 펄스 시간
③ 하강 시간(t_f : fall time) : 실제의 펄스가 이상적 펄스의 진폭(V)의 90[%]에서 10[%]까지 내려가는 데 걸리는 시간
④ 축적 시간(t_s : storage time) : 이상적 펄스의 하강 시각에서 실제의 펄스가 진폭(V)의 90[%]가 되기까지의 시간
⑤ 펄스폭(τ_w : pulse width) : 펄스 파형이 상승 및 하강의 진폭(V)의 50[%]가 되는 구간의 시간

02 공기 중에서 거리가 30[cm]인 두 전하의 크기가 0.1[C]과 1[C]일 때 두 전하 사이에 작용하는 힘은 몇 [N]인가?

㉮ 3×10^9 ㉯ 9×10^9
㉰ 9×10^{10} ㉱ 3×10^{10}

해설 $F = 9 \times 10^9 \dfrac{Q_1 Q_2}{\varepsilon_s r^2}$
$= 9 \times 10^9 \dfrac{0.1 \times 1}{1 \times 0.3^2} = 9 \times 10^9 \dfrac{0.1}{0.09}$
$= 9 \times 10^9 \times 1.1 = 9 \times 10^{10}$ [N]

03 다음 중 수정발진회로의 특징에 대한 설명으로 적합하지 않은 것은?

㉮ 높은 Q값을 가지고 있다.
㉯ 정밀한 주파수를 얻기 위한 PLL 회로 등에 사용된다.
㉰ 주로 저주파 대역에서 사용된다.
㉱ 시간와 온도에 따른 주파수 특성이 매우 안정하다.

해설 수정발진기의 특징
① 수정진동자의 Q가 높아 주파수 안정도가 높다.
② 수정에 항온조를 이용하므로 주위 온도의 영향이 적다.
③ 발진주파수의 변화가 작다.
④ 수정부분의 발진조건을 만족하는 유도성 범위가 좁다.
⑤ 주로 고주파 대역에서 사용된다.

04 다음 중 반도체의 특성과 거리가 먼 것은?

㉮ 저항의 온도계수는 부(-)이다.
㉯ 열전효과가 있다.
㉰ 전도도는 불순물 양으로 조절할 수 없다.
㉱ 광기전력 현상이 있다.

해설 반도체는 온도의 상승에 따라 저항값이 감소하는 부(-)의 온도계수 특성이 있으며, 불순물을

Answer 1. ㉯ 2. ㉰ 3. ㉰ 4. ㉰

섞을수록 도전율은 증가한다.

05 회로에서 전 전류가 I[A]일 때 I_1 전류의 크기는?

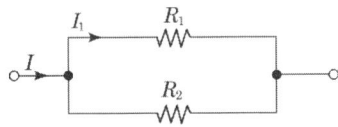

㉮ $I \times \left(\dfrac{R_2}{R_1 + R_2}\right)$[A]

㉯ $I \times \left(\dfrac{R_1}{R_1 + R_2}\right)$[A]

㉰ $I \times \left(\dfrac{R_1 + R_2}{R_2}\right)$[A]

㉱ $I \times \left(\dfrac{R_1 + R_2}{R_1}\right)$[A]

해설 ✱ R_1과 R_2의 합성저항을 R_t라 한다.

$$R_t = \dfrac{1}{\dfrac{1}{R_1} + \dfrac{1}{R_2}} = \dfrac{R_1 R_2}{R_1 + R_2} [\Omega]$$

$$I_1 = \dfrac{R_t}{R_1} I = \dfrac{\dfrac{R_1 R_2}{R_1 + R_2}}{R_1} I = \dfrac{R_2}{R_1 + R_2} I [A]$$

$$I_2 = \dfrac{R_t}{R_2} I = \dfrac{\dfrac{R_1 R_2}{R_1 + R_2}}{R_2} I = \dfrac{R_1}{R_1 + R_2} I [A]$$

06 아날로그 신호를 디지털 신호로 변환하고 부호화하여 전송하는 변조방식은?

㉮ 진폭 변조
㉯ 주파수 변조
㉰ 위상 변조
㉱ 펄스부호 변조

해설 ✱ 펄스부호 변조(PCM)는 신호 레벨에 따라 펄스열의 유·무를 변화시키는 방법으로, 각 샘플별

로 신호 레벨을 일정 비트를 갖는 2진 부호로 바꾸어 부호화한다.

PCM의 구성

07 다음 회로에서 2[Ω]에 흐르는 전류는? (단, A, B 양단의 공급전압은 30[V]이다.)

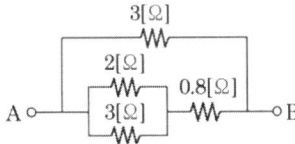

㉮ 25[A]　　㉯ 15[A]
㉰ 10[A]　　㉱ 9[A]

해설 ✱ 아래 회로 직·병렬 연결부분의 저항(R_{T1})은

$$R_{T1} = \left(\dfrac{2 \times 3}{2+3} + 0.8\right) = 1.2 + 0.8 = 2[\Omega]$$

전체회로의 합성저항(R_T)은

$$R_T = \dfrac{2 \times 3}{2+3} = 1.2[\Omega]$$

전체회로의 전류(I)는

$$I = \dfrac{V}{R} = \dfrac{30}{1.2} = 25[A]$$

아래 회로 직·병렬 연결부분의 저항(R_{T1})에 흐르는 전류(I_1)는

$$I_1 = \dfrac{3}{2+3} \times 2.5 = 15[A]$$

3[Ω]에 흐르는 전류를 I_2라 하면

$$I_2 = \dfrac{2}{2+3} \times 2.5 = 10[A]$$

직·병렬회로(R_{T1})의 2[Ω]에 흐르는 전류(I_3)는

$$I_3 = \dfrac{3}{2+3} \times 15 = 9[A] 이다.$$

08 다음과 같은 연산증폭기 회로의 명칭은?

Answer 5. ㉮　6. ㉱　7. ㉱　8. ㉱

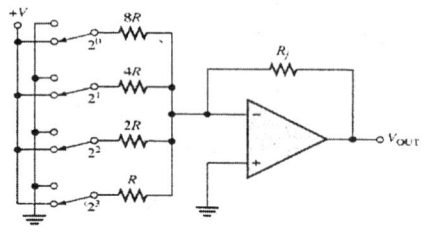

㉮ 가산기 ㉯ 적분기
㉰ A/D 변환기 ㉱ D/A 변환기

해설 ★ D/A 변환기는 디지털 신호를 아날로그 신호로 변환하는 장치로 그림은 가산에 의한 D/A 변환기이다.

09 자석에 대한 설명으로 적합하지 않은 것은?

㉮ 자석에는 N극과 S극이 있다.
㉯ 자석은 고온이 되면 자력이 증가된다.
㉰ 발생되는 자기력선은 아무리 사용해도 기본적으로는 감소하지 않는다.
㉱ 자기력선은 비자성체를 투과한다.

해설 ★ ① 자석의 성질
  ㉠ 자석의 자력(자기작용)은 그 양끝(자극)이 가장 강하다.
  ㉡ 북쪽을 가리키는 쪽을 N극 또는 +극, 남쪽을 가리키는 쪽을 S극 또는 −극이라 한다.
  ㉢ 자석은 N, S 어느 극이나 단독으로는 존재할 수 없다.
  ㉣ 서로 다른 극 사이에는 흡인력, 같은 극 사이에는 반발력이 작용한다.
  ② 자속의 성질
  ㉠ N, S의 자극이 있는 경우 그에 의해서 자속이 생긴다.
  ㉡ 자속이 나오는 부분은 N극이고 들어가는 부분은 S극이다.
  ㉢ 철심이 있으면 자속이 생기기 쉽다.

10 BJT와 비교한 FET의 특성으로 적합하지 않은 것은?

㉮ 잡음특성이 양호하다.
㉯ 입력 임피던스가 높다.
㉰ 이득대역폭 적(G·B)이 작다.
㉱ 온도 변화에 따른 안정성이 나쁘다.

해설 ★ ① BJT(Bipolar Junction Transistor)는 전자와 정공이 함께 전류를 제어하나 유니폴러는 바이폴러와 달리 다수캐리어 하나에 의해서만 전류가 흘러 BJT와 다르게 n채널형, p채널형으로 불린다.
② BJT는 베이스에 흐르는 전류로 컬렉터 이미터 간 전압을 제어하고 FET는 게이터에 걸리는 전압으로 드레인→소스로 흐르는 전류를 제어한다.

11 슈미트 트리거 회로의 출력 파형은?

㉮ 구형파 ㉯ 삼각파
㉰ 정현파 ㉱ 톱니파

해설 ★ 슈미트 트리거 회로는 정현파 입력을 받아 구형파(방형파) 출력 파형을 만드는 회로이다.

12 100[V]의 전원에 10[Ω]의 저항을 접속하고 2.5[A]의 전류가 흐르도록 하려면 몇 Ω의 저항을 직렬로 삽입하면 되는가?

㉮ 15[Ω] ㉯ 30[Ω]
㉰ 45[Ω] ㉱ 60[Ω]

해설 ★ 합성저항 $R = \dfrac{V}{I}$이므로 $R = \dfrac{100}{2.5} = 40[\Omega]$
그러므로 $R_x = 40 - 10 = 30[\Omega]$이 된다.

13 어떤 증폭회로에서 입력전압이 10[mV]일 때 출력전압이 1[V]이었다면 전압이득은?

㉮ 10[dB] ㉯ 20[dB]
㉰ 40[dB] ㉱ 60[dB]

Answer 9. ㉯ 10. ㉱ 11. ㉮ 12. ㉯ 13. ㉰

해설 ★ $A_v = 20\log_{10}\dfrac{V_o}{V_i} = 20\log_{10}\dfrac{1}{10\times 10^{-3}}$
$= 20\log_{10}100 = 40[dB]$

14 R-L-C 직렬회로의 공진상태에서는 C 양단의 전압과 전체의 단자 전압과의 비는?

㉮ ωCR ㉯ $\dfrac{1}{\omega CR}$

㉰ $\dfrac{\omega R}{L}$ ㉱ $\dfrac{R}{\omega L}$

해설 ★ $\tan\theta \dfrac{V_C}{V_R} = \dfrac{\frac{1}{\omega C}I}{IR} = \dfrac{1}{\omega CR}$

15 자석에 대한 설명으로 적합하지 않은 것은?

㉮ 서로 같은 극과는 반발력이 작용하고, 다른 극과는 흡인력이 작용한다.
㉯ 남쪽을 가리키는 극을 S극이라 하고, 북쪽을 가리키는 극을 N극이라 한다.
㉰ 자석은 N, S 어느 극이나 단독으로 존재할 수 있다.
㉱ 자석의 힘은 양끝(자극)이 가장 강하다.

해설 ★ ① 자석의 성질
㉠ 자석의 자력(자기작용)은 그 양끝(자극)이 가장 강하다.
㉡ 북쪽을 가리키는 쪽을 N극 또는 +극, 남쪽을 가리키는 쪽을 S극 또는 -극이라 한다.
㉢ 자석은 N, S 어느 극이나 단독으로는 존재할 수 없다.
㉣ 서로 다른 극 사이에는 흡인력, 같은 극 사이에는 반발력이 작용한다.
② 자속의 성질
㉠ N, S의 자극이 있는 경우 그에 의해서 자속이 생긴다.
㉡ 자속이 나오는 부분은 N극이고 들어가는 부분은 S극이다.
㉢ 철심이 있으면 자속이 생기기 쉽다.

16 외부 또는 내부로부터의 긴급 서비스 요청에 의하여 CPU가 현재 실행 중인 일을 중단하고, 그 요청에 합당한 서비스를 해주는 기법은?

㉮ 인터럽트 ㉯ DMA
㉰ 데이터베이스 ㉱ 데드락

해설 ★ 프로그램 처리 도중 긴급사태나 외부의 요구에 의하여 처리 중인 프로그램을 일시 중지하고, 발생된 내용을 처리한 후에 처리하던 원래의 프로그램을 재개하는 것을 인터럽트(interrupt)라 한다.

17 전가산기(Full Adder)는 어떤 회로로 구성되는가?

㉮ 반가산기 2개와 1개의 OR 게이트로 구성된다.
㉯ 반가산기 2개와 2개의 OR 게이트로 구성된다.
㉰ 반가산기 2개와 1개의 AND 게이트로 구성된다.
㉱ 반가산기 2개와 2개의 AND 게이트로 구성된다.

해설 ★ 전가산기(Full Adder)는 반가산기 2개와 1개의 OR게이트로 구성되며 입력 3개, 출력 2개로 이루어진다.
① 전가산기 : 2진수 가산을 완전히 하기 위해 자리올림 입력도 함께 더할 수 있는 기능을 갖는 조합논리회로로 입력 3개(A, B, C_{n-1}), 출력 2개(Sum, Carry)로 구성된다.
② 입력 중 어느 하나가 1인 경우에는 출력은 1이 되고, 모든 입력이 1일 때에도 출력은 1이 되며, 자리올림 C_n은 입력 중 2개 이상이 1인 경우에는 1이 된다.

Answer 14. ㉯ 15. ㉰ 16. ㉮ 17. ㉮

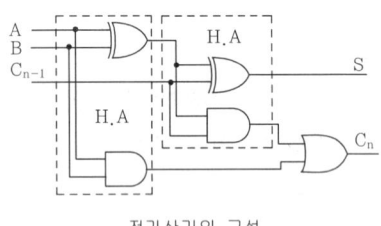

전가산기의 구성

18 2진 병렬 가산기에 대한 설명 중 틀린 것은?
㉮ 여러 개의 자릿수로 구성된 2진수를 더하는 경우 2개의 같은 자릿수끼리 동시에 더하고 여기서 생기는 자리올림수를 다음 단 전가산기에 연결하는 방식이다.
㉯ n비트의 2진수의 덧셈을 하는 2진 병렬 가산기는 1개의 전가산기와 n-1개의 반가산기가 필요하다.
㉰ 동시에 연산을 수행하므로 계산 시간이 빠르다.
㉱ 더하는 비트 수만큼의 전가산기가 필요하므로 회로가 복잡하다.

해설 ① 2진 직렬 가산기는 전가산기 1개로써 각 비트의 입력신호를 차례로 합산해 나가는 방식으로 자리올림(C_i)은 1비트의 시간 지연 후 다음 비트의 가산 때에 자리올림수(C_i)로서 더해지게 된다.
② 2진 병렬 가산기(parallel adder)
㉠ 여러 개의 자릿수로 구성된 2진수를 더하는 경우 2개의 같은 자릿수끼리 동시에 더하고 여기서 생기는 자리올림수를 다음 단 전가산기에 연결하는 방식이다.
㉡ n비트 2진수의 덧셈을 하는 2진 병렬 가산기는 1개의 반가산기와 n-1개의 전가산기가 필요하다.
㉢ 계산 시간이 빠르나 더하는 비트 수만큼 전가산기가 필요하므로 회로가 복잡하다.

19 드 모르간의 정리에 의하여 $\overline{A \cdot B}$를 변환한 것은?
㉮ $A \cdot B$ ㉯ $A+B$
㉰ $\overline{A} \cdot \overline{B}$ ㉱ $\overline{A}+\overline{B}$

해설 드 모르간(De Morgan)의 법칙
$\overline{(X+Y)} = \overline{X} \cdot \overline{Y}, \ \overline{(X \cdot Y)} = \overline{X}+\overline{Y}$

20 프로그래밍 언어 중 기계어에 대한 설명으로 틀린 것은?
㉮ 컴퓨터가 직접 이해할 수 있는 언어로 0과 1의 2진수로 명령을 표현한다.
㉯ 프로그램 실행 시 번역할 필요가 없다.
㉰ 언어 자체가 간단하다.
㉱ 컴퓨터의 종류에 따라 다르다.

해설 기계어는 0과 1로 이루어지므로, 프로그램의 유지보수가 어렵다. 저급언어는 기계어를 말하며, 기계어는 변환과정 없이 계산기가 직접 처리할 수 있으므로 처리속도가 빠르다.
① 2진수를 사용하여 명령어와 데이터를 표현한다.
② 호환성이 없고, 기계마다 언어가 다르다.
③ 프로그램의 실행속도가 빠르다.
④ 프로그램의 유지보수와 배우기가 어렵다.

21 프로그램 명령의 해독과 그 명령대로 내용과 순서에 맞는 처리 작업을 지휘하는 것은?
㉮ 연산회로 ㉯ 기억회로
㉰ 제어회로 ㉱ 입·출력회로

22 산술논리 연산장치(ALU)의 연산결과를 일시적으로 기억하는 레지스터는?
㉮ 명령어 레지스터
㉯ 누산기

Answer 18. ㉯ 19. ㉱ 20. ㉰ 21. ㉰ 22. ㉯

㈐ 주소 레지스터
㈑ 상태 레지스터

해설 ✱ 레지스터의 일종으로 연산에 사용될 데이터나 연산의 중간결과를 저장하는 데 사용되는 레지스터가 누산기(Accumulator)이다.

23 구조적 프로그래밍의 기본 구조에 해당하지 않은 것은?
㈎ 순차 구조(Sequential Structure)
㈏ 선택 구조(Selection Structure)
㈐ 반복 구조(Repetition Structure)
㈑ 반사 구조(Reflection Structure)

24 8진수 136을 2진수로 변환하면?
㈎ 001011110   ㈏ 001010110
㈐ 001110010   ㈑ 001101010

25 컴퓨터의 중앙처리장치 기능 중 제어 유니트의 구성 요소에 해당되지 않는 것은?
㈎ 제어 기억 장치
㈏ 명령어 해독기
㈐ 제어 버퍼 레지스터
㈑ Index 레지스터

26 시스템과 시스템 사이의 통신을 원활하게 수행할 수 있도록 해주는 통신규약을 무엇이라 하는가?
㈎ Protocol   ㈏ Syntax
㈐ Semantic   ㈑ Timing

해설 ✱ **프로토콜의 구성요소**
프로토콜에는 전송하고자 하는 데이터의 일정 형식과 두 엔티티의 연결을 위한 여러가지 기능(Semantics), 흐름 제어(Flow Control)를

위한 절차 등이 필요한데 이들 요소로는 구문(Syntax), 의미(Semantics), 타이밍(Timing) 등이 있다.
① 구문(Syntax) : 데이터 형식(Format), 부호화(Coding), 신호 레벨(Signal Level) 등을 포함한다.
② 의미(Semantics) : 효과적이고 정확한 정보 전송을 위한 두 엔티티의 협조사항과 에러 관리를 위한 제어 정보를 포함한다.
③ 타이밍(Timing) : 두 엔티티의 통신 속도 조정, 메시지의 순서 제어 등을 포함한다.

27 주기 T가 40[ms]이고 펄스폭 τ가 10[ms]인 펄스열의 듀티 사이클(비)은?
㈎ 10[%]   ㈏ 25[%]
㈐ 40[%]   ㈑ 50[%]

해설 ✱ 듀티 사이클(비)
$= \dfrac{펄스폭(\tau)}{주기(T)} = \dfrac{10 \times 10^{-3}}{40 \times 10^{-3}} \times 100 = 25[\%]$

28 가입자당 최번시 1시간 동안에 3개의 호가 발생되고, 호의 평균 보류시간이 10분일 때 가입자당 평균 트래픽량은?
㈎ 0.1[erl]   ㈏ 0.5[erl]
㈐ 1.0[erl]   ㈑ 1.5[erl]

해설 ✱ 통화로 수량(erl)=통화수×평균보류시간(시간)
통화로 수량 단위에는 얼랑(erl)과 HCS가 있다.
분당 호량수 $= \dfrac{3}{60} = 0.05$
10분일 경우 호량의 수는 0.05×10=0.5[erl]

29 팩시밀리 장치의 기본적인 상수가 아닌 것은?
㈎ 전송시간
㈏ 주사선의 밀도
㈐ 주사선의 길이

Answer 23. ㈑ 24. ㈎ 25. ㈑ 26. ㈎ 27. ㈏ 28. ㈏ 29. ㈑

㉣ 최소화 주파수

30 4상 PSK 신호의 변조속도가 2400[baud]일 때 데이터 신호속도는?
㉮ 1200[bps] ㉯ 2400[bps]
㉰ 4800[bps] ㉣ 9600[bps]

해설 ★ ① PSK(Phase Shift Keying)는 디지털 신호에 따라 반송파의 위상을 변화시키는 변조방식으로 한 번에 변조시킬 수 있는 비트 수에 따라 2진, 4진, 8진, M진(M=2ⁿ) PSK가 있으며, PSK는 일정한 진폭을 가지므로 전송로에 의한 레벨변동에 강하고 심벌 에러도 우수하다.
② 동일한 주기 T를 기준으로 하면 BPSK (2PSK)보다 2배의 속도로 비트를 전송 가능하고, 같은 양의 정보를 전송하기 위해 대역폭은 BPSK(2PSK)의 1/2이 필요하다.
③ 데이터 전송의 단위인 bps와 baud
  ㉠ bps는 매초당 몇 개의 비트가 전송되는가를 나타내는 데이터 전송속도의 단위로서, 1초 동안 전송할 수 있는 비트 수로서 수치가 높을수록 빨리, 많은 양의 데이터를 전송
  ㉡ Baud는 매초당 몇 개의 신호변화(또는 상태변화)가 있었는지를 나타내는 신호속도의 단위로서 BPSK처럼 한 개의 비트가 한 개의 신호(0,1)로 사용될 경우는 bps와 baud가 동일하고, 두 개 이상 비트가 한 개의 신호단위인 경우 bps와 baud는 상이하다.
    • QPSK(4진 PSK)처럼 두 개의 비트가 하나의 신호 단위로 이루어질 경우 (00,01,10,11)는 baud는 bps의 절반이 된다.
    • 8PSK처럼 3개의 비트가 하나의 신호 단위일 경우(000~111)는 baud는 bps의 1/3이 된다.
    • 16PSK처럼 4개의 비트가 하나의 신호단위일 경우(0000~1111)는 baud는 bps의 1/4이 된다.

31 통신기기의 임피던스에 대한 회선의 이득 및 레벨, 동작 감쇠량, 손실 등을 측정하는 기기는?
㉮ 테스터기
㉯ 레벨미터
㉰ 잡음전압 측정기
㉣ 주파수 카운터

32 동일 빌딩, 구내, 기업 내의 좁은 지역에 분산 배치된 각종 단말장치를 서로 연결하여 고속의 상호 통신을 하기 위해 설치하는 통신망은?
㉮ 부가가치 통신망(VAN)
㉯ 근거리 통신망(LAN)
㉰ 원거리 통신망(WAN)
㉣ 종합정보통신망(ISDN)

해설 ★ ① LAN(근거리 통신망 : Local Area Network) : 거리 또는 단일 건물 내에서 통신회선을 이용하여 네트워크를 구성하는 통신망
② WAN(광대역 통신망 : Wide Area Network) : 지역적으로 넓은 영역에 걸쳐 구축하는 다양하고 포괄적인 컴퓨터 통신망
③ VAN(부가가치 통신망 : Value Added Network) : 공중전기통신사업자로부터 회선을 빌려 컴퓨터를 이용한 네트워크를 구성, 정보의 축적 · 처리 · 가공을 하는 통신 서비스 또는 그 네트워크를 제공하는 사업을 하는 통신망

33 양방향 통신으로 동시에 양방향으로 전송이 가능한 통신 방식은?
㉮ 반이중 방식
㉯ 전이중 방식
㉰ 공통 버스 방식
㉣ 단방향 방식

Answer 30. ㉰ 31. ㉯ 32. ㉯ 33. ㉯

해설 ① 단방향(Simplex) 통신 방식은 접속한 두 장치 사이에서 데이터를 한 방향으로 전송하는 방식이다.
② 반이중(Half Duplex) 방식은 양방향에서의 전송이 가능하나 동시에 양방향 통신은 불가능한 방식이다.
③ 전이중(Full duplex) 통신 방식은 양방향에서 동시에 정보의 송·수신이 가능한 방식이다.

34 OSI계층 구조에서 물리계층에 해당하는 인터페이스 표준이 아닌 것은?
㉮ RS-232C ㉯ X.21
㉰ V.24 ㉱ HDLC

35 데이터 통신에서 신호속도의 기본 표시방법은?
㉮ BPS ㉯ RPS
㉰ CPS ㉱ DPS

해설 데이터 신호속도는 1초에 전송할 수 있는 비트 수로 단위는 bps(bit per second)를 사용한다.

36 전자교환기에서 중앙제어장치가 한 시간 동안 처리할 수 있는 최대호의 수를 나타내는 것은?
㉮ 호손율
㉯ 호 처리 용량
㉰ 트래픽
㉱ 집중률

해설 호는 가입자가 통화를 목적으로 통신회선을 점유하는 것으로 최번시(busy hour)의 호의 시도수를 호처리 용량(BHCA : Busy Hour Call Attempts)이라 한다.

37 길이가 5[m]인 수직 접지 안테나의 고유 파장은 몇 [m]인가?
㉮ 5 ㉯ 10
㉰ 15 ㉱ 20

38 공통선 신호방식의 No. 7 신호 방식에서 채택한 표준 신호 전송속도는?
㉮ 2.4[kbps] ㉯ 56[kbps]
㉰ 64[kbps] ㉱ 128[kbps]

39 측정의 오차 중 일정한 원인에 의한 계통 오차로 거리가 가장 먼 것은?
㉮ 이론적 오차
㉯ 우연 오차
㉰ 기기적 오차
㉱ 개인적 오차

40 다음 중 이동통신시스템에서 사용하고 있는 셀이 아닌 것은?
㉮ 마이크로 셀 ㉯ 피코 셀
㉰ 매크로 셀 ㉱ 메가 셀

41 통신제어장치의 역할로 거리가 가장 먼 것은?
㉮ 전송회선으로부터 들어오는 데이터의 오류조사
㉯ 컴퓨터가 전송 제어하는 데 필요한 보조처리 기능 수행
㉰ 기계와 인간 사이에서 데이터의 입·출력 제어
㉱ 전송회선 사이의 전송속도를 제어

Answer 34.㉱ 35.㉮ 36.㉯ 37.㉱ 38.㉰ 39.㉯ 40.㉱ 41.㉰

42 유선통신기기의 보호장치에 속하지 않는 것은?

㉮ 피뢰기 ㉯ 계전기
㉰ 퓨즈 ㉱ 열선륜

해설 ★ 계전기(Relay)란 정해진 전기량에 따라 스위치 역할을 하여 전기회로를 제어하는 전기기기이다.

43 1일 중 발생한 총 호수가 360호이고 최번시 1시간 동안에 발생한 호수가 72호일 때 최번시 집중률은 몇 [%]인가?

㉮ 5[%] ㉯ 10[%]
㉰ 20[%] ㉱ 40[%]

해설 ★ 최번시 집중률 $= \dfrac{\text{최번시 호수}}{\text{총 호수}} \times 100$
$= \dfrac{72}{360} \times 100 = 20[\%]$

44 다음 중 주파수가 600[MHz]인 전파의 파장을 계산하면 얼마인가?(단, 전파의 속도는 약 3×10^8[m/s]이다.)

㉮ 0.25[m] ㉯ 0.5[m]
㉰ 1[m] ㉱ 1.5[m]

해설 ★ $\lambda = \dfrac{c}{f} = \dfrac{3 \times 10^8}{600 \times 10^6} = 0.5[\text{m}]$

45 다음 중 프로토콜의 기능으로 적합하지 않은 것은?

㉮ 단순화 ㉯ 흐름제어
㉰ 연결제어 ㉱ 주소부여

해설 ★ 프로토콜의 기능
① 단편화(Segmentation)와 재조립(Reassembly)
② 캡슐화(Encapsulation)
③ 연결 제어(Connection Control)
④ 흐름 제어(Flow Control)
⑤ 순서 바로잡기(Ordered Delivery)
⑥ 에러 제어(Error Control)
⑦ 동기화(Synchronization)
⑧ 주소부여(Addressing)
⑨ 다중화(Multiplexing)
⑩ 전송 서비스(Transmission Service)

46 단말장치의 전자파 장해 방지기준 및 전자파 장해로부터의 보호기준 등은 어느 법령이 정하는 바에 따르는가?

㉮ 전파에 관한 법령
㉯ 전기통신사업에 관한 법령
㉰ 전기통신기본에 관한 법령
㉱ 정보통신공사업에 관한 법령

47 정보통신공사업법의 제정 목적에 가장 적합한 것은?

㉮ 국민 경제발전에 기여
㉯ 정보통신사업자의 보호 육성
㉰ 건축물의 소방설비를 효율적으로 시공
㉱ 정보통신공사업의 건전한 발전을 도모

48 정보통신공사업을 경영하려는 자는 어떤 절차가 필요한가?

㉮ 한국통신에 신고하여야 한다.
㉯ 국토해양부장관의 허가를 받아야 한다.
㉰ 시·도지사에게 등록하여야 한다.
㉱ 관할 자치단체장의 인가를 받아야 한다.

49 다음 ( ) 안에 들어갈 내용으로 가장 적합한 것은?

Answer 42. ㉯ 43. ㉰ 44. ㉯ 45. ㉮ 46. ㉮ 47. ㉱ 48. ㉰ 49. ㉱

"분계점에서의 접속방식은 간단하게 ( )할 수 있어야 하며, 방송통신위원회가 그 접속 방식을 정하여 고시한 경우에는 이에 따른다."

㉮ 분리 ㉯ 시험
㉰ 분석 ㉱ 분리·시험

50 방송통신위원회가 전기통신기본계획을 수립하고자 할 때 미리 관계행정기관의 장과 협의하여야 하는 것은?

㉮ 전기통신의 사업에 관한 사항
㉯ 전기통신의 질서유지에 관한 사항
㉰ 전기통신의 이용효율화에 관한 사항
㉱ 전기통신설비에 관한 사항

51 전기통신기본계획에 포함되어야 할 사항이 아닌 것은?

㉮ 전기통신의 이용효율화에 관한 사항
㉯ 전기통신사업에 관한 사항
㉰ 전기통신설비에 관한 사항
㉱ 전기통신기술의 국제협력에 관한 사항

52 사업자의 교환설비로부터 이용자방송통신설비의 최초 단자에 이르기까지의 사이에 구성되는 회선을 의미하는 것은?

㉮ 구내통신설비
㉯ 국선
㉰ 전기통신설비
㉱ 자가 전기통신설비

53 선로설비의 회선과 대지 간의 절연저항은 직류 500[V] 절연저항계로 측정하여 몇 메가옴 이상이어야 하는가?

㉮ 1 ㉯ 10
㉰ 100 ㉱ 1000

54 다음 ( ) 안에 들어갈 내용으로 가장 적합한 것은?

"별정통신사업을 경영하고자 하는 자는 대통령령이 정하는 바에 따라 방송통신위원회에 ( ) 한다."

㉮ 등록하여야 ㉯ 인가받아야
㉰ 허가받아야 ㉱ 신고하여야

해설 ✳ 전기통신사업법의 제21조(별정통신사업의 등록)
① 별정통신사업을 경영하려는 자는 대통령령으로 정하는 바에 따라 다음 각 호의 사항을 갖추어 방송통신위원회에 등록(정보통신망에 의한 등록을 포함한다)하여야 한다.
1. 재정 및 기술적 능력
2. 이용자 보호계획
3. 그 밖에 사업계획서 등 대통령령으로 정하는 사항
② 방송통신위원회는 제1항에 따라 별정통신사업의 등록을 받는 경우에는 공정경쟁 촉진, 이용자 보호, 서비스 품질 개선, 정보통신자원의 효율적 활용 등에 필요한 조건을 붙일 수 있다.

55 다음 ( ) 안에 들어갈 내용으로 적합한 것은?

"방송통신설비에 사용되는 전원설비는 그 방송통신설비가 최대로 사용되는 때의 전력을 안정적으로 공급할 수 있는 용량으로서 동작전압과 전류의 변동률을 정격전압 및 정격전류의 ( ) 이내로 유지할 수 있는 것이어야 한다."

Answer 50. ㉱ 51. ㉱ 52. ㉯ 53. ㉯ 54. ㉮ 55. ㉱

㉮ ±1퍼센트　㉯ ±3퍼센트
㉰ ±5퍼센트　㉱ ±10퍼센트

56 다음 (　) 안에 들어갈 내용으로 적합한 것은?

> "감리원은 (　) 및 관련규정에 적합하도록 공사를 감리하여야 한다."

㉮ 설계도서　㉯ 기술기준
㉰ 국제규격　㉱ 감리기준

57 다음 (　) 안에 들어갈 내용으로 가장 적합한 것은?

> "평형회선은 회선 상호간 방송통신 콘텐츠의 내용이 혼입되지 아니하도록 두 회선 사이의 근단누화 또는 원단누화의 감쇠량은 (　) 데시벨 이상이어야 한다."

㉮ 40　㉯ 56
㉰ 68　㉱ 72

58 다음 정보통신공사와 관련하여 (　) 안에 들어갈 내용으로 적합한 것은?

> "(　)의 당사자는 각기 대등한 입장에서 합의에 따라 공정하게 계약을 체결하고, 신의에 따라 성실하게 계약을 이행하여야 한다."

㉮ 발주　㉯ 용역
㉰ 하수급　㉱ 공사도급

59 관로는 차도의 경우 지면으로부터 몇 미터 이상의 깊이에 매설하여야 하는가?

㉮ 0.6미터　㉯ 1미터
㉰ 1.2미터　㉱ 1.5미터

해설 ★ 관로의 매설기준

① 관로에 사용하는 관은 외부하중과 토압에 견딜 수 있는 충분한 강도와 내구성을 가져야 하며, 관 내부에는 통신케이블의 견인 시 손상 및 지장을 줄 수 있는 돌기가 있어서는 아니 된다.
② 지면에서 관로 상단까지의 거리는 다음 각 호의 기준에 의한다. 다만, 시설관리기관과 협의하여 관로보호조치를 하는 경우에는 다음 각 호의 기준에 의하지 아니할 수 있다.
　가. 차도 : 1.0미터 이상
　나. 보도 및 자전거도로 : 0.6미터 이상
　다. 철도·고속도로의 횡단구간 등 특수한 구간 : 1.5미터 이상
③ 관로 상단과 지면 사이에는 관로보호용 경고테이프를 관로매설 경로에 따라 매설하여야 한다.
④ 관로는 가스관 등 다른 매설물과 50센티미터 이상 떨어져 매설하여야 한다. 다만, 부득이한 사유로 인하여 50센티미터 이상의 간격을 유지할 수 없는 경우에는 보호벽의 설치 등 관로를 보호하기 위한 조치를 하여야 한다.
⑤ 맨홀 또는 핸드홀 간에 매설하는 관로는 케이블 견인에 지장을 주지 아니하는 곡률을 유지하는 등 직선성을 유지하여야 한다.

60 "유선·무선·광선 및 기타의 전자적 방식에 의하여 부호·문언·음향 또는 영상을 송신하거나 수신하는 것"으로 정의되는 것은?

㉮ 전기통신　㉯ 화상통신
㉰ 정보통신　㉱ 부호통신

Answer　56. ㉮　57. ㉰　58. ㉱　59. ㉯　60. ㉮

2012년 1회 시행 과년도출제문제

01 다음과 같은 회로에서 I_2의 전류값은 몇 [A]인가?

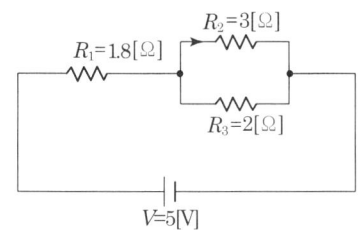

㉮ 0.4[A] ㉯ 0.6[A]
㉰ 0.8[A] ㉱ 1.2[A]

해설 $R_T = R_1 + \dfrac{R_2 \times R_3}{R_2 + R_3} = 1.8 + \dfrac{2 \times 3}{2+3} = 3[\Omega]$

$I = \dfrac{V}{R_T} = \dfrac{6}{3} = 2[A]$

$I_2 = I \times \dfrac{R_3}{R_2 + R_3} = 2 \times \dfrac{2}{2+3} = 0.8[A]$

02 직류 전압을 측정할 때 전압계는 부하 또는 전원과 어떻게 접속해야 하는가?

㉮ 직렬로 연결하며, 극성에 주의하여야 한다.
㉯ 병렬로 연결하며, 극성에 주의하여야 한다.
㉰ 직렬로 연결하며, 계기의 최대용량값은 예상 부하의 값보다 반드시 큰 것을 사용한다.
㉱ 병렬로 연결하며, 계기의 최대용량값은 예상 부하의 값보다 반드시 작은 것을 사용한다.

해설 직류 전압을 측정할 때 전압계는 부하 또는 전원과 병렬로 연결하며, 극성에 주의하여 +측에 + 측정단자를 - 또는 GND측에는 - 측정(COM) 단자를 접속해야 한다.

03 다음 중 RLC 직렬회로의 공진 주파수 f_r은?

㉮ $f_r = \dfrac{1}{2\pi\sqrt{LC}}[Hz]$

㉯ $f_r = \dfrac{1}{2\pi\sqrt{RC}}[Hz]$

㉰ $f_r = \dfrac{1}{2\pi\sqrt{RL}}[Hz]$

㉱ $f_r = \dfrac{1}{2\pi\sqrt{LRC}}[Hz]$

해설 RLC 직렬회로의 공진 주파수(f_r)

$f_r = \dfrac{1}{2\pi\sqrt{LC}}$

04 $V = V_m \sin\omega t$로 표시되는 교류의 순시값 중 V_m은 무엇을 말하는가?

㉮ 전압의 최대값
㉯ 전압의 최소값
㉰ 전압의 실효값
㉱ 전압의 평균값

해설 교류의 순시값 $V = V_m \sin\omega t$로 표시될 때 최대값(가장 큰 값) V_m 또는 I_m이다.

05 다음 중 자력선에 대한 설명으로 틀린 것은?

㉮ 자력선은 N극에서 S극으로 향한다.
㉯ 자기장의 방향은 자력선의 방향으로 표시한다.

Answer 1. ㉰ 2. ㉯ 3. ㉮ 4. ㉮ 5. ㉰

㉰ 자력선은 상호간 교차한다.
㉱ 자기장의 크기는 자력선 밀도로 표시한다.

해설 ① 자석의 성질
  ㉠ 자석의 자력(자기작용)은 그 양끝(자극)이 가장 강하다.
  ㉡ 북쪽을 가리키는 쪽을 N극 또는 +극, 남쪽을 가리키는 쪽을 S극 또는 -극이라 한다.
  ㉢ 자석은 N, S 어느 극이나 단독으로는 존재할 수 없다.
  ㉣ 서로 다른 극 사이에는 흡인력, 같은 극 사이에는 반발력이 작용한다.
② 자속의 성질
  ㉠ N, S의 자극이 있는 경우 그에 의해서 자속이 생긴다.
  ㉡ 자속이 나오는 부분은 N극이고 들어가는 부분은 S극이다.
  ㉢ 철심이 있으면 자속이 생기기 쉽다.

06 이상적인 트랜지스터의 전류 증폭률 α의 값은 얼마인가?
㉮ 1　　　　㉯ 0
㉰ $\sqrt{2}$　　　　㉱ 2

해설 ★ 트랜지스터의 전류 증폭률
  ㉠ 트랜지스터에서의 전류관계(키르히호프의 법칙에 의해)
  $I_E = I_C + I_B$
  ㉡ 이미터(E)와 컬렉터(C) 사이의 전류 증폭률 (베이스 접지 전류 증폭률)
  $\alpha = \dfrac{\Delta I_C}{\Delta I_E}(V_{CB}$ 일정$)$
  $\alpha = \dfrac{\beta}{1+\beta}$
  ㉢ 베이스(B)와 컬렉터(C) 사이의 전류 증폭률 (이미터 접지 전류 증폭률)
  $\beta = \dfrac{\Delta I_C}{\Delta I_B}(V_{CE}$ 일정$)$

  $\beta = \dfrac{\alpha}{1-\alpha}$
  ㉱ $0 \leq \alpha \leq 1$로서 α의 값이 되도록 1에 가까운 것이 이상적이다. 실제 α의 값은 0.98~0.997 정도이고, β는 20~100 정도이다.

07 평활 회로를 거쳐 얻어진 신호 중 직류 전원에 남아 있는 교류 성분을 무엇이라고 하는가?
㉮ 플리커　　㉯ 하울링
㉰ 핀치　　　㉱ 리플

해설 ★ 평활 회로를 거쳐 얻어진 신호 중 직류 전원에 남아 있는 교류 성분을 리플이라 하고, 정류된 직류에 포함된 교류성분의 정도를 맥동률이라 한다.

08 증폭기에서 바이어스가 적당하지 않을 때 일어나는 현상은?
㉮ 전력 손실이 많으며 이득이 낮아진다.
㉯ 전력 손실이 적으며 이득이 낮아진다.
㉰ 파형이 커지며 이득이 높아진다.
㉱ 파형이 작아지며 이득이 높아진다.

해설 ★ 증폭기의 바이어스가 적당하지 않으면 V-I 특성 곡선상의 동작점이 변하므로 출력 파형이 입력 파형에 비례하지 않아 일그러짐이 커지고 손실이 증가하며 이득도 떨어지게 된다.

09 다음 중 차동 증폭기의 특징이 아닌 것은?
㉮ 직류 증폭이 가능하며 직선성이 좋다.
㉯ 온도에 대하여 안정하다.
㉰ 직류 증폭이 가능하며 곡선성이 좋다.
㉱ 전원 전압 변동에도 안정하다.

해설 ★ 차동증폭기(differential amplifier)는 2개의 입력 단자에 가해진 2개의 신호차를 증폭하여

Answer　6. ㉮　7. ㉱　8. ㉮　9. ㉰

출력으로 하는 회로로 실제의 차동증폭기는 이상적인 상태에서 완전히 드리프트가 없도록 설계되어야 한다.
① 동위상 신호 제거비(CMRR : Common Mode Rejection Ratio)

$$CMRR = \frac{차동\ 이득}{동위상\ 이득}$$

동위상 신호 제거비가 클수록 우수한 차동 특성을 나타낸다.
② 차동증폭회로의 특징
㉠ 직류 증폭이 가능하며 직선성이 좋다.
㉡ 온도에 대해서 안정하다.
㉢ 전원 전압의 변동에도 안정하다.

10 트랜지스터의 주위 온도가 상승하면 전류 이득은 어떻게 변하는가?
㉮ 온도에 영향을 받지 않는다.
㉯ 온도 증가에 따라 증가한다.
㉰ 온도 증가에 따라 감소한다.
㉱ 증가하다가 일정 온도에서 증가한다.

해설 ★ 반도체는 온도의 상승에 따라 저항값이 감소하는 부(-)의 온도계수 특성이 있으며, 불순물을 섞을수록 도전율은 증가한다.

11 밀폐된 회로 내에서 회로 주위의 대기 중에 퍼져나간 전자기파가 다시 회로 내의 입력으로 되먹임되어 일어나는 발진은?
㉮ 접지 루프
㉯ 저주파 발진
㉰ 고주파 발진
㉱ 전원의 측로 통과 커패시터

해설 ★ 고주파 발진은 밀폐된 회로 내에서 회로 주위의 대기 중에 퍼져나간 전자기파가 다시 회로 내의 입력으로 정궤환(되먹임)되어 일어난다.

12 휴대 전화 등의 이동통신기기의 핵심 부품으로 사용되며, 다양한 정보통신기기 등에 가장 많이 사용되는 발진기는?
㉮ LC 발진기
㉯ RC 발진기
㉰ 수정 발진기
㉱ 세라믹 발진기

해설 ★ **수정 발진기(Crystal Oscillator)**
LC발진기보다 높은 주파수 안정도가 요구되는 곳에서는 수정 제어 발진기가 이용되고 있다. 수정 발진기는 LC회로의 유도성 소자 대신에 수정의 압전(piezo electric)효과를 이용하여 주파수를 발생시키는 기본 소자로서 TV, VTR, Computer, Microprocessor, Car Phone, 무선전화기, 시계, 장난감, Audio System 등을 비롯한 모든 가전제품, 각종 통신기기와 이동 통신기기 및 전자기기에서 주파수 제어환경에 필수부품으로 주변온도 및 환경 변화, 장기간 사용 등의 경우에도 매우 안정되고 정밀한 주파수를 공급한다.

13 주파수변조(FM) 방식에서 높은 주파수대에서의 S/N비 저하를 막기 위해 고역을 보강하는 회로를 무엇이라고 하는가?
㉮ 순시편이 제어회로(IDC)
㉯ 프리엠퍼시스(Pre-emphasis)회로
㉰ 디엠퍼시스(De-emphasis)회로
㉱ 프리디스토터(Pre-distorter)회로

해설 ★ ① FM송신기의 부속회로
㉠ 순시편이제어(Instantaneous Deviation Control) : FM 송신기에서 최대 주파수 편이가 규정치를 초과하지 않도록 음성 신호 등의 진폭을 일정 레벨로 제어하는 회로
㉡ 프리엠퍼시스(Pre-emphasis)회로 : 정해진 주파수보다 높은 주파수에 대하여 S/N비 저하를 막기 위해 주파수의 증가에 비례하여 신호 레벨을 증강시켜 송신하여 고역을 보강하는 회로

Answer 10. ㉰ 11. ㉰ 12. ㉰ 13. ㉯

② FM 통신용 수신기의 부속회로
  ㉠ 진폭 제한기(limiter) : FM파(반송파)가 진폭 변화를 받아 약간의 진폭 변조된 AM파 성분(잡음 성분)을 제거하여 진폭을 일정(평탄)하게 하는 회로
  ㉡ 주파수 판별기(FM 검파회로) : 주파수 변조된 FM파를 진폭의 변화(AM)로 바꾸는 회로
  ㉢ 스켈치(squelch)회로 : 입력 신호가 없을 때 잡음을 개선하기 위하여 저주파 증폭부의 동작을 자동적으로 정지시키는 회로
  ㉣ 자동이득제어(AGC : Automatic Gain Control)회로 : 입력 레벨의 변동에 대하여 수신기의 이득을 자동으로 조정하는 회로
  ㉤ 디엠퍼시스(de-emphasis)회로 : 송신측에서 SN비 개선을 위해 고역 이득을 보강한 특성(프리엠퍼시스)을 수신측에서 다시 보정하여 전체적으로 평탄한 특성으로 하기 위한 회로
  ㉥ 자동 주파수 제어(automatic frequency control, AFC) 회로 : 주파수 변화를 위한 국부 발진기의 주파수 변동을 제거하기 위하여 주파수를 자동적으로 검출하고 제어하는 회로

14 펄스변조방식 중 변조신호에 따라 펄스의 위치를 변화시키는 변조 방식을 무엇이라고 하는가?

㉮ PAM ㉯ PPM
㉰ PWM ㉱ PCM

해설 ★ 펄스 변조는 표본화 신호(펄스파)를 신호파에 따라 조작하는 변조 방식을 말하며, 연속 레벨 변조와 불연속 레벨로 구분 분류한다.
① 펄스 진폭 변조(PAM : Pulse Amplifier Modulation) : 신호 레벨(높낮이)에 따라 펄스의 진폭을 변화시킨다.
② 펄스 폭 변조(PWM : Pulse Width Modulation) : 신호 레벨(높낮이)에 따라 펄스의 폭을 변화시킨다.
③ 펄스 위상변조(PPM : Pulse Phase Modulation) : 신호 레벨(높낮이)에 따라 펄스의 위상을 변화시키는 방법으로, 신호 레벨이 크면 펄스의 주기가 짧아지고 주파수가 높아진다.
④ 펄스 주파수 변조(PFM : Pulse Frequency Modulation) : 신호 레벨(높낮이)에 따라 펄스의 주파수가 변화되는 방법으로, 신호 레벨이 크면 펄스의 주기가 짧아지고 주파수가 높아진다.
⑤ 펄스 수 변조(PNM : Pulse Number Modulation) : 신호 레벨(높낮이)에 따라 펄스 수를 변화시키는 방법으로, 신호 레벨이 크면 펄스의 수가 많아진다.
⑥ 펄스 부호 변조(PCM : Pulse Coded Modulation) : 신호 레벨(높낮이)에 따라 펄스열의 유·무를 변화시키는 방법으로, 각 샘플별로 신호 레벨을 일정 비트를 갖는 2진 부호로 바꾸어 부호화한다.
⑦ 델타 변조(ΔM : Delta Modulation) : 신호 레벨(높낮이)을 일정한 계단파에 근사화시켜서, 레벨이 커져 갈 때는 양의 펄스로, 작아져 갈 때는 음의 펄스로 바꾼다.

15 RC회로에서 충전 시정수와 방전 시정수의 설명으로 맞는 것은?

㉮ 충전 시정수는 충전 시 전원전압의 약 90[%]가 될 때까지의 시간이다.
㉯ 충전 시정수는 충전 시 전원전압의 약 50[%]가 될 때까지의 시간이다.
㉰ 방전 시정수는 방전 시 전원전압이 약 68.2[%]까지 감소하는 시간이다.
㉱ 방전 시정수는 방전 시 전원전압이 약 36.8[%]까지 감소하는 시간이다.

해설 ★ RC회로에서 시정수는 전원 전압의 약 63.2[%]에 도달하는 데 걸리는 시간($\tau = RC$[sec])이고, 방전의 경우는 전원 전압의 약 36.8[%]로 된다.

14. ㉯ 15. ㉱

16 기억용량의 1GB[Giga Byte]는 몇 MB[Mega Byte]인가?

㉮ 4048[MB] ㉯ 1024[MB]
㉰ 1048[MB] ㉱ 2024[MB]

해설 $2^{10} = 1024$이므로 1[GB]=1024[MB]이다.

17 다음 중 컴퓨터의 5대 기본요소가 아닌 것은?

㉮ 입·출력 장치
㉯ 자동처리장치
㉰ 제어장치
㉱ 기억장치

해설 전자계산기는 입·출력장치와 중앙처리장치로 구분하며, 중앙처리장치는 제어장치, 연산장치, 주기억 장치로 구성된다.
① 입력장치 : 프로그램이나 데이터를 외부장치로부터 전자계산기(컴퓨터)로 읽어들여 주기억 장치에 기억시키는 장치이다.
② 출력장치 : 컴퓨터에 의해 처리된 정보의 결과를 사용자가 이해할 수 있는 형태로 변환하여 외부로 출력하는 기능을 갖는 장치를 말한다.
③ 제어장치 : 주기억 장치에 기억되어 있는 프로그램을 하나씩 꺼내어 명령을 해독하고 그에 따라 필요한 장치에 신호를 보내어 동작시켜 그 결과를 검사, 제어하는 역할로서 연산장치, 입력장치, 출력장치를 동작하게 한다.
④ 연산장치 : 주기억 장치로부터 보내져 온 데이터에 대하여 대소의 판별, 산술연산 및 비교, 논리적 판단을 실시한 장치로서 연산의 결과는 주기억 장치에 기억된다.
⑤ 주기억 장치 : 수행되고 있는 프로그램과 수행에 필요한 데이터를 기억하는 장치이다.

18 다음 중 컴퓨터의 중앙처리장치를 구성하는 주 요소 중에서 레지스터 사이의 정보 전송을 감시하거나 ALU에서 수행할 동작을 지시하는 기능을 담당하는 것은?

㉮ 레지스터 집합
㉯ 멀티플렉서
㉰ 산술 논리 장치
㉱ 제어 장치

해설 ① 제어장치(Control Unit) : 주기억장치에 기억되어 있는 프로그램을 하나씩 꺼내어 명령을 해독하고 그에 따라 필요한 장치에 신호를 보내어 동작시켜 그 결과를 검사, 제어하는 역할로서 연산장치, 입력장치, 출력장치를 동작하게 한다.(어드레스 레지스터, 명령해독기, 기억 레지스터, 명령계수기)
② 연산장치(ALU : Arithmetic Logical Unit) : 주기억장치로부터 보내져 온 데이터에 대하여 대소의 판별, 산술연산 및 비교, 논리적 판단을 실시하는 장치로서 연산의 결과는 주기억장치에 기억된다.(데이터 레지스터, 누산기, 가산기, 상태 레지스터)

19 다음 중 컴퓨터 동작의 개시와 정지, 입·출력 장치의 선택, 기억장치 내 정보의 입·출력, 컴퓨터와 사용자 간 의사 전달 기능 등을 담당하는 입·출력 장치는?

㉮ 채널 ㉯ 콘솔
㉰ 마우스 ㉱ 디지타이저

해설 콘솔(consol)
모니터(영상표시장치 : CRT)와 키보드로 이루어져 있으며, 대형 컴퓨터에서 업무의 시작이나 일의 일시 중단 및 컴퓨터의 모든 상황을 조정 통제하는 제어 터미널을 말한다.

20 다음 카르노맵을 최소화한 함수는?

A\B	0	1
0	1	1
1	0	0

Answer 16. ㉯ 17. ㉯ 18. ㉱ 19. ㉯ 20. ㉮

㉮ $\overline{A}$ ㉯ A
㉰ B ㉱ $\overline{B}$

해설 ✱

A\B	0	1
0	1	1
1	0	0

→ $\overline{A}$

21 10진-2진 부호기(인코더)에서 입력된 값이 십진수 10일 때 출력선은 최소 몇 개인가?

㉮ 2개 ㉯ 3개
㉰ 4개 ㉱ 10개

해설 ✱ 인코더(Encoder : 부호기)는 숫자나 문자 등의 10진수 입력을 2진부호로 변환하는 회로로 OR 게이트로 구성되며, 십진수 10을 나타내기 위해서는 $2^3 = 16$이므로 출력선이 4개가 필요하다.

22 다음은 프로그래밍 언어의 번역 과정이다. 각각의 상태에 대한 설명으로 적절한 것은?

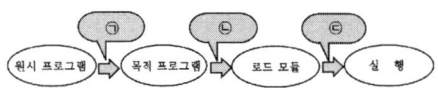

㉮ ㉠ : 작성된 원시 프로그램을 한 줄씩 읽어 번역하는 프로그램이다.
㉯ ㉡ : 사용자가 각종 프로그램 언어로 작성한 프로그램이다.
㉰ ㉢ : 디스크에 저장된 프로그램을 메모리에 적재시켜주는 기능을 수행한다.
㉱ ㉣ : 실행 속도가 느리지만 기억장소를 작게 차지한다.

해설 ✱ 프로그래밍 언어의 번역과정

① 컴파일러(Compiler) : 전체 프로그램을 한 번에 처리하여 목적 프로그램을 생성하는 번역기
② 링커(Linker) : 기계어로 번역된 목적 프로그램을 실행 프로그램 라이브러리를 이용하여 실행 가능한 형태의 로드 모듈로 번역하는 번역기
③ 로더(Loader) : 로드 모듈을 수행하기 위해 메모리에 적재시켜 주는 기능을 수행

23 다음 중 순서도 작성에 대한 설명으로 옳지 않은 것은?

㉮ 프로그램 언어에 따라 순서도에서 사용하는 기호가 달라진다.
㉯ 오류 발생 시 수정이 용이하다.
㉰ 프로그램 갱신 및 유지 관리가 용이하다.
㉱ 논리적인 절차를 표준화된 기호로 표시한 것이다.

해설 ✱ 순서도는 처리하고자 하는 문제를 분석하고 입출력 설계를 한 후에, 그 처리순서의 방법에 따라 기호를 사용하여 나타낸 그림으로 프로그램 코딩의 자료가 되고, 인수인계가 용이하고 오류 발생 시 원인을 찾아 수정이 쉽다.
[FLOW CHART를 작성하는 이유]
① 논리적인 체계를 쉽게 이해할 수 있다.
② 업무의 전체적인 개요를 쉽게 파악할 수 있다.
③ 문제의 정확성 여부를 쉽게 판단할 수 있다.
④ 프로그램의 코딩이 쉬워진다.
⑤ 프로그램의 흐름에 대한 수정을 용이하게 한다.

Answer 21. ㉰ 22. ㉰ 23. ㉮

24 다음 중 시스템 프로그램을 디스크로부터 주기억장치로 읽어내어 컴퓨터를 이용할 수 있는 상태로 만들어 주는 과정을 말하는 것은?

㉮ 스케줄링(Scheduling)
㉯ 부팅(Booting)
㉰ 파티셔닝(Partitioning)
㉱ 스풀링(Spooling)

> **해설** ※ ① 스케줄링(scheduling)은 처리할 일들의 진행순서를 정하는 일이다. CPU 스케줄링은 CPU를 사용하려고 하는 프로세스들 사이의 우선순위를 관리하는 일이다
> ② 부팅(booting) 또는 부팅업(booting up)은 컴퓨터에서 사용자가 운영 체제를 시동할 때 운영 체제를 시작하는 부트스트래핑 과정이다. 부팅 순서에는 운영 체제가 로드(적재)될 때 컴퓨터가 수행하는 작업들이 모여 있다.
> ③ Partitioning이란 하나의 데이터베이스를 물리적으로 또는 논리적으로 여러 개의 Partition으로 나누는 것을 말한다.
> ④ 스풀링(Spooling)은 보조 기억장치를 이용하여 여러 개의 프로그램에 대하여 입력과 CPU 작업을 중첩시켜 처리할 수 있게 하는 방식이다.

25 UNIX 운용체제(OS)의 3요소라고 할 수 없는 것은?

㉮ TCP/IP ㉯ 커널(Kernel)
㉰ 셸(Shell) ㉱ 파일 시스템

> **해설** ※ ① UNIX는 파일을 근간으로 하는 운용체제로서 커널(Kernel), 셸(Shell), 파일 시스템이 3요소이다.
> ② 커널(Kernel) : 커널은 OS의 코어(CORE) 부분이다. 커널은 크게 다음의 기능을 수행한다.
> ㉠ 디바이스(DEVICE), 메모리(MEMORY), 프로세스(PROCESS), 데몬(DAEMONS)을 관리
> ㉡ 시스템 프로그램과 시스템 하드웨어 사이에서 정보를 전송하는 기능을 제어
> ㉢ 모든 명령어들에 대하여 스케줄(Schedule)과 실행(Executes)
> ㉣ 다음의 기능을 관리
> • 스왑 공간(SWAP SPAC) : 미리 예약된 디스크 일부분으로서 프로세스가 처리를 하는 동안에 커널이 사용한다.
> • 데몬(DAEMONS) : 특정 시스템 작업을 수행하는 프로세스(PROCESS)들
> • 셸(Shell) : 셸은 사용자와 커널 사이에서의 인터페이스 기능을 한다.
> • 파일 시스템 구조(FILE SYSTEM STRUCTURE) : SOALRIS 환경에서 디렉토리, 서브 디렉토리, 파일들은 계층적인 구조를 갖는다.

26 데이터가 발생할 때마다 즉시 입력하여 그 결과를 바로 처리하는 방식은?

㉮ 일괄 처리
㉯ 오프라인 처리
㉰ 주파수 분할 처리
㉱ 실시간 처리

> **해설** ※ ① 배치처리(Batch Processing System) : 데이터를 일정기간, 일정량을 저장하였다가 한꺼번에 처리하는 방식
> ② 시분할처리(Time Sharing System) : 시간을 분할하여 여러 이용자의 자료를 병행 처리하는 방식
> ③ 실시간 처리(Real Time System) : 데이터 발생 즉시 처리하는 방식
> ④ 온라인 실시간 처리 : 데이터 발생 즉시 처리하여 결과까지 완료하는 시스템
> ⑤ 오프라인 시스템 : 전송된 데이터를 일단 카드, 자기테이프에 기록한 다음 일괄 처리하는 방식

Answer 24. ㉯ 25. ㉮ 26. ㉱

27 신호방식 중 No.7의 신호 전송속도는 일반적으로 얼마인가?
㉮ 56[kbps] ㉯ 64[kbps]
㉰ 112[kbps] ㉱ 128[kbps]

해설 * No. 7 신호 방식(No. 7 signaling) : 1980년에 ITU-T에서 표준화된 새로운 공통선 신호방식으로 전화용뿐만 아니라 회선 교환방식의 데이터 교환 등에도 적용할 수 있으며, 신호 링크의 전송 속도는 디지털 전송 속도의 음성 1채널에 상당하는 64[kbps]를 기본으로 한다.

28 다음 중 호 제어기능이 아닌 것은?
㉮ 호 전달(Call Transfer)
㉯ 호 대기(Call Waiting)
㉰ 호 전환(Call Forwarding)
㉱ 호 취소(Call Cancel)

해설 * 호 제어 기능은 호 보류(Call Holding), 호 전달(Call Transfer), 호 전환(Call Forwarding), 호 대기(Call Waiting)로 구분한다.

29 전화기의 구성 요소와 그 기능의 설명으로 잘못된 것은?
㉮ 송화기 : 음성을 전기 신호로 변환하는 장치
㉯ 수화기 : 송화기의 전기적 신호를 변조하는 장치
㉰ 다이얼 : 착신 가입자 번호를 교환기에 알려주는 장치
㉱ 신호장치 : 착신자에게 착신 신호를 알려주는 장치

해설 * ① 송화기(Transmitter) : 송화기의 진동판은 얇은 금속판으로 송화기에 대고 말을 하면 진동판의 진동의 강약에 따라 탄소입자의 저항이 크거나 작게 되어 전류가 변화하게 되어 음성의 크기와 높낮이에 따른 진동이 전기 에너지로 변환되어 통신로를 통하여 상대방에 도달한다. 즉, 소리 에너지를 전기적 에너지로 변환하는 장치이다.
② 수화기(Receiver) : 회로에 흐르는 전기적 에너지를 음성에너지로 변환하는 장치로, 송화기의 반대작용으로 스피커에 해당하는 부분에서 전기 신호를 음성 신호로 변환한다. 수화기 내부는 영구자석과 코일로 구성되며, 코일에 전기가 흐르지 않을 때는 진동판은 자석에 붙어 있다가 음성 전류가 흐르면 전류의 세기에 따라 코일의 자계 변화에 따라 진동판이 진동하면서 음성을 재생한다.

30 전화기에서 송신기의 신호를 분리하고 측음을 방지하는 기능을 가진 것은?
㉮ 유도 코일(Induction coil)
㉯ 훅 스위치(Hook switch)
㉰ 송화기(Transmitter)
㉱ 수화기(Receiver)

해설 * 전화단말기의 구성
① 통화 장치 : 송화기, 수화기, 유도선륜, 축전기
㉠ 송화기(Transmitter) : 송화기의 진동판은 얇은 금속판으로 송화기에 대고 말을 하면 진동판의 진동의 강약에 따라 탄소입자의 저항이 크거나 작게 되어 전류가 변화하게 되어 음성의 크기와 높낮이에 따른 진동이 전기 에너지로 변환되어 통신로를 통하여 상대방에 도달한다. 즉, 소리 에너지를 전기적 에너지로 변환하는 장치이다.
㉡ 수화기(Receiver) : 회로에 흐르는 전기적 에너지를 음성에너지로 변환하는 장치로, 송화기의 반대작용으로 스피커에 해당하는 부분에서 전기 신호를 음성 신호로 변환한다. 수화기 내부는 영구자석과 코일로 구성되며, 코일에 전기가 흐르지 않을 때는 진동판은 자석에 붙어 있다가 음성 전류가 흐르면 전류의 세기에 따라 코일의 자계 변화에 따라 진동판이 진동하면서 음성을 재생한다.

Answer 27. ㉯ 28. ㉱ 29. ㉯ 30. ㉮

ⓒ 유도 코일(Induction coil : 유도선륜) : 송신기의 신호를 분리하고 측음을 방지하는 기능을 갖는다.
② 신호 장치 : 자석발전기, 자석전령
③ 호출 장치
  ㉠ 다이얼, 푸시 버튼(Push Button) : 전화를 걸려는 상대와 접속하기 위해 전화번호를 교환에 전달해 신호를 보내는 부분이다. Push button식과 Dial pulse식이 있다.
④ 신호전환 장치
  ㉠ 훅 스위치(Hook SW) : 전화를 걸기 위해 수화기를 들면 수화기 밑에 눌려 있던 버튼 같은 것이 튀어오르는 부분으로 훅 스위치가 올라가면 교환기와 전화기 사이에 전류가 흐르면서 전화를 걸게 하기 위한 준비가 완료되는 것이다.

31 팩시밀리 방식 중 데이터망에서 디지털 신호의 형태로 고속으로 전송되는 방식은?

㉮ G1 방식   ㉯ G2 방식
㉰ G3 방식   ㉱ G4 방식

해설 * 팩시밀리의 개요
① 팩시밀리는 송신측의 문자, 그림, 도형정보 등을 수신측에 동일하게 재현할 수 있는 시스템으로 송신문서를 주사에 의해 화소로 분해하여 전기적 신호로 바꾸어서 전송하고 수신측에서 문서를 재생하는 통신방식
② ITU-T에서는 팩시밀리를 4가지로 분류하고 있으며 PSTN을 이용한 G3가 가장 많이 사용되고 있다.
  ㉠ G1 : 전송 시 대역을 압축하지 않고 FM 변조 사용하여 A4 용지를 4~6분에 전송하여 아날로그 방식 전송방식을 이용하나 현재 거의 사용되지 않고 있다.
  ㉡ G2 : 아날로그 신호방식으로 잔류측파대(VSB) 방식을 사용하며 대역 압축을 이용하여 고속화시키고 A4용지를 2~3분에 전송한다.
  ㉢ G3 : MH(Modified Huffman)과 MR (Modified Read) 방식으로 데이터를 압축하고 디지털 변조방식(QPSK, QAM)에 의한 대역 압축·고속전송으로 A4 용지를 1분에 전송하는 디지털 팩시밀리로 가장 많이 쓰이고 있다.
  ㉣ G4 : 디지털 신호 방식으로 ISDN을 사용하며 MMR 방식의 사용으로 데이터의 압축률은 G3보다 개선된다. 전송에러 발생 시 자동 재전송으로 에러를 방지하고 A4용지를 3~5초 내에 전송이 가능한 디지털망 접속용 디지털 팩시밀리이며 통신기능에 따라 Class1, Class2, Class3로 구분된다.
    • Class 1 : 팩시밀리 단말기와의 통신 기종
    • Class 2 : Class 1의 기능에 텔레텍스와 혼합형 단말기의 문서를 수신할 수 있는 기능이 추가됨
    • Class 3 : Class 2의 기능에 텔레텍스와 혼합형 단말기와의 송신 기능이 추가됨

32 일반적인 디지털 전자 교환기에서 아날로그 신호를 디지털 신호로 변환시키며 가입자선, 중계선, 서비스 회로 등을 정합시키는 장치는?

㉮ 제어계
㉯ 서비스계
㉰ 스위치 네트워크
㉱ 주변정합장치

해설 * 전자교환기의 구분
① 통화로계
  ㉠ 가입자선 정합부(Subscriber Line Interface) : 가입자선 정합부는 가입자회선이 직접 수용되어 아날로그 음성신호를 교환기 내부의 디지털 신호로 변환하고 효율적으로 통화로망을 사용할 수 있도록 시분할 방식에 의해 트래픽을 집선(Conectration) 한다. 또한 가입자 신호를 처리하기 위

Answer 31. ㉱ 32. ㉱

한 각종 가입자 신호 송·수신 장치 등이 포함된다. 기능에 따라 가입자 정합부는 가입자 회로, 디지털 집선 장치 및 가입자 신호장치로 구분된다.
ⓛ 통화로망(Switching Network) : 통화로망은 시분할방식에 의하여 PCM화된 정보채널을 교환·접속하는 장치로서 보통 T-스위치와 S-스위치를 조합하여 구성하는데, 일반적으로 T-S-T 구조가 많이 사용된다.
ⓒ 중계선 정합부(Trunk Interface) : 중계선 정합부는 디지털 중계선과 정합되는 디지털 중계선회로, 아날로그 중계선과 정합되는 아날로그 중계선회로 및 국간신호를 송·수신하는 국간 신호장치 등으로 구성된다.
ⓔ 제어계 : 전 전자교환기의 제어부는 마이크로프로세서의 발달에 따라 대부분 주변프로세서(Peripheral Processor)와 주프로세서(Main Processor)의 조합에 의한 중앙제어식 분산제어 또는 완전 분산제어 구조를 택하고 있다. 그러므로 중앙집중 제어방식에 비해 교환제어 프로그램이 비교적 단순해졌으며, 대용량의 컴퓨터가 아니라도 가능하게 되었다.

33 다음 중 ATM 교환기의 주요 구성과 가장 거리가 먼 것은?

㉮ 제어부
㉯ 스위치부
㉰ 메모리부
㉱ 가입자/망 정합부

해설 ★ **ATM 교환기 구성**
① ATM 교환기는 가입자 혹은 다른 교환기로부터 입력되는 ATM 트래픽을 원하는 가입자 혹은 교환기로 전달해 주는 기능을 수행한다. ATM 교환기에 입력되는 모든 트래픽은 일정한 크기를 갖는 ATM 셀 형태이며, 하드웨어적으로 스위칭되므로 고속 트래픽 처리가 가능함은 물론 새로운 트래픽에 대

한 유연성이 크다는 장점을 지니고 있다.
② ATM 교환기는 일반적으로 크게 입력 모듈, 출력 모듈, 스위치 모듈, 프로세서 모듈 등으로 구성되어 있다.

34 다음에서 전자 교환기에 사용되는 제어방식은?

㉮ 간접 제어방식
㉯ 축적 프로그램 제어방식
㉰ 포선 논리 제어방식
㉱ 배선 논리 제어방식

해설 ★ 전자교환기는 1958년 미국의 벨연구소가 축적 프로그램 제어방식(SPC : stored program control)의 전자교환방식을 발표함으로써 최초로 출현하였으며, 이러한 전자교환기는 축적 프로그램 제어 방식을 사용함으로써 프로그램 변경이 간단하게 이루어져 운용관리 및 유지보수가 용이할 뿐만 아니라 그 외에도 많은 특수 서비스를 이용할 수 있다.

35 최번시 1시간에 발생한 호수가 150[HCS], 평균 보류시간 4분일 때 통화량은 몇 얼랑[Erl]인가?

㉮ 3[Erl]
㉯ 6[Erl]
㉰ 8[Erl]
㉱ 10[Erl]

해설 ★ 통화로 수량(erl) : 통화수×평균보류시간(시간)
통화로 수량 단위에는 얼랑(erl)과 HCS가 있다.
4분일 경우의 호량 수는 150×4=600
분당 호량 수 $\frac{600}{60}$ = 10[Erl]

36 1일 중 총 호수가 1,000호이고, 최번시 호수가 150호일 때의 최번시 집중률은 몇 [%]인가?

㉮ 3[%]
㉯ 7[%]
㉰ 15[%]
㉱ 30[%]

Answer 33. ㉰ 34. ㉯ 35. ㉱ 36. ㉰

해설 * 최번시 집중률 = $\frac{\text{최번시 호수}}{\text{총 호수}} \times 100$

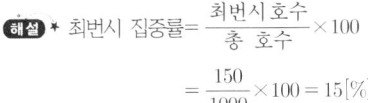

$= \frac{150}{1000} \times 100 = 15[\%]$

37 광 통신에서 주로 사용하는 전자파의 종류는 무엇인가?
㉮ 우주선 ㉯ 적외선
㉰ 자외선 ㉱ 감마선

해설 * 광통신(optical communication)은 근적외선 영역의 파장을 갖는 전자기파를 이용하여 음성 신호, 데이터 정보, 화상정보 및 기타의 정보를 주고받는 통신방법이다.

38 비동기식 전송의 특징을 바르게 설명한 것은?
㉮ 데이터를 저장하기 위한 메모리가 필요하다.
㉯ 동기를 하기 위해서 sync란 캐릭터를 사용한다.
㉰ 2000[bps] 이상 고속 전송에 이용된다.
㉱ 각 문자는 불규칙하게 휴지시간이 있고 5~8[bit]로 구성된다.

해설 * **비동기식 방식**
① 보통 한 문자단위와 같이 매우 작은 비트블록의 앞과 뒤에 각각 스타트비트와 스톱비트를 삽입하여 비트블록의 동기화를 취해주는 방식으로 스타트-스톱전송이라고 불리기도 한다.
② 일반적으로 비동기식 전송방식은 단순하고 저렴하나, 각 문자당 스타트비트와 스톱비트를 비롯해 2~3비트의 오버헤드를 요구하므로 전송효율이 매우 떨어지는 것으로 보통 낮은 전송속도에서 이용된다.
③ 비동기식 전송의 특징
 ㉠ 비동기식 전송이란 동기화를 제공하지 않는 전송 방식이다.
 ㉡ 이 방식은 동기화를 사용하지 않기 때문에 정확한 비트 수신이 보장되지 않으나 보통 저속으로 한 문자를 전송하는 동안에는 큰 문제가 발생하지 않기 때문에 문자 단위의 일반 저속 통신에 많이 사용되고 있다. 각 전송 문자의 앞, 뒤에는 반드시 1 비트의 start 신호와 1, 1.5, 또는 2 비트의 stop 신호가 첨가되어 전송된다.
 ㉢ 대부분의 호스트와 단말기 사이의 통신이 이 비동기식 전송을 사용하고 있다.
④ 동기식 전송의 특징
 ㉠ 동기식 전송이란 동기화를 제공하는 전송 방식을 말한다. 따라서 수신측의 정확한 수신을 보장해 준다.
 ㉡ 또한, 수신측의 정확한 수신이 보장되기 때문에 블록 단위의 고속 전송에 적합하다. 이때 데이터 블록은 정형화된(structured) 형태로 구성되며 이를 프레임이라 한다.

39 상호 통신하는 정보통신기기들이 정확하고 효율적인 정보 전송을 하기 위해 필요한 규약, 절차 및 규격을 정리해 놓은 것을 무엇이라 하는가?
㉮ 인터페이스 ㉯ 인터럽트
㉰ 프로토콜 ㉱ 계층화

해설 * **프로토콜(Protocol)**
① 컴퓨터 상호간 혹은 컴퓨터와 단말 사이에서 통신을 할 때에 필요한 통신규약으로 서로 이해할 수 있는 의미 내용을 표현하는 정보의 포맷구성, 포맷의 송수방법 등의 규정으로 된다.
② 프로토콜의 구성요소 : 프로토콜에는 전송하고자 하는 데이터의 일정형식과 두 엔티티의 연결을 위한 여러 가지 기능(Semantics), 흐름 제어(Flow Control)를 위한 절차 등이 필요한데 이들 요소로는 구문(Syntax), 의미(Semantics), 타이밍(Timing) 등이 있다.
 ㉠ 구문(Syntax) : 데이터 형식(Fromat), 부호화(Coding), 신호 레벨(Signal Level)

Answer 37. ㉯ 38. ㉱ 39. ㉰

등을 포함한다.
ⓒ 의미(Semantics) : 효과적이고 정확한 정보 전송을 위한 두 엔티티의 협조사항과 에러 관리를 위한 제어 정보를 포함한다.
ⓒ 타이밍(Timing) : 두 엔티티의 통신 속도조정, 메시지의 순서 제어 등을 포함한다.

40 다음 중 IEEE 802.5를 표준으로 하는 네트워크 기술은?
㉮ CSMA/CD   ㉯ FDDI
㉰ Token Ring   ㉱ CDMA

해설 ★ IEEE(미국전기전자학회)는 비영리단체로 미국국가표준의 개발을 위한 인증 전문기구로서 'IEEE 802'는 근거리 통신망과 도시권 통신망을 관할하는 IEEE가 제정한 LAN에 관한 표준 규칙들이다.
① IEEE 802.1 : Bridging(HILI : 상위계층 인터페이스 및 MAC 브리지)
② IEEE 802.2 : Logical link control (LLC : 논리링크제어)
③ IEEE 802.3 : Ethernet(CSMA/CD) : 이더넷에 관한 규격(유선에서 제일 중요)
④ IEEE 802.4 : Token bus – 토큰 버스의 패스, 토폴로지 네트워크 규격
⑤ IEEE 802.5 : Token Ring – 토큰 링 등의 망형 네트워크 규격
⑥ IEEE 802.6 : Metropolitan Area Networks (DQDB) – 도시형 네트워크 규격
⑦ IEEE 802.8 : Fiber Optic TAG(광섬유)
⑧ IEEE 802.9 : Integrated Services LAN – IS LAN
⑨ IEEE 802.11 a/b/g/n : Wireless LAN & Wi-Fi(무선랜)

41 통신망의 구성 조건으로 적합하지 않은 것은?

㉮ 번호체계는 임의성이 있어야 한다.
㉯ 신뢰성이 있어야 한다.
㉰ 접속의 신속성이 있어야 한다.
㉱ 정보 전달의 투명성이 있어야 한다.

해설 ★ 통신망의 구성조건은 접속 임의성, 신속성, 정보전송의 투명성, 통화품질의 통일성, 신뢰성, 번호체계가 통일적이고 장기간 보장되어야 하며, 과금 구조가 합리적이어야 한다.

42 다음 중 가입자 댁내에까지 광케이블을 설치하는 방식은?
㉮ FTTH   ㉯ FTTO
㉰ FTTC   ㉱ FTTS

해설 ★ ① FTTH(가정 광통신서비스 : Fiber To The Home) : 모든 각 가정(Home)까지 개별적으로 광케이블을 연결하는 가입자망으로 방송, 통신을 포함한 모든 서비스가 하나의 네트워크로서 통합 가능하나 광케이블 포설 및 장비개발에 막대한 예산이 소요되는 단점이 있다.
[요구사항]
㉠ 주택형 광가입자 전송장치의 개발
㉡ 광분배 및 접속기술, 센서기술 등의 기반 기술 연구
㉢ 광커넥터, 대용량 ATM스위치, 분산시스템, 가입자 댁내의 네트워크화 등 첨단 응용
② FTTO(오피스 광통신서비스 : Fiber To The Office) : 광통신용 광케이블이 전화국에서 사용자의 대형건물(빌딩)까지 인입되는 수준으로, 빌딩 내 비즈니스 사용자가 주된 사용자로 되는 범위최종 도달목표로 한다.
③ FTTC(Fiber To The Curb) : 평범한 전화 서비스(FTTH)의 경제성에 대한 부담을 덜기 위한 목적으로, 가입자 댁내 근처나 회사 근처까지 광케이블을 포설한 후 ONU(Optical Network Unit)로부터 가입자 댁내나 회사 근처까지는 기 포설된 동선을 그대로 활용

Answer 40. ㉰ 41. ㉮ 42. ㉮

하는 기술로 광케이블 포설 비용 경감 효과와 고속 데이터 송수신 가능, 광대역 멀티미디어 서비스와 기존 전화서비스를 동시에 제공한다.

43 다음 중 고주파의 신호를 측정하는 데 가장 적합한 것은?
㉮ 프로토콜 아날라이저
㉯ 검류계
㉰ 레벨 미터
㉱ 스펙트럼 아날라이저

해설 ＊ 스펙트럼 아날라이저(Spectrum Analyzer)는 입력을 통하여 들어온 신호의 스펙트럼(각 주파수 성분들) 또는 주파수 영역으로 측정, 분석하여 화면에 표시하여 주는 측정장비이다.
[스펙트럼 아날라이저의 응용 범위]
① 각 신호의 주파수, 레벨, 주파수 대역폭 검사
② 잡음 전력 및 신호 대 잡음비(S/N Ratio) 결정
③ 찌그러짐(상호 변조, 고조파), 변조도 및 FM의 주파수 편이 측정
④ 불요 방사 신호 검출
⑤ 송수신기 교정
⑥ 각종 규격 점검 등

44 전압과 전류를 먼저 측정하고 그 값으로 전력량을 구하는 측정 방법은?
㉮ 비교 측정   ㉯ 직접 측정
㉰ 간접 측정   ㉱ 절대 측정

해설 ＊ 측정의 방법
① 직접 측정 : 피측정량을 이것과 같은 종류의 기준량과 직접 비교하는 것
② 간접 측정 : 어떤 양과 일정한 관계가 있는 독립된 양을 직접 측정한 다음, 계산에 의하여 그 양을 알아내는 것
③ 측정 방식
㉠ 편위법 : 피측정량을 지침의 지시 눈금으로 나타내는 방식
㉡ 영위법 : 피측정량과 미리 값이 알려진 표준량이 서로 평형을 이루도록 하여, 표준량의 값으로부터 피측정량의 값을 알아내는 방식
㉢ 치환법 : 알고 있는 양과 측정하려는 양을 치환하여 비교하는 방식

45 입사파 전압이 84[V]이고, 반사파 전압이 28[V]이라면 반사계수는 약 얼마인가?
㉮ 0.03   ㉯ 0.33
㉰ 3   ㉱ 33

해설 ＊ 반사 계수(reflection coefficient) : 전송 선로에서 부하가 특성 임피던스와 같지 않으면 반사파가 생긴다. 이 때의 전원으로부터의 입사파와 부하로부터의 반사파의 비. 전압 반사 계수와 전류 반사 계수가 있다.

$$전압반사계수(m) = \frac{반사파\ 전압}{입사파\ 전압}$$

$$= \frac{28}{84} = 0.33$$

46 다음 용어의 정의 중 "고압"이란?
㉮ 직류는 750볼트 이하, 교류는 600볼트 이하인 전압을 말한다.
㉯ 직류는 500볼트, 교류는 400볼트를 초과하고, 각각 5,000볼트 이하인 전압을 말한다.
㉰ 직류는 750볼트, 교류는 600볼트를 초과하고, 각각 7,000볼트 이하인 전압을 말한다.
㉱ 7,000볼트를 초과하는 전압을 말한다.

해설 ＊ 방송통신설비의 기술기준에 관한 규칙에 의한 정의
⑲ "저압"이란 직류는 750볼트 이하, 교류는 600볼트 이하인 전압을 말한다.
⑳ "고압"이란 직류는 750볼트, 교류는 600볼

Answer 43. ㉱ 44. ㉰ 45. ㉯ 46. ㉰

트를 초과하고 각각 7,000볼트 이하인 전압을 말한다.
㉑ "특고압"이란 7,000볼트를 초과하는 전압을 말한다.

47 전기통신설비를 이용하여 타인의 통신을 매개하거나 전기통신설비를 타인의 통신용으로 제공하는 것을 무엇이라 하는가?
㉮ 전기통신감리 ㉯ 전기통신역무
㉰ 전기통신사업 ㉱ 전기통신설계

해설 전기통신기본법 제2조(정의) 이 법에서 사용하는 용어의 정의는 다음과 같다.
7. "전기통신역무"라 함은 전기통신설비를 이용하여 타인의 통신을 매개하거나 전기통신설비를 타인의 통신용으로 제공하는 것을 말한다.
8. "전기통신사업"이라 함은 전기통신역무를 제공하는 사업을 말한다.

48 다음 중 과학기술에 관한 전문적 응용능력을 필요로 하는 사항에 대하여 계획, 연구, 설계, 분석, 조사, 시험, 시공, 감리 평가, 진단, 시험운전, 사업관리, 기술판단, 기술중재 또는 이에 관한 기술자문과 기술지도를 직무로 하는 사람을 무엇이라 하는가?
㉮ 용역업자 ㉯ 발주자
㉰ 기술사   ㉱ 정보통신공사업자

해설 - 정보통신공사법 제2조(정의) 이 법에서 사용하는 용어의 뜻은 다음과 같다.
④ "정보통신공사업자"란 정보통신공사업의 등록을 하고 공사업을 경영하는 자를 말한다.
⑦ "용역업자"란 엔지니어링기술 진흥법에 따라 엔지니어링활동 주체로 신고하거나 기술사법에 따라 기술사사무소의 개설자로 등록한 자로서 통신·전자·정보처리 등 대통령령으로 정하는 정보통신 관련 분야의 자격을 보유하고 용역업을 경영하는 자를 말한다.
⑪ "발주자"란 공사(용역을 포함)를 공사업자(용역업자를 포함)에게 도급하는 자를 말한다. 다만, 수급인(受給人)으로서 도급받은 공사를 하도급(下都給)하는 자는 제외한다.

- 기술사법 제3조(기술사의 직무)
① 기술사는 과학기술에 관한 전문적 응용능력을 필요로 하는 사항에 대하여 계획·연구·설계·분석·조사·시험·시공·감리·평가·진단·시험운전·사업관리·기술판단(기술감정을 포함한다)·기술중재 또는 이에 관한 기술자문과 기술지도를 그 직무로 한다.
② 정부, 지방자치단체 및 「공공기관의 운영에 관한 법률」 제5조에 따른 공기업과 준정부기관은 제1항에 따른 기술사 직무와 관련된 공공사업을 발주하는 경우에는 기술사를 우선적으로 사업에 참여하게 할 수 있다.
③ 기술사의 직무에 관하여 다른 법률에 특별한 규정이 있는 경우를 제외하고는 이 법에 따른다.
④ 제1항에 규정된 과학기술에 관한 전문적 응용능력을 필요로 하는 사항의 종류 및 범위는 대통령령으로 정한다.

49 방송통신발전기본법에 따라 정보통신의 표준 제정, 보급 및 정보통신기술 지원 등 표준화에 관한 업무를 효율적으로 추진하기 위하여 설립된 기관은?
㉮ 한국정보통신기술협회
㉯ 방송통신위원회
㉰ 한국정보통신공사협회
㉱ 정보통신정책위원회

해설 방송통신발전 기본법 제34조(한국정보통신기술협회)
① 정보통신의 표준 제정, 보급 및 정보통신 기

Answer 47. ㉯ 48. ㉰ 49. ㉮

술 지원 등 표준화에 관한 업무를 효율적으로 추진하기 위하여 방송통신위원회의 인가를 받아 한국정보통신기술협회(이하 "기술협회"라 한다)를 설립할 수 있다.
② 기술협회는 법인으로 한다.
③ 정부는 정보통신의 표준화에 관한 업무를 추진하기 위하여 필요한 경우 예산의 범위에서 기술협회에 출연할 수 있다.
④ 방송통신위원회는 기술협회의 운영이 이 법 또는 정관에서 정한 사항에 위배되는 경우에는 정관 또는 사업계획의 변경이나 임원의 개임(改任)을 요구할 수 있다.
⑤ 기술협회에 관하여 이 법에서 정한 것을 제외하고는 「민법」 중 재단법인에 관한 규정을 준용한다.

50 다음 중 전기통신사업의 종류에 해당하지 않는 것은?
㉮ 기간통신사업   ㉯ 별정통신사업
㉰ 부가통신사업   ㉱ 정보통신사업

해설 * 방송통신사업자의 구분
㉠ 방송통신사업은 기간통신사업, 별정통신사업 및 부가통신사업으로 구분한다.
㉡ 기간통신사업은 방송통신회선설비를 설치하고, 이를 이용하여 공공의 이익과 국가산업에 미치는 영향, 역무의 안정적 제공의 필요성 등을 참작하여 전신·전화역무 등 대통령령이 정하는 종류와 내용의 방송통신서비스(기간통신역무)를 제공하는 사업으로 한다.
㉢ 별정통신사업은 다음 각 호의 1에 해당하는 사업으로 한다.
  1. 규정에 의한 기간통신사업의 허가를 받은 자의 방송통신회선설비 등을 이용하여 기간통신역무를 제공하는 사업
  2. 대통령령이 정하는 구내에 방송통신설비를 설치하거나 이를 이용하여 그 구내에서 방송통신서비스를 제공하는 사업
㉣ 부가통신사업은 기간통신사업자로부터 방송통신회선설비를 임차하여 ㉡항의 규정에 의한 기간통신역무 외의 방송통신서비스(부가통신역무)를 제공하는 사업으로 한다.

51 전기통신설비의 설치 및 보전은 설계도서에 의하여 행하여야 하는데 설계도서의 작성에 관하여 필요한 사항은 누가 정하는가?
㉮ 한국정보통신공사협회장이 정한다.
㉯ 방송통신위원장이 정한다.
㉰ 지식경제부장관령으로 정한다.
㉱ 대통령령으로 정한다.

해설 * 전기통신설비의 설치 및 보전은 설계도서에 의하여 행하여야 하는데 설계도서의 작성에 관하여 필요한 사항은 대통령령으로 정한다.

52 방송통신위원회는 자가전기통신설비를 설치한 자가 전기통신사업법이나 이 법에 따른 명령을 위반하였을 때에는 얼마 이내의 기간을 정하여 그 사용의 정지를 명할 수 있는가?
㉮ 1년   ㉯ 1년 6월
㉰ 2년   ㉱ 2년 6월

해설 * 전기통신사업법 제67조(자가전기통신설비 설치자에 대한 시정명령 등)
① 방송통신위원회는 자가전기통신설비를 설치한 자가 이 법 또는 이 법에 따른 명령을 위반하였을 때에는 일정한 기간을 정하여 그 시정을 명할 수 있다.
② 방송통신위원회는 자가전기통신설비를 설치한 자가 다음 각 호의 어느 하나에 해당하는 경우에는 1년 이내의 기간을 정하여 그 사용의 정지를 명할 수 있다.
  1. 제1항에 따른 시정명령을 이행하지 아니한 경우
  2. 제64조제3항을 위반하여 확인을 받지 아니하고 자가전기통신설비를 사용한 경우
  3. 제65조제1항을 위반하여 타인의 통신을

Answer 50. ㉱ 51. ㉱ 52. ㉮

매개하거나 설치한 목적에 어긋나게 자가전기통신설비를 운용한 경우
③ 방송통신위원회는 자가전기통신설비가 타인의 전기통신에 장해가 되거나 타인의 전기통신설비에 위해를 줄 우려가 있다고 인정되는 경우에는 그 설비를 설치한 자에게 해당 설비의 사용정지 또는 개조·수리나 그 밖에 필요한 조치를 명할 수 있다.

53 업무용 건축물의 구내통신실면적 확보기준 중 6층 이상이고 연면적 5천제곱미터 이상인 업무용 건축물의 집중구내통신실의 확보 면적에 해당되는 항목은?

㉮ 7.2제곱미터 이상으로 1개소 이상
㉯ 8.2제곱미터 이상으로 1개소 이상
㉰ 9.2제곱미터 이상으로 1개소 이상
㉱ 10.2제곱미터 이상으로 1개소 이상

해설★ 방송통신설비의 기술기준에 관한 규정

업무용 건축물의 구내통신실면적확보 기준

건축물 규모	확보대상	확보면적
1. 6층 이상이고 연면적 5천제곱미터 이상인 업무용 건축물	가. 집중구내통신실	10.2제곱미터 이상으로 1개소 이상
	나. 층구내통신실	1) 각 층별 전용면적이 1천제곱미터 이상인 경우에는 각 층별로 10.2제곱미터 이상으로 1개소 이상 2) 각 층별 전용면적이 800제곱미터 이상인 경우에는 각층별로 8.4제곱미터 이상으로 1개소 이상 3) 각 층별 전용면적이 500제곱미터 이상인 경우에는 각층별로 6.6제곱미터 이상으로 1개소 이상 4) 각 층별 전용면적이 500제곱미터 미만인 경우에는 5.4제곱미터 이상으로 1개소 이상
2. 제1호 외의 업무용 건축물	집중구내통신실	건축물의 연면적이 500제곱미터 이상인 경우 10.2제곱미터 이상으로 1개소 이상. 다만, 500제곱미터 미만인 경우는 5.4제곱미터 이상으로 1개소 이상

[비고]
1. 같은 층에 집중구내통신실과 층구내통신실을 확보하여야 하는 경우에는 집중구내통신실만을 확

보할 수 있다.
2. 층별 전용면적이 500제곱미터 미만인 경우로서 각 층별로 통신실을 확보하기가 곤란한 경우에는 하나의 층구내통신실에 2개층 이상의 통신설비를 통합하여 수용할 수 있다. 이 경우 층구내통신실 확보면적은 통합 수용된 각 층의 전용면적을 합하여 위 표 제1호 중 층구내통신실의 확보면적란의 기준을 적용한다.
3. 같은 층에 층구내통신실을 2개소 이상으로 분리 설치하려는 경우에는 층구내통신실의 면적은 최소 5.4제곱미터 이상이어야 한다.
4. 집중구내통신실은 외부환경에 영향이 적은 지상에 확보되어야 한다. 다만, 부득이한 사유로 지상 확보가 곤란한 경우에는 침수우려가 없고 습기가 차지 아니하는 지하층에 설치할 수 있다.
5. 집중구내통신실에는 조명시설과 통신장비전용의 전원설비를 갖추어야 한다.
6. 각 통신실의 면적은 벽이나 기둥 등을 제외한 면적으로 한다.
7. 집중구내통신실의 출입구에는 시건장치를 설치하여야 한다.

54 다음 괄호 안에 들어갈 내용으로 가장 적합한 것은?

> 전송망사업용 설비와 수신자설비의 분계점에서 수신자에게 종합유선방송신호를 전송하기 위한 전송선로설비에 대한 세부기술기준은 ( )이(가) 정하여 고시한다.

㉮ 지식경제부
㉯ 방송통신위원회
㉰ 국립전파연구원
㉱ 한국케이블TV방송협회

해설★ 전기통신설비의 기술기준에 관한 규정 제26조 (전송망사업용설비 등)
① 전송망사업용설비와 수신자설비의 분계점에서 수신자에게 종합유선방송신호를 전송하기 위한 전송선로설비에 대한 세부기술기준은 방송통신위원회가 정하여 고시한다.

Answer 53. ㉱ 54. ㉯

② 전송망사업용설비에는 전송되는 종합유선방송신호가 정상적으로 제공되고 있는지를 확인할 수 있도록 전송선로시설의 감시장치를 설치하여야 한다.
③ 전송망사업용설비에 관하여 이 규정에서 정하는 것 외에는 전파에 관한 법령에서 정한 기준을 적용한다.
④ 「방송법」제79조제3항에 따라 종합유선방송사업자가 자체적으로 설치하는 전송선로설비에 관하여는 제1항부터 제3항까지의 규정을 준용한다.

55 통신공동구·맨홀 등은 통신케이블의 수용과 설치 및 유지·보수 등에 필요한 공간과 부대시설을 갖추어야 하고, 관로는 차도의 경우 지면으로부터 몇 미터 이상의 깊이에 매설하여야 하는가?

㉮ 0.5미터 ㉯ 1미터
㉰ 1.5미터 ㉱ 2미터

해설 ＊ 접지설비·구내통신설비·선로설비 및 통신공동구 등에 대한 기술기준 제47조(관로 등의 매설기준)
① 관로에 사용하는 관은 외부하중과 토압에 견딜 수 있는 충분한 강도와 내구성을 가져야 하며, 관 내부에는 통신케이블의 견인 시 손상 및 지장을 줄 수 있는 돌기가 있어서는 아니 된다.
② 지면에서 관로상단까지의 거리는 다음 각 호의 기준에 의한다. 다만, 시설관리기관과 협의하여 관로보호조치를 하는 경우에는 다음 각 호의 기준에 의하지 아니할 수 있다.
  1. 차도 : 1.0m 이상
  2. 보도 및 자전거도로 : 0.6m 이상
  3. 철도·고속도로 횡단구간 등 특수한 구간 : 1.5m 이상
③ 관로 상단부와 지면 사이에는 관로보호용 경고테이프를 관로 매설경로에 따라 매설하여야 한다.
④ 관로는 가스 등 다른 매설물과 50㎝ 이상 떨어져 매설하여야 한다. 다만, 부득이한 사유로 인하여 50㎝ 이상의 간격을 유지할 수 없는 경우에는 보호벽의 설치 등 관로를 보호하기 위한 조치를 하여야 한다.
⑤ 맨홀 또는 핸드홀 간에 매설하는 관로는 케이블 견인에 지장을 주지 아니하는 곡률을 유지하는 등 직선성을 유지하여야 한다.

56 정보통신공사업의 등록을 하려는 자는 등록신청서를 누구에게 신청하여야 하는가?

㉮ 지식경제부장관
㉯ 시·도지사
㉰ 국무총리
㉱ 방송통신위원회

해설 ＊ 정보통신공사업법 제14조(공사업의 등록 등)
① 공사업을 경영하려는 자는 대통령령으로 정하는 바에 따라 특별시장·광역시장·도지사 또는 특별자치도지사(이하 "시·도지사"라 한다)에게 등록하여야 한다.
② 제1항에 따라 공사업을 등록한 자는 제15조에 따른 등록기준에 관한 사항을 3년 이내의 범위에서 대통령령으로 정하는 기간이 끝날 때마다 대통령령으로 정하는 바에 따라 시·도지사에게 신고하여야 한다.
③ 시·도지사는 제1항에 따른 등록을 받았을 때에는 등록증과 등록수첩을 발급한다.

57 다음 중 정보통신공사업의 등록을 할 수 없는 경우는?

㉮ 금치산자 또는 한정치산자가 아닌 사람
㉯ 파산선고를 받고 복권된 사람
㉰ 정보통신공사업법을 위반하여 금고 이상의 실형을 선고 받고 그 집행이 끝나거나 집행이 면제된 날부터 3년이 경과한 사람
㉱ 정보통신공사업법에 따라 등록이 취소

Answer 55. ㉯ 56. ㉯ 57. ㉱

된 후 1년이 지난 사람

해설 ★ 정보통신공사업법 제16조(등록의 결격사유) 다음 각 호의 어느 하나에 해당하는 자는 공사업의 등록을 할 수 없다.
1. 금치산자 또는 한정치산자
2. 파산선고를 받고 복권되지 아니한 사람
3. 이 법을 위반하여 금고 이상의 실형을 선고받고 그 집행이 끝나거나(집행이 끝난 것으로 보는 경우를 포함한다) 집행이 면제된 날부터 3년이 지나지 아니한 사람 또는 그 형의 집행유예를 선고받고 그 유예기간 중에 있는 사람
5. 이 법에 따라 등록이 취소된 후 2년이 지나지 아니한 자
6. 「국가보안법」또는「형법」제2편제1장 또는 제2장에 규정된 죄를 범하여 금고 이상의 실형을 선고받고 그 집행이 끝나거나(집행이 끝난 것으로 보는 경우를 포함한다) 그 집행이 면제된 날부터 3년이 지나지 아니한 사람 또는 그 형의 집행유예를 선고받고 그 유예기간 중에 있는 사람
7. 임원 중에 제1호부터 제6호까지의 어느 하나에 해당하는 사람이 있는 법인

58 공사에 대하여 발주자의 위탁을 받은 용역업자가 설계도서 및 관련 규정의 내용대로 시공되는지를 감독하고, 품질관리·시공관리 및 안전관리에 대한 지도 등에 관한 발주자의 권한을 대행하는 것을 무엇이라 하는가?
㉮ 감리   ㉯ 용역
㉰ 설계   ㉱ 감사

해설 ★ 정보통신공사업법 제2조(정의) 이 법에서 사용하는 용어의 뜻은 다음과 같다.
⑤ "용역"이란 다른 사람의 위탁을 받아 공사에 관한 조사, 설계, 감리, 사업관리 및 유지관리 등의 역무를 하는 것을 말한다.
⑧ "설계"란 공사(건축물의 건축 등은 제외)에 관한 계획서, 설계도면, 시방서(示方書), 공사비명세서, 기술계산서 및 이와 관련된 서류를 작성하는 행위를 말한다.
⑨ "감리"란 공사(건축물의 건축 등은 제외)에 대하여 발주자의 위탁을 받은 용역업자가 설계도서 및 관련 규정의 내용대로 시공되는지를 감독하고, 품질관리·시공관리 및 안전관리에 대한 지도 등에 관한 발주자의 권한을 대행하는 것을 말한다.

59 다음은 전력유도의 전압이 초과하거나 초과할 우려가 있는 경우에 전력유도 방지조치를 하여야 하는 기준이다. 해당되지 않는 것은 무엇인가?
㉮ 이상 시 유도위험전압 : 650볼트
㉯ 잡음전압 : 1밀리볼트
㉰ 상시 유도위험종전압 : 60볼트
㉱ 기기 오동작 유도종전압 : 15볼트

해설 ★ 방송통신설비의 기술기준에 관한 규정 제9조(전력유도의 방지) 〈개정 2011.1.4〉
① 전송설비 및 선로설비는 전력유도로 인한 피해가 없도록 건설·보전되어야 한다.
② 전력유도의 전압이 다음 각 호의 제한치를 초과하거나 초과할 우려가 있는 경우에는 전력유도 방지조치를 하여야 한다.
1. 이상 시 유도위험전압 : 650볼트. 다만, 고장 시 전류제거시간이 0.1초 이상인 경우에는 430볼트로 한다.
2. 상시 유도위험종전압 : 60볼트
3. 기기 오동작 유도종전압 : 15볼트. 다만, 해당 방송통신설비의 통신선로가 왕복 2개의 선으로 구성되어 있는 경우에는 적용하지 아니하되, 통신선로의 2개의 선 중 1개의 선이 대지를 통하도록 구성되어 있는 경우(대지귀로방식)에는 적용한다.
4. 잡음전압 : 0.5밀리볼트. 다만, 전철시설로 인한 잡음전압이 0.5밀리볼트보다 크고 2.5밀리볼트보다 작은 경우에는 1분 동안에 0.5밀리볼트보다 크고 2.5밀리볼트보다 작은 잡음전압과 그 잡음전압이

Answer 58. ㉮ 59. ㉯

지속되는 시간(초)을 곱한 전압의 총 합계가 30밀리볼트·초를 초과하지 아니하여야 한다.
③ 제2항에 따른 전력유도전압의 구체적 산출방법에 대한 세부기술기준은 방송통신위원회가 정하여 고시한다.

60 이동통신서비스 또는 휴대인터넷서비스 등에 사용되는 무선송수신기와 안테나 간에 연결하는 선로를 무엇이라 하는가?
㉮ 급전선   ㉯ 국선
㉰ 전용회선 ㉱ 통신선

해설 ✽ 접지설비·구내통신설비·선로설비 및 통신공동구 등에 대한 기술기준 제3조(용어의 정의)
① 이 고시에서 사용하는 용어의 정의는 다음과 같다.
23. "급전선"이라 함은 이동전화역무 또는 무선호출역무 등에 사용되는 무선송수신기와 안테나 간에 연결하는 선로를 말한다.

Answer 60. ㉮

2012년 2회 시행 과년도출제문제

01 10[Ω]의 저항에 10[A]의 전류가 5분간 흐를 때 발생하는 열량은 몇 [kcal]인가?
㉮ 72[kcal] ㉯ 86[kcal]
㉰ 57[kcal] ㉱ 43[kcal]

해설 * $H = 0.24I^2Rt = 0.24 \times 10^2 \times 10 \times 5 \times 60$
$= 72,000[cal]$
$= 72[kcal]$

02 "회로망에서 임의의 한 폐회로의 접속점에 흐르는 전류와 저항과의 곱의 대수합은 그 폐회로 중에 있는 모든 기전력의 대수합과 같다."는 다음의 무슨 법칙에 해당하는가?
㉮ 키르히호프의 제1법칙
㉯ 키르히호프의 제2법칙
㉰ 앙페르 오른나사의 법칙
㉱ 줄의 법칙

해설 * ① 키르히호프의 제1법칙(전류법칙) : 회로의 한 접속점에서 접속점에 흘러들어 오는 유입전류(ΣI_i)의 합과 흘러나가는 유출전류(ΣI_o)의 합은 같다. 즉 유입전류와 유출전류의 합은 0이다.
$\Sigma I_i = \Sigma I_o$ (ΣI_i : 유입전류, ΣI_o : 유출전류)
② 키르히호프의 제2법칙(전압법칙) : 회로망 중의 임의의 폐회로 내에서의 전압강하의 합은 그 회로의 기전력의 합과 같다.
$\Sigma E = \Sigma IR$

03 자체 인덕턴스 L의 값이 1[H]인 코일에 220[V], 주파수 60[Hz]의 전압을 가할 때 유도 리액턴스 X_L의 값은 얼마인가?(단, π의 값은 3.14로 계산)

㉮ 376.8[Ω] ㉯ 1401.6[Ω]
㉰ 37.68[Ω] ㉱ 140.16[Ω]

해설 * $X_L = 2\pi fL$
$= 2 \times 3.14 \times 60 \times 1 = 376.8[\Omega]$

04 다음 중 교류의 실효값을 올바르게 표시한 것은?
㉮ 실효값 = 최대값 × $\sqrt{2}$
㉯ 실효값 = 평균값 × $\dfrac{1}{\sqrt{2}}$
㉰ 실효값 = 최대값 × $\dfrac{1}{\sqrt{2}}$
㉱ 실효값 = 평균값 × $\sqrt{2}$

해설 * ① 순시값 : 순간순간 변하는 교류의 임의의 시간에 있어서 값
② 최댓값 : 순시값 중에서 가장 큰 값
③ 실효값 : 교류의 크기를 교류와 동일한 일을 하는 직류의 크기로 바꿔 나타낸 값
④ 평균값 : 교류 순시값의 1주기 동안의 평균을 취하여 교류의 크기를 나타낸 값
⑤ 직류전류의 값으로 교류전류의 값을 나타낸 값. 교류의 전류나 전압은 그 세기가 일정하지 않고 시간에 따라 주기적으로 변화한다. 따라서 동일한 저항으로 교류전류 및 직류전류를 따로 흐르게 하여 저항 속에서 소비되는 전력이 같을 때의 직류전류의 세기로 교류전류의 세기를 나타낸다. 교류전압에 대해서도 이와 같이 실효값을 정의하고 있다. 실효값은 주기적으로 변동하는 전압 또는 전류의 순시값의 제곱을 1주기로 한 평균값의 제곱근과 같다. 사인파 교류의 전압과 전류의 실효값은 최댓값의 $\dfrac{1}{\sqrt{2}}$과 같다. 또한 사인파 교류의 전압과 전류는 실효

Answer 1. ㉮ 2. ㉯ 3. ㉮ 4. ㉰

값으로 나타내는 것이 보통이다. 예를 들면 가정에서 사용하는 교류 220[V] 전압의 실효값은 220V이며 최댓값은 약 140[V]이다.

05 아래 그림과 같은 이미터 접지 회로에서 전류 증폭률 β는 얼마인가?

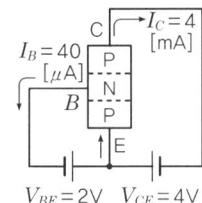

㉮ 0.1　　㉯ 1
㉰ 10　　㉱ 100

해설 ✱ 베이스(B)와 컬렉터(C) 사이의 전류 증폭률(이미터 접지 전류 증폭률)

$$\beta = \frac{\Delta I_C}{\Delta I_B}(V_{CE} \text{ 일정}) = \frac{4 \times 10^{-3}}{40 \times 10^{-6}} = 100$$

06 억셉터(acceptor)로 사용되는 것은 몇 가의 어떤 원소인가?

㉮ 4가 Ge　　㉯ 4가 Si
㉰ 3가 In　　㉱ 5가 As

해설 ✱ ① 진성 반도체(intrinsic semiconductor) : 불순물이 전혀 섞이지 않은 반도체
② 불순물 반도체(extrinsic semiconductor)
　㉠ N형 반도체 : 과잉 전자(excess electron)에 의해서 전기 전도가 이루어지는 불순물 반도체
　　도너(donor) : N형 반도체를 만들기 위한 불순물 원소(Sb, As, P, Pb)
　㉡ P형 반도체 : 정공에 의해서 전기 전도가 이루어지는 불순물 반도체
　　억셉터(acceptor) : P형 반도체를 만들기 위한 불순물 원소(Ga, In, B, Al)

07 다음 중 정류회로의 종류가 아닌 것은?

㉮ 반파 정류회로
㉯ 전파 정류회로
㉰ 증폭 정류회로
㉱ 브리지 정류회로

해설 ✱ 정류회로의 종류는 반파, 전파, 브리지, 배전압 등으로 구분하고, 정전압회로는 직류전압을 안정화하는 회로이다.

08 다음 중 연산증폭회로의 종류가 아닌 것은?

㉮ 감산기　　㉯ 가산기
㉰ 미분기　　㉱ 적분기

해설 ✱ 연산 증폭기는 아날로그 계산기, 아날로그 소신호 증폭, 전력증폭 등의 응용분야에 사용하며, 반전증폭기, 비반전 증폭기, 전압 비교기(Comparator), 적분기, 미분기, 가산기 등의 연산증폭회로로 구성된다.

09 기본 궤환 증폭기의 전달이득(A_V)=1000, 궤환율(β)=0.1, 입력전압(V_i)=1[V]일 때 이 증폭기의 출력전압(V_o)은 약 얼마인가?

㉮ 0.99[V]　　㉯ 9.9[V]
㉰ 99[V]　　㉱ 990[V]

해설 ✱ $A_f = \dfrac{A}{1-A\beta}$

$= \dfrac{1000}{1-(1000 \times -0.1)} = \dfrac{1000}{101} = 9.9[V]$

10 증폭회로에서 입력전압과 출력전압을 측정하였더니 입력전압은 10[mV], 출력전압은 1000[mV]였다. 이 회로의 전압 증폭도는?

㉮ 40배　　㉯ 60배
㉰ 80배　　㉱ 100배

해설 ✱ $A_V = \dfrac{V_o}{V_i} = \dfrac{1000}{10} = 100$

Answer 5. ㉱　6. ㉰　7. ㉰　8. ㉮　9. ㉯　10. ㉱

11 수정발진기의 특징으로 가장 알맞은 것은?
㉮ 저주파 특성이 우수하다.
㉯ 고주파 특성이 우수하다.
㉰ 주파수 안정도가 매우 높다.
㉱ 고역 통과 필터 특성을 가지고 있다.

> **해설** ＊ 수정발진기의 특징
> ① 수정진동자의 Q(Quality factor)가 높기 때문에 주파수 안정도가 높다.
> ② 수정편에 항온조 등을 이용하므로 주위 온도의 영향이 적다.
> ③ 발진 주파수를 변경 시 수정 자체를 바꿔야 하는 불편이 있다.
> ④ 초단파 이상의 발진은 곤란하다.
> ⑤ 수정발진주파수 변동의 원인을 제거하는 조건하에서 동작시켜야 한다.

12 위상 동기 루프 회로(PLL)에서 기준 신호와 발진기의 출력 신호를 일정하게 해주기 위해 사용하는 것은?
㉮ 피드백 회로
㉯ 인버터 회로
㉰ 사인파 발생 회로
㉱ 슈미트 트리거 회로

> **해설** ＊ PLL 발진회로
> ① Phase-Locked Loop(위상 동기(位相同期) 루프)는 전압제어발진기의 출력 신호를 주파수 분주기를 통하여 분주한 다음 위상검출기에서 기준 주파수와 비교하여 두 신호가 동일한 주파수가 되도록 전압제어 발진기의 조정전압을 조절한다.
> ② VCO에서 나온 출력은 루프의 여러 단계를 거치면서 VCO를 동작시키기에 적당한 형태로 변환되며, 전압제어 발진기는 입력 제어전압(루프필터 출력)에 비례하는 주파수를 출력한다.

13 변조는 전송하고자 하는 신호를 반송파의 진폭, 주파수, 위상을 변화시켜 전송하는 것을 말한다. 다음 중 변조의 목적이 아닌 것은?
㉮ 효과적으로 공간상에 복사할 수 있다.
㉯ 다중화를 용이하게 구현할 수 있다.
㉰ 잡음 방해를 억제할 수 있다.
㉱ 변조를 하더라도 신호의 주파수 스펙트럼은 변화가 없다.

> **해설** ＊ ① 변조(modulation)란 송신에서 신호의 전송을 위해 고주파에 저주파 신호를 포함시키는 과정이며, 변조된 반송파(carrier wave)를 피변조파(modulated wave)라 한다.
> ② 변조의 목적
> ㉠ 보내고자 하는 신호를 전송 매체에 매칭시키는 것
> ㉡ 방사(Radiation)의 편리
> ㉢ 잡음과 간섭 제거
> ㉣ 주파수 할당
> ㉤ 시간의 다중화
> ㉥ 장비의 한계 극복

14 다음 중 디지털 변조에 대한 설명 중 맞는 것은?
㉮ ASK는 디지털 신호에 따라 반송파의 주파수가 변화하는 방식이다.
㉯ PSK는 디지털 신호에 따라 반송파의 주파수가 변화하는 방식이다.
㉰ FSK는 디지털 신호에 따라 반송파의 진폭이 변화하는 방식이다.
㉱ QAM은 디지털 신호에 따라 반송파의 진폭과 위상이 변화하는 방식이다.

> **해설** ＊ 디지털 변조방식의 종류
> ① ASK(진폭편이변조 : Amplitude shift keying) : 디지털 부호에 대응하여 사인반송파의 주파수나 위상을 그대로 두고 진폭

Answer 11. ㉰ 12. ㉮ 13. ㉱ 14. ㉱

만 변화시키는 변조방식
② FSK(주파수편이변조 : Frequency shift keying) : 디지털 부호에 대응하여 사인반송파의 진폭과 위상을 그대로 두고 주파수만 변화시키는 변조방식
③ PSK(위상편이변조 : Phase shift keying) : 진폭과 주파수가 모두 일정한 반송파를 이용하여 그 위상을 2진 전송 부호에 대응시켜 변화시키는 방식
④ APK(진폭위상변조 : Amplitude Phase keying) : ASK와 PSK의 조합으로 QAM이라고도 한다.
⑤ QAM(Quadrature Amplitude Modulation) : 디지털 신호를 일정량만큼 분류하여 반송파 신호와 위상을 변화시키면서 변조시키는 방법이다.

15 다음과 같은 RC 직렬회로에서 시정수(time constant)는?(V_i : 입력, V_o : 출력)

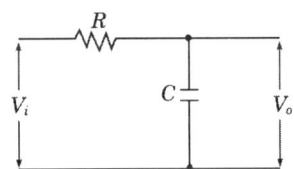

㉮ RC
㉯ $\dfrac{1}{RC}$
㉰ $\sqrt{RC}$
㉱ $\dfrac{1}{\sqrt{RC}}$

해설 * RC회로에서 시상수는 전원 전압의 약 63.2[%]에 도달하는 데 걸리는 시간($\tau = RC$[sec])이고, 방전의 경우는 전원 전압의 약 36.8[%]로 된다.

16 윈도우의 GUI(Graphic User Interface), 음성인식 등의 기술을 이용하여 대화형으로 컴퓨터를 다룰 수 있다. 이에 해당하는 컴퓨터의 특징은?

㉮ 정확성
㉯ 대용량성
㉰ 다양성
㉱ 편리성

해설 * 컴퓨터의 특징
① 자동성 : 주어진 프로그램의 조건에 따라 자동으로 데이터를 처리해 준다.
② 기억성 : 메모리에 대량의 데이터를 기억한다.
③ 신속성 : 데이터의 처리가 빠르다.
④ 범용성 : 다른 컴퓨터와도 쉽게 호환(인터페이스가 용이)된다.
⑤ 정확성 : 데이터의 처리가 정확하여 신뢰도가 높다.
⑥ 동시성 : 다수 사용자가 동시에 사용 가능하다.

17 CPU의 처리 효율을 높이고 데이터의 입출력을 빠르게 할 수 있게 만든 입출력 전용 처리기를 무엇이라고 하는가?

㉮ 태블릿
㉯ 콘솔
㉰ 입출력 채널
㉱ 인터럽트

해설 * ① 입출력 채널(I/O channel)은 입출력이 일어나는 동안 프로세서가 다른 일을 하지 못하는 문제를 극복하기 위해 개발된 것으로, 시스템의 프로세서와는 독립적으로 입출력만을 제어하기 위한 시스템 구성요소라고 할 수 있다.
② 콘솔(consol)이란 모니터(영상표시장치 : CRT)와 키보드로 이루어져 있으며, 대형 컴퓨터에서 업무의 시작이나 일의 일시 중단 및 컴퓨터의 모든 상황을 조정 통제하는 제어 터미널을 말한다.
③ 인터럽트(interrupt)의 개념 : 어떤 특수한 상태 발생 시 현재 실행 중인 프로그램이 임시 중단되고, 그 특수한 상태를 처리하는 프로그램으로 분기 및 처리한 후 다시 원래의 프로그램을 처리하는 것이다.

18 다음 설명 중 외부에서 기억장치에 데이터를 기억하기 위한 절차로 바르게 나열된 것은?

Answer 15. ㉮ 16. ㉱ 17. ㉰ 18. ㉯

① MBR에 기억시키려는 자료를 옮긴다.
② MAR에 기억시키고자 하는 단어의 주소를 옮긴다.
③ Write 신호를 보낸다.

㉮ ①-②-③
㉯ ②-①-③
㉰ ①-③-②
㉱ ②-③-①

해설 ✽ 외부에서 기억장치에 데이터를 기억하기 위한 절차로는
① MAR에 기억시키고자 하는 단어의 주소를 옮긴다.
② MBR에 기억시키려는 자료를 옮긴다.
③ Write 신호를 보낸다.

19 2[byte]는 몇 [bit]인가?

㉮ 8[bit]   ㉯ 16[bit]
㉰ 32[bit] ㉱ 64[bit]

해설 ✽ 1[byte]는 8[bit]이므로 2[byte]는 2×8=16[bit]이다.

20 65가지의 서로 다른 사항들에 각각 다른 2진 코드값을 주고자 하는데, 최소한 몇 [bit]가 요구되는가?

㉮ 5[bit]   ㉯ 6[bit]
㉰ 7[bit]   ㉱ 8[bit]

해설 ✽ 2진 코드에서 셀 수 있는 최대의 수를 N이라 하면 $N=2^n$개의 수를 셀 수 있고, 0에서 2^n-1의 수까지 표현한다. 즉, 최대의 수는 $2^5=32$까지이고 $2^5-1=31$까지 셀 수 있고, $2^6=64$까지이고 $2^5-1=63$까지 셀 수 있다. 또한 $2^7=128$까지이고 $2^7-1=127$까지 셀 수 있으므로 65가지의 데이터를 취급하기 위해서는 7[bit]가 필요하다.

21 디코더(Decoder) 회로에서 입력 X, Y, Z가 011로 표시되었을 때 출력을 10진수로 표시한 것은?

㉮ 2   ㉯ 3
㉰ 4   ㉱ 5

해설 ✽ 해독기(decoder)는 입력 데이터에 따라 $N=2^n$개의 출력단자가 결정되므로 디코더 회로의 입력 단자에 011의 데이터가 입력되면 출력은 $(2^2\times0)+(2^1\times1)+(2^0\times1)=2+1=3$이 된다.

22 다음과 같이 C언어의 증가 연산자를 실행할 경우 ㉠과 ㉡의 b값의 결과를 순서대로 옳게 나열한 것은?

a=5일 때
㉠ b=a++, ㉡ b=++a

㉮ 6, 5   ㉯ 5, 6
㉰ 6, 6   ㉱ 5, 5

해설 ✽ ++a는 a 값에 먼저 1 증가시킨 후 계산하는 명령이고, a++는 a 값을 먼저 계산한 후 1 증가하는 명령이다.

23 다음은 1~100까지 홀수의 합을 구하는 순서도와 JAVA SCRIPT로 코딩한 결과이다. ㉠의 부분을 ㉡으로 코딩하는 과정에서 ⓐ에 들어갈 문구로 가장 적절한 것은?

Answer 19. ㉯ 20. ㉰ 21. ㉯ 22. ㉯ 23. ㉮

부 록

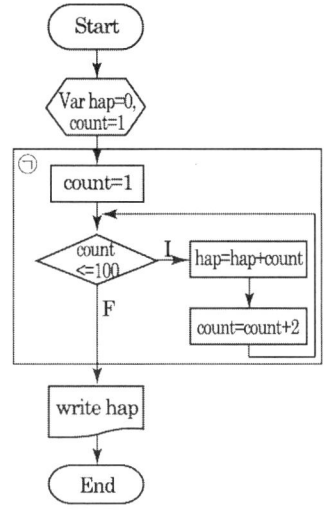

<HTML>
<BODY>
<SCRIPT>

var count, hap=0;

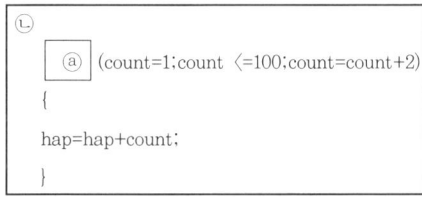

document. write("1부터 100까지합:"+hap);
</SCRIPT>
</BODY>
</HTML>

㉮ for ㉯ while
㉰ do~while ㉱ case

해설 ＊ 1~100까지 홀수의 합을 구하는 순서도와 JAVA SCRIPT로 코딩한 결과에서 ⓐ에 들어갈 문구는 for이다.

24 프레젠테이션에서 스크린의 한 화면을 표시하는 것은?
㉮ 슬라이드 ㉯ 워크시트

㉰ 프레임 ㉱ 윈도우

해설 ＊ 파워포인트는 회사의 목표와 실적을 설명하거나 아이디어를 더 호소력 있게 발표할 수 있도록 하는 프로그램이고 슬라이드는 프레젠테이션에서 스크린의 한 화면을 표시하는 것이다.

25 윈도우 환경에서 서로 다른 워드프로세서 간에 문서를 자신의 문서의 일부인 것처럼 이용할 수 있는 개념을 무엇이라고 하는가?
㉮ OLE
㉯ CLIP BOARD
㉰ WYSIWYG
㉱ OCX

해설 ＊ ① OLE : 객체 연결과 삽입(object linking and embedding)을 위한 윈도우에서 데이터 간의 연결 방법으로 문자, 그림, 소리, 동영상 등의 다양한 정보를 갖는 복합문서를 지원하기 위하여 설계되었다.
② WYSIWYG : (What You See Is What You Get "보는 대로 얻는다")는 문서 편집 과정에서 화면에 포맷된 낱말로, 문장이 출력물과 동일하게 나오는 방식을 말한다. 이는 편집 명령어를 입력하여 글꼴이나 문장 형태를 바꾸는 방식과 구별된다.
③ OCX : OLE Custom eXtension의 약자로 OLE 사용자 지정 컨트롤로 윈도우 부품 프로그램 중의 하나이며 OLE 기반으로 만든 주문형 컨트롤이다

26 통신 시스템에서 제공자는 정보 제공만 하고 이용자는 정보를 이용만 하는 방식은?
㉮ 단일 통신 시스템
㉯ 분배 통신 시스템
㉰ 교환 통신 시스템
㉱ 통합 통신 시스템

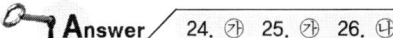

해설 * 통신 시스템에서 제공자는 정보 제공만 하고 이용자는 정보를 이용만 하는 것을 분배통신 시스템이라 한다.

27 다음 중 디지털 변조방식이 아닌 것은?
㉮ PM ㉯ ASK
㉰ FSK ㉱ QAM

해설 * 문제 14번 해설 참조

28 다음 중 주파수가 600[MHz]인 전파의 파장은 얼마인가?(단, 전파의 속도는 약 3×10^8[m/s]이다)
㉮ 0.25[m] ㉯ 0.5[m]
㉰ 1[m] ㉱ 1.5[m]

해설 * $\lambda = \frac{C}{f} = \frac{3 \times 10^8}{600 \times 10^6} = 0.5[m]$

29 다음 범용 단말장치 중 표시장치에 해당하는 것은?
㉮ OCR ㉯ CRT
㉰ OMR ㉱ MICR

해설 * ① 입력 장치에는 키보드와 마우스가 많이 사용되며, 스캐너, 광학 마크 판독기, 광학 문자 판독기, 자기 잉크 문자 판독기, 바코드 판독기, 조이 스틱, 디지타이저, 터치스크린, 디지털 카메라 등이 있다.
② 출력 장치에는 프린터와 모니터가 있으며, 프린터로는 도트 매트릭스 프린터, 잉크 제트 프린터, 레이저 프린터가 있다. 또, 모니터에는 음극선관 모니터와 액정 화면 모니터, 플라즈마 디스플레이, 터치스크린, 프로젝터 등이 있다.

30 정보통신기기 중 아날로그 신호와 디지털 신호를 상호 변환하여 주는 장치는?

㉮ DSU ㉯ DTE
㉰ CSU ㉱ MODEM

해설 * MODEM(MOdulation DEModulation)
modulation/demodulation의 합성어로 변복조장치라고도 불리는 가장 기본적인 데이터 통신장비로서 전화선이나 전용선을 연결하여 PC나 호스트, PC 간에 데이터를 송수신할 수 있도록 한다. 전화선으로 수신된 아날로그 데이터는 모뎀을 거치면서 디지털 데이터로 변환되며, 컴퓨터 내의 디지털 데이터는 모뎀을 통해 아날로그 데이터로 변환되어 전송된다.

31 다음 중 사진, 그림, 삽화 등을 이미지 형식으로 읽어들여 작업 중인 문서에 삽입하는 데 사용되는 것은?
㉮ 팩시밀리 ㉯ 스캐너
㉰ 조이스틱 ㉱ 마우스

해설 * 스캐너(scanner)
① 이미지를 디지털화하기 위한 장치로 내장된 이미지 센서인 고체촬상소자(CCD: change coupled device)로 사진, 그림, 일러스트 등의 이미지를 읽어들여 컴퓨터용 파일로 만드는 장치
② 평판 스캐너, 드럼 스캐너 등이 있는데, 평판 스캐너는 인쇄된 원고를 유리판 위에 얹어 놓은 상태로 스캔하는 장치이다. 이 스캐너에 별도의 어댑터를 장착하게 되면 필름 스캔도 가능하다. 어댑터는 스캐너 상부에 장착하며 빛을 차단하는 역할을 한다. 드럼 스캐너는 고해상도 이미지를 얻기 위한 것으로 둥근 통 위에 이미지를 부착하여 고속으로 스캔하는 장치이다.

32 전자교환기의 특수 서비스 기능이 아닌 것은?
㉮ 부재자 안내
㉯ 단축 다이얼 기능

Answer 27. ㉮ 28. ㉯ 29. ㉯ 30. ㉱ 31. ㉯ 32. ㉰

㉰ 데이터 처리
㉱ 착신 통화전환

해설 * 전자 교환기의 특수 서비스
① 단축 다이얼(Abbreviated Dialing Speed Calling) : 자주 거는 전화번호를 2숫자로 단축시켜 언제라도 쉽고 빠르게 다이얼할 수 있게 하는 서비스
② 착신 통화 전화(Call Transfer, Call Forwarding) : 자신의 전화번호로 걸려오는 모든 착신 신호를 다른 특정한 전화번호로 전환시키는 기능
③ 부재중 안내(Absentee Service) : 일정기간 동안 전화를 받을 수 없을 때 전화를 건 사람에게 전화를 받을 수 없다는 사실을 교환기에 장치되어 있는 녹음 안내 장치를 사용하여 안내하는 기능이다.
④ 통화중 대기(Call Waiting) : 통화중에 다른 전화가 걸려오면 통화중인 상대방을 잠시 기다리게 해놓고 걸려온 제 3의 전화를 받을 수 있는 기능으로 동시에 두 사람 사이에만 통화가 가능하다.
⑤ 3인 통화(3 Way Calling) : 세 사람이 동시에 통화할 수 있는 기능으로 전화 회의를 할 수 있다. 아날로그 교환기에서는 2개의 통화로를 연결시키므로 가능하나 디지털 교환기에서는 복잡한 과정을 거쳐야 한다.
⑥ 지정 시간 통보(Wake-up Service) : 미리 지정한 시간(24시간 이내)이 되면 전화벨이 울려 지정 시간이 되었음을 알려주는 기능

33 다음 중 디지털 교환기가 채택하고 있는 변조방식은?
㉮ 주파수 변조(FM)
㉯ 진폭 변조(AM)
㉰ 위상 변조(PM)
㉱ 펄스 부호 변조(PCM)

해설 * 디지털 교환기에는 다중화된 시분할 펄스 부호 변조(PCM) 방식을 사용한다.

34 데이터 통신망의 교환방식 중 데이터를 축적 후 전달(store and forward)하는 방식과 가장 관계 깊은 것은?
㉮ 패킷 교환 ㉯ 메시지 교환
㉰ 회선 교환 ㉱ 메모리 교환

해설 * 축적교환방식이란 송수신 상호간에 직접적인 접속경로를 만들지 않고 통신정보를 중간 노드 등의 기억매체를 일단 경유시키며 순차적으로 중계루트를 선택하여 상대방에게 전송하는 교환방식을 말한다.
① 메시지 교환 방식(Message Switching System)
  ㉠ 하나의 메시지 단위로 저장-전달(Store-and-Forward) 방식에 의해 데이터를 교환하는 방식이다.
  ㉡ 각 메시지마다 수신 주소를 붙여서 전송하므로 메시지마다 전송 경로가 다르다.
  ㉢ 네트워크에서 속도나 코드 변환이 가능하다.
  ㉣ 메시지번호, 전송날짜, 시간 등의 정보를 메시지에 포함해 전송 가능하다.
② 패킷 교환 방식(Packet Switching System)
  ㉠ 메시지를 일정한 길이의 전송 단위인 패킷으로 나누어 전송하는 방식이다.
  ㉡ 일정한 데이터 블록에 송수신측 정보를 담은 것을 패킷이라고 한다.
  ㉢ 다수의 사용자 간에 비대칭적 데이터 전송을 원활하게 하므로 모든 사용자 간에 빠른 응답 시간 제공이 가능하다.
  ㉣ 전송에 실패한 패킷의 경우 재전송이 가능하다.
  ㉤ 패킷 단위로 헤더를 추가하므로 패킷별 오버헤드가 발생한다.
  ㉥ 패킷교환 공중 데이터 통신망(PSDN)이라고도 한다.
  ㉦ 경로설정 방식에 따라 가상 회선망과 데이터그램 방식으로 구분한다.

35 다음 중 샤논(Shannon)의 정리에 의한 전송채널의 용량을 산출하는 공식으로 옳은

Answer 33. ㉱ 34. ㉯ 35. ㉮

것은?(단, B는 주파수 대역폭, S는 신호전력, N은 잡음 전력)

㉮ $B \log_2(1+S/N)$
㉯ $B \log_2(1-S/N)$
㉰ $B \log_2(1+N/S)$
㉱ $B \log_2(1-N/S)$

해설 ✽ 샤논(Shannon)의 정리는 "전송 채널의 단위시간당 전송할 수 있는 Bit 수"를 구하는 공식으로 단위는 [BPS], [Bit/sec]이다.

채널용량(C)=대역폭×$\log_2(1+\frac{신호전력}{잡음전력})$

$= B \log_2(1+\frac{S}{N})$[BPS]

(단, C : 채널용량, B : 채널의 대역폭, S/N : 신호대 잡음비)

36 통화량이 4[Erlang]이었을 때 회선효율을 50[%]로 만들기 위한 회선수는?

㉮ 5회선 ㉯ 2회선
㉰ 20회선 ㉱ 8회선

해설 ✽ 회선효율이 100[%]일 때 4[Erlang]이므로 회선효율을 50[%]로 하기 위해서는 4[Erlang]×2=8[Erlang]이 된다.

37 데이터 전송로의 송신 비트 수가 "N"이었고, 잘못된 수신 비트 수가 "n"이었다. 이때 비트 오류율은?

㉮ n·N   ㉯ n(1+N)
㉰ N/n   ㉱ n/N

해설 ✽ 비트 오류율(bit error rate)
전송로에서의 오류율을 비트 단위로 나타낸 것으로, 전 수신 재생 비트수 중의 오류비트의 비율로 나타낸다.

Bit error rate = $\frac{오류\ 비트}{전체\ 비트} = \frac{n}{N}$

38 다음 중 다중화에 대한 설명으로 틀린 것은?

㉮ 하나의 통신회선을 여러 장치들이 공유하도록 하는 기법을 다중화(Multiplexing)라고 한다.
㉯ 시분할 다중화 방식은 디지털 신호를 아날로그화해서 전송하는 방식이다.
㉰ 한 개의 물리적 전송로에서 복수의 데이터 신호를 중복시켜서 전송하는 방식이다.
㉱ 다중화 방식에 사용되는 장치를 다중화 장치(일명, MUX)라고 한다.

해설 ✽ 다중화(Multiplexing)
하나의 통신로를 통하여 여러 개의 독립된 신호를 전송하는 방식으로서 주파수 대역으로 구별하여 다중화를 행하는 주파수 분할 다중방식(FDM)과 고주파 펄스에 의해 각각의 신호를 일정 간격으로 표준화하여 이를 정해진 시간축상에 순서적으로 배열하여 전송하는 것에 의해 다중화를 행하는 시분할 다중방식(TDM)이 있다.

39 동일 빌딩, 구내, 기업 내의 좁은 지역에 분산 배치된 각종 단말 장치를 서로 연결하여 고속의 상호 통신을 하기 위해 설치하는 통신망은?

㉮ 부가 가치 통신망(VAN)
㉯ 근거리 통신망(LAN)
㉰ 광대역 통신망(WAN)
㉱ 종합 정보 통신망(ISDN)

해설 ✽ 근거리 통신망(LAN : Local Area Network) : 건물이나 구내 등의 근거리에 한정된 공간에 사무자동화(OA) 시스템을 구축하기 위한 망

40 다음 중 데이터 통신에서 DCE(데이터회선 종단장치)에 해당되는 것은?

Answer 36. ㉱ 37. ㉱ 38. ㉯ 39. ㉯ 40. ㉮

㉮ 모뎀 ㉯ CRT 터미널
㉰ 프린터 ㉱ 키보드

해설 ✱ **DCE(데이터회선종단장치)**
데이터 단말(data station)의 기능 단위의 하나로, 데이터 단말 장치(DTE)와 데이터 전송로 사이에서 접속을 설정, 유지, 해제하며, 부호 변환과 신호 변환을 위해 필요한 기능을 제공하는 장치를 총칭하는 용어. 사용자의 댁내(구내)에 설치되어 전송로를 종단하고 사용자의 DTE와의 상호 접속을 위한 물리적인 인터페이스를 제공한다. 데이터 회선 종단 장치(DCE)에는 아날로그 회선용의 모뎀과 디지털 회선용의 디지털 서비스 장치(DSU)가 있다. DCE는 사용자 장치인 DTE와는 달리 전송로 또는 전송망을 운용하는 공중 통신 사업자가 설치하여 대여할 수도 있고 사용자 자신이 설치할 수도 있는 고객 댁내 장치(CPE)이다.

41 현재 국내에서 사용하고 있는 개인휴대전화에서 사용하고 있는 통신 방식으로 대한민국에서 세계 최초로 상용화시킨 이동통신 기술방식은?

㉮ FDMA ㉯ TDMA
㉰ CDMA ㉱ GSM

해설 ✱ ① FDMA(frequency division multiple access) : 주파수분할 다중접속 방식은 무선 셀룰러 통신에 할당된 주파수 대역을 30개의 채널로 분할하고, 각 채널은 음성 대화나 디지털 데이터를 옮기는 서비스에 사용될 수 있다. FDMA는 북미에 가장 광범위하게 설치된 셀룰러폰 시스템인 아날로그 AMPS의 기본 기술이다. FDMA에서는 각 채널이 한 번에 오직 단 한 명의 사용자에게 할당될 수 있다.
② CDMA(code-division multiple access) : 코드분할 다중접속 방식은 데이터를 디지털화한 다음 그것을 가용한 전체 대역폭에 걸쳐 확산시킨다. 여러 통화가 하나의 채널에 겹쳐지게 되며, 각 통화는 차례를 나타내는 고유한 코드가 부여된다.
미국 퀄컴사에서 북미의 디지털 셀룰러 전화의 표준 방식으로 1993년 7월 미국 전자공업 협회(TIA)의 자율 표준 IS-95로 제정되었고, 우리나라는 1993년 11월에 체신부 고시를 통해 디지털 이동전화방식의 표준이 CDMA로 공식 결정되었으며, 세계 최초로 CDMA 상용화에 성공한 나라가 되었다.
㉠ CDMA의 장점
• AMPS에 비해 8~10배, GSM에 비해 4~5배의 용량을 가진다.
• 음성 품질이 높다.
• 모든 셀이 동일한 주파수를 사용하므로 주파수 계획이 용이하다.
• 보안성이 높다.
• 주파수 대역 이용 효율이 높다.
③ TDMA(time division multiple access) : 시분할 다중접속은 시간을 기준으로 분할하여 디지털 셀룰러폰 통신에 사용되는 기술로서, 전송할 수 있는 데이터량을 늘리기 위해 각 셀룰러 채널을 3개의 시간대로 나누기 위한 기술이다.
④ GSM(Global System for Mobile communications) : 종합정보통신망과 연결되므로 모뎀을 사용하지 않고도 전화 단말기와 팩시밀리, 랩톱 등에 직접 접속하여 이동데이터 서비스를 받을 수 있는 유럽식 디지털 이동통신 방식으로 한국에서 사용되고 있는 CDMA 방식과 대응되는 이동통신 방식이다. 각 주파수 채널을 시간으로 분할하는 시분할다중접속(TDMA) 방식 기술과 비동기식 전송망 기술을 기반으로 900[MHz] 대역에서 운용되는 이동통신 방식이다.
㉠ GSM의 특징
• 높은 음성 품질
• 저렴한 서비스 비용
• International Roaming 지원
• 주파수 대역 사용 효율 향상
• ISDN 호환

42 이동통신에서 기지국과 기지국 사이의 통화 채널 전환 기능을 무엇이라 하는가?

Answer 41. ㉰ 42. ㉮

㉮ 핸드오프   ㉯ 채널전환
㉰ 통화전환   ㉱ 채널통신

해설 ★ 핸드 오프(Hand Off) : 이동전화 이용자가 통화를 하면서 하나의 기지국에서 다른 기지국으로 이동할 때 통화채널을 자동으로 전환해주어 통화가 끊기지 않고 계속되도록 해주는 기능이다.

43 전류 측정 시 참값이 100[mA]이고 측정값이 102[mA]일 때 오차율은?

㉮ 1[%]   ㉯ 2[%]
㉰ 3[%]   ㉱ 4[%]

해설 ★ 오차율 $\alpha = \dfrac{\varepsilon}{T} \times 100[\%] = \dfrac{M-T}{T} \times 100[\%]$
(백분율 오차)

$\alpha = \dfrac{102-100}{100} \times 100 = 2[\%]$

44 오실로스코프로 측정하지 못하는 것은?

㉮ 임피던스 변동률
㉯ 주파수
㉰ 변조도
㉱ 리플 함유율(맥동률)

해설 ★ 오실로스코프(oscilloscope)는 반복되는 전기적인 현상이나 파형 등을 브라운관으로 직시할 수 있도록 한 장치로서, 저주파로부터 수백 [MHz]까지의 전자 현상의 관측이나 전기적 양의 측정, 통신 기기의 조정, 주파수의 비교, 변조도의 측정 등에 사용된다. 즉, 오실로스코프로는 전압, 전류, 파형, 위상 및 주파수, 변조도, 시간간격, 펄스의 상승시간 등의 제 현상을 측정할 수 있다.

45 다음 중 지시계기의 일반적인 구비 조건으로 틀린 것은?

㉮ 측정값의 변화에 신속히 응답할 것
㉯ 확도가 높을 것
㉰ 외부의 영향을 받지 않을 것
㉱ 절연 내력이 낮을 것

해설 ★ 지시계기의 구비 조건
① 정밀도가 높고 오차가 작을 것
② 응답도(responsibility)가 좋을 것
③ 튼튼하고 취급이 편리할 것
④ 측정값의 변화에 신속히 응답할 것
⑤ 확도가 높을 것
⑥ 외부의 영향을 받지 않을 것
⑦ 절연 내력이 높을 것

46 다음에서 방송통신설비를 이용하여 직접 방송통신을 할 수 있도록 하기 위하여 방송통신설비를 타인에게 제공하는 것을 무엇이라 정의하는가?

㉮ 방송통신설비   ㉯ 방송통신기자재
㉰ 방송통신서비스   ㉱ 방송통신사업자

해설 ★ 방송통신발전 기본법 제2조(정의) 이 법에서 사용하는 용어의 뜻은 다음과 같다.
5. "방송통신서비스"란 방송통신설비를 이용하여 직접 방송통신을 하거나 타인이 방송통신을 할 수 있도록 하는 것 또는 이를 위하여 방송통신설비를 타인에게 제공하는 것을 말한다.

47 전기통신에 관한 사항은 전기통신기본법 또는 다른 법률에 특별히 규정한 것을 제외하고 어느 기관에서 관장하는가?

㉮ 행정안전부   ㉯ 방송통신위원회
㉰ 교육과학기술부   ㉱ 지식경제부

해설 ★ 전기통신기본법 제3조(전기통신의 관장) 전기통신에 관한 사항은 이 법 또는 다른 법률에 특별히 규정한 것을 제외하고는 방송통신위원회가 이를 관장한다.

48 전화·인터넷 접속 등과 같이 음성·데이

Answer 43. ㉯ 44. ㉮ 45. ㉱ 46. ㉰ 47. ㉯ 48. ㉱

터·영상 등을 그 내용이나 형태의 변경 없이 송신 또는 수신하게 하는 전기통신역무를 무엇이라 하는가?
㉮ 정보통신공사업   ㉯ 부가통신역무
㉰ 별정통신역무   ㉱ 기간통신역무

해설 ✱ 전기통신사업법 제2조(정의) 이 법에서 사용하는 용어의 뜻은 다음과 같다.
10. "보편적 역무"란 모든 이용자가 언제 어디서나 적절한 요금으로 제공받을 수 있는 기본적인 전기통신역무를 말한다.
11. "기간통신역무"란 전화·인터넷접속 등과 같이 음성·데이터·영상 등을 그 내용이나 형태의 변경 없이 송신 또는 수신하게 하는 전기 통신역무 및 음성·데이터·영상 등의 송신 또는 수신이 가능하도록 전기통신회선설비를 임대하는 전기통신역무를 말한다. 다만, 방송통신위원회가 정하여 고시하는 전기통신서비스(제6호의 전기통신역무의 세부적인 개별 서비스를 말한다. 이하 같다)는 제외한다.
12. "부가통신역무"란 기간통신역무 외의 전기통신역무를 말한다.
13. "특수한 유형의 부가통신역무"란 다음 각 목의 업무를 말한다.
   가. 「저작권법」 제104조에 따른 특수한 유형의 온라인서비스제공자의 부가통신역무
   나. 그 밖에 타인 상호간에 컴퓨터를 이용하여 「국가정보화 기본법」 제3조제1호에 따른 정보를 저장·전송하거나 전송하는 것을 목적으로 하는 부가통신역무

49 전기통신사업법상의 구내에 해당되지 않는 것은?
㉮ 하나의 건축물
㉯ 하나의 부지(1명 소유 또는 공유에 한정한다)와 그 부지 안의 건축물
㉰ 방송통신위원회가 정보통신정책심의위원회의 심의를 거쳐 고시한 구역
㉱ 건축물 상호간의 직선거리가 500미터 이상인 부지

해설 ✱ 전기통신사업법시행규칙 제3조의2 (구내의 범위) 법 제4조제3항제2호에서 "정보통신부령이 정하는 구내"라 함은 다음 각 호의 1을 말한다.
1. 하나의 건축물
2. 하나의 부지(1인 소유 또는 공유에 한한다)와 그 부지 안의 건축물
3. 1인 점유의 2 이상의 건축물 및 그 부지(건축물 상호간의 직선거리가 500미터 이내인 경우에 한한다)
4. 기타 제1호 내지 제3호와 인접한 건축물 또는 부지로서 정보통신부장관이 「전기통신기본법」 제44조의2의 규정에 의한 정보통신정책심의위원회의 심의를 거쳐 고시한 구역

50 다음에서 ㉠ 별정통신사업과 ㉡ 부가통신사업을 경영하려는 자는 방송통신위원회에 각각 무엇을 하여야 하는지 각 항목에 맞게 설명한 것은?
㉮ ㉠ 등록, ㉡ 신고
㉯ ㉠ 허가, ㉡ 등록
㉰ ㉠ 등록, ㉡ 허가
㉱ ㉠과 ㉡은 권고사항 없음

해설 ✱ 전기통신사업법 제21조(별정통신사업의 등록)
① 별정통신사업을 경영하려는 자는 대통령령으로 정하는 바에 따라 다음 각 호의 사항을 갖추어 방송통신위원회에 등록(정보통신망에 의한 등록을 포함한다)하여야 한다.
1. 재정 및 기술적 능력
2. 이용자 보호계획
3. 그 밖에 사업계획서 등 대통령령으로 정하는 사항
② 방송통신위원회는 제1항에 따라 별정통신사업의 등록을 받는 경우에는 공정경쟁 촉진, 이용자 보호, 서비스 품질 개선, 정보통신자원의 효율적 활용 등에 필요한 조건을

붙일 수 있다.
③ 제1항에 따른 별정통신사업의 등록은 법인만 할 수 있다.
④ 제1항에 따라 별정통신사업을 등록한 자(이하 "별정통신사업자"라 한다)는 등록한 날부터 1년 이내에 사업을 시작하여야 한다.
⑤ 제1항에 따른 등록의 요건, 절차, 그 밖에 필요한 사항은 대통령령으로 정한다.

- 전기통신사업법 제22조(부가통신사업의 신고 등)

① 부가통신사업을 경영하려는 자는 대통령령으로 정하는 요건 및 절차에 따라 방송통신위원회에 신고(정보통신망에 의한 신고를 포함한다)하여야 한다. 이 경우 자본금 등이 대통령령으로 정하는 기준에 해당하는 소규모 부가통신사업의 경우에는 부가통신사업을 신고한 것으로 본다.
② 제1항에도 불구하고 특수한 유형의 부가통신사업을 경영하려는 자는 다음 각 호의 사항을 갖추어 방송통신위원회에 등록(정보통신망에 의한 등록을 포함한다)하여야 한다.
  1. 「정보통신망 이용촉진 및 정보보호 등에 관한 법률」 제42조, 제42조의2, 제42조의3, 제45조 및 「저작권법」 제104조의 이행을 위한 기술적 조치 실시 계획
  2. 업무수행에 필요한 인력 및 물적 시설
  3. 재무건전성
  4. 그 밖에 사업계획서 등 대통령령으로 정하는 사항
③ 방송통신위원회는 제2항에 따라 부가통신사업의 등록을 받는 경우에는 같은 항 제1호에 따른 계획을 이행하기 위하여 필요한 조건을 붙일 수 있다.
④ 기간통신사업자가 부가통신사업을 경영하려는 경우에는 부가통신사업을 신고한 것으로 본다.
⑤ 제1항 전단에 따라 부가통신사업을 신고한 자 및 제2항에 따라 부가통신사업을 등록한 자는 신고 또는 등록한 날부터 1년 이내에 사업을 시작하여야 한다.
⑥ 제1항 전단에 따른 신고 및 제2항에 따른 등록의 요건, 절차, 그 밖에 필요한 사항은 대통령령으로 정한다.

51 다음 중 "방송통신설비"의 정의가 맞는 것은?

㉮ 유선·무선·광선 또는 그 밖의 전자적 방식에 의하여 송신되거나 수신되는 부호·문자·음성·음향 및 영상을 말함
㉯ 방송통신을 하기 위한 기계·기구·선로 또는 그 밖에 방송통신에 필요한 설비를 말함
㉰ 방송통신에 사용하는 장치·기기·부품 또는 선조 등을 말함
㉱ 방송통신을 이용하여 직접 방송통신을 하거나 타인에게 제공하는 것을 말함

해설 ★ 방송통신발전 기본법 제2조(정의) 이 법에서 사용하는 용어의 뜻은 다음과 같다.
  1. "방송통신"이란 유선·무선·광선(光線) 또는 그 밖의 전자적 방식에 의하여 방송통신콘텐츠를 송신(공중에게 송신하는 것을 포함한다)하거나 수신하는 것과 이에 수반하는 일련의 활동 등을 말하며, 다음 각 목의 것을 포함한다.
    가. 「방송법」 제2조에 따른 방송
    나. 「인터넷 멀티미디어 방송사업법」 제2조에 따른 인터넷 멀티미디어 방송
    다. 「전기통신기본법」 제2조에 따른 전기통신
  2. "방송통신콘텐츠"란 유선·무선·광선 또는 그 밖의 전자적 방식에 의하여 송신되거나 수신되는 부호·문자·음성·음향 및 영상을 말한다.
  3. "방송통신설비"란 방송통신을 하기 위한 기계·기구·선로(線路) 또는 그 밖에 방송통신에 필요한 설비를 말한다.
  4. "방송통신기자재"란 방송통신설비에 사용하는 장치·기기·부품 또는 선조(線條) 등을 말한다.
  5. "방송통신서비스"란 방송통신설비를 이용하

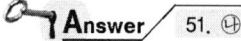

Answer 51. ㉯

여 직접 방송통신을 하거나 타인이 방송통신을 할 수 있도록 하는 것 또는 이를 위하여 방송통신설비를 타인에게 제공하는 것을 말한다.
6. "방송통신사업자"란 관련 법령에 따라 방송통신위원회에 신고·등록·승인·허가 및 이에 준하는 절차를 거쳐 방송통신서비스를 제공하는 자를 말한다.

52 다음 중 기간통신사업자의 전기통신회선설비 등을 이용하여 기간통신역무를 제공하는 사업은?

㉮ 별정통신사업 ㉯ 부가통신사업
㉰ 정보통신사업 ㉱ 특수통신사업

해설 ✽ 전기통신사업법 제5조(전기통신사업의 구분 등)
① 전기통신사업은 기간통신사업, 별정통신사업 및 부가통신사업으로 구분한다.
② 기간통신사업은 전기통신회선설비를 설치하고, 그 전기통신회선설비를 이용하여 기간통신역무를 제공하는 사업으로 한다.
③ 별정통신사업은 다음 각 호의 어느 하나에 해당하는 사업으로 한다.
 1. 제6조에 따른 기간통신사업의 허가를 받은 자(이하 "기간통신사업자"라 한다)의 전기통신회선설비 등을 이용하여 기간통신역무를 제공하는 사업
 2. 대통령령으로 정하는 구내(構內)에 전기통신설비를 설치하거나 그 전기통신설비를 이용하여 그 구내에서 전기통신역무를 제공하는 사업
④ 부가통신사업은 부가통신역무를 제공하는 사업으로 한다.

53 방송통신설비의 기술기준에 관한 규정에서 전기통신사업자의 교환설비로부터 이용자 방송통신설비의 최초단자에 이르기까지의 사이에 구성되는 회선을 말하는 것은?

㉮ 국선 ㉯ 통신망
㉰ 전송설비 ㉱ 국선설비

해설 ✽ 방송통신설비의 기술기준에 관한 규정 제3조(정의)
① 이 영에서 사용하는 용어의 뜻은 다음 각 호와 같다.
 3. "국선"이란 사업자의 교환설비로부터 이용자방송통신설비의 최초 단자에 이르기까지의 사이에 구성되는 회선을 말한다.
 4. "국선접속설비"란 사업자가 이용자에게 제공하는 국선을 수용하기 위하여 설치하는 국선수용단자반 및 이상전압전류에 대한 보호장치 등을 말한다.
 9. "전송설비"란 교환설비·단말장치 등으로부터 수신된 방송통신콘텐츠를 변환·재생 또는 증폭하여 유선 또는 무선으로 송신하거나 수신하는 설비로서 전송단국장치·중계장치·다중화장치·분배장치 등과 그 부대설비를 말한다.

54 다음 중 적합성 평가의 전부가 면제되는 방송통신기자재에 해당하지 않는 것은?

㉮ 시험, 연구를 위하여 제조하는 기자재
㉯ 국내에서 판매하기 위하여 제조하는 기기
㉰ 전시회 등 행사에 사용하기 위한 것으로서 판매를 목적으로 하지 아니하는 기자재
㉱ 외국의 기술자가 국내 산업체 등의 필요에 따라 기간 내에 반출하는 조건으로 반입하는 기자재

해설 ✽ 전파법 제58조의3(적합성평가의 면제)
① 다음 각 호의 어느 하나에 해당하는 경우로서 대통령령으로 정하는 기자재에 대하여는 적합성평가의 전부 또는 일부를 면제할 수 있다.
 1. 시험·연구, 기술개발, 전시 등을 위하여 제조하거나 수입하는 경우
 2. 국내에서 판매하지 아니하고 수출 전용

Answer 52. ㉮ 53. ㉮ 54. ㉯

으로 제조하는 경우
3. 방송통신위원회가 제58조의2제7항에 따라 잠정인증을 하는 때 잠정인증을 요청하는 자가 해당 기자재에 대하여 제58조의5에 따른 지정시험기관의 시험 결과를 제출한 경우
4. 다음 각 목에 해당하는 기자재로서 관계 법령에 따라 이 법에 준하는 전자파장해 및 전자파로부터의 보호에 관한 적합성평가를 받은 경우
   가. 「산업표준화법」 제15조에 따라 인증을 받은 품목
   나. 「전기용품안전 관리법」 제3조에 따른 안전인증, 같은 법 제5조에 따른 안전검사, 같은 법 제11조에 따른 자율안전확인신고 등 및 같은 법 제12조에 따른 안전검사
   다. 「품질경영 및 공산품안전관리법」에 따라 안전인증을 받은 공산품
   라. 「자동차관리법」에 따라 자기인증을 한 자동차
   마. 「소방시설설치유지 및 안전관리에 관한 법률」에 따라 형식승인을 받은 소방기기
   바. 「의료기기법」에 따라 품목허가를 받은 의료기기
② 적합성평가의 면제의 방법 및 절차 등에 관하여 필요한 사항은 대통령령으로 정한다.

55 방송통신기자재 등의 적합성평가의 면제의 방법 및 절차 등에 관하여 필요한 사항은 누가 정할 수 있도록 하고 있는가?
㉮ 국무총리   ㉯ 방송통신위원장
㉰ 대통령   ㉱ 국토해양부장관

해설 ※ 문제 54 해설 참조

56 주거용 건축물의 경우에 단위 세대당 구내통신 회선수 확보기준은?(단, 회선은 4쌍 꼬임케이블 기준이다.)
㉮ 1회선 이상   ㉯ 2회선 이상
㉰ 3회선 이상   ㉱ 4회선 이상

해설 ※ 방송통신설비의 기술기준에 관한 규정

구내통신 회선 수 확보 기준

대상건축물	회선 수 확보기준
1. 주거용 건축물	단위세대당 1회선(4쌍 꼬임케이블 기준) 이상
2. 업무용 건축물	각 업무구역(10제곱미터)당 1회선(4쌍 꼬임케이블 기준) 이상

[비고]
제1호 및 제2호 외의 건축물은 건축물의 용도를 감안하여 제1호 또는 제2호를 신축적으로 적용할 수 있다.

57 다음 중 구내통신선로설비에서 다음 사항 중 지장이 없도록 충분한 회선을 확보하여야 하는 경우에 속하지 않는 것은 무엇인가?
㉮ 구내로 인입되는 국선의 수용
㉯ 구내회선의 구성
㉰ 단말장치 등의 증설
㉱ 전원의 추가 수용

해설 ※ 전기통신설비의 기술기준에 관한 규정 제20조(회선 수)
① 구내통신선로설비에는 다음 각 호의 사항에 지장이 없도록 충분한 회선을 확보하여야 한다.
  1. 구내로 인입되는 국선의 수용
  2. 구내회선의 구성
  3. 단말장치 등의 증설

58 다음 중 정보통신공사업의 등록기준에 부적합한 경우는?
㉮ 방송통신위원회가 지정하는 금융기관 또는 정보통신공제조합이 자본금의 기준금액의 100분의 10 이상에 해당

Answer 55. ㉰ 56. ㉮ 57. ㉱ 58. ㉯

하는 담보를 제공받거나 현금의 예치 또는 출자를 받은 사실을 증명하여 발행하는 확인서를 발급받은 자
㉯ 입찰 참가자격이 제한된 경우와 공사업 영업정지처분 기간이 미경과한 자
㉰ 기술계 정보통신기술자 3인 이상, 기능계 정보통신기술자 1인 이상을 보유한 자
㉱ 개인이 자본금을 2억 원 이상 보유한 자

해설 ＊ 정보통신공사업법 시행령에 따른 공사업 등록기준은 다음 각 호와 같다.
1. 별표 3에 따른 기술능력·자본금(개인인 경우에는 자산평가액을 말한다. 이하 같다) 등을 갖출 것
2. 방송통신위원회가 지정하는 금융기관 또는 법 제45조에 따른 정보통신공제조합이 제1호에 따른 자본금의 기준금액의 100분의 10 이상에 해당하는 금액의 담보를 제공받거나 현금의 예치 또는 출자를 받은 사실을 증명하여 발행하는 확인서를 제출할 것
3. 다음 각 목의 어느 하나에 해당하는 자격을 갖출 것
    가. 「국가를 당사자로 하는 계약에 관한 법률」 또는 「지방자치단체를 당사자로 하는 계약에 관한 법률」에 따라 부정당업자로 입찰참가자격이 제한된 경우에는 그 기간이 경과되었을 것
    나. 공사업 영업정지처분을 받은 경우에는 그 기간이 경과되었을 것

정보통신공사업의 등록기준(제21조 관련)

자본금		기술능력	사무실
법인	1억 5천만 원 이상	1. 기술계 정보통신기술자 3인 이상(3인 중 1인은 통신·전자·정보처리기술 분야의 중급 기술자 이상이어야 한다)	15 제곱미터 이상
개인	2억 원 이상	2. 기능계 정보통신기술자 1인 이상(기능계 정보통신기술자는 기술계 정보통신기술자로 대체할 수 있다)	

[비고]
1. 자본금
    가. 자본금은 공사업을 위한 자본금으로 공사업 외의 자본금을 제외하며, 주식회사 외의 법인의 경우 "자본금"은 "출자금"으로 한다.
    나. 법인의 경우 납입자본금과 실질자본금이 각각 등록기준의 자본금 이상이어야 한다. 다만, 외국법인(외국의 법령에 따라 설립된 법인 또는 외국법인이 자본금의 100분의 50 이상을 출자하였거나 임원수의 2분의 1 이상이 외국인인 법인을 말한다)이 지사를 설치하여 공사업을 신청한 때의 자본금은 국내지사설립자본금(주된 영업소의 자본금을 말한다)을 기준으로 한다.
2. 정보통신기술자는 별표 6에 따른 정보통신기술자를 말하며, 정보통신기술자는 상근임원이나 직원의 신분으로 소속되어 있어야 한다.

59 다음 중 정보통신공사업법령에 명시된 통신선로설비공사의 범위에 포함되지 않는 것은 무엇인가?
㉮ 통신관로설비공사
㉯ 통신구설비공사
㉰ 방범설비공사
㉱ 통신케이블설비공사

해설 ＊ 정보통신공사업법 시행령 제2조(공사의 범위)
① 「정보통신공사업법」(이하 "법"이라 한다) 제2조제2호에 따른 정보통신설비의 설치 및 유지·보수에 관한 공사와 이에 따른 부대공사는 다음 각 호와 같다.
1. 전기통신관계법령 및 전파관계법령에 따른 통신설비공사
2. 「방송법」 등 방송관계법령에 따른 방송설비공사
3. 정보통신관계법령에 따라 정보통신설비를 이용하여 정보를 제어·저장 및 처리하는 정보설비공사
4. 수전설비를 제외한 정보통신전용 전기시설설비공사 등 그 밖의 설비공사

Answer 59. ㉰

5. 제1호부터 제4호까지의 규정에 따른 공사의 부대공사
6. 제1호부터 제5호까지의 규정에 따른 공사의 유지·보수공사

60 공사업을 등록한 자는 등록기준에 관한 사항을 대통령령이 정하는 기간이 끝날 때마다 몇 년 이내의 범위에서 시·도지사에게 신고하여야 하는가?

㉮ 1년 ㉯ 2년
㉰ 3년 ㉱ 5년

해설 * 정보통신공사업법 시행령 제19조(등록기준에 관한 신고 등)
① 법 제14조제2항에서 "대통령령으로 정하는 기간"이란 등록한 날부터 매 3년을 말한다.
② 법 제14조제2항에 따라 등록기준에 관한 사항을 신고하려는 자는 정보통신공사업 등록기준신고서에 제16조제1항 각 호의 서류 및 등록수첩 사본을 첨부하여 제1항에 따른 기간이 도래하기 전 30일부터 도래한 후 30일 이내에 시·도지사에게 제출하여야 한다. 다만, 제16조제1항제2호에 따른 기업진단보고서는 제28조제2항제3호에 따른 서류로 제21조제1호에 따른 자본금을 증명하는 경우 이를 갈음할 수 있다.
③ 제16조제2항은 제1항에 따른 신고절차에 관하여 이를 준용한다. 이 경우 "등록신청"을 "등록기준신고"로, "신청인"을 "신고인"으로 한다.
④ 정보통신공사업 등록기준신고서의 첨부서류 및 신청서의 보완에 관하여는 제17조를 준용한다.

Answer 60. ㉰

2013년 1회 시행 과년도출제문제

01 주파수변조(FM) 방식에서 높은 주파수대에서의 S/N비 저하를 막기 위해 고역을 보강하는 회로를 무엇이라고 하는가?
㉮ 순시편이 제어회로(IDC)
㉯ 프리엠퍼시스(Pre-emphasis)회로
㉰ 디엠퍼시스(De-emphasis)회로
㉱ 프리디스토터(Pre-distorter)회로

해설 ① FM 송신기의 부속회로
  ㉠ 순시편이제어(Instantaneous Deviation Control) : FM 송신기에서 최대 주파수 편이가 규정치를 초과하지 않도록 음성 신호 등의 진폭을 일정 레벨로 제어하는 회로
  ㉡ 프리엠퍼시스(Pre-emphasis)회로 : 정해진 주파수보다 높은 주파수에 대하여 S/N비 저하를 막기 위해 주파수의 증가에 비례하여 신호 레벨을 증강시켜 송신하여 고역을 보강하는 회로
② FM 통신용 수신기의 부속회로
  ㉠ 진폭 제한기(limiter) : FM파(반송파)가 진폭 변화를 받아 약간의 진폭 변조된 AM파 성분(잡음 성분)을 제거하여 진폭을 일정(평탄)하게 하는 회로
  ㉡ 주파수 판별기(FM 검파회로) : 주파수 변조된 FM파를 진폭의 변화(AM)로 바꾸는 회로
  ㉢ 스켈치(squelch)회로 : 입력 신호가 없을 때 잡음을 개선하기 위하여 저주파 증폭부의 동작을 자동적으로 정지시키는 회로
  ㉣ 자동이득제어(AGC : Automatic Gain Control)회로 : 입력 레벨의 변동에 대하여 수신기의 이득을 자동으로 조정하는 회로
  ㉤ 디엠퍼시스(de-emphasis)회로 : 송신측에서 SN비 개선을 위해 고역 이득을 보강한 특성(프리엠퍼시스)을 수신측에서 다시 보정하여 전체적으로 평탄한 특성으로 하기 위한 회로
  ㉥ 자동 주파수 제어(automatic frequency control, AFC) 회로 : 주파수 변화를 위한 국부 발진기의 주파수 변동을 제거하기 위하여 주파수를 자동적으로 검출하고 제어하는 회로

02 다음 중 도너(donor)에 대한 설명으로 옳은 것은?
㉮ 가전자가 1개 모자라는 불순물이다.
㉯ 3가 원소이다.
㉰ P형 반도체를 만든다.
㉱ N형 반도체를 만든다.

해설 ① N형 반도체 : 과잉 전자(excess electron)에 의해서 전기 전도가 이루어지는 불순물 반도체
  - 도너(donor) : N형 반도체를 만들기 위한 불순물 원소(Sb, As, P, Pb)
② P형 반도체 : 정공에 의해서 전기 전도가 이루어지는 불순물 반도체
  - 억셉터(acceptor) : P형 반도체를 만들기 위한 불순물 원소(Ga, In, B, Al)

03 트랜지스터가 정상적으로 전류 증폭을 하는 영역은?
㉮ 활성영역   ㉯ 포화영역
㉰ 차단영역   ㉱ 항복영역

해설 트랜지스터(BJT)의 동작영역에서 증폭기로 사용하기 위해서는 활성영역에서 동작하여야 하고, 논리회로에 사용하기 위해서는 포화영역과

Answer 1. ㉯ 2. ㉱ 3. ㉮

차단영역을 사용한다.

04 저주파 발생에 적합한 발진기는?
㉮ RC 발진기
㉯ LC 발진기
㉰ 구상 발진기
㉱ 콜피츠 발진기

해설 * RC 발진기는 저주파 발생에 적합하다.
① 이상형 발진기 : RC의 이상(phase shifter) 특성을 이용한다.
② 빈 브리지(Wien bridge) 발진기

05 전원회로에 사용되는 평활회로의 구성 요소가 아닌 것은?
㉮ LC 필터
㉯ 브리지회로
㉰ 커패시터
㉱ 저역통과필터

해설 * 평활회로
직류 발전기나 정류기에 의해서 직류를 얻는 경우에 직류 중에 포함되는 리플을 제거하기 위하여 삽입하는 회로. 평활회로는 철심 코일이나 콘덴서로 이루어지는 저역 필터로 구성되어 있으며, 그 차단 주파수(cut-off frequency)를 리플 주파수보다 훨씬 작게 택하는 것이 보통이다.

06 발진 발생 후 계속 유지되기 위해 평형 상태가 되어야 한다. 즉, $\beta A = 1$이 되는 조건을 무엇이라 하는가?
㉮ 위상 조건
㉯ 진폭 조건
㉰ 지속 조건
㉱ 주파수 조건

해설 * $A\beta = 1$이면 A_{vf}가 무한대가 되어 발진한다. 이러한 발진조건을 바크하우젠(Barkhausen) 발진조건(지속조건)이라 한다. 즉 $|1-A\beta| > 1$일 때는 부궤환(증폭회로에 적용), $|1-A\beta| \leq 1$일 때는 정궤환(발진회로에 적용)

07 다음 그림과 같은 RC 회로에 구형파 신호를 인가하면 상승시간(Rise Time)은 얼마나 되는가?(단, V_i : 입력신호, V_o : 출력신호)

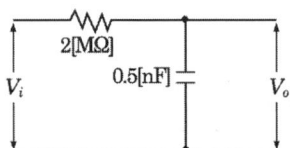

㉮ 22[ms] ㉯ 1[ms]
㉰ 0.1[ms] ㉱ 2.2[ms]

해설 * 상승 시간(t_r, rise time)
실제의 펄스가 이상적 펄스의 진폭(V)의 10[%]에서 90[%]까지 상승하는 데 걸리는 시간
상승 시간 : $t_r = t_2 - t_1$
$= (2.3 - 0.1)RC$
$= 2.2RC[\sec]$
$= 2.2 \times 2 \times 10^6 \times 0.5 \times 10^{-9}$
$= 2.2 \times 10^{-3}$
$= 2.2[ms]$

08 실생활에 사용하고 있는 가정용 전원의 주파수는 60[Hz]이다. 이 주파수의 주기는 약 얼마인가?
㉮ 60초 ㉯ 1초
㉰ 0.17초 ㉱ 0.017초

해설 * $f = \dfrac{1}{T}[Hz]$, T : 주기[sec]

Answer 4. ㉮ 5. ㉯ 6. ㉰ 7. ㉱ 8. ㉱

09 다음 중 괄호 a, b에 각각 알맞은 용어는?

> 전류계는 전류량을 측정하기 위해 회로 내에 (a)로 연결하는 내부저항이 (b) 계기이다.

㉮ 직렬, 큰　　㉯ 직렬, 작은
㉰ 병렬, 큰　　㉱ 병렬, 작은

해설 ∗ 분류기(shunt)는 전류계의 측정 범위를 넓히기 위해 전류계와 병렬로 접속하는 저항으로 전류계의 내부 저항이 크면 전류계를 접속할 때 부하전류가 변화할 염려가 있으므로, 전류계의 내부저항은 되도록 작게 해야 한다.

10 다음 중 교류의 실효값을 올바르게 표시한 것은?

㉮ 실효값=최대값×$\sqrt{2}$
㉯ 실효값=평균값×$\frac{1}{\sqrt{2}}$
㉰ 실효값=최대값×$\frac{1}{\sqrt{2}}$
㉱ 실효값=평균값×$\sqrt{2}$

해설 ∗ ① 순시값 : 순간순간 변하는 교류의 임의의 시간에 있어서 값
② 최댓값 : 순시값 중에서 가장 큰 값
③ 실효값 : 교류의 크기를 교류와 동일한 일을 하는 직류의 크기로 바꿔 나타낸 값
④ 평균값 : 교류 순시값의 1주기 동안의 평균을 취하여 교류의 크기를 나타낸 값
⑤ 직류전류의 값으로 교류전류의 값을 나타낸 값. 교류의 전류나 전압은 그 세기가 일정하지 않고 시간에 따라 주기적으로 변화한다. 따라서 동일한 저항으로 교류전류 및 직류전류를 따로 흐르게 하여 저항 속에서 소비되는 전력이 같을 때의 직류전류의 세기로 교류전류의 세기를 나타낸다. 교류전압에 대해서도 이와 같이 실효값을 정의하고 있다. 실효값은 주기적으로 변동하는 전압 또는 전류의 순시값의 제곱을 1주기로 한 평균값의 제곱근과 같다. 사인파 교류의 전압

과 전류의 실효값은 최댓값의 $\frac{1}{\sqrt{2}}$과 같다.
또한 사인파 교류의 전압과 전류는 실효값으로 나타내는 것이 보통이다. 예를 들면 가정에서 사용하는 교류 220[V] 전압의 실효값은 220[V]이며 최댓값은 약 140[V]이다.

11 R[Ω]의 저항에 I[A]의 전류가 T[sec] 동안 흐를 때 저항에서 소비되는 전력량[J]은?

㉮ RI^2T　　㉯ RIT
㉰ $\frac{RT}{I^2}$　　㉱ R^2IT

해설 ∗ 전력량 : $W = I^2Rt = VIt = Pt[J]$
[J]=[V·A·sec]=[W·sec]
전력량의 실용 단위는 [Wh] 또는 [kWh]를 사용한다.
$1[kWh]=10^3[Wh]=3.6×10^6[J]$

12 수정 발진기의 특징으로 가장 알맞은 것은?

㉮ 온도변화에 영향을 받지 않는다.
㉯ 수정진동자가 용량성일 때, 안정하게 동작한다.
㉰ 주파수 안정도가 매우 높다.
㉱ 수정편의 Q(선택도)가 매우 낮다.

해설 ∗ 수정 발진기는 압전 효과(piezo effect)를 이용한 것으로서 수정 진동자에 왜력(歪力)을 가하면 수축하고, 왜력을 풀면 원형으로 복구되는 관성이 있기 때문에 다시 팽창한 다음 또 다시 수축하는 자유 진동을 일으킨다. 이 왜력 대신에 전기적으로 전압을 가해도 전왜(電歪)가 생겨 진동하는데, 이때의 전압은 수정 자체의 고유 진동수에 가까운 주파수로 변화하는 교번 전압을 가해도 진동력은 지속된다. 수정 부분이 발진 조건을 만족시키는 유도성 주파수 범위가 매우 좁고 Q는 10^4~10^6으로서 높다.

Answer 9. ㉮　10. ㉰　11. ㉮　12. ㉰

13. 부궤환 증폭회로의 특징으로 옳은 것은?

㉮ 입출력 임피던스를 낮출 수 있다.
㉯ 위상 일그러짐이 증가한다.
㉰ 트랜지스터의 상수 변화에 증폭도가 크게 영향을 받는다.
㉱ 주파수 대역폭이 넓어진다.

해설 ★ 음되먹임(NFB) 증폭기의 이점으로서는 주파수 특성이 개선되고, 일그러짐이 감소되며, 잡음이 감소된다는 점을 들 수 있다.

14. 증폭기에서 증폭도는 어느 단위로 표시하는가?

㉮ 볼트[V]   ㉯ 데시벨[dB]
㉰ 암페어[A]   ㉱ 와트[W]

해설 ★ 증폭도(이득)
출력 신호에 대한 입력 신호의 비로서 보통 [dB]로 표시한다. $G = 20\log_{10} A$ [dB]

15. PCM(펄스코드변조) 방식에 있어서 data 전송량을 줄임으로써 전송효율을 향상시키기 위한 방법 중 1[bit] 양자화기를 사용하는 것을 무엇이라고 하는가?

㉮ PAM   ㉯ DPCM
㉰ DM   ㉱ ADPCM

해설 ★

구분	PCM	DPCM	ADPCM	DM	ADM
표본화 주파수	8kHz	8kHz	8kHz	16kHz	16kHz
표본당 비트수	8bit	4bit	4bit	1bit	1bit
전송속도	64bps	32bps	32bps	16bps	16bps
양자화 계단	256(28)	16(24)	16(24)	2(21)	2(21)
시스템 구성	보통	복잡	매우 복잡	매우 간단	간단
잡음	양자화	양자화		평탄/과부하	

16. 다음은 프로그래밍 언어의 번역 과정이다. 각각의 상태에 대한 설명으로 적절한 것은?

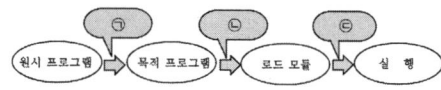

㉮ ㉠ : 작성된 원시프로그램을 한 줄씩 읽어 번역하는 프로그램이다.
㉯ ㉡ : 사용자가 각종 프로그램 언어로 작성한 프로그램이다.
㉰ ㉢ : 디스크에 저장된 프로그램을 메모리에 적재시켜주는 기능을 수행한다.
㉱ ㉢ : 실행속도가 느리지만 기억장소를 작게 차지한다.

해설 ★ 프로그래밍 언어의 번역과정

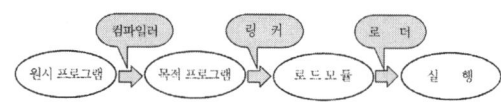

① 컴파일러(Compiler) : 전체 프로그램을 한 번에 처리하여 목적 프로그램을 생성하는 번역기
② 링커(Linker) : 기계어로 번역된 목적 프로그램을 실행 프로그램 라이브러리를 이용하여 실행 가능한 형태의 로드 모듈로 번역하는 번역기
③ 로더(Loader) : 로드 모듈을 수행하기 위해 메모리에 적재시켜 주는 기능을 수행

17. 다음 중 운영체제(OS)를 사용하는 목적이 아닌 것은?

㉮ 사용자 인터페이스 제공
㉯ 컴퓨터 시스템의 성능 향상
㉰ 처리능력 향상
㉱ 보안성 향상

해설 ★ 운영체제(OS)는 컴퓨터의 하드웨어 및 각종 정보들을 효율적으로 관리하며, 사용자들에게 편리하게 이용할 수 있고, 자원을 공유하도록 하

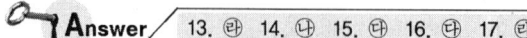

는 소프트웨어이다.
㉠ 운영체제(OS : Operating System)의 기능
- 자원을 효율적으로 관리하고, 응용 프로그램의 실행 제어
- 작업의 연속적인 처리를 위한 스케줄 관리
- 사용자와 컴퓨터 간 인터페이스 제공
- 메모리 상태와 운영 관리
- 하드웨어 주변장치 관리
- 프로그램이나 데이터 저장, 액세스 제어에 필요한 파일 관리
- 프로그램 수행을 제어하는 프로세서 관리

18 입출력 장치와 컴퓨터 간에 교환되는 정보는 아스키(ASCII)라는 표준 이진코드로 표현된다. 아스키코드에서 $1000001_{(2)}$은 영문자 A에 해당된다. 아스키코드 A에 대한 10진수와 16진수 표현으로 옳은 것은?

㉮ 10진수 : 64, 16진수 : 0x40
㉯ 10진수 : 65, 16진수 : 0x41
㉰ 10진수 : 66, 16진수 : 0x42
㉱ 10진수 : 67, 16진수 : 0x43

해설 * ASCII 코드(American Standard Code for Information Interchange Code)는 문자를 표시하기 위한 7비트 코드로서 영어 대문자, 소문자로 구별할 수 있으며, 가장 왼쪽의 한 비트는 코드의 오류 검출용 패리티 비트를 부가하여 8비트로 표시하고 데이터 통신에서 표준 코드로 사용하며 개인용 컴퓨터에 사용한다. $2^7=128$개의 문자까지 표시가 가능하다.

D	C	B	A	8	4	2	1
패리티비트 (1비트)	존 비트 (3비트)			숫자 비트 (4비트)			

아스키코드 A에 대한 10진수 :
$$1000001_{(2)} = 1 \times 2^6 + 1 \times 2^0$$
$$= 64 + 1 = 65_{(10)}$$
아스키코드 A에 대한 16진수 :

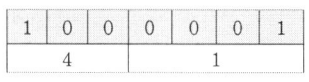

$1000001_{(2)} = 41_{(16)}$

19 다음 반가산기의 구성에서 괄호에 맞는 것은?

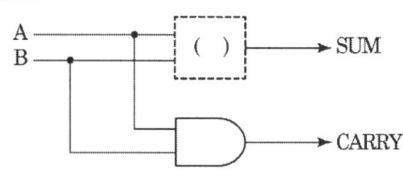

㉮ NOT   ㉯ NAND
㉰ OR   ㉱ EX-OR

해설 * 반가산기(HA : Half Adder)
두 개의 2진수를 더하여 합계 S(Sum)와 자리올림수 C(Carry)를 구하는 논리회로
$S = A \oplus B = A\overline{B} + \overline{A}B$, $C = A \cdot B$

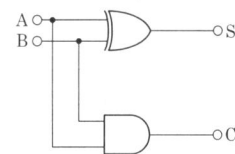

반가산기 회로도

A	B	S	C
0	0	0	0
0	1	1	0
1	0	1	0
1	1	0	1

반가산기의 진리치표

20 다음 중 자료의 표현단위로 옳지 않은 것은?

㉮ field   ㉯ file
㉰ bank   ㉱ record

해설 * 자료의 구조
① 비트(bit) : binary digit의 약어로 정보를 나타내는 최소의 단위이다.

② 바이트(byte) : 하나의 문자나 일정한 크기의 수를 기억하는 단위로서 8개의 비트를 연결한 모임을 말한다.
③ 워드(word) : 몇 개의 바이트의 모임으로, 하나의 기억 장소에 기억되는 데이터의 범위를 의미한다.
  ㉠ 반 워드(half word) : 2byte
  ㉡ 풀 워드(full word) : 4byte
  ㉢ 더블 워드(double word) : 8byte
④ 항목(field 또는 item) : 정보의 전달을 위한 최소한의 문자의 집단을 말한다.
⑤ 레코드(record) : 한 단위로 취급되는 서로 관련 있는 항목들의 집단을 말한다.
⑥ 파일(file) : 어떤 한 작업에 관련된 레코드들의 집합을 의미한다.
⑦ 데이터베이스(data base) : 상호 관련된 파일들의 집합을 말한다.

21 다음 ㉠, ㉡에 들어갈 단어의 순서가 옳은 것은?

> (㉠)은(는) 어떤 문제를 해결하기 위한 과정을 단계적으로 구분하여 차례로 나열한 풀이과정을 말하며 (㉡)은(는) 처리방법, 작업의 흐름, 순서 등을 정해진 기호를 사용하여 그림으로 나타내는 방법을 말한다.

㉮ 순서도, 알고리즘
㉯ 순서도, 순서도
㉰ 알고리즘, 순서도
㉱ 알고리즘, 알고리즘

해설 ★ 알고리즘과 순서도
① 알고리즘 : 어떤 문제를 해결하기 위하여 수행할 작업을 기본적인 단계로 세분하여 정하고, 이들 단계를 조합하여 정의된 조건의 실행에 의해 결론에 도달하는 순서를 말한다.
② 순서도 : 처리방법, 작업의 흐름, 순서 등을 정해진 기호를 사용하여 그림으로 나타내는 방법을 말한다.

22 아래와 같이 2개의 자료가 입력되었을 때, ALU에서 OR 연산이 이루어지면 출력값은?

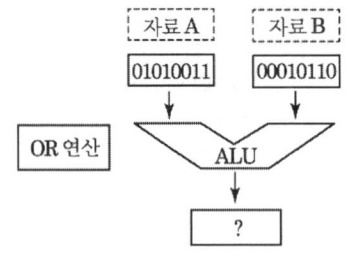

㉮ 01010011
㉯ 01011111
㉰ 00010110
㉱ 01010111

해설 ★ OR(논리합)
비트, 문자 삽입 기능으로 2개의 데이터를 논리합하여 비트나 문자의 삽입에 사용하는 연산이다.
01010011+00010110=01010111

23 워드프로세서에서 문서를 편집할 때 그 페이지에 나온 내용에 대하여 해당 페이지의 하단에 보충 설명을 추가하는 기능을 무엇이라고 하는가?

㉮ 머리말
㉯ 꼬리말
㉰ 각주
㉱ 미주

해설 ★ ㉠ 각주(Footnote) : 문서의 내용을 설명하거나 인용한 원문의 제목을 알려주는 보충구절로 본문의 하단에 표기한다.
㉡ 미주(Endnote) : 문서에 나오는 문구에 대한 보충 설명들을 본문과 상관없이 문서의 맨 마지막에 모아서 표기하는 기능이다.
㉢ 머리말(Header) : 책이나 논문 따위의 첫머리에 내용이나 목적 따위를 간략하게 적은 글. 문서에서 본문과 상관없이 각 페이지 위쪽에 고정적으로 들어가는 글
㉣ 꼬리말(Footer) : 책이나 논문의 끝부분에 그 내용의 대강이나 관련 사항을 간략하게 적은 글. 문서에서 본문과 상관없이 각 페이지 아래쪽에 고정적으로 들어가는 글

24 다음 중 명령어(Instruction)의 형식에서 주소부(Operand)에 해당하지 않는 것은?
㉮ OP-code ㉯ Mode
㉰ Register ㉱ Address

해설 ✱ 명령어(Instruction)는 OP Code와 Operand로 구성된다.

25 컴퓨터의 일반적인 특징에 대한 설명으로 옳지 않은 것은?
㉮ 고속성 : 방대한 양의 데이터를 느리게 실시간 처리 가능하다.
㉯ 대용량성 : 대용량 정보 기억장치와 보조기억장치의 사용이 가능하다.
㉰ 정확성 : 데이터의 처리가 정확하여 신뢰도가 높다.
㉱ 논리/판단성 : 인간의 논리적 판단 및 의사결정에 도움을 준다.

해설 ✱ **컴퓨터의 특징**
① 자동성 : 주어진 프로그램의 조건에 따라 자동으로 데이터를 처리해 준다.
② 기억성 : 메모리에 대량의 데이터를 기억한다.
③ 신속성 : 데이터의 처리가 빠르다.
④ 범용성 : 다른 컴퓨터와도 쉽게 호환(인터페이스가 용이)된다.
⑤ 정확성 : 데이터의 처리가 정확하여 신뢰도가 높다.
⑥ 동시성 : 다수 사용자가 동시에 사용 가능하다.

26 일반적인 디지털 전자 교환기에서 아날로그 신호를 디지털 신호로 변환시키며 가입자선, 중계선, 서비스 회로 등을 정합시키는 장치는?
㉮ 제어계
㉯ 서비스계
㉰ 스위치 네트워크
㉱ 주변정합장치

해설 ✱ 주변정합장치(BORSCHT)는 교환기에서 가입자선을 정합하는 가입자회로가 기본적으로 가져야 할 기능에 대하여 영문 첫 문자를 딴 것이다.
[주변정합장치(BORSCHT)의 기능]
• B(Battery Feed) : 가입자선 통화전류 및 신호를 위한 급전
• O(Over Voltage Protection) : 외부 과전압으로부터의 내부회로 보호
• R(Ringing) : 가입자 호출신호의 송출
• S(Supervision) : 가입자선의 상태(포착, 복구, 다이얼 펄스, 응답 등)를 검출
• C(Coding & Decoding) : 아날로그 음성신호와 PCM 신호 상호변환
• H(Hybrid) : 아날로그 2선 전송과 PCM 신호 4선 전송 간의 상호변환
• T(Testing) : 가입자선로 및 내부회로 시험장치 연결을 위한 회로 개폐 기능

27 통신시스템에서 효율적인 정보 전송을 위해 반송파에 신호파를 싣는 것을 무엇이라 하는가?
㉮ 복조 ㉯ 증폭
㉰ 변조 ㉱ 발진

해설 ✱ ① 변조(modulation)란 송신에서 신호의 전송을 위해 고주파에 저주파 신호를 포함시키는 과정이며, 변조된 반송파(carrier wave)를 피변조파(modulated wave)라 한다.
② 변조의 목적
㉠ 보내고자 하는 신호를 전송 매체에 매칭시키는 것
㉡ 방사(Radiation)의 편리
㉢ 잡음과 간섭 제거
㉣ 주파수 할당
㉤ 시간의 다중화
㉥ 장비의 한계 극복

Answer 24. ㉮ 25. ㉮ 26. ㉱ 27. ㉰

28 6분간 트래픽량이 80[HCS]일 때 트래픽 밀도는 얼마인가?

㉮ 3[Erl] ㉯ 5[Erl]
㉰ 7[Erl] ㉱ 8[Erl]

해설 * 트래픽 밀도(Traffic Density)
= 호량(呼量)÷(트래픽 밀도)
= (트래픽량)÷(관측시간)
= (1시간 동안 평균 호수)×(평균 보류시간)
- [Erlang] : 1회선을 1시간 동안 점유한 트래픽량
- [HCS(Hundred Call Seconds)]
  = [CCS(Centum Call Seconds)] = [백초호]
- [Erl] = 36[HCS] = 36[CCS](1시간 = 3600초 = 36백초호)
- 트래픽 밀도(Traffic Density)
  = $\frac{360}{3600} \times 80 = 8[Erl]$

29 다음 중 전자교환기에 사용되는 제어방식은?

㉮ 간접제어방식
㉯ 축적프로그램제어방식
㉰ 포선논리제어방식
㉱ 배선논리제어방식

해설 * 공동제어방식의 분류
① 포선논리제어방식(WLC : wired logic control system) : 입력 조건에 따라 릴레이와 그 접점 및 기타 부품을 결선하는 것에 의하여 회선로 기능을 실현하도록 하는 방식(X-bar 교환기에 적용)
② 축적프로그램제어방식(SPC : stored program control system) : 교환 처리의 순서와 처리 내용을 미리 프로그램 짜서 기억장치에 기억시켜 놓고, 호를 처리할 때 기억장치로부터 차례로 읽어내어 처리하는 방식(대부분의 전자 교환기에 사용)

30 현재 국내에서 사용하고 있는 개인휴대전화에서 사용하고 있는 통신 방식으로 우리나라에서 세계 최초로 상용화시킨 이동통신 기술방식은?

㉮ FDMA ㉯ TDMA
㉰ CDMA ㉱ GSM

해설 * ① FDMA(frequency division multiple access) : 주파수분할 다중접속 방식은 무선 셀룰러 통신에 할당된 주파수 대역을 30개의 채널로 분할하고, 각 채널은 음성 대화나 디지털 데이터를 옮기는 서비스에 사용될 수 있다. FDMA는 북미에 가장 광범위하게 설치된 셀룰러폰 시스템인 아날로그 AMPS의 기본 기술이다. FDMA에서는 각 채널이 한 번에 오직 단 한 명의 사용자에게 할당될 수 있다.
② CDMA(code-division multiple access) : 코드분할 다중접속 방식은 데이터를 디지털화한 다음 그것을 가용한 전체 대역폭에 걸쳐 확산시킨다. 여러 통화가 하나의 채널에 겹쳐지게 되며, 각 통화는 차례를 나타내는 고유한 코드가 부여된다.
미국 퀄컴사에서 북미의 디지털 셀룰러 전화의 표준 방식으로 1993년 7월 미국 전자공업 협회(TIA)의 자율 표준 IS-95로 제정되었고, 우리나라는 1993년 11월에 체신부 고시를 통해 디지털 이동전화방식의 표준이 CDMA로 공식 결정되었으며, 세계 최초로 CDMA 상용화에 성공한 나라가 되었다.
㉠ CDMA의 장점
- AMPS에 비해 8~10배, GSM에 비해 4~5배의 용량을 가진다.
- 음성 품질이 높다.
- 모든 셀이 동일한 주파수를 사용하므로 주파수 계획이 용이하다.
- 보안성이 높다.
- 주파수 대역 이용 효율이 높다.
③ TDMA(time division multiple access) : 시분할 다중접속은 시간을 기준으로 분할하여 디지털 셀룰러폰 통신에 사용되는 기술로서, 전송할 수 있는 데이터량을 늘리기 위

Answer 28. ㉱ 29. ㉯ 30. ㉰

해 각 셀룰러 채널을 3개의 시간대로 나누기 위한 기술이다.
④ GSM(Global System for Mobile communications) : 종합정보통신망과 연결되므로 모뎀을 사용하지 않고도 전화 단말기와 팩시밀리, 랩톱 등에 직접 접속하여 이동데이터 서비스를 받을 수 있는 유럽식 디지털 이동통신 방식으로 한국에서 사용되고 있는 CDMA 방식과 대응되는 이동통신 방식이다. 각 주파수 채널을 시간으로 분할하는 시분할다중접속(TDMA) 방식 기술과 비동기식 전송망 기술을 기반으로 900[MHz] 대역에서 운용되는 이동통신 방식이다.
㉠ GSM의 특징
- 높은 음성 품질
- 저렴한 서비스 비용
- International Roaming 지원
- 주파수 대역 사용 효율 향상
- ISDN 호환

31 샘플링 이론에서 음성신호가 3,400[Hz]일 경우 표준화 주파수는 최소 얼마 이상이어야 하는가?
㉮ 2,000[Hz]   ㉯ 3,400[Hz]
㉰ 6,800[Hz]   ㉱ 8,000[Hz]

해설 ✱ 나이퀴스트-샤넌 표본화 정리는 신호의 완전한 재구성은 표본화 주파수가 표본화된 신호의 최대 주파수의 두 배보다 더 클 때, 혹은 나이퀴스트 주파수가 표본화된 신호의 최고 주파수를 넘을 때 가능하다.

32 다음 중 전송 품질을 나타내는 신호 대 잡음비(SNR)에 해당하는 식은? (단, S : 신호전력, N : 잡음전력)
㉮ $SNR = 10\log_{10} S/N [dB]$
㉯ $SNR = 20\log_{10} S/N [dB]$
㉰ $SNR = 10\log_{10} N/S [dB]$
㉱ $SNR = 20\log_{10} N/S [dB]$

해설 ✱ S/N or SNR(signal-to-noise ratio) : 신호 대 잡음비
통신에서 신호 대 잡음비, 즉 S/N은 신호 대 잡음의 상대적인 크기를 재는 것으로서, 대개 데시벨이라는 단위가 사용된다. 들어오는 신호의 세기(단위는 마이크로볼트)를 V_s라 하고, 잡음을 V_n이라 하면(이것도 단위는 역시 마이크로볼트), 신호 대 잡음비는 아래와 같은 공식으로 표현된다. $SNR = 20\log_{10}(S/N)$

33 피측정량의 변화에 대한 지시각 변화의 비를 무엇이라고 하는가?
㉮ 감도   ㉯ 정밀도
㉰ 오차   ㉱ 정확도

해설 ✱ 감도 및 정도
측정기의 지시로 알아낼 수 있는 최소의 측정량을 감도(sensitivity)라 하고, 측정값을 얼마만큼 미세하게 식별할 수 있는가의 양을 정도라 한다.

34 통신속도가 1,200[baud]일 때 신호 비트가 3비트이면 전송속도는 몇 [bps]인가?
㉮ 1,200[bps]   ㉯ 2,400[bps]
㉰ 3,600[bps]   ㉱ 4,800[bps]

해설 ✱ 3비트가 한 신호단위를 이루므로 보 속도는 bps 속도의 1/3이 된다.
bps = 3 × 1200 = 3,600[bps]

35 OSI 7계층에서 하위 계층이 아닌 것은?
㉮ 네트워크계층
㉯ 세션계층
㉰ 데이터링크계층
㉱ 물리계층

해설 ✱ OSI 7레벨 계층 참조 모델의 계층 순서(하위

Answer   31. ㉰   32. ㉯   33. ㉮   34. ㉰   35. ㉯

레벨에서 상위 레벨 순)
물리계층(Physical Layer) → 데이터 링크 계층(Data Link layer) → 네트워크 계층(Network Layer) → 전송 계층(트랜스포트 계층(Transport Layer)) → 세션(Application Layer) 계층(Session Layer) → 표현 계층(프레젠테이션 계층(Presentation Layer)) → 응용 계층

36 통화완료율(Call Completion Rate)을 높이는 방법이 아닌 것은?

㉮ 가입자 통화 중, 가입자 부재 등에 대비한 통화 중 대기
㉯ 발신자번호 서비스를 이용한 전화번호 기록
㉰ 충분한 교환시설 확보
㉱ 대표번호, 착신전환서비스, 부재 중 안내서비스 등 특수서비스 활용

해설 ✶ 내서비스 등 특수서비스 활용
통화완료율(Call Completion Rate)은 전체 호 수에서 통화완료된 호의 수를 백분율로 나타낸 것
통화완료율=완료호수/전체호수×10[%]
– 통화완료율을 높이는 방법
① 충분한 시설 확보
② 가입자 통화 중, 가입자 부재 등에 대비한 통화 중 대기, 대표번호, 착신전환서비스, 부재 중 안내서비스 등 특수서비스 제도 활용

37 다음 중 아날로그계측에 비해 디지털계측(Digital Measurement)의 장점이 아닌 것은?

㉮ 측정하기가 편리하다.
㉯ 측정값을 읽을 때 오차가 발생하지 않는다.
㉰ 잡음에 대하여 덜 민감하다.
㉱ 측정에서 얻어진 아날로그 정보를 직접 전자계산기에 입력하여 데이터를 처리할 수 있다.

해설 ✶ 디지털계측(Digital Measurement)의 장점
㉠ 시스템 상호간, 또한 전용 및 범용의 컴퓨터와 쉽게 연결할 수 있다.
㉡ 디지털신호는 진폭이 아닌, on/off 펄스의 특정 순서에 의존하기 때문에 잡음신호에 강하다.(noise-resistant)
㉢ 높은 신뢰도 및 정확성을 고려하면 매우 큰 이점이 있으며, 특히 복잡한 데이터처리과정이 요구될 때는 아날로그시스템의 비용에 비해 상대적으로 저렴하게 구성할 수 있다.
㉣ Personal Computer를 활용해 계측 및 제어시스템을 용이하게 구축할 수 있다.

38 다음 중 동기형 시분할 다중화 방식(STDM)에 대한 설명으로 틀린 것은?

㉮ time slot을 주기적으로 임의의 채널에 할당한다.
㉯ 전송하고자 하는 채널에 대해서만 time slot을 유동적으로 배정하는 방식이다.
㉰ time slot에 채널 주소 지정 기능이 있다.
㉱ 전체 전송 주파수대역을 사용한다.

해설 ✶ 송수신(다중화기/역다중화기) 간에 시간간격을 일치시킨 동기식 TDM 방식
[STDM 특징]
㉠ 시간을 일정(고정)된 크기의 타임슬롯으로 나누어,
• 라운드 로빈(round-robin)방식으로 보낼 수 있는 기회를 차례로 주는 방식으로,
• 모든 시간이 차례로 계속되고 다시 첫 번째 것이 기회를 갖게 되면서,
• 이러한 과정이 반복되는 다중화 방식
㉡ TDM은 통상 시간을 타임슬롯(Time Slot)으로 나누고,
• 사용자 채널(Channel)별로 프레임상의

Answer 36. ㉯ 37. ㉱ 38. ㉯

특정 위치의 슬롯에 배정
- 따라서, 각 사용자 데이터는 각 프레임 내의 해당위치의 타임슬롯에 할당되게 됨
ⓒ 일정 시간간격의 타임슬롯들이 모아져서 프레임(Frame)화되면서 시분할 다중화됨
- 프레임 내 각 사용자 채널별로 할당된 타임슬롯은 모든 프레임상에서 정확하게 동일한 시간간격에 위치하도록 동기화됨
ⓔ 고정 대역폭 점유
- 하나의 채널(타임슬롯)을 하나의 사용자에게 고정 할당함으로써, 채널상에 사용자 데이터의 존재여부에 상관없이 항상 일정한 고정 대역폭 점유
- 결국, 기존 PDH/SDH/SONET 기반의 TDM 다중화는 통계적 다중화를 할 수 없음
ⓜ 이 방식은, 자기 차례에 있는 시간이 보낼 정보를 가지고 있지 못하면 유휴 상태가 되어버려 낭비적일 수 있음

39 전송 관련 시스템에서 다중화에 대한 설명으로 가장 적합한 것은?

㉮ 여러 개의 신호원을 한 수신기에서 동일 주파수로 동시에 전송하는 것
㉯ 동일 신호를 다중 목적지에서 다중 채널(회선)로 전송하는 것
㉰ 여러 개의 신호를 하나의 채널(회선)로 전송하는 것
㉱ 여러 개의 신호를 여러 개의 채널(회선)로 전송하는 것

해설 ★ 다중화(Multiplexing)
하나의 통신로를 통하여 여러 개의 독립된 신호를 전송하는 방식으로서 주파수 대역으로 구별하여 다중화를 행하는 주파수 분할 다중방식(FDM)과 고주파 펄스에 의해 각각의 신호를 일정 간격으로 표본화하여 이를 정해진 시간축상에 순서적으로 배열하여 전송하는 것에 의해 다중화를 행하는 시분할 다중방식(TDM)이 있다.

40 전화기의 부품별 분류 중에서 전환 장치에 해당하는 것은?

㉮ 훅 스위치(Hook Switch)
㉯ 송·수화기
㉰ 푸시 버튼
㉱ 유도 선륜

해설 ★ 전화단말기의 구성

통화 장치	송화기, 수화기, 유도선륜, 축전기
신호 장치	자석발전기, 자석전령
호출 장치	다이얼, 푸시 버튼(Push Button)
신호 전환 장치	훅 스위치(Hook SW)

41 다음 xDSL 서비스 중 음성전화회선을 제공하지 않는 서비스는 무엇인가?

㉮ ADSL ㉯ VDSL
㉰ HDSL ㉱ UADSL

해설 ★ xDSL은 ADSL, VDSL, MDSL, RADSL, RDSL, AIDSL 등의 여러 가지 DSL들을 총칭한다.

42 다음 중 트래픽 이론에 대한 설명으로 옳은 것은?

㉮ 통신시설 이용자가 정보교환을 위해 대기하는 시간
㉯ 통신에 사용되는 모든 시간에 따른 회선 수
㉰ 적정 서비스 품질을 유지할 수 있는 범위 내에서 경제적인 통신 설비의 수를 산출
㉱ 모든 가입자가 회선을 사용할 수 있는 시간 산출

해설 ★ 통신의 흐름(통화의 양, Traffic Volume)을

Answer 39. ㉰ 40. ㉮ 41. ㉰ 42. ㉰

의미하며, 일반적으로 트래픽량으로서의 밀도를 트래픽이라 한다.

43 채널 대역폭이 10[kHz]이고 S/N비가 7일 때 채널용량은?

㉮ 10[kbps]　㉯ 20[kbps]
㉰ 30[kbps]　㉱ 40[kbps]

해설 샤논(Shannon)의 정리는 "전송 채널의 단위 시간당 전송할 수 있는 Bit 수"를 구하는 공식으로 단위는 [BPS], [Bit/sec]이다.

채널용량(C) = 대역폭 × $\log_2(1 + \frac{신호전력}{잡음전력})$

$= B\log_2\left(1+\frac{S}{N}\right)$[BPS]

(단, C : 채널용량, B : 채널의 대역폭, S/N : 신호 대 잡음비)

$C = 10 \times 10^3 \log_2(1+7)$
$= 10 \times 10^3 \times 3 = 30$[kbps]

44 이동통신 방식 중 하나인 셀룰러(Cellular) 방식의 특징이 아닌 것은?

㉮ 서비스 지역의 확장이 용이하다.
㉯ 고출력, 대기지국화로 통화 비용이 줄어든다.
㉰ 주파수 스펙트럼의 효율이 좋아 많은 가입자를 수용할 수 있다.
㉱ 이동국 자신이 속한 시스템 이외의 지역이라도 서비스가 가능토록 하는 로밍(roaming) 기능이 있다.

해설 CDMA(code-division multiple access) 코드분할 다중접속 방식은 데이터를 디지털화한 다음 그것을 가용한 전체 대역폭에 걸쳐 확산시킨다. 여러 통화가 하나의 채널에 겹쳐지게 되며, 각 통화는 차례를 나타내는 고유한 코드가 부여된다.
미국 퀄컴사에서 북미의 디지털 셀룰러 전화의 표준 방식으로 1993년 7월 미국 전자 공업 협회(TIA)의 자율 표준 IS-95로 제정되었고, 우리나라는 1993년 11월에 체신부 고시를 통해 디지털 이동전화방식의 표준이 CDMA로 공식 결정되었으며, 세계 최초로 CDMA 상용화에 성공한 나라가 되었다.

㉠ CDMA의 장점
- AMPS에 비해 8~10배, GSM에 비해 4~5배의 용량을 가진다.
- 음성 품질이 높다.
- 모든 셀이 동일한 주파수를 사용하므로 주파수 계획이 용이하다.
- 보안성이 높다.
- 주파수 대역 이용 효율이 높다.

45 다음 중 가장 높은 효율성을 얻을 수 있는 전송방식은?

㉮ 단방향통신　㉯ 전이중통신
㉰ 반이중통신　㉱ 우회통신

해설 ① 단향통신방식(simplex communication) : 송신기와 수신기가 정해진 통신방식으로 데이터가 한쪽 방향으로만 전송되는 방식으로 단방향 통신의 원격제어시스템, 공중파의 TV 방송과 라디오방송이 대표적이다.

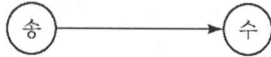

단향통신

㉠ 송·수신측이 미리 고정되어 있는 통신방식이다.
㉡ 통신 채널을 통하여 한쪽 방향으로만 데이터를 전송한다.
㉢ TV나 라디오 방송에서 사용한다.
㉣ 수신된 데이터의 에러 발생 여부를 송신측이 알 수 없다.

② 반이중방식 통신(half duplex) : 송·수신 기능을 한 개의 시스템에서 동시에 수행할 수 없고, 송·수신을 별도로 하는 방식으로 무전기와 컴퓨터 통신시스템에서 널리 사용한다.

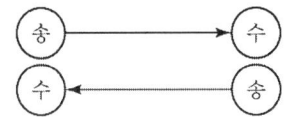

반이중방식 통신

㉠ 양방향 통신이 가능하지만 어느 한쪽이 송신하는 경우 상대편은 수신만이 가능한 통신 방식이다.
㉡ 송·수신측이 고정되어 있지 않다.
㉢ 양측에서 동시에 데이터를 전송하게 되면 충돌이 발생하기 때문에 데이터를 전송하기 전에 전송 매체의 사용 가능 여부를 확인해야 된다.
㉣ 무전기나 모뎀을 이용한 통신에서 사용한다.

③ 전이중방식 통신(full deplex) : 가장 효율이 높은 방식으로 두 개의 시스템이 동시에 데이터를 송·수신할 수 있는 방식이다. 일반적으로 송·수신 회선이 별도의 4선식으로 구성된다.

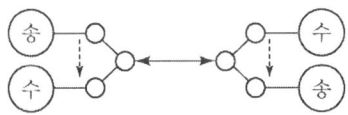

전이중방식 통신

㉠ 동시에 양방향으로 데이터 전송이 가능한 통신 방식이다.
㉡ 하나의 전송 매체를 두 개의 채널로 사용하거나 전송 방향에 따라 별도의 전송 매체를 사용한다.

46 전기통신사업법의 목적으로 해당되지 않는 것은?

㉮ 전기통신을 효율적 관리
㉯ 전기통신사업의 건전한 발전
㉰ 사업자의 편의를 도모
㉱ 공공복리의 증진에 이바지

[해설] ★ 전기통신기본법 제1조(목적)

이 법은 전기통신사업의 적절한 운영과 전기통신의 효율적 관리를 통하여 전기통신사업의 건전한 발전과 이용자의 편의를 도모함으로써 공공복리의 증진에 이바지함을 목적으로 한다.

47 선로설비의 회선 상호간, 회선과 대지 간 및 회선의 심선 상호간의 절연저항은 직류 500[V] 절연저항계로 측정하여 얼마 이상이어야 하는가?

㉮ 10메가옴   ㉯ 30메가옴
㉰ 50메가옴   ㉱ 700메가옴

[해설] ★ 방송통신설비의 기술기준에 관한 규정 제12조(절연저항)

선로설비의 회선 상호간, 회선과 대지 간 및 회선의 심선 상호간의 절연저항은 직류 500볼트 절연저항계로 측정하여 10메가옴 이상이어야 한다.

48 다음 중 공동주택의 구내통신실 면적확보 기준으로 잘못된 것은?

㉮ 50세대 이상 500세대 이하의 단지는 10제곱미터 이상으로 1개소
㉯ 500세대 이상 1,000세대 이하의 단지는 15제곱미터 이상으로 1개소
㉰ 1,000세대 초과 1,500세대 이하의 단지는 20제곱미터 이상으로 1개소
㉱ 1,500세대 초과 단지는 25제곱미터 이상으로 2개소

[해설] ★ 전기통신사업법의 규정에 의한 전기통신회선설비와의 접속을 위한 면적기준은 다음 각 호와 같다.

1. 업무용 건축물에는 국선·국선단자함 또는 국선배선반과 초고속통신망장비, 이동통신망장비 등 각종 구내통신선로설비를 설치하기 위한 공간(집중구내통신실) 및 각 층에 구내통신선로설비를 설치하기 위한 공간(층구내

Answer 46. ㉰ 47. ㉮ 48. ㉱

···113

통신실을 확보하여야 한다. 이 경우 최소한 확보하여야 하는 면적의 기준은 표와 같다.

업무용 건축물의 구내통신실면적확보기준

건축물 규모	확보대상	확보면적
1. 6층 이상이고 연면적 5천제곱미터 이상인 업무용건축물	가. 집중구내통신실	10.2제곱미터 이상으로 1개소 이상
	나. 층구내통신실	(1) 각 층별 전용면적이 1천제곱미터 이상인 경우에는 각 층별로 10.2제곱미터 이상으로 1개소 이상
		(2) 각 층별 전용면적이 800제곱미터 이상인 경우에는 각 층별로 8.4제곱미터 이상으로 1개소 이상
		(3) 각 층별 전용면적이 500제곱미터 이상인 경우에는 각 층별로 6.6제곱미터 이상으로 1개소 이상
		(4) 각 층별 전용면적이 500제곱미터 미만인 경우에는 5.4제곱미터 이상으로 1개소 이상
2. 제1항 외의 업무용 건축물	집중구내통신실	건축물의 연면적이 500제곱미터 이상인 경우 10.2제곱미터 이상으로 1개소 이상. 다만, 500제곱미터 미만인 경우는 5.4제곱미터 이상으로 1개소 이상

[비고]
1. 같은 층에 집중구내통신실과 층구내통신실을 확보하여야 하는 경우에는 집중구내통신실만을 확보할 수 있다.
2. 층별 전용면적이 500제곱미터 미만인 경우로서 각 층별로 통신실을 확보하기가 곤란한 경우에는 하나의 층구내통신실에 2개층 이상의 통신설비를 통합하여 수용할 수 있으며, 이 경우 층구내통신실 확보면적은 통합 수용된 각 층의 전용면적을 합하여 제1호 중 층구내통신실의 확보면적란의 기준을 적용한다.
3. 같은 층에 층구내통신실을 2개소 이상으로 분리 설치하려는 경우에는 층구내통신실의 면적은 최소 5.4제곱미터 이상이어야 한다.
4. 집중구내통신실은 외부환경에 영향이 적은 지상에 확보되어야 한다. 다만, 부득이한 사유로 지상 확보가 곤란한 경우에는 침수우려가 없고 습기가 차지 아니하는 지하층에 설치할 수 있다.
5. 집중구내통신실에는 조명시설과 통신장비전용의 전원설비를 구비하여야 한다.
6. 각 통신실의 면적은 벽이나 기둥 등을 제외한 면적으로 한다.
7. 집중구내통신실의 출입구에는 시건장치를 설치하여야 한다.

2. 주거용 건축물 중 공동주택에는 집중구내통신실을 확보하여야 한다. 이 경우 최소한 확보하여야 하는 면적의 기준은 표와 같다.

공동주택의 구내통신실면적확보기준

건축물 규모	확보대상	확보면적
1. 50세대 이상 500세대 이하 단지	집중구내통신실	10제곱미터 이상으로 1개소
2. 500세대 초과 1000세대 이하 단지	집중구내통신실	15제곱미터 이상으로 1개소
3. 1000세대 초과 1500세대 이하 단지	집중구내통신실	20제곱미터 이상으로 1개소
4. 1500세대 초과 단지	집중구내통신실	25제곱미터 이상으로 1개소

[비고]
1. 집중구내통신실은 외부환경에 영향이 적은 지상에 확보되어야 한다. 다만, 부득이한 사유로 지상 확보가 곤란한 경우에는 침수우려가 없고 습기가 차지 아니하는 지하층에 설치할 수 있다.
2. 집중구내통신실에는 조명시설과 통신장비전용의 전원설비를 구비하여야 한다.
3. 각 통신실의 면적은 벽이나 기둥 등을 제외한 면적으로 한다.
4. 집중구내통신실의 출입구에는 시건장치를 설치하여야 한다.

49 다음 괄호 안에 들어갈 내용으로 가장 적합한 것은?

> 방송통신설비에 사용되는 전원설비는 그 방송통신설비가 최대로 사용되는 때의 전력을 안정적으로 공급할 수 있는 용량으로서 동작전압과 전류의 변동률을 정격전압 및 정격전류의 (　)퍼센트 이내로 유지할 수 있는 것이어야 한다.

㉮ ±1　　　　㉯ ±3
㉰ ±5　　　　㉱ ±10

해설 ✽ 방송통신설비의 기술기준에 관한 규정 제10조(전원설비)

① 방송통신설비에 사용되는 전원설비는 그 방송통신설비가 최대로 사용되는 때의 전력을 안정적으로 공급할 수 있는 용량으로서 동작전압과 전류의 변동률을 정격전압 및 정격전류의 ±10퍼센트 이내로 유지할 수 있는 것이어야 한다.
② 제1항에 따른 전원설비가 상용전원을 사용하는 사업용방송통신설비인 경우에는 상용전원이 정전된 경우 최대 부하전류를 공급할 수 있는 축전지 또는 발전기 등의 예비전원설비가 설치되어야 한다. 다만, 상용전원의 정전 등에 따른 방송통신서비스 중단의

Answer 49. ㉱

피해가 경미하고 예비전원설비를 설치하기 곤란한 경우에는 그러하지 아니하다.
③ 사업용방송통신설비 외의 방송통신설비에 대한 전원설비의 설치기준에 필요한 세부기술기준은 과학기술정보통신부장관이 정하여 고시한다.

50 다음 괄호 안에 들어갈 내용으로 가장 적합한 것은?

> 구내통신선로설비의 국선 등 옥외회선은 ( )(으)로 인입하여야 한다.

㉮ 지상 ㉯ 담벽
㉰ 가공 ㉱ 지하

해설 * 방송통신설비의 기술기준에 관한 규정 제18조(설치 및 철거방법 등)
① 구내통신선로설비 및 이동통신구내선로설비는 그 구성과 운영 및 사업용방송통신설비와의 접속이 쉽도록 설치하여야 한다.
② 구내통신선로설비의 국선 등 옥외회선은 지하로 인입하여야 한다. 다만, 같은 구내에 5회선 미만의 국선을 인입하는 경우에는 그러하지 아니하다.
③ 제2항 단서에도 불구하고 건축주가 제4조제2항제2호의 분계점과 사업자가 이용하는 인입맨홀·핸드홀 또는 인입주까지 지하인 입배관을 설치한 경우에는 지하로 인입하여야 한다.
④ 구내통신선로설비 및 이동통신구내선로설비를 구성하는 배관시설은 설치된 후 배선의 교체 및 증설시공이 쉽게 이루어질 수 있는 구조로 설치하여야 한다.
⑤ 사업자는 「전기통신사업법」 제28조에 따른 이용약관에 따라 체결된 서비스 이용계약이 해지된 경우에는 국립전파연구원장이 정하여 고시하는 기간 이내에 제2항 단서에 따라 설치된 옥외회선을 철거하여야 한다. 다만, 서비스의 일부만 해지된 경우에는 그러하지 아니하다.
⑥ 제1항부터 제5항까지의 규정에 따른 구내통신선로설비 및 이동통신구내선로설비의 구체적인 설치 및 철거방법 등에 대한 세부기술기준은 과학기술정보통신부장관이 정하여 고시한다.

51 다음 중 기간통신사업자의 전기통신회선설비 등을 이용하여 기간통신역무를 제공하는 사업은?

㉮ 별정통신사업
㉯ 부가통신사업
㉰ 정보통신사업
㉱ 특수통신사업

해설 * 전기통신사업법 제5조(전기통신사업의 구분 등)
① 전기통신사업은 기간통신사업, 별정통신사업 및 부가통신사업으로 구분한다.
② 기간통신사업은 전기통신회선설비를 설치하고, 그 전기통신회선설비를 이용하여 기간통신역무를 제공하는 사업으로 한다.
③ 별정통신사업은 다음 각 호의 어느 하나에 해당하는 사업으로 한다.
  1. 제6조에 따른 기간통신사업의 허가를 받은 자(이하 "기간통신사업자"라 한다)의 전기통신회선설비 등을 이용하여 기간통신역무를 제공하는 사업
  2. 대통령령으로 정하는 구내(構內)에 전기통신설비를 설치하거나 그 전기통신설비를 이용하여 그 구내에서 전기통신역무를 제공하는 사업
④ 부가통신사업은 부가통신역무를 제공하는 사업으로 한다.

52 정보통신공사에 필요한 자재·인력의 수급 상황 등 공사업에 관한 정보와 공사업자의 공사 종류별 실적, 자본금, 기술력 등에 관한 정보를 종합관리하는 기관은?

㉮ 한국정보통신기술협회

Answer 50. ㉱ 51. ㉮ 52. ㉯

㉯ 방송통신위원회
㉰ 한국정보통신공사협회
㉱ 정보통신정책위원회

해설 ★ 정보통신공사업법 제27조(공사업에 관한 정보관리 등)
① 과학기술정보통신부장관은 공사에 필요한 자재·인력의 수급 상황 등 공사업에 관한 정보와 공사업자의 공사 종류별 실적, 자본금, 기술력 등에 관한 정보를 종합관리하여야 한다.
② 과학기술정보통신부장관은 공사업자의 신청을 받으면 대통령령으로 정하는 바에 따라 그 공사업자의 공사실적·자본금·기술력 및 공사품질의 신뢰도와 품질관리수준 등에 따라 시공능력을 평가하여 공시(公示)하여야 한다.
③ 제2항에 따른 시공능력평가를 신청하는 공사업자는 대통령령으로 정하는 바에 따라 공사실적, 자본금, 그 밖에 대통령령으로 정하는 사항에 관한 서류를 과학기술정보통신부장관에게 제출하여야 한다.
④ 과학기술정보통신부장관은 발주자 등이 제1항에 따라 종합관리하고 있는 정보의 제공을 요청하면 이에 대한 정보를 제공할 수 있다.
⑤ 제4항에 따라 제공할 수 있는 정보의 내용, 제공방법, 절차, 그 밖에 필요한 사항은 대통령령으로 정한다.

53 다음 중 "방송통신설비"의 정의가 맞는 것은?
㉮ 유선·무선·광선 또는 그 밖의 전자적 방식에 의하여 송신되거나 수신되는 부호·문자·음성·음향 및 영상을 말한다.
㉯ 방송통신을 하기 위한 기계·기구·선로 또는 그 밖에 방송통신에 필요한 설비를 말한다.
㉰ 방송통신에 사용하는 장치·기기·부품 또는 선조 등을 말한다.
㉱ 방송통신을 이용하여 직접 방송통신을 하거나 타인에게 제공하는 것을 말한다.

해설 ★ 방송통신발전 기본법 제2조(정의)
이 법에서 사용하는 용어의 뜻은 다음과 같다.
3. '방송통신설비'란 방송통신을 하기 위한 기계·기구·선로(線路) 또는 그 밖에 방송통신에 필요한 설비를 말한다.
4. '방송통신기자재'란 방송통신설비에 사용하는 장치·기기·부품 또는 선조(線條) 등을 말한다.
5. '방송통신서비스'란 방송통신설비를 이용하여 직접 방송통신을 하거나 타인이 방송통신을 할 수 있도록 하는 것 또는 이를 위하여 방송통신설비를 타인에게 제공하는 것을 말한다.
6. '방송통신사업자'란 관련 법령에 따라 과학기술정보통신부장관 또는 방송통신위원회에 신고·등록·승인·허가 및 이에 준하는 절차를 거쳐 방송통신서비스를 제공하는 자를 말한다.

54 다음 중 국가와 지방자치단체가 방송통신의 공익성·공공성에 기반한 공적 책임을 완수하기 위해 노력해야 하는 것이 아닌 것은?
㉮ 방송통신기술과 서비스의 발전 장려 및 공정한 경쟁 환경의 조성
㉯ 사회적 소수 또는 약자계층 등의 방송통신 소외 방지
㉰ 방송통신을 이용한 미디어 환경의 다원성과 다양성의 활성화
㉱ 투명하고 만장일치의 의사결정을 통한 방송통신 정책의 수립 및 추진

해설 ★ 방송통신발전 기본법 제3조(방송통신의 공익성·공공성 등)
국가와 지방자치단체는 방송통신의 공익성·

Answer 53. ㉯ 54. ㉱

공공성에 기반한 공적 책임을 완수하기 위하여 다음 각 호의 사항을 달성하도록 노력하여야 한다.
1. 방송통신을 통한 공공복리의 증진과 지역 간 또는 계층 간의 균등한 발전 및 건전한 사회공동체의 형성
2. 건전한 방송통신문화 창달 및 올바른 방송통신 이용환경 조성
3. 방송통신기술과 서비스의 발전 장려 및 공정한 경쟁 환경의 조성
4. 사회적 소수 또는 약자계층 등의 방송통신 소외 방지
5. 방송통신을 이용한 미디어 환경의 다원성과 다양성의 활성화
6. 투명하고 개방적인 의사결정을 통한 방송통신 정책의 수립 및 추진

55 방송통신설비의 기술기준에 관한 규정에서 정의하는 "저압"이란?

㉮ 직류 600볼트 이하, 교류 700볼트 이하인 전압
㉯ 직류 750볼트 이하, 교류 600볼트 이하인 전압
㉰ 직류 600볼트 이하, 교류 750볼트 이하인 전압
㉱ 직류 700볼트 이하, 교류 600볼트 이하인 전압

해설 * 방송통신설비의 기술기준에 관한 규정 제3조(정의)
19. "저압"이란 직류는 750볼트 이하, 교류는 600볼트 이하인 전압을 말한다.

56 보편적 역무의 내용에 관한 설명으로 유선전화서비스에 해당하지 않는 것은?

㉮ 시내전화 서비스
㉯ 시내공중전화 서비스
㉰ 도서통신 서비스
㉱ 긴급통신용 전화 서비스

해설 * 정보통신공사업법시행령 제2조(보편적 역무의 내용)
① 「전기통신사업법」(이하 "법"이라 한다) 제4조제3항에 따른 보편적 역무의 내용은 다음 각 호와 같다.
1. 유선전화 서비스
2. 긴급통신용 전화 서비스
3. 장애인·저소득층 등에 대한 요금감면 서비스
② 제1항에 따른 보편적 역무의 세부 내용은 다음 각 호와 같다.
1. 유선전화 서비스 : 과학기술정보통신부장관이 이용방법 및 조건 등을 고려하여 고시한 지역(이하 "통화권"이라 한다) 안의 전화 서비스 중 다음 각 목의 어느 하나에 해당하는 전화 서비스
가. 시내전화 서비스 : 가입용 전화를 사용하는 통신을 매개하는 전화 서비스(다목의 도서통신(島嶼通信) 서비스는 제외한다. 이하 같다)
나. 시내공중전화 서비스 : 공중용 전화를 사용하는 통신을 매개하는 전화 서비스
다. 도서통신 서비스 : 육지와 섬 사이 또는 섬과 섬 사이에 무선으로 통신을 매개하는 전화 서비스
2. 긴급통신용 전화 서비스 : 사회질서 유지 및 인명(人命)의 안전을 위한 다음 각 목의 어느 하나에 해당하는 전화 서비스
가. 기간통신역무 중 과학기술정보통신부장관이 정하여 고시하는 특수번호 전화 서비스
나. 선박 무선전화 서비스 : 기간통신역무 중 육지와 선박 사이 또는 선박과 선박 사이의 통신을 매개하는 전화 서비스
3. 장애인·저소득층 등에 대한 요금감면 서비스 : 사회복지 증진을 위한 장애인·저소득층 등에 대한 다음 각 목의 어느 하나에 해당하는 서비스

Answer 55. ㉯ 56. ㉱

가. 시내전화 서비스 및 통화권 간의 전화 서비스(이하 "시외전화 서비스"라 한다)
나. 시내전화 서비스 및 시외전화 서비스의 부대 서비스인 번호안내 서비스
다. 기간통신역무 중 이동전화 서비스, 개인휴대통신 서비스, 아이엠티이천 서비스 및 엘티이 서비스
라. 인터넷 가입자접속 서비스
마. 인터넷전화 서비스
바. 휴대인터넷 서비스

③ 제2항제3호에 따른 요금감면 서비스의 감면 대상자는 다음 각 호의 어느 하나에 해당하는 자로 한다. 다만, 제8호 및 제9호에 해당하는 사람에 대한 요금감면 서비스는 이동전화 서비스, 개인 휴대통신 서비스, 아이엠티이천 서비스 및 엘티이 서비스로 한정한다.

1. 「장애인복지법」 제32조에 따라 등록한 장애인 또는 같은 법에 따른 장애인복지시설 및 장애인복지단체. 다만, 시내전화 서비스, 시외전화 서비스, 인터넷 가입자접속 서비스 및 인터넷전화 서비스의 경우는 그 장애인이 속한 세대를 감면 대상자로 한다.
2. 「초·중등교육법」에 따른 특수학교
3. 「아동복지법」에 따른 아동복지시설
4. 「국민기초생활 보장법」 제7조제1항제1호에 따른 생계급여 수급자 또는 같은 항 제3호에 따른 의료급여 수급자. 다만, 시내전화 서비스, 시외전화 서비스, 인터넷 가입자접속 서비스 및 인터넷전화 서비스의 경우는 그 수급자가 포함된 가구로 한다.
5. 「국가유공자 등 단체 설립에 관한 법률」에 따른 대한민국상이군경회 및 4·19민주혁명회
6. 「국가유공자 등 예우 및 지원에 관한 법률」에 따른 국가유공자 중 전상군경(戰傷軍警), 공상군경(公傷軍警), 4·19혁명부상자, 공상공무원, 국가사회발전 특별공로상이자 및 6·18자유상이자. 다만, 시내전화 서비스, 시외전화 서비스, 인터넷 가입자접속 서비스 및 인터넷전화 서비스의 경우 해당 대상자가 속한 세대를 감면 대상자로 한다.
7. 「5·18민주유공자 예우에 관한 법률」에 따른 5·18민주유공자 중 5·18민주화운동부상자. 다만, 시내전화 서비스, 시외전화 서비스, 인터넷 가입자접속 서비스 및 인터넷전화 서비스의 경우 해당 대상자가 속한 세대를 감면 대상자로 한다.
8. 「국민기초생활 보장법」 제2조제10호에 따른 차상위계층 중 다음 각 목의 어느 하나에 해당되는 사람이 속한 가구의 가구원(家口員). 이 경우 한 가구당 감면 대상 가구원의 수는 과학기술정보통신부장관이 정하여 고시한다.
  가. 「국민기초생활 보장법」 제9조제5항에 따른 자활에 필요한 사업에 참가하는 사람
  나. 「국민건강보험법 시행령」 별표 2 제3호라목에 따른 희귀난치성질환자 등으로서 본인부담액을 경감받는 사람
  다. 삭제 〈2014.1.7.〉
  라. 삭제 〈2013.5.31.〉
  마. 「장애인복지법」 제49조에 따른 장애수당을 지급받는 사람과 같은 법 제50조제1항에 따른 장애아동수당을 지급받는 사람
  바. 「한부모가족 지원법」 제5조에 따른 보호대상자. 이 경우 소득 인정액이 기준 중위소득의 100분의 52 이하인 사람을 포함한다.
  사. 「장애인연금법」 제10조에 따라 장애인연금을 지급받는 사람
  아. 「사회보장기본법」 제37조제2항에 따른 사회보장정보시스템에 차상위계층으로 등재된 자로서 과학기술정보통신부장관이 정하여 고시하는 요건에 해당하는 사람
9. 「국민기초생활 보장법」에 따른 수급자 중 같은 법 제7조제1항제1호에 따른 생계급여 또는 같은 항 제3호에 따른 의료

급여를 받지 아니하는 수급자(같은 항 제4호에 따른 교육급여 수급자의 가구원을 포함한다). 이 경우 한 가구당 감면 대상 가구원의 수는 과학기술정보통신부장관이 정하여 고시한다.

④ 제2항제3호에 따른 요금감면 서비스는 다음 각 호의 구분에 따른 자가 신청하여야 한다.
1. 제3항제1호 단서, 같은 항 제4호 단서 또는 같은 항 제7호 단서에 따라 요금감면을 신청하는 경우 : 가구의 가구원 중 감면 대상자 또는 세대주
2. 삭제 〈2015.11.30.〉
3. 제1호 외의 요금감면을 신청하는 경우 : 감면 대상자(제3항제8호 및 제9호의 경우에는 각각의 가구원을 말한다)

⑤ 제2항제3호에 따른 요금감면 서비스의 감면 대상자에 대한 감면기준은 전기통신사업자의 사업규모, 서비스 요금수준 등을 고려하여 과학기술정보통신부장관이 정하여 고시한다.

57 공사업을 등록한 자는 등록기준에 관한 사항을 대통령령이 정하는 기간이 끝날 때마다 몇 년 이내의 범위에서 시·도지사에게 신고하여야 하는가?

㉮ 1년 ㉯ 2년
㉰ 3년 ㉱ 5년

해설 ★ 정보통신공사업법의 제14조(공사업의 등록 등)
① 공사업을 경영하려는 자는 대통령령으로 정하는 바에 따라 특별시장·광역시장·도지사 또는 특별자치도지사(이하 "시·도지사"라 한다)에게 등록하여야 한다.
② 제1항에 따라 공사업을 등록한 자는 제15조에 따른 등록기준에 관한 사항을 3년 이내의 범위에서 대통령령으로 정하는 기간이 끝날 때마다 대통령령으로 정하는 바에 따라 시·도지사에게 신고하여야 한다.
③ 시·도지사는 제1항에 따른 등록을 받았을 때에는 등록증과 등록수첩을 발급한다.

58 방송통신기자재 등의 적합성 평가의 면제의 방법 및 절차 등에 관하여 필요한 사항은 누가 정할 수 있도록 하고 있는가?

㉮ 국무총리 ㉯ 방송통신위원장
㉰ 대통령 ㉱ 국토해양부장관

해설 ★ 전파법 제58조의3(적합성평가의 면제)
① 다음 각 호의 어느 하나에 해당하는 경우로서 대통령령으로 정하는 기자재에 대하여는 적합성평가의 전부 또는 일부를 면제할 수 있다.
1. 시험·연구, 기술개발, 전시 등을 위하여 제조하거나 수입하는 경우
2. 국내에서 판매하지 아니하고 수출 전용으로 제조하는 경우
3. 방송통신위원회가 제58조의2제7항에 따라 잠정인증을 하는 때 잠정인증을 요청하는 자가 해당 기자재에 대하여 제58조의5에 따른 지정시험기관의 시험 결과를 제출한 경우
4. 다음 각 목에 해당하는 기자재로서 관계 법령에 따라 이 법에 준하는 전자파장해 및 전자파로부터의 보호에 관한 적합성평가를 받은 경우
  가. 「산업표준화법」 제15조에 따라 인증을 받은 품목
  나. 「전기용품안전 관리법」 제3조에 따른 안전인증, 같은 법 제5조에 따른 안전검사, 같은 법 제11조에 따른 자율안전확인신고 등 및 같은 법 제12조에 따른 안전검사
  다. 「품질경영 및 공산품안전관리법」에 따라 안전인증을 받은 공산품
  라. 「자동차관리법」에 따라 자기인증을 한 자동차
  마. 「소방시설설치유지 및 안전관리에 관한 법률」에 따라 형식승인을 받은 소방기기
  바. 「의료기기법」에 따라 품목허가를 받은 의료기기
② 적합성평가의 면제의 방법 및 절차 등에 관

Answer 57. ㉰ 58. ㉰

하여 필요한 사항은 대통령령으로 정한다.

59 시·도지사는 정보통신공사업의 등록을 받았을 때 무엇을 발급하여야 하는가?

㉮ 기업진단과 사업인가증
㉯ 공사경력 증명서
㉰ 공사업 등급수첩
㉱ 등록증과 등록수첩

> **해설** * 정보통신공사업법 제14조(공사업의 등록 등)
> ① 공사업을 경영하려는 자는 대통령령으로 정하는 바에 따라 특별시장·광역시장·특별자치시장·도지사 또는 특별자치도지사(이하 "시·도지사"라 한다)에게 등록하여야 한다.
> ② 삭제 〈2014.12.30.〉
> ③ 시·도지사는 제1항에 따른 등록을 받았을 때에는 등록증과 등록수첩을 발급한다.

60 "상시 유도위험종전압"은 몇 볼트를 초과하는 경우 전력유도 방지조치를 하여야 하는가?

㉮ 30[V]   ㉯ 60[V]
㉰ 40[V]   ㉱ 50[V]

> **해설** * 방송통신설비의 기술기준에 관한 규정 제9조(전력유도의 방지)
> ① 전송설비 및 선로설비는 전력유도로 인한 피해가 없도록 건설·보전되어야 한다.
> ② 전력유도의 전압이 다음 각 호의 제한치를 초과하거나 초과할 우려가 있는 경우에는 전력유도 방지조치를 하여야 한다.
> 1. 이상 시 유도위험전압 : 650볼트. 다만, 고장 시 전류제거시간이 0.1초 이상인 경우에는 430볼트로 한다.
> 2. 상시 유도위험종전압 : 60볼트
> 3. 기기 오동작 유도종전압 : 15볼트. 다만, 해당 방송통신설비의 통신선로가 왕복 2개의 선으로 구성되어 있는 경우에는 적용하지 아니하되, 통신선로의 2개의 선 중 1개의 선이 대지를 통하도록 구성되어 있는 경우(대지귀로방식)에는 적용한다.
> 4. 잡음전압 : 0.5밀리볼트. 다만, 전철시설로 인한 잡음전압이 0.5밀리볼트보다 크고 2.5밀리볼트보다 작은 경우에는 1분 동안에 0.5밀리볼트보다 크고 2.5밀리볼트보다 작은 잡음전압과 그 잡음전압이 지속되는 시간(초)을 곱한 전압의 총 합계가 30밀리볼트·초를 초과하지 아니하여야 한다.
> ③ 제2항에 따른 전력유도전압의 구체적 산출방법에 대한 세부기술기준은 방송통신위원회가 정하여 고시한다.

Answer 59. ㉱ 60. ㉯

2013년 3회 시행 과년도출제문제

01 저항에 전압을 가하면 전류가 흐르는데 저항을 20[%] 줄이면 전류는 처음의 몇 배가 되는가?
① 1.05배 ② 1.15배
③ 1.25배 ④ 1.34배

해설 ★ $R = \dfrac{V}{I}[\Omega]$의 식에 의해서 $I = \dfrac{1}{0.8} = 1.25$

02 다음 중 도체의 저항값에 대한 설명으로 맞는 것은?
① 저항값은 도체의 길이에 비례하고 단면적에 반비례한다.
② 저항값은 도체의 길이에 반비례하고 단면적에 비례한다.
③ 저항값은 도체의 직경에 비례하고 길이에 반비례한다.
④ 저항값은 도체의 직경에 비례하고 단면적에 반비례한다.

해설 ★ 도체의 저항
고유저항(ρ)과 도체의 길이(l)에 비례하고, 단면적(A)에 반비례한다.
$R = \rho \dfrac{l}{A}\,[\Omega]$

03 다음 중 교류의 파형률을 표시한 것은?
① 파형률 = $\dfrac{최대값}{평균값}$
② 파형률 = $\dfrac{실효값}{평균값}$
③ 파형률 = $\dfrac{평균값}{실효값}$
④ 파형률 = $\dfrac{최대값}{실효값}$

해설 ★ 파고율과 파형률
파고율 = $\dfrac{최대값}{실효값}$, 파형률 = $\dfrac{실효값}{평균값}$

04 다음은 교류신호의 파형을 그린 것이다. 전압(v)을 바르게 표시한 것은?

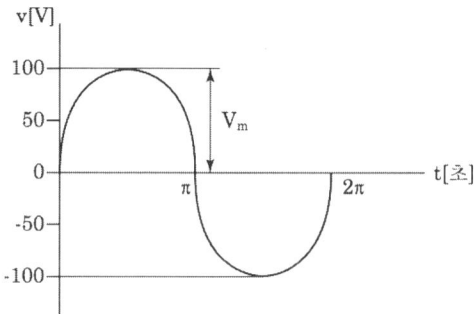

① $v = V_m \sin\omega t\,[V]$
② $v = V_m \cos\omega t\,[V]$
③ $v = V_m \tan\omega t\,[V]$
④ $v = V_m \cot\omega t\,[V]$

해설 ★ 순시값 : $v = V_m \sin\omega t\,[V]$

05 다음 중 쿨롱의 법칙을 설명한 것으로 잘못된 것은?
① 자기력의 크기는 두 자극 간의 세기의 곱에 비례한다.
② 자기력의 크기는 두 자극 간의 거리의 제곱에 비례한다.
③ 자기력의 방향은 두 자극 간을 연결하는 직선상에 있다.

Answer 1. ③ 2. ① 3. ② 4. ① 5. ②

④ 두 자극이 같은 부호일 때 자기력의 방향은 반발하는 방향이다.

해설 ★ **쿨롱의 법칙(Coulomb's law)**
두 자극 사이에 작용하는 힘은 그 거리의 제곱에 반비례하고, 두 자극의 세기의 곱에 비례하며, 힘의 방향은 두 자극을 잇는 직선상에 위치한다.

06 반도체의 에너지대 구조 중 전자가 가득 찬 허용대를 무엇이라 하는가?
① 금지대
② 충만대
③ 전도대
④ 공대

해설 ★ ① 허용대(allowable band) : 전자가 존재할 수 있는 에너지대
② 금지대(forbidden band) : 전자가 존재할 수 없는 에너지대. 에너지 갭(energy gap)
③ 전도대(conduction band) : 전자가 자유로이 이용되는 허용대
④ 충만대(filled band) : 들어갈 수 있는 전자의 수가 전부 들어가서 전자가 이동할 여지가 없는 허용대
⑤ 공핍대(exhaustion band, empty band) : 보통의 상태에서는 전자가 존재하지 않는 허용대

07 평활회로를 거쳐 얻어진 신호 중 직류 전원에 남아 있는 교류 성분을 무엇이라고 하는가?
① 플리커
② 하울링
③ 핀치
④ 리플

해설 ★ 평활 회로를 거쳐 얻어진 신호 중 직류 전원에 남아 있는 교류 성분을 리플이라 하고, 정류된 직류에 포함되는 교류성분의 정도를 맥동률이라 한다.

08 기본 궤환 증폭기의 전달이득(A_v)=1000, 궤환율(β)=0.1, 입력전압(V_i)=1[V]일 때, 이 증폭기의 출력 전압(V_o)은 약 얼마인가?
① 0.99[V]
② 9.9[V]
③ 99[V]
④ 990[V]

09 다음 중 이상적인 연산증폭기의 특성이 아닌 것은?
① 전압이득 A_v가 무한대이다.
② 입력저항 R_i가 무한대이다.
③ 출력저항 R_o가 0이다.
④ 대역폭이 0이다.

해설 ★ **이상적인 연산증폭기의 특성**
• 전압 이득 A_v가 무한대이다($A_v = \infty$).
• 입력 저항 R_i이 무한대이다($R_i = \infty$).
• 출력 저항 R_0가 0이다($R_0 = 0$).
• 대역폭이 무한대이고($BW = \infty$), 지연응답(response delay)=0이다.
• 오프셋(offset)이 0이다.
• 특성의 변동, 잡음이 없다.
연산증폭기는 정확도를 높이기 위하여 큰 증폭도와 높은 안정도가 필요하다.

10 다음 회로와 같은 반전 연산증폭기 출력전압의 수식으로 알맞은 것은?

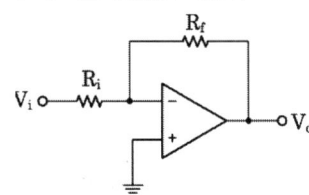

① $V_o = -\dfrac{R_f}{R_i} V_i$

② $V_o = \dfrac{R_f}{R_i} V_i$

③ $V_o = (R_f + R_i) V_i$

Answer 6. ② 7. ④ 8. ② 9. ④ 10. ①

④ $V_o = (R_f - R_i)V_i$

해설 ✽ 반전 연산증폭기 출력전압은 다음 식으로 나타낸다.
$$V_o = -\frac{R_f}{R_i}V_i$$

11. 고역 통과 필터 특성과 저역 통과 필터 특성을 합하면 어떠한 특성을 갖는가?

① 위상 특성
② 유도성 특성
③ 용량성 특성
④ 진상-지상 회로 특성

해설 ✽ 고주파대역은 그대로 통과하고, 저주파대역에서 감쇠를 줄 때, 위상이 앞서면 진상(lead, RC HPF)회로 특성이고, 저주파대역은 그대로 통과하고, 고주파대역에서 감쇠를 줄 때. 위상이 뒤지면 지상(lag, RC LPF)회로 특성이다.

12. 다음 중 발진주파수의 변동 원인이 아닌 것은?

① 발진기의 온도 변화
② 발진기의 부하 변동
③ 전원 전압의 변동
④ 전력 증폭소자의 불량

해설 ✽ **발진 주파수 변동의 원인과 대책**
① 주위 온도의 변화
  ㉠ 수정진동자, 트랜지스터 등의 부품은 온도계수가 작은 것을 사용한다.
  ㉡ 온도의 변화에 민감한 부품은 수정진동자와 함께 항온조에 넣는다.
② 부하의 변동
  ㉠ 다음 단과의 사이에 완충 증폭기(buffer amp)를 추가한다.
  ㉡ 다음 단과의 결합은 가능한 한 소결합으로 결합한다.
③ 전원 전압의 변동 : 정전압 회로를 사용하여 안정전원을 유지한다.
④ 습도에 의한 영향 : 방습을 위하여 타 회로와 차단하여, 습기와 멀리한다.

13. PCM방식의 디지털 변환 과정에서 잡음을 줄이기 위해 사용하는 압신(Compression) 과정은 다음의 순서 중 어디에 들어가는 것이 적당한가?

① ㉠
② ㉡
③ ㉢
④ ㉣

해설 ✽ PCM의 구성 단계를 살펴보면 음성정보와 같은 아날로그 신호가 디지털 신호로 변환되기 위해서는 크게 표본화(sampling), 압축(compress), 양자화(quartering), 부호화(encoding) 등의 4단계로 나누어진 PCM(Pulse Code Modulation) 과정을 거쳐야 한다.
  ㉠ 표본화 : 샘플링 이론을 바탕으로 아날로그 신호를 디지털 신호로 변환할 때 그 신호를 일정시간마다 추출하는 과정
  ㉡ 압축 : 표본화된 신호는 양자화되기 직전 압축하는 과정
  ㉢ 양자화 : 표본화 과정을 거쳐 채집된 진폭의 크기를 몇 개의 이산적인 구간으로 나누어 이산적인 수로 표현하는 과정
  ㉣ 부호화 : 양자화 과정을 거친 펄스를 디지털 신호로 표현하는 방법으로 Unipolar(단극형), Polar(극형), Bipolar(양극형) 등을 사용해 표현하는 과정

14. FM 변조에서 최대주파수 편이(Δf_c)가 30[kHz]이고, 변조신호 주파수(f_s)가 3[kHz]이면 변조지수(m_f)는 얼마인가?

① 5
② 10
③ 15
④ 30

Answer 11. ④ 12. ④ 13. ② 14. ②

해설 $m_f = \dfrac{\Delta F_c}{F_s} = \dfrac{30}{3} = 10$

15 다음 중 슈미트 트리거 회로의 응용 회로가 아닌 것은?

① 방형파 발생회로
② 전압비교회로(Voltage Comparator)
③ 쌍안정회로
④ D/A(Digital/Analog) 변환회로

해설 ★ 슈미트 트리거 회로는 정현파 입력을 받아 구형파(방형파) 출력 파형을 만드는 회로이다.

16 컴퓨터의 발전 과정을 세대별로 구분할 때 사용된 논리회로 소자를 순서대로 맞게 배열한 것은?

① 진공관 → 트랜지스터 → IC → LSI → VLSI → ULSI
② 진공관 → 트랜지스터 → LSI → IC → VLSI → ULSI
③ 진공관 → 트랜지스터 → IC → VLSI → LSI → ULSI
④ 진공관 → 트랜지스터 → VLSI → IC → LSI → ULSI

해설 ★ 전자계산기의 세대별 비교

세대 내용	제1세대 (1951년 ~1959년)	제2세대 (1959년 ~1963년)	제3세대 (1963년 ~1975년)	제4세대 (1975년 이후)
기억 소자	진공관 (tube)	트랜지스터 (TR)	집적회로 (IC)	집적회로 (LSI, VLSI)
주기억 장치	자기드럼	자기코어	집적회로 (IC)	집적회로 (LSI, VLSI)

17 다음 중 외부에서 기억장치에 데이터를 기억하기 위한 절차로 알맞게 나열한 것은?

㉠ MBR에 기억시키려는 자료를 옮긴다.
㉡ MAR에 기억시키고자 하는 단어의 주소를 옮긴다.
㉢ Write 신호를 보낸다.

① ㉠-㉡-㉢   ② ㉡-㉠-㉢
③ ㉠-㉢-㉡   ④ ㉡-㉢-㉠

해설 ★ 외부에서 기억장치에 데이터를 기억하기 위한 절차로는
① MAR에 기억시키고자 하는 단어의 주소를 옮긴다.
② MBR에 기억시키려는 자료를 옮긴다.
③ Write 신호를 보낸다.

18 다음 문장의 괄호 안에 들어갈 알맞은 것은?

읽기만 가능한 기억소자인 ROM은 내부에 (㉠)와 (㉡)를 이용하여 구현한다.

① ㉠ 디코더 ㉡ OR 게이트
② ㉠ 디코더 ㉡ AND 게이트
③ ㉠ 인코더 ㉡ OR 게이트
④ ㉠ 인코더 ㉡ AND 게이트

해설 ★ 디코더(Decoder : 복호기)는 n비트의 2진 코드를 최대 2^n 개의 서로 다른 정보로 바꾸어 주는 조합논리회로로 출력은 AND 게이트로 구성된다.

19 65가지의 서로 다른 사항들에 각각 다른 2진 코드값을 주고자 하는데 최소한 몇 [bit]가 요구되는가?

① 5[bit]   ② 6[bit]
③ 7[bit]   ④ 8[bit]

해설 ★ $2^6 = 64$이고 $2^7 = 128$이므로 65가지의 2진 코드 값을 표현하기 위해서는 7비트가 필요하다.

Answer 15. ④ 16. ① 17. ② 18. ② 19. ③

20 다음 불 대수 중 결합법칙에 해당하는 것은?

① A+B=B+A
② A·(B+C)=A·B+A·C
③ A+B·C=(A+B)·(A+C)
④ A+(B+C)=(A+B)+C

해설 ★ 불 대수의 법칙
㉠ $X+Y=Y+X$, $X \cdot Y = Y \cdot X$ (교환법칙)
㉡ $X+(Y+Z)=(X+Y)+Z$
$X \cdot (Y \cdot Z)=(X \cdot Y) \cdot Z$ (결합법칙)
㉢ $X \cdot (Y+Z) = X \cdot Y + X \cdot Z$
$X+Y \cdot Z = (X+Y)(X+Z)$ (배분법칙)

21 10진-2진 부호기(인코더)에서 입력된 값이 십진수 10일 때 출력선은 최소 몇 개인가?

① 2개 ② 3개
③ 4개 ④ 10개

해설 ★ ㉠ 디코더(Decoder : 복호기)는 n비트의 2진코드를 최대 2^n개의 서로 다른 정보로 바꾸어 주는 조합논리회로로 출력은 AND 게이트로 구성된다.
㉡ 인코더(Encoder : 부호기)는 숫자나 문자 등의 10진수 입력을 2진부호로 변환하는 회로로 OR 게이트로 구성된다. $2^4=16$이고 $2^3=8$이므로 10진-2진 부호기(인코더)에서 입력된 값이 십진수 10일 때 출력선은 4bit로 표현되어야 한다.

22 다음은 번역기의 종류에 관한 설명이다. ㉠, ㉡에서 설명하고 있는 번역기를 사용하는 언어로 알맞게 짝지어진 것은?

㉠ 전체 프로그램을 한 번에 처리하여 목적 프로그램을 생성하는 번역기
㉡ 원시프로그램을 한 줄씩 읽어 번역 및 실행하는 작업을 반복하는 번역기

① ㉠ : BASIC ㉡ : JAVA
② ㉠ : JAVA   ㉡ : C
③ ㉠ : C   ㉡ : BASIC
④ ㉠ : BASIC ㉡ : C

해설 ★ ㉠ 컴파일러(Compiler)는 전체 프로그램을 한 번에 처리하여 목적 프로그램을 생성하는 번역기로, 기억 장소를 차지하지만 실행 속도가 빠르다. 한번 번역해 두면 목적 프로그램이 생성되므로 재차 실행 시에 다시 번역할 필요가 없다. 컴파일러를 사용하는 언어는 ALGOL, PASCAL, FORTRAN, COBOL, C 등이 있다.
㉡ 인터프리터(Interpreter)는 작성된 원시 프로그램을 한 줄씩 읽어 번역 및 실행하는 작업을 반복하는 프로그램이다. 목적 프로그램이 남지 않으며, 일괄 처리가 아니므로 대화형이라 한다. 실행속도가 느리지만 기억 장소를 적게 차지한다. 인터프리터를 사용하는 언어는 BASIC, LISP, 자바(JAVA), PL/1 등이 있다.

23 다음과 같이 C언어의 증가 연산자를 실행할 경우 ㉠과 ㉡의 b값의 결과를 순서대로 옳게 나열한 것은?

a=5일 때	
㉠ b=a++	㉡ b=++a

① 6, 5   ② 5, 6
③ 6, 6   ④ 5, 5

해설 ★ ++a는 a값에 먼저 1 증가시킨 후 계산하는 명령이고, a++는 a값을 먼저 계산한 후 1 증가하는 명령이다.

Answer 20.④ 21.③ 22.③ 23.②

24 다음 중 파워포인트 파일의 확장자가 아닌 것은?

① pptx ② prs
③ potx ④ ppsx

해설 ㉠ .ppt는 파워포인트 97-2003 확장자
㉡ .pptx는 파워포인트 2007-2010 확장자
㉢ .pps는 파워포인트 97-2003 쇼 형식의 확장자
㉣ .ppsx는 파워포인트 2007-2010 쇼 형식의 확장자

25 시스템 메모리 임의의 부분에 목적 프로그램을 재배치할 수 있도록 하여 시스템 운용에 융통성을 제공하는 개념은?

① Swapping ② Overlay
③ Relocation ④ Allocation

해설 ㉠ Swapping : 바꾸기, 교환, 교체
㉡ Overlay : 덮어씌우기
㉢ Relocation : 재배치, 배치 전환
㉣ Allocation : 할당

26 반송파의 진폭과 위상을 변화시켜 정보를 전달하는 디지털 변조 방식은?

① DPSK ② PCM
③ FSK ④ QAM

해설 * 디지털 변조방식의 종류
① ASK(진폭편이변조 : Amplitude shift keying) : 디지털 부호에 대응하여 사인반송파의 주파수나 위상을 그대로 두고 진폭만 변화시키는 변조방식
② FSK(주파수편이변조 : Frequency shift keying) : 디지털 부호에 대응하여 사인반송파의 진폭과 위상을 그대로 두고 주파수만 변화시키는 변조방식
③ PSK(위상편이변조 : Phase shift keying) : 진폭과 주파수가 모두 일정한 반송파를 이용하여 그 위상을 2진 전송 부호에 대응시켜 변화시키는 방식
④ APK(진폭위상변조 : Amplitude Phase keying) : ASK와 PSK의 조합으로 QAM이라고도 한다.
⑤ QAM(Quadrature Amplitude Modulation) : 디지털 신호를 일정량만큼 분류하여 반송파 신호와 위상을 변화시키면서 변조시키는 방법이다.

27 다음 중 일반적인 정보 흐름의 통신방식 분류에 해당하지 않는 것은?

① Simplex ② Half Duplex
③ Full Duplex ④ Triplex

해설 ① 단향통신방식(simplex communication) : 송신기와 수신기가 정해진 통신방식으로 데이터가 한쪽 방향으로만 전송되는 방식으로 단방향 통신의 원격제어시스템, 공중파 TV 방송과 라디오방송이 대표적이다.

단향통신

㉠ 송·수신측이 미리 고정되어 있는 통신방식이다.
㉡ 통신 채널을 통하여 한쪽 방향으로만 데이터를 전송한다.
㉢ TV나 라디오 방송에서 사용한다.
㉣ 수신된 데이터의 에러 발생 여부를 송신측이 알 수 없다.
② 반이중방식 통신(half duplex) : 송·수신 기능을 한 개의 시스템에서 동시에 수행할 수 없고, 송·수신을 별도로 하는 방식으로 무전기와 컴퓨터 통신시스템에서 널리 사용한다.

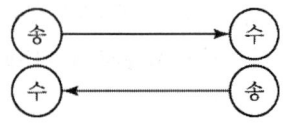

반이중방식 통신

Answer 24. ② 25. ③ 26. ④ 27. ④

㉠ 양방향 통신이 가능하지만 어느 한쪽이 송신하는 경우 상대편은 수신만이 가능한 통신 방식이다.
㉡ 송·수신측이 고정되어 있지 않다.
㉢ 양측에서 동시에 데이터를 전송하게 되면 충돌이 발생하기 때문에 데이터를 전송하기 전에 전송 매체의 사용 가능 여부를 확인해야 된다.
㉣ 무전기나 모뎀을 이용한 통신에서 사용한다.
③ 전이중방식 통신(full deplex) : 가장 효율이 높은 방식으로 두 개의 시스템이 동시에 데이터를 송·수신할 수 있는 방식이다. 일반적으로 송·수신 회선이 별도의 4선식으로 구성된다.

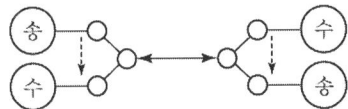

전이중방식 통신

㉠ 동시에 양방향으로 데이터 전송이 가능한 통신 방식이다.
㉡ 하나의 전송 매체를 두 개의 채널로 사용하거나 전송 방향에 따라 별도의 전송 매체를 사용한다.

28 다음 중 전송제어장치의 구성 요소가 아닌 것은?

① 회선접속부
② 회선제어부
③ 입출력제어부
④ 입출력접속부

해설 * 전송 제어 기능
전송 제어 절차에 따라 정확한 데이터 송신을 행하기 위한 기능
㉠ 입출력 제어 기능 : 입력되는 신호를 검출하여 데이터를 입력하거나 출력 기능을 동작시키는 기능
㉡ 에러 제어 기능 : 쌍방 통신 장비 간에 약속된 부호를 검출하여 에러를 검출하는 기능
㉢ 송수신 제어 기능 : 데이터의 송수신되는 기능을 담당
㉣ 데이터 전송 시스템에서 전송계의 구성 요소(단말장치, 회선, 통신제어장치)

29 다음 중 네트워크 계층의 기능이 아닌 것은?

① 전송경로 선택(Routing)
② 흐름 제어(Flow Control)
③ 중계 기능(Relaying)
④ 데이터 링크 접속(Data Link Connection)

해설 * 네트워크 계층(Network Layer)
㉠ 상위계층에게 연결하는 데 필요한 데이터 전송과 교환 기능을 제공하며, 네트워크를 통하여 데이터 패킷의 전송과 경로 제어와 유통 제어를 수행한다.
㉡ 네트워크 계층의 기능
  • 전송 경로 선택(Routing)
  • 흐름 제어(Flow Control)
  • 에러 제어(Error Control)

30 다음 중 전화기의 송화기에 대한 설명으로 맞는 것은?

① 상대방 가입자를 선택 호출하는 장치이다.
② 음성 에너지를 전기 에너지로 변환하는 장치이다.
③ 두 개의 교류 주파수의 조합을 이용하여 버튼을 누르면 발진 주파수가 송출된다.
④ 전화 통화 시 발신측의 출력 일부가 자신의 수화기를 통해 들린다.

해설 * ① 송화기(Transmitter) : 송화기의 진동판은 얇은 금속판으로 송화기에 대고 말을 하면 진동판의 진동의 강약에 따라 탄소입자의 저항이 크거나 작게 되어 전류가 변화하게

Answer 28. ④ 29. ④ 30. ②

되어 음성의 크기와 높낮이에 따른 진동이 전기 에너지로 변환되어 통신로를 통하여 상대방에 도달한다. 즉, 소리에너지를 전기적 에너지로 변환하는 장치이다.
② 수화기(Receiver) : 회로에 흐르는 전기적 에너지를 음성에너지로 변환하는 장치로, 송화기의 반대작용으로 스피커에 해당하는 부분에서 전기 신호를 음성 신호로 변환한다. 수화기 내에는 영구자석과 코일로 구성되며, 코일에 전기가 흐르지 않을 때는 진동판은 자석에 붙어 있다가 음성 전류가 흐르면 전류의 세기에 따라 코일의 자계 변화에 따라 진동판이 진동하면서 음성을 재생한다.

31 팩시밀리 방식 중 데이터망에서 디지털 신호의 형태로 고속으로 전송되는 방식은?

① G1 방식   ② G2 방식
③ G3 방식   ④ G4 방식

해설 ★ 팩시밀리의 개요
① 팩시밀리는 송신측의 문자, 그림, 도형정보 등을 수신측에 동일하게 재현할 수 있는 시스템으로 송신문서를 주사에 의해 화소로 분해하여 전기적 신호로 바꾸어서 전송하고 수신측에서 문서를 재생하는 통신방식
② ITU-T에서는 팩시밀리를 4가지로 분류하고 있으며 PSTN을 이용한 G3가 가장 많이 사용되고 있다.
㉠ G1 : 전송 시 대역을 압축하지 않고 FM 변조 사용하여 A4 용지를 4~6분에 전송하여 아날로그 방식 전송방식을 이용하나 현재 거의 사용되지 않고 있다.
㉡ G2 : 아날로그 신호방식으로 잔류측파대(VSB) 방식을 사용하며 대역 압축을 이용하여 고속화시키고 A4용지를 2~3분에 전송한다.
㉢ G3 : MH(Modified Huffman)과 MR(Modified Read) 방식으로 데이터를 압축하고 디지털 변조방식(QPSK, QAM)에 의한 대역 압축·고속전송으로 A4 용지를 1분에 전송하는 디지털 팩시밀리로 가장 많이 쓰이고 있다.
㉣ G4 : 디지털 신호 방식으로 ISDN을 사용하며 MMR 방식의 사용으로 데이터의 압축률은 G3보다 개선된다. 전송에러 발생 시 자동 재전송으로 에러를 방지하고 A4용지를 3~5초 내에 전송이 가능한 디지털망 접속용 디지털 팩시밀리이며 통신기능에 따라 Class1, Class2, Class3로 구분된다.
• Class 1 : 팩시밀리 단말기와의 통신 기종
• Class 2 : Class 1의 기능에 텔레텍스와 혼합형 단말기의 문서를 수신할 수 있는 기능이 추가됨
• Class 3 : Class 2의 기능에 텔레텍스와 혼합형 단말기와의 송신 기능이 추가됨

32 전자교환기의 전송방식에 따른 분류가 아닌 것은?

① 공간분할방식(SDS)
② 주파수분할방식(FDS)
③ 시분할 방식(TDS)
④ 파장분할방식(WDS)

해설 ★ 전자교환기의 전송 방식에 따른 분류
① 공간 분할 방식(SDS : Space Division System) : 전화 통화 중 발착 두 가입자가 하나의 회선과 한 통화로를 구성할 수 있는 교환 방식(예 : M10CN, No. 1A ESS 등)
② 시분할 방식(TDS : Time Division System) : 하나의 선로를 시각적으로 분할하여 다수의 통화로(channel)를 만들어 다중 전송을 하는 방식으로 전전자 교환 방식이라고 한다.
③ 주파수 분할 방식(FDS : Frequency Division system) : 하나의 통화로에 다수의 반송파를 할당하여 통화하는 방식이며 스위칭 통화로에 서로 다른 반송파를 할당하여 동시에 다수의 통화로를 구성하는 방식이다.

Answer 31. ④ 32. ④

33 다음 괄호 안에 들어갈 내용으로 알맞은 것은?

> ATM 셀은 48바이트의 정보와 ( )바이트의 헤더로 구성된다.

① 1
② 5
③ 8
④ 16

해설 ATM 셀이란 ATM 기술을 사용한 통신망에서 데이터를 전달하는 최소 기본 단위를 셀(Cell)이라고 한다. 셀은 53Bytes를 기본 단위로 하며, 5bytes의 헤더 영역과 48bytes의 데이터 영역으로 나눌 수 있다.
- ATM 셀의 구조 : 셀은 ATM 계층의 기본 요소로 셀 전송을 위한 셀 헤더와 사용자 정보로 구성되며, ATM 셀 헤더는 GFC 필드의 유무에 따라 UNI(User Network Interface)와 NNI(Network Node Interface)로 구분된다.

34 전화 통화 시 호(call)가 발생하여 통신이 끝날 때까지의 시간을 무엇이라고 하는가?

① 통화 밀도 시간
② 트래픽 시간
③ 최번 시간
④ 보류 시간

해설 보류시간, 점유시간(Holding Time)
발생된 호가 교환설비를 점유한 시점부터 호가 종료되어 설비가 복구된 시점까지 경과된 시간
- 호가 국의 설비나 회선을 점유하고 있는 시간, 즉 호의 시간 길이
- 평균통화시간으로도 볼 수 있음

35 교환단계의 출력측의 회선 전부가 사용되고 있어 발생된 호가 접속되지 못하는 확률을 무엇이라 하는가?

① 한정이용률
② 대시율
③ 교환선율
④ 호손율

해설 호손율(호 손실 확률)
- 가입자가 호를 발생하여 상대방과 접속하는 과정에서 중계회선이나 교환시설 등에서 설비부족 등에 의한 사유로 호가 손실되는 확률적 비율을 말하며, 이는 전화망 중계선 설비 설계에 중요하다.
- 기존 전화망 설계의 경우 호손율 범위는 통상 1[%] 정도로 선택된다.(중계회선 구간 : 1[%], 교환기 내부 : 0.1~1[%])

36 2분 동안에 12,000,000개의 비트가 전송될 때 전송속도는 얼마인가?

① 0.1[kbps]
② 1[kbps]
③ 10[kbps]
④ 100[kbps]

해설 1초에 전송할 수 있는 비트 수로 단위는 bps (bit per second)를 사용한다.
$$\text{bps} = \frac{12000000}{2 \times 60} = \frac{12000000}{120} = 100[\text{kbps}]$$

37 다음 중 정보를 표현하는 최소 단위는?

① 비트(Bit)
② 워드(Word)
③ 니블(Nibble)
④ 바이트(Byte)

해설 자료의 구성
① 비트(Bit) : 0과 1로 표현되는 데이터(정보)의 최소단위이다.
② 바이트(Byte) : 8bit로 구성되며 1개의 문자나 수를 기억하는 데이터 단위
③ 워드(Word) : 몇 개의 데이터가 모인 데이터 단위
  ㉠ 하프 워드(Half Word) : 2바이트로 구성
  ㉡ 풀 워드(Full Word) : 4바이트로 구성
  ㉢ 더블 워드(Double Word) : 8바이트로 구성

Answer 33. ② 34. ④ 35. ④ 36. ④ 37. ①

④ 필드(Field) : 특정문자의 의미를 나타내는 논리적 데이터의 최소단위
⑤ 레코드(Record) : 필드의 집합(하나의 작업 처리 단위)
 ㉠ 논리레코드 : 데이터 처리의 기본단위
 ㉡ 물리레코드 : 보조기억장치와의 입출력을 위한 데이터 처리 단위로, 하나 이상의 논리레코드가 모여 물리레코드를 이룬다.
⑥ 파일(File) : 레코드의 집합
⑦ 데이터베이스(Database) : 파일들의 집합

> 정보의 단위 비교
> 비트 < 바이트 < 워드 < 필드 < 레코드 < 파일 < 데이터베이스

38 정보전송제어의 오류제어 방식 중 오류 검출 후 재전송(ARQ)하는 방식이 아닌 것은?

① 적응적 방식
② Go-back-N 방식
③ 전진 오류 수정방식
④ 선택적 재전송 방식

해설 ✱ 에러 제어 방식

㉠ 자동 반복 요청(ARQ, Automatic Repeat reQuest) : 통신 경로에서 에러 발생 시 수신측은 에러의 발생을 송신측에 통보하고 송신측은 에러가 발생한 프레임을 재전송
  • 정지-대기(Stop-and-Wait) ARQ : 송신측이 하나의 블록을 전송한 후 수신측에서 에러의 발생을 점검한 다음 에러 발생 유무 신호를 보내올 때까지 기다리는 방식이므로 수신측에서 에러 점검 후 제어 신호를 보내올 때까지 오버헤드(overhead)가 효율면에서 가장 부담이 크다.
  • 연속(Continuous) ARQ
  • Go-Back-N ARQ
   - 에러가 발생한 블록 이후의 모든 블록을 다시 재전송하는 방식
   - 에러가 발생한 부분부터 모두 재전송하므로 중복 전송의 단점이 있음
  • 선택적 재전송(Selective-Repeat) ARQ
   - 수신측에서 NAK를 보내오면 에러가 발생한 블록만 재전송
   - 복잡한 논리회로와 큰 용량의 버퍼가 필요
  • 적응적(Adaptive) ARQ
   - 데이터 블록의 길이를 채널의 상태에 따라 동적으로 변경시키는 방식
㉡ 전송 에러 제어 방식
  • 전진 에러 수정(FEC, Forward Error Correction) : 송신측에서 정보비트에 오류 정정을 위한 제어 비트를 추가하여 전송하면 수신측에서 이 비트를 사용하여 에러를 검출하고 수정하는 방식
   - ARQ 방식과는 달리 재전송 요구가 없으므로 역채널이 필요 없고 연속적인 데이터 흐름이 가능
   - ARQ에 비해 기기와 코딩이 더 복잡함
   - ARQ 방식과 마찬가지로 데이터와 함께 잉여 비트들을 함께 전송함
   - 잉여 비트들이 데이터 시스템 효율의 개선을 저해함
   - 대표적인 예로 해밍(Hamming) 코드 방식과 상승 코드 방식이 있음
  • 후진 에러 수정(BEC, Backward Error Correction) : 데이터 전송 과정 중 에러가 발생하면 송신측에 재전송을 요구하는 방식

39 송신 데이터 비트 수가 'N'이고 잘못된 수신 데이터 비트 수가 'n'일 때, 비트 오류율은?

① n · N
② n(1+N)
③ N/n
④ n/N

해설 ✱ 비트 오류율(bit error rate)

전송로에서의 오류율을 비트 단위로 나타낸 것으로, 전 수신 재생 비트 수 중의 오류비트의 비율로 나타낸다.

$$\text{Bit error rate} = \frac{\text{오류 비트}}{\text{전체 비트}} = \frac{n}{N}$$

Answer 38. ③ 39. ④

40 데이터 전송 시 한 글자 단위가 아니고 미리 정해진 수만큼의 글자열을 한 묶음으로 만들어 일시에 전송하는 방식은?

① 전이중 방식
② 반이중 방식
③ 비동기식 전송방식
④ 동기식 전송방식

> **해설** * 비동기식 방식
> ① 보통 한 문자단위와 같이 매우 작은 비트블록의 앞과 뒤에 각각 스타트비트와 스톱비트를 삽입하여 비트블록의 동기화를 취해주는 방식으로 스타트-스톱전송이라고 불리기도 한다.
> ② 일반적으로 비동기식 전송방식은 단순하고 저렴하나, 각 문자당 스타트비트와 스톱비트를 비롯해 2~3비트의 오버헤드를 요구하므로 전송효율이 매우 떨어지는 것으로 보통 낮은 전송속도에서 이용된다.
> ③ 비동기식 전송의 특징
> ㉠ 비동기식 전송이란 동기화를 제공하지 않는 전송 방식이다.
> ㉡ 이 방식은 동기화를 사용하지 않기 때문에 정확한 비트 수신이 보장되지 않으나 보통 저속으로 한 문자를 전송하는 동안에는 큰 문제가 발생하지 않기 때문에 문자 단위의 일반 저속 통신에 많이 사용되고 있다. 각 전송 문자의 앞, 뒤에는 반드시 1비트의 start 신호와 1, 1.5, 또는 2비트의 stop 신호가 첨가되어 전송된다.
> ㉢ 대부분의 호스트와 단말기 사이의 통신이 이 비동기식 전송을 사용하고 있다.
> ④ 동기식 전송의 특징
> ㉠ 동기식 전송이란 동기화를 제공하는 전송 방식을 말한다. 따라서 수신측의 정확한 수신을 보장해 준다.
> ㉡ 또한, 수신측의 정확한 수신이 보장되기 때문에 블록 단위의 고속 전송에 적합하다. 이때 데이터 블록은 정형화된 (structured) 형태로 구성되며 이를 프레임이라 한다.

41 다음 그림은 어떤 정보통신시스템의 회선 구성 방식인가?

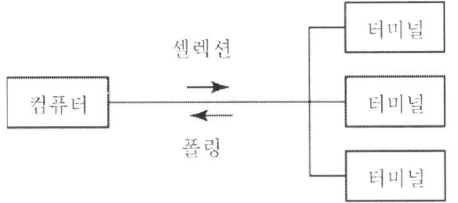

① Point-To-Point 방식
② Multi-Point 방식
③ 회선 다중방식
④ 집선 방식

> **해설** * ㉠ Point-To-Point 방식 ; 점대점 방식은 물리적으로 중개 장치를 통과하지 않고 한 지점에서 다른 지점으로 가는 채널이다. 논리적으로는 두 장비 간의 통신을 말한다. 이 방식은 한 개의 터미널이 하나의 회선만으로 컴퓨터에 연결되기 때문에 비경제적이며, 또한 한 개의 터미널은 통신 제어 장치 내에 있는 하나의 접속 포트와 두 개의 모뎀을 필요로 한다. 이 방식은 컴퓨터와 터미널 간에 계속적으로 대화를 나누며 빠른 응답을 필요로 하는 경우와 컴퓨터 시스템이 다른 대형 컴퓨터에 연결되어 터미널처럼 사용되는 경우에 주로 이용된다.
> ㉡ Multi-Point 방식 : 회선 사용도가 높은 1개의 통신회선에 여러 개의 터미널이 연결되어 정보의 송수신을 행하는 방식. 통신회선은 대부분 전용회선을 사용하며 데이터 전송은 폴링과 셀렉션에 의해 수행된다.

42 인접한 2개의 노드를 순차적으로 연결한 형상으로 한 노드로부터 송출된 메시지는 한 방향으로 전송되며 송출된 메시지가 자신의 것이면 받아들이고 아닌 경우에는 다

Answer 40. ④ 41. ② 42. ④

음 노드로 재전송하는 정보통신망 구성방식은?
① 성형(Star) ② 트리형(Tree)
③ 망형(Mesh) ④ 링형(Ring)

해설 ✱ (1) 성형 통신망(Star network) : 중앙 집중 통신망으로서 중앙에 중앙컴퓨터가 있고 이를 중심으로 터미널이 연결된 네트워크 형태이다.

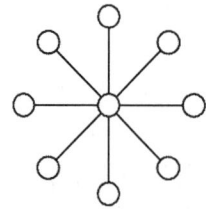

성형 통신망

① 컴퓨터와 단말장치(터미널) 간에 별도의 통신선로가 필요하다.
② 통신 경로가 길다.
③ 전산기 구성망의 가장 기본(온라인 시스템의 전형적인 방법)이다.
④ 모든 노드는 중앙에 있는 제어 노드와 점 대 점으로 직접 연결된 형태이다.
⑤ 중앙 컴퓨터가 모든 통신 제어를 담당하는 중앙 집중식이다.

(2) 트리형 통신망(Tree network) : 중앙에 컴퓨터가 위치하나 통신신호는 각 지역으로 가까운 터미널까지 시설되고 이웃하는 터미널은 다시 가까운 터미널까지 연결된 네트워크 형태이다.

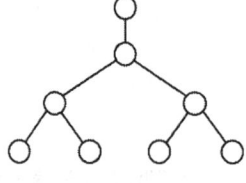

트리형 통신망

① 성형보다 통신 회선이 많이 필요하지 않다.
② 분산형 통신망(분산 처리 시스템)의 기본이다.
③ 데이터는 양방향으로 모든 노드에게 전송되고, 트리의 끝에 있는 단말 노드로 흡수되어 소멸된다.
④ 통신 회선 수가 절약되고, 통신선로의 총 경로는 가장 짧다.

(3) 환형(링형) 통신망(Ring network) : 컴퓨터 및 단말기들이 수평으로 서로 이웃하는 것끼리만 점 대 점으로 연결된 네트워크 형태이다.

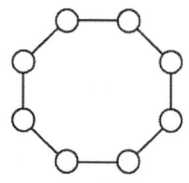

환형 통신망

① 데이터는 한 방향 또는 양방향 데이터 전송이 가능하다.
② 통신선로의 총 길이는 성형보다 짧고 트리형보다 길다.
③ 각 노드 사이의 연결을 최소화할 수 있다.
④ 통신회선 장애 시 융통성이 있다.
⑤ LAN 등과 같이 국부적인 통신에 주로 사용한다.

(4) 그물형 통신망(mash network) : 컴퓨터 및 단말기들이 중계에 의하지 않고 직통 회선으로 직접 연결되는 네트워크 형태이다.

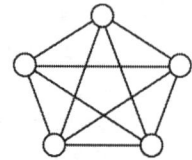

그물형 통신망

① 완전히 분산된 형태의 통신망이다.
② 통신 회선의 장애 시에도 데이터 전송이 가능하다.
③ 모든 단말기와 단말기들을 통신회선으로 연결시킨 형태로, 보통 공중 전화망과 공중 데이터 통신망에 이용한다.
④ 통신 회선의 총 길이가 가장 길고, 분산 처리 시스템이 가능하다.
⑤ 통신 회선의 장애 시 다른 경로를 통하여

데이터를 전송할 수 있어 신뢰도가 높다.
⑥ 광역 통신망에 적합하다.
(5) 버스형 통신망(Bus network) : 하나의 통신회선상에 여러 대의 터미널을 설치하여, 중앙컴퓨터와 터미널 간의 데이터 통신은 물론 터미널과 터미널 간의 데이터 통신이 가능하도록 연결하는 네트워크 형태이다.

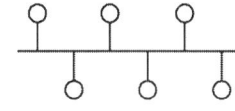

버스형 통신망

① LAN을 구성할 때 많이 사용하며, 다수의 터미널 접속이 가능하다.
② 단일 터미널의 장애가 전체 통신망에 영향을 미치지 않는다.
③ 하나의 전송 매체를 모든 노드가 공유해서 사용하는 멀티포인트 매체를 사용한다.
④ 데이터는 양방향으로 전송되며, 다른 모든 노드에서 수신 가능하다.
⑤ 데이터는 노드와 탭 간의 전이중 방식으로 버스를 통해서 전송한다.
⑥ 링형과 달리 각 노드가 데이터 확인 및 통신에 대한 책임을 갖는다.
⑦ 터미네이터(Terminator) : 버스의 양쪽 끝에 있는 장치로서, 전송되는 모든 신호를 버스에서 제거하는 역할을 담당한다.
⑧ 링형과 마찬가지로 발송지와 목적지 주소를 포함하고 있는 패킷을 사용한다.

43 송신공중선으로부터 1[km] 지점에서 측정한 전기장 강도가 900[μV/m]이라 한다. 10[km] 거리에서의 전기장 강도는 얼마인가?

① 9[μV/m]
② 90[μV/m]
③ 10[μV/m]
④ 100[μV/m]

해설 $E = \dfrac{k\sqrt{P}}{r}$[V/m]의 식에 의해 1[km]에서 10[km]의 거리가 되면 10배가 된다. 그러므로 전기장의 세기는 1/10이 되므로,

$\dfrac{900[\mu V/m]}{10} = 90[\mu V/m]$가 된다.

44 전류 측정 시 참값이 100[mA]이고 측정값이 102[mA]일 때 오차율은?

① 1[%]
② 2[%]
③ 3[%]
④ 4[%]

해설 오차율 $\alpha = \dfrac{\varepsilon}{T} \times 100[\%] = \dfrac{M-T}{T} \times 100[\%]$
(백분율 오차)
$\alpha = \dfrac{102-100}{100} \times 100 = 2[\%]$

45 전기통신시스템에서 신호 및 잡음의 세기를 표현하는 단위는?

① [dB]
② [mV]
③ [mA]
④ [mW]

해설 데시벨(deci-Bell, dB) 진동과 소음의 크기를 표현하는 방법으로 소음, 진동, 전기 등의 크기를 나타낼 때 'dB(데시벨)'의 단위를 사용하며, 기준량에 대한 변화폭을 의미하기 때문에 감각과 대체로 잘 맞으므로 여러 분야에서 사용된다.

46 사업자의 교환설비로부터 이용자방송통신설비의 최초 단자에 이르기까지의 사이에 구성되는 회선을 무엇이라 하는가?

① 국선
② 통신망
③ 전송설비
④ 국선설비

해설 전기통신설비의 기술기준에 관한 규칙에 의한 정의
"국선"이라 함은 사업자의 교환설비로부터 이용자전기통신설비의 최초 단자에 이르기까지의 사이에 구성되는 회선을 말한다.

Answer 43. ② 44. ② 45. ① 46. ①

47 정보통신공사업을 경영하려는 자는 대통령령으로 정하는 바에 따라 누구에게 등록하여야 하는가?

① 대통령
② 특별시장·광역시장·도지사 또는 특별자치도지사
③ 과학기술정보통신부장관
④ 정보통신공사협회장

> **해설** * 정보통신공사업법 제14조(공사업의 등록 등)
> ① 공사업을 경영하려는 자는 대통령령으로 정하는 바에 따라 특별시장·광역시장·특별자치시장·도지사 또는 특별자치도지사(이하 "시·도지사"라 한다)에게 등록하여야 한다.
> ② 삭제 〈2014.12.30.〉
> ③ 시·도지사는 제1항에 따른 등록을 받았을 때에는 등록증과 등록수첩을 발급한다.

48 다음 중 정보통신공사업법에 따른 정보통신설비의 설치 및 유지·보수에 관한 공사와 이에 따른 부대공사가 아닌 것은?

① 전기통신관계법령 및 전파관계법령에 따른 통신설비공사
② 방송법 등 방송관계법령에 따른 방송설비공사
③ 정보통신관계법령에 따라 정보통신설비를 이용하여 정보를 제어·저장 및 처리하는 정보설비공사
④ 건축물에 설치되는 5회선 이하의 구내통신선로 설비공사

> **해설** * 정보통신공사업법 시행령의 제2조(공사의 범위)
> ① 정보통신공사업법(이하 "법"이라 한다) 제2조제2호에 따른 정보통신설비의 설치 및 유지·보수에 관한 공사와 이에 따른 부대공사는 다음 각 호와 같다.
> 1. 전기통신관계법령 및 전파관계법령에 따른 통신설비공사
> 2. 방송법 등 방송관계법령에 따른 방송설비공사
> 3. 정보통신관계법령에 따라 정보통신설비를 이용하여 정보를 제어·저장 및 처리하는 정보설비공사
> 4. 수전설비를 제외한 정보통신전용 전기시설설비공사 등 그 밖의 설비공사
> 5. 제1호부터 제4호까지의 규정에 따른 공사의 부대공사
> 6. 제1호부터 제5호까지의 규정에 따른 공사의 유지·보수공사

49 방송통신설비를 이용하여 직접 방송통신을 하거나 타인이 방송통신을 할 수 있도록 하는 것을 무엇이라 하는가?

① 방송통신설비
② 방송통신기자재
③ 방송통신서비스
④ 방송통신사업자

> **해설** * 방송통신발전 기본법 제2조(정의)
> 이 법에서 사용하는 용어의 뜻은 다음과 같다.
> 3. '방송통신설비'란 방송통신을 하기 위한 기계·기구·선로(線路) 또는 그 밖에 방송통신에 필요한 설비를 말한다.
> 4. "방송통신기자재"란 방송통신설비에 사용하는 장치·기기·부품 또는 선조(線條) 등을 말한다.
> 5. "방송통신서비스"란 방송통신설비를 이용하여 직접 방송통신을 하거나 타인이 방송통신을 할 수 있도록 하는 것 또는 이를 위하여 방송통신설비를 타인에게 제공하는 것을 말한다.
> 6. "방송통신사업자"란 관련 법령에 따라 과학기술정보통신부장관 또는 방송통신위원회에 신고·등록·승인·허가 및 이에 준하는 절차를 거쳐 방송통신서비스를 제공하는 자를 말한다.

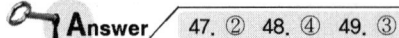

Answer 47. ② 48. ④ 49. ③

50 모든 이용자가 언제 어디서나 적절한 요금으로 제공받을 수 있는 기본적인 전기통신역무를 무엇이라 하는가?

① 보편적 역무
② 정보통신역무
③ 방송통신역무
④ 전기통신역무

해설 * 전기통신사업법 제2조(정의)
이 법에서 사용하는 용어의 뜻은 다음과 같다.
10. "보편적 역무"란 모든 이용자가 언제 어디서나 적절한 요금으로 제공받을 수 있는 기본적인 전기통신역무를 말한다.

51 자가전기통신설비를 설치한 자가 전기통신사업법이나 이 법에 따른 명령을 위반하여 시정명령을 이행하지 않은 경우 얼마 이내의 기간을 정하여 그 사용의 정지를 명할 수 있는가?

① 1년
② 1년 6개월
③ 2년
④ 2년 6개월

해설 * 전기통신사업법 제65조(목적 외 사용의 제한)
① 자가전기통신설비를 설치한 자는 그 설비를 이용하여 타인의 통신을 매개하거나 설치 목적에 어긋나게 운용하여서는 아니 된다. 다만, 다른 법률에 특별한 규정이 있거나 그 설치 목적에 어긋나지 아니하는 범위에서 다음 각 호의 어느 하나에 해당하는 용도에 사용하는 경우에는 그러하지 아니하다.
1. 경찰 또는 재해구조 업무에 종사하는 자로 하여금 치안 유지 또는 긴급한 재해구조를 위하여 사용하게 하는 경우
2. 자가전기통신설비의 설치자와 업무상 특수한 관계에 있는 자 간에 사용하는 경우로서 과학기술정보통신부장관이 고시하는 경우
② 자가전기통신설비를 설치한 자는 대통령령으로 정하는 바에 따라 관로·선조 등의 전기통신설비를 기간통신사업자에게 제공할 수 있다.
③ 제2항에 따른 설비의 제공에 관하여는 제35조·제44조(같은 조 제6항은 제외한다)·제45조부터 제47조까지의 규정을 준용한다.
④ 과학기술정보통신부장관은 자가전기통신설비를 설치한 자가 제1항을 위반한 경우에는 1년 이내의 기간을 정하여 그 사용의 정지를 명할 수 있다. 이 경우 과학기술정보통신부장관은 사용정지를 명한 사실을 해당 소재지를 관할하는 시·도지사에게 통지하여야 한다.

52 다음 중 방송통신기자재에 대한 적합성평가의 전부 또는 일부를 면제받을 수 있는 경우가 아닌 것은?

① 시험·연구, 기술개발, 전시 등을 위하여 제조하거나 수입하는 경우
② 국내에서 판매하지 아니하고 수출 전용으로 제조하는 경우
③ 잠정인증을 요청할 때 지정시험기관의 시험 결과를 제출한 경우
④ 지역 기관장의 서면으로 허가를 받은 경우

해설 * 방송통신기자재 등의 적합성평가에 관한 고시 제18조(적합성평가 면제의 세부범위 등)
① 영 제77조의6제1항제1호에 따라 적합성평가의 전부가 면제되는 기자재의 범위와 수량은 다음 각 호와 같다.
1. 시험·연구, 기술개발, 전시 등을 위하여 제조하거나 수입하는 경우로 다음 각 목의 어느 하나에 해당하는 기자재
가. 제품 및 방송통신서비스의 시험·연구 또는 기술개발을 위한 목적의 기자재 : 100대 이하(다만, 원장이 인정하는 경우에는 예외로 한다)
나. 판매를 목적으로 하지 않고 전시회,

Answer 50. ① 51. ① 52. ④

국제경기대회 진행 등 행사에 사용하기 위한 기자재 : 면제확인 수량
다. 외국의 기술자가 국내산업체 등의 필요에 따라 일정기간 내에 반출하는 조건으로 반입하는 기자재 : 면제확인 수량
라. 적합성평가를 받은 기자재의 유지·보수를 위하여 제조 또는 수입되는 동일한 구성품 또는 부품 : 면제확인 수량
마. 군용으로 사용할 목적으로 제조하거나 수입하는 기자재 : 면제확인 수량
바. 국내에서 사용하지 아니하고 국외에서 사용할 목적으로 제조하거나 수입하는 기자재 : 면제확인 수량
사. 외국에 납품할 목적으로 주문제작하는 선박에 설치하기 위해 수입되는 기자재와 외국으로부터 도입, 임대, 용선 계약한 선박 또는 항공기에 설치된 기자재 등과 또는 이를 대치하기 위한 동일기종의 기자재 : 면제확인 수량
아. 판매를 목적으로 하지 아니하고 개인이 사용하기 위하여 반입하는 기자재 : 1대
자. 국가 간 상호 인정협정 또는 이에 준하는 협정에 따라 적합성평가를 받은 기자재 : 면제확인 수량
차. 판매를 목적으로 하지 아니하고 본인 자신이 사용하기 위하여 제작 또는 조립하거나 반입하는 아마추어무선국용 무선설비 : 면제확인 수량
카. 판매를 목적으로 하지 아니하고 국내 시장조사를 목적으로 수입하는 견본품용 기자재 : 3대 이하
타. 적합성평가를 받은 컴퓨터 내장구성품(별표 2 제6호 다목)으로 조립한 컴퓨터(다만, 별표 6의 소비자 안내문을 표시한 것에 한한다.)
2. 국내에서 판매하지 아니하고 수출 전용으로 제조하는 경우로 다음 각 목의 어느 하나에 해당하는 기자재

가. 국내에서 제조하여 외국에 전량 수출할 목적의 기자재
나. 외국에 재수출할 목적으로 국내 반입하는 기자재 : 면제확인 수량
다. 외국에 수출한 제품으로서 수리 또는 보수를 위하여 반출을 조건으로 국내에 반입되는 기자재 : 면제확인 수량

② 영 제77조의6제1항제2호에 따라 적합성평가의 일부를 면제하는 대상기자재와 범위는 다음 각 호와 같다.
1. 법 제58조의2제7항에 따라 잠정인증을 받을 때와 법 제58조의2제8항에 따라 적합성평가를 받을 때의 적합성평가 적용기준이 일부 같은 기자재 : 법 제58조의2제1항 각 목 어느 하나의 적합성평가기준에 따른 시험
2. 법 제58조의3제1항제4호에 해당하는 것으로서 관계법령에 따라 적합성평가를 받을 때의 적합성평가기준이 법 제47조의3의 전자파적합성기준과 동일한 기자재 : 법 제47조의3의 전자파적합성기준에 따른 시험

53 평형회선은 회선 상호간 방송통신 콘텐츠의 내용이 혼입되지 아니하도록 두 회선 사이의 근단누화 또는 원단누화의 감쇠량이 원칙적으로 몇 데시벨 이상이어야 하는가?
① 28데시벨 ② 38데시벨
③ 58데시벨 ④ 68데시벨

해설 ✱ 방송통신설비의 기술기준에 관한 규정 제13조(누화)
평형회선은 회선 상호간 방송통신 콘텐츠의 내용이 혼입되지 아니하도록 두 회선사이의 근단누화 또는 원단누화의 감쇠량은 68[dB] 이상이어야 한다. 다만, 방송통신위원회에서 별도로 세부기술기준을 고시한 경우에는 이에 따른다.

Answer 53. ④

54 통신공동구·맨홀 등은 통신케이블의 수용과 설치 및 유지·보수 등에 필요한 공간과 부대시설을 갖추어야 하고 관로는 차도의 경우 지면으로부터 몇 미터 이상의 깊이에 매설하여야 하는가?

① 0.5[m]   ② 1[m]
③ 1.5[m]   ④ 2[m]

해설 ✽ 접지설비·구내통신설비·선로설비 및 통신공동구 등에 대한 기술기준 제47조(관로 등의 매설기준)

② 지면에서 관로 상단까지의 거리는 다음 각 호의 기준에 의한다. 다만, 시설관리기관과 협의하여 관로보호조치를 하는 경우에는 다음 각 호의 기준에 의하지 아니할 수 있다.
  1. 차도 : 1.0[m] 이상
  2. 보도 및 자전거도로 : 0.6[m] 이상
  3. 철도·고속도로 횡단구간 등 특수한 구간 : 1.5[m] 이상
③ 관로 상단부와 지면 사이에는 관로보호용 경고테이프를 관로 매설경로에 따라 매설하여야 한다.
④ 관로는 가스 등 다른 매설물과 50[cm] 이상 떨어져 매설하여야 한다. 다만, 부득이한 사유로 인하여 50[cm] 이상의 간격을 유지할 수 없는 경우에는 보호벽의 설치 등 관로를 보호하기 위한 조치를 하여야 한다.
⑤ 맨홀 또는 핸드홀 간에 매설하는 관로는 케이블 견인에 지장을 주지 아니하는 곡률을 유지하는 등 직선성을 유지하여야 한다.

55 다음 중 50세대 이상 500세대 이하 공동주택의 집중구내통신실 면적 확보 기준은?

① 10제곱미터 이상 1개소
② 15제곱미터 이상 1개소
③ 20제곱미터 이상 1개소
④ 25제곱미터 이상 1개소

해설 ✽ 전기통신사업법의 규정에 의한 전기통신회선설비와의 접속을 위한 면적기준은 다음 각 호와 같다.

1. 업무용 건축물에는 국선·국선단자함 또는 국선배선반과 초고속통신망장비, 이동통신망장비 등 각종 구내통신선로설비를 설치하기 위한 공간(집중구내통신실) 및 각 층에 구내통신선로설비를 설치하기 위한 공간(층구내통신실)을 확보하여야 한다. 이 경우 최소한 확보하여야 하는 면적의 기준은 표와 같다.

업무용 건축물의 구내통신실면적확보기준

건축물 규모	확보대상	확보면적
1. 6층 이상이고 연면적 5천제곱미터 이상인 업무용건축물	가. 집중구내통신실	10.2제곱미터 이상으로 1개소 이상
	나. 층구내통신실	(1) 각 층별 전용면적이 1천제곱미터 이상인 경우에는 각 층별로 10.2제곱미터 이상으로 1개소 이상
		(2) 각 층별 전용면적이 800제곱미터 이상인 경우에는 각 층별로 8.4제곱미터 이상으로 1개소 이상
		(3) 각 층별 전용면적이 500제곱미터 이상인 경우에는 각 층별로 6.6제곱미터 이상으로 1개소 이상
		(4) 각 층별 전용면적이 500제곱미터 미만인 경우에는 5.4제곱미터 이상으로 1개소 이상
2. 제1항 외의 업무용 건축물	집중구내통신실	건축물의 연면적이 500제곱미터 이상인 경우 10.2제곱미터 이상으로 1개소 이상. 다만, 500제곱미터 미만인 경우는 5.4제곱미터 이상으로 1개소 이상

[비고]
1. 같은 층에 집중구내통신실과 층구내통신실을 확보하여야 하는 경우에는 집중구내통신실만을 확보할 수 있다.
2. 층별 전용면적이 500제곱미터 미만인 경우로서 각 층별로 통신실을 확보하기가 곤란한 경우에는 하나의 층구내통신실에 2개층 이상의 통신설비를 통합하여 수용할 수 있으며, 이 경우 층구내통신실 확보면적은 통합 수용된 각 층의 전용면적을 합하여 제1호 중 층구내통신실의 확보면적란의 기준을 적용한다.
3. 같은 층에 층구내통신실을 2개소 이상으로 분리 설치하려는 경우에는 층구내통신실의 면적은 최소 5.4제곱미터 이상이어야 한다.
4. 집중구내통신실은 외부환경에 영향이 적은 지상에 확보되어야 한다. 다만, 부득이한 사유로 지상 확보가 곤란한 경우에는 침수우려가 없고 습기가 차지 아니하는 지하층에 설치할 수 있다.
5. 집중구내통신실에는 조명시설과 통신장비전용의 전원설비를 구비하여야 한다.
6. 각 통신실의 면적은 벽이나 기둥 등을 제외한 면적으로 한다.
7. 집중구내통신실의 출입구에는 시건장치를 설치하여야 한다.

2. 주거용 건축물 중 공동주택에는 집중구내통신실을 확보하여야 한다. 이 경우 최소한 확보하여야 하는 면적의 기준은 표와 같다.

Answer 54. ② 55. ①

공동주택의 구내통신실면적확보기준

건축물 규모	확보대상	확보면적
1. 50세대 이상 500세대 이하 단지	집중구내통신실	10제곱미터 이상으로 1개소
2. 500세대 초과 1000세대 이하 단지	집중구내통신실	15제곱미터 이상으로 1개소
3. 1000세대 초과 1500세대 이하 단지	집중구내통신실	20제곱미터 이상으로 1개소
4. 1500세대 초과 단지	집중구내통신실	25제곱미터 이상으로 1개소

[비고]
1. 집중구내통신실은 외부환경에 영향이 적은 지상에 확보되어야 한다. 다만, 부득이한 사유로 지상 확보가 곤란한 경우에는 침수우려가 없고 습기가 차지 아니하는 지하층에 설치할 수 있다.
2. 집중구내통신실에는 조명시설과 통신장비전용의 전원설비를 구비하여야 한다.
3. 각 통신실의 면적은 벽이나 기둥 등을 제외한 면적으로 한다.
4. 집중구내통신실의 출입구에는 시건장치를 설치하여야 한다.

56 다음 중 정보통신공사업의 등록기준에 속하지 않는 것은?

① 자본금 ② 사무실
③ 기술능력 ④ 공사실적

해설 ★ 정보통신공사업법 제15조(등록기준) 제14조제1항에 따른 등록의 신청을 받은 시·도지사는 다음 각 호의 어느 하나에 해당하는 경우를 제외하고는 등록을 해주어야 한다.
1. 대통령령으로 정하는 기술능력·자본금(개인인 경우에는 자산평가액을 말한다. 이하 같다)·사무실을 갖추지 아니한 경우
2. 과학기술정보통신부장관이 지정하는 금융회사 등 또는 제45조에 따른 정보통신공제조합이 대통령령으로 정하는 금액 이상의 현금 예치 또는 출자를 받은 사실을 증명하여 발행하는 확인서를 제출하지 아니한 경우
3. 등록을 신청한 자가 제16조 각 호의 어느 하나에 해당하는 경우
4. 그 밖에 이 법 또는 다른 법령에 따른 제한에 위반되는 경우

57 정보통신사업자가 설계도서 및 관련 규정의 내용에 적합하지 아니하게 해당 공사를 시공하는 경우 발주자의 동의를 받아 재시공 또는 공사중지명령이나 그 밖에 필요한 조치를 취할 수 있는 자는?

① 국가기술자격자 ② 감리원
③ 도급자 ④ 하도급자

해설 ★ 정보통신공사업법 제9조(감리원의 공사중지 명령 등)
① 감리원은 공사업자가 설계도서 및 관련 규정의 내용에 적합하지 아니하게 해당 공사를 시공하는 경우에는 발주자의 동의를 받아 재시공 또는 공사중지명령이나 그 밖에 필요한 조치를 할 수 있다.
② 제1항에 따라 감리원으로부터 재시공 또는 공사중지명령이나 그 밖에 필요한 조치에 관한 지시를 받은 공사업자는 특별한 사유가 없으면 이에 따라야 한다.

58 사업용 전기통신설비의 교환설비·전송설비 및 통신케이블의 접지저항의 일반적인 기준은?

① 10[Ω] 이하 ② 50[Ω] 이하
③ 70[Ω] 이하 ④ 90[Ω] 이하

해설 ★ 방송통신설비의 기술기준에 관한 규정 제5조(접지저항 등)
① 교환설비·전송설비 및 통신케이블과 금속으로 된 단자함(구내통신단자함, 옥외분배함 등)·장치함 및 지지물 등이 사람이나 방송통신설비에 피해를 줄 우려가 있을 때에는 접지단자를 설치하여 접지하여야 한다.
② 통신관련시설의 접지저항은 10[Ω] 이하를 기준으로 한다. 다만, 다음 각 호의 경우는 100[Ω] 이하로 할 수 있다.
1. 선로설비 중 선조·케이블에 대하여 일정 간격으로 시설하는 접지(단, 차폐케이블은 제외)
2. 국선 수용 회선이 100회선 이하인 주배

Answer 56. ④ 57. ② 58. ①

선반
3. 보호기를 설치하지 않는 구내통신 단자함
4. 구내통신선로설비에 있어서 전송 또는 제어신호용 케이블의 실드 접지
5. 철탑 이외 전주 등에 시설하는 이동통신용 중계기
6. 암반 지역 또는 산악지역에서의 암반 지층을 포함하는 경우 등 특수 지형에의 시설이 불가피한 경우로서 기준 저항값 10[Ω]을 얻기 곤란한 경우
7. 기타 설비 및 장치의 특성에 따라 시설 및 인명 안전에 영향을 미치지 않는 경우

59 다음 중 교환설비공사에 해당되지 않는 공사는?

① 초고속정보망설비공사
② 전자식교환설비공사
③ 자동식교환설비공사
④ 집단전화교환설비공사

해설 ★ 정보통신공사업법시행령 별표1 공사의 종류 (제2조제2항 관련)

교환설비공사	전자식 교환(ISDN 및 전전자를 포함한다)설비, 자동식교환설비, 비동기식교환(ATM)설비, 가입자선로집중운용보전시스템설비, 집단전화교환설비, 자동호분배장치설비, 중앙과금장치설비, 신호망설비, 지능망설비, 통신처리장치설비, 사설교환(PBX·CBX)설비 등의 공사

60 세대 내에 인입되는 통신선로, 방송공동수신설비 또는 홈네트워크설비 등의 배선을 효율적으로 분배·접속하기 위하여 이용자의 전용공간에 설치되는 분배함을 무엇이라 하는가?

① 동단자함   ② 수평단자함
③ 층단자함   ④ 세대단자함

해설 ★ 접지설비·구내통신설비·선로설비 및 통신공동구 등에 대한 기술기준 제3조(용어의 정의)

① 이 고시에서 사용하는 용어의 정의는 다음과 같다.
17. "세대단자함"이라 함은 세대 내에 인입되는 통신선로, 방송공동수신설비 또는 홈네트워크설비 등의 배선을 효율적으로 분배·접속하기 위하여 이용자의 주거전용면적에 포함되는 실내공간에 설치되는 분배함을 말한다.

Answer 59. ① 60. ④

2014년 4회 시행 과년도출제문제

01 다음과 같은 회로에서 I_2의 전류값은 몇 [A]인가?

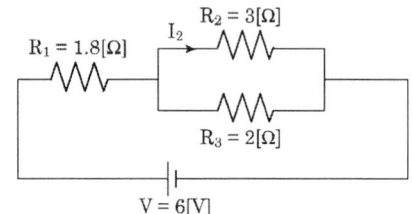

① 0.4[A]   ② 0.6[A]
③ 0.8[A]   ④ 1.2[A]

해설 ★ $R_t = R_1 + \dfrac{R_2 \cdot R_3}{R_2 + R_3} = 1.8 + \dfrac{3 \cdot 2}{3+2} = 3[\Omega]$

$I = \dfrac{V}{R_t} = \dfrac{6}{3} = 2[A]$

$I_2 = \dfrac{R_3}{R_2 + R_3} \times I = \dfrac{2}{5} \times 2 = 0.8[A]$

02 다음 중 저항값이 다른 5개의 저항을 직렬로 연결했을 경우에 대한 설명으로 옳지 않은 것은?
① 각 저항에 흐르는 전류는 모두 같다.
② 각 저항에 걸리는 전압은 모두 같다.
③ 전체 저항은 각 저항의 합과 같다.
④ 큰 저항을 필요로 할 때의 연결 방법이다.

해설 ★ 각 저항에 걸리는 전압이 모두 같은 경우는 병렬접속을 할 때이다.

03 다음 교류 파형의 주파수는 얼마인가?

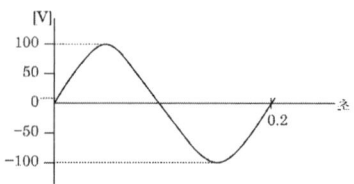

① 50[Hz]   ② 10[Hz]
③ 5[Hz]   ④ 1[Hz]

해설 ★ $f = \dfrac{1}{T} = \dfrac{1}{0.2} = 5[Hz]$

04 다음 중 전송부호가 가져야 하는 조건으로 적합하지 않은 것은?
① DC(직류) 성분이 포함되어야 한다.
② 동기정보가 충분히 포함되어야 한다.
③ 에러의 검출과 교정이 가능해야 한다.
④ 전송부호의 코딩 효율이 양호해야 한다.

해설 ★ **전송부호가 가져야 하는 조건**
㉠ 동기정보가 충분히 포함되어야 한다.(타이밍 정보가 충분히 포함될 것)
㉡ 전송부호가 소요하는 대역폭이 너무 크지 않도록 전송부호를 구성해야 한다.
㉢ 전송로상에서 발생한 에러의 검출 및 교정이 가능해야 한다.
㉣ 전송부호에는 DC(직류) 성분이 포함되지 않아야 하며, 아주 낮은 주파수 성분과 아주 높은 주파수 성분이 제한되어야 한다.
㉤ 전송부호의 코딩효율이 양호해야 하며 전송부호 형태에 제약을 받지 않아야 할 뿐 아니라, 누화, ISI, 왜곡 등과 같은 각종 장애에 강한 전송특성을 가지도록 구성해야 한다.

05 다음 중 자력선에 대한 설명으로 틀린 것은?
① 자력선은 N극에서 S극으로 향한다.

Answer 1. ③ 2. ② 3. ③ 4. ① 5. ③

② 자기장의 방향은 자력선의 방향으로 표시한다.
③ 자력선은 상호간 교차한다.
④ 자기장의 크기는 자력선 밀도로 표시한다.

해설 ✱ 자력선(magnetic line of force)
자계의 상태를 나타내기 쉽게 하기 위하여 가상된 선으로, 자력선은 N극에서 나와 공간을 지나 S극으로 들어간다. 이 접선의 방향은 자계의 방향을 나타내고, 그 밀도는 자계의 세기를 나타낸다. 또, 자력선은 같은 방향으로 통하고 있는 것끼리는 서로 반발하고 그 자신은 고무끈과 같이 오그라들려는 경향이 있으며, 다른 자력선과 교차하는 일은 없다.

06 다음 반도체 소자의 특징으로 잘못된 것은?
① SCR : 고속 스위칭이 어렵다.
② Power BJT : 소비전력이 크다.
③ Power FET : 전기적 충격에 약하다.
④ IGBT : 사용효율이 낮다.

해설 ✱ ① 실리콘 제어 정류기(SCR : Silicon controlled rectifier) : 역저지 3극 사이리스터의 단방향 전력제어 소자로서, 다이오드와 같이 역바이어스 때는 차단상태가 되며, 순방향 바이어스가 애노드(A)와 캐소드(K) 양단에 걸렸을 때 게이트에 전류가 흘러야만 도통된다. 게이트에 전류를 흐르게 해서 ON 상태가 되면 게이트 전류를 0으로 하여도 도통 상태가 유지되며, 차단상태로 변환하려면 애노드(A) 전압을 유지전압 이하 또는 역방향으로 전압을 가해야 한다. SCR은 전류제어 능력을 갖는 소자로, 모터의 속도제어, 전력제어 등에 사용된다.
② 양극성 접합 트랜지스터(BJT, bipolar junction transistor) : 기본적으로 2개의 p-n 접합의 결합으로 구성되고, n 또는 p 영역이 2개의 p-n 접합에 공통되는 p-n-p형의 트랜지스터 또는 n-p-n형의 트랜지스터. 트랜지스터는 크게 양극성 트랜지스터와 단극형 트랜지스터로 분류된다. 흔히 트랜지스터라고 하면 양극성 트랜지스터를 의미한다.
③ 파워 MOSFET(Metal Oxide Semiconductor Field Effect Transistor, 절연 게이트형 FET)이 사용되고 있다. 이것은 파워 MOSFET이 고속성과 고전압, 대전류 구동에 강하다는 성질을 겸비하고 있기 때문이다.
④ 절연 게이트 양극성 트랜지스터(IGBT, insulated gate bipolar transistor) : 소수 캐리어의 주입으로 모스 전계 효과 트랜지스터(MOSFET)보다 동작 저항을 작게 할 수 있는 3단자 바이폴러-MOS 복합 반도체 소자. 고내압이면서 비교적 고속의 파워 트랜지스터(power transistor)이다. 펄스 폭 변조(PWM) 제어 인버터에 내장되어 모터를 구동하는 용도 외에 파워 집적 회로(IC)의 출력부 등에 사용된다.

07 전원회로에 사용되는 평활회로의 구성 요소가 아닌 것은?
① LC필터   ② 브리지회로
③ 커패시터   ④ 저역통과필터

해설 ✱ 평활 회로는 직류 발전기나 정류기에 의해서 직류를 얻는 경우에 직류 중에 포함되는 리플을 제거하기 위하여 삽입하는 회로로 철심 코일이나 콘덴서로 이루어지는 저역 필터로 구성되어 있으며, 그 차단 주파수(cut-off frequency)를 리플 주파수보다 훨씬 작게 택하는 것이 보통이다.

08 평활회로를 거쳐 얻어진 신호 중 직류 전원에 남아 있는 교류 성분을 무엇이라고 하는가?
① 플리커   ② 하울링
③ 핀치   ④ 리플

해설 ✱ 평활 회로를 거쳐 얻어진 신호 중 직류 전원에 남아 있는 교류 성분을 리플이라 하고, 정류된 직류에 포함된 교류성분의 정도를 맥동률이라 한다.

09 다음 회로에서 다이오드에 흐르는 전류는?

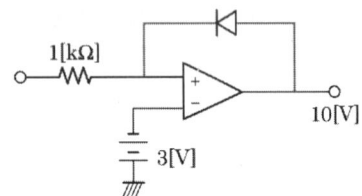

① 0[mA] ② 3[mA]
③ 7[mA] ④ 10[mA]

해설 * $I = \dfrac{V_i}{R} = \dfrac{3}{1000} = 3[mA]$

10 FET는 어떤 효과를 나타내는 트랜지스터 인가?

① 전류효과 ② 전압효과
③ 전계효과 ④ 전력효과

해설 * 전계 효과 트랜지스터(FET, field effect transistor)
트랜지스터의 일종으로 소스, 드레인, 게이트의 3극을 가지는 반도체로 게이트와 소스 간의 전압에 의해 발생하는 정전계로 소스와 드레인 사이의 전류를 제어할 수 있다. 전압 구동형으로 특성은 진공관에 가깝고 저잡음이며 입력 임피던스가 높다.

11 일정한 발진의 지속 조건으로 가장 알맞은 것은? (단, A는 증폭률, $β_r$은 궤환율이다.)

① $β_r · A > 1$ ② $β_r · A < 1$
③ $β_r · A = 1$ ④ $β_r > A$

해설 * $Aβ = 1$이면 A_{vf}가 무한대가 되어 발진한다. 이러한 발진조건을 바크하우젠(Barkhausen) 발진조건이라 한다.
즉 $|1 - Aβ| > 1$일 때는 부궤환(증폭회로에 적용)
$|1 - Aβ| ≤ 1$일 때는 정궤환(발진회로에 적용)

12 다음 중 발진주파수의 변동 원인이 아닌 것은?

① 발진기의 온도 변화
② 발진기의 부하 변동
③ 전원 전압의 변동
④ 전력 증폭소자의 불량

해설 * 발진 주파수 변동의 원인과 대책
① 주위 온도의 변화
  ㉠ 수정진동자, 트랜지스터 등의 부품은 온도계수가 작은 것을 사용한다.
  ㉡ 온도의 변화에 민감한 부품은 수정진동자와 함께 항온조에 넣는다.
② 부하의 변동
  ㉠ 다음 단과의 사이에 완충 증폭기(buffer amp)를 추가한다.
  ㉡ 다음 단과의 결합은 가능한 한 소결합으로 결합한다.
③ 전원 전압의 변동 : 정전압 회로를 사용하여 안정전원을 유지한다.
④ 습도에 의한 영향 : 방습을 위하여 타 회로와 차단하여, 습기와 멀리한다.

13 다음 디지털 변조 방식 중 일반적으로 사용되지 않는 방식은?

① FSK ② QPSK
③ 10 PSK ④ 16 QAM

해설 * 디지털 변조방식의 종류
① ASK(진폭편이변조 : Amplitude shift keying) : 디지털 부호에 대응하여 사인반송파의 주파수나 위상을 그대로 두고 진폭만 변화시키는 변조방식
② FSK(주파수편이변조 : Frequency shift keying) : 디지털 부호에 대응하여 사인반송파의 진폭과 위상을 그대로 두고 주파수

만 변화시키는 변조방식
③ PSK(위상편이변조 : Phase shift keying) : 진폭과 주파수가 모두 일정한 반송파를 이용하여 그 위상을 2진 전송 부호에 대응시켜 변화시키는 방식
④ APK(진폭위상변조 : Amplitude Phase keying) : ASK와 PSK의 조합으로 QAM 이라고도 한다.
⑤ QAM(Quadrature Amplitude Modulation) : 디지털 신호를 일정량만큼 분류하여 반송파 신호와 위상을 변화시키면서 변조시키는 방법이다.

14 다음 중 반송파의 진폭을 신호파의 파형에 따라 변화시켜 전송하는 방식이 아닌 것은?

① DSB-SC ② DSB-LC
③ USB ④ SSB

해설 ★ 진폭 변조는 전파의 진폭을 변화시키는 방법으로 장거리 단파방송이나 TV 화면 부분에 이용된다. 진폭변조는 송신하고자 하는 정보(변조 신호)를 반송파의 진폭을 변화시켜 전송한다. 일반적으로 AM이라 함은 DSB-LC를 지칭한다. 진폭 변조는 어느 측파대를 전송하느냐에 따라 다음의 방식이 있다.
① 양측파대(DSB, Double Side Band) : 상측파대와 하측파대를 모두 전송하는 방식이다. 반송파의 동시 전송 유무에 따라 나뉜다.
 • DSB-SC(Suppressed Carrier) : 억압 반송파, 이름 그대로 반송파를 전송하지 않음
 • DSB-LC(Large Carrier) : 큰 반송파, 이름 그대로 변조하지 않은 반송파를 함께 전송
 • SSB나 VSB에 비하여 점유 주파수 대역폭이 넓어져 전력소비가 커지는 단점이 있지만, 수신기 구조가 간단한 장점이 있다.
② 단측파대(SSB, Single Side Band) : 불요한 한 측파대를 제거하고 한 측파대만 전송하는 방식이다. 한 측파대를 제거하기 위해 필터를 이용하는 방식과 위상변환기를 사용하는 방식이 있다.
 • DSB에 비해 주파수 대역폭이 좁아져 송신기 전력 소비가 낮은 장점이 있지만, 수신기의 구조가 복잡하다는 단점이 있다.
③ 잔류측파대(VSB, Vestigial Side Band) : 한 측파대의 대부분과 다른 쪽 측파대의 일부를 함께 전송하는 방식이다.
 • DSB와 SSB의 장점만을 취한 것이다.

15 다음과 같은 회로를 무엇이라고 하는가?
(단, V_i : 입력전압, V_o : 출력전압)

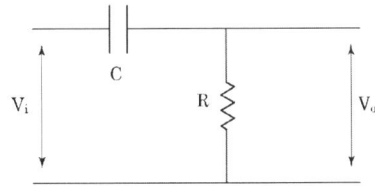

① LPF(Low Pass Filter)
② BPF(Band Pass Filter)
③ HPF(High Pass Filter)
④ BEF(Band Eliminator Filter)

해설 ★ ① 저역통과 필터(LPF, Low Pass Filter) : 필터의 차단주파수보다 낮은 주파수 성분을 통과시킨다.
② 고역통과필터(HPF, High Pass Filter) : 고역 차단주파수보다 높은 주파수에서는 출력의 진폭이 유지된다. 즉, 고주파 신호만을 통과시킨다.
③ 대역통과 필터(BPF, Band Pass Filter) : 특정 주파수 대역 내 주파수 성분의 입력신호만 통과시킨다.

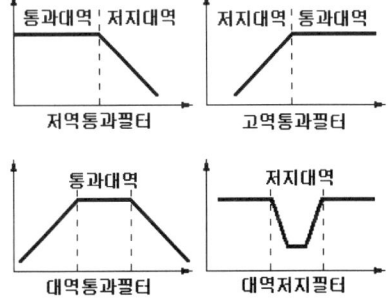

Answer 14. ③ 15. ③

16 다음 중 컴퓨터의 크기와 성능 및 처리능력에 따른 분류가 아닌 것은?

① 초대형 컴퓨터
② 대형 컴퓨터
③ 하이브리드 컴퓨터
④ 초소형 컴퓨터

해설 ① 처리 능력에 따른 분류
- 슈퍼컴퓨터 : 대용량의 컴퓨터로 자원탐사, 에너지 관리, 핵분열, 암호해독 등에 사용
- 대형 컴퓨터 : 용량이 큰 컴퓨터로 대기업, 은행 등에서 사용
- 소형 컴퓨터 : 일반 사무용 컴퓨터
- 마이크로컴퓨터 : 마이크로프로세서를 사용하여 만든 컴퓨터로 개인용 컴퓨터(PC)

② 데이터 처리 방식에 따른 분류
- 디지털(Digital) 컴퓨터 : 숫자나 수치적으로 코드화된 데이터들을 대상으로 사칙연산이나 논리 연산을 하여 결과를 나타내는 컴퓨터
- 아날로그(Analog) 컴퓨터 : 길이나 각도, 온도, 전압 등과 같은 연속적인 물리량을 이용하여 자료를 처리하는 컴퓨터
- 하이브리드(Hybrid) 컴퓨터 : 디지털 컴퓨터와 아날로그 컴퓨터의 장점을 혼합하여, 특수 목적용 컴퓨터로 사용된다.

17 중앙처리장치에서 프로그램이 수행되는 동안 피연산자가 지정되는 방법은 명령어의 어드레싱 모드에 의해 좌우된다. 만일 상대 주소 모드에서 프로그램 카운터가 825이고 명령어의 주소 부분이 24일 경우 유효 주소는 얼마인가?

① 825   ② 826
③ 849   ④ 850

해설 유효주소
= (현재 명령어의 오퍼랜드 내용)+(프로그램 카운터의 내용)

① 레지스터 어드레싱 모드(register addressing mode)
- 연산에 사용할 데이터가 레지스터에 저장되어 있으며 레지스터를 참조하는 지정방식으로 오퍼랜드 필드의 내용은 레지스터 번호이며 그 번호가 가리키는 내용이 명령어 실행 데이터로 사용
- 장점 : 명령어에서 오퍼랜드 필드의 길이가 작아도 되고 데이터 인출을 위한 메모리 접근이 필요 없다.
- 유효주소는 레지스터의 번지가 된다.

② 레지스터 간접 어드레싱 모드(register indirect addressing mode)
- 오퍼랜드 필드가 레지스터의 번호(레지스터의 내용이 가리키는 메모리가 유효 주소)로 지정. 레지스터의 내용은 실제 데이터를 인출함
- 기억장치 영역은 레지스터의 길이에 달려 있다.

③ 변위 어드레싱 모드(displacement addressing mode)
- 두 개의 오퍼랜드를 가지며 직접 주소지정방식과 레지스터 간접 주소지정방식을 조합하여 수행하며, 첫 번째 오퍼랜드는 레지스터의 번호, 두 번째 오퍼랜드는 변위를 나타내는 주소
- 유효 주소=변위+레지스터의 내용

④ 직접 어드레싱 모드(direct addressing mode)
- 오퍼랜드 필드의 내용이 실제 데이터가 들어 있는 메모리 주소를 지정하고 있는 유효주소가 되는 방식
- 메모리에 저장되어 있는 데이터를 인출하기 위해 한 번만 메모리에 접근하면 되므로 유효주소 결정을 위한 다른 절차나 계산이 필요없다.
- 장점 : 오퍼랜드가 메모리의 번지가 되기 때문에 간단함
- 단점 : 오퍼랜드의 비트 수가 제한되어 있기 때문에 직접 접근할 수 있는 기억장치 주소 공간이 제한

⑤ 간접 어드레싱 모드(indirect addressing

Answer 16. ③ 17. ④

mode)
- 오퍼랜드 필드의 값이 해당하는 주기억장치 주소를 찾아간 후 그 주소의 내용으로 다시 한 번 더 주기억장치의 주소를 지정하는 방식으로 직접 주소지정방식에서 주소를 지정할 수 있는 기억장치 용량이 제한되는 단점을 해결하기 위한 방법
- 장점 : 메모리의 번지지정을 더 크게 할 수 있다.
- 단점 : 명령어 실행 과정에서 두 번씩 메모리를 참조함으로써 시간이 많이 걸린다.

⑥ 상대 어드레싱 모드(relative addressing mode)
- 유효주소=(현재 명령어의 오퍼랜드 내용)+(프로그램 카운터의 내용)
- 장점 : 전체 메모리 주소가 명령어에 포함되어야 하는 일반적인 분기 명령어보다 적은 수의 비트만 있으면 된다.

⑦ 인덱스 어드레싱 모드(indexed register addressing mode)
- 유효주소=인덱스 레지스터의 내용+변위
- 인덱스 레지스터는 인덱스 값을 저장하는 특수 레지스터
- 변위는 기억장치에 저장된 데이터 배열의 시작 주소를 가리킨다.
- 인덱스 레지스터의 내용은 그 배열의 시작주소로부터 각 데이터까지의 거리를 나타낸다.

18 백화점이나 슈퍼마켓 등 유통업의 전산 시스템으로서 금전등록기와 컴퓨터 단말기의 기능을 결합하여 매상금액 정산과 경영에 필요한 각종 정보와 자료를 수집·처리해주는 시스템을 무엇이라 하는가?
① 에이티엠(ATM : Automatic Teller Machine)
② 키오스크(Kiosk)
③ 턴어라운드 시스템(Turnaround System)
④ 포스(POS : Point Of Sales)

해설 ① 에이티엠(ATM : Automatic Teller Machine) : 현금자동인출기를 말하는데 은행창구를 통하지 않고서 현금카드나 신용카드를 이용하여 입출금을 자유롭게 할 수 있도록 만들어졌다.
② 판매시점관리(POS : Point Of Sales management) : 컴퓨터를 이용하여 각종 유통정보를 분석 활용하는 유통시스템. 유통업체 매장에서 판매와 동시에 품목, 가격, 수량 등의 유통정보를 컴퓨터에 입력시켜 정보를 분석, 활용하는 관리시스템으로 판매정보의 입력을 쉽게 하기 위해 상품포장지에 고유마크나 바코드를 인쇄 또는 부착시켜 판독기(핸드 스캐너)를 통과할 때 해당 상품의 각종 정보가 자동으로 메인 컴퓨터에 들어가는 시스템을 말한다.

19 0~9의 10진법의 수치는 2진법의 최소 몇 [bit]로 표현되는가?
① 2[bit] ② 3[bit]
③ 4[bit] ④ 8[bit]

해설 $2^4=16$이고 $2^3=8$이므로 0~9까지의 계수가 가능한 10진 카운터를 구성하기 위해서는 4개의 플립플롭이 필요하다. 즉, 4bit로 표현되어야 한다. 플립플롭이 n개일 때 카운터가 셀 수 있는 최대의 수를 N이라 하면 $N=2^n$개의 수를 셀 수 있고, 0에서 2^n-1의 수까지 표현한다.

20 다음 플립플롭(FF) 중 데이터의 일시적인 보존과 디지털 신호의 지연작용에 많이 사용되는 것은?
① D-FF ② JK-FF
③ RST-FF ④ M/S-FF

해설 플립플롭은 두 가지 상태 사이를 번갈아 하는 전자회로를 말한다. 플립플롭에 전류가 부가되면, 현재의 반대 상태로 변하며(0에서 1로, 또는 1에서 0으로), 그 상태를 계속 유지하므로 한 비트의 정보를 저장할 수 있는 능력을 가지

Answer 18. ④ 19. ③ 20. ①

고 있다. 여러 개의 트랜지스터로 만들어지며 SRAM이나 하드웨어 레지스터 등을 구성하는데 사용된다. 플립플롭에는 RS 플립플롭, D 플립플롭, JK 플립플롭, T 플립플롭 등 여러 가지 종류가 있다.

① RS 플립플롭은 S(set)와 R(reset) 2개의 입력과 Q, $\overline{Q}$ 2개의 출력을 가지고 있으며, R, S 입력의 조합으로 출력의 상태를 변화시킬 수 있으나 S=R=1의 경우는 불확정(부정) 상태가 되는 플립플롭이다.

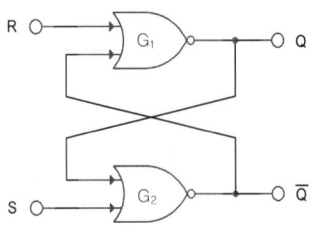

RS 플립플롭의 회로

R	S	Q_{n+1}
0	0	Q_n
0	1	1
1	0	0
1	1	부정

RS F/F의 진리치표

② D(Dealy) 플립플롭은 RS-FF에서 2개의 입력 R, S가 동시에 1인 경우에도 불확정 출력상태가 되지 않도록 하기 위하여 인버터(inverter : NOT 게이트) 하나를 입력 양단에 부가한 것으로 정보를 일시 유지하는 래치(latch) 회로나 시프트 레지스터(shift register) 등에 쓰인다.

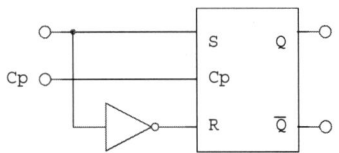

③ T 플립플롭(F/F) : JK F/F의 입력 J와 K를 서로 묶어서 하나의 입력으로 하여 클록신호가 1일 때 출력이 반전상태(토글)가 되도록 한 것이다.

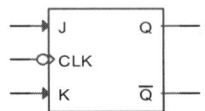

T	Q_{n+1}
0	Q_n
1	$\overline{Q_n}$

④ JK 플립플롭 : RS 플립플롭에서 R=S=1의 상태에서는 동작이 불확실한 상태가 되므로, RS 플립플롭에서 Q를 R로, $\overline{Q}$를 S로 되먹임하여 불확실한 상태가 나타나지 않도록 한 회로이다.

JK 플립플롭의 회로

J	K	Q_{n+1}
0	0	Q_n(불변)
0	1	0
1	0	1
1	1	$\overline{Q_n}$(toggle)

JK 플립플롭의 진리치표

21 10진-2진 부호기(인코더)에서 입력된 값이 십진수 10일 때 출력선은 최소 몇 개인가?

① 2개 ② 3개
③ 4개 ④ 10개

해설 ㉠ 디코더(Decoder : 복호기)는 n비트의 2진 코드를 최대 2^n 개의 서로 다른 정보로 바꾸어 주는 논리조합회로로 출력은 AND 게이트로 구성된다.

㉡ 인코더(Encoder : 부호기)는 숫자나 문자 등의 10진수 입력을 2진부호로 변환하는 회로로 OR 게이트로 구성된다. $2^4=16$이고 $2^3=8$이므로 10진-2진 부호기(인코더)에서 입력된 값이 십진수 10일 때 출력선은 4bit로 표현되어야 한다.

Answer 21. ③

22 다음에서 설명한 언어는 무엇인가?

객체지향 프로그래밍 언어로, 메모리 관리를 언어 차원에서 관리함으로써 보다 안정적인 프로그램을 작성할 수 있고 인터프리터 방식으로 동작하는 사용자와의 대화성이 높은 프로그래밍 언어이다.

① PASCAL - 상속성, 다형성, 캡슐화
② JAVA - 상속성, 다형성, 캡슐화
③ LISP - 상속성, 다형성, 캡슐화
④ C - 상속성, 다형성, 캡슐화

해설 ✽ 객체지향프로그래밍(object-oriented programming)은 모든 데이터를 오브젝트(object)로 취급하여 프로그래밍하는 방법으로, 처리 요구를 받은 객체가 자기 자신의 안에 있는 내용을 가지고 처리하는 방식이다.
㉠ 객체지향프로그램은 C, Pascal, BASIC 등과 같은 절차형 언어(procedure-oriented programming)가 크고 복잡한 프로그램을 구축하기 어렵다는 문제점을 해결하기 위해 탄생된 것으로 객체라는 작은 단위로서 모든 처리를 기술하는 프로그래밍 방법으로서, 모든 처리는 객체에 대한 요구의 형태로 표현되며, 요구를 받은 객체는 자기 자신 내에 기술되어 있는 처리를 실행한다. 이 방법으로 프로그램을 작성할 경우 프로그램이 단순화되고, 생산성과 신뢰성이 높은 시스템을 구축할 수 있다.
㉡ C++와 Java는 최근 가장 인기 있는 객체지향 프로그래밍 언어이며, 객체지향 프로그래밍은 캡슐화, 상속성, 다형성의 특징을 갖는다.

23 다음은 1~100까지 홀수의 합을 구하는 순서도와 JAVA SCRIPT로 코딩한 결과이다. ㉠의 부분을 ㉡으로 코딩하는 과정에서 ⓐ에 들어갈 문구로 가장 적절한 것은?

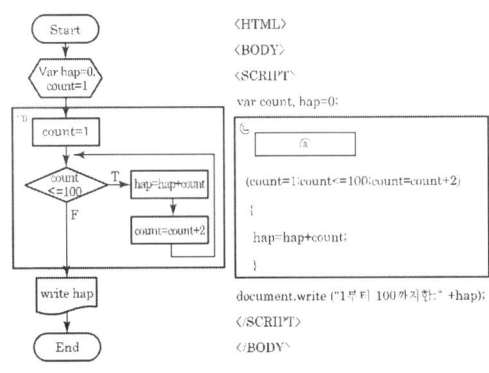

① for ② while
③ do~ while ④ case

해설 ✽ 1~100까지 홀수의 합을 구하는 순서도와 JAVA SCRIPT로 코딩한 결과에서 ⓐ에 들어갈 문구는 for이다.

24 다음 그림은 컴퓨터 시스템의 구성을 나타낸 것이다. 괄호 안에 들어갈 내용으로 가장 적절한 것은?

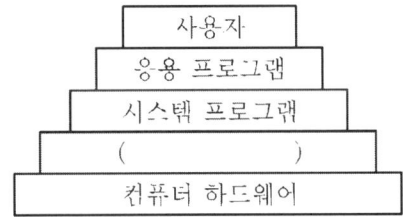

① Operating System
② Compiler
③ Linker
④ Application Program

해설 ✽ 운영체제(OS)는 컴퓨터의 하드웨어 및 각종 정보들을 효율적으로 관리하며, 사용자들에게 편리하게 이용할 수 있고, 자원을 공유하도록 하는 소프트웨어이다.
㉠ 운영체제(OS : Operating System)의 기능
• 자원을 효율적으로 관리하고, 응용 프로그램의 실행 제어
• 작업의 연속적인 처리를 위한 스케줄 관리

- 사용자와 컴퓨터 간 인터페이스 제공
- 메모리 상태와 운영 관리
- 하드웨어 주변장치 관리
- 프로그램이나 데이터 저장, 액세스 제어에 필요한 파일 관리
- 프로그램 수행을 제어하는 프로세서 관리

25 워드프로세서에서 문서를 편집할 때 그 페이지에 나온 내용에 대하여 해당 페이지의 하단에 보충설명을 추가하는 기능을 무엇이라고 하는가?

① 머리말 ② 꼬리말
③ 각주   ④ 미주

해설
ㄱ. 각주(Footnote) : 문서의 내용을 설명하거나 인용한 원문의 제목을 알려주는 보충구절로 본문의 하단에 표기한다.
ㄴ. 미주(Endnote) : 문서에 나오는 문구에 대한 보충 설명들을 본문과 상관없이 문서의 맨 마지막에 모아서 표기하는 기능이다.
ㄷ. 머리말(Header) : 책이나 논문 따위의 첫머리에 내용이나 목적 따위를 간략하게 적은 글. 문서에서 본문과 상관없이 각 페이지 위쪽에 고정적으로 들어가는 글
ㄹ. 꼬리말(Footer) : 책이나 논문의 끝부분에 그 내용의 대강이나 관련 사항을 간략하게 적은 글. 문서에서 본문과 상관없이 각 페이지 아래쪽에 고정적으로 들어가는 글

26 정보의 형태 중 음성정보의 주파수 사용 범위로 맞는 것은?

① 200~2,000[Hz]
② 2,000~20,000[Hz]
③ 300~3,400[Hz]
④ 3,400~34,000[Hz]

해설 * 정보의 형태 중 음성정보는 300~3,400[Hz]의 주파수를 사용한다.
ㄱ. 가청 주파수 : 20[Hz]~20[kHz]
ㄴ. 음성 주파수 : 300[Hz]~3,400[Hz]

27 다음 중 전기통신에 관한 내용으로 옳지 않은 것은?

① 최초의 전기통신은 모르스에 의한 전신 통신이라 할 수 있다.
② 마르코니에 의해 무선 통신이 연구·개발·이용되었다.
③ 미국의 벨이라는 사람은 광(빛)을 통신에 이용하였다.
④ 오늘날의 전기 통신은 여러 가지 미디어가 결합된 종합정보 통신으로 변화되고 있다.

해설 * 전기 통신
ㄱ. 전신 : 1837년 미국의 모스(Morse, F.B.)가 전신 부호를 발명
ㄴ. 전화 : 1876년 벨(Bell, A.G.)이 발명. 2년 후 에디슨(Edison, T)이 탄소 송화기를 개량하여 인류 최초의 전화기가 발명됨
ㄷ. 전자파 : 1888년 헤르츠(Hertz, H.)가 전자파 발견
ㄹ. 무선 전신 시스템 : 1897년 마르코니(Marconi, G.)가 전자파를 이용하여 모스 부호를 무선으로 전송하는 무선 전신 시스템을 발명
ㅁ. 에디슨의 전화기
ㅂ. 라디오 방송 : 1920년 미국에서 KDKA 라디오 방송국이 개국. 1:1 통신(전신, 전화 등)이 1 : n의 통신으로 바뀌게 되어 방송(broadcast)이라는 용어가 등장
ㅅ. 텔레비전 방송 : 1936년 영국의 BBC방송국을 시작으로 1950년대에 이르러 미국을 중심으로 대중화되기 시작하였다.

28 통신시스템에서 효율적인 정보 전송을 위해 반송파에 신호파를 싣는 것을 무엇이라 하는가?

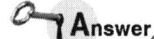 25. ③ 26. ③ 27. ③ 28. ③

① 복조　　② 증폭
③ 변조　　④ 발진

해설 ① 변조(modulation)란 송신에서 신호의 전송을 위해 고주파에 저주파 신호를 포함시키는 과정이며, 변조된 반송파(carrier wave)를 피변조파(modulated wave)라 한다.
② 변조의 목적
  ㉠ 보내고자 하는 신호를 전송 매체에 매칭시키는 것
  ㉡ 방사(Radiation)의 편리
  ㉢ 잡음과 간섭 제거
  ㉣ 주파수 할당
  ㉤ 시간의 다중화
  ㉥ 장비의 한계 극복

29 다음 중 영상통신기기가 아닌 것은?
① CCTV
② 화상회의기기
③ 팩시밀리
④ 무정전전원장치(UPS)

해설 ㉠ CATV : 고감도의 안테나로 수신한 양질의 방송, TV 신호 등을 동축케이블 및 광섬유 케이블 등의 광대역 전송로를 이용하여 각 가정의 수신기에 분배하는 통신 서비스이다.
㉡ 영상회의(화상회의) : 영상회의 서비스는 서로 멀리 떨어져 있는 지점의 회의실 상호간을 동일한 회의실에 있는 것과 같은 형태로 쌍방간의 영상화면을 보며 대화방식으로 회의를 할 수 있는 통신방식이다.
㉢ 화상전화 : 전화에 카메라와 TV 화면을 부착하여 동시에 상대방의 음성과 모습을 보면서 통화를 할 수 있으며 정지 화상전화는 상대방의 모습을 5~6초마다 한 번씩 정지된 사진으로 볼 수 있다.
㉣ 팩시밀리(Facsimile) : 종이 위에 있는 문자나 그림 등의 정지화상을 화소(주사선)로 분해, 이것을 전기적 신호로 바꾸어 전화선이나 사설 통신망을 통해 전송하면 수신지점에서 이를 다시 재현하여 원화와 같은 모양

의 기록화상을 얻는 통신 방식이다.

30 다음 중 OSI 7계층의 상호 연결이 잘못된 것은?
① 제1계층 : 물리계층
② 제3계층 : 링크계층
③ 제4계층 : 전달계층
④ 제7계층 : 응용계층

해설 OSI 7레벨 계층 참조 모델의 계층 순서(하위 레벨에서 상위 레벨 순)
물리계층(Physical Layer)→데이터 링크 계층(Data Link layer)→네트워크 계층(Network Layer)→전송 계층(트랜스포트 계층(Transport Layer))→세션(Application Layer)계층(Session Layer)→표현 계층(프레젠테이션 계층(Presentation Layer))→응용 계층

31 다음 범용 단말장치 중 표시장치에 해당하는 것은?
① OCR　　② CRT
③ OMR　　④ MICR

해설 ① 입력 장치에는 키보드와 마우스가 많이 사용되며, 스캐너, 광학 마크 판독기, 광학 문자 판독기, 자기 잉크 문자 판독기, 바코드 판독기, 조이 스틱, 디지타이저, 터치스크린, 디지털 카메라 등이 있다.
② 출력 장치에는 프린터와 모니터가 있으며, 프린터로는 도트 매트릭스 프린터, 잉크 제트 프린터, 레이저 프린터가 있다. 또, 모니터에는 음극선관과 모니터와 액정 화면 모니터, 플라즈마 디스플레이, 터치스크린, 프로젝터 등이 있다.

32 디지털 교환기에서 아날로그 가입자선의 정합회로 기능 중 호출 신호의 송출 기능

Answer 29. ④ 30. ② 31. ② 32. ②

을 의미하는 것은?

① B(Battery Feed)
② R(Ringing)
③ T(Testing)
④ S(Supervision)

해설 ★ 디지털 교환기에서 아날로그 가입자선의 가입자 정합회로는 전화단말과 연결되고 디지털 통화로의 전단에 배치되어 BORSCHT 기능을 담당한다.

㉠ 가입자 정합회로의 BORSCHT 기능
- B : Battery feeding to the subset microphone(통화전류 공급)
- O : Over voltage protection(과전압으로부터의 교환기 보호)
- R : Ringing signal generation for the subset bell(호출신호 공급)
- S : Supervision of the subscriber loop (가입자의 hoof/off 감시)
- C : Coding & decoding(아날로그와 디지털 음성신호의 상호변환)
- H : Hybrid(2선-4선 전송방식 상호변환)
- T : Test access to the subscriber loop (시험장치 연결)

33 데이터 교환방식 중 정보를 일정한 크기와 형식에 맞게 패킷으로 나누어 전송하는 방식은?

① 회선교환 방식
② 패킷교환 방식
③ 메시지교환 방식
④ 시분할교환 방식

해설 ★ 축적교환방식이란 송수신 상호간에 직접적인 접속경로를 만들지 않고 통신정보를 중간 노드 등의 기억매체를 일단 경유시키며 순차적으로 중계루트를 선택하여 상대방에게 전송하는 교환방식을 말한다.

① 메시지 교환 방식(Message Switching System)

㉠ 하나의 메시지 단위로 저장-전달(Store-and-Forward) 방식에 의해 데이터를 교환하는 방식이다.
㉡ 각 메시지마다 수신 주소를 붙여서 전송하므로 메시지마다 전송 경로가 다르다.
㉢ 네트워크에서 속도나 코드 변환이 가능하다.
㉣ 메시지번호, 전송날짜, 시간 등의 정보를 메시지에 포함해 전송 가능하다.

② 패킷 교환 방식(Packet Switching System)

㉠ 메시지를 일정한 길이의 전송 단위인 패킷으로 나누어 전송하는 방식이다.
㉡ 일정한 데이터 블록에 송수신측 정보를 담은 것을 패킷이라고 한다.
㉢ 다수의 사용자 간에 비대칭적 데이터 전송을 원활하게 하므로 모든 사용자 간에 빠른 응답 시간 제공이 가능하다.
㉣ 전송에 실패한 패킷의 경우 재전송이 가능하다.
㉤ 패킷 단위로 헤더를 추가하므로 패킷별 오버헤드가 발생한다.
㉥ 패킷교환 공중 데이터 통신망(PSDN)이라고도 한다.
㉦ 경로설정 방식에 따라 가상 회선망과 데이터그램 방식으로 구분한다.

34 일반적인 패스트 이더넷(Fast Ethernet)의 데이터 전송속도는 얼마인가?

① 10[Mbps]
② 50[Mbps]
③ 100[Mbps]
④ 500[Mbps]

해설 ★ 가장 보편적으로 설치된 이더넷 시스템은 10BASE-T 이라고 불리며, 10[Mbps]의 전송 속도를 제공한다. 모든 장치들은 케이블에 접속되며, CSMA/CD 프로토콜을 이용하여 경쟁적으로 액세스한다. 고속 이더넷이나 100BASE-T 등은 전송속도가 최고 100[Mbps]까지 제공되며, 일반적으로 10BASE-T 카드가 장착된 워크스테이션들을 지원하기 위한 근거리통신망의 백본으로 많이 사용된다. 기가비트 이더넷은 1,000[Mbps] 정도로서, 보다 높은 수준의

Answer 33. ② 34. ③

백본 속도를 지원한다.

35 교환기에서 발생하는 트래픽량이 3[Erl]이었다면 이것은 몇 [HCS]에 해당하는가?

① 36[HCS]   ② 72[HCS]
③ 108[HCS] ④ 144[HCS]

해설 ★ ① 트래픽량 : 계약자로부터 발생된 호(Call)에 의해 통신 회선이나 설비를 점유한 연속된 보류시간을 트래픽량(Traffic Volume)이라 한다.
② 호량 : 단위 시간당으로 환산한 회선의 트래픽량을 호량이라 하며 다음과 같이 표현된다.
호량(A) = 트래픽량 ÷ 관측시간
       = 호수(C) × 평균보류시간 ÷ 관측시간
③ 얼량(Erl : Erlang) : 하나의 회선이 계속해서 1시간 동안 운반한 트래픽량
④ CCS(Centum Call Second) : 100초 단위의 트래픽량으로 HCS(Hundred Call Second)라고도 한다.
1[Erl] = 36[CCS] & [HCS]
3 × 36 = 108[HCS]

36 8[bit]의 ASCII코드를 비동기 방식으로 전송할 때 이 전송시스템의 전송효율은 몇 [%]인가? (단, 시작 및 정지 Bit는 각 1[bit]이고 전송 시 문자 간격은 무시한다.)

① 87[%]   ② 80[%]
③ 70[%]   ④ 25[%]

해설 ★ ASCII 부호 1문자를 비동기 통신 방식으로 1 정지 비트를 이용하여 전송하는 경우에 데이터 전송 속도의 계산은 다음과 같다. 전송 프레임을 구성하는 비트 수가 8+2 인 이유는 실제 데이터가 8이고 시작비트 1, 정지비트 1이기 때문에 $\frac{60}{8+2} = \frac{60}{10} = 6$(자분)이 되고, 동기전송인 경우에 전송 프레임을 구성하는 비트 수가 8인 이유는 실제 데이터가 8이고 시작비트와 정지비트가 없기 때문에 $\frac{60}{8} = 7.5$(자분)이 된다. 그러므로 $\frac{6}{7.5} \times 100 = 80[\%]$이다.

37 다음 중 다중화 통신방식에 대한 설명으로 옳은 것은?

① 시분할 방식은 각 채널 신호가 각 주파수별로 다른 시간을 점유한다.
② 시분할 방식은 누화의 영향을 적게 받는다.
③ 주파수 분할 방식은 시분할 방식보다 간단한 회로로 구성된다.
④ 주파수 폭이 제한된 신호를 보낼 수 있는 신호의 수는 주파수 분할 방식이 시분할 방식보다 많다.

해설 ★ 다중화(Multiplexing)는 하나의 통신로를 통하여 여러 개의 독립된 신호를 전송하는 방식으로서 주파수 대역으로 구별하여 다중화를 행하는 주파수 분할 다중방식(FDM)과 고주파 펄스에 의해 각각의 신호를 일정 간격으로 표준화하여 이를 정해진 시간축상에 순서적으로 배열하여 전송하는 것에 의해 다중화를 행하는 시분할 다중방식(TDM)이 있다.

38 데이터 전송 시 한 글자 단위가 아닌 미리 정해진 수만큼의 글자 열을 한 묶음으로 만들어 일시에 전송하는 방식은?

① 전이중 방식
② 반이중 방식
③ 비동기식 전송방식
④ 동기식 전송방식

해설 ★ ① 단향통신방식(simplex communication) : 송신기와 수신기가 정해진 통신방식으로 데이터가 한쪽 방향으로만 전송되는 방식으로 단방향 통신의 원격제어시스템, 공중파의

Answer 35. ③ 36. ② 37. ② 38. ④

TV 방송과 라디오방송이 대표적이다.

단향통신

㉠ 송·수신측이 미리 고정되어 있는 통신 방식이다.
㉡ 통신 채널을 통하여 한쪽 방향으로만 데이터를 전송한다.
㉢ TV나 라디오 방송에서 사용한다.
㉣ 수신된 데이터의 에러 발생 여부를 송신측이 알 수 없다.
② 반이중방식 통신(half duplex) : 송·수신 기능을 한 개의 시스템에서 동시에 수행할 수 없고, 송·수신을 별도로 하는 방식으로 무전기와 컴퓨터 통신시스템에서 널리 사용한다.

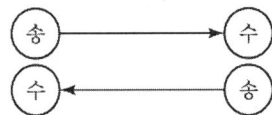

반이중방식 통신

㉠ 양방향 통신이 가능하지만 어느 한쪽이 송신하는 경우 상대편은 수신만이 가능 한 통신 방식이다.
㉡ 송·수신측이 고정되어 있지 않다.
㉢ 양측에서 동시에 데이터를 전송하게 되면 충돌이 발생하기 때문에 데이터를 전송하기 전에 전송 매체의 사용 가능 여부를 확인해야 된다.
㉣ 무전기나 모뎀을 이용한 통신에서 사용한다.
③ 전이중방식 통신(full deplex) : 가장 효율이 높은 방식으로 두 개의 시스템이 동시에 데이터를 송·수신할 수 있는 방식이다. 일반적으로 송·수신 회선이 별도의 4선식으로 구성된다.

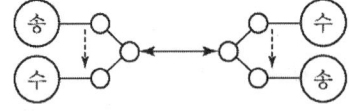

전이중방식 통신

㉠ 동시에 양방향으로 데이터 전송이 가능한 통신 방식이다.
㉡ 하나의 전송 매체를 두 개의 채널로 사용하거나 전송 방향에 따라 별도의 전송 매체를 사용한다.

39 다음 중 발생하는 데이터를 즉시 처리하지 않고 정리하여 한꺼번에 처리하는 일괄처리 시스템에 해당하는 것은?
① 실시간 처리 시스템
② 오프-라인 시스템
③ 온-라인 시스템
④ 시분할 처리 시스템

해설 ① 오프라인 시스템(Off-line System)
• 단말장치와 컴퓨터가 통신회선으로 직접 연결되지 않고 중간에 사람이 개입하는 방식으로 통신회선을 사용하지 않기 때문에 통신제어장치가 필요 없다.
• 일반적으로 발생한 작업을 일정량, 일정 시간 동안 컴퓨터의 보조기억장치에 보관시킨 후 컴퓨터 유휴시간을 이용해 일괄적으로 처리하는 방법을 사용한다.
② 온라인 시스템(On-line System)
• 원격지의 단말장치로부터 통신회선을 거쳐서 컴퓨터와 통신하는 방식으로 통신제어장치가 필요하다.
• 단말장치, 통신 제어장치, 컴퓨터로 구성된다.

40 다음 중 무선전화용 이동통신 시스템의 기본 구성 요소로 볼 수 없는 것은?
① 이동국   ② 패킷제어국
③ 기지국   ④ 이동통신교환국

해설 이동통신시스템은 무선교환국, 무선기지국 그리고 무선전화 단말장치로 구성된다.
① 무선 교환국 : 일반 전화망과 이동 통신망을 접속하며, 중앙통제 기능을 갖는다.
 • 기능 : hand-off, 위치 검출 및 등록, 통

Answer 39. ② 40. ②

화 상대번호와 과금정보를 기록한다.
② 기지국(base station) : 이동체와 무선 교환국 간 접속하며, 무선 채널을 감시하는 기능을 수행한다.
• 기능 : 착·발신 신호 송출, 통화채널 지정 및 감시, 자기진단을 한다.
③ 무선전화 단말장치 : 이동체 통신장비로 이동 전화 단말기를 이용하여 상대방을 호출할 때마다 특정 채널을 선택하여 통신이 가능하게 한다.

41 현재 국내의 이동전화시스템에서 사용하고 있는 통신 방식으로 우리나라에서 세계 최초로 상용화시킨 이동통신 기술방식은?

① FDMA ② TDMA
③ CDMA ④ GSM

해설 ★ ① FDMA(frequency division multiple access) : 주파수분할 다중접속 방식은 무선 셀룰러 통신에 할당된 주파수 대역을 30개의 채널로 분할하고, 각 채널은 음성 대화나 디지털 데이터를 옮기는 서비스에 사용될 수 있다. FDMA는 북미에 가장 광범위하게 설치된 셀룰러폰 시스템인 아날로그 AMPS의 기본 기술이다. FDMA에서는 각 채널이 한 번에 오직 단 한 명의 사용자에게 할당될 수 있다.
② CDMA(code-division multiple access) : 코드분할 다중접속 방식은 데이터를 디지털화한 다음 그것을 가용한 전체 대역폭에 걸쳐 확산시킨다. 여러 통화가 하나의 채널에 겹쳐지게 되며, 각 통화는 차례를 나타내는 고유한 코드가 부여된다.
미국 퀄컴사에서 북미의 디지털 셀룰러 전화의 표준 방식으로 1993년 7월 미국 전자공업 협회(TIA)의 자율 표준 IS-95로 제정되었고, 우리나라는 1993년 11월에 체신부 고시를 통해 디지털 이동전화방식의 표준이 CDMA로 공식 결정되었으며, 세계 최초로 CDMA 상용화에 성공한 나라가 되었다.
㉠ CDMA의 장점
• AMPS에 비해 8~10배, GSM에 비해 4~5배의 용량을 가진다.
• 음성 품질이 높다.
• 모든 셀이 동일한 주파수를 사용하므로 주파수 계획이 용이하다.
• 보안성이 높다.
• 주파수 대역 이용 효율이 높다.
③ TDMA(time division multiple access) : 시분할 다중접속은 시간을 기준으로 분할하여 디지털 셀룰러폰 통신에 사용되는 기술로서, 전송할 수 있는 데이터량을 늘리기 위해 각 셀룰러 채널을 3개의 시간대로 나누기 위한 기술이다.
④ GSM(Global System for Mobile communications) : 종합정보통신망과 연결되므로 모뎀을 사용하지 않고도 전화 단말기와 팩시밀리, 랩톱 등에 직접 접속하여 이동데이터 서비스를 받을 수 있는 유럽식 디지털 이동통신 방식으로 한국에서 사용되고 있는 CDMA 방식과 대응되는 이동통신 방식이다. 각 주파수 채널을 시간으로 분할하는 시분할다중접속(TDMA) 방식 기술과 비동기식 전송망 기술을 기반으로 900[MHz] 대역에서 운용되는 이동통신 방식이다.
㉠ GSM의 특징
• 높은 음성 품질
• 저렴한 서비스 비용
• International Roaming 지원
• 주파수 대역 사용 효율 향상
• ISDN 호환

42 인접한 2개 이상의 노드를 순차적으로 연결한 형상으로 한 노드로부터 송출된 메시지는 한 방향으로 전송되며 송출된 메시지가 자신의 것이면 받아들이고 아닌 경우에는 다음 노드로 재전송하는 정보통신망 구성 방식은?

① 성형(Star) ② 트리형(Tree)
③ 망형(Mesh) ④ 링형(Ring)

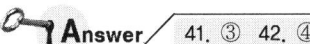

41. ③ 42. ④

해설 (1) 성형 통신망(Star network) : 중앙 집중 통신망으로서 중앙에 중앙컴퓨터가 있고 이를 중심으로 터미널이 연결된 네트워크 형태이다.

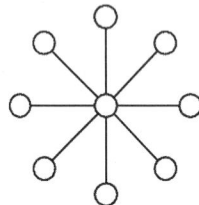

성형 통신망

① 컴퓨터와 단말장치(터미널) 간에 별도의 통신선로가 필요하다.
② 통신 경로가 길다.
③ 전산기 구성망의 가장 기본(온라인 시스템의 전형적인 방법)이다.
④ 모든 노드는 중앙에 있는 제어 노드와 점 대 점으로 직접 연결된 형태이다.
⑤ 중앙 컴퓨터가 모든 통신 제어를 담당하는 중앙 집중식이다.

(2) 트리형 통신망(Tree network) : 중앙에 컴퓨터가 위치하나 통신신호는 각 지역으로 가까운 터미널까지 시설되고 이웃하는 터미널은 다시 가까운 터미널까지 연결된 네트워크 형태이다.

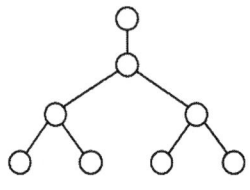

트리형 통신망

① 성형보다 통신 회선이 많이 필요하지 않다.
② 분산형 통신망(분산 처리 시스템)의 기본이다.
③ 데이터는 양방향으로 모든 노드에게 전송되고, 트리의 끝에 있는 단말 노드로 흡수되어 소멸된다.
④ 통신 회선 수가 절약되고, 통신선로의 총 경로는 가장 짧다.

(3) 환형(링형) 통신망(Ring network) : 컴퓨터 및 단말기들이 수평으로 서로 이웃하는 것끼리만 점 대 점으로 연결된 네트워크 형태이다.

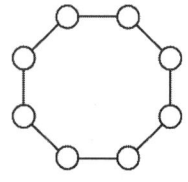

환형 통신망

① 데이터는 한 방향 또는 양방향 데이터 전송이 가능하다.
② 통신선로의 총 길이는 성형보다 짧고 트리형보다 길다.
③ 각 노드 사이의 연결을 최소화할 수 있다.
④ 통신회선 장애 시 융통성이 있다.
⑤ LAN 등과 같이 국부적인 통신에 주로 사용한다.

(4) 그물형 통신망(mash network) : 컴퓨터 및 단말기들이 중계에 의하지 않고 직통 회선으로 직접 연결되는 네트워크 형태이다.

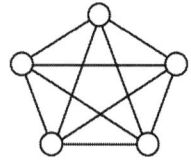

그물형 통신망

① 완전히 분산된 형태의 통신망이다.
② 통신 회선의 장애 시에도 데이터 전송이 가능하다.
③ 모든 단말기와 단말기들을 통신회선으로 연결시킨 형태로, 보통 공중 전화망과 공중 데이터 통신망에 이용한다.
④ 통신 회선의 총 길이가 가장 길고, 분산 처리 시스템이 가능하다.
⑤ 통신 회선의 장애 시 다른 경로를 통하여 데이터를 전송할 수 있어 신뢰도가 높다.
⑥ 광역 통신망에 적합하다.

(5) 버스형 통신망(Bus network) : 하나의 통신회선상에 여러 대의 터미널을 설치하여, 중앙컴퓨터와 터미널 간의 데이터 통신은

물론 터미널과 터미널 간의 데이터 통신이 가능하도록 연결하는 네트워크 형태이다.

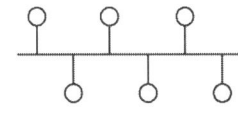

버스형 통신망

① LAN을 구성할 때 많이 사용하며, 다수의 터미널 접속이 가능하다.
② 단일 터미널의 장애가 전체 통신망에 영향을 미치지 않는다.
③ 하나의 전송 매체를 모든 노드가 공유해서 사용하는 멀티포인트 매체를 사용한다.
④ 데이터는 양방향으로 전송되며, 다른 모든 노드에서 수신 가능하다.
⑤ 데이터는 노드와 탭 간의 전이중 방식으로 버스를 통해서 전송한다.
⑥ 링형과 달리 각 노드가 데이터 확인 및 통신에 대한 책임을 갖는다.
⑦ 터미네이터(Terminator) : 버스의 양쪽 끝에 있는 장치로서, 전송되는 모든 신호를 버스에서 제거하는 역할을 담당한다.
⑧ 링형과 마찬가지로 발송지와 목적지 주소를 포함하고 있는 패킷을 사용한다.

43 송신안테나로부터 1[km] 떨어진 지점에서 측정한 전기장 강도가 900[μV/m]이라 한다. 10[km] 거리에서의 전기장 강도는 얼마인가?
① 9[μV/m] ② 90[μV/m]
③ 10[μV/m] ④ 100[μV/m]

해설 $E = \dfrac{k\sqrt{P}}{r}$ [V/m]의 식에 의해 1[km]에서 10[km]의 거리가 되면 10배가 된다. 그러므로 전기장의 세기는 1/10이 되므로, $\dfrac{900[\mu V/m]}{10} = 90[\mu V/m]$가 된다.

44 길이가 4[m]인 수직 접지 안테나의 고유 파장은 몇 [m]인가?
① 4[m] ② 8[m]
③ 12[m] ④ 16[m]

해설 수직접지 안테나는 안테나에 사용되는 λ/4도선을 대지에 수직으로 설치하고 도선 한 끝단을 직접 접지하는 방식(기저부 접지형)과 송신기를 통하여 접지하는 방식(기저부 절연형)의 구조를 갖는 안테나. 수직접지 안테나는 기저부 절연형을 주로 사용한다..
고유파장(λ)은 4×4 = 16[m]

45 어느 측정량과 같은 크기로 조정된 기준량으로부터 측정하는 측정법은?
① 편위법 ② 영위법
③ 변위법 ④ 미지측정법

해설
ⓐ 편위법 : 피측정량을 지침의 지시 눈금으로 나타내는 방식
ⓑ 영위법 : 피측정량과 미리 값이 알려진 표준량이 서로 평형을 이루도록 하여, 표준량의 값으로부터 피측정량의 값을 알아내는 방식
ⓒ 치환법 : 알고 있는 양과 측정하려는 양을 치환하여 비교하는 방식

46 다음 중 전송설비에 포함되지 않는 것은?
① 다중화장치
② 통신터널·배선반
③ 분배장치
④ 전송단국장치

해설 방송통신설비의 기술기준에 관한 규정 제3조(정의)
① 이 영에서 사용하는 용어의 뜻은 다음 각 호와 같다.
9. "전송설비"란 교환설비·단말장치 등으로부터 수신된 방송통신콘텐츠를 변환·재생 또는 증폭하여 유선 또는 무선으로 송신하거나 수신하는 설비로서 전송단국장치·중계장치·다중화장치·분배장치 등과 그 부대

Answer 43. ② 44. ④ 45. ② 46. ②

설비를 말한다.

47 다음 중 정보통신공사업자 외의 공사업자가 시공할 수 있는 경미한 공사의 범위가 아닌 것은?

① 간이무선국, 아마추어국 및 실험국의 무선설비 설치공사
② 연면적 5천 제곱미터 이하 건축물의 자가유선방송설비, 구내방송설비 및 폐쇄회로 텔레비전의 설비공사
③ 건축물에 설치되는 5회선 이하의 구내 통신선로 설비공사
④ 라우터 또는 허브의 증설을 수반하지 아니하는 5회선 이하의 근거리 통신망 선로의 증설공사

해설 ★ 정보통신공사업법 시행령 제4조(공사제한의 예외)

① 법 제3조제2호에 따라 정보통신공사업자(이하 "공사업자"라 한다) 외의 자가 시공할 수 있는 경미한 공사의 범위는 다음 각 호와 같다.
1. 간이무선국·아마추어국 및 실험국의 무선설비설치공사
2. 연면적(둘 이상의 건축물에 설비를 연결하여 설치하는 경우에는 각 건축물의 연면적 합계를 말한다. 이하 같다) 1천 제곱미터 이하의 건축물의 자가유선방송설비·구내방송설비 및 폐쇄회로텔레비전의 설비공사
3. 건축물에 설치되는 5회선 이하의 구내통신선로 설비공사
4. 라우터 또는 허브의 증설을 수반하지 아니하는 5회선 이하의 근거리통신망(LAN)선로의 증설공사
5. 다음 각 목의 공사로서 「소프트웨어산업 진흥법」 제24조의2제2항에 따라 중소 소프트웨어사업자만 참여하는 공사(6회선 이상의 근거리통신망(LAN)선로설비공사는 제외한다)
   가. 서버·백업장비·주변기기 등 전산장비(이하 "전산장비"라 한다)의 설치공사 및 유지보수
   나. 전산장비의 대·개체공사
   다. 주전산장치의 성능향상을 위한 주변기기의 설치공사
   라. 연면적 1천 제곱미터 이하의 건축물에 설치되는 공사로서 구내통신선로설비·방송설비·경비보안설비와 연계되지 아니하는 정보시스템 구축공사
   마. 하드웨어구입비를 제외한 전체사업비 중 소프트웨어관련비(소프트웨어개발비·소프트웨어유지보수비·데이터베이스 구축비 등)의 비중이 80퍼센트 이상인 정보시스템 구축공사
6. 군 및 경찰의 긴급작전을 위한 공사로서 과학기술정보통신부장관이 관계 중앙행정기관의 장과 협의하여 정하는 공사
7. 다음 각 목의 공사로서 과학기술정보통신부장관이 정하여 고시하는 공사
   가. 정보통신설비의 단말기, 차량용 전화 등의 설치 또는 증설공사
   나. 무선통신설비의 이전·변경·증설 또는 대체 등의 공사
   다. 자기의 정보통신설비의 유지·보수공사
8. 제1호부터 제4호까지, 제7호 가목 및 나목의 공사와 유사한 기술수준의 공사로서 과학기술정보통신부장관이 정하여 고시하는 공사

48 기간통신사업자의 주식은 외국정부 또는 외국인 모두가 합하여 그 발행주식 총수의 얼마를 초과하여 소유하지 못하는가?

① 100분의 10 ② 100분의 33
③ 100분의 49 ④ 100분의 55

해설 ★ 전기통신사업법 제8조(외국정부 또는 외국인의 주식소유 제한)

① 기간통신사업자의 주식(「상법」 제344조의3 제1항에 따른 의결권 없는 종류주식은 제외하고, 주식예탁증서 등 의결권을 가진 주식의 등가물 및 출자지분은 포함한다. 이하 같

Answer 47. ② 48. ③

대)은 외국정부 또는 외국인 모두가 합하여 그 발행주식 총수의 100분의 49를 초과하여 소유하지 못한다.

② 외국정부 또는 외국인(「자본시장과 금융투자업에 관한 법률」 제9조제1항제1호에 따른 특수관계인을 포함한다. 이하 같다)이 「자본시장과 금융투자업에 관한 법률」 제9조제1항제1호에 따른 최대주주(이하 "최대주주"라 한다)이고, 그 최대주주가 발행주식 총수의 100분의 15 이상을 소유하고 있는 법인(이하 "외국인의제법인"이라 한다)은 외국인으로 본다.

③ 다음 각 호의 어느 하나에 해당하는 법인은 제2항의 요건을 갖춘 경우에도 외국인으로 보지 아니한다. 다만, 제10조제1항제3호 및 제86조제3항의 외국인은 그러하지 아니하다.
  1. 기간통신사업자의 발행주식 총수의 100분의 1 미만을 소유한 법인
  2. 대한민국이 외국과 양자 간 또는 다자 간으로 체결하여 발효된 자유무역협정 중 과학기술정보통신부장관이 정하여 고시하는 자유무역협정의 상대국 외국정부 또는 외국인이 최대주주이고, 그 최대주주가 발행주식 총수의 100분의 15 이상을 소유하고 있는 법인으로 제10조에 따른 공익성 심사 결과 과학기술정보통신부장관이 공공의 이익을 해칠 위험이 없다고 판단한 법인

49 다음 중 별정통신사업자 및 부가통신사업자에 관한 규정으로 틀린 것은?

① 별정통신사업을 경영하고자 하는 자는 과학기술정보통신부장관에게 등록하여야 한다.
② 별정통신사업 등록의 대상자는 개인에 한한다.
③ 부가통신사업을 경영하고자 하는 자는 과학기술정보통신부장관에게 신고하여야 한다.
④ 과학기술정보통신부장관은 별정통신사업의 등록을 받은 경우에는 공정 경쟁 촉진, 이용자 보호, 서비스 품질개선 등 필요한 조건을 붙일 수 있다.

해설 ✱ 전기통신사업법 제21조(별정통신사업의 등록)
① 별정통신사업을 경영하려는 자는 대통령령으로 정하는 바에 따라 다음 각 호의 사항을 갖추어 과학기술정보통신부장관에게 등록(정보통신망에 의한 등록을 포함한다)하여야 한다.
  1. 재정 및 기술적 능력
  2. 이용자 보호계획
  3. 그 밖에 사업계획서 등 대통령령으로 정하는 사항
② 과학기술정보통신부장관은 제1항에 따라 별정통신사업의 등록을 받는 경우에는 공정 경쟁 촉진, 이용자 보호, 서비스 품질 개선, 정보통신자원의 효율적 활용 등에 필요한 조건을 붙일 수 있다.
③ 과학기술정보통신부장관은 다음 각 호의 어느 하나에 해당하는 경우를 제외하고는 제1항에 따른 등록을 해주어야 한다.
  1. 제1항 각 호의 사항을 갖추지 못한 경우
  2. 법인의 정관 및 이용약관 등 대통령령으로 정하는 구비서류에 흠이 있는 경우
  3. 등록신청인이 법인이 아닌 경우
④ 제1항에 따라 별정통신사업을 등록한 자(이하 "별정통신사업자"라 한다)는 등록한 날부터 1년 이내에 사업을 시작하여야 한다.
⑤ 제1항에 따른 등록의 요건, 절차, 그 밖에 필요한 사항은 대통령령으로 정한다.

50 다음은 전기통신기본법에 따라 전기통신사업을 구분한 것이다. 해당되지 않는 것은?

① 특수통신사업
② 부가통신사업

Answer 49. ② 50. ①

③ 별정통신사업
④ 기간통신사업

해설 ★ 전기통신기본법 제7조(전기통신사업자의 구분)
전기통신사업자는 전기통신사업법이 정하는 바에 의하여 기간통신사업자, 별정통신사업자 및 부가통신사업자로 구분한다.

51 다음 중 방송통신기자재에 대한 적합성평가의 전부 또는 일부를 면제받을 수 있는 경우가 아닌 것은?

① 시험·연구, 기술개발, 전시 등을 위하여 제조하거나 수입하는 경우
② 국내에서 판매하지 아니하고 수출 전용으로 제조하는 경우
③ 잠정인증을 요청할 때 지정시험기관의 시험 결과를 제출한 경우
④ 지역 기관장의 서면으로 허가를 받은 경우

해설 ★ 방송통신기자재 등의 적합성평가에 관한 고시 제18조(적합성평가 면제의 세부범위 등)
① 영 제77조의6제1항제1호에 따라 적합성평가의 전부가 면제되는 기자재의 범위와 수량은 다음 각 호와 같다.
  1. 시험·연구, 기술개발, 전시 등을 위하여 제조하거나 수입하는 경우로 다음 각 목의 어느 하나에 해당하는 기자재
    가. 제품 및 방송통신서비스의 시험·연구 또는 기술개발을 위한 목적의 기자재 : 100대 이하(다만, 원장이 인정하는 경우에는 예외로 한다)
    나. 판매를 목적으로 하지 않고 전시회, 국제경기대회 진행 등 행사에 사용하기 위한 기자재 : 면제확인 수량
    다. 외국의 기술자가 국내산업체 등의 필요에 따라 일정기간 내에 반출하는 조건으로 반입하는 기자재 : 면제확인 수량
    라. 적합성평가를 받은 기자재의 유지·보수를 위하여 제조 또는 수입되는 동일한 구성품 또는 부품 : 면제확인 수량
    마. 군용으로 사용할 목적으로 제조하거나 수입하는 기자재 : 면제확인 수량
    바. 국내에서 사용하지 아니하고 국외에서 사용할 목적으로 제조하거나 수입하는 기자재 : 면제확인 수량
    사. 외국에 납품할 목적으로 주문제작하는 선박에 설치하기 위해 수입되는 기자재와 외국으로부터 도입, 임대, 용선 계약한 선박 또는 항공기에 설치된 기자재 등과 또는 이를 대치하기 위한 동일기종의 기자재 : 면제확인 수량
    아. 판매를 목적으로 하지 아니하고 개인이 사용하기 위하여 반입하는 기자재 : 1대
    자. 국가간 상호 인정협정 또는 이에 준하는 협정에 따라 적합성평가를 받은 기자재 : 면제확인 수량
    차. 판매를 목적으로 하지 아니하고 본인 자신이 사용하기 위하여 제작 또는 조립하거나 반입하는 아마추어무선국용 무선설비 : 면제확인 수량
    카. 판매를 목적으로 하지 아니하고 국내 시장조사를 목적으로 수입하는 견본품용 기자재 : 3대 이하
    타. 적합성평가를 받은 컴퓨터 내장구성품(별표 2 제6호 다목)으로 조립한 컴퓨터(다만, 별표 6의 소비자 안내문을 표시한 것에 한한다.)
  2. 국내에서 판매하지 아니하고 수출 전용으로 제조하는 경우로 다음 각 목의 어느 하나에 해당하는 기자재
    가. 국내에서 제조하여 외국에 전량 수출할 목적의 기자재
    나. 외국에 재수출할 목적으로 국내 반입하는 기자재 : 면제확인 수량
    다. 외국에 수출한 제품으로서 수리 또는 보수를 위하여 반출을 조건으로 국내

Answer 51. ④

에 반입되는 기자재 : 면제확인 수량
② 영 제77조의6제1항제2호에 따라 적합성평가의 일부를 면제하는 대상기자재와 범위는 다음 각 호와 같다.
1. 법 제58조의2제7항에 따라 잠정인증을 받을 때와 법 제58조의2제8항에 따라 적합성평가를 받을 때의 적합성평가 적용기준이 일부 같은 기자재 : 법 제58조의2제1항 각 목 어느 하나의 적합성평가 기준에 따른 시험
2. 법 제58조의3제1항제4호에 해당하는 것으로서 관계법령에 따라 적합성평가를 받을 때의 적합성평가기준이 법 제47조의3의 전자파적합성기준과 동일한 기자재 : 법 제47조의3의 전자파적합성기준에 따른 시험

52 다음 문장의 괄호 안에 들어갈 내용으로 알맞은 것은?

구내통신선로설비의 국선 등 옥외회선은 ( )(으)로 인입하여야 한다.

① 지상 ② 담벽
③ 가공 ④ 지하

해설 * 방송통신설비의 기술기준에 관한 규정 제18조(설치 및 철거방법 등)
① 구내통신선로설비 및 이동통신구내선로설비는 그 구성과 운영 및 사업용 방송통신설비와의 접속이 쉽도록 설치하여야 한다.
② 구내통신선로설비의 국선 등 옥외회선은 지하로 인입하여야 한다. 다만, 같은 구내에 5회선 미만의 국선을 인입하는 경우에는 그러하지 아니하다.
③ 제2항 단서에도 불구하고 건축주가 제4조제2항제2호의 분계점과 사업자가 이용하는 인입맨홀·핸드홀 또는 인입주까지 지하인입배관을 설치한 경우에는 지하로 인입하여야 한다.
④ 구내통신선로설비 및 이동통신구내선로설비를 구성하는 배관시설은 설치된 후 배선의

교체 및 증설시공이 쉽게 이루어질 수 있는 구조로 설치하여야 한다.
⑤ 사업자는 「전기통신사업법」 제28조에 따른 이용약관에 따라 체결된 서비스 이용계약이 해지된 경우에는 국립전파연구원장이 정하여 고시하는 기간 이내에 제2항 단서에 따라 설치된 옥외회선을 철거하여야 한다. 다만, 서비스의 일부만 해지된 경우에는 그러하지 아니하다.
⑥ 제1항부터 제5항까지의 규정에 따른 구내통신선로설비 및 이동통신구내선로설비의 구체적인 설치 및 철거방법 등에 대한 세부기술기준은 과학기술정보통신부장관이 정하여 고시한다.

53 관로는 차도의 경우 지면으로부터 몇 미터 이상의 깊이에 매설하여야 하는가?
① 0.5[m] ② 1[m]
③ 1.5[m] ④ 2[m]

해설 * 접지설비·구내통신설비·선로설비 및 통신공동구 등에 대한 기술기준 제47조(관로 등의 매설기준)
① 관로에 사용하는 관은 외부하중과 토압에 견딜 수 있는 충분한 강도와 내구성을 가져야 한다.
② 지면에서 관로상단까지의 거리는 다음 각 호의 기준에 의한다. 다만, 시설관리기관과 협의하여 관로보호조치를 하는 경우에는 다음 각 호의 기준에 의하지 아니할 수 있다.
1. 차도 : 1.0[m] 이상
2. 보도 및 자전거도로 : 0.6[m] 이상
3. 철도·고속도로 횡단구간 등 특수한 구간 : 1.5[m] 이상
③ 관로 상단부와 지면 사이에는 관로보호용 경고테이프를 관로 매설경로에 따라 매설하여야 한다.
④ 관로는 가스 등 다른 매설물과 50[cm] 이상 떨어져 매설하여야 한다. 다만, 부득이한 사유로 인하여 50[cm] 이상의 간격을 유지할 수 없는 경우에는 보호벽의 설치 등 관로를

52. ④ 53. ②

보호하기 위한 조치를 하여야 한다.
⑤ 맨홀 또는 핸드홀 간에 매설하는 관로는 케이블 견인에 지장을 주지 아니하는 곡률을 유지하는 등 직선성을 유지하여야 한다.

54 위성통신설비공사의 하자담보 책임기간은?

① 5년 ② 3년
③ 2년 ④ 1년

해설 ★ 정보통신공사업법 시행령 제37조(공사의 하자담보책임)

법 제37조제1항에서 "공사의 종류별로 대통령령으로 정하는 기간"이란 다음 각 호의 기간을 말한다.
1. 터널식 또는 개착식 등의 통신구공사 : 5년
2. 「전기통신기본법」 제2조제4호에 따른 사업용 전기통신설비 중 케이블 설치공사(구내에서 시공되는 공사는 제외한다), 관로공사, 철탑공사, 교환기설치공사, 전송설비공사, 위성통신설비공사 : 3년
3. 제1호 및 제2호의 공사 외의 공사 : 1년

55 정보통신공사에 필요한 자재·인력의 수급 상황 등 공사업에 관한 정보와 공사업자의 공사 종류별 실적, 자본금, 기술력 등에 관한 정보를 종합 관리하는 기관은?

① 한국정보통신기술협회
② 과학기술정보통신부
③ 한국정보통신공사협회
④ 정보통신정책연구원

해설 ★ 정보통신공사업법 제27조(공사업에 관한 정보관리 등)

① 과학기술정보통신부장관은 공사에 필요한 자재·인력의 수급 상황 등 공사업에 관한 정보와 공사업자의 공사 종류별 실적, 자본금, 기술력 등에 관한 정보를 종합관리하여야 한다.

② 과학기술정보통신부장관은 공사업자의 신청을 받으면 대통령령으로 정하는 바에 따라 그 공사업자의 공사실적·자본금·기술력 및 공사품질의 신뢰도와 품질관리수준 등에 따라 시공능력을 평가하여 공시(公示)하여야 한다.

③ 제2항에 따른 시공능력평가를 신청하는 공사업자는 대통령령으로 정하는 바에 따라 공사실적, 자본금, 그 밖에 대통령령으로 정하는 사항에 관한 서류를 과학기술정보통신부장관에게 제출하여야 한다.

④ 과학기술정보통신부장관은 발주자 등이 제1항에 따라 종합관리하고 있는 정보의 제공을 요청하면 이에 대한 정보를 제공할 수 있다.

⑤ 제4항에 따라 제공할 수 있는 정보의 내용, 제공방법, 절차, 그 밖에 필요한 사항은 대통령령으로 정한다.

56 다음 중 공동주택의 구내통신실 면적확보 기준으로 잘못된 것은?

① 50세대 이상 500세대 이하의 단지는 10제곱미터 이상으로 1개소
② 500세대 이상 1,000세대 이하의 단지는 15제곱미터 이상으로 1개소
③ 1,000세대 초과 1,500세대 이하의 단지는 20제곱미터 이상으로 1개소
④ 1,500세대 초과 단지는 25제곱미터 이상으로 2개소

해설 ★ 구내통신실의 면적확보

전기통신사업법의 규정에 의한 전기통신회선설비와의 접속을 위한 면적기준은 다음 각 호와 같다.
1. 업무용 건축물에는 국선·국선단자함 또는 국선배선반과 초고속통신망장비, 이동통신망장비 등 각종 구내통신선로설비를 설치하기 위한 공간(집중구내통신실) 및 각 층에 구내통신선로설비를 설치하기 위한 공간(층구내 통신실)을 확보하여야 한다. 이

Answer 54. ② 55. ② 56. ④

경우 최소한 확보하여야 하는 면적의 기준은 표와 같다.

업무용 건축물의 구내통신실면적확보기준

건축물 규모	확보대상	확보면적
1. 6층 이상이고 연면적 5천 제곱미터 이상인 업무용 건축물	가. 집중구내통신실	10.2제곱미터 이상으로 1개소 이상
	나. 층구내통신실	(1) 각 층별 전용면적이 1천제곱미터 이상인 경우에는 각 층별로 10.2제곱미터 이상으로 1개소 이상
		(2) 각 층별 전용면적이 800제곱미터 이상인 경우에는 각 층별로 8.4제곱미터 이상으로 1개소 이상
		(3) 각 층별 전용면적이 500제곱미터 이상인 경우에는 각 층별로 6.6제곱미터 이상으로 1개소 이상
		(4) 각 층별 전용면적이 500제곱미터 미만인 경우에는 5.4제곱미터 이상으로 1개소 이상
2. 제1항 외의 업무용 건축물	집중구내통신실	건축물의 연면적이 500제곱미터 이상인 경우 10.2제곱미터 이상으로 1개소 이상. 다만, 500제곱미터 미만인 경우는 5.4제곱미터 이상으로 1개소 이상

[비고]
1. 같은 층에 집중구내통신실과 층구내통신실을 확보하여야 하는 경우에는 집중구내통신실만을 확보할 수 있다.
2. 층별 전용면적이 500제곱미터 미만인 경우로서 각 층별로 통신실을 확보하기가 곤란한 경우에는 하나의 층구내통신실에 2개층 이상의 통신설비를 통합하여 수용할 수 있으며, 이 경우 층구내통신실 확보면적은 통합 수용된 각 층의 전용면적을 합하여 제1호 중 층구내통신실의 확보면적란의 기준을 적용한다.
3. 같은 층에 층구내통신실을 2개소 이상으로 분리 설치하려는 경우에는 층구내통신실의 면적은 최소 5.4제곱미터 이상이어야 한다.
4. 집중구내통신실은 외부환경에 영향이 적은 지상에 확보되어야 한다. 다만, 부득이한 사유로 지상 확보가 곤란한 경우에는 침수우려가 없고 습기가 차지 아니하는 지하층에 설치할 수 있다.
5. 집중구내통신실에는 조명시설과 통신장비전용의 전원설비를 구비하여야 한다.
6. 각 통신실의 면적은 벽이나 기둥 등을 제외한 면적으로 한다.
7. 집중구내통신실의 출입구에는 시건장치를 설치하여야 한다.

2. 주거용 건축물 중 공동주택에는 집중구내통신실을 확보하여야 한다. 이 경우 최소한 확보하여야 하는 면적의 기준은 표와 같다.

공동주택의 구내통신실면적확보기준

건축물 규모	확보대상	확보면적
1. 50세대 이상 500세대 이하 단지	집중구내통신실	10제곱미터 이상으로 1개소
2. 500세대 초과 1000세대 이하 단지	집중구내통신실	15제곱미터 이상으로 1개소
3. 1000세대 초과 1500세대 이하 단지	집중구내통신실	20제곱미터 이상으로 1개소
4. 1500세대 초과 단지	집중구내통신실	25제곱미터 이상으로 1개소

[비고]
1. 집중구내통신실은 외부환경에 영향이 적은 지상에 확보되어야 한다. 다만, 부득이한 사유로 지상 확보가 곤란한 경우에는 침수우려가 없고 습기가 차지 아니하는 지하층에 설치할 수 있다.
2. 집중구내통신실에는 조명시설과 통신장비전용의 전원설비를 구비하여야 한다.
3. 각 통신실의 면적은 벽이나 기둥 등을 제외한 면적으로 한다.
4. 집중구내통신실의 출입구에는 시건장치를 설치하여야 한다.

57 다음 중 정보통신공사의 '감리'에 대한 설명으로 옳지 않은 것은?

① 발주자는 용역업자에게 공사의 감리를 발주하여야 한다.
② 감리원으로 인정받으려는 사람은 대통령령으로 정하는 바에 따라 과학기술정보통신부장관에게 자격을 신청하여야 한다.
③ 감리원은 자기의 성명을 사용하여 다른 사람에게 감리업무를 하게 하거나 자격증을 빌려줄 수 있다.
④ 과학기술정보통신부장관은 신청인이 대통령령으로 정하는 감리원의 자격에 해당하면 감리원으로 인정하여야 한다.

해설 ✽ 정보통신공사업법 제2조(정의)
이 법에서 사용하는 용어의 뜻은 다음과 같다.
9. "감리"란 공사(「건축사법」 제4조에 따른 건

161

축물의 건축 등은 제외한다)에 대하여 발주자의 위탁을 받은 용역업자가 설계도서 및 관련 규정의 내용대로 시공되는지를 감독하고, 품질관리·시공관리 및 안전관리에 대한 지도 등에 관한 발주자의 권한을 대행하는 것을 말한다.

58 다음 중 통신관련시설의 접지저항을 100[Ω] 이하로 할 수 있는 조건이 아닌 것은?
① 국선 수용 회선이 500회선 이하인 주배선반
② 보호기를 설치하지 않는 구내통신 단자함
③ 철탑 이외 전주 등에 시설하는 이동통신용 중계기
④ 기타 설비 및 장치의 특성에 따라 시설 및 인명 안전에 영향을 미치지 않는 경우

해설 * 방송통신설비의 기술기준에 관한 규정 제5조(접지저항 등)
① 교환설비·전송설비 및 통신케이블과 금속으로 된 단자함(구내통신단자함, 옥외분배함 등)·장치함 및 지지물 등이 사람이나 방송통신설비에 피해를 줄 우려가 있을 때에는 접지단자를 설치하여 접지하여야 한다.
② 통신관련시설의 접지저항은 10[Ω] 이하를 기준으로 한다. 다만, 다음 각 호의 경우는 100[Ω] 이하로 할 수 있다.
  1. 선로설비 중 선조·케이블에 대하여 일정 간격으로 시설하는 접지(단, 차폐케이블은 제외)
  2. 국선 수용 회선이 100회선 이하인 주배선반
  3. 보호기를 설치하지 않는 구내통신 단자함
  4. 구내통신선로설비에 있어서 전송 또는 제어신호용 케이블의 실드 접지
  5. 철탑 이외 전주 등에 시설하는 이동통신용 중계기
  6. 암반 지역 또는 산악지역에서의 암반 지층을 포함하는 경우 등 특수 지형에의 시설이 불가피한 경우로서 기준 저항값 10[Ω]을 얻기 곤란한 경우
  7. 기타 설비 및 장치의 특성에 따라 시설 및 인명 안전에 영향을 미치지 않는 경우

59 평형회선은 회선 상호간 방송통신콘텐츠의 내용이 혼입되지 않도록 두 회선 사이의 근단누화 또는 원단누화의 감쇠량이 몇 데시벨 이상이 되도록 규정하고 있는가?
① 35데시벨   ② 45데시벨
③ 58데시벨   ④ 68데시벨

해설 * 방송통신설비의 기술기준에 관한 규정 제13조 (누화)
평형회선은 회선 상호간 방송통신 콘텐츠의 내용이 혼입되지 아니하도록 두 회선 사이의 근단누화 또는 원단누화의 감쇠량은 68[dB] 이상이어야 한다. 다만, 방송통신위원회에서 별도로 세부기술기준을 고시한 경우에는 이에 따른다.

60 이동통신서비스 또는 휴대인터넷서비스 등에 사용되는 무선송수신기와 안테나 간에 연결하는 선로를 무엇이라 하는가?
① 급전선   ② 국선
③ 전용회선   ④ 통신선

해설 * 접지설비·구내통신설비·선로설비 및 통신공동구 등에 대한 기술기준 제3조(용어의 정의)
① 이 고시에서 사용하는 용어의 정의는 다음과 같다.
  19. "급전선"이라 함은 전파에너지를 전송하기 위하여 송신장치나 수신장치와 안테나 사이를 연결하는 선을 말한다.

2015년 1회 시행 과년도출제문제

01 전기량 300[C]이 이동하여 900[J]의 일을 하게 되는 기전력은 얼마인가?
① 1.2[V] ② 1.5[V]
③ 2.5[V] ④ 3.0[V]

해설 $W = VQ[J]$, $V = \dfrac{W}{Q} = \dfrac{900}{300} = 3[V]$

02 다음 중 전류의 열작용과 관계가 있는 것은?
① 옴의 법칙
② 플레밍의 법칙
③ 키르히호프의 법칙
④ 줄의 법칙

해설 줄의 법칙(Joule's law)
도체에 일정 기간 동안 전류를 흘리면 도체에는 열이 발생되는데, 이때 발생하는 열량은 도선의 저항과 전류의 제곱 및 흐른 시간에 비례한다.

03 실생활에 사용하고 있는 가정용 전원의 주파수는 60[Hz]이다. 이 주파수의 주기는 약 얼마인가?
① 60초 ② 1초
③ 0.17초 ④ 0.017초

해설 $f = \dfrac{1}{T}[Hz]$ (T : 주기[sec]), $T = \dfrac{1}{f}[sec]$

04 다음 중 RLC 병렬회로에서 리액턴스 X의 값이 $X_L > X_C$일 때의 설명으로 틀린 것은?
① RLC 병렬회로는 용량성 회로이다.
② 전류는 전압보다 위상이 뒤진다.
③ 코일의 영향이 콘덴서의 영향보다 더 크다.
④ RL 병렬회로와 등가회로가 된다.

해설 리액턴스(reactance) X는 전류(I)에 반비례한다.
㉠ $X_L < X_C$인 경우($I_L < I_C$인 경우, 용량성) I는 V보다 θ만큼 뒤진다.
㉡ $X_L > X_C$인 경우($I_L > I_C$인 경우, 유도성) I는 V보다 θ만큼 앞선다.

05 다음 중 쿨롱의 법칙을 설명한 것으로 잘못된 것은?
① 자기력의 크기는 두 자극 간의 세기의 곱에 비례한다.
② 자기력의 크기는 두 자극 간의 거리의 제곱에 비례한다.
③ 자기력의 방향은 두 자극 간을 연결하는 직선상에 있다.
④ 두 자극이 같은 부호일 때 자기력의 방향은 반발하는 방향이다.

해설 쿨롱의 법칙(Coulomb's law)
두 자극 사이에 작용하는 힘은 그 거리의 제곱에 반비례하고, 두 자극의 세기의 곱에 비례하며, 힘의 방향은 두 자극을 잇는 직선상에 위치한다.

06 집적회로에 대한 설명으로 옳은 것은 무엇인가?
① 제조 단가가 비싸서 현재는 많이 사용되지 않는다.
② 인덕터(L)는 기하학적 구조상 집적회

Answer 1.④ 2.④ 3.④ 4.① 5.② 6.④

로에 적당하므로 주요 부품이 된다.
③ 회로가 소형일 경우 고장이 잦으므로 작은 부품을 대형화하는 회로이다.
④ 트랜지스터(TR), 커패시터(C), 저항(R) 등의 소자를 웨이퍼상에 부착하여 소형으로 만드는 회로이다.

해설 ① 집적회로(IC)를 만들기 위한 조건
  ㉠ L 및 C가 거의 필요 없고, 저항값이 작은 회로
  ㉡ 전력 출력이 작아도 되는 회로
  ㉢ 신뢰성이 중요시되어 소형 경량을 필요로 하는 회로
② 집적회로(IC)의 장점
  ㉠ 대량생산이 가능하여, 저렴하다.
  ㉡ 크기가 작다.
  ㉢ 신뢰도가 높다.
  ㉣ 향상된 성능을 가질 수 있다.
  ㉤ 접합된 장치를 만들 수 있다.

07 다음 중 브리지 정류회로에 대한 설명으로 알맞은 것은?
① 다이오드를 2개 사용한다.
② 다이오드를 통과한 순방향 전압강하가 없다.
③ 브리지 회로를 거치면 교류는 맥류파형의 직류가 된다.
④ 정류효율이 좋지 않아 많이 사용되지 않는다.

해설 ㉠ 반파 정류 회로 : 다이오드 등의 정류 소자를 사용하여 교류의 (+)의 반 사이클만 전류(i_d)를 흘려서 부하에 직류를 흘리도록 한 회로
㉡ 전파 정류 회로 : 다이오드를 사용하여 교류의 +, - 반 사이클에 대해서도 정류를 하고, 부하에 직류 전류를 흘리도록 한 회로
㉢ 브리지 정류 회로 : 전파정류 회로의 일종으로, 다이오드 4개를 브리지 모양으로 접속

하여 정류하는 회로, 중간 탭이 있는 트랜스를 사용하지 않아도 되나 많은 다이오드가 필요하다.

08 다음 그림은 어떤 회로인가?

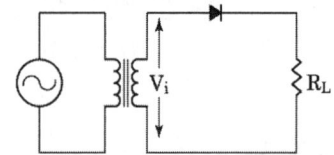

① 평활회로 ② 정류회로
③ 증폭회로 ④ 발진회로

해설 ① 정류회로 : 교류로부터 직류를 얻어내는 회로
  ㉠ 반파 정류 회로 : 다이오드 등의 정류 소자를 사용하여 교류의 (+)의 반 사이클만 전류(i_d)를 흘려서 부하에 직류를 흘리도록 한 회로
  ㉡ 전파 정류 회로 : 다이오드를 사용하여 교류의 +, - 반 사이클에 대해서도 정류를 하고, 부하에 직류 전류를 흘리도록 한 회로
  ㉢ 브리지 정류 회로 : 전파정류 회로의 일종으로, 다이오드 4개를 브리지 모양으로 접속하여 정류하는 회로, 중간 탭이 있는 트랜스를 사용하지 않아도 되나 많은 다이오드가 필요하다.
② 평활회로 : 맥류를 다듬어 직류를 얻어내는 회로

09 평활회로를 거쳐 얻어진 직류 출력에 남아 있는 교류 성분을 무엇이라고 하는가?
① 플리커   ② 하울링
③ 핀치   ④ 리플

해설 평활 회로를 거쳐 얻어진 신호 중 직류 전원에 남아 있는 교류 성분을 리플이라 하고, 정류된 직류에 포함된 교류성분의 정도를 맥동률이라 한다.

Answer 7. ③ 8. ② 9. ④

10 증폭회로에서 입력전압과 출력전압을 측정하였더니 입력전압은 10[mV], 출력전압은 1,000[mV]였다. 이 회로의 전압 증폭도는?

① 40배　　② 60배
③ 80배　　④ 100배

해설 $A_V = \dfrac{V_o}{V_i} = \dfrac{1000}{10} = 100$

11 주파수 특성이 매우 안정되어 있어 휴대전화 등의 이동 통신 기기의 핵심 부품으로 사용되며, 다양한 정보통신기기 등에 가장 많이 사용되는 발진기는?

① LC 발진기　　② RC 발진기
③ 수정 발진기　　④ 세라믹 발진기

해설 * 수정 발진기(Crystal Oscillator)
LC 발진기보다 높은 주파수 안정도가 요구되는 곳에서는 수정 제어 발진기가 이용되고 있다. 수정 발진기는 LC 회로의 유도성 소자 대신에 수정의 압전(piezo electric)효과를 이용하여 주파수를 발생시키는 기본 소자로서 TV, VTR, Computer, Microprocessor, Car Phone, 무선전화기, 시계, 장난감, Audio System 등을 비롯한 모든 가전제품, 각종 통신기기와 이동 통신기기 및 전자기기에서 주파수 제어환경에 필수 부품으로 주변온도 및 환경 변화, 장기간 사용 등의 경우에도 매우 안정되고 정밀한 주파수를 공급한다.

12 다음 문장의 괄호 안에 알맞은 것은?

> 기존 주파수의 2배, 3배 등의 더 높은 주파수를 얻는 회로를 주파수 (　) 라고 한다.

① 클리퍼　　② 클램퍼
③ 변조기　　④ 체배기

해설 * 주파수 체배기(frequency multiplier)
입력 신호를 일그러짐이 많이 발생하는 회로에 넣고 그 출력에서 필터에 의하여 필요한 고조파 성분만을 꺼내도록 한 것이다

13 다음 중 디지털 변조에 대한 설명으로 맞는 것은?

① ASK는 디지털 신호에 따라 반송파의 주파수가 변화하는 방식이다.
② PSK는 디지털 신호에 따라 반송파의 주파수가 변화하는 방식이다.
③ FSK는 디지털 신호에 따라 반송파의 진폭이 변화하는 방식이다.
④ QAM은 디지털 신호에 따라 반송파의 진폭과 위상이 변화하는 방식이다.

해설 * 디지털 변조방식의 종류
① ASK(진폭편이변조 : Amplitude shift keying) : 디지털 부호에 대응하여 사인반송파의 주파수나 위상을 그대로 두고 진폭만 변화시키는 변조방식
② FSK(주파수편이변조 : Frequency shift keying) : 디지털 부호에 대응하여 사인반송파의 진폭과 위상을 그대로 두고 주파수만 변화시키는 변조방식
③ PSK(위상편이변조 : Phase shift keying) : 진폭과 주파수가 모두 일정한 반송파를 이용하여 그 위상을 2진 전송 부호에 대응시켜 변화시키는 방식
④ APK(진폭위상변조 : Amplitude Phase keying) : ASK와 PSK의 조합으로 QAM이라고도 한다.
⑤ QAM(Quadrature Amplitude Modulation) : 디지털 신호를 일정량만큼 분류하여 반송파 신호와 위상을 변화시키면서 변조시키는 방법이다.

Answer 10. ④　11. ③　12. ④　13. ④

14 16QAM 디지털 변조기를 이용해서 9,600 [bps] 전송속도를 내기 위한 변조속도와 8PSK 변조기를 이용해서 동일하게 9,600 [bps] 전송속도를 내기 위한 변조속도는 각각 얼마인가?

① 2,400[baud], 1,200[baud]
② 600[baud], 1,200[baud]
③ 2,400[baud], 3,200[baud]
④ 600[baud], 3,200[baud]

해설 ★ ㉠ QAM(quadrature amplitude modulation : 직교 진폭 변조) : 디지털 변조 방식의 일종인 다치 변조(multi-level modulation) 방식의 하나로, 피변조파(반송파)의 진폭과 위상의 쌍방을 조합하여 이용하는 변조 방식으로 아날로그 전화 회선을 사용하여 디지털 전송할 때의 고속 변조기로서 많이 사용되고 있다.
㉡ 보(baud) : 신호의 전송 속도를 나타내는 단위로 전송에서 1회선이 1초 동안에 보낼 수 있는 심벌(symbol)의 수. 심벌은 상태나 레벨의 천이를 의미하는 것으로서 온오프(on/off)만 있는 2-레벨에서는 보와 bps와 같으나 QAM이나 다치 변조 방식의 사용으로 한 심벌이 6비트로 표현된다면 14,400[bps] 모뎀은 2,400보(baud)를 전송하는 것이 된다. 다른 표현으로, 변조된 신호에서 엘리멘트의 최소 간격 T(초)의 역수(B)인 속도를 표시하는 단위는 $B=\frac{1}{T}$로 표시되며, 최소 간격이 5[ms]이면 변조 속도는 200보가 된다.

$$\text{Baud} = \frac{\text{bps}}{\log_2 N}[\text{baud}],$$

$$\text{Baud} = \frac{9600}{\log_2 16} = \frac{9600}{4} = 2400[\text{baud}],$$

$$\text{Baud} = \frac{9600}{\log_2 8} = \frac{9600}{3} = 3200[\text{baud}]$$

15 다음의 회로는 T 플립플롭을 이용한 카운터 회로이다. 첫 번째 플립플롭에 4,000[Hz]의 구형파 신호를 가했을 때, 최종 플립플롭의 출력 주파수는 얼마인가?

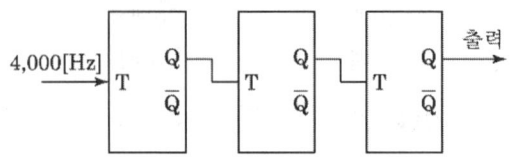

① 500[Hz] ② 1,000[Hz]
③ 1,500[Hz] ④ 2,000[Hz]

해설 ★ T 플립플롭을 이용한 8분주의 카운터 회로이므로 첫 번째 플립플롭에 4,000[Hz]의 구형파 신호를 가했을 때, 최종 플립플롭의 출력은 8분주된 500[Hz]가 출력된다.

16 컴퓨터의 발전 과정을 세대별로 구분할 때 사용된 논리 회로 소자를 순서대로 맞게 배열한 것은?

① 진공관 → 트랜지스터 → IC → LSI → VLSI → ULSI
② 진공관 → 트랜지스터 → LSI → IC → VLSI → ULSI
③ 진공관 → 트랜지스터 → IC → VLSI → LSI → ULSI
④ 진공관 → 트랜지스터 → VLSI → IC → LSI → ULSI

해설 ★ 전자계산기의 세대별 비교

세대 내용	제1세대 (1951년 ~1959년)	제2세대 (1959년 ~1963년)	제3세대 (1963년 ~1975년)	제4세대 (1975년 이후)
기억 소자	진공관 (tube)	트랜지스터 (TR)	집적회로(IC)	집적회로 (LSI, VLSI)
주기억 장치	자기드럼	자기코어	집적회로(IC)	집적회로 (LSI, VLSI)

Answer 14. ③ 15. ① 16. ①

17 다음 중 입출력 제어장치의 역할에 해당되지 않는 것은?

① 데이터 버퍼링
② 제어신호의 물리적 변환
③ 에러제어
④ 흐름제어

해설 * 입·출력 제어방식
(1) 중앙처리장치에 의한 입·출력 : 중앙처리장치가 입·출력 과정을 명령하여 수행하게 한다.
 ① 프로그램 방식 : 프로그램에 입·출력 장치의 인터페이스를 감시하는 형태
 ② 인터럽트 처리방식 : 프로그램 방식의 비효율성을 개선한 것으로 중앙처리 장치가 입·출력을 개시시키고 더 이상 간섭 않고 인터럽트 서브루틴에 의해 자동 이동하는 방식
(2) 직접기억장치 접근에 의한 입·출력 : 데이터 전송이 중앙처리장치를 통해서만 이루어지는 단점을 보완한 것으로 기억장치와 입·출력 장치에 직접 데이터 이동
 ① 직접기억장치(DMA : Direct Memory Access) : 데이터의 입·출력 전송이 중앙처리장치(CPU)를 거치지 않고 직접 기억장치와 입·출력 장치 사이에서 이루어진다.
(3) 입·출력 처리기에 의한 입·출력 : 입·출력 처리기(IOP : Input Output Processor)는 입·출력 장치와 직접 데이터의 전송을 담당하는 처리기로 입·출력 수행에 대한 완전한 제어를 가하는 입·출력 명령어를 수행하는 처리기이다.

18 2[byte]는 몇 [bit]인가?

① 8[bit]   ② 16[bit]
③ 32[bit] ④ 64[bit]

해설 * 1[byte]는 8[bit]이므로 2[byte]는 2×8= 16[bit]이다.

19 입출력 장치와 컴퓨터 간에 교환되는 정보는 아스키(ASCII)라는 표준 이진 코드로 표현된다. 아스키코드에서 1000001$_{(2)}$은 영문자 A에 해당된다. 아스키코드 A에 대한 10진수와 16진수 표현으로 옳은 것은?

① 10진수 : 64, 16진수 : 0x40
② 10진수 : 65, 16진수 : 0x41
③ 10진수 : 66, 16진수 : 0x42
④ 10진수 : 67, 16진수 : 0x43

해설 * ASCII 코드(American Standard Code for Information Interchange Code)
문자를 표시하기 위한 7비트 코드로서 영어 대문자, 소문자로 구별할 수 있으며, 가장 왼쪽의 한 비트는 코드의 오류 검출용 패러티 비트를 부가하여 8비트로 표시하고 데이터 통신에서 표준 코드로 사용하며 개인용 컴퓨터에 사용한다. 2^7=128개의 문자까지 표시가 가능하다.

D	C	B	A	8	4	2	1
패리티비트 (1비트)	존 비트(3비트)			숫자 비트(4비트)			

아스키코드 A에 대한 10진수 :
$1000001_{(2)} = 1 \times 2^6 + 1 \times 2^0$
$= 64 + 1 = 65_{(10)}$

아스키코드 A에 대한 16진수 :

1	0	0	0	0	0	1
4				1		

$1000001_{(2)} = 41_{(16)}$

20 다음 배타적 NOR(Exclusive-NOR)의 출력이 '0'이 될 때는 언제인가?

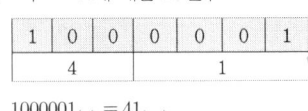

① A와 B 모두 0일 때
② A와 B 모두 1일 때

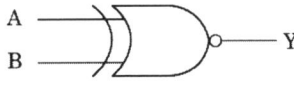

③ A와 B가 서로 다를 때
④ A와 B가 서로 같을 때

해설 ✱ EXCLUSIVE-NOR(배타적 부정 논리합)
배타적 부정 논리합의 논리를 수행하는 게이트, 즉, A와 B의 값이 같으면 참을 출력하고 그렇지 않으면 거짓이다.

$$F = A \odot B = \overline{A}\overline{B} + AB$$

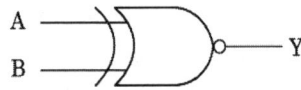

EX-NOR 게이트의 도형

A	B	F
0	0	1
0	1	0
1	0	0
1	1	1

EX-NOR 게이트의 진리치표

21 다음 카르노맵을 최소화한 함수는?

A\B	0	1
0	1	1
1	0	0

① $\overline{A}$ ② A
③ B   ④ $\overline{B}$

해설 ✱ 변수의 간략화
㉠ 주어진 논리식의 항에 1로 채운다.
㉡ 인접한 1을 묶는다.
㉢ 주어진 항의 0과 1을 삭제하면 간략화된다.

A\B	0	1	
0	1	1	$\overline{A}$
1	0	0	

22 다음 중 순서도 작성 시 고려사항으로 옳지 않은 것은?

① 처리되는 과정은 순서도 기호로 표현한다.
② 과정이 길거나 복잡하면 나누어 작성하고 연결자로 연결한다.
③ 전체의 흐름을 명확히 하기 위해 복잡하더라도 상세하게 표현한다.
④ 모든 사람들이 알아보기 쉽게 통일된 기호를 사용한다.

해설 ✱ 순서도는 처리하고자 하는 문제를 분석하고 입·출력 설계를 한 후에, 그 처리순서의 방법에 따라 기호를 사용하여 나타낸 그림으로 프로그램 코딩의 자료가 되고, 인수인계가 용이하고 오류 발생 시 원인을 찾아 수정이 쉽다.
[순서도 작성 시 고려사항]
① 처리되는 과정은 모두 표현한다.
② 간단하고 명료하게 표현한다.
③ 전체의 흐름을 명확히 알 수 있도록 작성한다.
④ 과정이 길거나 복잡하면 나누어 작성하고, 연결자로 연결한다.
⑤ 통일된 기호를 사용한다.

23 다음은 번역기의 종류에 관한 설명이다. ㉠, ㉡에서 설명하고 있는 번역기를 사용하는 언어로 알맞게 짝지어진 것은?

㉠ 전체 프로그램을 한번에 처리하여 목적 프로그램을 생성하는 번역기
㉡ 원시프로그램을 한 줄씩 읽어 번역 및 실행하는 작업을 반복하는 번역기

① ㉠ : BASIC   ㉡ : JAVA
② ㉠ : JAVA   ㉡ : C
③ ㉠ : C   ㉡ : BASIC
④ ㉠ : BASIC   ㉡ : C

Answer 21. ① 22. ③ 23. ③

해설 ① 컴파일러(Compiler) : 전체 프로그램을 한 번에 처리하여 목적 프로그램을 생성하는 번역기로, 기억 장소를 차지하지만 실행 속도가 빠르다. 한번 번역해 두면 목적 프로그램이 생성되므로 재차 실행 시에 다시 번역할 필요가 없다. 컴파일러를 사용하는 언어는 ALGOL, PASCAL, FORTRAN, COBOL, C 등이 있다.
② 인터프리터(Interpreter) : 작성된 원시 프로그램을 한 줄씩 읽어 번역 및 실행하는 작업을 반복하는 프로그램이다. 목적 프로그램이 남지 않으며, 일괄 처리가 아니므로 대화형이라 한다. 실행속도가 느리지만 기억 장소를 적게 차지한다. 인터프리터를 사용하는 언어는 BASIC, LISP, 자바(JAVA), PL/1 등이 있다.

24 다음의 엑셀 시트는 어떤 작업인가?

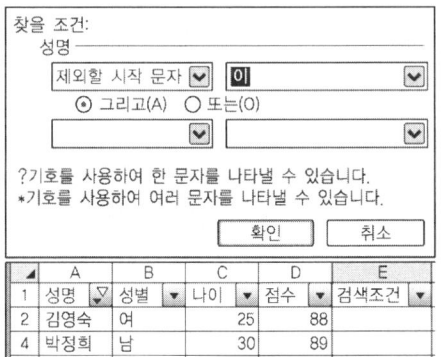

① 자동 필터 ② 부분합
③ 피벗 테이블 ④ 정렬

해설 * 엑셀에서 자동필터는 조건에 맞는 데이터를 추출하는 기능이다.

25 프레젠테이션에서 스크린의 한 화면을 표시하는 것은?
① 슬라이드 ② 워크시트
③ 프레임 ④ 윈도우

해설 * 파워포인트는 회사의 목표와 실적을 설명하거나 아이디어를 더 호소력 있게 발표할 수 있도록 하는 프로그램이고 슬라이드는 프레젠테이션에서 스크린의 한 화면을 표시하는 것이다.

26 데이터가 발생할 때마다 즉시 입력하여 그 결과를 바로 처리하는 방식은?
① 일괄 처리
② 오프라인 처리
③ 주파수 분할 처리
④ 실시간 처리

해설 * 데이터 처리
① 배치 처리(Batch Processing) : 데이터를 일정기간, 일정량을 저장하였다가 한꺼번에 처리하는 방식
② 시분할 처리 : 시간을 분할하여 여러 이용자의 자료를 병행 처리하는 방식
③ 실시간 처리 : 데이터 발생 즉시 처리하는 방식
④ 온라인 실시간 처리 : 데이터 발생 즉시 처리하여 결과까지 완료하는 시스템
⑤ 오프라인 시스템 : 전송된 데이터를 일단 카드, 자기테이프에 기록한 다음 일괄 처리하는 방식
⑥ 지연시간처리 : 어느 정도 시간을 지연시킨 후 처리하는 방식
⑦ 멀티플렉싱
  ㉠ 다중 프로그램 : 하나의 컴퓨터에서 2개 이상의 프로그램을 실행하는 방식
  ㉡ 멀티스태킹 : 하나 이상의 프로그램을 동시에 처리할 수 있는 체계
  ㉢ 다중처리 : 여러 개의 CPU에 의해서 동시에 여러 개 프로그램을 실행하는 방식

27 다음 중 일반적인 정보 흐름의 통신방식 분류에 해당하지 않는 것은?
① Simplex

② Half Duplex
③ Full Duplex
④ Triplex

해설 ① 단향통신방식(simplex communication) : 송신기와 수신기가 정해진 통신방식으로 데이터가 한쪽 방향으로만 전송되는 방식으로 단방향 통신의 원격제어시스템, 공중파의 TV 방송과 라디오방송이 대표적이다.

단향통신

㉠ 송·수신측이 미리 고정되어 있는 통신 방식이다.
㉡ 통신 채널을 통하여 한쪽 방향으로만 데이터를 전송한다.
㉢ TV나 라디오 방송에서 사용한다.
㉣ 수신된 데이터의 에러 발생 여부를 송신측이 알 수 없다.

② 반이중방식 통신(half duplex) : 송·수신 기능을 한 개의 시스템에서 동시에 수행할 수 없고, 송·수신을 별도로 하는 방식으로 무전기와 컴퓨터 통신시스템에서 널리 사용한다.

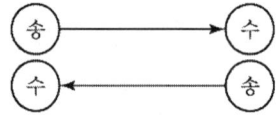

반이중방식 통신

㉠ 양방향 통신이 가능하지만 어느 한쪽이 송신하는 경우 상대편은 수신만이 가능 한 통신 방식이다.
㉡ 송·수신측이 고정되어 있지 않다.
㉢ 양측에서 동시에 데이터를 전송하게 되면 충돌이 발생하기 때문에 데이터를 전송하기 전에 전송 매체의 사용 가능 여부를 확인해야 된다.
㉣ 무전기나 모뎀을 이용한 통신에서 사용한다.

③ 전이중방식 통신(full deplex) : 가장 효율이 높은 방식으로 두 개의 시스템이 동시에 데이터를 송·수신할 수 있는 방식이다. 일반적으로 송·수신 회선이 별도의 4선식으로 구성된다.

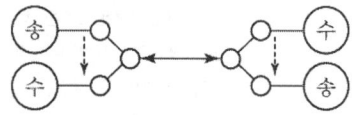

전이중방식 통신

㉠ 동시에 양방향으로 데이터 전송이 가능한 통신 방식이다.
㉡ 하나의 전송 매체를 두 개의 채널로 사용하거나 전송 방향에 따라 별도의 전송 매체를 사용한다.

28 반송파의 진폭과 위상을 변화시켜 정보를 전달하는 디지털 변조 방식은?
① DPSK   ② PCM
③ FSK   ④ QAM

해설 ★ 디지털 변조방식의 종류

① ASK(진폭편이변조 : Amplitude shift keying) : 디지털 부호에 대응하여 사인반송파의 주파수나 위상을 그대로 두고 진폭만 변화시키는 변조방식
② FSK(주파수편이변조 : Frequency shift keying) : 디지털 부호에 대응하여 사인반송파의 진폭과 위상을 그대로 두고 주파수만 변화시키는 변조방식
③ PSK(위상편이변조 : Phase shift keying) : 진폭과 주파수가 모두 일정한 반송파를 이용하여 그 위상을 2진 전송 부호에 대응시켜 변화시키는 방식
④ APK(진폭위상변조 : Amplitude Phase keying) : ASK와 PSK의 조합으로 QAM이라고도 한다.
⑤ QAM(Quadrature Amplitude Modulation) : 디지털 신호를 일정량만큼 분류하여 반송파 신호와 위상을 변화시키면서 변조시키는 방법이다.

Answer 28. ④

29 다음 중 전화기의 송화기 기능에 대한 설명으로 맞는 것은?

① 상대방 가입자를 선택 호출하는 장치이다.
② 음성 에너지를 전기 에너지로 변환하는 장치이다.
③ 두 개의 교류 주파수의 조합을 이용하여 버튼을 누르면 발진 주파수가 송출된다.
④ 전화 통화 시 발신측의 출력 일부가 자신의 수화기를 통해 들린다.

해설 ✱ **송화기(Transmitter)**
송화기의 진동판은 얇은 금속판으로 송화기에 대고 말을 하면 진동판의 진동의 강약에 따라 탄소입자의 저항이 크거나 작게 되어 전류가 변화하게 되어 음성의 크기와 높낮이에 따른 진동이 전기 에너지로 변환되어 통신로를 통하여 상대방에 도달한다.

30 다음 중 정보통신기기의 입력 장치가 아닌 것은?

① 프린터
② 디지타이저
③ 마우스
④ 광학문자판독기(OCR)

해설 ✱ ① 입력 장치에는 키보드와 마우스가 많이 사용되며, 스캐너, 광학 마크 판독기, 광학 문자 판독기, 자기 잉크 문자 판독기, 바코드 판독기, 조이 스틱, 디지타이저, 터치스크린, 디지털 카메라 등이 있다.
② 출력 장치에는 프린터와 모니터가 있으며, 프린터로는 도트 매트릭스 프린터, 잉크 제트 프린터, 레이저 프린터가 있다. 또, 모니터에는 음극선관과 모니터와 액정 화면 모니터, 플라즈마 디스플레이, 터치스크린, 프로젝터 등이 있다.

31 채널 전송용량을 증가시키는 방법으로 가장 거리가 먼 것은?

① 채널 대역폭을 증가
② 신호 세력을 높임
③ 잡음 세력을 줄임
④ C/N비 감소

해설 ✱ 채널의 전송용량을 증가시키기 위한 방법
① 채널의 대역폭(B)을 증가시킨다.
② 신호 세력을 높인다.
③ 잡음 세력을 줄인다.

32 전자 교환기에서 중앙제어장치가 한 시간 동안 처리할 수 있는 최대 호의 수를 나타내는 것은?

① 호손율
② 호처리 용량
③ 트래픽
④ 통화율

해설 ✱ 전화 가입자가 접속을 의뢰하기 위해 국(전화국)을 호출하는 것. 단위 시간에 발생하는 호의 횟수를 호수(呼數)라 하고, 1시간마다의 호수는 일반적으로 오전 11시경과 오후 1시경에 최댓값을 나타낸다. 호수의 최댓값은 교환기의 설비 용량을 결정하는 중요한 요소이다.

33 다음 괄호 안에 들어갈 내용으로 알맞은 것은?

ATM 셀은 48바이트의 정보와 ( )바이트의 헤더로 구성된다.

① 1
② 5
③ 8
④ 16

해설 ✱ ATM 셀이란 ATM 기술을 사용한 통신망에서 데이터를 전달하는 최소 기본 단위를 셀(Cell)이라고 한다. 셀은 53Bytes를 기본 단위로 하며, 5bytes의 헤더 영역과 48bytes의 데이터 영역으로 나눌 수 있다.
• ATM 셀의 구조 : 셀은 ATM 계층의 기본 요

소로 셀 전송을 위한 셀 헤더와 사용자 정보로 구성되며, ATM 셀 헤더는 GFC 필드의 유무에 따라 UNI(User Network Interface)와 NNI(Network Node Interface)로 구분된다.

34 전송회선에서 발생되는 잡음으로 전자의 열 진동으로 인한 것은?

① 백색잡음　　② 누화잡음
③ 양자화잡음　④ 상호변조잡음

해설 ㉠ 백색 잡음(white noise) : 어떤 주파수 대역 내의 모든 주파수의 출력이 포함되어 있는 잡음. 전송매체 전달 도중 원하는 신호 이외에 다른 신호 혼입으로 열화되는 현상을 잡음이라 함
㉡ 잡음종류별 특징
　ⓐ 열잡음(Thermal Noise)
　　• 전자운동량 변화로 발생. 전대역에 걸쳐 존재하므로 백색잡음이라 함.
　ⓑ 상호변조잡음(IMD, Inter-Modulation Distortion)
　　• 전송 중 서로 다른 주파수의 합/차 신호 생성으로 발생
　　• 시스템의 비직선성 또는 기능이상으로 발생
　ⓒ 누화잡음
　　• 신호가 비정상적으로 결합되어 발생. 근단누화, 원단누화
　　• 인접 케이블의 전기적 신호결합 또는 다중화전송 동축케이블에서 발생
　ⓓ 자연잡음
　　• 공전잡음 : 뇌방전, 강우·강설에 의한 방전현상
　　• 태양계 잡음 : 태양폭발, 태양 흑점활동에 의한 전자폭풍, 델린저 현상
　　• 우주잡음 : 항성 폭발, 우주공간에서 전자의 자유전이로 발생
　ⓔ 인공잡음 : 자동차, 고주파설비, 송배전선, 전기철도 등 전기설비 및 전자기기에서 발생하는 잡음

35 비동기식 전송방식(Asynchronous Transmission)에 대한 설명으로 적합하지 않은 것은?

① 문자(Character) 단위 전송이다.
② start bit와 stop bit로서 1문자씩 동기를 맞춘다.
③ 글자의 앞쪽에 1개의 start bit를 갖는다.
④ 2,400[bps] 이상의 전송속도에서 사용된다.

해설 ※ 비동기식 방식
① 보통 한 문자단위와 같이 매우 작은 비트 블록의 앞과 뒤에 각각 스타트 비트와 스톱 비트를 삽입하여 비트 블록의 동기화를 취해주는 방식으로 스타트-스톱 전송이라고 불리기도 한다.
② 일반적으로 비동기식 전송방식은 단순하고 저렴하나, 각 문자당 스타트 비트와 스톱 비트를 비롯해 2~3비트의 오버헤드를 요구하므로 전송효율이 매우 떨어지는 것으로 보통 낮은 전송속도에서 이용된다.
③ 비동기식 전송의 특징
　㉠ 비동기식 전송이란 동기화를 제공하지 않는 전송 방식이다.
　㉡ 이 방식은 동기화를 사용하지 않기 때문에 정확한 비트 수신이 보장되지 않으나 보통 저속으로 한 문자를 전송하는 동안에는 큰 문제가 발생하지 않기 때문에 문자 단위의 일반 저속 통신에 많이 사용되고 있다. 각 전송 문자의 앞, 뒤에는 반드시 1비트의 start 신호와 1, 1.5, 또는 2비트의 stop 신호가 첨가되어 전송된다.
　㉢ 대부분의 호스트와 단말기 사이의 통신이 이 비동기식 전송을 사용하고 있다.
④ 동기식 전송의 특징
　㉠ 동기식 전송이란 동기화를 제공하는 전송 방식을 말한다. 따라서 수신측의 정확한 수신을 보장해 준다.
　㉡ 또한, 수신측의 정확한 수신이 보장되기

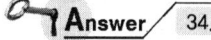

때문에 블록 단위의 고속 전송에 적합하다. 이때 데이터 블록은 정형화된(structured) 형태로 구성되며 이를 프레임이라 한다.

36 동일 빌딩, 구내, 기업 내의 좁은 지역에 분산 배치된 각종 단말 장치를 서로 연결하여 고속 통신을 하기 위한 통신망은?

① 부가 가치 통신망(VAN)
② 근거리 통신망(LAN)
③ 광대역 통신망(WAN)
④ 종합 정보 통신망(ISDN)

해설 ＊ ㉠ 근거리 통신망(LAN : Local Area Network) : 건물이나 구내 등의 근거리에 한정된 공간에 사무자동화(OA) 시스템을 구축하기 위한 망
㉡ 광대역종합정보통신망(B-ISDN) : 광대역 전송 방식과 광대역 교환방식을 통해 가입자와 서비스 제공자를 연결하고 각종 광대역 및 협대역 서비스를 통합한 디지털 통신망
㉢ 부가가치 통신망(VAN) : 공중 통신 회선에 교환설비, 컴퓨터 및 단말기 등을 접속시켜 새로운 부가 기능을 제공하는 통신망 기능, 전송기능, 교환기능, 통신처리기능, 정보처리기능
㉣ 종합정보통신망(ISDN) : Intergrated Services Digital Network) : 음성, 데이터 및 이미지 전송에 동일한 디지털 기술이 적용된 통합정보 시스템. 통신망의 경제성과 효율성을 증대시키고 통신처리 기능을 고도화시킴

37 전송채널의 전송용량을 증가시키기 위한 방법이 아닌 것은?

① 채널의 대역폭을 증가시킨다.
② 신호전력을 높인다.
③ 잡음전력을 줄인다.
④ 데이터 신호속도와 변조속도를 같도록 한다.

해설 ＊ 채널의 전송용량을 증가시키기 위한 방법
① 채널의 대역폭(B)을 증가시킨다.
② 신호 세력을 높인다.
③ 잡음 세력을 줄인다.

38 통신선로의 총 경로가 가장 길고 하나의 경로가 장애 시 다른 경로를 택할 수 있으므로 통신량이 비교적 많은 경우에 유리한 정보통신망 구성 방식은?

① 성형(Star)   ② 트리형(Tree)
③ 망형(Mesh) ④ 링형(Ring)

해설 ＊ (1) 성형 통신망(Star network) : 중앙 집중 통신망으로서 중앙에 중앙컴퓨터가 있고 이를 중심으로 터미널이 연결된 네트워크 형태이다.

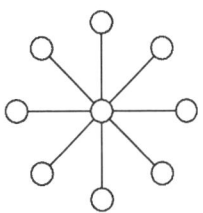

성형 통신망

① 컴퓨터와 단말장치(터미널) 간에 별도의 통신선로가 필요하다.
② 통신 경로가 길다.
③ 전산기 구성망의 가장 기본(온라인 시스템의 전형적인 방법)이다.
④ 모든 노드는 중앙에 있는 제어 노드와 점 대 점으로 직접 연결된 형태이다.
⑤ 중앙 컴퓨터가 모든 통신 제어를 담당하는 중앙 집중식이다.

(2) 트리형 통신망(Tree network) : 중앙에 컴퓨터가 위치하나 통신신호는 각 지역으로 가까운 터미널까지 시설되고 이웃하는 터미널은 다시 가까운 터미널까지 연결된 네트워크 형태이다.

Answer 36. ② 37. ④ 38. ③

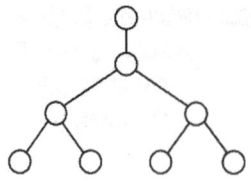

트리형 통신망

① 성형보다 통신 회선이 많이 필요하지 않다.
② 분산형 통신망(분산 처리 시스템)의 기본이다.
③ 데이터는 양방향으로 모든 노드에게 전송되고, 트리의 끝에 있는 단말 노드로 흡수되어 소멸된다.
④ 통신 회선 수가 절약되고, 통신선로의 총 경로는 가장 짧다.

(3) 환형(링형) 통신망(Ring network) : 컴퓨터 및 단말기들이 수평으로 서로 이웃하는 것끼리만 점 대 점으로 연결된 네트워크 형태이다.

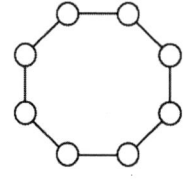

환형 통신망

① 데이터는 한 방향 또는 양방향 데이터 전송이 가능하다.
② 통신선로의 총 길이는 성형보다 짧고 트리형보다 길다.
③ 각 노드 사이의 연결을 최소화할 수 있다.
④ 통신회선 장애 시 융통성이 있다.
⑤ LAN 등과 같이 국부적인 통신에 주로 사용한다.

(4) 그물형 통신망(mash network) : 컴퓨터 및 단말기들이 중계에 의하지 않고 직통 회선으로 직접 연결되는 네트워크 형태이다.

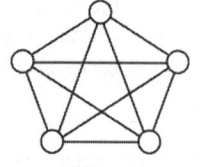

그물형 통신망

① 완전히 분산된 형태의 통신망이다.
② 통신 회선의 장애 시에도 데이터 전송이 가능하다.
③ 모든 단말기와 단말기들을 통신회선으로 연결시킨 형태로, 보통 공중 전화망과 공중 데이터 통신망에 이용한다.
④ 통신 회선의 총 길이가 가장 길고, 분산 처리 시스템이 가능하다.
⑤ 통신 회선의 장애 시 다른 경로를 통하여 데이터를 전송할 수 있어 신뢰도가 높다.
⑥ 광역 통신망에 적합하다.

(5) 버스형 통신망(Bus network) : 하나의 통신회선상에 여러 대의 터미널을 설치하여, 중앙컴퓨터와 터미널 간의 데이터 통신은 물론 터미널과 터미널 간의 데이터 통신이 가능하도록 연결하는 네트워크 형태이다.

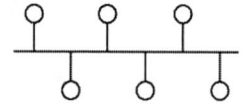

버스형 통신망

① LAN을 구성할 때 많이 사용하며, 다수의 터미널 접속이 가능하다.
② 단일 터미널의 장애가 전체 통신망에 영향을 미치지 않는다.
③ 하나의 전송 매체를 모든 노드가 공유해서 사용하는 멀티포인트 매체를 사용한다.
④ 데이터는 양방향으로 전송되며, 다른 모든 노드에서 수신 가능하다.
⑤ 데이터는 노드와 탭 간의 전이중 방식으로 버스를 통해서 전송한다.
⑥ 링형과 달리 각 노드가 데이터 확인 및 통신에 대한 책임을 갖는다.
⑦ 터미네이터(Terminator) : 버스의 양쪽 끝에 있는 장치로서, 전송되는 모든 신호

를 버스에서 제거하는 역할을 담당한다.
⑧ 링형과 마찬가지로 발송지와 목적지 주소를 포함하고 있는 패킷을 사용한다.

39 이더넷의 규격 중 하나인 10BaseT의 특징이 아닌 것은?
① 데이터 전송속도는 10[Mbps]이다.
② 전송매체로 UTP케이블을 사용한다.
③ 네트워크 구축비용이 10Base5보다 고가이다.
④ 매체접근제어 방식으로 CSMA/CD방식을 적용한다.

해설 * 이더넷 10BaseT의 규격 및 특징

10Base T의 요소	규격 및 특징
장점	설치비용이 저렴하고 취급이 쉬우며 문제 해결이 용이하다
단점	연장 길이에 제한이 없다
네트워크의 구성 방식	Star 방식
케이블	UTP
커넥트	RJ-45
데이터 제어방식	CSMA/CD
단위 연장 길이	100[m](328feet)
최대 연장 길이	제한적임
마디의 최소 길이	2.5[m](8feet)
최대 네트워크 마디	1024
단위 마디의 접속 가능 수	1
최대 네트워크 접속 수	1024
전송속도	10[Mbps]
IEEE 규정 항목	802.3

40 다음 중 IEEE 802.5를 표준으로 하는 네트워크 기술은?
① CSMA/CD   ② FDDI
③ Token Ring ④ CDMA

해설 * ㉠ IEEE 802.1X : IEEE 802.11 무선 랜(WLAN)용 인증 구조 제공으로 보안을 강화한 무선 랜의 표준 인증 메시지 교환 시에는 이더넷 토큰링 혹은 무선 랜에서 기존의 통신 규약인 EAP(Extensible Authentication Protocol) RFC 2284를 사용한다.
㉡ IEEE 802.2 : 링크 계층의 서브계층인 논리링크제어(LLC) 계층의 이행에 관해 명기한 표준 프로토콜이다. 802.2는 에러, 프레이밍, 흐름제어와 계층 3에 관한 서비스 인터페이스 등을 처리하며, 802.3이나 802.5와 같은 근거리통신망에 사용된다.
㉢ IEEE 802.3 : 물리계층과 링크계층의 서브계층인 매체접근제어(MAC) 계층의 이행에 관해 명기한 표준 프로토콜이다. 802.3은 각종 물리적 매체에 걸쳐 다양한 속도에서 CSMA/CD 액세스를 사용한다.
㉣ IEEE 802.4 : 물리계층과 링크계층의 서브계층인 매체접근제어 계층의 이행에 관한 표준 프로토콜이다. 802.4는 버스 토폴로지를 갖는 토큰 버스 액세스에 사용된다.
㉤ IEEE 802.5 : 물리계층과 링크계층의 서브계층인 매체접근제어 계층의 이행에 관해 명기한 표준 프로토콜이다. 802.5는 차폐 연선을 이용하여 4[Mbps] 또는 16[Mbps]의 속도로 토큰을 전송하는 액세스에 사용되며, IBM 토큰링과 같은 종류이다.

41 이동통신 방식 중 하나인 셀룰러(Cellular) 방식의 특징이 아닌 것은?
① 서비스 지역의 확장이 용이하다.
② 고출력, 대기지국화로 통화 비용이 줄어든다.
③ 주파수 스펙트럼의 효율이 좋아 많은 가입자를 수용할 수 있다.
④ 이동국 자신이 속한 시스템 이외의 지역이라도 서비스가 가능토록 하는 로밍(roaming)기능이 있다.

해설 * 셀룰러(Cellular)
서비스 지역의 제한과 가입자 수용용량의 한계를 극복하기 위하여 제안된 개념으로 서비스지역을 여러 개의 작은 구역, 즉 셀로 나누어서

Answer 39. ③ 40. ③ 41. ②

서로 충분히 멀리 떨어진 두 셀에서 동일한 주파수 대역을 사용함으로써 공간적으로 주파수를 재사용할 수 있도록 한다. 따라서 공간적으로 분포하는 채널수를 증가시켜 충분한 가입자를 확보할 수 있도록 하는 이동통신 방식이다.
[셀룰러 시스템의 특징]
① 주파수 재사용(Frequency Reuse) : 가입자 용량을 극대화하기 위하여 같은 주파수를 다른 셀에서 사용하는 것을 말하며, 주파수 재사용 거리는 지형특성, 안테나 높이, 전송출력 등에 좌우된다.
② 셀분할기법(Cell Splitting) : 가입자 용량을 극대화하기 위한 한 방법이나 셀을 너무 세분화하면 다른 문제들이 발생한다. 셀분할의 종류로는 영구분할과 동적분할이 있다. 현재 사용하는 셀은 기본적인 셀과 매크로셀, 마이크로셀 등이 있다.
③ 핸드오프(Hand-off) : 통화 중인 가입자가 현재의 기지국 서비스 지역을 벗어나 새로운 기지국 서비스 지역으로 진입할 때 통화의 단절이 없이 계속 통화가 될 수 있게 하는 기능이다.
④ 로밍(Roaming) : 이동전화 가입자가 자신의 각종 정보가 저장된 홈교환국을 벗어나 타 교환국에 있어도 이동전화 서비스를 받을 수 있는 것을 의미한다. 좀 더 범위를 넓히면 국가 간의 로밍도 가능하다.

42 다음 중 고주파 전력 측정에 이용되지 않는 계측기는?

① 직접 전력계
② C-C형 전력계
③ C-M형 전력계
④ 볼로미터 전력계

해설 ① 표준부하법 : 표준부하로서 램프를 사용하여 광도차로 전력 측정을 하거나 냉각수 속에 탄소저항을 넣어 온도차로 전력측정을 한다.
② C-C형 : 열전대와 콘덴서 및 직류전류계로 단파대 정도의 고주파전력을 측정한다.

③ C-M형 : 동축급전선과 같은 불평형 급전선에 사용되는 초단파용 고주파 전력측정기이다.
④ 볼로미터 전력계에서 온도에 의하여 저항값이 변하는 소자를 볼로미터 소자라 하는데, 그림과 같은 서미스터와 배러터가 있다. 배러터는 가는 백금선을 사용하여 온도의 상승에 의하여 저항값이 크게 되며, 반도체 소자인 서미스터는 이와 반대의 특성을 가진다.

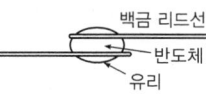 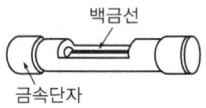
(a) 서미스터　　　　(b) 배러터

43 오실로스코프에서 측정점의 수직이동거리(직류분)는 기준선에 대하여 2.5[div]이며, volts/div의 지시값이 0.4, 10:1의 로직 프로브를 사용하여 측정하였다면 측정전압은 얼마인가?

① 0.1[V]
② 1[V]
③ 10[V]
④ 100[V]

해설 $V = 2.5 \times 0.4 \times 10 = 10[V]$

44 다음 중 전화통화 시 가장 통화가 양호한 상태에 해당하는 수화음과 통화의 정도를 나타낸 것은?

① +10[dB]
② 0[dB]
③ −10[dB]~−20[dB]
④ −65[dB]

해설 dB는 기본적으로 이득(gain : 증폭도, 감쇠량)의 값으로서 입력과 출력 등의 상대적인 비로서, 전력과 전압·전류, 음압, 압력, 에너지밀도 등에서 상대적 힘의 비를 구하여 사용하는 단위로서 증폭이 되면 +dB가 되고, 감쇠가 되면 -dB가 된다.
전화통화 시 가장 통화가 양호한 상태에 해당하는 수화음과 통화의 정도는 1/10배=-10[dB], 1/100배=-20[dB] 사이이다.

45 입사파 전압이 84[V]이고, 반사파 전압이 28[V]이라면 반사 계수는 약 얼마인가?

① 0.03   ② 0.33
③ 3   ④ 33

해설 ✽ 반사 계수(reflection coefficient)
전송 선로에서 부하가 특성 임피던스와 같지 않으면 반사파가 생긴다. 이때의 전원으로부터의 입사파와 부하로부터의 반사파의 비. 전압 반사 계수와 전류 반사 계수가 있다.

$$전압반사계수(m) = \frac{반사파\ 전압}{입사파\ 전압}$$
$$= \frac{28}{84} = 0.33$$

46 전기통신설비를 이용하여 타인의 통신을 매개하거나 전기통신설비를 타인의 통신용으로 제공하는 것을 무엇이라 하는가?

① 전기통신감리
② 전기통신역무
③ 전기통신사업
④ 전기통신설계

해설 ✽ 전기통신기본법 제2조(정의)
이 법에서 사용하는 용어의 정의는 다음과 같다.
7. "전기통신역무"라 함은 전기통신설비를 이용하여 타인의 통신을 매개하거나 전기통신설비를 타인의 통신용으로 제공하는 것을 말한다.
8. "전기통신사업"이라 함은 전기통신역무를 제공하는 사업을 말한다.

47 다음 중 용역업자의 범위로 "대통령령으로 정하는 정보통신 관련 분야"가 아닌 것은?

① 정보관리
② 산업계측제어
③ 전자응용 및 철도신호
④ 교량제어

해설 ✽ 정보통신공사업법 시행령 제3조(용역업자의 범위)
법 제2조제7호에서 "대통령령으로 정하는 정보통신 관련 분야"란 정보통신·정보관리·산업계측제어·전자계산기·전자계산조직응용·전자응용 및 철도신호를 말한다.

48 보편적 역무를 효율적이고 안정적으로 제공하기 위하여 전기통신사업자를 지정할 때 주무부처의 장관이 고려해야 할 보편적 역무의 내용이 아닌 것은?

① 사업규모·품질
② 손실 보전 실적
③ 기술적 능력
④ 요금수준

해설 ✽ 전기통신사업법 제4조(보편적 역무의 제공 등)
① 모든 전기통신사업자는 보편적 역무를 제공하거나 그 제공에 따른 손실을 보전(補塡)할 의무가 있다.
② 과학기술정보통신부장관은 제1항에도 불구하고 다음 각 호의 어느 하나에 해당하는 전기통신사업자에 대하여는 그 의무를 면제할 수 있다.
  1. 전기통신역무의 특성상 제1항에 따른 의무 부여가 적절하지 아니하다고 인정되는 전기통신사업자로서 대통령령으로 정하는 전기통신사업자
  2. 전기통신역무의 매출액이 전체 전기통신사업자의 전기통신역무 총매출액의 100분의 1의 범위에서 대통령령으로 정하는 금액 이하인 전기통신사업자
③ 보편적 역무의 구체적 내용은 다음 각 호의

Answer 45. ② 46. ② 47. ④ 48. ②

사항을 고려하여 대통령령으로 정한다.
1. 정보통신기술의 발전 정도
2. 전기통신역무의 보급 정도
3. 공공의 이익과 안전
4. 사회복지 증진
5. 정보화 촉진
④ 과학기술정보통신부장관은 보편적 역무를 효율적이고 안정적으로 제공하기 위하여 보편적 역무의 사업규모·품질 및 요금수준과 전기통신사업자의 기술적 능력 등을 고려하여 대통령령으로 정하는 기준과 절차에 따라 보편적 역무를 제공하는 전기통신사업자를 지정할 수 있다.
⑤ 과학기술정보통신부장관은 보편적 역무의 제공에 따른 손실에 대하여 대통령령으로 정하는 방법과 절차에 따라 전기통신사업자에게 그 매출액을 기준으로 분담시킬 수 있다.

49. 전기통신사업법에 따른 보편적 역무의 내용 중 긴급통신용 전화 서비스에 해당하는 것은?

① 시내전화 서비스
② 선박 무선전화 서비스
③ 이동전화 서비스
④ 인터넷 가입자접속 서비스

해설 * 전기통신사업법 시행령의 제2조(보편적 역무의 내용)

전기통신사업법(이하 "법"이라 한다) 제4조제3항에 따른 보편적 역무의 내용은 다음 각 호와 같다.
1. 유선전화 서비스
2. 긴급통신용 전화 서비스
3. 장애인·저소득층 등에 대한 요금감면 전화 서비스

전기통신사업법에 따른 보편적 역무의 내용은 다음 각 호와 같다.
① 유선전화 서비스 : 과학기술정보통신부장관이 이용방법 및 조건 등을 고려하여 고시한 지역, 즉 '통화권' 안의 전화 서비스 중 다음 각 목의 어느 하나에 해당하는 전화 서비스
  ㉠ 시내전화 서비스 : 가입용 전화를 사용하는 통신을 매개로 하는 전화 서비스(㉢목의 도서통신 서비스를 제외)
  ㉡ 시내공중전화 서비스 : 공중용 전화를 사용하는 통신을 매개로 하는 전화 서비스
  ㉢ 도서통신 서비스 : 육지와 섬 사이 또는 섬과 섬 사이에 무선으로 통신을 매개하는 전화 서비스
② 긴급통신용 전화 서비스
사회질서 유지 및 인명의 안전을 위한 다음 각 목의 어느 하나에 해당하는 전화 서비스
  ㉠ 기간통신역무 중 과학기술정보통신부장관이 정하여 고시하는 특수번호 전화 서비스
  ㉡ 선박 무선전화 서비스 : 기간통신역무 중 육지와 선박 사이 또는 선박과 선박 사이의 통신을 매개하는 전화 서비스
③ 장애인·저소득층 등에 대한 요금감면 서비스
사회복지 증진을 위한 장애인·저소득층 등에 대한 다음 각 목의 어느 하나에 해당하는 전화 서비스
  ㉠ 시내전화 서비스 및 통화권 간의 전화 서비스(이하 "시외전화 서비스"라 한다)
  ㉡ 시내전화 서비스 및 시외전화 서비스의 부대 서비스인 번호안내 서비스
  ㉢ 기간통신역무 중 이동전화 서비스, 개인휴대통신 서비스, 아이엠티이천 서비스 및 무선호출 서비스
  ㉣ 인터넷 가입자 접속 서비스
  ㉤ 인터넷전화 서비스
④ 요금감면 서비스의 감면 대상자는 다음 각 호의 어느 하나에 해당하는 자로 한다. 다만, ㉢호에 해당하는 사람에 대한 요금감면 서비스는 이동전화 서비스, 개인휴대통신 서비스 및 아이엠티이천 서비스로 한정한다.
  ㉠ 장애인복지법에 따라 등록한 장애인 또는 같은 법에 따른 장애인복지시설 및 장애인복지단체

Answer 49. ②

ⓛ 초·중등교육법에 따른 특수학교
ⓒ 아동복지법에 따른 아동복지시설
ⓔ 국민기초생활 보장법에 따른 수급자. 다만, 시내전화 서비스, 시외전화 서비스, 인터넷 가입자접속 서비스 및 인터넷전화 서비스의 경우는 그 수급자가 포함된 가구로 한다.
ⓜ 국가유공자 등 단체 설립에 관한 법률에 따른 대한민국상이군경회 및 4·19민주혁명회
ⓑ 국가유공자 등 예우 및 지원에 관한 법률에 따른 국가유공자 중 전상군경, 공상군경, 4·19혁명부상자, 공상공무원, 국가사회발전 특별공로상이자 및 6·18자유상이자
ⓢ 5·18민주유공자 예우에 관한 법률에 따른 5·18민주유공자 중 5·18민주화운동부상자
ⓞ 국민기초생활 보장법에 따른 차상위계층 중 다음 각 목의 어느 하나에 해당하는 사람이 속한 가구원. 이 경우 한 가구당 감면 대상 가구원의 수는 과학기술정보통신부장관이 정하여 고시한다.
   1. 국민기초생활 보장법에 따른 자활에 필요한 사업에 참가하는 사람
   2. 국민건강보험법 시행령에 따른 희귀난치성질환자 등으로서 본인부담액을 경감받는 사람
   3. 영유아보육법에 따라 보육에 필요한 비용을 지원받는 사람과 양육에 필요한 비용을 지원받는 사람
   4. 유아교육법에 따라 유아교육에 필요한 비용을 지원받는 사람
   5. 장애인복지법에 따른 장애수당을 지급받는 사람과 장애아동수당을 지급받는 사람
   6. 한부모가족 지원법에 따른 보호대상자. 이 경우 소득 인정액이 최저생계비의 100분의 130 이하인 사람을 포함한다.
   7. 장애인연금법에 따라 장애인연금을 지급받는 사람

50 방송통신의 건전한 발전과 시청자 및 이용자의 편의를 도모하기 위하여 방송통신의 표준화를 추진하고, 방송통신사업자 또는 방송통신기자재 생산업자에게 그에 따를 것을 권고할 수 있는 자는?
① 한국정보통신기술협회장
② 과학기술정보통신부장관
③ 한국정보통신공사협회장
④ 정보통신정책위원회위원장

해설 * **방송통신발전 기본법 제33조(표준화의 추진)**
① 과학기술정보통신부장관은 방송통신의 건전한 발전과 시청자 및 이용자의 편의를 도모하기 위하여 방송통신의 표준화를 추진하고 방송통신사업자 또는 방송통신기자재 생산업자에게 그에 따를 것을 권고할 수 있다. 다만, 「산업표준화법」에 따른 한국산업표준이 제정되어 있는 사항에 대하여는 그 표준에 따른다.
② 과학기술정보통신부장관은 방송통신의 표준을 채택한 때에는 이를 고시하여야 한다.
③ 제1항에 따른 방송통신의 표준화 추진에 필요한 사항은 대통령령으로 정한다.

51 전기통신사업법의 목적으로 해당되지 않는 것은?
① 전기통신의 효율적 관리
② 전기통신사업의 건전한 발전
③ 사업자의 편의를 도모
④ 공공복리의 증진에 이바지

해설 * **전기통신기본법 제1조(목적)**
이 법은 전기통신사업의 적절한 운영과 전기통신의 효율적 관리를 통하여 전기통신사업의 건전한 발전과 이용자의 편의를 도모함으로써 공공복리의 증진에 이바지함을 목적으로 한다.

Answer 50. ② 51. ③

52 다음 중 적합성평가의 전부가 면제되는 방송통신기자재에 해당하지 않는 것은?

① 시험·연구를 위하여 제조하는 기자재
② 국내에서 판매하기 위하여 제조하는 기자재
③ 전시회 등 행사에 사용하기 위한 것으로서 판매를 목적으로 하지 아니하는 기자재
④ 외국의 기술자가 국내 산업체 등의 필요에 따라 기간 내에 반출하는 조건으로 반입하는 기자재

해설 * 방송통신기자재 등의 적합성평가에 관한 고시 제18조(적합성평가 면제의 세부범위 등)
① 영 제77조의6제1항제1호에 따라 적합성평가의 전부가 면제되는 기자재의 범위와 수량은 다음 각 호와 같다.
1. 시험·연구, 기술개발, 전시 등을 위하여 제조하거나 수입하는 경우로 다음 각 목의 어느 하나에 해당하는 기자재
  가. 제품 및 방송통신서비스의 시험·연구 또는 기술개발을 위한 목적의 기자재 : 100대 이하(다만, 원장이 인정하는 경우에는 예외로 한다)
  나. 판매를 목적으로 하지 않고 전시회, 국제경기대회 진행 등 행사에 사용하기 위한 기자재 : 면제확인 수량
  다. 외국의 기술자가 국내산업체 등의 필요에 따라 일정기간 내에 반출하는 조건으로 반입하는 기자재 : 면제확인 수량
  라. 적합성평가를 받은 기자재의 유지·보수를 위하여 제조 또는 수입되는 동일한 구성품 또는 부품 : 면제확인 수량
  마. 군용으로 사용할 목적으로 제조하거나 수입하는 기자재 : 면제확인 수량
  바. 국내에서 사용하지 아니하고 국외에서 사용할 목적으로 제조하거나 수입하는 기자재 : 면제확인 수량
  사. 외국에 납품할 목적으로 주문제작하는 선박에 설치하기 위해 수입되는 기자재와 외국으로부터 도입, 임대, 용선 계약한 선박 또는 항공기에 설치된 기자재 등과 또는 이를 대치하기 위한 동일기종의 기자재 : 면제확인 수량
  아. 판매를 목적으로 하지 아니하고 개인이 사용하기 위하여 반입하는 기자재 : 1대
  자. 국가 간 상호 인정협정 또는 이에 준하는 협정에 따라 적합성평가를 받은 기자재 : 면제확인 수량
  차. 판매를 목적으로 하지 아니하고 본인 자신이 사용하기 위하여 제작 또는 조립하거나 반입하는 아마추어무선국용 무선설비 : 면제확인 수량
  카. 판매를 목적으로 하지 아니하고 국내 시장조사를 목적으로 수입하는 견본품용 기자재 : 3대 이하
  타. 적합성평가를 받은 컴퓨터 내장구성품(별표 2 제6호 다목)으로 조립한 컴퓨터(다만, 별표 6의 소비자 안내문을 표시한 것에 한한다.)
2. 국내에서 판매하지 아니하고 수출 전용으로 제조하는 경우로 다음 각 목의 어느 하나에 해당하는 기자재
  가. 국내에서 제조하여 외국에 전량 수출할 목적의 기자재
  나. 외국에 재수출할 목적으로 국내 반입하는 기자재 : 면제확인 수량
  다. 외국에 수출한 제품으로서 수리 또는 보수를 위하여 반출을 조건으로 국내에 반입되는 기자재 : 면제확인 수량

53 방송통신기자재 등의 적합성평가에 관한 고시에서 적합성평가의 전부가 면제되는 기자재 중 판매를 목적으로 하지 아니하고 개인이 사용하기 위하여 반입하는 기자재의 수량은?

① 1대　　　② 3대
③ 5대　　　④ 10대

해설 * 방송통신기자재 등의 적합성평가에 관한 고

52. ②　53. ①

시 제18조(적합성평가 면제의 세부범위 등)

① 영 제77조의6제1항제1호에 따라 적합평가의 전부가 면제되는 기자재의 범위와 수량은 다음 각 호와 같다.

1. 시험·연구, 기술개발, 전시 등을 위하여 제조하거나 수입하는 경우로 다음 각 목의 어느 하나에 해당하는 기자재
   - 가. 제품 및 방송통신서비스의 시험·연구 또는 기술개발을 위한 목적의 기자재 : 100대 이하(다만, 원장이 인정하는 경우에는 예외로 한다)
   - 나. 판매를 목적으로 하지 않고 전시회, 국제경기대회 진행 등 행사에 사용하기 위한 기자재 : 면제확인 수량
   - 다. 외국의 기술자가 국내산업체 등의 필요에 따라 일정기간 내에 반출하는 조건으로 반입하는 기자재 : 면제확인 수량
   - 라. 적합성평가를 받은 기자재의 유지·보수를 위하여 제조 또는 수입되는 동일한 구성품 또는 부품 : 면제확인 수량
   - 마. 군용으로 사용할 목적으로 제조하거나 수입하는 기자재 : 면제확인 수량
   - 바. 국내에서 사용하지 아니하고 국외에서 사용할 목적으로 제조하거나 수입하는 기자재 : 면제확인 수량
   - 사. 외국에 납품할 목적으로 주문제작하는 선박에 설치하기 위해 수입되는 기자재와 외국으로부터 도입, 임대, 용선 계약한 선박 또는 항공기에 설치된 기자재 등과 또는 이를 대치하기 위한 동일기종의 기자재 : 면제확인 수량
   - 아. 판매를 목적으로 하지 아니하고 개인이 사용하기 위하여 반입하는 기자재 : 1대
   - 자. 국가 간 상호 인정협정 또는 이에 준하는 협정에 따라 적합성평가를 받은 기자재 : 면제확인 수량
   - 차. 판매를 목적으로 하지 아니하고 본인 자신이 사용하기 위하여 제작 또는 조립하거나 반입하는 아마추어무선국용 무선설비 : 면제확인 수량
   - 카. 판매를 목적으로 하지 아니하고 국내 시장조사를 목적으로 수입하는 견본품용 기자재 : 3대 이하
   - 타. 적합성평가를 받은 컴퓨터 내장구성품(별표 2 제6호 다목)으로 조립한 컴퓨터(다만, 별표 6의 소비자 안내문을 표시한 것에 한한다.)

54 방송통신기자재 등의 적합성평가의 면제의 방법 및 절차 등에 관하여 필요한 사항은 누가 정하는가?
① 국무총리 ② 방송통신위원장
③ 대통령 ④ 국토해양부장관

해설 ※ 전파법 제58조의2(방송통신기자재 등의 적합성평가)

① 방송통신기자재와 전자파장해를 주거나 전자파로부터 영향을 받는 기자재(이하 "방송통신기자재 등"이라 한다)를 제조 또는 판매하거나 수입하려는 자는 해당 기자재에 대하여 다음 각 호의 기준(이하 "적합성평가기준"이라 한다)에 따라 제2항에 따른 적합인증, 제3항 및 제4항에 따른 적합등록 또는 제7항에 따른 잠정인증(이하 "적합성평가"라 한다)을 받아야 한다.
1. 제37조 및 제45조에 따른 기술기준
2. 제47조의2에 따른 전자파 인체보호기준
3. 제47조의3제1항에 따른 전자파적합성기준
4. 「방송통신발전 기본법」 제28조에 따른 기술기준
5. 「전기통신사업법」 제61조·제68조·제69조에 따른 기술기준
6. 「방송법」 제79조에 따른 기술기준
7. 다른 법률에서 방송통신기자재 등과 관련하여 과학기술정보통신부장관이 정하도록 한 기술기준이나 표준

② 전파환경 및 방송통신망 등에 위해를 줄 우려가 있는 기자재와 중대한 전자파장해를 주거나 전자파로부터 정상적인 동작을 방해받을 정도의 영향을 받는 기자재를 제조 또는 판매하거나 수입하려는 자는 해당 기자재에 대하여 제58조의5에 따른 지정시험기

Answer 54. ③

관의 적합성평가기준에 관한 시험을 거쳐 과학기술정보통신부장관의 적합인증을 받아야 한다.

③ 제2항에 따른 적합인증의 대상이 아닌 방송통신기자재 등을 제조 또는 판매하거나 수입하려는 자는 제58조의5에 따른 지정시험기관의 적합성평가기준에 관한 시험을 거쳐 해당 기자재가 적합성평가기준에 적합함을 확인한 후 그 사실을 과학기술정보통신부장관에게 등록하여야 한다. 다만, 불량률 등을 고려하여 대통령령으로 정하는 기자재에 대하여는 스스로 시험하거나 제58조의5에 따른 지정시험기관이 아닌 시험기관의 시험을 거쳐 과학기술정보통신부장관에게 등록할 수 있다.

④ 제3항에 따른 등록(이하 "적합등록"이라 한다)을 한 자는 해당 기자재가 적합성평가기준을 충족함을 증명하는 서류를 비치하여야 한다.

⑤ 제2항 및 제3항에 따라 적합성평가를 받은 자가 적합성평가를 받은 사항을 변경하려는 때에는 과학기술정보통신부장관에게 신고하여야 한다. 이 경우 변경하려는 사항 중 적합성평가기준과 관련된 사항의 변경이 포함된 경우에는 해당 사항에 대하여 제2항 및 제3항에 따른 적합성평가를 받아야 한다.

⑥ 적합성평가를 받은 자가 해당 기자재를 판매·대여하거나 판매·대여할 목적으로 진열(인터넷에 게시하는 경우를 포함한다. 이하 같다)·보관·운송하거나 무선국·방송통신망에 설치하려는 경우에는 해당 기자재와 포장에 적합성평가를 받은 사실을 표시하여야 한다.

⑦ 과학기술정보통신부장관은 방송통신기자재 등에 대한 적합성평가기준이 마련되어 있지 아니하거나 그 밖의 사유로 제2항이나 제3항에 따른 적합성평가가 곤란한 경우로서 다음 각 호에 해당하는 경우에는 관련 국내외 표준, 규격 및 기술기준 등에 따른 적합성평가를 한 후 지역, 유효기간 등의 조건을 붙여 해당 기자재의 제조·수입·판매를 허용(이하 "잠정인증"이라고 한다)할 수 있다.
1. 방송통신망의 침해를 초래하지 아니하는 등 망 이용에 피해를 주지 않는 경우
2. 전파에 혼신을 초래하지 아니하는 등 전파이용 환경에 피해를 끼치지 않는 경우
3. 이용자의 인명, 재산 등에 피해를 주지 아니하는 등 기자재 이용상 위해가 없는 경우

⑧ 제7항에 따라 잠정인증을 받은 자는 해당 기자재에 대한 적합성평가기준이 제정되거나 적합성평가가 곤란한 사유가 없어진 경우에는 일정한 기한 내에 제2항이나 제3항에 따른 적합성평가를 받아야 한다.

⑨ 잠정인증을 받은 자가 제8항에 따른 기한 내에 적합성평가를 받지 아니한 경우에는 잠정인증의 효력은 소멸한다.

⑩ 제1항부터 제9항까지에서 규정한 사항 외에 적합성평가기준과 적합성평가 및 변경신고의 대상, 방법, 절차 등에 관하여 필요한 사항은 대통령령으로 정한다.

55 다음 중 아래 회로도에 나타낸 보호기의 성능에 대한 설명이 틀린 것은?

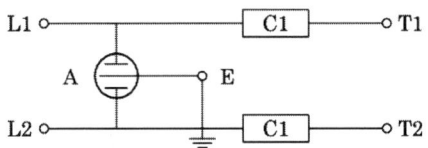

L1, L2 : 외선측 단자   T1, T2 : 내선측 단자
E : 접지선 단자   A : 과전압 방전소자
C1, C2 : 과전류 제한소자

① 보호기는 직류 100[V/sec]의 상승전압을 L1-E, L2-E 간에 인가할 때 184[V] 이상 280[V] 이하에서 접지를 통하여 방전이 개시되어야 한다.

② 보호기는 100[V/μs]의 상승전압을 L1-E, L2-E 간에 인가할 때 180[V] 이상 600[V] 이하에서 접지를 통하여 방전되어야 한다.

Answer 55. ④

③ 보호기는 L1-T1, L2-T2 간에 직류 150[mA]를 3시간 인가할 때 과전류 제한소자는 동작하지 않아야 한다.

④ 보호기는 과전압 방전소자가 삽입되지 않은 상태에서 L1-T1, L2-T2 간에 교류 220[V], 3[A]을 30분간 인가할 때 과전류 제한소자가 손상되지 않아야 한다.

해설 ✱ 접지설비·구내통신설비·선로설비 및 통신공동구 등에 대한 기술기준 제2장 보호기성능 및 접지설비 설치방법 제4조(보호기 성능)

① 보호기의 기본회로도는 별표 1과 같으며, 보호기의 성능은 제2항 내지 제4항의 조건을 만족하여야 한다.
② 보호기의 과전압 성능은 다음 각 호와 같아야 한다.
  1. 보호기는 직류 100[V/sec]의 상승전압을 L1-E, L2-E 간에 인가할 때 184[V] 이상 280[V] 이하에서 접지를 통하여 방전이 개시되어야 한다.
  2. 보호기는 100[V/㎲]의 상승전압을 L1-E, L2-E 간에 인가할 때 180[V] 이상 600[V] 이하에서 접지를 통하여 방전되어야 한다.
  3. 보호기는 1000[V/㎲]의 상승전압을 L1-E, L2-E 간에 인가할 때 180[V] 이상 700[V] 이하에서 접지를 통하여 방전되어야 한다.
③ 보호기의 과전류 성능은 다음 각 호와 같아야 한다.
  1. 보호기는 L1-T1, L2-T2 간에 교류 110[V] 250[mA]를 인가할 때 1분 이내, 교류 110[V] 1[A]를 인가할 때 2초 이내에 동작하여 부동작 전류 이하로 전류를 제한하고, 과전류가 제거되면 자기 복구되어야 한다.
  2. 보호기는 L1-T1, L2-T2 간에 직류 150[mA]를 3시간 인가할 때 과전류 제한소자는 동작하지 않아야 한다.

④ 보호기의 발화방지 성능은 다음 각 호와 같아야 한다.
  1. 보호기는 L1-E, L2-E 간에 60[Hz], 5[A]를 15분간 인가할 때 과전압 방전소자의 발화방지 장치가 동작하여 보호기의 발화 및 변형이 없어야 한다.
  2. 보호기는 과전압 방전소자가 삽입되지 않은 상태에서 L1-T1, L2-T2 간에 교류 220[V], 3[A]을 15분간 인가할 때 과전류 제한소자가 손상되지 않아야 하며, 보호기의 발화 및 변형이 없어야 한다.

56 다음 중 맨홀 또는 핸드홀의 설치 기준과 틀린 것은?

① 맨홀 또는 핸드홀은 케이블의 설치 및 유지·보수 등의 작업 시 필요한 공간을 확보할 수 있는 구조로 설계하여야 한다.
② 맨홀 또는 핸드홀은 케이블의 설치 및 유지·보수 등을 위한 차량 출입과 작업이 용이한 위치에 설치하여야 한다.
③ 맨홀 또는 핸드홀에는 주변 실수요자용 통신케이블을 분기할 수 있는 인입관로 및 접지시설 등을 설치하여서는 아니 된다.
④ 맨홀 또는 핸드홀 간의 거리는 246[m] 이내로 하여야 한다.

해설 ✱ 접지설비·구내통신설비·선로설비 및 통신공동구 등에 대한 기술기준 제48조(맨홀 또는 핸드홀의 설치 기준)

① 맨홀 또는 핸드홀은 케이블의 설치 및 유지·보수 등의 작업 시 필요한 공간을 확보할 수 있는 구조로 설계하여야 한다.
② 맨홀 또는 핸드홀은 케이블의 설치 및 유지·보수 등을 위한 차량출입과 작업이 용이한 위치에 설치하여야 한다.
③ 맨홀 또는 핸드홀에는 주변 실수요자용 통

56. ③

신케이블을 분기할 수 있는 인입 관로 및 접지시설 등을 설치하여야 한다.
④ 맨홀 또는 핸드홀 간의 거리는 246[m] 이내로 하여야 한다. 다만, 교량터널 등 특수구간의 경우와 광케이블 등 특수한 통신케이블만 수용하는 경우에는 그러하지 아니할 수 있다.

57 다음 중 구내에 설치되는 옥내·외 배관의 요건이 틀린 것은?

① 배관은 외부의 압력 또는 충격 등으로부터 선로를 보호할 수 있는 기계적 강도를 가진 내부식성 금속관 또는 한국산업표준 KS C8454 동등규격 이상의 합성수지제 전선관을 사용하여야 한다.
② 배관의 내경은 배관에 수용되는 케이블단면적의 총합계가 배관 단면적의 32[%] 이하가 되도록 하여야 한다.
③ 배관의 굴곡은 가능한 한 완만하게 처리하여야 하되, 곡률반경은 배관내경의 6배 이상으로 한다. 이 경우 엘보 등 부가장치를 사용하여서는 아니 된다.
④ 배관의 1구간에 있어서 굴곡개소는 2개소 이내이어야 하며, 1개소의 굴곡각도는 90° 이내로 하며 2개소의 합계는 180° 이내이어야 한다.

해설 * 접지설비·구내통신설비·선로설비 및 통신공동구 등에 대한 기술기준 제28조(구내배관 등)
⑤ 구내에 설치되는 옥내·외 배관의 요건은 다음 각 호와 같다.
1. 배관은 외부의 압력 또는 충격 등으로부터 선로를 보호할 수 있는 기계적 강도를 가진 내부식성 금속관 또는 한국산업표준 KS C 8454(지하에 매설되는 배관의 경우에는 KS C 8455) 동등규격 이상의 합성수지제 전선관을 사용하여야 한다.
2. 배관의 내경은 배관에 수용되는 케이블단면적의 총합계가 배관 단면적의 32[%] 이하가 되도록 하여야 한다.
3. 배관의 굴곡은 가능한 한 완만하게 처리하여야 하되, 곡률반경은 배관내경의 6배 이상으로 한다. 이 경우 엘보 등 부가장치를 사용하여서는 아니 된다.
4. 배관의 1구간에 있어서 굴곡개소는 3개소 이내이어야 하며, 1개소의 굴곡 각도는 90° 이내로 하며 3개소의 합계는 180° 이내이어야 한다.

58 "방송통신설비의 기술기준에 관한 규정"에서 정하는 "저압"에 해당하는 것은?

① 직류는 950볼트 이하, 교류는 800볼트 이하인 전압
② 직류는 850볼트 이하, 교류는 700볼트 이하인 전압
③ 직류는 800볼트 이하, 교류는 650볼트 이하인 전압
④ 직류는 750볼트 이하, 교류는 600볼트 이하인 전압

해설 * 방송통신설비의 기술기준에 관한 규정 제3조(정의)
19. "저압"이란 직류는 750볼트 이하, 교류는 600볼트 이하인 전압을 말한다.

59 세대 내에 인입되는 통신선로, 방송공동수신설비 또는 홈네트워크설비 등의 배선을 효율적으로 분배·접속하기 위하여 이용자의 전용 공간에 설치되는 분배함을 무엇이라 하는가?

① 동단자함   ② 수평단자함
③ 층단자함   ④ 세대단자함

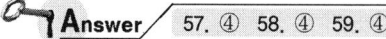
57. ④ 58. ④ 59. ④

해설 ✽ 접지설비·구내통신설비·선로설비 및 통신 공동구 등에 대한 기술기준 제3조(용어의 정의)
① 이 고시에서 사용하는 용어의 정의는 다음과 같다.
17. "세대단자함"이라 함은 세대 내에 인입되는 통신선로, 방송공동수신설비 또는 홈네트워크설비 등의 배선을 효율적으로 분배·접속하기 위하여 이용자의 주거전용면적에 포함되는 실내공간에 설치되는 분배함을 말한다.

60 아래의 괄호 안에 들어갈 내용으로 맞는 것은?

"강전류전선"이란 전기도체, 절연물로 싼 전기도체 또는 절연물로 싼 것의 위를 보호피막으로 보호한 전기도체 등으로서 (   ) 이상의 전력을 송전하거나 배전하는 전선을 말한다.

① 100볼트   ② 300볼트
③ 500볼트   ④ 600볼트

해설 ✽ 방송통신설비의 기술기준에 관한 규정 제3조(정의)
① 이 영에서 사용하는 용어의 뜻은 다음 각 호와 같다.
7. "강전류전선"이란 전기도체, 절연물로 싼 전기도체 또는 절연물로 싼 것의 위를 보호피막으로 보호한 전기도체 등으로서 300볼트 이상의 전력을 송전하거나 배전하는 전선을 말한다.

Answer 60. ②

2015년 4회 시행 과년도출제문제

01 $[\dfrac{J}{C}]$와 같은 단위는? (단, J : 에너지 단위(Joule), C : 전하량 단위(Coulomb))

① [V]   ② [H]
③ [N]   ④ [F]

해설 콘덴서에 축적되는 전하 $Q[C]$은 $Q = CV[C]$ 1[C]의 전기량이 이동할 때 얼마만큼의 일을 하는가에 따라 정해지며, 어떤 도체에 $Q[C]$의 전기량이 이동하여 $W[J]$의 일을 했다면 이때의 전압(전위차) V는 다음과 같다.

$$V = \dfrac{W}{Q}[V], \quad V = \dfrac{J}{C}[V]$$

02 정격 소비 전력이 100[W]인 통신기기를 정격상태로 하루에 8시간씩 사용할 때 30일간 사용한 전력량은 얼마인가?

① 37[kWh]   ② 32[kWh]
③ 27[kWh]   ④ 24[kWh]

해설 전력량 $W = Pt = VIt[Wh]$ 식에 의해
$W = 100 \times 8 \times 30 = 24000[Wh] = 24[kWh]$

03 다음 중 RLC 단일 소자의 전류의 실효값을 나타낸 것으로 틀린 것은?

① $I = \dfrac{V}{R}$ ② $I = \dfrac{V}{\omega L}$
③ $I = \omega CV$ ④ $I = \dfrac{V}{\omega C}$

해설 R만인 회로의 실효값 : $I = \dfrac{V}{R}$

L만인 회로의 실효값 : $I = \dfrac{V}{\omega L}$

C만인 회로의 실효값 : $I = \dfrac{V}{\dfrac{1}{\omega C}} = \omega CV$

04 다음 중 자석의 성질에 대한 설명으로 옳지 않은 것은?

① 항상 두 종류의 극성이 있고 자극이 갖고 있는 자기량은 서로 다르다.
② 자석의 흡인력은 자석의 양 끝에서 가장 강하다.
③ 같은 극성의 자석은 반발하고, 다른 극성은 흡인한다.
④ 자석을 잘게 부수어도 언제나 N극과 S극이 존재한다.

해설 자석의 성질
㉠ 자석의 자력(자기작용)은 그 양끝(자극)이 가장 강하다.
㉡ 북쪽을 가리키는 쪽을 N극 또는 +극, 남쪽을 가리키는 쪽을 S극 또는 −극이라 한다.
㉢ 자석은 N, S 어느 극이나 단독으로는 존재할 수 없다.
㉣ 서로 다른 극 사이에는 흡인력, 같은 극 사이에는 반발력이 작용한다.

05 다음 중 비오-사바르의 법칙에 대한 설명이 아닌 것은?

① 두 전하 사이에 작용하는 전기력은 두 전기량의 곱에 비례한다.
② 자기장 ΔH의 방향은 앙페르의 오른나사 법칙에 따른다.
③ $\Delta H = \dfrac{I \cdot \Delta I}{4\pi r^2} \sin\theta [A/m]$로 표시

Answer   1. ①   2. ④   3. ④   4. ①   5. ①

된다.
④ 직선 전류가 흐르는 도선으로부터 일정거리 떨어진 지점에서 자기장의 세기를 나타내는 법칙

해설 ✻ 비오-사바르의 법칙은 전류가 자석에 미치는 힘에 관한 법칙. 전류의 아주 작은 부분이 어느 점에 만드는 자기장의 크기는 전류의 세기, 그 작은 부분의 길이, 전류 방향과 그 점의 방향이 이루는 각의 사인(sine)에 비례하고, 그 점까지의 거리의 제곱에 반비례한다는 법칙이다. 적분하면 앙페르의 법칙과 완전히 같은 내용이 되고, 자기장의 방향과 그 방향에 대해서는 앙페르의 오른나사의 법칙이 성립한다.

$$\Delta H = \frac{I \cdot \Delta I}{4\pi r^2} \sin\theta [\text{A/m}]$$

06 이상적인 트랜지스터의 전류증폭률 α의 값은 얼마인가?
① 1 ② 0
③ $\sqrt{2}$ ④ π

해설 ✻ 트랜지스터의 전류 증폭률
㉠ 트랜지스터에서의 전류관계(키르히호프의 법칙에 의해) $I_e = I_c + I_b$
㉡ 이미터(E)와 컬렉터(C) 사이의 전류 증폭률 (베이스 접지 전류 증폭률)

$$\alpha = \left| \frac{\Delta I_c}{\Delta I_E} \right| (V_{cb} \text{ 일정})$$

㉢ 베이스(B)와 컬렉터(C) 사이의 전류 증폭률 (이미터 접지 전류 증폭률)

$$\beta = \left| \frac{\Delta I_c}{\Delta I_B} \right| (V_{CE} \text{ 일정})$$

㉣ α와 β 사이의 관계

$$\alpha = \frac{\beta}{1+\beta}, \ \beta = \frac{\alpha}{1-\alpha}$$

㉤ $0 \leq \alpha \leq 1$로서 α의 값이 되도록 1에 가까운 것이 이상적이다. 실제 α의 값은 0.98~0.997 정도이고, β는 20~100 정도이다.

07 다음 중 3단자 레귤레이터(Regulator) 정전압회로에 대한 특징이 아닌 것은?
① 방열대책이 필요 없다.
② 회로가 간단하다.
③ 출력전압이 입력전압보다 작다.
④ 발진 방지용 커패시터가 필요하다.

해설 ✻ 시리즈 레귤레이터의 특징
㉠ 효율이 나빠서 발열이 심하며 방열이 필요해지기 때문에 크기가 크고 무겁다.
㉡ 상용 전원주파수를 사용하기 때문에 트랜스가 크고 효율이 나쁘다.
㉢ 노이즈가 상당히 적으며 리플이 비교적 적다.
㉣ 구성이 간단하여 설계가 쉽다.

08 특정한 역방향 전압에 대해 급격한 항복 특성을 갖는 소자를 이용하여 구성되는 정전압 회로가 있다. 이 회로에 가장 많이 사용되는 항복 특성을 갖는 소자는 다음 중 어느 것인가?
① 트랜지스터
② 제너 다이오드
③ 전해 콘덴서
④ 인덕터

해설 ✻ 제너 다이오드(zener diode)
전압을 일정하게 유지하기 위한 전압 제어소자로 정전압 다이오드로도 불리우며, 정전압회로에 사용된다.

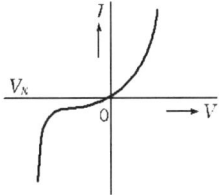

(a) 제너다이오드의 기호 (b) 제너다이오드의 특성

Answer 6. ① 7. ① 8. ②

09 기본 궤환 증폭기의 전달이득(A_v)=1,000, 궤환율(β)=0.1, 입력전압(V_i)=1[V]일 때, 이 증폭기의 출력 전압(V_o)은 약 얼마인가?

① 0.99[V] ② 9.9[V]
③ 99[V]   ④ 990[V]

해설 ★ 궤환증폭기의 증폭도 $A = \dfrac{A_0}{1-A_0\beta}$

$A_v = \dfrac{A}{1-A\beta} = \dfrac{1000}{1-(1000\times -0.1)} = 9.9[V]$

10 다음 중 연산증폭회로의 종류가 아닌 것은?

① 감산기 ② 가산기
③ 미분기 ④ 적분기

해설 ★ 연산증폭기는 아날로그 계산기, 아날로그 소신호 증폭, 전력증폭 등의 응용분야에 사용하며, 반전증폭기, 비반전 증폭기, 전압 비교기(Comparator), 적분기, 미분기, 가산기 등의 연산증폭회로로 구성된다.

11 다음 중 수정 발진회로의 직렬 공진주파수로 알맞은 것은?

① $f = \dfrac{1}{2\pi\sqrt{LC}}$

② $f = \dfrac{1}{2\pi LC}$

③ $f = \dfrac{1}{2\pi\sqrt{RC}}$

④ $f = \dfrac{1}{2\pi RC}$

해설 ★ 수정진동자의 전기적 등가회로는 그림과 같이 R, L, C 직렬 공진회로와 C의 병렬공진회로로 구성된다.

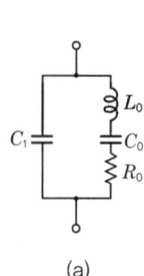
(a)

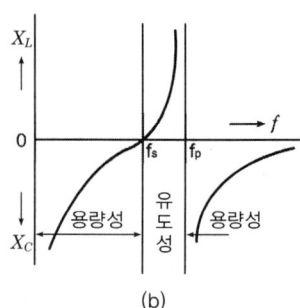
(b)

수정 진동자의 등가회로는 그림 (a)와 같으며 리액턴스의 주파수에 따른 특성은 그림 (b)와 같이 되는데, 여기서 f_s는 진동자의 직렬공진 주파수로 이들 사이의 간격은 매우 좁다. 안정된 발진을 위해서는 진동자를 유도성으로 동작시켜야 하는데, 유도성의 범위는 f_s와 f_P 사이의 주파수 범위이며 $f_s < f < f_P$로 된다.

㉠ 직렬공진주파수
$f_s = \dfrac{1}{2\pi\sqrt{L_0\,C_0}}$ [Hz]

㉡ 병렬공진주파수
$f_p = \dfrac{1}{2\pi\sqrt{L_0\cdot\left(\dfrac{C_0 C_1}{C_0+C_1}\right)}}$ [Hz]

12 다음 회로 중 입력 잡음의 영향을 받지 않고 안정된 출력 전압을 유지할 수 있도록 만든 회로는?

① 기생 발진 회로
② 저주파 발진 회로
③ 미분 회로
④ 슈미트 트리거 회로

해설 ★ 슈미트 트리거 회로는 정현파 입력을 받아 구형파(방형파) 출력 파형을 만드는 회로이다.

13 디지털 형태의 신호파를 반송파의 주파수를 변화시켜 전송하는 방법은 무엇인가?

① FSK ② PSK

Answer 9. ② 10. ① 11. ① 12. ④ 13. ①

③ FKS   ④ FFT

해설 * 디지털 변조방식의 종류
① ASK(진폭편이변조 : Amplitude shift keying) : 디지털 부호에 대응하여 사인반송파의 주파수나 위상을 그대로 두고 진폭만 변화시키는 변조방식
② FSK(주파수편이변조 : Frequency shift keying) : 디지털 부호에 대응하여 사인반송파의 진폭과 위상을 그대로 두고 주파수만 변화시키는 변조방식
③ PSK(위상편이변조 : Phase shift keying) : 진폭과 주파수가 모두 일정한 반송파를 이용하여 그 위상을 2진 전송 부호에 대응시켜 변화시키는 방식
④ APK(진폭위상변조 : Amplitude Phase keying) : ASK와 PSK의 조합으로 QAM이라고도 한다.
⑤ QAM(Quadrature Amplitude Modulation) : 디지털 신호를 일정량만큼 분류하여 반송파 신호와 위상을 변화시키면서 변조시키는 방법이다.

14 PCM-32방식은 1프레임이 32채널로 구성되어 있고, 1채널당 64[kbps] 전송속도를 구현한다면, 유럽식 E1 전송방식의 전송속도는 얼마인가?
① 1.544[Mbps]   ② 44.736[Mbps]
③ 2.048[Mbps]   ④ 64[kbps]

해설 * Channelized E1 - 2.048[Mbps]의 속도를 64[kbps] 속도로 30개의 채널로 나누어서 사용할 수 있게 만든 기술이다.

15 2[MHz] 주파수를 가지는 펄스의 주기는 얼마인가?
① $0.5[\mu s]$ ② $1[\mu s]$
③ $1.5[\mu s]$ ④ $2[\mu s]$

해설 * $T = \frac{1}{f} = \frac{1}{2 \times 10^6} = 0.5[\mu s]$

16 다음 중 슈미트 트리거 회로의 응용 회로가 아닌 것은?
① 방형파 발생회로
② 전압비교회로(Voltage Comparator)
③ 쌍안정 회로
④ D/A(Digital/Analog) 변환회로

해설 * 슈미트 트리거 회로는 정현파 입력을 받아 구형파(방형파) 출력 파형을 만드는 회로이다.

17 다음 중 중앙처리장치의 제어장치(Control Unit)의 기능으로 틀린 것은?
① 프로그램의 명령 해독
② 입력, 출력, 연산, 기억장치 등의 감시·감독
③ 산술 및 논리연산의 실행
④ 명령어의 순차적 처리를 위한 제어신호 발생

해설 * 기억된 프로그램의 명령을 하나씩 읽고, 해독하여 각 장치에 필요한 지시를 하는 것이 제어장치이다.

18 다음 중 외부에서 기억장치에 데이터를 기억하기 위한 절차로 알맞게 나열한 것은?

㉠ MBR에 기억시키려는 자료를 옮긴다.
㉡ MAR에 기억시키고자 하는 단어의 주소를 옮긴다.
㉢ Write 신호를 보낸다.

① ㉠ - ㉡ - ㉢   ② ㉡ - ㉠ - ㉢
③ ㉠ - ㉢ - ㉡   ④ ㉡ - ㉢ - ㉠

해설 * 외부에서 기억장치에 데이터를 기억하기 위한 절차로는

Answer   14. ③   15. ①   16. ④   17. ③   18. ②

① MAR에 기억시키고자 하는 단어의 주소를 옮긴다.
② MBR에 기억시키려는 자료를 옮긴다.
③ Write 신호를 보낸다.

19 자료의 외부적 표현 방식에서 EBCDIC CODE로 표현할 수 있는 최대 문자 수는?

① 56 ② 64
③ 128 ④ 256

해설 * EBCDIC(Extended Binary Coded Decimal Interchange Code)
① 확장된 BCD(8421 코드)코드로 범용 컴퓨터에 이용
② 8bit로 구성되며, 2^8가지(256가지)의 문자 표현이 가능
③ 8bit는 4bit의 Zone과 4bit의 자릿수로 구성
④ 16진수 2자리로 표현 가능
⑤ Zone 4bit의 구성

1	2 bit	구 성	3	4 bit	구 성
0	0	undefined	0	0	A ~ I
0	1	특수문자	0	1	J ~ R
1	0	소문자	1	0	S ~ Z
1	1	대문자, 숫자	1	1	숫자

20 다음 반가산기의 구성에서 괄호에 알맞은 것은?

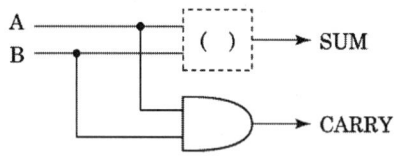

① NOT ② NAND
③ OR ④ EX-OR

해설 * 반가산기(HA : Half Adder)
두 개의 2진수를 더하여 합계 S(Sum)와 자리

올림수 C(Carry)를 구하는 논리회로
$S = A \oplus B = A\overline{B} + \overline{A}B,\ C = A \cdot B$

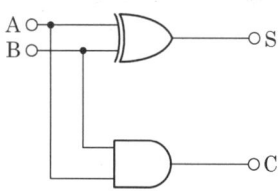

반가산기 회로도

A	B	S	C
0	0	0	0
0	1	1	0
1	0	1	0
1	1	0	1

반가산기의 진리치표

21 비트정보를 보관·유지할 수 있으며 순서 논리 회로의 기본 요소가 되는 것은?

① NAND ② XOR
③ Flip Flop ④ Decoder

해설 ▶ 레지스터를 구성하는 기본소자가 플립플롭(F/F)으로, 0과 1의 안정된 논리상태를 갖는 쌍안정 멀티바이브레이터를 플립플롭(F/F)이라 하며, RS 플립플롭, D 플립플롭, JK 플립플롭, T 플립플롭 등 여러 가지 종류가 있다.

22 다음 ㉠과 ㉡의 설명에 해당하는 단어가 순서대로 맞게 짝지어진 것은?

㉠ 원시 프로그램을 다른 컴퓨터의 기계어로 번역하는 프로그램
㉡ 원시 프로그램을 번역하기 전에 미리 언어의 기능을 확장한 원시 프로그램을 생성시켜주는 프로그램

① ㉠ : 전처리기(Preprocessor)
   ㉡ : 인터프리터
② ㉠ : 인터프리터

190

② ⓒ : 크로스컴파일러
③ ㉠ : 크로스컴파일러
　　ⓒ : 전처리기(Preprocessor)
④ ㉠ : 전처리기(Preprocessor)
　　ⓒ 크로스컴파일러

해설 ＊ ㉠ 크로스 컴파일러(Cross compiler) : 원시 프로그램을 다른 컴퓨터의 기계어로 번역하는 프로그램
　　　ⓒ 전처리기(Preprocessor) : 전처리란, 컴파일러가 소스 코드를 처리하기에 앞서 사전 처리를 하기 위한 구문이다.
　　　ⓒ 인터프리터(interpreter) : 소스 프로그램을 기계어로 변환시키는 컴파일러와는 달리 프로그램을 한 단계씩 기계어로 해석하여 실행하는 언어처리 프로그램 이다.

23 다음 중 구조적 프로그래밍 방식의 특징이 아닌 것은?
① 프로그램의 흐름을 복잡하게 만드는 무조건 분기문은 사용하지 않는다.
② 하향식(top-down) 프로그래밍 방식을 사용한다.
③ 작은 프로그램이나 단순한 기능의 프로그램에 사용하면 매우 효율적이다.
④ 순차구조, 선택구조, 반복구조만을 사용하여 프로그램을 작성한다.

해설 ＊ 구조적 프로그래밍(Structure Programming)은 쉽게 이해할 수 있고 검증할 수 있는 프로그램 부호를 생성하는 것을 주목적으로 한다.
　　㉠ 구조적 프로그래밍(Structure Programming)의 특징
　　　• 구조적 프로그램 작성의 특징은 큰 프로그램을 단계적으로 분할하여 작성하는 하향식(Top-down) 프로그래밍
　　　• 한 모듈 안에서는 순차·선택·반복의 3가지 제어 구조만을 사용하고 되도록 GO TO문을 사용하지 않는 것

　　• 프로그램의 가독성(readability)을 높이기 위해 들여쓰기, 주석 등과 문서화를 철저히 하는 것
　　• 소규모의 모듈 혹은 섹션 단위로 프로그래밍하여 개발과 유지보수를 용이하게 한다.

24 다음 중 시스템 프로그램을 디스크로부터 주기억장치로 읽어내어 컴퓨터를 이용할 수 있는 상태로 만들어 주는 과정을 말하는 것은?
① 스케줄링(Scheduling)
② 부팅(Booting)
③ 파티셔닝(Partitioning)
④ 스풀링(Spooling)

해설 ＊ ① 스케줄링(scheduling)은 처리할 일들의 진행순서를 정하는 일이다. CPU 스케줄링은 CPU를 사용하려고 하는 프로세스들 사이의 우선순위를 관리하는 일이다
　　② 부팅(booting) 또는 부팅업(booting up)은 컴퓨터에서 사용자가 운영 체제를 시동할 때 운영 체제를 시작하는 부트스트래핑 과정이다. 부팅 순서에는 운영 체제가 로드(적재)될 때 컴퓨터가 수행하는 작업들이 모여 있다.
　　③ Partitioning이란 하나의 데이터베이스를 물리적으로 또는 논리적으로 여러 개의 Partition으로 나누는 것을 말한다.
　　④ 스풀링(Spooling)은 보조 기억장치를 이용하여 여러 개의 프로그램에 대하여 입력과 CPU 작업을 중첩시켜 처리할 수 있게 하는 방식이다.

25 다음 중 파워포인트 파일의 확장자가 아닌 것은?
① pptx　　② prs
③ potx　　④ ppsx

Answer 23. ③　24. ②　25. ②

해설 ★ ㉠ .ppt는 파워포인트 97-2003 확장자
㉡ .pptx는 파워포인트 2007-2010 확장자
㉢ .pps는 파워포인트 97-2003 쇼 형식의 확장자
㉣ .ppsx는 파워포인트 2007-2010 쇼 형식의 확장자

26 다음 중 통신을 하기 위한 3가지 주요 구성 요소에 해당되지 않는 것은?
① 전송할 정보를 만들어 내는 정보원
② 정보를 전달하는 전송 매체
③ 도착된 정보를 받아들이는 목적지
④ 전달된 정보를 가공, 처리, 보관하는 장치

해설 ★ 통신시스템의 구성 요소
㉠ 송신기 : 전송 신호를 전송 매체에 적합한 형태로 변환(변조)
㉡ 수신기 : 전송 매체를 통해서 전송된 신호를 수신자가 이해할 수 있는 형태로 변환(복조)
㉢ 전송 매체(채널) : 송신기와 수신기를 연결하는 유·무선 매체

27 펄스가 발생되는 시간이 0.04초일 경우 주파수는 몇 [Hz]인가?
① 10[Hz]   ② 25[Hz]
③ 50[Hz]   ④ 100[Hz]

해설 ★ $f = \frac{1}{T} = \frac{1}{0.04} = 25[Hz]$

28 기온이 20[℃]일 때, 5[kHz]의 음에 의한 파장은 약 얼마인가?
① 0.035[m]   ② 0.35[m]
③ 0.069[m]   ④ 0.69[m]

해설 ★ 공기 중에서 음속(C)는 C=331+0.6T (T=온도)의 식에 의해 C=331+0.6×20=343[m/s]

$\lambda = \frac{C}{f} = \frac{343}{5000} = 0.0686[m]$

그러므로 약 0.069[m]이다.

29 다음 중 호 제어기능이 아닌 것은?
① 호전달(Call Transfer)
② 호대기(Call Waiting)
③ 호전환(Call Forwarding)
④ 호취소(Call Cancel)

해설 ★ 호 제어 기능에는 호 보류(Call Holding), 호 전달(Call Transfer), 호 전환(Call Forwarding), 호 대기(Call Waiting)가 있다.

30 통신단말기에 연결되는 신호변환장치로서 디지털 신호를 아날로그 신호로, 아날로그 신호를 디지털 신호로 바꾸어 주는 장치는?
① 다이오드   ② 터미널
③ 모뎀   ④ 증폭기

해설 ★ MODEM(MOdulation DEModulation)
modulation/demodulation의 합성어로 변복조장치라고도 불리는 가장 기본적인 데이터 통신장비로서 전화선이나 전용선을 연결하여 PC나 호스트, PC 간에 데이터를 송수신할 수 있도록 한다. 전화선으로 수신된 아날로그 데이터는 모뎀을 거치면서 디지털 데이터로 변환되며, 컴퓨터 내의 디지털 데이터는 모뎀을 통해 아날로그 데이터로 변환되어 전송된다.

31 디지털 신호방식으로 공중데이터망을 사용하는 팩시밀리는?
① G1 팩시밀리   ② G2 팩시밀리
③ G3 팩시밀리   ④ G4 팩시밀리

해설 ★ 팩시밀리의 개요
① 팩시밀리는 송신측의 문자, 그림, 도형정보 등을 수신측에 동일하게 재현할 수 있는 시

Answer 26. ④ 27. ② 28. ③ 29. ④ 30. ③ 31. ④

스템으로 송신문서를 주사에 의해 화소로 분해하여 전기적 신호로 바꾸어서 전송하고 수신측에서 문서를 재생하는 통신방식
② ITU-T에서는 팩시밀리를 4가지로 분류하고 있으며 PSTN을 이용한 G3가 가장 많이 사용되고 있다.
  ㉠ G1 : 전송 시 대역을 압축하지 않고 FM 변조 사용하여 A4 용지를 4~6분에 전송하여 아날로그 방식 전송방식을 이용하나 현재 거의 사용되지 않고 있다.
  ㉡ G2 : 아날로그 신호방식으로 잔류측파대(VSB) 방식을 사용하며 대역 압축을 이용하여 고속화시키고 A4용지를 2~3분에 전송한다.
  ㉢ G3 : MH(Modified Huffman)과 MR(Modified Read) 방식으로 데이터를 압축하고 디지털 변조방식(QPSK, QAM)에 의한 대역 압축·고속전송으로 A4 용지를 1분에 전송하는 디지털 팩시밀리로 가장 많이 쓰이고 있다.
  ㉣ G4 : 디지털 신호 방식으로 ISDN을 사용하며 MMR 방식의 사용으로 데이터의 압축률은 G3보다 개선된다. 전송에러 발생 시 자동 재전송으로 에러를 방지하고 A4용지를 3~5초 내에 전송이 가능한 디지털망 접속용 디지털 팩시밀리이며 통신기능에 따라 Class1, Class2, Class3로 구분된다.
    • Class 1 : 팩시밀리 단말기와의 통신 기종
    • Class 2 : Class 1의 기능에 텔레텍스와 혼합형 단말기의 문서를 수신할 수 있는 기능이 추가됨
    • Class 3 : Class 2의 기능에 텔레텍스와 혼합형 단말기와의 송신 기능이 추가됨

32 다음 중 통신기술인 ATM의 주요 특징에 관한 설명으로 틀린 것은?
① 전송망의 사용 효율을 증대시킨다.
② 흐름제어와 에러제어는 단말기 간에 처리한다.
③ 라우팅을 소프트웨어적으로 처리하여 고속성을 실현할 수 있다.
④ 정보를 일정 길이의 셀로 나누어 처리함으로써 서비스 추가에 유연성을 가진다.

해설 * ATM(비동기식 전송 방식)의 주요 특징
① 정보를 일정 길이의 셀로 나누어 처리함으로써 서비스 추가에 유연성을 가짐과 동시에 고속 및 병렬처리가 가능
② 정보의 전송량에 따라 셀을 동적으로 할당함으로써 전송망의 사용 효율을 증대시키고 고정 및 가변 속도의 서비스가 가능
③ 다중화 및 라우팅을 하드웨어적으로 처리하고 흐름 제어와 에러 제어는 단말기 간에서 처리하도록 함으로써 회선 교환과 같은 고속성을 실현

33 서울과 인천 사이의 회선 사용률이 80[%]로서 6.4[Erl]을 통화시키고자 한다. 이때 필요한 회선수는?
① 8
② 9
③ 10
④ 11

해설 * 국선수의 산출
㉠ 국선의 발신 및 착신 기초 통화로 수량은 일반적으로 국선 1회선당 1.5~2[HCS](Hundred Call Second)이다. 이 수치를 기본으로 내선수에서 발착 기초 통화로 수량(발신 기초 통화로 수량 + 착신 기초 통화로 수량)을 환산해 국선수를 결정한다.
㉡ 통화로 수량이란 트래픽이라고 하며 단위시간당 총보류시간을 말한다.
㉢ 통화로 수량(erl)=통화수×평균보류시간(시간)으로 통화로 수량 단위에는 얼랑(erl)과 HCS가 있다.

Answer 32. ③ 33. ①

34 IPv4 주소 체계의 IP 주소 중에서 가장 많은 호스트(주소)를 연결할 수 있는 클래스는?

① A 클래스　② B 클래스
③ C 클래스　④ D 클래스

해설 ★ IPv4란 IP버전4로 현재의 인터넷 및 TCP/IP 네트워크에서 활용하는 IP주소 체계이다.
- IP주소 체계는 총 4bytes(32bits)로 표시하며 한 바이트씩 점(.)으로 분리하여 10진수로 나타낸다. (예를 들면 165.133.107.57와 같이 10진수로 표기)
- 하나의 IP주소는 크게 네트워크주소와 컴퓨터주소 두 부분으로 나뉘며
- 네트워크의 크기나 호스트 컴퓨터의 수에 따라 Class A, B, C, D, Class E등급으로 나뉜다. 이 중 Class A, B, C가 일반 사용자에게 부여된다.
① Class A : 초/대규모의 네트워크에 할당. 총 126개의 네트워크를 만들 수 있으며, 각 네트워크당 1677만개의 노드를 연결 할 수 있다.
② Class B : 대규모 네트워크에 적용. 총 16,382개의 네트워크를 만들 수 있으며 각 네트워크당 6만5천개의 노드를 연결할 수 있다.
③ Class C : 소규모의 네트워크에 적용이 되며 총 2,097,150개의 네트워크를 만들 수 있으며 각 네트워크마다 254개의 노드를 연결할 수 있다.
④ Class D : IP멀티캐스트(Multicast)로 사용. 최상위 4비트는 항상 1110(2진수) 값을 가진다.

35 다음 중 채널의 점유주파수대폭을 넓게 확산시켜 광역 채널화하고, 통화별로 각기 다른 코드를 부여하여 사용하는 디지털 전송방식은?

① CDMA　② FDMA
③ TDMA　④ PCM

해설 ★ ① FDMA(frequency division multiple access) : 주파수분할 다중접속 방식은 무선 셀룰러 통신에 할당된 주파수 대역을 30개의 채널로 분할하고, 각 채널은 음성 대화나 디지털 데이터를 옮기는 서비스에 사용될 수 있다. FDMA는 북미에 가장 광범위하게 설치된 셀룰러폰 시스템인 아날로그 AMPS의 기본 기술이다. FDMA에서는 각 채널이 한 번에 오직 단 한 명의 사용자에게 할당될 수 있다.
② CDMA(code-division multiple access) : 코드분할 다중접속 방식은 데이터를 디지털화한 다음 그것을 가용한 전체 대역폭에 걸쳐 확산시킨다. 여러 통화가 하나의 채널에 겹쳐지게 되며, 각 통화는 차례를 나타내는 고유한 코드가 부여된다.
미국 퀄컴사에서 북미의 디지털 셀룰러 전화의 표준 방식으로 1993년 7월 미국 전자공업 협회(TIA)의 자율 표준 IS-95로 제정되었고, 우리나라는 1993년 11월에 체신부 고시를 통해 디지털 이동전화방식의 표준이 CDMA로 공식 결정되었으며, 세계 최초로 CDMA 상용화에 성공한 나라가 되었다.
㉠ CDMA의 장점
- AMPS에 비해 8~10배, GSM에 비해 4~5배의 용량을 가진다.
- 음성 품질이 높다.
- 모든 셀이 동일한 주파수를 사용하므로 주파수 계획이 용이하다.
- 보안성이 높다.
- 주파수 대역 이용 효율이 높다.
③ TDMA(time division multiple access) : 시분할 다중접속은 시간을 기준으로 분할하여 디지털 셀룰러폰 통신에 사용되는 기술로서, 전송할 수 있는 데이터량을 늘리기 위해 각 셀룰러 채널을 3개의 시간대로 나누기 위한 기술이다.
④ GSM(Global System for Mobile communications) : 종합정보통신망과 연결되므로 모뎀을 사용하지 않고도 전화 단말기와 팩시밀리, 랩톱 등에 직접 접속하여 이동데이터 서비스를 받을 수 있는 유럽식 디지털 이동통신 방식으로 한국에서 사용되고 있는

Answer　34. ①　35. ①

CDMA 방식과 대응되는 이동통신 방식이다. 각 주파수 채널을 시간으로 분할하는 시분할다중접속(TDMA) 방식 기술과 비동기식 전송망 기술을 기반으로 900[MHz] 대역에서 운용되는 이동통신 방식이다.
㉠ GSM의 특징
- 높은 음성 품질
- 저렴한 서비스 비용
- International Roaming 지원
- 주파수 대역 사용 효율 향상
- ISDN 호환

36 다음 중 채널용량에 대한 설명으로 틀린 것은?

① 채널용량은 채널의 대역폭에 반비례한다.
② 채널용량은 Nyquist의 공식에 의해서 결정된다.
③ 채널용량을 늘리기 위해서는 잡음의 세력을 줄여야 한다.
④ 채널용량을 늘리기 위해서는 신호의 세력을 높여야 한다.

해설 * **채널 용량(channel capacity)**
정해진 오류 발생률 내에서 채널을 통해 최대로 전송할 수 있는 정보량. 측정 단위는 초당 전송되는 비트 수가 된다.
㉠ 샤논의 채널용량(Channel capacity)은 잡음이 없다면 임의 대역폭에서도 채널 용량을 거의 무한으로 할 수 있으나, 잡음이 있다면 대역폭을 아무리 증가시켜도 채널용량을 크게 할 수 없다는 것을 의미한다.
$C = B \log_2(1+S/N)[bps]$ (C : 채널용량, B : 선로 대역폭[Hz], S : 수신된 신호전력, N : 잡음전력)
㉡ 샤논의 채널용량 공식은 채널용량은 전송대역폭과 신호대 잡음비(S/N)와의 관계를 나타낸다. 채널 용량을 증가시키는 방법은 S/N을 증가시키는 방법과 대역폭을 증가시키는 방법이 있다. 대역폭을 증가시키면 잡음 전력도 함께 증가하므로 채널용량이 급격히 개선되지 않지만, S/N를 개선하면 채널용량은 향상된다.

37 전송부호와 전송방식에 있어서, 전송부호 형식의 요구조건으로 바람직하지 않은 것은?

① 간섭 및 잡음 면역이 강한 부호 선택
② 수신단에서 동기화와 클록 검출이 용이한 부호 선택
③ 신호의 주파수 대역을 증가시킬 수 있는 부호 선택
④ 에러의 검출 및 정정이 용이한 부호 선택

해설 * **전송 부호에 필요한 조건**
1. 전송 부호는 직류성분이 없어야 한다.
2. 적은 주파수 대역으로 대량의 정보전송을 갖는다.
3. 타이밍과 추출이 용이해야 하며 동기신호의 재생이 비교적 쉬워야 한다.
5. 부호 열이 길지 않아야 한다.
6. 전송부호 변환기의 규격이 작고, 제작이 용이해야 한다.
7. 부호 에러율에 의한 2진 신호가 적어야 한다.
8. 오류의 검출 및 교환
9. 신호 간섭이나 잡음 특성이 양호

38 다음 중 통신망의 구성 조건으로 틀린 것은?

① 번호체계는 임의성이 있어야 한다.
② 신뢰성이 있어야 한다.
③ 접속의 신속성이 있어야 한다.
④ 정보 전달의 투명성이 있어야 한다.

해설 * 통신망은 공간적 거리에 관계없이 문자, 데이터, 화상 등의 정보를 효과적으로 송수신할 수 있도록 컴퓨터시스템들 사이와 단말기, 다중화

Answer 36. ① 37. ③ 38. ①

기와 같은 통신장비들 사이를 유기적으로 결합시킨 것으로 통신망의 구성 요소로는
㉠ 단말기기 : 정보를 인간이 알 수 있는 내용으로 변화시켜 주는 장치
㉡ 전송설비 : 전기적인 수단을 이용하여 정보 전달의 기능을 가진 부분
㉢ 교환설비 : 단말기기의 경로 선택, 접속제어, 각종 서비스의 실행, 통신망의 관리 및 제어 실행을 담당
㉣ 통신망의 구성조건은 접속 임의성, 신속성, 정보전송의 투명성, 통화품질의 통일성, 신뢰성, 번호체계가 통일적이고 장기간 보장되어야 하며, 과금 구조가 합리적이어야 한다.

39 이동통신시스템에서 기지국과 기지국 사이의 통화 채널 전환 기능을 무엇이라 하는가?
① 핸드오프   ② 채널전환
③ 통화전환   ④ 채널통신

해설 * 핸드오프(Hand-off)는 통화 중인 가입자가 현재의 기지국 서비스 지역을 벗어나 새로운 기지국 서비스 지역으로 진입할 때 통화의 단절 없이 계속 통화가 될 수 있게 하는 기능이다.

40 무선 LAN에서 사용되는 장비로 유선 LAN에서의 허브(Hub)와 같은 역할을 수행하는 장비는?
① 안테나
② 액세스 포인트
③ 네트워크 카드
④ 무선 브리지

해설 * 무선 액세스 포인트(wireless access point, WAP)는 컴퓨터 네트워크에서 와이파이, 블루투스 관련 표준을 이용하여 무선 장치들을 유선 장치에 연결할 수 있게 하는 장치를 가리킨다.

41 인터넷 통신에 사용되는 장비와 거리가 먼 것은?
① Hub   ② Router
③ HTTP   ④ LAN Card

해설 * HTTP(HyperText Transfer Protocol)
웹상에서 텍스트, 그래픽 이미지, 사운드, 비디오, 기타 멀티미디어 파일 등을 송·수신하는 데 필요한 통신 프로토콜

42 다음 중 표준신호발생기(SSG)가 갖추어야 할 기능으로 틀린 것은?
① 주파수가 정확하고 파형이 양호해야 한다.
② 불필요한 출력을 내지 않아야 한다.
③ 출력 임피던스가 일정해야 한다.
④ 누설 전류가 많고 장기간 사용할 수 있어야 한다.

해설 * ① 표준 신호 발생기(SSG, standard signal generator)는 고주파 발진기, 변조용 저주파 발진기, 피변조 증폭기와 감쇠기, 출력 지시계로 구성되며, 내부에서 400[Hz], 1000[Hz] 등의 가변주파 발진기를 내장하여 진폭 변조를 할 수 있게 되어 있다.
② 표준신호 발생기의 조건
  ㉠ 주파수가 정확하고 가변 범위가 넓을 것
  ㉡ 변조도가 자유롭게 조절될 수 있을 것
  ㉢ 출력이 가변될 수 있고, 그의 정확한 값을 알 수 있을 것
  ㉣ 출력 임피던스가 일정할 것
  ㉤ 불필요한 출력을 내지 않을 것
  ㉥ 누설 전류가 적고, 장기 사용에 견딜 것
  ㉦ 변조 특성이 좋으며, 지시 변조도가 정확할 것

43 측정계기 중에서 DC 전용으로 사용되는

Answer 39. ① 40. ② 41. ③ 42. ④ 43. ①

것은?

① 가동 코일형 계기
② 가동 철편형 계기
③ 유도형 계기
④ 열전형 계기

종류	약호 및 기호	동작원리	주용도	특성	측정범위
가동 코일형	M	자석의 자속과 전류의 상호 작용	전류계 전압계 자속계 저항계	직류, 균등 눈금 감도가 높고, 정밀용	전류 : $5\times10^{-6} \sim 10^2$ [A] 전압 : $5\times10^{-2} - 6\times10^2$ [V]
전류력계형	D	전류 사이의 전자 작용	전력계 전압계 전류계	교류, 직류 양용 상용주파수에서 사용, 실효값 지시	전류 : $10^{-2} \sim 20$ [A] 전압 : $1 \sim 10^3$ [V]
가동 철편형	S	자장 속의 연철편이 작용하는 전자력	전류계 전압계 저항계 회전계	교류 견고하여 실용적, 상용 주파수에서 사용, 실효값 지시	전류 : $10^{-2} \sim 3\times10^2$ [A] 전압 : $10 \sim 10^3$ [V]
유도형	I	교번 자속과 이에 의한 맴돌이 전류의 상호 작용	전력계 전압계 전류계 회전계	교류형 구동토크가 큼 상용 주파수에 사용	전류 : $10^{-1} \sim 10^2$ [A] 전압 : $1 \sim 10^3$ [V]
정전형	E	충전한 금속판 사이의 정전 작용	전압계 저항계	교류, 직류 양용, 사용 주파수에 사용, 실효값 지시	전압 : $1 \sim 5\times10^5$ [V]
정류형	R	반도체의 정류작용	전압계 전류계 저항계	교류용 고주파에 사용 평균값 지시	전류 : $5\times10^{-4} \sim 10^{-1}$ [A] 전압 : $3 \sim 10^3$ [V]
열전쌍형	T (직렬형) (절연형)	열전쌍에 생기는 열기전력	전압계 전류계 전력계	교류, 직류 양용 고주파에 사용 실효값 지시	전류 : $10^{-3} \sim 5$ [A] 전압 : $0.5 \sim 150$ [V]
진동편형	V	진동편의 공진작용	주파수계 회전계	교류용	
가동 코일형 비율계형	XM	두 코일의 전자 작용의 비	저항계 역률계	직류용	
가동 철편형 비율계형	XS	두 코일의 자기 작용의 비	주파수계 역률계	교류용	

197

44 다음 중 아날로그계측에 비해 디지털계측(Digital Measurement)의 장점이 아닌 것은?

① 측정하기가 편리하다.
② 측정값을 읽을 때 오차가 발생하지 않는다.
③ 잡음에 대하여 덜 민감하다.
④ 측정에서 얻어진 아날로그 정보를 직접 전자계산기에 입력하여 데이터를 처리할 수 있다.

> **해설** ★ 디지털계측(Digital Measurement)의 장점
> ㉠ 시스템 상호간, 또한 전용 및 범용의 컴퓨터와 쉽게 연결할 수 있다.
> ㉡ 디지털신호는 진폭이 아닌, on/off 펄스의 특정 순서에 의존하기 때문에 잡음신호에 강하다.(noise-resistant)
> ㉢ 높은 신뢰도 및 정확성을 고려하면 매우 큰 이점이 있으며, 특히 복잡한 데이터처리과정이 요구될 때는 아날로그시스템의 비용에 비해 상대적으로 저렴하게 구성할 수 있다.
> ㉣ Personal Computer를 활용해 계측 및 제어시스템을 용이하게 구축할 수 있다.

45 길이가 25[m]인 수직 접지안테나의 고유파장과 주파수는 얼마인가?

① 50[m], 3[MHz]
② 50[m], 6[MHz]
③ 100[m], 3[MHz]
④ 100[m], 6[MHz]

> **해설** ★ 수직접지 안테나는 안테나에 사용되는 λ/4도선을 대지에 수직으로 설치하고 도선 한 끝단을 직접 접지하는 방식(기저부 접지형)과 송신기를 통하여 접지하는 방식(기저부 절연형)의 구조를 갖는 안테나. 수직접지 안테나는 기저부 절연형을 주로 사용한다.

고유파장(λ)은 $4 \times 25 = 100$[m], 주파수(f)는

$$f = \frac{c}{\lambda} = \frac{3 \times 10^8}{100} = 3[\text{MHz}]$$

46 사업자의 교환설비로부터 이용자방송통신설비의 최초 단자에 이르기까지의 사이에 구성되는 회선을 무엇이라 하는가?

① 국선   ② 통신망
③ 전송설비   ④ 국선설비

> **해설** ★ 방송통신설비의 기술기준에 관한 규정 제3조(정의)
> ① 이 영에서 사용하는 용어의 뜻은 다음 각 호와 같다.
> 3. "국선"이란 사업자의 교환설비로부터 이용자방송통신설비의 최초 단자에 이르기까지의 사이에 구성되는 회선을 말한다.
> 4. "국선접속설비"란 사업자가 이용자에게 제공하는 국선을 수용하기 위하여 설치하는 국선수용단자반 및 이상전압전류에 대한 보호장치 등을 말한다.
> 9. "전송설비"란 교환설비·단말장치 등으로부터 수신된 방송통신콘텐츠를 변환·재생 또는 증폭하여 유선 또는 무선으로 송신하거나 수신하는 설비로서 전송단국장치·중계장치·다중화장치·분배장치 등과 그 부대설비를 말한다.

47 다음 설명을 직무로 하는 사람을 무엇이라 하는가?

> 과학기술에 관한 전문적 응용능력을 필요로 하는 사항에 대하여 계획, 연구, 설계, 분석, 조사, 시험, 시공, 감리, 평가, 진단, 시험운전, 사업관리, 기술판단, 기술중재 또는 이에 관한 기술자문과 기술지도

① 용역업자
② 발주자
③ 기술사

Answer 44. ④ 45. ③ 46. ① 47. ③

④ 정보통신공사업자

해설 * 기술사법 제3조(기술사의 직무)
① 기술사는 과학기술에 관한 전문적 응용능력을 필요로 하는 사항에 대하여 계획·연구·설계·분석·조사·시험·시공·감리·평가·진단·시험운전·사업관리·기술판단(기술 감정을 포함한다)·기술 중재 또는 이에 관한 기술자문과 기술 지도를 그 직무로 한다.
② 정부, 지방자치단체 및 「공공기관의 운영에 관한 법률」 제5조에 따른 공기업과 준정부기관은 제1항에 따른 기술사 직무와 관련된 공공사업을 발주하는 경우에는 공공의 안전 확보를 위하여 기술사를 우선적으로 사업에 참여하게 할 수 있다.
③ 기술사의 직무에 관하여 다른 법률에 특별한 규정이 있는 경우를 제외하고는 이 법에 따른다.
④ 제1항에 규정된 과학기술에 관한 전문적 응용능력을 필요로 하는 사항의 종류 및 범위는 대통령령으로 정한다.

48 다음 괄호 안에 들어갈 알맞은 것은?

> 대통령령으로 정하는 공사를 발주한 자는 해당 공사를 시작하기 전에 설계도를 특별자치시장·특별자치도지사·시장·군수·구청장에게 제출하여 기술기준에 적합한지를 확인받아야 하며, 그 공사를 끝냈을 때에는 특별자치시장·특별자치도지사·시장·군수·구청장의 ( )를 받고 정보통신설비를 사용하여야 한다.

① 사용 전 검사
② 사용 후 검사
③ 정보통신 준공 전 검사
④ 방송통신 준공 후 검사

해설 * 정보통신공사업법 제36조(공사의 사용 전 검사 등)
① 대통령령으로 정하는 공사를 발주한 자(자신의 공사를 스스로 시공한 공사업자 및 제3조제2호에 따라 자신의 공사를 스스로 시공한 자를 포함하며, 이하 이 조에서 "발주자 등"이라 한다)는 해당 공사를 시작하기 전에 설계도를 특별자치시장·특별자치도지사·시장·군수·구청장(자치구의 구청장을 말한다. 이하 같다)에게 제출하여 제6조에 따른 기술기준에 적합한지를 확인받아야 하며, 그 공사를 끝냈을 때에는 특별자치시장·특별자치도지사·시장·군수·구청장의 사용 전 검사를 받고 정보통신설비를 사용하여야 한다.
② 특별자치시장·특별자치도지사·시장·군수·구청장은 필요한 경우 발주자 등, 용역업자, 그 밖에 정보통신공사 관계 기관에 제1항에 따른 착공 전 확인과 사용 전 검사에 관한 자료의 제출을 요구할 수 있다.
③ 제1항에 따른 착공 전 확인과 사용 전 검사의 절차 등은 대통령령으로 정한다.

49 다음 중 전기통신사업의 종류에 해당하지 않는 것은?

① 기간통신사업
② 별정통신사업
③ 부가통신사업
④ 정보통신사업

해설 * 전기통신사업법 제5조(전기통신사업의 구분 등)
① 전기통신사업은 기간통신사업, 별정통신사업 및 부가통신사업으로 구분한다.
② 기간통신사업은 전기통신회선설비를 설치하고, 그 전기통신회선설비를 이용하여 기간통신역무를 제공하는 사업으로 한다.
③ 별정통신사업은 다음 각 호의 어느 하나에 해당하는 사업으로 한다.
  1. 제6조에 따른 기간통신사업의 허가를 받은 자(이하 "기간통신사업자"라 한다)의 전기통신회선설비 등을 이용하여 기간통신역무를 제공하는 사업
  2. 대통령령으로 정하는 구내(構內)에 전기통신설비를 설치하거나 그 전기통신설비를 이용하여 그 구내에서 전기통신역무를 제공하는 사업
④ 부가통신사업은 부가통신역무를 제공하는 사업으로 한다.

Answer 48. ① 49. ④

50 다음 중 전기통신사업자의 보편적 역무의 내용을 정하고자 할 때 고려하는 사항이 아닌 것은?

① 정보통신기술의 발전 정도
② 전기통신역무의 보급 정도
③ 공공의 이익과 안전
④ 고용의 승계

해설 * 전기통신사업법 제4조(보편적 역무의 제공 등)
① 모든 전기통신사업자는 보편적 역무를 제공하거나 그 제공에 따른 손실을 보전(補塡)할 의무가 있다.
② 과학기술정보통신부장관은 제1항에도 불구하고 다음 각 호의 어느 하나에 해당하는 전기통신사업자에 대하여는 그 의무를 면제할 수 있다.
　1. 전기통신역무의 특성상 제1항에 따른 의무 부여가 적절하지 아니하다고 인정되는 전기통신사업자로서 대통령령으로 정하는 전기통신사업자
　2. 전기통신역무의 매출액이 전체 전기통신사업자의 전기통신역무 총매출액의 100분의 1의 범위에서 대통령령으로 정하는 금액 이하인 전기통신사업자
③ 보편적 역무의 구체적 내용은 다음 각 호의 사항을 고려하여 대통령령으로 정한다.
　1. 정보통신기술의 발전 정도
　2. 전기통신역무의 보급 정도
　3. 공공의 이익과 안전
　4. 사회복지 증진
　5. 정보화 촉진
④ 과학기술정보통신부장관은 보편적 역무를 효율적이고 안정적으로 제공하기 위하여 보편적 역무의 사업규모·품질 및 요금수준과 전기통신사업자의 기술적 능력 등을 고려하여 대통령령으로 정하는 기준과 절차에 따라 보편적 역무를 제공하는 전기통신사업자를 지정할 수 있다.
⑤ 과학기술정보통신부장관은 보편적 역무의 제공에 따른 손실에 대하여 대통령령으로 정하는 방법과 절차에 따라 전기통신사업자에게 그 매출액을 기준으로 분담시킬 수 있다.

51 기간통신사업자는 선로 등에 관한 측량, 전기통신설비의 설치공사 또는 보전공사를 하기 위하여 필요한 경우 사유 또는 국·공유의 전기통신설비 및 토지 등을 일시 사용할 수 있다. 토지 등의 일시 사용기간은 몇 개월을 초과할 수 없는가?

① 3개월　　② 6개월
③ 9개월　　④ 12개월

해설 * 전기통신사업법 제73조(토지 등의 일시 사용)
① 기간통신사업자는 선로 등에 관한 측량, 전기통신설비의 설치공사 또는 보전공사를 하기 위하여 필요한 경우에는 현재의 사용을 뚜렷하게 방해하지 아니하는 범위에서 사유 또는 국유·공유의 전기통신설비 및 토지 등을 일시 사용할 수 있다.
② 누구든지 제1항에 따른 선로 등의 측량, 전기통신설비의 설치공사 또는 보전공사와 이를 위한 전기통신설비 및 토지 등의 일시 사용을 정당한 사유 없이 방해하여서는 아니 된다.
③ 기간통신사업자는 제1항에 따라 사유 또는 국유·공유 재산을 일시 사용하려면 미리 점유자에게 사용목적과 사용기간을 알려야 한다. 다만, 미리 알리는 것이 곤란한 경우에는 사용을 할 때 또는 사용 후 지체 없이 알리고, 점유자의 주소나 거소를 알 수 없어 사용목적과 사용기간을 알릴 수 없는 경우에는 이를 공고하여야 한다.
④ 제1항에 따른 토지 등의 일시 사용기간은 6개월을 초과할 수 없다.

52 방송통신기자재 등의 적합성평가에 관한 고시에서 적합인증서의 교부 후 관보에 공고해야 하는 사항이 아닌 것은?

Answer　50. ④　51. ②　52. ④

① 인증받은 자의 상호 또는 성명
② 기자재의 명칭·모델명
③ 인증연월일
④ 제조 도시

> **해설** ★ 방송통신기자재 등의 적합성평가에 관한 고시 제7조(적합인증서의 교부)
> 원장은 제6조에 따른 심사결과가 적합한 경우에는 별지 제3호서식의 적합인증서를 신청인에게 교부(전자적 방식을 포함한다)하고, 다음 각 호의 사항을 관보에 공고하여야 한다.
> 1. 인증받은 자의 상호 또는 성명
> 2. 기자재의 명칭·모델명
> 3. 인증번호
> 4. 제조자 및 제조국가
> 5. 인증연월일

53 방송통신기자재 등의 적합성평가에 관한 고시에서 적합성평가의 잠정인증 신청은 적합성평가를 신청받은 날부터 며칠 이내에 처리해야 하는가?

① 즉시 처리 ② 1일 이내
③ 5일 이내 ④ 60일 이내

> **해설** ★ 방송통신기자재 등의 적합성평가에 관한 고시 제26조(처리기간)
> ① 원장은 적합성평가를 신청받은 때에는 다음 각 호에서 정한 기일 이내에 이를 처리하여야 한다.
> 1. 즉시처리
>   가. 제5조에 따른 적합성평가 식별부호 신청
>   나. 제8조에 따른 적합등록의 신청
>   다. 제16조제2항에 따른 적합등록 변경신고(제15조제1항 및 제15조제2항제1호와 제2호에 해당하는 경우)
>   라. 제24조에 따른 적합성평가의 해지
>   마. 제25조에 따른 인증서의 재발급
>   바. 제28조에 따른 수입 기자재의 통관확인
> 2. 1일 이내 처리 : 제19조에 따른 적합성평가의 면제확인
> 3. 5일 이내 처리
>   가. 제5조에 따른 적합인증 신청
>   나. 제16조제1항에 따른 변경신고
>   다. 제16조제2항에 따른 적합등록 변경신고(제15조제2항제3호에 해당하는 경우)
> 4. 60일 이내 처리 : 제11조에 따른 잠정인증 신청

54 다음 중 옥내에 설치하는 구내통신선의 배선기준으로 맞는 것은?

① 50[MHz] 이상의 전송대역을 갖는 꼬임케이블, 광섬유케이블, 동축케이블을 사용하여야 한다.
② 100[MHz] 이상의 전송대역을 갖는 꼬임케이블, 광섬유케이블, 동축케이블을 사용하여야 한다.
③ 150[MHz] 이상의 전송대역을 갖는 꼬임케이블, 광섬유케이블, 동축케이블을 사용하여야 한다.
④ 200[MHz] 이상의 전송대역을 갖는 꼬임케이블, 광섬유케이블, 동축케이블을 사용하여야 한다.

> **해설** ★ 접지설비·구내통신설비·선로설비 및 통신공동구 등에 대한 기술기준 제32조(구내 통신선의 배선)
> 구내 통신선은 다음 각 호와 같은 선로로 설치하여야 한다.
> 1. 옥내에 설치하는 통신선은 100[MHz] 이상의 전송대역을 갖는 꼬임케이블(이하 "꼬임케이블"이라 한다), 광섬유케이블, 동축케이블을 사용하여야 한다.
> 2. 옥외에 설치하는 선로는 옥외용 꼬임케이블, 옥외용 광섬유케이블, 동축케이블을 사용하여야 한다.

Answer 53. ④ 54. ②

55 다음 중 국선 단자함의 설치요건이 아닌 것은?

① 국선단자함은 국선수용 단자, 단자반 및 보호기를 설치할 수 있는 충분한 공간 및 구조를 갖추어야 한다.
② 선로를 수용할 단자함의 하부는 바닥으로부터 30[cm] 이상에 시설되어야 한다.
③ 관로의 분계점과 가능한 한 먼 곳에 설치하여야 한다.
④ 분진·유해가스 및 부식증기를 접하는 장소에 설치하여서는 아니 된다.

해설 ✽ 접지설비·구내통신설비·선로설비 및 통신공동구 등에 대한 기술기준 제29조(국선수용 및 국선단자함 등)
④ 국선단자함은 다음 각 호의 요건을 갖추어야 한다.
1. 국선단자함은 국선수용 단자, 단자반 및 보호기를 설치할 수 있는 충분한 공간 및 구조를 갖추어야 하며 관로의 분계점과 가장 가까운 곳에 설치하여야 한다.
2. 국선단자함은 실내에 설치하고 다음 각 목의 장소에 설치하여서는 아니 되며, 선로를 수용할 단자함의 하부는 바닥으로부터 30[cm] 이상에 시설되어야 한다.
   가. 세면실, 화장실, 보일러실, 발전기계실
   나. 분진·유해가스 및 부식증기를 접하는 장소
   다. 소화 호수시설을 갖춘 벽장 내

56 다음 중 '홈게이트웨이'의 설치기준에 해당하지 않는 것은?

① 홈게이트웨이는 세대단자함 또는 세대통합관리반에 설치할 수 있다.
② 홈게이트웨이에서 원격제어되는 조명제어기, 난방제어기 등 모든 원격제어 기기에는 수동으로 조작하는 스위치를 설치하여야 한다.
③ 홈게이트웨이는 이상전원 발생 시 제품을 보호할 수 있는 기능을 내장하여야 하며, 동작 상태와 케이블의 연결 상태를 쉽게 확인할 수 있는 구조로 설치하여야 한다.
④ 세대단자함 또는 세대통합관리반에 설치되는 홈게이트웨이는 벽에 부착할 수 있어야 하며 동작에 필요한 전원이 공급되어야 한다.

해설 ✽ 지능형 홈네트워크 설비 설치 및 기술기준 제5조(홈게이트웨이)
① 홈게이트웨이는 세대단자함 또는 세대통합관리반에 설치할 수 있다.
② 세대단자함 또는 세대통합관리반에 설치되는 홈게이트웨이는 벽에 부착할 수 있어야 하며 동작에 필요한 전원이 공급되어야 한다.
③ 홈게이트웨이는 이상전원 발생 시 제품을 보호할 수 있는 기능을 내장하여야 하며, 동작상태와 케이블의 연결상태를 쉽게 확인할 수 있는 구조로 설치하여야 한다.

57 다음 중 '단지서버실'의 설치기준에 해당하지 않는 것은?

① 단지서버실은 3제곱미터 이상으로 한다.
② 단지서버실의 바닥은 이중바닥방식으로 설치하여야 한다.
③ 단지서버실은 단지서버의 성능을 위한 항온·항습장치를 설치하여야 한다.
④ 출입문은 폭 1미터, 높이 2.5미터 이상(문틀의 외측치수)의 잠금장치가 있는 출입문으로 설치하여야 한다.

해설 ✽ 지능형 홈네트워크 설비 설치 및 기술기준 제22조(단지서버실)
① 단지서버실은 3제곱미터 이상으로 한다.

Answer 55. ③ 56. ② 57. ④

② 단지서버실의 바닥은 이중바닥방식으로 설치하여야 한다.
③ 단지서버실은 단지서버의 성능을 위한 항온항습장치를 설치하여야 한다.
④ 출입문은 폭 0.9미터, 높이 2미터 이상(문틀의 외측치수)의 잠금장치가 있는 출입문으로 설치하며, 관계자 외 출입통제 표시를 부착하여야 한다.

58 다음 문장의 괄호 안에 들어갈 내용으로 맞는 것은?

발주자는 ( )에게 공사의 설계를 발주하여야 한다.

① 용역업자
② 감리업자
③ 공사업자
④ 하도급업자

해설 ✱ 정보통신공사업법 제7조(설계 등)
① 발주자는 용역업자에게 공사의 설계를 발주하여야 한다.
② 제1항에 따라 설계도서를 작성한 자는 그 설계도서에 서명 또는 기명날인하여야 한다.
③ 제1항 및 제2항에 따른 설계 대상인 공사의 범위, 설계도서의 보관, 그 밖에 필요한 사항은 대통령령으로 정한다.

59 방송통신설비의 기술기준에 관한 규정에서 정하는 '특고압'에 해당하는 것은?

① 1,000볼트를 초과하는 전압
② 3,000볼트를 초과하는 전압
③ 5,000볼트를 초과하는 전압
④ 7,000볼트를 초과하는 전압

해설 ✱ 방송통신설비의 기술기준에 관한 규정 제3조(정의)
이 영에서 사용하는 용어의 뜻은 다음 각 호와 같다.
19. "저압"이란 직류는 750볼트 이하, 교류는 600볼트 이하인 전압을 말한다.
20. "고압"이란 직류는 750볼트, 교류는 600볼트를 초과하고 각각 7,000볼트 이하인 전압을 말한다.
21. "특고압"이란 7,000볼트를 초과하는 전압을 말한다.

60 다음 중 이용자에게 안전하고 신뢰성 있는 방송통신서비스를 제공하기 위해 사업자가 구비하여 운용하여야 할 사항으로 틀린 것은?

① 방송통신설비를 수용하기 위한 건축물 또는 구조물의 안전 및 화재대책 등에 관한 사항
② 방송통신설비를 이용 또는 운용하는 자의 안전 확보에 필요한 사항
③ 방송통신설비의 운용에 필요한 시험·감시 및 통제를 할 수 있는 기능에 관한 사항
④ 방송통신설비의 사용제한을 위하여 필요한 사항

해설 ✱ 방송통신설비의 기술기준에 관한 규정 제22조(안전성 및 신뢰성 등)
① 사업자는 이용자가 안전하고 신뢰성 있는 방송통신서비스를 제공받을 수 있도록 다음 각 호의 사항을 구비하여 운용하여야 한다.
1. 방송통신설비를 수용하기 위한 건축물 또는 구조물의 안전 및 화재대책 등에 관한 사항
2. 방송통신설비를 이용 또는 운용하는 자의 안전 확보에 필요한 사항
3. 방송통신설비의 운용에 필요한 시험·감시 및 통제를 할 수 있는 기능에 관한 사항
4. 그 밖에 방송통신설비의 안전성 및 신뢰성 확보를 위하여 필요한 사항
② 제1항에 따라 방송통신서비스에 사용되는 방송통신설비가 갖추어야 할 안전성 및 신뢰성에 대한 세부기술기준은 과학기술정보통신부장관이 정하여 고시한다.

Answer 58. ① 59. ④ 60. ④

2016년 1회 시행 과년도출제문제

01 저항에 전압을 가하면 전류가 흐르는데 저항을 20[%] 줄이면 전류는 처음의 몇 배가 되는가?
① 1.05배 ② 1.15배
③ 1.25배 ④ 1.34배

해설 ★ $R=\dfrac{V}{I}[\Omega]$의 식에 의해서 $I=\dfrac{1}{0.8}=1.25$

02 다음 중 도체의 저항 값에 대한 설명으로 맞는 것은?
① 저항 값은 도체의 길이에 비례하고 단면적에 반비례한다.
② 저항 값은 도체의 길이에 반비례하고 단면적에 비례한다.
③ 저항 값은 도체의 직경에 비례하고 길이에 반비례한다.
④ 저항 값은 도체의 직경에 비례하고 단면적에 반비례한다.

해설 ★ **도체의 저항**
고유저항(ρ)과 도체의 길이(l)에 비례하고, 단면적(A)에 반비례한다.
$R=\rho\dfrac{l}{A}[\Omega]$

03 다음 교류 파형의 주파수는 얼마인가?

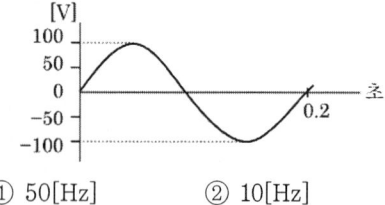

① 50[Hz] ② 10[Hz]
③ 5[Hz] ④ 1[Hz]

해설 ★ $f=\dfrac{1}{T}=\dfrac{1}{0.2}=5[Hz]$

04 코일(L)로만 이루어진 교류회로에 가해진 전압과 전류의 관계식 $V=\sqrt{2}\,\omega LI\sin\left(\omega t+\dfrac{\pi}{2}\right)[V]$의 설명으로 틀린 것은?
① 전압은 전류보다 $\dfrac{\pi}{2}[rad]$만큼 위상이 앞서 있다.
② 코일에는 주파수를 변화시키는 성질이 없다.
③ ωL의 값이 커지면 회로에 흐르는 전류의 값이 커진다.
④ ωL의 값은 전압의 크기뿐만 아니라 위상까지 바꾼다.

해설 ★ V는 순시값, 주파수는 $\dfrac{\omega}{2\pi}$이고, ωL의 값에 따라 전압과 위상이 변화한다.

05 다음 중 자력선에 대한 설명으로 틀린 것은?
① 자력선은 N극에서 S극으로 향한다.
② 자기장의 방향은 자력선의 방향으로 표시한다.
③ 자력선은 상호간 교차한다.
④ 자기장의 크기는 자력선 밀도로 표시한다.

해설 ★ **자력선(magnetic line of force)**
자계의 상태를 나타내기 쉽게 하기 위하여 가상된 선으로, 자력선은 N극에서 나와 공간을 지나 S극으로 들어간다. 이 접선의 방향은 자

Answer 1. ③ 2. ① 3. ③ 4. ③ 5. ③

계의 방향을 나타내고, 그 밀도는 자계의 세기를 나타낸다. 또, 자력선은 같은 방향으로 통하고 있는 것끼리는 서로 반발하고 그 자신은 고무줄과 같이 오그라들려는 경향이 있으며, 다른 자력선과 교차하는 일은 없다.

06 전장효과 트랜지스터(FET)의 특성은 진공관에 비교한다면 몇 극관과 같은가?

① 5극관 ② 4극관
③ 3극관 ④ 2극관

해설 ✽ FET(전계 효과 트랜지스터 : Field Effect Transistor)
게이트에 역전압을 걸어주어 출력인 드레인 전류를 제어하는 전압제어 소자로서, 다수 캐리어인 자유전자나 정공 중 어느 하나에 의해서 전류의 흐름이 결정되므로 극성이 1개만 존재하는 단극성 트랜지스터(unipolar transistor)로 5극 진공관과 같은 특성을 지니며, 입력 임피던스가 매우 높다.
[FET의 특징]
① 전자나 정공 중 하나의 반송자에 의해서만 동작하는 단극성 소자이다.
② 전압제어소자로 다수 캐리어에 의해 동작하며, 게이트의 역전압에 의해 드레인 전류가 제어된다.
③ 트랜지스터(BJT)에 비하여 입력 임피던스가 높아 전압 증폭기로 사용한다.
④ 전력소비가 적고, 소형화에 유리하여 대규모 IC에 적합하다.

07 평활회로를 거쳐 얻어진 직류 출력에 남아있는 교류 성분을 무엇이라고 하는가?

① 플리커 ② 하울링
③ 핀치 ④ 리플

해설 ✽ 평활회로를 거쳐 얻어진 신호 중 직류 전원에 남아 있는 교류 성분을 리플이라 하고, 정류된 직류에 포함된 교류성분의 정도를 맥동률이라 한다.

08 다음 회로의 제너다이오드에 흐르는 전류는 얼마인가? (단, 제너다이오드의 파괴전압은 10[V]이다.)

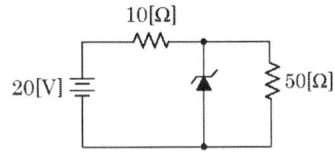

① 0.2[A] ② 0.4[A]
③ 0.6[A] ④ 0.8[A]

해설 ✽ • 전체전압이 20[V]이고, 제너다이오드에 걸리는 전압이 10[V]이므로 10[Ω]의 저항에는 10[V]의 전압이 걸리게 된다. 그러므로 전체 전류(I)는 $I = \frac{V}{R} = \frac{10}{10} = 1[A]$가 흐른다.
• 전체전류가 1[A] 흐르므로 50[Ω]에 흐르는 전류는 $I = \frac{V}{R} = \frac{10}{50} = 0.2[A]$가 흐르게 되고, ZD에 흐르는 전류는 0.8[A]가 흐른다.

09 다음 회로에 관한 설명으로 옳지 않은 것은?

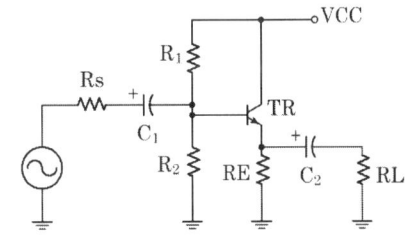

① 입력 임피던스가 크고 출력 임피던스가 작다.
② 전압증폭과 전류증폭을 할 수 있다.
③ 이미터 폴로워 회로이다.
④ 컬렉터 공통 접속 증폭기이다.

해설 ✽ 그림은 전류 증폭기인 이미터 폴로워(컬렉터 공통 접속 증폭기)이며, 입력 임피던스가 크고 출력 임피던스가 작아서 과부하를 방지하고 전류 증폭도 할 수 있고, 주파수는 입력 신호와 같고 크기만 커진 전류 신호를 출력하며, 전류

Answer 6. ① 7. ④ 8. ④ 9. ②

증폭 이외에도 이전 단 증폭기의 출력 임피던스와 다음 단 증폭기의 입력 임피던스를 정합(matching)시켜 신호를 잘 전달한다.

10 다음 중 이상적인 연산증폭기의 특성이 아닌 것은?

① 전압이득 A_v가 무한대이다.
② 입력저항 R_i가 무한대이다.
③ 출력저항 R_o가 0이다.
④ 대역폭이 0이다.

해설 * **이상적인 연산증폭기의 특성**
- 전압 이득 A_v가 무한대이다($A_v = \infty$).
- 입력 저항 R_i가 무한대이다($R_i = \infty$).
- 출력 저항 R_o가 0이다($R_0 = 0$).
- 대역폭이 무한대이고(BW = ∞), 지연응답(response delay)은 0이다.
- 오프셋(offset)이 0이다.
- 특성의 변동, 잡음이 없다.
연산증폭기는 정확도를 높이기 위하여 큰 증폭도와 높은 안정도가 필요하다.

11 LC 발진기에서 기생 발진을 줄이기 위해 사용되는 발진기는?

① 클랩 발진기
② 콜피츠 발진기
③ 하틀리 발진기
④ 레이저 발진기

해설 * ① 콜피츠(Colpitts) 발진기는 2개의 커패시터와 1개의 인덕터로 귀환회로를 구성한 발진기로 귀환 루프에 위상 변이를 시키거나 특정 주파수만을 통과시키는 공진필터처럼 동작하는 LC 회로에 적용한다.
- 발진기 출력의 외부 부하에 의해서도 발진 주파수가 감소할 수 있으므로 변압기를 결합하는 등의 대책이 필요하다.
② 클랩(Clapp) 발진기는 콜피츠 발진기의 변형으로 공진 귀환회로의 인덕터와 직렬로 제3의 커패시터를 연결하여 발진주파수가 더 정확하고 안정된 발진기이다.
③ 하틀리(Hartley) 발진기는 콜피츠 발진기와 유사하지만, 2개의 직렬 인덕터와 1개의 병렬 커패시터로 귀환회로를 구성하며, 부하 효과도 콜피츠 발진기와 유사하다.

12 다음 중 수정 발진기의 특징으로 가장 알맞은 것은?

① 온도변화에 영향을 받지 않는다.
② 수정진동자가 용량성일 때 안정하게 동작한다.
③ 주파수 안정도가 매우 높다.
④ 수정편의 Q(선택도)가 매우 낮다.

해설 * **수정 발진기(Crystal Oscillator)**
LC 발진기보다 높은 주파수 안정도가 요구되는 곳에서는 수정 제어 발진기가 이용되고 있다. 수정 발진기는 LC 회로의 유도성 소자 대신에 수정의 압전(piezo electric)효과를 이용하여 주파수를 발생시키는 기본 소자로서 TV, VTR, Computer, Microprocessor, Car Phone, 무선전화기, 시계, 장난감, Audio System 등을 비롯한 모든 가전제품, 각종 통신기기와 이동 통신기기 및 전자기기에서 주파수 제어환경에 필수 부품으로 주변온도 및 환경 변화, 장기간 사용 등의 경우에도 매우 안정되고 정밀한 주파수를 공급한다.

13 다음 중 8PSK 디지털 변조회로에 대한 설명으로 옳지 않은 것은?

① 입력 Data가 들어오면 3개의 Channel로 분리된다.
② 각각 2개의 입력이 2 to 4 레벨변환기에 입력된다.
③ 각 2 to 4 레벨변환기의 출력은 sin t와 cos t와 곱해져서 최종 총 8개의 출

Answer 10. ④ 11. ① 12. ③ 13. ④

력이 나오게 된다.
④ 총 8개의 출력은 서로 다른 위상과 서로 다른 크기를 나타내는 8진 PSK 출력이다.

해설 * 위상 편이 변조(Phase Shift Keying)는 디지털 신호의 0, 1에 따라 2종류의 위상을 갖는 변조 방식이다.
  • 8PSK 디지털 변조회로는 입력 Data열이 직·병렬 회로에 들어오면 3개의 CH로 분리 (Q, I, C CH)된다. 각 CH의 bit율은 R/3이며, 각각 2개의 입력이 2-to-4 레벨 변환기에 들어오면 4개의 출력이 가능하게 되고, 각각 이 $sin\omega ct$와 $cos\omega ct$와 곱해져 총 8개의 출력이 나오게 된다.
  • 각각의 2-to-4 레벨 변환기에서 나온 4개씩의 출력에 $sin\omega ct$, $cos\omega ct$를 곱해, 선형 합성면 총 8개의 서로 다른 위상을 갖는 8진 PSK 변조기 출력을 얻을 수 있다.

14 PCM(펄스코드변조)에서 양자화 잡음을 줄이기 위한 방법 중 입력신호의 진폭에 따라 양자화 계단의 최대레벨과 최소레벨을 조정하는 적응형 양자화기를 사용하는 방식을 무엇이라고 하는가?
① PCM ② ADPCM
③ DPCM ④ DM

해설 *

구분	PCM	DPCM	ADPCM	DM	ADM
표본화 주파수	8kHz	8kHz	8kHz	16kHz	16kHz
표본당 비트수	8bit	4bit	4bit	1bit	1bit
전송속도	64bps	32bps	32bps	16bps	16bps
양자화 계단	256(28)	16(24)	16(24)	2(21)	2(21)
시스템 구성	보통	복잡	매우 복잡	매우 간단	간단
잡음	양자화	양자화		평탄/ 과부하	

15 다음 중 플립플롭 회로에 대한 설명으로 맞지 않은 것은?
① 출력의 일부가 입력으로 피드백(Feedback)되어 최종적인 출력을 결정하는 회로이다.
② 출력은 반드시 2개이다.
③ 입력은 1개 이상이다.
④ 조합 논리회로이다.

해설 * • 플립플롭 회로는 입력 트리거(trigger) 펄스 2개마다 1개의 출력 펄스를 얻어낼 수 있으므로 전자계산기, 계수기 등의 디지털(digital) 기기들이 기억소자로 이용된다.
  • 레지스터를 구성하는 기본소자가 플립플롭(F/F)으로, 0과 1의 안정된 논리 상태를 갖는 쌍안정 멀티바이브레이터를 플립플롭(F/F)이라 하며, RS 플립플롭, D 플립플롭, JK 플립플롭, T 플립플롭 등 여러 가지 종류가 있다.

16 기억장치에 기억되어 있는 프로그램이나 데이터를 이용하여 산술연산이나 논리연산을 수행하는 기능은?
① 제어 기능 ② 연산 기능
③ 출력 기능 ④ 입력 기능

해설 * • 제어 기능(control function)은 전자계산기의 각 기능이 유기적으로 동작하도록 여러 장치들을 제어하며, 기억 장치에 기억된 프로그램을 해독하고, 그 해독된 내용에 따라 동작하도록 지시하는 기능이다.
  • 연산 장치(ALU, Arithmetic and Logic Unit)는 프로그램상의 명령문에 대한 모든 연산을 수행하는 장치로서, 누산기, 데이터 레지스터 가산기, 상태 레지스터 등으로 구성된다.

17 중앙처리장치에서 프로그램이 수행되는 동안 피연산자가 지정되는 방법은 명령어의 어드레싱 모드에 의해 좌우된다. 만일

Answer 14. ② 15. ④ 16. ② 17. ④

상대 주소 모드에서 프로그램 카운터가 825이고 명령어의 주소 부분이 24일 경우 유효 주소는 얼마인가?

① 825 ② 826
③ 849 ④ 850

해설 * 유효주소
=(현재 명령어의 오퍼랜드 내용)+(프로그램 카운터의 내용)

① 레지스터 어드레싱 모드(register addressing mode)
  • 연산에 사용할 데이터가 레지스터에 저장되어 있으며 레지스터를 참조하는 지정방식으로 오퍼랜드 필드의 내용은 레지스터 번호이며 그 번호가 가리키는 내용이 명령어 실행 데이터로 사용
  • 장점 : 명령어에서 오퍼랜드 필드의 길이가 작아도 되고 데이터 인출을 위한 메모리 접근이 필요 없다.
  • 유효주소는 레지스터의 번지가 된다.

② 레지스터 간접 어드레싱 모드(register indirect addressing mode)
  • 오퍼랜드 필드가 레지스터의 번호(레지스터의 내용이 가리키는 메모리가 유효 주소)로 지정. 레지스터의 내용은 실제 데이터를 인출함
  • 기억장치 영역은 레지스터의 길이에 달려 있다.

③ 변위 어드레싱 모드(displacement addressing mode)
  • 두 개의 오퍼랜드를 가지며 직접 주소지정방식과 레지스터 간접 주소지정방식을 조합하여 수행하며, 첫 번째 오퍼랜드는 레지스터의 번호, 두 번째 오퍼랜드는 변위를 나타내는 주소
  • 유효 주소=변위+레지스터의 내용

④ 직접 어드레싱 모드(direct addressing mode)
  • 오퍼랜드 필드의 내용이 실제 데이터가 들어 있는 메모리 주소를 지정하고 있는 유효주소가 되는 방식
  • 메모리에 저장되어 있는 데이터를 인출하기 위해 한 번만 메모리에 접근하면 되므로 유효주소 결정을 위한 다른 절차나 계산이 필요없다.
  • 장점 : 오퍼랜드가 메모리의 번지가 되기 때문에 간단함
  • 단점 : 오퍼랜드의 비트 수가 제한되어 있기 때문에 직접 접근할 수 있는 기억장치 주소 공간이 제한

⑤ 간접 어드레싱 모드(indirect addressing mode)
  • 오퍼랜드 필드의 값이 해당하는 주기억장치 주소를 찾아간 후 그 주소의 내용으로 다시 한 번 더 주기억장치의 주소를 지정하는 방식으로 직접 주소지정방식에서 주소를 지정할 수 있는 기억장치 용량이 제한되는 단점을 해결하기 위한 방법
  • 장점 : 메모리의 번지지정을 더 크게 할 수 있다.
  • 단점 : 명령어 실행 과정에서 두 번씩 메모리를 참조함으로써 시간이 많이 걸린다.

⑥ 상대 어드레싱 모드(relative addressing mode)
  • 유효주소=(현재 명령어의 오퍼랜드 내용)+(프로그램 카운터의 내용)
  • 장점 : 전체 메모리 주소가 명령어에 포함되어야 하는 일반적인 분기 명령어보다 적은 수의 비트만 있으면 된다.

⑦ 인덱스 어드레싱 모드(indexed register addressing mode)
  • 유효주소=인덱스 레지스터의 내용+변위
  • 인덱스 레지스터는 인덱스 값을 저장하는 특수 레지스터
  • 변위는 기억장치에 저장된 데이터 배열의 시작 주소를 가리킨다.
  • 인덱스 레지스터의 내용은 그 배열의 시작주소로부터 각 데이터까지의 거리를 나타낸다.

18 다음 중 컴퓨터 동작의 개시와 정지, 입출력 장치의 선택, 기억장치 내 정보의 입출력, 컴퓨터와 사용자 간 의사 전달 기능 등

18. ②

을 담당하는 입출력장치는?

① 채널 ② 콘솔
③ 마우스 ④ 디지타이저

해설 ★ 콘솔(consol)은 모니터(영상표시장치 : CRT)와 키보드로 이루어져 있으며, 대형 컴퓨터에서 업무의 시작이나 일의 일시 중단 및 컴퓨터의 모든 상황을 조정 통제하는 제어 터미널을 말한다.

19 65가지의 서로 다른 사항들에 각각 다른 2진 코드 값을 주고자 하는데 최소한 몇 [bit]가 요구되는가?

① 5[bit] ② 6[bit]
③ 7[bit] ④ 8[bit]

해설 ★ $2^6=64$이고 $2^7=128$이므로 65가지의 2진 코드 값을 표현하기 위해서는 7비트가 필요하다.

20 다음 플립플롭(FF) 중 데이터의 일시적인 보존과 디지털 신호의 지연작용에 많이 사용되는 것은?

① D-FF ② JK-FF
③ RST-FF ④ M/S-FF

해설 ★ 플립플롭은 두 가지 상태 사이를 번갈아 하는 전자회로를 말한다. 플립플롭에 전류가 부가되면, 현재의 반대 상태로 변하며(0에서 1로, 또는 1에서 0으로), 그 상태를 계속 유지하므로 한 비트의 정보를 저장할 수 있는 능력을 가지고 있다. 여러 개의 트랜지스터로 만들어지며 SRAM이나 하드웨어 레지스터 등을 구성하는 데 사용된다. 플립플롭에는 RS 플립플롭, D 플립플롭, JK 플립플롭, T 플립플롭 등 여러 가지 종류가 있다.

① RS 플립플롭은 S(set)와 R(reset) 2개의 입력과 Q, $\overline{Q}$ 2개의 출력을 가지고 있으며, R, S 입력의 조합으로 출력의 상태를 변화시킬 수 있으나 S=R=1의 경우는 불확정(부정) 상태가 되는 플립플롭이다.

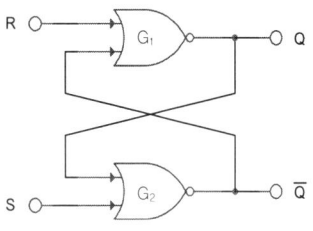

RS 플립플롭의 회로

R	S	Q_{n+1}
0	0	Q_n
0	1	1
1	0	0
1	1	부정

RS F/F의 진리치표

② D(Dealy) 플립플롭은 RS-FF에서 2개의 입력 R, S가 동시에 1인 경우에도 불확정 출력상태가 되지 않도록 하기 위하여 인버터(inverter : NOT 게이트) 하나를 입력 양단에 부가한 것으로 정보를 일시 유지하는 래치(latch) 회로나 시프트 레지스터(shift register) 등에 쓰인다.

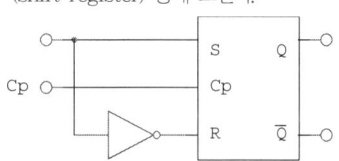

③ T 플립플롭(F/F) : JK F/F의 입력 J와 K를 서로 묶어서 하나의 입력으로 하여 클록신호가 1일 때 출력이 반전상태(토글)가 되도록 한 것이다.

T	Q_{n+1}
0	Q_n
1	$\overline{Q_n}$

④ JK 플립플롭 : RS 플립플롭에서 R=S=1의 상태에서는 동작이 불확실한 상태가 되므로, RS 플립플롭에서 Q를 R로, $\overline{Q}$를 S로 되먹임하여 불확실한 상태가 나타나지 않도록 한 회로이다.

Answer 19. ③ 20. ①

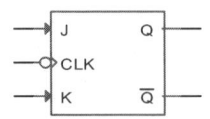

JK 플립플롭의 회로

J	K	Q_{n+1}
0	0	Q_n(불변)
0	1	0
1	0	1
1	1	$\overline{Q_n}$(toggle)

JK 플립플롭의 진리치표

21 다음 스위치 회로와 같은 게이트는?

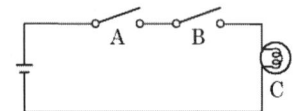

① AND ② OR
③ NAND ④ XOR

해설 ※ 스위치를 이용한 논리회로의 구성에서 병렬연결은 OR 게이트이고, 직렬연결은 AND 게이트이다.

22 다음은 C언어로 작성한 계산식이다. a와 b가 정수형 변수일 때 ㉠과 ㉡을 수행한 결과 값으로 알맞게 짝지어진 것은?

㉠ a=23/5   ㉡ b=23%5

① a=4, b=3 ② a=3, b=4
③ a=4, b=5 ④ a=3, b=5

해설 ※ C언어로 작성한 계산식에서 a=23/5의 결과는 몫이므로 4가 되고, b=23%5의 결과는 나머지이므로 3이 된다.

23 다음은 큰 수에서 작은 수를 뺄셈한 결과를 출력하는 순서도이다. ㉠~㉣에 사용된 순서도 기호 중 잘못 표현된 것은?

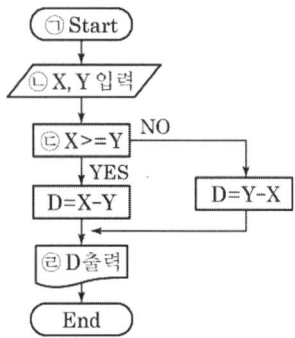

① ㉠ ② ㉡
③ ㉢ ④ ㉣

해설 ※ ㉢ 부분은 X가 Y보다 크다는 조건을 가져야 하는데 X가 Y보다 크거나 같다는 조건이므로 잘못된 부분이다.

24 다음과 같이 C언어의 증가 연산자를 실행할 경우 ㉠과 ㉡의 b 값의 결과를 순서대로 나열한 것은?

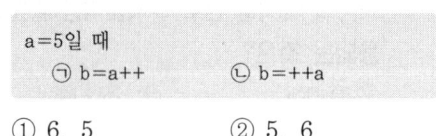

① 6, 5 ② 5, 6
③ 6, 6 ④ 5, 5

해설 ※ ++a는 a값에 먼저 1 증가시킨 후 계산하는 명령이고, a++는 a값을 먼저 계산한 후 1 증가하는 명령이다.

25 Windows 환경에서 서로 다른 워드프로세서로 작성된 문서를 자신의 문서의 일부인 것처럼 이용할 수 있는 개념은 무엇인가?

① OLE(Object Linking and Embedding)
② CLIP BOARD
③ WYSIWYG
④ OCR(Optical Character Reader)

Answer 21. ① 22. ① 23. ③ 24. ② 25. ①

해설 ① OLE : 객체 연결과 삽입(object linking and embedding)을 위한 윈도우에서 데이터 간의 연결 방법으로 문자, 그림, 소리, 동영상 등의 다양한 정보를 갖는 복합문서를 지원하기 위하여 설계되었다.
② WYSIWYG(What You See Is What You Get의 약자로, "보는 대로 얻는다") : 문서 편집 과정에서 화면에 포맷된 낱말로, 문장이 출력물과 동일하게 나오는 방식을 말한다. 이는 편집 명령어를 입력하여 글꼴이나 문장 형태를 바꾸는 방식과 구별된다.
③ OCX : OLE Custom eXtension의 약자로 OLE 사용자 지정 컨트롤로 윈도우 부품 프로그램 중의 하나이며 OLE 기반으로 만든 주문형 컨트롤이다.

26 정보의 형태 중 음성정보의 주파수 사용 범위로 맞는 것은?

① 200~2,000[Hz]
② 2,000~20,000[Hz]
③ 300~3,400[Hz]
④ 3,400~34,000[Hz]

해설 * 정보의 형태 중 음성정보는 300~3,400[Hz]의 주파수를 사용한다.
㉠ 가청 주파수 : 20[Hz]~20[kHz]
㉡ 음성 주파수 : 300[Hz]~3,400[Hz]

27 다음 중 통신에 대한 설명으로 옳지 않은 것은?

① 봉화·북·종소리도 통신의 일종이다.
② 전기통신은 전기에너지를 통신에 이용한다.
③ 전기통신은 통신의 시·공간적 한계를 모두 극복할 수 있다.
④ 유·무선 및 광통신은 정보를 전기 신호와 빛으로 가공하여 통신에 이용한다.

해설 * 통신은 공간적으로 떨어져 있는 두 지점 사이에 정보를 전달하는 것으로 정보 전달 수단 또는 방법에 따라 크게 인편에 의한 통신, 봉화(beacon fire)와 수기 등 가시적 신호에 의한 통신, 우편(mail system)에 의한 통신, 전자 또는 전자기적 신호에 의한 전기 통신(telecommunication)으로 분류한다.

28 교환기 소프트웨어가 가져야 할 주요 특징이 아닌 것은?

① 다중프로그래밍(Multi-Programming)
② 비실시간처리(Non-Realtime Processing)
③ 변경과 확장이 용이한 소프트웨어 구조
④ 중단 없는 서비스(Permanency of Service)

해설 * 교환기 소프트웨어가 가져야 할 주요 특성
㉠ 실시간 처리(real time processing)
㉡ 다중 프로그래밍(multi-programming)
㉢ 중단 없는 서비스(permanency of service)
㉣ 변경과 확장이 용이한 소프트웨어 구조

29 다음 MFC 전화기의 버튼 중 가장 높은 주파수가 혼합되어 송출되는 것은?

① #   ② *
③ 0   ④ 1

해설 ① MFC(Multi Frequency Code Signaling) 전화기 : 0~9의 숫자 버튼과 특수버튼(*, #)이 내장되어 버튼을 누르면 고군 주파수(High Frequency)와 저군 주파수(Low Frequency) 중에서 각각 1개를 조합하여 신호를 발생시켜 선택신호로서 송출된다.
② PB 방식 다이얼 신호는 7개 종류의 주파수 중 2개 주파수의 조합으로 만들어진다. 즉 음성대역 내의 높은 3개 주파수(1209, 1336, 1447[Hz])와 낮은 4개 주파수(697, 770, 852, 941[Hz]) 중 각각으로부터 하나의 주파수를 선정, 이를 조합해서 0에서 9까지의 숫자와 *와 #의 기능 부호로 전화를

Answer 26. ③ 27. ③ 28. ② 29. ①

거는 것이다. 이 방식은 다이얼 조작이 편리하고 단축 다이얼 등 새로운 서비스를 받을 수 있다.

30 전화기의 구성 요소 중 호출 장치에 해당하는 것은?
① 송화기 ② 수화기
③ 푸시 버튼 ④ 훅 스위치

해설 ★ 전화단말기의 구성

통화 장치	송화기, 수화기, 유도선륜, 축전기
신호 장치	자석발전기, 자석전령
호출 장치	다이얼, 푸시 버튼(Push Button)
신호전환 장치	훅 스위치(Hook SW)

31 화상 통신을 하기 위한 절차로 가장 바르게 나열된 것은?
① 송신화상 → 광전변환 → 전송 → 전광변환 → 수신화상
② 송신화상 → 전광변환 → 전송 → 광전변환 → 수신화상
③ 광전변환 → 송신화상 → 수신화상 → 시각정보 → 전광변환
④ 시각정보 → 전광변환 → 송신화상 → 수신화상 → 광전변환

해설 ★ 화상 통신(visual communication)은 시각 정보를 주로 하는 통신에서 일반적으로 가시적인 정보를 전기 신호로 변환, 전송하고, 이것을 수신측에서 시각 정보의 형태로 충실히 재현하는 통신 방식을 말한다.

32 다음 중 전자 교환기의 기본 구성에 포함되는 장치는?
① 중앙제어장치(CC)
② 운항안내표지장치(FIDS)
③ 감시장치(CCTV)
④ 거리측정장치(DME)

해설 ★ 교환기의 구성
교환기의 구성은 크게 제어부와 스위치부로 나누어지는데 제어부는 프로세서가 탑재되어 있어 교환동작에 필요한 프로그램 등을 통하여 스위치부 제어, 각종 서비스 제어, 유지보수 등을 담당하게 된다. 통화로부는 실제 교환 동작을 담당한다.
① 통화회로망(SN : Switching Network) : 모든 입선은 X-bar 스위치, 리드 릴레이 및 반도체 스위치(solid-state switch) 등으로 구성된다.
② 중앙 제어 장치(CC : Central Control) : 한 단계씩 프로그램의 지시를 분석하여 수행하며 중앙 제어 장치에서 출력된 제어정보로 희망하는 스위치를 개폐하여 가입자 회선 상호간, 가입자 회선과 중계선 상호간, 중계선 상호간을 접속하여 통화로를 구성한다.
③ 주사 장치(SCN : Scanner) : 가입자 회선 및 중계선에 흐르는 전류 상태를 시분할적으로 주사하여 그 결과를 중앙처리장치에 전달한다.
④ 신호 분배 장치(SD : Signal Distributor) : 통화로를 구성하기 위해 중앙 제어 장치에서 지시한 명령을 가입자 회선, 중계선과 통화로망의 각 부분에 분배한다.
⑤ 호처리 기억 장치(CS : Call Store) : 가입자 회선, 중계선과 통화로망 각 부분의 상태(공선, 화중 상태)와 호처리 과정에서 관련되는 데이터를 일시적으로 저장하는 데 사용된다.
⑥ 프로그램 기억 장치(PS : Program Store) : 가입자 번호, 수용 관계, 회선 루트 관계의 번역에 사용되거나 교환기 동작을 규정하기 위한 프로그램을 저장하는 데 사용한다.

33 수동식 구내 교환기에서 교환원이 1시간에 취급하는 호수는 90[%], 평균 취급시간이 20초였다. 이때의 동작률은?

Answer 30. ③ 31. ① 32. ① 33. ②

① 25[%] ② 50[%]
③ 75[%] ④ 100[%]

해설 동작률이란 교환원이 1시간 동안에 행한 교환 동작시간의 1시간에 대한 백분율이다.
① 교환 취급을 하는 시간 동안 측정하여 계산할 때는 동작률
$$= \frac{1\text{시간 중 교환취급 시간의 합계(초)}}{3600} \times 100[\%]$$
② 완료호수와 종합취급시간을 아는 때의 계산은 동작률
$$= \frac{1\text{시간 중에 취급한 완료호수} \times \text{종합취급시간(초)}}{36}[\%]$$
그러므로 동작률 $= \frac{90 \times 20}{36} = \frac{1800}{36} = 50[\%]$
③ 교환 취급을 하지 않는 시간 동안 측정하여 계산할 때는 동작률
$$= 100 - \frac{1\text{시간 중 교환취급을 하지 않는 시간의 계(초)}}{36}[\%]$$

34 다음 문장의 괄호 안에 들어갈 장치의 연결이 옳은 것은?

( )는 노드를 네트워크에 연결하는 기본적인 공유 연결 장치로서 OSI 제1계층 기능인 리피터 기능을 제공하며, ( )는 OSI 제1, 2계층의 기능을 지원하며 서로 다른 두 네트워크를 연결할 때 사용하는 기본 장치로서 패킷 필터링 및 포워딩 등을 이용하여 네트워크에 대한 트래픽을 감소시키는 기능을 가지고 있다.

① 브리지 - 허브 ② 브리지 - 라우터
③ 허브 - 라우터 ④ 허브 - 브리지

해설
① 허브 : 컴퓨터들을 LAN에 접속시키는 네트워크 장치로 컴퓨터나 프린터들의 네트워크 연결, 근거리의 다른 네트워크와 연결, 라우터 등의 네트워크 장비와의 연결, 네트워크 상태 점검, 신호증폭 기능 등의 역할을 수행
  • 특징 : Collision Domain이 같으므로 한 번에 하나의 통신만 가능(CSMA/CD 방식이기 때문)
② 브리지 : 하나의 랜을 이더넷이나 토큰링과 같이 서로 같은 프로토콜을 쓰고 있는 다른 랜과 연결시켜주는 장치로 네트워크의 데이터링크 계층에서 통신 선로를 따라 한 네트워크에서 다른 네트워크로 데이터 프레임을 복사하는 일을 수행함
  • 특징 : 브리지를 기준으로 Collision Domain을 나누므로 Collision Domain의 수만큼 통신이 가능

35 다음 중 프로토콜의 구성 요소가 아닌 것은?

① 구문 ② 의미
③ 타이밍 ④ 캡슐화

해설 프로토콜의 구성 요소
프로토콜에는 전송하고자 하는 데이터의 일정 형식과 두 엔티티의 연결을 위한 여러 가지 기능(Semantics), 흐름 제어(Flow Control)를 위한 절차 등이 필요한데 이들 요소로는 구문(Syntax), 의미(Semantics), 타이밍(Timing) 등이 있다.
㉠ 구문(Syntax) : 데이터 형식(Fromat), 부호화(Coding), 신호 레벨(Signal Level) 등을 포함한다.
㉡ 의미(Semantics) : 효과적이고 정확한 정보 전송을 위한 두 엔티티의 협조사항과 에러 관리를 위한 제어 정보를 포함한다.
㉢ 타이밍(Timing) : 두 엔티티의 통신 속도 조정, 메시지의 순서 제어 등을 포함한다.

36 다음 중 정보신호 전송 형태가 다른 것은?

① QAM ② PCM
③ ASK ④ FSK

해설 디지털 변조방식의 종류
㉠ ASK(Amplitude shift keying, 진폭편이변조) : 디지털 부호에 대응하여 사인반송파의 주파수나 위상을 그대로 두고 진폭만 변화시키는 변조방식
㉡ FSK(Frequency shift keying, 주파수편이변조) : 디지털 부호에 대응하여 사인반송파의 진폭과 위상을 그대로 두고 주파수만 변화시키는 변조방식
㉢ PSK(Phase shift keying, 위상편이변조)

Answer 34. ④ 35. ④ 36. ②

: 진폭과 주파수가 모두 일정한 반송파를 이용하여 그 위상을 2진 전송 부호에 대응시켜 변화시키는 방식
② APK(Amplitude Phase keying, 진폭위상변조) : ASK와 PSK의 조합으로 QAM이라고도 한다.
③ QAM(Quadrature Amplitude Modulation) : 디지털 신호를 일정량만큼 분류하여 반송파 신호와 위상을 변화시키면서 변조시키는 방법이다.

37 다음 중 아날로그 값을 디지털 값으로 변환해 주는 기기는 무엇인가?
① ADC
② DAC
③ CCD
④ CMOS

[해설] • 아날로그-디지털 변환기(ADC, A/D, Analog-to-Digital Converter)는 연속적 값을 갖는 아날로그 신호를 이산적 값을 갖는 디지털 신호로 변환시켜 주는 장치
• 디지털-아날로그 변환기(DAC, D/A, Digital-to-Analog Converter)는 이산적인 디지털 신호를 연속적인 아날로그 신호로 변환시켜 주는 장치

38 다음 문장의 괄호 안에 들어갈 알맞은 것은?

전화망에서 데이터 서비스에 비교하는 용어로, 순수한 음성 통화용 전화 서비스를 ( )라 한다.

① POTS
② xDLS
③ POST
④ xDSL

[해설] ㉠ POTS(기존 전화 서비스, plain old telephone service) : 데이터 전송을 위한 회선 조절 또는 특성 보상(line conditioning)과 같은 부가 기능 없이 제공되는 기본적인 음성 서비스. 각국에서 기간 통신 사업자에 의해 저렴한 정액 요금으로 전국의 주택 가입자에게 제공된다.

㉡ xDSL(digital subscriber line) : 디지털 가입자 회선의 여러 종류를 지칭하는 말로 서비스를 제공하는 통신사와 대상자의 회로망이 전화선으로 직접 연결되어 있는 것을 말한다.

39 다음 중 단일 모드 광선로의 장점이 아닌 것은?
① 다중 모드 선로의 크기보다 작다.
② 적은 분광을 이루어 효율적이다.
③ 고속의 정보 전송이 가능하다.
④ 소용량 데이터 전송에 적합하다.

[해설] • 광섬유(Optical Fiber)는 빛의 전달을 목적으로 유리(석영) 또는 다른 투명한 물질(아크릴)로 만든 가느다란 섬유이다.
• 단일모드 광섬유(SMF, single mode fiber)는 하나의 모드만이 존재하도록 설계되어 모드 분산이 존재하지 않아 전송대역이 매우 넓어 초광대역 전송이 가능하다.

40 인접한 2개의 노드를 순차적으로 연결한 형상으로 한 노드로부터 송출된 메시지는 한 방향으로 전송되며 송출된 메시지가 자신의 것이면 받아들이고 아닌 경우에는 다음 노드로 재전송하는 정보통신망 구성 방식은?
① 성형(Star)
② 트리형(Tree)
③ 망형(Mesh)
④ 링형(Ring)

[해설] ㉠ 성형 통신망(Star network) : 중앙 집중 통신망으로서 중앙에 중앙컴퓨터가 있고 이를 중심으로 터미널이 연결된 네트워크 형태이다.

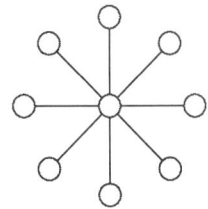

성형 통신망
ⓐ 컴퓨터와 단말장치(터미널) 간에 별도의 통신선로가 필요하다.
ⓑ 통신 경로가 길다.
ⓒ 전산기 구성망의 가장 기본(온라인 시스템의 전형적인 방법)이다.
ⓓ 모든 노드는 중앙에 있는 제어 노드와 점 대 점으로 직접 연결된 형태이다.
ⓔ 중앙 컴퓨터가 모든 통신 제어를 담당하는 중앙 집중식이다.

ⓛ 트리형 통신망(Tree network) : 중앙에 컴퓨터가 위치하나 통신신호는 각 지역으로 가까운 터미널까지 시설되고 이웃하는 터미널은 다시 가까운 터미널까지 연결된 네트워크 형태이다.

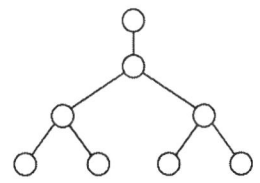

트리형 통신망
ⓐ 성형보다 통신 회선이 많이 필요하지 않다.
ⓑ 분산형 통신망(분산 처리 시스템)의 기본이다.
ⓒ 데이터는 양방향으로 모든 노드에게 전송되고, 트리의 끝에 있는 단말 노드로 흡수되어 소멸된다.
ⓓ 통신 회선 수가 절약되고, 통신선로의 총 경로는 가장 짧다.

ⓒ 환형(링형) 통신망(Ring network) : 컴퓨터 및 단말기들이 수평으로 서로 이웃하는 것끼리만 점 대 점으로 연결된 네트워크 형태이다.

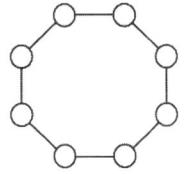

환형 통신망
ⓐ 데이터는 한 방향 또는 양방향 데이터 전송이 가능하다.
ⓑ 통신선로의 총 길이는 성형보다 짧고 트리형보다 길다.
ⓒ 각 노드 사이의 연결을 최소화할 수 있다.
ⓓ 통신회선 장애 시 융통성이 있다.
ⓔ LAN 등과 같이 국부적인 통신에 주로 사용한다.

ⓡ 그물형 통신망(mash network) : 컴퓨터 및 단말기들이 중계에 의하지 않고 직통 회선으로 직접 연결되는 네트워크 형태이다.

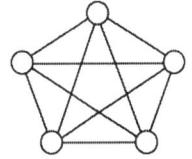

그물형 통신망
ⓐ 완전히 분산된 형태의 통신망이다.
ⓑ 통신 회선의 장애 시에도 데이터 전송이 가능하다.
ⓒ 모든 단말기와 단말기들을 통신회선으로 연결시킨 형태로, 보통 공중 전화망과 공중 데이터 통신망에 이용한다.
ⓓ 통신 회선의 총 길이가 가장 길고, 분산 처리 시스템이 가능하다.
ⓔ 통신 회선의 장애 시 다른 경로를 통하여 데이터를 전송할 수 있어 신뢰도가 높다.
ⓕ 광역 통신망에 적합하다.

ⓜ 버스형 통신망(Bus network) : 하나의 통신회선상에 여러 대의 터미널을 설치하여, 중앙컴퓨터와 터미널 간의 데이터 통신은 물론 터미널과 터미널 간의 데이터 통신이 가능하도록 연결하는 네트워크 형태이다.

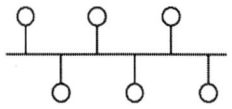

버스형 통신망

ⓐ LAN을 구성할 때 많이 사용하며, 다수의 터미널 접속이 가능하다.
ⓑ 단일 터미널의 장애가 전체 통신망에 영향을 미치지 않는다.
ⓒ 하나의 전송 매체를 모든 노드가 공유해서 사용하는 멀티포인트 매체를 사용한다.
ⓓ 데이터는 양방향으로 전송되며, 다른 모든 노드에서 수신 가능하다.
ⓔ 데이터는 노드와 탭 간의 전이중 방식으로 버스를 통해서 전송한다.
ⓕ 링형과 달리 각 노드가 데이터 확인 및 통신에 대한 책임을 갖는다.
ⓖ 터미네이터(Terminator) : 버스의 양쪽 끝에 있는 장치로서, 전송되는 모든 신호를 버스에서 제거하는 역할을 담당한다.
ⓗ 링형과 마찬가지로 발송지와 목적지 주소를 포함하고 있는 패킷을 사용한다.

41 다음 중 정보통신망 구성 요소와 거리가 가장 먼 것은?

① 단말기 ② 교환설비
③ 방송설비 ④ 전송설비

해설 * 정보통신망의 구성 요소
① 단말장치 : 정보처리 담당, 데이터의 입·출력, 컴퓨터와의 통신
② 데이터 전송회선 : 단말장치에서 변환된 전기신호를 상대측에 전송. 전송매체, 각종 통신장치(변복조장치, 다중화, 송수신장치)
③ 정보처리 시스템 : 전송되어 온 데이터의 처리(중앙처리장치), 저장(기억장치), 입·출력장치, 기능-스위칭, 라우팅, 통신서비스, 망 관리

42 다음 중 지시계기의 일반적인 구비 조건으로 틀린 것은?

① 측정값의 변화에 신속히 응답할 것
② 확도가 높을 것
③ 외부의 영향을 받지 않을 것
④ 절연 내력이 낮을 것

해설 * 지시계기의 구비 조건
㉠ 정밀도가 높고 오차가 작을 것
㉡ 응답도(responsibility)가 좋을 것
㉢ 절연내력이 높을 것
㉣ 튼튼하고 취급이 편리할 것 등

43 다음 중 고주파의 신호를 측정하는 데 가장 적합한 것은?

① 프로토콜 아날라이저
② 검류계
③ 레벨 미터
④ 스펙트럼 아날라이저

해설 * 스펙트럼 아날라이저는 신호의 스펙트럼 또는 주파수 영역으로 측정하여 화면에 표시하여 주는 측정 장비이다.
* 프로토콜 아날라이저(Protocol Analyzer)는 DTE(Data Terminal Equipment)와 DCE(Data Circuit Terminating Equipment) 사이에서 송수신되는 시리얼 데이터가 정해진 대로 올바르게 전송되고 있는가를 조사하는 측정 장비이다.

44 다음 중 전송 품질을 나타내는 신호 대 잡음비(SNR)에 해당하는 식은? (단, S : 신호전력, N : 잡음전력)

① $SNR = 10\log_{10}S/N[dB]$
② $SNR = 20\log_{10}S/N[dB]$
③ $SNR = 10\log_{10}N/S[dB]$
④ $SNR = 20\log_{10}N/S[dB]$

해설 * S/N or SNR(signal-to-noise ratio) : 신호 대 잡음비
통신에서 신호 대 잡음비, 즉 S/N은 신호 대

Answer 41. ③ 42. ④ 43. ④ 44. ①

잡음의 상대적인 크기를 재는 것으로서, 대개 데시벨이라는 단위가 사용된다. 들어오는 신호의 세기(단위는 마이크로볼트)를 V_s라 하고, 잡음을 V_n이라 하면(이것도 단위는 역시 마이크로볼트), 신호 대 잡음비는 아래와 같은 공식으로 표현된다. $SNR=10\log_{10}(S/N)$

45 다음은 비트에러 측정에 관한 그림이다. 비트에러율(BER) 측정을 가장 잘 설명한 것은?

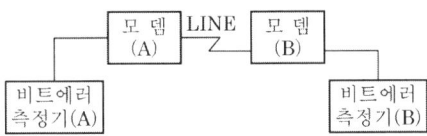

① 송신측에서의 비트 오율
② 수신기 자체의 비트 오율
③ 회선상에서 잡음이나 왜곡 등에 의한 데이터 전송로의 비트 오율
④ 잡음의 크기

> **해설** * BER(bit error rate)
> 비트 에러율은 통신 중 에러가 생긴 비트 수를 총 전송한 비트 수로 나눈 것으로, 대개 10의 마이너스 승으로 표현되며, 회선상에서 잡음이나 왜곡 등에 의한 데이터 전송로의 비트 오율이다.

46 다음 중 전송설비에 포함되지 않는 것은?
① 다중화장치
② 통신터널 · 배선반
③ 분배장치
④ 전송단국장치

> **해설** * 방송통신설비의 기술기준에 관한 규정 제3조(정의)
> ① 이 영에서 사용하는 용어의 뜻은 다음 각 호와 같다.
>   3. "국선"이란 사업자의 교환설비로부터 이용자방송통신설비의 최초 단자에 이르기까지의 사이에 구성되는 회선을 말한다.
>   4. "국선접속설비"란 사업자가 이용자에게 제공하는 국선을 수용하기 위하여 설치하는 국선수용단자반 및 이상전압전류에 대한 보호장치 등을 말한다.
>   9. "전송설비"란 교환설비 · 단말장치 등으로부터 수신된 방송통신콘텐츠를 변환 · 재생 또는 증폭하여 유선 또는 무선으로 송신하거나 수신하는 설비로서 전송단국장치 · 중계장치 · 다중화장치 · 분배장치 등과 그 부대설비를 말한다.

47 전기통신사업법에서 전기통신사업자가 보편적 역무의 구체적 내용을 정하기 위해 고려해야 할 사항이 아닌 것은?
① 정보통신의 발전 정도
② 방송통신서비스의 보급 정도
③ 공공의 이익과 안전
④ 통신사업자의 이익

> **해설** * 전기통신사업법 제4조(보편적 역무의 제공 등)
> ① 모든 전기통신사업자는 보편적 역무를 제공하거나 그 제공에 따른 손실을 보전(補塡)할 의무가 있다.
> ② 과학기술정보통신부장관은 제1항에도 불구하고 다음 각 호의 어느 하나에 해당하는 전기통신사업자에 대하여는 그 의무를 면제할 수 있다.
>   1. 전기통신역무의 특성상 제1항에 따른 의무 부여가 적절하지 아니하다고 인정되는 전기통신사업자로서 대통령령으로 정하는 전기통신사업자
>   2. 전기통신역무의 매출액이 전체 전기통신사업자의 전기통신역무 총매출액의 100분의 1의 범위에서 대통령령으로 정하는 금액 이하인 전기통신사업자
> ③ 보편적 역무의 구체적 내용은 다음 각 호의 사항을 고려하여 대통령령으로 정한다.

Answer 45. ③ 46. ② 47. ④

1. 정보통신기술의 발전 정도
2. 전기통신역무의 보급 정도
3. 공공의 이익과 안전
4. 사회복지 증진
5. 정보화 촉진

④ 과학기술정보통신부장관은 보편적 역무를 효율적이고 안정적으로 제공하기 위하여 보편적 역무의 사업규모·품질 및 요금수준과 전기통신사업자의 기술적 능력 등을 고려하여 대통령령으로 정하는 기준과 절차에 따라 보편적 역무를 제공하는 전기통신사업자를 지정할 수 있다.

⑤ 과학기술정보통신부장관은 보편적 역무의 제공에 따른 손실에 대하여 대통령령으로 정하는 방법과 절차에 따라 전기통신사업자에게 그 매출액을 기준으로 분담시킬 수 있다.

48 다음 중 기간통신사업을 경영하려는 자가 과학기술정보통신부장관의 허가를 득할 시 심사항목으로 맞지 않는 것은?

① 기간통신역무 제공능력의 이행에 필요한 재정적 능력
② 기간통신역무 제공능력의 이행에 필요한 기술적 능력
③ 이용자 보호계획의 적정성
④ 허가는 개인만 받음

해설 ★ 전기통신사업법 제6조(기간통신사업의 허가 등)

① 기간통신사업을 경영하려는 자는 방송통신위원회의 허가를 받아야 한다.
② 방송통신위원회는 제1항에 따른 허가를 할 때에는 다음 각 호의 사항을 종합적으로 심사하여야 한다.
  1. 기간통신역무 제공계획의 이행에 필요한 재정적 능력
  2. 기간통신역무 제공계획의 이행에 필요한 기술적 능력
  3. 이용자 보호계획의 적정성
  4. 그 밖에 기간통신역무의 안정적 제공에 필요한 능력에 관한 사항으로서 대통령령으로 정하는 사항

③ 방송통신위원회는 제2항에 따른 심사 사항별 세부 심사기준과 허가의 시기 및 허가신청 요령을 정하여 고시한다.
④ 방송통신위원회는 제1항에 따라 기간통신사업을 허가하는 경우에는 공정경쟁 촉진, 이용자 보호, 서비스 품질 개선, 정보통신자원의 효율적 활용 등에 필요한 조건을 붙일 수 있다. 이 경우 그 조건을 관보와 인터넷 홈페이지에 공고하여야 한다.
⑤ 제1항에 따른 허가는 법인만 받을 수 있다.
⑥ 제1항에 따른 허가의 절차나 그 밖에 필요한 사항은 대통령령으로 정한다.

49 전기통신사업법에서 구분하는 전기통신사업이 아닌 것은?

① 기간통신사업　② 제한통신사업
③ 별정통신사업　④ 부가통신사업

해설 ★ 전기통신사업법 제5조(전기통신사업의 구분 등)

① 전기통신사업은 기간통신사업, 별정통신사업 및 부가통신사업으로 구분한다.
② 기간통신사업은 전기통신회선설비를 설치하고, 그 전기통신회선설비를 이용하여 기간통신역무를 제공하는 사업으로 한다.
③ 별정통신사업은 다음 각 호의 어느 하나에 해당하는 사업으로 한다.
  1. 제6조에 따른 기간통신사업의 허가를 받은 자(이하 "기간통신사업자"라 한다)의 전기통신회선설비 등을 이용하여 기간통신역무를 제공하는 사업
  2. 대통령령으로 정하는 구내(構內)에 전기통신설비를 설치하거나 그 전기통신설비를 이용하여 그 구내에서 전기통신역무를 제공하는 사업
④ 부가통신사업은 부가통신역무를 제공하는 사업으로 한다.

50 전기통신사업법에서 기간통신사업의 허가

Answer 48. ④　49. ②　50. ④

를 받을 수 있는 자는?

① 국가　　　　② 지방자치단체
③ 외국법인　　④ 국내법인

해설 ✽ 전기통신사업법 제7조(허가의 결격사유)

다음 각 호의 어느 하나에 해당하는 자는 제6조에 따른 기간통신사업의 허가를 받을 수 없다.
1. 국가 또는 지방자치단체
2. 외국정부 또는 외국법인
3. 외국정부 또는 외국인이 제8조제1항에 따른 주식소유 제한을 초과하여 주식을 소유하고 있는 법인

51 자가전기통신설비를 설치한 자가 전기통신사업법이나 이 법에 따른 명령을 위반하여 시정명령을 이행하지 않은 경우 얼마 이내의 기간을 정하여 그 사용의 정지를 명할 수 있는가?

① 1년　　　　② 1년 6개월
③ 2년　　　　④ 2년 6개월

해설 ✽ 전기통신사업법 제65조(목적 외 사용의 제한)

① 자가전기통신설비를 설치한 자는 그 설비를 이용하여 타인의 통신을 매개하거나 설치한 목적에 어긋나게 운용하여서는 아니 된다. 다만, 다른 법률에 특별한 규정이 있거나 그 설치 목적에 어긋나지 아니하는 범위에서 다음 각 호의 어느 하나에 해당하는 용도에 사용하는 경우에는 그러하지 아니하다.
  1. 경찰 또는 재해구조 업무에 종사하는 자로 하여금 치안 유지 또는 긴급한 재해구조를 위하여 사용하게 하는 경우
  2. 자가전기통신설비의 설치자와 업무상 특수한 관계에 있는 자 간에 사용하는 경우로서 과학기술정보통신부장관이 고시하는 경우
② 자가전기통신설비를 설치한 자는 대통령령으로 정하는 바에 따라 관로·선조 등의 전기통신설비를 기간통신사업자에게 제공할 수 있다.
③ 제2항에 따른 설비의 제공에 관하여는 제35조·제44조(같은 조 제6항은 제외한다)·제45조부터 제47조까지의 규정을 준용한다.
④ 과학기술정보통신부장관은 자가전기통신설비를 설치한 자가 제1항을 위반한 경우에는 1년 이내의 기간을 정하여 그 사용의 정지를 명할 수 있다. 이 경우 과학기술정보통신부장관은 사용정지를 명한 사실을 해당 소재지를 관할하는 시·도지사에게 통지하여야 한다.

52 다음 문장의 괄호 안에 들어갈 내용으로 가장 적합한 것은?

> 전송망사업용설비와 수신자설비의 분계점에서 수신자에게 종합유선방송신호를 전송하기 위한 전송선로설비에 대한 세부기술기준은 (　)이(가) 정하여 고시한다.

① 산업통상자원부장관
② 과학기술정보통신부장관
③ 국립전파연구원장
④ 한국케이블TV방송협회 이사장

해설 ✽ 전기통신설비의 기술기준에 관한 규정 제26조(전송망사업용설비 등)

① 전송망사업용설비와 수신자설비의 분계점에서 수신자에게 종합유선방송신호를 전송하기 위한 전송설비 및 선로설비에 대한 세부기술기준은 과학기술정보통신부장관이 정하여 고시한다.
② 전송망사업용설비에는 전송되는 종합유선방송신호가 정상적으로 제공되고 있는지를 확인할 수 있도록 전송선로시설의 감시장치를 설치하여야 한다.
③ 전송망사업용설비에 관하여 이 영에서 정하는 것 외에는 전파에 관한 법령에서 정한 기준을 적용한다.
④ 「방송법」 제79조제3항에 따라 종합유선방송사업자 및 중계유선방송사업자가 자체적

Answer 51. ① 52. ②

으로 설치하는 전송설비 및 선로설비의 설치 및 철거 등에 관하여는 제1항부터 제3항까지(중계유선방송사업자의 경우에는 제3항만 해당한다) 및 제18조를 준용한다.

53 다음 문장의 괄호 안에 들어갈 내용으로 가장 적합한 것은?

> 구내통신선로설비의 국선 등 옥외회선은 ( )(으)로 인입하여야 한다.

① 지상 ② 담벽
③ 가공 ④ 지하

해설 * 방송통신설비의 기술기준에 관한 규정 제18조(설치 및 철거방법 등)
① 구내통신선로설비 및 이동통신구내선로설비는 그 구성과 운영 및 사업용 방송통신설비와의 접속이 쉽도록 설치하여야 한다.
② 구내통신선로설비의 국선 등 옥외회선은 지하로 인입하여야 한다. 다만, 같은 구내에 5회선 미만의 국선을 인입하는 경우에는 그러하지 아니하다.
③ 제2항 단서에도 불구하고 건축주가 제4조제2항제2호의 분계점과 사업자가 이용하는 인입맨홀·핸드홀 또는 인입주까지 지하인입배관을 설치한 경우에는 지하로 인입하여야 한다.
④ 구내통신선로설비 및 이동통신구내선로설비를 구성하는 배관시설은 설치된 후 배선의 교체 및 증설시공이 쉽게 이루어질 수 있는 구조로 설치하여야 한다.
⑤ 사업자는 「전기통신사업법」 제28조에 따른 이용약관에 따라 체결된 서비스 이용계약이 해지된 경우에는 국립전파연구원장이 정하여 고시하는 기간 이내에 제2항 단서에 따라 설치된 옥외회선을 철거하여야 한다. 다만, 서비스의 일부만 해지된 경우에는 그러하지 아니하다.
⑥ 제1항부터 제5항까지의 규정에 따른 구내통신선로설비 및 이동통신구내선로설비의 구체적인 설치 및 철거방법 등에 대한 세부기술기준은 과학기술정보통신부장관이 정하여 고시한다.

54 방송통신설비의 기술기준에 관한 규정 중 「방송통신망에 접속되는 단말기기 및 그 부속설비」를 뜻하는 용어는?

① 단말장치 ② 전원장치
③ 교환장치 ④ 국선장치

해설 * 방송통신설비의 기술기준에 관한 규정 제3조(정의)
① 이 영에서 사용하는 용어의 뜻은 다음 각 호와 같다.
1. "사업용방송통신설비"란 방송통신서비스를 제공하기 위한 방송통신설비로서 다음 각 목의 설비를 말한다.
  가. 「전기통신기본법」 제7조에 따른 기간통신사업자·별정통신사업자 및 부가통신사업자(이하 "사업자"라 한다)가 설치·운용 또는 관리하는 방송통신설비
  나. 「방송법」 제2조제14호에 따른 전송망사업자가 설치·운용 또는 관리하는 방송통신설비(이하 "전송망사업용설비"라 한다)
  다. 「인터넷 멀티미디어 방송사업법」 제2조제5호가목에 따른 인터넷 멀티미디어 방송 제공사업자가 설치·운용 또는 관리하는 방송통신설비
2. "이용자방송통신설비"란 방송통신서비스를 제공받기 위하여 이용자가 관리·사용하는 구내통신선로설비, 이동통신구내선로설비, 방송공동수신설비, 단말장치 및 전송설비 등을 말한다.
3. "국선"이란 사업자의 교환설비로부터 이용자방송통신설비의 최초 단자에 이르기까지의 사이에 구성되는 회선을 말한다.
4. "국선접속설비"란 사업자가 이용자에게 제공하는 국선을 수용하기 위하여 설치하는 국선수용단자반 및 이상전압전류에 대한 보호장치 등을 말한다.
5. "방송통신망"이란 방송통신을 행하기 위하

Answer 53. ④ 54. ①

여 계통적·유기적으로 연결·구성된 방송통신설비의 집합체를 말한다.
6. "전력선통신"이란 전력공급선을 매체로 이용하여 행하는 통신을 말한다.
7. "강전류전선"이란 전기도체, 절연물로 싼 전기도체 또는 절연물로 싼 것의 위를 보호피막으로 보호한 전기도체 등으로서 300볼트 이상의 전력을 송전하거나 배전하는 전선을 말한다.
8. "교환설비"란 다수의 방송통신회선(이하 "회선"이라 한다)을 제어·접속하여 회선 상호간의 방송통신을 가능하게 하는 교환기와 그 부대설비를 말한다.
9. "전송설비"란 교환설비·단말장치 등으로부터 수신된 방송통신콘텐츠를 변환·재생 또는 증폭하여 유선 또는 무선으로 송신하거나 수신하는 설비로서 전송단국장치·중계장치·다중화장치·분배장치 등과 그 부대설비를 말한다.
10. "선로설비"란 일정한 형태의 방송통신콘텐츠를 전송하기 위하여 사용하는 동선·광섬유 등의 전송매체로 제작된 선조·케이블 등과 이를 수용 또는 접속하기 위하여 제작된 전주·관로·통신터널·배관·맨홀(manhole)·핸드홀(handhole)·배선반 등과 그 부대설비를 말한다.
11. "전력유도"란 「철도건설법」에 따른 고속철도나 「도시철도법」에 따른 도시철도 등 전기를 이용하는 철도시설(이하 "전철시설"이라 한다) 또는 전기공작물 등이 그 주위에 있는 방송통신설비에 정전유도나 전자유도 등으로 인한 전압이 발생되도록 하는 현상을 말한다.
12. "전원설비"란 수변전장치, 정류기, 축전지, 전원반, 예비용 발전기 및 배선 등 방송통신용 전원을 공급하기 위한 설비를 말한다.
13. "단말장치"란 방송통신망에 접속되는 단말기기 및 그 부속설비를 말한다.

55 방송통신기자재 등의 적합성평가에 관한 고시에서 적합성평가의 전부가 면제되는 기자재 중 제품 및 방송통신서비스의 시험·연구 또는 기술 개발을 위한 목적을 가진 기자재의 수량은?

① 10대 이하   ② 50대 이하
③ 100대 이하 ④ 200대 이하

해설 * 방송통신기자재 등의 적합성평가에 관한 고시 제18조(적합성평가 면제의 세부범위 등)
① 영 제77조의6제1항제1호에 따라 적합성평가의 전부가 면제되는 기자재의 범위와 수량은 다음 각 호와 같다.
1. 시험·연구, 기술개발, 전시 등을 위하여 제조하거나 수입하는 경우로 다음 각 목의 어느 하나에 해당하는 기자재
  가. 제품 및 방송통신서비스의 시험·연구 또는 기술개발을 위한 목적의 기자재 : 100대 이하(다만, 원장이 인정하는 경우에는 예외로 한다)
  나. 판매를 목적으로 하지 않고 전시회, 국제경기대회 진행 등 행사에 사용하기 위한 기자재 : 면제확인 수량
  다. 외국의 기술자가 국내산업체 등의 필요에 따라 일정기간 내에 반출하는 조건으로 반입하는 기자재 : 면제확인 수량
  라. 적합성평가를 받은 기자재의 유지·보수를 위하여 제조 또는 수입되는 동일한 구성품 또는 부품 : 면제확인 수량
  마. 군용으로 사용할 목적으로 제조하거나 수입하는 기자재 : 면제확인 수량
  바. 국내에서 사용하지 아니하고 국외에서 사용할 목적으로 제조하거나 수입하는 기자재 : 면제확인 수량
  사. 외국에 납품할 목적으로 주문제작하는 선박에 설치하기 위해 수입되는 기자재와 외국으로부터 도입, 임대, 용선 계약한 선박 또는 항공기에 설치된 기자재 등과 또는 이를 대치하기 위한 동일기종의 기자재 : 면제확인 수량
  아. 판매를 목적으로 하지 아니하고 개인이 사용하기 위하여 반입하는 기자재 : 1대
  자. 국가 간 상호 인정협정 또는 이에 준하

Answer 55. ③

는 협정에 따라 적합성평가를 받은 기자재 : 면제확인 수량

차. 판매를 목적으로 하지 아니하고 본인 자신이 사용하기 위하여 제작 또는 조립하거나 반입하는 아마추어무선국용 무선설비 : 면제확인 수량

카. 판매를 목적으로 하지 아니하고 국내 시장조사를 목적으로 수입하는 견본품용 기자재 : 3대 이하

타. 적합성평가를 받은 컴퓨터 내장구성품(별표 2 제6호 다목)으로 조립한 컴퓨터(다만, 별표 6의 소비자 안내문을 표시한 것에 한한다.)

2. 국내에서 판매하지 아니하고 수출 전용으로 제조하는 경우로 다음 각 목의 어느 하나에 해당하는 기자재

가. 국내에서 제조하여 외국에 전량 수출할 목적의 기자재

나. 외국에 재수출할 목적으로 국내 반입하는 기자재 : 면제확인 수량

다. 외국에 수출한 제품으로서 수리 또는 보수를 위하여 반출을 조건으로 국내에 반입되는 기자재 : 면제확인 수량

56 국선단자함에서 동단자함 또는 동단자함에서 동단자함(건물 간 구간)까지 연결하는 통신케이블을 무엇이라 하는가?

① 구내간선케이블
② 건물간선케이블
③ 수평배선케이블
④ 급전선

해설 ✽ 접지설비·구내통신설비·선로설비 및 통신공동구 등에 대한 기술기준 제3조(용어의 정의)

① 이 고시에서 사용하는 용어의 정의는 다음과 같다.

1. "장치함"이라 함은 증폭기, 분배기, 분기기 및 보호기를 수용하며, 동축케이블 또는 광섬유케이블을 종단하여 상호 연결하는 함을 말한다.

2. "통신선"이라 함은 절연물로 피복한 전기도체 또는 절연물로 피복한 위를 보호피복으로 보호한 전기도체 및 광섬유 등으로서 통신용으로 사용하는 선을 말한다.

3. "이격거리"라 함은 통신선과 타물체(통신선을 포함한다)가 기상조건에 의한 위치의 변화에 의하여 가장 접근한 경우의 거리를 말한다.

4. "강전류절연전선"이라 함은 절연물만으로 피복되어 있는 강전류전선을 말한다.

5. "강전류케이블"이라 함은 절연물 및 보호물로 피복되어 있는 강전류전선을 말한다.

6. "강풍지역"이라 함은 벌판, 도서 또는 해안에 인접한 지역 등으로서 바람의 영향을 많이 받는 곳을 말한다.

7. "회선"이라 함은 전기통신의 전송이 이루어지는 유형 또는 무형의 계통적 전기통신로를 말하며, 그 용도에 따라 국선 및 구내선 등으로 구분한다.

8. "기타건축물"이라 함은 업무용건축물 및 주거용건축물을 제외한 건축물을 말한다.

9. "이용자"라 함은 구내통신설비를 소유하거나 사용하는 자를 말한다.

10. "사업자"라 함은 전기통신역무를 제공하는 통신사업자를 말한다.

11. "구내간선케이블"이라 함은 국선단자함에서 동단자함 또는 동단자함에서 동단자함까지(건물 간 구간)를 연결하는 통신케이블을 말한다.

12. "건물간선케이블"이라 함은 동단자함에서 층단자함까지 또는 층단자함에서 다른 층의 층단자함까지(건물 내 수직 구간)를 연결하는 통신케이블을 말한다.

13. "수평배선케이블"이라 함은 층단자함에서 통신인출구까지(건물 내 수평 구간)를 연결하는 통신케이블을 말한다.

14. "국선단자함"이라 함은 국선 및 구내간선케이블 또는 구내케이블을 종단하여

Answer 56. ①

상호 연결하는 통신용 분배함을 말한다.
15. "동단자함"이라 함은 구내간선케이블 및 건물간선케이블을 종단하여 상호 연결하는 통신용 분배함을 말한다.
16. "층단자함"이라 함은 건물간선케이블 및 수평배선케이블을 종단하여 상호 연결하는 통신용 분배함을 말한다.
17. "세대단자함"이라 함은 세대 내에 인입되는 통신선로, 방송공동수신설비 또는 홈네트워크설비 등의 배선을 효율적으로 분배·접속하기 위하여 이용자의 전용공간에 설치되는 분배함을 말한다.
18. "세대 내 성형배선"(이하 "성형배선"이라 한다)이라 함은 세대단자함 또는 이와 동등한 기능이 있는 단자함에서 각 인출구로 직접 배선되는 방식을 말한다.
19. "급전선"이라 함은 이동전화역무 또는 무선호출역무 등에 사용되는 무선송수신기와 안테나 간에 연결하는 선로를 말한다.
20. "중계장치"라 함은 선로의 도달이 어려운 지역을 해소하기 위해 사용하는 증폭장치 등을 말한다.
21. "홈네트워크 주장치(홈게이트웨이, 월패드, 홈서버 등을 포함한다)"라 함은 세대 내에서 사용되는 홈네트워크 기기들을 유·무선 네트워크 기반으로 연결하고 홈네트워크 서비스를 제공하는 기기를 말한다.

② 제1항에서 사용하는 용어의 정의를 제외하고는 규정에서 정하는 바에 의한다.

57 다음 중 전주의 안전계수가 1.2가 아닌 것은?
① 가공통신선과 특고압의 가공강전류전선을 공가하는 전주
② 구조물로부터 그 전주의 높이에 상당하는 거리 내에 접근하는 가공통신선
③ 철도 또는 궤도로부터 그 전주의 높이에 상당하는 거리 내에 접근하거나 도로, 철도 또는 궤도를 횡단하는 가공통신선
④ 도로상 또는 도로로부터 전주 높이의 1.2배에 상당하는 거리 내의 장소에 설치하는 전주

해설 ✦ 전주의 안전계수

① 전주의 안전계수는 다음 표와 같다. 다만, 철근콘크리트주 및 철주는 표 제1호, 제2호, 제3호의 경우 1.0 이상으로 하고, 제4호의 경우 1.5 이상으로 할 수 있다.

전주의 구별	안전계수
1. 도로상 또는 도로의 전주 높이의 1.2배에 상당하는 거리 내의 장소에 설치하는 전주	1.2
2. 다음에 해당하는 가공통신선을 가설하는 전주 가. 구조물로부터 그 전주의 높이에 해당하는 거리 내에 접근하는 가공통신선 나. 타인의 가공통신선 또는 가공강전류전선과 교차되거나 그 전주의 높이에 상당하는 거리 내에 접근하는 가공통신선 다. 철도 또는 궤도로부터 그 전주의 높이에 상당하는 거리 내에 접근하거나 도로, 철도 또는 궤도를 횡단하는 가공통신선	1.2
3. 가공통신선과 저압 또는 고압의 가공강전류전선을 공가하는 전주	1.5
4. 가공통신선과 특고압의 가공강전류전선을 공가하는 전주	2.0

② 전주에 지선 또는 지주를 설치하는 경우에는 그 전체의 안전계수를 전주의 안전계수로 보고 제1항의 규정을 적용한다.
③ 전주의 안전계수는 그 전주에 개설하는 시설물의 인장하중, 제9조의 규정에 의한 풍압하중 및 그 시설장소에서 통상 예상되는 기상의 변화 등 기타 외부 환경의 영향이 가하여진 것으로 하여 이를 계산한다.

Answer 57. ①

58. '상시 유도위험종전압'은 몇 볼트를 초과하는 경우 전력유도 방지조치를 하여야 하는가?

① 30[V] ② 60[V]
③ 40[V] ④ 50[V]

해설 * 방송통신설비의 기술기준에 관한 규정 제9조(전력유도의 방지)
① 전송설비 및 선로설비는 전력유도로 인한 피해가 없도록 건설·보전되어야 한다.
② 전력유도의 전압이 다음 각 호의 제한치를 초과하거나 초과할 우려가 있는 경우에는 전력유도 방지조치를 하여야 한다.
 1. 이상 시 유도위험전압 : 650볼트. 다만, 고장 시 전류제거시간이 0.1초 이상인 경우에는 430볼트로 한다.
 2. 상시 유도위험종전압 : 60볼트
 3. 기기 오동작 유도종전압 : 15볼트. 다만, 해당 방송통신설비의 통신선로가 왕복 2개의 선으로 구성되어 있는 경우에는 적용하지 아니하되, 통신선로의 2개의 선 중 1개의 선이 대지를 통하도록 구성되어 있는 경우(대지귀로방식)에는 적용한다.
 4. 잡음전압 : 0.5밀리볼트. 다만, 전철시설로 인한 잡음전압이 0.5밀리볼트보다 크고 2.5밀리볼트보다 작은 경우에는 1분 동안에 0.5밀리볼트보다 크고 2.5밀리볼트보다 작은 잡음전압과 그 잡음전압이 지속되는 시간(초)을 곱한 전압의 총합계가 30밀리볼트·초를 초과하지 아니하여야 한다.
③ 제2항에 따른 전력유도전압의 구체적 산출방법에 대한 세부기술기준은 방송통신위원회가 정하여 고시한다.

59. 평형회선은 회선 상호간 방송통신콘텐츠의 내용이 혼입되지 않도록 두 회선 사이의 근단누화 또는 원단누화의 감쇠량이 몇 데시벨 이상이 되도록 규정하고 있는가?

① 35데시벨 ② 45데시벨
③ 58데시벨 ④ 68데시벨

해설 * 전기통신설비의 기술기준에 관한 규칙의 제13조(누화)
전화급 평형회선은 회선 상호간 전기통신신호의 내용이 혼입되지 아니하도록 두 회선 사이의 근단누화 또는 원단누화의 감쇠량은 68데시벨 이상이어야 한다. 다만, 전파연구소장이 별도로 세부기술기준을 고시한 경우에는 이에 의한다.

60. 다음 중 선로설비의 유지보수 및 보전의 목적에 대한 사항으로 틀린 것은?

① 지속적인 통신품질 유지
② 경제적이고 효율적으로 기술의 발전을 수용
③ 건물 내의 다른 설비의 관리 시스템과도 함께 효율적으로 운용될 수 있도록 고려
④ 시설자에게 기술지도를 용이하게 하기 위해

해설 * 선로설비의 유지보수 및 보전의 목적
 ㉠ 지속적으로 통신 품질을 유지하고
 ㉡ 경제적이고 효율적으로 기술의 발전을 수용하기 위하여
 ㉢ 건물 내의 다른 설비의 관리 시스템과도 함께 효율적으로 운용될 수 있도록 고려

Answer 58. ② 59. ④ 60. ④

2016년 4회 시행 과년도출제문제

01 다음의 괄호 ㉠, ㉡에 각각 알맞은 것은?

> 전압계의 측정범위를 넓히기 위하여 전압계에 (㉠)로 저항을 접속하는데, 이 저항을 (㉡)라 한다.

① ㉠ 직렬, ㉡ 분류기
② ㉠ 직렬, ㉡ 배율기
③ ㉠ 병렬, ㉡ 분류기
④ ㉠ 병렬, ㉡ 배율기

해설 배율기(multiplier)는 전압계의 측정 범위를 확대하기 위해서 계기의 권선과 직렬로 접속하는 고저항의 저항기이다.

02 직류 전압을 측정할 때 전압계는 부하 또는 전원과 어떻게 접속해야 하는가?

① 직렬로 연결하며, 극성에 주의하여야 한다.
② 병렬로 연결하며, 극성에 주의하여야 한다.
③ 직렬로 연결하며, 계기의 최대용량값은 예상 부하의 값보다 반드시 큰 것을 사용한다.
④ 병렬로 연결하며, 계기의 최대용량값은 예상 부하의 값보다 반드시 작은 것을 사용한다.

해설 직류 전압을 측정할 때 전압계는 부하 또는 전원과 병렬로 연결하며, 극성에 주의하여 +측에 + 측정단자를, - 또는 GND측에는 - 측정(COM) 단자를 접속해야 한다.

03 다음 중 교류의 파형률을 표시한 것은?

① 파형률 = $\dfrac{최대값}{평균값}$

② 파형률 = $\dfrac{실효값}{평균값}$

③ 파형률 = $\dfrac{평균값}{실효값}$

④ 파형률 = $\dfrac{최대값}{실효값}$

해설 파고율과 파형률

파고율 = $\dfrac{최대값}{실효값}$, 파형률 = $\dfrac{실효값}{평균값}$

04 자체 인덕턴스 L의 값이 1[H]인 코일에 220[V], 주파수 60[Hz]의 전압을 가할 때 유도 리액턴스 X_L의 값은 얼마인가? (단, π의 값은 3.14로 계산)

① 376.8[Ω]   ② 1401.6[Ω]
③ 37.68[Ω]   ④ 140.16[Ω]

해설 $X_L = 2\pi f L[\Omega]$에서
$X_L = 2\pi f L = 2 \times 3.14 \times 60 \times 1 = 376.8[\Omega]$

05 다음 중 쿨롱의 법칙에 대한 설명으로 잘못된 것은?

① 자기력의 크기는 두 자극 간의 세기의 곱에 비례한다.
② 자기력의 크기는 두 자극 간의 거리의 제곱에 비례한다.
③ 자기력의 방향은 두 자극 간을 연결하는 직선상에 있다.
④ 두 자극이 같은 부호일 때 자기력의 방향은 반발하는 방향이다.

Answer 1. ② 2. ② 3. ② 4. ① 5. ②

해설 ★ **쿨롱의 법칙(Coulomb's law)**
두 자극 사이에 작용하는 힘은 그 거리의 제곱에 반비례하고, 두 자극의 세기의 곱에 비례하며, 힘의 방향은 두 자극을 잇는 직선상에 위치한다.

06 전자 결합으로 전자가 빠져나간 빈 자리를 무엇이라 하는가?
① 도너　　　　② 정공
③ 억셉터　　　④ 캐리어

해설 ★ ① 진성 반도체(intrinsic semiconductor) : 불순물이 전혀 섞이지 않은 반도체
② 불순물 반도체(extrinsic semiconductor)
　㉠ N형 반도체 : 과잉 전자(excess electron)에 의해서 전기 전도가 이루어지는 불순물 반도체
　　도너(donor) : N형 반도체를 만들기 위한 불순물 원소(Sb, As, P, Pb)
　㉡ P형 반도체 : 정공에 의해서 전기 전도가 이루어지는 불순물 반도체이며, 전자 결합으로 전자가 빠져나간 빈 자리가 정공이다.
　　억셉터(acceptor) : P형 반도체를 만들기 위한 불순물 원소(Ga, In, B, Al)

07 다음 중 브리지 정류회로에 대한 설명으로 알맞은 것은?
① 다이오드를 2개 사용한다.
② 다이오드를 통과한 순방향 전압강하가 없다.
③ 브리지 회로를 거치면 교류는 맥류파형의 직류가 된다.
④ 정류효율이 좋지 않아 많이 사용되지 않는다.

해설 ★ ㉠ 반파 정류회로 : 다이오드 등의 정류 소자를 사용하여 교류의 (+)의 반 사이클만 전류

(i_d)를 흘려서 부하에 직류를 흘리도록 한 회로
㉡ 전파 정류회로 : 다이오드를 사용하여 교류의 +, - 반 사이클에 대해서도 정류를 하고, 부하에 직류 전류를 흘리도록 한 회로
㉢ 브리지 정류회로 : 전파 정류회로의 일종으로, 다이오드 4개를 브리지 모양으로 접속하여 정류하는 회로, 중간 탭이 있는 트랜스를 사용하지 않아도 되나 많은 다이오드가 필요하다.

08 다음 중 전원회로에 사용되는 평활회로의 구성 요소가 아닌 것은?
① LC필터　　　② 브리지회로
③ 커패시터　　④ 저역통과필터

해설 ★ 평활회로는 직류 발전기나 정류기에 의해서 직류를 얻는 경우에 직류 중에 포함되는 리플을 제거하기 위하여 삽입하는 회로로 철심 코일이나 콘덴서로 이루어지는 저역 필터로 구성되어 있으며, 그 차단 주파수(cut-off frequency)를 리플 주파수보다 훨씬 작게 택하는 것이 보통이다.

09 트랜지스터(TR)의 동작 영역이 아닌 것은?
① 발진영역　　② 활성영역
③ 포화영역　　④ 차단영역

해설 ★ 트랜지스터(BJT)의 동작영역에서 증폭기로 사용하기 위해서는 활성영역에서 동작하여야 하고, 논리회로에 사용하기 위해서는 포화영역과 차단영역을 사용한다.

10 증폭회로에서 입력전압과 출력전압을 측정하였더니 입력전압은 10[mV], 출력전압은 1,000[mV]였다. 이 회로의 전압 증폭도는?
① 40배　　　　② 60배

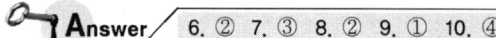
Answer　6. ②　7. ③　8. ②　9. ①　10. ④

③ 80배   ④ 100배

해설 $A_V = \dfrac{V_o}{V_i} = \dfrac{1000}{10} = 100$

11 발진 장치를 처음으로 만들어 전파를 발사시킨 사람은?
① 벨   ② 헤르츠
③ 맥스웰   ④ 옴

해설 * 전기 통신
㉠ 전신 : 1837년 미국의 모스(Morse, F.B.)가 전신 부호를 발명
㉡ 전화 : 1876년 벨(Bell, A.G.)이 발명. 2년 후 에디슨(Edison, T)이 탄소 송화기를 개량하여 인류 최초의 전화기가 발명됨
㉢ 전자파 : 1888년 헤르츠(Hertz, H.)가 전자파를 발견
㉣ 무선 전신 시스템 : 1897년 마르코니(Marconi, G.)가 전파를 이용하여 모스 부호를 무선으로 전송하는 무선 전신 시스템을 발명
㉤ 에디슨의 전화기
㉥ 라디오 방송 : 1920년 미국에서 KDKA 라디오 방송국이 개국. 1 : 1 통신(전신, 전화 등)이 1 : n의 통신으로 바뀌게 되어 방송(broadcast)이라는 용어가 등장
㉦ 텔레비전 방송 : 1936년 영국의 BBC방송국을 시작으로 1950년대에 이르러 미국을 중심으로 대중화되기 시작하였다.

12 발진회로에서 발진이 유지되기 위해 평형상태가 되어야 하는 조건을 무엇이라 하는가? (루프이득 βA=1이 되는 조건)
① 위상 조건   ② 진폭 조건
③ 지속 조건   ④ 주파수 조건

해설 $A\beta = 1$이면 A_{vf}가 무한대가 되어 발진한다. 이러한 발진조건을 바크하우젠(Barkhausen) 발진조건이라 한다.
즉 $|1-A\beta| > 1$일 때는 부궤환(증폭회로에 적용)
$|1-A\beta| \leq 1$일 때는 정궤환(발진회로에 적용)

13 1,000[kHz], 80[kW]의 반송파를 1[kHz]의 신호파를 이용해서 50[%] 진폭변조(AM)했을 때, 피변조파 성분 중 한쪽 측파대 전력은 얼마인가?
① 157.5[kW]   ② 11.25[kW]
③ 4[kW]   ④ 2[kW]

해설 $P_m = 100\left(1 + \dfrac{0.4^2}{2}\right) = 80$[kW]이므로 하측파대의 소비전력은

$1 : \dfrac{0.4^2}{4} = 100 : x$

$\therefore x = \dfrac{0.4^2}{4} \times 100 = 4$[kW]

14 FM 변조에서 최대주파수 편이(Δf_c)가 30[kHz]이고, 변조신호 주파수(f_s)가 3[kHz]이면 변조지수(m_f)는 얼마인가?
① 5   ② 10
③ 15   ④ 30

해설 $m_f = \dfrac{\Delta F_c}{F_s} = \dfrac{30}{3} = 10$

15 JK 플립플롭의 입력 J 단자에는 1, K 단자에는 입력 0이 가하졌을 때, 출력단자의 상태로 올바른 것은?

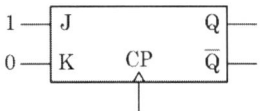

① $Q = 0, \overline{Q} = 0$
② $Q = 0, \overline{Q} = 1$
③ $Q = 1, \overline{Q} = 0$

Answer 11. ② 12. ③ 13. ③ 14. ② 15. ③

④ Q = 1, $\bar{Q}$ = 1

해설 ✱ JK 플립플롭 : RS 플립플롭에서 R=S=1의 상태에서는 동작이 불확실한 상태가 되므로, RS 플립플롭에서 Q를 R로, $\bar{Q}$를 S로 되먹임하여 불확실한 상태가 나타나지 않도록 한 회로이다.

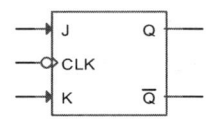

JK 플립플롭의 회로

J	K	Q_{n+1}
0	0	Q_n(불변)
0	1	0
1	0	1
1	1	$\bar{Q_n}$(toggle)

JK 플립플롭의 진리치표

16 컴퓨터의 발전 과정을 세대별로 구분할 때 사용된 논리회로 소자를 순서대로 맞게 배열한 것은?

① 진공관 → 트랜지스터 → IC → LSI → VLSI → ULSI

② 진공관 → 트랜지스터 → LSI → IC → VLSI → ULSI

③ 진공관 → 트랜지스터 → IC → VLSI → LSI → ULSI

④ 진공관 → 트랜지스터 → VLSI → IC → LSI → ULSI

해설 ✱ 전자계산기의 세대별 비교

세대 내용	제1세대 (1951년 ~1959년)	제2세대 (1959년 ~1963년)	제3세대 (1963년 ~1975년)	제4세대 (1975년 이후)
기억 소자	진공관 (tube)	트랜지스터 (TR)	집적회로 (IC)	집적회로 (LSI, VLSI)
주기억 장치	자기드럼	자기코어	집적회로 (IC)	집적회로 (LSI, VLSI)

17 중앙처리장치의 레지스터들 중에서 현재 수행 중인 명령을 기억하고 있는 레지스터는 무엇인가?

① 누산기(Accumulator)

② 인스트럭션 레지스터(IR : Instruction Register)

③ 프로그램 카운터(PC : Program Counter)

④ 기억 장치 버퍼 레지스터(MBR : Memory Buffer Register)

해설 ✱ ㉠ 제어장치(Control Unit) : 제어장치는 주기억장치에 기억된 프로그램 명령들을 해독하고, 그 의미에 따라 필요한 장치에 신호를 보내어 작동시키며, 그 결과를 검사 통제하는 역할을 한다.

ⓐ 어드레스 레지스터(Address register) : 기억장치 내에 있는 데이터의 어드레스나 기억된 데이터를 읽을 때, 읽고자 하는 자료의 어드레스를 임시로 기억한다.

ⓑ 기억 레지스터(Storage register) : 명령 레지스터나 명령 계수기가 지정하는 주기억장치의 내용을 임시로 보관하는 역할을 한다.

ⓒ 명령 레지스터(Instruction register) : 현재 실행 중에 있는 명령 코드를 보존하는 레지스터로서 명령부와 어드레스부로 구성된다.

ⓓ 명령 해독기(Command decoder) : 명령부에 들어 있는 코드를 해독한 다음, 그것을 연산부로 보내어 실행하도록 한다.

ⓔ 명령 계수기(Instruction counter) : 명령의 수행 시마다 어드레스를 하나씩 증가시켜 순차적으로 수행할 명령의 어드레스를 레지스터에 제공하는 기능을 갖는다.

㉡ 연산장치(ALU, Arithmetic and Logic Unit) : 연산장치는 프로그램상의 명령문에 대한 모든 연산을 수행하는 장치로서, 누산기, 데이터 레지스터, 가산기, 상태 레

Answer 16. ① 17. ②

지스터 등으로 구성된다.

ⓐ 누산기(Accumulator) : 연산장치를 구성하는 중심이 되는 레지스터로서 사칙연산, 논리 연산 등의 결과를 기억한다.

ⓑ 데이터 레지스터(Data Register) : 실행 대상(Operand)이 2개 필요한 경우에 주기억장치로부터 읽어들인 데이터를 임시 보관하고 있다가 필요할 때에 제공하는 역할을 한다.

ⓒ 가산기(Adder) : 누산기와 데이터 레지스터의 두 수를 가산하는 기능을 하며, 그 결과는 누산기에 저장된다.

ⓓ 상태 레지스터(Status Register) : 연산의 결과가 양수나 0 또는 음수인지, 자리올림(carry)이나 오버플로(overflow)가 발생했는지 등의 연산에 관계되는 상태와 외부로부터의 인터럽트(interrupt) 신호의 유무를 나타낸다.

18 필요에 의해 프로그래머가 프로그래밍 중에 인터럽트 요청을 하는 것으로 사용자 모드에서 감시 관리 모드로 CPU의 상태를 변화시키는 인터럽트는?

① 기계 고장 인터럽트
② 외부 인터럽트
③ 프로그램 체크 인터럽트
④ 슈퍼바이저 콜 인터럽트

해설 * 인터럽트 종류

① 외부 인터럽트 : 전원 이상 인터럽트, 기계 착오 인터럽트, 외부신호 인터럽트, 입출력 인터럽트

② 내부 인터럽트 : 잘못된 명령어에 의한 인터럽트, 프로그램 검사 인터럽트

③ 소프트웨어 인터럽트 : 슈퍼바이저 콜 인터럽트(SVC, Supervisor Call) : 프로세서에게 컴퓨터 제어권을 운영체제 슈퍼바이저 프로그램에 넘길 것을 지시하는 프로세서 명령어다. 대부분의 SVC는 응용프로그램 또는 운영체제의 다른 부분에서 운영체제에게 특정한 서비스를 요구하는 것으로, 소프트웨어 인터럽트의 대표적인 형태이다.

19 7[bit]로 나타낼 수 있는 최대 숫자의 범위는?

① $-63 \sim 63$
② $-64 \sim 63$
③ $-127 \sim 127$
④ $-128 \sim 127$

해설 * 2진 코드에서 셀 수 있는 최대의 수를 N이라 하면 $N=2^n$개의 수를 셀 수 있고, 0에서 2^n-1의 수까지 표현한다. 즉, 최대의 수는 $2^5=32$까지이고 $2^5-1=31$까지 셀 수 있고, $2^6=64$까지이고 $2^6-1=63$까지 셀 수 있다. 또한 $2^7=128$까지이고 $2^7-1=127$까지 셀 수 있으므로 65가지의 데이터를 취급하기 위해서는 7[bit]가 필요하다.

20 다음 배타적 NOR(Exclusive-NOR)의 출력이 '0'이 될 때는 언제인가?

① A와 B 모두 0일 때
② A와 B 모두 1일 때
③ A와 B가 서로 다를 때
④ A와 B가 서로 같을 때

해설 * EXCLUSIVE-NOR(배타적 부정 논리합)
배타적 부정 논리합의 논리를 수행하는 게이트. 즉 A와 B의 값이 같으면 참을 출력하고 그렇지 않으면 거짓이다.
$F = A \odot B = \overline{AB} + AB$

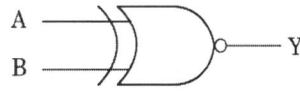

EX-NOR 게이트의 도형

Answer 18. ④ 19. ② 20. ③

A	B	F
0	0	1
0	1	0
1	0	0
1	1	1

EX-NOR 게이트의 진리치표

21 다음 중 펄스 신호가 들어온 횟수를 세는 회로는?

① 계수회로 ② 제어회로
③ 명령회로 ④ 펄스회로

해설 ✽ 계수기(Counter)는 입력 펄스가 들어올 때마다 미리 정해진 순서대로 플립플롭의 상태가 변화하는 것을 이용한 것이며, 동기형과 비동기형이 있다.
  ㉠ 동기형(synchronous type) 계수기 : 계수기 회로에 쓰이는 모든 플립플롭에 클록 펄스를 동시에 공급하여 출력 상태가 동시에 변화하고, 클록 펄스가 없을 때 가해진 입력 펄스에 대해서는 각각 플립플롭이 동작하지 않게 되어 있는 계수기
  ㉡ 비동기형(asynchronous type) 계수기 : 계수기 회로에 쓰이는 플립플롭이 종속 연결되어 있어서 각각의 플립플롭이 동작할 때 첫 번째 플립플롭에만 입력 클록을 가하고 그 다음 플립플롭부터는 바로 앞단 플립플롭의 출력에서 보내오는 클록 펄스만으로 동작하는 계수기

22 다음은 1~100까지 홀수의 합을 구하는 순서도와 JAVA SCRIPT로 코딩한 결과이다. ㉠의 부분을 ㉡으로 코딩하는 과정에서 ⓐ에 들어갈 문구로 가장 적절한 것은?

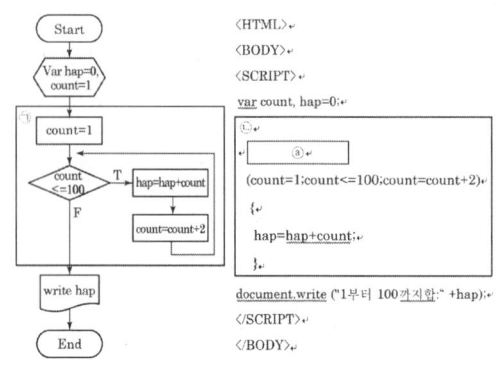

① for ② while
③ do~ while ④ case

해설 ✽ 1~100까지 홀수의 합을 구하는 순서도와 JAVA SCRIPT로 코딩한 결과에서 ⓐ에 들어갈 문구는 for이다.

23 다음은 C언어 프로그램의 일부이다. 아래와 같은 for문에서 조건에 만족하여 반복 수행할 때 ㉠ for문은 몇 번을 반복하며, ㉡ for문을 빠져 나왔을 때 i의 값은 각각 얼마인가?

```
...
for ( i=1; i<=10; i++)
{
    wa = wa + i;
}
....
```

① ㉠ 10, ㉡ 10
② ㉠ 10, ㉡ 11
③ ㉠ 11, ㉡ 10
④ ㉠ 11, ㉡ 11

해설 ✽ i는 1에서 10보다 같거나 작을 때까지 반복이므로 10회 반복을 하고, i++는 증가이므로 11이 된다.

24 다음의 엑셀 시트는 어떤 작업인가?

Answer 21. ① 22. ① 23. ② 24. ①

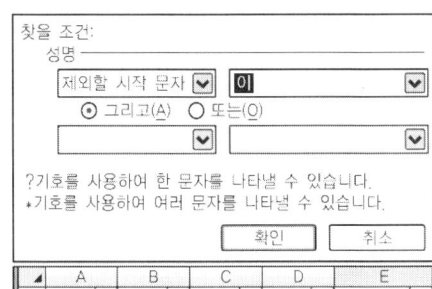

① 자동 필터   ② 부분합
③ 피벗 테이블 ④ 정렬

해설 * 엑셀에서 자동필터는 조건에 맞는 데이터를 추출하는 기능이다.

25 윈도우용 프레젠테이션의 기능으로 거리가 가장 먼 것은?

① 그리기 기능
② 차트 표시 기능
③ 홈페이지 제작 기능
④ 데이터 관리 기능

해설 * **프레젠테이션의 기능**
㉠ 슬라이드 제작 및 편집 : 준비된 자료를 입력한 후 보기 좋게 꾸밀 수 있다.
㉡ 개체 삽입 : 각종 클립아트, 그림, 조직도, 차트, 소리, 동영상 등을 삽입할 수 있다.
㉢ 그림 그리기 : 그리기 도구를 사용하여 새로운 형태의 그림을 만들 수 있다.
㉣ OLE 기능 : OLE 기능을 이용하여 손쉽게 외부 자료를 활용한다.
※ 슬라이드 쇼 진행 : 자동이나 수동으로 슬라이드 쇼를 진행하거나 애니메이션 효과를 추가한다.
※ 유인물, 설명문, 개요 작성 : 발표 내용을 설명문, 유인물, OHP 등으로 다양하게 제작한다.

26 다음 중 일반적인 정보 흐름의 통신방식 분류에 해당하지 않는 것은?

① Simplex   ② Half Duplex
③ Full Duplex ④ Triplex

해설 * ① 단향통신방식(simplex communication) : 송신기와 수신기가 정해진 통신방식으로 데이터가 한쪽 방향으로만 전송되는 방식으로 단방향 통신의 원격제어시스템, 공중파의 TV 방송과 라디오방송이 대표적이다.

단향통신

㉠ 송·수신측이 미리 고정되어 있는 통신 방식이다.
㉡ 통신 채널을 통하여 한쪽 방향으로만 데이터를 전송한다.
㉢ TV나 라디오 방송에서 사용한다.
㉣ 수신된 데이터의 에러 발생 여부를 송신측이 알 수 없다.

② 반이중방식 통신(half duplex) : 송·수신 기능을 한 개의 시스템에서 동시에 수행할 수 없고, 송·수신을 별도로 하는 방식으로 무전기와 컴퓨터 통신시스템에서 널리 사용한다.

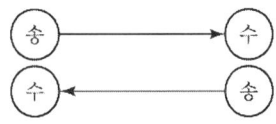

반이중방식 통신

㉠ 양방향 통신이 가능하지만 어느 한쪽이 송신하는 경우 상대편은 수신만이 가능한 통신 방식이다.
㉡ 송·수신측이 고정되어 있지 않다.
㉢ 양측에서 동시에 데이터를 전송하게 되면 충돌이 발생하기 때문에 데이터를 전송하기 전에 전송 매체의 사용 가능 여부를 확인해야 된다.
㉣ 무전기나 모뎀을 이용한 통신에서 사용한다.

Answer 25. ④ 26. ④

③ 전이중방식 통신(full deplex) : 가장 효율이 높은 방식으로 두 개의 시스템이 동시에 데이터를 송·수신할 수 있는 방식이다. 일반적으로 송·수신 회선이 별도의 4선식으로 구성된다.

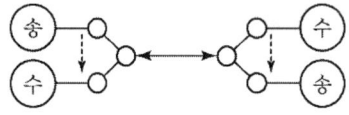

전이중방식 통신

㉠ 동시에 양방향으로 데이터 전송이 가능한 통신 방식이다.
㉡ 하나의 전송 매체를 두 개의 채널로 사용하거나 전송 방향에 따라 별도의 전송 매체를 사용한다.

27 통신 계통에서 전송 레벨의 기준인 0[dBm]은 600[Ω]의 부하에 얼마의 전력이 공급되는 것을 말하는가?

① 1[mW] ② 1[W]
③ 1[kW] ④ 1[μW]

해설 * • dB는 decibel의 단위로 특정 수치를 측정해서 단순히 수학적인 개념으로 사용되는 단위로 dB는 log와 관련되어 있다.

[10 * logx], 10 * log $_{100}$
=20dB, 10 * log $_{1000}$
=30dB, 10 * log $_{10000}$
=40dB

• dBm : RF는 일반적으로 mW 단위의 작은 전력을 사용하고 있어 이를 dB 형태로 표시하며, 1mW=0dBm이 기준이다.
(10 * log 1=0),
10mW=10dBm (10 * log $_{10}$=10),
100mW=20dBm (10 * log $_{100}$=20),
1000mW=30dBm (10 * log $_{1000}$=30)

28 통신 프로토콜의 종류 중 국제표준으로 맞는 것은?

① SNA   ② OSI
③ DNA   ④ TCP/IP

해설 * 통신 프로토콜(communication protocol)은 어떤 시스템이 다른 시스템과 통신을 원활하게 수용하도록 해주는 통신 규약이다.

• 프로토콜의 종류
㉠ SNA(System Network Architecture) : IBM에서 제안한 것으로 비표준이다.
㉡ DNA(Digital Network Architecture) : DEC에서 제안한 것으로 비표준이다.
㉢ TCP/IP(Transmission Control Protocol/ Internet Protocol) : 미국방성에서 제안한 것으로 비표준이나 표준처럼 사용된다.
㉣ OSI(Open System Interconnection) : 국제표준화기구(ISO)에서 제안한 것이다.

29 다음 중 입력전용 단말장치가 아닌 것은?

① CRT
② OCR
③ OMR
④ 종이테이프 판독장치

해설 * ㉠ 입력장치에는 키보드와 마우스가 많이 사용되며, 스캐너, 광학 마크 판독기, 광학 문자 판독기, 자기 잉크 문자 판독기, 바코드 판독기, 조이 스틱, 디지타이저, 터치스크린, 디지털 카메라 등이 있다.
㉡ 출력장치에는 프린터와 모니터가 있으며, 프린터로는 도트 매트릭스 프린터, 잉크 제트 프린터, 레이저 프린터가 있다. 또, 모니터에는 음극선관 모니터와 액정 화면 모니터, 플라즈마 디스플레이, 터치스크린, 프로젝터 등이 있다.

30 전화기에서 임의의 버튼 하나를 누르면 가로와 세로에 해당하는 높은 주파수와 낮은 주파수의 두 주파수 신호가 혼합되어 송출

되는 방식을 무엇이라 하는가?
① EMD 방식   ② MFC 방식
③ PCM 방식   ④ 스트로저 방식

해설 * MFC(Multi Frequency Code Signaling) 전화기
0~9의 숫자 버튼과 특수버튼(*, #)이 내장되어 버튼을 누르면 고군 주파수(High Frequency)와 저군 주파수(Low Frequency) 중에서 각각 1개를 조합하여 신호를 발생시켜 선택신호로서 송출된다.

31 다음 중 전화기의 송화기 기능에 대한 설명으로 맞는 것은?
① 상대방 가입자를 선택 호출하는 장치이다.
② 음성 에너지를 전기 에너지로 변환하는 장치이다.
③ 두 개의 교류 주파수의 조합을 이용하여 버튼을 누르면 발진 주파수가 송출된다.
④ 전화 통화 시 발신측의 출력 일부가 자신의 수화기를 통해 들린다.

해설 * ㉠ 송화기(Transmitter) : 송화기의 진동판은 얇은 금속판으로 송화기에 대고 말을 하면 진동판의 진동의 강약에 따라 탄소입자의 저항이 크거나 작게 되어 전류가 변화하게 되어 음성의 크기와 높낮이에 따른 진동이 전기 에너지로 변환되어 통신로를 통하여 상대방에 도달한다. 즉, 소리에너지를 전기적 에너지로 변환하는 장치이다.
㉡ 수화기(Receiver) : 회로에 흐르는 전기적 에너지를 음성에너지로 변환하는 장치로, 송화기의 반대작용으로 스피커에 해당하는 부분에서 전기 신호를 음성 신호로 변환한다. 수화기 내에는 영구자석과 코일로 구성되며, 코일에 전기가 흐르지 않을 때는 진동판은 자석에 붙어 있다가 음성 전류가 흐르면 전류의 세기에 따라 코일의 자계 변화에 따라 진동판이 진동하면서 음성을 재생한다.

32 전자식 교환기의 교환방식은 어떻게 구분되는가?
① 아날로그형과 디지털형
② 아날로그형과 하이브리드형
③ 디지털형과 하이브리드형
④ 수동식과 자동식

해설 * 전자교환기는 SD형(아날로그식)과 TD형(디지털식)으로 분류한다.

33 전자교환기의 공동제어방식은 대부분 축적 프로그램 제어방식(SPC) 기술을 사용한다. 이 기술의 특징이 아닌 것은?
① 시설비가 저렴하고 설치 소요 면적이 적다.
② 보수운용의 경비절감을 할 수 있다.
③ 가입자에 대해 다양한 기능을 서비스할 수 있다.
④ 설치비용과 공동제어 장치가 증가된다.

해설 * 전자교환기는 1958년 미국의 벨연구소가 축적 프로그램 제어방식(SPC : stored program control)의 전자교환방식을 발표함으로써 최초로 출현하였으며, 이러한 전자교환기는 축적 프로그램 제어 방식을 사용함으로써 프로그램 변경이 간단하게 이루어져 운용관리 및 유지보수가 용이할 뿐만 아니라 그 외에도 많은 특수 서비스를 이용할 수 있다.

34 다음 중 교환 통신망의 분류에 해당되지 않는 것은?
① 회선 교환망
② 메시지 교환망

Answer 31. ② 32. ① 33. ④ 34. ③

③ 무선 교환망
④ 패킷 교환망

해설 ★ 회선에 따른 통신
㉠ 음성용 전용회선 : 전화를 이용한 송·수신 방식으로 저속, 중속의 데이터 통신이 이루어짐
㉡ 기존 전화 교환망의 이용 : 전화 교환망의 이용으로 통신의 효율성이 높음
㉢ 광역회선의 이용 : 광역 전용회선을 이용하여 10[Kbps]의 전송속도로 통신
㉣ 디지털 회선 이용 : 음성을 디지털화하는 방식 사용
㉤ 데이터 전용 교환망 이용 : 회선/패킷 교환 방식 사용
㉥ 종합정보통신망(ISDN : Integrated Service Digital Network) 이용 : 디지털 방식으로 데이터(음성, 문자, 음향, 화상정보 등)를 종합적으로 처리

35 비동기식 전송방식(Asynchronous Transmission)에 대한 설명으로 적합하지 않은 것은?

① 문자(Character) 단위 전송이다.
② Start bit와 Stop bit로서 1문자씩 동기를 맞춘다.
③ 글자의 앞쪽에 1개의 Start bit를 갖는다.
④ 2,400[bps] 이상의 고속 전송에서 사용된다.

해설 ★ 비동기식 방식
㉠ 보통 한 문자단위와 같이 매우 작은 비트 블록의 앞과 뒤에 각각 스타트 비트와 스톱 비트를 삽입하여 비트 블록의 동기화를 취해 주는 방식으로 스타트-스톱 전송이라고 불리기도 한다.
㉡ 일반적으로 비동기식 전송방식은 단순하고 저렴하나, 각 문자당 스타트 비트와 스톱 비트를 비롯해 2~3비트의 오버헤드를 요구하므로 전송효율이 매우 떨어지는 것으로 보통 낮은 전송속도에서 이용된다.
㉢ 비동기식 전송의 특징
ⓐ 비동기식 전송이란 동기화를 제공하지 않는 전송 방식이다.
ⓑ 이 방식은 동기화를 사용하지 않기 때문에 정확한 비트 수신이 보장되지 않으나 보통 저속으로 한 문자를 전송하는 동안에는 큰 문제가 발생하지 않기 때문에 문자 단위의 일반 저속 통신에 많이 사용되고 있다. 각 전송 문자의 앞, 뒤에는 반드시 1비트의 start 신호와 1, 1.5, 또는 2비트의 stop 신호가 첨가되어 전송된다.
ⓒ 대부분의 호스트와 단말기 사이의 통신이 이 비동기식 전송을 사용하고 있다.
㉣ 동기식 전송의 특징
ⓐ 동기식 전송이란 동기화를 제공하는 전송 방식을 말한다. 따라서 수신측의 정확한 수신을 보장해 준다.
ⓑ 또한, 수신측의 정확한 수신이 보장되기 때문에 블록 단위의 고속 전송에 적합하다. 이때 데이터 블록은 정형화된(structured) 형태로 구성되며 이를 프레임이라 한다.

36 주파수 분할 다중화 방식에서 채널과 채널 사이에 상호 간섭을 막기 위한 역할을 하는 것은?

① 신호
② 누화
③ 반송파
④ 보호 대역

해설 ★ 주파수 분할 방식(FDS : Frequency Division system)
• 하나의 통화로에 다수의 반송파를 할당하여 통화하는 방식이며 스위칭 통화로에 서로 다른 반송파를 할당하여 동시에 다수의 통화로를 구성하는 방식이다.
• 보호 대역(guard band)은 대개 2개의 통신로 간섭을 막기 위해 데이터 전송 장치의 2개 통신로에서 사용하지 않고 남아 있는 주파수 대역이다.

Answer 35. ④ 36. ④

37 다음 중 채널용량에 대한 설명으로 틀린 것은?

① 채널용량은 채널의 대역폭에 반비례한다.
② 채널용량은 Nyquist의 공식에 의해서 결정된다.
③ 채널용량을 늘리기 위해서는 잡음의 세력을 줄여야 한다.
④ 채널용량을 늘리기 위해서는 신호의 세력을 높여야 한다.

해설 * 채널 용량(channel capacity)
정해진 오류 발생률 내에서 채널을 통해 최대로 전송할 수 있는 정보량. 측정 단위는 초당 전송되는 비트 수가 된다.
㉠ 샤논의 채널용량(Channel capacity)은 잡음이 없다면 임의 대역폭에서도 채널 용량을 거의 무한으로 할 수 있으나, 잡음이 있다면 대역폭을 아무리 증가시켜도 채널용량을 크게 할 수 없다는 것을 의미한다.
$C = B \log_2(1+S/N)[bps]$ (C : 채널용량, B : 선로 대역폭[Hz], S : 수신된 신호전력, N : 잡음전력)
㉡ 샤논의 채널용량 공식은 전송대역폭과 신호 대 잡음비(S/N)와의 관계를 나타낸다. 채널 용량을 증가시키는 방법은 S/N을 증가시키는 방법과 대역폭을 증가시키는 방법이 있다. 대역폭을 증가시키면 잡음 전력도 함께 증가하므로 채널용량이 급격히 개선되지 않지만, S/N을 개선하면 채널용량은 향상된다.

38 다음 중 통신망의 구성 요소로서 적합하지 않은 것은?

① 교환기
② 요금체계
③ 단말기기
④ 전송로

해설 * 통신망은 공간적 거리에 관계없이 문자, 데이터, 화상 등의 정보를 효과적으로 송수신할 수 있도록 컴퓨터 시스템들 사이와 단말기, 다중화기와 같은 통신장비들 사이를 유기적으로 결합시킨 것으로 통신망의 구성 요소로는
㉠ 단말기기 : 정보를 인간이 알 수 있는 내용으로 변화시켜 주는 장치
㉡ 전송설비 : 전기적인 수단을 이용하여 정보 전달의 기능을 가진 부분
㉢ 교환설비 : 단말기기의 경로 선택, 접속제어, 각종 서비스의 실행, 통신망의 관리 및 제어 실행을 담당
㉣ 통신망의 구성 조건은 접속 임의성, 신속성, 정보전송의 투명성, 통화품질의 통일성, 신뢰성, 번호체계가 통일적이고 장기간 보장되어야 하며, 과금 구조가 합리적이어야 한다.

39 다음 중 IEEE 802.5를 표준으로 하는 네트워크 기술은?

① CSMA/CD
② FDDI
③ Token Ring
④ CDMA

해설 * ㉠ IEEE 802.1X : IEEE 802.11 무선 랜(WLAN)용 인증 구조 제공으로 보안을 강화한 무선 랜의 표준 인증 메시지 교환 사이에는 이더넷, 토큰링 혹은 무선 랜에서 기존의 통신 규약인 EAP(Extensible Authentication Protocol) RFC 2284를 사용한다.
㉡ IEEE 802.2 : 링크 계층의 서브계층인 논리링크제어(LLC) 계층의 이행에 관해 명기한 표준 프로토콜이다. 802.2는 에러, 프레이밍, 흐름제어와 계층 3에 관한 서비스 인터페이스 등을 처리하며, 802.3이나 802.5와 같은 근거리통신망에 사용된다.
㉢ IEEE 802.3 : 물리계층과 링크계층의 서브계층인 매체접근제어(MAC) 계층의 이행에 관해 명기한 표준 프로토콜이다. 802.3은 각종 물리적 매체에 걸쳐 다양한 속도에서 CSMA/CD 액세스를 사용한다.
㉣ IEEE 802.4 : 물리계층과 링크계층의 서브계층인 매체접근제어 계층의 이행에 관한 표준 프로토콜이다. 802.4는 버스 토폴로지를 갖는 토큰 버스 액세스에 사용된다.

Answer 37. ① 38. ② 39. ③

⑪ IEEE 802.5 : 물리계층과 링크계층의 서브계층인 매체접근제어 계층의 이행에 관해 명기한 표준 프로토콜이다. 802.5는 차폐연선을 이용하여 4[Mbps] 또는 16[Mbps]의 속도로 토큰을 전송하는 액세스에 사용되며, IBM 토큰링과 같은 종류이다.

40 이동통신 방식 중 하나인 셀룰러(Cellular) 방식의 특징이 아닌 것은?

① 서비스 지역의 확장이 용이하다.
② 고 출력, 대 기지국화로 통화 비용이 줄어든다.
③ 주파수 스펙트럼의 효율이 좋아 많은 가입자를 수용할 수 있다.
④ 이동국 자신이 속한 시스템 이외의 지역이라도 서비스가 가능토록 하는 로밍(Roaming)기능이 있다.

해설 * 셀룰러(Cellular)
서비스 지역의 제한과 가입자 수용용량의 한계를 극복하기 위하여 제안된 개념으로 서비스지역을 여러 개의 작은 구역, 즉 셀로 나누어서 서로 충분히 멀리 떨어진 두 셀에서 동일한 주파수 대역을 사용함으로써 공간적으로 주파수를 재사용할 수 있도록 한다. 따라서 공간적으로 분포하는 채널수를 증가시켜 충분한 가입자를 확보할 수 있도록 하는 이동통신 방식이다.
[셀룰러 시스템의 특징]
㉠ 주파수 재사용(Frequency Reuse) : 가입자 용량을 극대화하기 위하여 같은 주파수를 다른 셀에서 사용하는 것을 말하며, 주파수 재사용 거리는 지형특성, 안테나 높이, 전송출력 등에 좌우된다.
㉡ 셀분할기법(Cell Splitting) : 가입자 용량을 극대화하기 위한 한 방법이나 셀을 너무 세분화하면 다른 문제들이 발생한다. 셀분할의 종류로는 영구분할과 동적분할이 있다. 현재 사용하는 셀은 기본적인 셀과 매크로셀, 마이크로셀 등이 있다.
㉢ 핸드오프(Hand-off) : 통화 중인 가입자가 현재의 기지국 서비스 지역을 벗어나 새로운 기지국 서비스 지역으로 진입할 때 통화의 단절이 없이 계속 통화가 될 수 있게 하는 기능이다.
㉣ 로밍(Roaming) : 이동전화 가입자가 자신의 각종 정보가 저장된 홈교환국을 벗어나 타 교환국에 있어도 이동전화 서비스를 받을 수 있는 것을 의미한다. 좀 더 범위를 넓히면 국가 간의 로밍도 가능하다.

41 다음 중 가입자 댁내에까지 광케이블을 설치하는 방식은?

① FTTH   ② FTTO
③ FTTC   ④ FTTS

해설 * ① FTTH(가정 광통신서비스 : Fiber To The Home) : 모든 각 가정(Home)까지 개별적으로 광케이블을 연결하는 가입자망으로 방송, 통신을 포함한 모든 서비스가 하나의 네트워크로서 통합 가능하나 광케이블 포설 및 장비개발에 막대한 예산이 소요되는 단점이 있다.
[요구사항]
㉠ 주택형 광가입자 전송장치의 개발
㉡ 광분배 및 접속기술, 센서기술 등의 기반 기술 연구
㉢ 광커넥터, 대용량 ATM스위치, 분산시스템, 가입자 댁내의 네트워크화 등 첨단 응용
② FTTO(오피스 광통신서비스 : Fiber To The Office) : 광통신용 광케이블이 전화국에서 사용자의 대형건물(빌딩)까지 인입되는 수준으로, 빌딩 내 비즈니스 사용자가 주된 사용자로 되는 범위최종 도달목표로 한다.
③ FTTC(Fiber To The Curb) : 평범한 전화서비스(FTTH)의 경제성에 대한 부담을 덜기 위한 목적으로, 가입자 댁내 근처나 회사 근처까지 광케이블을 포설한 후 ONU(Optical Network Unit)로부터 가입자 댁내나 회사 근처까지는 기 포설된 동선을 그대로 활용

Answer 40. ② 41. ①

하는 기술로 광케이블 포설 비용 경감 효과와 고속 데이터 송수신 가능, 광대역 멀티미디어 서비스와 기존 전화서비스를 동시에 제공한다.

42 다음 중 측정기 눈금의 부정확, 부품의 마멸, 사용자에 대한 환경의 영향(온도, 진동 등)에 의한 오차는?

① 복합 오차 ② 과오 오차
③ 우연 오차 ④ 계통 오차

해설 * 오차의 종류
㉠ 과오 오차 : 측정자의 부주의로 인하여 발생하는 오차
㉡ 계통 오차 : 일정한 원인에 의하여 발생하는 오차
㉢ 우연 오차 : 측정 조건의 변동이나 측정자의 주의력 동요 등에 의한 오차

43 전압과 전류를 먼저 측정하고 그 값으로 전력량을 구하는 측정 방법은?

① 비교 측정 ② 직접 측정
③ 간접 측정 ④ 절대 측정

해설 * 측정의 방법
㉠ 직접 측정 : 피측정량을 이것과 같은 종류의 기준량과 직접 비교하는 것
㉡ 간접 측정 : 어떤 양과 일정한 관계가 있는 독립된 양을 직접 측정한 다음, 계산에 의하여 그 양을 알아내는 것
㉢ 측정 방식
 ⓐ 편위법 : 피측정량을 지침의 지시 눈금으로 나타내는 방식
 ⓑ 영위법 : 피측정량과 미리 값이 알려진 표준량이 서로 평형을 이루도록 하여, 표준량의 값으로부터 피측정량의 값을 알아내는 방식
 ⓒ 치환법 : 알고 있는 양과 측정하려는 양과를 치환하여 비교하는 방식

44 수신기의 감도를 측정한 결과 출력전압이 2[V]일 때 입력전압이 2[mV]인 경우, 감도는?

① 40[dB] ② 60[dB]
③ 80[dB] ④ 100[dB]

해설 * 감도(sensitivity)는 수신기의 규정 출력에 있어서의 S/N비를 최대 허용값으로 억제하였을 때의 수신기의 입력 전압으로 표시한다.

$$G = 20\log_{10}\frac{V_2}{V_1} = 20\log_{10}\frac{2}{2\times 10^{-3}}$$
$$= 60[dB]$$

45 다음 중 전화통화 시 가장 통화가 양호한 상태에 해당하는 수화음과 통화의 정도를 나타낸 것은?

① +10[dB]
② 0[dB]
③ −10[dB] ~ −20[dB]
④ −65[dB]

해설 * • dB는 기본적으로 이득(gain : 증폭도, 감쇠량)의 값으로서 입력과 출력 등의 상대적인 비이며, 전력과 전압·전류, 음압, 압력, 에너지밀도 등에서 상대적 힘의 비를 구하여 사용하는 단위로 증폭이 되면 +dB가 되고, 감쇠가 되면 -dB가 된다.
• 전화통화 시 가장 통화가 양호한 상태에 해당하는 수화음과 통화의 정도는 1/10배=−10[dB], 1/100배=−20[dB] 사이이다.

46 다음 괄호에 들어갈 것으로 가장 적합한 것은?

> 과학기술정보통신부장관은 용역에 관한 기술수준의 향상과 용역업의 건전한 발전을 도모하기 위하여 (　)와(과) 협의하여 정보통신공사의 특성에 적합한 용역업을 육성·지원하기 위한 시책을 수립·시행할 수 있다.

Answer 42. ④ 43. ③ 44. ② 45. ③ 46. ③

① 대통령 또는 국무총리
② 특별자치도지사·시장·구청장
③ 관계 중앙행정기관의 장
④ 정보통신공사업자

해설 * 정보통신공사업법 제12조의2(용역업의 육성 등)
① 과학기술정보통신부장관은 용역에 관한 기술수준의 향상과 용역업의 건전한 발전을 도모하기 위하여 필요하면 관계 중앙행정기관의 장과 협의하여 공사의 특성에 적합한 용역업을 육성·지원하기 위한 시책을 수립·시행할 수 있다.
② 과학기술정보통신부장관은 제1항에 따른 시책을 수립하기 위하여 필요하면 관계 중앙행정기관의 장에게 용역업 등의 현황에 관한 자료를 요청할 수 있다.

47 다음 중 용역업자의 범위로 "대통령령으로 정하는 정보통신 관련 분야"가 아닌 것은?
① 정보관리
② 산업계측제어
③ 전자응용 및 철도신호
④ 교량제어

해설 * 정보통신공사업법 시행령 제3조(용역업자의 범위) 법 제2조제7호에서 "대통령령으로 정하는 정보통신 관련 분야"란 정보통신·정보관리·산업계측제어·전자계산기·전자계산조직응용·전자응용 및 철도신호를 말한다.

48 전기통신사업법에 따른 보편적 역무의 내용 중 긴급통신용 전화 서비스에 해당하는 것은?
① 시내전화 서비스
② 선박 무선전화 서비스
③ 이동전화 서비스
④ 인터넷 가입자접속 서비스

해설 * 전기통신사업법 시행령의 제2조(보편적 역무의 내용)
전기통신사업법(이하 "법"이라 한다) 제4조제3항에 따른 보편적 역무의 내용은 다음 각 호와 같다.
1. 유선전화 서비스
2. 긴급통신용 전화 서비스
3. 장애인·저소득층 등에 대한 요금감면 전화 서비스

전기통신사업법에 따른 보편적 역무의 내용은 다음 각 호와 같다.
① 유선전화 서비스 : 과학기술정보통신부장관이 이용방법 및 조건 등을 고려하여 고시한 지역, 즉 "통화권" 안의 전화 서비스 중 다음 각 목의 어느 하나에 해당하는 전화 서비스
  ㉠ 시내전화 서비스 : 가입용 전화를 사용하는 통신을 매개로 하는 전화 서비스(㉢목의 도서통신 서비스를 제외)
  ㉡ 시내공중전화 서비스 : 공중용 전화를 사용하는 통신을 매개로 하는 전화 서비스
  ㉢ 도서통신 서비스 : 육지와 섬 사이 또는 섬과 섬 사이에 무선으로 통신을 매개하는 전화 서비스
② 긴급통신용 전화 서비스
사회질서 유지 및 인명의 안전을 위한 다음 각 목의 어느 하나에 해당하는 전화 서비스
  ㉠ 기간통신역무 중 과학기술정보통신부장관이 정하여 고시하는 특수번호 전화 서비스
  ㉡ 선박 무선전화 서비스 : 기간통신역무 중 육지와 선박 사이 또는 선박과 선박 사이의 통신을 매개하는 전화 서비스
③ 장애인·저소득층 등에 대한 요금감면 서비스
사회복지 증진을 위한 장애인·저소득층 등에 대한 다음 각 목의 어느 하나에 해당하는 전화 서비스
  ㉠ 시내전화 서비스 및 통화권 간의 전화 서비스(이하 "시외전화 서비스" 라 한다)
  ㉡ 시내전화 서비스 및 시외전화 서비스의 부대 서비스인 번호안내 서비스
  ㉢ 기간통신역무 중 이동전화 서비스, 개인

Answer 47. ④ 48. ②

휴대통신 서비스, 아이엠티이천 서비스 및 무선호출 서비스
② 인터넷 가입자 접속 서비스
⑩ 인터넷전화 서비스

④ 요금감면 서비스의 감면 대상은 다음 각 호의 어느 하나에 해당하는 자로 한다. 다만, ⊙호에 해당하는 사람에 대한 요금감면 서비스는 이동전화 서비스, 개인휴대통신 서비스 및 아이엠티이천 서비스로 한정한다.
㉠ 장애인복지법에 따라 등록한 장애인 또는 같은 법에 따른 장애인복지시설 및 장애인복지단체
㉡ 초·중등교육법에 따른 특수학교
㉢ 아동복지법에 따른 아동복지시설
㉣ 국민기초생활 보장법에 따른 수급자. 다만, 시내전화 서비스, 시외전화 서비스, 인터넷 가입자접속 서비스 및 인터넷전화 서비스의 경우는 그 수급자가 포함된 가구로 한다.
㉤ 국가유공자 등 단체 설립에 관한 법률에 따른 대한민국상이군경회 및 4·19민주혁명회
㉥ 국가유공자 등 예우 및 지원에 관한 법률에 따른 국가유공자 중 전상군경, 공상군경, 4·19혁명부상자, 공상공무원, 국가사회발전 특별공로상이자 및 6·18자유상이자
㉦ 5·18민주유공자 예우에 관한 법률에 따른 5·18민주유공자 중 5·18민주화운동부상자
㉧ 국민기초생활 보장법에 따른 차상위계층 중 다음 각 목의 어느 하나에 해당하는 사람이 속한 가구원. 이 경우 한 가구당 감면 대상 가구원의 수는 과학기술정보통신부장관이 정하여 고시한다.
1. 국민기초생활 보장법에 따른 자활에 필요한 사업에 참가하는 사람
2. 국민건강보험법 시행령에 따른 희귀난치성질환자 등으로서 본인부담액을 경감받는 사람
3. 영유아보육법에 따라 보육에 필요한 비용을 지원받는 사람과 양육에 필요한 비용을 지원받는 사람
4. 유아교육법에 따라 유아교육에 필요한 비용을 지원받는 사람
5. 장애인복지법에 따른 장애수당을 지급받는 사람과 장애아동수당을 지급받는 사람
6. 한부모가족 지원법에 따른 보호대상자. 이 경우 소득 인정액이 최저생계비의 100분의 130 이하인 사람을 포함한다.
7. 장애인연금법에 따라 장애인연금을 지급받는 사람

49 다음 중 "방송통신설비"의 정의로 옳은 것은?
① 유선·무선·광선 또는 그 밖의 전자적 방식에 의하여 송신되거나 수신되는 부호·문자·음성·음향 및 영상을 말한다.
② 방송통신을 하기 위한 기계·기구·선로 또는 그 밖에 방송통신에 필요한 설비를 말한다.
③ 방송통신에 사용하는 장치·기기·부품 또는 선조 등을 말한다.
④ 방송통신을 이용하여 직접 방송통신을 하거나 타인에게 제공하는 것을 말한다.

해설 * 방송통신발전 기본법 제2조(정의)
이 법에서 사용하는 용어의 뜻은 다음과 같다.
3. "방송통신설비"란 방송통신을 하기 위한 기계·기구·선로(線路) 또는 그 밖에 방송통신에 필요한 설비를 말한다.
4. "방송통신기자재"란 방송통신설비에 사용하는 장치·기기·부품 또는 선조(線條) 등을 말한다.
5. "방송통신서비스"란 방송통신설비를 이용하여 직접 방송통신을 하거나 타인이 방송통신을 할 수 있도록 하는 것 또는 이를 위

Answer 49. ②

하여 방송통신설비를 타인에게 제공하는 것을 말한다.
6. "방송통신사업자"란 관련 법령에 따라 과학기술정보통신부장관 또는 방송통신위원회에 신고·등록·승인·허가 및 이에 준하는 절차를 거쳐 방송통신서비스를 제공하는 자를 말한다.

50 방송통신발전기본법에서 규정한 한국정보통신진흥협회의 사업 범위가 아닌 것은?

① 정보통신 관련 교육훈련 등 인력개발 및 홍보활동
② 정보통신 관련 기술동향 조사 및 신기술 보급활동
③ 국내외 정보통신 관련 기관과의 교류활동
④ 문화체육관광부장관이 위탁하는 사업

해설 ✱ 방송통신발전 기본법 시행령 제5조(한국정보통신진흥협회의 설립 및 사업 등)
① 과학기술정보통신부장관은 법 제15조제1항에 따른 한국정보통신진흥협회(이하 "진흥협회"라 한다)의 설립을 인가한 경우에는 그 사실을 관보 및 인터넷 홈페이지에 공고하여야 한다.
② 진흥협회의 사업범위는 다음 각 호와 같다.
 1. 정보통신 관련 교육훈련 등 인력개발 및 홍보활동
 2. 정보통신 관련 기술동향 조사 및 신기술 보급활동
 3. 정보통신 관련 통계의 작성 및 관리
 4. 국내외 정보통신 관련 기관과의 교류활동
 5. 정보통신서비스 등과 관련된 이용자 보호 및 편익활동
 6. 과학기술정보통신부장관이 위탁하는 사업
 7. 그 밖에 정관으로 정하는 사업
③ 과학기술정보통신부장관은 법 제15조제5항에 따라 진흥협회의 감독을 위하여 필요하다고 인정하는 경우에는 다음 각 호의 자료를 요구할 수 있다.
 1. 해당 연도 사업계획서 또는 사업실적서
 2. 해당 연도 예산서 또는 결산보고서
 3. 그 밖에 진흥협회의 효율적 감독을 위하여 과학기술정보통신부장관이 필요하다고 인정하는 자료

51 다음 중 전기통신기본법에 의한 전기통신사업의 구분으로 틀린 것은?

① 정보통신공사업
② 부가통신사업
③ 별정통신사업
④ 기간통신사업

해설 ✱ 전기통신기본법 제7조(전기통신사업자의 구분) 전기통신사업자는 전기통신사업법이 정하는 바에 의하여 기간통신사업자, 별정통신사업자 및 부가통신사업자로 구분한다.

52 방송통신기자재 등의 적합성평가에 관한 고시에서 「전기적인 회로·구조·성능이 동일하고 기능이 유사한 제품군 중 표본이 되는 기자재」를 뜻하는 용어는?

① 파생모델
② 응용모델
③ 기본모델
④ 적합모델

해설 ✱ 방송통신기자재 등의 적합성평가에 관한 고시 제2조(정의)
① 이 고시에서 사용하는 용어의 뜻은 다음 각 호와 같다.
 1. '제조자'라 함은 기자재를 설계하여 직접 제작하거나 상표부착방식에 따라 기자재를 공급받는 자로서 해당 기자재의 설계·제작에 대한 책임을 지는 자를 말한다.
 2. '사후관리'라 함은 적합성평가를 받은 기자재가 적합성평가 기준대로 제조·수입 또는 판매되고 있는지 법 제71조의2에

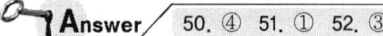

50. ④ 51. ① 52. ③

따라 조사 또는 시험하는 것을 말한다.
3. '기본모델'이란 전기적인 회로·구조·성능이 동일하고 기능이 유사한 제품군 중 표본이 되는 기자재를 말한다.
4. '파생모델'이란 기본모델과 전기적인 회로·구조·기능이 유사한 제품군으로 기본모델과 동일한 적합성평가번호를 사용하는 기자재를 말한다.
5. '무선 송·수신용 부품'이란 차폐된 함체 또는 칩에 내장된 무선주파수의 발진, 변조 또는 복조, 증폭부 등과 안테나(안테나 단자 포함)로 구성된 것으로 시스템에 하나의 부품으로 내장되거나 장착될 수 있는 것을 말한다.
6. '정보기기'라 함은 데이터 또는 방송통신 메세지의 입력, 저장, 출력, 검색, 전송, 처리, 스위칭, 제어 중 어느 하나(또는 이들의 조합)의 기능을 가지거나, 정보 전송을 위해 사용되는 하나 이상의 포트를 갖춘 기자재로서 600V를 초과하지 않는 정격전원전압을 사용하는 기자재를 말한다.
7. '디지털 장치'라 함은 9kHz 이상의 타이밍 신호 또는 펄스를 발생시키는 회로가 내장되어 있으며 디지털 신호로 동작되는 기자재로서 제6호의 정보기기 이외의 기자재를 말한다.
② 이 고시에서 사용하는 용어는 제1항에서 정하는 것을 제외하고는 법 및 영에서 정하는 바에 따른다.

53 다음 문장의 괄호 안에 내용으로 알맞은 것은?

> 방송통신기자재등의 적합성평가에 관한 고시에서 「정보기기」라 함은 정보전송을 위해 사용되는 하나 이상의 포트를 갖춘 기자재로서 (   )[V]를 초과하지 않는 정격전원전압을 사용하는 기자재를 말한다.」라고 정의한다.

① 220 ② 360
③ 400 ④ 600

해설 ✽ 방송통신기자재 등의 적합성평가에 관한 고시 제2조(정의)
52번 해설과 중복됩니다. 앞 문제 해설 참고 바랍니다.
6. '정보기기'라 함은 데이터 또는 방송통신 메세지의 입력, 저장, 출력, 검색, 전송, 처리, 스위칭, 제어 중 어느 하나(또는 이들의 조합)의 기능을 가지거나, 정보 전송을 위해 사용되는 하나 이상의 포트를 갖춘 기자재로서 600[V]를 초과하지 않는 정격전원전압을 사용하는 기자재를 말한다.

54 방송통신기자재 등의 적합성평가에 관한 고시에서 국립전파연구원장은 적합성평가의 면제확인은 적합성평가를 신청받은 날부터 며칠 이내에 처리해야 하는가?

① 즉시 처리
② 1일 이내
③ 5일 이내
④ 60일 이내

해설 ✽ 방송통신기자재 등의 적합성평가에 관한 고시 제26조(처리기간)
① 원장은 적합성평가를 신청받은 때에는 다음 각 호에서 정한 기일 이내에 이를 처리하여야 한다.
1. 즉시처리
  가. 제5조에 따른 적합성평가 식별부호 신청
  나. 제8조에 따른 적합등록의 신청
  다. 제16조제2항에 따른 적합등록 변경신고(제15조제1항 및 제15조제2항제1호와 제2호에 해당하는 경우)
  라. 제24조에 따른 적합성평가의 해지
  마. 제25조에 따른 인증서의 재발급
  바. 제28조에 따른 수입 기자재의 통관확인

Answer 53. ④ 54. ②

2. 1일 이내 처리 : 제19조에 따른 적합성평가의 면제확인
3. 5일 이내 처리
   가. 제5조에 따른 적합인증 신청
   나. 제16조제1항에 따른 변경신고
   다. 제16조제2항에 따른 적합등록 변경신고(제15조제2항제3호에 해당하는 경우)
4. 60일 이내 처리 : 제11조에 따른 잠정인증 신청

55 과학기술정보통신부장관이 적합성평가 지정시험기관 업무의 전부 또는 일부의 정지를 대통령령으로 정하는 바에 따라 1년 이내의 기간을 정하여 명할 수 있는 경우가 아닌 것은?

① 적합성평가 시험에 필요한 설비 및 인력을 확보한 경우
② 고의 또는 중대한 과실로 시험 업무를 부정확하게 수행한 경우
③ 자료제출 요구나 검사 등을 거부·방해·기피한 경우
④ 정당한 이유 없이 시험 업무를 수행하지 아니한 경우

해설 ★ 전파법 제58조의7(지정시험기관의 지정 취소 등)
① 과학기술정보통신부장관은 지정시험기관이 시험에 관한 절차, 측정설비의 관리 등 대통령령으로 정하는 사항을 준수하지 아니한 경우에는 시정을 명할 수 있다.
② 과학기술정보통신부장관은 지정시험기관이 다음 각 호의 어느 하나에 해당하는 경우에는 대통령령으로 정하는 바에 따라 1년 이내의 기간을 정하여 업무의 전부 또는 일부의 정지를 명할 수 있다.
1. 고의 또는 중대한 과실로 시험 업무를 부정확하게 수행한 경우
2. 정당한 이유 없이 제58조의6제1항에 따른 자료제출 요구나 검사 등을 거부·방해·기피한 경우
3. 제58조의5제1항에 따른 지정요건에 부적합하게 된 경우
4. 정당한 이유 없이 시험 업무를 수행하지 아니한 경우
5. 제1항에 따른 시정명령을 이행하지 아니한 경우
③ 과학기술정보통신부장관은 지정시험기관이 다음 각 호의 어느 하나에 해당하는 경우에는 그 지정을 취소하여야 한다.
1. 거짓이나 그 밖의 부정한 방법으로 지정을 받은 경우
2. 업무정지 명령을 받은 후 그 업무정지 기간에 시험 업무를 수행한 경우
3. 제2항을 위반하여 2회 이상 업무정지 명령을 받은 지정시험기관이 다시 같은 항을 위반하여 업무정지 사유에 해당한 경우
④ 제1항부터 제3항까지의 규정에 따른 시정명령 및 행정처분 등에 관하여 필요한 사항은 대통령령으로 정한다.

56 가공통신선의 지지물에는 취급자가 오르내리는 데 사용하는 발디딤쇠 등을 지표상으로부터 몇 미터 이상에 설치하여야 하는가?

① 1.5[m]   ② 1.8[m]
③ 2.5[m]   ④ 2.8[m]

해설 ★ 가공통신선 지지물의 등주 방지
① 가공통신선의 지지물에는 취급자가 오르내리는 데 사용하는 발디딤쇠 등을 지표상으로부터 1.8[m] 이상의 높이에 부착하여야 한다. 다만, 다음과 같은 경우에는 예외로 할 수 있다.
1. 발디딤쇠 등이 지지물의 내부로 들어가는 구조인 경우
2. 지지물 주위에 취급자 이외의 자가 들어갈 수 없도록 시설하는 경우
3. 지지물을 사람이 쉽게 접근할 수 없는 장소에 설치한 경우

Answer 55. ① 56. ②

57 다음 중 보호기의 과전압 성능에 관한 설명으로 맞는 것은?

① 보호기는 직류 100[V/sec]의 상승전압을 L1-E, L2-E 간에 인가할 때 284[V] 이상 380[V] 이하에서 접지를 통하여 방전이 개시되어야 한다.
② 보호기는 100[V/µs]의 상승전압을 L1-E, L2-E 간에 인가할 때 280[V] 이상 700[V] 이하에서 접지를 통하여 방전되어야 한다.
③ 보호기는 1000[V/sec] 상승전압을 L1-E, L2-E 간에 인가할 때 180[V] 이상 700[V] 이하에서 접지를 통하여 방전되어야 한다.
④ 보호기는 1000[V/µs]의 상승전압을 L1-E, L2-E 간에 인가할 때 180[V] 이상 700[V] 이하에서 접지를 통하여 방전되어야 한다.

해설 * 접지설비·구내통신설비·선로설비 및 통신공동구 등에 대한 기술기준 제2장 보호기성능 및 접지설비 설치방법 제4조(보호기 성능)
① 보호기의 과전압 성능은 다음 각 호와 같아야 한다.
  1. 보호기는 직류 100[V/sec]의 상승전압을 L1-E, L2-E 간에 인가할 때 184[V] 이상 280[V] 이하에서 접지를 통하여 방전이 개시되어야 한다.
  2. 보호기는 100[V/µs]의 상승전압을 L1-E, L2-E 간에 인가할 때 180[V] 이상 600[V] 이하에서 접지를 통하여 방전되어야 한다.
  3. 보호기는 1000[V/µs]의 상승전압을 L1-E, L2-E 간에 인가할 때 180[V] 이상 700[V] 이하에서 접지를 통하여 방전되어야 한다.
③ 보호기의 과전류 성능은 다음 각 호와 같아야 한다.
  1. 보호기는 L1-T1, L2-T2 간에 교류 110[V] 250[mA]를 인가할 때 1분 이내, 교류 110[V] 1[A]를 인가할 때 2초 이내에 동작하여 부동작 전류 이하로 전류를 제한하고, 과전류가 제거되면 자기 복구되어야 한다.
  2. 보호기는 L1-T1, L2-T2 간에 직류 150[mA]를 3시간 인가할 때 과전류 제한소자는 동작하지 않아야 한다.
③ 보호기의 발화방지 성능은 다음 각 호와 같아야 한다.
  1. 보호기는 L1-E, L2-E 간에 60[Hz], 5[A]를 15분간 인가할 때 과전압 방전소자의 발화방지 장치가 동작하여 보호기의 발화 및 변형이 없어야 한다.
  2. 보호기는 과전압 방전소자가 삽입되지 않은 상태에서 L1-T1, L2-T2 간에 교류 220[V], 3[A]을 15분간 인가할 때 과전류 제한소자가 손상되지 않아야 하며, 보호기의 발화 및 변형이 없어야 한다.

58 다음 중 분계점에 대한 설명으로 틀린 것은?

① 사업용방송통신설비의 분계점은 가입자 상호간의 합의에 따른다.
② 사업용방송통신설비와 이용자방송통신설비의 분계점은 도로와 택지 또는 공동주택 단지의 각 단지와의 경계점으로 한다.
③ 국선과 구내선의 분계점은 사업용방송통신설비의 국선접속설비와 이용자방송통신설비가 최초로 접속되는 점으로 한다.
④ 방송통신설비가 다른 사람의 방송통신설비와 접속되는 경우에는 그 건설과 보전에 관한 책임 등의 한계를 명확하게 하기 위하여 분계점이 설정되어야

Answer 57. ④ 58. ①

한다.

> **해설** ★ 정보통신기기인증규칙에 의한 정의
> "분계점"이라 함은 전기통신설비가 타인의 전기통신설비에 접속되는 경우에 그 건설과 보전에 관한 책임한계를 명확히 하기 위하여 전기통신설비 기술기준에 관한 규칙 또는 방송법의 규정에 의하여 설정된 지점을 말한다.
> ① 분계점
>   ㉠ 방송통신설비가 다른 사람의 방송통신설비와 접속되는 경우에는 그 건설과 보전에 관한 책임 등의 한계를 명확하게 하기 위하여 분계점이 설정되어야 한다.
>   ㉡ 각 설비 간의 분계점은 다음 각 호와 같다.
>   1. 사업용방송통신설비의 분계점은 사업자 상호간의 합의에 의한다. 다만, 과학기술정보통신부장관이 분계점을 고시한 경우에는 이에 따른다.
>   2. 사업용방송통신설비와 이용자방송통신설비의 분계점은 도로와 택지 또는 공동주택단지의 각 단지와의 경계점으로 한다. 다만, 국선과 구내선의 분계점은 사업용방송통신설비의 국선접속설비와 이용자방송통신설비가 최초로 접속되는 점으로 한다.

59 다음 문장의 괄호 안에 들어갈 내용으로 맞는 것은?

> 평형회선은 회선 상호간 방송통신콘텐츠의 내용이 혼입되지 아니하도록 두 회선 사이의 근단누화 또는 원단누화의 감쇠량은 ( )데시벨 이상이어야 한다.

① 38 ② 48
③ 58 ④ 68

> **해설** ★ 전기통신설비의 기술기준에 관한 규칙의 제13조(누화)
> 전화급 평형회선은 회선 상호간 전기통신신호의 내용이 혼입되지 아니하도록 두 회선 사이의 근단누화 또는 원단누화의 감쇠량은 68데시벨 이상이어야 한다. 다만, 전파연구소장이 별도로 세부기술기준을 고시한 경우에는 이에 의한다.

60 통신공동구, 관로, 맨홀 등의 설치에 대한 세부 기술기준은 누가 정하여 고시하는가?

① 국립전파연구원장
② 방송통신위원장
③ 과학기술정보통신부장관
④ 중앙전파관리소장

> **해설** ★ 방송통신설비의 기술기준에 관한 규정 제18조(설치 및 철거방법 등)
> ① 구내통신선로설비 및 이동통신구내선로설비는 그 구성과 운영 및 사업용방송통신설비와의 접속이 쉽도록 설치하여야 한다.
> ② 구내통신선로설비의 국선 등 옥외회선은 지하로 인입하여야 한다. 다만, 같은 구내에 5회선 미만의 국선을 인입하는 경우에는 그러하지 아니하다.
> ③ 제2항 단서에도 불구하고 건축주가 제4조제2항제2호의 분계점과 사업자가 이용하는 인입맨홀·핸드홀 또는 인입주까지 지하인입배관을 설치한 경우에는 지하로 인입하여야 한다.
> ④ 구내통신선로설비 및 이동통신구내선로설비를 구성하는 배관시설은 설치된 후 배선의 교체 및 증설시공이 쉽게 이루어질 수 있는 구조로 설치하여야 한다.
> ⑤ 사업자는 「전기통신사업법」 제28조에 따른 이용약관에 따라 체결된 서비스 이용계약이 해지된 경우에는 국립전파연구원장이 정하여 고시하는 기간 이내에 제2항 단서에 따라 설치된 옥외회선을 철거하여야 한다. 다만, 서비스의 일부만 해지된 경우에는 그러하지 아니하다.
> ⑥ 제1항부터 제5항까지의 규정에 따른 구내통신선로설비 및 이동통신구내선로설비의 구체적인 설치 및 철거방법 등에 대한 세부기술기준은 과학기술정보통신부장관이 정하여 고시한다.

59. ④ 60. ③

2019년 1회 시행 과년도출제문제

01 직류 전압을 측정할 때 전압계는 부하 또는 전원과 어떻게 접속해야 하는가?
① 직렬로 연결하며, 극성에 주의하여야 한다.
② 병렬로 연결하며, 극성에 주의하여야 한다.
③ 직렬로 연결하며, 계기의 최대용량값은 예상 부하의 값보다 반드시 큰 것을 사용한다.
④ 병렬로 연결하며, 계기의 최대용량값은 예상 부하의 값보다 반드시 작은 것을 사용한다.

해설 ★ 직류 전압을 측정할 때 전압계는 부하 또는 전원과 병렬로 연결하며, 극성에 주의하여 +측에 +측정단자를, - 또는 GND측에는 -측정(COM) 단자를 접속해야 한다.

02 다음 [그림]과 같은 회로에 흐르는 전류 I는?

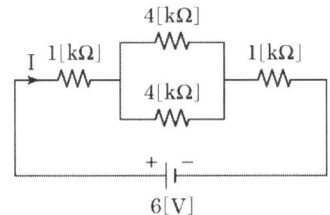

① 1[mA] ② 1.5[mA]
③ 2[mA] ④ 3[mA]

해설 ★ $R_t = R_1 + \dfrac{R_2 \cdot R_3}{R_2 + R_3} + R_4$
$= 1 + \dfrac{2 \cdot 2}{2+2} + 1 = 4[k\Omega]$
$I = \dfrac{V}{R_t} = \dfrac{6}{4 \times 10^3} = 1.5[mA]$

03 주파수가 동일한 2개 이상의 교류가 존재할 때 상호간의 시간적인 차이를 무엇으로 표시하는가?
① 호도법 ② 각속도
③ 가속도 ④ 각도

해설 ㉠ 호도법 : $180°/\pi$를 1라디안(radian)이라 하고, 이것을 단위로 하여 각의 크기를 나타내는 방법이다.
㉡ 가속도 : 시간에 따라 속도가 변하는 정도를 나타내는 물리량이다.
㉢ 각도 : 주파수가 동일한 2개 이상의 교류가 존재할 때 상호간의 시간적인 차이
㉣ 각속도(ω) : 1초 동안에 회전한 각도로 $\omega = 2\pi f$ [rad/sec]

04 저항 R이 3[Ω], 용량 리액턴스 X_c가 4[Ω]인 R-C 직렬회로에서 50[V]의 사인파 전압을 가했을 때 회로의 임피던스[Ω]는?
① 3[Ω] ② 4[Ω]
③ 5[Ω] ④ 10[Ω]

해설 $Z = \sqrt{R^2 + X_c^2}$
$= \sqrt{3^2 + 4^2} = \sqrt{25} = 5[\Omega]$

05 다음의 [그림]과 같이 1차 코일과 2차 코일이 만드는 자속의 방향이 반대 방향일 때 합성 인덕턴스[H]는?

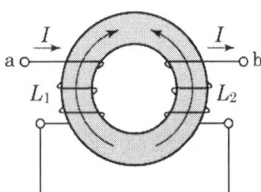

Answer 1.② 2.② 3.④ 4.③ 5.③

① $L=L_1-L_2$
② $L=L_1+L_2$
③ $L=L_1+L_2-2M$
④ $L=L_1+L_2+2M$

해설 ✽ 반대방향의 접속이므로 $L=L_1+L_2-2M$

06 반도체 재료로 사용하는 실리콘(Si), 게르마늄(Ge)의 최외각 궤도에서 가전자의 수는 몇 개인가?

① 2 ② 4
③ 6 ④ 8

해설 ✽ 최외각 전자란 앞서 말한 궤도(Orbit)의 최외각을 의미하며 이것을 가전자대라고 부른다. 그리고 가전자대에 있는 전자를 "가전자"라고 부른다.
실리콘(Si), 게르마늄(Ge)의 최외각 궤도에서 가전자의 수는 4개이다.

07 다음 [그림]과 같은 변압기의 1차측 권선 횟수가 100회, 최대전압이 220[V]이고, 2차측의 권선수가 15회일 때 2차측 최대전압은 몇 [V]인가?

① 11[V] ② 22[V]
③ 33[V] ④ 44[V]

해설 ✽ $\frac{E_2}{E_1}=\frac{N_2}{N_1}$ 이기에 $\frac{E_2}{220}=\frac{15}{100}$
∴ $E_2=220\times 0.15=33[V]$

08 다음 [그림]의 3단자 레귤레이터 IC를 사용한 정전압회로에 대한 설명으로 틀린 것은?

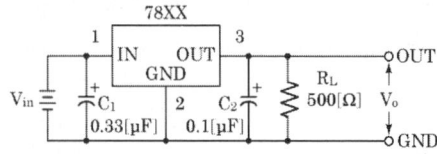

① 입력단 커패시터는 전압 증폭용이다.
② 출력단 커패시터는 출력 전압의 과도 응답에 대한 방지용이다.
③ 전압회로 내의 오차 검출, 증폭 제어에 이르는 모든 기능을 갖추고 있다.
④ 입력과 출력에 해당하는 전력이 열로 소모되므로 방열대책을 마련해야 한다.

해설 ✽ 입력단 커패시터는 입력 전압의 과도 응답에 대한 방지용이다.

09 어떤 증폭기의 입력 전압을 2[mV] 변화하였더니 출력 전압이 2[V]로 변화하였다. 이 증폭기의 이득[dB]은?

① 40[dB] ② 60[dB]
③ 100[dB] ④ 1000[dB]

해설 ✽ $A_v=20\log_{10}\frac{V_o}{V_i}$
$=20\log_{10}\frac{2}{2\times 10^{-3}}$
$=20\log_{10}1000=60[dB]$

10 FET와 BJT에 대한 설명으로 올바른 것은?

① BJT는 크기가 작고 증폭률이 크다.
② FET는 크기가 작고 스위칭 속도가 빠르다.
③ FET는 크기가 크고 증폭률이 크다.
④ BJT는 크기가 작고 증폭률이 작다.

해설 ✽ ① BJT(Bipolar Junction Transistor)는 전자와 정공이 함께 전류를 제어하나 유니폴러는 바이폴러와 달리 다수 캐리어 하나에 의해서만 전류가 흘러 BJT와 다르게 n채널

Answer 6. ② 7. ③ 8. ① 9. ② 10. ②

형 p채널형으로 불린다.
② BJT는 베이스에 흐르는 전류로 컬렉터 이미터 간 전압을 제어하고 FET는 게이트에 걸리는 전압으로 드레인 → 소스로 흐르는 전류를 제어한다.

11 다음의 [그림]에서 발진회로로 동작하기 위한 진폭 조건으로 알맞은 것은? (여기서, βA는 루프 이득을 의미한다.)

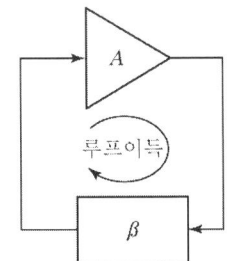

① $\beta A > 1$ ② $\beta A = 1$
③ $\beta A < 1$ ④ $\theta = 0$

해설 ★ $A\beta = 1$이면 A_{vf}가 무한대가 되어 발진한다. 이러한 발진조건을 바크하우젠(Barkhausen) 발진조건이라 한다.
즉, $|1-A\beta| > 1$일 때는 부궤환(증폭회로에 적용)
$|1-A\beta| \leq 1$일 때는 정궤환(발진회로에 적용)

12 다음 중 수정발진기의 특징으로 가장 알맞은 것은?
① 온도변화에 영향을 받지 않는다.
② 수정진동자가 용량성일 때 안정하게 동작한다.
③ 주파수 안정도가 매우 높다.
④ 수정편의 Q(선택도)가 매우 낮다.

해설 ★ **수정발진기(Crystal Oscillator)**
LC 발진기보다 높은 주파수 안정도가 요구되는 곳에서는 수정 제어 발진기가 이용되고 있다. 수정발진기는 LC 회로의 유도성 소자 대신에 수정의 압전(piezo electric) 효과를 이용하여 주파수를 발생시키는 기본 소자로서 TV, VTR, Computer, Microprocessor, Car Phone, 무선전화기, 시계, 장난감, Audio System 등을 비롯한 모든 가전제품, 각종 통신기기와 이동 통신기기 및 전자기기에서 주파수 제어환경에 필수 부품으로 주변온도 및 환경 변화, 장기간 사용 등의 경우에도 매우 안정되고 정밀한 주파수를 공급한다.

13 반송파의 진폭을 신호파의 파형에 따라 변화시켜 전송하는 방식을 AM 방식이라 한다. 다음 중 AM 방식이 아닌 것은?
① DSB-SC ② DSB-LC
③ USB ④ SSB

해설 ★ 진폭 변조는 전파의 진폭을 변화시키는 방법으로 장거리 단파방송이나 TV 화면 부분에 이용된다. 진폭변조는 송신하고자 하는 정보(변조신호)를 반송파의 진폭을 변화시켜 전송한다. 일반적으로 AM이라 함은 DSB-LC를 지칭한다. 진폭 변조는 어느 측파대를 전송하느냐에 따라 다음의 방식이 있다.
① 양측파대(DSB, Double Side Band) : 상측파대와 하측파대를 모두 전송하는 방식이다. 반송파의 동시 전송 유무에 따라 나뉜다.
  • DSB-SC(Suppressed Carrier) : 억압 반송파. 이름 그대로 반송파를 전송하지 않음
  • DSB-LC(Large Carrier) : 큰 반송파. 이름 그대로 변조하지 않은 반송파를 함께 전송
  • SSB나 VSB에 비하여 점유 주파수 대역폭이 넓어져 전력소비가 커지는 단점이 있지만, 수신기 구조가 간단한 장점이 있다.
② 단측파대(SSB, Single Side Band) : 불필요한 한 측파대를 제거하고 한 측파대만 전송하는 방식이다. 한 측파대를 제거하기 위해 필터를 이용하는 방식과 위상변환기를 사용하는 방식이 있다.
  • DSB에 비해 주파수 대역폭이 좁아져 송

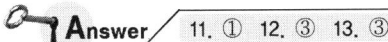
11. ① 12. ③ 13. ③

신기 전력 소비가 낮은 장점이 있지만, 수신기의 구조가 복잡하다는 단점이 있다.
③ 잔류측파대(VSB, Vestigial Side Band) : 한 측파대의 대부분과 다른 쪽 측파대의 일부를 함께 전송하는 방식이다.
• DSB와 SSB의 장점만을 취한 것이다.

14 다음 중 디지털 변조방식을 사용하는 것은?
① PPM   ② PWM
③ PCM   ④ PAM

해설 ✻ 디지털 변조방식의 종류
① ASK(진폭편이변조 : Amplitude shift keying) : 디지털 부호에 대응하여 사인반송파의 주파수나 위상을 그대로 두고 진폭만 변화시키는 변조방식
② FSK(주파수편이변조 : Frequency shift keying) : 디지털 부호에 대응하여 사인반송파의 진폭과 위상을 그대로 두고 주파수만 변화시키는 변조방식
③ PSK(위상편이변조 : Phase shift keying) : 진폭과 주파수가 모두 일정한 반송파를 이용하여 그 위상을 2진 전송 부호에 대응시켜 변화시키는 방식
④ APK(진폭위상변조 : Amplitude Phase keying) : ASK와 PSK의 조합으로 QAM이라고도 한다.
⑤ QAM(Quadrature Amplitude Modulation) : 디지털 신호를 일정량만큼 분류하여 반송파 신호와 위상을 변화시키면서 변조시키는 방법이다.

15 클록 펄스가 발생할 때 이전 상태의 값을 반전시켜 출력하는 기능을 가진 플립플롭으로 알맞은 것은?
① RS 플립플롭   ② JK 플립플롭
③ D 플립플롭   ④ T 플립플롭

해설 ✻ 플립플롭은 두 가지 상태 사이를 번갈아 하는 전자회로를 말한다. 플립플롭에 전류가 부가되면, 현재의 반대 상태로 변하며(0에서 1로, 또는 1에서 0으로), 그 상태를 계속 유지하므로 한 비트의 정보를 저장할 수 있는 능력을 가지고 있다. 여러 개의 트랜지스터로 만들어지며 SRAM이나 하드웨어 레지스터 등을 구성하는 데 사용된다. 플립플롭에는 RS 플립플롭, D 플립플롭, JK 플립플롭, T 플립플롭 등 여러 가지 종류가 있다.
① RS 플립플롭은 S(set)와 R(reset) 2개의 입력과 Q, $\overline{Q}$ 2개의 출력을 가지고 있으며, R, S 입력의 조합으로 출력의 상태를 변화시킬 수 있으나 S=R=1의 경우는 불확정(부정) 상태가 되는 플립플롭이다.

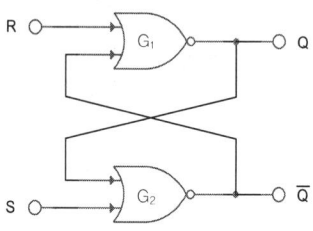

RS 플립플롭의 회로

R	S	Q_{n+1}
0	0	Q_n
0	1	1
1	0	0
1	1	부정

RS F/F의 진리치표

② D(Dealy) 플립플롭은 RS-FF에서 2개의 입력 R, S가 동시에 1인 경우에도 불확정 출력상태가 되지 않도록 하기 위하여 인버터(inverter : NOT 게이트) 하나를 입력 양단에 부가한 것으로 정보를 일시 유지하는 래치(latch) 회로나 시프트 레지스터(shift register) 등에 쓰인다.

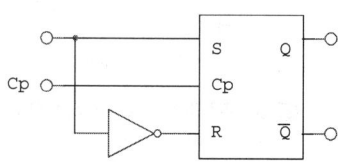

③ T 플립플롭(F/F) : JK F/F의 입력 J와 K를

Answer 14. ③ 15. ④

서로 묶어서 하나의 입력으로 하여 클록 신호가 1일 때 출력이 반전상태(토글)가 되도록 한 것이다.

T	Q_{n+1}
0	Q_n
1	$\overline{Q_n}$

④ JK 플립플롭 : RS 플립플롭에서 R=S=1의 상태에서는 동작이 불확실한 상태가 되므로, RS 플립플롭에서 Q를 R로, $\overline{Q}$를 S로 되먹임하여 불확실한 상태가 나타나지 않도록 한 회로이다.

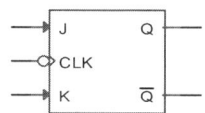

JK 플립플롭의 회로

J	K	Q_{n+1}
0	0	Q_n(불변)
0	1	0
1	0	1
1	1	$\overline{Q_n}$(toggle)

JK 플립플롭의 진리치표

16 다음 중 컴퓨터의 5대 기능이 아닌 것은?
① 자동 기능 ② 입력 기능
③ 제어 기능 ④ 기억 기능

해설 ★ 전자계산기는 입·출력장치와 중앙처리장치로 구분하며, 중앙처리장치는 제어장치, 연산장치, 주기억장치로 구성된다.
① 입력장치 : 프로그램이나 데이터를 외부장치로부터 전자계산기(컴퓨터)로 읽어들여 주기억장치에 기억시키는 장치이다.
② 출력장치 : 컴퓨터에 의해 처리된 정보의 결과를 사용자가 이해할 수 있는 형태로 변환하여 외부로 출력하는 기능을 갖는 장치를 말한다.
③ 제어장치 : 주기억장치에 기억되어 있는 프로그램을 하나씩 꺼내어 명령을 해독하고 그에 따라 필요한 장치에 신호를 보내어 동작시켜 그 결과를 검사, 제어하는 역할로서 연산장치, 입력장치, 출력장치를 동작하게 한다.
④ 연산장치 : 주기억장치로부터 보내져 온 데이터에 대하여 대소의 판별, 산술연산 및 비교, 논리적 판단을 실시한 장치로서 연산의 결과는 주기억장치에 기억된다.
⑤ 주기억장치 : 수행되고 있는 프로그램과 수행에 필요한 데이터를 기억하는 장치이다.

17 다음 연산장치의 구성 요소 중 연산에 사용되는 데이터를 일시적으로 저장하기 위해 사용되는 레지스터는 무엇인가?
① 누산기
② 데이터 레지스터
③ 상태 레지스터
④ 가산기

해설 ★ ① 누산기 : 컴퓨터의 중앙처리장치에서 중간값이나 연산의 결과를 일시적으로 보관하는 기억장치
② 데이터 레지스터 : 기억장치에서 보내온 데이터를 일시적으로 저장하는 장치

18 다음 중 외부에서 기억장치에 데이터를 기억하기 위한 절차로 알맞게 나열한 것은?

㉠ MBR에 기억시키려는 자료를 옮긴다.
㉡ MAR에 기억시키고자 하는 단어의 주소를 옮긴다.
㉢ Write 신호를 보낸다.

① ㉠-㉡-㉢ ② ㉡-㉠-㉢
③ ㉠-㉢-㉡ ④ ㉡-㉢-㉠

해설 ★ 외부에서 기억장치에 데이터를 기억하기 위한 절차로는
① MAR에 기억시키고자 하는 단어의 주소를 옮긴다.

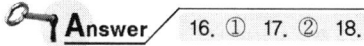

Answer   16. ① 17. ② 18. ②

② MBR에 기억시키려는 자료를 옮긴다.
③ Write 신호를 보낸다.

19 자료 처리 단위로 하나 이상의 관련된 필드가 모여서 구성된 것은?
① 파일 ② 바이트
③ 레코드 ④ 데이터베이스

해설 * 자료의 구조
① 비트(bit) : binary digit의 약어로 정보를 나타내는 최소의 단위이다.
② 바이트(byte) : 하나의 문자나 일정한 크기의 수를 기억하는 단위로서 8개의 비트를 연결한 모임을 말한다.
③ 워드(word) : 몇 개의 바이트의 모임으로, 하나의 기억 장소에 기억되는 데이터의 범위를 의미한다.
  ㉠ 반 워드(half word) : 2[byte]
  ㉡ 풀 워드(full word) : 4[byte]
  ㉢ 더블 워드(double word) : 8[byte]
④ 항목(field 또는 item) : 정보의 전달을 위한 최소한의 문자의 집단을 말한다.
⑤ 레코드(record) : 한 단위로 취급되는 서로 관련 있는 항목들의 집단을 말한다.
⑥ 파일(file) : 어떤 한 작업에 관련된 레코드들의 집합을 의미한다.
⑦ 데이터베이스(data base) : 상호 관련된 파일들의 집합을 말한다.

20 다음 [그림]과 같은 것은?

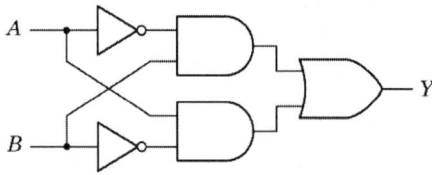

① AND 게이트 ② NOR 게이트
③ XOR 게이트 ④ NAND 게이트

해설 * $f = AB + \overline{AB} = A \odot B$의 논리식을 갖는 EX-NOR 게이트의 회로도로 일치회로이다.

21 조합 논리회로 설계 과정이 올바른 것은?
① 진리표 작성 → 시스템 분석과 변수 정의 → 논리식 간소화 → 논리회로 구성
② 시스템 분석과 변수 정의 → 진리표 작성 → 논리식 간소화 → 논리회로 구성
③ 시스템 분석과 변수 정의 → 진리표 작성 → 논리회로 구성 → 논리식 간소화
④ 시스템 분석과 변수 정의 → 논리식 간소화 → 진리표 작성 → 논리회로 구성

해설 * 조합 논리회로의 설계 과정
문제(시스템)를 분석 → 동작을 표현하는 진리표를 작성 → 출력식을 간략화 → 간략화된 논리식을 회로로 구성

22 다음 ㉠, ㉡에 들어갈 단어의 순서가 옳은 것은?

(㉠)은(는) 어떤 문제를 해결하기 위한 과정을 단계적으로 구분하여 차례로 나열한 풀이 과정을 말하며 (㉡)은(는) 처리방법, 작업의 흐름, 순서 등을 정해진 기호를 사용하여 그림으로 나타내는 방법을 말한다.

① 순서도, 알고리즘
② 순서도, 순서도
③ 알고리즘, 순서도
④ 알고리즘, 알고리즘

해설 * 알고리즘과 순서도
① 알고리즘 : 어떤 문제를 해결하기 위하여 수행할 작업을 기본적인 단계로 세분하여 정하고, 이들 단계를 조합하여 정의된 조건의 실행에 의해 결론에 도달하는 순서를 말한다.
② 순서도 : 처리방법, 작업의 흐름, 순서 등을 정해진 기호를 사용하여 그림으로 나타내는 방법을 말한다.

23 다음과 같이 C언어의 증가 연산자를 실행

할 경우 ㉠과 ㉡의 b값의 결과를 순서대로 나열한 것은?

a=5일 때
㉠ b=a++   ㉡ b=++a

① 6, 5   ② 5, 6
③ 6, 6   ④ 5, 5

해설 ++a는 a값에 먼저 1을 증가시킨 후 계산하는 명령이고, a++는 a값을 먼저 계산한 후 1 증가하는 명령이다.

24 DOS에서 실행 파일의 이름이 같으나 확장자가 다를 경우 실행되는 순서는?

① COM → EXE → BAT
② COM → BAT → EXE
③ EXE → COM → BAT
④ BAT → COM → EXE

해설 실행 파일(Executable File)이란 단순히 데이터만 담고 있는 파일이 아닌, 명령에 따라 지시된 작업을 수행하도록 하는 파일을 의미한다.
① .com : DOS Command File로 DOS와 Windows에서 실행 가능한 파일 형태이며 .exe 파일과 동일한 바이너리 포맷을 가지지만 64[KB]의 파일크기 제한을 가진다. 동일 폴더의 동일 파일 이름이 .exe와 .com의 확장자를 가지고 존재할 경우 command prompt상에서는 확장명이 주어지지 않을 경우 .com을 우선적으로 찾아 검색한다.
② .exe : Windows Executable File로 윈도우에서 가장 널리 쓰이는 실행 파일 포맷으로 PE structure를 가진다.
③ .bat : DOS Batch File로 실행 시 cmd와 같은 셸이 파일을 라인 단위로 읽어 명령어를 실행할 수 있게 명령어를 나열한 텍스트 파일이다.

25 프레젠테이션에서 스크린의 한 화면을 표시하는 것은?

① 슬라이드   ② 워크시트
③ 프레임   ④ 윈도우

해설 파워포인트는 회사의 목표와 실적을 설명하거나 아이디어를 더 호소력 있게 발표할 수 있도록 하는 프로그램이고 슬라이드는 프레젠테이션에서 스크린의 한 화면을 표시하는 것이다.

26 다음 문장의 ⓐ와 ⓑ에 들어갈 가장 알맞은 용어는?

인간 또는 기계가 해석·처리할 수 있도록 숫자·문자·기호 등을 이용하여 형식화한 것을 (ⓐ)라 하며, 이것을 일정한 약속에 따라 의미를 부여하여 보다 가치 있는 판단자료로 승격화시킨 것을 (ⓑ)라 한다.

① 정보, 데이터
② 정보, 정보처리
③ 데이터, 부호처리
④ 데이터, 정보

해설 **데이터와 정보**
- 데이터 : 인간 또는 기계가 해석·처리할 수 있도록 숫자·문자·기호 등을 이용하여 형식화한 것
- 정보 : 데이터를 일정한 약속에 따라 의미를 부여하여 보다 가치 있는 판단자료로 승격화시킨 것

27 Nyquist 샘플링 이론에서 음성신호가 3,400[Hz]일 경우 표준화 주파수는 최소 얼마 이상이어야 하는가?

① 2,000[Hz]   ② 3,400[Hz]
③ 6,800[Hz]   ④ 8,000[Hz]

해설 나이퀴스트-샤넌 표본화 정리는 신호의 완전한 재구성은 표본화 주파수가 표본화된 신호의

Answer 24. ① 25. ① 26. ④ 27. ③

최대 주파수의 두 배보다 더 클 때, 혹은 나이퀴스트 주파수가 표본화된 신호의 최고 주파수를 넘을 때 가능하다.

28 통신시스템에서 효율적인 정보 전송을 위해 반송파에 신호파를 싣는 것을 무엇이라 하는가?

① 복조   ② 증폭
③ 변조   ④ 발진

해설 ★ 변조(modulation)는 고주파의 교류 신호를 저주파의 교류 신호에 따라 변화시키는 일.
신호의 전송을 위해 반송파라고 하는 비교적 높은 주파수에 비교적 낮은 가청주파수를 포함시키는 과정으로 변조를 하는 이유
① 주파수 다중화(채널 효율이 좋아짐) : 동시에 여러 개의 신호를 보내면 특정한 사람이 수신 가능
② 안테나의 실용성 : 안테나의 길이를 짧게 하기 위해(주파수가 높으면 파장이 줄어들어 안테나의 길이가 줄어듦)
③ 협대역폭 : 대역폭이 중심 주파수와 비교해서 좁을 것. 신호의 간섭을 적게 하기 위해
④ 공통 처리 등

29 전자식 교환기에 이용되며, 2그룹의 주파수군을 가지는 다이얼은?

① 자석 발진기 다이얼
② 자동식 다이얼
③ 교환식 다이얼
④ 푸시 버튼 다이얼

해설 ★ ① MFC(Multi Frequency Code Signaling) 전화기 : 0~9의 숫자 버튼과 특수버튼(*, #)이 내장되어 버튼을 누르면 고군 주파수(High Frequency)와 저군 주파수(Low Frequency) 중에서 각각 1개를 조합하여 신호를 발생시켜 선택신호로서 송출된다.
② PB 방식 다이얼 신호는 7개 종류의 주파수 중 2개 주파수의 조합으로 만들어진다. 즉

음성대역 내의 높은 3개 주파수(1209, 1336, 1447[Hz])와 낮은 4개 주파수(697, 770, 852, 941[Hz]) 중 각각으로부터 하나의 주파수를 선정, 이를 조합해서 0에서 9까지의 숫자와 *와 #의 기능 부호로 전화를 거는 것이다. 이 방식은 다이얼 조작이 편리하고 단축 다이얼 등 새로운 서비스를 받을 수 있다.

30 다음 중 사진, 그림, 삽화 등을 이미지 형식으로 읽어들여 작업 중인 문서에 삽입하는 데 사용되는 것은?

① 팩시밀리   ② 스캐너
③ 조이스틱   ④ 마우스

해설 ★ 스캐너(scanner)
① 이미지를 디지털화하기 위한 장치로 내장된 이미지 센서인 고체촬상소자(CCD : change coupled device)로 사진, 그림, 일러스트 등의 이미지를 읽어들여 컴퓨터용 파일로 만드는 장치
② 평판 스캐너, 드럼 스캐너 등이 있는데, 평판 스캐너는 인쇄된 원고를 유리판 위에 얹어 놓은 상태로 스캔하는 장치이다. 이 스캐너에 별도의 어댑터를 장착하게 되면 필름 스캔도 가능하다. 어댑터는 스캐너 상부에 장착하며 빛을 차단하는 역할을 한다. 드럼 스캐너는 고해상도 이미지를 얻기 위한 것으로 둥근 통 위에 이미지를 부착하여 고속으로 스캔하는 장치이다.

31 소리의 전파속도가 340[m/s]이고 주파수가 1.7[kHz]일 때 파장(λ)은?

① 0.1[m]   ② 0.2[m]
③ 0.3[m]   ④ 0.4[m]

해설 ★ $\lambda = \dfrac{c}{f} = \dfrac{340}{1.7 \times 10^3} = 0.2[m]$

Answer   28. ③   29. ④   30. ②   31. ②

32 전자교환기에서 중앙제어장치가 한 시간 동안 처리할 수 있는 최대 호의 수를 나타내는 것은?

① 호손율 ② 호처리 용량
③ 트래픽 ④ 통화율

해설 ★ 호는 가입자가 통화를 목적으로 통신회선을 점유하는 것으로 최번시(busy hour)의 호의 시도수를 호처리 용량(BHCA : Busy Hour Call Attempts)이라 한다.

33 다음 중 전자교환기의 특수 서비스 기능이 아닌 것은?

① 부재자 안내
② 단축 다이얼 기능
③ 데이터 처리
④ 착신 통화 전환

해설 ★ 전자교환기의 특수 서비스

① 단축 다이얼(Abbreviated Dialing Speed Calling) : 자주 거는 전화번호를 2숫자로 단축시켜 언제라도 쉽고 빠르게 다이얼할 수 있게 하는 서비스
② 착신 통화 전환(Call Transfer, Call Forwarding) : 자신의 전화번호로 걸려오는 모든 착신 신호를 다른 특정한 전화번호로 전환시키는 기능
③ 부재 중 안내(Absentee Service) : 일정기간 동안 전화를 받을 수 없을 때 전화를 건 사람에게 전화를 받을 수 없다는 사실을 교환기에 장치되어 있는 녹음 안내 장치를 사용하여 안내하는 기능이다.
④ 통화 중 대기(Call Waiting) : 통화 중에 다른 전화가 걸려오면 통화 중인 상대방을 잠시 기다리게 해놓고 걸려온 제3의 전화를 받을 수 있는 기능으로 동시에 두 사람 사이에만 통화가 가능하다.
⑤ 3인 통화(3 Way Calling) : 세 사람이 동시에 통화할 수 있는 기능으로 전화 회의를 할 수 있다. 아날로그 교환기에서는 2개의 통화로를 연결시키므로 가능하나 디지털 교환기에서는 복잡한 과정을 거쳐야 한다.
⑥ 지정 시간 통보(Wake-up Service) : 미리 지정한 시간(24시간 이내)이 되면 전화벨이 울려 지정 시간이 되었음을 알려주는 기능

34 상호 통신하는 정보통신기기들이 정확하고 효율적인 정보 전송을 하기 위해 필요한 규약, 절차 및 규격을 정리해 놓은 것을 무엇이라 하는가?

① 인터페이스 ② 인터럽트
③ 프로토콜 ④ 계층화

해설 ★ 프로토콜(Protocol)

① 컴퓨터 상호간 혹은 컴퓨터와 단말 사이에서 통신을 할 때에 필요한 통신규약으로 서로 이해할 수 있는 의미 내용을 표현하는 정보의 포맷 구성, 포맷의 송수방법 등의 규정으로 된다.
② 프로토콜의 구성 요소 : 프로토콜에는 전송하고자 하는 데이터의 일정 형식과 두 엔티티의 연결을 위한 여러 가지 기능(Semantics), 흐름 제어(Flow Control)를 위한 절차 등이 필요한데 이들 요소로는 구문(Syntax), 의미(Semantics), 타이밍(Timing) 등이 있다.
㉠ 구문(Syntax) : 데이터 형식(Fromat), 부호화(Coding), 신호 레벨(Signal Level) 등을 포함한다.
㉡ 의미(Semantics) : 효과적이고 정확한 정보 전송을 위한 두 엔티티의 협조사항과 에러 관리를 위한 제어 정보를 포함한다.
㉢ 타이밍(Timing) : 두 엔티티의 통신 속도 조정, 메시지의 순서 제어 등을 포함한다.

35 정보전송제어의 오류제어 방식 중 오류 검출 후 재전송(ARQ)하는 방식이 아닌 것은?

① 적응적 방식

Answer 32. ② 33. ③ 34. ③ 35. ③

② Go-back-N 방식
③ 전진 오류 수정방식
④ 선택적 재전송 방식

해설 ★ 에러 제어 방식

㉠ 자동 반복 요청(ARQ, Automatic Repeat reQuest) : 통신 경로에서 에러 발생 시 수신측은 에러의 발생을 송신측에 통보하고 송신측은 에러가 발생한 프레임을 재전송
  • 정지-대기(Stop-and-Wait) ARQ : 송신측이 하나의 블록을 전송한 후 수신측에서 에러의 발생을 점검한 다음 에러 발생 유무 신호를 보내올 때까지 기다리는 방식이므로 수신측에서 에러 점검 후 제어 신호를 보내올 때까지 오버헤드(overhead)가 효율면에서 가장 부담이 크다.
  • 연속(Continuous) ARQ
  • Go-Back-N ARQ
    – 에러가 발생한 블록 이후의 모든 블록을 다시 재전송하는 방식
    – 에러가 발생한 부분부터 모두 재전송하므로 중복 전송의 단점이 있음
  • 선택적 재전송(Selective-Repeat) ARQ
    – 수신측에서 NAK를 보내오면 에러가 발생한 블록만 재전송
    – 복잡한 논리회로와 큰 용량의 버퍼가 필요
  • 적응적(Adaptive) ARQ
    – 데이터 블록의 길이를 채널의 상태에 따라 동적으로 변경시키는 방식

㉡ 전송 에러 제어 방식
  • 전진 에러 수정(FEC, Forward Error Correction) : 송신측에서 정보비트에 오류 정정을 위한 제어 비트를 추가하여 전송하면 수신측에서 이 비트를 사용하여 에러를 검출하고 수정하는 방식
    – ARQ 방식과는 달리 재전송 요구가 없으므로 역채널이 필요 없고 연속적인 데이터 흐름이 가능
    – ARQ에 비해 기기와 코딩이 더 복잡함
    – ARQ 방식과 마찬가지로 데이터와 함께 잉여 비트들을 함께 전송함
    – 잉여 비트들이 데이터 시스템 효율의 개선을 저해함
    – 대표적인 예로 해밍(Hamming) 코드 방식과 상승 코드 방식이 있음
  • 후진 에러 수정(BEC, Backward Error Correction) : 데이터 전송 과정 중 에러가 발생하면 송신측에 재전송을 요구하는 방식

36 송신 데이터 비트 수가 'N'이고 잘못된 수신 데이터 비트 수가 'n'일 때, 비트 오류율은?

① $n \cdot N$ ② $n(1+N)$
③ N/n ④ n/N

해설 ★ 비트 오류율(bit error rate)

전송로에서의 오류율을 비트 단위로 나타낸 것으로, 전 수신 재생 비트수 중의 오류 비트의 비율로 나타낸다.

$$\text{Bit error rate} = \frac{\text{오류 비트}}{\text{전체 비트}} = \frac{n}{N}$$

37 다음 중 다중화에 대한 설명으로 틀린 것은?

① 하나의 통신회선을 여러 장치들이 공유하도록 하는 기법을 다중화(Multiplexing)라고 한다.
② 시분할 다중화 방식은 디지털 신호를 아날로그화해서 전송하는 방식이다.
③ 한 개의 물리적 전송로에서 복수의 데이터 신호를 중복시켜서 전송하는 방식이다.
④ 다중화 방식에 사용되는 장치를 다중화 장치(일명, MUX)라고 한다.

해설 ★ 다중화(Multiplexing)

하나의 통신로를 통하여 여러 개의 독립된 신호를 전송하는 방식으로서 주파수 대역으로 구별하여 다중화를 행하는 주파수 분할 다중방식

Answer 36. ④ 37. ②

(FDM)과 고주파 펄스에 의해 각각의 신호를 일정 간격으로 표준화하여 이를 정해진 시간축상에 순차적으로 배열하여 전송하는 것에 의해 다중화를 행하는 시분할 다중방식(TDM)이 있다.

38 다음 중 통신망의 구성 요소로서 적합하지 않은 것은?

① 교환기 ② 요금체계
③ 단말기기 ④ 전송로

해설 ✱ 정보통신망의 구성 요소
① 단말장치 : 정보처리 담당, 데이터의 입·출력, 컴퓨터와의 통신
② 데이터 전송회선 : 단말장치에서 변환된 전기신호를 상대측에 전송, 전송매체, 각종 통신장치(변복조장치, 다중화, 송수신장치)
③ 정보처리시스템 : 전송되어 온 데이터의 처리(중앙처리장치), 저장(기억장치), 입·출력장치. 기능-스위칭, 라우팅, 통신서비스, 망 관리

39 다음 설명에 해당하는 장치는?

- 통신망을 구성하기 위한 하드웨어 장비로 서로 다른 유형의 네트워크를 상호 연결하는 데 사용된다.
- OSI 7계층 중 네트워크 계층에서 동작하는 장비로서 네트워크 계층에서 사용하는 IP주소를 바탕으로 목적지까지의 경로를 검사하고 어떤 경로로 전달하는 것이 적절한지 결정한다.

① 허브 ② 라우터
③ 트랜시버 ④ 게이트웨이

해설 ✱ ① 라우터(router) : 네트워크 간의 연결점에서 패킷에 담긴 정보를 분석하여 적절한 통신 경로를 선택하고 전달해 주는 장치
② 허브(hub) : 구내 정보 통신망(LAN) 전송로의 중심에 위치하여, 바큇살 모양으로 단말 장치를 접속하는 형태의 전송로 중계장치
③ 트랜시버(transceiver) : 이더넷의 동축 케이블을 접속하는 기기

④ 게이트웨이(gateway) : 2개 이상의 다른 종류 또는 같은 종류의 통신망을 상호 접속하여 통신망 간 정보를 주고받을 수 있게 하는 기능 단위 또는 장치

40 이동통신 방식 중 하나인 셀룰러(Cellular) 방식의 특징이 아닌 것은?

① 서비스 지역의 확장이 용이하다.
② 고 출력, 대 기지국화로 통화 비용이 줄어든다.
③ 주파수 스펙트럼의 효율이 좋아 많은 가입자를 수용할 수 있다.
④ 이동국 자신이 속한 시스템 이외의 지역이라도 서비스가 가능하도록 하는 로밍(Roaming) 기능이 있다.

해설 ✱ CDMA(code-division multiple access)
코드분할 다중접속 방식은 데이터를 디지털화한 다음 그것을 가용한 전체 대역폭에 걸쳐 확산시킨다. 여러 통화가 하나의 채널에 겹쳐지게 되며, 각 통화는 차례를 나타내는 고유한 코드가 부여된다.
미국 퀄컴사에서 북미의 디지털 셀룰러 전화의 표준 방식으로 1993년 7월 미국 전자 공업 협회(TIA)의 자율 표준 IS-95로 제정되었고, 우리나라는 1993년 11월에 체신부 고시를 통해 디지털 이동전화방식의 표준이 CDMA로 공식 결정되었으며, 세계 최초로 CDMA 상용화에 성공한 나라가 되었다.
㉠ CDMA의 장점
• AMPS에 비해 8~10배, GSM에 비해 4~5배의 용량을 가진다.
• 음성 품질이 높다.
• 모든 셀이 동일한 주파수를 사용하므로 주파수 계획이 용이하다.
• 보안성이 높다.
• 주파수 대역 이용 효율이 높다.

Answer 38. ② 39. ② 40. ②

41 통신사업자의 회선을 임차 또는 이용하여 단순한 전송 기능 이상의 정보의 축적이나 가공, 변환 처리 등의 부가가치를 부여한 음성 또는 데이터정보를 제공해 주는 서비스는?

① LAN
② WAN
③ MAN
④ VAN

해설 ① LAN(근거리 통신망 : Local Area Network) : 거리 또는 단일 건물 내에서 통신회선을 이용하여 네트워크를 구성하는 통신망
② WAN(광대역 통신망 : Wide Area Network) : 지역적으로 넓은 영역에 걸쳐 구축하는 다양하고 포괄적인 컴퓨터 통신망
③ VAN(부가가치 통신망 : Value Added Network) : 공중전기통신사업자로부터 회선을 빌려 컴퓨터를 이용한 네트워크를 구성, 정보의 축적·처리·가공을 하는 통신 서비스 또는 그 네트워크를 제공하는 사업을 하는 통신망

42 측정값이 30[dB]이고, 참값은 33[dB]일 때, 보정률은?

① 3[%]
② 30[%]
③ 1[%]
④ 10[%]

해설 보정률

$$\alpha_o = \frac{T-M}{M} \times 100[\%] \text{ (보정 백분율)}$$

(단, M : 측정값, T : 참값)

$$\alpha_o = \frac{T-M}{M} \times 100 = \frac{33-30}{30} \times 100 = 10[\%]$$

43 피측정량의 변화에 대한 지시각 변화의 비를 무엇이라고 하는가?

① 감도
② 정밀도
③ 오차
④ 정확도

해설 감도 및 정도

측정기의 지시로 알아낼 수 있는 최소의 측정량을 감도(sensitivity)라 하고, 측정값을 얼마만큼 미세하게 식별할 수 있는가의 양을 정도라 한다.

44 다음은 비트 에러 측정에 관한 그림이다. 비트 에러율(BER) 측정을 가장 잘 설명한 것은?

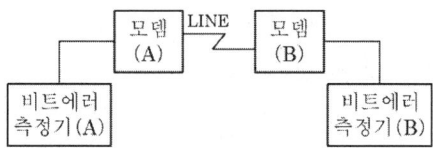

① 송신측에서의 비트 오율
② 수신기 자체의 비트 오율
③ 회선상에서 잡음이나 왜곡 등에 의한 데이터 전송로의 비트 오율
④ 잡음의 크기

해설 비트 에러율(BER, BitErrorRate)
2진 정보를 전송하는 통신시스템에서 시스템의 성능을 평가하기 위한 방법으로서, 어떤 임의의 수신 지점에서의 오차 비트수를, 그 지점으로 전송된 총 전송 비트수로 나눈 백분율(%)로써 보통 표현한다.

45 입사파 전압이 84[V]이고, 반사파 전압이 28[V]이라면 반사 계수는 약 얼마인가?

① 0.03
② 0.33
③ 3
④ 33

해설 반사 계수(reflection coefficient) : 전송 선로에서 부하가 특성 임피던스와 같지 않으면 반사파가 생긴다. 이때의 전원으로부터의 입사파와 부하로부터의 반사파의 비. 전압 반사 계수와 전류 반사 계수가 있다.

$$\text{전압반사계수(m)} = \frac{\text{반사파 전압}}{\text{입사파 전압}}$$

$$= \frac{28}{84} = 0.33$$

Answer 41. ④ 42. ④ 43. ① 44. ③ 45. ②

46 방송통신설비의 기술기준에 관한 규정에서 다수의 전기통신회선을 제어·접속하여 회선 상호간의 방송통신을 가능하게 하는 교환기와 그 부대설비를 정의하는 용어는?

① 교환설비 ② 전송설비
③ 통신제어설비 ④ 회선접속설비

해설 * 전기통신설비의 기술기준에 관한 규칙에 의한 정의
"교환설비"라 함은 다수의 전기통신회선(이하 "회선"이라 한다)을 제어·접속하여 회선 상호간의 전기통신을 가능하게 하는 교환기와 그 부대설비를 말한다.

47 모든 이용자가 언제 어디서나 적정한 요금으로 제공받을 수 있는 기본적인 방송통신서비스를 무엇이라 하는가?

① 이용자 역무 ② 사업자 역무
③ 보편적 역무 ④ 개인적 역무

해설 * "보편적 역무"라 함은 모든 이용자가 언제 어디서나 적정한 요금으로 제공받을 수 있는 기본적인 방송통신서비스를 말한다.

48 과학기술에 관한 전문적 응용능력을 필요로 하는 사항에 대하여 계획, 연구, 설계, 분석, 조사, 시험, 시공, 감리, 평가, 진단, 시험운전, 사업관리, 기술판단, 기술중재 또는 이에 관한 기술자문과 기술지도를 직무로 하는 사람을 무엇이라 하는가?

① 용역업자
② 발주자
③ 기술사
④ 정보통신공사업자

해설 * 정보통신공사업법 제2조(정의) 이 법에서 사용하는 용어의 뜻은 다음과 같다.

④ "정보통신공사업자"란 정보통신공사업의 등록을 하고 공사업을 경영하는 자를 말한다.

⑦ "용역업자"란 엔지니어링기술 진흥법에 따라 엔지니어링 활동 주체로 신고하거나 기술사법에 따라 기술사사무소의 개설자로 등록한 자로서 통신·전자·정보처리 등 대통령령으로 정하는 정보통신 관련 분야의 자격을 보유하고 용역업을 경영하는 자를 말한다.

⑪ "발주자"란 공사(용역을 포함)를 공사업자(용역업자를 포함)에게 도급하는 자를 말한다. 다만, 수급인(受給人)으로서 도급받은 공사를 하도급(下都給)하는 자는 제외한다.

* 기술사법 제3조(기술사의 직무)
① 기술사는 과학기술에 관한 전문적 응용능력을 필요로 하는 사항에 대하여 계획·연구·설계·분석·조사·시험·시공·감리·평가·진단·시험운전·사업관리·기술판단(기술감정을 포함한다)·기술중재 또는 이에 관한 기술자문과 기술지도를 그 직무로 한다.
② 정부, 지방자치단체 및 「공공기관의 운영에 관한 법률」 제5조에 따른 공기업과 준정부기관은 제1항에 따른 기술사 직무와 관련된 공공사업을 발주하는 경우에는 기술사를 우선적으로 사업에 참여하게 할 수 있다.
③ 기술사의 직무에 관하여 다른 법률에 특별한 규정이 있는 경우를 제외하고는 이 법에 따른다.
④ 제1항에 규정된 과학기술에 관한 전문적 응용능력을 필요로 하는 사항의 종류 및 범위는 대통령령으로 정한다.

49 정보통신공사업자 외의 공사업자가 시공할 수 있는 경미한 공사의 범위가 아닌 것은?
① 간이무선국·아마추어국 및 실험국의

Answer 46. ① 47. ③ 48. ③ 49. ②

무선설비설치공사
② 연면적 5천 제곱미터 이하 건축물의 자가유선방송설비·구내방송설비 및 폐쇄회로 텔레비젼의 설비공사
③ 건축물에 설치되는 5회선 이하의 구내통신선로 설비공사
④ 라우터 또는 허브의 증설을 수반하지 아니하는 5회선 이하의 근거리 통신망 선로의 증설공사

해설 ★ 정보통신공사업법 시행령의 제4조(공사제한의 예외)
① 법 제3조제2호에 따라 공사업자 외의 자가 시공할 수 있는 경미한 공사의 범위는 다음 각 호와 같다.
  1. 간이무선국·아마추어국 및 실험국의 무선설비설치공사
  2. 연면적 1천 제곱미터 이하의 건축물의 자가유선방송설비·구내방송설비 및 폐쇄회로텔레비전의 설비공사
  3. 건축물에 설치되는 5회선 이하의 구내통신선로 설비공사
  4. 라우터 또는 허브의 증설을 수반하지 아니하는 5회선 이하의 근거리통신망(LAN)선로의 증설공사
  5. 다음 각 목의 공사로서 「소프트웨어산업진흥법」 제24조의2제2항에 따라 중소 소프트웨어사업자만 참여하는 공사[6회선 이상의 근거리통신망(LAN)선로설비공사는 제외한다]
     가. 서버·백업장비·주변기기 등 전산장비(이하 "전산장비"라 한다)의 설치공사 및 유지보수
     나. 전산장비의 대·개체공사
     다. 주전산장치의 성능 향상을 위한 주변기기의 설치공사
     라. 연면적 1천 제곱미터 이하의 건축물에 설치되는 공사로서 구내통신선로설비·방송설비·경비보안설비와 연계되지 아니하는 정보시스템 구축공사
     마. 하드웨어구입비를 제외한 전체사업비 중 소프트웨어관련비(소프트웨어개발비·소프트웨어 유지보수비·데이터베이스 구축비 등)의 비중이 80퍼센트 이상인 정보시스템 구축공사
  6. 군 및 경찰의 긴급작전을 위한 공사로서 방송통신위원회가 관계 중앙행정기관의 장과 협의하여 정하는 공사
  7. 다음 각 목의 공사로서 방송통신위원회가 정하여 고시하는 공사
     가. 정보통신설비의 단말기, 차량용 전화 등의 설치 또는 증설공사
     나. 무선통신설비의 이전·변경·증설 또는 대체 등의 공사
     다. 자기의 정보통신설비의 유지·보수공사
  8. 제1호부터 제4호까지, 제7호 가목 및 나목의 공사와 유사한 기술수준의 공사로서 방송통신위원회가 정하여 고시하는 공사
② 법 제3조제3호에서 "대통령령으로 정하는 바에 의하여 도급받거나 시공하는 경우"란 다음 각 호의 자가 단독으로 또는 공사업자와 공동으로 공사를 도급받거나 시공하는 경우를 말한다.
  1. 통신구설비공사의 경우 「건설산업기본법」 제9조에 따라 토목공사업 또는 토목건축공사업의 등록을 한 자
  2. 도로공사에 부수되어 그와 동시에 시공되는 정보통신 지하관로설비공사의 경우 해당 도로의 공사를 도급받아 시공하는 자

50 기간통신사업자는 해저에 설치한 통신용 케이블 및 그 부속설비를 보호하기 위하여 필요한 경우에는 해저케이블 경계구역의 지정을 누구에게 신청할 수 있는가?
① 국토교통부장관
② 해당 지방자치단체장
③ 과학기술정보통신부장관

Answer 50. ③

④ 관할 토지수용위원회

해설 본문 통신기기설비기준 중 5. 전기통신설비의 (8) 전기통신설비의 보호 항목 참고 요망
③ 기간통신사업자는 해저(海底)에 설치한 통신용 케이블과 그 부속설비(이하 "해저케이블"이라 한다)를 보호하기 위하여 필요하면 해저케이블 경계구역의 지정을 과학기술정보통신부장관에게 신청할 수 있다.

51 전기통신사업법에서 기간통신사업의 허가를 받을 수 있는 자는?

① 국가 ② 지방자치단체
③ 외국법인 ④ 국내법인

해설 전기통신사업법의 제7조(허가의 결격사유)
다음 각 호의 어느 하나에 해당하는 자는 제6조에 따른 기간통신사업의 허가를 받을 수 없다.
1. 국가 또는 지방자치단체
2. 외국정부 또는 외국법인
3. 외국정부 또는 외국인이 제8조제1항에 따른 주식소유 제한을 초과하여 주식을 소유하고 있는 법인

52 평형회선은 회선 상호간 방송통신 콘텐츠의 내용이 혼입되지 아니하도록 두 회선 사이의 근단누화 또는 원단누화의 감쇠량이 원칙적으로 몇 데시벨 이상이어야 하는가?

① 28데시벨 ② 38데시벨
③ 58데시벨 ④ 68데시벨

해설 전기통신설비의 기술기준에 관한 규칙의 제13조(누화)
전화급 평형회선은 회선 상호간 전기통신신호의 내용이 혼입되지 아니하도록 두 회선 사이의 근단누화 또는 원단누화의 감쇠량은 68데시벨 이상이어야 한다. 다만, 전파연구소장이 별도로 세부기술기준을 고시한 경우에는 이에 의한다.

53 다음 괄호 안에 들어갈 내용으로 가장 적합한 것은?

> 전송망사업용설비와 수신자설비의 분계점에서 수신자에게 종합 유선방송신호를 전송하기 위한 전송선로설비에 대한 세부기술 기준은 ( )이(가) 정하여 고시한다.

① 산업통상자원부장관
② 과학기술정보통신부장관
③ 국립전파연구원장
④ 한국케이블TV방송협회 이사장

해설 전기통신설비의 기술기준에 관한 규정 제26조(전송망사업용설비 등)
① 전송망사업용설비와 수신자설비의 분계점에서 수신자에게 종합유선방송신호를 전송하기 위한 전송설비 및 선로설비에 대한 세부기술기준은 과학기술정보통신부장관이 정하여 고시한다. 〈개정 2017. 7. 26.〉
② 전송망사업용설비에는 전송되는 종합유선방송신호가 정상적으로 제공되고 있는지를 확인할 수 있도록 전송선로시설의 감시장치를 설치하여야 한다.
③ 전송망사업용설비에 관하여 이 영에서 정하는 것 외에는 전파에 관한 법령에서 정한 기준을 적용한다.
④ 「방송법」 제79조제3항에 따라 종합유선방송사업자 및 중계유선방송사업자가 자체적으로 설치하는 전송설비 및 선로설비의 설치 및 철거 등에 관하여는 제1항부터 제3항까지(중계유선방송사업자의 경우에는 제3항만 해당된다) 및 제24조를 준용한다. 〈개정 2017. 4. 25.〉

54 방송통신기자재 등의 적합성 평가에 관한 고시에서 적합인증서의 교부 후 관보에 공고해야 하는 사항이 아닌 것은?

① 인증 받은 자의 상호 또는 성명
② 기자재의 명칭·모델명

Answer 51. ④ 52. ④ 53. ② 54. ④

③ 인증연월일
④ 제조 도시

해설 * 방송통신기자재 등의 적합성 평가에 관한 고시(개정 2019.07.24.)
제7조(적합인증서의 교부) 원장은 제6조에 따른 심사결과가 적합한 경우에는 별지 제3호서식의 적합인증서를 신청인에게 교부(전자적 방식을 포함한다)하고, 다음 각 호의 사항을 관보에 공고하여야 한다.
1. 인증받은 자의 상호 또는 성명
2. 기자재의 명칭·모델명
3. 인증번호
4. 제조자 및 제조국가
5. 인증연월일

55 방송통신기자재 등의 적합성 평가에 관한 고시에서 적합성 평가의 전부가 면제되는 기자재 중 판매를 목적으로 하지 아니하고 국내 시장조사를 목적으로 수입하는 견본품용 기자재의 수량은?

① 1대　　② 3대 이하
③ 5대 이하　④ 10대 이하

해설 * 전파법 제58조의3제1항제1호에 따른 적합성 평가의 면제대상 기자재

면제대상 기자재	면제 수량
가. 적합성 평가를 위한 시험, 제품의 품질·성능 검사 등에 사용하기 위한 기자재	10대
나. 제품 및 방송통신서비스의 연구 및 기술개발 등에 사용하기 위한 기자재	1500대
다. 판매를 목적으로 하지 않고 신제품 홍보 등을 위한 전시회 등에 진열하기 위한 기자재	면제확인 수량
라. 판매를 목적으로 하지 않고 국제회의 및 국제경기대회 등에 직접 사용하기 위한 기자재	면제확인 수량
마. 판매를 목적으로 하지 않고 국내 시장조사를 목적으로 수입하는 견본품용 기자재	3대
바. 외국의 기술자가 국내산업체 등의 필요에 따라 일정기간 내에 반출하는 조건으로 반입하는 기자재	면제확인 수량
사. 적합성 평가를 받은 기자재의 유지·보수를 위해 제조 또는 수입되는 동일한 구성품 또는 부품	면제확인 수량
아. 군용으로 사용할 목적으로 제조하거나 수입하는 기자재	면제확인 수량
자. 판매를 목적으로 하지 않고 개인이 사용하기 위해 반입하는 기자재	1대
차. 그 밖에 전파환경 및 방송통신환경에 미치는 영향 등을 고려하여 적합성 평가의 면제가 필요한 것으로 과학기술정보통신부장관이 인정하여 고시하는 기자재	면제확인 수량

56 다음 중 구내에 설치되는 옥내·외 배관의 요건이 틀린 것은?

① 배관은 외부의 압력 또는 충격 등으로부터 선로를 보호할 수 있는 기계적 강도를 가진 내부식성 금속관 또는 한국산업표준 KS C 8454 동등규격 이상의 합성수지제 전선관을 사용하여야 한다.
② 배관의 내경은 배관에 수용되는 케이블단면적의 총합계가 배관 단면적의 32[%] 이하가 되도록 하여야 한다.
③ 배관의 굴곡은 가능한 한 완만하게 처리하여야 하되, 곡률반경은 배관내경의 6배 이상으로 한다. 이 경우 엘보우 등 부가장치를 사용하여서는 아니 된다.
④ 배관의 1구간에 있어서 굴곡개소는 2개소 이내이어야 하며, 1개소의 굴곡각도는 90° 이내로 하며 2개소의 합계는 180° 이내이어야 한다.

해설 * 접지설비·구내통신설비·선로설비 및 통신공동구등에 대한 기술기준[시행 2019. 7. 18.]
제28조(구내배관 등)

55. ② 56. ④

① 구내에 설치되는 건물의 옥내·외에는 선로를 용이하게 설치하거나 철거할 수 있도록 한국산업표준 규격의 배관, 덕트 또는 트레이 등의 시설을 설치하여야 하고 주택에 홈네트워크설비를 설치하는 경우 세대단자함과 홈네트워크 주장치 간에는 홈네트워크용 배관을 1공 이상 설치하여야 한다. 다만 제5항제2호의 규정보다 통신용 배관에 여유가 있는 경우에는 공동으로 사용할 수 있으며 통신소통에 지장이 없도록 하여야 한다.
② 구내간선계 및 건물간선계의 배관 공수는 동등 이상 내경을 가진 예비공 1공 이상을 포함하여 2공 이상을 설치하여야 한다. 다만, 트레이 및 덕트 등을 설치할 경우에는 향후 증설을 고려하여 여유 공간을 확보한다.
③ 수평배선계의 배관은 성형구조 또는 성형배선이 가능한 구조이어야 한다.
④ 업무용 건축물로서 구내선이 7.5m를 넘는 실내(고정된 벽 등으로 반영구적으로 구분된 장소)에는 다음 각 호와 같이 바닥 덕트 또는 배관을 설치하여야 한다.
　1. 바닥 덕트 또는 배관은 실내의 용도와 규모를 고려하여 성형 또는 망형 등으로 설치하여야 한다.
　2. 바닥 덕트 또는 배관의 매구간 교차점 또는 완곡부에는 각 1개씩의 실내접속함을 설치하여야 하며 실내접속함의 간격은 7.5m 이내가 되도록 하여야 한다. 다만, 직선관로로서 선로작업에 지장이 없는 경우에는 간격을 12.5m 이내로 할 수 있다.
　3. 접속함 및 인출구는 상면에 돌출되거나 침수되지 않도록 설치하여야 한다.
⑤ 구내에 설치되는 옥내·외 배관의 요건은 다음 각호와 같다.
　1. 배관은 외부의 압력 또는 충격 등으로부터 선로를 보호할 수 있는 기계적 강도를 가진 내부식성 금속관 또는 한국산업표준 KS C 8454(지하에 매설되는 배관의 경우에는 KS C 8455) 동등규격 이상의 합성수지제 전선관을 사용하여야 한다.
　2. 배관의 내경은 배관에 수용되는 케이블 단면적의 총합계가 배관 단면적의 32% 이하가 되도록 하여야 한다.
　3. 배관의 굴곡은 가능한 한 완만하게 처리하여야 하되, 곡률반경은 배관내경의 6배 이상으로 한다. 이 경우 엘보우 등 부가장치를 사용하여서는 아니 된다.
　4. 배관의 1구간에 있어서 굴곡개소는 3개소 이내이어야 하며, 1개소의 굴곡 각도는 90° 이내로 하며 3개소의 합계는 180° 이내이어야 한다.
⑥ 옥내에 설치하는 덕트의 요건은 다음 각 호와 같다.
　1. 덕트는 선로를 용이하게 수용할 수 있는 구조와 유지·보수를 위한 충분한 공간을 갖추어야 하며, 수직으로 설치된 덕트의 주변에는 선로의 포설, 유지 및 보수의 작업을 용이하게 할 수 있는 디딤대 등을 설치하여야 한다.
　2. 덕트의 내부에는 선로의 포설에 필요한 선로 받침대를 60cm 내지 150cm의 간격으로 설치하여야 한다. 다만, 선로용 배관을 따로 설치하는 경우에는 그러하지 아니하다.
　3. 덕트의 내부에는 유지·보수 작업용 조명 또는 전기콘센트가 설치되어야 한다. 다만, 바닥 덕트의 경우에는 그러하지 아니하다

57 다음 중 "지능형 홈 네트워크 설치 및 기술기준"에서 정하는 용어의 정의가 틀린 것은?
① "홈네트워크망"이란 세대 내의 전력, 가스, 난방, 온수, 수도 등의 사용량 정보를 네트워크 등을 통하여 사용자에게 알려주는 시스템을 말한다.
② "홈게이트웨이"란 세대망과 단지망을 상호 접속하는 장치로서, 세대 내에서

Answer　57. ①

사용되는 홈네트워크 기기들을 유무선 네트워크 기반으로 연결하고 홈네트워크 서비스를 제공하는 기기를 말한다.

③ "단지네트워크장비"란 세대 내 홈게이트웨이와 단지서버 간의 통신 및 보안을 수행하는 장비로서, 백본(back-bone), 방화벽(Fire Wall), 워크그룹스위치 등을 말한다.

④ "원격제어기기"란 주택 내부 및 외부에서 원격으로 제어할 수 있는 기기로서 가스밸브 제어기, 조명제어기, 난방제어기 등을 말한다.

해설: 본문 통신기기설비기준 중 3. 접지설비·구내통신설비·선로설비 및 통신공동구 등에 대한 기술기준에 관한 기본사항의 제4절 지능형 홈 네트워크 설치 및 기술기준의 용어의 정의 참고 요망

1. "홈네트워크망"이란 홈네트워크 설비를 연결하는 것을 말하며 다음 각 목으로 구분한다.
   가. 단지망 : 집중구내통신실에서 세대까지를 연결하는 망
   나. 세대망 : 전유부분(각 세대 내)을 연결하는 망
2. "홈게이트웨이(홈서버를 포함한다. 이하 같다)"란 세대망과 단지망을 상호 접속하는 장치로서, 세대 내에서 사용되는 홈네트워크 기기들을 유무선 네트워크 기반으로 연결하고 홈네트워크 서비스를 제공하는 기기를 말한다.
4. "단지네트워크장비"란 세대 내 홈게이트웨이(단, 월패드가 홈게이트웨이 기능을 포함하는 경우는 월패드로 대체 가능)와 단지서버 간의 통신 및 보안을 수행하는 장비로서, 백본(back-bone), 방화벽(Fire Wall), 워크그룹스위치 등을 말한다.
7. "원격제어기기"란 주택 내부 및 외부에서

원격으로 제어할 수 있는 기기로서 가스밸브제어기, 조명제어기, 난방제어기 등을 말한다.
20. "단지네트워크센터"란 집중구내통신실과 방재실, 단지서버실을 동일건물에 통합 설치하기 위한 공간을 말한다.

58 방송통신설비에 사용하는 전원설비의 기술기준으로 괄호 안에 들어갈 내용으로 맞는 것은?

> 방송통신설비가 최대로 사용되는 때의 전력을 안정적으로 공급할 수 있는 용량으로서 동작전압과 전류의 변동률을 정격전압 및 정격전류의 ( )퍼센트 이내로 유지할 수 있는 것이어야 한다.

① ±10 ② ±12
③ ±15 ④ ±20

해설: 방송통신설비의 기술기준에 관한 규정의 제10조(전원설비)
방송통신설비에 사용되는 전원설비는 그 방송통신설비가 최대로 사용되는 때의 전력을 안정적으로 공급할 수 있는 용량으로서 동작전압과 전류의 변동률을 정격전압 및 정격전류의 ±10퍼센트 이내로 유지할 수 있는 것이어야 한다.

59 다음 중 공사와 감리를 함께 할 수 없는 경우에 해당하는 것은?

① 법인과 그 법인의 임직원의 관계인 경우
② 공사업자와 용역업자가 동문 관계인 경우
③ 공사업자와 용역업자가 지속적인 거래처 관계인 경우
④ 공사업자와 용역업자가 친구관계인 경우

해설: 정보통신공사업법의 제12조(공사업자의 감리 제한)
공사업자와 용역업자가 동일인이거나 다음 각 호의 어느 하나의 관계에 해당되면 해당 공사

Answer 58. ① 59. ①

에 관하여 공사와 감리를 함께 할 수 없다.
1. 대통령령으로 정하는 모회사(母會社)와 자회사(자회사)의 관계인 경우
2. 법인과 그 법인의 임직원의 관계인 경우
3. 민법 제777조에 따른 친족관계인 경우

정보통신공사업법의 제74조(벌칙)
다음 각 호의 어느 하나에 해당하는 자는 3년 이하의 징역 또는 2천만원 이하의 벌금에 처한다.
1. 제12조를 위반하여 공사와 감리를 함께 한 자
2. 제14조제1항에 따른 등록을 하지 아니하거나 부정한 방법으로 등록을 하고 공사업을 경영한 자
3. 제17조제1항에 따른 신고를 하지 아니하거나 부정한 방법으로 신고를 하고 공사업을 경영한 자
4. 제24조를 위반하여 타인에게 등록증이나 등록수첩을 빌려 준 자 또는 타인의 등록증이나 등록수첩을 빌려서 사용한 자
5. 제66조에 따른 영업정지처분을 받고 그 영업정지기간 중에 영업을 한 자

60 다음 중 이용자에게 안전하고 신뢰성 있는 방송통신서비스를 제공하기 위해 사업자가 구비하여 운용하여야 할 사항으로 틀린 것은?

① 방송통신설비를 수용하기 위한 건축물 또는 구조물의 안전 및 화재대책 등에 관한 사항
② 방송통신설비를 이용 또는 운용하는 자의 안전 확보에 필요한 사항
③ 방송통신설비의 운용에 필요한 시험·감시 및 통제를 할 수 있는 기능에 관한 사항
④ 방송통신설비의 사용제한을 위하여 필요한 사항

해설 * 방송통신설비의 기술기준에 관한 규정 제22조 (안전성 및 신뢰성 등)
① 사업자는 이용자가 안전하고 신뢰성 있는 방송통신서비스를 제공받을 수 있도록 다음 각 호의 사항을 구비하여 운용하여야 한다.
1. 방송통신설비를 수용하기 위한 건축물 또는 구조물의 안전 및 화재대책 등에 관한 사항
2. 방송통신설비를 이용 또는 운용하는 자의 안전 확보에 필요한 사항
3. 방송통신설비의 운용에 필요한 시험·감시 및 통제를 할 수 있는 기능에 관한 사항
4. 그 밖에 방송통신설비의 안전성 및 신뢰성 확보를 위하여 필요한 사항
② 제1항에 따라 방송통신서비스에 사용되는 방송통신설비가 갖추어야 할 안전성 및 신뢰성에 대한 세부기술기준은 방송통신위원회가 정하여 고시한다.

60. ④

2020년 1회 시행 과년도출제문제

01 어떤 도선에 3[s] 동안 12[C]의 전하가 통과하였다면, 이 도선에 흐르는 전류[A]는?
① 1[A] ② 2[A]
③ 3[A] ④ 4[A]

해설 $Q=It[C]$, $I=\dfrac{Q}{t}[A]$

∴ $I=\dfrac{12}{3}=4[A]$

02 기전력이 1.5[V], 내부 저항이 0.2[Ω]인 전지 네 개를 직렬로 연결하였을 때 전류[A]는?
① 3.5[A] ② 4.2[A]
③ 6.2[A] ④ 7.5[A]

해설 $R_t = nr = 4 \times 0.2 = 0.8[\Omega]$

$I = \dfrac{V}{R} = \dfrac{1.5 \times 4}{0.2 \times 4} = \dfrac{6}{0.8} = 7.5[A]$

03 다음 중 교류의 파형률을 표시한 것은?
① 파형률 $= \dfrac{최대값}{평균값}$
② 파형률 $= \dfrac{실효값}{평균값}$
③ 파형률 $= \dfrac{평균값}{실효값}$
④ 파형률 $= \dfrac{최대값}{실효값}$

해설 * 파고율과 파형률

파고율 $= \dfrac{최대값}{실효값}$, 파형률 $= \dfrac{실효값}{평균값}$

04 다음 중 전송부호가 가져야 하는 조건으로 적합하지 않은 것은?
① DC(직류) 성분이 포함되어야 한다.
② 동기정보가 충분히 포함되어야 한다.
③ 에러의 검출이 용이해야 한다.
④ 전송부호의 코딩 효율이 양호해야 한다.

해설 * 전송부호가 가져야 하는 조건
㉠ 동기정보가 충분히 포함되어야 한다.(타이밍 정보가 충분히 포함될 것)
㉡ 전송부호가 소요하는 대역폭이 너무 크지 않도록 전송부호를 구성해야 한다.
㉢ 전송로상에서 발생한 에러의 검출 및 교정이 가능해야 한다.
㉣ 전송부호에는 DC(직류) 성분이 포함되지 않아야 하며, 아주 낮은 주파수 성분과 아주 높은 주파수 성분이 제한되어야 한다.
㉤ 전송부호의 코딩효율이 양호해야 하며 전송부호 형태에 제약을 받지 않아야 할 뿐 아니라, 누화, ISI, 왜곡 등과 같은 각종 장애에 강한 전송특성을 가지도록 구성해야 한다.

05 자기부상열차에 쓰이는 초전도 자석은 어떤 자성체의 특성을 활용한 것인가?
① 강자성체 ② 상자성체
③ 반자성체 ④ 비자성체

해설 * 자기부상열차는 전기 자기력에 의해 레일에서 일정한 높이로 차량이 떠서(부상하여) 달리는 열차로, 자기부상열차의 부상 방법은 같은 극의 자석 간에 작용하는 반발력을 이용한 반발식과 자석 간의 인력을 이용, 지지 레일과 자석 간의 인력으로 부상시키는 흡입식으로 나눌 수 있는데 초전도 방식은 초전도의 특성인 완전 반자성을 이용해 만들었다.
① 강자성체(强磁性體, ferromagnetic substance) : 물질을 이루는 분자 또는 원

Answer 1.④ 2.④ 3.② 4.① 5.③

자의 전기적 성질을 갖는 입자의 회전에 의해 하나하나가 자석 요소가 된다. 이를 자기 쌍극자라 하는데, 무질서하게 분포되어 있어서 외부에서 보았을 때는 자성을 띠지 않지만, 외부에서 강한 자기장을 걸어주면 한쪽 방향으로 규칙적으로 배열되게 되는데 이것을 자화라고 부르고, 이때 자석의 성질을 띠게 된다. 그리고 자기장을 제거해도 자석의 성질이 남아있게 되는데(잔류자화) 무질서하게 분포된 자기쌍극자가 한 방향으로 배열되게 된다. 그러나 열을 가하면 잘 배열된 자기쌍극자가 다시 무질서한 방향으로 흩어지면서 자석의 성질이 없어진다. 철, 니켈, 코발트 등은 강자성체로 자기장의 방향으로 강하게 자화되며 자석에 강하게 끌린다.

② 상자성체(常磁性體, paramagnetic substance) : 자기장(磁氣場) 안에 넣으면 자기장 방향으로 약하게 자화(磁化)하고, 자기장이 제거되면 자화하지 않는 물질이다. 백금, 알루미늄, 주석 등의 금속, 이리듐이나 공기, 액체산소 등은 상자성체라 할 수 있다.

③ 반자성체(反磁性體, diamagnetic substance) : 외부 자기장에 의해 자화의 방향이 강자성체와는 반대가 되어 자석에 의해 약하게 반발되는 물질이다. 수소나, 물, 수정 또는 납, 구리, 아연, 비스무트, 탄소 등 많은 금속과 대부분의 염류 등은 반자성체이다.

06 다음 중 전장 효과 트랜지스터(FET)에 대한 설명으로 잘못된 것은?

① 단극성 소자이다.
② 출력특성은 5극관과 비슷하며 입력 임피던스는 매우 높다.
③ 게이트와 소스 사이에 순 바이어스를 걸고 드레인 전압(+)을 걸어 사용한다.
④ 접합형과 모스(MOS)형 두 가지가 있다.

해설 ★ FET(전계 효과 트랜지스터 : Field Effect Transistor)

게이트에 역전압을 걸어주어 출력인 드레인 전류를 제어하는 전압제어 소자로서, 다수 캐리어인 자유전자나 정공 중 어느 하나에 의해서 전류의 흐름이 결정되므로 극성이 1개만 존재하는 단극성 트랜지스터(unipolar transistor)로 5극 진공관과 같은 특성을 지니며, 입력 임피던스가 매우 높다.

[FET의 특징]
① 전자나 정공 중 하나의 반송자에 의해서만 동작하는 단극성 소자이다.
② 전압제어소자로 다수 캐리어에 의해 동작하며, 게이트의 역전압에 의해 드레인 전류가 제어된다.
③ 트랜지스터(BJT)에 비하여 입력 임피던스가 높아 전압 증폭기로 사용한다.
④ 전력소비가 적고, 소형화에 유리하여 대규모 IC에 적합하다.

07 전원회로에서 정전압의 안정화를 위하여 사용되는 다이오드는?

① 터널 다이오드
② 제너 다이오드
③ 스위칭 다이오드
④ 가변용량 다이오드

해설 ★ 제너 다이오드(zener diode)

전압을 일정하게 유지하기 위한 전압 제어소자로 정전압 다이오드로도 불리우며, 정전압회로에 사용된다.

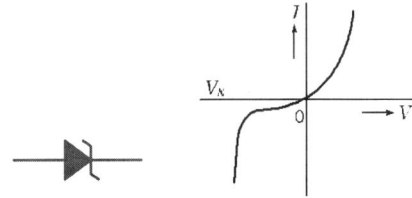

(a) 제너 다이오드의 기호 (b) 제너 다이오드의 특성

Answer 6. ③ 7. ②

08 전원회로에서 교류를 직류로 바꾸는 것을 (ㄱ)회로, 직류를 교류로 바꾸는 것을 (ㄴ), 직류를 또 다른 직류로 변환하는 것을 (ㄷ)라 한다. ( )에 알맞은 용어는?

① ㄱ : 정류, ㄴ : 인버터, ㄷ : 컨버터
② ㄱ : 정류, ㄴ : 컨버터, ㄷ : 인버터
③ ㄱ : 검파, ㄴ : 인버터, ㄷ : 컨버터
④ ㄱ : 검파, ㄴ : 컨버터, ㄷ : 인버터

해설 ① 정류회로 : 전원회로에서 교류를 직류로 변환하는 회로
② 인버터(Inverter, DC-AC 전력변환기) : 직류를 원하는 크기, 주파수의 교류로 변환(가변 주파수, 가변 전압)
③ 컨버터(Converter) : 교류와 직류 간의 변환, 교류의 주파수 상호변환, 상수(相數)의 변환 등을 하는 장치

09 증폭회로의 전압증폭도가 100배인 경우 전압증폭도를 [dB]로 계산한 값은?

① 20[dB] ② 40[dB]
③ 60[dB] ④ 80[dB]

해설 $A_v = 20\log_{10}\dfrac{V_o}{V_i} = 20\log_{10}10^2$
$= 20 \times 2 = 40[dB]$

10 다음 회로에서 출력전압은? (단, A=∞)

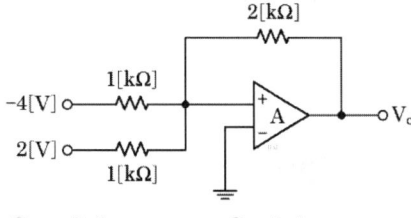

① -2[V] ② 2[V]
③ -4[V] ④ 4[V]

해설 비반전 가산증폭기 회로의 출력전압
$V_o = (-4 \times \dfrac{2 \times 10^3}{1 \times 10^3}) + (2 \times \dfrac{2 \times 10^3}{1 \times 10^3})$
$= -8 + 4 = -4[V]$

11 LC 발진회로 중 증폭회로 부분의 위상차는?

① 90° ② 120°
③ 180° ④ 360°

해설 발진회로는 정궤환(360°)을 이용하는 회로이며, LC 발진회로에서 180°의 위상반전이 이루어지고, 증폭회로에서 180°의 반전이 이루어져 입력과 동위상이 되어 발진이 이루어진다.

12 위상 고정 루프(PLL) 회로의 특징으로 옳은 것은?

① 기준 신호와 발진기의 출력 신호의 진폭을 맞춘다.
② 기준 신호와 발진기의 출력 신호의 위상을 맞춘다.
③ 기준 신호와 발진기의 출력 신호의 주파수를 맞춘다.
④ 기준 신호와 발진기의 출력 신호의 공진주파수를 맞춘다.

해설 위상 고정회로(PLL, Phase Locked Loop)는 진폭이 아닌 위상 변동을 줄여가며, 평균적으로 입력 주파수 및 위상에 동기화시키는 회로다.

13 펄스변조 방식 중 변조신호에 따라 펄스의 위치를 변화시키는 변조방식을 무엇이라고 하는가?

① PAM ② PPM
③ PWM ④ PCM

해설 펄스 변조는 표본화 신호(펄스파)를 신호파에 따라 조작하는 변조 방식을 말하며, 연속 레벨 변조와 불연속 레벨로 구분 분류한다.

Answer 8. ① 9. ② 10. ④ 11. ③ 12. ② 13. ②

① 펄스 진폭 변조(PAM : Pulse Amplifier Modulation) : 신호 레벨(높낮이)에 따라 펄스의 진폭을 변화시킨다.
② 펄스 폭 변조(PWM : Pulse Width Modulation) : 신호 레벨(높낮이)에 따라 펄스의 폭을 변화시킨다.
③ 펄스 위상 변조(PPM : Pulse Phase Modulation) : 신호 레벨(높낮이)에 따라 펄스의 위상을 변화시키는 방법으로, 신호 레벨이 크면 펄스의 주기가 짧아지고 주파수가 높아진다.
④ 펄스 주파수 변조(PFM : Pulse Frequency Modulation) : 신호 레벨(높낮이)에 따라 펄스의 주파수가 변화되는 방법으로, 신호 레벨이 크면 펄스의 주기가 짧아지고 주파수가 높아진다.
⑤ 펄스 수 변조(PNM : Pulse Number Modulation) : 신호 레벨(높낮이)에 따라 펄스 수를 변화시키는 방법으로, 신호 레벨이 크면 펄스의 수가 많아진다.
⑥ 펄스 부호 변조(PCM : Pulse Coded Modulation) : 신호 레벨(높낮이)에 따라 펄스열의 유·무를 변화시키는 방법으로, 각 샘플별로 신호 레벨을 일정 비트를 갖는 2진 부호로 바꾸어 부호화한다.
⑦ 델타 변조(ΔM : Delta Modulation) : 신호 레벨(높낮이)을 일정한 계단파에 근사화시켜서, 레벨이 커져 갈 때는 양의 펄스로, 작아져 갈 때는 음의 펄스로 바꾼다.

14 PCM 방식의 디지털 변환 과정에서 잡음을 줄이기 위해 사용하는 압신(Companding) 과정은 다음의 순서 중 어디에 들어가는 것이 적당한가?

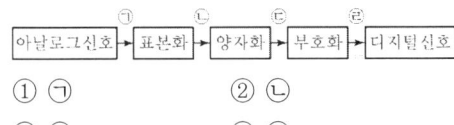

① ㉠ ② ㉡
③ ㉢ ④ ㉣

해설 ★ PCM의 구성 단계를 살펴보면 음성정보와 같은 아날로그 신호가 디지털 신호로 변환되기 위해서는 크게 표본화(sampling), 압축(compress), 양자화(quantizing), 부호화(encoding) 등의 4단계로 나누어진 PCM(Pulse Code Modulation) 과정을 거쳐야 한다.
㉠ 표본화 : 샘플링 이론을 바탕으로 아날로그 신호를 디지털 신호로 변환할 때 그 신호를 일정시간마다 추출하는 과정
㉡ 압축 : 표본화된 신호를 양자화되기 직전 압축하는 과정
㉢ 양자화 : 표본화 과정을 거쳐 채집된 진폭의 크기를 몇 개의 이산적인 구간으로 나누어 이산적인 수로 표현하는 과정
㉣ 부호화 : 양자화 과정을 거친 펄스를 디지털 신호로 표현하는 방법으로 Unipolar(단극형), Polar(극형), Bipolar(양극형) 등을 사용해 표현하는 과정

15 다음과 같은 RC 직렬회로에서 시정수(Time Constant)는? (단, V_i : 입력, V_o : 출력)

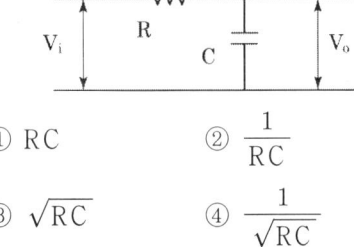

① RC ② $\dfrac{1}{RC}$
③ $\sqrt{RC}$ ④ $\dfrac{1}{\sqrt{RC}}$

해설 ★ RC 직렬회로에서 시정수는 전원 전압의 약 63.2%에 도달하는 데 걸리는 시간($\tau = RC$ [sec])이고, 방전의 경우는 전원 전압의 약 36.8%로 된다.

16 윈도우의 GUI(Graphic User Interface), 음성인식 등의 기술을 이용하여 대화형으로 컴퓨터를 다룰 수 있다. 이에 해당하는 컴퓨터의 특징은?
① 정확성 ② 대용량성
③ 다양성 ④ 편리성

Answer 14. ② 15. ① 16. ④

해설 ★ **컴퓨터의 특징**
① 자동성 : 주어진 프로그램의 조건에 따라 자동으로 데이터를 처리해 준다.
② 기억성 : 메모리에 대량의 데이터를 기억한다.
③ 신속성 : 데이터의 처리가 빠르다.
④ 범용성 : 다른 컴퓨터와도 쉽게 호환(인터페이스가 용이)된다.
⑤ 정확성 : 데이터의 처리가 정확하여 신뢰도가 높다.
⑥ 동시성 : 다수 사용자가 동시에 사용 가능하다.

17 다음 중 중앙처리장치의 구성이 아닌 것은?
① 출력장치   ② 연산장치
③ 제어장치   ④ 레지스터

해설 ★ 전자계산기는 입·출력장치와 중앙처리장치로 구분하며, 중앙처리장치는 제어장치, 연산장치, 주기억장치로 구성된다.
① 입력장치 : 프로그램이나 데이터를 외부장치로부터 전자계산기(컴퓨터)로 읽어들여 주기억장치에 기억시키는 장치이다.
② 출력장치 : 컴퓨터에 의해 처리된 정보의 결과를 사용자가 이해할 수 있는 형태로 변환하여 외부로 출력하는 기능을 갖는 장치를 말한다.
③ 제어장치 : 주기억장치에 기억되어 있는 프로그램을 하나씩 꺼내어 명령을 해독하고 그에 따라 필요한 장치에 신호를 보내어 동작시켜 그 결과를 검사, 제어하는 역할로서 연산장치, 입력장치, 출력장치를 동작하게 한다.
④ 연산장치 : 주기억장치로부터 보내져 온 데이터에 대하여 대소의 판별, 산술연산 및 비교, 논리적 판단을 실시한 장치로서 연산의 결과는 주기억장치에 기억된다.
⑤ 주기억장치 : 수행되고 있는 프로그램과 수행에 필요한 데이터를 기억하는 장치이다.

18 중앙처리장치에서 프로그램이 수행되는 동안 피연산자가 지정되는 방법은 명령어의 어드레싱 모드에 의해 좌우된다. 만일 상대 주소 모드에서 프로그램 카운터가 825이고 명령어의 주소 부분이 24일 경우 유효 주소는 얼마인가?
① 825   ② 826
③ 849   ④ 850

해설 ★ **유효 주소**
(현재 명령어의 오퍼랜드 내용)+(프로그램 카운터의 내용)
① 레지스터 주소 모드(register addressing mode)
• 연산에 사용할 데이터가 레지스터에 저장되어 있으며 레지스터를 참조하는 지정방식으로 오퍼랜드 필드의 내용은 레지스터 번호이며 그 번호가 가리키는 내용이 명령어 실행 데이터로 사용
• 장점 : 명령어에서 오퍼랜드 필드의 길이가 작아도 되고 데이터 인출을 위한 메모리 접근이 필요 없다.
• 유효주소는 레지스터의 번지가 된다.
② 레지스터 간접 주소 모드(register indirect addressing mode)
• 오퍼랜드 필드가 레지스터의 번호(레지스터의 내용이 가리키는 메모리가 유효 주소)로 지정. 레지스터의 내용은 실제 데이터를 인출함
• 기억장치 영역은 레지스터의 길이에 달려 있다.
③ 변위 주소 모드(displacement addressing mode)
• 두 개의 오퍼랜드를 가지며 직접 주소지정방식과 레지스터 간접 주소지정방식을 조합하여 수행하며, 첫 번째 오퍼랜드는 레지스터의 번호, 두 번째 오퍼랜드는 변위를 나타내는 주소
• 유효 주소=변위+레지스터의 내용
④ 직접 주소 모드(direct addressing mode)
• 오퍼랜드 필드의 내용이 실제 데이터가 들어 있는 메모리 주소를 지정하고 있는 유효주소가 되는 방식

Answer 17. ① 18. ④

- 메모리에 저장되어 있는 데이터를 인출하기 위해 한 번만 메모리에 접근하면 되므로 유효주소 결정을 위한 다른 절차나 계산이 필요없다.
- 장점: 오퍼랜드가 메모리의 번지가 되기 때문에 간단함
- 단점: 오퍼랜드의 비트 수가 제한되어 있기 때문에 직접 접근할 수 있는 기억장치 주소 공간이 제한

⑤ 간접 주소 모드(indirect addressing mode)
- 오퍼랜드 필드의 값이 해당하는 주기억장치 주소를 찾아간 후 그 주소의 내용으로 다시 한 번 더 주기억장치의 주소를 지정하는 방식으로 직접 주소지정방식에서 주소를 지정할 수 있는 기억장치 용량이 제한되는 단점을 해결하기 위한 방법
- 장점: 메모리의 번지지정을 더 크게 할 수 있다.
- 단점: 명령어 실행 과정에서 두 번씩 메모리를 참조함으로써 시간이 많이 걸린다.

⑥ 상대 주소 모드(relative addressing mode)
- 유효주소=(현재 명령어의 오퍼랜드 내용) +(프로그램 카운터의 내용)
- 장점: 전체 메모리 주소가 명령어에 포함되어야 하는 일반적인 분기 명령어보다 적은 수의 비트만 있으면 된다.

⑦ 인덱스 주소 모드(indexed register addressing mode)
- 유효주소=인덱스 레지스터의 내용+변위
- 인덱스 레지스터는 인덱스 값을 저장하는 특수 레지스터
- 변위는 기억장치에 저장된 데이터 배열의 시작 주소를 가리킨다.
- 인덱스 레지스터의 내용은 그 배열의 시작주소로부터 각 데이터까지의 거리를 나타낸다.

19 EBCDIC CODE로 표현할 수 있는 최대 문자수는?

① 56
② 64
③ 128
④ 256

해설 ＊ EBCDIC(Extended Binary Coded Decimal Interchange Code)
① 확장된 BCD(8421 코드)코드로 범용 컴퓨터에 이용
② 8bit로 구성되며, 2^8가지(256가지)의 문자 표현이 가능
③ 8bit는 4bit의 Zone과 4bit의 자릿수로 구성
④ 16진수 2자리로 표현 가능
⑤ Zone 4bit의 구성

1	2 bit	구 성	3	4 bit	구 성
0	0	undefined 특수문자	0	0	A ~ I
0	1	소문자	0	1	J ~ R
1	0	대문자, 숫자	1	0	S ~ Z
1	1		1	1	숫자

20 다음 논리 게이트의 기능으로 옳지 않은 것은?

① 고주파 발진 기능
② 감쇠된 신호의 회복 기능
③ Fan Out의 확대
④ Delay Time 기능

해설 ＊ 버퍼(Buffer)의 논리 기호로 특별한 논리 연산을 수행하지 않고, 입력이 그대로 출력으로 전달하는 역할로 주로 게이트 출력의 구동 능력(하나의 게이트 출력이 다수의 게이트 입력에 연결하는 Fan Out의 확대, 감쇠된 신호의 회복 기능, Delay Time 기능)을 향상시키기 위한 논리소자

21 다음 카르노맵을 최소화한 함수는?

A\B	0	1
0	1	1
1	0	0

① $\overline{A}$ ② A
③ B ④ $\overline{B}$

해설 * 변수의 간략화
㉠ 주어진 논리식의 항에 1로 채운다.
㉡ 인접한 1의 수들을 2^n 개로 묶는다.
㉢ 주어진 항의 0과 1을 삭제하면 간략화된다.

A\B	0	1
0	1	1
1	0	0

→ $\overline{A}$

22 다음 중 프로그램에 대한 설명으로 옳지 않은 것은?
① 어떤 작업을 수행하기 위해서 기본적인 동작으로 세분화하여 순서를 정해 놓는 것이다.
② 컴퓨터가 어떤 일을 수행하도록 지시하기 위한 명령들의 집합이다.
③ 프로그램을 작성할 때는 반드시 데이터를 포함해서 함께 작성해야 완벽한 프로그램이다.
④ 프로그램은 컴퓨터가 인식할 수 있는 언어로 변화되어 실행된다.

해설 * 컴퓨터 프로그램은 컴퓨터에서 실행될 때 특정 작업을 수행하는 일련의 명령어들의 모음이다. 특정 문제를 해결하기 위해 고안된 특정 작업을 수행하기 위한 일련의 명령문의 집합체이며, 일반적인 프로그램은 실행 중에 사용자의 입력에 반응하도록 구현된 일련의 명령어들로 구성되어 있다.

23 다음 중 사용자가 이해하고 사용하기에는 불편하지만 컴퓨터가 처리하기 용이한 컴퓨터 중심의 언어 특징을 갖는 대표적인 저급 프로그래밍 언어의 개수는?

베이직, 기계어, C언어,
어셈블리어, C#, 자바, C++

① 2개 ② 3개
③ 4개 ④ 5개

해설 * 저급 프로그래밍 언어
① 기계어(Machine Language) : 기계가 직접 이해할 수 있는 2진수 언어로 데이터를 비트 수준으로 보이고, 기계 명령을 직접 표현, 0과 1의 2진수 형태로 표현되며 수행 시간이 빠름
㉠ 전문적인 지식이 없으면 프로그램 작성 및 이해가 어렵다.
㉡ 기종마다 기계어가 다르므로 언어의 호환성이 없다.
㉢ 프로그램 유지보수가 어렵다.
② 저급 언어(Low-level Language) : 기계어와 1 : 1 대응되는 언어(기계 중심적 언어, 어셈블리어(Assembly Language) 등)
㉠ 기계 중심의 언어
㉡ 실행 속도가 빠름
㉢ 상이한 기계마다 다른 코드를 가진다.
[참고] 어셈블리어(Assembly Language) : 기계어와 1 : 1로 대응되는 기호로 이루어진 언어로 기계어와 가장 유사하며, 기계어로 번역하기 위해서는 어셈블러(Assembler)가 필요함

24 UNIX 운용체제(OS)의 3요소라고 할 수 없는 것은?
① TCP/IP ② 커널(Kernel)
③ 셸(Shell) ④ 파일 시스템

해설 * ① UNIX는 파일을 근간으로 하는 운용체제로서 커널(Kernel), 셸(Shell), 파일 시스

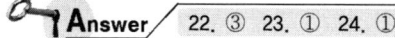
22. ③ 23. ① 24. ①

템이 3요소이다.
② 커널(Kernel) : 커널은 OS의 코어(core) 부분이다. 커널은 크게 다음의 기능을 수행한다.
  ㉠ 디바이스(Device), 메모리(Memory), 프로세스(Process), 데몬(DAEMON)을 관리
  ㉡ 시스템 프로그램과 시스템 하드웨어 사이에서 정보를 전송하는 기능을 제어
  ㉢ 모든 명령어들에 대하여 스케줄(Schedule)과 실행(Executes)
  ㉣ 다음의 기능을 관리
    • 스왑 공간(Swap Space) : 미리 예약된 디스크 일부분으로서 프로세스가 처리를 하는 동안에 커널이 사용한다.
    • 데몬(DAEMON) : 특정 시스템 작업을 수행하는 프로세스
    • 쉘(Shell) : 쉘은 사용자와 커널 사이에서의 인터페이스 기능을 한다.
    • 파일 시스템 구조 : SOALRIS 환경에서 디렉토리, 서브 디렉토리, 파일들은 계층적인 구조를 갖는다.

25 압축 파일의 파일 확장자는?
① EXE
② PNG
③ ZIP
④ MP3

해설 ① EXE : 컴퓨터 프로그램의 실행 파일
② PNG(Portable Network Graphics) : 비손실 그래픽 파일 포맷
③ ZIP : 여러 개의 파일을 압축해서 하나의 파일로 만들기 위한 포맷
④ MP3 : 디지털 오디오 규격으로 개발된 손실 압축 오디오 코딩 포맷

26 기온이 20[℃]일 때, 5[kHz]의 음에 의한 파장은 약 얼마인가?
① 0.035[m]
② 0.35[m]
③ 0.069[m]
④ 0.69[m]

해설 공기 중에서 음속(C)은 C=331+0.6T의 식에 의해
C=331+0.6×20=343[m/s]
(여기서, T : 온도)
$\lambda = \dfrac{C}{f} = \dfrac{343}{5000} = 0.0686[m]$
그러므로 약 0.069[m]이다.

27 신호방식 중 No. 7의 신호 전송속도는 일반적으로 얼마인가?
① 56[kbps]
② 64[kbps]
③ 112[kbps]
④ 128[kbps]

해설 **No. 7 신호 방식(No. 7 signaling)**
1980년에 ITU-T에서 표준화된 새로운 공통선 신호 방식으로 전화용뿐만 아니라 회선 교환방식의 데이터 교환 등에도 적용할 수 있으며, 신호 링크의 전송 속도는 디지털 전송 속도의 음성 1채널에 상당하는 64[kbps]를 기본으로 한다.

28 변조를 행하는 이유로 적합하지 않은 것은?
① 효율적인 전송매체 개발을 위하여
② 통신장비의 한계를 극복하기 위하여
③ 신호를 다중화하여 전송하기 위하여
④ 잡음과 간섭의 영향을 줄이기 위하여

해설 변조(modulation)는 고주파의 교류 신호를 저주파의 교류 신호에 따라 변화시키는 일. 신호의 전송을 위해 반송파라고 하는 비교적 높은 주파수에 비교적 낮은 가청주파수를 포함시키는 과정으로 변조를 하는 이유
① 주파수 다중화(채널 효율이 좋아짐) : 동시에 여러 개의 신호를 보내면 특정한 사람이 수신 가능
② 안테나의 실용성 : 안테나의 길이를 짧게 하기 위해(주파수가 높으면 파장이 줄어들어 안테나의 길이가 줄어듦)
③ 협대역폭 : 대역폭이 중심 주파수와 비교해서 좁을 것, 신호의 간섭을 적게 하기 위해

Answer 25. ③ 26. ③ 27. ② 28. ①

④ 공통 처리 등

29 데이터 교환방식 중 교환방식에 의한 분류가 아닌 것은?
① 비트 교환방식
② 직접 교환방식
③ 축적 교환방식
④ 패킷 교환방식

해설 ✱ 데이터 교환방식의 종류
① 직접 교환방식 : 가입자가 직접 상대를 호출하여 데이터를 전송하는 방식으로 전송회선을 완전히 확보한 다음 전송하는 방식이다.
② 축적 교환방식 : 직접 교환방식에 데이터를 축적하는 기능을 추가한 교환방식이다.
  ㉠ 전문 교환 : 기억장치에 데이터를 기억시켜 하나의 단위로서 일괄적으로 중계하는 방식으로 전송 시간이 일정하지 않다.
  ㉡ 패킷 교환 : 기억장치에 데이터를 기억시켰다가 일정한 길이로 구분하여 각 부분을 독립적으로 중계하는 방식으로 수신측에서는 원래의 데이터 형태로 재결합한다.

30 데이터 통신장치 중 데이터 전송계와 데이터 처리계 사이에 위치하는 장치는?
① 통신제어장치
② 중앙처리장치
③ 입력장치
④ 출력장치

해설 ✱ 통신제어장치(CCU : Communication Control Unit)
데이터 전송회선과 컴퓨터를 연결하는 장치로써, 전송 오류 검출, 회선 감시 등과 같은 통신제어 기능을 수행한다.

31 E1 트렁크 디지털 회선의 용량으로 맞는 것은? (단, ch는 전화 1회선을 말한다.)
① 16ch
② 24ch
③ 32ch
④ 64ch

해설 ✱ PBX와 PBX 간 또는 PBX와 전화국 간의 연결을 트렁크 연동이라 하고, 가장 많이 사용하는 공통선을 E1 트렁크라 하며, E1 트렁크는 32개의 채널로 이루어져 있으며 세부 채널 정보는 다음과 같다.
① Time slot 0 : Framing 정보로 프레임의 시작 및 동기신호를 교환한다.
② Time slot 16 : Signaling 정보로 전화번호나 상태 정보를 교환하기 위한 시그널링 정보를 교환한다.
③ Time slot 1~15, 17~31 : 전화번호나 상태 정보를 교환하기 위한 시그널링 정보를 교환한다.

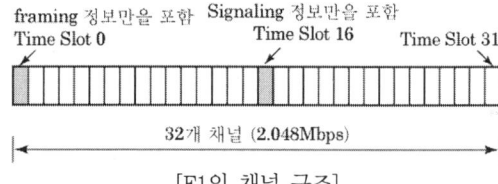

[E1의 채널 구조]

32 ATM의 주요 특징에 속하지 않는 것은?
① 정보의 전송량에 따라 셀을 동적으로 할당한다.
② 정보를 일정 길이의 셀로 나누어 처리한다.
③ 다중화 및 라우팅을 하드웨어적으로 처리한다.
④ 타임 슬롯을 고정적으로 할당함으로써 고속성을 실현할 수 있다.

해설 ✱ ATM(비동기식 전송 방식)의 주요 특징
① 정보를 일정 길이의 셀로 나누어 처리함으로써 서비스 추가에 유연성을 가짐과 동시에 고속 및 병렬 처리가 가능
② 정보의 전송량에 따라 셀을 동적으로 할당함으로써 전송망의 사용 효율을 증대시키고

Answer 29. ① 30. ① 31. ③ 32. ④

고정 및 가변 속도의 서비스가 가능
③ 다중화 및 라우팅을 하드웨어적으로 처리하고 흐름 제어와 에러 제어는 단말기 간 처리하도록 함으로써 회선 교환과 같은 고속성을 실현

33 다음 괄호 안에 들어갈 내용으로 알맞은 것은?

> ATM 셀은 48[byte]와 (　)[byte]의 헤드로 구성된다.

① 1　　　　② 5
③ 8　　　　④ 16

해설 ★ ATM(비동기 전달 모드 : Asynchronous Transfer Mode) 층의 프로토콜은 53byte의 셀을 처리하는 계층이 ATM층으로, ATM 셀은 48바이트의 정보와 5바이트의 헤더로 구성된다.

34 다음 중 프로토콜의 구성 요소가 아닌 것은?

① 구문　　　　② 의미
③ 타이밍　　　④ 캡슐화

해설 ★ 프로토콜의 구성 요소
프로토콜에는 전송하고자 하는 데이터의 일정 형식과 두 엔티티의 연결을 위한 여러 가지 기능(Semantics), 흐름 제어(Flow Control)를 위한 절차 등이 필요한데 이들 요소로는 구문(Syntax), 의미(Semantics), 타이밍(Timing) 등이 있다.
① 구문(Syntax) : 데이터 형식(Fromat), 부호화(Coding), 신호 레벨(Signal Level) 등을 포함한다.
② 의미(Semantics) : 효과적이고, 정확한 정보 전송을 위한 두 엔티티의 협조사항과 에러 관리를 위한 제어 정보를 포함한다.
③ 타이밍(Timing) : 두 엔티티의 통신 속도 조정, 메시지의 순서 제어 등을 포함한다.

35 다음 중 인터넷 통신기기에 대한 설명으로 옳지 않은 것은?

① 허브는 네트워크상의 여러 개의 노드로부터 중앙의 연결 지점을 제공하는 장치이다.
② 리피터는 감쇠하는 신호를 증폭하는 장치로서 네트워크의 범위를 확대시킬 때 사용되는 장치이다.
③ 브리지는 OSI 참조모델 제1계층에서만 동작하는 장치이다.
④ 라우터는 데이터를 전송할 때 데이터가 최적의 경로를 따라서 목적지에 도달할 수 있도록 한다.

해설 ★ ① 허브(hub) : 컴퓨터를 LAN에 접속시키는 네트워크 장치로 컴퓨터나 프린터들의 네트워크 연결, 근거리의 다른 네트워크와 연결, 라우터 등의 네트워크 장비와의 연결, 네트워크 상태 점검, 신호증폭 기능 등의 역할을 수행
② 브리지(bridge) : 하나의 랜을 이더넷이나 토큰 링과 같이 서로 같은 프로토콜을 쓰고 있는 다른 랜과 연결시켜 주는 장치로 네트워크의 데이터 링크 계층에서 통신 선로를 따라 한 네트워크에서 다른 네트워크로 데이터 프레임을 복사하는 일을 수행함
③ 라우터(router) : 네트워크 간의 연결점에서 패킷에 담긴 정보를 분석하여 적절한 통신 경로를 선택하고 전달해주는 장치
④ 리피터(repeater) : 개방형 시스템(open systems interconnection : OSI) 참조 모델의 제1계층인 물리 계층(physical layer)의 기능을 수행함으로써 단순히 전송매체의 물리적인 길이를 확장하는 장비

36 OSI 7계층의 명칭과 프로토콜이 올바르게 짝지어지지 않은 것은?

① 세션 계층 - SSH, TLS

Answer 33. ② 34. ④ 35. ③ 36. ②

② 전송 계층 - Ethernet, RS-232C
③ 네트워크 계층 - IP, ICMP, IGMP
④ 응용 계층 - DHCP, DNS, FTP, HTTP

해설

응용 계층	SMTP, SNMP, DNS, TELNET, FTP, HTTP, DHCP
표현 계층	NNTP, HTTP
세션 계층	TLS, SSH
전송 계층	TCP, UDP, SSL, SCTP
네트워크 계층	IPSEC, ICMP, IGMP, ARP, RARP
데이터 링크 계층	이더넷, 토큰링, x.25, RS-232C
물리 계층	

[참고] OSI 7 Layer별 주요 프로토콜 설명

① 응용 계층(Application Layer)
  ㉠ HTTP(HyperText Transfer Protocol) : WWW(World Wide Web) 상에서 정보를 주고받을 수 있는 프로토콜, 주로 HTML 문서를 주고받는 데 쓰이고, TCP와 UDP를 사용하며, 80번 포트 사용
  ㉡ SMTP(Simple Mail Transfer Protocol) : 인터넷에서 이메일의 송·수신에 이용되는 프로토콜, TCP 포트 번호 25번 사용
  ㉢ FTP(File Transfer Protocol) : 컴퓨터 간 파일의 전송에 사용되는 프로토콜(데이터 전달 : 20번 포트, 제어 정보 전달 : 21번 포트)
  ㉣ TELNET : 인터넷이나 로컬 영역 네트워크 연결에 쓰이는 네트워크 프로토콜, IETF STD 8로 표준화, 보안문제로 사용이 감소하고 있으며, 원격제어를 위해 SSH로 대체

② 표현 계층(Presentation Layer)
  ㉠ SSL(Secure Socket Layer) : 네트워크 레이어의 암호화 방식, HTTP 뿐만 아니라, NNTP, FTP 등에도 사용, 인증, 암호화, 무결성 보장하는 프로토콜
  ㉡ ASCII(American Standard Code for Information Interchange) : 문자를 사용하는 많은 장치에서 사용되며, 대부분의 문자 인코딩이 아스키에 기반, 7비트 인코딩, 33개의 출력 불가능한 제어 문자들과 공백을 비롯한 95개의 출력 가능한 문자

③ 세션 계층(Session Layer)
  ㉠ NetBIOS : 네트워크의 기본적인 입출력을 정의한 규약
  ㉡ RPC(Remote Procedure Call) : Windows 운영체제에서 사용하는 원격 프로시저 호출 프로토콜
  ㉢ WinSock(Windows Socket) : 유닉스 등에서 TCP/IP 통신 시 사용하는 Socket을 Windows에서 그대로 구현한 것

④ 전송 계층(Transport Layer)
  ㉠ TCP(Transmission Control Protocol) : 전송 제어 프로토콜, 네트워크의 정보전달을 통제하는 프로토콜, 데이터의 전달을 보증하고 보낸 순서대로 받게 해줌, 3-Way Handshaking와 4-Way Handshaking 등을 활용한 신뢰성 있는 전송 가능
  ㉡ UDP(User Datagram Protocol) : 비연결성이고 신뢰성이 없으며, 순서화되지 않은 Datagram 서비스 제공, TCP는 신뢰성이 낮은 프로그램에 적합

⑤ 네트워크 계층(Network Layer)
  ㉠ IP(Internet Protocol) : 패킷 교환 네트워크에서 정보를 주고받는데 사용하는 정보 위주의 규약, 호스트의 주소지정과 패킷 분할 및 조립 기능을 담당
  ㉡ ICMP(Internet Control Message Protocol) : TCP/IP에서 IP 패킷을 처리할 때 발생되는 문제(오류 보고)를 알림, 진단 등과 같이 IP 계층에서 필요한 기타 기능들을 수행하기 위해 사용되는 프로토콜

ⓒ IGMP(Internet Group Management Protocol) : IP 멀티캐스트를 실현하기 위한 통신 프로토콜, PC가 멀티캐스트로 통신할 수 있다는 것을 라우터에 통지하는 규약

⑥ 데이터 링크 계층(Data Link Layer)
  ㉠ Ethernet : 비연결성(connectionless) 모드, 전송 속도 10[Mbps] 이상, LAN 구현 방식을 말함
  ㉡ HDLC(High-Level Data-Link Control) : 고속 데이터 전송에 적합하고, 비트 전송을 기본으로 하는 범용의 데이터 링크 전송제어절차
  ㉢ PPP(Point-to-Point Protocol) : 전화선 같이 양단간 비동기 직렬 링크를 사용하는 두 컴퓨터 간의 통신을 지원하는 프로토콜

⑦ 물리 계층(Physical Layer)
  ㉠ RS-232 : 보통 15[m] 이하 단거리에서 38400[bps]까지 전송을 위한 직렬 인터페이스
  ㉡ X.25/X.21 : X.25는 패킷교환망, X.21은 회선교환망에 대한 액세스 표준

37 다음 중 채널의 점유주파수 대역폭을 넓게 확산시켜 광역 채널화하고, 통화별로 각기 다른 코드를 부여하여 사용하는 디지털 전송방식은?

① CDMA ② FDMA
③ TDMA ④ PCM

해설 ① FDMA(frequency division multiple access) : 주파수 분할 다중접속 방식은 무선 셀룰러 통신에 할당된 주파수 대역을 30개의 채널로 분할하고, 각 채널은 음성 대화나 디지털 데이터를 옮기는 서비스에 사용될 수 있다. FDMA는 북미에 가장 광범위하게 설치된 셀룰러폰 시스템인 아날로그 AMPS의 기본 기술이다. FDMA에서는 각 채널이 한 번에 오직 단 한 명의 사용자에게 할당될 수 있다.
② CDMA(code-division multiple access) : 코드 분할 다중접속 방식은 데이터를 디지털화한 다음 그것을 가용한 전체 대역폭에 걸쳐 확산시킨다. 여러 통화가 하나의 채널에 겹쳐지게 되며, 각 통화는 차례를 나타내는 고유한 코드가 부여된다.
미국 퀄컴사에서 북미의 디지털 셀룰러 전화의 표준 방식으로 1993년 7월 미국 전자공업 협회(TIA)의 자율 표준 IS-95로 제정되었고, 우리나라는 1993년 11월에 체신부 고시를 통해 디지털 이동전화방식의 표준이 CDMA로 공식 결정되었으며, 세계 최초로 CDMA 상용화에 성공한 나라가 되었다.
  ㉠ CDMA의 장점
    • AMPS에 비해 8~10배, GSM에 비해 4~5배의 용량을 가진다.
    • 음성 품질이 높다.
    • 모든 셀이 동일한 주파수를 사용하므로 주파수 계획이 용이하다.
    • 보안성이 높다.
    • 주파수 대역 이용 효율이 높다.
③ TDMA(time division multiple access) : 시분할 다중접속은 시간을 기준으로 분할하여 디지털 셀룰러폰 통신에 사용되는 기술로서, 전송할 수 있는 데이터량을 늘리기 위해 각 셀룰러 채널을 3개의 시간대로 나누기 위한 기술이다.
④ GSM(Global System for Mobile communications) : 종합정보통신망과 연결되므로 모뎀을 사용하지 않고도 전화 단말기와 팩시밀리, 랩톱 등에 직접 접속하여 이동데이터 서비스를 받을 수 있는 유럽식 디지털 이동통신 방식으로 한국에서 사용되고 있는 CDMA 방식과 대응되는 이동통신 방식이다. 각 주파수 채널을 시간으로 분할하는 시분할다중접속(TDMA) 방식 기술과 비동기식 전송망 기술을 기반으로 900[MHz] 대역에서 운용되는 이동통신 방식이다.
  ㉠ GSM의 특징
    • 높은 음성 품질
    • 저렴한 서비스 비용
    • International Roaming 지원
    • 주파수 대역 사용 효율 향상

Answer 37. ①

• ISDN 호환

38 통신선로의 경로가 가장 많고 하나의 경로가 장애 시 다른 경로를 택할 수 있으므로 통신량이 비교적 많은 경우에 유리한 정보 통신망 구성 방식은?

① 성형(Star) ② 트리형(Tree)
③ 망형(Mesh) ④ 링형(Ring)

해설 ＊ ㉠ 성형 통신망(Star network) : 중앙 집중 통신망으로서 중앙에 중앙컴퓨터가 있고 이를 중심으로 터미널이 연결된 네트워크 형태이다.

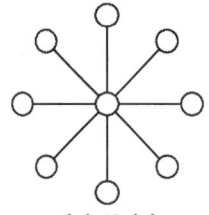

성형 통신망

ⓐ 컴퓨터와 단말장치(터미널) 간에 별도의 통신선로가 필요하다.
ⓑ 통신 경로가 길다.
ⓒ 전산기 구성망의 가장 기본(온라인 시스템의 전형적인 방법)이다.
ⓓ 모든 노드는 중앙에 있는 제어 노드와 점 대 점으로 직접 연결된 형태이다.
ⓔ 중앙 컴퓨터가 모든 통신 제어를 담당하는 중앙 집중식이다.

㉡ 트리형 통신망(Tree network) : 중앙에 컴퓨터가 위치하나 통신신호는 각 지역으로 가까운 터미널까지 시설되고 이웃하는 터미널은 다시 가까운 터미널까지 연결된 네트워크 형태이다.

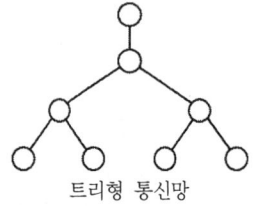

트리형 통신망

ⓐ 성형보다 통신회선이 많이 필요하지 않다.
ⓑ 분산형 통신망(분산 처리 시스템)의 기본이다.
ⓒ 데이터는 양방향으로 모든 노드에게 전송되고, 트리의 끝에 있는 단말 노드로 흡수되어 소멸된다.
ⓓ 통신 회선 수가 절약되고, 통신선로의 총 경로는 가장 짧다.

㉢ 환형(링형) 통신망(Ring network) : 컴퓨터 및 단말기들이 수평으로 서로 이웃하는 것끼리만 점 대 점으로 연결된 네트워크 형태이다.

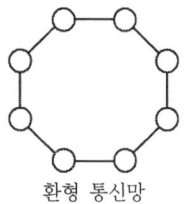

환형 통신망

ⓐ 데이터는 한 방향 또는 양방향 데이터 전송이 가능하다.
ⓑ 통신 선로의 총 길이는 성형보다 짧고 트리형보다 길다.
ⓒ 각 노드 사이의 연결을 최소화할 수 있다.
ⓓ 통신회선 장애 시 융통성이 있다.
ⓔ LAN 등과 같이 국부적인 통신에 주로 사용한다.

㉣ 그물형 통신망(mash network) : 컴퓨터 및 단말기들이 중계에 의하지 않고 직통 회선으로 직접 연결되는 네트워크 형태이다.

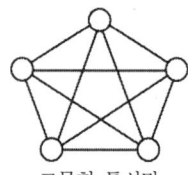

그물형 통신망

ⓐ 완전히 분산된 형태의 통신망이다.
ⓑ 통신회선의 장애 시에도 데이터 전송이 가능하다.
ⓒ 모든 단말기와 단말기들을 통신회선으로 연결시킨 형태로, 보통 공중 전화망과 공중 데이터 통신망에 이용한다.

Answer 38. ③

ⓓ 통신회선의 총 길이가 가장 길고, 분산 처리 시스템이 가능하다.
ⓔ 통신회선의 장애 시 다른 경로를 통하여 데이터를 전송할 수 있어 신뢰도가 높다.
ⓕ 광역 통신망에 적합하다.
ⓜ 버스형 통신망(Bus network) : 하나의 통신회선 상에 여러 대의 터미널을 설치하여, 중앙컴퓨터와 터미널 간의 데이터 통신은 물론 터미널과 터미널 간의 데이터 통신이 가능하도록 연결하는 네트워크 형태이다.

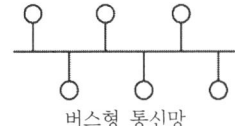

버스형 통신망

ⓐ LAN을 구성할 때 많이 사용하며, 다수의 터미널 접속이 가능하다.
ⓑ 단일 터미널의 장애가 전체 통신망에 영향을 미치지 않는다.
ⓒ 하나의 전송 매체를 모든 노드가 공유해서 사용하는 멀티포인트 매체를 사용한다.
ⓓ 데이터는 양방향으로 전송되며, 다른 모든 노드에서 수신 가능하다.
ⓔ 데이터는 노드와 탭 간의 전이중 방식으로 버스를 통해서 전송한다.
ⓕ 링형과 달리 각 노드가 데이터 확인 및 통신에 대한 책임을 갖는다.
ⓖ 터미네이터(Terminator) : 버스의 양쪽 끝에 있는 장치로서, 전송되는 모든 신호를 버스에서 제거하는 역할을 담당한다.
ⓗ 링형과 마찬가지로 발송지와 목적지 주소를 포함하고 있는 패킷을 사용한다.

39 다음 괄호 안에 들어갈 내용으로 연결이 옳은 것은?

( )은 주로 2쌍의 동선을 이용하여 양방향 대칭으로 1.544[Mbps] 혹은 2.048[Mbps]급의 데이터 전송속도를 제공하는 DSL 기술이며, ( )은 ADSL에 비하여 전송거리를 짧게 제한하여 복잡한 모뎀을 제조하는 비용을 줄이고 데이터 전송속도를 높이는 기술이다.

① HDSL - SDSL
② HDSL - VDSL
③ SDSL - UADSL
④ SDSL - VDSL

해설 * xDSL의 종류(ADSL/HDSL/SDSL/RADSL/VDSL)

① ADSL(Asymmetric Digital Subscriber Line, 비대칭 디지털 가입자 장치)
  ㉠ 명칭대로 전송 속도가 비대칭인 고속 데이터 통신 기술
  ㉡ 업로드 속도인 상향(640[Kbps]~1.54[Mbps])과 다운로드 속도인 하향(8[Mbps] 이상)이 비대칭이다.
  ㉢ 구리선을 이용해 주파수 대역이 넓어지고 결과적으로 고속 전송이 가능하게 됨. ADSL 이전 전화선은 낮은 주파수의 대역폭만 사용했음
  ㉣ 기존 전화선을 단 두 가닥만 이용하기 때문에 회선 증설 비용이 들지 않아 경제적
  ㉤ 전송속도는 거리에 따라 달라짐
  ㉥ 스플리터(Splitter)가 음성 신호와 데이터 신호를 분배함
  ㉦ 변복조 방식
    ⓐ DMT : 사용 주파수 대역을 여러 개의 주파수 대역으로 분할하고 각 대역별로 데이터를 변조하여 전송하는 방식. 미리 주파수 대역을 분할하기 때문에 각 대역 간 간섭이 적은 장점이 있으나, 대역별로 전송을 하기 위한 계산이 대역별로 이루어지므로 계산량이 많아 칩셋이 비싸다.
    ⓑ CAP : 2개의 기저대역 신호를 필터를 통해 전송하는 방식
      • 기저대역 : 변조되기 이전 또는 변조되지 않는 원래의 데이터가 존재하는 저주파 영역

② HDSL(High-bit-rate Digital Subscriber Line)
  ㉠ 네 가닥의 동(구리)선을 이용해 양방향으로 고대역폭의 전송로를 구성
  ㉡ 2개의 twisted pair를 사용하여 중계기,

Answer 39. ②

증폭기 없이 T1(1.544[Mbps])와 E1(2.048[Mbps]) 서비스를 제공
ⓒ 중계기나 증폭기 없어도 최대 4.2[km]의 통신거리를 제공

③ SDSL(Symmetric Digital Subscriber Line)
㉠ 2가닥의 전화선을 주로 사용하며, 선로 특성과 통신거리 등은 ADSL과 비슷함
㉡ 다운로드 속도와 업로드 속도가 동일해 대칭적인 속도가 요구되는 라우터 연결, 화상회의 시스템, 원격 강의 등에 주로 사용

④ RADSL(Rate Adaptive Digital Subscriber Line, 자동속도 적응형 디지털 가입자 회선)
㉠ 회선에 따라 전송속도가 달라짐
㉡ ADSL이 변복조 시 높은 주파수를 사용해 기후에 따라 통신이 안되는 현상을 RADSL이 낮은 대역폭을 사용함으로써 ADSL의 단점을 보완함
ⓒ 하향 속도는 7.5[Mbps] 이상, 상향 속도는 640[Kbps]에서 1[Mbps]
㉣ ADSL을 개선한 회선이므로 많은 특징(스플리터 사용, 변복조 방식 등)이 동일함

⑤ VDSL(Very high data Digital Subscriber Line)
㉠ xDSL 계열 중 속도가 가장 빠름
㉡ ADSL에 비해 전송 거리가 짧음(ADSL : 4.5~5.5[km], VDSL : 1.4~2.5[km])
ⓒ 비대칭형, 대칭형 두 종류가 있음
• 비대칭형 : 하향 13~52[Mbps], 상향 1.6~6.4[Mbps]
• 대칭형 : 양방향으로 13[Mbps], 26[Mbps] 제공

40 다음 중 근거리 정보통신망(LAN)을 구축하는데 적용되는 장비가 아닌 것은?
① DSU
② Hub
③ Repeater
④ Bridge

해설 ① 허브(Hub) : 컴퓨터들을 LAN에 접속시키는 네트워크 장치로 컴퓨터나 프린터들의 네트워크 연결, 근거리의 다른 네트워크와 연결, 라우터 등의 네트워크 장비와의 연결, 네트워크 상태 점검, 신호 증폭 기능 등의 역할을 수행
• 특징 : Collision Domain이 같으므로 한 번에 하나의 통신만 가능(CSMA/CD 방식이기 때문)
② 브리지(Bridge) : 하나의 랜을 이더넷이나 토큰 링과 같이 서로 같은 프로토콜을 쓰고 있는 다른 랜과 연결시켜주는 장치로 네트워크의 데이터 링크 계층에서 통신선로를 따라 한 네트워크에서 다른 네트워크로 데이터 프레임을 복사하는 일을 수행함
• 특징 : 브리지를 기준으로 Collision Domain을 나누므로 Collision Domain의 수만큼 통신이 가능
③ 리피터(중계기, Repeater) : 단방향 또는 양방향의 통신 신호를 수신하고, 그 신호를 증폭하거나 정형하거나 또는 그 양자를 모두 수행하여 송출하는 장치
④ DSU(디지털 서비스 장치, digital service unit) : 주 컴퓨터나 각종 데이터 단말장치(DTE)를 고속 디지털 전송로에 접속하여 데이터 통신을 하는 데 필요한 장치

41 ISDN에 대한 설명으로 틀린 것은?
① S 참조점에는 RJ45를 사용한다.
② B채널의 신호속도는 64[kbps]이다.
③ D채널은 신호채널이며 패킷도 전송 가능하다.
④ 베어러 서비스는 OSI 7계층 모두를 지원한다.

해설 ① ISDN(종합정보통신망)은 기존의 공중전화망(Public Switched Telephone Network, 공중전화선 말고, 일반 대중이 사용하는 전화망) 인프라에서 고속의 디지털 통신을 하기 위한 통신규약이다.
② ISDN에는 BRI(Base Rate Interface)와

Answer 40. ① 41. ④

PRI(Primiary Rate Interface)가 있는데, BRI의 경우 2개의 B채널과 1개의 D채널을 사용한다. B채널은 데이터 전송을 담당하며 D채널은 제어 정보나 신호 전송 등에 사용된다(16[Kbps]).

③ B채널은 1가닥당 64[Kbps]의 대역폭을 가져서 데이터 대역폭으로 BRI는 64[Kbps]×2로 128[Kbps]의 속도가 나오게 된다. 총 대역폭은 144[Kbps](18[KB/s])까지 나오게 된다.

42 다음 중 수신기의 감도 측정에 필요하지 않은 장비는?

① 오실로스코프
② 표준신호 발생기
③ 의사 안테나
④ 레벨계

해설 감도(senstivity)는 어느 정도 미약한 전파까지 수신할 수 있는가를 나타내는 것으로 일정한 출력을 얻는 데 필요한 수신기의 안테나 입력전압으로 나타내며, 표준신호 발생기(SSG)와 FM 수신기 사이에 의사공중선을 이용하여 FM 수신기의 감도를 측정한다.

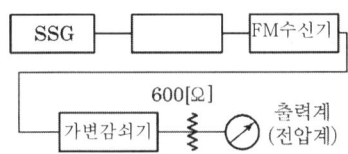

43 측정의 오차 중 일정한 원인에 의한 오차로 거리가 먼 것은?

① 이론적 오차   ② 우연 오차
③ 기기적 오차   ④ 개인적 오차

해설 **오차의 종류**
㉠ 과오 오차 : 측정자의 부주의로 인하여 발생하는 오차
㉡ 계통 오차 : 일정한 원인에 의하여 발생하는 오차
㉢ 우연 오차 : 측정 조건의 변동이나 측정자의 주의력 동요 등에 의한 오차

44 수신기의 감도를 측정한 결과 출력전압이 2[V]일 때, 입력전압이 2[mV]인 경우의 감도는 얼마인가?

① 40[dB]   ② 60[dB]
③ 80[dB]   ④ 100[dB]

해설 감도(sensitivity)는 수신기의 규정 출력에 있어서의 S/N비를 최대 허용값으로 억제하였을 때의 수신기의 입력 전압으로 표시한다.

$$G = 20\log_{10}\frac{V_2}{V_1} = 20\log_{10}\frac{2}{2\times 10^{-3}}$$
$$= 60[dB]$$

45 길이가 4[m]인 수직 접지 안테나의 고유 파장은 몇 [m]인가?

① 4[m]   ② 8[m]
③ 12[m]   ④ 16[m]

해설 수직 접지 안테나는 안테나에 사용되는 $\lambda/4$도선을 대지에 수직으로 설치하고 도선 한 끝단을 직접 접지하는 방식(기저부 접지형)과 송신기를 통하여 접지하는 방식(기저부 절연형)의 구조를 갖는 안테나이다. 수직 접지 안테나는 기저부 절연형을 주로 사용한다.
고유파장(λ)은 $4\times 4 = 16[m]$

46 모든 이용자가 언제 어디서나 적절한 요금으로 제공받을 수 있는 기본적인 전기통신역무를 무엇이라 하는가?

① 보편적 역무   ② 정보통신역무
③ 방송통신역무   ④ 전기통신역무

해설 "보편적 역무"라 함은 모든 이용자가 언제 어디서나 적정한 요금으로 제공받을 수 있는 기본적인 방송통신서비스를 말한다.

Answer 42. ① 43. ② 44. ② 45. ④ 46. ①

47 방송통신발전 기본법에서 과학기술정보통신부장관 또는 방송통신위원회는 다음 연도의 방송통신재난관리기본계획을 언제까지 확정해야 하는가?

① 매년 3월 31일
② 매년 6월 30일
③ 매년 9월 30일
④ 매년 12월 31일

> **해설** ✱ 방송통신발전 기본법 시행령 제24조(방송통신재난관리기본계획의 수립절차)
> ① 과학기술정보통신부장관과 방송통신위원회는 법 제36조제1항에 따라 매년 5월 31일까지 다음 연도의 방송통신재난관리기본계획의 수립지침을 작성하여 법 제35조제1항 각 호의 방송통신사업자(이하 "주요방송통신사업자"라 한다)에게 통보하여야 한다.
> ② 주요방송통신사업자는 제1항에 따른 수립지침에 따라 다음 연도의 방송통신재난관리계획을 수립하여 매년 7월 31일까지 과학기술정보통신부장관 또는 방송통신위원회에 제출하여야 한다.
> ③ 과학기술정보통신부장관 또는 방송통신위원회는 법 제36조제3항에 따라 다음 연도의 방송통신재난관리기본계획을 매년 9월 30일까지 확정하여야 한다.

48 방송통신설비를 이용하여 직접 방송통신을 하거나 타인이 방송통신을 할 수 있도록 하는 것을 무엇이라 하는가?

① 방송통신설비
② 방송통신기자재
③ 방송통신서비스
④ 방송통신사업자

> **해설** ✱ 방송통신발전 기본법 시행령 제2조(정의)
> 이 법에서 사용하는 용어의 뜻은 다음과 같다.
> 1. "방송통신"이란 유선·무선·광선(光線) 또는 그 밖의 전자적 방식에 의하여 방송통신 콘텐츠를 송신(공중에게 송신하는 것을 포함한다)하거나 수신하는 것과 이에 수반하는 일련의 활동 등을 말하며, 다음 각 목의 것을 포함한다.
>   가. 방송법 제2조에 따른 방송
>   나. 인터넷 멀티미디어 방송사업법 제2조에 따른 인터넷 멀티미디어 방송
>   다. 전기통신기본법 제2조에 따른 전기통신
> 2. "방송통신콘텐츠"란 유선·무선·광선 또는 그 밖의 전자적 방식에 의하여 송신되거나 수신되는 부호·문자·음성·음향 및 영상을 말한다.
> 3. "방송통신설비"란 방송통신을 하기 위한 기계·기구·선로(線路) 또는 그 밖에 방송통신에 필요한 설비를 말한다.
> 4. "방송통신기자재"란 방송통신설비에 사용하는 장치·기기·부품 또는 선조(線條) 등을 말한다.
> 5. "방송통신서비스"란 방송통신설비를 이용하여 직접 방송통신을 하거나 타인이 방송통신을 할 수 있도록 하는 것 또는 이를 위하여 방송통신설비를 타인에게 제공하는 것을 말한다.
> 6. "방송통신사업자"란 관련 법령에 따라 과학기술정보통신부장관 또는 방송통신위원회에 신고·등록·승인·허가 및 이에 준하는 절차를 거쳐 방송통신서비스를 제공하는 자를 말한다.

49 방송통신발전 기본법에서 방송통신발전기금의 징수·운용 및 관리에 관한 사무를 위탁 받는 기관은?

① 한국방송통신전파진흥원
② 방송통신콘텐츠 조정협의체
③ 정보통신산업진흥원
④ 한국정보통신기술협회

> **해설** ✱ 방송통신발전 기본법 시행령 제16조(기금에 관한 사무의 위탁 등)
> ① 과학기술정보통신부장관과 방송통신위원회

Answer 47. ③ 48. ③ 49. ①

는 법 제27조제5항에 따라 기금의 징수·운용 및 관리에 관한 다음 각 호의 사무를 전파법 제66조제1항에 따른 한국방송통신전파진흥원(이하 "진흥원"이라 한다)에 위탁한다.
1. 기금의 수입 및 지출에 관한 사항
2. 기금의 운용·관리에 관한 회계업무
3. 기금의 여유자금의 운용
4. 기금의 융자사업의 수행
5. 그 밖에 기금의 징수·운용 및 관리와 관련하여 과학기술정보통신부장관과 방송통신위원회 위원장이 필요하다고 인정하여 위탁하는 사무

② 진흥원은 기금의 관리 및 운용을 명확하게 하기 위하여 기금을 다른 회계와 구분하여 처리하여야 한다.
③ 진흥원이 제1항에 따라 위탁받은 사무를 처리하는 데에 드는 비용은 기금의 부담으로 한다.

50 다음은 전기통신사업법에서 규정한 내용이다. 괄호 안에 들어갈 알맞은 것은?

> 전기통신사업자는 그 업무를 처리할 때 공평하고 신속하며 ( )하게 하여야 한다.

① 공정   ② 정확
③ 안전   ④ 편리

해설 ★ 전기통신사업법 제3조(역무의 제공 의무 등)
① 전기통신사업자는 정당한 사유 없이 전기통신역무의 제공을 거부하여서는 아니 된다.
② 전기통신사업자는 그 업무를 처리할 때 공평하고 신속하며 정확하게 하여야 한다.
③ 전기통신역무의 요금은 전기통신사업이 원활하게 발전할 수 있고 이용자가 편리하고 다양한 전기통신역무를 공평하고 저렴하게 제공받을 수 있도록 합리적으로 결정되어야 한다.

51 자가전기통신설비는 신고하고 설치하도록 규정하고 있으나, 경찰 작전상 긴급히 필요하여 설치하는 경우로 그 사용기간이 몇 개월 이내인 자가전기통신설비는 신고 없이 설치할 수 있는가?

① 1개월   ② 2개월
③ 3개월   ④ 6개월

해설 ★ 전기통신사업법 시행령 제51조의 8(자가전기통신설비 설치신고의 면제)
법 제64조제4항에 따라 신고 없이 설치할 수 있는 자가전기통신설비는 다음 각 호와 같다.
1. 하나의 건물 및 그 부지 안에 주된 장치와 단말장치를 설치하는 자가전기통신설비
2. 상호 간의 최단거리가 100미터 이내인 경우로서 1명이 점유하는 둘 이상의 건물 및 그 부지(도로나 하천으로 분리되어 있지 아니한 건물 및 부지만 해당한다) 안에 주된 장치와 단말장치를 설치하는 자가전기통신설비
3. 경찰작전상 긴급한 필요에 의하여 설치하는 경우로서 그 사용기간이 1개월 이내인 자가전기통신설비

52 다음 중 방송통신기자재에 대한 적합성 평가의 전부 또는 일부를 면제받을 수 있는 경우가 아닌 것은?

① 시험·연구, 기술개발, 전시 등 사용 목적이 한정되는 기자재를 제조하거나 수입하는 경우
② 국내에서 판매하지 아니하고 수출 전용으로 제조하는 경우
③ 잠정인증을 요청할 때 지정시험기관의 시험 결과를 제출한 경우
④ 지역 기관장의 서면으로 허가를 받은 경우

해설 ★ 방송통신기자재 등의 적합성 평가에 관한 고시

Answer   50. ②   51. ①   52. ④

제18조(적합성 평가 면제의 세부범위 등)
① 영 제77조의6제1항제1호에 따라 적합성 평가의 전부가 면제되는 기자재의 범위와 수량은 다음 각 호와 같다.
1. 시험·연구, 기술개발, 전시 등을 위하여 제조하거나 수입하는 경우로 다음 각 목의 어느 하나에 해당하는 기자재
   가. 제품 및 방송통신서비스의 시험·연구 또는 기술개발을 위한 목적의 기자재 : 100대 이하(다만, 원장이 인정하는 경우에는 예외로 한다)
   나. 판매를 목적으로 하지 않고 전시회, 국제경기대회 진행 등 행사에 사용하기 위한 기자재 : 면제확인 수량
   다. 외국의 기술자가 국내산업체 등의 필요에 따라 일정 기간 내에 반출하는 조건으로 반입하는 기자재 : 면제확인 수량
   라. 적합성 평가를 받은 기자재의 유지·보수를 위하여 제조 또는 수입되는 동일한 구성품 또는 부품 : 면제확인 수량
   마. 군용으로 사용할 목적으로 제조하거나 수입하는 기자재 : 면제확인 수량
   바. 국내에서 사용하지 아니하고 국외에서 사용할 목적으로 제조하거나 수입하는 기자재 : 면제확인 수량
   사. 외국에 납품할 목적으로 주문 제작하는 선박에 설치하기 위해 수입되는 기자재와 외국으로부터 도입, 임대, 용선 계약한 선박 또는 항공기에 설치된 기자재 등과 또는 이를 대치하기 위한 동일 기종의 기자재 : 면제확인 수량
   아. 판매를 목적으로 하지 아니하고 개인이 사용하기 위하여 반입하는 기자재 : 1대
   자. 국가 간 상호 인정 협정 또는 이에 준하는 협정에 따라 적합성 평가를 받은 기자재 : 면제확인 수량
   차. 판매를 목적으로 하지 아니하고 본인 자신이 사용하기 위하여 제작 또는 조립하거나 반입하는 아마추어무선국용 무선설비 : 면제확인 수량
   카. 판매를 목적으로 하지 아니하고 국내 시장조사를 목적으로 수입하는 견본품용 기자재 : 3대 이하
   타. 적합성 평가를 받은 컴퓨터 내장구성품(별표 2 제6호 다목)으로 조립한 컴퓨터(다만, 별표 6의 소비자 안내문을 표시한 것에 한한다.)
2. 국내에서 판매하지 아니하고 수출 전용으로 제조하는 경우로 다음 각 목의 어느 하나에 해당하는 기자재
   가. 국내에서 제조하여 외국에 전량 수출할 목적의 기자재
   나. 외국에 재수출할 목적으로 국내 반입하는 기자재 : 면제확인 수량
   다. 외국에 수출한 제품으로서 수리 또는 보수를 위하여 반출을 조건으로 국내에 반입되는 기자재 : 면제확인 수량
② 영 제77조의6제1항제2호에 따라 적합성 평가의 일부를 면제하는 대상기자재와 범위는 다음 각 호와 같다.
1. 법 제58조의2제7항에 따라 잠정인증을 받을 때와 법 제58조의2제8항에 따라 적합성 평가를 받을 때의 적합성 평가 적용기준이 일부 같은 기자재 : 법 제58조의2제1항 각 목 어느 하나의 적합성 평가 기준에 따른 시험
2. 법 제58조의3제1항제4호에 해당하는 것으로서 관계법령에 따라 적합성 평가를 받을 때의 적합성 평가 기준이 법 제47조의3의 전자파 적합성 기준과 동일한 기자재 : 법 제47조의3의 전자파 적합성 기준에 따른 시험

53 다음 문장의 괄호 안에 내용으로 알맞은 것은?

Answer 53. ④

방송통신기자재 등의 적합성 평가에 관한 고시에서 「정보기기」라 함은 정보전송을 위해 사용되는 하나 이상의 포트를 갖춘 기자재로서 ( )[V]를 초과하지 않는 정격전원전압을 사용하는 기자재를 말한다.」라고 정의한다.

① 220
② 360
③ 400
④ 600

해설 * 방송통신기자재 등의 적합성 평가에 관한 고시 제2조(정의)
① 이 고시에서 사용하는 용어의 뜻은 다음 각 호와 같다.
1. '제조자'라 함은 기자재를 설계하여 직접 제작하거나 상표부착방식에 따라 기자재를 공급받는 자로서 해당 기자재의 설계·제작에 대한 책임을 지는 자를 말한다.
2. '사후관리'라 함은 적합성 평가를 받은 기자재가 적합성 평가 기준대로 제조수입 또는 판매되고 있는지 법 제71조의2에 따라 조사 또는 시험하는 것을 말한다.
3. '기본 모델'이란 전기적인 회로·구조·성능이 동일하고 기능이 유사한 제품군 중 표본이 되는 기자재를 말한다.
4. '파생 모델'이란 기본 모델과 전기적인 회로·구조·기능이 유사한 제품군으로 기본 모델과 동일한 적합성 평가번호를 사용하는 기자재를 말한다.
5. '무선 송·수신용 부품'이란 차폐된 함체 또는 칩에 내장된 무선주파수의 발진, 변조 또는 복조, 증폭부 등과 안테나(안테나 단자 포함)로 구성된 것으로 시스템에 하나의 부품으로 내장되거나 장착될 수 있는 것을 말한다.
6. '정보기기'라 함은 데이터 또는 방송통신 메시지의 입력, 저장, 출력, 검색, 전송, 처리, 스위칭, 제어 중 어느 하나(또는 이들의 조합)의 기능을 가지거나, 정보전송을 위해 사용되는 하나 이상의 포트를 갖춘 기자재로서 600[V]를 초과하지 않는 정격전원전압을 사용하는 기자재를 말한다.
7. '디지털 장치'라 함은 9[kHz] 이상의 타이밍 신호 또는 펄스를 발생시키는 회로가 내장되어 있으며 디지털 신호로 동작되는 기자재로서 제6호의 정보기기 이외의 기자재를 말한다.

54 과학기술정보통신부장관이 적합성 평가 지정시험기관 업무의 전부 또는 일부의 정지를 대통령령으로 정하는 바에 따라 1년 이내의 기간을 정하여 명할 수 있는 경우가 아닌 것은?

① 적합성 평가 시험에 필요한 설비 및 인력을 확보한 경우
② 고의 또는 중대한 과실로 시험 업무를 부정확하게 수행한 경우
③ 자료제출 요구나 검사 등을 거부·방해·기피한 경우
④ 정당한 이유 없이 시험 업무를 수행하지 아니한 경우

해설 * 전파법 제58조의7(지정시험기관의 지정 취소 등)
① 과학기술정보통신부장관은 지정시험기관이 시험에 관한 절차, 측정설비의 관리 등 대통령령으로 정하는 사항을 준수하지 아니한 경우에는 시정을 명할 수 있다.
② 과학기술정보통신부장관은 지정시험기관이 다음 각 호의 어느 하나에 해당하는 경우에는 대통령령으로 정하는 바에 따라 1년 이내의 기간을 정하여 업무의 전부 또는 일부의 정지를 명할 수 있다.
1. 고의 또는 중대한 과실로 시험 업무를 부정확하게 수행한 경우
2. 정당한 이유 없이 제58조의6제1항에 따른 자료제출 요구나 검사 등을 거부·방해·기피한 경우
3. 제58조의5제1항에 따른 지정요건에 부적합하게 된 경우

Answer 54. ①

4. 정당한 이유 없이 시험 업무를 수행하지 아니한 경우
5. 제1항에 따른 시정명령을 이행하지 아니한 경우

55 다음 중 '주동출입시스템'의 설치 기준에 해당하지 않는 것은?

① 주동출입시스템은 지상의 주동 현관과 지하주차장과 주동을 연결하는 출입구에 설치하여야 한다.
② 주동출입시스템은 화재발생 등 비상시 소방시스템과 연동되어 주동현관이나 지하주차장의 자동문의 잠김상태가 자동으로 풀려야 한다.
③ 주동출입시스템은 매립형으로 설치하고 주동 설계 시 강우를 고려하여 설계하거나 강우에 대비한 차단설비(날개벽, 차양 등)를 설치하여야 한다.
④ 자동문의 경우 프레임 외부에 접지단자를 설치하여야 한다.

해설 * '주동출입시스템'이 '전자출입시스템'으로 지능형 홈네트워크 설비 설치 및 기술기준 개정 (2021.01.01 시행)
제10조(홈네트워크 사용기기) 홈네트워크 사용기기를 설치할 경우, 다음 각 호의 기준에 따라 설치하여야 한다.
1. 원격제어기기는 전원공급, 통신 등 이상상황에 대비하여 수동으로 조작할 수 있어야 한다.
2. 원격검침시스템은 각 세대별 원격검침장치가 정전 등 운용시스템의 동작 불능 시에도 계량이 가능해야하며 데이터 값을 보존할 수 있도록 구성하여야 한다.
3. 감지기
   가. 가스감지기는 LNG인 경우에는 천장 쪽에, LPG인 경우에는 바닥 쪽에 설치하여야 한다.
   나. 동체감지기는 유효감지반경을 고려하여 설치하여야 한다.
   다. 감지기에서 수집된 상황정보는 단지서버에 전송하여야 한다.
4. 전자출입시스템
   가. 지상의 주동 현관 및 지하주차장과 주동을 연결하는 출입구에 설치하여야 한다.
   나. 화재발생 등 비상시, 소방시스템과 연동되어 주동현관과 지하주차장의 출입문을 수동으로 여닫을 수 있게 하여야 한다.
   다. 강우를 고려하여 설계하거나 강우에 대비한 차단설비(날개벽, 차양 등)를 설치하여야 한다.
   라. 접지단자는 프레임 내부에 설치하여야 한다.
5. 차량출입시스템
   가. 차량출입시스템은 단지 주출입구에 설치하되 차량의 진·출입에 지장이 없도록 하여야 한다.
   나. 관리자와 통화할 수 있도록 영상정보처리기기와 인터폰 등을 설치하여야 한다.
6. 무인택배시스템
   가. 무인택배시스템은 휴대폰·이메일을 통한 문자서비스(SMS) 또는 세대단말기를 통한 알림서비스를 제공하는 제어부와 무인택배함으로 구성하여야 한다.

56 다음 ( ) 안에 들어갈 내용으로 맞는 것은?

'홈네트워크설비의 설치 기준' 중 '통신배관실'은 외부인으로부터의 보안을 위하여 출입문은 최소 폭 ( ), 높이 ( ) 이상(문틀의 외측 치수)의 잠금장치가 있는 출입문으로 설치하여야 하며, 관계자 외 출입통제 표시를 부착하여야 한다.

① 0.5미터, 1.5미터
② 0.7미터, 1.8미터
③ 0.9미터, 2미터
④ 1미터, 2.5미터

Answer 55. ④ 56. ②

해설 ★ "지능형 홈 네트워크 설비 설치 및 기술기준" 개정안(2021.01.01. 시행)

제11조(홈네트워크 설비 설치공간) 홈네트워크 설비가 다음 공간에 설치될 경우, 다음 각 호의 기준에 따라 설치하여야 한다.

1. 세대단자함
   가. 「접지설비·구내통신설비·선로설비 및 통신공동구 등에 대한 기술기준」 제30조에 따라 설치하여야 한다.
   나. 세대단자함은 별도의 구획된 장소나 노출된 장소로서 침수 및 결로 발생의 우려가 없는 장소에 설치하여야 한다.
   다. 세대단자함은 500[mm]×400[mm]×80[mm](깊이) 크기로 설치할 것을 권장한다.
2. 통신배관실
   가. 통신배관실은 유지관리를 용이하게 할 수 있도록 하여야 하며 통신배관을 위한 공간을 확보하여야 한다.
   나. 통신배관실 내의 트레이(tray) 또는 배관, 덕트 등의 설치용 개구부는 화재 시 층간 확대를 방지하도록 방화처리제를 사용하여야 한다.
   다. 통신배관실의 출입문은 폭 0.7미터, 높이 1.8미터 이상(문틀의 내측 치수)이어야 하며, 잠금장치를 설치하고, 관계자 외 출입통제 표시를 부착하여야 한다.
   라. 통신배관실은 외부의 청소 등에 의한 먼지, 물 등이 들어오지 않도록 50밀리미터 이상의 문턱을 설치하여야 한다. 다만 차수판 또는 차수막을 설치하는 때에는 그러하지 아니하다.
3. 집중구내통신실
   가. 집중구내통신실은 「방송통신설비의 기술기준에 관한 규정」 제19조에 따라 설치하되, 단지네트워크장비 또는 단지서버를 집중구내통신실에 수용하는 경우에는 설치 면적을 추가로 확보하여야 한다.
   나. 집중구내통신실은 독립적인 출입구와 보안을 위한 잠금장치를 설치하여야 한다.
   다. 집중구내통신실은 적정온도의 유지를 위한 냉방시설 또는 흡배기용 환풍기를 설치하여야 한다.

57 다음 중 "지능형 홈 네트워크 설치 및 기술기준"에서 정의하는 "월패드(Wall Pad)"에 대한 설명으로 맞는 것은?

① 세대망과 단지망을 상호 접속하는 장치로서, 세대 내에서 사용되는 홈네트워크 기기들을 유무선 네트워크 기반으로 연결하고 홈네트워크 서비스를 제공하는 기기를 말한다.
② 세대 내 홈게이트웨이와 단지서버 간의 통신 및 보안을 수행하는 장비를 말한다.
③ 세대 내의 홈네트워크 시스템을 제어할 수 있는 기기를 말한다.
④ 단지 내 설치되어 홈네트워크 설비를 총괄적으로 관리하며, 각종 데이터 저장, 단지 공용 시스템 및 세대 내 홈게이트웨이와 연동하여 단지 정보 및 서비스를 제공해 주는 기기를 말한다.

해설 ★ "지능형 홈 네트워크 설비 설치 및 기술기준" 개정(2021.01.01. 시행)으로 월패드(Wall Pad)가 홈네트워크 장비에서 삭제되어 부적절한 문제)

월패드 외에도 스마트폰 등 다양한 형태로 홈네트워크 설비를 제어할 수 있도록 기존 '월패드' 용어를 삭제하고 '세대 단말기'를 신설

제3조(용어 정의) 이 기준에서 사용하는 용어의 뜻은 다음과 같다.
1. "홈네트워크 설비"란 주택의 성능과 주거의 질 향상을 위하여 세대 또는 주택단지 내 지능형 정보통신 및 가전기기 등의 상호 연계를 통하여 통합된 주거서비스를 제공하는 설비로 홈네트워크망, 홈네트워크장비, 홈네트워크 사용기기로 구분한다.

Answer 57. ③

2. "홈네트워크망"이란 홈네트워크 장비 및 홈네트워크 사용기기를 연결하는 것을 말하며 다음 각 목으로 구분한다.
   가. 단지망 : 집중구내통신실에서 세대까지를 연결하는 망
   나. 세대망 : 전유부분(각 세대 내)을 연결하는 망
3. "홈네트워크장비"란 홈네트워크망을 통해 접속하는 장치를 말하며 다음 각 목으로 구분한다.
   가. 홈게이트웨이: 전유부분에 설치되어 세대내에서 사용되는 홈네트워크 사용기기들을 유무선 네트워크로 연결하고 세대망과 단지망 혹은 통신사의 기간망을 상호 접속하는 장치
   나. 세대단말기 : 세대 및 공용부의 다양한 설비의 기능 및 성능을 제어하고 확인할 수 있는 기기로 사용자 인터페이스를 제공하는 장치
   다. 단지네트워크장비 : 세대 내 홈게이트웨이와 단지서버 간의 통신 및 보안을 수행하는 장비로서, 백본(back-bone), 방화벽(Fire Wall), 워크 그룹 스위치 등 단지망을 구성하는 장비
   라. 단지서버 : 홈네트워크 설비를 총괄적으로 관리하며, 이로 부터 발생하는 각종 데이터의 저장·관리·서비스를 제공하는 장비

58 다음 중 분계점에 대한 설명으로 틀린 것은?

① 사업용 방송통신설비의 분계점은 가입자 상호 간의 합의에 따른다.
② 사업용 방송통신설비와 이용자 방송통신설비의 분계점은 도로와 택지 또는 공동주택 단지의 각 단지와의 경계점으로 한다.
③ 국선과 구내선의 분계점은 사업용 방송통신설비의 국선접속설비와 이용자 방송통신설비가 최초로 접속되는 점으로 한다.
④ 방송통신설비가 다른 사람의 방송통신설비와 접속되는 경우에는 그 건설과 보전에 관한 책임 등의 한계를 명확하게 하기 위하여 분계점이 설정되어야 한다.

해설 ★ 방송통신설비의 기술기준에 관한 규정 제4조 분계점
① 방송통신설비가 다른 사람의 방송통신설비와 접속되는 경우에는 그 건설과 보전에 관한 책임 등의 한계를 명확하게 하기 위하여 분계점이 설정되어야 한다.
② 각 설비 간의 분계점은 다음 각 호와 같다.
  1. 사업용 방송통신설비의 분계점은 사업자 상호 간의 합의에 따른다. 다만, 과학기술정보통신부장관이 분계점을 고시한 경우에는 이에 따른다.
  2. 사업용 방송통신설비와 이용자 방송통신설비의 분계점은 도로와 택지 또는 공동주택단지의 각 단지와의 경계점으로 한다. 다만, 국선과 구내선의 분계점은 사업용 방송통신설비의 국선접속설비와 이용자 방송통신설비가 최초로 접속되는 점으로 한다.

59 "방송통신설비의 기술 기준에 관한 규정"에서 정하는 "저압"에 해당하는 것은?

① 직류는 950볼트 이하, 교류는 800볼트 이하인 전압
② 직류는 850볼트 이하, 교류는 700볼트 이하인 전압
③ 직류는 800볼트 이하, 교류는 650볼트 이하인 전압
④ 직류는 750볼트 이하, 교류는 600볼트 이하인 전압

Answer 58. ① 59. ④

해설 ★ 방송통신설비의 기술기준에 관한 규정 제3조 (정의)
⑲ "저압"이란 직류는 750볼트 이하, 교류는 600볼트 이하인 전압을 말한다.
⑳ "고압"이란 직류는 750볼트, 교류는 600볼트를 초과하고 각각 7,000볼트 이하인 전압을 말한다.
㉑ "특고압"이란 7,000볼트를 초과하는 전압을 말한다.

60 이동통신서비스 또는 휴대인터넷서비스 등에 사용되는 무선송수신기와 안테나 간에 연결하는 선로를 무엇이라 하는가?
① 급전선
② 국선
③ 전용회선
④ 통신선

해설 ★ 접지설비·구내통신설비·선로설비 및 통신공동구 등에 대한 기술기준 제3조(용어의 정의)
① 이 고시에서 사용하는 용어의 정의는 다음과 같다.
1. "장치함"이라 함은 증폭기, 분배기, 분기기 및 보호기를 수용하며, 동축케이블 또는 광섬유케이블을 종단하여 상호 연결하는 함을 말한다.
2. "통신선"이라 함은 절연물로 피복한 전기도체 또는 절연물로 피복한 위를 보호피복으로 보호한 전기도체 및 광섬유 등으로서 통신용으로 사용하는 선을 말한다.
3. "이격거리"라 함은 통신선과 타물체(통신선을 포함한다)가 기상조건에 의한 위치의 변화에 의하여 가장 접근한 경우의 거리를 말한다.
4. "강전류절연전선"이라 함은 절연물만으로 피복되어 있는 강전류전선을 말한다.
5. "강전류케이블"이라 함은 절연물 및 보호물로 피복되어 있는 강전류전선을 말한다.
6. "강풍지역"이라 함은 벌판, 도서 또는 해안에 인접한 지역 등으로서 바람의 영향을 많이 받는 곳을 말한다.
7. "회선"이라 함은 전기통신의 전송이 이루어지는 유형 또는 무형의 계통적 전기통신로를 말하며, 그 용도에 따라 국선 및 구내선 등으로 구분한다.
8. "기타건축물"이라 함은 업무용건축물 및 주거용건축물을 제외한 건축물을 말한다.
9. "이용자"라 함은 구내통신설비를 소유하거나 사용하는 자를 말한다.
10. "사업자"라 함은 전기통신역무를 제공하는 통신사업자를 말한다.
11. "구내간선케이블"이라 함은 국선단자함에서 동단자함 또는 동단자함에서 동단자함까지(건물 간 구간)를 연결하는 통신케이블을 말한다.
12. "건물간선케이블"이라 함은 동단자함에서 층단자함까지 또는 층단자함에서 다른 층의 층단자함까지(건물 내 수직 구간)를 연결하는 통신케이블을 말한다.
13. "수평배선케이블"이라 함은 층단자함에서 통신인출구까지(건물 내 수평 구간)를 연결하는 통신케이블을 말한다.
14. "국선단자함"이라 함은 국선 및 구내간선케이블 또는 구내케이블을 종단하여 상호 연결하는 통신용 분배함을 말한다.
15. "동단자함"이라 함은 구내간선케이블 및 건물간선케이블을 종단하여 상호 연결하는 통신용 분배함을 말한다.
16. "층단자함"이라 함은 건물간선케이블 및 수평배선케이블을 종단하여 상호 연결하는 통신용 분배함을 말한다.
17. "세대단자함"이라 함은 세대 내에 인입되는 통신선로, 방송공동수신설비 또는 홈네트워크설비 등의 배선을 효율적으로 분배·접속하기 위하여 이용자의 전용공간에 설치되는 분배함을 말한다.
18. "세대 내 성형배선"(이하 "성형배선"이라 한다)이라 함은 세대단자함 또는 이와 동등한 기능이 있는 단자함에서 각 인출구로 직접 배선되는 방식을 말한다.
19. "급전선"이라 함은 이동전화역무 또는 무선호출역무 등에 사용되는 무선송수

Answer 60. ①

신기와 안테나 간에 연결하는 선로를 말한다.
20. "중계장치"라 함은 선로의 도달이 어려운 지역을 해소하기 위해 사용하는 증폭장치 등을 말한다.
21. "홈네트워크 주장치(홈게이트웨이, 월패드, 홈서버 등을 포함한다)"라 함은 세대 내에서 사용되는 홈네트워크 기기들을 유·무선 네트워크 기반으로 연결하고 홈네트워크 서비스를 제공하는 기기를 말한다.

통신기기기능사 필기

1판 1쇄 발행	2010. 3. 20	6판 1쇄 발행	2020. 1. 05
1판 2쇄 발행	2011. 1. 10	7판 1쇄 발행	2022. 4. 01
2판 1쇄 발행	2012. 5. 20	7편 2쇄 발행	2025. 1. 25
3판 1쇄 발행	2013. 9. 15		
3판 2쇄 발행	2014. 9. 15		
4판 1쇄 발행	2016. 4. 10		
5판 1쇄 발행	2018. 1. 05		

지은이 통신기기문제연구회
펴낸이 김 주 성
펴낸곳 도서출판 엔플북스
주 소 경기도 남양주시 오남읍 진건오남로797번길 31. 101동 203호(오남읍, 현대아파트)
전 화 (031)554-9334
F A X (031)554-9335

등 록 2009. 6. 16   제398-2009-000006호

정가 30,000원

ISBN 978 - 89 - 6813 - 376 - 3   13560

※ 파손된 책은 교환하여 드립니다.
　본 도서의 내용 문의 및 궁금한 점은 저희 카페에 오셔서 글을 남겨주시면 성의껏 답변해 드리겠습니다.
　http : //cafe.daum.net/enplebooks